《实用积分表》编委会

第2版

实用积分表

《实用积分表》编委会　编

中国科学技术大学出版社

内容简介

这是一本专门介绍积分公式的书，内容包括常见的不定积分表、定积分表、积分变换表以及特殊函数积分表，不仅适合学习微积分的各专业的大学生和在读研究生，而且适合有工作经验的科学家、工程师.

图书在版编目(CIP)数据

实用积分表/《实用积分表》编委会编. —2 版. —合肥：中国科学技术大学出版社，2019. 12

ISBN 978-7-312-04715-2

Ⅰ. 实… Ⅱ. 实… Ⅲ. 积分—公式(数学)—数学表 Ⅳ. O172. 2

中国版本图书馆 CIP 数据核字(2019)第 103716 号

出版 中国科学技术大学出版社
安徽省合肥市金寨路 96 号，230026
http://press. ustc. edu. cn
https://zgkxjsdxcbs. tmall. com
印刷 安徽国文彩印有限公司
发行 中国科学技术大学出版社
经销 全国新华书店
开本 880 mm×1230 mm 1/32
印张 17. 625
字数 731 千
版次 2006 年第 1 版 2019 年 12 月第 2 版
印次 2019 年 12 月第 2 次印刷
定价 49. 00 元

再版前言

此次再版，我们作了以下修改：增加了若干积分公式，目的是补漏找齐，但不作大规模的扩容；在附录中增加了一些内容，包括高阶导数（微商）、罗巴切夫斯基函数等.

单函数的高阶导数也许不难求得，但两函数乘积的高阶导数的推导就不那么容易了.在此我们一并列出了单、双函数的高阶导数，以供读者查阅.

在定积分表中，有若干积分公式的结果含有罗巴切夫斯基函数，所以在附录中必须对它给出定义，阐明它的性质，并列出相关的公式.

在附录中，"常用级数展开"这一节前，我们增加了若干个有限项级数求和的公式，包括算术级数、几何级数、算术-几何级数、调和级数及自然数之幂的和等.

我们编本书的目的是力争使其成为读者，尤其是科学家和工程师们手头或案头常备手册.你从本书正文中可查到所需要的积分公式，附录中可查到常用的函数的公式，包括初等函数和特殊函数.因为积分、微分都是函数的积分和函数的微分，所以函数的定义和性质以及它们的运算法则都是很重要的.

书末的工程技术常用单位的换算是专门为工程师和工程

技术人员准备的,包括美制、英制和公制单位的换算.

当然,这次再版,我们也对第1版中的错误作了认真的检查和改正.

如果这本经过修改后再版的《实用积分表》对读者更有帮助,那我们就感到欣慰了.

书中难免存在缺点和错误,诚望读者批评指正.

《实用积分表》编委会

2019年4月

前　言

自从有了微积分，就有了微分表与积分表．有了具体的函数再来求出其导数往往不会很困难，以致微分表常常不为人们所重视；而有了具体的函数再来求其积分就不是这样了，有的也许可以容易地求出来，但大量的积分不是轻易求得出来的，于是积分表就一本一本不断地出版，从简单的到复杂的，在国外尤其是这样．由于自然科学和工程技术的不断发展，新的问题层出不穷，不断地提出各式各样的求积分的问题，于是过几年就会有新版的积分表出现，以供自然科学、工程技术和社会科学工作者使用．

以往国内虽然出版过几本积分表，但都已是很多年前的事了．在科教兴国、改革开放方针的指引下，我国的自然科学、工程技术和社会科学都在飞速地发展，编写一本适应这种大好形势的积分表已是迫切需要．

我们参考了国内外尤其是国外一些新版的积分表和数学手册，如 D. Zwillinger 主编的《CRC Standard Mathematical Tables and Formulae》，图马和沃尔什主编的《工程数学手册》，I. S. Gradshteyn 和 I. M. Ryzhik 主编的《Table of Integrals, Series, and Products》等，并广泛地征求了国内自然科学和工程技术领域专家的意见，结合我国目前情况编写了这本《实用积分表》,其中包括 4800 个积分公式,还有 270 多个积分变换公式. 希望这本工具书能够对我国科技事业的发展起到一些微薄的作用.

我们感谢中国科学技术大学国家同步辐射实验室和中国科学技术大学出版社对出版这本工具书的大力支持.

对于书中缺点与错误,还望读者不吝指正.

《实用积分表》编委会

2005 年 6 月

目　　录

绪　论

微积分是研究微分与积分这对矛盾的学问，因此，它由微分、积分和指出微分与积分是一对矛盾的微积分基本定理3个部分组成.

微积分是17世纪70年代由牛顿和莱布尼茨创立的. 微积分的创立标志着现代数学的开始，正如伟大的数学家柯朗(R. Courant)所指出的："这门科学乃是一种撼人心灵的智力奋斗的结晶. 这种奋斗已经经历了2500年之久，它深深扎根于人类活动的许多领域. "微积分的产生使数学彻底改变了面貌，对于数学历史发展过程具有无与伦比的巨大作用. 微积分从它产生伊始就显示出强大的生命力，在天文、力学、物理、工程等诸多领域产生了巨大作用，可以说使当时的自然科学彻底改变了面貌. 而时至今日，它在各方面的应用愈来愈广阔，已成为自然科学，甚至是社会科学必不可少的基础. 不了解微积分，无论是在自然科学还是在社会科学中都会步履艰难.

微积分研究的对象是函数，如连续函数、可导函数、可积函数等. 作用在这些对象上的算子是微分与积分. 由于微分与积分是一对矛盾，于是从理论上讲，微分公式与定理和积分公式与定理往往是相互对应的.

在对函数的微分和积分运算中，主要有算术运算(arithmetic)，即加、减、乘、除，有作用到被作用对象的复合(composition)，有作用到被作用对象的逆(inverse)等等，于是就有了微分与积分两个方面的相对应的公式.

对微分运算来讲，有如下公式(写成导数形式，假设函数都是可微的)：

(ⅰ) $[u(x)+v(x)]'=u'(x)+v'(x)$；

(ⅱ) $[u(x)-v(x)]'=u'(x)-v'(x)$；

(ⅲ) $[u(x)v(x)]'=u'(x)v(x)+u(x)v'(x)$；

(ⅳ) $\left[\dfrac{u(x)}{v(x)}\right]'=\dfrac{u'(x)v(x)-u(x)v'(x)}{v^2(x)}$；

(ⅴ) 若 $y=f(u)$，$u=\varphi(x)$，则$\dfrac{\mathrm{d}y}{\mathrm{d}x}=f'(u)\varphi'(x)$；

(ⅵ) 若 $x=g(y)$是 $y=f(x)$的反函数，且 $f'(x)\neq 0$，则 $g'(y)=\dfrac{1}{f'(x)}$，

等等. 其中公式(ⅰ)～(ⅳ)是算术运算,公式(ⅴ)是对复合函数的运算,公式(ⅵ)是对逆函数的运算.

对积分运算来讲,可将公式(ⅰ)～(ⅵ)写成积分形式,如与公式(ⅰ),(ⅲ),(ⅴ)相应的是(写成不定积分形式,假设函数都是可积的):

(ⅰ′) $\int[f(x)+g(x)]\mathrm{d}x=\int f(x)\mathrm{d}x+\int g(x)\mathrm{d}x+C$;

(ⅲ′) $\int u'(x)v(x)\mathrm{d}x=u(x)v(x)-\int u(x)v'(x)\mathrm{d}x+C$;

(ⅴ′) $\int f'(u)\varphi'(x)\mathrm{d}x=f[\varphi(x)]+C$,其中 $u=\varphi(x)$,C 为不定常数.

当然,也可写出与公式(ⅱ),(ⅳ),(ⅵ)相应的公式(ⅱ′),(ⅳ′),(ⅵ′).

但仔细分析一下,公式(ⅱ)可由公式(ⅰ)推出,只要将 $u(x)-v(x)$ 写成 $u(x)+[-v(x)]$ 即可;公式(ⅳ)可由公式(ⅲ)推出,只要对 $\left[\dfrac{u(x)}{v(x)}\right]v(x)=u(x)$ 的两边求导即可;公式(ⅵ)可由公式(ⅴ)推出,也只要对 $g[f(x)]=x$ 的两边求导即可. 所以在微分运算中,重要的、具有本质性的公式是(ⅰ),(ⅲ)和(ⅴ). 同样地,在积分运算中,重要的、具有本质性的公式是其相应的公式(ⅰ′),(ⅲ′)和(ⅴ′). 而后面的这 3 个公式就是微积分中求积分,尤其是求不定积分的 3 种主要方法. 其中,公式(ⅰ′)就是最常用的分项积分法,尤其在它用于求有理函数的积分 $\int\dfrac{P(x)}{Q(x)}\mathrm{d}x$[其中 $P(x)$,$Q(x)$ 均为多项式]时,可将$\dfrac{P(x)}{Q(x)}$分拆为多项式和多个有理分式之和,然后逐个求积分;公式(ⅲ′)就是十分有力并广泛使用的分部积分法;公式(ⅴ′)也是十分有力并广泛使用的换元法. 这 3 种方法可以说是求积分尤其是求不定积分的主要方法. 本书的第一部分不定积分表中列出的大量公式不外乎是这 3 种方法的综合应用得出来的. 本书的第二部分定积分表中列出的大量公式,有一部分是由这 3 种方法得出的,但还有大量的公式是用这 3 种方法不能得到的,必须要对个别积分应用特别的技巧处理后才能得到. 例如利用复变函数的回路积分,利用把被积函数展开成无穷级数后的积分,利用参变数的积分,以及运用积分变换等技巧和方法. 因此,这部分定积分值的得到往往是不容易的.

选入本书的函数中,最重要的、用途最广泛的是 3 类初等函数,即:(1) 幂函数 x^n 以及由它产生的多项式、有理分式、无理分式等;(2) 三角函数如 $\sin x$,$\cos x$ 等及其反函数 $\arcsin x$,$\arccos x$ 等;(3) 指数函数 e^x 及其反函数 $\ln x$ 等. 本书中,初等函数的不定积分和定积分公式按这 3 类初等函数分成几部分分别编排.

不是初等函数的函数称为特殊函数. 特殊函数的产生往往是有很强的自然科学尤其是物理或工程背景的,它对研究有关问题是至关重要的. 随着微积分的应用愈来愈广泛,特殊函数也愈来愈多. 对特殊函数的研究成了一门十分热门的学科，对它的积分计算尤其显得重要. 本书中大量列出了我们认为在自然科学和工程技术中十分有用的各种特殊函数的积分公式. 我们之所以选取这些公式，是因为征求了从事有关自然科学研究的专家们的意见的，我们希望这些积分公式对从事这方面研究工作的同志有所裨益.

我们还列出了一些重要的、常用的积分变换表，作为本书的第三部分.

本书的第四部分是附录，它给出了初等函数的定义及其相关公式，尤其重要的是一些常用的特殊函数的定义及其基本性质. 附录中还有初等函数的导数表、Taylor 公式表等. 自然科学中一些常用的基本常数、单位换算被编列在附录的末尾. 希望这些内容在读者应用积分表时可作为参考.

本书中积分公式的序号是按初等函数的不定积分、特殊函数的不定积分、初等函数的定积分、特殊函数的定积分 4 个部分分别编列的. 对于比较复杂的公式，末尾用方括号里面的数字注明出处，如[5]表示该公式来自参考书[5]. 参考书目附在书末. 需要注释的符号和函数都在一个小节中首次出现时给出；在同一小节中，该符号具有相同的意义，但不遍及其他小节.

积分的公式可以举出无数个，我们只能选择其中一些我们认为比较常用的公式，这就一定带有主观性，挂一漏万在所难免. 希望能得到读者的指正，以求不断完善.

Ⅰ 不定积分表

在所有不定积分公式中，都省略了积分常数 C. 公式中出现的变量，都应在使表达式有定义的范围之内.

Ⅰ.1 初等函数的不定积分

凡在右端出现 $\ln|x|$ 或 $\ln|f(x)|$ 的积分公式中，我们都认为 x 是实变量. 当 x 是复变量时，公式中的 $\ln|x|$，$\ln|f(x)|$ 要相应地改为 $\mathrm{Ln}x$，$\mathrm{Ln}f(x)$，其中，$\mathrm{Ln}f(x)=\ln|f(x)|+\mathrm{i}\,\mathrm{Arg}\,f(x)$，$\mathrm{Arg}\,f(x)$ 是 $f(x)$ 的辐角.

Ⅰ.1.1 基本积分公式

1. $\int a\mathrm{d}x = ax$

2. $\int af(x)\mathrm{d}x = a\int f(x)\mathrm{d}x$

3. $\int \varphi[y(x)]\mathrm{d}x = \int \frac{\varphi(y)}{y'}\mathrm{d}y$

$\left(\text{这里}, y' = \frac{\mathrm{d}y}{\mathrm{d}x} \neq 0\right)$

4. $\int (u+v)\mathrm{d}x = \int u\mathrm{d}x + \int v\mathrm{d}x$

（这里，u 和 v 都是 x 的函数，以下同）

5. $\int u\mathrm{d}v = uv - \int v\mathrm{d}u$

6. $\int u\frac{\mathrm{d}v}{\mathrm{d}x}\mathrm{d}x = uv - \int v\frac{\mathrm{d}u}{\mathrm{d}x}\mathrm{d}x$

7. $\int x^n\mathrm{d}x = \frac{x^{n+1}}{n+1} \quad (n \neq -1)$

8. $\int \sqrt{x^m}\mathrm{d}x = \frac{2x\sqrt{x^m}}{m+2} \quad (m \neq -2)$

9. $\int \sqrt[p]{x^m}\mathrm{d}x = \frac{px\sqrt[p]{x^m}}{m+p} \quad (m+p \neq 0)$

10. $\int \frac{\mathrm{d}x}{x} = \ln|x|$

11. $\int \frac{f'(x)}{f(x)}\mathrm{d}x = \int \frac{\mathrm{d}f(x)}{f(x)} = \ln|f(x)|$

[这里，$\mathrm{d}f(x) = f'(x)\mathrm{d}x$，以下同]

12. $\int \frac{f'(x)}{2\sqrt{f(x)}}\mathrm{d}x = \sqrt{f(x)}$

13. $\int \mathrm{e}^x\mathrm{d}x = \mathrm{e}^x$

14. $\int \mathrm{e}^{ax}\mathrm{d}x = \frac{\mathrm{e}^{ax}}{a} \quad (a \neq 0)$

15. $\int a^x\mathrm{d}x = \frac{a^x}{\ln a} \quad (a > 0, a \neq 1)$

16. $\int b^{ax}\mathrm{d}x = \frac{b^{ax}}{a\ln b} \quad (b > 0, b \neq 1, a \neq 0)$

17. $\int \ln x\mathrm{d}x = x\ln x - x$

18. $\int \sin x\mathrm{d}x = -\cos x$

19. $\int \cos x\mathrm{d}x = \sin x$

20. $\int \tan x\mathrm{d}x = -\ln|\cos x|$

21. $\int \cot x\mathrm{d}x = \ln|\sin x|$

22. $\int \sinh x\mathrm{d}x = \cosh x$

23. $\int \cosh x\mathrm{d}x = \sinh x$

24. $\int \tanh x\mathrm{d}x = \ln\cosh x$

25. $\int \coth x \mathrm{d}x = \ln|\sinh x|$

26. $\int \frac{\mathrm{d}x}{a^2+x^2} = \frac{1}{a}\arctan\frac{x}{a} \quad (a \neq 0)$

27. $\int \frac{\mathrm{d}x}{a^2-x^2} = \frac{1}{a}\operatorname{artanh}\frac{x}{a} = \frac{1}{2a}\ln\left|\frac{a+x}{a-x}\right| \quad (a^2 > x^2)$

28. $\int \frac{\mathrm{d}x}{x^2-a^2} = -\frac{1}{a}\operatorname{arcoth}\frac{x}{a} = \frac{1}{2a}\ln\left|\frac{x-a}{x+a}\right| \quad (x^2 > a^2)$

29. $\int \frac{\mathrm{d}x}{\sqrt{a^2-x^2}} = \arcsin\frac{x}{a} \quad (a^2 > x^2)$

30. $\int \frac{\mathrm{d}x}{\sqrt{x^2 \pm a^2}} = \ln|x + \sqrt{x^2 \pm a^2}|$

Ⅰ.1.2 包含多项式、有理分式和无理分式的不定积分

当没有特别说明时，l,m,n 为整数；$a,b,c,d,p,q,r,\alpha,\beta,\gamma$ 为实常数.

Ⅰ.1.2.1 含有 $a+bx$ 的积分

31. $\int (a+bx)^n \mathrm{d}x = \frac{(a+bx)^{n+1}}{(n+1)b} \quad (n \neq -1)$

32. $\int x(a+bx)\mathrm{d}x = \frac{x^2}{2}\left(a + \frac{2b}{3}x\right)$

33. $\int x^2(a+bx)\mathrm{d}x = \frac{x^3}{3}\left(a + \frac{3b}{4}x\right)$

34. $\int x^m(a+bx)\mathrm{d}x = \frac{x^{m+1}}{m+1}\left[a + \frac{(m+1)b}{m+2}x\right] \quad (m \neq -1, -2)$

35. $\int x(a+bx)^n \mathrm{d}x = \frac{1}{b^2(n+2)}(a+bx)^{n+2} - \frac{a}{b^2(n+1)}(a+bx)^{n+1}$

$(n \neq -1, -2)$

36. $\int x^2(a+bx)^n \mathrm{d}x = \frac{1}{b^3}\left[\frac{(a+bx)^{n+3}}{n+3} - 2a\frac{(a+bx)^{n+2}}{n+2} + a^2\frac{(a+bx)^{n+1}}{n+1}\right]$

$(n \neq -1, -2, -3)$

37. $\int x^m(a+bx)^n \mathrm{d}x$

$$= \frac{x^{m+1}(a+bx)^n}{m+n+1} + \frac{an}{m+n+1}\int x^m (a+bx)^{n-1} \mathrm{d}x$$

$$= \frac{1}{a(n+1)}\left[-x^{m+1}(a+bx)^{n+1} + (m+n+2)\int x^m (a+bx)^{n+1} \mathrm{d}x\right]$$

$$= \frac{1}{b(m+n+1)}\left[x^m (a+bx)^{n+1} - ma\int x^{m-1}(a+bx)^n \mathrm{d}x\right] \quad [1]$$

38. $\int \frac{a+bx}{x}\mathrm{d}x = a\ln|x| + bx$

39. $\int \frac{a+bx}{x^2}\mathrm{d}x = b\ln|x| - \frac{a}{x}$

40. $\int \frac{a+bx}{x^3}\mathrm{d}x = -\frac{a}{2x^2} - \frac{b}{x}$

41. $\int \frac{a+bx}{x^n}\mathrm{d}x = -\frac{a}{(n-1)x^{n-1}} - \frac{b}{(n-2)x^{n-2}} \quad (n>2)$

42. $\int \frac{\mathrm{d}x}{a+bx} = \frac{1}{b}\ln|a+bx|$

43. $\int \frac{\mathrm{d}x}{(a+bx)^2} = -\frac{1}{b(a+bx)}$

44. $\int \frac{\mathrm{d}x}{(a+bx)^3} = -\frac{1}{2b(a+bx)^2}$

45. $\int \frac{\mathrm{d}x}{(a+bx)^4} = -\frac{1}{3b(a+bx)^3}$

46. $\int \frac{\mathrm{d}x}{(a+bx)^5} = -\frac{1}{4b(a+bx)^4}$

47. $\int \frac{\mathrm{d}x}{(a+bx)^n} = -\frac{1}{(n-1)b(a+bx)^{n-1}} \quad (n \neq 0,1)$

48. $\int \frac{x}{a+bx}\mathrm{d}x = \frac{x}{b} - \frac{a}{b^2}\ln|a+bx|$

49. $\int \frac{x}{(a+bx)^2}\mathrm{d}x = \frac{1}{b^2}\left(\ln|a+bx| + \frac{a}{a+bx}\right)$

50. $\int \frac{x}{(a+bx)^3}\mathrm{d}x = -\frac{2(a+bx)-a}{2b^2(a+bx)^2}$

51. $\int \frac{x}{(a+bx)^4}\mathrm{d}x = -\left(\frac{x}{2b} + \frac{a}{6b^2}\right)\frac{1}{(a+bx)^3}$

52. $\int \frac{x}{(a+bx)^5}\mathrm{d}x = -\left(\frac{x}{3b} + \frac{a}{12b^2}\right)\frac{1}{(a+bx)^4}$

53. $\int \frac{x}{(a+bx)^n}\mathrm{d}x = \frac{1}{b^2}\left[-\frac{1}{(n-2)(a+bx)^{n-2}} + \frac{a}{(n-1)(a+bx)^{n-1}}\right]$

$(n \neq 1,2)$

54. $\int \frac{x^2}{a+bx}\mathrm{d}x = \frac{1}{b^3}\left[\frac{1}{2}(a+bx)^2 - 2a(a+bx) + a^2\ln|a+bx|\right]$

55. $\int \frac{x^2}{(a+bx)^2}\mathrm{d}x = \frac{1}{b^3}\left[a+bx-2a\ln|a+bx| - \frac{a^2}{a+bx}\right]$

56. $\int \frac{x^2}{(a+bx)^3}\mathrm{d}x = \frac{1}{b^3}\left[\ln|a+bx| + \frac{2a}{a+bx} - \frac{a^2}{2(a+bx)^2}\right]$

57. $\int \frac{x^2}{(a+bx)^4}\mathrm{d}x = -\left(\frac{x^2}{b} + \frac{ax}{b^2} + \frac{a^2}{3b^3}\right)\frac{1}{(a+bx)^3}$

58. $\int \frac{x^2}{(a+bx)^5}\mathrm{d}x = -\left(\frac{x^2}{2b} + \frac{ax}{3b^2} + \frac{a^2}{12b^3}\right)\frac{1}{(a+bx)^4}$

59. $\int \frac{x^2}{(a+bx)^n}\mathrm{d}x$

$$= \frac{1}{b^3}\left[-\frac{1}{(n-3)(a+bx)^{n-3}} + \frac{2a}{(n-2)(a+bx)^{n-2}} - \frac{a^2}{(n-1)(a+bx)^{n-1}}\right]$$

$(n \neq 1,2,3)$

60. $\int \frac{x^3}{a+bx}\mathrm{d}x = \frac{x^3}{3b} - \frac{ax^2}{2b^2} + \frac{a^2x}{b^3} - \frac{a^3}{b^4}\ln|a+bx|$

61. $\int \frac{x^3}{(a+bx)^2}\mathrm{d}x = \left(\frac{x^3}{2b} - \frac{3ax^2}{2b^2} - \frac{2a^2x}{b^3} + \frac{a^3}{b^4}\right)\frac{1}{a+bx} + \frac{3a^2}{b^4}\ln|a+bx|$

62. $\int \frac{x^3}{(a+bx)^3}\mathrm{d}x = \left(\frac{x}{b} + \frac{2ax^2}{b^2} - \frac{2a^2x}{b^3} - \frac{5a^3}{2b^4}\right)\frac{1}{(a+bx)^2} - \frac{3a}{b^4}\ln|a+bx|$

63. $\int \frac{x^3}{(a+bx)^4}\mathrm{d}x = \left(\frac{3ax^2}{b^2} + \frac{9a^2x}{2b^3} + \frac{11a^3}{6b^4}\right)\frac{1}{(a+bx)^3} + \frac{1}{b^4}\ln|a+bx|$

64. $\int \frac{x^3}{(a+bx)^5}\mathrm{d}x = -\left(\frac{x^3}{b} + \frac{3ax^2}{2b^2} + \frac{a^2x}{b^3} + \frac{a^3}{4b^4}\right)\frac{1}{(a+bx)^4}$

65. $\int \frac{x^m}{a+bx}\mathrm{d}x = \frac{1}{b}\left[\left(-\frac{a}{b}\right)^m\ln|a+bx| + x^m\sum_{k=0}^{m-1}\frac{1}{m-k}\left(-\frac{a}{bx}\right)^k\right]$ [2]

66. $\int \frac{x^m}{(a+bx)^2}\mathrm{d}x = \sum_{k=1}^{m-1}(-1)^{k-1}\frac{ka^{k-1}x^{m-k}}{(m-k)b^{k+1}} + (-1)^{m-1}\frac{a^m}{b^{m+1}(a+bx)}$

$+(-1)^{m+1}\frac{ma^{m-1}}{b^{m+1}}\ln|a+bx|$ [3]

67. $\int \frac{x^m}{(a+bx)^n}\mathrm{d}x = \frac{1}{b^{m+1}}\sum_{k=0}^{m}\binom{m}{k}\frac{(-a)^k(a+bx)^{m-n-k+1}}{m-n-k+1}$ [2]

[这里，$m-n-k+1=0$ 的项要替换成 $\binom{m}{n-1}(-a)^{m-n+1}\ln|a+bx|$]

68. $\int \frac{\mathrm{d}x}{x(a+bx)} = -\frac{1}{a}\ln\left|\frac{a+bx}{x}\right|$

69. $\displaystyle\int \frac{\mathrm{d}x}{x(a+bx)^2} = \frac{1}{a(a+bx)} - \frac{1}{a^2}\ln\left|\frac{a+bx}{x}\right|$

70. $\displaystyle\int \frac{\mathrm{d}x}{x(a+bx)^3} = \frac{1}{a^3}\left[\frac{1}{2}\left(\frac{2a+bx}{a+bx}\right)^2 - \ln\left|\frac{a+bx}{x}\right|\right]$

71. $\displaystyle\int \frac{\mathrm{d}x}{x(a+bx)^4} = \left(\frac{11}{6a} + \frac{5bx}{2a^2} + \frac{b^2x^2}{a^3}\right)\frac{1}{(a+bx)^3} - \frac{1}{a^4}\ln\left|\frac{a+bx}{x}\right|$

72. $\displaystyle\int \frac{\mathrm{d}x}{x(a+bx)^5} = \left(\frac{25}{12a} + \frac{13bx}{3a^2} + \frac{7b^2x^2}{2a^3} + \frac{b^3x^3}{a^4}\right)\frac{1}{(a+bx)^4} - \frac{1}{a^5}\ln\left|\frac{a+bx}{x}\right|$

73. $\displaystyle\int \frac{\mathrm{d}x}{x(a+bx)^n} = -\frac{1}{a^n}\ln\left|\frac{a+bx}{x}\right| + \frac{1}{a^n}\sum_{k=1}^{n-1}\binom{n-1}{k}\frac{(-bx)^k}{k(a+bx)^k} \quad (n \neq 0)$

74. $\displaystyle\int \frac{\mathrm{d}x}{x^2(a+bx)} = -\frac{1}{ax} + \frac{b}{a^2}\ln\left|\frac{a+bx}{x}\right|$

75. $\displaystyle\int \frac{\mathrm{d}x}{x^2(a+bx)^2} = -\frac{a+2bx}{a^2x(a+bx)} + \frac{2b}{a^3}\ln\left|\frac{a+bx}{x}\right|$

76. $\displaystyle\int \frac{\mathrm{d}x}{x^2(a+bx)^3} = \frac{1}{a^4}\left[3b\ln\left|\frac{a+bx}{x}\right| - \frac{a+bx}{x} + \frac{3b^2x}{a+bx} - \frac{b^2x^2}{2(a+bx)^2}\right]$

77. $\displaystyle\int \frac{\mathrm{d}x}{x^2(a+bx)^4} = -\left(\frac{1}{ax} + \frac{22b}{3a^2} + \frac{10b^2x}{a^3} + \frac{3b^3x^2}{a^4}\right)\frac{1}{(a+bx)^3} + \frac{4b}{a^5}\ln\left|\frac{a+bx}{x}\right|$

78. $$\int \frac{\mathrm{d}x}{x^2(a+bx)^5} = \left(-\frac{1}{ax} - \frac{125b}{12a^2} - \frac{65b^2x}{3a^3} - \frac{35b^3x^2}{2a^4} - \frac{5b^4x^3}{a^5}\right)\frac{1}{(a+bx)^4} + \frac{5b}{a^6}\ln\left|\frac{a+bx}{x}\right|$$

79. $$\int \frac{\mathrm{d}x}{x^2(a+bx)^n} = \frac{1}{a^{n+1}}\left[nb\ln\left|\frac{a+bx}{x}\right| - \frac{a+bx}{x} + \frac{a+bx}{x}\sum_{k=2}^{n}\binom{n}{k}\frac{(-bx)^k}{(k-1)(a+bx)^k}\right]$$
$(n \neq 0, 1)$

80. $\displaystyle\int \frac{\mathrm{d}x}{x^3(a+bx)} = \frac{2bx-a}{2a^2x^2} + \frac{b^2}{a^3}\ln\left|\frac{x}{a+bx}\right|$

81. $\displaystyle\int \frac{\mathrm{d}x}{x^3(a+bx)^2} = \frac{1}{a^4}\left[3b^2\ln\left|\frac{x}{a+bx}\right| + \frac{3b(a+bx)}{x} - \frac{(a+bx)^2}{2x^2} - \frac{b^3}{a+bx}\right]$

82. $$\int \frac{\mathrm{d}x}{x^3(a+bx)^3} = \frac{1}{a^5}\left[6b^2\ln\left|\frac{x}{a+bx}\right| + \frac{4b(a+bx)}{x} - \frac{(a+bx)^2}{2x^2} - \frac{4b^2x}{a+bx} + \frac{b^4x^2}{2(a+bx)^2}\right]$$

83. $$\int \frac{\mathrm{d}x}{x^3(a+bx)^4} = \left(-\frac{1}{2ax^2} + \frac{5b}{2a^2x} + \frac{55b^2}{3a^3} + \frac{25b^3x}{a^4} + \frac{10b^4x^2}{a^5}\right)\frac{1}{(a+bx)^3} - \frac{10b^2}{a^6}\ln\left|\frac{a+bx}{x}\right|$$

84. $\displaystyle\int\frac{\mathrm{d}x}{x^3(a+bx)^5}$

$$=\left(-\frac{1}{2ax^2}+\frac{3b}{a^2x}+\frac{125b^2}{4a^3}+\frac{65b^3x}{a^4}+\frac{105b^4x^2}{2a^5}+\frac{15b^5x^3}{a^6}\right)\frac{1}{(a+bx)^4}-\frac{15b^2}{a^7}\ln\left|\frac{a+bx}{x}\right|$$

85. $\displaystyle\int\frac{\mathrm{d}x}{x^3(a+bx)^n}=\frac{n(n+1)b^2}{2a^{n+2}}\ln\left|\frac{x}{a+bx}\right|+\frac{(n+1)b(a+bx)}{a^{n+2}x}-\frac{b^2(a+bx)^2}{2a^{n+2}x^2}$

$$+\frac{(a+bx)^2}{a^{n+2}x^2}\sum_{k=3}^{n+1}\binom{n+1}{k}\frac{(-bx)^k}{(k-2)(a+bx)^k}\quad(n\neq 0,1,2)$$

86. $\displaystyle\int\frac{\mathrm{d}x}{x^m(a+bx)}=\frac{1}{b}\left[\left(-\frac{b}{a}\right)^m\ln|a+bx|-\frac{1}{x^m}\sum_{k=1}^{m-1}\frac{1}{m+1}\left(-\frac{a}{bx}\right)^k\right]$

87. $\displaystyle\int\frac{\mathrm{d}x}{x^m(a+bx)^n}=-\frac{1}{a^{m+n-1}}\sum_{k=0}^{m+n-2}\binom{m+n-2}{k}\frac{(a+bx)^{m-k-1}(-b)^k}{(m-k-1)^{m-k-1}x^{m-k-1}}$ [2]

[这里，$m-k-1=0$ 的项要替换成$\displaystyle\binom{m+n-2}{n-1}(-b)^{m-1}\ln\left|\frac{a+bx}{x}\right|$]

Ⅰ.1.2.2 含有 $a+bx$ 和 $c+dx$ 的积分

令 $u=a+bx$，$v=c+dx$ 和 $k=ad-bc$. 如果 $k=0$，则 $v=\frac{c}{a}u$，应该使用另外的公式.

88. $\displaystyle\int\frac{\mathrm{d}x}{uv}=\frac{1}{k}\ln\left|\frac{v}{u}\right|$

89. $\displaystyle\int\frac{x}{uv}\mathrm{d}x=\frac{1}{k}\left(\frac{a}{b}\ln|u|-\frac{c}{d}\ln|v|\right)$

90. $\displaystyle\int\frac{x^2}{uv}\mathrm{d}x=\frac{x}{bd}-\frac{a}{b^2d}\ln|u|-\frac{c}{bd^2}\ln|v|+\frac{ac}{kbd}\ln\left|\frac{v}{u}\right|$

91. $\displaystyle\int\frac{\mathrm{d}x}{u^2v}=\frac{1}{k}\left(\frac{1}{u}+\frac{d}{k}\ln\left|\frac{v}{u}\right|\right)$

92. $\displaystyle\int\frac{\mathrm{d}x}{u^2v^2}=-\frac{1}{k^2}\left(\frac{b}{u}+\frac{d}{v}\right)-\frac{2bd}{k^3}\ln\left|\frac{v}{u}\right|$

93. $\displaystyle\int\frac{x}{u^2v}\mathrm{d}x=-\frac{a}{bku}-\frac{c}{k^2}\ln\left|\frac{v}{u}\right|$

94. $\displaystyle\int\frac{x}{u^2v^2}\mathrm{d}x=\frac{1}{k^2}\left(\frac{a}{u}+\frac{c}{v}\right)+\frac{ad+bc}{k^3}\ln\left|\frac{v}{u}\right|$

95. $\int \frac{x^2}{u^2 v} dx = \frac{a^2}{b^2 ku} + \frac{1}{k^2}\left[\frac{c^2}{d}\ln|v| + \frac{a(k-bc)}{b^2}\ln|u|\right]$

96. $\int \frac{x^2}{u^2 v^2} dx = -\frac{1}{k^2}\left(\frac{a^2}{bu} + \frac{c^2}{dv}\right) - \frac{2ac}{k^3}\ln\left|\frac{v}{u}\right|$

97. $\int u^m v^n dx = \frac{u^{m+1} v^n}{(m+n+1)b} + \frac{nk}{(n+n+1)b}\int u^m v^{n-1} dx$

98. $\int \frac{dx}{u^n v^m} = \frac{1}{k(m-1)}\left[-\frac{1}{u^{n-1} v^{m-1}} - b(m+n-2)\int \frac{dx}{u^n v^{m-1}}\right]$

99. $\int \frac{u}{v} dx = \frac{bx}{d} + \frac{k}{d^2}\ln|v|$

100. $\int \frac{u^m}{v^n} dx = -\frac{1}{k(n-1)}\left[\frac{u^{m+1}}{v^{n-1}} + b(n-m-2)\int \frac{u^m}{v^{n-1}} dx\right]$

$$= -\frac{1}{d(n-m-1)}\left(\frac{u^m}{v^{n-1}} + mk\int \frac{u^{m-1}}{v^n} dx\right)$$

$$= -\frac{1}{d(n-1)}\left(\frac{u^m}{v^{n-1}} - mb\int \frac{u^{m-1}}{v^{n-1}} dx\right)$$

Ⅰ.1.2.3 含有 $a+bx^n$ 的积分

101. $\int \frac{dx}{a+bx^2} = \begin{cases} \frac{1}{\sqrt{ab}}\arctan\frac{x\sqrt{ab}}{a} & (ab>0) \\ \frac{1}{2\sqrt{-ab}}\ln\left|\frac{a+x\sqrt{-ab}}{a-x\sqrt{-ab}}\right| & (ab<0) \\ \frac{1}{\sqrt{-ab}}\operatorname{artanh}\frac{x\sqrt{-ab}}{a} & (ab<0) \end{cases}$

102. $\int \frac{dx}{a^2+b^2x^2} = \frac{1}{ab}\arctan\frac{bx}{a}$

103. $\int \frac{dx}{a^2-b^2x^2} = \frac{1}{2ab}\ln\left|\frac{a+bx}{a-bx}\right|$

104. $\int \frac{dx}{(a+bx^2)^2} = \frac{x}{2a(a+bx^2)} + \frac{1}{2a}\int \frac{dx}{a+bx^2}$

105. $\int \frac{dx}{(a+bx^2)^{m+1}} = \frac{1}{2ma}\frac{x}{(a+bx^2)^m} + \frac{2m-1}{2ma}\int \frac{dx}{(a+bx^2)^m}$

$$= \frac{(2m)!}{(m!)^2}\left[\frac{x}{2a}\sum_{r=1}^{m}\frac{r!(r-1)!}{(4a)^{m-r}(2r)!(a+bx^2)^r} + \frac{1}{(4a)^m}\int \frac{dx}{a+bx^2}\right]$$

106. $\int \frac{x}{a+bx^2} dx = \frac{1}{2b}\ln|a+bx^2|$

107. $\int \frac{x}{(a+bx^2)^{m+1}}\mathrm{d}x = -\frac{1}{2mb(a+bx^2)^m}$

108. $\int \frac{x^2}{a+bx^2}\mathrm{d}x = \frac{x}{b} - \frac{a}{b}\int \frac{\mathrm{d}x}{a+bx^2}$

109. $\int \frac{x^2}{(a+bx^2)^{m+1}}\mathrm{d}x = -\frac{x}{2mb(a+bx^2)^m} + \frac{1}{2mb}\int \frac{\mathrm{d}x}{(a+bx^2)^m}$

110. $\int \frac{\mathrm{d}x}{x(a+bx^2)} = \frac{1}{2a}\ln\left|\frac{x^2}{a+bx^2}\right|$

111. $\int \frac{\mathrm{d}x}{x(a+bx^2)^{m+1}} = \frac{1}{2ma(a+bx^2)^m} + \frac{1}{a}\int \frac{\mathrm{d}x}{x(a+bx^2)^m}$

$$= \frac{1}{2a^{m+1}}\left[\sum_{r=1}^{m}\frac{a^r}{r(a+bx^2)^r} + \ln\left|\frac{x^2}{a+bx^2}\right|\right] \quad [1]$$

112. $\int \frac{\mathrm{d}x}{x^2(a+bx^2)} = -\frac{1}{ax} - \frac{b}{a}\int \frac{\mathrm{d}x}{a+bx^2}$

113. $\int \frac{\mathrm{d}x}{x^2(a+bx^2)^{m+1}} = \frac{1}{a}\int \frac{\mathrm{d}x}{x^2(a+bx^2)^m} - \frac{b}{a}\int \frac{\mathrm{d}x}{(a+bx^2)^{m+1}}$

114. $\int \frac{\mathrm{d}x}{a+bx^3} = \frac{k}{3a}\left[\frac{1}{2}\ln\left|\frac{(k+x)^3}{a+bx^3}\right| + \sqrt{3}\arctan\frac{2x-k}{k\sqrt{3}}\right]$

$\left(这里, k = \sqrt[3]{\frac{a}{b}}\right)$

115. $\int \frac{x}{a+bx^3}\mathrm{d}x = \frac{1}{3bk}\left[\frac{1}{2}\ln\left|\frac{a+bx^3}{(k+x)^3}\right| + \sqrt{3}\arctan\frac{2x-k}{k\sqrt{3}}\right]$

$\left(这里, k = \sqrt[3]{\frac{a}{b}}\right)$

116. $\int \frac{x^2}{a+bx^3}\mathrm{d}x = \frac{1}{3b}\ln|a+bx^3|$

117. $\int \frac{x^3}{a+bx^3}\mathrm{d}x = \frac{x}{b} - \frac{a}{b}\int \frac{\mathrm{d}x}{a+bx^3}$

118. $\int \frac{x^4}{a+bx^3}\mathrm{d}x = \frac{x^2}{2b} - \frac{a}{b}\int \frac{x}{a+bx^3}\mathrm{d}x$

119. $\int \frac{\mathrm{d}x}{(a+bx^3)^2} = \frac{x}{3a(a+bx^3)} + \frac{2}{3a}\int \frac{\mathrm{d}x}{a+bx^3}$

120. $\int \frac{x}{(a+bx^3)^2}\mathrm{d}x = \frac{x^2}{3a(a+bx^3)} + \frac{1}{3a}\int \frac{x}{a+bx^3}\mathrm{d}x$

121. $\int \frac{x^2}{(a+bx^3)^2}\mathrm{d}x = -\frac{1}{3b(a+bx^3)}$

122. $\int \frac{x^3}{(a+bx^3)^2}\mathrm{d}x = -\frac{x}{3b(a+bx^3)} + \frac{1}{3b}\int \frac{\mathrm{d}x}{a+bx^3}$

123. $\int \frac{dx}{x(a+bx^3)} = \frac{1}{3a}\ln\left|\frac{x^3}{a+bx^3}\right|$

124. $\int \frac{dx}{x^2(a+bx^3)} = -\frac{1}{ax} - \frac{b}{a}\int \frac{x}{a+bx^3}dx$

125. $\int \frac{dx}{x^3(a+bx^3)} = -\frac{1}{2ax^2} - \frac{b}{a}\int \frac{dx}{a+bx^3}$

126. $\int \frac{dx}{x(a+bx^3)^2} = \frac{1}{3a(a+bx^3)} + \frac{1}{3a^2}\ln\left|\frac{x^3}{a+bx^3}\right|$

127. $\int \frac{dx}{x^2(a+bx^3)^2} = -\left(\frac{1}{ax} + \frac{4bx^2}{3a^2}\right)\frac{1}{a+bx^3} - \frac{4b}{3a^2}\int \frac{x}{a+bx^3}dx$

128. $\int \frac{dx}{x^3(a+bx^3)^2} = -\left(\frac{1}{2ax^2} + \frac{5bx}{6a^2}\right)\frac{1}{a+bx^3} - \frac{5b}{3a^2}\int \frac{dx}{a+bx^3}$

129. $\int \frac{dx}{a+bx^4}$

$$= \begin{cases} \frac{k}{2a}\left(\frac{1}{2}\ln\frac{x^2+2kx+2k^2}{x^2-2kx+2k^2} + \arctan\frac{2kx}{2k^2-x^2}\right) & \left(ab>0, k=\sqrt[4]{\frac{a}{4b}}\right) \\ \frac{k}{2a}\left(\frac{1}{2}\ln\left|\frac{x+k}{x-k}\right| + \arctan\frac{x}{k}\right) & \left(ab<0, k=\sqrt[4]{-\frac{a}{b}}\right) \end{cases}$$

130. $\int \frac{x}{a+bx^4}dx = \frac{1}{2bk}\arctan\frac{x}{k} \quad \left(ab>0, k=\sqrt{\frac{a}{b}}\right)$

131. $\int \frac{x}{a+bx^4}dx = \frac{1}{4bk}\ln\left|\frac{x^2-k}{x^2+k}\right| \quad \left(ab<0, k=\sqrt{-\frac{a}{b}}\right)$

132. $\int \frac{x^2}{a+bx^4}dx = \frac{1}{4bk}\left(\frac{1}{2}\ln\frac{x^2-2kx+2k^2}{x^2+2kx+2k^2} + \arctan\frac{2kx}{2k^2-x^2}\right)$

$\left(ab>0, k=\sqrt[4]{\frac{a}{4b}}\right)$

133. $\int \frac{x^2}{a+bx^4}dx = \frac{1}{4bk}\left(\ln\left|\frac{x-k}{x+k}\right| + 2\arctan\frac{x}{k}\right) \quad \left(ab<0, k=\sqrt[4]{-\frac{a}{b}}\right)$

134. $\int \frac{x^3}{a+bx^4}dx = \frac{1}{4b}\ln|a+bx^4|$

135. $\int \frac{dx}{x(a+bx^n)} = \frac{1}{na}\ln\left|\frac{x^n}{a+bx^n}\right|$

136. $\int \frac{dx}{(a+bx^n)^{m+1}} = \frac{1}{a}\int \frac{dx}{(a+bx^n)^m} - \frac{b}{a}\int \frac{x^n}{(a+bx^n)^{m+1}}dx$

137. $\int \frac{x^m}{(a+bx^n)^{p+1}}dx = \frac{1}{b}\int \frac{x^{m-n}}{(a+bx^n)^p}dx - \frac{a}{b}\int \frac{x^{m-n}}{(a+bx^n)^{p+1}}dx$ [1]

138. $\int \frac{dx}{x^m(a+bx^n)^{p+1}} = \frac{1}{a}\int \frac{dx}{x^m(a+bx^n)^p} - \frac{b}{a}\int \frac{dx}{x^{m-n}(a+bx^n)^{p+1}}$ [1]

139. $\int x^m(a+bx^n)^p\mathrm{d}x$

$$=\frac{1}{b(np+m+1)}\left[x^{m-n+1}(a+bx^n)^{p+1}-a(m-n+1)\int x^{m-n}(a+bx^n)^p\mathrm{d}x\right]$$

$$=\frac{1}{np+m+1}\left[x^{m+1}(a+bx^n)^p+nap\int x^m(a+bx^n)^{p-1}\mathrm{d}x\right]$$

$$=\frac{1}{a(m+1)}\left[x^{m+1}(a+bx^n)^{p+1}-b(m+1+np+n)\int x^{m+n}(a+bx^n)^p\mathrm{d}x\right]$$

$$=\frac{1}{na(p+1)}\left[-x^{m+1}(a+bx^n)^{p+1}+(m+1+np+n)\int x^m(a+bx^n)^{p+1}\mathrm{d}x\right]$$

[1]

Ⅰ.1.2.4 含有 $1\pm x^n$ 的积分

140. $\int\frac{\mathrm{d}x}{1+x}=\ln|1+x|$

141. $\int\frac{\mathrm{d}x}{1+x^2}=\arctan x$

142. $\int\frac{\mathrm{d}x}{1+x^3}=\frac{1}{3}\ln\frac{|1+x|}{\sqrt{1-x+x^2}}+\frac{1}{\sqrt{3}}\arctan\frac{x\sqrt{3}}{2-x}$

143. $\int\frac{\mathrm{d}x}{1+x^4}=\frac{1}{4\sqrt{2}}\ln\frac{1+x\sqrt{2}+x^2}{1-x\sqrt{2}+x^2}+\frac{1}{2\sqrt{2}}\arctan\frac{x\sqrt{2}}{1-x^2}$

144. $\int\frac{\mathrm{d}x}{1+x^n}=-\frac{2}{n}\sum_{k=0}^{\frac{n}{2}-1}P_k\cos\frac{(2k+1)\pi}{n}+\frac{2}{n}\sum_{k=0}^{\frac{n}{2}-1}Q_k\sin\frac{(2k+1)\pi}{n}$

(n 为正偶数) [3]

$$\left\{\text{这里},P_k=\frac{1}{2}\ln\left[x^2-2x\cos\frac{(2k+1)\pi}{n}+1\right],\quad Q_k=\arctan\frac{x-\cos\frac{(2k+1)\pi}{n}}{\sin\frac{(2k+1)\pi}{n}}\right\}$$

145. $\int\frac{\mathrm{d}x}{1+x^n}=\frac{1}{n}\ln|1+x|-\frac{2}{n}\sum_{k=0}^{\frac{n-3}{2}}P_k\cos\frac{(2k+1)\pi}{n}+\frac{2}{n}\sum_{k=0}^{\frac{n-3}{2}}Q_k\sin\frac{(2k+1)\pi}{n}$

(n 为正奇数) [3]

$$\left\{\text{这里},P_k=\frac{1}{2}\ln\left[x^2-2x\cos\frac{(2k+1)\pi}{n}+1\right],\right.$$

$$Q_k=\arctan\frac{x-\cos\frac{(2k+1)\pi}{n}}{\sin\frac{(2k+1)\pi}{n}}\Bigg\}$$

146. $\int\frac{dx}{1-x}=-\ln|1-x|$

147. $\int\frac{dx}{1-x^2}=\frac{1}{2}\ln\left|\frac{1+x}{1-x}\right|=\mathrm{artanh}x\quad(|x|<1)$

148. $\int\frac{dx}{1-x^3}=\frac{1}{3}\ln\frac{\sqrt{1+x+x^2}}{|1-x|}+\frac{1}{\sqrt{3}}\arctan\frac{x\sqrt{3}}{2+x}$

149. $\int\frac{dx}{1-x^4}=\frac{1}{4}\ln\left|\frac{1+x}{1-x}\right|+\frac{1}{2}\arctan x$

150. $\int\frac{dx}{1-x^n}=\frac{1}{n}\ln\left|\frac{1+x}{1-x}\right|-\frac{2}{n}\sum_{k=0}^{\frac{n}{2}-1}P_k\cos\frac{2k\pi}{n}+\frac{2}{n}\sum_{k=0}^{\frac{n}{2}-1}Q_k\sin\frac{2k\pi}{n}$

(n 为正偶数) [3]

$$\left\{这里,P_k=\frac{1}{2}\ln\left[x^2-2x\cos\frac{2k\pi}{n}+1\right],Q_k=\arctan\frac{x-\cos\frac{2k\pi}{n}}{\sin\frac{2k\pi}{n}}\right\}$$

151. $\int\frac{dx}{1-x^n}=-\frac{1}{n}\ln|1-x|+\frac{2}{n}\sum_{k=0}^{\frac{n-3}{2}}P_k\cos\frac{(2k+1)\pi}{n}+\frac{2}{n}\sum_{k=0}^{\frac{n-3}{2}}Q_k\sin\frac{(2k+1)\pi}{n}$

(n 为正奇数) [3]

$$\Bigg\{这里,P_k=\frac{1}{2}\ln\left[x^2+2x\cos\frac{(2k+1)\pi}{n}+1\right],$$

$$Q_k=\arctan\frac{x+\cos\frac{(2k+1)\pi}{n}}{\sin\frac{(2k+1)\pi}{n}}\Bigg\}$$

152. $\int\frac{x}{1+x}dx=x-\ln|1+x|$

153. $\int\frac{x}{1+x^2}dx=\frac{1}{2}\ln(1+x^2)$

154. $\int\frac{x}{1+x^3}dx=-\frac{1}{6}\ln\frac{(1+x)^2}{1-x+x^2}+\frac{1}{\sqrt{3}}\arctan\frac{2x-1}{\sqrt{3}}$

155. $\int\frac{x}{1+x^4}dx=\frac{1}{2}\arctan x^2$

156. $\int\frac{x^{m-1}}{1+x^{2n}}dx=-\frac{1}{2n}\sum_{k=1}^{n}\cos\frac{m(2k-1)\pi}{2n}\ln\left[1-2x\cos\frac{(2k-1)\pi}{2n}+x^2\right]$

$$+\frac{1}{n}\sum_{k=1}^{n}\sin\frac{m(2k-1)\pi}{2n}\arctan\frac{x-\cos\frac{(2k-1)\pi}{2n}}{\sin\frac{(2k-1)\pi}{2n}}$$

$(m\leqslant 2n)$ [3]

157. $$\int\frac{x^{m-1}}{1+x^{2n+1}}dx=\frac{(-1)^{m+1}}{2n+1}\ln|1+x|$$
$$-\frac{1}{2n+1}\sum_{k=1}^{n}\cos\frac{m(2k-1)\pi}{2n+1}\ln\left(1-2x\cos\frac{(2k-1)\pi}{2n+1}+x^2\right)$$
$$+\frac{2}{2n+1}\sum_{k=1}^{n}\sin\frac{m(2k-1)\pi}{2n+1}\arctan\frac{x-\cos\frac{(2k-1)\pi}{2n+1}}{\sin\frac{(2k-1)\pi}{2n+1}}$$

(m 和 n 皆为自然数,且 $m\leqslant 2n$) [3]

158. $$\int\frac{x}{1-x}dx=-x-\ln|1-x|$$

159. $$\int\frac{x}{1-x^2}dx=-\frac{1}{2}\ln|1-x^2|$$

160. $$\int\frac{x}{1-x^3}dx=-\frac{1}{6}\ln\frac{(1-x)^2}{1+x+x^2}-\frac{1}{\sqrt{3}}\arctan\frac{2x+1}{\sqrt{3}}$$

161. $$\int\frac{x}{1-x^4}dx=\frac{1}{4}\ln\left|\frac{1+x^2}{1-x^2}\right|$$

162. $$\int\frac{x^{m-1}}{1-x^{2n}}dx=\frac{1}{2n}[(-1)^{m+1}\ln|1+x|-\ln|1-x|]$$
$$-\frac{1}{2n}\sum_{k=1}^{n-1}\cos\frac{km\pi}{n}\ln\left(1-2x\cos\frac{k\pi}{n}+x^2\right)$$
$$+\frac{1}{n}\sum_{k=1}^{n-1}\sin\frac{km\pi}{n}\arctan\frac{x-\cos\frac{k\pi}{n}}{\sin\frac{k\pi}{n}}\quad(m<2n)$$ [3]

163. $$\int\frac{x^{m-1}}{1-x^{2n+1}}dx=-\frac{1}{2n+1}\ln|1-x|$$
$$+\frac{(-1)^{m+1}}{2n+1}\sum_{k=1}^{n}\cos\frac{m(2k-1)\pi}{2n+1}\ln\left[1+2x\cos\frac{(2k-1)\pi}{2n}+x^2\right]$$
$$+\frac{(-1)^{m+1}\cdot 2}{2n+1}\sum_{k=1}^{n}\sin\frac{m(2k-1)\pi}{2n+1}\arctan\frac{x+\cos\frac{(2k-1)\pi}{2n+1}}{\sin\frac{(2k-1)\pi}{2n+1}}$$

$(m\leqslant 2n)$ [3]

Ⅰ.1.2.5 含有 c^2+x^2 的积分

164. $\int \frac{\mathrm{d}x}{c^2+x^2}=\frac{1}{c}\arctan\frac{x}{c}$

165. $\int \frac{\mathrm{d}x}{(c^2+x^2)^2}=\frac{1}{2c^3}\left(\frac{cx}{c^2+x^2}+\arctan\frac{x}{c}\right)$

166. $\int \frac{\mathrm{d}x}{(c^2+x^2)^3}=\frac{1}{8c^5}\left[\frac{2c^3x}{(c^2+x^2)^2}+\frac{3cx}{c^2+x^2}+3\arctan\frac{x}{c}\right]$

167. $\int \frac{\mathrm{d}x}{(c^2+x^2)^n}=\frac{x}{2(n-1)c^2(c^2+x^2)^{n-1}}+\frac{2n-3}{2(n-1)c^2}\int\frac{\mathrm{d}x}{(c^2+x^2)^{n-1}}\quad(n\neq 1)$

168. $\int \frac{x}{c^2+x^2}\mathrm{d}x=\frac{1}{2}\ln(c^2+x^2)$

169. $\int \frac{x}{(c^2+x^2)^2}\mathrm{d}x=-\frac{1}{2(c^2+x^2)}$

170. $\int \frac{x}{(c^2+x^2)^n}\mathrm{d}x=-\frac{1}{2(n-1)(c^2+x^2)^{n-1}}\quad(n\neq 1)$

171. $\int \frac{x}{(c^2+x^2)^{n+1}}\mathrm{d}x=-\frac{1}{2n(c^2+x^2)^n}$

172. $\int \frac{x^2}{c^2+x^2}\mathrm{d}x=x-c\arctan\frac{x}{c}$

173. $\int \frac{x^2}{(c^2+x^2)^2}\mathrm{d}x=-\frac{x}{2(c^2+x^2)}+\frac{1}{2c}\arctan\frac{x}{c}$

174. $\int \frac{x^2}{(c^2+x^2)^n}\mathrm{d}x=-\frac{x}{2(n-1)(c^2+x^2)^{n-1}}+\frac{1}{2(n-1)}\int\frac{\mathrm{d}x}{(c^2+x^2)^{n-1}}\quad(n\neq 1)$

175. $\int \frac{x^3}{c^2+x^2}\mathrm{d}x=\frac{x^2}{2}-\frac{c^2}{2}\ln(c^2+x^2)$

176. $\int \frac{x^3}{(c^2+x^2)^2}\mathrm{d}x=\frac{c^2}{2(c^2+x^2)}+\frac{1}{2}\ln(c^2+x^2)$

177. $\int \frac{x^3}{(c^2+x^2)^n}\mathrm{d}x=-\frac{1}{2(n-2)(c^2+x^2)^{n-2}}+\frac{c^2}{2(n-1)(c^2+x^2)^{n-1}}\quad(n\neq 1,2)$

178. $\int \frac{x^m}{(c^2+x^2)^n}\mathrm{d}x=-\frac{x^{m-1}}{2(n-1)(c^2+x^2)^{n-1}}+\frac{m-1}{2(n-1)}\int\frac{x^{m-2}}{(c^2+x^2)^{n-1}}\mathrm{d}x$
$(n\neq 1)$

179. $\int \frac{\mathrm{d}x}{x(c^2+x^2)}=\frac{1}{2c^2}\ln\frac{x^2}{c^2+x^2}$

180. $\int \frac{\mathrm{d}x}{x(c^2+x^2)^2}=\frac{1}{2c^2(c^2+x^2)}+\frac{1}{2c^4}\ln\frac{x^2}{c^2+x^2}$

181. $\int \frac{dx}{x(c^2+x^2)^3} = \frac{1}{4c^2(c^2+x^2)^2} + \frac{1}{2c^4(c^2+x^2)} + \frac{1}{2c^6}\ln\frac{x^2}{c^2+x^2}$

182. $\int \frac{dx}{x(c^2+x^2)^n} = \frac{1}{2(n-1)c^2(c^2+x^2)^{n-1}} + \frac{1}{c^2}\int\frac{dx}{x(c^2+x^2)^{n-1}} \quad (n\neq 1)$

183. $\int \frac{dx}{x^2(c^2+x^2)} = -\frac{1}{c^2x} - \frac{1}{c^3}\arctan\frac{x}{c}$

184. $\int \frac{dx}{x^2(c^2+x^2)^2} = -\frac{1}{c^4x} - \frac{x}{2c^4(c^2+x^2)} - \frac{3}{2c^5}\arctan\frac{x}{c}$

185. $\int \frac{dx}{x^2(c^2+x^2)^n} = -\frac{1}{c^2x(c^2+x^2)^{n-1}} - \frac{2n-1}{c^2}\int\frac{dx}{(c^2+x^2)^n}$

186. $\int \frac{dx}{x^3(c^2+x^2)} = -\frac{1}{2c^2x^2} - \frac{1}{2c^4}\ln\frac{x^2}{c^2+x^2}$

187. $\int \frac{dx}{x^3(c^2+x^2)^2} = -\frac{1}{2c^4x^2} - \frac{1}{2c^4(c^2+x^2)} - \frac{1}{2c^6}\ln\frac{x^2}{c^2+x^2}$

188. $\int \frac{dx}{x^3(c^2+x^2)^n} = -\frac{1}{2c^2x^2(c^2+x^2)^{n-1}} - \frac{n}{c^2}\int\frac{dx}{x(c^2+x^2)^n}$

189. $\int \frac{dx}{x^m(c^2+x^2)^n} = -\frac{1}{(m-1)c^2x^{m-1}(c^2+x^2)^{n-1}} - \frac{m+2n-3}{(m-1)c^2}\int\frac{dx}{x^{m-2}(c^2+x^2)^n}$
$(m\neq 1)$

Ⅰ.1.2.6 含有 c^2-x^2 的积分

190. $\int \frac{dx}{c^2-x^2} = \frac{1}{2c}\ln\left|\frac{c+x}{c-x}\right| \quad (c^2>x^2)$

191. $\int \frac{dx}{(c^2-x^2)^2} = \frac{1}{2c^2}\left(\frac{cx}{c^2-x^2} + \ln\sqrt{\frac{c+x}{c-x}}\right)$

192. $\int \frac{dx}{(c^2-x^2)^n} = \frac{1}{2c^2(n-1)}\left[\frac{x}{(c^2-x^2)^{n-1}} + (2n-3)\int\frac{dx}{(c^2-x^2)^{n-1}}\right]$

193. $\int \frac{x}{c^2-x^2}dx = -\frac{1}{2}\ln|c^2-x^2|$

194. $\int \frac{x}{(c^2-x^2)^2}dx = \frac{1}{2(c^2-x^2)}$

195. $\int \frac{x}{(c^2-x^2)^{n+1}}dx = \frac{1}{2n(c^2-x^2)^n}$

196. $\int \frac{x^2}{c^2-x^2}dx = -x + \frac{c}{2}\ln\left|\frac{c+x}{c-x}\right|$

197. $\int \frac{x^2}{(c^2-x^2)^2}dx = \frac{x}{2(c^2-x^2)} - \frac{1}{4c}\ln\left|\frac{c+x}{c-x}\right|$

198. $\int \frac{x^2}{(c^2-x^2)^n}\mathrm{d}x = \frac{x}{2(n-1)(c^2-x^2)^{n-1}} - \frac{1}{2(n-1)}\int \frac{\mathrm{d}x}{(c^2-x^2)^{n-1}} \quad (n \neq 1)$

199. $\int \frac{x^3}{c^2-x^2}\mathrm{d}x = -\frac{x^2}{2} - \frac{c^2}{2}\ln|c^2-x^2|$

200. $\int \frac{x^3}{(c^2-x^2)^2}\mathrm{d}x = \frac{c^2}{2(c^2-x^2)} + \frac{1}{2}\ln|c^2-x^2|$

201. $\int \frac{x^3}{(c^2-x^2)^n}\mathrm{d}x = -\frac{1}{2(n-2)(c^2-x^2)^{n-2}} + \frac{c^2}{2(n-1)(c^2-x^2)^{n-1}} \quad (n \neq 1,2)$

202. $\int \frac{x^m}{(c^2-x^2)^n}\mathrm{d}x = \frac{x^{m-1}}{2(n-1)(c^2-x^2)^{n-1}} - \frac{m-1}{2(n-1)}\int \frac{x^{m-2}}{(c^2-x^2)^{n-1}}\mathrm{d}x \quad (n \neq 1)$

203. $\int \frac{\mathrm{d}x}{x(c^2-x^2)} = \frac{1}{2c^2}\ln\left|\frac{x^2}{c^2-x^2}\right|$

204. $\int \frac{\mathrm{d}x}{x(c^2-x^2)^2} = \frac{1}{2c^2(c^2-x^2)} + \frac{1}{2c^4}\ln\left|\frac{x^2}{c^2-x^2}\right|$

205. $\int \frac{\mathrm{d}x}{x(c^2-x^2)^3} = \frac{1}{4c^2(c^2-x^2)^2} + \frac{1}{2c^4(c^2-x^2)} + \frac{1}{2c^6}\ln\left|\frac{x^2}{c^2-x^2}\right|$

206. $\int \frac{\mathrm{d}x}{x(c^2-x^2)^n} = \frac{1}{2(n-1)c^2(c^2-x^2)^{n-1}} + \frac{1}{c^2}\int \frac{\mathrm{d}x}{x(c^2-x^2)^{n-1}} \quad (n \neq 1)$

207. $\int \frac{\mathrm{d}x}{x^2(c^2-x^2)} = -\frac{1}{c^2x} + \frac{1}{c^3}\operatorname{artanh}\frac{x}{c}$

208. $\int \frac{\mathrm{d}x}{x^2(c^2-x^2)^2} = -\frac{1}{c^4x} + \frac{1}{2c^4(c^2-x^2)} + \frac{3}{2c^5}\operatorname{artanh}\frac{x}{c}$

209. $\int \frac{\mathrm{d}x}{x^2(c^2-x^2)^n} = -\frac{1}{c^2x(c^2-x^2)^{n-1}} + \frac{2n-1}{c^2}\int \frac{\mathrm{d}x}{(c^2-x^2)^n}$

210. $\int \frac{\mathrm{d}x}{x^3(c^2-x^2)} = -\frac{1}{2c^2x^2} + \frac{1}{2c^4}\ln\left|\frac{x^2}{c^2-x^2}\right|$

211. $\int \frac{\mathrm{d}x}{x^3(c^2-x^2)^2} = -\frac{1}{2c^4x^2} + \frac{1}{2c^4(c^2-x^2)} + \frac{1}{c^6}\ln\left|\frac{x^2}{c^2-x^2}\right|$

212. $\int \frac{\mathrm{d}x}{x^3(c^2-x^2)^n} = -\frac{1}{2c^2x^2(c^2-x^2)^{n-1}} + \frac{n}{c^2}\int \frac{\mathrm{d}x}{x(c^2-x^2)^n}$

213. $\int \frac{\mathrm{d}x}{x^m(c^2-x^2)^n} = -\frac{1}{(m-1)c^2x^{m-1}} + \frac{m+2n-3}{(m-1)c^2}\int \frac{\mathrm{d}x}{x^{m-2}(c^2-x^2)^n} \quad (m \neq 1)$

214. $\int \frac{\mathrm{d}x}{x^2-c^2} = \frac{1}{2c}\ln\left|\frac{x-c}{x+c}\right| \quad (x^2 > c^2)$

215. $\int \frac{\mathrm{d}x}{(x^2-c^2)^n} = \frac{1}{2c^2(n-1)}\left[-\frac{x}{(x^2-c^2)^{n-1}} - (2n-3)\int \frac{\mathrm{d}x}{(x^2-c^2)^{n-1}}\right]$

216. $\int \frac{x}{x^2-c^2}\mathrm{d}x = \frac{1}{2}\ln|x^2-c^2|$

217. $\int \frac{x}{(x^2-c^2)^{n+1}}\mathrm{d}x = -\frac{1}{2n(x^2-c^2)^n}$

Ⅰ.1.2.7 含有 $c^3 \pm x^3$ 的积分

218. $\int \frac{\mathrm{d}x}{c^3 \pm x^3} = \pm \frac{1}{6c^2} \ln \left| \frac{(c \pm x)^3}{c^3 \pm x^3} \right| + \frac{1}{c^3\sqrt{3}} \arctan \frac{2x \mp c}{c\sqrt{3}}$

219. $\int \frac{\mathrm{d}x}{(c^3 \pm x^3)^2} = \frac{x}{3c^3(c^3 \pm x^3)} + \frac{2}{3c^3} \int \frac{\mathrm{d}x}{c^3 \pm x^3}$

220. $\int \frac{\mathrm{d}x}{(c^3 \pm x^3)^{n+1}} = \frac{1}{3nc^3} \left[\frac{x}{(c^3 \pm x^3)^n} + (3n-1) \int \frac{\mathrm{d}x}{(c^3 \pm x^3)^n} \right]$

221. $\int \frac{x}{c^3 \pm x^3} \mathrm{d}x = \frac{1}{6c} \ln \left| \frac{c^3 \pm x^3}{(c \pm x)^3} \right| \pm \frac{1}{c\sqrt{3}} \arctan \frac{2x \mp c}{c\sqrt{3}}$

222. $\int \frac{x}{(c^3 \pm x^3)^2} \mathrm{d}x = \frac{x^2}{3c^3(c^3 \pm x^3)} + \frac{1}{3c^3} \int \frac{x}{c^3 \pm x^3} \mathrm{d}x$

223. $\int \frac{x}{(c^3 \pm x^3)^{n+1}} \mathrm{d}x = \frac{1}{3nc^3} \left[\frac{x^2}{(c^3 \pm x^3)^n} + (3n-2) \int \frac{x}{(c^3 \pm x^3)^n} \mathrm{d}x \right]$

224. $\int \frac{x^2}{c^3 \pm x^3} \mathrm{d}x = \pm \frac{1}{3} \ln | c^3 \pm x^3 |$

225. $\int \frac{x^2}{(c^3 \pm x^3)^2} \mathrm{d}x = \mp \frac{1}{3(c^3 \pm x^3)}$

226. $\int \frac{x^2}{(c^3 \pm x^3)^{n+1}} \mathrm{d}x = \mp \frac{1}{3n(c^3 \pm x^3)^n}$

227. $\int \frac{x^3}{c^3 \pm x^3} \mathrm{d}x = \pm x \mp c^3 \int \frac{\mathrm{d}x}{c^3 \pm x^3}$

228. $\int \frac{x^3}{(c^3 \pm x^3)^2} \mathrm{d}x = \mp \frac{x}{3(c^3 \pm x^3)} \pm \frac{1}{3} \int \frac{\mathrm{d}x}{c^3 \pm x^3}$

229. $\int \frac{x^3}{(c^3 \pm x^3)^n} \mathrm{d}x = \frac{x^4}{3c^3(n-1)(c^3 \pm x^3)^{n-1}} + \frac{3n-7}{3c^3(n-1)} \int \frac{x^3}{(c^3 \pm x^3)^{n-1}} \mathrm{d}x$

$(n \neq 1)$

230. $\int \frac{x^m}{(c^3 \pm x^3)^n} \mathrm{d}x = \frac{x^{m+1}}{3c^3(n-1)(c^3 \pm x^3)^{n-1}} - \frac{m-3n+4}{3c^3(n-1)} \int \frac{x^m}{(c^3 \pm x^3)^{n-1}} \mathrm{d}x$

$(n \neq 1)$

231. $\int \frac{\mathrm{d}x}{x(c^3 \pm x^3)} = \frac{1}{3c^3} \ln \left| \frac{x^3}{c^3 \pm x^3} \right|$

232. $\int \frac{\mathrm{d}x}{x(c^3 \pm x^3)^2} = \frac{1}{3c^3(c^3 \pm x^3)} + \frac{1}{3c^6} \ln \left| \frac{x^3}{c^3 \pm x^3} \right|$

233. $\int \frac{\mathrm{d}x}{x(c^3 \pm x^3)^3} = \frac{1}{6c^3(c^3 \pm x^3)^2} + \frac{1}{c^3} \int \frac{\mathrm{d}x}{x(c^3 \pm x^3)^2}$

234. $\int \frac{\mathrm{d}x}{x(c^3 \pm x^3)^{n+1}} = \frac{1}{3nc^3(c^3 \pm x^3)^n} + \frac{1}{c^3}\int \frac{\mathrm{d}x}{x(c^3 \pm x^3)^n}$

235. $\int \frac{\mathrm{d}x}{x^2(c^3 \pm x^3)} = -\frac{1}{c^3 x} \mp \frac{1}{c^3}\int \frac{x}{c^3 \pm x^3}\mathrm{d}x$

236. $\int \frac{\mathrm{d}x}{x^2(c^3 \pm x^3)^2} = -\frac{1}{c^6 x} \mp \frac{x^2}{3c^6(c^3 \pm x^3)} \mp \frac{4}{3c^6}\int \frac{x}{c^3 \pm x^3}\mathrm{d}x$

237. $\int \frac{\mathrm{d}x}{x^2(c^3 \pm x^3)^{n+1}} = \frac{1}{c^3}\int \frac{\mathrm{d}x}{x^2(c^3 \pm x^3)^n} \mp \frac{1}{c^3}\int \frac{x}{(c^3 \pm x^3)^{n+1}}\mathrm{d}x$

238. $\int \frac{\mathrm{d}x}{x^3(c^3 \pm x^3)} = -\frac{1}{2c^3 x^2} \mp \frac{1}{c^3}\int \frac{\mathrm{d}x}{c^3 \pm x^3}$

239. $\int \frac{\mathrm{d}x}{x^3(c^3 \pm x^3)^2} = -\frac{1}{2c^6 x^2} \mp \frac{x}{3c^6(c^3 \pm x^3)} \mp \frac{5}{3c^6}\int \frac{\mathrm{d}x}{c^3 \pm x^3}$

240. $\int \frac{\mathrm{d}x}{x^3(c^3 \pm x^3)^n} = \frac{1}{3c^3(n-1)x^2(c^3 \pm x^3)^{n-1}} + \frac{3n-1}{3c^3(n-1)}\int \frac{\mathrm{d}x}{x^3(c^3 \pm x^3)^{n-1}}$
$(n \neq 1)$

241. $\int \frac{\mathrm{d}x}{x^m(c^3 \pm x^3)^n} = \frac{1}{3c^3(n-1)x^{m-1}(c^3 \pm x^3)^{n-1}} + \frac{m+3n-4}{3c^3(n-1)}\int \frac{\mathrm{d}x}{x^m(c^3 \pm x^3)^{n-1}}$
$(n \neq 1)$

I.1.2.8 含有 $c^4 + x^4$ 的积分

242. $\int \frac{\mathrm{d}x}{c^4 + x^4} = \frac{1}{2c^3\sqrt{2}}\left(\frac{1}{2}\ln\frac{x^2 + cx\sqrt{2} + c^2}{x^2 - cx\sqrt{2} + c^2} + \arctan\frac{cx\sqrt{2}}{c^2 - x^2}\right)$

243. $\int \frac{\mathrm{d}x}{(c^4 + x^4)^n} = \frac{x}{4(n-1)c^4(c^4 + x^4)^{n-1}} + \frac{4n-5}{4(n-1)c^4}\int \frac{\mathrm{d}x}{(c^4 + x^4)^{n-1}} \quad (n \neq 1)$

244. $\int \frac{x}{c^4 + x^4}\mathrm{d}x = \frac{1}{2c^2}\arctan\frac{x^2}{c^2}$

245. $\int \frac{x^2}{c^4 + x^4}\mathrm{d}x = \frac{1}{2c\sqrt{2}}\left(\frac{1}{2}\ln\frac{x^2 - cx\sqrt{2} + c^2}{x^2 + cx\sqrt{2} + c^2} + \arctan\frac{cx\sqrt{2}}{c^2 - x^2}\right)$

246. $\int \frac{x^3}{c^4 + x^4}\mathrm{d}x = \frac{1}{4}\ln(c^4 + x^4)$

247. $\int \frac{x^4}{c^4 + x^4}\mathrm{d}x = x - \frac{c}{2\sqrt{2}}\left(\arctan\frac{cx\sqrt{2}}{c^2 + x^2} + \operatorname{artanh}\frac{cx\sqrt{2}}{c^2 - x^2}\right)$

248. $\int \frac{x^m}{c^4 + x^4}\mathrm{d}x = \frac{x^{m-3}}{m-3} - c^4\int \frac{x^{m-4}}{c^4 + x^4}\mathrm{d}x \quad (m \neq 3)$

249. $\int \frac{x^m}{(c^4 + x^4)^n}\mathrm{d}x = \frac{x^{m+1}}{4c^4(n-1)(c^4 + x^4)^{n-1}} + \frac{4n-m-5}{4c^4(n-1)}\int \frac{x^m}{(c^4 + x^4)^{n-1}}\mathrm{d}x$

$(n \neq 1)$

250. $\int \frac{dx}{x(c^4+x^4)} = \frac{1}{2c^4} \ln \frac{x^2}{\sqrt{c^4+x^4}}$

251. $\int \frac{dx}{x^2(c^4+x^4)} = -\frac{1}{c^4 x} + \frac{1}{2c^5\sqrt{2}}\left(\arctan \frac{cx\sqrt{2}}{c^2+x^2} - \operatorname{artanh} \frac{cx\sqrt{2}}{c^2-x^2}\right)$

252. $\int \frac{dx}{x^3(c^4+x^4)} = -\frac{1}{2c^4x^2} - \frac{1}{2c^6} \arctan \frac{x^2}{c^2}$

253. $\int \frac{dx}{x^4(c^4+x^4)} = -\frac{1}{3c^4x^3} - \frac{1}{2c^7\sqrt{2}}\left(\arctan \frac{cx\sqrt{2}}{c^2-x^2} + \operatorname{artanh} \frac{cx\sqrt{2}}{c^2+x^2}\right)$

254. $\int \frac{dx}{x^m(c^4+x^4)} = -\frac{1}{(m-1)c^4x^{m-1}} - \frac{1}{c^4}\int \frac{dx}{x^{m-4}(c^4+x^4)} \quad (m \neq 1)$

255.
$$\int \frac{dx}{x^m(c^4+x^4)^n} = \frac{1}{4(n-1)c^4x^{m-1}(c^4+x^4)^{n-1}} + \frac{m+4n-5}{4(n-1)c^4}\int \frac{dx}{x^m(c^4+x^4)^{n-1}} \quad (n \neq 1)$$
$$= -\frac{1}{4(m-1)c^4x^{m-1}(c^4+x^4)^{n-1}} - \frac{m+4n-5}{(m-1)c^4}\int \frac{dx}{x^{m-4}(c^4+x^4)^n} \quad (m \neq 1)$$
[2]

Ⅰ.1.2.9 含有 c^4-x^4 的积分

256. $\int \frac{dx}{c^4-x^4} = \frac{1}{2c^3}\left(\frac{1}{2}\ln\left|\frac{c+x}{c-x}\right| + \arctan \frac{x}{c}\right)$

257. $\int \frac{dx}{(c^4-x^4)^n} = \frac{x}{4(n-1)c^4(c^4-x^4)^{n-1}} + \frac{4n-5}{4(n-1)c^4}\int \frac{dx}{(c^4-x^4)^{n-1}} \quad (n \neq 1)$

258. $\int \frac{x}{c^4-x^4}dx = \frac{1}{4c^2}\ln\left|\frac{c^2+x^2}{c^2-x^2}\right|$

259. $\int \frac{x^2}{c^4-x^4}dx = \frac{1}{2c}\left(\frac{1}{2}\ln\left|\frac{c+x}{c-x}\right| - \arctan \frac{x}{c}\right)$

260. $\int \frac{x^3}{c^4-x^4}dx = -\frac{1}{4}\ln|c^4-x^4|$

261. $\int \frac{x^4}{c^4-x^4}dx = -x + \frac{c}{2}\left(\ln\sqrt{\frac{c+x}{c-x}} + \arctan \frac{x}{c}\right)$

262. $\int \frac{x^m}{c^4-x^4}dx = -\frac{x^{m-3}}{m-3} + c^4\int \frac{x^{m-4}}{c^4-x^4}dx \quad (m \neq 3)$

263. $\int \frac{x^m}{(c^4-x^4)^n}dx = \frac{x^{m+1}}{4c^4(n-1)(c^4-x^4)^{n-1}} + \frac{4n-m-5}{4c^4(n-1)}\int \frac{x^m}{(c^4-x^4)^{n-1}}dx$

$(n \neq 1)$

264. $\displaystyle\int \frac{\mathrm{d}x}{x(c^4-x^4)} = \frac{1}{2c^4}\ln\frac{x^2}{\sqrt{c^4-x^4}}$

265. $\displaystyle\int \frac{\mathrm{d}x}{x^2(c^4-x^4)} = -\frac{1}{c^4x} + \frac{1}{2c^5}\left(\ln\sqrt{\frac{c+x}{c-x}} - \arctan\frac{x}{c}\right)$

266. $\displaystyle\int \frac{\mathrm{d}x}{x^3(c^4-x^4)} = -\frac{1}{2c^4x^2} + \frac{1}{4c^6}\ln\left|\frac{c^2+x^2}{c^2-x^2}\right|$

267. $\displaystyle\int \frac{\mathrm{d}x}{x^4(c^4-x^4)} = -\frac{1}{3c^4x^3} + \frac{1}{2c^7}\left(\ln\sqrt{\frac{c+x}{c-x}} + \arctan\frac{x}{c}\right)$

268. $\displaystyle\int \frac{\mathrm{d}x}{x^m(c^4-x^4)} = -\frac{1}{(m-1)c^4x^{m-1}} + \frac{1}{c^4}\int\frac{\mathrm{d}x}{x^{m-4}(c^4-x^4)} \quad (m \neq 1)$

269.
$$\int \frac{\mathrm{d}x}{x^m(c^4-x^4)^n} = \frac{1}{4(n-1)c^4x^{m-1}(c^4-x^4)^{n-1}} + \frac{m+4n-5}{4(n-1)c^4}\int\frac{\mathrm{d}x}{x^m(c^4-x^4)^{n-1}} \quad (n \neq 1)$$
$$= -\frac{1}{(m-1)c^4x^{m-1}(c^4-x^4)^{n-1}} + \frac{m+4n-5}{(m-1)c^4}\int\frac{\mathrm{d}x}{x^{m-4}(c^4-x^4)^n} \quad (m \neq 1)$$

I.1.2.10 含有 $a+bx+cx^2$ 的积分

设 $X=a+bx+cx^2$ 和 $q=4ac-b^2$. 如果 $q=0$,则 $X=c\left(x+\frac{b}{2c}\right)^2$,应该使用另外的公式.

270. $\displaystyle\int X^2\,\mathrm{d}x = \frac{(b+2cx)q^2}{60c^3}\left(1+\frac{2cX}{q}+\frac{12c^2X^2}{2q^2}\right) \quad (q \neq 0)$

271. $\displaystyle\int X^3\,\mathrm{d}x = \frac{(b+2cx)q^3}{600c^4}\left\{1+\frac{2cX}{q}\left[1+\frac{6cX}{2q}\left(1+\frac{10cX}{3q}\right)\right]\right\} \quad (q \neq 0)$

272.
$$\int X^m\,\mathrm{d}x = \left(\frac{q}{c}\right)^m\frac{(m!)^2}{(2m+1)!}\,\frac{b+2cx}{2c}\,\bigwedge_{k=1}^{m}\left[1+\frac{(2k-1)2cX}{kq}\right] \quad (q \neq 0) \qquad [2]$$
$$= (-1)^m\frac{\left(m!\right)^2}{\left(2m+1\right)!}\,\frac{b+2cx}{2c}\sum_{k=0}^{m}(-1)^k\binom{2k}{k}\left(\frac{b^2-4ac}{c}\right)^{m-k}X^k \qquad [16]$$

[这里,符号 $\bigwedge_{k=1}^{m}[\ ]$ 为嵌套和(见附录),以下同]

273. $\int xX^m\,\mathrm{d}x = \frac{X^{m+1}}{2(m+1)c} - \frac{b}{2(m+1)c} - \frac{b}{2c}\int X^m\,\mathrm{d}x$

274. $\int \frac{\mathrm{d}x}{X} = \begin{cases} \frac{2}{\sqrt{q}}\arctan\frac{2cx+b}{\sqrt{q}} & (q>0) \\ -\frac{2}{\sqrt{-q}}\operatorname{artanh}\frac{2cx+b}{\sqrt{-q}} & (q<0) \\ \frac{1}{\sqrt{-q}}\ln\left|\frac{2cx+b-\sqrt{-q}}{2cx+b+\sqrt{-q}}\right| & (q<0) \end{cases}$

275. $\int \frac{\mathrm{d}x}{X^2} = \frac{2cx+b}{qX} + \frac{2c}{q}\int\frac{\mathrm{d}x}{X}$

276. $\int \frac{\mathrm{d}x}{X^3} = \frac{2cx+b}{q}\left(\frac{1}{2X^2}+\frac{3c}{qX}\right) + \frac{6c^2}{q^2}\int\frac{\mathrm{d}x}{X}$

277. $\int \frac{\mathrm{d}x}{X^{n+1}} = \frac{2cx+b}{nqX^n} + \frac{2(2n-1)c}{nq}\int\frac{\mathrm{d}x}{X^n}$

$= \frac{(2n)!}{(n!)^2}\left(\frac{c}{q}\right)^n\left[\frac{2cx+b}{q}\sum_{r=1}^{n}\left(\frac{q}{cX}\right)^r\frac{(r-1)!r!}{(2r)!} + \int\frac{\mathrm{d}x}{X}\right]$ [1]

278. $\int \frac{x}{X}\,\mathrm{d}x = \frac{1}{2c}\ln|X| - \frac{b}{2c}\int\frac{\mathrm{d}x}{X}$

279. $\int \frac{x}{X^2}\,\mathrm{d}x = -\frac{2a+bx}{qX} - \frac{b}{q}\int\frac{\mathrm{d}x}{X}$

280. $\int \frac{x}{X^{n+1}}\,\mathrm{d}x = -\frac{2a+bx}{nqX^n} - \frac{b(2n-1)}{nq}\int\frac{\mathrm{d}x}{X^n}$

281. $\int \frac{x^2}{X}\,\mathrm{d}x = \frac{x}{c} - \frac{b}{2c^2}\ln|X| + \frac{b^2-2ac}{2c^2}\int\frac{\mathrm{d}x}{X}$

282. $\int \frac{x^2}{X^2}\,\mathrm{d}x = \frac{(b^2-2ac)x+ab}{cqX} + \frac{2a}{q}\int\frac{\mathrm{d}x}{X}$

283. $\int \frac{x^3}{X}\,\mathrm{d}x = \frac{x^2}{2c} - \frac{bx}{c^2} + \frac{b^2-ac}{2c^3}\ln|X| - \frac{b(b^2-3ac)}{2c^3}\int\frac{\mathrm{d}x}{X}$

284. $\int \frac{x^3}{X^2}\,\mathrm{d}x = \frac{1}{2c^2}\ln|X| + \frac{a(2ac-b^2)+b(3ac-b^2)x}{c^2qX} - \frac{b(6ac-b^2)}{2c^2q}\int\frac{\mathrm{d}x}{X}$

285. $\int \frac{x^m}{X^{n+1}}\,\mathrm{d}x = -\frac{x^{m-1}}{(2n-m+1)cX^n} - \frac{n-m+1}{2n-m+1}\,\frac{b}{c}\int\frac{x^{m-1}}{X^{n+1}}\,\mathrm{d}x$

$+ \frac{m-1}{2n-m+1}\,\frac{a}{c}\int\frac{x^{m-2}}{X^{n+1}}\,\mathrm{d}x$ [1]

286. $\int \frac{\mathrm{d}x}{xX} = \frac{1}{2a}\ln\frac{x^2}{|X|} - \frac{b}{2a}\int\frac{\mathrm{d}x}{X}$

287. $\int \frac{\mathrm{d}x}{x^2X} = \frac{b}{2a^2}\ln\frac{|X|}{x^2} - \frac{1}{ax} + \left(\frac{b^2}{2a^2}-\frac{c}{a}\right)\int\frac{\mathrm{d}x}{X}$

288. $\displaystyle\int\frac{\mathrm{d}x}{xX^n}=\frac{1}{2a(n-1)X^{n-1}}-\frac{b}{2a}\int\frac{\mathrm{d}x}{X^n}+\frac{1}{a}\int\frac{\mathrm{d}x}{xX^{n-1}}$

289. $\displaystyle\int\frac{\mathrm{d}x}{x^mX^{n+1}}=-\frac{1}{(m-1)ax^{m-1}X^n}-\frac{n+m-1}{m-1}\frac{b}{a}\int\frac{\mathrm{d}x}{x^{m-1}X^{n+1}}$

$\displaystyle-\frac{2n+m-1}{m-1}\frac{c}{a}\int\frac{\mathrm{d}x}{x^{m-2}X^{n+1}}$ [1]

Ⅰ.1.2.11 含有 $a+bx^k$ 和 $\sqrt{x}$ 的积分

290. $\displaystyle\int\frac{\sqrt{x}}{a+bx}\mathrm{d}x=\frac{2\sqrt{x}}{b}-\frac{a}{b}\int\frac{\mathrm{d}x}{(a+bx)\sqrt{x}}$

291. $\displaystyle\int\frac{x\sqrt{x}}{a+bx}\mathrm{d}x=2\sqrt{x}\left(\frac{x}{3b}-\frac{a}{b^2}\right)+\frac{a^2}{b^2}\int\frac{\mathrm{d}x}{(a+bx)\sqrt{x}}$

292. $\displaystyle\int\frac{x^2\sqrt{x}}{a+bx}\mathrm{d}x=2\sqrt{x}\left(\frac{x^2}{5b}-\frac{ax}{3b^2}+\frac{a^2}{b^3}\right)-\frac{a^3}{b^3}\int\frac{\mathrm{d}x}{(a+bx)\sqrt{x}}$

293. $\displaystyle\int\frac{x^m\sqrt{x}}{a+bx}\mathrm{d}x=2\sqrt{x}\sum_{k=0}^{m}\frac{(-1)^ka^kx^{m-k}}{(2m-2k+1)b^{k+1}}+(-1)^{m+1}\frac{a^{m+1}}{b^{m+1}}\int\frac{\mathrm{d}x}{(a+bx)\sqrt{x}}$

294. $\displaystyle\int\frac{\sqrt{x}}{(a+bx)^2}\mathrm{d}x=-\frac{\sqrt{x}}{b(a+bx)}+\frac{1}{2b}\int\frac{\mathrm{d}x}{(a+bx)\sqrt{x}}$

295. $\displaystyle\int\frac{x\sqrt{x}}{(a+bx)^2}\mathrm{d}x=\frac{2x\sqrt{x}}{b(a+bx)}-\frac{3a}{b}\int\frac{\sqrt{x}}{(a+bx)^2}\mathrm{d}x$

296. $\displaystyle\int\frac{x^2\sqrt{x}}{(a+bx)^2}\mathrm{d}x=\frac{2\sqrt{x}}{a+bx}\left(\frac{x^2}{3b}-\frac{5ax}{3b^2}\right)+\frac{5a^2}{b^2}\int\frac{\sqrt{x}}{(a+bx)^2}\mathrm{d}x$

297. $\displaystyle\int\frac{\sqrt{x}}{(a+bx)^3}\mathrm{d}x=\sqrt{x}\left[\frac{1}{4ab(a+bx)}-\frac{1}{2b(a+bx)^2}\right]+\frac{1}{8ab}\int\frac{\mathrm{d}x}{(a+bx)\sqrt{x}}$

298. $\displaystyle\int\frac{x\sqrt{x}}{(a+bx)^3}\mathrm{d}x=-\frac{2x\sqrt{x}}{b(a+bx)^2}+\frac{3a}{b}\int\frac{\sqrt{x}}{(a+bx)^3}\mathrm{d}x$

299. $\displaystyle\int\frac{x^2\sqrt{x}}{(a+bx)^3}\mathrm{d}x=\frac{2\sqrt{x}}{(a+bx)^2}\left(\frac{x^2}{b}+\frac{5ax}{b^2}\right)-\frac{15a^2}{b^2}\int\frac{\sqrt{x}}{(a+bx)^3}\mathrm{d}x$

300. $\displaystyle\int\frac{\mathrm{d}x}{(a+bx)\sqrt{x}}=\begin{cases}\dfrac{2}{\sqrt{ab}}\arctan\sqrt{\dfrac{bx}{a}} & (ab>0)\\[2ex] \dfrac{1}{\mathrm{i}\sqrt{ab}}\ln\dfrac{a-bx+2\mathrm{i}\sqrt{abx}}{a+bx} & (ab<0)\end{cases}$

301. $\displaystyle\int\frac{\mathrm{d}x}{(a+bx)^2\sqrt{x}}=\frac{\sqrt{x}}{a(a+bx)}+\frac{1}{2a}\int\frac{\mathrm{d}x}{(a+bx)\sqrt{x}}$

302. $\int \frac{\mathrm{d}x}{(a+bx)^3\sqrt{x}} = \sqrt{x}\left[\frac{1}{2a(a+bx)^2}+\frac{3}{4a^2(a+bx)}\right]+\frac{3}{8a^2}\int\frac{\mathrm{d}x}{(a+bx)\sqrt{x}}$

303. $$\int \frac{\sqrt{x}}{a+bx^2}\mathrm{d}x = \begin{cases} \frac{1}{b\alpha\sqrt{2}}\left(-\ln\left|\frac{x+\alpha\sqrt{2x}+\alpha^2}{\sqrt{a+bx^2}}\right|+\arctan\frac{\alpha\sqrt{2x}}{\alpha^2-x}\right) & \left(\frac{a}{b}>0\right) \\ \frac{1}{2b\beta}\left(\ln\left|\frac{\beta-\sqrt{x}}{\beta+\sqrt{x}}\right|+2\arctan\frac{\sqrt{x}}{\beta}\right) & \left(\frac{a}{b}<0\right) \end{cases}$$

[3]

$\left(这里,\alpha=\sqrt[4]{\frac{a}{b}},\beta=\sqrt[4]{-\frac{a}{b}}\right)$

304. $\int \frac{x\sqrt{x}}{a+bx^2}\mathrm{d}x = \frac{2\sqrt{x}}{b}-\frac{a}{b}\int\frac{\mathrm{d}x}{(a+bx^2)\sqrt{x}}$

305. $\int \frac{x^2\sqrt{x}}{a+bx^2}\mathrm{d}x = \frac{2x\sqrt{x}}{3b}-\frac{a}{b}\int\frac{\sqrt{x}}{a+bx^2}\mathrm{d}x$

306. $\int \frac{\sqrt{x}}{(a+bx^2)^2}\mathrm{d}x = \frac{x\sqrt{x}}{2a(a+bx^2)}+\frac{1}{4a}\int\frac{\sqrt{x}}{a+bx^2}\mathrm{d}x$

307. $\int \frac{x\sqrt{x}}{(a+bx^2)^2}\mathrm{d}x = -\frac{\sqrt{x}}{2b(a+bx^2)}+\frac{1}{4b}\int\frac{\mathrm{d}x}{(a+bx^2)\sqrt{x}}$

308. $\int \frac{x^2\sqrt{x}}{(a+bx^2)^2}\mathrm{d}x = -\frac{x\sqrt{x}}{2b(a+bx^2)}+\frac{3}{4b}\int\frac{\sqrt{x}}{a+bx^2}\mathrm{d}x$

309. $$\int \frac{\sqrt{x}}{(a+bx^2)^3}\mathrm{d}x = x\sqrt{x}\left[\frac{1}{4a(a+bx^2)^2}+\frac{5}{16a^2(a+bx^2)}\right] + \frac{5}{32a^2}\int\frac{\sqrt{x}}{a+bx^2}\mathrm{d}x$$

310. $\int \frac{x\sqrt{x}}{(a+bx^2)^3}\mathrm{d}x = \sqrt{x}\,\frac{bx^2-3a}{16ab(a+bx^2)^2}+\frac{3}{32ab}\int\frac{\mathrm{d}x}{(a+bx^2)\sqrt{x}}$

311. $\int \frac{x^2\sqrt{x}}{(a+bx^2)^3}\mathrm{d}x = -\frac{2x\sqrt{x}}{5b(a+bx^2)^2}+\frac{3a}{5b}\int\frac{\sqrt{x}}{(a+bx^2)^3}\mathrm{d}x$

312. $$\int \frac{\mathrm{d}x}{(a+bx^2)\sqrt{x}} = \begin{cases} \frac{1}{b\alpha^3\sqrt{2}}\left(\ln\frac{x+\alpha\sqrt{2x}+\alpha^2}{\sqrt{a+bx^2}}+\arctan\frac{\alpha\sqrt{2x}}{\alpha^2-x}\right) & \left(\frac{a}{b}>0\right) \\ \frac{1}{2b\beta^3}\left(\ln\left|\frac{\beta-\sqrt{x}}{\beta+\sqrt{x}}\right|-2\arctan\frac{\sqrt{x}}{\beta}\right) & \left(\frac{a}{b}<0\right) \end{cases}$$

[3]

$\left(这里,\alpha=\sqrt[4]{\frac{a}{b}},\beta=\sqrt[4]{-\frac{a}{b}}\right)$

313. $\int \frac{\mathrm{d}x}{(a+bx^2)^2\sqrt{x}} = \frac{\sqrt{x}}{2a(a+bx)} + \frac{3}{4a}\int \frac{\mathrm{d}x}{(a+bx^2)\sqrt{x}}$

314. $\int \frac{\mathrm{d}x}{(a+bx^2)^3\sqrt{x}} = \sqrt{x}\left[\frac{1}{4a(a+bx^2)^2} + \frac{7}{16a^2(a+bx^2)}\right] + \frac{21}{32a^2}\int \frac{\mathrm{d}x}{(a+bx^2)\sqrt{x}}$

Ⅰ.1.2.12 含有 $\sqrt{a+bx}$ 和 $\alpha+\beta x$ 的积分

设 $z=a+bx$，$t=\alpha+\beta x$ 和 $\Delta=a\beta-b\alpha$.

315. $\int \frac{t}{\sqrt{z}}\mathrm{d}x = \frac{2\alpha\sqrt{z}}{b} + \beta\left(\frac{z}{3}-a\right)\frac{2\sqrt{z}}{b^2}$

316. $\int \frac{t^2}{\sqrt{z}}\mathrm{d}x = \frac{2\alpha^2\sqrt{z}}{b} + 2\alpha\beta\left(\frac{z}{3}-a\right)\frac{2\sqrt{z}}{b^2} + \beta^2\left(\frac{z^2}{5}-\frac{2az}{3}+a^2\right)\frac{2\sqrt{z}}{b^3}$

317. $\int \frac{t^3}{\sqrt{z}}\mathrm{d}x = \frac{2\alpha^3\sqrt{z}}{b} + 3\alpha^2\beta\left(\frac{z}{3}-a\right)\frac{2\sqrt{z}}{b^2} + 3\alpha\beta^2\left(\frac{z^2}{5}-\frac{2az}{3}+a^2\right)\frac{2\sqrt{z}}{b^3} + \beta^3\left(\frac{z^3}{7}-\frac{3az^2}{5}+a^2z-a^3\right)\frac{2\sqrt{z}}{b^4}$

318. $\int \frac{tz}{\sqrt{z}}\mathrm{d}x = \frac{2\alpha\sqrt{z^3}}{3b} + \beta\left(\frac{z}{5}-\frac{a}{3}\right)\frac{2\sqrt{z^3}}{b^2}$

319. $\int \frac{t^2z}{\sqrt{z}}\mathrm{d}x = \frac{2\alpha^2\sqrt{z^3}}{3b} + 2\alpha\beta\left(\frac{z}{5}-\frac{a}{3}\right)\frac{2\sqrt{z^3}}{b^2} + \beta^2\left(\frac{z^2}{7}-\frac{2az}{5}+\frac{a^2}{3}\right)\frac{2\sqrt{z^3}}{b^3}$

320. $\int \frac{t^3z}{\sqrt{z}}\mathrm{d}x = \frac{2\alpha^3\sqrt{z^3}}{3b} + 3\alpha^2\beta\left(\frac{z}{5}-\frac{a}{3}\right)\frac{2\sqrt{z^3}}{b^2} + 3\alpha\beta^2\left(\frac{z^2}{7}-\frac{2az}{5}+\frac{a^2}{3}\right)\frac{2\sqrt{z^3}}{b^3} + \beta^3\left(\frac{z^3}{9}-\frac{3az^2}{7}+\frac{3a^2z}{5}-\frac{a^3}{3}\right)\frac{2\sqrt{z^3}}{b^4}$

321. $\int \frac{tz^2}{\sqrt{z}}\mathrm{d}x = \frac{2\alpha\sqrt{z^5}}{5b} + \beta\left(\frac{z}{7}-\frac{a}{5}\right)\frac{2\sqrt{z^5}}{b^2}$

322. $\int \frac{t^2z^2}{\sqrt{z}}\mathrm{d}x = \frac{2\alpha^2\sqrt{z^5}}{5b} + 2\alpha\beta\left(\frac{z}{7}-\frac{a}{5}\right)\frac{2\sqrt{z^5}}{b^2} + \beta^2\left(\frac{z^2}{9}-\frac{2az}{7}+\frac{a^2}{5}\right)\frac{2\sqrt{z^5}}{b^3}$

323. $\int \frac{t^3z^2}{\sqrt{z}}\mathrm{d}x = \frac{2\alpha^3\sqrt{z^5}}{5b} + 3\alpha^2\beta\left(\frac{z}{7}-\frac{a}{5}\right)\frac{2\sqrt{z^5}}{b^2} + 3\alpha\beta^2\left(\frac{z^2}{9}-\frac{2az}{7}+\frac{a^2}{5}\right)\frac{2\sqrt{z^5}}{b^3}$

$$+\beta^3\left(\frac{z^3}{11}-\frac{3az^2}{9}+\frac{3a^2z}{7}-\frac{a^3}{5}\right)\frac{2\sqrt{z^5}}{b^4}$$

324. $\int \frac{tz^3}{\sqrt{z}}\mathrm{d}x = \frac{2\alpha\sqrt{z^7}}{7b}+\beta\left(\frac{z}{9}-\frac{a}{7}\right)\frac{2\sqrt{z^7}}{b^2}$

325. $\int \frac{t^2z^3}{\sqrt{z}}\mathrm{d}x = \frac{2\alpha^2\sqrt{z^7}}{7b}+2\alpha\beta\left(\frac{z}{9}-\frac{a}{7}\right)\frac{2\sqrt{z^7}}{b^2}+\beta^2\left(\frac{z^2}{11}-\frac{2az}{9}+\frac{a^2}{7}\right)\frac{2\sqrt{z^7}}{b^3}$

326. $\int \frac{t^3z^3}{\sqrt{z}}\mathrm{d}x = \frac{2\alpha^3\sqrt{z^7}}{7b}+3\alpha^2\beta\left(\frac{z}{9}-\frac{a}{7}\right)\frac{2\sqrt{z^7}}{b^2}+3\alpha\beta^2\left(\frac{z^2}{11}-\frac{2az}{9}+\frac{a^2}{7}\right)\frac{2\sqrt{z^7}}{b^3}$

$$+\beta^3\left(\frac{z^3}{13}-\frac{3az^2}{11}+\frac{3a^2z}{9}-\frac{a^3}{7}\right)\frac{2\sqrt{z^7}}{b^4}$$

327. $\int \frac{t^nz^m}{\sqrt{z}}\mathrm{d}x = 2\sqrt{z^{2m+1}}\sum_{k=0}^{n}\left[\binom{n}{k}\frac{\alpha^{n-k}\beta^k}{b^{k+1}}\sum_{p=0}^{k}(-1)^p\binom{k}{p}\frac{z^{k-p}a^p}{2m+2k-2p+1}\right]$ [3]

328. $\int \frac{t}{z\sqrt{z}}\mathrm{d}x = -\frac{2\alpha}{b\sqrt{z}}+\frac{2\beta(z+a)}{b^2\sqrt{z}}$

329. $\int \frac{t^2}{z\sqrt{z}}\mathrm{d}x = -\frac{2\alpha^2}{b\sqrt{z}}+\frac{4\alpha\beta(z+a)}{b^2\sqrt{z}}+\frac{2\beta^2(z^2-6az-3a^2)}{3b^3\sqrt{z}}$

330. $\int \frac{t^3}{z\sqrt{z}}\mathrm{d}x = -\frac{2\alpha^3}{b\sqrt{z}}+\frac{6\alpha^2\beta(z+a)}{b^2\sqrt{z}}+\frac{2\beta^2(z^2-6az-3a^2)}{b^3\sqrt{z}}$

$$+\frac{2\beta^3(z^3-5az^2+15a^2z+5a^3)}{5b^4\sqrt{z}}$$

331. $\int \frac{t}{z^2\sqrt{z}}\mathrm{d}x = -\frac{2\alpha}{3b\sqrt{z^3}}-\frac{2\beta(3z-a)}{3b^2\sqrt{z^3}}$

332. $\int \frac{t^2}{z^2\sqrt{z}}\mathrm{d}x = -\frac{2\alpha^2}{3b\sqrt{z^3}}-\frac{4\alpha\beta(3z-a)}{3b^2\sqrt{z^3}}+\frac{2\beta^2(3z^2+6az-a^2)}{3b^3\sqrt{z^3}}$

333. $\int \frac{t^3}{z^2\sqrt{z}}\mathrm{d}x = -\frac{2\alpha^3}{3b\sqrt{z^3}}-\frac{2\alpha^2\beta(3z-a)}{b^2\sqrt{z^3}}+\frac{2\alpha\beta^2(3z^2+6az-a^2)}{b^3\sqrt{z^3}}$

$$+\frac{2\beta^3(z^3-9az^2-9a^2z+a^3)}{3b^4\sqrt{z^3}}$$

334. $\int \frac{t}{z^3\sqrt{z}}\mathrm{d}x = -\frac{2\alpha}{5b\sqrt{z^5}}-\frac{2\beta(5z-3a)}{15b^2\sqrt{z^5}}$

335. $\int \frac{t^2}{z^3\sqrt{z}}\mathrm{d}x = -\frac{2\alpha^2}{5b\sqrt{z^5}}-\frac{4\alpha\beta(5z-3a)}{15b^2\sqrt{z^5}}-\frac{2\beta^2(15z^2-10az+3a^2)}{15b^3\sqrt{z^5}}$

336. $\int \frac{t^3}{z^3\sqrt{z}}\mathrm{d}x = -\frac{2\alpha^3}{5b\sqrt{z^5}}-\frac{2\alpha^2\beta(5z-3a)}{5b^2\sqrt{z^5}}-\frac{2\alpha\beta^2(15z^2-10az+3a^2)}{5b^3\sqrt{z^5}}$

$$+\frac{2\beta^3(5z^3+15az^2-5a^2z+a^3)}{5b^4\sqrt{z^5}}$$

337. $\int \frac{t^n}{z^m\sqrt{z}}\mathrm{d}x = \frac{2}{\sqrt{z^{2m-1}}}\sum_{k=0}^{n}\left[\binom{n}{k}\frac{\alpha^{n-k}\beta^k}{b^{k+1}}\sum_{p=0}^{k}(-1)^p\binom{k}{p}\frac{z^{k-p}a^p}{2k-2p-2m+1}\right]$ [3]

338. $\int \frac{z}{t\sqrt{z}}\mathrm{d}x = \frac{2\sqrt{z}}{\beta}+\frac{\Delta}{\beta}\int\frac{\mathrm{d}x}{t\sqrt{z}}$

339. $\int \frac{z^2}{t\sqrt{z}}\mathrm{d}x = \frac{2z\sqrt{z}}{3\beta}+\frac{2\Delta\sqrt{z}}{\beta^2}+\frac{\Delta^2}{\beta^2}\int\frac{\mathrm{d}x}{t\sqrt{z}}$

340. $\int \frac{z^3}{t\sqrt{z}}\mathrm{d}x = \frac{2z^2\sqrt{z}}{5\beta}+\frac{2\Delta z\sqrt{z}}{3\beta^2}+\frac{2\Delta^2\sqrt{z}}{\beta^3}+\frac{\Delta^3}{\beta^3}\int\frac{\mathrm{d}x}{t\sqrt{z}}$

341. $\int \frac{z}{t^2\sqrt{z}}\mathrm{d}x = -\frac{z\sqrt{z}}{\Delta t}+\frac{b\sqrt{z}}{\beta\Delta}+\frac{b}{2\beta}\int\frac{\mathrm{d}x}{t\sqrt{z}}$

342. $\int \frac{z^2}{t^2\sqrt{z}}\mathrm{d}x = -\frac{z^2\sqrt{z}}{\Delta t}+\frac{bz\sqrt{z}}{\beta\Delta}+\frac{3b\sqrt{z}}{\beta^2}+\frac{3b\Delta}{2\beta^2}\int\frac{\mathrm{d}x}{t\sqrt{z}}$

343. $\int \frac{z^3}{t^2\sqrt{z}}\mathrm{d}x = -\frac{z^3\sqrt{z}}{\Delta t}+\frac{bz^2\sqrt{z}}{\beta\Delta}+\frac{5bz\sqrt{z}}{3\beta^2}+\frac{5b\Delta\sqrt{z}}{\beta^3}+\frac{5b\Delta^2}{2\beta^3}\int\frac{\mathrm{d}x}{t\sqrt{z}}$

344. $\int \frac{z}{t^3\sqrt{z}}\mathrm{d}x = -\frac{z\sqrt{z}}{2\Delta t^2}+\frac{bz\sqrt{z}}{4\Delta^2 t}-\frac{b^2\sqrt{z}}{4\beta\Delta^2}+\frac{b^2}{8\beta\Delta}\int\frac{\mathrm{d}x}{t\sqrt{z}}$

345. $\int \frac{z^2}{t^3\sqrt{z}}\mathrm{d}x = -\frac{z^2\sqrt{z}}{2\Delta t^2}+\frac{bz^2\sqrt{z}}{4\Delta^2 t}+\frac{b^2z\sqrt{z}}{4\beta\Delta^2}+\frac{3b^2\sqrt{z}}{4\beta^2\Delta}+\frac{3b^2}{8\beta^2}\int\frac{\mathrm{d}x}{t\sqrt{z}}$

346. $\int \frac{z^3}{t^3\sqrt{z}}\mathrm{d}x = -\frac{z^3\sqrt{z}}{2\Delta t^2}+\frac{3bz^3\sqrt{z}}{\Delta^2 t}+\frac{3b^2z^2\sqrt{z}}{4\beta\Delta^2}+\frac{5b^2z\sqrt{z}}{4\beta^2\Delta}$

$$+\frac{15b^2\sqrt{z}}{4\beta^3}+\frac{15b^2\Delta}{8\beta^3}\int\frac{\mathrm{d}x}{t\sqrt{z}}$$

347. $\int \frac{z^m}{t^n\sqrt{z}}\mathrm{d}x = -\frac{2}{(2n-2m-1)\beta}\frac{z^{m-1}}{t^{n-1}}\sqrt{z}-\frac{(2m-1)\Delta}{(2n-2m-1)\beta}\int\frac{z^{m-1}}{t^n\sqrt{z}}\mathrm{d}x$

$$=-\frac{1}{(n-1)\beta}\frac{z^{m-1}}{t^{n-1}}\sqrt{z}+\frac{(2m-1)b}{2(n-1)\beta}\int\frac{z^{m-1}}{t^{n-1}\sqrt{z}}\mathrm{d}x$$ [3]

348. $\int \frac{\mathrm{d}x}{t\sqrt{z}} = \begin{cases}\frac{1}{\sqrt{\beta\Delta}}\ln\left|\frac{\beta\sqrt{z}-\sqrt{\beta\Delta}}{\beta\sqrt{z}+\sqrt{\beta\Delta}}\right| & (\beta\Delta>0)\\ \frac{1}{\sqrt{-\beta\Delta}}\arctan\frac{\beta\sqrt{z}}{\sqrt{-\beta\Delta}} & (\beta\Delta<0)\\ -\frac{2\sqrt{z}}{bt} & (\Delta=0)\end{cases}$ [3]

349. $\int \frac{\mathrm{d}x}{tz\sqrt{z}} = \frac{2}{\Delta\sqrt{z}}+\frac{\beta}{\Delta}\int\frac{\mathrm{d}x}{t\sqrt{z}}$

350. $\int \frac{\mathrm{d}x}{tz^2\sqrt{z}} = \frac{2}{3\Delta z\sqrt{z}} + \frac{2\beta}{\Delta^2\sqrt{z}} + \frac{\beta^2}{\Delta^2}\int \frac{\mathrm{d}x}{t\sqrt{z}}$

351. $\int \frac{\mathrm{d}x}{tz^3\sqrt{z}} = \frac{2}{5\Delta z^2\sqrt{z}} + \frac{2\beta}{3\Delta^2 z\sqrt{z}} + \frac{2\beta^2}{\Delta^3\sqrt{z}} + \frac{\beta^3}{\Delta^3}\int \frac{\mathrm{d}x}{t\sqrt{z}}$

352. $\int \frac{\mathrm{d}x}{t^2\sqrt{z}} = -\frac{\sqrt{z}}{\Delta t} - \frac{b}{2\Delta}\int \frac{\mathrm{d}x}{t\sqrt{z}}$

353. $\int \frac{\mathrm{d}x}{t^2 z\sqrt{z}} = -\frac{1}{\Delta t\sqrt{z}} - \frac{3b}{\Delta^2\sqrt{z}} - \frac{3b\beta}{2\Delta^2}\int \frac{\mathrm{d}x}{t\sqrt{z}}$

354. $\int \frac{\mathrm{d}x}{t^2 z^2\sqrt{z}} = -\frac{1}{\Delta tz\sqrt{z}} - \frac{5b}{3\Delta^2 z\sqrt{z}} - \frac{5b\beta}{\Delta^3\sqrt{z}} - \frac{5b\beta^2}{2\Delta^3}\int \frac{\mathrm{d}x}{t\sqrt{z}}$

355. $\int \frac{\mathrm{d}x}{t^2 z^3\sqrt{z}} = -\frac{1}{\Delta tz^2\sqrt{z}} - \frac{7b}{5\Delta^2 z^2\sqrt{z}} - \frac{7b\beta}{3\Delta^3 z\sqrt{z}} - \frac{7b\beta^2}{\Delta^4\sqrt{z}} - \frac{7b\beta^3}{2\Delta^4}\int \frac{\mathrm{d}x}{t\sqrt{z}}$

356. $\int \frac{\mathrm{d}x}{t^3\sqrt{z}} = -\frac{\sqrt{z}}{2\Delta t^2} + \frac{3b\sqrt{z}}{4\Delta^2 t} + \frac{3b^2}{8\Delta^2}\int \frac{\mathrm{d}x}{t\sqrt{z}}$

357. $\int \frac{\mathrm{d}x}{t^3 z\sqrt{z}} = -\frac{1}{2\Delta t^2\sqrt{z}} + \frac{5b}{4\Delta^2 t\sqrt{z}} + \frac{15b^2}{4\Delta^3\sqrt{z}} + \frac{15b^2\beta}{8\Delta^3}\int \frac{\mathrm{d}x}{t\sqrt{z}}$

358. $\int \frac{\mathrm{d}x}{t^3 z^2\sqrt{z}} = -\frac{1}{2\Delta t^2 z\sqrt{z}} + \frac{7b}{4\Delta^2 tz\sqrt{z}} + \frac{35b^2}{12\Delta^3 z\sqrt{z}} + \frac{35b^2\beta}{4\Delta^4\sqrt{z}} + \frac{35b^2\beta^2}{8\Delta^4}\int \frac{\mathrm{d}x}{t\sqrt{z}}$

359.
$$\int \frac{\mathrm{d}x}{t^3 z^3\sqrt{z}} = -\frac{1}{2\Delta t^2 z^2\sqrt{z}} + \frac{9b}{4\Delta^2 tz^2\sqrt{z}} + \frac{63b^2}{20\Delta^3 z^2\sqrt{z}} + \frac{21b^2\beta}{4\Delta^4 z\sqrt{z}} + \frac{63b^2\beta^2}{4\Delta^5\sqrt{z}} + \frac{63b^2\beta^3}{8\Delta^5}\int \frac{\mathrm{d}x}{t\sqrt{z}}$$

360.
$$\int \frac{\mathrm{d}x}{z^m t^n\sqrt{z}} = \frac{2}{(2m-1)\Delta}\frac{\sqrt{z}}{z^m t^{n-1}} + \frac{(2n+2m-3)\beta}{(2m-1)\Delta}\int \frac{\mathrm{d}x}{z^{m-1}t^n\sqrt{z}}$$
$$= -\frac{1}{(n-1)\Delta}\frac{\sqrt{z}}{z^m t^{n-1}} - \frac{(2n+2m-3)b}{2(n-1)\Delta}\int \frac{\mathrm{d}x}{z^m t^{n-1}\sqrt{z}}$$ [3]

Ⅰ.1.2.13 含有 $\sqrt{a+bx}$ 和 $\sqrt{c+dx}$ 的积分

设 $u=a+bx$, $v=c+dx$ 和 $k=ad-bc$. 如果 $k=0$,那么 $v=\frac{c}{a}u$,应该使用另外的公式.

361.
$$\int \frac{\mathrm{d}x}{\sqrt{uv}} = \begin{cases} \frac{2}{\sqrt{bd}}\ln(\sqrt{du}+\sqrt{bv}) & (bd>0) \\ \frac{2}{\sqrt{-bd}}\arctan\sqrt{-\frac{du}{bv}} & (bd<0) \end{cases}$$

362. $\int \sqrt{uv}\,\mathrm{d}x = \frac{k+2bv}{4bd}\sqrt{uv} - \frac{k^2}{8bd}\int \frac{\mathrm{d}x}{\sqrt{uv}}$

363. $\int v^m\sqrt{u}\,\mathrm{d}x = \frac{1}{(2m+3)d}\left(2v^{m+1}\sqrt{u} + k\int \frac{v^m}{\sqrt{u}}\mathrm{d}x\right)$

364. $\int \frac{\sqrt{u}}{v}\mathrm{d}x = \frac{2\sqrt{u}}{d} + \frac{k}{d}\int \frac{\mathrm{d}x}{v\sqrt{u}}$

365. $\int \frac{\sqrt{u}}{v^n}\mathrm{d}x = -\frac{1}{(n-1)d}\left(\frac{\sqrt{u}}{v^{n-1}} - \frac{b}{2}\int \frac{\mathrm{d}x}{v^{n-1}\sqrt{u}}\right) \quad (n\neq 1)$

366. $\int \frac{v}{\sqrt{u}}\mathrm{d}x = \frac{2\sqrt{u}}{3b}\left(v - \frac{2k}{b}\right)$

367. $\int \frac{v^m}{\sqrt{u}}\mathrm{d}x = \frac{2}{b(2m+1)}\left(v^m\sqrt{u} - mk\int \frac{v^{m-1}}{\sqrt{u}}\mathrm{d}x\right)$

$$= \frac{2(m!)^2\sqrt{u}}{b(2m+1)!}\sum_{r=0}^{m}\left(-\frac{4k}{b}\right)^{m-r}\frac{(2r)!}{(r!)^2}v^r$$ [1]

368. $\int \frac{x}{\sqrt{uv}}\mathrm{d}x = \frac{\sqrt{uv}}{bd} - \frac{ad+bc}{2bd}\int \frac{\mathrm{d}x}{\sqrt{uv}}$

369. $\int \frac{v}{\sqrt{uv}}\mathrm{d}x = \frac{\sqrt{uv}}{b} - \frac{k}{2b}\int \frac{\mathrm{d}x}{\sqrt{uv}}$

370. $\int \sqrt{\frac{v}{u}}\mathrm{d}x = \frac{v}{|v|}\int \frac{v}{\sqrt{uv}}\mathrm{d}x$

371. $\int \frac{\mathrm{d}x}{v\sqrt{uv}} = -\frac{2\sqrt{uv}}{kv}$

372. $\int \frac{\mathrm{d}x}{v\sqrt{u}} = \begin{cases} \frac{1}{\sqrt{kd}}\ln\left|\frac{d\sqrt{u}-\sqrt{kd}}{d\sqrt{u}+\sqrt{kd}}\right| & (kd>0) \\ \frac{1}{\sqrt{kd}}\ln\frac{(d\sqrt{u}-\sqrt{kd})^2}{|v|} & (kd>0) \\ \frac{2}{\sqrt{-kd}}\arctan\frac{d\sqrt{u}}{\sqrt{-kd}} & (kd<0) \end{cases}$

373. $\int \frac{\mathrm{d}x}{v^m\sqrt{u}} = -\frac{1}{(m-1)k}\left[\frac{\sqrt{u}}{v^{m-1}} + \left(m-\frac{3}{2}\right)b\int \frac{\mathrm{d}x}{v^{m-1}\sqrt{u}}\right]$

Ⅰ.1.2.14 含有 $\sqrt{a+bx}$ 和 $\sqrt[p]{(a+bx)^n}$ 的积分

374. $\int \sqrt{a+bx}\,\mathrm{d}x = \frac{2}{3b}\sqrt{(a+bx)^3}$

375. $\int \sqrt{(a+bx)^n}\,dx = \frac{2}{(n+2)b}\sqrt{(a+bx)^{n+2}}$

376. $\int \sqrt[p]{(a+bx)^n}\,dx = \frac{p}{(n+p)b}\sqrt[p]{(a+bx)^{n+p}}$

377. $\int x\sqrt{a+bx}\,dx = -\frac{2(2a-3bx)}{15b^2}\sqrt{(a+bx)^3}$

378. $\int x\sqrt{(a+bx)^n}\,dx = \frac{2x}{(n+2)b}\left[1-\frac{2(a+bx)}{(n+4)bx}\right]\sqrt{(a+bx)^{n+2}}$

379. $\int x\sqrt[p]{(a+x)^n}\,dx = \frac{px}{(n+p)b}\left[1-\frac{p(a+bx)}{(n+2p)bx}\right]\sqrt[p]{(a+bx)^{n+p}}$

380. $\int x^2\sqrt{a+bx}\,dx = \frac{2(8a^2-12abx+15b^2x^2)}{105b^3}\sqrt{(a+bx)^3}$

381. $\int x^2\sqrt{(a+bx)^n}\,dx$

$$= \frac{2x^2}{(n+2)b}\left\{1-\frac{4(a+bx)}{(n+4)bx}\left[1-\frac{2(a+bx)}{(n+6)bx}\right]\right\}\sqrt{(a+bx)^{n+2}}$$

382. $\int x^2\sqrt[p]{(a+bx)^n}\,dx$

$$= \frac{px^2}{(n+p)b}\left\{1-\frac{2p(a+bx)}{(n+2p)bx}\left[1-\frac{p(a+bx)}{(n+3p)bx}\right]\right\}\sqrt[p]{(a+bx)^{n+p}}$$ [2]

383. $\int x^3\sqrt{a+bx}\,dx$

$$= \frac{2x^3}{3b}\left[1-\frac{6(a+bx)}{5bx}\left\{1-\frac{4(a+bx)}{7bx}\left[1-\frac{2(a+bx)}{9bx}\right]\right\}\right]\sqrt{(a+bx)^3}$$

384. $\int x^3\sqrt{(a+bx)^n}\,dx$

$$= \frac{2x^3}{(n+2)b}\left[1-\frac{6(a+bx)}{(n+4)bx}\left\{1-\frac{4(a+bx)}{(n+6)bx}\left[1-\frac{2(a+bx)}{(n+8)bx}\right]\right\}\right]$$

$$\cdot\sqrt{(a+bx)^{n+2}}$$

385. $\int x^3\sqrt[p]{(a+bx)^n}\,dx$

$$= \frac{px^3}{(n+p)b}\left[1-\frac{3p(a+bx)}{(n+2p)bx}\left\{1-\frac{2p(a+bx)}{(n+3p)bx}\left[1-\frac{p(a+bx)}{(n+4p)}\right]\right\}\right]$$

$$\cdot\sqrt[p]{(a+bx)^{n+p}}$$

386. $\int x^m\sqrt{a+bx}\,dx = \frac{2}{b(2m+3)}\left[x^m\sqrt{(a+bx)^3}-ma\int x^{m-1}\sqrt{a+bx}\,dx\right]$

$$= \frac{2}{b^{m+1}}\sqrt{a+bx}\sum_{r=0}^{m}\frac{m!(-a)^{m-r}}{r!(m-r)!(2r+3)}(a+bx)^{r+1}$$

387. $\int x^m\sqrt{a+bx}\,\mathrm{d}x=\frac{2x^m}{3b}\sqrt{(a+bx)^3}\bigwedge_{k=0}^{m-1}\left[1-\frac{2(m-k)(a+bx)}{(5+2k)bx}\right]$

［这里，符号 $\bigwedge_{k=0}^{m-1}[\ ]$ 为嵌套和（见附录），以下同］

388. $\int x^m\sqrt{(a+bx)^n}\,\mathrm{d}x=\frac{2x^m}{(n+2)b}\sqrt{(a+bx)^{n+2}}\bigwedge_{k=0}^{m-1}\left[1-\frac{2(m-k)(a+bx)}{(n+4+2k)bx}\right]$ ［2］

389. $\int x^m\sqrt[p]{(a+bx)^n}\,\mathrm{d}x=\frac{px^m}{(n+p)b}\sqrt[p]{(a+bx)^{n+p}}\bigwedge_{k=0}^{m-1}\left[1-\frac{p(m-k)(a+bx)}{(n+2p+kp)bx}\right]$

$=\frac{p}{b^{m+1}}(a+bx)^{\frac{n+p}{p}}\sum_{k=0}^{m}(-1)^k\binom{m}{k}\frac{a^k}{(m-k+1)p+n}(a+bx)^{m-k}$ ［16］

390. $\int\frac{\sqrt{a+bx}}{x}\mathrm{d}x=2\sqrt{a+bx}+a\int\frac{\mathrm{d}x}{x\sqrt{a+bx}}$

391. $\int\frac{\sqrt{a+bx}}{x^2}\mathrm{d}x=-\frac{\sqrt{a+bx}}{x}+\frac{b}{2}\int\frac{\mathrm{d}x}{x\sqrt{a+bx}}$

392. $\int\frac{\sqrt{a+bx}}{x^m}\mathrm{d}x=-\frac{1}{(m-1)a}\left[\frac{\sqrt{(a+bx)^3}}{x^{m-1}}+\frac{(2m-5)b}{2}\int\frac{\sqrt{a+bx}}{x^{m-1}}\mathrm{d}x\right]$

393. $\int\frac{\sqrt{(a+bx)^n}}{x}\mathrm{d}x=\frac{2\sqrt{(a+bx)^n}}{n}+a\int\frac{\sqrt{(a+bx)^{n-2}}}{x}\mathrm{d}x$

394. $\int\frac{\sqrt{(a+bx)^n}}{x^2}\mathrm{d}x=-\frac{\sqrt{(a+bx)^{n+2}}}{ax}+\frac{nb}{2a}\int\frac{\sqrt{(a+bx)^n}}{x}\mathrm{d}x$

395. $\int\frac{\sqrt{(a+bx)^n}}{x^m}\mathrm{d}x=-\frac{\sqrt{(a+bx)^{n+2}}}{a(m-1)x^{m-1}}-\frac{b(2m-n-4)}{2a(m-1)}\int\frac{\sqrt{(a+bx)^n}}{x^{m-1}}\mathrm{d}x$

$(m\neq 1)$

396. $\int\frac{\mathrm{d}x}{\sqrt{a+bx}}=\frac{2\sqrt{a+bx}}{b}$

397. $\int\frac{\mathrm{d}x}{\sqrt{(a+bx)^n}}=-\frac{2}{(n-2)b\sqrt{(a+bx)^{n-2}}}\quad(n\neq 2)$

398. $\int\frac{\mathrm{d}x}{\sqrt[p]{(a+bx)^n}}=\frac{p}{(p-n)b\sqrt[p]{(a+bx)^{n-p}}}\quad(p\neq n)$ ［2］

399. $\int\frac{x}{\sqrt{a+bx}}\mathrm{d}x=-\frac{2(2a-bx)}{3b^2}\sqrt{a+bx}$

400. $\int\frac{x}{\sqrt{(a+bx)^n}}\mathrm{d}x=-\frac{2x}{(n-2)b\sqrt{(a+bx)^{n-2}}}\left[1-\frac{2(a+bx)}{(4-n)bx}\right]\quad(n\neq 2,4)$

401. $\int\frac{x}{\sqrt[p]{(a+bx)^n}}\mathrm{d}x=\frac{px}{(p-n)b\sqrt[p]{(a+bx)^{n-p}}}\left[1-\frac{p(a+bx)}{(2p-n)bx}\right]$

$(n \neq p, 2p)$ [2]

402. $\int \frac{x^2}{\sqrt{a+bx}} dx = \frac{2(8a^2 - 4abx + 3b^2x^2)}{15b^3} \sqrt{a+bx}$

403. $\int \frac{x^2}{\sqrt{(a+bx)^n}} dx$

$$= -\frac{2x^2}{(n-2)b\sqrt{(a+bx)^{n-2}}} \left\{ 1 - \frac{4(a+bx)}{(4-n)bx} \left[1 - \frac{2(a+bx)}{(6-n)bx} \right] \right\}$$

$(n \neq 2, 4, 6)$

404. $\int \frac{x^2}{\sqrt[p]{(a+bx)^n}} dx$

$$= -\frac{px^2}{(n-p)b\sqrt[p]{(a+bx)^{n-p}}} \left\{ 1 - \frac{2p(a+bx)}{(2p-n)bx} \left[1 - \frac{p(a+bx)}{(3p-n)bx} \right] \right\}$$

$(n \neq p, 2p, 3p)$ [2]

405. $\int \frac{x^3}{\sqrt{a+bx}} dx$

$$= \frac{2x^3\sqrt{a+bx}}{b} \left[1 - \frac{2(a+bx)}{bx} \left\{ 1 - \frac{4(a+bx)}{5bx} \left[1 - \frac{2(a+bx)}{7bx} \right] \right\} \right]$$

406. $\int \frac{x^3}{\sqrt{(a+bx)^n}} dx = -\frac{2x^3}{(n-2)b\sqrt{(a+bx)^{n-2}}}$

$$\cdot \left[1 - \frac{6(a+bx)}{(4-n)bx} \left\{ 1 - \frac{4(a+bx)}{(6-n)bx} \left[1 - \frac{2(a+bx)}{(8-n)bx} \right] \right\} \right]$$

$(n \neq 2, 4, 6, 8)$ [2]

407. $\int \frac{x^3}{\sqrt[p]{(a+bx)^n}} dx = \frac{px^3}{(p-n)b\sqrt[p]{(a+bx)^{n-p}}}$

$$\cdot \left[1 - \frac{3p(a+bx)}{(2p-n)bx} \left\{ 1 - \frac{2p(a+bx)}{(3p-n)bx} \left[1 - \frac{p(a+bx)}{(4p-n)bx} \right] \right\} \right]$$

$(n \neq p, 2p, 3p, 4p)$ [2]

408. $\int \frac{x^m}{\sqrt{a+bx}} dx = \frac{2}{(2m+1)b} \left(x^m \sqrt{a+bx} - ma \int \frac{x^{m-1}}{\sqrt{a+bx}} dx \right)$

$$= \frac{2(-a)^m \sqrt{a+bx}}{b^{m+1}} \sum_{r=0}^{m} \frac{(-1)^r m!(a+bx)^r}{(2r+1)r!(m-r)!a^r}$$

409. $\int \frac{x^m}{\sqrt{a+bx}} dx = \frac{2x^m\sqrt{a+bx}}{b} \bigwedge_{k=0}^{m-1} \left[1 - \frac{2(m-k)(a+bx)}{(3+2k)bx} \right]$

410. $\int \frac{x^m}{\sqrt{(a+bx)^n}} dx = -\frac{2x^m}{(n-2)b\sqrt{(a+bx)^{n-2}}} \bigwedge_{k=0}^{m-1} \left[1 - \frac{2(m-k)(a+bx)}{(4-n+2k)bx} \right]$

$[n \neq 2, 4, 6, \cdots, 2(m+1)]$ [2]

411. $\int \frac{x^m}{\sqrt[p]{(a+bx)^n}}dx = \frac{px^m}{(p-n)b\sqrt[p]{(a+bx)^{n-p}}} \bigwedge_{k=0}^{m-1}\left[1-\frac{p(m-k)(a+bx)}{(2p-n+kp)bx}\right]$

$[n \neq p, 2p, 3p, \cdots, (m+1)p]$ [2]

412. $\int \frac{dx}{x\sqrt{a+bx}} = \begin{cases} \frac{2}{\sqrt{-a}}\arctan\sqrt{\frac{a+bx}{-a}} & (a<0) \\ \frac{1}{\sqrt{a}}\ln\left|\frac{\sqrt{a+bx}-\sqrt{a}}{\sqrt{a+bx}+\sqrt{a}}\right| & (a>0) \end{cases}$

413. $\int \frac{dx}{x^2\sqrt{a+bx}} = -\frac{\sqrt{a+bx}}{ax} - \frac{b}{2a}\int\frac{dx}{x\sqrt{a+bx}}$

414. $\int \frac{dx}{x^n\sqrt{a+bx}} = -\frac{\sqrt{a+bx}}{(n-1)ax^{n-1}} - \frac{(2n-3)b}{(2n-2)a}\int\frac{dx}{x^{n-1}\sqrt{a+bx}}$

$= \frac{(2n-2)!}{[(n-1)!]^2}\left[-\frac{\sqrt{a+bx}}{a}\sum_{r=0}^{n-1}\frac{r!(r-1)!}{x^r(2r)!}\left(-\frac{b}{4a}\right)^{n-r-1} + \left(-\frac{b}{4a}\right)^{n-1}\int\frac{dx}{x\sqrt{a+bx}}\right]$ [1]

415. $\int \frac{dx}{x\sqrt{(a+bx)^n}} = \frac{2}{(n-2)a\sqrt{(a+bx)^{n-2}}} + \frac{1}{a}\int\frac{dx}{x\sqrt{(a+bx)^{n-2}}}$

$(n>2)$

416. $\int \frac{dx}{x^m\sqrt{(a+bx)^n}} = -\frac{1}{a(m-1)x^{m-1}\sqrt{(a+bx)^{n-2}}} - \frac{b(2m+n-4)}{2a(m-1)}\int\frac{dx}{x^{m-1}\sqrt{(a+bx)^n}} \quad (m \neq 1)$

417. $\int \sqrt{x(a+bx)}dx = \frac{a+2bx}{4b}\sqrt{x(a+bx)} - \frac{a^2}{8b\sqrt{b}}\operatorname{arcosh}\frac{a+2bx}{a}$

418. $\int \sqrt{\frac{a+bx}{x}}dx = \sqrt{x}(a+bx) + \frac{a}{\sqrt{b}}\ln|a+bx+\sqrt{bx}|$

419. $\int \sqrt{\frac{x}{a+bx}}dx = \frac{\sqrt{x}}{b}(a+bx) - \frac{a}{b\sqrt{b}}\ln|a+bx+\sqrt{bx}|$

Ⅰ.1.2.15 含有 $\sqrt{x^2 \pm a^2}$ 的积分

420. $\int \sqrt{x^2 \pm a^2}dx = \frac{1}{2}(x\sqrt{x^2 \pm a^2} \pm a^2\ln|x+\sqrt{x^2 \pm a^2}|)$

421. $\int \sqrt{(x^2 \pm a^2)^3}dx$

$$=\frac{1}{4}\left[x\sqrt{(x^2\pm a^2)^3}\pm\frac{3a^2x}{2}\sqrt{x^2\pm a^2}+\frac{3a^4}{2}\ln|x+\sqrt{x^2\pm a^2}|\right]$$

422. $\int\sqrt{(x^2\pm a^2)^n}\,\mathrm{d}x=\frac{1}{n+1}\left[x\sqrt{(x^2\pm a^2)^n}\pm na^2\int\sqrt{(x^2\pm a^2)^{n-2}}\,\mathrm{d}x\right]$

423. $\int x\sqrt{x^2\pm a^2}\,\mathrm{d}x=\frac{1}{3}\sqrt{(x^2\pm a^2)^3}$

424. $\int x\sqrt{(x^2\pm a^2)^3}\,\mathrm{d}x=\frac{1}{5}\sqrt{(x^2\pm a^2)^5}$

425. $\int x\sqrt{(x^2+a^2)^n}\,\mathrm{d}x=\frac{1}{n+2}\sqrt{(x^2+a^2)^{n+2}}$

426. $\int x\sqrt{(x^2-a^2)^n}\,\mathrm{d}x=\frac{1}{n+2}\left[x^2\sqrt{(x^2-a^2)^n}-na^2\int x\sqrt{(x^2-a^2)^{n-2}}\,\mathrm{d}x\right]$

427. $\int x^2\sqrt{x^2\pm a^2}\,\mathrm{d}x=\frac{x}{4}\sqrt{(x^2\pm a^2)^3}\mp\frac{a^2x}{8}\sqrt{x^2\pm a^2}-\frac{a^4}{8}\ln\left|x+\sqrt{x^2\pm a^2}\right|$

428. $\int x^2\sqrt{(x^2\pm a^2)^3}\,\mathrm{d}x=\frac{x}{6}\sqrt{(x^2\pm a^2)^5}\mp\frac{a^2x}{24}\sqrt{(x^2\pm a^2)^3}$

$$-\frac{a^4x}{16}\sqrt{x^2\pm a^2}\mp\frac{a^6}{16}\ln\left|x+\sqrt{x^2\pm a^2}\right|$$

429. $\int x^2\sqrt{(x^2+a^2)^n}\,\mathrm{d}x=\frac{x\sqrt{(x^2+a^2)^{n+2}}}{n+3}-\frac{a^2}{n+3}\int\sqrt{(x^2+a^2)^n}\,\mathrm{d}x$

430. $\int x^2\sqrt{(x^2-a^2)^n}\,\mathrm{d}x=\frac{x^3\sqrt{(x^2-a^2)^n}}{n+3}-\frac{na^2}{n+3}\int x^2\sqrt{(x^2-a^2)^{n-2}}\,\mathrm{d}x$

431. $\int x^3\sqrt{x^2\pm a^2}\,\mathrm{d}x=\frac{1}{5}\sqrt{(x^2\pm a^2)^5}\mp\frac{a^2}{3}\sqrt{(x^2\pm a^2)^3}$

432. $\int x^3\sqrt{(x^2\pm a^2)^3}\,\mathrm{d}x=\frac{1}{7}\sqrt{(x^2\pm a^2)^7}\mp\frac{a^2}{5}\sqrt{(x^2\pm a^2)^5}$

433. $\int x^3\sqrt{(x^2+a^2)^n}\,\mathrm{d}x=\left(x^2-\frac{2a^2}{n+2}\right)\frac{\sqrt{(x^2+a^2)^{n+2}}}{n+4}\quad(n\neq-2,-4)$

434. $\int x^3\sqrt{(x^2-a^2)^n}\,\mathrm{d}x=\frac{x^4\sqrt{(x^2-a^2)^n}}{n+4}-\frac{na^2}{n+4}\int x^3\sqrt{(x^2-a^2)^{n-2}}\,\mathrm{d}x$

$(n\neq-4)$

435. $\int x^m\sqrt[p]{(x^2+a^2)^n}\,\mathrm{d}x=\frac{px^{m-1}\sqrt[p]{(x^2+a^2)^{n+p}}}{2n+mp+p}$

$$-\frac{(m-1)pa^2}{2n+mp+p}\int x^{m-2}\sqrt[p]{(x^2+a^2)^n}\,\mathrm{d}x$$ [2]

436. $\int x^m\sqrt[p]{(x^2-a^2)^n}\,\mathrm{d}x=\frac{px^{m+1}\sqrt[p]{(x^2-a^2)^n}}{2n+mp+p}$

$$-\frac{2na^2}{2n+mp+p}\int x^m\sqrt[p]{(x^2-a^2)^{n-p}}\,\mathrm{d}x$$ [2]

437. $\int \frac{dx}{\sqrt{x^2 \pm a^2}} = \ln|x + \sqrt{x^2 \pm a^2}|$

438. $\int \frac{dx}{\sqrt{(x^2 \pm a^2)^3}} = \pm \frac{x}{a^2 \sqrt{x^2 \pm a^2}}$

439. $\int \frac{dx}{\sqrt{(x^2 \pm a^2)^n}} = \pm \frac{x}{(n-2)a^2 \sqrt{(x^2 \pm a^2)^{n-2}}} \pm \frac{n-3}{(n-2)a^2} \int \frac{dx}{\sqrt{(x^2 \pm a^2)^{n-2}}}$

$(n \neq 2)$ [2]

440. $\int \frac{x}{\sqrt{x^2 \pm a^2}} dx = \sqrt{x^2 \pm a^2}$

441. $\int \frac{x}{\sqrt{(x^2 \pm a^2)^3}} dx = -\frac{1}{\sqrt{x^2 \pm a^2}}$

442. $\int \frac{x}{\sqrt{(x^2 \pm a^2)^n}} dx = \pm \frac{x^2}{(n-2)a^2 \sqrt{(x^2 \pm a^2)^{n-2}}}$

$$\pm \frac{n-4}{(n-2)a^2} \int \frac{x}{\sqrt{(x^2 \pm a^2)^{n-2}}} dx \quad (n \neq 2)$$

443. $\int \frac{x^2}{\sqrt{x^2 \pm a^2}} dx = \frac{x}{2} \sqrt{x^2 \pm a^2} \mp \frac{a^2}{2} \ln|x + \sqrt{x^2 \pm a^2}|$

444. $\int \frac{x^2}{\sqrt{(x^2 \pm a^2)^3}} dx = -\frac{x}{\sqrt{x^2 \pm a^2}} + \ln|x + \sqrt{x^2 \pm a^2}|$

445. $\int \frac{x^2}{\sqrt{(x^2 \pm a^2)^n}} dx = \pm \frac{x^3}{(n-2)a^2 \sqrt{(x^2 \pm a^2)^{n-2}}}$

$$\pm \frac{n-5}{(n-2)a^2} \int \frac{x^2}{\sqrt{(x^2 \pm a^2)^{n-2}}} dx \quad (n \neq 2)$$

446. $\int \frac{x^3}{\sqrt{x^2 \pm a^2}} dx = \frac{1}{3} \sqrt{(x^2 \pm a^2)^3} \mp a^2 \sqrt{x^2 \pm a^2}$

447. $\int \frac{x^3}{\sqrt{(x^2 \pm a^2)^3}} dx = \sqrt{x^2 \pm a^2} \pm \frac{a^2}{\sqrt{x^2 \pm a^2}}$

448. $\int \frac{x^3}{\sqrt{(x^2 + a^2)^n}} dx = \frac{1}{4-n} \left(x^2 + \frac{2a^2}{n-2} \right) \frac{1}{\sqrt{(x^2 + a^2)^{n-2}}} \quad (n \neq 2, 4)$

449. $\int \frac{x^3}{\sqrt{(x^2 - a^2)^n}} dx = -\frac{x^4}{(n-2)a^2 \sqrt{(x^2 - a^2)^{n-2}}}$

$$-\frac{n-6}{(n-2)a^2} \int \frac{x^3}{\sqrt{(x^2 - a^2)^{n-2}}} dx \quad (n \neq 2)$$

450. $\int \frac{x^m}{\sqrt[p]{(x^2 \pm a^2)^n}} dx = \pm \frac{p x^{m+1}}{2a^2 (n-p) \sqrt[p]{(x^2 \pm a^2)^{n-p}}}$

$$\pm \frac{2n - p(m+3)}{2a^2 (n-p)} \int \frac{x^m}{\sqrt[p]{(x^2 \pm a^2)^{n-p}}} dx \quad (n \neq p)$$

451. $\displaystyle\int\frac{\mathrm{d}x}{x\sqrt{x^2+a^2}}=-\frac{1}{a}\ln\left|\frac{a+\sqrt{x^2+a^2}}{x}\right|$

452. $\displaystyle\int\frac{\mathrm{d}x}{x\sqrt{x^2-a^2}}=\frac{1}{|a|}\operatorname{arcsec}\frac{x}{a}$

453. $\displaystyle\int\frac{\mathrm{d}x}{x\sqrt{(x^2+a^2)^3}}=\frac{1}{a^2\sqrt{x^2+a^2}}-\frac{1}{a^3}\ln\left|\frac{a+\sqrt{x^2+a^2}}{x}\right|$

454. $\displaystyle\int\frac{\mathrm{d}x}{x\sqrt{(x^2-a^2)^3}}=-\frac{1}{a^2\sqrt{x^2-a^2}}-\frac{1}{|a^3|}\operatorname{arcsec}\frac{x}{a}$

455. $\displaystyle\int\frac{\mathrm{d}x}{x\sqrt{(x^2\pm a^2)^n}}=\pm\frac{1}{a^2(n-2)\sqrt{(x^2\pm a^2)^{n-2}}}\pm\frac{1}{a^2}\int\frac{\mathrm{d}x}{x\sqrt{(x^2\pm a^2)^{n-2}}}$
$(n\neq 2)$

456. $\displaystyle\int\frac{\mathrm{d}x}{x^2\sqrt{x^2\pm a^2}}=\mp\frac{\sqrt{x^2\pm a^2}}{a^2x}$

457. $\displaystyle\int\frac{\mathrm{d}x}{x^2\sqrt{(x^2\pm a^2)^3}}=-\frac{1}{a^4}\left(\frac{\sqrt{x^2\pm a^2}}{x}+\frac{x}{\sqrt{x^2\pm a^2}}\right)$

458. $$\int\frac{\mathrm{d}x}{x^2\sqrt{(x^2\pm a^2)^n}}=\pm\frac{1}{a^2(n-2)x\sqrt{(x^2\pm a^2)^{n-2}}}\pm\frac{n-1}{a^2(n-2)}\int\frac{\mathrm{d}x}{x^2\sqrt{(x^2\pm a^2)^{n-2}}}\quad(n\neq 2)$$

459. $\displaystyle\int\frac{\mathrm{d}x}{x^3\sqrt{x^2+a^2}}=-\frac{\sqrt{x^2+a^2}}{2a^2x^2}+\frac{1}{2a^3}\ln\left|\frac{a+\sqrt{x^2+a^2}}{x}\right|$

460. $\displaystyle\int\frac{\mathrm{d}x}{x^3\sqrt{x^2-a^2}}=\frac{\sqrt{x^2-a^2}}{2a^2x^2}+\frac{1}{2|a|^3}\operatorname{arcsec}\frac{x}{a}$

461. $$\int\frac{\mathrm{d}x}{x^3\sqrt{(x^2+a^2)^3}}=-\frac{1}{2a^2x^2\sqrt{x^2+a^2}}-\frac{3}{2a^4\sqrt{x^2+a^2}}+\frac{3}{2a^5}\ln\left|\frac{a+\sqrt{x^2+a^2}}{x}\right|$$

462. $\displaystyle\int\frac{\mathrm{d}x}{x^3\sqrt{(x^2-a^2)^3}}=\frac{1}{2a^2x^2\sqrt{x^2-a^2}}-\frac{3}{2a^4\sqrt{x^2-a^2}}-\frac{3}{2|a^5|}\operatorname{arcsec}\frac{x}{a}$

463. $$\int\frac{\mathrm{d}x}{x^3\sqrt{(x^2\pm a^2)^n}}=\pm\frac{1}{(n-2)a^2x^2\sqrt{(x^2\pm a^2)^{n-2}}}\pm\frac{n}{(n-2)a^2}\int\frac{\mathrm{d}x}{x^3\sqrt{(x^2\pm a^2)^{n-2}}}\quad(n\neq 2)$$

464. $\displaystyle\int\frac{\mathrm{d}x}{x^4\sqrt{x^2\pm a^2}}=\frac{\sqrt{x^2\pm a^2}}{a^4x}\left(1-\frac{x^2\pm a^2}{3x^2}\right)$

465. $\int \frac{dx}{x^4\sqrt{(x^2\pm a^2)^3}}=\pm\frac{x}{a^6\sqrt{x^2\pm a^2}}\left[1+\frac{2(x^2\pm a^2)}{x^2}-\frac{(x^2\pm a^2)^2}{3x^4}\right]$

466. $\int \frac{dx}{x^4\sqrt{(x^2\pm a^2)^n}}=\pm\frac{1}{(n-2)a^2x^3\sqrt{(x^2\pm a^2)^{n-2}}}$

$$\pm\frac{n+1}{(n-2)a^2}\int\frac{dx}{x^4\sqrt{(x^2\pm a^2)^{n-2}}}\quad (n\neq 2)$$

467. $\int \frac{dx}{x^m\sqrt{x^2\pm a^2}}=\mp\frac{\sqrt{x^2\pm a^2}}{(m-1)a^2x^{m-1}}\mp\frac{m-2}{(m-1)a^2}\int\frac{dx}{x^{m-2}\sqrt{x^2\pm a^2}}$

468. $\int \frac{dx}{x^{2m}\sqrt{x^2\pm a^2}}=\sqrt{x^2\pm a^2}\sum_{r=0}^{m-1}\frac{(m-1)!m!(2r)!2^{2m-2r-1}}{(r!)^2(2m)!(\mp a^2)^{m-r}x^{2r+1}}$ [1]

469. $\int \frac{dx}{x^{2m+1}\sqrt{x^2+a^2}}=\frac{(2m)!}{(m!)^2}\left[\frac{\sqrt{x^2+a^2}}{a^2}\sum_{r=1}^{m}(-1)^{m-r+1}\frac{r!(r-1)!}{2(2r)!(4a^2)^{m-r}x^{2r}}\right.$

$$\left.+\frac{(-1)^{m+1}}{2^{2m}a^{2m+1}}\ln\left|\frac{\sqrt{x^2+a^2}+a}{x}\right|\right]$$ [1]

470. $\int \frac{dx}{x^{2m+1}\sqrt{x^2-a^2}}$

$$=\frac{(2m)!}{(m!)^2}\left[\frac{\sqrt{x^2-a^2}}{a^2}\sum_{r=1}^{m}\frac{r!(r-1)!}{2(2r)!(4a^2)^{m-r}x^{2r}}+\frac{1}{2^{2m}|a|^{2m+1}}\operatorname{arcsec}\frac{x}{a}\right]$$ [1]

471. $\int \frac{dx}{x^m\sqrt[p]{(x^2\pm a^2)^n}}=\frac{p}{2(n-p)a^2x^{m-1}\sqrt[p]{(x^2\pm a^2)^{n-p}}}$

$$\pm\frac{2n+p(m-3)}{2(n-p)a^2}\int\frac{dx}{x^m\sqrt[p]{(x^2\pm a^2)^{n-p}}}\quad (n\neq p)$$ [2]

472. $\int \frac{\sqrt{x^2+a^2}}{x}dx=\sqrt{x^2+a^2}-a\ln\left|\frac{a+\sqrt{x^2+a^2}}{x}\right|$

473. $\int \frac{\sqrt{x^2-a^2}}{x}dx=\sqrt{x^2-a^2}-|a|\operatorname{arcsec}\frac{x}{a}$

474. $\int \frac{\sqrt{(x^2+a^2)^3}}{x}dx=\frac{1}{3}\sqrt{(x^2+a^2)^3}+a^2\sqrt{x^2+a^2}-a^3\ln\left|\frac{a+\sqrt{x^2+a^2}}{x}\right|$

475. $\int \frac{\sqrt{(x^2-a^2)^3}}{x}dx=\frac{1}{3}\sqrt{(x^2-a^2)^3}-a^2\sqrt{x^2-a^2}+a^3\operatorname{arcsec}\frac{x}{a}$

476. $\int \frac{\sqrt{(x^2\pm a^2)^n}}{x}dx=\frac{1}{n}\sqrt{(x^2\pm a^2)^n}\pm a^2\int\frac{\sqrt{(x^2\pm a^2)^{n-2}}}{x}dx$

477. $\int \frac{\sqrt{x^2\pm a^2}}{x^2}dx=-\frac{\sqrt{x^2\pm a^2}}{x}+\ln|x+\sqrt{x^2\pm a^2}|$

478. $\int \frac{\sqrt{(x^2\pm a^2)^3}}{x^2}dx=-\frac{1}{x}\sqrt{(x^2\pm a^2)^3}+\frac{3x}{2}\sqrt{x^2\pm a^2}$

$$\pm\frac{3a^2}{2}\ln|x+\sqrt{x^2\pm a^2}|$$

479. $\int\frac{\sqrt{(x^2\pm a^2)^n}}{x^2}\mathrm{d}x=\frac{\sqrt{(x^2\pm a^2)^n}}{(n-1)x}\pm\frac{na^2}{n-1}\int\frac{\sqrt{(x^2\pm a^2)^{n-2}}}{x^2}\mathrm{d}x\quad(n\neq 1)$

480. $\int\frac{\sqrt{x^2+a^2}}{x^3}\mathrm{d}x=-\frac{\sqrt{x^2+a^2}}{2x^2}-\frac{1}{2a}\ln\left|\frac{a+\sqrt{x^2+a^2}}{x}\right|$

481. $\int\frac{\sqrt{x^2-a^2}}{x^3}\mathrm{d}x=-\frac{\sqrt{x^2-a^2}}{2x^2}+\frac{1}{2|a|}\operatorname{arcsec}\frac{x}{a}$

482. $\int\frac{\sqrt{(x^2+a^2)^3}}{x^3}\mathrm{d}x=-\frac{1}{2x^2}\sqrt{(x^2+a^2)^3}+\frac{3}{2}\sqrt{x^2+a^2}$

$$-\frac{3a}{2}\ln\left|\frac{a+\sqrt{x^2+a^2}}{x}\right|$$

483. $\int\frac{\sqrt{(x^2-a^2)^3}}{x^3}\mathrm{d}x=-\frac{1}{2x^2}\sqrt{(x^2-a^2)^3}+\frac{3}{2}\sqrt{x^2-a^2}-\frac{3a}{2}\operatorname{arcsec}\frac{x}{a}$

484. $\int\frac{\sqrt{(x^2\pm a^2)^n}}{x^3}\mathrm{d}x=\frac{\sqrt{(x^2\pm a^2)^n}}{(n-2)x^2}\pm\frac{na^2}{n-2}\int\frac{\sqrt{(x^2\pm a^2)^{n-2}}}{x^3}\mathrm{d}x\quad(n\neq 2)$

485. $\int\frac{\sqrt{x^2\pm a^2}}{x^4}\mathrm{d}x=\pm\frac{\sqrt{(x^2\pm a^2)^3}}{3a^2x^3}$

486. $\int\frac{\sqrt{(x^2\pm a^2)^3}}{x^4}\mathrm{d}x=-\frac{1}{3x^3}\sqrt{(x^2\pm a^2)^3}-\frac{1}{x}\sqrt{x^2\pm a^2}$

$$+\ln|x+\sqrt{x^2\pm a^2}|$$

487. $\int\frac{\sqrt{(x^2\pm a^2)^n}}{x^4}\mathrm{d}x=\frac{\sqrt{(x^2\pm a^2)^n}}{(n-3)x^3}\pm\frac{na^2}{n-3}\int\frac{\sqrt{(x^2\pm a^2)^{n-2}}}{x^4}\mathrm{d}x\quad(n\neq 3)$

488. $\int\frac{\sqrt[p]{(x^2\pm a^2)^n}}{x^m}\mathrm{d}x=\frac{p\sqrt[p]{(x^2\pm a^2)^n}}{(2n-mp+p)x^{m-1}}\pm\frac{2na^2}{2n-mp+p}\int\frac{\sqrt[p]{(x^2\pm a^2)^{n-p}}}{x^m}\mathrm{d}x$

$[2n\neq(m-1)p]$ [2]

489. $\int\frac{x^m}{\sqrt{x^2\pm a^2}}\mathrm{d}x=\frac{1}{m}x^{m-1}\sqrt{x^2\pm a^2}\mp\frac{m-1}{m}a^2\int\frac{x^{m-2}}{\sqrt{x^2\pm a^2}}\mathrm{d}x$ [1]

490. $\int\frac{x^{2m}}{\sqrt{x^2\pm a^2}}\mathrm{d}x=\frac{(2m)!}{2^{2m}(m!)^2}\Big[\sqrt{x^2\pm a^2}\sum_{r=1}^{m}\frac{r!(r-1)!}{(2r)!}(\mp a^2)^{m-r}(2x)^{2r-1}$

$$+(\mp a^2)^m\ln|x+\sqrt{x^2\pm a^2}|\Big]$$ [1]

491. $\int\frac{x^{2m+1}}{\sqrt{x^2\pm a^2}}\mathrm{d}x=\sqrt{x^2\pm a^2}\sum_{r=0}^{m}\frac{(2r)!(m!)^2}{(2m+1)!(r!)^2}(\mp 4a^2)^{m-r}x^{2r}$ [1]

492. $\int\frac{\mathrm{d}x}{(x+a)\sqrt{x^2-a^2}}=\frac{\sqrt{x^2-a^2}}{a(x+a)}$

493. $\int \frac{\mathrm{d}x}{(x-a)\sqrt{x^2-a^2}}=-\frac{\sqrt{x^2-a^2}}{a(x-a)}$

Ⅰ.1.2.16 含有 $\sqrt{a^2-x^2}$ 的积分

494. $\int \sqrt{a^2-x^2}\,\mathrm{d}x=\frac{1}{2}\left(x\sqrt{a^2-x^2}+a^2\arcsin\frac{x}{|a|}\right)$

495. $\int \sqrt{(a^2-x^2)^3}\,\mathrm{d}x$

$$=\frac{1}{4}\left[x\sqrt{(a^2-x^2)^3}+\frac{3a^2x}{2}\sqrt{a^2-x^2}+\frac{3a^4}{2}\arcsin\frac{x}{|a|}\right]$$

496. $\int \sqrt{(a^2-x^2)^n}\,\mathrm{d}x=\frac{1}{n+1}\left[x\sqrt{(a^2-x^2)^n}+na^2\int\sqrt{(a^2-x^2)^{n-2}}\,\mathrm{d}x\right]$

$(n\neq-1)$

497. $\int x\sqrt{a^2-x^2}\,\mathrm{d}x=-\frac{1}{3}\sqrt{(a^2-x^2)^3}$

498. $\int x\sqrt{(a^2-x^2)^3}\,\mathrm{d}x=-\frac{1}{5}\sqrt{(a^2-x^2)^5}$

499. $\int x\sqrt{(a^2-x^2)^n}\,\mathrm{d}x=\frac{1}{n+2}\left[x^2\sqrt{(a^2-x^2)^n}+na^2\int x\sqrt{(a^2-x^2)^{n-2}}\,\mathrm{d}x\right]$

$(n\neq-2)$

500. $\int x^2\sqrt{a^2-x^2}\,\mathrm{d}x=-\frac{x}{4}\sqrt{(a^2-x^2)^3}+\frac{a^2}{8}\left(x\sqrt{a^2-x^2}+a^2\arcsin\frac{x}{|a|}\right)$

501. $\int x^2\sqrt{(a^2-x^2)^3}\,\mathrm{d}x=-\frac{x}{6}\sqrt{(a^2-x^2)^5}+\frac{a^2x}{24}\sqrt{(a^2-x^2)^3}$

$$+\frac{a^4x}{16}\sqrt{a^2-x^2}+\frac{a^6}{16}\arcsin\frac{x}{|a|}$$

502. $\int x^2\sqrt{(a^2-x^2)^n}\,\mathrm{d}x=\frac{1}{n+3}\left[x^3\sqrt{(a^2-x^2)^n}+na^2\int x^2\sqrt{(a^2-x^2)^{n-2}}\,\mathrm{d}x\right]$

$(n\neq-3)$

503. $\int x^3\sqrt{a^2-x^2}\,\mathrm{d}x=-\left(\frac{1}{5}x^2+\frac{2}{15}a^2\right)\sqrt{(a^2-x^2)^3}$

504. $\int x^3\sqrt{(a^2-x^2)^3}\,\mathrm{d}x=\frac{1}{7}\sqrt{(a^2-x^2)^7}-\frac{a^2}{5}\sqrt{(a^2-x^2)^5}$

505. $\int x^3\sqrt{(a^2-x^2)^n}\,\mathrm{d}x=\frac{1}{n+4}\left[x^4\sqrt{(a^2-x^2)^n}+na^2\int x^3\sqrt{(a^2-x^2)^{n-2}}\,\mathrm{d}x\right]$

$(n\neq-4)$

506. $\int x^m \sqrt[p]{(a^2-x^2)^n}\mathrm{d}x=\frac{px^{m+1}\sqrt[p]{(a^2-x^2)^n}}{2n+mp+p}$

$+\frac{2na^2}{2n+mp+p}\int x^m \sqrt[p]{(a^2-x^2)^{n-p}}\mathrm{d}x$

$[2n\neq-(m+1)p]$ [2]

507. $\int\frac{\mathrm{d}x}{\sqrt{a^2-x^2}}=\arcsin\frac{x}{|a|}=-\arccos\frac{x}{|a|}$

508. $\int\frac{\mathrm{d}x}{\sqrt{(a^2-x^2)^3}}=\frac{x}{a^2\sqrt{a^2-x^2}}$

509. $\int\frac{\mathrm{d}x}{\sqrt{(a^2-x^2)^n}}=\frac{x}{(n-2)a^2\sqrt{(a^2-x^2)^{n-2}}}+\frac{n-3}{(n-2)a^2}\int\frac{\mathrm{d}x}{\sqrt{(a^2-x^2)^{n-2}}}$

$(n\neq 2)$

510. $\int\frac{x}{\sqrt{a^2-x^2}}\mathrm{d}x=-\sqrt{a^2-x^2}$

511. $\int\frac{x}{\sqrt{(a^2-x^2)^3}}\mathrm{d}x=\frac{1}{\sqrt{a^2-x^2}}$

512. $\int\frac{x}{\sqrt{(a^2-x^2)^n}}\mathrm{d}x=\frac{x^2}{(n-2)a^2\sqrt{(a^2-x^2)^{n-2}}}$

$+\frac{n-4}{(n-2)a^2}\int\frac{x}{\sqrt{(a^2-x^2)^{n-2}}}\mathrm{d}x\quad(n\neq 2)$

513. $\int\frac{x^2}{\sqrt{a^2-x^2}}\mathrm{d}x=-\frac{x}{2}\sqrt{a^2-x^2}+\frac{a^2}{2}\arcsin\frac{x}{|a|}$

514. $\int\frac{x^2}{\sqrt{(a^2-x^2)^3}}\mathrm{d}x=\frac{x}{\sqrt{a^2-x^2}}-\arcsin\frac{x}{|a|}$

515. $\int\frac{x^2}{\sqrt{(a^2-x^2)^n}}\mathrm{d}x=\frac{x^3}{(n-2)a^2\sqrt{(a^2-x^2)^{n-2}}}$

$+\frac{n-5}{(n-2)a^2}\int\frac{x^2}{\sqrt{(a^2-x^2)^{n-2}}}\mathrm{d}x\quad(n\neq 2)$

516. $\int\frac{x^3}{\sqrt{a^2-x^2}}\mathrm{d}x=-\frac{2}{3}\sqrt{(a^2-x^2)^3}-x^2\sqrt{a^2-x^2}$

517. $\int\frac{x^3}{\sqrt{(a^2-x^2)^3}}\mathrm{d}x=2\sqrt{a^2-x^2}+\frac{x^2}{\sqrt{a^2-x^2}}=\sqrt{a^2-x^2}+\frac{a^2}{\sqrt{a^2-x^2}}$

518. $\int\frac{x^3}{\sqrt{(a^2-x^2)^n}}\mathrm{d}x=\frac{x^4}{(n-2)a^2\sqrt{(a^2-x^2)^{n-2}}}$

$+\frac{n-6}{(n-2)a^2}\int\frac{x^3}{\sqrt{(a^2-x^2)^{n-2}}}\mathrm{d}x\quad(n\neq 2)$

519. $\int \frac{x^m}{\sqrt[p]{(a^2-x^2)^n}}\mathrm{d}x = \frac{px^{m+1}}{2a^2(n-p)\sqrt[p]{(a^2-x^2)^n}} + \frac{2n-(m+3)p}{2a^2(n-p)}\int \frac{x^m}{\sqrt[p]{(a^2-x^2)^{n-p}}}\mathrm{d}x \quad (n \neq p)$ [2]

520. $\int \frac{\mathrm{d}x}{x\sqrt{a^2-x^2}} = -\frac{1}{a}\ln\left|\frac{a+\sqrt{a^2-x^2}}{x}\right|$

521. $\int \frac{\mathrm{d}x}{x\sqrt{(a^2-x^2)^3}} = \frac{1}{a^2\sqrt{a^2-x^2}} - \frac{1}{a^3}\ln\left|\frac{a+\sqrt{a^2-x^2}}{x}\right|$

522. $\int \frac{\mathrm{d}x}{x\sqrt{(a^2-x^2)^n}} = \frac{1}{(n-2)a^2\sqrt{(a^2-x^2)^{n-2}}} + \frac{1}{a^2}\int \frac{\mathrm{d}x}{x\sqrt{(a^2-x^2)^{n-2}}}$
$(n \neq 2)$

523. $\int \frac{\mathrm{d}x}{x^2\sqrt{a^2-x^2}} = -\frac{\sqrt{a^2-x^2}}{a^2x}$

524. $\int \frac{\mathrm{d}x}{x^2\sqrt{(a^2-x^2)^3}} = \frac{1}{a^4}\left(\frac{x}{\sqrt{a^2-x^2}} - \frac{\sqrt{a^2-x^2}}{x}\right)$

525. $\int \frac{\mathrm{d}x}{x^2\sqrt{(a^2-x^2)^n}} = \frac{1}{(n-2)a^2x\sqrt{(a^2-x^2)^{n-2}}} + \frac{n-1}{(n-2)a^2}\int \frac{\mathrm{d}x}{x^2\sqrt{(a^2-x^2)^{n-2}}} \quad (n \neq 2)$

526. $\int \frac{\mathrm{d}x}{x^3\sqrt{a^2-x^2}} = -\frac{\sqrt{a^2-x^2}}{2a^2x^2} - \frac{1}{2a^3}\ln\left|\frac{a+\sqrt{a^2-x^2}}{x}\right|$

527. $\int \frac{\mathrm{d}x}{x^3\sqrt{(a^2-x^2)^3}} = -\frac{1}{2a^2x^2\sqrt{a^2-x^2}} + \frac{3}{2a^4\sqrt{a^2-x^2}} - \frac{3}{2a^5}\ln\left|\frac{a+\sqrt{a^2-x^2}}{x}\right|$

528. $\int \frac{\mathrm{d}x}{x^3\sqrt{(a^2-x^2)^n}} = \frac{1}{(n-2)a^2x^2\sqrt{(a^2-x^2)^{n-2}}} + \frac{n}{(n-2)a^2}\int \frac{\mathrm{d}x}{x^3\sqrt{(a^2-x^2)^{n-2}}} \quad (n \neq 2)$

529. $\int \frac{\mathrm{d}x}{x^4\sqrt{a^2-x^2}} = -\frac{\sqrt{a^2-x^2}}{a^4x}\left(1+\frac{a^2-x^2}{3x^3}\right)$

530. $\int \frac{\mathrm{d}x}{x^4\sqrt{(a^2-x^2)^3}} = \frac{1}{a^6\sqrt{a^2-x^2}}\left[x - \frac{2(a^2-x^2)}{x} - \frac{(a^2-x^2)^2}{3x^2}\right]$

531. $\int \frac{\mathrm{d}x}{x^4\sqrt{(a^2-x^2)^n}} = \frac{1}{(n-2)a^2x^3\sqrt{(a^2-x^2)^{n-2}}}$

$$+\frac{n+1}{(n-2)a^2}\int\frac{\mathrm{d}x}{x^4\sqrt{(a^2-x^2)^{n-2}}}\quad(n\neq 2)$$

532. $$\int\frac{\mathrm{d}x}{x^m\sqrt[p]{(a^2-x^2)^n}}=\frac{p}{2(n-p)a^2x^{m-1}\sqrt[p]{(a^2-x^2)^{n-p}}}+\frac{2n+(m-3)p}{2(n-p)a^2}\int\frac{\mathrm{d}x}{x^m\sqrt[p]{(a^2-x^2)^{n-p}}}\quad(n\neq p)$$ [2]

533. $$\int\frac{\sqrt{a^2-x^2}}{x}\mathrm{d}x=\sqrt{a^2-x^2}-a\ln\left|\frac{a+\sqrt{a^2-x^2}}{x}\right|$$

534. $$\int\frac{\sqrt{(a^2-x^2)^3}}{x}\mathrm{d}x=\frac{1}{3}\sqrt{(a^2-x^2)^3}+a^2\sqrt{a^2-x^2}-a^3\ln\left|\frac{a+\sqrt{a^2-x^2}}{x}\right|$$

535. $$\int\frac{\sqrt{(a^2-x^2)^n}}{x}\mathrm{d}x=\frac{1}{n}\sqrt{(a^2-x^2)^n}+a^2\int\frac{\sqrt{(a^2-x^2)^{n-2}}}{x}\mathrm{d}x$$

536. $$\int\frac{\sqrt{a^2-x^2}}{x^2}\mathrm{d}x=-\frac{\sqrt{a^2-x^2}}{x}-\arcsin\frac{x}{|a|}$$

537. $$\int\frac{\sqrt{(a^2-x^2)^3}}{x^2}\mathrm{d}x=-\frac{1}{x}\sqrt{(a^2-x^2)^3}-\frac{3x}{2}\sqrt{a^2-x^2}-\frac{3a^2}{2}\arcsin\frac{x}{a}$$

538. $$\int\frac{\sqrt{(a^2-x^2)^n}}{x^2}\mathrm{d}x=\frac{1}{(n-1)x}\sqrt{(a^2-x^2)^n}+\frac{na^2}{n-1}\int\frac{\sqrt{(a^2-x^2)^{n-2}}}{x^2}\mathrm{d}x$$
$(n\neq 1)$

539. $$\int\frac{\sqrt{a^2-x^2}}{x^3}\mathrm{d}x=-\frac{\sqrt{a^2-x^2}}{2x^2}+\frac{1}{2a}\ln\left|\frac{a+\sqrt{a^2-x^2}}{x}\right|$$

540. $$\int\frac{\sqrt{(a^2-x^2)^3}}{x^3}\mathrm{d}x=-\frac{1}{2x^2}\sqrt{(a^2-x^2)^3}-\frac{3}{2}\sqrt{a^2-x^2}+\frac{3a}{2}\ln\left|\frac{a+\sqrt{a^2-x^2}}{x}\right|$$

541. $$\int\frac{\sqrt{(a^2-x^2)^n}}{x^3}\mathrm{d}x=\frac{1}{(n-2)x^2}\sqrt{(a^2-x^2)^n}+\frac{na^2}{n-2}\int\frac{\sqrt{(a^2-x^2)^{n-2}}}{x^3}\mathrm{d}x$$
$(n\neq 2)$

542. $$\int\frac{\sqrt{a^2-x^2}}{x^4}\mathrm{d}x=-\frac{\sqrt{(a^2-x^2)^3}}{3a^2x^3}$$

543. $$\int\frac{\sqrt{(a^2-x^2)^3}}{x^4}\mathrm{d}x=-\frac{1}{3x^3}\sqrt{(a^2-x^2)^3}+\frac{1}{x}\sqrt{a^2-x^2}+\arcsin\frac{x}{a}$$

544. $$\int\frac{\sqrt{(a^2-x^2)^n}}{x^4}\mathrm{d}x=\frac{1}{(n-3)x^3}\sqrt{(a^2-x^2)^n}+\frac{na^2}{n-3}\int\frac{\sqrt{(a^2-x^2)^{n-2}}}{x^4}\mathrm{d}x$$
$(n\neq 3)$

545. $\int \frac{\sqrt[p]{(a^2-x^2)^n}}{x^m}\mathrm{d}x = \frac{p\sqrt[p]{(a^2-x^2)^n}}{(2n-mp+p)x^{m-1}} + \frac{2na^2}{2n-mp+p}\int \frac{\sqrt[p]{(a^2-x^2)^{n-p}}}{x^m}\mathrm{d}x$ [2]

546. $\int \frac{x^m}{\sqrt{a^2-x^2}}\mathrm{d}x = -\frac{x^{m-1}\sqrt{a^2-x^2}}{m} + \frac{(m-1)a^2}{m}\int \frac{x^{m-2}}{\sqrt{a^2-x^2}}\mathrm{d}x$

547. $\int \frac{x^{2m}}{\sqrt{a^2-x^2}}\mathrm{d}x = \frac{(2m)!}{(m!)^2}\Big[-\sqrt{a^2-x^2}\sum_{r=1}^{m}\frac{r!(r-1)!}{2^{2m-2r+1}(2r)!}a^{2m-2r}x^{2r-1} + \frac{a^{2m}}{2^{2m}}\arcsin\frac{x}{|a|}\Big]$ [1]

548. $\int \frac{x^{2m+1}}{\sqrt{a^2-x^2}}\mathrm{d}x = -\sqrt{a^2-x^2}\sum_{r=0}^{m}\frac{(2r)!(m!)^2}{(2m+1)!(r!)^2}(4a^2)^{m-r}x^{2r}$ [1]

549. $\int \frac{\mathrm{d}x}{x^m\sqrt{a^2-x^2}} = -\frac{\sqrt{a^2-x^2}}{(m-1)a^2x^{m-1}} + \frac{m-2}{(m-1)a^2}\int \frac{\mathrm{d}x}{x^{m-2}\sqrt{a^2-x^2}}$

550. $\int \frac{\mathrm{d}x}{x^{2m}\sqrt{a^2-x^2}} = -\sqrt{a^2-x^2}\sum_{r=0}^{m-1}\frac{(m-1)!m!(2r)!2^{2m-2r-1}}{(r!)^2(2m)!a^{2m-2r}x^{2r+1}}$

551. $\int \frac{\mathrm{d}x}{x^{2m+1}\sqrt{a^2-x^2}} = \frac{(2m)!}{(m!)^2}\Big[-\frac{\sqrt{a^2-x^2}}{a^2}\sum_{r=1}^{m}\frac{r!(r-1)!}{2(2r)!(4a^2)^{m-r}x^{2r}} + \frac{1}{2^{2m}a^{2m+1}}\ln\left|\frac{a-\sqrt{a^2-x^2}}{x}\right|\Big]$ [1]

552. $$\int \frac{\mathrm{d}x}{(b^2-x^2)\sqrt{a^2-x^2}} = \begin{cases} \frac{1}{2b\sqrt{a^2-x^2}}\ln\frac{(b\sqrt{a^2-x^2}+x\sqrt{a^2-b^2})^2}{|b^2-x^2|} & (a^2>b^2) \\ \frac{1}{b\sqrt{b^2-a^2}}\arctan\frac{x\sqrt{b^2-a^2}}{b\sqrt{a^2-x^2}} & (a^2<b^2) \end{cases}$$

553. $\int \frac{\mathrm{d}x}{(b^2+x^2)\sqrt{a^2-x^2}} = \frac{1}{b\sqrt{a^2+b^2}}\arctan\frac{x\sqrt{a^2+b^2}}{b\sqrt{a^2-x^2}}$

554. $\int \frac{\sqrt{a^2-x^2}}{b^2+x^2}\mathrm{d}x = \frac{\sqrt{a^2+b^2}}{|b|}\arcsin\frac{x\sqrt{a^2+b^2}}{|a|\sqrt{x^2+b^2}} - \arcsin\frac{x}{|a|}$

Ⅰ.1.2.17 含有 $\sqrt{a+bx+cx^2}$ 的积分

设 $X=a+bx+cx^2$，$q=4ac-b^2$ 和 $k=\frac{4c}{q}$. 如果 $q=0$，那么$\sqrt{X}=$

$\sqrt{c}\left|x+\frac{b}{2c}\right|.$

555. $$\int \frac{\mathrm{d}x}{\sqrt{X}}=\begin{cases}\dfrac{1}{\sqrt{c}}\ln\left|\dfrac{\sqrt{2cX}+2cx+b}{\sqrt{q}}\right| & (c>0)\\ \dfrac{1}{\sqrt{c}}\operatorname{arsinh}\dfrac{2cx+b}{\sqrt{q}} & (c>0)\\ -\dfrac{1}{\sqrt{-c}}\arcsin\dfrac{2cx+b}{\sqrt{-q}} & (c<0)\end{cases}$$ [1]

556. $$\int \frac{\mathrm{d}x}{X\sqrt{X}}=\frac{2(2cx+b)}{q\sqrt{X}}$$

557. $$\int \frac{\mathrm{d}x}{X^2\sqrt{X}}=\frac{2(2cx+b)}{3q\sqrt{X}}\left(\frac{1}{X}+2k\right)$$

558. $$\int \frac{\mathrm{d}x}{X^n\sqrt{X}}=\frac{2(2cx+b)\sqrt{X}}{(2n-1)qX^n}+\frac{2k(n-1)}{2n-1}\int\frac{\mathrm{d}x}{X^{n-1}\sqrt{X}}$$
$$=\frac{(2cx+b)(n!)(n-1)!4^nk^{n-1}}{q(2n)!\sqrt{X}}\sum_{r=0}^{n-1}\frac{(2r)!}{(4kX)^r(r!)^2}$$ [1]

559. $$\int \sqrt{X}\mathrm{d}x=\frac{(2cx+b)\sqrt{X}}{4c}+\frac{1}{2k}\int\frac{\mathrm{d}x}{\sqrt{X}}$$

560. $$\int X\sqrt{X}\mathrm{d}x=\frac{(2cx+b)\sqrt{X}}{8c}\left(X+\frac{3}{2k}\right)+\frac{3}{8k^2}\int\frac{\mathrm{d}x}{\sqrt{X}}$$

561. $$\int X^2\sqrt{X}\mathrm{d}x=\frac{(2cx+b)\sqrt{X}}{12c}\left(X^2+\frac{5X}{4k}+\frac{15}{8k^2}\right)+\frac{5}{16k^3}\int\frac{\mathrm{d}x}{\sqrt{X}}$$

562. $$\int X^n\sqrt{X}\mathrm{d}x=\frac{(2cx+b)X^n\sqrt{X}}{4(n+1)c}+\frac{2n+1}{2(n+1)k}\int X^{n-1}\sqrt{X}\mathrm{d}x$$
$$=\frac{(2n+2)!}{[(n+1)!]^2(4k)^{n+1}}$$
$$\cdot\left[\frac{k(2cx+b)\sqrt{X}}{c}\sum_{r=0}^{n}\frac{r!(r+1)!(4kX)^r}{(2r+2)!}+\int\frac{\mathrm{d}x}{\sqrt{X}}\right]$$ [1]

563. $$\int x\sqrt{X}\mathrm{d}x=\frac{X\sqrt{X}}{3c}-\frac{b(2cx+b)}{8c^2}\sqrt{X}-\frac{b}{4ck}\int\frac{\mathrm{d}x}{\sqrt{X}}$$

564. $$\int xX\sqrt{X}\mathrm{d}x=\frac{X^2\sqrt{X}}{5c}-\frac{b}{2c}\int X\sqrt{X}\mathrm{d}x$$

565. $$\int xX^n\sqrt{X}\mathrm{d}x=\frac{X^{n+1}\sqrt{X}}{(2n+3)c}-\frac{b}{2c}\int X^n\sqrt{X}\mathrm{d}x$$ [1]

566. $$\int x^2\sqrt{X}\mathrm{d}x=\left(x-\frac{5b}{6c}\right)\frac{X\sqrt{X}}{4c}+\frac{5b^2-4ac}{16c^2}\int\sqrt{X}\mathrm{d}x$$

567. $\int x^m \sqrt{X^n}\mathrm{d}x = \frac{1}{(m+n+1)c}\left[x^{m-1}\sqrt{X^{n+2}} - \frac{(2m+n)b}{2}\int x^{m-1}\sqrt{X^n}\mathrm{d}x\right]$

$(n>0)$　[2]

568. $\int \frac{x}{\sqrt{X}}\mathrm{d}x = \frac{\sqrt{X}}{c} - \frac{b}{2c}\int \frac{\mathrm{d}x}{\sqrt{X}}$

569. $\int \frac{x^2}{\sqrt{X}}\mathrm{d}x = \left(\frac{x}{2c} - \frac{3b}{4c^2}\right)\sqrt{X} + \frac{3b^2-4ac}{8c^2}\int \frac{\mathrm{d}x}{\sqrt{X}}$

570. $\int \frac{x^3}{\sqrt{X}}\mathrm{d}x = \left(\frac{x^2}{3c} - \frac{5bx}{12c^2} + \frac{5b^2}{8c^3} - \frac{2a}{3c^2}\right)\sqrt{X} + \left(\frac{3ab}{4c^2} - \frac{5b^3}{16c^3}\right)\int \frac{\mathrm{d}x}{\sqrt{X}}$

571. $\int \frac{x^n}{\sqrt{X}}\mathrm{d}x = \frac{1}{nc}x^{n-1}\sqrt{X} - \frac{(2n-1)b}{2nc}\int \frac{x^{n-1}}{\sqrt{X}}\mathrm{d}x - \frac{(n-1)a}{nc}\int \frac{x^{n-2}}{\sqrt{X}}\mathrm{d}x$

572. $\int \frac{x^m}{\sqrt{X^n}}\mathrm{d}x = \frac{1}{(m-n+1)c}$

$$\cdot\left[\frac{x^{m-1}}{\sqrt{X^{n-2}}} - \frac{(2m-n)b}{2}\int \frac{x^{m-1}}{\sqrt{X^n}}\mathrm{d}x - (m-1)a\int \frac{x^{m-2}}{\sqrt{X^n}}\mathrm{d}x\right]$$

$(n>0)$　[2]

573. $\int \frac{x}{X\sqrt{X}}\mathrm{d}x = -\frac{2(bx+2a)}{q\sqrt{X}}$

574. $\int \frac{x}{X^n\sqrt{X}}\mathrm{d}x = -\frac{\sqrt{X}}{(2n-1)cX^n} - \frac{b}{2c}\int \frac{\mathrm{d}x}{X^n\sqrt{X}}$

575. $\int \frac{x^2}{X\sqrt{X}}\mathrm{d}x = \frac{(2b^2-4ac)x+2ab}{cq\sqrt{X}} + \frac{1}{c}\int \frac{\mathrm{d}x}{\sqrt{X}}$

576. $\int \frac{x^2}{X^n\sqrt{X}}\mathrm{d}x = \frac{(2b^2-4ac)x+2ab}{(2n-1)cqX^{n-1}\sqrt{X}} + \frac{4ac+(2n-3)b^2}{(2n-1)cq}\int \frac{\mathrm{d}x}{X^{n-1}\sqrt{X}}$

577. $$\int \frac{\mathrm{d}x}{x\sqrt{X}} = \begin{cases} \frac{1}{\sqrt{-a}}\arcsin\frac{bx+2a}{|x|\sqrt{-q}} & (a<0) \\ -\frac{2\sqrt{X}}{bx} & (a=0) \\ -\frac{1}{\sqrt{a}}\ln\left|\frac{2\sqrt{aX}+bx+2a}{x}\right| & (a>0) \end{cases}$$

578. $\int \frac{\mathrm{d}x}{x^2\sqrt{X}} = -\frac{\sqrt{X}}{ax} - \frac{b}{2a}\int \frac{\mathrm{d}x}{x\sqrt{X}}$

579. $\int \frac{\mathrm{d}x}{x^3\sqrt{X}} = \frac{\sqrt{X}}{a^2x^2}\left(bx - \frac{2a+bx}{4}\right) + \frac{2b^2-q}{8a^2}\int \frac{\mathrm{d}x}{x\sqrt{X}}$

580. $\int \frac{\mathrm{d}x}{x^m\sqrt{X}} = -\frac{\sqrt{X}}{(m-1)ax^{m-1}} - \frac{(2m-3)b}{2(m-1)a}\int \frac{\mathrm{d}x}{x^{m-1}\sqrt{X}} - \frac{(m-2)c}{(m-1)a}\int \frac{\mathrm{d}x}{x^{m-2}\sqrt{X}}$

$(m \neq 1)$

581. $\int \frac{\mathrm{d}x}{x\sqrt{X^n}} = \frac{2}{(n-2)a\sqrt{X^{n-2}}} - \frac{b}{2a}\int \frac{\mathrm{d}x}{\sqrt{X^n}} + \frac{1}{a}\int \frac{\mathrm{d}x}{x\sqrt{X^{n-2}}} \quad (n \neq 2)$

582. $\int \frac{\mathrm{d}x}{x^m\sqrt{X^n}} = -\frac{1}{(m-1)ax^{m-1}\sqrt{X^{n-2}}} - \frac{(n+2m-4)b}{2(m-1)a}\int \frac{\mathrm{d}x}{x^{m-1}\sqrt{X^n}}$

$- \frac{(n+m-3)c}{(m-1)a}\int \frac{\mathrm{d}x}{x^{m-2}\sqrt{X^n}} \quad (m \neq 1)$ [2]

583. $\int \frac{\sqrt{X}}{x}\mathrm{d}x = \sqrt{X} + \frac{b}{2}\int \frac{\mathrm{d}x}{\sqrt{X}} + a\int \frac{\mathrm{d}x}{x\sqrt{X}}$

584. $\int \frac{\sqrt{X}}{x^2}\mathrm{d}x = -\frac{\sqrt{X}}{x} + \frac{b}{2}\int \frac{\mathrm{d}x}{x\sqrt{X}} + c\int \frac{\mathrm{d}x}{\sqrt{X}}$

585. $\int \frac{\sqrt{X}}{x^m}\mathrm{d}x = -\frac{\sqrt{X}}{(m-1)x^{m-1}} + \frac{b}{2(m-1)}\int \frac{\mathrm{d}x}{x^{m-1}\sqrt{X}} + \frac{c}{m-1}\int \frac{\mathrm{d}x}{x^{m-2}\sqrt{X}}$

$(m \neq 1)$

586. $\int \frac{\sqrt{X^n}}{x^m}\mathrm{d}x = -\frac{\sqrt{X^{n+2}}}{(m-1)ax^{m-1}} + \frac{(n-2m+4)b}{2(m+1)a}\int \frac{\sqrt{X^n}}{x^{m-1}}\mathrm{d}x$

$+ \frac{(n-m+3)c}{(m-1)a}\int \frac{\sqrt{X^n}}{x^{m-2}}\mathrm{d}x \quad (m \neq 1)$ [2]

Ⅰ.1.2.18 含有 $\sqrt{bx+cx^2}$ 和 $\sqrt{bx-cx^2}$ 的积分

587. $\int \sqrt{bx+cx^2}\,\mathrm{d}x = \frac{b+2cx}{4c}\sqrt{bx+cx^2} - \frac{b^2}{8\sqrt{c^3}}\operatorname{arcosh}\frac{b+2cx}{b}$

588. $\int \sqrt{bx-cx^2}\,\mathrm{d}x = \frac{2cx-b}{4c}\sqrt{bx-cx^2} + \frac{b^2}{4\sqrt{c^3}}\arcsin\sqrt{\frac{cx}{b}}$

589. $\int \frac{\mathrm{d}x}{\sqrt{bx+cx^2}} = \frac{1}{\sqrt{c}}\operatorname{arcosh}\frac{b+2cx}{b}$

590. $\int \frac{\mathrm{d}x}{\sqrt{bx-cx^2}} = \frac{2}{\sqrt{c}}\arcsin\sqrt{\frac{cx}{b}}$

591. $\int \frac{\sqrt{bx+cx^2}}{x}\mathrm{d}x = \sqrt{bx+cx^2} + \frac{b}{2\sqrt{c}}\operatorname{arcosh}\frac{b+2cx}{b}$

592. $\int \frac{\sqrt{bx-cx^2}}{x}\mathrm{d}x = \sqrt{bx-cx^2} + \frac{b}{\sqrt{c}}\arcsin\sqrt{\frac{cx}{b}}$

593. $\int \frac{\sqrt{bx+cx^2}}{x^2}\mathrm{d}x = -\frac{2\sqrt{bx+cx^2}}{x} + c\int \frac{\mathrm{d}x}{\sqrt{bx+cx^2}}$

594. $\int \frac{\sqrt{bx+cx^2}}{x^3}\mathrm{d}x = -\frac{2\sqrt{(bx+cx^2)^3}}{3bx^3}$

595. $\int \frac{\sqrt{(bx+cx^2)^3}}{x}\mathrm{d}x = \frac{2\sqrt{(bx+cx^2)^5}}{3bx} - \frac{8c}{3b}\int \sqrt{(bx+cx^2)^3}\,\mathrm{d}x$

596. $\int \frac{\sqrt{(bx+cx^2)^3}}{x^2}\mathrm{d}x = \frac{\sqrt{(bx+cx^2)^3}}{2x} + \frac{3b\sqrt{bx+cx^2}}{4} + \frac{3b^2}{8}\int \frac{\mathrm{d}x}{\sqrt{bx+cx^2}}$

597. $\int \frac{\sqrt{(bx+cx^2)^3}}{x^3}\mathrm{d}x = \left(c - \frac{2b}{x}\right)\sqrt{bx+cx^2} + \frac{3bc}{2}\int \frac{\mathrm{d}x}{\sqrt{bx+cx^2}}$

598. $\int \frac{\mathrm{d}x}{x\sqrt{bx\pm cx^2}} = \pm\frac{2}{bx}\sqrt{bx\pm cx^2}$

599. $\int \frac{\mathrm{d}x}{x^2\sqrt{bx+cx^2}} = \frac{2}{3}\left(-\frac{1}{bx^2} + \frac{2c}{b^2x}\right)\sqrt{bx+cx^2}$

600. $\int \frac{\mathrm{d}x}{x^3\sqrt{bx+cx^2}} = \frac{2}{5}\left(-\frac{1}{bx^3} + \frac{4c}{3b^2x^2} - \frac{8c^2}{3b^3x}\right)\sqrt{bx+cx^2}$

601. $\int \frac{\mathrm{d}x}{x\sqrt{(bx+cx^2)^3}} = \frac{2}{3}\left(-\frac{1}{bx} + \frac{4c}{b^2} + \frac{8c^2x}{b^3}\right)\frac{1}{\sqrt{bx+cx^2}}$

602. $\int \frac{\mathrm{d}x}{x^2\sqrt{(bx+cx^2)^3}} = \frac{2}{5}\left(-\frac{1}{bx^2} + \frac{2c}{b^2x} - \frac{8c^2}{b^3} - \frac{16c^3x}{b^4}\right)\frac{1}{\sqrt{bx+cx^2}}$

603. $$\int \frac{\mathrm{d}x}{x^3\sqrt{(bx+cx^2)^3}} = \frac{2}{7}\left(-\frac{1}{bx^3} + \frac{8c}{5b^2x^2} - \frac{16c^2}{5b^3x} + \frac{64c^3}{5b^4} + \frac{128c^4x}{5b^5}\right)\frac{1}{\sqrt{bx+cx^2}}$$

604. $$\int x^m\sqrt{bx\pm cx^2}\,\mathrm{d}x = \pm\frac{x^{m-1}}{(m+2)c}\sqrt{(bx\pm cx^2)^3} \mp \frac{(2m+1)b}{2(m+2)c}\int x^{m-1}\sqrt{bx\pm cx^2}\,\mathrm{d}x$$ [2]

605. $\int \frac{\sqrt{bx\pm cx^2}}{x^m}\mathrm{d}x = \pm\frac{2\sqrt{(bx\pm cx^2)^3}}{(2m-3)bx^{m+1}} \mp \frac{2(m-3)c}{(2m-3)b}\int \frac{\sqrt{bx\pm cx^2}}{x^{m-1}}\mathrm{d}x$ [2]

606. $\int \frac{x^m}{\sqrt{bx\pm cx^2}}\mathrm{d}x = \pm\frac{x^{m-1}}{mc}\sqrt{bx\pm cx^2} \mp \frac{(2m\mp 1)b}{2mc}\int \frac{x^{m-1}}{\sqrt{bx\pm cx^2}}\mathrm{d}x$ [2]

607. $\int \frac{\mathrm{d}x}{x^m\sqrt{bx\pm cx^2}} = -\frac{2\sqrt{bx\pm cx^2}}{(2m-1)bx^m} \mp \frac{2(m-1)c}{(2m-1)b}\int \frac{\mathrm{d}x}{x^{m-1}\sqrt{bx\pm cx^2}}$ [2]

608. $\int \frac{\sqrt{(bx+cx^2)^{2n+1}}}{x^m}\mathrm{d}x = \frac{2\sqrt{(bx+cx^2)^{2n+3}}}{(2n-2m+3)bx^m}$

$$+\frac{2(m-2n-3)c}{(2n-2m+3)b}\int\frac{\sqrt{(bx+cx^2)^{2n+1}}}{x^{m-1}}\mathrm{d}x \qquad [3]$$

609. $$\int\frac{\mathrm{d}x}{x^m\sqrt{(bx+cx^2)^{2n+1}}}=-\frac{2}{(2m+2n-1)bx^m\sqrt{(bx+cx^2)^{2n-1}}}-\frac{(2m+4n-2)c}{(2m+2n-1)b}\int\frac{\mathrm{d}x}{x^{m-1}\sqrt{(bx+cx^2)^{2n+1}}} \qquad [3]$$

Ⅰ.1.2.19 含有 $\sqrt{a+cx^2}$ 和 x^n 的积分

设 $u=\sqrt{a+cx^2}$,并令

$$I_1=\begin{cases}\dfrac{1}{\sqrt{c}}\ln(x\sqrt{c}+u) & (c>0)\\ \dfrac{1}{\sqrt{-c}}\arcsin\left(x\sqrt{-\dfrac{c}{a}}\right) & (c<0,a>0)\end{cases}$$

$$I_2=\begin{cases}\dfrac{1}{2\sqrt{a}}\ln\dfrac{u-\sqrt{a}}{u+\sqrt{a}} & (a>0,c>0)\\ \dfrac{1}{2\sqrt{a}}\ln\dfrac{\sqrt{a}-u}{\sqrt{a}+u} & (a>0,c<0)\\ \dfrac{1}{\sqrt{-a}}\arccos\left(\dfrac{1}{x}\sqrt{-\dfrac{a}{c}}\right) & (a<0,c>0)\end{cases}$$

610. $\int u\mathrm{d}x=\frac{1}{2}xu+\frac{1}{2}aI_1$

611. $\int u^3\mathrm{d}x=\frac{1}{4}xu^3+\frac{3}{8}axu+\frac{3}{8}a^2I_1$

612. $\int u^5\mathrm{d}x=\frac{1}{6}xu^5+\frac{5}{24}axu^3+\frac{5}{16}a^2xu+\frac{5}{16}a^3I_1$

613. $\int u^{2n+1}\mathrm{d}x=\frac{xu^{2n+1}}{2(n+1)}+\frac{(2n+1)a}{2(n+1)}\int u^{2n-1}\mathrm{d}x$

614. $\int\frac{\mathrm{d}x}{u}=I_1$

615. $\int\frac{\mathrm{d}x}{u^3}=\frac{1}{a}\frac{x}{u}$

616. $\int\frac{\mathrm{d}x}{u^{2n+1}}=\frac{1}{a^n}\sum_{k=0}^{n-1}\frac{(-1)^k}{2k+1}\binom{n-1}{k}\frac{c^kx^{2k+1}}{u^{2k+1}}$

617. $\int x^2u\mathrm{d}x=\frac{1}{4}\frac{xu^3}{c}-\frac{1}{8}\frac{axu}{c}-\frac{1}{8}\frac{a^2}{c}I_1$

618. $\int x^2 u^3 \mathrm{d}x = \frac{1}{6}\frac{xu^5}{c} - \frac{1}{24}\frac{axu^3}{c} - \frac{1}{16}\frac{a^2 xu}{c} - \frac{1}{16}\frac{a^3}{c}I_1$

619. $\int x^m u^{2n+1} \mathrm{d}x = \frac{x^{m-1}u^{2n+3}}{(2n+m+2)c} - \frac{(m-1)a}{(2n+m+2)c}\int x^{m-2}u^{2n+1}\mathrm{d}x$

$= \frac{x^{m+1}u^{2n+1}}{2n+m+2} + \frac{(2n+1)a}{2n+m+2}\int x^m u^{2n-1}\mathrm{d}x$ [6]

620. $\int \frac{x}{u^{2n+1}}\mathrm{d}x = -\frac{1}{(2n-1)cu^{2n-1}}$

621. $\int \frac{x^2}{u}\mathrm{d}x = \frac{1}{2}\frac{xu}{c} - \frac{1}{2}\frac{a}{c}I_1$

622. $\int \frac{x^2}{u^3}\mathrm{d}x = -\frac{x}{cu} + \frac{1}{c}I_1$

623. $\int \frac{x^2}{u^5}\mathrm{d}x = \frac{1}{3}\frac{x^3}{cu^3}$

624. $\int \frac{x^2}{u^{2n+1}}\mathrm{d}x = \frac{1}{a^{n-1}}\sum_{k=0}^{n-2}\frac{(-1)^k}{2k+3}\binom{n-2}{k}\frac{c^k x^{2k+3}}{u^{2k+3}}$ [3]

625. $\int \frac{x^3}{u^{2n+1}}\mathrm{d}x = -\frac{1}{(2n-3)c^2u^{2n-3}} + \frac{a}{(2n-1)c^2u^{2n-1}}$

626. $\int \frac{x^m}{u^{2n+1}}\mathrm{d}x = \frac{x^{m+1}}{(2n-1)au^{2n-1}} + \frac{2n-m-2}{(2n-1)a}\int\frac{x^m}{u^{2n-1}}\mathrm{d}x$

$= \frac{x^{m-1}}{(m-2n)cu^{2n-1}} - \frac{(m-1)a}{(m-2n)c}\int\frac{x^{m-2}}{u^{2n+1}}\mathrm{d}x \quad (m \neq 2n)$ [6]

627. $\int \frac{u}{x}\mathrm{d}x = u + aI_2$

628. $\int \frac{u^3}{x}\mathrm{d}x = \frac{1}{3}u^3 + au + a^2 I_2$

629. $\int \frac{u^5}{x}\mathrm{d}x = \frac{1}{5}u^5 + \frac{1}{3}au^3 + a^2u + a^3 I_2$

630. $\int \frac{u}{x^2}\mathrm{d}x = -\frac{u}{x} + cI_1$

631. $\int \frac{u^3}{x^2}\mathrm{d}x = -\frac{u^3}{x} + \frac{3}{2}cxu + \frac{3}{2}aI_1$

632. $\int \frac{u^5}{x^2}\mathrm{d}x = -\frac{u^5}{x} + \frac{5}{4}cxu^3 + \frac{15}{8}acxu + \frac{15}{8}a^2 I_1$

633. $\int \frac{u}{x^3}\mathrm{d}x = -\frac{u}{2x^2} + \frac{1}{2}cI_2$

634. $\int \frac{u^3}{x^3}\mathrm{d}x = -\frac{u^3}{2x^2} + \frac{3}{2}cu + \frac{3}{2}acI_2$

635. $\int \frac{u^5}{x^3}\mathrm{d}x = -\frac{u^5}{2x^2} + \frac{5}{6}cu^3 + \frac{5}{2}acu + \frac{5}{2}a^2cI_2$

636. $\int \frac{u}{x^4} dx = -\frac{u^3}{3ax^3}$

637. $\int \frac{u^3}{x^4} dx = -\frac{u^3}{3x^3} - \frac{cu}{x} + cI_1$

638. $\int \frac{u^5}{x^4} dx = -\frac{au^3}{3x^3} - \frac{2acu}{x} + \frac{c^2 xu}{2} + \frac{5}{2} acI_1$

639. $$\int \frac{u^{2n+1}}{x^m} dx = -\frac{u^{2n+3}}{(m-1)ax^{m-1}} + \frac{(2n-m+4)c}{(m-1)a}\int \frac{u^{2n+1}}{x^{m-2}} dx \quad (m \neq 1)$$
$$= \frac{u^{2n+1}}{(2n-m+2)x^{m-1}} + \frac{(2n+1)a}{2n-m+2}\int \frac{u^{2n-1}}{x^m} dx$$

640. $\int \frac{dx}{xu} = I_2$

641. $\int \frac{dx}{xu^{2n+1}} = \frac{1}{a^n} I_2 + \sum_{k=0}^{n-1} \frac{1}{(2k+1)a^{n-k}u^{2k+1}}$

642. $\int \frac{dx}{x^2 u^{2n+1}} = -\frac{1}{a^{n+1}}\left[\frac{u}{x} + \sum_{k=1}^{n} \frac{(-1)^{k+1}}{2k-1}\binom{n}{k} c^k \left(\frac{x}{u}\right)^{2k-1}\right]$ [3]

643. $\int \frac{dx}{x^3 u} = -\frac{u}{2ax^2} - \frac{c}{2a} I_2$

644. $\int \frac{dx}{x^3 u^3} = -\frac{1}{2ax^2 u} - \frac{3c}{2a^2 u} - \frac{3c}{2a^2} I_2$

645. $\int \frac{dx}{x^3 u^5} = -\frac{1}{2ax^2 u^3} - \frac{5c}{6a^2 u^3} - \frac{5c}{2a^3 u} - \frac{5c}{2a^3} I_2$

646. $$\int \frac{dx}{x^4 u^{2n+1}}$$
$$= \frac{1}{a^{n+2}}\left[-\frac{u^3}{3x^3} + (n+1)\frac{cu}{x} + \sum_{k=2}^{n+1} \frac{(-1)^k}{2k-3}\binom{n+1}{k} c^k \left(\frac{x}{u}\right)^{2k+3}\right]$$ [3]

647. $$\int \frac{dx}{x^m u^{2n+1}} = \frac{1}{(2n-1)ax^{m-1}u^{2n-1}} + \frac{2n+m-2}{(2n-1)a}\int \frac{dx}{x^m u^{2n-1}}$$
$$= -\frac{1}{(m-1)ax^{m-1}u^{2n-1}} - \frac{(2n+m-2)c}{(m-1)a}\int \frac{dx}{x^{m-2}u^{2n+1}} \quad (m \neq 1)$$ [6]

Ⅰ.1.2.20 含有 $\sqrt{2ax-x^2}$ 的积分

648. $\int \sqrt{2ax-x^2}\, dx = \frac{1}{2}\left[(x-a)\sqrt{2ax-x^2} + a^2 \arcsin \frac{x-a}{|a|}\right]$

649. $\int \frac{dx}{\sqrt{2ax-x^2}} = \arccos \frac{a-x}{|a|} = \arcsin \frac{x-a}{|a|}$

650. $\int x^n \sqrt{2ax-x^2}\,dx$

$$=-\frac{x^{n-1}\sqrt{(2ax-x^2)^3}}{n+2}+\frac{(2n+1)a}{n+2}\int x^{n-1}\sqrt{2ax-x^2}\,dx$$

$$=\sqrt{2ax-x^2}\left[\frac{x^{n+1}}{n+2}-\sum_{r=0}^{n}\frac{(2n+1)!(r!)^2a^{n-r+1}}{2^{n-r}(2r+1)!(n+2)!n!}x^r\right]$$

$$+\frac{(2n+1)!a^{n+2}}{2^n n!(n+2)!}\arcsin\frac{x-a}{|a|}$$ [1]

651. $\int\frac{\sqrt{2ax-x^2}}{x^n}dx=\frac{\sqrt{(2ax-x^2)^3}}{(3-2n)ax^n}+\frac{n-3}{(2n-3)a}\int\frac{\sqrt{2ax-x^2}}{x^{n-1}}dx$ [1]

652. $\int\frac{x^n}{\sqrt{2ax-x^2}}dx=-\frac{x^{n-1}\sqrt{2ax-x^2}}{n}+\frac{a(2n-1)}{n}\int\frac{x^{n-1}}{\sqrt{2ax-x^2}}dx$

$$=-\sqrt{2ax-x^2}\sum_{r=1}^{n}\frac{(2n)!r!(r-1)!a^{n-r}}{2^{n-r}(2r)!(n!)^2}x^{r-1}$$

$$+\frac{(2n)!a^n}{2^n(n!)^2}\arcsin\frac{x-a}{|a|}$$ [1]

653. $\int\frac{dx}{x^n\sqrt{2ax-x^2}}=\frac{\sqrt{2ax-x^2}}{a(1-2n)x^n}+\frac{n-1}{(2n-1)a}\int\frac{dx}{x^{n-1}\sqrt{2ax-x^2}}$

$$=-\sqrt{2ax-x^2}\sum_{r=0}^{n-1}\frac{2^{n-r}(n-1)!n!(2r)!}{(2n)!(r!)^2a^{n-r}x^{r+1}}$$ [1]

654. $\int\frac{dx}{\sqrt{(2ax-x^2)^3}}=\frac{x-a}{a^2\sqrt{2ax-x^2}}$

655. $\int\frac{x}{\sqrt{(2ax-x^2)^3}}dx=\frac{x}{a\sqrt{2ax-x^2}}$

Ⅰ.1.2.21 其他形式的代数函数的积分

656. $\int\frac{dx}{\sqrt{2ax+x^2}}=\ln|x+a+\sqrt{2ax+x^2}|$

657. $$\int\sqrt{ax^2+c}\,dx=\begin{cases}\frac{x}{2}\sqrt{ax^2+c}+\frac{c}{2\sqrt{-a}}\arcsin\left(x\sqrt{-\frac{a}{c}}\right) & (a<0)\\ \frac{x}{2}\sqrt{ax^2+c}+\frac{c}{2\sqrt{a}}\ln|x\sqrt{a}+\sqrt{ax^2+c}| & (a>0)\end{cases}$$

658. $$\int \frac{\mathrm{d}x}{\sqrt{ax^2+c}} = \begin{cases} \dfrac{1}{\sqrt{-a}}\arcsin\left(x\sqrt{-\dfrac{a}{c}}\right) & (a<0) \\ \dfrac{1}{\sqrt{a}}\ln\mid x\sqrt{a}+\sqrt{ax^2+c}\mid & (a>0) \end{cases}$$

659. $$\int (ax^2+c)^{m+\frac{1}{2}}\mathrm{d}x = \frac{x(ax^2+c)^{m+\frac{1}{2}}}{2(m+1)} + \frac{(2m+1)c}{2(m+1)}\int (ax^2+c)^{m-\frac{1}{2}}\mathrm{d}x$$
$$= x\sqrt{ax^2+c}\sum_{r=0}^{m}\frac{(2m+1)!(r!)^2c^{m-r}}{2^{2m-2r+1}m!(m+1)!(2r+1)!}(ax^2+c)^r$$
$$+\frac{(2m+1)!c^{m+1}}{2^{2m+1}m!(m+1)!}\int\frac{\mathrm{d}x}{\sqrt{ax^2+c}}$$ [1]

660. $$\int \frac{\mathrm{d}x}{(ax^2+c)^{m+\frac{1}{2}}} = \frac{x}{(2m-1)c(ax^2+c)^{m-\frac{1}{2}}} + \frac{2m-2}{(2m-1)c}\int\frac{\mathrm{d}x}{(ax^2+c)^{m-\frac{1}{2}}}$$
$$= \frac{x}{\sqrt{ax^2+c}}\sum_{r=0}^{m-1}\frac{2^{2m-2r-1}(m-1)!m!(2r)!}{(2m)!(r!)^2c^{m-r}(ax^2+c)^r}$$ [1]

661. $$\int x(ax^2+c)^{m+\frac{1}{2}}\mathrm{d}x = \frac{(ax^2+c)^{m+\frac{3}{2}}}{(2m+3)a}$$ [1]

662. $$\int \frac{(ax^2+c)^{m+\frac{1}{2}}}{x}\mathrm{d}x = \frac{(ax^2+c)^{m+\frac{1}{2}}}{2m+1} + c\int\frac{(ax^2+c)^{m-\frac{1}{2}}}{x}\mathrm{d}x$$
$$= \sqrt{ax^2+c}\sum_{r=0}^{m}\frac{c^{m-r}(ax^2+c)^r}{2r+1} + c^{m+1}\int\frac{\mathrm{d}x}{x\sqrt{ax^2+c}}$$ [1]

663. $$\int \frac{\mathrm{d}x}{x^m\sqrt{ax^2+c}} = -\frac{\sqrt{ax^2+c}}{(m-1)cx^{m-1}} - \frac{(m-2)a}{(m-1)c}\int\frac{\mathrm{d}x}{x^{m-2}\sqrt{ax^2+c}}$$ [1]

664. $$\int \frac{\mathrm{d}x}{x\sqrt{ax^n+c}} = \begin{cases} \dfrac{1}{n\sqrt{c}}\ln\left|\dfrac{\sqrt{ax^n+c}-\sqrt{c}}{\sqrt{ax^n+c}+\sqrt{c}}\right| & (c>0) \\ \dfrac{2}{n\sqrt{c}}\ln\left|\dfrac{\sqrt{ax^n+c}-\sqrt{c}}{\sqrt{x^n}}\right| & (c>0) \\ \dfrac{2}{n\sqrt{-c}}\operatorname{arcsec}\sqrt{-\dfrac{ax^n}{c}} & (c<0) \end{cases}$$ [1]

665. $$\int \sqrt{ax^2-bx}\,\mathrm{d}x = \frac{2ax-b}{4a}\sqrt{ax^2-bx}$$
$$-\frac{b^2}{8\sqrt{a^3}}\ln\mid 2ax-b+2\sqrt{a}\sqrt{ax^2-bx}\mid$$

666. $$\int \frac{\mathrm{d}x}{\sqrt{ax^2-bx}} = \frac{2}{\sqrt{a}}\ln(\sqrt{ax}+\sqrt{ax-b})$$

667. $\int \frac{dx}{x\sqrt{ax^2-bx}} = \frac{2}{bx}\sqrt{ax^2-bx}$

668. $\int \frac{\sqrt{ax^2-bx}}{x}dx = \sqrt{ax^2-bx} - \frac{b}{\sqrt{a}}\ln(\sqrt{ax}+\sqrt{ax-b})$

669. $\int x^m\sqrt{ax^2-bx}\,dx = -\frac{x^{m-1}}{(m+2)a}\sqrt{(ax^2-bx)^3} + \frac{(2m+1)b}{2(m+1)a}\int x^{m-1}\sqrt{ax^2-bx}\,dx$

670. $\int \frac{\sqrt{ax^2-bx}}{x^m}dx = \frac{2\sqrt{(ax^2-bx)^3}}{(2m-3)bx^{m-1}} + \frac{2(m-3)a}{(2m-3)b}\int \frac{\sqrt{ax^2-bx}}{x^{m-1}}dx$

671. $\int \frac{x^m}{\sqrt{ax^2-bx}}dx = \frac{x^{m-1}}{ma}\sqrt{ax^2-bx} + \frac{(2m-1)b}{2ma}\int \frac{x^{m-1}}{\sqrt{ax^2-bx}}dx$

672. $\int \frac{dx}{x^m\sqrt{ax^2-bx}} = \frac{2\sqrt{ax^2-bx}}{(2m-1)bx^m} + \frac{2(m-1)a}{(2m-1)b}\int \frac{dx}{x^{m-1}\sqrt{ax^2-bx}}$

673. $\int \sqrt{\frac{1+x}{1-x}}dx = \arcsin x - \sqrt{1-x^2}$

674. $\int \frac{1+x^2}{(1-x^2)\sqrt{1+x^4}}dx = \frac{1}{\sqrt{2}}\ln\left|\frac{x\sqrt{2}+\sqrt{1+x^4}}{1-x^2}\right|$

675. $\int \frac{1-x^2}{(1+x^2)\sqrt{1+x^4}}dx = \frac{1}{\sqrt{2}}\arctan\frac{x\sqrt{2}}{\sqrt{1+x^4}}$

676. $\int \frac{dx}{x\sqrt{x^n+a^2}} = -\frac{2}{na}\ln\frac{a+\sqrt{x^n+a^2}}{\sqrt{x^n}}$

677. $\int \frac{dx}{x\sqrt{x^n-a^2}} = -\frac{2}{na}\arcsin\frac{a}{\sqrt{x^n}}$

678. $\int \sqrt{\frac{x}{a^3-x^3}}dx = \frac{2}{3}\arcsin\left(\frac{x}{a}\right)^{\frac{3}{2}}$

679. $\int \frac{e+fx}{a^2+x^2}dx = f\ln\sqrt{a^2+x^2} + \frac{e}{a}\arctan\frac{x}{a}$

680. $\int \frac{e+fx}{a^2-x^2}dx = -f\ln\sqrt{a^2-x^2} + \frac{e}{a}\ln\sqrt{\frac{a+x}{a-x}}$

681. $\int \frac{a+x}{a^3+x^3}dx = \frac{2}{a\sqrt{3}}\arctan\frac{2x-a}{a\sqrt{3}}$

682. $\int \frac{a+x}{a^3-x^3}dx = -\frac{1}{3a}\ln\frac{(a-x)^2}{a^2+ax+x^2}$

683. $\int \frac{a-x}{a^3+x^3}dx = \frac{1}{3a}\ln\frac{(a+x)^2}{a^2-ax+x^2}$

684. $\int \frac{a-x}{a^3-x^3}\mathrm{d}x = \frac{2}{a\sqrt{3}}\arctan\frac{2x+a}{a\sqrt{3}}$

685. $\int \sqrt{\frac{a+bx}{a-bx}}\mathrm{d}x = -\frac{1}{b}\sqrt{(a+bx)(a-bx)} + \frac{a}{b}\arcsin\frac{bx}{a}$

686. $\int \sqrt{\frac{a-bx}{a+bx}}\mathrm{d}x = \frac{1}{b}\sqrt{(a+bx)(a-bx)} + \frac{a}{b}\arcsin\frac{bx}{a}$

687. $\int \frac{e+fx}{\sqrt{X}}\mathrm{d}x = \frac{f}{c}\sqrt{X} + \frac{2ce-bf}{2c}\int\frac{\mathrm{d}x}{\sqrt{X}}$

(这里,$X = a+bx+cx^2$)

688. $\int \frac{b+2cx}{\sqrt{X}}\mathrm{d}x = 2\sqrt{X}$

(这里,$X = a+bx+cx^2$)

689. $\int \frac{x^{p-1}}{x^{2m+1}+a^{2m+1}}\mathrm{d}x$

$$= \frac{2(-1)^{p-1}}{(2m+1)a^{2m-p+1}}\sum_{k=1}^{m}\sin\frac{2kp\pi}{2m+1}\arctan\frac{x+a\cos\frac{2k\pi}{2m+1}}{a\sin\frac{2k\pi}{2m+1}}$$

$$-\frac{(-1)^{p-1}}{(2m+1)a^{2m-p+1}}\sum_{k=1}^{m}\cos\frac{2kp\pi}{2m+1}\ln\left(x^2+a^2+2ax\cos\frac{2k\pi}{2m+1}\right)$$

$$+\frac{(-1)^{p-1}}{(2m+1)a^{2m-p+1}}\ln|x+a| \quad (2m+1\geqslant p>0)$$ [2]

690. $\int \frac{x^{p-1}}{x^{2m+1}-a^{2m+1}}\mathrm{d}x$

$$= -\frac{2}{(2m+1)a^{2m-p+1}}\sum_{k=1}^{m}\sin\frac{2kp\pi}{2m+1}\arctan\frac{x-a\cos\frac{2k\pi}{2m+1}}{a\sin\frac{2k\pi}{2m+1}}$$

$$+\frac{1}{(2m+1)a^{2m-p+1}}\sum_{k=1}^{m}\cos\frac{2kp\pi}{2m+1}\ln\left(x^2+a^2-2ax\cos\frac{2k\pi}{2m+1}\right)$$

$$+\frac{1}{(2m+1)a^{2m-p+1}}\ln|x-a| \quad (2m+1\geqslant p>0)$$ [2]

691. $\int \frac{x^{p-1}}{x^{2m}+a^{2m}}\mathrm{d}x$

$$= \frac{1}{ma^{2m-p}}\sum_{k=1}^{m}\sin\frac{(2k-1)p\pi}{2m}\arctan\frac{x+a\cos\frac{(2k-1)\pi}{2m}}{a\sin\frac{(2k-1)\pi}{2m}}$$

$$-\frac{1}{2ma^{2m-p}}\sum_{k=1}^{m}\cos\frac{(2k-1)p\pi}{2m}\ln\left[x^2+a^2+2ax\cos\frac{(2k-1)\pi}{2m}\right]$$

$(2m \geqslant p > 0)$ [2]

692. $$\int \frac{x^{p-1}}{x^{2m}-a^{2m}}\mathrm{d}x = -\frac{1}{na^{2m-p}}\sum_{k=1}^{m-1}\sin\frac{kp\pi}{m}\arctan\frac{x-a\cos\frac{k\pi}{m}}{a\sin\frac{k\pi}{m}} + \frac{1}{2ma^{2m-p}}\sum_{k=1}^{m-1}\cos\frac{kp\pi}{m}\ln\left(x^2+a^2-2ax\cos\frac{k\pi}{m}\right) + \frac{1}{2ma^{2m-p}}[\ln|x-a|+(-1)^p\ln|x+a|]$$

$(2m \geqslant p > 0)$ [2]

693. $$\int\sqrt[p]{(a+bx^q)^n}\,\mathrm{d}x = \frac{p}{nq+p}\left[x\sqrt[p]{(a+bx^q)^n} + \frac{nqa}{p}\int\sqrt[p]{(a+bx^q)^{n-p}}\,\mathrm{d}x\right]$$ [2]

694. $$\int\frac{\mathrm{d}x}{\sqrt[p]{(a+bx^q)^n}} = \frac{p}{qa(n-p)}\left[\frac{x}{\sqrt[p]{(a+bx^q)^{n-p}}} + \frac{nq-(q+1)p}{p}\int\frac{\mathrm{d}x}{\sqrt[p]{(a+bx^q)^{n-p}}}\right]$$ [2]

695. $$\int x^m\sqrt[p]{(a+bx^q)^n}\,\mathrm{d}x = \frac{p}{(m+1)p+nq}\left[x^{m+1}\sqrt[p]{(a+bx^q)^n} + \frac{nqa}{p}\int x^m\sqrt[p]{(a+bx^q)^{n-p}}\,\mathrm{d}x\right]$$ [2]

696. $$\int\sqrt[p]{(ax^q+bx^{q+r})^n}\,\mathrm{d}x = \frac{nx}{(q+r)n+p}\sqrt[p]{(ax^q+bx^{q+r})^n} + \frac{n^2ra}{(q+r)np+p^2}\int x^q\sqrt[p]{(ax^q+bx^{q+r})^{n-p}}\,\mathrm{d}x$$ [2]

697. $$\int\frac{\mathrm{d}x}{\sqrt[p]{(ax^q+bx^{q+r})^n}} = -\frac{px}{ra(n+p)}\sqrt[p]{(ax^q+bx^{q+r})^{n+p}} + \frac{(1+r)p+(q+r)n}{ra(n+p)}\int\frac{x^q}{\sqrt[p]{(ax^q+bx^{q+r})^{n-p}}}\mathrm{d}x$$ [2]

698. $$\int x^m\sqrt[p]{(ax^q+bx^{q+r})^n}\,\mathrm{d}x = \frac{px^{m+1}}{(m+1)p+(q+r)n}\sqrt[p]{(ax^q+bx^{q+r})^n} + \frac{nar}{(m+1)p+(q+r)n}\int x^{m+q}\sqrt[p]{(ax^q+bx^{q+r})^{n-p}}\,\mathrm{d}x$$

[2]

699. $$\int\frac{\mathrm{d}x}{(e+fx)(a^2+x^2)} = \frac{1}{e^2+a^2f^2}\left[f\ln|e+fx| - \frac{f}{2}\ln(a^2+x^2) + \frac{e}{a}\arctan\frac{x}{a}\right]$$

$(e^2 \neq -a^2f^2)$ [2]

700. $\int \frac{\mathrm{d}x}{(e+fx)(a^2-x^2)}$

$$= \frac{1}{a^2 f^2 - e^2}\left(f\ln | e+fx | - \frac{f}{2}\ln | a^2-x^2 | - \frac{e}{a}\operatorname{artanh}\frac{x}{a} \right)$$

$(e^2 \neq a^2 f^2)$ [2]

701. $\int \frac{x^m}{(x-a_1)(x-a_2)\cdots(x-a_k)}\mathrm{d}x$

$$= \frac{{a_1}^m \ln | x-a_1 |}{(a_1-a_2)(a_1-a_3)\cdots(a_1-a_k)} + \frac{{a_2}^m \ln | x-a_2 |}{(a_2-a_1)(a_2-a_3)\cdots(a_2-a_k)}$$

$$+\cdots+ \frac{{a_k}^m \ln | x-a_k |}{(a_k-a_1)(a_k-a_2)\cdots(a_k-a_{k-1})} \quad (a_i \neq a_j \neq 0)$$ [2]

Ⅰ.1.3 三角函数和反三角函数的不定积分

Ⅰ.1.3.1 含有 $\sin^n ax$, $\cos^n ax$, $\tan^n ax$, $\cot^n ax$, $\sec^n ax$, $\csc^n ax$ 的积分

702. $\int \sin ax\,\mathrm{d}x = -\frac{1}{a}\cos ax$

703. $\int \sin^2 ax\,\mathrm{d}x = \frac{x}{2} - \frac{1}{2a}\cos ax \sin ax = \frac{x}{2} - \frac{1}{4a}\sin 2ax$

704. $\int \sin^3 ax\,\mathrm{d}x = -\frac{\cos ax}{a} + \frac{\cos^3 ax}{3a}$

705. $\int \sin^4 ax\,\mathrm{d}x = -\frac{\sin 2ax}{4a} + \frac{\sin 4ax}{32a} + \frac{3x}{8}$

706. $\int \sin^5 ax\,\mathrm{d}x = -\frac{5\cos ax}{8a} + \frac{5\cos 3ax}{48a} - \frac{\cos 5ax}{80a}$

707. $\int \sin^6 ax\,\mathrm{d}x = -\frac{15\sin 2ax}{64a} + \frac{3\sin 4ax}{64a} - \frac{\sin 6ax}{192a} + \frac{5x}{16}$

708. $\int \sin^7 ax\,\mathrm{d}x = -\frac{35\cos ax}{64a} + \frac{7\cos 3ax}{64a} - \frac{7\cos 5ax}{320a} + \frac{\cos 7ax}{448a}$

709. $\int \sin^n ax\,\mathrm{d}x = -\frac{\sin^{n-1} ax \cos ax}{na} + \frac{n-1}{n}\int \sin^{n-2} ax\,\mathrm{d}x$

710. $\int \sin^{2m} ax\,\mathrm{d}x = -\frac{\cos ax}{a}\sum_{r=0}^{m-1} \frac{(2m)!(r!)^2}{2^{2m-2r}(2r+1)!(m!)^2}\sin^{2r+1} ax + \frac{(2m)!}{2^{2m}(m!)^2}x$ [1]

711. $\int \sin^{2m+1} ax\,dx = -\frac{\cos ax}{a}\sum_{r=0}^{m-1}\frac{2^{2m-2r}(m!)^2(2r)!}{(2m+1)!(r!)^2}\sin^{2r} ax$ [1]

712. $\int \cos ax\,dx = \frac{1}{a}\sin ax$

713. $\int \cos^2 ax\,dx = \frac{\sin 2ax}{4a} + \frac{x}{2}$

714. $\int \cos^3 ax\,dx = \frac{\sin ax}{a} - \frac{\sin^3 ax}{3a}$

715. $\int \cos^4 ax\,dx = \frac{\sin 2ax}{4a} + \frac{\sin 4ax}{32a} + \frac{3x}{8}$

716. $\int \cos^5 ax\,dx = \frac{5\sin ax}{8a} + \frac{5\sin 3ax}{48a} + \frac{\sin 5ax}{80a}$

717. $\int \cos^6 ax\,dx = \frac{15\sin 2ax}{64a} + \frac{3\sin 4ax}{64a} + \frac{\sin 6ax}{192a} + \frac{5x}{16}$

718. $\int \cos^7 ax\,dx = \frac{35\sin ax}{64a} + \frac{7\sin 3ax}{64a} + \frac{7\sin 5ax}{320a} + \frac{\sin 7ax}{448a}$

719. $\int \cos^n ax\,dx = \frac{1}{na}\cos^{n-1} ax\sin ax + \frac{n-1}{n}\int \cos^{n-2} ax\,dx$

720. $\int \cos^{2m} ax\,dx = \frac{\sin ax}{a}\sum_{r=0}^{m-1}\frac{(2m)!(r!)^2}{2^{2m-2r}(2r+1)!(m!)^2}\cos^{2r+1} ax + \frac{(2m)!}{2^{2m}(m!)^2}x$ [1]

721. $\int \cos^{2m+1} ax\,dx = \frac{\sin ax}{a}\sum_{r=0}^{m}\frac{2^{2m-2r}(m!)^2(2r)!}{(2m+1)!(r!)^2}\cos^{2r} ax$ [1]

722. $\int \tan ax\,dx = -\frac{1}{a}\ln|\cos ax| = \frac{1}{a}\ln|\sec ax|$

723. $\int \tan^2 ax\,dx = \frac{1}{a}\tan ax - x$

724. $\int \tan^3 ax\,dx = \frac{1}{2a}\tan^2 ax + \frac{1}{a}\ln|\cos ax|$

725. $\int \tan^4 ax\,dx = \frac{1}{3a}\tan^3 ax - \frac{1}{a}\tan ax + x$

726. $\int \tan^n ax\,dx = \frac{1}{a(n-1)}\tan^{n-1} ax - \int \tan^{n-2} ax\,dx$

727. $\int \cot ax\,dx = \frac{1}{a}\ln|\sin ax| = -\frac{1}{a}\ln|\csc ax|$

728. $\int \cot^2 ax\,dx = -\frac{1}{a}\cot ax - x$

729. $\int \cot^3 ax\,dx = -\frac{1}{2a}\cot^2 ax - \frac{1}{a}\ln|\sin ax|$

730. $\int \cot^4 ax\,dx = -\frac{1}{3a}\cot^3 ax + \frac{1}{a}\cot ax + x$

731. $\int \cot^n ax\,dx = -\frac{1}{a(n-1)}\cot^{n-1} ax - \int \cot^{n-2} ax\,dx$

732. $\int \frac{dx}{\sin ax} = \int \csc ax\,dx = \frac{1}{a}\ln\left|\tan\frac{ax}{2}\right|$

733. $\int \frac{dx}{\sin^2 ax} = \int \csc^2 ax\,dx = -\frac{1}{a}\cot ax$

734. $\int \frac{dx}{\sin^3 ax} = -\frac{\cos ax}{2a\sin^2 ax} - \frac{1}{2a}\ln\left|\tan\frac{ax}{2}\right|$

735. $\int \frac{dx}{\sin^4 ax} = -\frac{\cot ax}{a} - \frac{\cot^3 ax}{3a}$

736. $\int \frac{dx}{\sin^5 ax} = -\frac{\cos ax}{4a\sin^4 ax} - \frac{3\cos ax}{8a\sin^2 ax} - \frac{3}{8a}\ln\left|\tan\frac{ax}{2}\right|$

737. $\int \frac{dx}{\sin^6 ax} = -\frac{\cot ax}{a} - \frac{\cot^3 ax}{3a} - \frac{\cot^5 ax}{5a}$

738. $\int \frac{dx}{\sin^7 ax} = -\frac{\cos ax}{6a\sin^6 ax} - \frac{5\cos ax}{24a\sin^4 ax} - \frac{5\cos ax}{16a\sin^2 ax} + \frac{5}{16a}\ln\left|\tan\frac{ax}{2}\right|$

739. $\int \frac{dx}{\sin^m ax} = \int \csc^m ax\,dx = -\frac{1}{a(m-1)}\frac{\cos ax}{\sin^{m-1} ax} + \frac{m-2}{m-1}\int \frac{dx}{\sin^{m-2} ax}$

740. $\int \frac{dx}{\sin^{2m} ax} = \int \csc^{2m} ax\,dx = -\frac{1}{a}\cos ax \sum_{r=0}^{m-1} \frac{2^{2m-2r-1}(m-1)!m!(2r)!}{(2m)!(r!)^2\sin^{2r+1} ax}$ [1]

741. $\int \frac{dx}{\sin^{2m+1} ax} = \int \csc^{2m+1} ax\,dx = -\frac{1}{a}\cos ax \sum_{r=0}^{m-1} \frac{(2m)!(r!)^2}{2^{2m-2r}(2r+1)!(m!)^2\sin^{2r+2} ax}$

$+\frac{1}{a}\frac{(2m)!}{2^{2m}(m!)^2}\ln\left|\tan\frac{ax}{2}\right|$ [1]

742. $\int \frac{dx}{\cos ax} = \int \sec ax\,dx = \frac{1}{a}\ln\left|\tan\left(\frac{\pi}{4}+\frac{ax}{2}\right)\right|$

743. $\int \frac{dx}{\cos^2 ax} = \int \sec^2 ax\,dx = \frac{1}{a}\tan ax$

744. $\int \frac{dx}{\cos^3 ax} = \frac{\sin ax}{2a\cos^2 ax} + \frac{1}{2a}\ln\left|\tan\left(\frac{\pi}{4}+\frac{ax}{2}\right)\right|$

745. $\int \frac{dx}{\cos^4 ax} = \frac{\tan ax}{a} + \frac{\tan^3 ax}{3a}$

746. $\int \frac{dx}{\cos^5 ax} = \frac{\sin ax}{4a\cos^4 ax} + \frac{3\sin ax}{8a\cos^2 ax} + \frac{3}{8a}\ln\left|\tan\left(\frac{\pi}{4}+\frac{ax}{2}\right)\right|$

747. $\int \frac{dx}{\cos^6 ax} = \frac{\tan ax}{a} + \frac{2\tan^3 ax}{3a} + \frac{\tan^5 ax}{5a}$

748. $\int \frac{dx}{\cos^7 ax} = \frac{\sin ax}{6a\cos^6 ax} + \frac{5\sin ax}{24a\cos^4 ax} + \frac{5\sin ax}{16a\cos^2 ax} + \frac{5}{16a}\ln\left|\tan\left(\frac{\pi}{4}+\frac{ax}{2}\right)\right|$

749. $\int \frac{\mathrm{d}x}{\cos^m ax} = \int \sec^m ax\,\mathrm{d}x = \frac{1}{a(m-1)}\frac{\sin ax}{\cos^{m-1} ax} + \frac{m-2}{m-1}\int \frac{\mathrm{d}x}{\cos^{m-2} ax}$

750. $\int \frac{\mathrm{d}x}{\cos^{2m} ax} = \int \sec^{2m} ax\,\mathrm{d}x = \frac{1}{a}\sin ax \sum_{r=0}^{m-1} \frac{2^{2m-2r-1}(m-1)!m!(2r)!}{(2m)!(r!)^2\cos^{2r+1} ax}$ [1]

751. $\int \frac{\mathrm{d}x}{\cos^{2m+1} ax} = \int \sec^{2m+1} ax\,\mathrm{d}x = \frac{1}{a}\sin ax \sum_{r=0}^{m-1} \frac{(2m)!(r!)^2}{2^{2m-2r}(m!)^2(2r+1)!\cos^{2r+2} ax}$

$+\frac{1}{a}\frac{(2m)!}{2^{2m}(m!)^2}\ln|\sec ax + \tan ax|$ [1]

Ⅰ.1.3.2 含有 $\sin^m ax\cos^n ax$ 的积分

752. $\int \sin mx \sin nx\,\mathrm{d}x = \frac{\sin(m-n)x}{2(m-n)} - \frac{\sin(m+n)x}{2(m+n)}$ $(m^2 \neq n^2)$

753. $\int \sin mx \cos nx\,\mathrm{d}x = -\frac{\cos(m-n)x}{2(m-n)} - \frac{\cos(m+n)x}{2(m+n)}$ $(m^2 \neq n^2)$

754. $\int \cos mx \cos nx\,\mathrm{d}x = \frac{\sin(m-n)x}{2(m-n)} + \frac{\sin(m+n)x}{2(m+n)}$ $(m^2 \neq n^2)$

755. $\int \sin ax \cos ax\,\mathrm{d}x = \frac{1}{2a}\sin^2 ax$

756. $\int \sin ax \cos^m ax\,\mathrm{d}x = -\frac{\cos^{m+1} ax}{(m+1)a}$

757. $\int \sin^m ax \cos ax\,\mathrm{d}x = \frac{\sin^{m+1} ax}{(m+1)a}$

758. $\int \sin^2 ax \cos ax\,\mathrm{d}x = \frac{\sin^3 ax}{3a}$

759. $\int \sin^2 ax \cos^2 ax\,\mathrm{d}x = -\frac{\sin 4ax}{32a} + \frac{x}{8}$

760. $\int \sin^2 ax \cos^3 ax\,\mathrm{d}x = \frac{\sin^3 ax\cos^2 ax}{5a} + \frac{2\sin^3 ax}{15a}$

761. $\int \sin^2 ax \cos^4 ax\,\mathrm{d}x = \frac{\sin 2ax}{64a} - \frac{\sin 4ax}{64a} - \frac{\sin 6ax}{192a} + \frac{x}{16}$

762. $\int \sin^2 ax \cos^n ax\,\mathrm{d}x = -\frac{\sin ax\cos^{n+1} ax}{(n+2)a} + \int \frac{\cos^n ax}{n+2}\mathrm{d}x$ $(n \neq -2)$

763. $\int \sin^3 ax \cos ax\,\mathrm{d}x = \frac{\sin^4 ax}{4a}$

764. $\int \sin^3 ax \cos^2 ax\,\mathrm{d}x = -\frac{\cos^3 ax}{3a} + \frac{\cos^5 ax}{5a}$

765. $\int \sin^3 ax \cos^3 ax\,\mathrm{d}x = -\frac{3\cos 2ax}{64a} + \frac{\cos ax}{192a}$

766. $\int \sin^3 ax\cos^n ax\,\mathrm{d}x = -\dfrac{\cos^{n+1}ax}{(n+1)a} + \dfrac{\cos^{n+3}ax}{(n+3)a} \quad (n \neq -1, -3)$

767. $\int \sin^4 ax\cos ax\,\mathrm{d}x = \dfrac{\sin^5 ax}{5a}$

768. $\int \sin^4 ax\cos^2 ax\,\mathrm{d}x = \dfrac{1}{192a}(\sin 6ax - 3\sin 4ax - 3\sin 2ax + 12ax)$

769. $\int \sin^4 ax\cos^3 ax\,\mathrm{d}x = \dfrac{\sin^5 ax}{5a} - \dfrac{\sin^7 ax}{7a}$

770. $\int \cos^m ax\sin^n ax\,\mathrm{d}x = \dfrac{\cos^{m-1}ax\sin^{n+1}ax}{(m+n)a} + \dfrac{m-1}{m+n}\int \cos^{m-2}ax\sin^n ax\,\mathrm{d}x$

$= -\dfrac{\cos^{m+1}ax\sin^{n-1}ax}{(m+n)a} + \dfrac{n-1}{m+n}\int \cos^m ax\sin^{n-2}ax\,\mathrm{d}x$

Ⅰ.1.3.3 含有$\dfrac{\sin^m ax}{\cos^n ax}$和$\dfrac{\cos^m ax}{\sin^n ax}$的积分

771. $\int \dfrac{\sin ax}{\cos ax}\mathrm{d}x = -\dfrac{\ln|\cos ax|}{a}$

772. $\int \dfrac{\sin ax}{\cos^2 ax}\mathrm{d}x = \dfrac{1}{a\cos ax} = \dfrac{\sec ax}{a}$

773. $\int \dfrac{\sin ax}{\cos^n ax}\mathrm{d}x = \dfrac{1}{(n-1)a\cos^{n-1}ax} \quad (n \neq 1)$

774. $\int \dfrac{\sin^2 ax}{\cos ax}\mathrm{d}x = -\dfrac{\sin ax}{a} + \dfrac{1}{a}\ln\left|\tan\left(\dfrac{\pi}{4} + \dfrac{ax}{2}\right)\right|$

775. $\int \dfrac{\sin^2 ax}{\cos^2 ax}\mathrm{d}x = \int \tan^2 ax\,\mathrm{d}x = \dfrac{\tan ax}{a} - x$

776. $\int \dfrac{\sin^2 ax}{\cos^3 ax}\mathrm{d}x = \dfrac{\sin ax}{2a\cos^2 ax} - \dfrac{1}{2a}\ln\left|\tan\left(\dfrac{\pi}{4} + \dfrac{ax}{2}\right)\right|$

777. $\int \dfrac{\sin^2 ax}{\cos^4 ax}\mathrm{d}x = \dfrac{\tan^3 ax}{3a}$

778. $\int \dfrac{\sin^2 ax}{\cos^5 ax}\mathrm{d}x = \dfrac{\sin ax}{4a\cos^4 ax} - \dfrac{\sin ax}{8a\cos^2 ax} - \dfrac{1}{8a}\ln\left|\tan\left(\dfrac{\pi}{4} + \dfrac{ax}{2}\right)\right|$

779. $\int \dfrac{\sin^2 ax}{\cos^n ax}\mathrm{d}x = \dfrac{\sin ax}{(n-1)a\cos^{n-1}ax} - \dfrac{1}{n-1}\int \dfrac{\mathrm{d}x}{\cos^{n-2}ax} \quad (n \neq 1)$

780. $\int \dfrac{\sin^3 ax}{\cos ax}\mathrm{d}x = -\dfrac{\sin^2 ax}{2a} - \dfrac{1}{a}\ln|\cos ax|$

781. $\int \dfrac{\sin^3 ax}{\cos^2 ax}\mathrm{d}x = \dfrac{\cos ax}{a} + \dfrac{1}{a\ln|\cos ax|}$

782. $\int \frac{\sin^3 ax}{\cos^3 ax}\mathrm{d}x = \int \tan^3 ax\,\mathrm{d}x = \frac{1}{2a}\tan^2 ax + \frac{1}{a}\ln|\cos ax|$

783. $\int \frac{\sin^3 ax}{\cos^4 ax}\mathrm{d}x = \frac{1}{3a\cos^3 ax} - \frac{1}{a\cos ax}$

784. $\int \frac{\sin^3 ax}{\cos^5 ax}\mathrm{d}x = \frac{1}{4a\cos^3 ax} - \frac{1}{2a\cos^2 ax}$

785. $\int \frac{\sin^3 ax}{\cos^n ax}\mathrm{d}x = \frac{1}{(n-1)a\cos^{n-1} ax} - \frac{1}{(n-3)a\cos^{n-3} ax} \quad (n \neq 1,3)$

786. $\int \frac{\sin^m ax}{\cos ax}\mathrm{d}x = -\frac{\sin^{m-1} ax}{(m-1)a} + \int \frac{\sin^{m-2} ax}{\cos ax}\mathrm{d}x \quad (m \neq 1)$

787. $\int \frac{\sin^m ax}{\cos^n ax}\mathrm{d}x = \frac{\sin^{m+1} ax}{a(n-1)\cos^{n-1} ax} - \frac{m-n+2}{n-1}\int \frac{\sin^m ax}{\cos^{n-2} ax}\mathrm{d}x$

$= -\frac{\sin^{m-1} ax}{a(m-n)\cos^{n-1} ax} + \frac{m-1}{m-n}\int \frac{\sin^{m-2} ax}{\cos^n ax}\mathrm{d}x$

788. $\int \frac{\sin^m ax}{\cos^{m+2} ax}\mathrm{d}x = \frac{\tan^{m+1} ax}{(m+1)a} \quad (m \neq -1)$

789. $\int \frac{\cos ax}{\sin ax}\mathrm{d}x = \int \cot ax\,\mathrm{d}x = \frac{\ln|\sin ax|}{a}$

790. $\int \frac{\cos ax}{\sin^2 ax}\mathrm{d}x = -\frac{\csc ax}{a} = -\frac{1}{a\sin ax}$

791. $\int \frac{\cos ax}{\sin^m ax}\mathrm{d}x = -\frac{1}{(m-1)a\sin^{m-1} ax} \quad (m \neq 1)$

792. $\int \frac{\cos^2 ax}{\sin ax}\mathrm{d}x = \frac{\cos ax}{a} + \frac{1}{a}\ln\left|\tan\frac{ax}{2}\right|$

793. $\int \frac{\cos^2 ax}{\sin^2 ax}\mathrm{d}x = \int \cot^2 ax\,\mathrm{d}x = -\frac{1}{a}\cot ax - x$

794. $\int \frac{\cos^2 ax}{\sin^3 ax}\mathrm{d}x = -\frac{\cos ax}{2a\sin^2 ax} - \frac{1}{2a}\ln\left|\tan\frac{ax}{2}\right|$

795. $\int \frac{\cos^2 ax}{\sin^4 ax}\mathrm{d}x = -\frac{\cot^3 ax}{3a}$

796. $\int \frac{\cos^2 ax}{\sin^5 ax}\mathrm{d}x = -\frac{\cos ax}{4a\sin^4 ax} + \frac{\cos ax}{8a\sin^2 ax} - \frac{1}{8a}\ln\left|\tan\frac{ax}{2}\right|$

797. $\int \frac{\cos^2 ax}{\sin^m ax}\mathrm{d}x = -\frac{\cos ax}{(m-1)a\sin^{m-1} ax} - \frac{1}{m-1}\int \frac{\mathrm{d}x}{\sin^{m-2} ax} \quad (m \neq 1)$

798. $\int \frac{\cos^3 ax}{\sin ax}\mathrm{d}x = \frac{\cos^2 ax}{2a} + \frac{1}{a}\ln|\sin ax|$

799. $\int \frac{\cos^3 ax}{\sin^2 ax}\mathrm{d}x = -\frac{\sin ax}{a} - \frac{1}{a\sin ax}$

800. $\int \frac{\cos^3 ax}{\sin^3 ax}\mathrm{d}x = \int \cot^3 ax\,\mathrm{d}x = -\frac{1}{2a}\cot^2 ax - \frac{1}{a}\ln|\sin ax|$

801. $\int \frac{\cos^3 ax}{\sin^4 ax} dx = -\frac{1}{3a\sin^3 ax} + \frac{1}{a\sin ax}$

802. $\int \frac{\cos^3 ax}{\sin^5 ax} dx = -\frac{1}{4a\sin^4 ax} + \frac{1}{2a\sin^2 ax}$

803. $\int \frac{\cos^3 ax}{\sin^m ax} dx = -\frac{1}{(m-1)a\sin^{m-1} ax} + \frac{1}{(m-3)a\sin^{m-3} ax} \quad (m \neq 1,3)$

804. $\int \frac{\cos^n ax}{\sin ax} dx = \frac{\cos^{n-1} ax}{(n-1)a} + \int \frac{\cos^{n-2} ax}{\sin ax} dx \quad (n \neq 1)$

805. $\int \frac{\cos^m ax}{\sin^n ax} dx = -\frac{\cos^{m+1} ax}{a(n-1)\sin^{n-1} ax} - \frac{m-n+2}{n-1}\int \frac{\cos^m ax}{\sin^{n-2} ax} dx$

$$= \frac{\cos^{m-1} ax}{a(m-n)\sin^{n-1} ax} + \frac{m-1}{m-n}\int \frac{\cos^{m-2} ax}{\sin^n ax} dx$$

806. $\int \frac{\cos^n ax}{\sin^{n+2} ax} dx = -\frac{\cot^{n+1} ax}{(n+1)a} \quad (n \neq -1)$

Ⅰ.1.3.4 含有 $x^m \sin^n ax$ 和 $x^m \cos^n ax$ 的积分

807. $\int x\sin ax\, dx = \frac{1}{a^2}\sin ax - \frac{x}{a}\cos ax$

808. $\int x\sin^2 ax\, dx = \frac{x^2}{4} - \frac{x}{4a}\sin 2ax - \frac{1}{8a^2}\cos 2ax$

809. $\int x\sin^3 ax\, dx = \frac{x}{12a}\cos 3ax - \frac{1}{36a^2}\sin 3ax - \frac{3x}{4a}\cos ax + \frac{3}{4a^2}\sin ax$

810. $\int x\sin^n ax\, dx = x\int \sin^n ax\, dx - \int\left(\int \sin^n ax\, dx\right) dx$

811. $\int x^2 \sin ax\, dx = \frac{2x}{a^2}\sin ax + \frac{2-a^2x^2}{a^3}\cos ax$

812. $\int x^2 \sin^2 ax\, dx = \frac{x^3}{6} - \left(\frac{x^2}{4a} - \frac{1}{8a^3}\right)\sin 2ax - \frac{x}{4a^2}\cos 2ax$

813. $\int x^2 \sin^3 ax\, dx = \frac{1}{4}\int x^2(3\sin ax - \sin 3ax)\, dx$

814. $\int x^2 \sin^n ax\, dx = x^2\int \sin^n ax\, dx - 2x\int\left(\int \sin^n ax\, dx\right) dx$

$$+2\int\left[\int\left(\int \sin^n ax\, dx\right) dx\right] dx$$

815. $\int x^3 \sin ax\, dx = \frac{3a^2x^2-6}{a^4}\sin ax + \frac{6x-a^2x^3}{a^3}\cos ax$

816. $\int x^3 \sin^2 ax\, dx = \frac{1}{2}\int x^3(1-\cos 2ax)\, dx$

817. $\int x^3 \sin^3 ax\,dx = \frac{1}{4}\int x^3(3\sin ax - \sin 3ax)\,dx$

818. $\int x^3 \sin^n ax\,dx = x^3\int \sin^n ax\,dx - 3x^2\int\left(\int \sin^n ax\,dx\right)dx$

$$+ 6x\int\left[\int\left(\int \sin^n ax\,dx\right)dx\right]dx$$

$$- 6\int\left\{\int\left[\int\left(\int \sin^n ax\,dx\right)dx\right]dx\right\}dx$$ [2]

819. $\int x^m \sin ax\,dx = -\frac{1}{a}x^m\cos ax + \frac{m}{a}\int x^{m-1}\cos ax\,dx$

$$= \cos ax \sum_{r=0}^{\left[\frac{m}{2}\right]}(-1)^{r+1}\frac{m!}{(m-2r)!}\frac{x^{m-2r}}{a^{2r+1}}$$

$$+ \sin ax \sum_{r=0}^{\left[\frac{m-1}{2}\right]}(-1)^r\frac{m!}{(m-2r-1)!}\frac{x^{m-2r-1}}{a^{2r+2}}$$ [1]

820. $\int x^m \sin^n ax\,dx = x^m\int \sin^n ax\,dx - mx^{m-1}\int\left(\int \sin^n ax\,dx\right)dx$

$$+ m(m-1)x^{m-2}\int\left[\int\left(\int \sin^n ax\,dx\right)dx\right]dx - \cdots$$ [2]

（这里，级数末项为 x^{m-m} 乘以 $\sin^n ax$ 的一个多次积分）

821. $\int x\cos ax\,dx = \frac{1}{a^2}\cos ax + \frac{x}{a}\sin ax$

822. $\int x\cos^2 ax\,dx = \frac{x^2}{4} + \frac{x}{4a}\sin 2ax + \frac{1}{8a^2}\cos 2ax$

823. $\int x\cos^3 ax\,dx = \frac{x}{12a}\sin 3ax + \frac{1}{36a^2}\cos 3ax + \frac{3x}{4a}\sin ax + \frac{3}{4a^2}\cos ax$

824. $\int x\cos^n ax\,dx = x\int \cos^n ax\,dx - \int\left(\int \cos^n ax\,dx\right)dx$

825. $\int x^2\cos ax\,dx = \frac{2x}{a^2}\cos ax + \frac{a^2x^2-2}{a^3}\sin ax$

826. $\int x^2\cos^2 ax\,dx = \frac{x^3}{6} + \left(\frac{x^2}{4a} - \frac{1}{8a^3}\right)\sin 2ax + \frac{x}{4a^2}\cos 2ax$

827. $\int x^2\cos^3 ax\,dx = \frac{1}{4}\int x^2(3\cos ax + \cos 3ax)\,dx$

828. $\int x^2\cos^n ax\,dx = x^2\int \cos^n ax\,dx - 2x\int\left(\int \cos^n ax\,dx\right)dx$

$$+ \int\left[\int\left(\int \cos^n ax\,dx\right)dx\right]dx$$

829. $\int x^3 \cos ax \mathrm{d}x = \frac{3a^2x^2 - 6}{a^4}\cos ax + \frac{a^2x^3 - 6x}{a^3}\sin ax$

830. $\int x^3 \cos^2 ax \mathrm{d}x = \frac{1}{2}\int x^3(1 + \cos 2ax)\mathrm{d}x$

831. $\int x^3 \cos^3 ax \mathrm{d}x = \frac{1}{4}\int x^3(3\cos ax + \cos 3ax)\mathrm{d}x$

832. $$\int x^3 \cos^n ax \mathrm{d}x = x^3\int \cos^n ax \mathrm{d}x - 3x^2\int\left(\int \cos^n ax \mathrm{d}x\right)\mathrm{d}x + 6x\int\left[\int\left(\int \cos^n ax \mathrm{d}x\right)\mathrm{d}x\right]\mathrm{d}x - 6\int\left\{\int\left[\int\left(\int \cos^n ax \mathrm{d}x\right)\mathrm{d}x\right]\mathrm{d}x\right\}\mathrm{d}x$$ [2]

833. $$\int x^m \cos ax \mathrm{d}x = \frac{x^m}{a}\sin ax - \frac{m}{a}\int x^{m-1}\sin ax \mathrm{d}x = \sin ax \sum_{r=0}^{\left[\frac{m}{2}\right]}(-1)^r \frac{m!}{(m-2r)!}\frac{x^{m-2r}}{a^{2r+1}} + \cos ax \sum_{r=0}^{\left[\frac{m-1}{2}\right]}(-1)^r \frac{m!}{(m-2r-1)!}\frac{x^{m-2r-1}}{a^{2r+2}}$$ [1]

834. $$\int x^m \cos^n ax \mathrm{d}x = x^m\int \cos^n ax \mathrm{d}x - mx^{m-1}\int\left(\int \cos^n ax \mathrm{d}x\right)\mathrm{d}x + m(m-1)x^{m-2}\int\left[\int\left(\int \cos^n ax \mathrm{d}x\right)\mathrm{d}x\right]\mathrm{d}x - \cdots$$ [2]

(这里,级数末项为 x^{m-m} 乘以 $\cos^n ax$ 的一个多次积分)

Ⅰ.1.3.5 含有$\frac{\sin^n ax}{x^m}$,$\frac{x^m}{\sin^n ax}$,$\frac{\cos^n ax}{x^m}$,$\frac{x^m}{\cos^n ax}$的积分

835. $\int \frac{\sin ax}{x}\mathrm{d}x = \sum_{n=0}^{\infty}(-1)^n \frac{(ax)^{2n+1}}{(2n+1)(2n+1)!} = \mathrm{Si}(ax)$

[这里,Si(x)为正弦积分函数(见附录),以下同]

836. $\int \frac{\sin ax}{x^2}\mathrm{d}x = a\mathrm{Ci}(ax) - \frac{\sin ax}{x}$

[这里,Ci(x)为余弦积分函数(见附录),以下同]

837. $\int \frac{\sin ax}{x^3}\mathrm{d}x = -\frac{\sin ax}{2x^2} - \frac{a\cos ax}{2x} - \frac{a^2}{2}\mathrm{Si}(ax)$

838. $\int \frac{\sin ax}{x^m}\mathrm{d}x = \frac{\sin ax}{(1-m)x^{m-1}} + \frac{a}{m-1}\int \frac{\cos ax}{x^{m-1}}\mathrm{d}x$ [1]

839. $\int \frac{x}{\sin ax}\mathrm{d}x = \frac{x}{a}\sum_{k=0}^{\infty}(-1)^{k-1}\frac{4^k-2}{(2k+1)!}B_{2k}(ax)^{2k} \quad (|ax|<\pi)$ [2][3]

[这里,B_{2k}为伯努利数(见附录),以下同]

840. $\int \frac{x}{\sin^2 ax}\mathrm{d}x = \int x\csc^2 ax\,\mathrm{d}x = -\frac{x\cot ax}{a} + \frac{1}{a^2}\ln|\sin ax|$

841. $\int \frac{x}{\sin^3 ax}\mathrm{d}x = -\frac{x\cos ax}{2a\sin^2 ax} - \frac{1}{2a^2\sin ax} + \frac{1}{2}\int \frac{x}{\sin ax}\mathrm{d}x$

842. $\int \frac{x}{\sin^n ax}\mathrm{d}x = \int x\csc^n ax\,\mathrm{d}x = -\frac{x\cos ax}{a(n-1)\sin^{n-1}ax} - \frac{1}{a^2(n-1)(n-2)\sin^{n-2}ax}$

$+\frac{n-2}{n-1}\int \frac{x}{\sin^{n-2}ax}\mathrm{d}x$ [1]

843. $\int \frac{x^2}{\sin ax}\mathrm{d}x = \frac{x^2}{2a}\sum_{k=0}^{\infty}(-1)^{k-1}\frac{4^k-2}{(2k+1)!}B_{2k}(ax)^{2k} \quad (|ax|<\pi)$ [2][3]

844. $\int \frac{x^2}{\sin^2 ax}\mathrm{d}x = \frac{2x}{a^2}\left[1-\frac{ax}{2}\cot ax - \sum_{k=1}^{\infty}\frac{(-1)^{k-1}}{(2k+1)!}B_{2k}(2ax)^{2k}\right]$

$(|ax|<\pi)$ [2][3]

845. $\int \frac{x^m}{\sin ax}\mathrm{d}x = \frac{(ax)^m}{a^{m+1}}\sum_{k=0}^{\infty}(-1)^{k-1}\frac{4^k-2}{(2k)!}B_{2k}\frac{(ax)^{2k}}{m+2k} \quad (|ax|<\pi)$ [2][3]

846. $\int \frac{x^m}{\sin^n ax}\mathrm{d}x = -\frac{x^m}{(n-1)a}\frac{\cos ax}{\sin^{n-1}ax} - \frac{m}{(n-1)(n-2)a^2}\frac{x^{m-1}}{\sin^{n-2}ax}$

$+\frac{m(m-1)}{(n-1)(n-2)a^2}\int \frac{x^{m-2}}{\sin^{n-2}ax}\mathrm{d}x + \frac{n-2}{n-1}\int \frac{x^m}{\sin^{n-2}ax}\mathrm{d}x$

$(n\neq 1,2)$

847. $\int \frac{\sin^{2n-1}ax}{x^m}\mathrm{d}x$

$=\left(-\frac{1}{4}\right)^{n-1}\int \frac{1}{x^m}\left\{\sum_{k=0}^{n-1}(-1)^k\binom{2n-1}{k}\sin[(2n-2k-1)ax]\right\}\mathrm{d}x$ [2]

848. $\int \frac{\sin^{2n}ax}{x^m}\mathrm{d}x = 2\left(-\frac{1}{4}\right)^n\int \frac{1}{x^m}\left\{\sum_{k=0}^{n-1}(-1)^k\binom{2n}{k}\cos[(2n-2k)ax]\right\}\mathrm{d}x$

$-\binom{2n}{n}\frac{1}{(m-1)4^n x^{m-1}}$ [2]

849. $\int \frac{\cos ax}{x}\mathrm{d}x = \sum_{n=0}^{\infty}(-1)^n\frac{(ax)^{2n}}{2n(2n)!} = \mathrm{Ci}(ax)$

850. $\int \frac{\cos ax}{x^2}\mathrm{d}x = -\frac{\cos ax}{x} - a\mathrm{Si}(ax)$

851. $\int \frac{\cos ax}{x^3}\mathrm{d}x = -\frac{\cos ax}{2x^2} + \frac{a\cos ax}{2x} - \frac{a^2}{2}\mathrm{Ci}(ax)$

852. $\int \frac{\cos ax}{x^m}\mathrm{d}x = -\frac{\cos ax}{(m-1)x^{m-1}} - \frac{a}{m-1}\int \frac{\sin ax}{x^{m-1}}\mathrm{d}x$ [1]

853. $\int \frac{x}{\cos ax}\mathrm{d}x = \frac{x^2}{2}\sum_{k=0}^{\infty}\frac{|E_{2k}|(ax)^{2k}}{(2k)!(k+1)} \quad \left(|ax| < \frac{\pi}{2}\right)$ [2][3]

[这里,E_{2k} 为欧拉数(见附录),以下同]

854. $\int \frac{x}{\cos^2 ax}\mathrm{d}x = \int x\sec^2 ax\,\mathrm{d}x = \frac{x}{a}\tan ax + \frac{1}{a^2}\ln|\cos ax|$

855. $\int \frac{x}{\cos^3 ax}\mathrm{d}x = \frac{x\sin ax}{2a\cos^2 ax} - \frac{1}{2a^2\cos ax} + \frac{1}{2}\int \frac{x}{\cos ax}\mathrm{d}x$

856. $\int \frac{x}{\cos^n ax}\mathrm{d}x = \int x\sec^n ax\,\mathrm{d}x = \frac{x\sin ax}{a(n-1)\cos^{n-1}ax} - \frac{1}{a^2(n-1)(n-2)\cos^{n-2}ax}$

$+ \frac{n-2}{n-1}\int \frac{x}{\cos^{n-2}ax}\mathrm{d}x$ [1]

857. $\int \frac{x^2}{\cos ax}\mathrm{d}x = x^3\sum_{k=0}^{\infty}\frac{|E_{2k}|(ax)^{2k}}{(2k)!(2k+3)} \quad \left(|ax| < \frac{\pi}{2}\right)$ [2][3]

858. $\int \frac{x^2}{\cos^2 ax}\mathrm{d}x = \frac{2x}{a^2}\left[\frac{ax}{2}\tan ax - \sum_{k=1}^{\infty}(-1)^{k-1}\frac{4^k-1}{(2k+1)!}B_{2k}(2ax)^{2k}\right]$

$\left(|ax| < \frac{\pi}{2}\right)$ [2][3]

859. $\int \frac{x^m}{\cos ax}\mathrm{d}x = x^{m+1}\sum_{k=0}^{\infty}\frac{|E_{2k}|}{(2k)!}\frac{(ax)^{2k}}{(m+2k+1)} \quad \left(|ax| < \frac{\pi}{2}\right)$ [2][3]

860. $\int \frac{x^m}{\cos^n ax}\mathrm{d}x = \frac{x^m\sin ax}{(n-1)a\cos^{n-1}ax} - \frac{mx^{m-1}}{(n-1)(n-2)a^2\cos^{n-2}ax}$

$+ \frac{m(m-1)}{(n-1)(n-2)a^2}\int \frac{x^{m-2}}{\cos^{n-2}ax}\mathrm{d}x + \frac{n-2}{n-1}\int \frac{x^m}{\cos^{n-2}ax}\mathrm{d}x$

$(n \neq 1,2)$

861. $\int \frac{\cos^{2n-1}ax}{x^m}\mathrm{d}x = \left(\frac{1}{4}\right)^{n-1}\int \frac{1}{x^m}\left\{\sum_{k=0}^{n-1}\binom{2n-1}{k}\cos[(2n-2k-1)ax]\right\}\mathrm{d}x$ [2]

862. $\int \frac{\cos^{2n}ax}{x^m}\mathrm{d}x = 2\left(\frac{1}{4}\right)^n\int \frac{1}{x^m}\left\{\sum_{k=0}^{n-1}\binom{2n}{k}\cos[(2n-2k)ax]\right\}\mathrm{d}x$

$-\binom{2n}{n}\frac{1}{(m-1)4^n x^{m-1}}$ [2]

I.1.3.6　含有$\frac{1}{\sin^m ax\cos^n ax}$的积分

863. $\int\frac{dx}{\sin ax\cos ax}=\frac{1}{a}\ln|\tan ax|$

864. $\int\frac{dx}{\sin ax\cos^2 ax}=\frac{1}{a}\left(\sec ax+\ln\left|\tan\frac{ax}{2}\right|\right)$

865. $\int\frac{dx}{\sin ax\cos^n ax}=\frac{1}{a(n-1)\cos^{n-1}ax}+\int\frac{dx}{\sin ax\cos^{n-2}ax}$

866. $\int\frac{dx}{\sin^2 ax\cos ax}=-\frac{1}{a}\csc ax+\frac{1}{a}\ln\left|\tan\left(\frac{\pi}{4}+\frac{ax}{2}\right)\right|$

867. $\int\frac{dx}{\sin^2 ax\cos^2 ax}=-\frac{2}{a}\cot 2ax$

868. $\int\frac{dx}{\sin^2 ax\cos^3 ax}=\frac{1}{2a\sin ax}\left(\frac{1}{\cos^2 ax}-3\right)+\frac{3}{2a}\ln\left|\tan\left(\frac{\pi}{2}+\frac{ax}{2}\right)\right|$

869. $\int\frac{dx}{\sin^2 ax\cos^4 ax}=\frac{1}{3a\sin ax\cos^3 ax}-\frac{8}{3a\tan 2ax}$

870. $\int\frac{dx}{\sin^2 ax\cos^n ax}=\frac{1-n\cos^2 ax}{a(n-1)\sin ax\cos^{n-1}ax}+\frac{n(n-2)}{n-1}\int\frac{dx}{\cos^{n-2}ax}\quad(n\neq 1)$

871. $\int\frac{dx}{\sin^3 ax\cos ax}=-\frac{1}{2a\sin^2 ax}+\frac{1}{a}\ln|\tan ax|$

872. $\int\frac{dx}{\sin^3 ax\cos^2 ax}=\frac{1}{a\cos ax}-\frac{\cos ax}{2a\sin^2 ax}+\frac{3}{2a}\ln\left|\tan\frac{ax}{2}\right|$

873. $\int\frac{dx}{\sin^3 ax\cos^3 ax}=-\frac{2\cos 2ax}{a\sin^2 2ax}+\frac{2}{a}\ln|\tan ax|$

874. $\int\frac{dx}{\sin^3 ax\cos^4 ax}=\frac{2}{a\cos ax}+\frac{1}{3a\cos^3 ax}-\frac{\cos ax}{2a\sin^2 ax}+\frac{5}{2a}\ln\left|\tan\frac{ax}{2}\right|$

875. $\int\frac{dx}{\sin^m ax\cos ax}=-\frac{1}{a(m-1)\sin^{n-1}ax}+\int\frac{dx}{\sin^{m-2}ax\cos ax}\quad(m\neq 1)$

876. $\int\frac{dx}{\sin^m ax\cos^n ax}=-\frac{1}{a(m-1)\sin^{m-1}ax\cos^{n-1}ax}+\frac{m+n-2}{m-1}\int\frac{dx}{\sin^{m-2}ax\cos^n ax}$

$$=\frac{1}{a(n-1)\sin^{m-1}ax\cos^{n-1}ax}+\frac{m+n-2}{n-1}\int\frac{dx}{\sin^m ax\cos^{n-2}ax}$$

Ⅰ.1.3.7 含有 $\sin ax\sin bx$,$\sin ax\cos bx$ 和 $\cos ax\cos bx$ 的积分

877. $\int\sin ax\sin bx\,\mathrm{d}x=-\frac{\sin(a+b)x}{2(a+b)}+\frac{\sin(a-b)x}{2(a-b)}\quad(a\neq b)$

878. $\int\sin ax\cos bx\,\mathrm{d}x=-\frac{\cos(a+b)x}{2(a+b)}-\frac{\cos(a-b)x}{2(a-b)}\quad(a\neq b)$

879. $\int\cos ax\sin bx\,\mathrm{d}x=-\frac{\cos(a+b)x}{2(a+b)}+\frac{\cos(a-b)x}{2(a-b)}\quad(a\neq b)$

880. $\int\cos ax\cos bx\,\mathrm{d}x=\frac{\sin(a+b)x}{2(a+b)}+\frac{\sin(a-b)x}{2(a-b)}\quad(a\neq b)$

881. $\int\sin ax\sin^2 bx\,\mathrm{d}x=\frac{\cos(a+2b)x}{4(a+2b)}-\frac{\cos(2b-a)x}{4(2b-a)}-\frac{\cos ax}{2a}\quad(a\neq 2b)$

882. $\int\sin ax\cos^2 bx\,\mathrm{d}x=-\frac{\cos(a+2b)x}{4(a+2b)}+\frac{\cos(2b-a)x}{4(2b-a)}-\frac{\cos ax}{2a}\quad(a\neq 2b)$

883. $\int\cos ax\sin^2 bx\,\mathrm{d}x=-\frac{\sin(a+2b)x}{4(a+2b)}-\frac{\sin(2b-a)x}{4(2b-a)}+\frac{\sin ax}{2a}\quad(a\neq 2b)$

884. $\int\cos ax\cos^2 bx\,\mathrm{d}x=\frac{\sin(a+2b)x}{4(a+2b)}+\frac{\sin(2b-a)x}{4(2b-a)}+\frac{\sin ax}{2a}\quad(a\neq 2b)$

885. $\int\sin ax\sin bx\sin cx\,\mathrm{d}x=\frac{\cos(a+b+c)x}{4(a+b+c)}-\frac{\cos(b+c-a)x}{4(b+c-a)}$

$$-\frac{\cos(c+a-b)x}{4(c+a-b)}-\frac{\cos(a+b-c)x}{4(a+b-c)}$$

$(b+c-a\neq 0,c+a-b\neq 0,a+b-c\neq 0)$

886. $\int\sin ax\cos bx\cos cx\,\mathrm{d}x=-\frac{\cos(a+b+c)x}{4(a+b+c)}+\frac{\cos(b+c-a)x}{4(b+c-a)}$

$$-\frac{\cos(c+a-b)x}{4(c+a-b)}-\frac{\cos(a+b-c)x}{4(a+b-c)}$$

$(b+c-a\neq 0,c+a-b\neq 0,a+b-c\neq 0)$

887. $\int\cos ax\sin bx\sin cx\,\mathrm{d}x=-\frac{\sin(a+b+c)x}{4(a+b+c)}-\frac{\sin(b+c-a)x}{4(b+c-a)}$

$$+\frac{\sin(c+a-b)x}{4(c+a-b)}+\frac{\sin(a+b-c)x}{4(a+b-c)}$$

$(b+c-a\neq 0,c+a-b\neq 0,a+b-c\neq 0)$

888. $\int\cos ax\cos bx\cos cx\,\mathrm{d}x=\frac{\sin(a+b+c)x}{4(a+b+c)}+\frac{\sin(b+c-a)x}{4(b+c-a)}$

$$+\frac{\sin(c+a-b)x}{4(c+a-b)}+\frac{\sin(a+b-c)x}{4(a+b-c)}$$

$(b+c-a\neq 0, c+a-b\neq 0, a+b-c\neq 0)$

889. $\int x\sin ax\sin bx\,dx=-x\left[\frac{\sin(a+b)x}{2(a+b)}-\frac{\sin(a-b)x}{2(a-b)}\right]-\left[\frac{\cos(a+b)x}{2(a+b)^2}-\frac{\cos(a-b)x}{2(a-b)^2}\right]\quad(a\neq b)$

890. $\int x\sin ax\cos bx\,dx=-x\left[\frac{\cos(a+b)x}{2(a+b)}+\frac{\cos(a-b)x}{2(a-b)}\right]+\left[\frac{\sin(a+b)x}{2(a+b)^2}+\frac{\sin(a-b)x}{2(a-b)^2}\right]\quad(a\neq b)$

891. $\int x\cos ax\sin bx\,dx=-x\left[\frac{\cos(a+b)x}{2(a+b)}-\frac{\cos(a-b)x}{2(a-b)}\right]+\left[\frac{\sin(a+b)x}{2(a+b)^2}-\frac{\sin(a-b)x}{2(a-b)^2}\right]\quad(a\neq b)$

892. $\int x\cos ax\cos bx\,dx=x\left[\frac{\sin(a+b)x}{2(a+b)}+\frac{\sin(a-b)x}{2(a-b)}\right]+\left[\frac{\cos(a+b)x}{2(a+b)^2}+\frac{\cos(a-b)x}{2(a-b)^2}\right]\quad(a\neq b)$

Ⅰ.1.3.8 含有 $\sin(ax+b)$，$\cos(cx+d)$ 和 $\sin(\omega t+\varphi)$，$\cos(\omega t+\psi)$ 的积分

893. $\int\sin(ax+b)\,dx=-\frac{1}{a}\cos(ax+b)$

894. $\int\cos(ax+b)\,dx=\frac{1}{a}\sin(ax+b)$

895. $\int\sin(ax+b)\sin(cx+d)\,dx=-\frac{\sin[(a+c)x+(b+d)]}{2(a+c)}+\frac{\sin[(a-c)x+(b-d)]}{2(a-c)}\quad(a\neq c)$

896. $\int\sin(ax+b)\cos(cx+d)\,dx=-\frac{\cos[(a+c)x+(b+d)]}{2(a+c)}-\frac{\cos[(a-c)x+(b-d)]}{2(a-c)}\quad(a\neq c)$

897. $\int\cos(ax+b)\cos(cx+d)\,dx=\frac{\sin[(a+c)x+(b+d)]}{2(a+c)}+\frac{\sin[(a-c)x+(b-d)]}{2(a-c)}\quad(a\neq c)$

898. $\int\cos(ax+b)\sin(cx+d)\,dx=-\frac{\cos[(a+c)x+(b+d)]}{2(a+c)}$

$$+\frac{\cos[(a-c)x+(b-d)]}{2(a-c)} \quad (a\neq c)$$

以下 16 个公式是交流电理论中常见的积分公式： [5]

899. $\int \sin(\omega t+\varphi)\mathrm{d}t=-\frac{1}{\omega}\cos(\omega t+\varphi)$

（这里，ω 常常表示角频率，φ 为初始相角，积分变量 t 常常表示时间，以下同）

900. $\int \cos(\omega t+\varphi)\mathrm{d}t=\frac{1}{\omega}\sin(\omega t+\varphi)$

901. $\int \sin^2(\omega t+\varphi)\mathrm{d}t=\frac{1}{2}t-\frac{1}{4\omega}\sin 2(\omega t+\varphi)$

902. $\int \cos^2(\omega t+\varphi)\mathrm{d}t=\frac{1}{2}t+\frac{1}{4\omega}\sin 2(\omega t+\varphi)$

903. $\int \sin(\omega t+\varphi)\cos(\omega t+\varphi)\mathrm{d}t=\frac{1}{2\omega}\sin^2(\omega t+\varphi)$

904. $\int \sin(\omega t+\varphi)\sin(\omega t+\psi)\mathrm{d}t=\frac{\cos(\psi-\varphi)}{2}t-\frac{\sin(\omega t+\varphi)\cos(\omega t+\psi)}{2\omega}$

905. $\int \sin(\omega t+\varphi)\cos(\omega t+\psi)\mathrm{d}t=-\frac{\sin(\psi-\varphi)}{2}t+\frac{\sin(\omega t+\varphi)\sin(\omega t+\psi)}{2\omega}$

906. $\int \cos(\omega t+\varphi)\cos(\omega t+\psi)\mathrm{d}t=\frac{\cos(\psi-\varphi)}{2}t+\frac{\sin(\omega t+\varphi)\cos(\omega t+\psi)}{2\omega}$

907. $\int \sin(mt+\varphi)\sin(nt+\psi)\mathrm{d}t=\frac{\sin(mt-nt+\varphi-\psi)}{2(m-n)}-\frac{\sin(mt+nt+\varphi+\psi)}{2(m+n)}$

908. $\int \cos(mt+\varphi)\cos(nt+\psi)\mathrm{d}t=\frac{\sin(mt-nt+\varphi-\psi)}{2(m-n)}+\frac{\sin(mt+nt+\varphi+\psi)}{2(m+n)}$

909. $\int \sin(mt+\varphi)\cos(nt+\psi)\mathrm{d}t=-\frac{\cos(mt-nt+\varphi-\psi)}{2(m-n)}-\frac{\cos(mt+nt+\varphi+\psi)}{2(m+n)}$

910. $\int \cos(\omega t+\varphi+mx)\cos(\omega t+\varphi-mx)\mathrm{d}x$

$$=\cos^2(\omega t+\varphi)\frac{mx+\sin mx\cos mx}{2m}-\sin^2(\omega t+\varphi)\frac{mx-\sin mx\cos mx}{2m}$$

911. $\int \mathrm{e}^{at}\sin(\omega t+\varphi)\mathrm{d}t=\frac{\mathrm{e}^{at}}{a^2+\omega^2}[a\sin(\omega t+\varphi)-\omega\cos(\omega t+\varphi)]$

912. $\int \mathrm{e}^{at}\cos(\omega t+\varphi)\mathrm{d}t=\frac{\mathrm{e}^{at}}{a^2+\omega^2}[\omega\sin(\omega t+\varphi)+a\cos(\omega t+\varphi)]$

913. $\int [\mathrm{e}^{at}\sin(\omega t+\varphi)]^2\mathrm{d}t=\frac{\mathrm{e}^{2at}}{4}\left[\frac{1}{a}-\frac{\omega\sin 2(\omega t+\varphi)+a\cos 2(\omega t+\varphi)}{a^2+\omega^2}\right]$

914. $\int [\mathrm{e}^{at}\cos(\omega t+\varphi)]^2\mathrm{d}t=\frac{\mathrm{e}^{2at}}{4}\left[\frac{1}{a}+\frac{\omega\sin 2(\omega t+\varphi)+a\cos 2(\omega t+\varphi)}{a^2+\omega^2}\right]$

Ⅰ.1.3.9 含有 $1\pm\sin ax$ 和 $1\pm\cos ax$ 的积分

915. $\displaystyle\int\frac{\mathrm{d}x}{1\pm\sin ax}=\mp\frac{1}{a}\tan\left(\frac{\pi}{4}\mp\frac{ax}{2}\right)$

916. $\displaystyle\int\frac{x}{1+\sin ax}\mathrm{d}x=-\frac{x}{a}\tan\left(\frac{\pi}{4}-\frac{ax}{2}\right)+\frac{2}{a^2}\ln\left|\cos\left(\frac{\pi}{4}-\frac{ax}{2}\right)\right|$

917. $\displaystyle\int\frac{x}{1-\sin ax}\mathrm{d}x=\frac{x}{a}\cot\left(\frac{\pi}{4}-\frac{ax}{2}\right)+\frac{2}{a^2}\ln\left|\sin\left(\frac{\pi}{4}-\frac{ax}{2}\right)\right|$

918. $\displaystyle\int\frac{\sin ax}{1\pm\sin ax}\mathrm{d}x=\pm x+\frac{1}{a}\tan\left(\frac{\pi}{4}\mp\frac{ax}{2}\right)$

919. $\displaystyle\int\frac{\cos ax}{1\pm\sin ax}\mathrm{d}x=\pm\frac{1}{a}\ln(1\pm\sin ax)$

920. $\displaystyle\int\frac{\mathrm{d}x}{\sin ax(1\pm\sin ax)}=\frac{1}{a}\tan\left(\frac{\pi}{4}\mp\frac{ax}{2}\right)+\frac{1}{a}\ln\left|\tan\frac{ax}{2}\right|$

921. $\displaystyle\int\frac{\mathrm{d}x}{\sin ax(1\pm\cos ax)}=\pm\frac{1}{2a(1\pm\cos ax)}+\frac{1}{2a}\ln\left|\tan\frac{ax}{2}\right|$

922. $\displaystyle\int\frac{\mathrm{d}x}{\cos ax(1\pm\sin ax)}=\mp\frac{1}{2a(1\pm\sin ax)}+\frac{1}{2a}\ln\left|\tan\left(\frac{\pi}{4}+\frac{ax}{2}\right)\right|$

923. $\displaystyle\int\frac{\sin ax}{\cos ax(1\pm\sin ax)}\mathrm{d}x=\frac{1}{2a(1\pm\sin ax)}\pm\frac{1}{2a}\ln\left|\tan\left(\frac{\pi}{4}+\frac{ax}{2}\right)\right|$

924. $\displaystyle\int\frac{\sin ax}{\cos ax(1\pm\cos ax)}\mathrm{d}x=-\frac{1}{a}\ln\left|\frac{1\pm\cos ax}{\cos ax}\right|$

925. $\displaystyle\int\frac{\cos ax}{\sin ax(1\pm\sin ax)}\mathrm{d}x=-\frac{1}{a}\ln|\csc ax\pm1|$

926. $\displaystyle\int\frac{\cos ax}{\sin ax(1\pm\cos ax)}\mathrm{d}x=\frac{1}{2a(1\pm\cos ax)}\pm\frac{1}{2a}\ln\left|\tan\frac{ax}{2}\right|$

927. $\displaystyle\int\frac{\mathrm{d}x}{(1+\sin ax)^2}=-\frac{1}{2a}\tan\left(\frac{\pi}{4}-\frac{ax}{2}\right)-\frac{1}{6a}\tan^3\left(\frac{\pi}{4}-\frac{ax}{2}\right)$

928. $\displaystyle\int\frac{\mathrm{d}x}{(1-\sin ax)^2}=\frac{1}{2a}\cot\left(\frac{\pi}{4}-\frac{ax}{2}\right)+\frac{1}{6a}\cot^3\left(\frac{\pi}{4}-\frac{ax}{2}\right)$

929. $\displaystyle\int\frac{\sin ax}{(1+\sin ax)^2}\mathrm{d}x=-\frac{1}{2a}\tan\left(\frac{\pi}{4}-\frac{ax}{2}\right)+\frac{1}{6a}\tan^3\left(\frac{\pi}{4}-\frac{ax}{2}\right)$

930. $\displaystyle\int\frac{\sin ax}{(1-\sin ax)^2}\mathrm{d}x=-\frac{1}{2a}\cot\left(\frac{\pi}{4}-\frac{ax}{2}\right)+\frac{1}{6a}\cot^3\left(\frac{\pi}{4}-\frac{ax}{2}\right)$

931. $\displaystyle\int\frac{\mathrm{d}x}{1+\cos ax}=\frac{1}{a}\tan\frac{ax}{2}$

932. $\int \frac{dx}{1-\cos ax} = -\frac{1}{a}\cot\frac{ax}{2}$

933. $\int \frac{x}{1+\cos ax}dx = \frac{x}{a}\tan\frac{ax}{2} + \frac{2}{a^2}\ln\left|\cos\frac{ax}{2}\right|$

934. $\int \frac{x}{1-\cos ax}dx = -\frac{x}{a}\cot\frac{ax}{2} + \frac{2}{a^2}\ln\left|\sin\frac{ax}{2}\right|$

935. $\int \frac{\sin ax}{1\pm\cos ax}dx = \mp\frac{1}{a}\ln(1\pm\cos ax)$

936. $\int \frac{\cos ax}{1+\cos ax}dx = -\frac{1}{a}\tan\frac{ax}{2} + x$

937. $\int \frac{\cos ax}{1-\cos ax}dx = -\frac{1}{a}\cot\frac{ax}{2} - x$

938. $\int \frac{dx}{\sin ax(1\pm\cos ax)} = \pm\frac{1}{2a(1\pm\cos ax)} + \frac{1}{2a}\ln\left|\tan\frac{ax}{2}\right|$

939. $\int \frac{dx}{\cos ax(1+\cos ax)} = \frac{1}{a}\ln\left|\tan\left(\frac{\pi}{4}+\frac{ax}{2}\right)\right| - \frac{1}{a}\tan\frac{ax}{2}$

940. $\int \frac{dx}{\cos ax(1-\cos ax)} = \frac{1}{a}\ln\left|\tan\left(\frac{\pi}{4}+\frac{ax}{2}\right)\right| - \frac{1}{a}\cot\frac{ax}{2}$

941. $\int \frac{dx}{(1+\cos ax)^2} = \frac{1}{2a}\tan\frac{ax}{2} + \frac{1}{6a}\tan^3\frac{ax}{2}$

942. $\int \frac{dx}{(1-\cos ax)^2} = -\frac{1}{2a}\cot\frac{ax}{2} - \frac{1}{6a}\cot^3\frac{ax}{2}$

943. $\int \frac{\cos ax}{(1+\cos ax)^2}dx = \frac{1}{2a}\tan\frac{ax}{2} - \frac{1}{6a}\tan^3\frac{ax}{2}$

944. $\int \frac{\cos ax}{(1-\cos ax)^2}dx = \frac{1}{2a}\cot\frac{ax}{2} - \frac{1}{6a}\cot^3\frac{ax}{2}$

945. $\int \frac{dx}{1+\cos ax\pm\sin ax} = \pm\frac{1}{a}\ln\left|1\pm\tan\frac{ax}{2}\right|$

Ⅰ.1.3.10 含有 $1\pm b\sin ax$ 和 $1\pm b\cos ax$ 的积分

946. $$\int \frac{dx}{1+b\sin ax} = \begin{cases} \frac{2}{a\sqrt{1-b^2}}\arctan\frac{b+\tan\frac{ax}{2}}{\sqrt{1-b^2}} & (b^2<1) \\ \frac{1}{a\sqrt{1-b^2}}\arcsin\frac{b+\sin ax}{1+b\sin ax} & (b^2<1) \\ \frac{1}{a\sqrt{b^2-1}}\ln\left|\frac{b-\sqrt{b^2-1}+\tan\frac{ax}{2}}{b+\sqrt{b^2-1}+\tan\frac{ax}{2}}\right| & (b^2>1) \end{cases}$$ [2]

947. $\int \frac{dx}{(1+b\sin ax)^2} = \frac{b\cos ax}{a(1-b^2)(1+b\sin ax)} + \frac{1}{1-b^2}\int \frac{dx}{1+b\sin ax}$

948. $\int \frac{dx}{(1+b\sin ax)^n} = \frac{b\cos ax}{a(n-1)(1-b^2)(1+b\sin ax)^{n-1}}$

$+\frac{2n-3}{(n-1)(1-b^2)}\int \frac{dx}{(1+b\sin ax)^{n-1}}$

$-\frac{n-2}{(n-1)(1-b^2)}\int \frac{dx}{(1+b\sin ax)^{n-2}} \quad (b^2 \neq 1, n \neq 1)$

949. $\int \frac{\sin ax}{1+b\sin ax}dx = \frac{x}{b} - \frac{1}{b}\int \frac{dx}{1+b\sin ax}$

950. $\int \frac{\sin ax}{(1+b\sin ax)^2}dx = \frac{\cos ax}{a(b^2-1)(1+b\sin ax)} - \frac{b}{b^2-1}\int \frac{dx}{1+b\sin ax}$

951. $\int \frac{\cos ax}{1 \pm b\sin ax}dx = \pm \frac{1}{ab}\ln|1 \pm b\sin ax|$

952. $\int \frac{\cos ax}{(1 \pm b\sin ax)^2}dx = \mp \frac{1}{ab(1 \pm b\sin ax)}$

953. $\int \frac{\cos ax}{(1 \pm b\sin ax)^n}dx = \mp \frac{1}{ab(n-1)(1 \pm b\sin ax)^{n-1}} \quad (n \neq 1)$

954. $\int \frac{dx}{\sin ax(1+b\sin ax)} = \frac{1}{a}\ln\left|\tan\frac{ax}{2}\right| - b\int \frac{dx}{1+b\sin ax}$

955. $\int \frac{1+c\sin ax}{1+b\sin ax}dx = \frac{cx}{ab} + \frac{b-c}{ab}\int \frac{dx}{1+b\sin ax} \quad (c \neq 0)$

956. $$\int \frac{dx}{1+b\cos ax} = \begin{cases} \frac{2}{a\sqrt{1-b^2}}\arctan\left(\sqrt{\frac{1-b}{1+b}}\tan\frac{ax}{2}\right) & (b^2<1) \\ \frac{1}{a\sqrt{1-b^2}}\arccos\frac{b+\cos ax}{1+b\cos ax} & (b^2<1) \\ \frac{1}{a\sqrt{b^2-1}}\ln\left|\frac{\sqrt{b+1}+\sqrt{b-1}\tan\frac{ax}{2}}{\sqrt{b+1}-\sqrt{b-1}\tan\frac{ax}{2}}\right| & (b^2>1) \end{cases}$$ [2]

957. $\int \frac{dx}{(1+b\cos ax)^2} = -\frac{b\sin ax}{a(1-b^2)(1+b\cos ax)} + \frac{1}{1-b^2}\int \frac{dx}{1+b\cos ax}$

958. $\int \frac{dx}{(1+b\cos ax)^n} = -\frac{b\sin ax}{a(n-1)(1-b^2)(1+b\cos ax)^{n-1}}$

$+\frac{2n-3}{(n-1)(1-b^2)}\int \frac{dx}{(1+b\cos ax)^{n-1}}$

$-\frac{n-2}{(n-1)(1-b^2)}\int \frac{dx}{(1+b\cos ax)^{n-2}} \quad (b^2 \neq 1, n \neq 1)$

959. $\int \frac{\cos ax}{1+b\cos ax}dx = \frac{x}{b} - \frac{1}{b}\int \frac{dx}{1+b\cos ax}$

960. $\int \frac{\cos ax}{(1+b\cos ax)^2}dx=-\frac{\sin ax}{a(b^2-1)(1+b\cos ax)}-\frac{b}{b^2-1}\int \frac{dx}{1+b\cos ax}$

$(b^2\neq 1)$

961. $\int \frac{\sin ax}{1\pm b\cos ax}dx=\mp\frac{1}{ab}\ln|1\pm b\cos ax|$

962. $\int \frac{\sin ax}{(1\pm b\cos ax)^2}dx=\pm\frac{1}{ab(1\pm b\cos ax)}$

963. $\int \frac{\sin ax}{(1\pm b\cos ax)^n}dx=\pm\frac{1}{ab(n-1)(1\pm b\cos ax)^{n-1}}\quad (n\neq 1)$

964. $\int \frac{dx}{\cos ax(1+b\cos ax)}=\frac{1}{a}\ln\left|\tan\left(\frac{\pi}{4}+\frac{ax}{2}\right)\right|-b\int \frac{dx}{1+b\cos ax}$

965. $\int \frac{1+c\cos ax}{1+b\cos ax}dx=\frac{cx}{ab}+\frac{b-c}{ab}\int \frac{dx}{1+b\cos ax}\quad (c\neq 0)$

Ⅰ.1.3.11 含有 $1\pm b\sin^2 ax$ 和 $1\pm b\cos^2 ax$ 的积分

966. $\int \frac{dx}{1+\sin^2 ax}=\frac{1}{a\sqrt{2}}\arctan(\sqrt{2}\tan ax)$

967. $\int \frac{dx}{1+b\sin^2 ax}=\frac{1}{a\sqrt{1+b}}\arctan(\sqrt{1+b}\tan ax)$

968. $\int \frac{dx}{(1+b\sin^2 ax)^2}$

$$=\frac{b\sin 2ax}{4a(1+b)(1+b\sin^2 ax)}+\frac{2+b}{2a\sqrt{(1+b)^3}}\arctan(\sqrt{1+b}\tan ax)$$

$(b>0)$ [2]

969. $\int \frac{dx}{1-\sin^2 ax}=\frac{1}{a}\tan ax$

970. $\int \frac{dx}{1-b\sin^2 ax}=\begin{cases}\frac{1}{a\sqrt{1-b}}\arctan(\sqrt{1-b}\tan ax) & (0<b<1)\\ \frac{1}{2a\sqrt{b-1}}\ln\left|\frac{\sqrt{b-1}\tan ax+1}{\sqrt{b-1}\tan ax-1}\right| & (b>1)\end{cases}$ [2]

971. $\int \frac{dx}{(1-b\sin^2 ax)^2}=-\frac{b\sin 2ax}{4a(1-b)(1-b\sin^2 ax)}$

$$+\frac{2-b}{2a(1-b)}\cdot\begin{cases}\dfrac{1}{\sqrt{1-b}}\arctan(\sqrt{1-b}\tan ax)\\ \qquad(0<b<1)\\ \dfrac{1}{2\sqrt{b-1}}\ln\left|\dfrac{\sqrt{b-1}\tan ax+1}{\sqrt{b-1}\tan ax-1}\right|\\ \qquad(b>1)\end{cases}$$ [2]

972. $$\int\frac{\sin^2 ax}{1+b\sin^2 ax}\mathrm{d}x=\frac{x}{b}-\frac{1}{ab\sqrt{1+b}}\arctan(\sqrt{1+b}\tan ax)\quad(b>0)$$

973. $$\int\frac{\cos^2 ax}{1+b\sin^2 ax}\mathrm{d}x=-\frac{x}{b}+\frac{\sqrt{1+b}}{ab}\arctan(\sqrt{1+b}\tan ax)\quad(b>0)$$

974. $$\int\frac{\sin ax\cos ax}{1\pm b\sin^2 ax}\mathrm{d}x=\pm\frac{1}{ab}\ln\sqrt{1\pm b\sin^2 ax}\quad(b>0)$$

975. $$\int\frac{\sin^2 ax}{1-b\sin^2 ax}\mathrm{d}x=\begin{cases}\dfrac{1}{ab\sqrt{1-b}}\arctan(\sqrt{1-b}\tan ax)-\dfrac{x}{b} & (0<b<1)\\ \dfrac{1}{2ab\sqrt{b-1}}\ln\left|\dfrac{\sqrt{b-1}\tan ax+1}{\sqrt{b-1}\tan ax-1}\right|-\dfrac{x}{b} & (b>1)\end{cases}$$ [2]

976. $$\int\frac{\cos^2 ax}{1-b\sin^2 ax}\mathrm{d}x=\begin{cases}-\dfrac{\sqrt{1-b}}{ab}\arctan(\sqrt{1-b}\tan ax)+\dfrac{x}{b} & (0<b<1)\\ \dfrac{\sqrt{b-1}}{2ab}\ln\left|\dfrac{\sqrt{b-1}\tan ax+1}{\sqrt{b-1}\tan ax-1}\right|+\dfrac{x}{b} & (b>1)\end{cases}$$ [2]

977. $$\int\frac{\mathrm{d}x}{1+\cos^2 ax}=\frac{1}{a\sqrt{2}}\arctan\frac{\tan ax}{\sqrt{2}}$$

978. $$\int\frac{\mathrm{d}x}{1+b\cos^2 ax}=\frac{1}{a\sqrt{1+b}}\arctan\frac{\tan ax}{\sqrt{1+b}}\quad(b>0)$$

979. $$\int\frac{\mathrm{d}x}{(1+b\cos^2 ax)^2}=-\frac{b\sin 2ax}{4a(1+b)(1+b\cos^2 ax)}+\frac{2+b}{2a\sqrt{(1+b)^3}}\arctan\frac{\tan ax}{\sqrt{1+b}}\quad(b>0)$$ [2]

980. $$\int\frac{\mathrm{d}x}{1-\cos^2 ax}=-\frac{1}{a}\cot ax$$

981. $$\int\frac{\mathrm{d}x}{1-b\cos^2 ax}=\begin{cases}\dfrac{1}{a\sqrt{1-b}}\arctan\dfrac{\tan ax}{\sqrt{1-b}} & (0<b<1)\\ \dfrac{1}{2a\sqrt{b-1}}\ln\left|\dfrac{\tan ax-\sqrt{b-1}}{\tan ax+\sqrt{b-1}}\right| & (b>1)\end{cases}$$ [2]

982. $$\int\frac{\mathrm{d}x}{(1-b\cos^2 ax)^2}=\frac{b\sin 2ax}{4a(1-b)(1-b\cos^2 ax)}$$

$$+\frac{2-b}{2a(1-b)}\cdot\begin{cases}\frac{1}{\sqrt{1-b}}\arctan\frac{\tan ax}{\sqrt{1-b}} \\ \quad(0<b<1) \\ \frac{1}{2\sqrt{b-1}}\ln\left|\frac{\tan ax-\sqrt{b-1}}{\tan ax+\sqrt{b-1}}\right| \\ \quad(b>1)\end{cases} \quad [2]$$

983. $\int\frac{\sin^2 ax}{1+b\cos^2 ax}\mathrm{d}x=-\frac{x}{b}+\frac{\sqrt{1+b}}{ab}\arctan\frac{\tan ax}{\sqrt{1+b}} \quad (b>0)$

984. $\int\frac{\cos^2 ax}{1+b\cos^2 ax}\mathrm{d}x=\frac{x}{b}-\frac{1}{ab\sqrt{1+b}}\arctan\frac{\tan ax}{\sqrt{1+b}} \quad (b>0)$

985. $\int\frac{\sin ax\cos ax}{1\pm b\cos^2 ax}\mathrm{d}x=\mp\frac{1}{ab}\ln\sqrt{1\pm b\cos^2 ax} \quad (b>0)$

986. $\int\frac{\sin^2 ax}{1-b\cos^2 ax}\mathrm{d}x=\begin{cases}-\frac{\sqrt{1-b}}{ab}\arctan\frac{\tan ax}{\sqrt{1-b}}+\frac{x}{b} & (0<b<1) \\ \frac{\sqrt{b-1}}{2ab}\ln\left|\frac{\tan ax-\sqrt{b-1}}{\tan ax+\sqrt{b-1}}\right|+\frac{x}{b} & (b>1)\end{cases}$ [2]

987. $\int\frac{\cos^2 ax}{1-b\cos^2 ax}\mathrm{d}x=\begin{cases}\frac{1}{ab\sqrt{1-b}}\arctan\frac{\tan ax}{\sqrt{1-b}}-\frac{x}{b} & (0<b<1) \\ \frac{1}{2ab\sqrt{b-1}}\ln\left|\frac{\tan ax-\sqrt{b-1}}{\tan ax+\sqrt{b-1}}\right|-\frac{x}{b} & (b>1)\end{cases}$

[2]

Ⅰ.1.3.12 含有 $a\pm b\sin x$ 和 $a\pm b\cos x$ 的积分

988. $\int\frac{\mathrm{d}x}{a+b\sin x}=\begin{cases}\frac{2}{\sqrt{a^2-b^2}}\arctan\frac{a\tan\frac{x}{2}+b}{\sqrt{a^2-b^2}} & (a^2>b^2) \\ \frac{1}{\sqrt{b^2-a^2}}\ln\left|\frac{a\tan\frac{x}{2}+b-\sqrt{b^2-a^2}}{a\tan\frac{x}{2}+b+\sqrt{b^2-a^2}}\right| & (a^2<b^2)\end{cases}$

989. $\int \frac{dx}{a+b\cos x}=\begin{cases}\frac{2}{\sqrt{a^2-b^2}}\arctan\frac{\sqrt{a^2-b^2}\tan\frac{x}{2}}{a+b} & (a^2>b^2)\\ \frac{1}{\sqrt{b^2-a^2}}\ln\left|\frac{\sqrt{b^2-a^2}\tan\frac{x}{2}+a+b}{\sqrt{b^2-a^2}\tan\frac{x}{2}-a-b}\right| & (a^2<b^2)\end{cases}$

990. $\int \frac{dx}{(a+b\sin x)^2}=\frac{b\cos x}{(a^2-b^2)(a+b\sin x)}+\frac{a}{a^2-b^2}\int\frac{dx}{a+b\sin x}$

$=\frac{a\cos x}{(b^2-a^2)(a+b\sin x)}+\frac{b}{b^2-a^2}\int\frac{dx}{a+b\sin x}$

991. $\int \frac{dx}{(a+b\cos x)^2}=\frac{b\sin x}{(b^2-a^2)(a+b\cos x)}-\frac{a}{b^2-a^2}\int\frac{dx}{a+b\cos x}$

992. $\int \frac{dx}{\sin x(a+b\sin x)}=\frac{1}{a}\ln\left|\tan\frac{x}{2}\right|-\frac{b}{a}\int\frac{dx}{a+b\sin x}$

993. $\int \frac{dx}{\cos x(a+b\cos x)}=\frac{1}{a}\ln\left|\tan\left(\frac{\pi}{4}+\frac{x}{2}\right)\right|-\frac{b}{a}\int\frac{dx}{a+b\cos x}$

994. $\int \frac{\sin x}{a+b\sin x}dx=\frac{x}{b}-\frac{a}{b}\int\frac{dx}{a+b\sin x}$

995. $\int \frac{\cos x}{a+b\cos x}dx=\frac{x}{b}-\frac{a}{b}\int\frac{dx}{a+b\cos x}$

996. $\int \frac{\cos x}{(a+b\cos x)^2}dx=\frac{a\sin x}{(a^2-b^2)(a+b\cos x)}-\frac{b}{a^2-b^2}\int\frac{dx}{a+b\cos x}$

997. $\int \frac{\sin^2 x}{a+b\cos^2 x}dx=\frac{1}{b}\sqrt{\frac{a+b}{a}}\arctan\left(\sqrt{\frac{a}{a+b}}\tan x\right)-\frac{x}{b}$

$(ab>0,\ |a|>|b|)$

998. $\int \frac{\cos^2 cx}{a^2+b^2\sin^2 cx}dx=\frac{\sqrt{a^2+b^2}}{ab^2c}\arctan\frac{\sqrt{a^2+b^2}\tan cx}{a}-\frac{x}{b^2}$

999. $\int \frac{dx}{a^2\cos^2 x+b^2\sin^2 x}=\frac{1}{ab}\arctan\frac{b\tan x}{a}$

1000. $\int \frac{\sin cx}{a\cos cx+b\sin cx}dx=\int\frac{dx}{b+a\cot cx}$

$=\frac{1}{c(a^2+b^2)}(bcx-a\ln|a\cos cx+b\sin cx|)$

1001. $\int \frac{\cos cx}{a\cos cx+b\sin cx}dx=\int\frac{dx}{a+b\tan cx}$

$=\frac{1}{c(a^2+b^2)}(acx+b\ln|a\cos cx+b\sin cx|)$

1002. $\int \frac{\sin cx\cos cx}{a\cos^2 cx+b\sin^2 cx}dx=\frac{1}{2c(b-a)}\ln|a\cos^2 cx+b\sin^2 cx|$

1003. $\int \frac{dx}{a^2+b^2\sin^2 cx} = \frac{1}{ac\sqrt{a^2+b^2}}\arctan\frac{\sqrt{a^2+b^2}\tan cx}{a}$

1004. $\int \frac{dx}{a^2-b^2\sin^2 cx} = \begin{cases} \frac{1}{ac\sqrt{a^2-b^2}}\arctan\frac{\sqrt{a^2-b^2}\tan cx}{a} & (a^2>b^2) \\ \frac{1}{2ac\sqrt{b^2-a^2}}\ln\left|\frac{\sqrt{b^2-a^2}\tan cx+a}{\sqrt{b^2-a^2}\tan cx-a}\right| & (a^2<b^2) \end{cases}$

1005. $\int \frac{dx}{a^2+b^2\cos^2 cx} = \frac{1}{ac\sqrt{a^2+b^2}}\arctan\frac{a\tan cx}{\sqrt{a^2+b^2}}$

1006. $\int \frac{dx}{a^2-b^2\cos^2 cx} = \begin{cases} \frac{1}{ac\sqrt{a^2-b^2}}\arctan\frac{a\tan cx}{\sqrt{a^2-b^2}} & (a^2>b^2) \\ \frac{1}{2ac\sqrt{b^2-a^2}}\ln\left|\frac{a\tan cx-\sqrt{b^2-a^2}}{a\tan cx+\sqrt{b^2-a^2}}\right| & (b^2>a^2) \end{cases}$ [1]

1007. $\int \frac{dx}{a+b\cos x+c\sin x}$

$$= \begin{cases} \frac{2}{\sqrt{a^2-b^2-c^2}}\arctan\frac{(a-b)\tan\frac{x}{2}+c}{\sqrt{a^2-b^2-c^2}} & (a^2>b^2+c^2) \\ \frac{1}{\sqrt{b^2+c^2-a^2}}\ln\left|\frac{(a-b)\tan\frac{x}{2}+c-\sqrt{b^2+c^2-a^2}}{(a-b)\tan\frac{x}{2}+c+\sqrt{b^2+c^2-a^2}}\right| & (a^2<b^2+c^2) \\ \frac{1}{c}\ln\left|a+c\tan\frac{x}{2}\right| & (a=b) \\ -\frac{2}{c+(a-b)\tan\frac{x}{2}} & (a^2=b^2+c^2) \end{cases}$$

1008. $\int \frac{dx}{a\cos^2 x+2b\cos x\sin x+c\sin^2 x}$

$$= \begin{cases} \frac{1}{2\sqrt{b^2-ac}}\ln\left|\frac{c\tan x+b-\sqrt{b^2-ac}}{c\tan x+b+\sqrt{b^2-ac}}\right| & (b^2>ac) \\ \frac{1}{\sqrt{ac-b^2}}\arctan\frac{c\tan x+b}{\sqrt{ac-b^2}} & (b^2<ac) \\ -\frac{1}{c\tan x+b} & (b^2=ac) \end{cases}$$

1009. $\int \frac{dx}{a^2+b^2-2ab\cos cx} = \frac{2}{c(a^2-b^2)}\arctan\left(\frac{a+b}{a-b}\tan\frac{cx}{2}\right)$

1010. $\int \frac{x+\sin x}{1+\cos x}dx = x\tan\frac{x}{2}$

1011. $\int \frac{x-\sin x}{1-\cos x}\mathrm{d}x = -x\cot\frac{x}{2}$

Ⅰ.1.3.13 含有 $p\sin ax + q\cos ax$ 的积分

1012. $\int \frac{\mathrm{d}x}{\sin ax \pm \cos ax} = \frac{1}{a\sqrt{2}}\ln\left|\tan\left(\frac{ax}{2}\pm\frac{\pi}{8}\right)\right|$

1013. $\int \frac{\mathrm{d}x}{(\sin ax \pm \cos ax)^2} = \frac{1}{2a}\tan\left(ax \mp \frac{\pi}{4}\right)$

1014. $\int \frac{\sin ax}{\sin ax \pm \cos ax}\mathrm{d}x = \frac{1}{2a}(ax \mp \ln|\sin ax \pm \cos ax|)$

1015. $\int \frac{\cos ax}{\sin ax \pm \cos ax}\mathrm{d}x = \frac{1}{2a}(\ln|\sin ax \pm \cos ax| \pm ax)$

1016. $\int \frac{\mathrm{d}x}{p\sin ax + q\cos ax} = \frac{1}{a\sqrt{p^2+q^2}}\ln\left|\tan\left(\frac{ax}{2}+\frac{1}{2}\arctan\frac{q}{p}\right)\right|$

1017. $$\int \frac{\mathrm{d}x}{(p\sin ax + q\cos ax)^n} = -\frac{\cos\left(ax+\arctan\frac{q}{p}\right)}{a(n-1)\sqrt{(p^2+q^2)^n}\sin^{n-1}\left(ax+\arctan\frac{q}{p}\right)} + \frac{n-2}{(n-1)\sqrt{(p^2+q^2)^n}}\int \frac{\mathrm{d}\left(ax+\arctan\frac{q}{p}\right)}{\sin^{n-2}\left(ax+\arctan\frac{q}{p}\right)}$$ [2]

1018. $\int \frac{\sin ax}{p\sin ax + q\cos ax}\mathrm{d}x = \frac{1}{a(p^2+q^2)}(pax - q\ln|p\sin ax + q\cos ax|)$

1019. $\int \frac{\cos ax}{p\sin ax + q\cos ax}\mathrm{d}x = \frac{1}{a(p^2+q^2)}(pax + q\ln|p\sin ax + q\cos ax|)$

1020. $\int \frac{p+q\sin ax}{\sin ax(1\pm\cos ax)}\mathrm{d}x = \frac{p}{2a}\left(\ln\left|\tan\frac{ax}{2}\right| \pm \frac{1}{1\pm\cos ax}\right) + q\int\frac{\mathrm{d}x}{1\pm\cos ax}$

1021. $$\int \frac{p+q\sin ax}{\cos ax(1\pm\cos ax)}\mathrm{d}x = \frac{p}{a}\ln\left|\tan\left(\frac{\pi}{4}+\frac{ax}{2}\right)\right| + \frac{q}{a}\ln\left|\frac{1\pm\cos ax}{\cos ax}\right| - p\int\frac{\mathrm{d}x}{1\pm\cos ax}$$

1022. $\int \frac{p+q\cos ax}{\sin ax(1\pm\sin ax)}\mathrm{d}x = \frac{p}{a}\ln\left|\tan\frac{ax}{2}\right| - \frac{q}{a}\ln\left|\frac{1\pm\sin ax}{\sin ax}\right| - p\int\frac{\mathrm{d}x}{1\pm\sin ax}$

1023. $\int \frac{p+q\cos ax}{\cos ax(1\pm\sin ax)}\mathrm{d}x = \frac{p}{2a}\left[\ln\left|\tan\left(\frac{\pi}{4}+\frac{ax}{2}\right)\right| \mp \frac{1}{1\pm\sin ax}\right]$

$$+q\int\frac{dx}{1\pm\sin ax}$$

Ⅰ.1.3.14 含有 $p^2\sin^2ax\pm q^2\cos^2ax$ 的积分

1024. $\int(p^2\sin^2ax\pm q^2\cos^2ax)dx=\frac{(p^2\pm q^2)x}{2}-\frac{(p^2\mp q^2)\sin2ax}{4a}$

1025. $\int\sin ax\cos ax(p^2\sin^2ax\pm q^2\cos^2ax)dx=\frac{1}{4a}(p^2\sin^4ax\mp q^2\cos^4ax)$

1026. $\int\sin ax\cos ax(p^2\sin^2ax\pm q^2\cos^2ax)^m dx$

$$=\frac{(p^2\sin^2ax\pm q^2\cos^2ax)^{m+1}}{2a(m+1)(p^2\mp q^2)}\quad(m\neq-1,p^2-q^2\neq0)$$

1027. $\int\frac{dx}{p^2\sin^2ax+q^2\cos^2ax}=\frac{1}{apq}\arctan\left(\frac{p}{q}\tan ax\right)$

1028. $\int\frac{dx}{p^2\sin^2ax-q^2\cos^2ax}=\frac{1}{2apq}\ln\left|\frac{p\tan ax-q}{p\tan ax+q}\right|$

1029. $\int\frac{\sin ax\cos ax}{p^2\sin^2ax\pm q^2\cos^2ax}dx=\frac{1}{2a(p^2\mp q^2)}\ln|p^2\sin^2ax\pm q^2\cos^2ax|$ $(p^2-q^2\neq0)$

1030. $\int\frac{\sin ax\cos ax}{\sqrt{p^2\sin^2ax\pm q^2\cos^2ax}}dx=\frac{1}{a(p^2\mp q^2)}\sqrt{p^2\sin^2ax\pm q^2\cos^2ax}$

1031. $\int\frac{dx}{(p^2\sin^2ax\pm q^2\cos^2ax)^2}=\frac{1}{2ap^3q^3}[(p^2\pm q^2)u\pm(p^2\mp q^2)\sin u\cos u]$

$\left[这里,u=\arctan\left(\frac{p}{q}\tan ax\right)\right]$

1032. $\int\frac{dx}{(p^2\sin^2ax\pm q^2\cos^2ax)^n}=\frac{1}{a(pq)^{2n-1}}\int(p^2\sin^2u\pm q^2\cos^2u)^{n-1}du$

$\left[这里,u=\arctan\left(\frac{p}{q}\tan ax\right)\right]$

1033. $\int\frac{dx}{\sin^2ax(p^2\pm q^2\cos^2ax)}=\frac{1}{a(p^2\pm q^2)}\left(\int\frac{\pm aq^2}{p^2\pm q^2\cos^2ax}dx-\cot ax\right)$

1034. $\int\frac{dx}{\cos^2ax(p^2\pm q^2\sin^2ax)}=\frac{1}{a(p^2\pm q^2)}\left(\int\frac{\pm aq^2}{p^2\pm q^2\sin^2ax}dx+\tan ax\right)$

Ⅰ.1.3.15 含有 $\sqrt{p \pm q\sin ax}$ 和 $\sqrt{p \pm q\cos ax}$ 的积分

1035. $\int \sqrt{1+\sin ax}\,dx = -\frac{2\sqrt{2}}{a}\cos\left(\frac{\pi}{4}+\frac{ax}{2}\right)$

1036. $\int \sqrt{1-\sin ax}\,dx = \frac{2\sqrt{2}}{a}\sin\left(\frac{\pi}{4}+\frac{ax}{2}\right)$

1037. $\int \sqrt{p+q\sin ax}\,dx = -\frac{2\sqrt{p+q}}{a}\cdot E\left(\sqrt{\frac{2q}{p+q}}, \frac{\arccos(\sin ax)}{2}\right)$ [2]

[这里,$E(k,\varphi)$为第二类不完全椭圆积分(见附录),以下同]

1038. $\int \sqrt{p-q\sin ax}\,dx = -\frac{2\sqrt{p+q}}{a}\cdot\left[E\left(\sqrt{\frac{2q}{p+q}}, \arcsin\sqrt{\frac{p-q\sin ax}{q(1-\sin ax)}}\right) - G\left(\sqrt{\frac{2q}{p+q}}, \arcsin\sqrt{\frac{p-q\sin ax}{q(1-\sin ax)}}\right)\right]$ [2]

[这里,$G(k,\varphi) = \tan\varphi\sqrt{1-k^2\sin\varphi}$]

1039. $\int \frac{dx}{\sqrt{1+\sin ax}} = \frac{\sqrt{2}}{a}\ln\left|\tan\left(\frac{ax}{4}+\frac{\pi}{8}\right)\right|$

1040. $\int \frac{dx}{\sqrt{1-\sin ax}} = \frac{\sqrt{2}}{a}\ln\left|\tan\left(\frac{ax}{4}-\frac{\pi}{8}\right)\right|$

1041. $\int \frac{dx}{\sqrt{p+q\sin ax}} = -\frac{2}{a\sqrt{p+q}}\cdot F\left(\sqrt{\frac{2q}{p+q}}, \arcsin\sqrt{\frac{1-\sin ax}{2}}\right)$ [2]

[这里,$F(k,\varphi)$为第一类不完全椭圆积分(见附录),以下同]

1042. $\int \frac{dx}{\sqrt{p-q\sin ax}} = \sqrt{\frac{2}{qa^2}}\cdot F\left(\sqrt{\frac{p}{q}}, \arcsin\sqrt{\frac{q(1-\sin ax)}{p-q\sin ax}}\right)$ [2]

1043. $\int \frac{\sin ax}{\sqrt{p+q\sin ax}}\,dx = -\frac{\sqrt{p+q}}{qa}\cdot E\left(\sqrt{\frac{2q}{p+q}}, \arcsin\sqrt{\frac{1-\sin ax}{2}}\right) + \frac{2p}{a\sqrt{p+q}}\cdot F\left(\sqrt{\frac{2q}{p+q}}, \arcsin\sqrt{\frac{1-\sin ax}{2}}\right)$ [2]

1044. $\int \frac{\sin ax}{\sqrt{p-q\sin ax}}\,dx = -\sqrt{\frac{q}{2a^2}}\cdot E\left(\sqrt{\frac{p}{q}}, \arcsin\sqrt{\frac{q(1-\sin ax)}{p-q\sin ax}}\right) + \sqrt{\frac{2}{qa^2}}\cdot F\left(\sqrt{\frac{p}{q}}, \arcsin\sqrt{\frac{q(1-\sin ax)}{p-q\sin ax}}\right)$ [2]

1045. $\int \frac{\cos ax}{\sqrt{p\pm q\sin ax}}\,dx = \pm\frac{\sqrt{p\pm q\sin ax}}{2aq}$

1046. $\int \sqrt{1+\cos ax}\,\mathrm{d}x = \frac{2\sin ax}{a\sqrt{1+\cos ax}}$

1047. $\int \sqrt{1-\cos ax}\,\mathrm{d}x = -\frac{2\sin ax}{a\sqrt{1-\cos ax}}$

1048. $\int \sqrt{p+q\cos ax}\,\mathrm{d}x = \frac{2}{a}\sqrt{p+q}\cdot \mathrm{E}\left(\sqrt{\frac{2q}{p+q}},\frac{ax}{2}\right)$

1049. $\int \sqrt{p-q\cos ax}\,\mathrm{d}x$

$$= \frac{2}{a}\sqrt{p+q}\cdot \mathrm{E}\left(\sqrt{\frac{2q}{p+q}},\arcsin\sqrt{\frac{(p+q)(1-\cos ax)}{2(p-q\cos ax)}}\right) - \frac{2q\sin ax}{a\sqrt{p-q\cos ax}}$$ [2]

1050. $\int \frac{\mathrm{d}x}{\sqrt{1+\cos ax}} = \frac{\sqrt{2}}{a}\ln\left|\tan\left(\frac{\pi}{4}+\frac{ax}{4}\right)\right|$

1051. $\int \frac{\mathrm{d}x}{\sqrt{1-\cos ax}} = \frac{\sqrt{2}}{a}\ln\left|\tan\frac{ax}{4}\right|$

1052. $\int \frac{\mathrm{d}x}{\sqrt{p+q\cos ax}} = \frac{2}{a\sqrt{p+q}}\cdot \mathrm{F}\left(\sqrt{\frac{2q}{p+q}},\frac{ax}{2}\right)$ [2]

1053. $\int \frac{\mathrm{d}x}{\sqrt{p-q\cos ax}} = \frac{2}{a\sqrt{p+q}}\cdot \mathrm{F}\left(\sqrt{\frac{2q}{p+q}},\arcsin\sqrt{\frac{(p+q)(1-\cos ax)}{2(p-q\cos ax)}}\right)$ [2]

1054. $\int \frac{\sin ax}{\sqrt{p\pm q\cos ax}}\mathrm{d}x = \mp\frac{1}{2aq}\sqrt{p\pm q\cos ax}$ [2]

1055. $\int \frac{\cos ax}{\sqrt{p+q\cos ax}}\mathrm{d}x = \frac{2\sqrt{p+q}}{ap}\cdot \mathrm{E}\left(\sqrt{\frac{2q}{p+q}},\frac{ax}{2}\right) - \frac{2p}{aq\sqrt{p+q}}\cdot \mathrm{F}\left(\sqrt{\frac{2q}{p+q}},\frac{ax}{2}\right)$ [2]

1056. $\int \frac{\cos ax}{\sqrt{p-q\cos ax}}\mathrm{d}x = \frac{2}{ap\sqrt{p+q}}\cdot \mathrm{E}\left(\sqrt{\frac{2q}{p+q}},\frac{ax}{2}\right) - \frac{2q\sqrt{p+q}}{ap}\cdot \mathrm{F}\left(\sqrt{\frac{2q}{p+q}},\frac{ax}{2}\right)$ [2]

Ⅰ.1.3.16 含有 $\sqrt{1\pm b^2\sin^2 ax}$ 和 $\sqrt{1\pm b^2\cos^2 ax}$ 的积分

1057. $\int \sqrt{1+b^2\sin^2 ax}\,\mathrm{d}x = -\frac{\sqrt{1+b^2}}{a}\cdot \mathrm{E}\left(\sqrt{\frac{b^2}{1+b^2}},\frac{\pi}{2}-ax\right)$ [2]

［这里，$E(k,\varphi)$为第二类不完全椭圆积分（见附录），以下同］

1058. $\int \sqrt{1-b^2\sin^2 ax}\,dx = \frac{1}{a}\cdot E(b,ax)\quad (b^2<1)$ ［2］

1059. $\int \sin ax\sqrt{1+b^2\sin^2 ax}\,dx = -\frac{\cos ax}{2a}\sqrt{1+b^2\sin^2 ax} - \frac{1+b^2}{2ab}\arcsin\frac{b\cos ax}{\sqrt{1+b^2}}$

1060. $\int \cos ax\sqrt{1+b^2\sin^2 ax}\,dx = \frac{\sin ax}{2a}\sqrt{1+b^2\sin^2 ax} + \frac{1}{2ab}\ln(b\sin ax+\sqrt{1+b^2\sin^2 ax})$

1061. $\int \sin ax\sqrt{1-b^2\sin^2 ax}\,dx = -\frac{\cos ax}{2a}\sqrt{1-b^2\sin^2 ax} - \frac{1-b^2}{2ab}\ln(b\cos ax+\sqrt{1-b^2\sin^2 ax})$

$(b^2<1)$

1062. $\int \cos ax\sqrt{1-b^2\sin^2 ax}\,dx = \frac{\sin ax}{2a}\sqrt{1-b^2\sin^2 ax} + \frac{1}{2ab}\arcsin(b\sin ax)$

$(b^2<1)$

1063. $\int \frac{dx}{\sqrt{1+b^2\sin^2 ax}} = -\frac{b}{a}\cdot F\left(\sqrt{\frac{b^2}{1+b^2}},\frac{\pi}{2}-ax\right)$ ［2］

［这里，$F(k,\varphi)$为第一类不完全椭圆积分（见附录），以下同］

1064. $\int \frac{dx}{\sqrt{1-b^2\sin^2 ax}} = \frac{1}{a}\cdot F(b,ax)\quad (b^2<1)$

1065. $\int \frac{\sin ax}{\sqrt{1+b^2\sin^2 ax}}dx = -\frac{1}{ab}\arcsin\frac{b\cos ax}{\sqrt{1+b^2}}$

1066. $\int \frac{\cos ax}{\sqrt{1+b^2\sin^2 ax}}dx = \frac{1}{ab}\ln(b\sin ax+\sqrt{1+b^2\sin^2 ax})$ ［1］

1067. $\int \frac{\sin ax}{\sqrt{1-b^2\sin^2 ax}}dx = -\frac{1}{ab}\ln(b\cos ax+\sqrt{1-b^2\sin^2 ax})\quad (b^2<1)$

1068. $\int \frac{\cos ax}{\sqrt{1-b^2\sin^2 ax}}dx = \frac{1}{ab}\arcsin(b\sin ax)\quad (b^2<1)$

1069. $\int \sqrt{1+b^2\cos^2 ax}\,dx = \frac{\sqrt{1+b^2}}{a}\cdot E\left(\sqrt{\frac{b^2}{1+b^2}},ax\right)$ ［2］

1070. $\int \sqrt{1-b^2\cos^2 ax}\,dx = -\frac{\sqrt{1-b^2}}{a}\cdot E\left(\sqrt{\frac{b^2}{1-b^2}},\frac{\pi}{2}-ax\right)\quad (b^2<1)$ ［2］

1071. $\int \sin ax\sqrt{1+b^2\cos^2 ax}\,dx = -\frac{\sqrt{1+b^2}\cos ax}{2a}\sqrt{1-\frac{b^2\sin^2 ax}{1+b^2}}$

$$-\frac{1}{ab}\ln\left(\sqrt{\frac{b^2\cos^2 ax}{1+b^2}}+\sqrt{1-\frac{b^2\sin^2 ax}{1+b^2}}\right)$$

1072. $\int \cos ax\ \sqrt{1+b^2\cos^2 ax}\,\mathrm{d}x=\frac{\sqrt{1+b^2}\sin ax}{2a}\sqrt{1-\frac{b^2\sin^2 ax}{1+b^2}}$

$$+\frac{1+b^2}{2ab}\arcsin\sqrt{\frac{b^2\sin^2 ax}{1+b^2}}$$

1073. $\int \sin ax\ \sqrt{1-b^2\cos^2 ax}\,\mathrm{d}x=-\frac{\sqrt{1-b^2}\cos ax}{2a}\sqrt{1+\frac{b^2\sin^2 ax}{1-b^2}}$

$$-\frac{\arcsin(b\cos ax)}{2ab}\quad (b^2<1)$$

1074. $\int \cos ax\ \sqrt{1-b^2\cos^2 ax}\,\mathrm{d}x=\frac{\sqrt{1-b^2}\sin ax}{2a}\sqrt{1+\frac{b^2\sin^2 ax}{1-b^2}}$

$$-\frac{1-b^2}{2ab}\ln\left(\sqrt{\frac{b^2\sin^2 ax}{1-b^2}}+\sqrt{1+\frac{b^2\sin^2 ax}{1-b^2}}\right)$$

$(b^2<1)$

1075. $\int \frac{\mathrm{d}x}{\sqrt{1+b^2\cos^2 ax}}=\frac{1}{a\ \sqrt{1+b^2}}\cdot \mathrm{F}\left(\sqrt{\frac{b^2}{1+b^2}},ax\right)$ [2]

1076. $\int \frac{\mathrm{d}x}{\sqrt{1-b^2\cos^2 ax}}=-\frac{1}{a\ \sqrt{1-b^2}}\cdot \mathrm{F}\left(\sqrt{\frac{b^2}{1-b^2}},\frac{\pi}{2}-ax\right)\quad (b^2<1)$ [2]

1077. $\int \frac{\sin ax}{\sqrt{1+b^2\cos^2 ax}}\mathrm{d}x=-\frac{1}{ab}\ln\left(\sqrt{\frac{b^2\cos^2 ax}{1+b^2}}+\sqrt{1-\frac{b^2\sin^2 ax}{1+b^2}}\right)$

1078. $\int \frac{\cos ax}{\sqrt{1+b^2\cos^2 ax}}\mathrm{d}x=\frac{1}{ab}\arcsin\sqrt{\frac{b^2\sin^2 ax}{1+b^2}}$

1079. $\int \frac{\sin ax}{\sqrt{1-b^2\cos^2 ax}}\mathrm{d}x=-\frac{1}{ab}\arcsin(b\cos ax)\quad (b^2<1)$

1080. $\int \frac{\cos ax}{\sqrt{1-b^2\cos^2 ax}}\mathrm{d}x=-\frac{1}{ab}\ln\left(\sqrt{\frac{b^2\sin^2 ax}{1-b^2}}+\sqrt{1+\frac{b^2\sin^2 ax}{1-b^2}}\right)\quad (b^2<1)$

1081. $\int \frac{\mathrm{d}x}{\sqrt{a+b\tan^2 cx}}$

$$=\begin{cases}\frac{1}{c\ \sqrt{a-b}}\arcsin\left(\sqrt{\frac{a-b}{a}}\sin cx\right) & \left[\frac{(2k-1)\pi}{2}<x\leqslant\frac{(2k+1)\pi}{2}\right]\\ -\frac{1}{c\ \sqrt{a-b}}\arcsin\left(\sqrt{\frac{a-b}{a}}\sin cx\right) & \left[\frac{(2k+1)\pi}{2}<x\leqslant\frac{(2k+3)\pi}{2}\right]\end{cases}$$

$(a>|b|,k$ 为整数$)$

Ⅰ.1.3.17 含有 $\sin^n x$ 和 $\cos^n x$ 的积分

1082. $$\int \sin^n x\,\mathrm{d}x = \frac{1}{2^{n-1}}\sum_{k=0}^{\frac{n-2}{2}}\binom{n}{k}\frac{\sin\left[(n-2k)\left(\frac{\pi}{2}-x\right)\right]}{2k-n}+\frac{1}{2^n}\binom{n}{\frac{n}{2}}x$$

（n 为偶数） [1]

1083. $$\int \sin^n x\,\mathrm{d}x = \frac{1}{2^{n-1}}\sum_{k=0}^{\frac{n-1}{2}}\binom{n}{k}\frac{\sin\left[(n-2k)\left(\frac{\pi}{2}-x\right)\right]}{2k-n}$$ （n 为奇数） [1]

1084. $$\int \cos^n x\,\mathrm{d}x = \frac{1}{2^{n-1}}\sum_{k=0}^{\frac{n-2}{2}}\binom{n}{k}\frac{\sin[(n-2k)x]}{n-2k}+\frac{1}{2^n}\binom{n}{\frac{n}{2}}x$$ （n 为偶数） [1]

1085. $$\int \cos^n x\,\mathrm{d}x = \frac{1}{2^{n-1}}\sum_{k=0}^{\frac{n-1}{2}}\binom{n}{k}\frac{\sin[(n-2k)x]}{n-2k}$$ （n 为奇数） [1]

1086. $$\int \frac{\mathrm{d}x}{\sin^{2n}x}$$
$$=-\frac{\cos x}{2n-1}\left[\csc^{2n-1}x+\sum_{k=1}^{n-1}\frac{2^k(n-1)(n-2)\cdots(n-k)}{(2n-3)(2n-5)\cdots(2n-2k-1)}\csc^{2n-2k-1}x\right]$$
[3][16]

1087. $$\int \frac{\mathrm{d}x}{\sin^{2n+1}x}$$
$$=-\frac{\cos x}{2n}\left[\csc^{2n}x+\sum_{k=1}^{n-1}\frac{(2n-1)(2n-3)\cdots(2n-2k+1)}{2^k(n-1)(n-2)\cdots(n-k)}\csc^{2n-2k}x\right]$$
$$+\frac{(2n-1)!!}{2^n n!}\ln\left|\tan\frac{x}{2}\right|$$ [3][16]

1088. $$\int \frac{\mathrm{d}x}{\cos^{2n}x}$$
$$=\frac{\sin x}{2n-1}\left[\sec^{2n-1}x+\sum_{k=1}^{n-1}\frac{2^k(n-1)(n-2)\cdots(n-k)}{(2n-3)(2n-5)\cdots(2n-2k-1)}\sec^{2n-2k-1}x\right]$$
[3][16]

1089. $$\int \frac{\mathrm{d}x}{\cos^{2n+1}x}=\frac{\sin x}{2n}\left[\csc^{2n}x+\sum_{k=1}^{n-1}\frac{(2n-1)(2n-3)\cdots(2n-2k+1)}{2^k(n-1)(n-2)\cdots(n-k)}\sec^{2n-2k}x\right]$$
$$+\frac{(2n-1)!!}{2^n n!}\ln\left|\tan\left(\frac{\pi}{4}+\frac{x}{2}\right)\right|$$ [3][16]

1090. $\int \frac{\sin^p x}{\cos^{2n} x} dx = \frac{\sin^{p+1} x}{2n-1}\Big[\sec^{2n-1} x$

$+ \sum_{k=1}^{n-1} \frac{(2n-p-2)(2n-p-4)\cdots(2n-p-2k)}{(2n-3)(2n-5)\cdots(2n-2k-1)} \sec^{2n-2k-1} x\Big]$

$+ \frac{(2n-p-2)(2n-p-4)\cdots(-p+2)(-p)}{(2n-1)!!}\int \sin^p x dx$ [16]

1091. $\int \frac{\sin^p x}{\cos^{2n+1} x} dx$

$= \frac{\sin^{p+1} x}{2n}\Big[\sec^{2n} x$

$+ \sum_{k=1}^{n-1} \frac{(2n-p-1)(2n-p-3)\cdots(2n-p-2k+1)}{2^k (n-1)(n-2)\cdots(n-k)} \sec^{2n-2k} x\Big]$

$+ \frac{(2n-p-1)(2n-p-3)\cdots(3-p)(1-p)}{2^n n!}\int \frac{\sin^p x}{\cos x} dx$

（这里，p 为任意实数，以下同） [3][16]

1092. $\int \frac{\cos^p x}{\sin^{2n} x} dx = -\frac{\cos^{p+1} x}{2n-1}\Big[\csc^{2n-1} x$

$+ \sum_{k=1}^{n-1} \frac{(2n-p-2)(2n-p-4)\cdots(2n-p-2k)}{(2n-3)(2n-5)\cdots(2n-2k-1)} \csc^{2n-2k-1} x\Big]$

$+ \frac{(2n-p-2)(2n-p-4)\cdots(2-p)(-p)}{(2n-1)!!}\int \cos^p x dx$

[3][16]

1093. $\int \frac{\cos^p x}{\sin^{2n+1} x} dx$

$= -\frac{\cos^{p+1} x}{2n}\Big[\csc^{2n} x$

$+ \sum_{k=1}^{n-1} \frac{(2n-p-1)(2n-p-3)\cdots(2n-p-2k+1)}{2^k (n-1)(n-2)\cdots(n-k)} \csc^{2n-2k} x\Big]$

$+ \frac{(2n-p-1)(2n-p-3)\cdots(3-p)(1-p)}{2^n n!}\int \frac{\cos^p x}{\sin x} dx$ [3][16]

1094. $\int \frac{\sin^{2n+1} x}{\cos x} dx = -\sum_{k=1}^{n} \frac{\sin^{2k} x}{2k} - \ln|\cos x|$ [3][16]

1095. $\int \frac{\sin^{2n} x}{\cos x} dx = -\sum_{k=1}^{n} \frac{\sin^{2k-1} x}{2k-1} + \ln\left|\tan\left(\frac{\pi}{4}+\frac{x}{2}\right)\right|$ [3][16]

1096. $\int \frac{\cos^{2n+1} x}{\sin x} dx = \sum_{k=1}^{n} \frac{\cos^{2k} x}{2k} + \ln|\sin x|$ [3][16]

1097. $\int \frac{\cos^{2n} x}{\sin x} dx = \sum_{k=1}^{n} \frac{\cos^{2k-1} x}{2k-1} + \ln\left|\tan\frac{x}{2}\right|$ [3][16]

1098. $\int \frac{\mathrm{d}x}{\sin^{2m+1}x\cos x} = -\sum_{k=1}^{m} \frac{1}{(2m-2k+2)\sin^{2m-2k+2}x} + \ln|\tan x|$ [3][16]

1099. $\int \frac{\mathrm{d}x}{\sin^{2m}x\cos x} = -\sum_{k=1}^{m} \frac{1}{(2m-2k+1)\sin^{2m-2k+1}x} + \ln\left|\tan\left(\frac{\pi}{4}-\frac{x}{2}\right)\right|$

[3][16]

1100. $\int \frac{\mathrm{d}x}{\sin x\cos^{2m+1}x} = \sum_{k=1}^{m} \frac{1}{(2m-2k+2)\cos^{2m-2k+2}x} + \ln|\tan x|$ [3][16]

1101. $\int \frac{\mathrm{d}x}{\sin x\cos^{2m}x} = \sum_{k=1}^{m} \frac{1}{(2m-2k+1)\cos^{2m-2k+1}x} + \ln\left|\tan\frac{x}{2}\right|$ [3][16]

Ⅰ.1.3.18 含有 $\sin^p x$, $\cos^p x$ 与 $\sin nx$, $\cos nx$ 组合的积分

1102. $\int \sin^p x\, \sin(2n+1)x\,\mathrm{d}x$

$$= \frac{\Gamma(p+1)}{\Gamma\left(\frac{p+3}{2}+n\right)}$$

$$\cdot\left\{\sum_{k=0}^{n-1}\left[\frac{(-1)^{k-1}\Gamma\left(\frac{p+1}{2}+n-2k\right)}{2^{2k+1}\Gamma(p-2k+1)}\sin^{p-2k}x\cos(2n-2k+1)x\right.\right.$$

$$\left.+(-1)^k\frac{\Gamma\left(\frac{p-1}{2}+n-2k\right)}{2^{2k+2}\Gamma(p-2k)}\sin^{p-2k-1}x\sin(2n-2k)x\right]$$

$$\left.+(-1)^n\frac{\Gamma\left(\frac{p+3}{2}-n\right)}{2^{2n}\Gamma(p-2n+1)}\int\sin^{p-2n+1}x\,\mathrm{d}x\right\}$$ [3]

[这里,$\Gamma(x)$ 为伽马函数(见附录),以下同]

1103. $\int \sin^p x\, \sin 2nx$

$$= 2n\left\{\frac{\sin^{p+2}x}{p+2}+\sum_{k=1}^{n-1}(-1)^k\frac{(4n^2-2^2)(4n^2-4^2)\cdots[4n^2-(2k)^2]}{(2k+1)!(2k+p+2)}\sin^{2k+p+2}x\right\}$$

[3][16]

1104. $\int \sin^p x\, \cos(2n+1)x\,\mathrm{d}x$

$$= \frac{\sin^{p+1}x}{p+1}+\sum_{k=1}^{n}\left\{(-1)^k\right.$$

$$\cdot\frac{[(2n+1)^2-1^2][(2n+1)^2-3^2]\cdots[(2n+1)^2-(2k-1)^2]}{(2k)!(2k+p+1)}$$

$$\cdot \sin^{2k+p+1} x\Big\}$$ [3]

1105. $\int \sin^p x \cos 2nx \, dx$

$$= \frac{\Gamma(p+1)}{\Gamma\left(\frac{p}{2}+n+1\right)}$$

$$\cdot \left\{ \sum_{k=0}^{n-1} \left[\frac{(-1)^k \Gamma\left(\frac{p}{2}+n-2k\right)}{2^{2k+1}\Gamma(p-2k+1)} \sin^{p-2k} x \cos(2n-2k)x \right.\right.$$

$$\left. + (-1)^k \frac{\Gamma\left(\frac{p}{2}+n-2k-1\right)}{2^{2k+2}\Gamma(p-2k)} \sin^{p-2k-1} x \sin(2n-2k-1)x \right]$$

$$\left. + (-1)^n \frac{\Gamma\left(\frac{p}{2}-n+1\right)}{2^{2n}\Gamma(p-2n+1)} \int \sin^{p-2n} x \, dx \right\}$$ [3]

1106. $\int \cos^p x \sin(2n+1)x \, dx$

$$= (-1)^{n+1} \left(\frac{\cos^{p+1} x}{p+1} + \sum_{k=1}^{n} \left\{ (-1)^k \right.\right.$$

$$\cdot \frac{[(2n+1)^2-1^2][(2n+1)^2-3^2]\cdots[(2n+1)^2-(2k-1)^2]}{(2k)!(2k+p+1)}$$

$$\left.\left. \cdot \cos^{2k+p+1} x \right\} \right)$$ [3][16]

1107. $\int \cos^p x \sin 2nx \, dx$

$$= (-1)^n \left[\frac{\cos^{p+2} x}{p+2} \right.$$

$$\left. + \sum_{k=1}^{n-1} (-1)^k \frac{(4n^2-2^2)(4n^2-4^2)\cdots[4n^2-(2k)^2]}{(2k+1)!(2k+p+2)} \cos^{2k+p+2} x \right]$$

[3][16]

1108. $\int \cos^p x \cos(2n+1)x \, dx$

$$= \frac{\Gamma(p+1)}{\Gamma\left(\frac{p+3}{2}+n\right)} \left[\sum_{k=0}^{n-1} \frac{\Gamma\left(\frac{p+1}{2}+n-k\right)}{2^{2k+1}\Gamma(p-k+1)} \cos^{p-k} x \sin(2n-k+1)x \right.$$

$$\left. + \frac{\Gamma\left(\frac{p+3}{2}\right)}{2^n \Gamma(p-n+1)} \int \cos^{p-n} x \cos(n+1)x \, dx \right]$$ [3]

1109. $\int \cos^p x \cos 2nx \, dx$

$$= \frac{\Gamma(p+1)}{\Gamma\left(\frac{p}{2}+n+1\right)}\left[\sum_{k=0}^{n-1} \frac{\Gamma\left(\frac{p}{2}+n-k\right)}{2^{k+1}\Gamma(p-k+1)} \cos^{p-k} x \sin(2n-k)x + \frac{\Gamma\left(\frac{p}{2}+1\right)}{2^n \Gamma(p-n+1)} \int \cos^{p-n} x \cos nx \, dx\right]$$ [3]

1110. $\int \sin(n+1)x \sin^{n-1} x \, dx = \frac{1}{n} \sin^n x \sin nx$

1111. $\int \sin(n+1)x \cos^{n-1} x \, dx = -\frac{1}{n} \cos^n x \cos nx$

1112. $\int \cos(n+1)x \sin^{n-1} x \, dx = \frac{1}{n} \sin^n x \cos nx$

1113. $\int \cos(n+1)x \cos^{n-1} x \, dx = \frac{1}{n} \cos^n x \sin nx$

1114. $\int \sin\left[(n+1)\left(\frac{\pi}{2}-x\right)\right] \sin^{n-1} x \, dx = \frac{1}{n} \sin^n x \cos n\left(\frac{\pi}{2}-x\right)$

1115. $\int \cos\left[(n+1)\left(\frac{\pi}{2}-x\right)\right] \sin^{n-1} x \, dx = -\frac{1}{n} \sin^n x \sin n\left(\frac{\pi}{2}-x\right)$

1116. $\int \frac{\sin(2n+1)x}{\sin x} dx = 2\sum_{k=1}^{n} \frac{\sin 2kx}{2k} + x$ [3][16]

1117. $\int \frac{\sin 2nx}{\sin x} dx = 2\sum_{k=1}^{n} \frac{\sin(2k-1)x}{2k-1}$ [3][16]

1118. $\int \frac{\cos(2n+1)x}{\sin x} dx = 2\sum_{k=1}^{n} \frac{\cos 2kx}{2k} + \ln|\sin x|$ [3][16]

1119. $\int \frac{\cos 2nx}{\sin x} dx = 2\sum_{k=1}^{n} \frac{\cos(2k-1)x}{2k-1} + \ln\left|\tan\frac{x}{2}\right|$ [3][16]

1120. $\int \frac{\sin(2n+1)x}{\cos x} dx = 2\sum_{k=1}^{n} (-1)^{n-k+1} \frac{\cos 2kx}{2k} + (-1)^{n+1}\ln|\cos x|$ [3][16]

1121. $\int \frac{\sin 2nx}{\cos x} dx = 2\sum_{k=1}^{n} (-1)^{n-k+1} \frac{\cos(2k-1)x}{2k-1}$ [3][16]

1122. $\int \frac{\cos(2n+1)x}{\cos x} dx = 2\sum_{k=1}^{n} (-1)^{n-k} \frac{\sin 2kx}{2k} + (-1)^n x$ [3][16]

1123. $\int \frac{\cos 2nx}{\cos x} dx = 2\sum_{k=1}^{n} (-1)^{n-k} \frac{\sin(2k-1)x}{2k-1} + (-1)^n \ln\left|\tan\left(\frac{\pi}{4}+\frac{x}{2}\right)\right|$ [3][16]

1124. $\int \frac{\sin^m x}{\sin(2n+1)x}\mathrm{d}x$

$$= \frac{1}{2n+1}\sum_{k=0}^{2n}(-1)^{n+k}\cos^m \frac{(2k+1)\pi}{2(2n+1)}\ln\left|\frac{\sin\left[\frac{(k-n)\pi}{2(2n+1)}+\frac{x}{2}\right]}{\sin\left[\frac{(k+n+1)\pi}{2(2n+1)}-\frac{x}{2}\right]}\right|$$

($m\leqslant 2n$,m 为自然数) [3][16]

1125. $\int \frac{\sin^{2m} x}{\sin 2nx}\mathrm{d}x = \frac{(-1)^n}{2n}\left[\ln|\cos x| + \sum_{k=1}^{n-1}(-1)^k\cos^{2n}\frac{k\pi}{2n}\ln\left|\cos^2 x - \sin^2\frac{k\pi}{2n}\right|\right]$

($m\leqslant n$,m 为自然数) [3][16]

1126. $\int \frac{\sin^{2m+1} x}{\sin 2nx}\mathrm{d}x = \frac{(-1)^n}{2n}\left\{\ln\left|\tan\left(\frac{\pi}{4}-\frac{x}{2}\right)\right| + \sum_{k=1}^{n-1}\left[(-1)^k\cos^{2m+1}\frac{k\pi}{2n}\right.\right.$

$$\left.\left.\cdot\ln\left|\tan\left(\frac{(n+k)\pi}{4n}-\frac{x}{2}\right)\tan\left(\frac{(n-k)\pi}{4n}-\frac{x}{2}\right)\right|\right]\right\}$$

($m< n$,m 为自然数) [3][16]

1127. $\int \frac{\sin^{2m} x}{\cos(2n+1)x}\mathrm{d}x$

$$= \frac{(-1)^{n+1}}{2n+1}\left\{\ln\left|\tan\left(\frac{\pi}{4}-\frac{x}{2}\right)\right| + \sum_{k=1}^{n}(-1)^k\cos^{2m}\frac{k\pi}{2n+1}\right.$$

$$\left.\cdot\ln\left|\tan\left[\frac{(2n+2k+1)\pi}{4(2n+1)}-\frac{x}{2}\right]\cdot\tan\left[\frac{(2n-2k+1)\pi}{4(2n+1)}-\frac{x}{2}\right]\right|\right\}$$

($m\leqslant n$,m 为自然数) [3][16]

1128. $\int \frac{\sin^{2m+1} x}{\cos(2n+1)x}\mathrm{d}x = \frac{(-1)^{n+1}}{2n+1}\left[\ln|\cos x|\right.$

$$\left. + \sum_{k=1}^{n}(-1)^k\cos^{2m+1}\frac{k\pi}{2n+1}\ln\left|\cos^2 x - \sin^2\frac{k\pi}{2n+1}\right|\right]$$

($m\leqslant n$,m 为自然数) [3][16]

1129. $\int \frac{\sin^m x}{\cos 2nx}\mathrm{d}x = \frac{1}{2n}\sum_{k=0}^{2n-1}(-1)^{n+k}\cos^m\frac{(2k+1)\pi}{4n}\ln\left|\frac{\sin\left[\frac{(2k-2n+1)\pi}{8n}+\frac{x}{2}\right]}{\sin\left[\frac{(2k+2n+1)\pi}{8n}-\frac{x}{2}\right]}\right|$

($m< 2n$,m 为自然数) [3][16]

1130. $\int \frac{\cos^{2m+1} x}{\sin(2n+1)x}\mathrm{d}x$

$$= \frac{1}{2n+1}\left[\ln|\sin x| + \sum_{k=1}^{n}(-1)^k\cos^{2m+1}\frac{k\pi}{2n+1}\ln\left|\sin^2 x - \sin^2\frac{k\pi}{2n+1}\right|\right]$$

($m\leqslant n$,m 为自然数) [3][16]

1131. $\int \frac{\cos^{2m} x}{\sin(2n+1)x}\mathrm{d}x = \frac{1}{2n+1}\left\{\ln\left|\tan\frac{x}{2}\right| + \sum_{k=1}^{n}\left[(-1)^k\cos^{2m}\frac{k\pi}{2n+1}\right.\right.$

$$\cdot \ln\left|\tan\left(\frac{x}{2}+\frac{k\pi}{4n+2}\right)\tan\left(\frac{x}{2}-\frac{k\pi}{4n+2}\right)\right|\Bigg]\Bigg\}$$

($m\leqslant n$,m 为自然数) [3][16]

1132. $$\int\frac{\cos^{2m+1}x}{\sin 2nx}\mathrm{d}x=\frac{1}{2n}\Bigg[\ln\left|\tan\frac{x}{2}\right| + \sum_{k=1}^{n-1}(-1)^k\cos^{2m+1}\frac{k\pi}{2n}\ln\left|\tan\left(\frac{x}{2}+\frac{k\pi}{4n}\right)\tan\left(\frac{x}{2}-\frac{k\pi}{4n}\right)\right|\Bigg]$$

($m<n$,m 为自然数) [3][16]

1133. $$\int\frac{\cos^{2m}x}{\sin 2nx}\mathrm{d}x=\frac{1}{2n}\left[\ln|\sin x|+\sum_{k=1}^{n-1}(-1)^k\cos^{2m}\frac{k\pi}{2n}\ln\left|\sin^2 x-\sin^2\frac{k\pi}{2n}\right|\right]$$

($m\leqslant n$,m 为自然数) [3][16]

1134. $$\int\frac{\cos^m x}{\cos nx}\mathrm{d}x=\frac{1}{n}\sum_{k=0}^{n-1}(-1)^k\cos^m\frac{(2k+1)\pi}{2n}\ln\left|\frac{\sin\left[\frac{(2k+1)\pi}{4n}+\frac{x}{2}\right]}{\sin\left[\frac{(2k+1)\pi}{4n}-\frac{x}{2}\right]}\right|$$

($m\leqslant n$,m 为自然数) [3][16]

Ⅰ.1.3.19 含有 $\sin x^2$,$\cos x^2$ 和更复杂自变数的三角函数的积分

1135. $$\int\sin x^2\,\mathrm{d}x=\sqrt{\frac{\pi}{2}}\,\mathrm{S}(x)$$

[这里,S(x)为菲涅耳积分(见附录),以下同]

1136. $$\int\cos x^2\,\mathrm{d}x=\sqrt{\frac{\pi}{2}}\,\mathrm{C}(x)$$

[这里,C(x)为菲涅耳积分(见附录),以下同]

1137. $$\int x\sin x^2\,\mathrm{d}x=-\frac{\cos x^2}{2}$$

1138. $$\int x\cos x^2\,\mathrm{d}x=\frac{\sin x^2}{2}$$

1139. $$\int x^2\sin x^2\,\mathrm{d}x=-\frac{x}{2}\cos x^2+\frac{1}{2}\sqrt{\frac{\pi}{2}}\,\mathrm{C}(x)$$

1140. $$\int x^2\cos x^2\,\mathrm{d}x=\frac{x}{2}\sin x^2-\frac{1}{2}\sqrt{\frac{\pi}{2}}\,\mathrm{S}(x)$$

1141. $$\int x^3\sin x^2\,\mathrm{d}x=\frac{1}{2}\sin x^2-\frac{x^2}{2}\cos x^2$$

1142. $$\int x^3\cos x^2\,\mathrm{d}x=\frac{1}{2}\cos x^2+\frac{x^2}{2}\sin x^2$$

1143. $\int \sin(ax^2+2bx+c)\mathrm{d}x$

$$=\sqrt{\frac{\pi}{2a}}\left[\cos\frac{ac-b^2}{a}\mathrm{S}\left(\frac{ax+b}{\sqrt{a}}\right)+\sin\frac{ac-b^2}{a}\mathrm{C}\left(\frac{ax+b}{\sqrt{a}}\right)\right] \qquad [3]$$

1144. $\int \cos(ax^2+2bx+c)\mathrm{d}x$

$$=\sqrt{\frac{\pi}{2a}}\left[\cos\frac{ac-b^2}{a}\mathrm{C}\left(\frac{ax+b}{\sqrt{a}}\right)-\sin\frac{ac-b^2}{a}\mathrm{S}\left(\frac{ax+b}{\sqrt{a}}\right)\right] \qquad [3]$$

1145. $\int \sin(\ln x)\mathrm{d}x=\frac{x}{2}[\sin(\ln x)-\cos(\ln x)]$

1146. $\int \cos(\ln x)\mathrm{d}x=\frac{x}{2}[\sin(\ln x)+\cos(\ln x)]$

1147. $\int x^p\cos(b\ln x)\mathrm{d}x=\frac{x^{p+1}}{(p+1)^2+b^2}[(p+1)\cos(b\ln x)+b\sin(b\ln x)]$

1148. $\int x^p\sin(b\ln x)\mathrm{d}x=\frac{x^{p+1}}{(p+1)^2+b^2}[(p+1)\sin(b\ln x)-b\cos(b\ln x)]$

Ⅰ.1.3.20 含有 $\sin x$ 和 $\cos x$ 的有理分式的积分

1149. $$\int\frac{\mathrm{d}x}{a+b\sin x}=\begin{cases}\dfrac{2}{\sqrt{a^2-b^2}}\arctan\dfrac{a\tan\frac{x}{2}+b}{\sqrt{a^2-b^2}} & (a^2>b^2)\\ \dfrac{1}{\sqrt{b^2-a^2}}\ln\left|\dfrac{a\tan\frac{x}{2}+b-\sqrt{b^2-a^2}}{a\tan\frac{x}{2}+b+\sqrt{b^2-a^2}}\right| & (a^2<b^2)\end{cases}$$

1150. $$\int\frac{\mathrm{d}x}{a+b\cos x}=\begin{cases}\dfrac{2}{\sqrt{a^2-b^2}}\arctan\dfrac{\sqrt{a^2-b^2}\tan\frac{x}{2}}{a+b} & (a^2>b^2)\\ \dfrac{1}{\sqrt{b^2-a^2}}\ln\left|\dfrac{\sqrt{b^2-a^2}\tan\frac{x}{2}+a+b}{\sqrt{b^2-a^2}\tan\frac{x}{2}-a-b}\right| & (a^2<b^2)\end{cases}$$

1151. $\int\frac{A+B\sin x}{a+b\sin x}\mathrm{d}x=\frac{B}{b}x+\frac{Ab-aB}{b}\int\frac{\mathrm{d}x}{a+b\sin x}$

(这里,A,B 为有理函数,以下同)

1152. $\int\frac{A+B\sin x}{a+b\cos x}\mathrm{d}x=-\frac{B}{b}\ln|a+b\cos x|+A\int\frac{\mathrm{d}x}{a+b\cos x}$

1153. $\int \frac{A+B\sin x}{1\pm\sin x}\mathrm{d}x = \pm Bx + (A\mp B)\tan\left(\frac{\pi}{4}\mp\frac{x}{2}\right)$

1154. $\int \frac{A+B\cos x}{1\pm\cos x}\mathrm{d}x = \pm Bx + (A\mp B)\tan\left[\frac{\pi}{4}\mp\left(\frac{\pi}{4}-\frac{x}{2}\right)\right]$

1155. $$\int \frac{A+B\sin x}{(1\pm\sin x)^n}\mathrm{d}x = -\frac{1}{2^{n-1}}\left[2B\sum_{k=0}^{n-2}\binom{n-2}{k}\frac{\tan^{2k+1}\left(\frac{\pi}{4}\mp\frac{x}{2}\right)}{2k+1} \pm (A\mp B)\sum_{k=0}^{n-1}\binom{n-1}{k}\frac{\tan^{2k+1}\left(\frac{\pi}{4}\mp\frac{x}{2}\right)}{2k+1}\right]$$ [3]

1156. $$\int \frac{A+B\cos x}{(1\pm\cos x)^n}\mathrm{d}x = \frac{1}{2^{n-1}}\left\{2B\sum_{k=0}^{n-2}\binom{n-2}{k}\frac{\tan^{2k+1}\left[\frac{\pi}{4}\mp\left(\frac{\pi}{4}-\frac{x}{2}\right)\right]}{2k+1} \pm (A\mp B)\sum_{k=0}^{n-1}\binom{n-1}{k}\frac{\tan^{2k+1}\left[\frac{\pi}{4}\mp\left(\frac{\pi}{4}-\frac{x}{2}\right)\right]}{2k+1}\right\}$$ [3]

1157. $\int \frac{1-a^2}{1-2a\cos x+a^2}\mathrm{d}x = 2\arctan\left(\frac{1+a}{1-a}\tan\frac{x}{2}\right)\quad(0<a<1,\ |x|<\pi)$

1158. $\int \frac{1-a\cos x}{1-2a\cos x+a^2}\mathrm{d}x = \frac{x}{2}+\arctan\left(\frac{1+a}{1-a}\tan\frac{x}{2}\right)\quad(0<a<1,\ |x|<\pi)$

1159. $\int \frac{\mathrm{d}x}{a\cos x+b\sin x} = \frac{\ln\left|\tan\left(\frac{x}{2}+\frac{1}{2}\arctan\frac{a}{b}\right)\right|}{\sqrt{a^2+b^2}}$

1160. $\int \frac{\mathrm{d}x}{(a\cos x+b\sin x)^2} = -\frac{\cot\left(x+\arctan\frac{a}{b}\right)}{a^2+b^2} = \frac{1}{a^2+b^2}\frac{a\sin x-b\cos x}{a\cos x+b\sin x}$

1161. $$\int \frac{A+B\sin x}{\sin x(a+b\cos x)}\mathrm{d}x = \frac{A}{a^2-b^2}\left(a\ln\left|\tan\frac{x}{2}\right|+b\ln\left|\frac{a+b\cos x}{\sin x}\right|\right) + B\int\frac{\mathrm{d}x}{a+b\cos x}$$

1162. $$\int \frac{A+B\sin x}{\cos x(a+b\sin x)}\mathrm{d}x = \frac{1}{a^2-b^2}\left[(Aa-bB)\ln\left|\tan\left(\frac{\pi}{4}+\frac{x}{2}\right)\right| - (Ab-aB)\ln\left|\frac{a+b\sin x}{\cos x}\right|\right]$$

1163. $\int \frac{A+B\sin x}{\cos x(a+b\cos x)}\mathrm{d}x = \frac{A}{a}\ln\left|\tan\left(\frac{\pi}{4}+\frac{x}{2}\right)\right| + \frac{B}{a}\ln\left|\frac{a+b\cos x}{\cos x}\right|$

$$-\frac{Ab}{a}\int\frac{\mathrm{d}x}{a+b\cos x}$$

1164. $\displaystyle\int\frac{A+B\cos x}{\sin x(a+b\sin x)}\mathrm{d}x=\frac{A}{a}\ln\left|\tan\frac{x}{2}\right|-\frac{B}{a}\ln\left|\frac{a+b\sin x}{\sin x}\right|-\frac{Ab}{a}\int\frac{\mathrm{d}x}{a+b\sin x}$

1165. $\displaystyle\int\frac{A+B\cos x}{\sin x(a+b\cos x)}\mathrm{d}x=\frac{1}{a^2-b^2}\left[(Aa-bB)\ln\left|\tan\frac{x}{2}\right|-(Ab-aB)\ln\left|\frac{a+b\cos x}{\sin x}\right|\right]$

1166. $\displaystyle\int\frac{A+B\cos x}{\cos x(a+b\sin x)}\mathrm{d}x=\frac{A}{a^2-b^2}\left[a\ln\left|\tan\left(\frac{\pi}{4}+\frac{x}{2}\right)\right|-b\ln\left|\frac{a+b\sin x}{\cos x}\right|\right]+B\int\frac{\mathrm{d}x}{a+b\sin x}$

1167. $\displaystyle\int\frac{A+B\cos x}{\cos x(a+b\cos x)}\mathrm{d}x=\frac{A}{a}\ln\left|\tan\left(\frac{\pi}{4}+\frac{x}{2}\right)\right|+\frac{Ba-bA}{a}\int\frac{\mathrm{d}x}{a+b\cos x}$

1168. $\displaystyle\int\frac{A+B\sin x}{\sin x(1+\cos x)}\mathrm{d}x=\frac{A}{2}\left(\ln\left|\tan\frac{x}{2}\right|+\frac{1}{1+\cos x}\right)+B\tan\frac{x}{2}$

1169. $\displaystyle\int\frac{A+B\sin x}{\sin x(1-\cos x)}\mathrm{d}x=\frac{A}{2}\left(\ln\left|\tan\frac{x}{2}\right|-\frac{1}{1-\cos x}\right)-B\cot\frac{x}{2}$

1170. $\displaystyle\int\frac{A+B\sin x}{\cos x(1\pm\sin x)}\mathrm{d}x=\frac{A\pm B}{2}\ln\left|\tan\left(\frac{\pi}{4}+\frac{x}{2}\right)\right|\mp\frac{A\mp B}{2(1\pm\sin x)}$

1171. $\displaystyle\int\frac{A+B\cos x}{\sin x(1\pm\cos x)}\mathrm{d}x=\frac{A\pm B}{2}\ln\left|\tan\frac{x}{2}\right|\pm\frac{A\mp B}{2(1\pm\cos x)}$

Ⅰ.1.3.21 含有 $\sin x$ 和 $\cos x$ 的无理分式的积分

1172. $\displaystyle\int\frac{\mathrm{d}x}{\sqrt{a+b\sin x}}=\begin{cases}-\dfrac{2}{\sqrt{a+b}}\mathrm{F}(r,\alpha) & \left(a>b>0,-\dfrac{\pi}{2}\leqslant x<\dfrac{\pi}{2}\right)\\ -\sqrt{\dfrac{2}{b}}\mathrm{F}\left(\dfrac{1}{r},\beta\right) & \left(0<|a|<b,-\arcsin\dfrac{a}{b}<x<\dfrac{\pi}{2}\right)\end{cases}$

[3]

[这里，$\mathrm{F}(k,\varphi)$为第一类椭圆积分(见附录)，以下同. 其中，$r=\sqrt{\dfrac{2b}{a+b}}$，$\alpha=\arcsin\sqrt{\dfrac{1-\sin x}{2}}$，$\beta=\arcsin\sqrt{\dfrac{b(1-\sin x)}{a+b}}$]

1173. $$\int \frac{\sin x}{\sqrt{a+b\sin x}}dx = \begin{cases} \frac{2a}{b\sqrt{a+b}}F(r,\alpha) - \frac{2\sqrt{a+b}}{b}E(r,\alpha) \\ \quad \left(a > b > 0, -\frac{\pi}{2} \leqslant x < \frac{\pi}{2}\right) \\ \sqrt{\frac{2}{b}}\left[F\left(\frac{1}{r},\beta\right) - 2E\left(\frac{1}{r},\beta\right)\right] \\ \quad \left(0 < |a| < b, -\arcsin\frac{a}{b} < x < \frac{\pi}{2}\right) \end{cases}$$ [3]

[这里,$E(k,\varphi)$为第二类椭圆积分(见附录),以下同. 其中,$r=\sqrt{\frac{2b}{a+b}}$,$\alpha = \arcsin\sqrt{\frac{1-\sin x}{2}}$,$\beta = \arcsin\sqrt{\frac{b(1-\sin x)}{a+b}}$]

1174. $$\int \frac{dx}{\sqrt{a+b\cos x}} = \begin{cases} \frac{2}{\sqrt{a+b}}F\left(r,\frac{x}{2}\right) & (a > b > 0, 0 \leqslant x \leqslant \pi) \\ \sqrt{\frac{2}{b}}F\left(\frac{1}{r},\gamma\right) & \left[b \geqslant |a| > 0, 0 \leqslant x < \arccos\left(-\frac{a}{b}\right)\right] \end{cases}$$ [3]

[这里,$r=\sqrt{\frac{2b}{a+b}}$,$\gamma = \arcsin\sqrt{\frac{b(1-\cos x)}{a+b}}$]

1175. $$\int \frac{dx}{\sqrt{a-b\cos x}} = \frac{2}{\sqrt{a+b}}F(r,\delta) \quad (a > b > 0, 0 \leqslant x \leqslant \pi)$$ [3]

[这里,$r=\sqrt{\frac{2b}{a+b}}$,$\delta = \arcsin\sqrt{\frac{(a+b)(1-\cos x)}{2(a-b\cos x)}}$]

1176. $$\int \sqrt{a+b\cos x}\,dx = \begin{cases} 2\sqrt{a+b}E\left(r,\frac{x}{2}\right) \\ \quad (a > b > 0, 0 \leqslant x \leqslant \pi) \\ \sqrt{\frac{2}{b}}\left[(a-b)F\left(\frac{1}{r},\gamma\right) + 2bE\left(\frac{1}{r},\gamma\right)\right] \\ \quad \left[b \geqslant |a| > 0, 0 \leqslant x < \arccos\left(-\frac{a}{b}\right)\right] \end{cases}$$ [3]

[这里,$r=\sqrt{\frac{2b}{a+b}}$,$\gamma = \arcsin\sqrt{\frac{b(1-\cos x)}{a+b}}$]

1177. $$\int \sqrt{1-k^2\sin^2 x}\,dx = E(k,x)$$ (第二类椭圆积分)

($k^2 < 1$,以下同)

1178. $$\int \frac{\sqrt{1-k^2\sin^2 x}}{\sin x}dx = -\frac{1}{2}\ln\frac{\sqrt{1-k^2\sin^2 x}+\cos x}{\sqrt{1-k^2\sin^2 x}-\cos x}$$

$$+k\ln(k\cos x+\sqrt{1-k^2\sin^2 x})$$ [3][16]

1179. $$\int\frac{\sqrt{1-k^2\sin^2 x}}{\cos x}\mathrm{d}x=\frac{\sqrt{1-k^2}}{2}\ln\frac{\sqrt{1-k^2\sin^2 x}+\sqrt{1-k^2}\sin x}{\sqrt{1-k^2\sin^2 x}-\sqrt{1-k^2}\sin x}+k\arcsin(k\sin x)$$ [3][16]

1180. $$\int\frac{\sqrt{1-k^2\sin^2 x}}{\sin^2 x}\mathrm{d}x=(1-k^2)\mathrm{F}(k,x)-\mathrm{E}(k,x)-\sqrt{1-k^2\sin^2 x}\cot x$$ [3]

1181. $$\int\frac{\sqrt{1-k^2\sin^2 x}}{\cos^2 x}\mathrm{d}x=\mathrm{F}(k,x)-\mathrm{E}(k,x)+\sqrt{1-k^2\sin^2 x}\tan x$$ [3]

1182. $$\int\frac{\sqrt{1-k^2\sin^2 x}}{\sin x\cos x}\mathrm{d}x=\frac{1}{2}\ln\frac{1-\sqrt{1-k^2\sin^2 x}}{1+\sqrt{1-k^2\sin^2 x}}+\frac{\sqrt{1-k^2}}{2}\ln\frac{\sqrt{1-k^2\sin^2 x}+\sqrt{1-k^2}}{\sqrt{1-k^2\sin^2 x}-\sqrt{1-k^2}}$$ [3]

1183. $$\int\frac{\sin x\sqrt{1-k^2\sin^2 x}}{\cos x}\mathrm{d}x=\frac{\sqrt{1-k^2}}{2}\ln\frac{\sqrt{1-k^2\sin^2 x}+\sqrt{1-k^2}}{\sqrt{1-k^2\sin^2 x}-\sqrt{1-k^2}}-\sqrt{1-k^2\sin^2 x}$$ [3][16]

1184. $$\int\frac{\cos x\sqrt{1-k^2\sin^2 x}}{\sin x}\mathrm{d}x=\frac{1}{2}\ln\frac{1-\sqrt{1-k^2\sin^2 x}}{1+\sqrt{1-k^2\sin^2 x}}+\sqrt{1-k^2\sin^2 x}$$ [3][16]

1185. $$\int\frac{\sin^2 x}{\sqrt{1-k^2\sin^2 x}}\mathrm{d}x=\frac{1}{k^2}\mathrm{F}(k,x)-\frac{1}{k^2}\mathrm{E}(k,x)$$ [3]

1186. $$\int\frac{\cos^2 x}{\sqrt{1-k^2\sin^2 x}}\mathrm{d}x=-\frac{1-k^2}{k^2}\mathrm{F}(k,x)+\frac{1}{k^2}\mathrm{E}(k,x)$$ [3]

1187. $$\int\frac{\sin x\cos x}{\sqrt{1-k^2\sin^2 x}}\mathrm{d}x=-\frac{\sqrt{1-k^2\sin^2 x}}{k^2}$$

1188. $$\int\frac{\mathrm{d}x}{\sin x\sqrt{1-k^2\sin^2 x}}=-\frac{1}{2}\ln\frac{\sqrt{1-k^2\sin^2 x}+\cos x}{\sqrt{1-k^2\sin^2 x}-\cos x}$$ [3][16]

1189. $$\int\frac{\mathrm{d}x}{\cos x\sqrt{1-k^2\sin^2 x}}=-\frac{1}{2\sqrt{1-k^2}}\ln\frac{\sqrt{1-k^2\sin^2 x}-\sqrt{1-k^2}\sin x}{\sqrt{1-k^2\sin^2 x}+\sqrt{1-k^2}\sin x}$$ [3][16]

1190. $$\int\frac{\mathrm{d}x}{\sin^2 x\sqrt{1-k^2\sin^2 x}}=\mathrm{F}(k,x)-\mathrm{E}(k,x)-\sqrt{1-k^2\sin^2 x}\cot x$$ [3]

1191. $$\int\frac{\mathrm{d}x}{\cos^2 x\sqrt{1-k^2\sin^2 x}}=\mathrm{F}(k,x)-\frac{1}{1-k^2}\mathrm{E}(k,x)+\frac{1}{1-k^2}\sqrt{1-k^2\sin^2 x}\tan x$$ [3]

1192. $\displaystyle\int \frac{dx}{\sin x\cos x\sqrt{1-k^2\sin^2 x}} = \frac{1}{2}\ln\frac{1-\sqrt{1-k^2\sin^2 x}}{1+\sqrt{1-k^2\sin^2 x}} + \frac{1}{2\sqrt{1-k^2}}\ln\frac{\sqrt{1-k^2\sin^2 x}+\sqrt{1-k^2}}{\sqrt{1-k^2\sin^2 x}-\sqrt{1-k^2}}$ [3][16]

1193. $\displaystyle\int \frac{\sin x}{\cos x\sqrt{1-k^2\sin^2 x}}dx = \frac{1}{2\sqrt{1-k^2}}\ln\frac{\sqrt{1-k^2\sin^2 x}+\sqrt{1-k^2}}{\sqrt{1-k^2\sin^2 x}-\sqrt{1-k^2}}$ [3][16]

1194. $\displaystyle\int \frac{\cos x}{\sin x\sqrt{1-k^2\sin^2 x}}dx = \frac{1}{2}\ln\frac{1-\sqrt{1-k^2\sin^2 x}}{1+\sqrt{1-k^2\sin^2 x}}$ [3][16]

1195. $\displaystyle\int \frac{dx}{(1\pm\sin x)\sqrt{1-k^2\sin^2 x}} = F(k,x) - \frac{1}{1-k^2}E(k,x) \mp \frac{1}{1-k^2}\frac{\cos x}{1\pm\sin x}\sqrt{1-k^2\sin^2 x}$ [3]

1196. $\displaystyle\int \frac{b+\cos x}{\sqrt{1-k^2\sin^2 x}}dx = bF(k,x) + \frac{1}{k}\arcsin(k\sin x)$ [3]

1197. $\displaystyle\int \frac{c+\tan x}{\sqrt{1-k^2\sin^2 x}}dx = cF(k,x) + \frac{1}{2\sqrt{1-k^2}}\ln\frac{\sqrt{1-k^2\sin^2 x}+\sqrt{1-k^2}}{\sqrt{1-k^2\sin^2 x}-\sqrt{1-k^2}}$ [3]

1198. $\displaystyle\int \frac{dx}{\sin x\sqrt{1+p^2\sin^2 x}} = \frac{1}{2}\ln\frac{\sqrt{1+p^2\sin^2 x}-\cos x}{\sqrt{1+p^2\sin^2 x}+\cos x}$ [3][16]

1199. $\displaystyle\int \frac{dx}{\cos x\sqrt{1+p^2\sin^2 x}} = \frac{1}{2\sqrt{1+p^2}}\ln\frac{\sqrt{1+p^2\sin^2 x}+\sqrt{1+p^2}\sin x}{\sqrt{1+p^2\sin^2 x}-\sqrt{1+p^2}\sin x}$ [3][16]

1200. $\displaystyle\int \frac{\tan x}{\sqrt{1+p^2\sin^2 x}}dx = \frac{1}{2\sqrt{1+p^2}}\ln\frac{\sqrt{1+p^2\sin^2 x}+\sqrt{1+p^2}}{\sqrt{1+p^2\sin^2 x}-\sqrt{1+p^2}}$ [3][16]

1201. $\displaystyle\int \frac{\cot x}{\sqrt{1+p^2\sin^2 x}}dx = \frac{1}{2}\ln\frac{1-\sqrt{1+p^2\sin^2 x}}{1+\sqrt{1+p^2\sin^2 x}}$ [3][16]

1202. $\displaystyle\int \frac{dx}{\sqrt{a^2\sin^2 x-1}} = -\frac{1}{a}F\left(\frac{\sqrt{a^2-1}}{a},\alpha\right) \quad (a^2>1)$ [3]

$\left(这里，\alpha = \arcsin\dfrac{a\cos x}{\sqrt{a^2-1}}\right)$

1203. $\displaystyle\int \sqrt{a^2\sin^2 x-1}\,dx = \frac{1}{a}F\left(\frac{\sqrt{a^2-1}}{a},\alpha\right) - aE\left(\frac{\sqrt{a^2-1}}{a},\alpha\right) \quad (a^2>1)$ [3]

$\left(这里,\alpha=\arcsin\frac{a\cos x}{\sqrt{a^2-1}}\right)$

1204. $\int\frac{\sin x}{\sqrt{a^2\sin^2x-1}}\mathrm{d}x=-\frac{1}{a}\arcsin\frac{a\cos x}{\sqrt{a^2-1}}\quad(a^2>1)$ [16]

1205. $\int\frac{\cos x}{\sqrt{a^2\sin^2x-1}}\mathrm{d}x=\frac{1}{a}\ln(a\sin x+\sqrt{a^2\sin^2x-1})\quad(a^2>1)$ [3][16]

1206. $\int\frac{\mathrm{d}x}{\sin x\sqrt{a^2\sin^2x-1}}=-\arctan\frac{\cos x}{\sqrt{a^2\sin^2x-1}}\quad(a^2>1)$ [16]

1207. $\int\frac{\mathrm{d}x}{\cos x\sqrt{a^2\sin^2x-1}}=\frac{1}{2\sqrt{a^2-1}}\ln\frac{\sqrt{a^2-1}\sin x+\sqrt{a^2\sin^2x-1}}{\sqrt{a^2-1}\sin x-\sqrt{a^2\sin^2x-1}}$
$(a^2>1)$ [3][16]

1208. $\int\frac{\tan x}{\sqrt{a^2\sin^2x-1}}\mathrm{d}x=\frac{1}{2\sqrt{a^2-1}}\ln\frac{\sqrt{a^2-1}+\sqrt{a^2\sin^2x-1}}{\sqrt{a^2-1}-\sqrt{a^2\sin^2x-1}}$
$(a^2>1)$ [16]

1209. $\int\frac{\cot x}{\sqrt{a^2\sin^2x-1}}\mathrm{d}x=-\arcsin\frac{1}{a\sin x}\quad(a^2>1)$ [16]

1210. $\int\frac{\mathrm{d}x}{\sqrt{a^2\cos^2x-1}}=\frac{1}{a}\mathrm{F}\left(\frac{\sqrt{a^2-1}}{a},\arcsin\frac{a\sin x}{\sqrt{a^2-1}}\right)\quad(a>1)$ [3]

1211. $\int\sqrt{a^2\cos^2x-1}\,\mathrm{d}x=-\frac{1}{a}\mathrm{F}\left(\frac{\sqrt{a^2-1}}{a},\arcsin\frac{a\sin x}{\sqrt{a^2-1}}\right)$
$+a\mathrm{E}\left(\frac{\sqrt{a^2-1}}{a},\arcsin\frac{a\sin x}{\sqrt{a^2-1}}\right)\quad(a>1)$ [3]

Ⅰ.1.3.22 含有 $\tan ax$ 和 $\cot ax$ 的积分

1212. $\int\frac{\mathrm{d}x}{\tan ax}=\int\cot ax\,\mathrm{d}x=\frac{1}{a}\ln|\sin ax|$

1213. $\int\frac{\mathrm{d}x}{\tan^2ax}=\int\cot^2ax\,\mathrm{d}x=-\frac{1}{a}\cot ax-x$

1214. $\int\frac{\mathrm{d}x}{\tan^3ax}=\int\cot^3ax\,\mathrm{d}x=-\frac{1}{2a}\cot^2ax-\frac{1}{a}\ln|\sin ax|$

1215. $\int\frac{\mathrm{d}x}{\tan^nax}=\int\cot^nax\,\mathrm{d}x=-\frac{1}{(n-1)a\tan^{n-1}ax}-\int\frac{\mathrm{d}x}{\tan^{n-2}ax}\quad(n>1)$

1216. $\int x\tan ax\,\mathrm{d}x=\frac{x}{a}\sum_{k=1}^{\infty}(-1)^{k-1}\frac{4^k-1}{(2k+1)!}B_{2k}(2ax)^{2k}\quad\left(|ax|<\frac{\pi}{2}\right)$ [2][3]

［这里，B_{2k} 为伯努利数（见附录），以下同］

1217. $\int \frac{\tan ax}{x} dx = \frac{1}{ax} \sum_{k=1}^{\infty} (-1)^{k-1} \frac{4^k - 1}{(2k)!(2k-1)} B_{2k} (2ax)^{2k}$

$\left(|ax| < \frac{\pi}{2}\right)$　［2］［3］

1218. $\int \frac{\tan x}{1 + m^2 \tan^2 x} dx = \frac{\ln(\cos^2 x + m^2 \sin^2 x)}{2(m^2 - 1)}$

1219. $\int \frac{\tan x}{a + b\tan x} dx = \frac{1}{a^2 + b^2}(bx - a \ln |a\cos x + b\sin x|)$

1220. $\int \frac{dx}{a + b\tan^2 x} = \frac{1}{a-b}\left[x - \sqrt{\frac{b}{a}} \arctan\left(\sqrt{\frac{b}{a}} \tan x\right)\right]$

1221. $\int \frac{\tan a - \tan x}{\tan a + \tan x} dx = \sin 2a \ln |\sin(x+a)| - x\cos 2a$

1222. $\int \frac{dx}{p + q\tan ax} = \frac{1}{a(p^2 + q^2)}(pax + q \ln |q\sin ax + p\cos ax|)$

1223. $\int \frac{\tan ax}{p + q\tan ax} dx = \frac{1}{a(p^2 + q^2)}(qax - p \ln |q\sin ax + p\cos ax|)$

1224. $\int \frac{dx}{\sqrt{p + q\tan^2 ax}} = \frac{1}{a\sqrt{p-q}} \arcsin\left(\sqrt{\frac{p-q}{p}} \sin ax\right) \quad (p > q)$　［2］

1225. $\int \frac{\tan ax}{\sqrt{p + q\tan^2 ax}} dx = -\frac{1}{a\sqrt{p-q}}$

$\cdot \ln \left|\sqrt{p-q}\cos ax + \sqrt{p\cos^2 ax + q\sin^2 ax}\right|$

$(p > q)$　［2］

1226. $\int \frac{\sin ax}{\sqrt{p + q\tan^2 ax}} dx = \frac{1}{a(q-p)} \sqrt{p\cos^2 ax + q\sin^2 ax}$

1227. $\int \frac{dx}{\cot ax} = \int \tan ax \, dx = -\frac{1}{a} \ln |\cos ax|$

1228. $\int \frac{dx}{\cot^2 ax} = \int \tan^2 ax \, dx = -\frac{1}{a} \tan ax - x$

1229. $\int \frac{dx}{\cot^3 ax} = \int \tan^3 ax \, dx = \frac{1}{2a} \tan^2 ax + \frac{1}{a} \ln |\cos ax|$

1230. $\int \frac{dx}{\cot^n ax} = \int \tan^n ax \, dx = \frac{1}{a(n-1)\cot^{n-1} ax} - \int \frac{dx}{\cot^{n-2} ax} \quad (n > 1)$

1231. $\int x\cot ax \, dx = \frac{x}{a}\left[1 - \sum_{k=1}^{\infty} \frac{(-1)^{k-1}}{(2k+1)!} B_{2k} (2ax)^{2k}\right] \quad (|ax| < \pi)$　［2］［3］

1232. $\int \frac{\cot ax}{x} dx = -\frac{1}{ax}\left[1 + \sum_{k=1}^{\infty} \frac{(-1)^{k-1}}{(2k+1)!} B_{2k} (2ax)^{2k}\right] \quad (|ax| < \pi)$　［2］［3］

1233. $\int \frac{dx}{p+q\cot ax} = \frac{1}{a(p^2+q^2)}(pax - q\ln|p\sin ax + q\cos ax|)$

1234. $\int \frac{\cot ax}{p+q\cot ax}dx = \frac{1}{a(p^2+q^2)}(qax + p\ln|p\sin ax + q\cos ax|)$

1235. $\int \frac{dx}{\sqrt{p+q\cot^2 ax}} = \frac{1}{a\sqrt{p-q}}\arccos\left(\sqrt{\frac{p-q}{p}}\cos ax\right) \quad (p>q)$ [2]

1236. $\int \frac{\cot ax}{\sqrt{p+q\cot^2 ax}}dx = \frac{1}{a\sqrt{p-q}}\ln(\sqrt{p-q}\sin ax + \sqrt{p\sin^2 ax + q\cos^2 ax})$

$(p>q)$ [2]

1237. $\int \frac{\cos ax}{\sqrt{p+q\cot^2 ax}}dx = \frac{1}{a\sqrt{p-q}}\sqrt{p\sin^2 ax + q\cos^2 ax}$

Ⅰ.1.3.23 三角函数与幂函数组合的积分

1238. $$\int x^m \sin^n x\,dx = \frac{x^{m-1}\sin^{n-1}x}{n^2}(m\sin x - nx\cos x) + \frac{n-1}{n}\int x^m \sin^{n-2}x\,dx - \frac{m(m-1)}{n^2}\int x^{m-2}\sin^n x\,dx$$

1239. $$\int x^m \cos^n x\,dx = \frac{x^{m-1}\cos^{n-1}x}{n^2}(m\cos x - nx\sin x) + \frac{n-1}{n}\int x^m \cos^{n-2}x\,dx - \frac{m(m-1)}{n^2}\int x^{m-2}\cos^n x\,dx$$

1240. $$\int P_n(x)\sin mx\,dx = -\frac{\cos mx}{m}\sum_{k=0}^{\left[\frac{n}{2}\right]}(-1)^k\frac{P_n^{(2k)}(x)}{m^{2k}} + \frac{\sin mx}{m}\sum_{k=1}^{\left[\frac{n+1}{2}\right]}(-1)^{k-1}\frac{P_n^{(2k-1)}(x)}{m^{2k-1}}$$ [3]

1241. $$\int P_n(x)\cos mx\,dx = \frac{\sin mx}{m}\sum_{k=0}^{\left[\frac{n}{2}\right]}(-1)^k\frac{P_n^{(2k)}(x)}{m^{2k}} + \frac{\cos mx}{m}\sum_{k=1}^{\left[\frac{n+1}{2}\right]}(-1)^{k-1}\frac{P_n^{(2k-1)}(x)}{m^{2k-1}}$$ [3]

[上述两式中，$P_n(x)$是 n 阶多项式，$P_n^{(k)}(x)$是它相对于 x 的 k 次微商]

1242. $$\int x^m \sin^2 x\,dx = \frac{x^{m+1}}{2(m+1)} + \frac{m!}{4}\left[\sum_{k=0}^{\left[\frac{m}{2}\right]}\frac{(-1)^{k+1}x^{m-2k}}{2^{2k}(m-2k)!}\sin 2x\right.$$

$$+\sum_{k=0}^{\left[\frac{m-1}{2}\right]}\frac{(-1)^{k+1}x^{m-2k-1}}{2^{2k+1}(m-2k-1)!}\cos x\Bigg]$$ [3]

1243. $$\int x^m\cos^2 x\mathrm{d}x=\frac{x^{m+1}}{2(m+1)}-\frac{m!}{4}\Bigg[\sum_{k=0}^{\left[\frac{m}{2}\right]}\frac{(-1)^{k+1}x^{m-2k}}{2^{2k}(m-2k)!}\sin 2x+\sum_{k=0}^{\left[\frac{m-1}{2}\right]}\frac{(-1)^{k+1}x^{m-2k-1}}{2^{2k+1}(m-2k-1)!}\cos x\Bigg]$$ [3]

1244. $$\int\frac{\sin x}{x^{2m}}\mathrm{d}x=\frac{(-1)^{m+1}}{x(2m-1)!}\Bigg[\sum_{k=0}^{m-2}\frac{(-1)^k(2k+1)!}{x^{2k+1}}\cos x+\sum_{k=0}^{m-1}\frac{(-1)^{k+1}(2k)!}{x^{2k}}\sin x\Bigg]+\frac{(-1)^{m+1}}{(2m-1)!}\mathrm{ci}(x)$$ [3]

1245. $$\int\frac{\sin x}{x^{2m+1}}\mathrm{d}x=\frac{(-1)^{m+1}}{x(2m)!}\Bigg[\sum_{k=0}^{m-1}\frac{(-1)^k(2k)!}{x^{2k}}\cos x+\sum_{k=0}^{m-1}\frac{(-1)^{k+1}(2k+1)!}{x^{2k+1}}\sin x\Bigg]+\frac{(-1)^m}{(2m)!}\mathrm{si}(x)$$ [3]

1246. $$\int\frac{\cos x}{x^{2m}}\mathrm{d}x=\frac{(-1)^{m+1}}{x(2m-1)!}\Bigg[\sum_{k=0}^{m-1}\frac{(-1)^{k+1}(2k)!}{x^{2k}}\cos x-\sum_{k=0}^{m-2}\frac{(-1)^{k+1}(2k+1)!}{x^{2k+1}}\sin x\Bigg]+\frac{(-1)^m}{(2m-1)!}\mathrm{si}(x)$$ [3]

1247. $$\int\frac{\cos x}{x^{2m+1}}\mathrm{d}x=\frac{(-1)^{m+1}}{x(2m)!}\Bigg[\sum_{k=0}^{m-1}\frac{(-1)^{k+1}(2k+1)!}{x^{2k+1}}\cos x-\sum_{k=0}^{m-1}\frac{(-1)^{k+1}(2k)!}{x^{2k}}\sin x\Bigg]+\frac{(-1)^m}{(2m)!}\mathrm{ci}(x)$$ [3]

[上述 4 式中，si(x)和 ci(x)分别为正弦积分和余弦积分(见附录)，以下同]

1248. $$\int\frac{\sin kx}{a+bx}\mathrm{d}x=\frac{1}{b}\left[\cos\frac{ka}{b}\mathrm{si}\left(\frac{k(a+bx)}{b}\right)-\sin\frac{ka}{b}\mathrm{ci}\left(\frac{k(a+bx)}{b}\right)\right]$$ [3]

1249. $$\int\frac{\cos kx}{a+bx}\mathrm{d}x=\frac{1}{b}\left[\cos\frac{ka}{b}\mathrm{ci}\left(\frac{k(a+bx)}{b}\right)+\sin\frac{ka}{b}\mathrm{si}\left(\frac{k(a+bx)}{b}\right)\right]$$ [3]

1250. $$\int\frac{\sin kx}{(a+bx)^2}\mathrm{d}x=-\frac{\sin kx}{b(a+bx)}+\frac{k}{b}\int\frac{\cos kx}{a+bx}\mathrm{d}x$$

1251. $$\int\frac{\cos kx}{(a+bx)^2}\mathrm{d}x=-\frac{\cos kx}{b(a+bx)}-\frac{k}{b}\int\frac{\sin kx}{a+bx}\mathrm{d}x$$

1252. $$\int\frac{\sin^{2n}x}{x}\mathrm{d}x=\binom{2n}{n}\frac{\ln x}{2^{2n}}+\frac{(-1)^n}{2^{2n-1}}\sum_{k=0}^{n-1}(-1)^k\binom{2n}{k}\mathrm{ci}[(2n-2k)x]$$ [3]

1253. $$\int\frac{\sin^{2n+1}x}{x}\mathrm{d}x=\frac{(-1)^n}{2^{2n}}\sum_{k=0}^{n}(-1)^k\binom{2n+1}{k}\mathrm{si}[(2n-2k+1)x]$$ [3]

1254. $\int \frac{\cos^{2n} x}{x} dx = \binom{2n}{n} \frac{\ln x}{2^{2n}} + \frac{1}{2^{2n-1}} \sum_{k=0}^{n-1} \binom{2n}{k} \text{ci}[(2n-2k)x]$ [3]

1255. $\int \frac{\cos^{2n+1} x}{x} dx = \frac{1}{2^{2n}} \sum_{k=0}^{n} \binom{2n+1}{k} \text{ci}[(2n-2k+1)x]$ [3]

1256. $\int x\tan^2 x dx = x\tan x + \ln|\cos x| - \frac{x^2}{2}$

1257. $\int x\cot^2 x dx = -x\cot x + \ln|\sin x| - \frac{x^2}{2}$

1258. $\int \frac{\sin x}{\sqrt{x}} dx = \sqrt{2\pi} S(\sqrt{x})$ [3]

[这里，$S(x)$为菲涅耳积分（见附录）]

1259. $\int \frac{\cos x}{\sqrt{x}} dx = \sqrt{2\pi} C(\sqrt{x})$ [3]

[这里，$C(x)$为菲涅耳积分（见附录）]

Ⅰ.1.3.24 三角函数与指数函数和双曲函数组合的积分

1260. $\int e^{ax} \sin^{2n} bx dx = \binom{2n}{n} \frac{e^{ax}}{2^{2n} a} + \frac{e^{ax}}{2^{2n-1}} \sum_{k=1}^{m} \binom{2n}{n-k} \frac{(-1)^k}{a^2 + 4b^2 k^2} (a\cos 2bkx + 2bk\sin 2bkx)$ [3]

1261. $\int e^{ax} \sin^{2n+1} bx dx = \frac{e^{ax}}{2^{2n}} \sum_{k=0}^{n} \left\{ \binom{2n+1}{n-k} \frac{(-1)^k}{a^2 + (2k+1)^2 b^2} \cdot [a\sin(2k+1)bx - (2k+1)b\cos(2k+1)bx] \right\}$ [3]

1262. $\int e^{ax} \cos^{2n} bx dx = \binom{2n}{n} \frac{e^{ax}}{2^{2n} a} + \frac{e^{ax}}{2^{2n-1}} \sum_{k=1}^{n} \binom{2n}{n-k} \frac{1}{a^2 + 4b^2 k^2} (a\cos 2bkx + 2bk\sin 2bkx)$ [3]

1263. $\int e^{ax} \cos^{2n+1} bx dx = \frac{e^{ax}}{2^{2n}} \sum_{k=0}^{n} \left\{ \binom{2n+1}{n-k} \frac{1}{a^2 + (2k+1)^2 b^2} \cdot [a\cos(2k+1)bx + (2k+1)b\sin(2k+1)bx] \right\}$ [3]

1264. $$\int e^{ax}\sin bx\cos cx\,dx = \frac{e^{ax}}{2}\left[\frac{a\sin(b+c)x-(b+c)\cos(b+c)x}{a^2+(b+c)^2} + \frac{a\sin(b-c)x-(b-c)\cos(b-c)x}{a^2+(b-c)^2}\right]$$

1265. $$\int e^{ax}\sin^2 bx\cos cx\,dx = \frac{e^{ax}}{4}\left[2\frac{a\cos cx + c\sin cx}{a^2+c^2} - \frac{a\cos(2b+c)x+(2b+c)\sin(2b+c)x}{a^2+(2b+c)^2} - \frac{a\cos(2b-c)x+(2b-c)\sin(2b-c)x}{a^2+(2b-c)^2}\right]$$

1266. $$\int e^{ax}\sin bx\cos^2 cx\,dx = \frac{e^{ax}}{4}\left[2\frac{a\sin bx - b\cos bx}{a^2+b^2} + \frac{a\sin(b+2c)x-(b+2c)\cos(b+2c)x}{a^2+(b+2c)^2} + \frac{a\sin(b-2c)x-(b-2c)\cos(b-2c)x}{a^2+(b-2c)^2}\right]$$

1267. $$\int xe^{ax}\sin bx\,dx = \frac{e^{ax}}{a^2+b^2}\left[\left(ax-\frac{a^2-b^2}{a^2+b^2}\right)\sin bx - \left(bx-\frac{2ab}{a^2+b^2}\right)\cos bx\right]$$

1268. $$\int xe^{ax}\cos bx\,dx = \frac{e^{ax}}{a^2+b^2}\left[\left(ax-\frac{a^2-b^2}{a^2+b^2}\right)\cos bx + \left(bx-\frac{2ab}{a^2+b^2}\right)\sin bx\right]$$

1269. $$\int x^m e^{ax}\sin bx\,dx = e^{ax}\sum_{k=1}^{m+1}\frac{(-1)^{k+1}m!\,x^{m-k+1}}{(m-k+1)!(a^2+b^2)^{\frac{k}{2}}}\sin(bx+kt)$$

$\left(这里,\sin t = -\frac{b}{\sqrt{a^2+b^2}}, \cos t = \frac{a}{\sqrt{a^2+b^2}}\right)$ [3][16]

1270. $$\int x^m e^{ax}\cos bx\,dx = e^{ax}\sum_{k=1}^{m+1}\frac{(-1)^{k+1}m!\,x^{m-k+1}}{(m-k+1)!(a^2+b^2)^{\frac{k}{2}}}\cos(bx+kt)$$

$\left(这里,\sin t = -\frac{b}{\sqrt{a^2+b^2}}, \cos t = \frac{a}{\sqrt{a^2+b^2}}\right)$ [3][16]

1271. $$\int \sinh(ax+b)\sin(cx+d)\,dx = \frac{a}{a^2+c^2}\cosh(ax+b)\sin(cx+d) - \frac{c}{a^2+c^2}\sinh(ax+b)\cos(cx+d)$$

1272. $$\int \sinh(ax+b)\cos(cx+d)\,dx = \frac{a}{a^2+c^2}\cosh(ax+b)\cos(cx+d) + \frac{c}{a^2+c^2}\sinh(ax+b)\sin(cx+d)$$

1273. $$\int \cosh(ax+b)\sin(cx+d)\,dx = \frac{a}{a^2+c^2}\sinh(ax+b)\sin(cx+d)$$

$$-\frac{c}{a^2+c^2}\cosh(ax+b)\cos(cx+d)$$

1274. $\int\cosh(ax+b)\cos(cx+d)\mathrm{d}x=\frac{a}{a^2+c^2}\sinh(ax+b)\cos(cx+d)$
$$+\frac{c}{a^2+c^2}\cosh(ax+b)\sin(cx+d)$$

Ⅰ.1.3.25 含有 arcsinax，arccosax，arctanax，arccotax，arcsecax，arccscax 的积分

1275. $\int\arcsin ax\,\mathrm{d}x=x\arcsin ax+\frac{\sqrt{1-a^2x^2}}{a}$

1276. $\int\arccos ax\,\mathrm{d}x=x\arccos ax-\frac{\sqrt{1-a^2x^2}}{a}$

1277. $\int\arctan ax\,\mathrm{d}x=x\arctan ax-\frac{1}{2a}\ln(1+a^2x^2)$

1278. $\int\operatorname{arccot} ax\,\mathrm{d}x=x\operatorname{arccot} ax+\frac{1}{2a}\ln(1+a^2x^2)$

1279. $\int\operatorname{arcsec} ax\,\mathrm{d}x=x\operatorname{arcsec} ax-\frac{1}{a}\ln|ax+\sqrt{a^2x^2-1}|$

1280. $\int\operatorname{arccsc} ax\,\mathrm{d}x=x\operatorname{arccsc} ax+\frac{1}{a}\ln|ax+\sqrt{a^2x^2-1}|$

1281. $\int x\arcsin ax\,\mathrm{d}x=\frac{1}{4a^2}[(2a^2x^2-1)\arcsin ax+ax\sqrt{1-a^2x^2}]$

1282. $\int x\arccos ax\,\mathrm{d}x=\frac{1}{4a^2}[(2a^2x^2-1)\arccos ax-ax\sqrt{1-a^2x^2}]$

1283. $\int x\arctan ax\,\mathrm{d}x=\frac{1+a^2x^2}{2a^2}\arctan ax-\frac{x}{2a}$

1284. $\int x\operatorname{arccot} ax\,\mathrm{d}x=\frac{1+a^2x^2}{2a^2}\operatorname{arccot} ax+\frac{x}{2a}$

1285. $\int x\operatorname{arcsec} ax\,\mathrm{d}x=\frac{x^2}{2}\operatorname{arcsec} ax-\frac{1}{2a^2}\sqrt{a^2x^2-1}$

1286. $\int x\operatorname{arccsc} ax\,\mathrm{d}x=\frac{x^2}{2}\operatorname{arccsc} ax+\frac{1}{2a^2}\sqrt{a^2x^2-1}$

1287. $\int x^n\arcsin ax\,\mathrm{d}x=\frac{x^{n+1}}{n+1}\arcsin ax-\frac{a}{n+1}\int\frac{x^{n+1}}{\sqrt{1-a^2x^2}}\mathrm{d}x\quad(n\neq-1)$

1288. $\int x^n\arccos ax\,\mathrm{d}x=\frac{x^{n+1}}{n+1}\arccos ax+\frac{a}{n+1}\int\frac{x^{n+1}}{\sqrt{1-a^2x^2}}\mathrm{d}x\quad(n\neq-1)$

1289. $\int x^n \arctan ax\,dx = \frac{x^{n+1}}{n+1}\arctan ax - \frac{a}{n+1}\int \frac{x^{n+1}}{1+a^2x^2}dx$

1290. $\int x^n \operatorname{arccot} ax\,dx = \frac{x^{n+1}}{n+1}\operatorname{arccot} ax + \frac{a}{n+1}\int \frac{x^{n+1}}{1+a^2x^2}dx$

1291. $\int x^n \operatorname{arcsec} ax\,dx = \frac{x^{n+1}}{n+1}\operatorname{arcsec} ax - \frac{1}{n+1}\int \frac{x^n}{\sqrt{a^2x^2-1}}dx$

1292. $\int x^n \operatorname{arccsc} ax\,dx = \frac{x^{n+1}}{n+1}\operatorname{arccsc} ax + \frac{1}{n+1}\int \frac{x^n}{\sqrt{a^2x^2-1}}dx$

1293. $\int (\arcsin ax)^2 dx = x(\arcsin ax)^2 - 2x + \frac{2\sqrt{1-a^2x^2}}{a}\arcsin ax$

1294. $\int (\arccos ax)^2 dx = x(\arccos ax)^2 - 2x - \frac{2\sqrt{1-a^2x^2}}{a}\arccos ax$

1295. $$\begin{aligned}\int (\arcsin ax)^n dx &= x(\arcsin ax)^n + \frac{n\sqrt{1-a^2x^2}}{a}(\arcsin ax)^{n-1} \\ &\quad - n(n-1)\int (\arcsin ax)^{n-2}dx \\ &= \sum_{r=0}^{\left[\frac{n}{2}\right]}(-1)^r\frac{n!}{(n-2r)!}x(\arcsin ax)^{n-2r} \\ &\quad + \sum_{r=0}^{\left[\frac{n-1}{2}\right]}(-1)^r\frac{n!\sqrt{1-a^2x^2}}{(n-2r-1)!a}(\arcsin ax)^{n-2r-1}\end{aligned}$$ [1]

1296. $$\begin{aligned}\int (\arccos ax)^n dx &= x(\arccos ax)^n - \frac{n\sqrt{1-a^2x^2}}{a}(\arccos ax)^{n-1} \\ &\quad - n(n-1)\int (\arccos ax)^{n-2}dx \\ &= \sum_{r=0}^{\left[\frac{n}{2}\right]}(-1)^r\frac{n!}{(n-2r)!}x(\arccos ax)^{n-2r} \\ &\quad - \sum_{r=0}^{\left[\frac{n-1}{2}\right]}(-1)^r\frac{n!\sqrt{1-a^2x^2}}{(n-2r-1)!a}(\arccos ax)^{n-2r-1}\end{aligned}$$ [1]

1297. $$\begin{aligned}&\int \frac{\arcsin ax}{x}dx \\ &= ax + \frac{1}{2\cdot 3\cdot 3}(ax)^3 + \frac{1\cdot 3}{2\cdot 4\cdot 5\cdot 5}(ax)^5 + \frac{1\cdot 3\cdot 5}{2\cdot 4\cdot 6\cdot 7\cdot 7}(ax)^7 + \cdots \\ &= \sum_{k=0}^{\infty}\frac{(2k-1)!!}{(2k)!!(2k+1)^2}(ax)^{2k+1}\quad (|ax|<1)\end{aligned}$$

1298. $\int \frac{\arccos ax}{x}dx = \frac{\pi}{2}\ln|ax| - ax - \frac{1}{2\cdot 3\cdot 3}(ax)^3 - \frac{1\cdot 3}{2\cdot 4\cdot 5\cdot 5}(ax)^5$

$$-\frac{1\cdot 3\cdot 5}{2\cdot 4\cdot 6\cdot 7\cdot 7}(ax)^7-\cdots$$

$$=\frac{\pi}{2}\ln|ax|-\sum_{k=0}^{\infty}\frac{(2k-1)!!}{(2k)!!(2k+1)^2}(ax)^{2k+1}\quad(|ax|<1)$$

1299. $\int\frac{\arcsin ax}{x^2}dx=-\frac{1}{x}\arcsin ax+a\ln\left|\frac{1-\sqrt{1-a^2x^2}}{x}\right|$

1300. $\int\frac{\arccos ax}{x^2}dx=-\frac{1}{x}\arccos ax+a\ln\left|\frac{1+\sqrt{1-a^2x^2}}{x}\right|$

1301. $\int\frac{\arctan ax}{x^2}dx=-\frac{1}{x}\arctan ax-\frac{a}{2}\ln\frac{1+a^2x^2}{x^2}$

1302. $\int\frac{\mathrm{arccot}\, ax}{x^2}dx=-\frac{1}{x}\mathrm{arccot}\, ax-\frac{a}{2}\ln\frac{x^2}{1+a^2x^2}$

1303. $\int\frac{\mathrm{arcsec}\, ax}{x^2}dx=-\frac{1}{x}\mathrm{arcsec}\, ax+\frac{\sqrt{a^2x^2-1}}{x}$

1304. $\int\frac{\mathrm{arccsc}\, ax}{x^2}dx=-\frac{1}{x}\mathrm{arccsc}\, ax-\frac{\sqrt{a^2x^2-1}}{x}$

1305. $\int\frac{\arcsin ax}{\sqrt{1-a^2x^2}}dx=\frac{1}{2a}(\arcsin ax)^2$

1306. $\int\frac{\arccos ax}{\sqrt{1-a^2x^2}}dx=-\frac{1}{2a}(\arccos ax)^2$

1307. $\int\frac{x^n\arcsin ax}{\sqrt{1-a^2x^2}}dx=-\frac{x^{n-1}}{na^2}\sqrt{1-a^2x^2}\arcsin ax+\frac{x^n}{n^2a}$

$$+\frac{n-1}{na^2}\int\frac{x^{n-2}\arcsin ax}{\sqrt{1-a^2x^2}}dx$$ [1]

1308. $\int\frac{x^n\arccos ax}{\sqrt{1-a^2x^2}}dx=-\frac{x^{n-1}}{na^2}\sqrt{1-a^2x^2}\arccos ax-\frac{x^n}{n^2a}$

$$+\frac{n-1}{na^2}\int\frac{x^{n-2}\arccos ax}{\sqrt{1-a^2x^2}}dx$$ [1]

1309. $\int\frac{\arctan ax}{1+a^2x^2}dx=\frac{1}{2a}(\arctan ax)^2$

1310. $\int\frac{\mathrm{arccot}\, ax}{1+a^2x^2}dx=-\frac{1}{2a}(\mathrm{arccot}\, ax)^2$

Ⅰ.1.3.26 含有 $\arcsin\frac{x}{a}$，$\arccos\frac{x}{a}$，$\arctan\frac{x}{a}$，$\mathrm{arccot}\frac{x}{a}$ 的积分

1311. $\int\arcsin\frac{x}{a}dx=x\arcsin\frac{x}{a}+\sqrt{a^2-x^2}\quad(a>0)$

1312. $\int\left(\arcsin\frac{x}{a}\right)^2\mathrm{d}x=x\left(\arcsin\frac{x}{a}\right)^2+2\sqrt{a^2-x^2}\arcsin\frac{x}{a}-2x$

1313. $\int\left(\arcsin\frac{x}{a}\right)^3\mathrm{d}x=x\left(\arcsin\frac{x}{a}\right)^3+3\sqrt{a^2-x^2}\left(\arcsin\frac{x}{a}\right)^2$

$$-6x\arcsin\frac{x}{a}-6\sqrt{a^2-x^2}$$

1314. $\int\left(\arcsin\frac{x}{a}\right)^n\mathrm{d}x$

$$=x\sum_{k=0}^{\left[\frac{n}{2}\right]}(-1)^k\binom{n}{2k}(2k)!\left(\arcsin\frac{x}{a}\right)^{n-2k}$$

$$+\sqrt{a^2-x^2}\sum_{k=1}^{\left[\frac{n+1}{2}\right]}(-1)^{k-1}\binom{n}{2k-1}(2k-1)!\left(\arcsin\frac{x}{a}\right)^{n-2k+1}$$ [3]

1315. $\int x\arcsin\frac{x}{a}\mathrm{d}x=\left(\frac{x^2}{2}-\frac{a^2}{4}\right)\arcsin\frac{x}{a}+\frac{x}{4}\sqrt{a^2-x^2}$

1316. $\int x^2\arcsin\frac{x}{a}\mathrm{d}x=\frac{x^3}{3}\arcsin\frac{x}{a}+\frac{x^2+2a^2}{9}\sqrt{a^2-x^2}$

1317. $\int x^m\arcsin\frac{x}{a}\mathrm{d}x=\frac{x^{m+1}}{m+1}\arcsin\frac{x}{a}+\frac{1}{m+1}\int\frac{x^{m+1}}{\sqrt{a^2-x^2}}\mathrm{d}x\quad(m\neq-1)$

1318. $\int\frac{\arcsin\frac{x}{a}}{x}\mathrm{d}x=\frac{x}{a}+\frac{1}{2\cdot3\cdot3}\left(\frac{x}{a}\right)^3+\frac{1\cdot3}{2\cdot4\cdot5\cdot5}\left(\frac{x}{a}\right)^5$

$$+\frac{1\cdot3\cdot5}{2\cdot4\cdot6\cdot7\cdot7}\left(\frac{x}{a}\right)^7+\cdots$$ [2]

1319. $\int\frac{\arcsin\frac{x}{a}}{x^2}\mathrm{d}x=-\frac{1}{x}\arcsin\frac{x}{a}-\frac{1}{a}\ln\left|\frac{a+\sqrt{a^2-x^2}}{x}\right|$

1320. $\int\frac{\arcsin\frac{x}{a}}{x^m}\mathrm{d}x=-\frac{1}{(m-1)x^{m-1}}\arcsin\frac{x}{a}+\frac{1}{m-1}\int\frac{\mathrm{d}x}{x^{m-1}\sqrt{a^2-x^2}}$

$(m\neq1)$ [2]

1321. $\int\frac{\arcsin x}{(a+bx)^2}\mathrm{d}x$

$$=\begin{cases}-\frac{\arcsin x}{b(a+bx)}-\frac{2}{b\sqrt{a^2-b^2}}\arctan\sqrt{\frac{(a-b)(1-x)}{(a+b)(1+x)}} & (a^2>b^2)\\ -\frac{\arcsin x}{b(a+bx)}-\frac{2}{b\sqrt{b^2-a^2}}\ln\left|\frac{\sqrt{(a+b)(1+x)}+\sqrt{(b-a)(1-x)}}{\sqrt{(a+b)(1+x)}-\sqrt{(b-a)(1-x)}}\right| \\ \quad (a^2<b^2)\end{cases}$$

[3]

1322. $\int \frac{x\arcsin x}{(1+cx^2)^2}dx$

$$=\begin{cases}\frac{\arcsin x}{2c(1+cx^2)}+\frac{1}{2c\sqrt{c+1}}\arctan\frac{x\sqrt{c+1}}{\sqrt{1-x^2}} & (c>-1)\\ -\frac{\arcsin x}{2c(1+cx^2)}+\frac{1}{4c\sqrt{-(c+1)}}\ln\left|\frac{\sqrt{1-x^2}+x\sqrt{-(c+1)}}{\sqrt{1-x^2}-x\sqrt{-(c+1)}}\right| \\ \quad (c<-1)\end{cases}$$ [3]

1323. $\int \frac{x\arcsin x}{\sqrt{1-x^2}}dx = x-\sqrt{1-x^2}\arcsin x$

1324. $\int \frac{x^2\arcsin x}{\sqrt{1-x^2}}dx = \frac{x^2}{4}-\frac{x}{2}\sqrt{1-x^2}\arcsin x+\frac{1}{4}(\arcsin x)^2$

1325. $\int \frac{x^3\arcsin x}{\sqrt{1-x^2}}dx = \frac{x^3}{9}+\frac{2x}{3}-\frac{1}{3}(x^2+2)\sqrt{1-x^2}\arcsin x$

1326. $\int \frac{\arcsin x}{\sqrt{(1-x^2)^3}}dx = \frac{x\arcsin x}{\sqrt{1-x^2}}+\frac{1}{2}\ln|1-x^2|$

1327. $\int \frac{x\arcsin x}{\sqrt{(1-x^2)^3}}dx = \frac{\arcsin x}{\sqrt{1-x^2}}+\frac{1}{2}\ln\left|\frac{1-x}{1+x}\right|$

1328. $\int \arccos\frac{x}{a}dx = x\arccos\frac{x}{a}-\sqrt{a^2-x^2} \quad (a>0)$

1329. $\int\left(\arccos\frac{x}{a}\right)^2dx = x\left(\arccos\frac{x}{a}\right)^2-2\sqrt{a^2-x^2}\arccos\frac{x}{a}-2x$

1330. $\int\left(\arccos\frac{x}{a}\right)^3dx = x\left(\arccos\frac{x}{a}\right)^3-3\sqrt{a^2-x^2}\left(\arccos\frac{x}{a}\right)^2$

$$-6x\arccos\frac{x}{a}+6\sqrt{a^2-x^2}$$

1331. $\int\left(\arccos\frac{x}{a}\right)^n dx$

$$=x\sum_{k=0}^{\left[\frac{n}{2}\right]}(-1)^k\binom{n}{2k}(2k)!\left(\arccos\frac{x}{a}\right)^{n-2k}$$

$$+\sqrt{a^2-x^2}\sum_{k=1}^{\left[\frac{n+1}{2}\right]}(-1)^k\binom{n}{2k-1}(2k-1)!\left(\arccos\frac{x}{a}\right)^{n-2k+1}$$ [3]

1332. $\int x\arccos\frac{x}{a}dx = \left(\frac{x^2}{2}-\frac{a^2}{2}\right)\arccos\frac{x}{a}-\frac{x}{4}\sqrt{a^2-x^2}$

1333. $\int x^2\arccos\frac{x}{a}dx = \frac{x^3}{3}\arccos\frac{x}{a}-\frac{x^2+2a^2}{9}\sqrt{a^2-x^2}$

1334. $\int x^m \arccos\frac{x}{a}\mathrm{d}x = \frac{x^{m+1}}{m+1}\arccos\frac{x}{a} + \frac{1}{m+1}\int\frac{x^{m+1}}{\sqrt{a^2-x^2}}\mathrm{d}x \quad (m \neq -1)$ [2]

1335. $\int\frac{\arccos\frac{x}{a}}{x}\mathrm{d}x = \frac{\pi}{2}\ln x - \frac{x}{a} - \frac{1}{2\cdot 3\cdot 3}\left(\frac{x}{a}\right)^3 - \frac{1\cdot 3}{2\cdot 4\cdot 5\cdot 5}\left(\frac{x}{a}\right)^5 - \frac{1\cdot 3\cdot 5}{2\cdot 4\cdot 6\cdot 7\cdot 7}\left(\frac{x}{a}\right)^7 - \cdots$ [2]

1336. $\int\frac{\arccos\frac{x}{a}}{x^2}\mathrm{d}x = -\frac{1}{x}\arccos\frac{x}{a} + \frac{1}{a}\ln\left|\frac{a+\sqrt{a^2-x^2}}{x}\right|$

1337. $\int\frac{\arccos\frac{x}{a}}{x^m}\mathrm{d}x = -\frac{1}{(m-1)x^{m-1}}\arccos\frac{x}{a} - \frac{1}{m-1}\int\frac{\mathrm{d}x}{x^{m-1}\sqrt{a^2-x^2}}$ $(m \neq 1)$ [2]

1338. $\int\arctan\frac{x}{a}\mathrm{d}x = x\arctan\frac{x}{a} - \frac{a}{2}\ln(a^2+x^2)$

1339. $\int x\arctan\frac{x}{a}\mathrm{d}x = \frac{a^2+x^2}{2}\arctan\frac{x}{a} - \frac{ax}{2}$

1340. $\int x^2\arctan\frac{x}{a}\mathrm{d}x = \frac{x^3}{3}\arctan\frac{x}{a} + \frac{a^3}{6}\ln(a^2+x^2) - \frac{ax^2}{6}$ [3]

1341. $\int x^m\arctan\frac{x}{a}\mathrm{d}x = \frac{x^{m+1}}{m+1}\arctan\frac{x}{a} - \frac{a}{m+1}\int\frac{x^{m+1}}{a^2+x^2}\mathrm{d}x \quad (m \neq -1)$ [2]

1342. $\int\frac{\arctan\frac{x}{a}}{x}\mathrm{d}x = \frac{x}{a} - \frac{1}{3^2}\left(\frac{x}{a}\right)^3 + \frac{1}{5^2}\left(\frac{x}{a}\right)^5 - \frac{1}{7^2}\left(\frac{x}{a}\right)^7 + \cdots$ [2]

1343. $\int\frac{\arctan\frac{x}{a}}{x^2}\mathrm{d}x = -\frac{1}{x}\arctan\frac{x}{a} - \frac{1}{a}\ln\left|\frac{a}{x}\sqrt{1+\frac{x^2}{a^2}}\right|$

1344. $\int\frac{\arctan\frac{x}{a}}{x^m}\mathrm{d}x = -\frac{1}{(m-1)x^{m-1}}\arctan\frac{x}{a} + \frac{a}{m-1}\int\frac{\mathrm{d}x}{(a^2+x^2)x^{m-1}} \quad (m \neq 1)$

1345. $\int\operatorname{arccot}\frac{x}{a}\mathrm{d}x = x\operatorname{arccot}\frac{x}{a} + \frac{a}{2}\ln(a^2+x^2)$

1346. $\int x\operatorname{arccot}\frac{x}{a}\mathrm{d}x = \frac{a^2+x^2}{2}\operatorname{arccot}\frac{x}{a} + \frac{ax}{2}$

1347. $\int x^2\operatorname{arccot}\frac{x}{a}\mathrm{d}x = \frac{x^3}{3}\operatorname{arccot}\frac{x}{a} - \frac{a^3}{6}\ln(a^2+x^2) + \frac{ax^2}{6}$ [3]

1348. $\int x^m\operatorname{arccot}\frac{x}{a}\mathrm{d}x = \frac{x^{m+1}}{m+1}\operatorname{arccot}\frac{x}{a} + \frac{a}{m+1}\int\frac{x^{m+1}}{a^2+x^2}\mathrm{d}x \quad (m \neq -1)$

1349. $\displaystyle\int \frac{\operatorname{arccot}\frac{x}{a}}{x}\mathrm{d}x = \frac{\pi}{2}\ln x - \frac{x}{a} + \frac{1}{3^2}\left(\frac{x}{a}\right)^3 - \frac{1}{5^2}\left(\frac{x}{a}\right)^5 + \frac{1}{7^2}\left(\frac{x}{a}\right)^7 + \cdots$ [2]

1350. $\displaystyle\int \frac{\operatorname{arccot}\frac{x}{a}}{x^2}\mathrm{d}x = -\frac{1}{x}\operatorname{arccot}\frac{x}{a} + \frac{1}{a}\ln\left|\frac{a}{x}\sqrt{1+\frac{x^2}{a^2}}\right|$

1351. $\displaystyle\int \frac{\operatorname{arccot}\frac{x}{a}}{x^m}\mathrm{d}x = -\frac{1}{(m-1)x^{m-1}}\operatorname{arccot}\frac{x}{a} - \frac{a}{m-1}\int\frac{\mathrm{d}x}{(a^2+x^2)x^{m-1}}$

$(m \neq 1)$ [2]

Ⅰ.1.4 对数函数、指数函数和双曲函数的不定积分

Ⅰ.1.4.1 对数函数的积分

1352. $\displaystyle\int \ln x\,\mathrm{d}x = x\ln x - x$

1353. $\displaystyle\int (\ln x)^2\,\mathrm{d}x = x(\ln x)^2 - 2x\ln x + 2x$

1354. $\displaystyle\int (\ln x)^n\,\mathrm{d}x = x(\ln x)^n - n\int(\ln x)^{n-1}\,\mathrm{d}x \quad (n \neq -1)$

$$= (-1)^n n!\,x\sum_{r=0}^{n}\frac{(-\ln x)^r}{r!} \quad (n \neq -1)$$ [1]

1355. $\displaystyle\int x\ln x\,\mathrm{d}x = \frac{x^2}{2}\ln x - \frac{x^2}{4}$

1356. $\displaystyle\int x^2\ln x\,\mathrm{d}x = \frac{x^3}{3}\ln x - \frac{x^3}{9}$

1357. $\displaystyle\int x^m\ln x\,\mathrm{d}x = \frac{x^{m+1}}{m+1}\ln x - \frac{x^{m+1}}{(m+1)^2}$

1358. $\displaystyle\int x^m(\ln x)^2\,\mathrm{d}x = x^{m+1}\left[\frac{(\ln x)^2}{m+1} - \frac{2\ln x}{(m+1)^2} + \frac{2}{(m+1)^3}\right]$

1359. $\displaystyle\int x^m(\ln x)^3\,\mathrm{d}x = x^{m+1}\left[\frac{(\ln x)^3}{m+1} - \frac{3(\ln x)^2}{(m+1)^2} + \frac{6\ln x}{(m+1)^3} - \frac{6}{(m+1)^4}\right]$

1360. $$\int x^m(\ln x)^n\mathrm{d}x=\frac{x^{m+1}(\ln x)^n}{m+1}-\frac{n}{m+1}\int x^m(\ln x)^{n-1}\mathrm{d}x$$
$$=(-1)^n\frac{n!}{m+1}x^{m+1}\sum_{r=0}^{n}\frac{(-\ln x)^r}{r!(m+1)^{n-r}}$$ [1]

1361. $$\int\frac{\ln x}{x}\mathrm{d}x=\frac{1}{2}(\ln x)^2$$

1362. $$\int\frac{\ln x}{x^m}\mathrm{d}x=-\frac{1+(m-1)\ln x}{(m-1)^2x^{m-1}}\quad(m\neq 1)$$

1363. $$\int\frac{(\ln x)^n}{x}\mathrm{d}x=\frac{1}{n+1}(\ln x)^{n+1}$$

1364. $$\int\frac{(\ln x)^n}{x^m}\mathrm{d}x=-\frac{(\ln x)^n}{(m-1)x^{m-1}}+\frac{n}{m-1}\int\frac{(\ln x)^{n-1}}{x^m}\mathrm{d}x\quad(m\neq 1)$$

1365. $$\int\frac{\mathrm{d}x}{\ln x}=\ln(\ln x)+\ln x+\frac{(\ln x)^2}{2\cdot 2!}+\frac{(\ln x)^3}{3\cdot 3!}+\cdots$$

1366. $$\int\frac{x^m}{\ln x}\mathrm{d}x=\ln(\ln x)+(m+1)\ln x+\frac{(m+1)^2(\ln x)^2}{2\cdot 2!}$$
$$+\frac{(m+1)^3(\ln x)^3}{3\cdot 3!}+\cdots$$ [2]

1367. $$\int\frac{x^m}{(\ln x)^n}\mathrm{d}x=-\frac{x^{m+1}}{(n-1)(\ln x)^{n-1}}+\frac{m+1}{n-1}\int\frac{x^m}{(\ln x)^{n-1}}\mathrm{d}x\quad(n\neq 1)$$

1368. $$\int\frac{\mathrm{d}x}{x\ln x}=\ln(\ln x)$$

1369. $$\int\frac{\mathrm{d}x}{x(\ln x)^n}=-\frac{1}{(n-1)(\ln x)^{n-1}}\quad(n\neq 1)$$

1370. $$\int\frac{\mathrm{d}x}{x^m(\ln x)^n}=-\frac{1}{(n-1)x^{m-1}(\ln x)^{n-1}}-\frac{(m-1)}{(n-1)}\int\frac{\mathrm{d}x}{x^m(\ln x)^{n-1}}\quad(n\neq 1)$$

1371. $$\int\frac{\ln x}{ax+b}\mathrm{d}x=\frac{1}{a}\ln x\ln(ax+b)-\frac{1}{a}\int\frac{\ln(ax+b)}{x}\mathrm{d}x$$

1372. $$\int\frac{\ln x}{(ax+b)^2}\mathrm{d}x=-\frac{\ln x}{a(ax+b)}+\frac{1}{ab}\ln\left|\frac{x}{ax+b}\right|$$

1373. $$\int\frac{\ln x}{(ax+b)^3}\mathrm{d}x=-\frac{\ln x}{2a(ax+b)^2}+\frac{1}{2ab(ax+b)}+\frac{1}{2ab^2}\ln\left|\frac{x}{ax+b}\right|$$

1374. $$\int\frac{\ln x}{(ax+b)^m}\mathrm{d}x=\frac{1}{b(m-1)}\left[-\frac{\ln x}{(ax+b)^{m-1}}+\int\frac{\mathrm{d}x}{x(ax+b)^{m-1}}\right]$$

1375. $$\int\frac{\ln x}{\sqrt{ax+b}}\mathrm{d}x$$
$$=\begin{cases}\dfrac{2}{a}\left[(\ln x-2)\sqrt{ax+b}+\sqrt{b}\ln\left|\dfrac{\sqrt{ax+b}+\sqrt{b}}{\sqrt{ax+b}-\sqrt{b}}\right|\right] & (b>0)\\ \dfrac{2}{a}\left[(\ln x-2)\sqrt{ax+b}+2\sqrt{-b}\arctan\sqrt{\dfrac{ax+b}{-b}}\right] & (b<0)\end{cases}$$ [3]

1376. $\int \ln(ax+b)\mathrm{d}x = \frac{ax+b}{a}\ln(ax+b) - x$

1377. $\int x\ln(ax+b)\mathrm{d}x = \frac{1}{2}\left(x^2 - \frac{b^2}{a^2}\right)\ln(ax+b) - \frac{1}{2}\left(\frac{x^2}{2} - \frac{bx}{a}\right)$

1378. $\int x^2\ln(ax+b)\mathrm{d}x = \frac{1}{3}\left(x^3 + \frac{b^3}{a^3}\right)\ln(ax+b) - \frac{1}{3}\left(\frac{x^3}{3} - \frac{bx^2}{2a} + \frac{b^2x}{a^2}\right)$

1379. $\int x^3\ln(ax+b)\mathrm{d}x = \frac{1}{4}\left(x^4 - \frac{b^4}{a^4}\right)\ln(ax+b)$

$$-\frac{1}{4}\left(\frac{x^4}{4} - \frac{bx^3}{3a} + \frac{b^2x^2}{2a^2} - \frac{b^3x}{a^3}\right)$$

1380. $\int x^m\ln(ax+b)\mathrm{d}x = \frac{1}{m+1}\left[x^{m+1} - \left(-\frac{b}{a}\right)^{m+1}\right]\ln(ax+b)$

$$-\frac{1}{m+1}\left(-\frac{b}{a}\right)^{m+1}\sum_{r=1}^{m+1}\frac{1}{r}\left(-\frac{ax}{b}\right)^r \qquad [1]$$

1381. $\int \frac{\ln(ax+b)}{x}\mathrm{d}x = \ln b\ln x + \sum_{k=1}^{\infty}\frac{(-1)^{k+1}}{k^2}\left(\frac{ax}{b}\right)^k \quad (-b < ax \leqslant b)$

1382. $\int \frac{\ln(ax+b)}{x^2}\mathrm{d}x = \frac{a}{b}\ln x - \frac{ax+b}{bx}\ln(ax+b)$

1383. $\int \frac{\ln(ax+b)}{x^m}\mathrm{d}x = -\frac{1}{m-1}\,\frac{\ln(ax+b)}{x^{m-1}} + \frac{1}{m-1}\left(-\frac{b}{a}\right)^{m-1}\ln\frac{ax+b}{x}$

$$+\frac{1}{m-1}\left(-\frac{a}{b}\right)^{m-1}\sum_{r=1}^{m-2}\frac{1}{r}\left(-\frac{b}{ax}\right)^r \quad (m>2) \qquad [1]$$

1384. $\int \ln\frac{x+a}{x-a}\mathrm{d}x = (x+a)\ln(x+a) - (x-a)\ln(x-a)$

1385. $\int x^m\ln\frac{x+a}{x-a}\mathrm{d}x = \frac{x^{m+1}-(-a)^{m+1}}{m+1}\ln(x+a) - \frac{x^{m+1}-a^{m+1}}{m+1}\ln(x-a)$

$$+\frac{2a^{m+1}}{m+1}\sum_{r=1}^{\left[\frac{m+1}{2}\right]}\frac{1}{m-2r+2}\left(\frac{x}{a}\right)^{m-2r+2} \qquad [1]$$

1386. $\int \frac{1}{x^2}\ln\frac{x+a}{x-a}\mathrm{d}x = \frac{1}{x}\ln\frac{x-a}{x+a} - \frac{1}{a}\ln\frac{x^2-a^2}{x^2}$

1387. $\int \ln X\mathrm{d}x$

$$=\begin{cases}\left(x+\frac{b}{2c}\right)\ln X - 2x + \frac{\sqrt{4ac-b^2}}{c}\arctan\frac{2cx+b}{\sqrt{4ac-b^2}} & (b^2-4ac<0)\\ \left(x+\frac{b}{2c}\right)\ln X - 2x + \frac{\sqrt{b^2-4ac}}{c}\operatorname{artanh}\frac{2cx+b}{\sqrt{b^2-4ac}} & (b^2-4ac>0)\end{cases}$$

[1]

(这里,$X=a+bx+cx^2$)

1388. $\int x^n \ln X \mathrm{d}x=\frac{x^{n+1}}{n+1}\ln X-\frac{2c}{n+1}\int\frac{x^{n+2}}{X}\mathrm{d}x-\frac{b}{n+1}\int\frac{x^{n+1}}{X}\mathrm{d}x$ [1]

(这里,$X=a+bx+cx^2$)

1389. $\int \ln(x^2+a^2)\mathrm{d}x=x\ln(x^2+a^2)-2x+2a\arctan\frac{x}{a}$

1390. $\int x\ln(x^2+a^2)\mathrm{d}x=\frac{1}{2}(x^2+a^2)\ln(x^2+a^2)-\frac{1}{2}x^2$

1391. $\int x^2\ln(x^2+a^2)\mathrm{d}x=\frac{1}{3}\left[x^3\ln(x^2+a^2)-\frac{2}{3}x^3+2a^2x-2a^3\arctan\frac{x}{a}\right]$

1392. $\int x^{2n}\ln(x^2+a^2)\mathrm{d}x=\frac{1}{2n+1}\left[x^{2n+1}\ln(x^2+a^2)+(-1)^n 2a^{2n+1}\arctan\frac{x}{a}\right.$
$\left.-2\sum_{k=0}^{n}\frac{(-1)^{n-k}}{2k+1}a^{2n-2k}x^{2k+1}\right]$ [3]

1393. $\int x^{2n+1}\ln(x^2+a^2)\mathrm{d}x=\frac{1}{2n+1}\left\{[x^{2n+2}+(-1)^n a^{2n+2}]\ln(x^2+a^2)\right.$
$\left.+\sum_{k=1}^{n+1}\frac{(-1)^{n-k}}{k}a^{2n-2k+2}x^{2k}\right\}$ [3]

1394. $\int \ln(x^2-a^2)\mathrm{d}x=x\ln(x^2-a^2)-2x+a\ln\frac{x+a}{x-a}$

1395. $\int x^n\ln(x^2-a^2)\mathrm{d}x=\frac{1}{n+1}\left[x^{n+1}\ln(x^2-a^2)-a^{n+1}\ln(x-a)\right.$
$\left.-(-a)^{n+1}\ln(x+a)-2\sum_{r=0}^{\left[\frac{n}{2}\right]}\frac{a^{2r}x^{n-2r+1}}{n-2r+1}\right]$ [1]

1396. $\int \ln|x^2-a^2|\mathrm{d}x=x\ln|x^2-a^2|-2x+a\ln\left|\frac{x+a}{x-a}\right|$

1397. $\int x\ln|x^2-a^2|\mathrm{d}x=\frac{1}{2}[(x^2-a^2)\ln|x^2-a^2|-x^2]$

1398. $\int x^2\ln|x^2-a^2|\mathrm{d}x=\frac{1}{3}\left(x^3\ln|x^2-a^2|-\frac{2}{3}x^3-2a^2x+a^3\ln\left|\frac{x+a}{x-a}\right|\right)$

1399. $\int x^{2n}\ln|x^2-a^2|\mathrm{d}x=\frac{1}{2n+1}\left(x^{2n+1}\ln|x^2-a^2|+a^{2n+1}\ln\left|\frac{x+a}{x-a}\right|\right.$
$\left.-2\sum_{k=0}^{n}\frac{1}{2k+1}a^{2n-2k}x^{2k+1}\right)$ [3]

1400. $\int x^{2n+1}\ln|x^2-a^2|\mathrm{d}x=\frac{1}{2n+2}\left[(x^{2n+2}-a^{2n+2})\ln|x^2-a^2|\right.$
$\left.-\sum_{k=1}^{n+1}\frac{1}{k}a^{2n-2k+2}x^{2k}\right]$ [3]

1401. $\int \ln(x+\sqrt{x^2\pm a^2})\mathrm{d}x = x\ln(x+\sqrt{x^2\pm a^2})-\sqrt{x^2\pm a^2}$

1402. $\int x\ln(x+\sqrt{x^2\pm a^2})\mathrm{d}x = \left(\frac{x^2}{2}\pm\frac{a^2}{4}\right)\ln(x+\sqrt{x^2\pm a^2})-\frac{x\sqrt{x^2\pm a^2}}{4}$

1403. $\int x^m\ln(x+\sqrt{x^2\pm a^2})\mathrm{d}x = \frac{x^{m+1}}{m+1}\ln(x+\sqrt{x^2\pm a^2})-\frac{1}{m+1}\int\frac{x^{m+1}}{\sqrt{x^2\pm a^2}}\mathrm{d}x$

1404. $\int \frac{\ln(x+\sqrt{x^2+a^2})}{x^2}\mathrm{d}x = -\frac{\ln(x+\sqrt{x^2+a^2})}{x}-\frac{1}{a}\ln\frac{a+\sqrt{x^2+a^2}}{x}$

1405. $\int \frac{\ln(x+\sqrt{x^2-a^2})}{x^2}\mathrm{d}x = -\frac{\ln(x+\sqrt{x^2-a^2})}{x}-\frac{1}{|a|}\operatorname{arcsec}\frac{x}{a}$

1406. $\int \ln(\sin x)\mathrm{d}x = x\left[\ln x-1-\sum_{k=1}^{\infty}\frac{(-1)^{k-1}B_{2k}(2x)^{2k}}{2k(2k)!(2k+1)}\right]\quad(|x|<\pi)$ [2]

[这里,B_{2k}为伯努利数(见附录),以下同]

1407. $\int \ln(\cos x)\mathrm{d}x = x\sum_{k=1}^{\infty}(-1)^k\frac{(4^k-1)B_{2k}(2x)^{2k}}{2k(2k)!(2k+1)}\quad\left(|x|<\frac{\pi}{2}\right)$ [2]

Ⅰ.1.4.2 指数函数的积分

1408. $\int \mathrm{e}^x\mathrm{d}x = \mathrm{e}^x$

1409. $\int \mathrm{e}^{-x}\mathrm{d}x = -\mathrm{e}^{-x}$

1410. $\int \mathrm{e}^{ax}\mathrm{d}x = \frac{1}{a}\mathrm{e}^{ax}$

1411. $\int x\mathrm{e}^{ax}\mathrm{d}x = \frac{1}{a^2}\mathrm{e}^{ax}(ax-1)$

1412. $\int x^2\mathrm{e}^{ax}\mathrm{d}x = \frac{x^2\mathrm{e}^{ax}}{a}\left[1-\frac{2}{ax}\left(1-\frac{1}{ax}\right)\right]$

1413. $\int x^3\mathrm{e}^{ax}\mathrm{d}x = \frac{x^3\mathrm{e}^{ax}}{a}\left\{1-\frac{3}{ax}\left[1-\frac{2}{ax}\left(1-\frac{1}{ax}\right)\right]\right\}$ [2]

1414. $\int x^m\mathrm{e}^{ax}\mathrm{d}x = \frac{x^m\mathrm{e}^{ax}}{a}-\frac{m}{a}\int x^{m-1}\mathrm{e}^{ax}\mathrm{d}x = \mathrm{e}^{ax}\sum_{r=0}^{m}(-1)^r\frac{m!x^{m-r}}{(m-r)!a^{r+1}}$ [1]

1415. $\int \frac{\mathrm{e}^{ax}}{\sqrt{x}}\mathrm{d}x = 2\sqrt{x}\left(1+\frac{ax}{1\cdot 3}\left\{1+\frac{3ax}{2\cdot 5}\left[1+\frac{5ax}{3\cdot 7}(1+\cdots)\right]\right\}\right)$ [2]

1416. $\int \frac{\mathrm{e}^{ax}}{x}\mathrm{d}x = \ln x+\frac{ax}{1!}+\frac{a^2x^2}{2\cdot 2!}+\frac{a^3x^3}{3\cdot 3!}+\cdots$

1417. $\int \frac{e^{ax}}{x^2} dx = -\frac{e^{ax}}{x} + \int \frac{e^{ax}}{x} dx$

1418. $\int \frac{e^{ax}}{x^3} dx = -\frac{e^{ax}}{2x^2}(1+ax) + \frac{a^2}{2}\int \frac{e^{ax}}{x} dx$

1419. $\int \frac{e^{ax}}{x^m} dx = \frac{1}{1-m}\frac{e^{ax}}{x^{m-1}} + \frac{a}{m-1}\int \frac{e^{ax}}{x^{m-1}} dx$

1420. $\int e^{ax} \ln x dx = \frac{e^{ax}\ln x}{a} - \frac{1}{a}\int \frac{e^{ax}}{x} dx$

1421. $\int \frac{dx}{1+e^x} = x - \ln(1+e^x) = \ln \frac{e^x}{1+e^x}$

1422. $\int \frac{dx}{a+be^{px}} = \frac{x}{a} - \frac{1}{ap}\ln(a+be^{px})$

1423. $\int \frac{dx}{\sqrt{a+be^{px}}} = \begin{cases} \frac{1}{p\sqrt{a}}\ln \frac{\sqrt{a+be^{px}}-\sqrt{a}}{\sqrt{a+be^{px}}+\sqrt{a}} & (a>0, b>0) \\ \frac{1}{p\sqrt{-a}}\arctan \frac{\sqrt{a+be^{px}}}{\sqrt{-a}} & (a<0, b>0) \end{cases}$ [2][16]

1424. $\int \frac{dx}{ae^{mx}+be^{-mx}} = \frac{1}{m\sqrt{ab}}\arctan\left(e^{mx}\sqrt{\frac{a}{b}}\right) \quad (a>0, b>0)$ [1]

1425. $\int \frac{dx}{ae^{mx}-be^{-mx}} = \frac{1}{2m\sqrt{ab}}\ln\left|\frac{\sqrt{a}e^{mx}-\sqrt{b}}{\sqrt{a}e^{mx}+\sqrt{b}}\right| \quad (a>0, b>0)$

$= \frac{1}{m\sqrt{ab}}\operatorname{artanh}\left(\sqrt{\frac{a}{b}}e^{mx}\right) \quad (a>0, b>0)$ [1]

1426. $\int xe^{-x^2} dx = -\frac{1}{2}e^{-x^2}$

1427. $\int \frac{e^{ax}}{b+ce^{ax}} dx = \frac{1}{ac}\ln(b+ce^{ax})$

1428. $\int \frac{xe^{ax}}{(1+ax)^2} dx = \frac{e^{ax}}{a^2(1+ax)}$

1429. $\int (a^x - a^{-x}) dx = \frac{a^x + a^{-x}}{\ln a}$

1430. $\int a^{px} dx = \frac{a^{px}}{p\ln a}$

（这里，积分式中的 a^{px} 可用 $a^{px} = e^{px\ln a}$ 代替）

1431. $\int xa^{px} dx = \frac{(px\ln a - 1)a^{px}}{(p\ln a)^2}$

1432. $\int x^2 a^{px} dx = \frac{x^3 a^{px}}{px\ln a}\left[1 - \frac{2}{px\ln a}\left(1 - \frac{1}{px\ln a}\right)\right]$

1433. $\int x^3 a^{px}\mathrm{d}x = \frac{x^4 a^{px}}{px\ln a}\left\{1-\frac{3}{px\ln a}\left[1-\frac{2}{px\ln a}\left(1-\frac{1}{px\ln a}\right)\right]\right\}$

1434. $\int x^m a^{px}\mathrm{d}x = \frac{x^{m+1} a^{px}}{px\ln a}\left(1-\frac{m}{px\ln a}\left\{1-\frac{m-1}{px\ln a}\left[1-\frac{m-2}{px\ln a}(1-\cdots)\right]\right\}\right)$ [2]

1435. $\int \frac{a^{px}}{\sqrt{x}}\mathrm{d}x = 2\sqrt{x}\left(1+\frac{px\ln a}{1\cdot 3}\left\{1+\frac{3px\ln a}{2\cdot 5}\left[1+\frac{5px\ln a}{3\cdot 7}(1+\cdots)\right]\right\}\right)$ [2]

1436. $\int \frac{a^{px}}{x}\mathrm{d}x = \ln x+\frac{px\ln a}{1\cdot 1}\left(1+\frac{px\ln a}{2\cdot 2}\left\{1+\frac{2px\ln a}{3\cdot 3}\left[1+\frac{3px\ln a}{4\cdot 4}(1+\cdots)\right]\right\}\right)$ [2]

1437. $\int \frac{a^{px}}{x^2}\mathrm{d}x = -\frac{a^{px}}{x}+p\ln a\int\frac{a^{px}}{x}\mathrm{d}x$

1438. $\int \frac{a^{px}}{x^3}\mathrm{d}x = -\frac{a^{px}}{2x^2}(1+px\ln a)+\frac{(p\ln a)^2}{2}\int\frac{a^{px}}{x}\mathrm{d}x$

1439. $\int \frac{a^{px}}{x^m}\mathrm{d}x = -\frac{a^{px}}{(m-1)x^{m-1}}\left\{1+\frac{px\ln a}{m-2}\left[1+\frac{px\ln a}{m-3}(1+\cdots+px\ln a)\right]\right\}$

$$+\frac{(p\ln a)^{m-1}}{(m-1)!}\int\frac{a^{px}}{x}\mathrm{d}x$$ [2]

1440. $\int \frac{\mathrm{d}x}{\sqrt{b+ca^{px}}} = \begin{cases}\frac{1}{p\ln a\sqrt{b}}\ln\frac{\sqrt{b+ca^{px}}-\sqrt{b}}{\sqrt{b+ca^{px}}+\sqrt{b}} & (b>0)\\ \frac{1}{p\ln a\sqrt{-b}}\arctan\frac{\sqrt{b+ca^{px}}}{\sqrt{-b}} & (b<0)\end{cases}$ [2]

1441. $\int \frac{\mathrm{d}x}{b+ca^{px}} = \frac{x}{b}-\frac{1}{bp\ln a}\ln(b+ca^{px})$

1442. $\int \frac{a^{px}}{b+ca^{px}}\mathrm{d}x = \frac{1}{cp\ln a}\ln(b+ca^{px})$

1443. $\int \frac{\mathrm{d}x}{ba^{px}+ca^{-px}} = \begin{cases}\frac{1}{p\ln a\sqrt{bc}}\arctan\left(a^{px}\sqrt{\frac{b}{c}}\right) & (bc>0)\\ \frac{1}{2p\ln a\sqrt{-bc}}\ln\frac{c+a^{px}\sqrt{-bc}}{c-a^{px}\sqrt{-bc}} & (bc<0)\end{cases}$ [2]

1444. $\int e^{ax}\sin bx\,\mathrm{d}x = \frac{e^{ax}}{a^2+b^2}(a\sin bx-b\cos bx)$

1445. $\int e^{ax}\cos bx\,\mathrm{d}x = \frac{e^{ax}}{a^2+b^2}(a\cos bx+b\sin bx)$

1446. $\int e^{ex}\sin bx\sin cx\,\mathrm{d}x = \frac{e^{ax}[(b-c)\sin(b-c)x+a\cos(b-c)x]}{2[a^2+(b+c)^2]}$

$$-\frac{e^{ax}[(b+c)\sin(b+c)x+a\cos(b+c)x]}{2[a^2+(b+c)^2]}$$

1447. $\int e^{ax}\sin bx\cos cx\,dx=\frac{e^{ax}[a\sin(b-c)x-(b-c)\cos(b-c)x]}{2[a^2+(b-c)^2]}$

$+\frac{e^{ax}[a\sin(b+c)x-(b+c)\cos(b+c)x]}{2[a^2+(b+c)^2]}$

1448. $\int e^{ax}\cos bx\cos cx\,dx=\frac{e^{ax}[(b-c)\sin(b-c)x+a\cos(b-c)x]}{2[a^2+(b-c)^2]}$

$+\frac{e^{ax}[(b+c)\sin(b+c)x+a\cos(b+c)x]}{2[a^2+(b+c)^2]}$

1449. $\int e^{ax}\sin bx\sin(bx+c)\,dx=\frac{e^{ax}\cos c}{2a}-\frac{e^{ax}[a\cos(2bx+c)+2b\sin(2bx+c)]}{2(a^2+4b^2)}$

1450. $\int e^{ax}\sin bx\cos(bx+c)\,dx=-\frac{e^{ax}\sin c}{2a}+\frac{e^{ax}[a\sin(2bx+c)-2b\cos(2bx+c)]}{2(a^2+4b^2)}$

1451. $\int e^{ax}\cos bx\cos(bx+c)\,dx=\frac{e^{ax}\cos c}{2a}+\frac{e^{ax}[a\cos(2bx+c)+2b\cos(2bx+c)]}{2(a^2+4b^2)}$

1452. $\int e^{ax}\cos bx\sin(bx+c)\,dx=\frac{e^{ax}\sin c}{2a}+\frac{e^{ax}[a\sin(2bx+c)-2b\cos(2bx+c)]}{2(a^2+4b^2)}$

1453. $\int e^{ax}\sin^n bx\,dx=\frac{1}{a^2+n^2b^2}[(a\sin bx-nb\cos bx)e^{ax}\sin^{n-1}bx$

$+n(n-1)b^2\int e^{ax}\sin^{n-2}bx\,dx]$

1454. $\int e^{ax}\cos^n bx\,dx=\frac{1}{a^2+n^2b^2}[(a\cos bx+nb\sin bx)e^{ax}\cos^{n-1}bx$

$+n(n-1)b^2\int e^{ax}\cos^{n-2}bx\,dx]$

1455. $\int\frac{e^{ax}}{\sin^n x}dx=-\frac{e^{ax}[a\sin x+(n-2)\cos x]}{(n-1)(n-2)\sin^{n-1}x}+\frac{a^2+(n-2)^2}{(n-1)(n-2)}\int\frac{e^{ax}}{\sin^{n-2}x}dx$

1456. $\int\frac{e^{ax}}{\cos^n x}dx=-\frac{e^{ax}[a\cos x-(n-2)\sin x]}{(n-1)(n-2)\cos^{n-1}x}+\frac{a^2+(n-2)^2}{(n-1)(n-2)}\int\frac{e^{ax}}{\cos^{n-2}x}dx$

1457. $\int x^m e^x\sin x\,dx=\frac{1}{2}x^m e^x(\sin x-\cos x)-\frac{m}{2}\int x^{m-1}e^x\sin x\,dx$

$+\frac{m}{2}\int x^{m-1}e^x\cos x\,dx$

1458. $\int x^m e^x\cos x\,dx=\frac{1}{2}x^m e^x(\sin x+\cos x)-\frac{m}{2}\int x^{m-1}e^x\sin x\,dx$

$-\frac{m}{2}\int x^{m-1}e^x\cos x\,dx$

1459. $\int xe^{ax}\sin bx\,dx=\frac{xe^{ax}}{a^2+b^2}(a\sin bx-b\cos bx)$

$-\frac{e^{ax}}{(a^2+b^2)^2}[(a^2-b^2)\sin bx-2ab\cos bx]$

1460. $\int x\mathrm{e}^{ax}\cos bx\,\mathrm{d}x=\frac{x\mathrm{e}^{ax}}{a^2+b^2}(a\cos bx+b\sin bx)$

$$-\frac{\mathrm{e}^{ax}}{(a^2+b^2)^2}[(a^2-b^2)\cos bx+2ab\sin bx]$$

1461. $\int x^m\mathrm{e}^{ax}\sin bx\,\mathrm{d}x=x^m\mathrm{e}^{ax}\frac{a\sin bx-b\cos bx}{a^2+b^2}$

$$-\frac{m}{a^2+b^2}\int x^{m-1}\mathrm{e}^{ax}(a\sin bx-b\cos bx)\mathrm{d}x$$

1462. $\int x^m\mathrm{e}^{ax}\cos bx\,\mathrm{d}x=x^m\mathrm{e}^{ax}\frac{a\cos bx+b\sin bx}{a^2+b^2}$

$$-\frac{m}{a^2+b^2}\int x^{m-1}\mathrm{e}^{ax}(a\cos bx+b\sin bx)\mathrm{d}x$$

1463. $\int \mathrm{e}^{ax}\cos^m x\sin^n x\,\mathrm{d}x=\frac{\mathrm{e}^{ax}\cos^{m-1}x\sin^n x[a\cos x+(m+n)\sin x]}{(m+n)^2+a^2}$

$$-\frac{na}{(m+n)^2+a^2}\int \mathrm{e}^{ax}\cos^{m-1}x\sin^{n-1}x\,\mathrm{d}x$$

$$+\frac{(m-1)(m+n)}{(m+n)^2+a^2}\int \mathrm{e}^{ax}\cos^{m-2}x\sin^n x\,\mathrm{d}x$$

$$=\frac{\mathrm{e}^{ax}\cos^m x\sin^{n-1}x[a\sin x-(m+n)\cos x]}{(m+n)^2+a^2}$$

$$+\frac{ma}{(m+n)^2+a^2}\int \mathrm{e}^{ax}\sin^{m-1}x\sin^{n-1}x\,\mathrm{d}x$$

$$+\frac{(n-1)(m+n)}{(m+n)^2+a^2}\int \mathrm{e}^{ax}\cos^m x\sin^{n-2}x\,\mathrm{d}x$$

$$=\frac{\mathrm{e}^{ax}\cos^{m-1}x\sin^{n-1}x(a\sin x\cos x+m\sin^2x-n\cos^2x)}{(m+n)^2+a^2}$$

$$+\frac{m(m-1)}{(m+n)^2+a^2}\int \mathrm{e}^{ax}\cos^{m-2}x\sin^n x\,\mathrm{d}x$$

$$+\frac{n(n-1)}{(m+n)^2+a^2}\int \mathrm{e}^{ax}\cos^m x\sin^{n-2}x\,\mathrm{d}x$$

$$=\frac{\mathrm{e}^{ax}\cos^{m-1}x\sin^{n-1}x(a\sin x\cos x+m\sin^2x-n\cos^2x)}{(m+n)^2+a^2}$$

$$+\frac{m(m-1)}{(m+n)^2+a^2}\int \mathrm{e}^{ax}\cos^{m-2}x\sin^{n-2}x\,\mathrm{d}x$$

$$+\frac{(n-m)(n+m-1)}{(m+n)^2+a^2}\int \mathrm{e}^{ax}\cos^m x\sin^{n-2}x\,\mathrm{d}x$$ [1]

1464. $\int \mathrm{e}^{ax}\tan x\,\mathrm{d}x=\frac{\mathrm{e}^{ax}}{a}\tan x-\frac{1}{a}\int\frac{\mathrm{e}^{ax}}{\cos^2x}\mathrm{d}x$

1465. $\int \mathrm{e}^{ax}\tan^2 x\,\mathrm{d}x=\frac{\mathrm{e}^{ax}}{a}(a\tan x-1)-a\int \mathrm{e}^{ax}\tan x\,\mathrm{d}x$

1466. $\int e^{ax}\tan^n x\,dx = \frac{e^{ax}}{n-1}\tan^{n-1}x - \frac{a}{n-1}\int e^{ax}\tan^{n-1}x\,dx - \int e^{ax}\tan^{n-2}x\,dx$

1467. $\int e^{ax}\cot x\,dx = \frac{e^{ax}}{a}\cot x + \frac{1}{a}\int \frac{e^{ax}}{\sin^2 x}dx$

1468. $\int e^{ax}\cot^2 x\,dx = -\frac{e^{ax}}{a}(a\cot x + 1) + a\int e^{ax}\cot x\,dx$

1469. $\int e^{ax}\cot^n x\,dx = -\frac{e^{ax}}{n-1}\cot^{n-1}x + \frac{a}{n-1}\int e^{ax}\cot^{n-1}x\,dx - \int e^{ax}\cot^{n-2}x\,dx$

Ⅰ.1.4.3 双曲函数的积分

1470. $\int \sinh ax\,dx = \frac{\cosh ax}{a}$

1471. $\int \sinh^2 ax\,dx = \frac{\sinh 2ax}{4a} - \frac{x}{2}$ [1]

1472. $\int \sinh^3 x\,dx = -\frac{3}{4}\cosh x + \frac{1}{12}\cosh 3x = \frac{1}{3}\cosh^3 x - \cosh x$

1473. $\int \sinh^4 x\,dx = \frac{3}{8}x - \frac{3}{8}\sinh x\cosh x + \frac{1}{4}\sinh^3 x\cosh x$

1474. $\int \sinh^n ax\,dx = \frac{\sinh^{n-1}ax\cosh ax}{na} - \frac{n-1}{n}\int \sinh^{n-2}ax\,dx$ [2]

1475. $\int \sinh^{2n}x\,dx = (-1)^n\binom{2n}{n}\frac{x}{2^{2n}} + \frac{1}{2^{2n-1}}\sum_{k=0}^{n-1}(-1)^k\binom{2n}{k}\frac{\sinh(2n-2k)x}{2n-2k}$ [3]

1476. $\int \sinh^{2n+1}x\,dx = \frac{1}{2^{2n}}\sum_{k=0}^{n}(-1)^k\binom{2n+1}{k}\frac{\cosh(2n-2k+1)x}{2n-2k+1}$ [3]

1477. $\int \frac{dx}{\sinh ax} = \frac{1}{a}\ln\left(\tanh\frac{ax}{2}\right)$

1478. $\int \frac{dx}{\sinh^2 ax} = -\frac{1}{a}\coth ax$

1479. $\int \frac{dx}{\sinh^3 x} = -\frac{\cosh x}{2\sinh^2 x} - \frac{1}{2}\ln\left|\tanh\frac{x}{2}\right|$

1480. $\int \frac{dx}{\sinh^4 x} = -\frac{1}{3}\coth^3 x + \coth x$

1481. $\int \frac{dx}{\sinh^n ax} = -\frac{\cosh ax}{(n-1)a\sinh^{n-1}ax} - \frac{n-2}{n-1}\int \frac{dx}{\sinh^{n-2}ax}\quad (n \neq 1)$

1482. $\int \frac{dx}{\sinh^{2n}x} = \frac{\cosh x}{2n-1}\Big[-\operatorname{csch}^{2n-1}x$

$$+\sum_{k=1}^{n-1}(-1)^{k-1}\frac{2^k(n-1)(n-2)\cdots(n-k)}{(2n-3)(2n-5)\cdots(2n-2k-1)}\operatorname{csch}^{2n-2k-1}x\Bigg]$$

[3][16]

1483. $$\int\frac{dx}{\sinh^{2n+1}x}=\frac{\cosh x}{2n}\Bigg[-\operatorname{csch}^{2n}x+\sum_{k=1}^{n-1}(-1)^{k-1}\frac{(2n-1)(2n-3)\cdots(2n-2k+1)}{2^k(n-1)(n-2)\cdots(n-k)}\operatorname{csch}^{2n-2k}x\Bigg]+(-1)^n\frac{(2n-1)!!}{(2n)!!}\ln\left|\tanh\frac{x}{2}\right|$$ [3][16]

1484. $$\int\frac{x}{\sinh^n ax}dx=-\frac{x\cosh ax}{(n-1)a\sinh^{n-1}ax}-\frac{1}{(n-1)(n-2)a^2\sinh^{n-2}ax}-\frac{n-2}{n-1}\int\frac{x}{\sinh^{n-2}ax}dx\quad(n\neq 1,2)$$

1485. $$\int\cosh ax\,dx=\frac{\sinh ax}{a}$$

1486. $$\int\cosh^2 ax\,dx=\frac{\sinh 2ax}{4a}+\frac{x}{2}$$

1487. $$\int\cosh^3 x\,dx=\frac{3}{4}\sinh x+\frac{1}{12}\sinh 3x=\frac{1}{3}\sinh^3 x+\sinh x$$

1488. $$\int\cosh^4 x\,dx=\frac{3}{8}x+\frac{3}{8}\sinh x\cosh x+\frac{1}{4}\sinh x\cosh^3 x$$

1489. $$\int\cosh^n ax\,dx=\frac{\cosh^{n-1}ax\sinh ax}{na}+\frac{n-1}{n}\int\cosh^{n-2}ax\,dx$$

1490. $$\int\cosh^{2n}x\,dx=\binom{2n}{n}\frac{x}{2^{2n}}+\frac{1}{2^{2n-1}}\sum_{k=0}^{n-1}\binom{2n}{k}\frac{\sinh(2n-2k)x}{2n-2k}$$ [3]

1491. $$\int\cosh^{2n+1}x\,dx=\frac{1}{2^{2n}}\sum_{k=0}^{n}\binom{2n+1}{k}\frac{\sinh(2n-2k+1)x}{2n-2k+1}$$ [3]

1492. $$\int\frac{dx}{\cosh ax}=\frac{\arctan(\sinh ax)}{a}$$

1493. $$\int\frac{dx}{\cosh^2 ax}=\frac{\tanh ax}{a}$$

1494. $$\int\frac{dx}{\cosh^3 x}=-\frac{\sinh x}{2\cosh^2 x}+\frac{1}{2}\arctan(\sinh x)$$

1495. $$\int\frac{dx}{\cosh^4 x}=-\frac{1}{3}\tanh^3 x+\tanh x$$

1496. $$\int\frac{dx}{\cosh^n ax}=\frac{\sinh ax}{(n-1)a\cosh^{n-1}ax}+\frac{n-2}{n-1}\int\frac{dx}{\cosh^{n-2}ax}\quad(n\neq 1)$$

1497. $$\int\frac{dx}{\cosh^{2n}x}=\frac{\sinh x}{2n-1}\Bigg[\operatorname{sech}^{2n-1}x$$

$$+\sum_{k=1}^{n-1}\frac{2^k(n-1)(n-2)\cdots(n-k)}{(2n-3)(2n-5)\cdots(2n-2k-1)}\operatorname{sech}^{2n-2k-1}x\Bigg]$$ [3][16]

1498. $$\int\frac{dx}{\cosh^{2n+1}x}=\frac{\sinh x}{2n}\Bigg[\operatorname{sech}^{2n}x+\sum_{k=1}^{n-1}\frac{(2n-1)(2n-3)\cdots(2n-2k+1)}{2^k(n-1)(n-2)\cdots(n-k)}\operatorname{sech}^{2n-2k}x\Bigg]+\frac{(2n-1)!!}{(2n)!!}\arctan(\sinh x)$$ [3][16]

1499. $$\int\frac{x}{\cosh^n ax}dx=\frac{x\sinh ax}{(n-1)a\cosh^{n-1}ax}+\frac{1}{(n-1)(n-2)a^2\cosh^{n-2}ax}+\frac{n-2}{n-1}\int\frac{x}{\cosh^{n-2}ax}dx\quad(n\neq 1,2)$$

1500. $$\int\tanh ax\,dx=\frac{\ln(\cosh ax)}{a}$$

1501. $$\int\tanh^2 ax\,dx=x-\frac{\tanh ax}{a}$$

1502. $$\int\tanh^n ax\,dx=-\frac{\tanh^{n-1}ax}{(n-1)a}+\int(\tanh^{n-2}ax)dx\quad(n\neq 1)$$

1503. $$\int\coth ax\,dx=\frac{\ln(\sinh ax)}{a}$$

1504. $$\int\coth^2 ax\,dx=x-\frac{\coth ax}{a}$$

1505. $$\int\coth^n ax\,dx=-\frac{\coth^{n-1}ax}{(n-1)a}+\int\coth^{n-2}ax\,dx\quad(n\neq 1)$$

1506. $$\int\operatorname{sech}x\,dx=\arctan(\sinh x)$$

1507. $$\int\operatorname{sech}^2 x\,dx=\tanh x$$

1508. $$\int\operatorname{csch}x\,dx=\ln\left|\tanh\frac{x}{2}\right|$$

1509. $$\int\operatorname{csch}^2 x\,dx=-\coth x$$

1510. $$\int\operatorname{sech}x\tanh x\,dx=-\operatorname{sech}x$$

1511. $$\int\operatorname{csch}x\coth x\,dx=-\operatorname{csch}x$$

1512. $$\int\sinh ax\cosh ax\,dx=\frac{\sinh^2 ax}{2a}$$

1513. $$\int\sinh^2 ax\cosh^2 ax\,dx=\frac{\sinh 4ax}{32a}-\frac{x}{8}$$

1514. $\int \sinh^n ax \cosh ax \, dx = \frac{\sinh^{n+1} ax}{(n+1)a} \quad (n \neq -1)$

1515. $\int \sinh ax \cosh^n ax \, dx = \frac{\cosh^{n+1} ax}{(n+1)a} \quad (n \neq -1)$

1516. $\int \frac{\sinh^2 ax}{\cosh ax} dx = \frac{1}{a}[\sinh ax - \arctan(\sinh ax)]$

1517. $\int \frac{\cosh^2 ax}{\sinh ax} dx = \frac{1}{a}\left(\cosh ax + \ln\left|\tanh\frac{ax}{2}\right|\right)$

1518. $\int \frac{\sinh ax}{\cosh^n ax} dx = -\frac{1}{(n-1)a\cosh^{(n-1)} ax} \quad (n \neq 1)$

1519. $\int \frac{\cosh ax}{\sinh^n ax} dx = -\frac{1}{(n-1)a\sinh^{(n-1)} ax} \quad (n \neq 1)$

1520. $\int \frac{dx}{\sinh ax \cosh ax} = \frac{1}{a}\ln|\tanh ax|$

1521. $\int \frac{dx}{\sinh^2 ax \cosh ax} = -\frac{1}{a}[\tan(\sinh ax) + \operatorname{csch} ax]$

1522. $\int \frac{dx}{\sinh ax \cosh^2 ax} = \frac{1}{a}\left(\ln\left|\tanh\frac{ax}{2}\right| + \operatorname{sech} ax\right)$

1523. $\int \frac{dx}{\sinh^2 ax \cosh^2 ax} = -\frac{2}{a}\coth 2ax$

1524. $\int \sinh mx \sinh nx \, dx = \frac{\sinh(m+n)x}{2(m+n)} - \frac{\sinh(m-n)x}{2(m-n)} \quad (m^2 \neq n^2)$

1525. $\int \cosh mx \cosh nx \, dx = \frac{\sinh(m+n)x}{2(m+n)} + \frac{\sinh(m-n)x}{2(m-n)} \quad (m^2 \neq n^2)$

1526. $\int \sinh mx \cosh nx \, dx = \frac{\cosh(m+n)x}{2(m+n)} + \frac{\cosh(m-n)x}{2(m-n)} \quad (m^2 \neq n^2)$

1527. $\int \sinh ax \sin bx \, dx = \frac{1}{a^2+b^2}(a \cosh ax \sin bx - b \sinh ax \cos bx)$

1528. $\int \sinh ax \cos bx \, dx = \frac{1}{a^2+b^2}(a \cosh ax \cos bx + b \sinh ax \sin bx)$

1529. $\int \cosh ax \sin bx \, dx = \frac{1}{a^2+b^2}(a \sinh ax \sin bx - b \cosh ax \cos bx)$

1530. $\int \cosh ax \cos bx \, dx = \frac{1}{a^2+b^2}(a \sinh ax \cos bx + b \cosh ax \sin bx)$

1531. $\int \sinh^2 x \cosh^2 x \, dx = -\frac{x}{8} + \frac{1}{32}\sinh 4x$

1532. $\int \sinh^3 x \cosh^2 x \, dx = \frac{1}{5}\left(\sinh^2 x - \frac{2}{3}\right)\cosh^3 x$

1533. $\int \sinh^2 x \cosh^3 x \, dx = \frac{1}{5}\left(\cosh^2 x + \frac{2}{3}\right)\sinh^3 x$

1534. $\int \sinh^3 x \cosh^3 x \mathrm{d}x = -\frac{3}{64}\cosh 2x + \frac{1}{192}\cosh 6x = \frac{1}{6}\cosh^6 x - \frac{1}{4}\cosh^4 x$

1535. $\int \sinh^m x \cosh^n x \mathrm{d}x$

$$= \frac{\sinh^{m+1} x \cosh^{n-1} x}{m+n} + \frac{n-1}{m+n}\int \sinh^m x \cosh^{n-2} x \mathrm{d}x \quad (m+n \neq 0)$$

$$= \frac{\sinh^{m-1} x \cosh^{n+1} x}{m+n} - \frac{m-1}{m+n}\int \sinh^{m-2} x \cosh^n x \mathrm{d}x \quad (m+n \neq 0)$$ [1]

1536. $\int \sinh^p x \cosh^q x \mathrm{d}x$

$$= \frac{\sinh^{p+1} x \cosh^{q-1} x}{p+q} + \frac{q-1}{p+q}\int \sinh^p x \cosh^{q-2} x \mathrm{d}x \quad (p+q \neq 0)$$

$$= \frac{\sinh^{p-1} x \cosh^{q+1} x}{p+q} - \frac{p-1}{p+q}\int \sinh^{p-2} x \cosh^q x \mathrm{d}x \quad (p+q \neq 0)$$ [3][16]

（这里，p，q 可以是除负整数外的任何实数）

1537. $\int \sinh^p x \cosh^{2n} x \mathrm{d}x$

$$= \frac{\sinh^{p+1} x}{2n+p}\left[\cosh^{2n-1} x + \sum_{k=1}^{n-1} \frac{(2n-1)(2n-3)\cdots(2n-2k+1)}{(2n+p-2)(2n+p-4)\cdots(2n+p-2k)}\cosh^{2n-2k-1} x\right] + \frac{(2n-1)!!}{(2n+p)(2n+p-2)\cdots(p+2)}\int \sinh^p x \mathrm{d}x$$ [3][16]

［这里，p 可以是除负偶数$(-2,-4,\cdots,-2n)$ 外的任何实数］

1538. $\int \sinh^p x \cosh^{2n+1} x \mathrm{d}x$

$$= \frac{\sinh^{p+1} x}{2n+p+1}\left[\cosh^{2n} x + \sum_{k=1}^{n} \frac{2^k n(n-1)\cdots(n-k+1)\cosh^{2n-2k} x}{(2n+p-1)(2n+p-3)\cdots(2n+p-2k+1)}\right]$$ [3][16]

{这里，p 可以是除负奇数$[-1,-3,\cdots,-(2n+1)]$ 外的任何实数}

1539. $\int \cosh^p x \sinh^{2n} x \mathrm{d}x$

$$= \frac{\cosh^{p+1} x}{2n+p}\left[\sinh^{2n-1} x + \sum_{k=1}^{n-1} (-1)^k \frac{(2n-1)(2n-3)\cdots(2n-2k+1)\sinh^{2n-2k-1} x}{(2n+p-2)(2n+p-4)\cdots(2n+p-2k)}\right] + (-1)^n \frac{(2n-1)!!}{(2n+p)(2n+p-2)\cdots(p+2)}\int \cosh^p x \mathrm{d}x$$ [3][16]

[这里,p 可以是除负偶数$(-2,-4,\cdots,-2n)$外的任何实数]

1540. $\int \cosh^p x \sinh^{2n+1} x \mathrm{d}x$

$$= \frac{\cosh^{p+1} x}{2n+p+1}\Big[\sinh^{2n} x + \sum_{k=1}^{n}(-1)^k \frac{2^k n(n-1)\cdots(n-k+1)\sinh^{2n-2k} x}{(2n+p-1)(2n+p-3)\cdots(2n+p-2k+1)}\Big]$$

[3][16]

{这里,p 可以是除负奇数$[-1,-3,\cdots,-(2n+1)]$外的任何实数}

1541. $\int \frac{\sinh^p x}{\cosh^{2n} x}\mathrm{d}x$

$$= \frac{\sinh^{p+1} x}{2n-1}\Big[\operatorname{sech}^{2n-1} x + \sum_{k=1}^{n-1}\frac{(2n-p-2)(2n-p-4)\cdots(2n-p-2k)}{(2n-3)(2n-5)\cdots(2n-2k-1)}\operatorname{sech}^{2n-2k-1} x\Big] + \frac{(2n-p-2)(2n-p-4)\cdots(2-p)(-p)}{(2n-1)!!}\int \sinh^p x \mathrm{d}x$$

[3][16]

(这里,p 为任何实数)

1542. $\int \frac{\sinh^p x}{\cosh^{2n+1} x}\mathrm{d}x$

$$= \frac{\sinh^{p+1} x}{2n}\Big[\operatorname{sech}^{2n} x + \sum_{k=1}^{n-1}\frac{(2n-p-1)(2n-p-3)\cdots(2n-p-2k+1)}{2^k(n-1)(n-2)\cdots(n-k)}\operatorname{sech}^{2n-2k} x\Big] + \frac{(2n-p-1)(2n-p-3)\cdots(3-p)(1-p)}{2^n n!}\int \frac{\sinh^p x}{\cosh x}\mathrm{d}x$$

[3][16]

(这里,p 为任何实数)

1543. $\int \frac{\sinh x}{\cosh x}\mathrm{d}x = \ln(\cosh x)$

1544. $\int \frac{\sinh^2 x}{\cosh^2 x}\mathrm{d}x = x - \tanh x$

1545. $\int \frac{\sinh^3 x}{\cosh^2 x}\mathrm{d}x = \cosh x + \frac{1}{\cosh x}$

1546. $\int \frac{\sinh^2 x}{\cosh^3 x}\mathrm{d}x = -\frac{\sinh x}{2\cosh^2 x} + \frac{1}{2}\arctan(\sinh x)$

1547. $\int \frac{\sinh^3 x}{\cosh^3 x}\mathrm{d}x = \frac{1}{2\cosh^2 x} + \ln(\cosh x) = -\frac{1}{2}\tanh^2 x + \ln(\cosh x)$

1548. $\int \frac{\sinh^{2n+1} x}{\cosh x}\mathrm{d}x = \sum_{k=1}^{n}\frac{(-1)^{n+k}}{2k}\sinh^{2k} x + (-1)^n \ln(\cosh x) \quad (n \geqslant 1)$ [3][16]

1549. $\int \frac{\sinh^{2n}x}{\cosh x}dx = \sum_{k=1}^{n} \frac{(-1)^{n+k}}{2k-1}\sinh^{2k-1}x + (-1)^n \arctan(\sinh x)$
$(n \geqslant 1)$ [3][16]

1550. $\int \frac{\sinh^{2n+1}}{\cosh^m x}dx = \sum_{\substack{k=0\\ k\neq\frac{m-1}{2}}}^{n} (-1)^{n+k}\binom{n}{k}\frac{\cosh^{2k-m+1}x}{2k-m+1}$

$$+ s(-1)^{n+\frac{m-1}{2}}\left(\begin{array}{c} n \\ \frac{m-1}{2}\end{array}\right)\ln(\cosh x)$$ [3]

(这里,m 为奇数并且 $m < 2n+1$ 时,$s=1$;其他情况,$s=0$)

1551. $\int \frac{\cosh x}{\sinh x}dx = \ln|\sinh x|$

1552. $\int \frac{\cosh^2 x}{\sinh^2 x}dx = x - \coth x$

1553. $\int \frac{\cosh^3 x}{\sinh^2 x}dx = \sinh x - \frac{1}{\sinh x}$

1554. $\int \frac{\cosh^2 x}{\sinh^3 x}dx = -\frac{\cosh x}{2\sinh^2 x} + \ln\left|\tanh\frac{x}{2}\right|$

1555. $\int \frac{\cosh^3 x}{\sinh^3 x}dx = -\frac{1}{2\sinh^2 x} + \ln|\sinh x| = -\frac{1}{2}\coth^2 x + \ln|\sinh x|$

1556. $\int \frac{\cosh^{2n}x}{\sinh x}dx = \sum_{k=1}^{n}\frac{\cosh^{2k-1}x}{2k-1} + \ln\left|\tanh\frac{x}{2}\right|$ [3][16]

1557. $\int \frac{\cosh^{2n+1}x}{\sinh x}dx = \sum_{k=1}^{n}\frac{\cosh^{2k}x}{2k} + \ln|\sinh x|$ [3][16]

1558. $\int \frac{\cosh^{2n+1}x}{\sinh^m x}dx = \sum_{\substack{k=0\\ k\neq\frac{m-1}{2}}}^{n}\binom{n}{k}\frac{\sinh^{2k-m+1}x}{2k-m+1} + s\left(\begin{array}{c} n \\ \frac{m-1}{2}\end{array}\right)\ln|\sinh x|$ [3]

(这里,m 为奇数并且 $m < 2n+1$ 时,$s=1$;其他情况,$s=0$)

1559. $\int \frac{dx}{\sinh x\cosh x} = \ln|\tanh x|$

1560. $\int \frac{dx}{\sinh^2 x\cosh x} = -\frac{1}{\sinh x} - \arctan(\sinh x)$

1561. $\int \frac{dx}{\sinh^2 x\cosh^2 x} = -2\coth 2x$

1562. $\int \frac{dx}{\sinh^3 x\cosh x} = -\frac{1}{2\sinh^2 x} - \ln|\tanh x| = -\frac{1}{2}\coth^2 x + \ln|\coth x|$

1563. $\int \frac{dx}{\sinh^3 x\cosh^2 x} = -\frac{1}{\cosh x} - \frac{\cosh x}{2\sinh^2 x} - \frac{3}{2}\ln\left|\tanh\frac{x}{2}\right|$

1564. $\int \frac{\mathrm{d}x}{\sinh^3 x\cosh^3 x} = -\frac{2\cosh 2x}{\sinh^2 2x} - 2\ln|\tanh x|$

$$= \frac{1}{2}\tanh^2 x - \frac{1}{2}\coth^2 x - 2\ln|\tanh x|$$

1565. $\int \frac{\mathrm{d}x}{\sinh x\cosh^{2n} x} = \sum_{k=1}^{n} \frac{\operatorname{sech}^{2n-2k+1} x}{2n-2k+1} + \ln\left|\tanh \frac{x}{2}\right|$ [3][16]

1566. $\int \frac{\mathrm{d}x}{\sinh x\cosh^{2n+1} x} = \sum_{k=1}^{n} \frac{\operatorname{sech}^{2n-2k+2} x}{2n-2k+2} + \ln|\tanh x|$ [3][16]

1567. $\int \frac{\mathrm{d}x}{\sinh^{2m} x\cosh^{2n} x} = \sum_{k=0}^{m+n-1} \frac{(-1)^{k+1}}{2n-2k-1}\binom{m+n-1}{k}\tanh^{2k-2m+1} x$ [3][16]

1568. $\int \frac{\mathrm{d}x}{\sinh^{2m+1} x\cosh^{2n+1} x} = \sum_{\substack{k=0\\k\neq m}}^{m+n} \frac{(-1)^{k+1}}{2n-2k}\binom{m+n}{k}\tanh^{2k-2m} x$

$$+ (-1)^m\binom{m+n}{m}\ln|\tanh x|$$ [3][16]

1569. $\int \sinh(ax+b)\sinh(cx+d)\,\mathrm{d}x = \frac{1}{2(a+c)}\sinh[(a+c)x+b+d]$

$$-\frac{1}{2(a-c)}\sinh[(a-c)x+b-d]$$

$(a^2 \neq c^2)$

1570. $\int \sinh(ax+b)\cosh(cx+d)\,\mathrm{d}x = \frac{1}{2(a+c)}\cosh[(a+c)x+b+d]$

$$+\frac{1}{2(a-c)}\cosh[(a-c)x+b-d]$$

$(a^2 \neq c^2)$

1571. $\int \cosh(ax+b)\cosh(cx+d)\,\mathrm{d}x = \frac{1}{2(a+c)}\sinh[(a+c)x+b+d]$

$$+\frac{1}{2(a-c)}\sinh[(a-c)x+b-d]$$

$(a^2 \neq c^2)$

1572. $\int \sinh(ax+b)\sinh(ax+d)\,\mathrm{d}x = -\frac{x}{2}\cosh(b-d) + \frac{1}{4a}\sinh(2ax+b+d)$

1573. $\int \sinh(ax+b)\cosh(ax+d)\,\mathrm{d}x = \frac{x}{2}\sinh(b-d) + \frac{1}{4a}\cosh(2ax+b+d)$

1574. $\int \cosh(ax+b)\cosh(ax+d)\,\mathrm{d}x = \frac{x}{2}\cosh(b-d) + \frac{1}{4a}\sinh(2ax+b+d)$

1575. $\int \frac{\sinh(2n+1)x}{\sinh x}\mathrm{d}x = 2\sum_{k=0}^{n-1} \frac{\sinh(2n-2k)x}{2n-2k} + x$ [3]

1576. $\int \frac{\sinh 2nx}{\sinh x}\mathrm{d}x = 2\sum_{k=0}^{n-1}\frac{\sinh(2n-2k-1)x}{2n-2k-1}$ [3]

1577. $\int \frac{\cosh(2n+1)x}{\sinh x}\mathrm{d}x = 2\sum_{k=0}^{n-1}\frac{\cosh(2n-2k)x}{2n-2k}+\ln|\sinh x|$ [3]

1578. $\int \frac{\cosh 2nx}{\sinh x}\mathrm{d}x = 2\sum_{k=0}^{n-1}\frac{\cosh(2n-2k-1)x}{2n-2k-1}+\ln\left|\tanh\frac{x}{2}\right|$ [3]

1579. $\int \frac{\sinh(2n+1)x}{\cosh x}\mathrm{d}x = 2\sum_{k=0}^{n-1}(-1)^k\frac{\cosh(2n-2k)x}{2n-2k}+(-1)^n\ln(\cosh x)$ [3]

1580. $\int \frac{\sinh 2nx}{\cosh x}\mathrm{d}x = 2\sum_{k=0}^{n-1}(-1)^k\frac{\cosh(2n-2k-1)x}{2n-2k-1}$ [3]

1581. $\int \frac{\cosh(2n+1)x}{\cosh x}\mathrm{d}x = 2\sum_{k=0}^{n-1}(-1)^k\frac{\sinh(2n-2k)x}{2n-2k}+(-1)^n x$ [3]

1582. $\int \frac{\cosh 2nx}{\cosh x}\mathrm{d}x = 2\sum_{k=0}^{n-1}(-1)^k\frac{\sinh(2n-2k-1)x}{2n-2k-1}+(-1)^n\arcsin(\tanh x)$ [3]

1583. $\int \frac{\sinh 2x}{\sinh^n x}\mathrm{d}x = -\frac{2}{(n-2)\sinh^{n-2}x}$

1584. $\int \frac{\sinh 2x}{\cosh^n x}\mathrm{d}x = -\frac{2}{(n-2)\cosh^{n-2}x}$

1585. $$\int \frac{\mathrm{d}x}{a+b\sinh x} = \frac{1}{\sqrt{a^2+b^2}}\ln\left|\frac{a\tanh\frac{x}{2}-b+\sqrt{a^2+b^2}}{a\tanh\frac{x}{2}-b-\sqrt{a^2+b^2}}\right|$$

$$= \frac{2}{\sqrt{a^2+b^2}}\operatorname{artanh}\frac{a\tanh\frac{x}{2}-b}{\sqrt{a^2+b^2}}$$ [3]

1586. $$\int \frac{\mathrm{d}x}{a+b\cosh x} = \pm\frac{1}{\sqrt{b^2-a^2}}\arcsin\frac{b+a\cosh x}{a+b\cosh x}\quad(b^2>a^2)$$

$$= \frac{1}{\sqrt{a^2-b^2}}\ln\frac{a+b+\sqrt{a^2-b^2}\tanh\frac{x}{2}}{a+b-\sqrt{a^2-b^2}\tanh\frac{x}{2}}\quad(a^2>b^2)$$ [16]

1587. $$\int \frac{\sinh x}{a\cosh x+b\sinh x}\mathrm{d}x = \begin{cases} \dfrac{a\ln\left[\cosh\left(x+\operatorname{artanh}\dfrac{b}{a}\right)\right]-bx}{a^2-b^2} & (a>|b|) \\ -\dfrac{a\ln\left|\sinh\left(x+\operatorname{artanh}\dfrac{a}{b}\right)\right|-bx}{b^2-a^2} & (b>|a|) \end{cases}$$

[3]

1588. $$\int \frac{\cosh x}{a\cosh x + b\sinh x}\mathrm{d}x = \begin{cases} -\dfrac{b\ln\left[\cosh\left(x + \operatorname{artanh}\dfrac{b}{a}\right)\right] - ax}{a^2 - b^2} & (a > |b|) \\ \dfrac{b\ln\left|\sinh\left(x + \operatorname{artanh}\dfrac{a}{b}\right)\right| - ax}{b^2 - a^2} & (b > |a|) \end{cases}$$

[3]

1589. $$\int \frac{\sinh ax}{\cosh ax \pm 1}\mathrm{d}x = \frac{1}{a}\ln(\cosh ax \pm 1)$$

1590. $$\int \frac{\cosh ax}{1 \pm \sinh ax}\mathrm{d}x = \pm\frac{1}{a}\ln|1 \pm \sinh ax|$$

1591. $$\int \frac{\mathrm{d}x}{\cosh x + \sinh x} = -\mathrm{e}^{-x} = \sinh x - \cosh x$$

1592. $$\int \frac{\mathrm{d}x}{\cosh x - \sinh x} = \mathrm{e}^{x} = \sinh x + \cosh x$$

1593. $$\int \frac{\sinh x}{\cosh x + \sinh x}\mathrm{d}x = \frac{x}{2} + \frac{1}{4}\mathrm{e}^{-2x}$$

1594. $$\int \frac{\sinh x}{\cosh x - \sinh x}\mathrm{d}x = -\frac{x}{2} + \frac{1}{4}\mathrm{e}^{2x}$$

1595. $$\int \frac{\cosh x}{\cosh x + \sinh x}\mathrm{d}x = \frac{x}{2} - \frac{1}{4}\mathrm{e}^{-2x}$$

1596. $$\int \frac{\cosh x}{\cosh x - \sinh x}\mathrm{d}x = \frac{x}{2} + \frac{1}{4}\mathrm{e}^{2x}$$

1597. $$\int \frac{\mathrm{d}x}{a\cosh x + b\sinh x} = \begin{cases} \dfrac{1}{\sqrt{a^2 - b^2}}\arctan\left|\sinh\left(x + \operatorname{artanh}\dfrac{b}{a}\right)\right| & (a > |b|) \\ \dfrac{1}{\sqrt{b^2 - a^2}}\ln\left|\tanh\dfrac{x + \operatorname{artanh}\dfrac{a}{b}}{2}\right| & (b > |a|) \end{cases}$$

[3]

1598. $$\int \frac{\mathrm{d}x}{a + b\cosh x + c\sinh x}$$

$$
=\begin{cases}\dfrac{2}{\sqrt{b^2-a^2-c^2}}\arctan\dfrac{(b-a)\tanh\dfrac{x}{2}+c}{\sqrt{b^2-a^2-c^2}} & (b^2>a^2+c^2, a\neq b)\\ \dfrac{1}{\sqrt{a^2-b^2+c^2}}\ln\left|\dfrac{(a-b)\tanh\dfrac{x}{2}-c+\sqrt{a^2-b^2+c^2}}{(a-b)\tanh\dfrac{x}{2}-c-\sqrt{a^2-b^2+c^2}}\right| \\ \quad (b^2<a^2+c^2, a\neq b) \\ \dfrac{1}{c}\ln\left|a+c\tanh\dfrac{x}{2}\right| & (a=b, c\neq 0)\\ \dfrac{2}{(a-b)\tanh\dfrac{x}{2}+c} & (b^2=a^2+c^2)\end{cases} \quad [3]
$$

1599. $\int\dfrac{\mathrm{d}x}{a+b\sinh^2 x}$

$$
=\begin{cases}\dfrac{1}{\sqrt{a(b-a)}}\arctan\left(\sqrt{\dfrac{b}{a}-1}\tanh x\right) & \left(\dfrac{b}{a}>1\right)\\ \dfrac{1}{\sqrt{a(a-b)}}\operatorname{artanh}\left(\sqrt{1-\dfrac{b}{a}}\tanh x\right) \\ \quad \left(0<\dfrac{b}{a}<1,\text{或}\dfrac{b}{a}<0\text{ 且 }\sinh^2 x<-\dfrac{a}{b}\right) \\ \dfrac{1}{\sqrt{a(a-b)}}\operatorname{arcoth}\left(\sqrt{1-\dfrac{b}{a}}\tanh x\right) & \left(\dfrac{b}{a}<0\text{ 且 }\sinh^2 x>-\dfrac{a}{b}\right)\end{cases} \quad [3]
$$

1600. $\int\dfrac{\mathrm{d}x}{a+b\cosh^2 x}$

$$
=\begin{cases}\dfrac{1}{\sqrt{-a(a+b)}}\arctan\left(\sqrt{-\left(1+\dfrac{b}{a}\right)}\coth x\right) & \left(\dfrac{b}{a}<-1\right)\\ \dfrac{1}{\sqrt{a(a+b)}}\operatorname{artanh}\left(\sqrt{1+\dfrac{b}{a}}\coth x\right) \\ \quad \left(-1<\dfrac{b}{a}<0\text{ 且 }\cosh^2 x>-\dfrac{a}{b}\right) \\ \dfrac{1}{\sqrt{a(a+b)}}\operatorname{arcoth}\left(\sqrt{1+\dfrac{b}{a}}\coth x\right) \\ \quad \left(\dfrac{b}{a}>0,\text{或}-1<\dfrac{b}{a}<0\text{ 且 }\cosh^2 x<-\dfrac{a}{b}\right)\end{cases} \quad [3]
$$

1601. $\int\dfrac{\mathrm{d}x}{1+\sinh^2 x}=\tanh x$

1602. $\int \frac{\mathrm{d}x}{1-\sinh^2 x} = \begin{cases} \frac{1}{\sqrt{2}}\operatorname{artanh}(\sqrt{2}\tanh x) & (\sinh^2 x < 1) \\ \frac{1}{\sqrt{2}}\operatorname{arcoth}(\sqrt{2}\tanh x) & (\sinh^2 x > 1) \end{cases}$ [3]

1603. $\int \frac{\mathrm{d}x}{1+\cosh^2 x} = \frac{1}{\sqrt{2}}\operatorname{arcoth}(\sqrt{2}\coth x)$

1604. $\int \frac{\mathrm{d}x}{1-\cosh^2 x} = \coth x$

1605. $\int \sqrt{\tanh x}\,\mathrm{d}x = \operatorname{artanh}\sqrt{\tanh x} - \arctan\sqrt{\tanh x}$

1606. $\int \sqrt{\coth x}\,\mathrm{d}x = \operatorname{arcoth}\sqrt{\coth x} - \arctan\sqrt{\coth x}$

1607. $\int \frac{\sinh x}{\sqrt{a^2+\sinh^2 x}}\mathrm{d}x$

$$= \begin{cases} \operatorname{arsinh}\frac{\cosh x}{\sqrt{a^2-1}} = \ln(\cosh x + \sqrt{a^2+\sinh^2 x}) & (a^2 > 1) \\ \operatorname{arcosh}\frac{\cosh x}{\sqrt{1-a^2}} = \ln(\cosh x + \sqrt{a^2+\sinh^2 x}) & (a^2 < 1) \\ \ln(\cosh x) & (a^2 = 1) \end{cases}$$ [3]

1608. $\int \frac{\sinh x}{\sqrt{a^2-\sinh^2 x}}\mathrm{d}x = \arcsin\frac{\cosh x}{\sqrt{a^2+1}} \quad (\sinh^2 x < a^2)$

1609. $\int \frac{\cosh x}{\sqrt{a^2+\sinh^2 x}}\mathrm{d}x = \operatorname{arsinh}\frac{\sinh x}{a} = \ln(\sinh x + \sqrt{a^2+\sinh^2 x})$

1610. $\int \frac{\cosh x}{\sqrt{a^2-\sinh^2 x}}\mathrm{d}x = \arcsin\frac{\sinh x}{a} \quad (\sinh^2 x < a^2)$

1611. $\int \frac{\sinh x}{\sqrt{a^2+\cosh^2 x}}\mathrm{d}x = \operatorname{arsinh}\frac{\cosh x}{a} = \ln(\cosh x + \sqrt{a^2+\cosh^2 x})$

1612. $\int \frac{\sinh x}{\sqrt{a^2-\cosh^2 x}}\mathrm{d}x = \arcsin\frac{\cosh x}{a} \quad (\cosh^2 x < a^2)$

1613. $\int \frac{\cosh x}{\sqrt{a^2+\cosh^2 x}}\mathrm{d}x = \operatorname{arsinh}\frac{\sinh x}{\sqrt{a^2+1}} = \ln(\sinh x + \sqrt{a^2+\cosh^2 x})$

1614. $\int \frac{\cosh x}{\sqrt{a^2-\cosh^2 x}}\mathrm{d}x = \arcsin\frac{\sinh}{\sqrt{a^2-1}} \quad (\cosh^2 x < a^2)$

1615. $\int \frac{\sinh x}{\sqrt{\sinh^2 x - a^2}}\mathrm{d}x = \operatorname{arcosh}\frac{\cosh x}{\sqrt{a^2+1}}$

$$= \ln(\cosh x + \sqrt{\sinh^2 x - a^2}) \quad (\sinh^2 x > a^2)$$

1616. $\int \frac{\sinh x}{\sqrt{\cosh^2 x - a^2}} dx = \operatorname{arcosh} \frac{\cosh x}{a}$

$= \ln(\cosh x + \sqrt{\cosh^2 x - a^2}) \quad (\cosh^2 x > a^2)$

1617. $\int \frac{\cosh x}{\sqrt{\sinh^2 x - a^2}} dx = \operatorname{arcosh} \frac{\sinh x}{a}$

$= \ln|\sinh x + \sqrt{\sinh^2 x - a^2}| \quad (\sinh^2 x > a^2)$

1618. $\int \frac{\cosh x}{\sqrt{\cosh^2 x - a^2}} dx = \begin{cases} \operatorname{arcosh} \frac{\sinh x}{\sqrt{a^2 - 1}} & (a^2 > 1) \\ \ln|\sinh x| & (a^2 = 1) \end{cases}$

1619. $\int \frac{\tanh x}{\sqrt{a + b\cosh x}} dx$

$= \begin{cases} 2\sqrt{a} \operatorname{arcoth} \sqrt{1 + \frac{b}{a}\cosh x} & (b\cosh x > 0, a > 0) \\ 2\sqrt{a} \operatorname{artanh} \sqrt{1 + \frac{b}{a}\cosh x} & (b\cosh x < 0, a > 0) \\ 2\sqrt{-a} \operatorname{artanh} \sqrt{-\left(1 + \frac{b}{a}\cosh x\right)} & (a < 0) \end{cases}$ [3]

1620. $\int \frac{\coth x}{\sqrt{a + b\sinh x}} dx$

$= \begin{cases} 2\sqrt{a} \operatorname{arcoth} \sqrt{1 + \frac{b}{a}\sinh x} & (b\sinh x > 0, a > 0) \\ 2\sqrt{a} \operatorname{artanh} \sqrt{1 + \frac{b}{a}\sinh x} & (b\sinh x < 0, a > 0) \\ 2\sqrt{-a} \operatorname{artanh} \sqrt{-\left(1 + \frac{b}{a}\sinh x\right)} & (a < 0) \end{cases}$ [3]

1621. $\int \frac{\sinh x \sqrt{a + b\cosh x}}{p + q\cosh x} dx$

$= \begin{cases} 2\sqrt{\frac{aq - bp}{q}} \operatorname{arcoth} \sqrt{\frac{q(a + b\cosh x)}{aq - bp}} & \left(b\cosh x > 0, \frac{aq - bp}{q} > 0\right) \\ 2\sqrt{\frac{aq - bp}{q}} \operatorname{artanh} \sqrt{\frac{q(a + b\cosh x)}{aq - bp}} & \left(b\cosh x < 0, \frac{aq - bp}{q} > 0\right) \\ 2\sqrt{\frac{bp - aq}{q}} \operatorname{artanh} \sqrt{\frac{q(a + b\cosh x)}{bp - aq}} & \left(\frac{aq - bp}{q} < 0\right) \end{cases}$

[3]

1622. $\int \frac{\cosh x \sqrt{a + b\sinh x}}{p + q\sinh x} dx$

$$=\begin{cases}2\sqrt{\dfrac{aq-bp}{q}}\operatorname{arcoth}\sqrt{\dfrac{q(a+b\sinh x)}{aq-bp}} & \left(b\sinh x>0,\dfrac{aq-bp}{q}>0\right)\\ 2\sqrt{\dfrac{aq-bp}{q}}\operatorname{artanh}\sqrt{\dfrac{q(a+b\sinh x)}{aq-bp}} & \left(b\sinh x<0,\dfrac{aq-bp}{q}>0\right)\\ 2\sqrt{\dfrac{bp-aq}{q}}\operatorname{artanh}\sqrt{\dfrac{q(a+b\sinh x)}{bp-aq}} & \left(\dfrac{aq-bp}{q}<0\right)\end{cases}$$

[3]

1623. $\int\frac{\sqrt{a+b\cosh x}}{\cosh x+1}\mathrm{d}x=\sqrt{a+b}\mathrm{E}(r,\alpha)\quad(0<b<a,x>0)$ [3]

$\left[\text{这里,}\mathrm{E}(r,\alpha)\text{为第二类椭圆积分(见附录),以下同. 式中,}r=\sqrt{\frac{a-b}{a+b}},\alpha=\arcsin\left(\tanh\frac{x}{2}\right)\right]$

1624. $\int\frac{1+\cosh x}{\sqrt{a-b\cosh x}}\mathrm{d}x=\frac{2\sqrt{a+b}}{b}\mathrm{E}(r,\alpha)\quad\left(0<b<a,0<x<\operatorname{arcosh}\frac{a}{b}\right)$

[3]

$\left(\text{这里,}r=\sqrt{\frac{a-b}{a+b}},\alpha=\arcsin\sqrt{\frac{a-b\cosh x}{a-b}}\right)$

1625. $\int\frac{\cosh x+1}{\sqrt{(b\cosh x-a)^3}}\mathrm{d}x=\frac{2}{b-a}\sqrt{\frac{2}{b}}\mathrm{E}(r,\alpha)\quad(0<a<b,x>0)$ [3]

$\left[\text{这里,}r=\sqrt{\frac{a+b}{2b}},\alpha=\arcsin\sqrt{\frac{b(\cosh x-1)}{b\cosh x-a}}\right]$

1626. $\int\frac{\coth^2\frac{x}{2}}{\sqrt{b\cosh x-a}}\mathrm{d}x=\frac{2\sqrt{a+b}}{a-b}\mathrm{E}(r,\alpha)\quad\left(0<b<a,x>\operatorname{arcosh}\frac{a}{b}\right)$ [3]

$\left[\text{这里,}r=\sqrt{\frac{2b}{a+b}},\alpha=\arcsin\sqrt{\frac{b\cosh x-a}{b(\cosh x-1)}}\right]$

1627. $\int\frac{\mathrm{d}x}{\sqrt{k^2+k'^2\cosh^2x}}=\int\frac{\mathrm{d}x}{\sqrt{1+k'^2\sinh^2x}}=\mathrm{F}[k,\arcsin(\tanh x)]\quad(x>0)$

[3]

[这里,$\mathrm{F}(k,\varphi)$为第一类椭圆积分(见附录),以下同. 式中,$k'=\sqrt{1-k^2}$]

1628. $\int\frac{\mathrm{d}x}{\sqrt{\sinh 2ax}}=\frac{1}{2a}\mathrm{F}(r,\alpha)\quad(ax>0)$ [3]

$\left(\text{这里,}r=\frac{1}{\sqrt{2}},\alpha=\arccos\frac{1-\sinh 2ax}{1+\sinh 2ax}\right)$

1629. $\int \frac{\mathrm{d}x}{\sqrt{\cosh 2ax}} = \frac{1}{a\sqrt{2}} \mathrm{F}(r,\alpha) \quad (x \neq 0)$ [3]

$\left(这里, r = \frac{1}{\sqrt{2}}, \alpha = \arcsin\sqrt{\frac{\cosh 2ax - 1}{\cosh 2ax}}\right)$

1630. $\int \frac{\mathrm{d}x}{\sqrt{a + b\sinh x}} = \frac{1}{\sqrt[4]{a^2 + b^2}} \mathrm{F}(r,\alpha) \quad \left(a > 0, b > 0, x > -\operatorname{arsinh}\frac{a}{b}\right)$ [3]

$\left(这里, r = \sqrt{\frac{a + \sqrt{a^2 + b^2}}{2\sqrt{a^2 + b^2}}}, \alpha = \arccos\frac{\sqrt{a^2 + b^2} - a - b\sinh x}{\sqrt{a^2 + b^2} + a + b\sinh x}\right)$

1631. $\int \frac{\mathrm{d}x}{\sqrt{a + b\cosh x}} = \frac{2}{\sqrt{a + b}} \mathrm{F}(r,\alpha) \quad (0 < b < a, x > 0)$ [3]

$\left[这里, r = \sqrt{\frac{a - b}{a + b}}, \alpha = \arcsin\left(\tanh\frac{x}{2}\right)\right]$

1632. $\int \frac{\mathrm{d}x}{\sqrt{a - b\cosh x}} = \frac{2}{\sqrt{a + b}} \mathrm{F}(r,\alpha) \quad \left(0 < b < a, 0 < x < \operatorname{arcosh}\frac{a}{b}\right)$ [3]

$\left(这里, r = \sqrt{\frac{a - b}{a + b}}, \alpha = \arcsin\sqrt{\frac{a - b\cosh x}{a - b}}\right)$

1633. $\int \frac{\mathrm{d}x}{\sqrt{b\cosh x - a}} = \sqrt{\frac{2}{b}} \mathrm{F}(r,\alpha) \quad (0 < a < b, x > 0)$ [3]

$\left[这里, r = \sqrt{\frac{a + b}{2b}}, \alpha = \arcsin\sqrt{\frac{b(\cosh x - 1)}{b\cosh x - a}}\right]$

1634. $\int \frac{\mathrm{d}x}{\sqrt{b\cosh x - a}} = \frac{2}{\sqrt{a + b}} \mathrm{F}(r,\alpha) \quad \left(0 < b < a, x > \operatorname{arcosh}\frac{a}{b}\right)$ [3]

$\left[这里, r = \sqrt{\frac{2b}{a + b}}, \alpha = \arcsin\sqrt{\frac{b\cosh x - a}{b(\cosh x - 1)}}\right]$

1635. $\int \frac{\mathrm{d}x}{\sqrt{a\sinh x + b\cosh x}} = \sqrt[4]{\frac{4}{b^2 - a^2}} \mathrm{F}(r,\alpha) \left(0 < a < b, x > -\operatorname{arsinh}\frac{a}{\sqrt{b^2 - a^2}}\right)$ [3]

$\left(这里, r = \frac{1}{\sqrt{2}}, \alpha = \arccos\frac{\sqrt[4]{b^2 - a^2}}{\sqrt{a\sinh x + b\cosh x}}\right)$

Ⅰ.1.4.4　双曲函数与幂函数和指数函数组合的积分

1636. $\int x\sinh ax\,\mathrm{d}x = \frac{x\cosh ax}{a} - \frac{\sinh ax}{a^2}$

1637. $\int x^2 \sinh ax\,dx = \left(\frac{x^2}{a}+\frac{2}{a^3}\right)\cosh ax - \frac{2x}{a^2}\sinh ax$

1638. $\int x^m \sinh ax\,dx = \frac{x^m \cosh ax}{a} - \frac{m}{a}\int x^{m-1}\cosh ax\,dx$

1639. $$\int x^m \sinh^n ax\,dx = x^m\int \sinh^n ax\,dx - mx^{m-1}\iint \sinh^n ax\,dx\,dx + m(m-1)x^{m-2}\iiint \sinh^n ax\,dx\,dx\,dx - \cdots + (-1)^m m!\underbrace{\int\cdots\int}_{m+1个}\sinh^n ax\,dx\cdots dx$$ [2]

1640. $\int \frac{\sinh ax}{x}dx = ax + \frac{(ax)^3}{3\cdot 3!}+\frac{(ax)^5}{5\cdot 5!}+\cdots$ [2]

1641. $\int \frac{\sinh ax}{x^2}dx = -\frac{\sinh ax}{x} + a\left[\ln|x| + \frac{(ax)^2}{2\cdot 2!}+\frac{(ax)^4}{4\cdot 4!}+\cdots\right]$ [2]

1642. $\int \frac{\sinh ax}{x^m}dx = -\frac{\sinh ax}{(m-1)x^{m-1}} + \frac{a}{m-1}\int\frac{\cosh ax}{x^{m-1}}dx \quad (m\neq 1)$

1643. $\int x\cosh ax\,dx = \frac{x\sinh ax}{a} - \frac{\cosh ax}{a^2}$

1644. $\int x^2 \cosh ax\,dx = \left(\frac{x^2}{a}+\frac{2}{a^3}\right)\sinh ax - \frac{2x}{a^2}\cosh ax$

1645. $\int x^m \cosh ax\,dx = \frac{x^m \sinh ax}{a} - \frac{m}{a}\int x^{m-1}\sinh ax\,dx$

1646. $$\int x^m \cosh^n ax\,dx = x^m\int \cosh^n ax\,dx - mx^{m-1}\iint \cosh^n ax\,dx\,dx + m(m-1)x^{m-2}\iiint \cosh^n ax\,dx\,dx\,dx - \cdots + (-1)^m m!\underbrace{\int\cdots\int}_{m+1个}\cosh^n ax\,dx\cdots dx$$ [2]

1647. $\int \frac{\cosh ax}{x}dx = \ln|x| + \frac{(ax)^2}{2\cdot 2!}+\frac{(ax)^4}{4\cdot 4!}+\cdots$ [2]

1648. $\int \frac{\cosh ax}{x^2}dx = -\frac{\cosh ax}{x} + a\left[ax + \frac{(ax)^3}{3\cdot 3!}+\frac{(ax)^5}{5\cdot 5!}+\cdots\right]$ [2]

1649. $\int \frac{\cosh ax}{x^m}dx = -\frac{\cosh ax}{(m-1)x^{m-1}} + \frac{a}{m-1}\int\frac{\sinh ax}{x^{m-1}}dx \quad (m\neq 1)$

1650. $\int x^{2m}\sinh x\,dx = (2m)!\left[\sum_{k=0}^{m}\frac{x^{2k}}{(2k)!}\cosh x - \sum_{k=0}^{m}\frac{x^{2k-1}}{(2k-1)!}\sinh x\right]$ [3]

1651. $\int x^{2m+1}\sinh x\,dx = (2m+1)!\sum_{k=0}^{m}\left[\frac{x^{2k+1}}{(2k+1)!}\cosh x - \frac{x^{2k}}{(2k)!}\sinh x\right]$ [3]

1652. $\int x^{2m}\cosh x\,dx = (2m)!\left[\sum_{k=0}^{m}\frac{x^{2k}}{(2k)!}\sinh x - \sum_{k=0}^{m}\frac{x^{2k-1}}{(2k-1)!}\cosh x\right]$ [3]

1653. $\int x^{2m+1}\cosh x\mathrm{d}x=(2m+1)!\sum_{k=0}^{m}\left[\frac{x^{2k+1}}{(2k+1)!}\sinh x-\frac{x^{2k}}{(2k)!}\cosh x\right]$ [3]

1654. $\int\frac{\sinh x}{x^{2m}}\mathrm{d}x=-\frac{1}{(2m-1)!x}\left[\sum_{k=0}^{m-2}\frac{(2k+1)!}{x^{2k+1}}\cosh x+\sum_{k=0}^{m-1}\frac{(2k)!}{x^{2k}}\sinh x\right]+\frac{1}{(2m-1)!}\mathrm{chi}(x)$ [3]

[这里,chi(x)为双曲余弦积分(见附录),以下同]

1655. $\int\frac{\sinh x}{x^{2m+1}}\mathrm{d}x=-\frac{1}{(2m)!x}\left[\sum_{k=0}^{m-1}\frac{(2k)!}{x^{2k}}\cosh x+\sum_{k=0}^{m-1}\frac{(2k+1)!}{x^{2k+1}}\sinh x\right]+\frac{1}{(2m)!}\mathrm{shi}(x)$ [3]

[这里,shi(x)为双曲正弦积分(见附录),以下同]

1656. $\int\frac{\cosh x}{x^{2m}}\mathrm{d}x=-\frac{1}{(2m-1)!x}\left[\sum_{k=0}^{m-2}\frac{(2k+1)!}{x^{2k+1}}\sinh x+\sum_{k=0}^{m-1}\frac{(2k)!}{x^{2k}}\cosh x\right]+\frac{1}{(2m-1)!}\mathrm{shi}(x)$ [3]

1657. $\int\frac{\cosh x}{x^{2m+1}}\mathrm{d}x=-\frac{1}{(2m)!x}\left[\sum_{k=0}^{m-1}\frac{(2k)!}{x^{2k}}\sinh x+\sum_{k=0}^{m-1}\frac{(2k+1)!}{x^{2k+1}}\cosh x\right]+\frac{1}{(2m)!}\mathrm{chi}(x)$ [3]

1658. $\int\frac{x^m}{\sinh x}\mathrm{d}x=\sum_{k=0}^{\infty}\frac{(2-2^{2k})B_{2k}}{(m+2k)(2k)!}x^{m+2k}\quad(|x|<\pi,m>0)$ [3]

[这里,B_{2k} 为伯努利数(见附录),以下同]

1659. $\int\frac{x^m}{\cosh x}\mathrm{d}x=\sum_{k=0}^{\infty}\frac{E_{2k}}{(m+2k+1)(2k)!}x^{m+2k+1}\quad\left(|x|<\frac{\pi}{2},m\geqslant 0\right)$ [3]

[这里,E_{2k} 为欧拉数(见附录),以下同]

1660. $\int x^p\tanh x\mathrm{d}x=\sum_{k=1}^{\infty}\frac{2^{2k}(2^{2k}-1)B_{2k}}{(p+2k)(2k)!}x^{p+2k}\quad\left(p>-1,\ |x|<\frac{\pi}{2}\right)$ [3]

1661. $\int x^p\coth x\mathrm{d}x=\sum_{k=0}^{\infty}\frac{2^{2k}B_{2k}}{(p+2k)(2k)!}x^{p+2k}\quad(p\geqslant 1,\ |x|<\pi)$ [3]

1662. $\int(a+bx)\sinh kx\,\mathrm{d}x=\frac{1}{k}(a+bx)\cosh kx-\frac{b}{k^2}\sinh kx$

1663. $\int(a+bx)\cosh kx\,\mathrm{d}x=\frac{1}{k}(a+bx)\sinh kx-\frac{b}{k^2}\cosh kx$

1664. $\int(a+bx)^2\sinh kx\,\mathrm{d}x=\frac{1}{k}\left[(a+bx)^2+\frac{2b^2}{k^2}\right]\cosh kx-\frac{2b(a+bx)}{k^2}\sinh kx$

1665. $\int(a+bx)^2\cosh kx\,\mathrm{d}x=\frac{1}{k}\left[(a+bx)^2+\frac{2b^2}{k^2}\right]\sinh kx-\frac{2b(a+bx)}{k^2}\cosh kx$

1666. $\int (a+bx)^3 \sinh kx \, dx = \frac{a+bx}{k}\left[(a+bx)^2+\frac{6b^2}{k^2}\right]\cosh kx - \frac{3b}{k^2}\left[(a+bx)^2+\frac{2b^2}{k^2}\right]\sinh kx$

1667. $\int (a+bx)^3 \cosh kx \, dx = \frac{a+bx}{k}\left[(a+bx)^2+\frac{6b^2}{k^2}\right]\sinh kx - \frac{3b}{k^2}\left[(a+bx)^2+\frac{2b^2}{k^2}\right]\cosh kx$

1668. $\int e^{ax} \sinh(ax+c) \, dx = -\frac{1}{2}xe^{-c} + \frac{1}{4a}e^{2ax+c}$

1669. $\int e^{-ax} \sinh(ax+c) \, dx = \frac{1}{2}xe^{c} + \frac{1}{4a}e^{-(2ax+c)}$

1670. $\int e^{ax} \cosh(ax+c) \, dx = \frac{1}{2}xe^{-c} + \frac{1}{4a}e^{2ax+c}$

1671. $\int e^{-ax} \cosh(ax+c) \, dx = \frac{1}{2}xe^{c} - \frac{1}{4a}e^{-(2ax+c)}$

1672. $\int xe^{ax} \sinh ax \, dx = \frac{e^{2ax}}{4a}\left(x-\frac{1}{2a}\right) - \frac{x^2}{4}$

1673. $\int xe^{-ax} \sinh ax \, dx = \frac{e^{-2ax}}{4a}\left(x+\frac{1}{2a}\right) + \frac{x^2}{4}$

1674. $\int xe^{ax} \cosh ax \, dx = \frac{e^{2ax}}{4a}\left(x-\frac{1}{2a}\right) + \frac{x^2}{4}$

1675. $\int xe^{-ax} \cosh ax \, dx = -\frac{e^{-2ax}}{4a}\left(x+\frac{1}{2a}\right) + \frac{x^2}{4}$

1676. $\int x^2 e^{ax} \sinh ax \, dx = \frac{e^{2ax}}{4a}\left(x^2-\frac{x}{a}+\frac{1}{2a^2}\right) - \frac{x^3}{6}$ 〔16〕

1677. $\int x^2 e^{-ax} \sinh ax \, dx = \frac{e^{-2ax}}{4a}\left(x^2+\frac{x}{a}+\frac{1}{2a^2}\right) + \frac{x^3}{6}$ 〔16〕

1678. $\int x^2 e^{ax} \cosh ax \, dx = \frac{e^{2ax}}{4a}\left(x^2-\frac{x}{a}+\frac{1}{2a^2}\right) + \frac{x^3}{6}$ 〔16〕

1679. $\int x^2 e^{-ax} \cosh ax \, dx = -\frac{e^{-2ax}}{4a}\left(x^2+\frac{x}{a}+\frac{1}{2a^2}\right) + \frac{x^3}{6}$ 〔16〕

1680. $\int \frac{e^{ax}\sinh ax}{x} \, dx = \frac{1}{2}[\mathrm{Ei}(2ax) - \ln|x|]$ 〔3〕

〔这里,$\mathrm{Ei}(x)$为指数积分函数(见附录),以下同〕

1681. $\int \frac{e^{-ax}\sinh ax}{x} \, dx = \frac{1}{2}[-\mathrm{Ei}(-2ax) + \ln|x|]$ 〔3〕

1682. $\int \frac{e^{ax}\cosh ax}{x} \, dx = \frac{1}{2}[\mathrm{Ei}(2ax) + \ln|x|]$ 〔3〕

1683. $\displaystyle\int \frac{e^{ax}\sinh ax}{x^2}dx = a\text{Ei}(2ax) - \frac{1}{2x}(e^{2ax}-1)$ [3]

1684. $\displaystyle\int \frac{e^{-ax}\sinh ax}{x^2}dx = a\text{Ei}(-2ax) - \frac{1}{2x}(1-e^{-2ax})$ [3]

1685. $\displaystyle\int \frac{e^{ax}\cosh ax}{x^2}dx = a\text{Ei}(2ax) - \frac{1}{2x}(e^{2ax}+1)$ [3]

1686. $\displaystyle\int e^{ax}\sinh bx\,dx = \frac{e^{ax}}{a^2-b^2}(a\sinh bx - b\cosh bx)\quad(a^2\neq b^2)$ [16]

1687. $\displaystyle\int e^{ax}\cosh bx\,dx = \frac{e^{ax}}{a^2-b^2}(a\cosh bx - b\sinh bx)\quad(a^2\neq b^2)$ [16]

1688. $$\int xe^{ax}\sinh bx\,dx = \frac{e^{ax}}{a^2-b^2}\left[\left(ax-\frac{a^2+b^2}{a^2-b^2}\right)\sinh bx - \left(bx-\frac{2ab}{a^2-b^2}\right)\cosh bx\right]\quad(a^2\neq b^2)$$ [16]

1689. $$\int xe^{ax}\cosh bx\,dx = \frac{e^{ax}}{a^2-b^2}\left[\left(ax-\frac{a^2+b^2}{a^2-b^2}\right)\cosh bx - \left(bx-\frac{2ab}{a^2-b^2}\right)\sinh bx\right]\quad(a^2\neq b^2)$$ [16]

1690. $$\int x^2e^{ax}\sinh bx\,dx = \frac{e^{ax}}{a^2-b^2}\left\{\left[ax^2-\frac{2(a^2+b^2)}{a^2-b^2}x+\frac{2a(a^2+3b^2)}{(a^2-b^2)^2}\right]\sinh bx - \left[bx^2-\frac{4ab}{a^2-b^2}x+\frac{2b(3a^2+b^2)}{(a^2-b^2)^2}\right]\cosh x\right\}$$
$(a^2\neq b^2)$ [16]

1691. $$\int x^2e^{ax}\cosh bx\,dx = \frac{e^{ax}}{a^2-b^2}\left\{\left[ax^2-\frac{2(a^2+b^2)}{a^2-b^2}x+\frac{2a(a^2+3b^2)}{(a^2-b^2)^2}\right]\cosh bx - \left[bx^2-\frac{4ab}{a^2-b^2}x+\frac{2b(3a^2+b^2)}{(a^2-b^2)^2}\right]\sinh x\right\}$$
$(a^2\neq b^2)$ [16]

1692. $\displaystyle\int \frac{e^{ax}\sinh bx}{x}dx = \frac{1}{2}\{\text{Ei}[(a+b)x]-\text{Ei}[(a-b)x]\}\quad(a^2\neq b^2)$ [3]

1693. $\displaystyle\int \frac{e^{ax}\cosh bx}{x}dx = \frac{1}{2}\{\text{Ei}[(a+b)x]+\text{Ei}[(a-b)x]\}\quad(a^2\neq b^2)$ [3]

1694. $$\int \frac{e^{ax}\sinh bx}{x^2}dx = \frac{1}{2}\{(a+b)\text{Ei}[(a+b)x]-(a-b)\text{Ei}[(a-b)x]\} - \frac{e^{ax}\sinh bx}{2x}\quad(a^2\neq b^2)$$ [3]

1695. $$\int \frac{e^{ax}\cosh bx}{x^2}dx = \frac{1}{2}\{(a+b)\text{Ei}[(a+b)x]+(a-b)\text{Ei}[(a-b)x]\}$$

$$-\frac{e^{ax}\cosh bx}{2x} \quad (a^2 \neq b^2)$$ [3]

Ⅰ.1.4.5 反双曲函数的积分

1696. $\int \operatorname{arsinh}\frac{x}{a}\mathrm{d}x = x\operatorname{arsinh}\frac{x}{a} - \sqrt{x^2+a^2} \quad (a>0)$

1697. $\int x\operatorname{arsinh}\frac{x}{a}\mathrm{d}x = \left(\frac{x^2}{2}+\frac{a^2}{4}\right)\operatorname{arsinh}\frac{x}{a} - \frac{x}{4}\sqrt{x^2+a^2} \quad (a>0)$

1698. $\int x^2\operatorname{arsinh}\frac{x}{a}\mathrm{d}x = \frac{x^3}{3}\operatorname{arsinh}\frac{x}{a} - \frac{2a^2-x^2}{9}\sqrt{x^2+a^2}$

1699. $\int x^m\operatorname{arsinh}\frac{x}{a}\mathrm{d}x = \frac{x^{m+1}}{m+1}\operatorname{arsinh}\frac{x}{a} - \frac{1}{m+1}\int\frac{x^{m+1}}{\sqrt{x^2+a^2}}\mathrm{d}x \quad (m\neq -1)$ [2]

1700. $\int\frac{\operatorname{arsinh}\frac{x}{a}}{x}\mathrm{d}x = \frac{x}{a} - \frac{1}{2\cdot 3\cdot 3}\left(\frac{x}{a}\right)^3 + \frac{1\cdot 3}{2\cdot 4\cdot 5\cdot 5}\left(\frac{x}{a}\right)^5$

$$-\frac{1\cdot 3\cdot 5}{2\cdot 4\cdot 6\cdot 7\cdot 7}\left(\frac{x}{a}\right)^7 + \cdots \quad (x^2<a^2)$$ [2]

1701. $\int\frac{\operatorname{arsinh}\frac{x}{a}}{x^2}\mathrm{d}x = -\frac{1}{x}\operatorname{arsinh}\frac{x}{a} - \frac{1}{a}\ln\left|\frac{a+\sqrt{x^2+a^2}}{x}\right|$ [2]

1702. $\int\frac{\operatorname{arsinh}\frac{x}{a}}{x^m}\mathrm{d}x = -\frac{1}{(m-1)x^{m-1}}\operatorname{arsinh}\frac{x}{a} + \frac{1}{m-1}\int\frac{\mathrm{d}x}{x^{m-1}\sqrt{a^2+x^2}}$

$(m\neq 1)$

1703. $\int\operatorname{arcosh}\frac{x}{a}\mathrm{d}x = x\operatorname{arcosh}\frac{x}{a} \mp \sqrt{x^2-a^2}$

1704. $\int x\operatorname{arcosh}\frac{x}{a}\mathrm{d}x = \left(\frac{x^2}{2}-\frac{a^2}{4}\right)\operatorname{arcosh}\frac{x}{a} \mp \frac{x}{4}\sqrt{x^2-a^2}$

1705. $\int x^2\operatorname{arcosh}\frac{x}{a}\mathrm{d}x = \frac{x^3}{3}\operatorname{arcosh}\frac{x}{a} \mp \frac{2a^2+x^2}{9}\sqrt{x^2-a^2}$

1706. $\int x^m\operatorname{arcosh}\frac{x}{a}\mathrm{d}x = \frac{x^{m+1}}{m+1}\operatorname{arcosh}\frac{x}{a} \mp \frac{1}{m+1}\int\frac{x^{m+1}}{\sqrt{x^2-a^2}}\mathrm{d}x \quad (m\neq -1)$

[1][2]

(上述4个公式中,当 $\operatorname{arcosh}\frac{x}{a}>0$ 时,取一号;当 $\operatorname{arcosh}\frac{x}{a}<0$ 时,取+号)

1707. $\int\frac{\operatorname{arcosh}\frac{x}{a}}{x}\mathrm{d}x = \mp\left[\frac{1}{2}\left(\ln\left|\frac{2x}{a}\right|\right)^2 + \frac{1}{2\cdot 2\cdot 2}\left(\frac{x}{a}\right)^2\right.$

$$+\frac{1\cdot 3}{2\cdot 4\cdot 4\cdot 4}\left(\frac{x}{a}\right)^4+\frac{1\cdot 3\cdot 5}{2\cdot 4\cdot 6\cdot 6\cdot 6}\left(\frac{x}{a}\right)^6+\cdots\Bigg]$$ [2]

1708. $\int \frac{\operatorname{arcosh}\frac{x}{a}}{x^2}dx=-\frac{1}{x}\operatorname{arcosh}\frac{x}{a}\mp\frac{1}{a}\ln\left|\frac{a+\sqrt{x^2+a^2}}{x}\right|$

(上述 2 个公式中,当 $\operatorname{arcosh}\frac{x}{a}<0$ 时,取 $-$ 号;当 $\operatorname{arcosh}\frac{x}{a}>0$ 时,取 $+$ 号)

1709. $\int \frac{\operatorname{arcosh}\frac{x}{a}}{x^m}dx=-\frac{1}{(m-1)x^{m-1}}\operatorname{arcosh}\frac{x}{a}+\frac{1}{m-1}\int\frac{dx}{x^{m-1}\sqrt{x^2-a^2}}$

$(m\neq 1)$

1710. $\int \operatorname{artanh}\frac{x}{a}dx=x\operatorname{artanh}\frac{x}{a}+\frac{a}{2}\ln(a^2-x^2)\quad\left(\left|\frac{x}{a}\right|<1\right)$

1711. $\int x\operatorname{artanh}\frac{x}{a}dx=\frac{x^2-a^2}{2}\operatorname{artanh}\frac{x}{a}+\frac{ax}{2}\quad\left(\left|\frac{x}{a}\right|<1\right)$

1712. $\int x^m\operatorname{artanh}\frac{x}{a}dx=\frac{x^{m+1}}{m+1}\operatorname{artanh}\frac{x}{a}-\frac{a}{m+1}\int\frac{x^{m+1}}{a^2-x^2}dx\quad(m\neq -1)$ [1]

1713. $\int \frac{\operatorname{artanh}\frac{x}{a}}{x}dx=\frac{1}{1^2}\,\frac{x}{a}+\frac{1}{3^2}\left(\frac{x}{a}\right)^3+\frac{1}{5^2}\left(\frac{x}{a}\right)^5+\frac{1}{7^2}\left(\frac{x}{a}\right)^7+\cdots$ [2]

1714. $\int \frac{\operatorname{artanh}\frac{x}{a}}{x^2}dx=-\frac{1}{a}\left(\frac{a}{x}\operatorname{artanh}\frac{x}{a}+\ln\left|\frac{\sqrt{a^2-x^2}}{x}\right|\right)$

1715. $\int \frac{\operatorname{artanh}\frac{x}{a}}{x^3}dx=-\frac{1}{2x^2}\left(\frac{x}{a}-\frac{x^2-a^2}{a^2}\operatorname{artanh}\frac{x}{a}\right)$

1716. $\int \frac{\operatorname{artanh}\frac{x}{a}}{x^m}dx=-\frac{1}{(m-1)x^{m-1}}\operatorname{artanh}\frac{x}{a}+\frac{a}{m-1}\int\frac{dx}{(a^2-x^2)x^{m-1}}$

1717. $\int \operatorname{arcoth}\frac{x}{a}dx=x\operatorname{arcoth}\frac{x}{a}+\frac{a}{2}\ln(x^2-a^2)\quad\left(\left|\frac{x}{a}\right|>1\right)$

1718. $\int x\operatorname{arcoth}\frac{x}{a}dx=\frac{x^2-a^2}{2}\operatorname{arcoth}\frac{x}{a}+\frac{ax}{2}\quad\left(\left|\frac{x}{a}\right|>1\right)$

1719. $\int x^m\operatorname{arcoth}\frac{x}{a}dx=\frac{x^{m+1}}{m+1}\operatorname{arcoth}\frac{x}{a}+\frac{a}{m+1}\int\frac{x^{m+1}}{x^2-a^2}dx\quad(m\neq -1)$

1720. $\int \frac{\operatorname{arcoth}\frac{x}{a}}{x}dx=-\frac{1}{1^2}\left(\frac{x}{a}\right)^1-\frac{1}{3^2}\left(\frac{x}{a}\right)^3-\frac{1}{5^2}\left(\frac{x}{a}\right)^5-\frac{1}{7^2}\left(\frac{x}{a}\right)^7-\cdots$

[2]

1721. $\int \frac{\operatorname{arcoth}\frac{x}{a}}{x^2}\mathrm{d}x = -\frac{1}{a}\left(\frac{a}{x}\operatorname{arcoth}\frac{x}{a} + \ln\frac{\sqrt{a^2-x^2}}{x}\right)$

1722. $\int \frac{\operatorname{arcoth}\frac{x}{a}}{x^3}\mathrm{d}x = -\frac{1}{2x^2}\left(\frac{x}{a} - \frac{x^2-a^2}{a^2}\operatorname{arcoth}\frac{x}{a}\right)$

1723. $\int \frac{\operatorname{arcoth}\frac{x}{a}}{x^m}\mathrm{d}x = -\frac{1}{(m-1)x^{m-1}}\operatorname{arcoth}\frac{x}{a} + \frac{a}{m-1}\int\frac{\mathrm{d}x}{(a^2-x^2)x^{m-1}}$

1724. $\int \operatorname{arsech}x\,\mathrm{d}x = x\operatorname{arsech}x + \arcsin x$

1725. $\int x\operatorname{arsech}x\,\mathrm{d}x = \frac{x^2}{2}\operatorname{arsech}x - \frac{1}{2}\sqrt{1-x^2}$

1726. $\int x^n\operatorname{arsech}x\,\mathrm{d}x = \frac{x^{n+1}}{n+1}\operatorname{arsech}x + \frac{1}{n+1}\int\frac{x^n}{\sqrt{1-x^2}}\mathrm{d}x \quad (n\neq-1)$ [1]

1727. $\int \operatorname{arcsch}x\,\mathrm{d}x = x\operatorname{arcsch}x + \frac{x}{|x|}\operatorname{arsinh}x$

1728. $\int x\operatorname{arcsch}x\,\mathrm{d}x = \frac{x^2}{2}\operatorname{arcsch}x + \frac{1}{2}\frac{x}{|x|}\sqrt{1+x^2}$

1729. $\int x^n\operatorname{arcsch}x\,\mathrm{d}x = \frac{x^{n+1}}{n+1}\operatorname{arcsch}x + \frac{1}{n+1}\frac{x}{|x|}\int\frac{x^n}{\sqrt{1+x^2}}\mathrm{d}x \quad (n\neq-1)$ [1]

Ⅰ.2 特殊函数的不定积分

Ⅰ.2.1 完全椭圆积分的积分

设 $k'=\sqrt{1-k^2}$,并且 $k^2<1$.

1. $\int \mathrm{K}(k)\mathrm{d}k = \frac{k\pi}{2}\left\{1+\sum_{j=1}^{\infty}\frac{[(2j)!]^2k^{2j}}{(2j+1)2^{4j}(j!)^4}\right\}$

$\left[\text{这里},\mathrm{K}(k)=\mathrm{F}\left(k,\frac{\pi}{2}\right)\text{ 为第一类完全椭圆积分(见附录),以下同}\right]$

2. $\int E(k)\mathrm{d}k = \frac{k\pi}{2}\left\{1 - \sum_{j=1}^{\infty} \frac{[(2j)!]^2 k^{2j}}{(4j^2-1)2^{4j}(j!)^4}\right\}$

$\left[\text{这里}, E(k) = E\left(k, \frac{\pi}{2}\right) \text{为第二类完全椭圆积分(见附录),以下同}\right]$

3. $\int K(k)k\mathrm{d}k = E(k) - (1-k^2)K(k)$

4. $\int E(k)k\mathrm{d}k = \frac{1}{3}[(1+k^2)E(k) - (1-k^2)K(k)]$

5. $\int K(k)k^3\mathrm{d}k = \frac{1}{9}[(4+k^2)E(k) - k'^2(4+3k^2)K(k)]$

6. $\int E(k)k^3\mathrm{d}k = \frac{1}{45}[(4+k^2+9k^4)E(k) - k'^2(4+3k^2)K(k)]$

7. $\int K(k)k^{2p+3}\mathrm{d}k = \frac{1}{(2p+3)^2}\{4(p+1)^2\int K(k)k^{2p+1}\mathrm{d}k + k^{2p+2}[E(k) - (2p+3)K(k)k'^2]\}$ [3]

8. $\int E(k)k^{2p+3}\mathrm{d}k = \frac{1}{4p^2+16p+15}\{4(p+1)^2\int E(k)k^{2p+1}\mathrm{d}k - E(k)k^{2p+2}[(2p+3)k'^2 - 2] - k^{2p+2}k'^2K(k)\}$ [3]

9. $\int \frac{K(k)}{k^2}\mathrm{d}k = -\frac{E(k)}{k}$

10. $\int \frac{E(k)}{k^2}\mathrm{d}k = \frac{1}{k}[(1-k^2)K(k) - 2E(k)]$

11. $\int \frac{E(k)}{k^4}\mathrm{d}k = \frac{1}{9k^3}[(1-k^2)K(k) + 2(k^2-2)E(k)]$

12. $\int \frac{E(k)}{1-k^2}\mathrm{d}k = kK(k)$

13. $\int \frac{kE(k)}{1-k^2}\mathrm{d}k = K(k) - E(k)$

14. $\int \frac{K(k)-E(k)}{k}\mathrm{d}k = -E(k)$

15. $\int \frac{E(k)-(1-k^2)K(k)}{k}\mathrm{d}k = 2E(k) - (1-k^2)K(k)$

16. $\int \frac{(1+k^2)K(k)-E(k)}{k}\mathrm{d}k = -(1-k^2)K(k)$

Ⅰ.2.2 勒让德椭圆积分(不完全椭圆积分)的积分

17. $\int_0^x \frac{F(k,x)}{\sqrt{1-k^2\sin^2 x}}dx = \frac{1}{2}[F(k,x)]^2 \quad \left(0 < x \leqslant \frac{\pi}{2}\right)$

[这里,F(k,x)为第一类勒让德椭圆积分(见附录),以下同]

18. $\int_0^x E(k,x)\sqrt{1-k^2\sin^2 x}dx = \frac{1}{2}[E(k,x)]^2$

[这里,E(k,x)为第二类勒让德椭圆积分(见附录),以下同]

19. $\int_0^x F(k,x)\sin x dx = -\cos x F(k,x) + \frac{1}{k}\arcsin(k\sin x)$ [3]

20. $\int_0^x F(k,x)\cos x dx = \sin x F(k,x) + \frac{1}{k}\operatorname{arcosh}\sqrt{\frac{1-k^2\sin^2 x}{1-k^2}} - \frac{1}{k}\operatorname{arcosh}\frac{1}{\sqrt{1-k^2}}$ [3]

21. $\int_0^x E(k,x)\sin x dx = -\cos x E(k,x) + \frac{1}{2k}[k\sin x\sqrt{1-k^2\sin^2 x} + \arcsin(k\sin x)]$ [3]

22. $\int_0^x E(k,x)\cos x dx = \sin x E(k,x) + \frac{1}{2k}\left[k\cos x\sqrt{1-k^2\sin^2 x} - (1-k^2)\operatorname{arcosh}\sqrt{\frac{1-k^2\sin^2 x}{1-k^2}} - k + (1-k^2)\operatorname{arcosh}\frac{1}{\sqrt{1-k^2}}\right]$ [3]

23. $\int F(k,x)k dk = E(k,x) - (1-k^2)F(k,x) + (\sqrt{1-k^2\sin^2 x} - 1)\cot x$ [3]

24. $\int E(k,x)k dk = \frac{1}{3}[(1+k^2)E(k,x) - (1-k^2)F(k,x) + (\sqrt{1-k^2\sin^2 x} - 1)\cot x]$ [3]

Ⅰ.2.3 雅可比椭圆函数的积分 [3]

25. $\int \operatorname{sn}^m u du = \frac{1}{m+1}[\operatorname{sn}^{m+1}u \operatorname{cn}u \operatorname{dn}u + (m+2)(1+k^2)\int \operatorname{sn}^{m+2}u du$

$$-(m+3)k^2\int \mathrm{sn}^{m+4}u\mathrm{d}u\Big]$$

$\Big[$这里，$u=\int_0^{\varphi}\frac{\mathrm{d}\varphi}{\sqrt{1-k^2\sin^2\varphi}}$，该积分的反演为 $\varphi=\mathrm{am}u$；并定义 $\mathrm{sn}u=\sin\varphi=\sin\mathrm{am}u$，$\mathrm{cn}u=\cos\varphi=\cos\mathrm{am}u$，$\mathrm{dn}u=\Delta\varphi=\sqrt{1-k^2\sin^2\varphi}=\frac{\mathrm{d}\varphi}{\mathrm{d}u}$；$\mathrm{sn}u$，$\mathrm{cn}u$，$\mathrm{dn}u$ 称为雅可比椭圆函数(见附录)，以下同$\Big]$

26. $$\int \mathrm{cn}^m u\,\mathrm{d}u=\frac{1}{(m+1)(1-k^2)}\Big[-\mathrm{cn}^{m+1}u\,\mathrm{sn}u\,\mathrm{dn}u+(m+2)(1-2k^2)\int \mathrm{cn}^{m+2}u\mathrm{d}u+(m+3)k^2\int \mathrm{cn}^{m+4}u\mathrm{d}u\Big]$$

27. $$\int \mathrm{dn}^m u\,\mathrm{d}u=\frac{1}{(m+1)(1-k^2)}\Big[k^2\mathrm{dn}^{m+1}u\,\mathrm{sn}u\,\mathrm{cn}u+(m+2)(2-k^2)\int \mathrm{dn}^{m+2}u\mathrm{d}u-(m+3)\int \mathrm{dn}^{m+4}u\mathrm{d}u\Big]$$

28. $$\int \frac{\mathrm{d}u}{\mathrm{sn}u}=\ln\frac{\mathrm{sn}u}{\mathrm{cn}u+\mathrm{dn}u}=\ln\frac{\mathrm{dn}u-\mathrm{cn}u}{\mathrm{sn}u}$$

29. $$\int \frac{\mathrm{d}u}{\mathrm{cn}u}=\frac{1}{\sqrt{1-k^2}}\ln\frac{\sqrt{1-k^2}\,\mathrm{sn}u+\mathrm{dn}u}{\mathrm{cn}u}$$

30. $$\int \frac{\mathrm{d}u}{\mathrm{dn}u}=\frac{1}{\sqrt{1-k^2}}\arccos\frac{\mathrm{cn}u}{\mathrm{dn}u}=\frac{1}{\mathrm{i}\sqrt{1-k^2}}\ln\frac{\mathrm{cn}u+\mathrm{i}\sqrt{1-k^2}\,\mathrm{sn}u}{\mathrm{dn}u}$$

31. $$\int \mathrm{sn}u\mathrm{d}u=\frac{1}{k}\ln(\mathrm{dn}u-k\mathrm{cn}u)=\frac{1}{k}\mathrm{arcosh}\frac{\mathrm{dn}u-k^2\mathrm{cn}u}{1-k^2}$$

32. $$\int \mathrm{cn}u\mathrm{d}u=\frac{1}{k}\arccos(\mathrm{dn}u)=\frac{\mathrm{i}}{k}\ln(\mathrm{dn}u-\mathrm{i}k\mathrm{sn}u)$$

33. $$\int \mathrm{dn}u\mathrm{d}u=\arcsin(\mathrm{sn}u)=\mathrm{am}u=\mathrm{i}\ln(\mathrm{cn}u-\mathrm{i}\,\mathrm{sn}u)$$

34. $$\int \mathrm{sn}^2u\mathrm{d}u=\frac{1}{k^2}[u-\mathrm{E}(k,\mathrm{am}u)]$$

[这里，$\mathrm{E}(k,\varphi)$是第二类椭圆积分(见附录)，以下同]

35. $$\int \mathrm{cn}^2u\mathrm{d}u=\frac{1}{k^2}[\mathrm{E}(k,\mathrm{am}u)-(1-k^2)u]$$

36. $$\int \mathrm{dn}^2u\mathrm{d}u=\mathrm{E}(k,\mathrm{am}u)$$

37. $$\int \mathrm{sn}u\mathrm{cn}u\mathrm{d}u=-\frac{1}{k^2}\mathrm{dn}u$$

38. $$\int \mathrm{sn}u\mathrm{dn}u\mathrm{d}u=-\mathrm{cn}u$$

39. $\int \mathrm{cn}u\mathrm{dn}u\mathrm{d}u = \mathrm{sn}u$

40. $\int \frac{\mathrm{sn}u}{\mathrm{cn}u}\mathrm{d}u = \frac{1}{\sqrt{1-k^2}}\ln\frac{\mathrm{dn}u+\sqrt{1-k^2}}{\mathrm{cn}u} = \frac{1}{2\sqrt{1-k^2}}\ln\frac{\mathrm{dn}u+\sqrt{1-k^2}}{\mathrm{dn}u-\sqrt{1-k^2}}$

41. $\int \frac{\mathrm{sn}u}{\mathrm{dn}u}\mathrm{d}u = \frac{\mathrm{i}}{k\sqrt{1-k^2}}\ln\frac{\mathrm{i}\sqrt{1-k^2}-k\mathrm{cn}u}{\mathrm{dn}u} = \frac{1}{k\sqrt{1-k^2}}\mathrm{arccot}\frac{k\mathrm{cn}u}{\sqrt{1-k^2}}$

42. $\int \frac{\mathrm{cn}u}{\mathrm{sn}u}\mathrm{d}u = \ln\frac{1-\mathrm{dn}u}{\mathrm{sn}u} = \frac{1}{2}\ln\frac{1-\mathrm{dn}u}{1+\mathrm{dn}u}$

43. $\int \frac{\mathrm{cn}u}{\mathrm{dn}u}\mathrm{d}u = -\frac{1}{k}\ln\frac{1-k\mathrm{sn}u}{\mathrm{dn}u} = \frac{1}{2k}\ln\frac{1+k\mathrm{sn}u}{1-k\mathrm{sn}u}$

44. $\int \frac{\mathrm{dn}u}{\mathrm{cn}u}\mathrm{d}u = \ln\frac{1+\mathrm{sn}u}{\mathrm{cn}u} = \frac{1}{2}\ln\frac{1+\mathrm{sn}u}{1-\mathrm{sn}u}$

45. $\int \frac{\mathrm{dn}u}{\mathrm{sn}u}\mathrm{d}u = \frac{1}{2}\ln\frac{1-\mathrm{cn}u}{1+\mathrm{cn}u}$

46. $\int \frac{\mathrm{sn}u}{\mathrm{cn}^2 u}\mathrm{d}u = \frac{1}{1-k^2}\frac{\mathrm{dn}u}{\mathrm{cn}u}$

47. $\int \frac{\mathrm{sn}u}{\mathrm{dn}^2 u}\mathrm{d}u = -\frac{1}{1-k^2}\frac{\mathrm{cn}u}{\mathrm{dn}u}$

48. $\int \frac{\mathrm{cn}u}{\mathrm{sn}^2 u}\mathrm{d}u = -\frac{\mathrm{dn}u}{\mathrm{sn}u}$

49. $\int \frac{\mathrm{cn}u}{\mathrm{dn}^2 u}\mathrm{d}u = \frac{\mathrm{sn}u}{\mathrm{dn}u}$

50. $\int \frac{\mathrm{dn}u}{\mathrm{sn}^2 u}\mathrm{d}u = -\frac{\mathrm{cn}u}{\mathrm{sn}u}$

51. $\int \frac{\mathrm{dn}u}{\mathrm{cn}^2 u}\mathrm{d}u = \frac{\mathrm{sn}u}{\mathrm{cn}u}$

52. $\int \frac{\mathrm{sn}u}{\mathrm{cn}u\mathrm{dn}u}\mathrm{d}u = \frac{1}{1-k^2}\ln\frac{\mathrm{dn}u}{\mathrm{cn}u}$

53. $\int \frac{\mathrm{cn}u}{\mathrm{sn}u\mathrm{dn}u}\mathrm{d}u = \ln\frac{\mathrm{sn}u}{\mathrm{dn}u}$

54. $\int \frac{\mathrm{dn}u}{\mathrm{sn}u\mathrm{cn}u}\mathrm{d}u = \ln\frac{\mathrm{sn}u}{\mathrm{cn}u}$

55. $\int \frac{\mathrm{cn}u\mathrm{dn}u}{\mathrm{sn}u}\mathrm{d}u = \ln(\mathrm{sn}u)$

56. $\int \frac{\mathrm{sn}u\mathrm{dn}u}{\mathrm{cn}u}\mathrm{d}u = \ln\frac{1}{\mathrm{cn}u}$

57. $\int \frac{\mathrm{sn}u\mathrm{cn}u}{\mathrm{dn}u}\mathrm{d}u = -\frac{1}{k^2}\ln(\mathrm{dn}u)$

Ⅰ.2.4 指数积分函数的积分

58. $\int_x^{\infty} \mathrm{Ei}(-\alpha x)\mathrm{Ei}(-\beta x)\mathrm{d}x = \left(\frac{1}{\alpha}+\frac{1}{\beta}\right)\mathrm{Ei}[-(\alpha+\beta)x] - x\mathrm{Ei}(-\alpha x)\mathrm{Ei}(-\beta x) - \frac{\mathrm{e}^{-\alpha x}}{\alpha}\mathrm{Ei}(-\beta x) - \frac{\mathrm{e}^{-\beta x}}{\beta}\mathrm{Ei}(-\alpha x) \quad [\mathrm{Re}(\alpha+\beta)>0]$

[这里,$\mathrm{Ei}(z)$为指数积分(见附录),以下同]

59. $\int_x^{\infty} \frac{\mathrm{Ei}[-a(x+b)]}{x^{n+1}}\mathrm{d}x = \left[\frac{1}{x^n}-\frac{(-1)^n}{b^n}\right]\frac{\mathrm{Ei}[-a(x+b)]}{n} + \frac{\mathrm{e}^{-ab}}{n}\sum_{k=0}^{n-1}\frac{(-1)^{n-k-1}}{b^{n-k}}\int_x^{\infty}\frac{\mathrm{e}^{-ax}}{x^{k+1}}\mathrm{d}x \quad (a>0,b>0)$

60. $\int_x^{\infty} \frac{\mathrm{Ei}[-a(x+b)]}{x^2}\mathrm{d}x = \left(\frac{1}{x}+\frac{1}{b}\right)\mathrm{Ei}[-a(x+b)] - \frac{\mathrm{e}^{-ab}}{b}\mathrm{Ei}(-ax)$

$(a>0,b>0)$

61. $\int_0^x \mathrm{e}^x\mathrm{Ei}(-x)\mathrm{d}x = \mathrm{e}^x\mathrm{Ei}(-x) - \ln x - \gamma$

[这里,γ是欧拉常数(见附录)]

62. $\int_0^x \mathrm{e}^{-\beta x}\mathrm{Ei}(-\alpha x)\mathrm{d}x = -\frac{1}{\beta}\left\{\mathrm{e}^{-\beta x}\mathrm{Ei}(-\alpha x) + \ln\left(1+\frac{\beta}{\alpha}\right) - \mathrm{Ei}[-(\alpha+\beta)x]\right\}$

Ⅰ.2.5 正弦积分和余弦积分函数的积分

63. $\int \sin\alpha x\,\mathrm{si}(\beta x)\mathrm{d}x = -\frac{\cos\alpha x\,\mathrm{si}(\beta x)}{\alpha} + \frac{\mathrm{si}(\alpha x+\beta x)-\mathrm{si}(\alpha x-\beta x)}{2\alpha}$

[这里,$\mathrm{si}(z)$为正弦积分(见附录),以下同]

64. $\int \cos\alpha x\,\mathrm{si}(\beta x)\mathrm{d}x = \frac{\sin\alpha x\,\mathrm{si}(\beta x)}{\alpha} + \frac{\mathrm{ci}(\alpha x+\beta x)-\mathrm{ci}(\alpha x-\beta x)}{2\alpha}$

[这里,$\mathrm{ci}(z)$为余弦积分(见附录),以下同]

65. $\int \sin\alpha x\,\mathrm{ci}(\beta x)\mathrm{d}x = -\frac{\cos\alpha x\,\mathrm{ci}(\beta x)}{\alpha} + \frac{\mathrm{ci}(\alpha x+\beta x)+\mathrm{ci}(\alpha x-\beta x)}{2\alpha}$

66. $\int \cos\alpha x\,\mathrm{ci}(\beta x)\mathrm{d}x = \frac{\sin\alpha x\,\mathrm{ci}(\beta x)}{\alpha} - \frac{\mathrm{si}(\alpha x+\beta x)+\mathrm{si}(\alpha x-\beta x)}{2\alpha}$

67. $\int \mathrm{si}(\alpha x)\mathrm{si}(\beta x)\mathrm{d}x = x\mathrm{si}(\alpha x)\mathrm{si}(\beta x) - \frac{1}{2\beta}[\mathrm{si}(\alpha x+\beta x)+\mathrm{si}(\alpha x-\beta x)]$

$$-\frac{1}{2\alpha}[\mathrm{si}(\alpha x+\beta x)+\mathrm{si}(\beta x-\alpha x)]$$

$$+\frac{1}{\alpha}\cos\alpha x\,\mathrm{si}(\beta x)+\frac{1}{\beta}\cos\beta x\,\mathrm{si}(\alpha x) \qquad [3]$$

68. $\int \mathrm{si}(\alpha x)\mathrm{ci}(\beta x)\mathrm{d}x = x\,\mathrm{si}(\alpha x)\mathrm{ci}(\beta x)+\frac{1}{\alpha}\cos\alpha x\;\mathrm{ci}(\beta x)-\frac{1}{\beta}\sin\beta x\;\mathrm{si}(\alpha x)$

$$-\left(\frac{1}{2\alpha}+\frac{1}{2\beta}\right)\mathrm{ci}(\alpha x+\beta x)-\left(\frac{1}{2\alpha}-\frac{1}{2\beta}\right)\mathrm{ci}(\alpha x-\beta x) \qquad [3]$$

69. $\int \mathrm{ci}(\alpha x)\mathrm{ci}(\beta x)\mathrm{d}x = x\mathrm{ci}(\alpha x)\mathrm{ci}(\beta x)+\frac{1}{2\alpha}[\mathrm{si}(\alpha x+\beta x)+\mathrm{si}(\alpha x-\beta x)]$

$$+\frac{1}{2\beta}[\mathrm{si}(\alpha x+\beta x)+\mathrm{si}(\beta x-\alpha x)]$$

$$-\frac{1}{\alpha}\sin\alpha x\,\mathrm{ci}(\beta x)-\frac{1}{\beta}\sin\beta x\,\mathrm{ci}(\alpha x) \qquad [3]$$

70. $\int_x^{\infty}\frac{\mathrm{si}[a(x+b)]}{x^2}\mathrm{d}x = \left(\frac{1}{x}+\frac{1}{b}\right)\mathrm{si}[a(x+b)]-\frac{\cos ab\,\mathrm{si}(ax)+\sin ab\,\mathrm{ci}(ax)}{b}$

$(a>0,b>0)$ [3]

71. $\int_x^{\infty}\frac{\mathrm{ci}[a(x+b)]}{x^2}\mathrm{d}x = \left(\frac{1}{x}+\frac{1}{b}\right)\mathrm{ci}[a(x+b)]+\frac{\sin ab\,\mathrm{si}(ax)-\cos ab\,\mathrm{ci}(ax)}{b}$

$(a>0,b>0)$ [3]

Ⅰ.2.6 概率积分和菲涅耳函数的积分

72. $\int \Phi(ax)\mathrm{d}x = x\,\Phi(ax)+\frac{\mathrm{e}^{-a^2x^2}}{a\sqrt{\pi}}$

[这里,$\Phi(x)$为概率积分(见附录)]

73. $\int \mathrm{S}(ax)\mathrm{d}x = x\,\mathrm{S}(ax)+\frac{\cos a^2x^2}{a\sqrt{2\pi}}$

[这里,$\mathrm{S}(x)$为菲涅耳函数(见附录)]

74. $\int \mathrm{C}(ax)\mathrm{d}x = x\,\mathrm{C}(ax)-\frac{\sin a^2x^2}{a\sqrt{2\pi}}$

[这里,$\mathrm{C}(x)$为菲涅耳函数(见附录)]

Ⅰ.2.7 贝塞尔函数的积分

75. $\int \mathrm{J}_p(x)\mathrm{d}x = 2\sum_{k=0}^{\infty}\mathrm{J}_{p+2k+1}(x)$

76. $\int x^{p+1}\mathrm{Z}_p(x)\mathrm{d}x = x^{p+1}\mathrm{Z}_{p+1}(x)$

77. $\int x^{-p+1}\mathrm{Z}_p(x)\mathrm{d}x = -x^{-p+1}\mathrm{Z}_{p-1}(x)$

78. $\int x[\mathrm{Z}_p(ax)]^2\mathrm{d}x = \frac{x^2}{2}\{[\mathrm{Z}_p(ax)]^2 - \mathrm{Z}_{p-1}(ax)\mathrm{Z}_{p+1}(ax)\}$ [3]

79. $\int x\mathrm{Z}_p(ax)\mathrm{W}_p(bx)\mathrm{d}x = \frac{bx\mathrm{Z}_p(ax)\mathrm{W}_{p-1}(bx) - ax\mathrm{Z}_{p-1}(ax)\mathrm{W}_p(bx)}{a^2-b^2}$ [3]

80. $\int \frac{\mathrm{Z}_p(ax)\mathrm{W}_q(ax)}{x}\mathrm{d}x = \frac{ax[\mathrm{Z}_{p-1}(ax)\mathrm{W}_q(ax) - \mathrm{Z}_p(ax)\mathrm{W}_{q-1}(ax)]}{p^2-q^2} - \frac{\mathrm{Z}_p(ax)\mathrm{W}_q(ax)}{p+q}$ [3]

81. $\int \mathrm{Z}_1(x)\mathrm{d}x = -\mathrm{Z}_0(x)$

82. $\int x\mathrm{Z}_0(x)\mathrm{d}x = x\mathrm{Z}_1(x)$

[上述诸式中，$\mathrm{Z}_p(x)$，$\mathrm{W}_p(x)$均为任意贝塞尔函数]

Ⅱ 定积分表

Ⅱ.1 初等函数的定积分

Ⅱ.1.1 幂函数和代数函数的定积分

当没有特别说明时,l,m,n 为非零的正整数；$a,b,c,d,p,q,\alpha,\beta,\gamma$ 是非零的实数.

Ⅱ.1.1.1 含有 x^n 和 $a^p \pm x^p$ 的积分

1. $\int_0^\infty x^n p^{-x}\mathrm{d}x=\dfrac{n!}{(\ln p)^{n+1}}$ （$p>0$,n 为大于 0 的整数）

2. $\int_1^\infty \dfrac{\mathrm{d}x}{x^m}=\dfrac{1}{m-1}$ （$m>1$）

3. $\int_0^a x^m(a-x)^n\mathrm{d}x=\dfrac{m!n!a^{m+n+1}}{(m+n+1)!}=\dfrac{\Gamma(m+1)\Gamma(n+1)}{\Gamma(m+n+2)}a^{m+n+1}$

4. $\int_0^1 x^{m-1}(1-x)^{n-1}\mathrm{d}x=\int_0^1\dfrac{x^{m-1}}{(1+x)^{m+n}}\mathrm{d}x=\dfrac{\Gamma(m)\Gamma(n)}{\Gamma(m+n)}$ （$m>0,n>0$）

5. $\int_0^a x^m(a^n-x^n)^p\mathrm{d}x=\dfrac{p!n^pa^{m+np+1}}{(m+1)(m+1+p)(m+1+2p)\cdots(m+1+np)}$

6. $\int_0^a x^\alpha (a^n - x^n)^\beta \mathrm{d}x = \dfrac{\Gamma\left(\dfrac{\alpha+1}{n}\right)\Gamma(\beta+1)}{n\Gamma\left(\dfrac{\alpha+1}{n}+\beta+1\right)} a^{\alpha+n\beta+1}$

7. $\int_a^b (x-a)^m (b-x)^n \mathrm{d}x = \dfrac{\Gamma(m+1)\Gamma(n+1)}{\Gamma(m+n+2)}(b-a)^{m+n+1}$

$(m > -1, n > -1, b > a)$

8. $\int_a^b (x-a)^\alpha (b-x)^\beta \mathrm{d}x = \dfrac{\Gamma(\alpha+1)\Gamma(\beta+1)}{\Gamma(\alpha+\beta+2)}(b-a)^{\alpha+\beta+1}$

9. $\int_a^b \dfrac{1}{x-c}\left(\dfrac{x-a}{b-x}\right)^p \mathrm{d}x = \dfrac{\pi}{\sin p\pi}\left[1-\left(\dfrac{c-a}{b-c}\right)^p \cos p\pi\right]$

$(a < c < b, |p| < 1)$ [2]

10. $\int_0^a \dfrac{x^m}{a+x}\mathrm{d}x = (-a)^m\left[\ln 2 + \sum_{k=1}^{m}(-1)^k \dfrac{1}{k}\right]$ [2]

11. $\int_0^a \dfrac{x^m}{a^n+x^n}\mathrm{d}x = a^{m-n+1}\left[\sum_{k=0}^{\infty}(-1)^k \dfrac{1}{m+kn+1}\right]$ [2]

12. $\int_0^a \dfrac{x^p}{(a-x)^p}\mathrm{d}x = \dfrac{ap\pi}{\sin p\pi} \quad (|p| < 1)$

13. $\int_0^a \dfrac{x^p}{(a-x)^{p+1}}\mathrm{d}x = \dfrac{\pi}{\sin p\pi} \quad (0 < p < 1)$

14. $\int_0^\infty x^{-q}(x-a)^{p-1}\mathrm{d}x = a^{p-q}\mathrm{B}(q-p,p) \quad (\mathrm{Re}\, p > 0, \mathrm{Re}\, q > 0)$

[这里,$\mathrm{B}(p,q)$为贝塔函数(见附录),以下同]

15. $\int_0^a x^{q-1}(a-x)^{p-1}\mathrm{d}x = a^{p+q-1}\mathrm{B}(p,q) \quad (\mathrm{Re}\, p > 0, \mathrm{Re}\, q > 0)$

16. $\int_0^1 x^{q-1}(1-x)^{p-1}\mathrm{d}x = \int_0^1 x^{p-1}(1-x)^{q-1}\mathrm{d}x = \mathrm{B}(p,q) \quad (\mathrm{Re}\, p > 0, \mathrm{Re}\, q > 0)$

17. $\int_0^n x^{\nu-1}(n-x)^n \mathrm{d}x = \dfrac{n!\,n^{\nu+n}}{\nu(\nu+1)(\nu+2)\cdots(\nu+n)} \quad (\mathrm{Re}\,\nu > 0)$ [3]

18. $\int_0^1 \dfrac{x^p}{(1-x)^{p+1}}\mathrm{d}x = \int_0^1 \dfrac{(1-x)^p}{x^{p+1}}\mathrm{d}x = -\pi\csc p\pi \quad (-1 < p < 0)$ [3]

19. $\int_1^\infty \dfrac{(x-1)^{p-\frac{1}{2}}}{x}\mathrm{d}x = \pi\sec p\pi \quad \left(-\dfrac{1}{2} < p < \dfrac{1}{2}\right)$ [3]

20. $\int_0^\infty \dfrac{x^{p-1}}{(1+bx)^q}\mathrm{d}x = b^{-p}\mathrm{B}(p,q-p) \quad (\mathrm{Re}\, q > \mathrm{Re}\, p > 0, |\arg b| < \pi)$

21. $\int_0^\infty \dfrac{x^{p-1}}{(1+bx)^2}\mathrm{d}x = \dfrac{(1-p)\pi}{b^p}\csc p\pi \quad (0 < \mathrm{Re}\, p < 2)$

22. $\int_0^\infty \dfrac{x^{p-1}}{(1+bx)^{n+1}}\mathrm{d}x = (-1)^n \dfrac{\pi}{b^p}\binom{p-1}{n}\csc p\pi$

$(0 < \mathrm{Re}\, p < n+1,\ |\arg b| < \pi)$ [3]

23. $\displaystyle\int_0^\infty \frac{x^m}{(a+bx)^{n+\frac{1}{2}}}\mathrm{d}x = 2^{m+1}m!\frac{(2n-2m-3)!!}{(2n-1)!!}\frac{a^{m-n+\frac{1}{2}}}{b^{m+1}}$

$\left(a>0, b>0, m<n-\frac{1}{2}\right)$ [3]

24. $\displaystyle\int_0^1 \frac{x^{n-1}}{(1+x)^m}\mathrm{d}x = 2^{-n}\sum_{k=0}^{\infty}\binom{m-n-1}{k}\frac{(-2)^{-k}}{n+k}$ [3]

25. $\displaystyle\int_0^\infty \frac{(1+x)^{p-1}}{(a+x)^{p+1}}\mathrm{d}x = \frac{1-a^{-p}}{p(a-1)} \quad (a>0)$ [3]

26. $\displaystyle\int_1^\infty \frac{\mathrm{d}x}{(a-bx)(x-1)^\nu} = -\frac{\pi}{b}\csc\nu\pi\left(\frac{b}{b-a}\right)^\nu \quad (a<b, b>0, 0<\nu<1)$ [3]

27. $\displaystyle\int_{-\infty}^1 \frac{\mathrm{d}x}{(a-bx)(1-x)^\nu} = \frac{\pi}{b}\csc\nu\pi\left(\frac{b}{a-b}\right)^\nu \quad (a>b>0, 0<\nu<1)$ [3]

28. $\displaystyle\int_0^\infty x^{p-\frac{1}{2}}(x+a)^{-p}(x+b)^{-p}\mathrm{d}x = \sqrt{\pi}(\sqrt{a}+\sqrt{b})^{1-2p}\frac{\Gamma\left(p-\frac{1}{2}\right)}{\Gamma(p)}$

$(\mathrm{Re}\, p>0)$ [3]

29. $\displaystyle\int_0^1 x^{p-1}(1-x)^{q-1}(1+ax)^{-p-q}\mathrm{d}x = (1+a)^{-p}\mathrm{B}(p,q)$

$(\mathrm{Re}\, p>0, \mathrm{Re}\, q>0, a>-1)$ [3]

30. $\displaystyle\int_0^1 x^{p-1}(1-x)^{q-1}[ax+b(1-x)+c]^{-p-q}\mathrm{d}x = (a+c)^{-p}(b+c)^{-q}\mathrm{B}(p,q)$

$(\mathrm{Re}\, p>0, \mathrm{Re}\, q>0, a\geqslant 0, b\geqslant 0, c>0)$ [3]

31. $\displaystyle\int_a^b (x-a)^{p-1}(b-x)^{q-1}(x-c)^{-p-q}\mathrm{d}x = (b-c)^{-p}(a-c)^{-q}(b-a)^{p+q-1}\mathrm{B}(p,q)$

$(\mathrm{Re}\, p>0, \mathrm{Re}\, q>0, c<a<b)$ [3]

32. $\displaystyle\int_0^1 \frac{x^{p-1}}{(1-x)^p(1+qx)}\mathrm{d}x = \frac{\pi}{(1+q)^p}\csc p\pi \quad (0<p<1, q>-1)$ [3]

33. $\displaystyle\int_0^1 \frac{x^{p-\frac{1}{2}}}{(1-x)^p(1+qx)^p}\mathrm{d}x = \frac{2\Gamma\left(p+\frac{1}{2}\right)\Gamma(1-p)}{\sqrt{\pi}}\frac{\sin[(2p-1)\arctan\sqrt{q}]}{(2p-1)\sin(\arctan\sqrt{q})}$

$\displaystyle\cdot\cos^{2p}(\arctan\sqrt{q}) \quad \left(-\frac{1}{2}<p<1, q>0\right)$ [3]

34. $\displaystyle\int_0^1 \frac{x^{p-\frac{1}{2}}}{(1-x)^p(1-qx)^p}\mathrm{d}x = \frac{2\Gamma\left(p+\frac{1}{2}\right)\Gamma(1-p)}{\sqrt{\pi}}\cdot\frac{(1-\sqrt{q})^{1-2p}-(1+\sqrt{q})^{1-2p}}{(2p-1)\sqrt{q}}$

$\left(-\frac{1}{2}<p<1, 0<q<1\right)$ [3]

35. $\int_0^\infty x^{q-1}[(1+ax)^{-p}+(1+bx)^{-p}]\mathrm{d}x$

$$=2(ab)^{-\frac{q}{2}}\cos\left(q\arccos\frac{a+b}{2\sqrt{ab}}\right)\mathrm{B}(q,p-q)\quad(p>q>0)$$ [3]

36. $\int_0^\infty x^{q-1}[(1+ax)^{-p}-(1+bx)^{-p}]\mathrm{d}x$

$$=-2\mathrm{i}(ab)^{-\frac{q}{2}}\sin\left(q\arccos\frac{a+b}{2\sqrt{ab}}\right)\mathrm{B}(q,p-q)\quad(p>q>0)$$ [3]

37. $\int_0^1[(1+x)^{p-1}(1-x)^{q-1}+(1+x)^{q-1}(1-x)^{p-1}]\mathrm{d}x=2^{p+q-1}\mathrm{B}(p,q)$

$(\mathrm{Re}\ p>0,\ \mathrm{Re}\ q>0)$ [3]

38. $\int_0^1\{a^px^{p-1}(1-ax)^{q-1}+(1-a)^qx^{q-1}[1-(1-a)x]^{p-1}\}\mathrm{d}x=\mathrm{B}(p,q)$

$(\mathrm{Re}\ p>0,\ \mathrm{Re}\ q>0,\ |a|<1)$ [3]

39. $\int_0^1\frac{x^{p-1}+x^{q-1}}{(1+x)^{p+q}}\mathrm{d}x=\mathrm{B}(p,q)\quad(\mathrm{Re}\ p>0,\ \mathrm{Re}\ q>0)$ [3]

40. $\int_1^\infty\frac{x^{p-1}+x^{q-1}}{(1+x)^{p+q}}\mathrm{d}x=\mathrm{B}(p,q)\quad(\mathrm{Re}\ p>0,\ \mathrm{Re}\ q>0)$ [3]

41. $\int_0^\infty\left[\frac{b^px^{p-1}}{(1+bx)^p}-\frac{(1+bx)^{p-1}}{b^{p-1}x^p}\right]\mathrm{d}x=\pi\cot p\pi\quad(b>0,0<p<1)$ [3]

42. $\int_0^\infty\frac{x^{2p-1}-(a+x)^{2p-1}}{(a+x)^px^p}\mathrm{d}x=\pi\cot p\pi\quad(p<1)$ [3]

43. $\int_a^\infty\frac{(x-a)^{p-1}}{x-b}\mathrm{d}x=(a-b)^{p-1}\pi\csc p\pi\quad(a>b,0<p<1)$ [3]

44. $\int_{-\infty}^a\frac{(a-x)^{p-1}}{x-b}\mathrm{d}x=-(b-a)^{p-1}\pi\csc p\pi\quad(a<b,0<p<1)$ [3]

45. $\int_0^\infty\frac{x^{p-1}}{x+a}\mathrm{d}x=\begin{cases}\pi a^{p-1}\csc p\pi & (a>0,0<\mathrm{Re}\ p<1)\\ -\pi(-a)^{p-1}\cot p\pi & (a<0,0<\mathrm{Re}\ p<1)\end{cases}$ [3]

46. $\int_0^\infty\frac{x^{p-1}}{(a+x)(b+x)}\mathrm{d}x=\frac{\pi}{b-a}(a^{p-1}-b^{p-1})\csc p\pi$

$(0<\mathrm{Re}\ p<2,\ |\arg a|<\pi,\ |\arg b|<\pi)$ [3]

47. $\int_0^\infty\frac{x^{p-1}}{(a+x)(b-x)}\mathrm{d}x=\frac{\pi}{b+a}(a^{p-1}\csc p\pi+b^{p-1}\cot p\pi)$

$(0<\mathrm{Re}\ p<2,\ b>0,\ |\arg a|<\pi)$ [3]

48. $\int_0^\infty\frac{x^{p-1}}{(a-x)(b-x)}\mathrm{d}x=\pi\cot p\pi\cdot\frac{a^{p-1}-b^{p-1}}{b-a}$

$(0<\mathrm{Re}\ p<2,a>b>0)$ [3]

49. $\int_1^\infty\frac{(x-1)^{p-1}}{x^2}\mathrm{d}x=(1-p)\pi\csc p\pi\quad(-1<p<1)$ [3]

50. $\int_1^\infty \frac{(x-1)^{1-p}}{x^3}\mathrm{d}x = \frac{1}{2}p(1-p)\pi\csc p\pi \quad (0<p<1)$ [3]

51. $\int_0^\infty \frac{x^p}{(1+x)^3}\mathrm{d}x = \frac{\pi}{2}p(1-p)\csc p\pi \quad (-1<p<2)$ [3]

52. $\int_0^1 \frac{x^{p-1}}{(1-x)^p(1+ax)(1+bx)}\mathrm{d}x = \frac{\pi\csc p\pi}{a-b}\left[\frac{a}{(1+a)^p}-\frac{b}{(1+b)^p}\right]$

$(0<\mathrm{Re}\, p<1)$ [3]

53. $\int_0^1 \frac{x^{p-1}-x^{-p}}{1-x}\mathrm{d}x = \pi\cot p\pi \quad (p^2<1)$ [3]

54. $\int_0^1 \frac{x^{p-1}-x^{-p}}{1+x}\mathrm{d}x = \pi\csc p\pi \quad (p^2<1)$ [3]

55. $\int_0^\infty \frac{x^{p-1}-x^{q-1}}{1-x}\mathrm{d}x = \pi(\cot p\pi-\cot q\pi) \quad (p>0, q>0)$ [3]

56. $\int_0^\infty \frac{(c+ax)^{-p}-(c+bx)^{-p}}{x}\mathrm{d}x = c^{-p}\ln\frac{b}{a}$

$(\mathrm{Re}\, p>-1, a>0, b>0, c>0)$ [3]

57. $\int_0^1 \left(\frac{x^{q-1}}{1-ax}-\frac{x^{-q}}{a-x}\right)\mathrm{d}x = \pi a^{-q}\cot q\pi \quad (0<q<1, a>0)$ [3]

58. $\int_0^1 \left(\frac{x^{q-1}}{1+ax}+\frac{x^{-q}}{a+x}\right)\mathrm{d}x = \pi a^{-q}\csc q\pi \quad (0<q<1, a>0)$ [3]

59. $\int_{-\infty}^\infty \frac{|x|^{q-1}}{x-u}\mathrm{d}x = -\pi\cot\frac{q\pi}{2}|u|^{q-1}\mathrm{sgn}\, u$

$(0<\mathrm{Re}\, q<1, u\neq 0, u$ 为实数$)$ [3]

60. $\int_{-\infty}^\infty \frac{|x|^{q-1}}{x-u}\mathrm{sgn}\, x\,\mathrm{d}x = -\pi\tan\frac{q\pi}{2}|u|^{q-1}$

$(0<\mathrm{Re}\, q<1, u\neq 0, u$ 为实数$)$ [3]

61. $\int_a^b \frac{(b-x)^{p-1}(x-a)^{q-1}}{|x-u|^{p+q}}\mathrm{d}x = \frac{(b-a)^{p+q-1}}{|a-u|^p|b-u|^q}\frac{\Gamma(p)\Gamma(q)}{\Gamma(p+q)}$

$(\mathrm{Re}\, p>0, \mathrm{Re}\, q>0, 0<u<a<b$ 或 $0<a<b<u)$ [3]

62. $\int_0^a (a^2-x^2)^{n-\frac{1}{2}}\mathrm{d}x = a^{2n}\frac{(2n-1)!!}{(2n)!!}\frac{\pi}{2}$

63. $\int_0^1 (1-x^p)^{-\frac{1}{q}}\mathrm{d}x = \frac{1}{p}\mathrm{B}\left(\frac{1}{p}, 1-\frac{1}{q}\right) \quad (\mathrm{Re}\, p>0, |q|>1)$

64. $\int_0^1 x^{p-1}(1-x^r)^{q-1}\mathrm{d}x = \frac{1}{r}\mathrm{B}\left(\frac{p}{r}, q\right) \quad (\mathrm{Re}\, p>0, \mathrm{Re}\, q>0, r>0)$

65. $\int_0^1 \frac{x^p-x^{-p}}{x+1}\mathrm{d}x = \frac{1}{p}-\frac{\pi}{\sin p\pi} \quad (|p|<1)$ [2]

66. $\int_0^1 \frac{x^p-x^{-p}}{x-1}\mathrm{d}x = \frac{1}{p}-\frac{\pi}{\tan p\pi} \quad (|p|<1)$ [2]

67. $\int_0^1 \frac{x^p - x^{-p}}{x^2+1}\mathrm{d}x = \frac{1}{p} - \frac{\pi}{2\sin\frac{p\pi}{2}} \quad (|p|<1)$ [2]

68. $\int_0^1 \frac{x^p - x^{-p}}{x^2-1}\mathrm{d}x = \frac{1}{p} - \frac{\pi}{2\tan\frac{p\pi}{2}} \quad (|p|<1)$ [2]

69. $\int_0^a \frac{\left(\frac{x}{a}\right)^{m-1} + \left(\frac{x}{a}\right)^{n-1}}{(a+x)^{m+n}}\mathrm{d}x = \frac{\Gamma(m)\Gamma(n)}{\Gamma(m+n)a^{m+n-1}}$ [2]

70. $\int_0^a \frac{\left(\frac{x}{a}\right)^{\alpha-1} + \left(\frac{x}{a}\right)^{\beta-1}}{(a+x)^{\alpha+\beta}}\mathrm{d}x = \frac{\mathrm{B}(\alpha,\beta)}{a^{\alpha+\beta-1}}$ [2]

71. $\int_0^a \frac{\mathrm{d}x}{a^2+ax+x^2} = \frac{\pi}{3a\sqrt{3}}$

72. $\int_0^a \frac{\mathrm{d}x}{a^2-ax+x^2} = \frac{2\pi}{3a\sqrt{3}}$

73. $\int_0^\infty \frac{\mathrm{d}x}{(ax^2+2bx+c)^n} = \frac{(-1)^{n-1}}{(n-1)!}\frac{\partial^{n-1}}{\partial c^{n-1}}\left(\frac{1}{\sqrt{ac-b^2}}\arctan\frac{b}{\sqrt{ac-b^2}}\right)$

$(a>0, ac>b^2)$ [3]

74. $\int_{-\infty}^\infty \frac{\mathrm{d}x}{(ax^2+2bx+c)^n} = \frac{(2n-3)!!a^{n-1}\pi}{(2n-2)!!(ac-b^2)^{n-\frac{1}{2}}} \quad (a>0, ac>b^2)$ [3]

75. $\int_{-\infty}^\infty \frac{x}{(ax^2+2bx+c)^n}\mathrm{d}x = -\frac{(2n-3)!!ba^{n-2}\pi}{(2n-2)!!(ac-b^2)^{n-\frac{1}{2}}}$

$(a>0, ac>b^2, n\geqslant 2)$ [3]

76. $\int_0^\infty \frac{x^n}{(ax^2+2bx+c)^{n+\frac{3}{2}}}\mathrm{d}x = -\frac{n!}{(2n+1)!!\sqrt{c}(\sqrt{ac}+b)^{n+1}}$

$(a\geqslant 0, c>0, b>-\sqrt{ac})$ [3]

77. $\int_0^\infty \frac{x^{n+1}}{(ax^2+2bx+c)^{n+\frac{3}{2}}}\mathrm{d}x = -\frac{n!}{(2n+1)!!\sqrt{a}(\sqrt{ac}+b)^{n+1}}$

$(a>0, c\geqslant 0, b>-\sqrt{ac})$ [3]

78. $\int_0^\infty \frac{x^{n+\frac{1}{2}}}{(ax^2+2bx+c)^{n+1}}\mathrm{d}x = -\frac{(2n-1)!!\pi}{2^{2n+\frac{1}{2}}n!\sqrt{a}(\sqrt{ac}+b)^{n+\frac{1}{2}}}$

$(a>0, c>0, b+\sqrt{ac}>0)$ [3]

Ⅱ.1.1.2 含有 $a^n + x^n$ 和 $a + bx^n$ 的积分

79. $\int_0^\infty \frac{x^p}{a+x}\mathrm{d}x = \frac{\pi a^p}{\sin(p+1)\pi} \quad (0 < p < 1)$ [2]

80. $\int_0^\infty \frac{x^{-p}}{a+x}\mathrm{d}x = \frac{\pi a^{-p}}{\sin p\pi} \quad (0 < p < 1)$ [2]

81. $\int_0^\infty \frac{\mathrm{d}x}{a^2+x^2} = \frac{\pi}{2a}$

82. $\int_0^\infty \frac{x}{a^2+x^2}\mathrm{d}x = \infty$

83. $\int_0^\infty \frac{a}{a^2+x^2}\mathrm{d}x = \begin{cases} \frac{\pi}{2} & (a > 0) \\ 0 & (a = 0) \\ -\frac{\pi}{2} & (a < 0) \end{cases}$

84. $\int_0^\infty \frac{\mathrm{d}x}{a^3+x^3} = \frac{2\pi}{3a^2\sqrt{3}}$

85. $\int_0^\infty \frac{x}{a^3+x^3}\mathrm{d}x = \frac{2\pi}{3a\sqrt{3}}$

86. $\int_0^\infty \frac{\mathrm{d}x}{a^4+x^4} = \frac{\pi}{2a^3\sqrt{2}}$

87. $\int_0^\infty \frac{x}{a^4+x^4}\mathrm{d}x = \frac{\pi}{4a^2}$

88. $\int_0^\infty \frac{\mathrm{d}x}{a^n+x^n} = \frac{a\pi}{na^n\sin\frac{\pi}{n}}$ [2]

89. $\int_0^\infty \frac{x}{a^n+x^n}\mathrm{d}x = \frac{\pi}{na^{n-2}\sin\frac{2\pi}{n}}$ [2]

90. $\int_0^\infty \frac{x^2}{a^n+x^n}\mathrm{d}x = \frac{\pi}{na^{n-3}\sin\frac{3\pi}{n}}$ [2]

91. $\int_0^\infty \frac{x^m}{a^n+x^n}\mathrm{d}x = \frac{a^{m+1}\pi}{na^n\sin\frac{(m+1)\pi}{n}}$ [2]

92. $\int_0^\infty \frac{\mathrm{d}x}{(a+bx)^2} = \frac{1}{ab}$

93. $\int_0^\infty \frac{dx}{(a+bx)^3}=\frac{1}{2ab^2}$

94. $\int_0^\infty \frac{dx}{(a+bx)^n}=\frac{B(1,n-1)}{a^{n-1}b}$ [2]

[这里,$B(p,q)$为贝塔函数(见附录),以下同]

95. $\int_0^\infty \frac{x^m}{(a+bx)^n}dx=\frac{B(m+1,n-m-1)}{a^{n-m-1}b^{m+1}}$ [2]

96. $\int_0^\infty \frac{x^{m-1}}{(1+bx)^n}dx=\frac{B(m,n-m)}{b^m}\quad(|b|<\pi,n>m>0)$ [2]

97. $\int_0^\infty \frac{dx}{(a^2+x^2)(b^2+x^2)}=\frac{\pi}{2ab(a+b)}$

98. $\int_0^\infty \frac{dx}{(a^2+x^2)(a^n+x^n)}=\frac{\pi}{4a^{n+1}}$

99. $\int_0^\infty \frac{dx}{(a^2+x^2)^n}=\frac{(2n-3)!!}{(2n-2)!!}\frac{\pi}{2a^{2n-1}}$ [2]

100. $\int_0^\infty \frac{x^{2m}}{(a+bx^2)^n}dx=\frac{(2m-1)!!(2n-2m-3)!!}{(2n-2)!!}\frac{\pi}{2a^{n-m-1}b^m\sqrt{ab}}$

$(n>m+1)$ [2]

101. $\int_0^\infty \frac{x^{2m+1}}{(a+bx^2)^n}dx=\frac{m!!(n-m-2)!}{(n-1)!}\frac{1}{2a^{n-m-1}b^{m+1}}\quad(n>m+1\geqslant 1)$ [2]

102. $\int_0^\infty \frac{dx}{a+2bx+cx^2}=\frac{1}{\sqrt{ac-b^2}}\operatorname{arccot}\frac{b}{\sqrt{ac-b^2}}\quad(ac-b^2>0)$

103. $\int_0^\infty \frac{dx}{(1+x)x^p}=\pi\csc p\pi\quad(0<p<1)$

104. $\int_0^\infty \frac{dx}{(1-x)x^p}=-\pi\cot p\pi\quad(0<p<1)$

105. $\int_0^1 \frac{x^p}{(1-x)^p}dx=p\pi\csc p\pi\quad(|p|<1)$

106. $\int_0^1 \frac{x^p}{(1-x)^{p+1}}dx=\int_0^1 \frac{(1-x)^p}{x^{p+1}}dx=-\pi\csc p\pi\quad(-1<p<0)$

107. $\int_0^\infty \frac{x^{p-1}}{1+x}dx=\frac{\pi}{\sin p\pi}\quad(0<p<1)$

108. $\int_0^\infty \frac{x^{m-1}}{1+x^n}dx=\frac{\pi}{n\sin\frac{m\pi}{n}}\quad(0<m<n)$

109. $\int_0^\infty \frac{x^{p-1}}{1+x^q}dx=\frac{\pi}{q}\csc\frac{p\pi}{q}=\frac{1}{q}B\left(\frac{p}{q},\frac{q-p}{q}\right)\quad(\operatorname{Re}q>\operatorname{Re}p>0)$ [3]

110. $\int_0^\infty \frac{x^{p-1}}{1-x^q}dx=\frac{\pi}{q}\cot\frac{p\pi}{q}\quad(p<q)$ [3]

111. $\int_0^{\infty} \frac{x^{p-1}}{(1+x^q)^2} dx = \frac{(p-q)\pi}{q^2} \csc \frac{(p-q)\pi}{q} \quad (p < 2q)$ [3]

112. $\int_0^{\infty} \frac{x^{p-1}}{(a+bx^q)^{n+1}} dx = \frac{1}{qa^{n+1}} \left(\frac{a}{b}\right)^{\frac{p}{q}} \frac{\Gamma\left(\frac{p}{q}\right)\Gamma\left(1+n-\frac{p}{q}\right)}{\Gamma(n+1)}$

$\left(0 < \frac{p}{q} < n+1, a \neq 0, b \neq 0\right)$ [3]

113. $\int_{-\infty}^{\infty} \frac{x^{2m}}{x^{4n} + 2x^{2n}\cos t + 1} dx = \frac{\pi}{n} \sin \frac{(2n-2m-1)t}{2n} \csc t \csc \frac{(2m+1)\pi}{2n}$

$(m < n, t^2 < \pi^2)$ [3]

114. $\int_0^{\infty} \frac{x^{p-1}}{x^2 + 2ax\cos t + a^2} dx = -\pi a^{p-2} \csc t \cdot \csc p\pi \cdot \sin(p-1)t$

$(a > 0, 0 < |t| < \pi, 0 < \mathrm{Re}\, p < 2)$ [3]

115. $\int_0^{\infty} \frac{x^{p-1}}{(1+x^{2q})(1+x^{3q})} dx = -\frac{\pi}{8q} \frac{\csc \frac{p\pi}{3q}}{1 - 4\cos^2 \frac{p\pi}{3q}} \quad (0 < \mathrm{Re}\, p < 5\mathrm{Re}\, q)$ [3]

116. $\int_{-1}^{1} \frac{(1+x)^{2p-1}(1-x)^{2q-1}}{(1+x^2)^{p+q}} dx = 2^{p+q-2} \mathrm{B}(p,q) \quad (\mathrm{Re}\, p > 0, \mathrm{Re}\, q > 0)$ [3]

117. $\int_0^1 \frac{x^{p-1} + x^{q-1}}{(1+x^2)^{\frac{p+q}{2}}} dx = \frac{1}{2} \cos \frac{(q-p)\pi}{4} \sec \frac{(p+q)\pi}{4} \mathrm{B}\left(\frac{p}{2}, \frac{q}{2}\right)$

$(p > 0, q > 0, p+q < 2)$ [3]

118. $\int_0^1 \frac{x^{p-1} - x^{q-1}}{(1-x^2)^{\frac{p+q}{2}}} dx = \frac{1}{2} \sin \frac{(q-p)\pi}{4} \csc \frac{(p+q)\pi}{4} \mathrm{B}\left(\frac{p}{2}, \frac{q}{2}\right)$

$(p > 0, q > 0, p+q < 2)$ [3]

119. $\int_0^{\infty} \left[\left(ax + \frac{b}{x}\right)^2 + c\right]^{-p-1} dx = \frac{2\sqrt{\pi}\,\Gamma\left(p+\frac{1}{2}\right)}{ac^{p+\frac{1}{2}}\,\Gamma(p+1)}$ [3]

120. $\int_b^{\infty} (x - \sqrt{x^2 - a^2})^n dx = \frac{a^2}{2(n-1)} (b - \sqrt{b^2 - a^2})^{n-1}$

$\qquad - \frac{1}{2(n+1)} (b - \sqrt{b^2 - a^2})^{n+1}$

$(0 < a \leqslant b, n \geqslant 2)$ [3]

121. $\int_b^{\infty} (\sqrt{x^2+1} - x)^n dx = \frac{(\sqrt{b^2+1} - b)^{n-1}}{2(n-1)} + \frac{(\sqrt{b^2+1} - b)^{n+1}}{2(n+1)}$

$(n \geqslant 2)$ [3]

122. $\int_0^{\infty} (\sqrt{x^2 + a^2} - x)^n dx = \frac{na^{n+1}}{n^2 - 1} \quad (n \geqslant 2)$ [3]

123. $\int_0^\infty x^m(\sqrt{x^2+a^2}-x)^n\mathrm{d}x=\dfrac{n\cdot m!a^{m+n+1}}{(n-m-1)(n-m+1)\cdots(m+n+1)}$

$(a>0,0\leqslant m\leqslant n-2)$ [3]

124. $\int_a^\infty (x-a)^m(x-\sqrt{x^2-a^2})^n\mathrm{d}x=\dfrac{n\cdot(n-m-2)!(2m+1)!a^{m+n+1}}{2^m(m+n+1)!}$

$(a>0,n\geqslant m+2)$ [3]

125. $\int_0^\infty \dfrac{\mathrm{d}x}{(x+\sqrt{x^2+a^2})^n}=\dfrac{n}{a^{n-1}(n^2-1)}\quad(n\geqslant 2)$ [3]

126. $\int_0^\infty \dfrac{x^m}{(x+\sqrt{x^2+a^2})^n}\mathrm{d}x=\dfrac{n\cdot m!}{(n-m-1)(n-m+1)\cdots(m+n+1)a^{n-m+1}}$

$(a>0,0\leqslant m\leqslant n-2)$ [3]

127. $\int_0^1 \dfrac{x^{p-1}+x^{q-p-1}}{1+x^q}\mathrm{d}x=\dfrac{\pi}{q}\csc\dfrac{p\pi}{q}\quad(q>p>0)$ [3]

128. $\int_0^1 \dfrac{x^{p-1}-x^{q-p-1}}{1-x^p}\mathrm{d}x=\dfrac{\pi}{q}\cot\dfrac{p\pi}{q}\quad(q>p>0)$ [3]

129. $\int_{-\infty}^\infty \dfrac{x^{2m}-x^{2n}}{1-x^{2l}}\mathrm{d}x=\dfrac{\pi}{l}\left[\cot\dfrac{(2m+1)\pi}{2l}-\cot\dfrac{(2n+1)\pi}{2l}\right]$

$(m<l,n<l)$ [3]

130. $\int_0^\infty [x^{q-p}-x^q(1+x)^{-p}]\mathrm{d}x=\dfrac{q}{q-p+1}\mathrm{B}(q,p-q)$

$(\operatorname{Re}p>\operatorname{Re}q>0)$ [3]

131. $\int_0^\infty \dfrac{1-x^q}{1-x^r}x^{p-1}\mathrm{d}x=\dfrac{\pi}{r}\sin\dfrac{q\pi}{r}\csc\dfrac{p\pi}{r}\csc\dfrac{(p+q)\pi}{r}\quad(p+q<r,p>0)$ [3]

132. $\int_0^\infty \dfrac{x^{-p}}{1+x^3}\mathrm{d}x=\dfrac{\pi}{3}\csc\dfrac{(1-p)\pi}{3}\quad(-2<p<1)$ [3]

133. $\int_0^\infty \dfrac{x^{p-1}}{(a^2+x^2)(b^2-x^2)}\mathrm{d}x=\dfrac{\pi}{2}\dfrac{a^{p-2}+b^{p-2}\cos\dfrac{p\pi}{2}}{a^2+b^2}\csc\dfrac{p\pi}{2}$

$(a>0,b>0,0<p<4)$ [3]

134. $\int_0^\infty \dfrac{x^{p-1}}{(a+x^2)(b+x^2)}\mathrm{d}x=\dfrac{\pi}{2}\dfrac{b^{\frac{p}{2}-1}-a^{\frac{p}{2}-1}}{a-b}\csc\dfrac{p\pi}{2}$

$(|\arg a|<\pi,\ |\arg b|<\pi,0<\operatorname{Re}p<4)$ [3]

135. $\int_0^1 \dfrac{x^{3n}}{\sqrt[3]{1-x^3}}\mathrm{d}x=\dfrac{2\pi}{3\sqrt{3}}\dfrac{\Gamma\left(n+\dfrac{1}{3}\right)}{\Gamma\left(\dfrac{1}{3}\right)\Gamma(n+1)}$

136. $\int_0^1 \frac{x^{3n-1}}{\sqrt[3]{1-x^3}}\mathrm{d}x = \frac{(n-1)!\,\Gamma\left(\frac{2}{3}\right)}{3\Gamma\left(n+\frac{2}{3}\right)}$

137. $\int_0^1 \left(\frac{1}{1-x} - \frac{px^{p-1}}{1-x^p}\right)\mathrm{d}x = \ln p$ [3]

138. $\int_0^1 \frac{x^p - x^{-p}}{1-x^2} x\mathrm{d}x = \frac{\pi}{2}\cot\frac{p\pi}{2} - \frac{1}{p} \quad (p^2 < 1)$ [3]

139. $\int_0^1 \frac{x^p - x^{-p}}{1+x^2} x\mathrm{d}x = \frac{1}{2} - \frac{\pi}{2}\csc\frac{p\pi}{2} \quad (p^2 < 1)$ [3]

140. $\int_0^\infty \frac{x^p - x^q}{(x-1)(x+a)}\mathrm{d}x = \frac{\pi}{1+a}\left(\frac{a^p - \cos p\pi}{\sin p\pi} - \frac{a^q - \cos q\pi}{\sin q\pi}\right)$

$(p^2 < 1, q^2 < 1, a > 0)$ [3]

141. $\int_0^\infty \frac{(x^p - a^p)(x^p - 1)}{(x-1)(x-a)}\mathrm{d}x = \frac{\pi}{a-1}\left(\frac{a^{2p}-1}{\sin 2p\pi} - \frac{1}{\pi}a^p \ln a\right) \quad \left(p^2 < \frac{1}{4}\right)$ [3]

142. $\int_0^\infty \frac{(x^p - a^p)(x^{-p} - 1)}{(x-1)(x-a)}\mathrm{d}x = \frac{\pi}{a-1}\left[2(a^p - 1)\cot p\pi - \frac{1}{\pi}(a^p + 1)\ln a\right]$

$(p^2 < 1)$ [3]

143. $\int_0^\infty \frac{(x^p - a^p)(1 - x^{-p})}{(1-x)(x-a)} x^q \mathrm{d}x = \frac{\pi}{a-1}\left[\frac{a^{p+q} - 1}{\sin(p+q)\pi} + \frac{a^p - a^q}{\sin(q-p)\pi}\right]\frac{\sin p\pi}{\sin q\pi}$

$[(p+q)^2 < 1, (p-q)^2 < 1]$ [3]

144. $\int_0^\infty \left(\frac{x^p - x^{-p}}{1-x}\right)^2 \mathrm{d}x = 2(1 - 2p\pi\cot 2p\pi) \quad \left(0 < p^2 < \frac{1}{4}\right)$ [3]

145. $\int_0^1 \frac{x^{n-1} + x^{n-\frac{1}{2}} - 2x^{2n-1}}{1-x}\mathrm{d}x = 2\ln 2$ [3]

146. $\int_0^1 \frac{x^{n-1} + x^{n-\frac{2}{3}} + x^{n-\frac{1}{3}} - 3x^{3n-1}}{1-x}\mathrm{d}x = 3\ln 3$ [3]

147. $\int_0^\infty \frac{x^{p-1}(1-x)}{1-x^n}\mathrm{d}x = \frac{\pi}{n}\sin\frac{\pi}{n}\csc\frac{p\pi}{n}\csc\frac{(p+1)\pi}{n} \quad (0 < \mathrm{Re}\, p < n-1)$ [3]

148. $\int_0^\infty \frac{x^q - 1}{x(x^p - x^{-p})}\mathrm{d}x = \frac{\pi}{2p}\tan\frac{q\pi}{2p} \quad (p > q)$ [3]

149. $\int_0^1 \left(\frac{x^{n-1}}{1 - x^{\frac{1}{p}}} - \frac{px^{np-1}}{1-x}\right)\mathrm{d}x = p\ln p \quad (p > 0)$ [3]

150. $\int_0^1 \left(\frac{x^{p-1}}{1-x} - \frac{qx^{pq-1}}{1-x^q}\right)\mathrm{d}x = \ln q \quad (q > 0)$ [3]

151. $\int_0^\infty \left(\frac{1}{1+x^{2^n}} - \frac{1}{1+x^{2^m}}\right)\frac{\mathrm{d}x}{x} = 0$ [3]

152. $\int_0^\infty \frac{1}{x^2}\left[\left(ax+\frac{b}{x}\right)^2+c\right]^{-p-1}\mathrm{d}x=\frac{\sqrt{\pi}}{2bc^{p+\frac{1}{2}}}\frac{\Gamma\left(p+\frac{1}{2}\right)}{\Gamma(p+1)}\quad\left(p>-\frac{1}{2}\right)$ [3]

153. $\int_0^\infty \left(a+\frac{b}{x^2}\right)\left[\left(ax+\frac{b}{x}\right)^2+c\right]^{-p-1}\mathrm{d}x=\frac{\sqrt{\pi}}{c^{p+\frac{1}{2}}}\frac{\Gamma\left(p+\frac{1}{2}\right)}{\Gamma(p+1)}$

$\left(p>-\frac{1}{2}\right)$ [3]

154. $\int_0^\infty \frac{x^a}{(m+x^b)^c}\mathrm{d}x=\frac{m^{\frac{a+1}{b}-c}}{b}\frac{\Gamma\left(\frac{a+1}{b}\right)\Gamma\left(c-\frac{a+1}{b}\right)}{\Gamma(c)}$

$\left(a>-1,b>0,m>0,c>\frac{a+1}{b}\right)$ [1]

155. $\int_0^\infty \frac{\mathrm{d}x}{(1+x)\sqrt{x}}=\pi$

156. $\int_{-\infty}^\infty \frac{p+qx}{r^2+2rx\cos\lambda+x^2}\mathrm{d}x=\frac{\pi}{r\sin\lambda}(p-qr\cos\lambda)$ （主值积分） [3]

157. $\int_0^1 \frac{\mathrm{d}x}{(1-2x\cos\lambda+x^2)\sqrt{x}}=2\csc\lambda\sum_{k=1}^\infty\frac{\sin k\lambda}{2k-1}$ [3]

158. $\int_0^1 \frac{x^q+x^{-q}}{1+2x\cos t+x^2}\mathrm{d}x=\frac{\pi\sin qt}{\sin t\sin q\pi}\quad[q^2<1,t\neq(2n+1)\pi]$ [3]

159. $\int_0^1 \frac{x^{1+p}+x^{1-p}}{(1+2x\cos t+x^2)^2}\mathrm{d}x=\frac{\pi(p\sin t\cos pt-\cos t\sin pt)}{2\sin^3 t\sin p\pi}$

$[p^2<1,t\neq(2n+1)\pi]$ [3]

160. $\int_0^1 \frac{\mathrm{d}x}{(q-px)\sqrt{x(1-x)}}=\frac{\pi}{\sqrt{q(q-p)}}\quad(0<p<q)$ [3]

161. $\int_0^1 \frac{1}{1-2rx+r^2}\sqrt{\frac{1\mp x}{1\pm x}}\mathrm{d}x=\pm\frac{\pi}{4r}\mp\frac{1}{r}\frac{1\mp r}{1\pm r}\arctan\frac{1+r}{1-r}$ [3]

Ⅱ.1.1.3 含有$\sqrt{a^n\pm x^n}$的积分

162. $\int_0^a \sqrt{a^2+x^2}\mathrm{d}x=\frac{a^2}{2}[\sqrt{2}+\ln(\sqrt{2}+1)]$

163. $\int_0^a \sqrt{a^2-x^2}\mathrm{d}x=\frac{\pi a^2}{4}$

164. $\int_0^a x\sqrt{a^2+x^2}\mathrm{d}x=\frac{a^3}{3}(2\sqrt{2}-1)$

165. $\int_0^a x\sqrt{a^2-x^2}\,dx=\frac{a^3}{3}$

166. $\int_0^a x^{2m+1}\sqrt{a^2-x^2}\,dx=\frac{(2m)!!}{(2m+3)!!}a^{2m+3}$

167. $\int_0^a x^{2m}\sqrt{a^2-x^2}\,dx=\frac{(2m-1)!!}{(2m+2)!!}\frac{\pi a^{2m+2}}{2}$

168. $\int_0^a x^q\sqrt{a^2-x^2}\,dx=\frac{a^{q+2}\Gamma\left(\frac{q+1}{2}\right)}{2(q+2)\Gamma\left(\frac{q}{2}+1\right)}$

169. $\int_0^a x^q\sqrt[p]{a^n-x^n}\,dx=a^{q+1}\frac{\sqrt[p]{a^n}}{n}B\left(\frac{q+1}{n},\frac{p+1}{p}\right)$ [2]

170. $\int_0^a\sqrt{(a^2-x^2)^n}\,dx=\frac{1}{2}\int_{-a}^a\sqrt{(a^2-x^2)^n}\,dx=\frac{n!!}{(n+1)!!}\frac{\pi}{2}a^{n+1}$

$(a>0,n$ 为奇数) [1]

171. $\int_0^a x^m\sqrt{(a^2-x^2)^n}\,dx=\frac{1}{2}a^{m+n+1}\frac{\Gamma\left(\frac{m+1}{2}\right)\Gamma\left(\frac{n+2}{2}\right)}{\Gamma\left(\frac{m+n+3}{2}\right)}$

$(a>0,m>-1,n>-2)$ [1]

172. $\int_0^a\frac{x}{\sqrt{a-x}}\,dx=\frac{4a\sqrt{a}}{3}$

173. $\int_0^a\frac{x^2}{\sqrt{a-x}}\,dx=\frac{16a^2\sqrt{a}}{15}$

174. $\int_0^a\frac{x^m}{\sqrt{a-x}}\,dx=\frac{(2m)!!}{(2m+1)!!}\frac{2a^{m+1}}{\sqrt{a}}$

175. $\int_0^1\frac{x^{2n+1}}{\sqrt{1-x^2}}\,dx=\frac{(2n)!!}{(2n+1)!!}$

176. $\int_0^1\frac{x^{2n}}{\sqrt{1-x^2}}\,dx=\frac{(2n-1)!!}{(2n)!!}\frac{\pi}{2}$

177. $\int_0^\infty\frac{x^{p-1}}{\sqrt{1+x^q}}\,dx=\frac{1}{q}B\left(\frac{p}{q},\frac{1}{2}-\frac{p}{q}\right)\quad(\mathrm{Re}\,q>\mathrm{Re}\,2p>0)$ [3]

178. $\int_0^1\frac{x^n}{\sqrt{1-x}}\,dx=\frac{2(2n)!!}{(2n+1)!!}$ [3]

179. $\int_0^1\frac{x^{n-\frac{1}{2}}}{\sqrt{1-x}}\,dx=\frac{(2n-1)!!}{(2n)!!}\pi$ [3]

180. $\int_0^a\frac{dx}{\sqrt{a^2+x^2}}=\ln(\sqrt{2}+1)$

181. $\int_0^a \frac{dx}{\sqrt{a^2-x^2}}=\frac{\pi}{2}$

182. $\int_0^a \frac{x}{\sqrt{a^2+x^2}}dx=(\sqrt{2}-1)a$

183. $\int_0^a \frac{x}{\sqrt{a^2-x^2}}dx=a$

184. $\int_0^a \frac{x^{2m+1}}{\sqrt{a^2-x^2}}dx=\frac{(2m)!!}{(2m+1)!!}a^{2m+1}$

185. $\int_0^a \frac{x^{2m}}{\sqrt{a^2-x^2}}dx=\frac{(2m-1)!!}{(2m)!!}\frac{\pi}{2}a^{2m}$

186. $\int_0^a \frac{dx}{\sqrt{a^3-x^3}}=\frac{1.403160}{\sqrt{a}}$

187. $\int_0^a \frac{dx}{\sqrt{a^4-x^4}}=\frac{5.244115}{a}$

188. $\int_0^a \frac{dx}{\sqrt{a^n-x^n}}=\frac{a}{n}\sqrt{\frac{\pi}{a^n}}\frac{\Gamma\left(\frac{1}{n}\right)}{\Gamma\left(\frac{1}{n}+\frac{1}{2}\right)}$ [2]

189. $\int_0^a \frac{dx}{\sqrt[p]{a^n-x^n}}=\frac{a}{n\sqrt[p]{a^n}}B\left(\frac{p-1}{p},\frac{1}{n}\right)$ [2]

190. $\int_0^a \frac{x^m}{\sqrt{a^n-x^n}}dx=\frac{a^{m+1}}{n}\sqrt{\frac{\pi}{a^n}}\frac{\Gamma\left(\frac{m+1}{n}\right)}{\Gamma\left(\frac{m+1}{n}+\frac{1}{2}\right)}$ [2]

191. $\int_0^a \frac{x^m}{\sqrt[p]{a^n-x^n}}dx=\frac{a^{m+1}}{n\sqrt[p]{a^n}}B\left(\frac{p-1}{p},\frac{m+1}{n}\right)$ [2]

Ⅱ.1.2 三角函数和反三角函数的定积分

Ⅱ.1.2.1 含有 $\sin^n ax$, $\cos^n ax$, $\tan^n ax$ 的积分,积分区间为 $\left[0,\frac{\pi}{2}\right]$

192. $\int_0^{\frac{\pi}{2}} \sin x dx=\int_0^{\frac{\pi}{2}} \cos x dx=1$

193. $\int_0^{\frac{\pi}{2}} \sin^2 x\mathrm{d}x = \int_0^{\frac{\pi}{2}} \cos^2 x\mathrm{d}x = \frac{\pi}{4}$

194. $\int_0^{\frac{\pi}{2}} \sin^3 x\mathrm{d}x = \int_0^{\frac{\pi}{2}} \cos^3 x\mathrm{d}x = \frac{2}{3}$

195. $\int_0^{\frac{\pi}{2}} \sin^4 x\mathrm{d}x = \int_0^{\frac{\pi}{2}} \cos^4 x\mathrm{d}x = \frac{3\pi}{16}$

196. $\int_0^{\frac{\pi}{2}} \sin^{2n+1} x\mathrm{d}x = \int_0^{\frac{\pi}{2}} \cos^{2n+1} x\mathrm{d}x = \frac{(2n)!!}{(2n+1)!!}$ （n 为正整数）

197. $\int_0^{\frac{\pi}{2}} \sin^{2n} x\mathrm{d}x = \int_0^{\frac{\pi}{2}} \cos^{2n} x\mathrm{d}x = \frac{(2n-1)!!}{(2n)!!} \frac{\pi}{2}$ （n 为正整数）

198. $\int_0^{\frac{\pi}{2}} \sin^n x\mathrm{d}x = \int_0^{\frac{\pi}{2}} \cos^n x\mathrm{d}x = \frac{\Gamma\left(\frac{n+1}{2}\right)\sqrt{\pi}}{2\Gamma\left(\frac{n+2}{2}\right)}$ （n 为非负整数）

199. $\int_0^{\frac{\pi}{2}} \sin x\cos x\mathrm{d}x = \frac{1}{2}$

200. $\int_0^{\frac{\pi}{2}} \sin^2 x\cos^2 x\mathrm{d}x = \frac{\pi}{16}$

201. $\int_0^{\frac{\pi}{2}} \sin^3 x\cos^3 x\mathrm{d}x = \frac{1}{12}$

202. $\int_0^{\frac{\pi}{2}} \sin^4 x\cos^4 x\mathrm{d}x = \frac{3\pi}{256}$

203. $\int_0^{\frac{\pi}{2}} \sin^5 x\cos^5 x\mathrm{d}x = \frac{1}{60}$

204. $\int_0^{\frac{\pi}{2}} \sin^6 x\cos^6 x\mathrm{d}x = \frac{15\pi}{6144}$

205. $\int_0^{\frac{\pi}{2}} \sin^{2m+1} x\cos^{2n+1} x\mathrm{d}x = \frac{m!n!}{2(m+n+1)!} = \frac{\Gamma(m+1)\Gamma(n+1)}{2\Gamma(m+n+2)}$ [2]

206. $\int_0^{\frac{\pi}{2}} \sin^{2m} x\cos^{2n} x\mathrm{d}x = \frac{\pi(2m-1)!!(2n-1)!!}{2(2m+2n)!!} = \frac{\Gamma\left(m+\frac{1}{2}\right)\Gamma\left(n+\frac{1}{2}\right)}{2\Gamma(m+n+1)}$ [2]

207. $\int_0^{\frac{\pi}{2}} \sin x\cos^2 x\mathrm{d}x = \int_0^{\frac{\pi}{2}} \cos x\sin^2 x\mathrm{d}x = \frac{1}{3}$

208. $\int_0^{\frac{\pi}{2}} \sin x\cos^3 x\mathrm{d}x = \int_0^{\frac{\pi}{2}} \cos x\sin^3 x\mathrm{d}x = \frac{1}{4}$

209. $\int_0^{\frac{\pi}{2}} \sin x\cos^n x\mathrm{d}x = \int_0^{\frac{\pi}{2}} \cos x\sin^n x\mathrm{d}x = \frac{1}{n+1}$

210. $\int_0^{\frac{\pi}{2}} \sin^{2m+1} x \cos^{2n} x \mathrm{d}x = \frac{(2m)!!(2n-1)!!}{(2m+2n+1)!!} = \frac{\Gamma(m+1)\Gamma\left(n+\frac{1}{2}\right)}{2\Gamma\left(m+n+\frac{3}{2}\right)}$

211. $\int_0^{\frac{\pi}{2}} \sin^{2m} x \cos^{2n+1} x \mathrm{d}x = \frac{(2n)!!(2m-1)!!}{(2m+2n+1)!!} = \frac{\Gamma(n+1)\Gamma\left(m+\frac{1}{2}\right)}{2\Gamma\left(m+n+\frac{3}{2}\right)}$

212. $\int_0^{\frac{\pi}{2}} \sin^{m-1} x \cos^{n-1} x \mathrm{d}x = \frac{1}{2} \mathrm{B}\left(\frac{m}{2}, \frac{n}{2}\right)$ （m 和 n 都是正整数） [1]

213. $\int_0^{\frac{\pi}{2}} \frac{x}{\sin x} \mathrm{d}x = 2\left(\frac{1}{1^2} - \frac{1}{3^2} + \frac{1}{5^2} - \frac{1}{7^2} + \cdots\right)$

214. $\int_0^{\frac{\pi}{2}} \frac{\mathrm{d}x}{1+\sin x} = \int_0^{\frac{\pi}{2}} \frac{\mathrm{d}x}{1+\cos x} = 1$

215. $\int_0^{\frac{\pi}{2}} \frac{\sin x}{1+\sin x} \mathrm{d}x = \int_0^{\frac{\pi}{2}} \frac{\cos x}{1+\cos x} \mathrm{d}x = \frac{\pi}{2} - 1$

216. $\int_0^{\frac{\pi}{2}} \frac{x}{1+\sin x} \mathrm{d}x = \ln 2$

217. $\int_0^{\frac{\pi}{2}} \frac{x}{1+\cos x} \mathrm{d}x = \frac{\pi}{2} - \ln 2$

218. $\int_0^{\frac{\pi}{2}} \frac{x \sin x}{1+\cos x} \mathrm{d}x = -\frac{\pi}{2} \ln 2 + 2G$

［这里，G 为卡塔兰常数（见附录），以下同］

219. $\int_0^{\frac{\pi}{2}} \frac{x \cos x}{1+\sin x} \mathrm{d}x = \pi \ln 2 - 2G$

220. $\int_0^{\frac{\pi}{2}} \frac{\mathrm{d}x}{\sin x \pm \cos x} = \mp \frac{1}{\sqrt{2}} \ln\left(\tan \frac{\pi}{8}\right)$

221. $\int_0^{\frac{\pi}{2}} \frac{\mathrm{d}x}{(\sin x \pm \cos x)^2} = \pm 1$

222. $\int_0^{\frac{\pi}{2}} \frac{\mathrm{d}x}{1+a \sin x} = \int_0^{\frac{\pi}{2}} \frac{\mathrm{d}x}{1+a \cos x} = \frac{\arccos a}{\sqrt{1-a^2}}$ $(|a|<1)$

223. $\int_0^{\frac{\pi}{2}} \frac{\mathrm{d}x}{(1 \pm a \sin x)^2} = \int_0^{\frac{\pi}{2}} \frac{\mathrm{d}x}{(1 \pm a \cos x)^2} = \frac{\pi \mp 2\arcsin a}{2\sqrt{(1-a^2)^3}} \mp \frac{a}{1-a^2}$

$\left(0 < \arcsin a < \frac{\pi}{2}\right)$

224. $\int_0^{\frac{\pi}{2}} \frac{\mathrm{d}x}{(1 \pm a^2 \sin^2 x)^2} = \int_0^{\frac{\pi}{2}} \frac{\mathrm{d}x}{(1 \pm a^2 \cos^2 x)^2} = \frac{(2 \pm a^2)\pi}{4\sqrt{(1 \pm a^2)^3}}$ $(|a|<1)$

225. $\int_0^{\frac{\pi}{2}} \frac{\mathrm{d}x}{(a\sin x + b\cos x)^2} = \frac{1}{ab} \quad (ab > 0)$

226. $\int_0^{\frac{\pi}{2}} \frac{x}{(a\sin x + b\cos x)^2}\mathrm{d}x = \frac{ab}{a^2+b^2}\frac{\pi}{2} - \frac{\ln ab}{a^2+b^2} \quad (ab > 0)$

227. $\int_0^{\frac{\pi}{2}} \frac{\mathrm{d}x}{a^2\sin^2 x + b^2\cos^2 x} = \frac{\pi}{2|ab|}$

228. $\int_0^{\frac{\pi}{2}} \frac{\sin^2 x}{a^2\sin^2 x + b^2\cos^2 x}\mathrm{d}x = \frac{\pi}{2a(a+b)} \quad (ab > 0)$

229. $\int_0^{\frac{\pi}{2}} \frac{\cos^2 x}{a^2\sin^2 x + b^2\cos^2 x}\mathrm{d}x = \frac{\pi}{2b(a+b)} \quad (ab > 0)$

230. $\int_0^{\frac{\pi}{2}} \frac{\mathrm{d}x}{(a^2\sin^2 x + b^2\cos^2 x)^2} = \frac{\pi(a^2+b^2)}{4a^3b^3} \quad (a > 0, b > 0)$

231. $\int_0^{\frac{\pi}{2}} \frac{\sin^2 x}{(a^2\sin^2 x + b^2\cos^2 x)^2}\mathrm{d}x = \frac{\pi}{4a^3b} \quad (ab > 0)$

232. $\int_0^{\frac{\pi}{2}} \frac{\cos^2 x}{(a^2\sin^2 x + b^2\cos^2 x)^2}\mathrm{d}x = \frac{\pi}{4ab^3} \quad (ab > 0)$

233. $\int_0^{\frac{\pi}{2}} \tan^h x\,\mathrm{d}x = \frac{\pi}{2\cos\frac{h\pi}{2}} \quad (0 < h < 1)$

234. $\int_0^{\frac{\pi}{2}} \frac{\mathrm{d}x}{1+\tan^m x} = \frac{\pi}{4}$ （m 为非负整数）

235. $\int_0^{\frac{\pi}{2}} \sqrt{\cos x}\,\mathrm{d}x = \frac{(2\pi)^{\frac{3}{2}}}{\left[\Gamma\left(\frac{1}{4}\right)\right]^2}$ [1]

236. $\int_0^{\frac{\pi}{2}} \frac{\mathrm{d}x}{\sqrt{1-k^2\sin^2 x}} = \frac{\pi}{2}\left[1 + \left(\frac{1}{2}\right)^2 k^2 + \left(\frac{1\cdot 3}{2\cdot 4}\right)^2 k^4 + \left(\frac{1\cdot 3\cdot 5}{2\cdot 4\cdot 6}\right)^2 k^6 + \cdots\right]$

$(k^2 < 1)$ （第一类完全椭圆积分） [1][3]

237. $\int_0^{\frac{\pi}{2}} \frac{\mathrm{d}x}{(1-k^2\sin^2 x)^{\frac{3}{2}}}$

$$= \frac{\pi}{2}\left[1 + \left(\frac{1}{2}\right)^2 3k^2 + \left(\frac{1\cdot 3}{2\cdot 4}\right)^2 5k^4 + \left(\frac{1\cdot 3\cdot 5}{2\cdot 4\cdot 6}\right)^2 7k^6 + \cdots\right]$$

$(k^2 < 1)$ [1]

238. $\int_0^{\frac{\pi}{2}} \sqrt{1-k^2\sin^2 x}\,\mathrm{d}x$

$$= \frac{\pi}{2}\left[1 - \left(\frac{1}{2}\right)^2 k^2 - \left(\frac{1\cdot 3}{2\cdot 4}\right)^2 \frac{k^4}{3} - \left(\frac{1\cdot 3\cdot 5}{2\cdot 4\cdot 6}\right)^2 \frac{k^6}{5} - \cdots\right]$$

($k^2 < 1$) (第二类完全椭圆积分) [1]

239. $\int_0^{\frac{\pi}{2}} \frac{\sin x}{\sqrt{1-k^2\sin^2 x}}dx = \frac{1}{2k}\ln\frac{1+k}{1-k}$

240. $\int_0^{\frac{\pi}{2}} \frac{\cos x}{\sqrt{1-k^2\sin^2 x}}dx = \frac{1}{k}\arcsin k$

241. $\int_0^{\frac{\pi}{2}} \frac{\sin^2 x}{\sqrt{1-k^2\sin^2 x}}dx = \frac{1}{k^2}[K(k)-E(k)]$ [2]

[这里,K(k) 和 E(k) 为完全椭圆积分(见附录),以下同]

242. $\int_0^{\frac{\pi}{2}} \frac{\cos^2 x}{\sqrt{1-k^2\sin^2 x}}dx = \frac{1}{k^2}[E(k)-(1-k^2)K(k)]$ [2]

Ⅱ.1.2.2 含有 $\sin^n ax,\cos^n ax,\tan^n ax$ 的积分,积分区间为$[0,\pi]$

243. $\int_0^{\pi}\sin x dx = 2$

244. $\int_0^{\pi}\cos x dx = 0$

245. $\int_0^{\pi}\sin^2 x dx = \int_0^{\pi}\cos^2 x dx = \frac{\pi}{2}$

246. $\int_0^{\pi}\sin^{2m+1} x dx = \frac{2(2m)!!}{(2m+1)!!}$

247. $\int_0^{\pi}\cos^{2m+1} x dx = 0$

248. $\int_0^{\pi}\sin^{2m} x dx = \int_0^{\pi}\cos^{2m} x dx = \frac{\pi(2m-1)!!}{(2m)!!}$

249. $\int_0^{\pi}\sin x\cos x dx = 0$

250. $\int_0^{\pi}\sin^2 x\cos^2 x dx = \frac{\pi}{8}$

251. $\int_0^{\pi}\sin^3 x\cos^3 x dx = 0$

252. $\int_0^{\pi}\sin^4 x\cos^4 x dx = \frac{3\pi}{128}$

253. $\int_0^{\pi}\sin^{2m+1} x\cos^{2m+1} x dx = 0$

254. $\int_0^{\pi}\sin^{2m} x\cos^{2m} x dx = B\left(m+\frac{1}{2},m+\frac{1}{2}\right)$

［这里，$B(p,q)$是贝塔函数（见附录），以下同］

255. $\int_0^{\pi} x\sin x\mathrm{d}x = \pi$

256. $\int_0^{\pi} x\cos x\mathrm{d}x = -2$

257. $\int_0^{\pi} x\sin^2 x\mathrm{d}x = \int_0^{\pi} x\cos^2 x\mathrm{d}x = \frac{\pi^2}{4}$

258. $\int_0^{\pi} x\sin^{2n+1} x\mathrm{d}x = \frac{\pi(2n)!!}{(2n+1)!!}$

259. $\int_0^{\pi} x\cos^{2n+1} x\mathrm{d}x = -\frac{2}{4^n}\sum_{k=0}^{n}\binom{2n+1}{k}\frac{1}{(2n-2k-1)^2}$

260. $\int_0^{\pi} x\sin^{2n} x\mathrm{d}x = \int_0^{\pi} x\cos^{2n} x\mathrm{d}x = \frac{\pi^2(2n-1)!!}{2(2n)!!}$

261. $\int_0^{\pi} \frac{\mathrm{d}x}{a+b\cos x} = \frac{\pi}{\sqrt{a^2-b^2}} \quad (a > b \geqslant 0)$

262. $\int_0^{\pi} \frac{\mathrm{d}x}{1 \pm a\sin x} = \frac{\pi \mp 2\arcsin a}{\sqrt{1-a^2}}$

263. $\int_0^{\pi} \frac{\mathrm{d}x}{1 \pm a\cos x} = \frac{\pi}{\sqrt{1-a^2}} \quad (|a| < 1)$

264. $\int_0^{\pi} \frac{\mathrm{d}x}{(1 \pm a\sin x)^2} = \frac{\pi \mp 2\arcsin a}{\sqrt{(1-a^2)^3}} \mp \frac{2a}{1-a^2}$

265. $\int_0^{\pi} \frac{\mathrm{d}x}{(1 \pm a\cos x)^2} = \frac{\pi}{\sqrt{(1-a^2)^3}}$

266. $\int_0^{\pi} \frac{\mathrm{d}x}{a^2\sin^2 x + b^2\cos^2 x} = \frac{\pi^2}{2ab}$

267. $\int_0^{\pi} \frac{x\sin x\cos x}{a^2\sin^2 x - b^2\cos^2 x}\mathrm{d}x = \frac{\pi}{b^2-a^2}\ln\frac{a+b}{2b}$

Ⅱ.1.2.3 含有 $\sin nx$ 和 $\cos nx$ 的积分，积分区间为$[0,\pi]$

268. $\int_0^{\pi} \sin nx\mathrm{d}x = \frac{1-(-1)^n}{n}$ [2]

269. $\int_0^{\pi} x\sin nx\mathrm{d}x = -\frac{(-1)^n\pi}{n}$ [2]

270. $\int_0^{\pi} x^2\sin nx\mathrm{d}x = \frac{2[(-1)^n-1]}{n^3} - \frac{(-1)^n\pi^2}{n}$

271. $\int_0^{\pi} x^3\sin nx\mathrm{d}x = \frac{6(-1)^n\pi}{n^3} - \frac{(-1)^n\pi^3}{n}$

272. $\int_0^{\pi}\sin ax\sin nx\,\mathrm{d}x=\frac{(-1)^n n\sin a\pi}{a^2-n^2}$

273. $\int_0^{\pi}\cos ax\sin nx\,\mathrm{d}x=\frac{n[(-1)^n\cos a\pi-1]}{a^2-n^2}$

274. $\int_0^{\pi}\sin ax\cos nx\,\mathrm{d}x=\frac{a[1-(-1)^n\cos a\pi]}{a^2-n^2}$

275. $\int_0^{\pi}\cos ax\cos nx\,\mathrm{d}x=\frac{(-1)^n a\sin a\pi}{a^2-n^2}$

276. $$\int_0^{\pi}x\sin ax\sin nx\,\mathrm{d}x=-\frac{\pi^2}{2}\left\{(-1)^n\sin a\pi\left[\frac{1}{(a+n)\pi}-\frac{1}{(a-n)\pi}\right]+[(-1)^n\cos a\pi-1]\left[\frac{1}{(a+n)^2\pi^2}-\frac{1}{(a-n)^2\pi^2}\right]\right\}$$

277. $$\int_0^{\pi}x\cos ax\sin nx\,\mathrm{d}x=-\frac{\pi^2}{2}\left\{(-1)^n\cos a\pi\left[\frac{1}{(a+n)\pi}-\frac{1}{(a-n)\pi}\right]-(-1)^n\sin a\pi\left[\frac{1}{(a+n)^2\pi^2}-\frac{1}{(a-n)^2\pi^2}\right]\right\}$$

278. $$\int_0^{\pi}\sin ax\cos bx\sin nx\,\mathrm{d}x=\frac{n[1-(-1)^n\cos(a+b)\pi]}{2[(a+b)^2-n^2]}-\frac{n[1-(-1)^n\sin(a-b)\pi]}{2[(a-b)^2-n^2]}$$ [2]

279. $$\int_0^{\pi}\cos ax\sin bx\sin nx\,\mathrm{d}x=\frac{(-1)^n n\sin(a-b)\pi}{2[(a+b)^2-n^2]}-\frac{(-1)^n n\sin(a+b)\pi}{2[(a-b)^2-n^2]}$$ [2]

280. $$\int_0^{\pi}\cos ax\cos bx\sin nx\,\mathrm{d}x=-\frac{n[1-(-1)^n\cos(a+b)\pi]}{2[(a+b)^2-n^2]}-\frac{n[1-(-1)^n\cos(a-b)\pi]}{2[(a-b)^2-n^2]}$$ [2]

281. $\int_0^{\pi}\cos nx\,\mathrm{d}x=0$

282. $\int_0^{\pi}x\cos nx\,\mathrm{d}x=\frac{(-1)^n-1}{n^2}$

283. $\int_0^{\pi}x^2\cos nx\,\mathrm{d}x=\frac{(-1)^n 2\pi}{n^2}$

284. $\int_0^{\pi}x^3\cos nx\,\mathrm{d}x=\frac{(-1)^n 3\pi^2}{n^2}-\frac{6[(-1)^n-1]}{n^4}$

285. $$\int_0^{\pi}x\sin ax\cos nx\,\mathrm{d}x=-\frac{\pi^2}{2}\left\{(-1)^n\cos a\pi\left[\frac{1}{(a+n)\pi}+\frac{1}{(a-n)\pi}\right]-(-1)^n\sin a\pi\left[\frac{1}{(a+n)^2\pi^2}+\frac{1}{(a-n)^2\pi^2}\right]\right\}$$ [2]

286. $$\int_0^{\pi}x\cos ax\cos nx\,\mathrm{d}x=\frac{\pi^2}{2}\left\{(-1)^n\sin a\pi\left[\frac{1}{(a+n)\pi}+\frac{1}{(a-n)\pi}\right]\right.$$

$$-[(-1)^n\cos a\pi-1]\left[\frac{1}{(a+n)^2\pi^2}+\frac{1}{(a-n)^2\pi^2}\right]\Bigg\}\quad[2]$$

287. $$\int_0^\pi \sin ax\sin bx\cos nx\,\mathrm{d}x=-\frac{(-1)^n(a+b)\sin(a+b)\pi}{2[(a+b)^2-n^2]}+\frac{(-1)^n(a-b)\sin(a-b)\pi}{2[(a-b)^2-n^2]}\quad[2]$$

288. $$\int_0^\pi \sin ax\cos bx\cos nx\,\mathrm{d}x=\frac{(a+b)[1-(-1)^n\cos(a+b)\pi]}{2[(a+b)^2-n^2]}+\frac{(a-b)[1-(-1)^n\cos(a-b)\pi]}{2[(a-b)^2-n^2]}\quad[2]$$

289. $$\int_0^\pi \cos ax\cos bx\cos nx\,\mathrm{d}x=\frac{(-1)^n(a+b)\sin(a+b)\pi}{2[(a+b)^2-n^2]}-\frac{(-1)^n(a-b)\sin(a-b)\pi}{2[(a-b)^2-n^2]}\quad[2]$$

290. $$\int_0^\pi \sin^2 mx\,\mathrm{d}x=\int_0^\pi \cos^2 mx\,\mathrm{d}x=\frac{\pi}{2}\quad(m\text{为整数},m\neq 0)$$

291. $$\int_0^\pi \sin mx\sin nx\,\mathrm{d}x=\int_0^\pi \cos mx\cos nx\,\mathrm{d}x=0\quad(m\neq n,m\text{和}n\text{都为整数})$$

292. $$\int_0^{\frac{\pi}{n}} \sin nx\cos nx\,\mathrm{d}x=\int_0^\pi \sin nx\cos nx\,\mathrm{d}x=0\quad(n\text{为整数})$$

293. $$\int_0^\pi \sin ax\cos bx\,\mathrm{d}x=\begin{cases}\dfrac{2a}{a^2-b^2} & (a-b\text{为奇数})\\ 0 & (a-b\text{为偶数})\end{cases}\quad[1]$$

Ⅱ.1.2.4 含有 $\sin nx$ 和 $\cos nx$ 的积分,积分区间为$[-\pi,\pi]$

294. $$\int_{-\pi}^\pi \sin nx\,\mathrm{d}x=0$$

295. $$\int_{-\pi}^\pi x\sin nx\,\mathrm{d}x=-\frac{(-1)^n2\pi}{n}$$

296. $$\int_{-\pi}^\pi x^2\sin nx\,\mathrm{d}x=0$$

297. $$\int_{-\pi}^\pi x^3\sin nx\,\mathrm{d}x=\frac{(-1)^n12\pi}{n^3}-\frac{(-1)^n2\pi^3}{n}$$

298. $$\int_{-\pi}^\pi \sin ax\sin nx\,\mathrm{d}x=\frac{(-1)^n2n\sin a\pi}{a^2-n^2}$$

299. $$\int_{-\pi}^\pi \cos ax\sin nx\,\mathrm{d}x=0$$

300. $\int_{-\pi}^{\pi} x\sin ax\sin nx\,dx = 0$

301. $\int_{-\pi}^{\pi} x\cos ax\sin nx\,dx = -(-1)^n\pi^2\cos a\pi\left[\frac{1}{(a+n)\pi}-\frac{1}{(a-n)\pi}\right]$

$+(-1)^n\pi^2\sin a\pi\left[\frac{1}{(a+n)^2\pi^2}-\frac{1}{(a-n)^2\pi^2}\right]$ [2]

302. $\int_{-\pi}^{\pi} \sin ax\sin bx\sin nx\,dx = 0$ [2]

303. $\int_{-\pi}^{\pi} \cos ax\sin bx\sin nx\,dx = \frac{(-1)^n n\sin(a+b)\pi}{(a+b)^2-n^2}-\frac{(-1)^n n\sin(a-b)\pi}{(a-b)^2-n^2}$ [2]

304. $\int_{-\pi}^{\pi} \cos ax\cos bx\sin nx\,dx = 0$

305. $\int_{-\pi}^{\pi} \cos nx\,dx = 0$

306. $\int_{-\pi}^{\pi} x\cos nx\,dx = 0$

307. $\int_{-\pi}^{\pi} x^2\cos nx\,dx = \frac{(-1)^n 4\pi}{n^2}$

308. $\int_{-\pi}^{\pi} x^3\cos nx\,dx = 0$

309. $\int_{-\pi}^{\pi} \sin ax\cos nx\,dx = 0$

310. $\int_{-\pi}^{\pi} \cos ax\cos nx\,dx = \frac{(-1)^n 2a\sin a\pi}{a^2-n^2}$

311. $\int_{-\pi}^{\pi} x\sin ax\cos nx\,dx = -\pi^2\left\{[(-1)^n\cos a\pi-1]\left[\frac{1}{(a+n)\pi}+\frac{1}{(a-n)\pi}\right]\right.$

$\left.-(-1)^n\sin a\pi\left[\frac{1}{(a+n)^2\pi^2}+\frac{1}{(a-n)^2\pi^2}\right]\right\}$ [2]

312. $\int_{-\pi}^{\pi} x\cos ax\cos nx\,dx = 0$ [2]

313. $\int_{-\pi}^{\pi} \sin ax\sin bx\cos nx\,dx = -\frac{(-1)^n(a+b)\sin(a+b)\pi}{(a+b)^2-n^2}$

$+\frac{(-1)^n(a-b)\sin(a-b)\pi}{(a-b)^2-n^2}$ [2]

314. $\int_{-\pi}^{\pi} \sin ax\cos bx\cos nx\,dx = 0$ [2]

315. $\int_{-\pi}^{\pi} \cos ax\cos bx\cos nx\,dx = \frac{(-1)^n(a+b)\sin(a+b)\pi}{(a+b)^2-n^2}$

$+\frac{(-1)^n(a-b)\sin(a-b)\pi}{(a-b)^2-n^2}$ [2]

Ⅱ.1.2.5 正弦和余弦的有理函数与倍角三角函数组合的积分

316. $\int_0^{\frac{\pi}{2}} \frac{\sin(2n-1)x}{\sin x} dx = \frac{\pi}{2}$

317. $\int_0^{\frac{\pi}{2}} \frac{\sin 2nx}{\sin nx} dx = 2\left[1 - \frac{1}{3} + \frac{1}{5} - \cdots + \frac{(-1)^{n-1}}{2n-1}\right]$ [3]

318. $\int_0^{\frac{\pi}{2}} \frac{\sin 2nx \cos x}{\sin x} dx = \frac{\pi}{2}$

319. $\int_0^{\frac{\pi}{2}} \frac{\cos 2nx}{1 - a^2 \sin^2 x} dx = \frac{(-1)^n \pi}{2\sqrt{1-a^2}} \left(\frac{1-\sqrt{1-a^2}}{a}\right)^{2n} \quad (a^2 < 1)$

320. $\int_0^{\frac{\pi}{2}} \frac{\cos 2nx}{(a^2\cos^2 x + b^2 \sin^2 x)^{n+1}} dx = \binom{2n}{n} \frac{(b^2 - a^2)^n}{(2ab)^{2n+1}} \pi \quad (a > 0, b > 0)$

321. $\int_0^{\pi} \frac{\sin nx \cos mx}{\sin x} dx = \begin{cases} 0 & (n \leqslant m) \\ \pi & (n > m, m+n \text{ 为奇数}) \\ 0 & (n > m, m+n \text{ 为偶数}) \end{cases}$ [3]

322. $\int_0^{\pi} \frac{\sin nx}{\sin x} dx = \begin{cases} 0 & (n \text{ 为偶数}) \\ \pi & (n \text{ 为奇数}) \end{cases}$ [3]

323. $\int_0^{\pi} \frac{\sin 2nx}{\cos x} dx = 2\int_0^{\frac{\pi}{2}} \frac{\sin 2nx}{\cos x} dx = (-1)^{n-1} 4\left[1 - \frac{1}{3} + \frac{1}{5} - \cdots + \frac{(-1)^{n-1}}{2n-1}\right]$

324. $\int_0^{\pi} \frac{\cos(2n+1)x}{\cos x} dx = 2\int_0^{\frac{\pi}{2}} \frac{\cos(2n+1)x}{\cos x} dx = (-1)^n \pi$

325. $\int_0^{\pi} \frac{\cos nx}{1 + a\cos x} dx = \frac{\pi}{\sqrt{1-a^2}} \left(\frac{\sqrt{1-a^2}-1}{a}\right)^n \quad (a^2 < 1)$

326. $\int_0^{\pi} \frac{\cos nx}{1 - 2a\cos x + a^2} dx = \begin{cases} \dfrac{\pi a^n}{1-a^2} & (a^2 < 1) \\ \dfrac{\pi}{(a^2-1)a^n} & (a^2 > 1) \end{cases}$ [3]

327. $\int_0^{\pi} \frac{\sin nx \sin x}{1 - 2a\cos x + a^2} dx = \begin{cases} \dfrac{\pi a^{n-1}}{2} & (a^2 < 1, n \geqslant 1) \\ \dfrac{\pi}{2a^{n+1}} & (a^2 > 1, n \geqslant 1) \end{cases}$ [3]

328. $\int_0^{\pi} \frac{\cos nx \cos x}{1 - 2a\cos x + a^2} dx = \begin{cases} \dfrac{\pi a^{n-1}}{2} \cdot \dfrac{1+a^2}{1-a^2} & (a^2 < 1, n \geqslant 1) \\ \dfrac{\pi}{2a^{n+1}} \cdot \dfrac{a^2+1}{a^2-1} & (a^2 > 1, n \geqslant 1) \end{cases}$ [3]

329. $\int_0^{\pi} \frac{\cos(2n-1)x}{1-2a\cos2x+a^2}\mathrm{d}x = \int_0^{\pi} \frac{\cos2nx\cos x}{1-2a\cos2x+a^2}\mathrm{d}x = 0 \quad (a^2 \neq 1)$ [3]

330. $\int_0^{\pi} \frac{\sin2nx\sin x}{1-2a\cos2x+a^2}\mathrm{d}x = \int_0^{\pi} \frac{\sin(2n-1)x\sin2x}{1-2a\cos2x+a^2}\mathrm{d}x = \int_0^{\pi} \frac{\cos(2n-1)x\cos2x}{1-2a\cos2x+a^2}\mathrm{d}x$

$= 0 \quad (a^2 \neq 1)$ [3]

331. $\int_0^{\pi} \frac{\sin(2n-1)x\sin x}{1-2a\cos x+a^2}\mathrm{d}x = \begin{cases} \frac{\pi a^{n-1}}{2(1+a)} & (a^2 < 1) \\ \frac{\pi}{2(1+a)a^n} & (a^2 > 1) \end{cases}$ [3]

332. $\int_0^{\pi} \frac{\cos(2n-1)x\cos x}{1-2a\cos x+a^2}\mathrm{d}x = \begin{cases} \frac{\pi a^{n-1}}{2(1-a)} & (a^2 < 1) \\ \frac{\pi}{2(a-1)a^n} & (a^2 > 1) \end{cases}$ [3]

333. $\int_0^{\pi} \frac{\sin nx - a\sin(n-1)x}{1-2a\cos x+a^2}\sin mx\,\mathrm{d}x = \begin{cases} 0 & (m < n) \\ \frac{\pi a^{m-n}}{2} & (m \geqslant n, a^2 < 1) \end{cases}$ [3]

334. $\int_0^{\pi} \frac{\cos nx - a\cos(n-1)x}{1-2a\cos x+a^2}\cos mx\,\mathrm{d}x = \frac{\pi}{2}(a^{m-n} - 1) \quad (a^2 < 1)$ [3]

335. $\int_0^{\pi} \frac{\sin nx - a\sin(n+1)x}{1-2a\cos x+a^2}\mathrm{d}x = 0 \quad (a^2 < 1)$

336. $\int_0^{\pi} \frac{\cos nx - a\cos(n+1)x}{1-2a\cos x+a^2}\mathrm{d}x = \pi a^n \quad (a^2 < 1)$

337. $\int_0^{\pi} \frac{\cos x\sin2nx}{1+(a+b\sin x)^2}\mathrm{d}x = -\frac{\pi}{b}\sin\left(2n\arctan\sqrt{\frac{s}{2}}\right)\tan^{2n}\left(\frac{1}{2}\arccos\sqrt{\frac{s}{2a^2}}\right)$

[这里，$s = -(1+b^2-a^2) + \sqrt{(1+b^2-a^2)^2+4a^2}$] [3]

338. $\int_0^{\pi} \frac{\cos x\cos(2n+1)x}{1+(a+b\sin x)^2}\mathrm{d}x$

$= \frac{\pi}{b}\cos\left[(2n+1)\arctan\sqrt{\frac{s}{2}}\right]\tan^{2n+1}\left(\frac{1}{2}\arccos\sqrt{\frac{s}{2a^2}}\right)$ [3]

[这里，$s = -(1+b^2-a^2) + \sqrt{(1+b^2-a^2)^2+4a^2}$]

339. $\int_0^{\pi} (1-2a\cos x+a^2)^n\mathrm{d}x = \pi\sum_{k=0}^{n}\binom{n}{k}^2 a^{2k}$ [3]

340. $\int_0^{\pi} \frac{\mathrm{d}x}{(1-2a\cos x+a^2)^n}$

$$=\begin{cases}\dfrac{\pi}{(1-a^2)^n}\sum\limits_{k=0}^{n-1}\dfrac{(n+k-1)!}{(k!)^2(n-k-1)!}\left(\dfrac{a^2}{1-a^2}\right)^k & (a^2<1)\\ \dfrac{\pi}{(a^2-1)^n}\sum\limits_{k=0}^{n-1}\dfrac{(n+k-1)!}{(k!)^2(n-k-1)!}\left(\dfrac{1}{a^2-1}\right)^k & (a^2>1)\end{cases}$$ [3]

341. $\int_0^{\pi}(1-2a\cos x+a^2)^n\cos nx\,\mathrm{d}x=(-1)^n\pi a^n$

342. $\int_0^{\pi}\dfrac{\sin x}{(1-2a\cos 2x+a^2)^m}\mathrm{d}x=\dfrac{1}{2(m-1)a}\left[\dfrac{1}{(1-a)^{2m-2}}-\dfrac{1}{(1+a)^{2m-2}}\right]$
$(a\neq 0,\pm 1)$

343. $\int_0^{2\pi}(1-\cos x)^n\sin nx\,\mathrm{d}x=0$

344. $\int_0^{2\pi}(1-\cos x)^n\cos nx\,\mathrm{d}x=(-1)^n\dfrac{\pi}{2^{n-1}}$

345. $\int_0^{2\pi}\dfrac{\sin nx}{(1-2a\cos 2x+a^2)^m}\mathrm{d}x=0$

Ⅱ.1.2.6 三角函数的幂函数的积分

346. $\int_0^{\frac{\pi}{2}}\sin^{p-1}x\,\mathrm{d}x=\int_0^{\frac{\pi}{2}}\cos^{p-1}x\,\mathrm{d}x=2^{p-2}\mathrm{B}\left(\dfrac{p}{2},\dfrac{p}{2}\right)$ [3]

[这里,$\mathrm{B}(p,q)$为贝塔函数(见附录),以下同]

347. $\int_0^{\frac{\pi}{2}}\sin^{\frac{3}{2}}x\,\mathrm{d}x=\int_0^{\frac{\pi}{2}}\cos^{\frac{3}{2}}x\,\mathrm{d}x=\dfrac{1}{6\sqrt{2\pi}}\left[\Gamma\left(\dfrac{1}{4}\right)\right]^2$ [3]

348. $\int_0^{\frac{\pi}{2}}\sin^{p-1}x\cos^{q-1}x\,\mathrm{d}x=\dfrac{1}{2}\mathrm{B}\left(\dfrac{p}{2},\dfrac{q}{2}\right)\quad(\mathrm{Re}\,p>0,\mathrm{Re}\,q>0)$ [3]

349. $\int_0^{\frac{\pi}{2}}\tan^{\pm p}x\,\mathrm{d}x=\dfrac{\pi}{2}\sec\dfrac{p\pi}{2}\quad(|\mathrm{Re}\,p|<1)$

350. $\int_0^{\frac{\pi}{2}}\tan^{p-1}x\cos^{2q-2}x\,\mathrm{d}x=\int_0^{\frac{\pi}{2}}\cot^{p-1}x\sin^{2q-2}x\,\mathrm{d}x=\dfrac{1}{2}\mathrm{B}\left(\dfrac{p}{2},q-\dfrac{p}{2}\right)$
$(0<\mathrm{Re}\,p<2\mathrm{Re}\,q)$ [3]

351. $\int_0^{\frac{\pi}{2}}\dfrac{\tan^p x}{\cos^p x}\mathrm{d}x=\int_0^{\frac{\pi}{2}}\dfrac{\cot^p x}{\sin^p x}\mathrm{d}x=\dfrac{\Gamma(p)\Gamma\left(\dfrac{1}{2}-p\right)}{2^p\sqrt{\pi}}\sin\dfrac{p\pi}{2}$
$\left(-1<\mathrm{Re}\,p<\dfrac{1}{2}\right)$ [3]

352. $\int_0^{\frac{\pi}{2}} \frac{\sin^{p-\frac{1}{2}} x}{\cos^{2p-1} x} dx = \int_0^{\frac{\pi}{2}} \frac{\cos^{p-\frac{1}{2}} x}{\sin^{2p-1} x} dx = \frac{1}{2} \frac{\Gamma\left(\frac{p}{2}+\frac{1}{4}\right)\Gamma(1-p)}{\Gamma\left(\frac{5}{4}-\frac{p}{2}\right)}$

$\left(-\frac{1}{2} < \mathrm{Re}\, p < 1\right)$ [3]

353. $\int_0^{\frac{\pi}{2}} \sec^{2p+1} x \frac{d\sin^{2p} x}{dx} dx = \frac{1}{\sqrt{\pi}} \Gamma(p+1)\Gamma\left(\frac{1}{2}-p\right) \quad \left(0 < p < \frac{1}{2}\right)$ [3]

354. $\int_0^{\frac{\pi}{4}} \frac{\sin^p x}{\cos^{p+2} x} dx = \frac{1}{p+1} \quad (p > -1)$

355. $\int_0^{\frac{\pi}{4}} \frac{\cos^{n-\frac{1}{2}} 2x}{\cos^{2n+1} x} dx = \frac{(2n-1)!!}{2\cdot(2n)!!}\pi$

356. $\int_0^{\frac{\pi}{4}} \frac{\cos^p 2x}{\cos^{2(p+1)} x} dx = 2^{2p} \mathrm{B}(p+1, p+1) \quad (\mathrm{Re}\, p > -1)$

357. $\int_0^{\frac{\pi}{4}} \frac{\sin^{2p-2} x}{\cos^p 2x} dx = 2^{1-2p} \mathrm{B}(2p-1, 1-p)$

$$= \frac{\Gamma\left(p-\frac{1}{2}\right)\Gamma(1-p)}{2\sqrt{\pi}} \quad \left(\frac{1}{2} < \mathrm{Re}\, p < 1\right)$$

358. $\int_0^{\frac{\pi}{4}} \frac{\sin^{2n-1} x \cos^p 2x}{\cos^{2p+2n+1} x} dx = \frac{(n-1)!}{2} \cdot \frac{\Gamma(p+1)}{\Gamma(p+n+1)}$

$$= \frac{(n-1)!}{2(p+n)(p+n-1)\cdots(p+1)}$$

$$= \frac{1}{2}\mathrm{B}(n, p+1) \quad (p > -1)$$ [3]

359. $\int_0^{\frac{\pi}{4}} \frac{\sin^{2n} x \cos^p 2x}{\cos^{2p+2n+2} x} dx = \frac{1}{2}\mathrm{B}\left(n+\frac{1}{2}, p+1\right)$ [3]

360. $\int_0^{\frac{\pi}{4}} \frac{\sin^{2n-1} x \cos^{m-\frac{1}{2}} 2x}{\cos^{2n+2m} x} dx = \frac{(2n-2)!!(2m-1)!!}{(2n+2m-1)!!}$

361. $\int_0^{\frac{\pi}{4}} \frac{\sin^{2n} x \cos^{m-\frac{1}{2}} 2x}{\cos^{2n+2m+1} x} dx = \frac{(2n-1)!!(2m-1)!!}{(2n+2m)!!} \cdot \frac{\pi}{2}$

362. $\int_0^{\frac{\pi}{4}} \frac{\sin^{2n-1} x}{\cos^{2n+2} x} \sqrt{\cos 2x}\, dx = \frac{(2n-2)!!}{(2n+1)!!}$

363. $\int_0^{\frac{\pi}{4}} \frac{\sin^{2n} x}{\cos^{2n+3} x} \sqrt{\cos 2x}\, dx = \frac{(2n-1)!!}{(2n+2)!!} \cdot \frac{\pi}{2}$

Ⅱ.1.2.7 三角函数的幂函数与线性函数的三角函数组合的积分

364. $\int_0^{\pi}\sin^n x\sin 2mx\,dx = 0$

365. $\int_0^{\pi}\sin^{2n}x\sin(2m+1)x\,dx$

$$=\begin{cases}\dfrac{(-1)^m 2^{n+1}n!(2n-1)!!}{(2n-2m-1)!!(2n+2m+1)!!} & (m\leqslant n)\\ \dfrac{(-1)^n 2^{n+1}n!(2m-2n-1)!!(2n-1)!!}{(2n+2m+1)!!} & (m>n)\end{cases}$$ [3]

[对于 $m=n$ 的情况,应置 $(2n-2m-1)!!=1$]

366. $\int_0^{\pi}\sin^{2n+1}x\sin(2m+1)x\,dx=\begin{cases}\dfrac{(-1)^m\pi}{2^{2n+1}}\dbinom{2n+1}{n-m} & (m\leqslant n)\\ 0 & (m>n)\end{cases}$

367. $\int_0^{\pi}\sin^p x\sin px\,dx = 2^{-p}\pi\sin\frac{p\pi}{2}\quad(\mathrm{Re}\,p>-1)$

368. $\int_0^{\pi}\sin^p x\cos px\,dx = \frac{\pi}{2^p}\cos\frac{p\pi}{2}\quad(\mathrm{Re}\,p>-1)$

369. $\int_0^{\pi}\sin^{p-1}x\sin ax\,dx = \dfrac{\pi\sin\frac{a\pi}{2}}{2^{p-1}p\mathrm{B}\left(\frac{p+a+1}{2},\frac{p-a+1}{2}\right)}\quad(\mathrm{Re}\,p>0)$ [3]

[这里,$\mathrm{B}(p,q)$ 为贝塔函数(见附录),以下同]

370. $\int_0^{\pi}\sin^{p-1}x\cos ax\,dx = \dfrac{\pi\cos\frac{a\pi}{2}}{2^{p-1}p\mathrm{B}\left(\frac{p+a+1}{2},\frac{p-a+1}{2}\right)}\quad(\mathrm{Re}\,p>0)$

371. $\int_0^{\frac{\pi}{2}}\cos^{p-1}x\cos ax\,dx = \dfrac{\pi}{2^p p\mathrm{B}\left(\frac{p+a+1}{2},\frac{p-a+1}{2}\right)}\quad(\mathrm{Re}\,p>0)$

372. $\int_0^{\frac{\pi}{2}}\sin^{p-2}x\sin px\,dx = -\frac{1}{p-1}\cos\frac{p\pi}{2}\quad(\mathrm{Re}\,p>1)$

373. $\int_0^{\frac{\pi}{2}}\sin^{p-2}x\cos px\,dx = \frac{1}{p-1}\sin\frac{p\pi}{2}\quad(\mathrm{Re}\,p>1)$

374. $\int_0^{\frac{\pi}{2}}\cos^{p-2}x\sin px\,dx = \frac{1}{p-1}\quad(\mathrm{Re}\,p>1)$

375. $\int_0^{\frac{\pi}{2}} \cos^{p-2} x \cos px \, dx = 0 \quad (\mathrm{Re}\, p > 1)$

376. $\int_0^{\frac{\pi}{2}} \cos^n x \cos nx \, dx = \frac{\pi}{2^{n+1}}$

377. $\int_0^{\frac{\pi}{2}} \tan^{\pm p} x \sin 2x \, dx = \frac{p\pi}{2} \csc \frac{p\pi}{2} \quad (0 < \mathrm{Re}\, p < 2)$

378. $\int_0^{\frac{\pi}{2}} \tan^{\pm p} x \cos 2x \, dx = \mp \frac{p\pi}{2} \sec \frac{p\pi}{2} \quad (|\mathrm{Re}\, p| < 1)$

379. $\int_0^{\frac{\pi}{2}} \frac{\tan^{2p} x}{\cos x} dx = \int_0^{\frac{\pi}{2}} \frac{\cot^{2p} x}{\sin x} dx = \frac{\Gamma\left(p + \frac{1}{2}\right)\Gamma(-p)}{2\sqrt{\pi}}$

$\left(-\frac{1}{2} < \mathrm{Re}\, p < 1\right)$ [3]

380. $\int_0^{\frac{\pi}{2}} \frac{\cos^{p-1} x \sin px}{\sin x} dx = \frac{\pi}{2} \quad (p > 0)$

381. $\int_0^{\frac{\pi}{4}} \frac{\sin^{2p} x}{\cos^{p+\frac{1}{2}} 2x \cos x} dx = \frac{\pi}{2} \sec p\pi \quad \left(|\mathrm{Re}\, p| < \frac{1}{2}\right)$ [3]

382. $\int_0^{\frac{\pi}{4}} \frac{\sin^{p-\frac{1}{2}} 2x}{\cos^p 2x \cos x} dx = \frac{2}{2p-1} \frac{\Gamma\left(p + \frac{1}{2}\right)\Gamma(1-p)}{\sqrt{\pi}} \sin \frac{2p-1}{4}\pi$

$\left(-\frac{1}{2} < \mathrm{Re}\, p < 1\right)$ [3]

Ⅱ.1.2.8 三角函数的幂函数与三角函数的有理函数组合的积分

383. $\int_0^{\pi} \frac{\sin^m x}{1 + \cos x} dx = 2^{m-1} \mathrm{B}\left(\frac{m-1}{2}, \frac{m+1}{2}\right) \quad (m \geqslant 2)$ [3]

[这里,$\mathrm{B}(p,q)$为贝塔函数(见附录),以下同]

384. $\int_0^{\pi} \frac{\sin^m x}{1 - \cos x} dx = 2^{m-1} \mathrm{B}\left(\frac{m-1}{2}, \frac{m+1}{2}\right) \quad (m \geqslant 2)$ [3]

385. $\int_0^{\pi} \frac{\sin^2 x}{p + q\cos x} dx = \frac{p\pi}{q^2}\left(1 - \sqrt{1 - \frac{q^2}{p^2}}\right)$

386. $\int_0^{\pi} \frac{\sin^3 x}{p + q\cos x} dx = \frac{2p}{q^2} + \frac{1}{q}\left(1 - \frac{p^2}{q^2}\right) \ln \frac{p+q}{p-q}$

387. $\int_0^{\pi} \frac{\tan^{\pm p} x}{1 + \cos t \sin 2x} dx = \pi \csc t \sin pt \sec p\pi \quad (|\mathrm{Re}\, p| < 1, t^2 < \pi^2)$

388. $\int_0^{\frac{\pi}{2}} \frac{\sin^{p-1}x\cos^{-p}x}{a\cos x+b\sin x}\mathrm{d}x=\int_0^{\frac{\pi}{2}} \frac{\sin^{-p}x\cos^{p-1}x}{a\sin x+b\cos x}\mathrm{d}x=\frac{\pi\csc p\pi}{a^{1-p}b^{p}}$

$(ab>0,0<p<1)$ [3]

389. $\int_0^{\frac{\pi}{2}} \frac{\sin^{1-p}x\cos^{p}x}{(\sin x+\cos x)^3}\mathrm{d}x=\int_0^{\frac{\pi}{2}} \frac{\sin^{p}x\cos^{1-p}x}{(\sin x+\cos x)^3}\mathrm{d}x=\frac{(1-p)p\pi}{2}\csc p\pi$

$(-1<\operatorname{Re} p<2)$ [3]

390. $\int_0^{\frac{\pi}{2}} \frac{\sin^{2p-1}x\cos^{2q-1}x}{(a^2\sin^2 x+b^2\cos^2 x)^{p+q}}\mathrm{d}x=\frac{1}{2a^{2p}b^{2q}}\mathrm{B}(p,q)\quad(\operatorname{Re} p>0,\operatorname{Re} q>0)$ [3]

391. $\int_0^{\frac{\pi}{2}} \frac{\sin^{n-1}x\cos^{n-1}x}{(a^2\cos^2 x+b^2\sin^2 x)^{n}}\mathrm{d}x=\frac{\mathrm{B}\left(\frac{n}{2},\frac{n}{2}\right)}{2(ab)^n}\quad(ab>0)$ [3]

392. $\int_0^{\frac{\pi}{2}} \frac{\sin^{2n}x}{(a^2\cos^2 x+b^2\sin^2 x)^{n+1}}\mathrm{d}x=\int_0^{\frac{\pi}{2}} \frac{\cos^{2n}x}{(a^2\sin^2 x+b^2\cos^2 x)^{n+1}}\mathrm{d}x$

$=\frac{(2n-1)!!\pi}{2^{n+1}n!(ab)^{2n+1}}\quad(ab>0)$ [3]

393. $\int_0^{\frac{\pi}{2}} \frac{\cos^{p+2n}x\cos px}{(a^2\cos^2 x+b^2\sin^2 x)^{n+1}}\mathrm{d}x$

$=\pi\sum_{k=0}^{n}\binom{2n-k}{n}\binom{p+k-1}{k}\frac{b^{p-1}}{(2a)^{2n-k+1}(a+b)^{p+k}}$

$(a>0,b>0,p>-2n-1)$ [3]

394. $\int_0^{\frac{\pi}{2}} \frac{\cos^{p}x\cos px}{1-2a\cos 2x+a^2}\mathrm{d}x=\frac{\pi(1+a)^{p-1}}{2^{p+1}(1-a)}\quad(a^2<1,p>-1)$ [3]

395. $\int_0^{\frac{\pi}{2}} \frac{\cos^{n}x\sin nx\sin 2x}{1-2a\cos 2x+a^2}\mathrm{d}x=\frac{\pi}{4a}\left[\left(\frac{1+a}{2}\right)^n-\frac{1}{2^n}\right]\quad(a^2<1)$ [3]

396. $\int_0^{\frac{\pi}{2}} \frac{1-a\cos 2nx}{1-2a\cos 2nx+a^2}\cos^{m}x\cos mx\,\mathrm{d}x=\frac{\pi}{2^{m+2}}\sum_{k=1}^{\infty}\binom{m}{kn}a^k+\frac{\pi}{2^{m+1}}$

$(a^2<1)$ [3]

397. $\int_0^{\frac{\pi}{2}} \frac{\cos^{p}x\cos px}{a^2\sin^2 x+b^2\cos^2 x}\mathrm{d}x=\frac{\pi a^{p-1}}{2b(a+b)^p}\quad(a>0,b>0,p>-1)$ [3]

398. $\int_0^{\frac{\pi}{2}} \frac{\tan^{\pm p}x\sin 2x}{1\mp 2a\cos 2x+a^2}\mathrm{d}x$

$=\begin{cases}\frac{\pi}{4a}\csc\frac{p\pi}{2}\left[1-\left(\frac{1-a}{1+a}\right)^p\right] & (a^2<1,-2<\operatorname{Re} p<1)\\ \frac{\pi}{4a}\csc\frac{p\pi}{2}\left[1+\left(\frac{a-1}{a+1}\right)^p\right] & (a^2>1,-2<\operatorname{Re} p<1)\end{cases}$ [3]

399. $\int_0^{\frac{\pi}{2}} \frac{\tan^{\pm p}x(1\mp a\cos 2x)}{1\mp 2a\cos 2x+a^2}\mathrm{d}x$

$$=\begin{cases}\frac{\pi}{4}\sec\frac{p\pi}{2}\left[1+\left(\frac{1-a}{1+a}\right)^{p}\right] & (a^2<1,\ |\operatorname{Re}p|<1)\\ \frac{\pi}{4}\sec\frac{p\pi}{2}\left[1-\left(\frac{a-1}{a+1}\right)^{p}\right] & (a^2>1,\ |\operatorname{Re}p|<1)\end{cases}$$ [3]

400. $\int_0^{\frac{\pi}{2}}\frac{\tan^p x}{(\sin x+\cos x)\sin x}\mathrm{d}x=\int_0^{\frac{\pi}{2}}\frac{\cot^p x}{(\cos x+\sin x)\cos x}\mathrm{d}x=\pi\csc p\pi$

$(0<\operatorname{Re}p<1)$

401. $\int_0^{\frac{\pi}{2}}\frac{\tan^p x}{(\sin x-\cos x)\sin x}\mathrm{d}x=\int_0^{\frac{\pi}{2}}\frac{\cot^p x}{(\cos x-\sin x)\cos x}\mathrm{d}x=-\pi\cot p\pi$

$(0<\operatorname{Re}p<1)$

402. $\int_0^{\frac{\pi}{2}}\frac{\cot^{p+\frac{1}{2}} x}{(\sin x+\cos x)\cos x}\mathrm{d}x=\int_0^{\frac{\pi}{2}}\frac{\tan^{p-\frac{1}{2}} x}{(\sin x+\cos x)\cos x}\mathrm{d}x=\pi\sec p\pi$

$\left(|\operatorname{Re}p|<\frac{1}{2}\right)$

403. $\int_0^{\frac{\pi}{2}}\frac{\tan^{1-2p} x}{a^2\cos^2 x+b^2\sin^2 x}\mathrm{d}x=\int_0^{\frac{\pi}{2}}\frac{\cot^{1-2p} x}{a^2\sin^2 x+b^2\cos^2 x}\mathrm{d}x=\frac{\pi}{2a^{2p}b^{2-2p}\sin p\pi}$

$(0<\operatorname{Re}p<1)$

404. $\int_0^{\frac{\pi}{2}}\frac{\tan^p x}{1-a\sin^2 x}\mathrm{d}x=\int_0^{\frac{\pi}{2}}\frac{\cot^p x}{1-a\cos^2 x}\mathrm{d}x=\frac{\pi\sec\frac{p\pi}{2}}{2\sqrt{(1-a)^{p+1}}}$

$(|\operatorname{Re}p|<1, a<1)$

405. $\int_0^{\frac{\pi}{2}}\frac{\tan^{\pm p} x}{(\sin x+\cos x)^2}\mathrm{d}x=\frac{p\pi}{\sin p\pi}\quad(0<\operatorname{Re}p<1)$

406. $\int_0^{\frac{\pi}{2}}\frac{\tan^{\pm(p-1)} x}{\cos^2 x-\sin^2 x}\mathrm{d}x=\pm\frac{\pi}{2}\cot\frac{p\pi}{2}\quad(0<\operatorname{Re}p<2)$

407. $\int_0^{\frac{\pi}{2}}\frac{\tan^{p+1} x\cos^2 x}{(1+\cos t\sin 2x)^2}\mathrm{d}x=\int_0^{\frac{\pi}{2}}\frac{\cot^{p+1} x\sin^2 x}{(1+\cos t\sin 2x)^2}\mathrm{d}x=\frac{\pi(p\sin t\cos pt-\cos t\sin pt)}{2\sin p\pi\sin^3 t}$

$(|\operatorname{Re}p|<1, t^2<\pi^2)$

408. $\int_0^{\frac{\pi}{2}}\frac{\tan^{\pm p} x}{1-\cos^2 t\sin^2 2x}\mathrm{d}x=\frac{\pi}{2}\csc t\sec\frac{p\pi}{2}\cos\left(\frac{\pi}{2}-t\right)p$

$(|\operatorname{Re}p|<1, t^2<\pi^2)$

409. $\int_0^{\frac{\pi}{2}}\frac{\tan^p x\cos^2 x}{1-\cos^2 t\sin^2 2x}\mathrm{d}x=\int_0^{\frac{\pi}{2}}\frac{\cot^p x\sin^2 x}{1-\cos^2 t\sin^2 2x}\mathrm{d}x$

$$=\frac{\pi}{2}\csc 2t\sec\frac{p\pi}{2}\cos\left[\frac{p\pi}{2}-(p-1)t\right]$$

$(|\operatorname{Re}p|<1, t^2<\pi^2)$

410. $\int_0^{\frac{\pi}{2}} \frac{\tan^{\pm p} x \sin 2x}{1-\cos^2 t \sin^2 2x} dx = \pi \csc 2t \csc \frac{p\pi}{2} \sin\left(\frac{\pi}{2}-t\right)p$

$(|\operatorname{Re} p| < 1, t^2 < \pi^2)$

411. $\int_0^{\frac{\pi}{2}} \frac{\tan^p x \sin^2 x}{1-\cos^2 t \sin^2 2x} dx = \int_0^{\frac{\pi}{2}} \frac{\cot^p x \cos^2 x}{1-\cos^2 t \sin^2 2x} dx$

$= \frac{\pi}{2} \csc 2t \sec \frac{p\pi}{2} \cos\left[\frac{p\pi}{2} - (p+1)t\right]$

$(|\operatorname{Re} p| < 1, t^2 < \pi^2)$

412. $\int_0^{\frac{\pi}{2}} \frac{\tan^{p-1} x \cos^2 x}{1-\sin^2 x \cos^2 x} dx = \int_0^{\frac{\pi}{2}} \frac{\cot^{p-1} x \sin^2 x}{1-\sin^2 x \cos^2 x} dx$

$= \frac{\pi}{4\sqrt{3}} \csc \frac{p\pi}{6} \csc \frac{(p+2)\pi}{6} \quad (0 < \operatorname{Re} p < 4)$

Ⅱ.1.2.9 含有三角函数的线性函数的幂函数的积分

413. $\int_0^{\frac{\pi}{2}} (\sec x - 1)^p \sin x dx = \int_0^{\frac{\pi}{2}} (\csc x - 1)^p \cos x dx = p\pi \csc p\pi$

$(|\operatorname{Re} p| < 1)$

414. $\int_0^{\frac{\pi}{2}} (\csc x - 1)^p \sin 2x dx = (1-p) p\pi \csc p\pi \quad (-1 < \operatorname{Re} p < 2)$

415. $\int_0^{\frac{\pi}{2}} (\sec x - 1)^p \tan x dx = \int_0^{\frac{\pi}{2}} (\csc x - 1)^p \cot x dx = -\pi \csc p\pi$

$(-1 < \operatorname{Re} p < 0)$

416. $\int_0^{\frac{\pi}{4}} \frac{(\cot x - 1)^p}{\sin 2x} dx = -\frac{\pi}{2} \csc p\pi \quad (-1 < \operatorname{Re} p < 0)$

417. $\int_0^{\frac{\pi}{4}} \frac{(\cot x - 1)^p}{\cos^2 x} dx = p\pi \csc p\pi \quad (|\operatorname{Re} p| < 1)$

418. $\int_0^{\pi} \frac{\sin^{p-1} x}{(a+b\cos x)^p} dx = \frac{2^{p-1}}{\sqrt{(a^2-b^2)^p}} \mathrm{B}\left(\frac{p}{2}, \frac{p}{2}\right) \quad (\operatorname{Re} p > 0, 0 < b < a)$ [3]

419. $\int_0^{\frac{\pi}{4}} \frac{\sin^{p-1} 2x}{(\cos x + \sin x)^{2p}} dx = \frac{\sqrt{\pi}\,\Gamma(p)}{2^{p+1} \Gamma\left(p+\frac{1}{2}\right)} \quad (\operatorname{Re} p > 0)$ [3]

420. $\int_0^{\frac{\pi}{4}} \frac{\sin^p x}{(\cos x - \sin x)^{p+1} \cos x} dx = -\pi \csc p\pi \quad (-1 < \operatorname{Re} p < 0)$

421. $\int_0^{\frac{\pi}{4}} \frac{\sin^p x}{(\cos x - \sin x)^p \sin 2x} dx = \frac{\pi}{2} \csc p\pi \quad (0 < \operatorname{Re} p < 1)$

422. $\int_0^{\frac{\pi}{4}} \frac{\sin^p x}{(\cos x - \sin x)^p \cos^2 x} dx = p\pi \csc p\pi \quad (|\operatorname{Re} p| < 1)$

423. $\int_0^{\frac{\pi}{4}} \frac{\sin^p x}{(\cos x - \sin x)^{p-1} \cos^3 x} dx = \frac{1-p}{2} p\pi \csc p\pi \quad (|\operatorname{Re} p| < 1)$

424. $\int_0^{\frac{\pi}{4}} \frac{(\cos x - \sin x)^p}{\sin^p x \sin 2x} dx = -\frac{\pi}{2} \csc p\pi \quad (-1 < \operatorname{Re} p < 0)$

425. $\int_0^{\frac{\pi}{2}} \frac{\sin^{p-1} x \cos^{q-1} x}{(\sin x + \cos x)^{p+q}} dx = \mathrm{B}(p,q) \quad (\operatorname{Re} p > 0, \operatorname{Re} q > 0)$ [3]

426. $\int_0^{\frac{\pi}{2}} \frac{\sin^{p-1} x \cos^{q-p-1} x}{(a\cos x + b\sin x)^q} dx = \int_0^{\frac{\pi}{2}} \frac{\sin^{q-p-1} x \cos^{p-1} x}{(a\sin x + b\cos x)^q} dx = \frac{\mathrm{B}(p,q-p)}{a^{q-p} b^p}$
$(q > p > 0, ab > 0)$ [3]

427. $\int_0^{\frac{\pi}{4}} \frac{\sin^n x}{\cos^{n+1} x \sqrt{\cos x(\cos x - \sin x)}} dx = \frac{2 \cdot (2n)!!}{(2n+1)!!}$

428. $\int_0^{\frac{\pi}{4}} \frac{\sin^n x}{\cos^{n+1} x \sqrt{\sin x(\cos x - \sin x)}} dx = \frac{(2n-1)!!}{(2n)!!} \pi$

429. $\int_0^{\frac{\pi}{2}} \frac{\sin x}{\sqrt{1 + p^2 \sin^2 x}} dx = \frac{1}{p} \arctan p$

430. $\int_0^{\frac{\pi}{4}} \frac{\sqrt{\sec 2x} - 1}{\tan x} dx = \ln 2$

431. $\int_0^u \sqrt{\frac{\cos 2x - \cos 2u}{\cos 2x + 1}} dx = \frac{\pi}{2}(1 - \cos u) \quad \left(u^2 < \frac{\pi^2}{4}\right)$

432. $\int_0^{\frac{\pi}{4}} \frac{(\cos x - \sin x)^{n-\frac{1}{2}} \sqrt{\csc x}}{\cos^{n+1} x} dx = \frac{(2n-1)!!}{(2n)!!} \pi$

433. $\int_0^{\frac{\pi}{4}} \frac{(\cos x - \sin x)^{n-\frac{1}{2}} \tan^m x \sqrt{\csc x}}{\cos^{n+1} x} dx = \frac{(2n-1)!!(2m-1)!!}{(2n+2m)!!} \pi$

Ⅱ.1.2.10 其他形式的三角函数的幂函数的积分

434. $\int_0^{\frac{\pi}{2}} \frac{\sin^{2p-1} x \cos^{2q-1} x}{(1 - k^2 \sin^2 x)^{p+q}} dx = \frac{\mathrm{B}(p,q)}{2(1-k^2)^p} \quad (\operatorname{Re} p > 0, \operatorname{Re} q > 0)$ [3]

435. $\int_0^{\frac{\pi}{2}} \frac{\sin^p x - \csc^p x}{\cos x} dx = \int_0^{\frac{\pi}{2}} \frac{\cos^p x - \sec^p x}{\sin x} dx = -\frac{\pi}{2} \tan \frac{p\pi}{2} \quad (|\operatorname{Re} p| < 1)$
[3]

436. $\int_0^{\frac{\pi}{4}} (\sin^p 2x - \csc^p 2x) \cot\left(\frac{\pi}{4} + x\right) dx = \int_0^{\frac{\pi}{4}} (\cos^p 2x - \sec^p 2x) \tan x \, dx$

$$= \frac{1}{2p} - \frac{\pi}{2}\csc p\pi \quad (|\operatorname{Re} p| < 1) \quad [3]$$

437. $\int_0^{\frac{\pi}{4}} (\sin^p 2x - \csc^p 2x)\tan\left(\frac{\pi}{4} + x\right)\mathrm{d}x = \int_0^{\frac{\pi}{4}} (\cos^p 2x - \sec^p 2x)\cot x\mathrm{d}x$

$$= -\frac{1}{2p} + \frac{\pi}{2}\cot p\pi$$

$(|\operatorname{Re} p| < 1)$ [3]

438. $\int_0^{\frac{\pi}{4}} (\sin^{p-1} 2x + \csc^p 2x)\cot\left(\frac{\pi}{4} + x\right)\mathrm{d}x = \int_0^{\frac{\pi}{4}} (\cos^{p-1} 2x + \sec^p 2x)\tan x\mathrm{d}x$

$$= \frac{\pi}{2}\csc p\pi \quad (0 < \operatorname{Re} p < 1) \quad [3]$$

439. $\int_0^{\frac{\pi}{4}} (\sin^{p-1} 2x - \csc^p 2x)\tan\left(\frac{\pi}{4} + x\right)\mathrm{d}x = \int_0^{\frac{\pi}{4}} (\cos^{p-1} 2x - \sec^p 2x)\cot x\mathrm{d}x$

$$= \frac{\pi}{2}\cot p\pi \quad (0 < \operatorname{Re} p < 1) \quad [3]$$

440. $\int_0^{\frac{\pi}{2}} \frac{\tan x}{\cos^p x + \sec^p x}\mathrm{d}x = \int_0^{\frac{\pi}{2}} \frac{\cot x}{\sin^p x + \csc^p x}\mathrm{d}x = \frac{\pi}{4p}$ [3]

441. $\int_0^{\frac{\pi}{2}} \frac{\sin^{p-1} x + \sin^{q-1} x}{\cos^{p+q-1} x}\mathrm{d}x = \int_0^{\frac{\pi}{2}} \frac{\cos^{p-1} x + \cos^{q-1} x}{\sin^{p+q-1} x}\mathrm{d}x$

$$= \frac{\cos\frac{(q-p)\pi}{4}}{2\cos\frac{(q+p)\pi}{4}}\mathrm{B}\left(\frac{p}{2}, \frac{q}{2}\right)$$

$[\operatorname{Re} p > 0, \operatorname{Re} q > 0, \operatorname{Re}(p+q) < 2]$ [3]

442. $\int_0^{\frac{\pi}{2}} \frac{\sin^{p-1} x - \sin^{q-1} x}{\cos^{p+q-1} x}\mathrm{d}x = \int_0^{\frac{\pi}{2}} \frac{\cos^{p-1} x - \cos^{q-1} x}{\sin^{p+q-1} x}\mathrm{d}x$

$$= \frac{\sin\frac{(q-p)\pi}{4}}{2\sin\frac{(q+p)\pi}{4}}\mathrm{B}\left(\frac{p}{2}, \frac{q}{2}\right)$$

$[\operatorname{Re} p > 0, \operatorname{Re} q > 0, \operatorname{Re}(p+q) < 4]$ [3]

443. $\int_0^{\frac{\pi}{2}} \frac{\sin^p x + \sin^q x}{\sin^{p+q} x + 1}\cot x\mathrm{d}x = \int_0^{\frac{\pi}{2}} \frac{\cos^p x + \cos^q x}{\cos^{p+q} x + 1}\tan x\mathrm{d}x = \frac{\pi}{p+q}\sec\left(\frac{p-q}{p+q} \cdot \frac{\pi}{2}\right)$

$(\operatorname{Re} p > 0, \operatorname{Re} q > 0)$ [3]

444. $\int_0^{\frac{\pi}{2}} \frac{\sin^p x - \sin^q x}{\sin^{p+q} x - 1}\cot x\mathrm{d}x = \int_0^{\frac{\pi}{2}} \frac{\cos^p x - \cos^q x}{\cos^{p+q} x - 1}\tan x\mathrm{d}x = \frac{\pi}{p+q}\tan\left(\frac{p-q}{p+q} \cdot \frac{\pi}{2}\right)$

$(\operatorname{Re} p > 0, \operatorname{Re} q > 0)$ [3]

445. $\int_0^{\frac{\pi}{2}} \frac{\cos^p x + \sec^p x}{\cos^q x + \sec^q x}\tan x\mathrm{d}x = \frac{\pi}{2q}\sec\left(\frac{p}{q} \cdot \frac{\pi}{2}\right) \quad (|\operatorname{Re} q| > |\operatorname{Re} p|)$ [3]

446. $\int_0^{\frac{\pi}{2}} \frac{\cos^p x - \sec^p x}{\cos^q x - \sec^q x} \tan x \mathrm{d}x = \frac{\pi}{2q} \tan\left(\frac{p}{q} \cdot \frac{\pi}{2}\right) \quad (|\operatorname{Re} q| > |\operatorname{Re} p|)$ [3]

447. $\int_0^{\frac{\pi}{4}} \frac{\tan^p x - \tan^{1-p} x}{(\cos x - \sin x)\sin x} \mathrm{d}x = \pi \cot p\pi \quad (0 < \operatorname{Re} p < 1)$ [3]

448. $\int_0^{\frac{\pi}{4}} (\tan^p x + \cot^p x) \mathrm{d}x = \frac{\pi}{2} \sec \frac{p\pi}{2} \quad (|\operatorname{Re} p| < 1)$

449. $\int_0^{\frac{\pi}{4}} (\tan^p x - \cot^p x) \tan x \mathrm{d}x = \frac{1}{p} - \frac{\pi}{2} \csc \frac{p\pi}{2} \quad (0 < \operatorname{Re} p < 2)$

450. $\int_0^{\frac{\pi}{4}} \frac{\tan^{p-1} x - \cot^{p-1} x}{\cos 2x} \mathrm{d}x = \frac{\pi}{2} \cot \frac{p\pi}{2} \quad (|\operatorname{Re} p| < 2)$

451. $\int_0^{\frac{\pi}{4}} \frac{\tan^p x - \cot^p x}{\cos 2x} \tan x \mathrm{d}x = -\frac{1}{p} + \frac{\pi}{2} \cot \frac{p\pi}{2} \quad (-2 < \operatorname{Re} p < 0)$

452. $\int_0^{\frac{\pi}{4}} \frac{\tan^p x + \cot^p x}{1 + \cos t \sin 2x} \mathrm{d}x = \pi \csc t \csc p\pi \sin pt \quad (t \neq n\pi, |\operatorname{Re} p| < 1)$

453. $\int_0^{\frac{\pi}{4}} \frac{\tan^{p-1} x + \cot^p x}{(\sin x + \cos x)\cos x} \mathrm{d}x = \pi \csc p\pi \quad (0 < \operatorname{Re} p < 1)$

454. $\int_0^{\frac{\pi}{4}} \frac{\tan^p x - \cot^p x}{(\sin x + \cos x)\cos x} \mathrm{d}x = \frac{1}{p} - \pi \csc p\pi \quad (0 < \operatorname{Re} p < 1)$

455. $\int_0^{\frac{\pi}{4}} \frac{\tan^{p-1} x - \cot^p x}{(\cos x - \sin x)\cos x} \mathrm{d}x = \pi \cot p\pi \quad (0 < \operatorname{Re} p < 1)$

456. $\int_0^{\frac{\pi}{4}} \frac{\tan^p x - \cot^p x}{(\cos x - \sin x)\cos x} \mathrm{d}x = -\frac{1}{p} + \pi \cot p\pi \quad (0 < \operatorname{Re} p < 1)$

457. $\int_0^{\frac{\pi}{4}} \frac{\mathrm{d}x}{(\tan^p x + \cot^p x)\sin 2x} = \frac{\pi}{8p} \quad (\operatorname{Re} p \neq 0)$

458. $\int_0^{\frac{\pi}{2}} \frac{\mathrm{d}x}{(\tan^p x + \cot^p x)^q \tan x} = \int_0^{\frac{\pi}{2}} \frac{\mathrm{d}x}{(\tan^p x + \cot^p x)^q \sin 2x}$

$= \frac{\sqrt{\pi}\Gamma(q)}{2^{2q+1} p \Gamma\left(q + \frac{1}{2}\right)} \quad (q > 0)$ [3]

459. $\int_0^{\frac{\pi}{4}} (\tan^p x - \cot^p x)(\tan^q x - \cot^q x) \mathrm{d}x = \frac{2\pi \sin \frac{p\pi}{2} \sin \frac{q\pi}{2}}{\cos p\pi + \cos q\pi}$

$(|\operatorname{Re} p| < 1, |\operatorname{Re} q| < 1)$

460. $\int_0^{\frac{\pi}{4}} (\tan^p x + \cot^p x)(\tan^q x + \cot^q x) \mathrm{d}x = \frac{2\pi \cos \frac{p\pi}{2} \cos \frac{q\pi}{2}}{\cos p\pi + \cos q\pi}$

$(|\operatorname{Re} p| < 1, |\operatorname{Re} q| < 1)$

461. $\int_0^{\frac{\pi}{4}} \frac{(\tan^p x - \cot^p x)(\tan^q x + \cot^q x)}{\cos 2x} dx = -\frac{\pi \sin p\pi}{\cos p\pi + \cos q\pi}$

$(|\operatorname{Re} p| < 1, |\operatorname{Re} q| < 1)$

462. $\int_0^{\frac{\pi}{4}} \frac{\tan^q x - \cot^q x}{(\tan^p x - \cot^p x)\sin 2x} dx = \frac{\pi}{4p} \tan \frac{q\pi}{2p} \quad (0 < \operatorname{Re} q < 1)$

463. $\int_0^{\frac{\pi}{4}} \frac{\tan^q x + \cot^q x}{(\tan^p x + \cot^p x)\sin 2x} dx = \frac{\pi}{4p} \sec \frac{q\pi}{2p} \quad (0 < \operatorname{Re} q < 1)$

464. $\int_0^{\frac{\pi}{2}} \frac{(\sin^p x + \csc^p x)\cot x}{\sin^q x - 2\cos t + \csc^q x} dx = \frac{\pi}{q} \csc t \csc \frac{p\pi}{q} \sin \frac{pt}{q} \quad (p < q)$

465. $\int_0^{\frac{\pi}{2}} \frac{\sin^p x - 2\cos t_1 + \csc^p x}{\sin^q x + 2\cos t_2 + \csc^q x} \cot x dx = \frac{\pi}{q} \csc t_2 \csc \frac{p\pi}{q} \sin \frac{pt_2}{q} - \frac{t_2}{q} \csc t_2 \cos t_1$

$(q > p > 0$;或 $q < p < 0$;或 $p > 0, q < 0$ 和 $p + q < 0$;或 $p < 0, q > 0$ 和 $p + q > 0)$ [3]

Ⅱ.1.2.11 更复杂自变数的三角函数的积分

466. $\int_0^{\infty} \sin ax^2 dx = \int_0^{\infty} \cos ax^2 dx = \frac{1}{2}\sqrt{\frac{\pi}{2a}} \quad (a > 0)$

467. $\int_0^{\infty} \sin ax^2 \cos 2bx dx = \frac{1}{2}\sqrt{\frac{\pi}{2a}}\left(\cos \frac{b^2}{a} - \sin \frac{b^2}{a}\right)$

$$= \frac{1}{2}\sqrt{\frac{\pi}{a}} \cos\left(\frac{b^2}{a} + \frac{\pi}{4}\right) \quad (a > 0, b > 0)$$

468. $\int_0^{\infty} \cos ax^2 \sin 2bx dx = \sqrt{\frac{\pi}{2a}}\left[\sin \frac{b^2}{a} C\left(\frac{b}{\sqrt{a}}\right) - \cos \frac{b^2}{a} S\left(\frac{b}{\sqrt{a}}\right)\right]$

$(a > 0, b > 0)$ [3]

[这里,S(z)和 C(z)为菲涅耳函数(见附录),以下同]

469. $\int_0^{\infty} \cos ax^2 \cos 2bx dx = \frac{1}{2}\sqrt{\frac{\pi}{2a}}\left(\cos \frac{b^2}{a} + \sin \frac{b^2}{a}\right) \quad (a > 0, b > 0)$ [3]

470. $\int_0^{\infty} \sin ax^2 \cos bx^2 dx = \begin{cases} \frac{1}{4}\sqrt{\frac{\pi}{2}}\left(\frac{1}{\sqrt{a+b}} + \frac{1}{\sqrt{a-b}}\right) & (a > b > 0) \\ \frac{1}{4}\sqrt{\frac{\pi}{2}}\left(\frac{1}{\sqrt{b+a}} - \frac{1}{\sqrt{b-a}}\right) & (b > a > 0) \end{cases}$

471. $\int_0^{\infty} (\sin^2 ax^2 - \sin^2 bx^2) dx = \frac{1}{8}\left(\sqrt{\frac{\pi}{b}} - \sqrt{\frac{\pi}{a}}\right) \quad (a > 0, b > 0)$

472. $\int_0^{\infty}(\cos^2 ax^2-\sin^2 bx^2)\mathrm{d}x=\frac{1}{8}\left(\sqrt{\frac{\pi}{b}}+\sqrt{\frac{\pi}{a}}\right)\quad(a>0,b>0)$

473. $\int_0^{\infty}(\cos^2 ax^2-\cos^2 bx^2)\mathrm{d}x=\frac{1}{8}\left(\sqrt{\frac{\pi}{a}}-\sqrt{\frac{\pi}{b}}\right)\quad(a>0,b>0)$

474. $\int_0^{\infty}(\sin^4 ax^2-\sin^4 bx^2)\mathrm{d}x=\frac{8-\sqrt{2}}{64}\left(\sqrt{\frac{\pi}{b}}-\sqrt{\frac{\pi}{a}}\right)\quad(a>0,b>0)$

475. $\int_0^{\infty}(\cos^4 ax^2-\sin^4 bx^2)\mathrm{d}x=\frac{1}{8}\left(\sqrt{\frac{\pi}{a}}+\sqrt{\frac{\pi}{b}}\right)+\frac{1}{32}\left(\sqrt{\frac{\pi}{2a}}-\sqrt{\frac{\pi}{2b}}\right)$
$(a>0,b>0)$

476. $\int_0^{\infty}(\cos^4 ax^2-\cos^4 bx^2)\mathrm{d}x=\frac{8+\sqrt{2}}{64}\left(\sqrt{\frac{\pi}{a}}-\sqrt{\frac{\pi}{b}}\right)\quad(a>0,b>0)$

477. $\int_0^{\infty}\sin^{2n}ax^2\,\mathrm{d}x=\int_0^{\infty}\cos^{2n}ax^2\,\mathrm{d}x=\infty$

478. $\int_0^{\infty}\sin^{2n+1}ax^2\,\mathrm{d}x=\frac{1}{2^{2n+1}}\sum_{k=0}^{n}(-1)^{n+k}\binom{2n+1}{k}\sqrt{\frac{\pi}{2(2n-2k+1)a}}$
$(a>0)$ [3]

479. $\int_0^{\infty}\cos^{2n+1}ax^2\,\mathrm{d}x=\frac{1}{2^{2n+1}}\sum_{k=0}^{n}\binom{2n+1}{k}\sqrt{\frac{\pi}{2(2n-2k+1)a}}\quad(a>0)$ [3]

480. $\int_0^{\infty}[\sin(a-x^2)+\cos(a-x^2)]\mathrm{d}x=\sqrt{\frac{\pi}{2}}\sin a$

481. $\int_0^{\infty}\cos\left(\frac{x^2}{2}-\frac{\pi}{8}\right)\cos ax\,\mathrm{d}x=\sqrt{\frac{\pi}{2}}\cos\left(\frac{a^2}{2}-\frac{\pi}{8}\right)\quad(a>0)$

482. $\int_0^{\infty}\sin[a(1-x^2)]\cos bx\,\mathrm{d}x=-\frac{1}{2}\sqrt{\frac{\pi}{a}}\cos\left(a+\frac{b^2}{4a}+\frac{\pi}{4}\right)\quad(a>0)$

483. $\int_0^{\infty}\cos[a(1-x^2)]\cos bx\,\mathrm{d}x=\frac{1}{2}\sqrt{\frac{\pi}{a}}\sin\left(a+\frac{b^2}{4a}+\frac{\pi}{4}\right)\quad(a>0)$

484. $\int_0^{\infty}\sin\left(ax^2+\frac{b^2}{a}\right)\cos 2bx\,\mathrm{d}x=\int_0^{\infty}\cos\left(ax^2+\frac{b^2}{a}\right)\cos 2bx\,\mathrm{d}x$

$$=\frac{1}{2}\sqrt{\frac{\pi}{2a}}\quad(a>0)$$

485. $\int_0^{\infty}\sin\frac{a^2}{x^2}\sin b^2x^2\,\mathrm{d}x=\frac{1}{4b}\sqrt{\frac{\pi}{2}}(\sin 2ab-\cos 2ab+\mathrm{e}^{-2ab})\quad(a>0,b>0)$

486. $\int_0^{\infty}\sin\frac{a^2}{x^2}\cos b^2x^2\,\mathrm{d}x=\frac{1}{4b}\sqrt{\frac{\pi}{2}}(\sin 2ab+\cos 2ab+\mathrm{e}^{-2ab})\quad(a>0,b>0)$

487. $\int_0^{\infty}\cos\frac{a^2}{x^2}\sin b^2x^2\,\mathrm{d}x=\frac{1}{4b}\sqrt{\frac{\pi}{2}}(\sin 2ab+\cos 2ab+\mathrm{e}^{-2ab})\quad(a>0,b>0)$

488. $\int_0^\infty \cos\frac{a^2}{x^2}\cos b^2x^2\,\mathrm{d}x = \frac{1}{4b}\sqrt{\frac{\pi}{2}}(\cos 2ab - \sin 2ab + \mathrm{e}^{-2ab}) \quad (a>0, b>0)$

489. $\int_0^\infty \sin\left(a^2x^2 + \frac{b^2}{x^2}\right)\mathrm{d}x = \frac{\sqrt{2\pi}}{4a}(\cos 2ab + \sin 2ab) \quad (a>0, b>0)$

490. $\int_0^\infty \cos\left(a^2x^2 + \frac{b^2}{x^2}\right)\mathrm{d}x = \frac{\sqrt{2\pi}}{4a}(\cos 2ab - \sin 2ab) \quad (a>0, b>0)$

491. $\int_0^\infty \sin\left(a^2x^2 - 2ab + \frac{b^2}{x^2}\right)\mathrm{d}x = \int_0^\infty \cos\left(a^2x^2 - 2ab + \frac{b^2}{x^2}\right)\mathrm{d}x$

$$= \frac{\sqrt{2\pi}}{4a} \quad (a>0, b>0)$$

492. $\int_0^\infty \sin\left(a^2x^2 - \frac{b^2}{x^2}\right)\mathrm{d}x = \frac{\sqrt{2\pi}}{4a}\mathrm{e}^{-2ab} \quad (a>0, b>0)$

493. $\int_0^\infty \cos\left(a^2x^2 - \frac{b^2}{x^2}\right)\mathrm{d}x = \frac{\sqrt{2\pi}}{4a}\mathrm{e}^{-2ab} \quad (a>0, b>0)$

494. $\int_0^\infty \sin ax^p\,\mathrm{d}x = \frac{\Gamma\left(\frac{1}{p}\right)\sin\frac{\pi}{2p}}{pa^{\frac{1}{p}}} \quad (a>0, p>1)$ [3]

495. $\int_0^\infty \cos ax^p\,\mathrm{d}x = \frac{\Gamma\left(\frac{1}{p}\right)\cos\frac{\pi}{2p}}{pa^{\frac{1}{p}}} \quad (a>0, p>1)$ [3]

496. $\int_0^\infty \sin x^2\,\mathrm{d}x = \int_0^\infty \cos x^2\,\mathrm{d}x = \frac{1}{2}\sqrt{\frac{\pi}{2}}$

497. $\int_0^\infty \sin x^{m+1}\,\mathrm{d}x = \Gamma\left(1 + \frac{1}{m+1}\right)\sin\frac{\pi}{2(m+1)}$

498. $\int_0^\infty \cos x^{m+1}\,\mathrm{d}x = \Gamma\left(1 + \frac{1}{m+1}\right)\cos\frac{\pi}{2(m+1)}$

499. $\int_0^\infty \sin ax^n\,\mathrm{d}x = \frac{1}{na^{\frac{1}{n}}}\Gamma\left(\frac{1}{n}\right)\sin\frac{\pi}{2n} \quad (n>1)$

500. $\int_0^\infty \cos ax^n\,\mathrm{d}x = \frac{1}{na^{\frac{1}{n}}}\Gamma\left(\frac{1}{n}\right)\cos\frac{\pi}{2n} \quad (n>1)$

501. $\int_0^\infty \sin(ax^p + bx^q)\,\mathrm{d}x = \frac{1}{p}\sum_{k=0}^{\infty}\frac{(-b)^k}{k!}a^{-\frac{kq+1}{p}}\Gamma\left(\frac{kq+1}{p}\right)\sin\frac{k(q-p)+1}{2p}\pi$
$(a>0, b>0, p>0, q>0)$ [3]

502. $\int_0^\infty \cos(ax^p + bx^q)\,\mathrm{d}x = \frac{1}{p}\sum_{k=0}^{\infty}\frac{(-b)^k}{k!}a^{-\frac{kq+1}{p}}\Gamma\left(\frac{kq+1}{p}\right)\cos\frac{k(q-p)+1}{2p}\pi$
$(a>0, b>0, p>0, q>0)$ [3]

503. $\int_0^{\frac{\pi}{2}} \sin(a\tan x)\mathrm{d}x = \frac{1}{2}[\mathrm{e}^{-a}\overline{\mathrm{Ei}}(a) - \mathrm{e}^{a}\mathrm{Ei}(-a)] \quad (a > 0)$ [3]

{这里,$\mathrm{Ei}(x)$为指数积分(见附录),$\overline{\mathrm{Ei}}(x) = \frac{1}{2}[\mathrm{Ei}(x + \mathrm{i}0) + \mathrm{Ei}(x - \mathrm{i}0)]$ $(x > 0)$,以下同}

504. $\int_0^{\frac{\pi}{2}} \cos(a\tan x)\mathrm{d}x = \frac{\pi}{2}\mathrm{e}^{-a} \quad (a \geqslant 0)$

505. $\int_0^{\frac{\pi}{2}} \sin(a\tan x)\sin 2x\mathrm{d}x = \frac{a\pi}{2}\mathrm{e}^{-a} \quad (a \geqslant 0)$

506. $\int_0^{\frac{\pi}{2}} \cos(a\tan x)\sin^2 x\mathrm{d}x = \frac{(1-a)\pi}{4}\mathrm{e}^{-a} \quad (a \geqslant 0)$

507. $\int_0^{\frac{\pi}{2}} \cos(a\tan x)\cos^2 x\mathrm{d}x = \frac{(1+a)\pi}{4}\mathrm{e}^{-a} \quad (a \geqslant 0)$

508. $\int_0^{\frac{\pi}{2}} \sin(a\tan x)\tan x\mathrm{d}x = \frac{\pi}{2}\mathrm{e}^{-a} \quad (a > 0)$

509. $\int_0^{\frac{\pi}{2}} \cos(a\tan x)\tan x\mathrm{d}x = -\frac{1}{2}[\mathrm{e}^{-a}\overline{\mathrm{Ei}}(a) + \mathrm{e}^{a}\mathrm{Ei}(-a)] \quad (a > 0)$

510. $\int_0^{\frac{\pi}{2}} \sin(a\tan x)\sin^2 x\tan x\mathrm{d}x = \frac{(2-a)\pi}{4}\mathrm{e}^{-a} \quad (a > 0)$

511. $\int_0^{\frac{\pi}{2}} \sin^2(a\tan x)\mathrm{d}x = \frac{\pi}{4}(1 - \mathrm{e}^{-2a}) \quad (a \geqslant 0)$

512. $\int_0^{\frac{\pi}{2}} \cos^2(a\tan x)\mathrm{d}x = \frac{\pi}{4}(1 + \mathrm{e}^{-2a}) \quad (a \geqslant 0)$

513. $$\int_0^{\frac{\pi}{2}} \frac{\sin(a\csc x)\sin(a\cot x)}{\cos x}\mathrm{d}x = \int_0^{\frac{\pi}{2}} \frac{\sin(a\sec x)\sin(a\tan x)}{\sin x}\mathrm{d}x = \frac{\pi}{2}\sin a \quad (a \geqslant 0)$$

514. $$\int_0^{\frac{\pi}{2}} \sin\left(\frac{p\pi}{2} - a\tan x\right)\tan^{p-1} x\mathrm{d}x = \int_0^{\frac{\pi}{2}} \cos\left(\frac{p\pi}{2} - a\tan x\right)\tan^{p} x\mathrm{d}x = \frac{\pi}{2}\mathrm{e}^{-a} \quad (a \geqslant 0, p^2 < 1, p \neq 0)$$

515. $\int_0^{\frac{\pi}{2}} \sin(a\tan x - qx)\sin^{q-2} x\mathrm{d}x = 0 \quad (\mathrm{Re}\, q > 0, a > 0)$

516. $\int_0^{\frac{\pi}{2}} \cos(a\tan x - qx)\cos^{q-2} x\mathrm{d}x = \frac{\pi\mathrm{e}^{-a}a^{q-1}}{\Gamma(q)} \quad (\mathrm{Re}\, q > 1, a > 0)$ [3]

517. $\int_0^{\frac{\pi}{2}} \cos(a\tan x + qx)\cos^{q} x\mathrm{d}x = 2^{-q-1}\pi\mathrm{e}^{-a} \quad (\mathrm{Re}\, q > -1, a \geqslant 0)$ [3]

518. $\int_0^{\frac{\pi}{2}} \sin(n\tan x + qx) \frac{\cos^{q-1} x}{\sin x} dx = \frac{\pi}{2}$ $(\mathrm{Re}\, q > 0)$

519. $\int_0^{\frac{\pi}{2}} [\sin nx - \sin(nx - a\tan x)] \frac{\cos^{n-1} x}{\sin x} dx = \begin{cases} \frac{\pi}{2} & (n = 0, a > 0) \\ \pi(1 - e^{-a}) & (n = 1, a \geqslant 0) \end{cases}$

[3]

Ⅱ.1.2.12 三角函数与有理函数组合的积分

520. $\int_{-\infty}^{\infty} \frac{\sin ax}{x + b} dx = \pi\cos ab$ $(a > 0, |\arg b| < \pi)$

521. $\int_{-\infty}^{\infty} \frac{\cos ax}{x + b} dx = \pi\sin ab$ $(a > 0, |\arg b| < \pi)$

522. $\int_{-\infty}^{\infty} \frac{\sin ax}{b - x} dx = -\pi\cos ab$ $(a > 0)$

523. $\int_{-\infty}^{\infty} \frac{\cos ax}{b - x} dx = \pi\sin ab$ $(a > 0)$

524. $\int_0^{\infty} \frac{\sin ax}{b^2 + x^2} dx = \frac{1}{2b}[e^{-ab}\overline{\mathrm{Ei}}(ab) - e^{ab}\mathrm{Ei}(-ab)]$ $(a > 0, b > 0)$

$\Big\{$这里，$\mathrm{Ei}(x)$为指数积分（见附录），$\overline{\mathrm{Ei}}(x) = \frac{1}{2}[\mathrm{Ei}(x + \mathrm{i}0) + \mathrm{Ei}(x - \mathrm{i}0)]$

$(x > 0)$，以下同$\Big\}$

525. $\int_0^{\infty} \frac{\cos ax}{b^2 + x^2} dx = \frac{\pi}{2b} e^{-ab}$ $(a \geqslant 0, \mathrm{Re}\, b > 0)$

526. $\int_0^{\infty} \frac{x\sin ax}{b^2 + x^2} dx = \frac{\pi}{2} e^{-ab}$ $(a > 0, \mathrm{Re}\, b > 0)$

527. $\int_{-\infty}^{\infty} \frac{x\sin ax}{b^2 + x^2} dx = \pi e^{-ab}$ $(a > 0, \mathrm{Re}\, b > 0)$

528. $\int_0^{\infty} \frac{x\cos ax}{b^2 + x^2} dx = -\frac{1}{2}[e^{-ab}\overline{\mathrm{Ei}}(ab) + e^{ab}\mathrm{Ei}(-ab)]$ $(a > 0, b > 0)$ [3]

529. $\int_0^{\infty} \frac{\cos mx}{x^2 + a^2} dx = \frac{\pi}{2|a|} e^{-|ma|}$

530. $\int_0^{\infty} \frac{\sin^2 ax}{b^2 + x^2} dx = \frac{\pi}{4b}(1 - e^{-2ab})$

531. $\int_0^{\infty} \frac{\cos^2 ax}{b^2 + x^2} dx = \frac{\pi}{4b}(1 + e^{-2ab})$

532. $\int_0^{\infty} \frac{\sin ax \sin bx}{c^2 + x^2} dx = \frac{\pi}{2c} e^{-ac} \sinh bc$ $(a \geqslant b)$

533. $\int_0^\infty \frac{\cos ax \cos bx}{c^2+x^2}\mathrm{d}x = \frac{\pi}{2c}\mathrm{e}^{-ac}\cosh bc \quad (a \geqslant b)$

534. $\int_0^\infty \frac{\sin ax}{b^2-x^2}\mathrm{d}x = \frac{1}{b}\left\{\sin ab\,\mathrm{ci}(ab) - \cos ab\left[\mathrm{si}(ab)+\frac{\pi}{2}\right]\right\}$

$(a > 0,\ |\arg b| < \pi)$ [3]

[这里,si(x)和 ci(x)分别为正弦积分和余弦积分(见附录),以下同]

535. $\int_0^\infty \frac{\cos ax}{b^2-x^2}\mathrm{d}x = \frac{\pi}{2b}\sin ab \quad (a>0, b>0)$

536. $\int_0^\infty \frac{x\sin ax}{b^2-x^2}\mathrm{d}x = -\frac{\pi}{2}\cos ab \quad (a>0)$

537. $\int_0^\infty \frac{x\cos ax}{b^2-x^2}\mathrm{d}x = \cos ab\,\mathrm{ci}(ab) + \sin ab\left[\mathrm{si}(ab)+\frac{\pi}{2}\right]$

$(a > 0,\ |\arg b| < \pi)$ [3]

538. $\int_{-\infty}^\infty \frac{\sin ax}{x(x-b)}\mathrm{d}x = \pi\frac{\cos ab - 1}{b} \quad (a>0, b>0)$

539. $\int_{-\infty}^\infty \frac{b+cx}{p+2qx+x^2}\sin ax\,\mathrm{d}x = \pi\left(\frac{cq-b}{\sqrt{p-q^2}}\sin aq + c\cos aq\right)\mathrm{e}^{-a\sqrt{p-q^2}}$

$(a>0, p>q^2)$

540. $\int_{-\infty}^\infty \frac{b+cx}{p+2qx+x^2}\cos ax\,\mathrm{d}x = \pi\left(\frac{b-cq}{\sqrt{p-q^2}}\cos aq + c\sin aq\right)\mathrm{e}^{-a\sqrt{p-q^2}}$

$(a>0, p>q^2)$

541. $\int_{-\infty}^\infty \frac{\cos(b-1)t - x\cos bt}{1-2x\cos t+x^2}\cos ax\,\mathrm{d}x = \pi\mathrm{e}^{-a\sin t}\sin(bt + a\cos t)$

$(a>0, t^2<\pi^2)$

542. $\int_0^\infty \frac{\sin ax}{x(b^2+x^2)}\mathrm{d}x = \frac{\pi}{2b^2}(1-\mathrm{e}^{-ab}) \quad (a>0, \mathrm{Re}\,b>0)$

543. $\int_0^\infty \frac{\sin ax}{x(b^2-x^2)}\mathrm{d}x = \frac{\pi}{2b^2}(1-\cos ab) \quad (a>0)$

544. $$\int_0^\infty \frac{\sin ax\cos bx}{x(x^2+p^2)}\mathrm{d}x = \begin{cases} \frac{\pi}{2p^2}\mathrm{e}^{-pb}\sinh pa & (b>a>0) \\ \frac{\pi}{2p^2}(1-\mathrm{e}^{-pa}\cosh pb) & (a>b>0) \end{cases}$$

545. $\int_0^\infty \frac{\cos ax}{(b^2+x^2)^2}\mathrm{d}x = \frac{\pi}{4b^3}(1+ab)\mathrm{e}^{-ab} \quad (a>0, b>0)$

546. $\int_0^\infty \frac{x\sin ax}{(b^2+x^2)^2}\mathrm{d}x = \frac{\pi a}{4b}\mathrm{e}^{-ab} \quad (a>0, b>0)$

547. $\int_0^\infty \frac{x^3\sin ax}{(b^2+x^2)^2}\mathrm{d}x = \frac{\pi}{4}(2-ab)\mathrm{e}^{-ab} \quad (a>0, b>0)$

548. $\int_0^{\infty} \frac{1-x^2}{(1+x^2)^2}\cos px\,\mathrm{d}x = \frac{\pi p}{2}\mathrm{e}^{-p}$

549. $\int_0^{\infty} \frac{\sin ax\sin bx}{x}\mathrm{d}x = \frac{1}{4}\ln\left(\frac{a+b}{a-b}\right)^2 \quad (a>0, b>0, a\neq b)$

550. $\int_0^{\infty} \frac{\sin ax\cos bx}{x}\mathrm{d}x = \begin{cases} \frac{\pi}{2} & (a>b\geqslant 0) \\ \frac{\pi}{4} & (a=b>0) \\ 0 & (b>a\geqslant 0) \end{cases}$

551. $\int_0^{\infty} \frac{\sin ax\sin bx}{x^2}\mathrm{d}x = \begin{cases} \frac{a\pi}{2} & (0<a\leqslant b) \\ \frac{b\pi}{2} & (0<b\leqslant a) \end{cases}$

552. $\int_0^{\infty} \frac{\sin ax\sin bx}{p^2+x^2}\mathrm{d}x = \frac{\pi}{4p}[\mathrm{e}^{-|a-b|p} - \mathrm{e}^{-(a+b)p}] \quad (a>0, b>0, \operatorname{Re} p>0)$

553. $\int_0^{\infty} \frac{\cos ax\cos bx}{p^2+x^2}\mathrm{d}x = \frac{\pi}{4p}[\mathrm{e}^{-|a-b|p} + \mathrm{e}^{-(a+b)p}] \quad (a>0, b>0, \operatorname{Re} p>0)$

554. $\int_0^{\infty} \frac{\sin ax\sin bx}{p^2-x^2}\mathrm{d}x = \begin{cases} -\frac{\pi}{2p}\cos ap\sin bp & (a>b>0) \\ -\frac{\pi}{4p}\sin 2ap & (a=b>0) \\ -\frac{\pi}{2p}\sin ap\cos bp & (b>a>0) \end{cases}$

555. $\int_0^{\infty} \frac{\sin ax\cos bx}{p^2-x^2}x\mathrm{d}x = \begin{cases} -\frac{\pi}{2}\cos ap\cos bp & (a>b>0) \\ -\frac{\pi}{4}\cos 2ap & (a=b>0) \\ \frac{\pi}{2}\sin ap\sin bp & (b>a>0) \end{cases}$

556. $\int_0^{\infty} \frac{\cos ax\cos bx}{p^2-x^2}\mathrm{d}x = \begin{cases} \frac{\pi}{2p}\sin ap\cos bp & (a>b>0) \\ \frac{\pi}{4p}\sin 2ap & (a=b>0) \\ \frac{\pi}{2p}\cos ap\sin bp & (b>a>0) \end{cases}$

557. $\int_0^{\infty} \frac{\sin ax}{\sin bx}\cdot\frac{\mathrm{d}x}{x^2+p^2} = \frac{\pi}{2p}\cdot\frac{\sinh ap}{\sinh bp} \quad (b>a>0, \operatorname{Re} p>0)$

558. $\int_0^{\infty} \frac{\sin ax}{\cos bx}\cdot\frac{x\mathrm{d}x}{x^2+p^2} = -\frac{\pi}{2}\cdot\frac{\sinh ap}{\cosh bp} \quad (b>a>0, \operatorname{Re} p>0)$

559. $\int_0^{\infty} \frac{\cos ax}{\sin bx} \cdot \frac{x\mathrm{d}x}{x^2+p^2} = \frac{\pi}{2} \cdot \frac{\cosh ap}{\sinh bp} \quad (b>a>0, \mathrm{Re}\, p>0)$

560. $\int_0^{\infty} \frac{\cos ax}{\cos bx} \cdot \frac{\mathrm{d}x}{x^2+p^2} = \frac{\pi}{2p} \cdot \frac{\cosh ap}{\cosh bp} \quad (b>a>0, \mathrm{Re}\, p>0)$

561. $\int_0^{\infty} \frac{\sin ax}{\cos bx} \cdot \frac{\mathrm{d}x}{x(x^2+p^2)} = \frac{\pi}{2p^2} \cdot \frac{\sinh ap}{\cosh bp} \quad (b>a>0, \mathrm{Re}\, p>0)$

562. $\int_0^{\infty} \frac{\sin ax}{\cos bx} \cdot \frac{\mathrm{d}x}{x(c^2-x^2)} = 0 \quad (b>a>0, c>0)$

563. $\int_0^{\frac{\pi}{2}} \frac{x}{\sin x}\mathrm{d}x = \int_0^{\frac{\pi}{2}} \frac{\frac{\pi}{2}-x}{\cos x}\mathrm{d}x = 2G$

［这里,G为卡塔兰常数(见附录),以下同］

564. $\int_0^{\infty} \frac{x}{(x^2+b^2)\sin ax}\mathrm{d}x = \frac{\pi}{2\sin ab} \quad (b>0)$

565. $\int_0^{\pi} x\tan x\mathrm{d}x = -\pi\ln 2$

566. $\int_0^{\frac{\pi}{2}} x\tan x\mathrm{d}x = \infty$

567. $\int_0^{\frac{\pi}{4}} x\tan x\mathrm{d}x = -\frac{\pi}{8}\ln 2 + \frac{1}{2}G = 0.1857845358\cdots$

568. $\int_0^{\frac{\pi}{2}} x\cot x\mathrm{d}x = \frac{\pi}{2}\ln 2$

569. $\int_0^{\frac{\pi}{4}} x\cot x\mathrm{d}x = \frac{\pi}{8}\ln 2 + \frac{1}{2}G = 0.7301810584\cdots$

570. $\int_0^{\frac{\pi}{2}} \left(\frac{\pi}{2}-x\right)\tan x\mathrm{d}x = \frac{1}{2}\int_0^{\pi} \left(\frac{\pi}{2}-x\right)\tan x\mathrm{d}x = \frac{\pi}{2}\ln 2$

571. $\int_0^{\infty} \frac{\tan ax}{x}\mathrm{d}x = \frac{\pi}{2} \quad (a>0)$

572. $\int_0^{\frac{\pi}{2}} \frac{x\cot x}{\cos 2x}\mathrm{d}x = \frac{\pi}{4}\ln 2$

573. $\int_0^{\infty} \frac{x\tan ax}{x^2+b^2}\mathrm{d}x = \frac{\pi}{\mathrm{e}^{2ab}+1} \quad (a>0, b>0)$

574. $\int_0^{\infty} \frac{x\cot ax}{x^2+b^2}\mathrm{d}x = \frac{\pi}{\mathrm{e}^{2ab}-1} \quad (a>0, b>0)$

Ⅱ.1.2.13　三角函数与无理函数组合的积分

575. $\int_0^{\infty} \frac{\sin ax}{\sqrt{x+p}}\mathrm{d}x = \sqrt{\frac{\pi}{2a}}\left[\cos ap - \sin ap + 2C(\sqrt{ap})\sin ap - 2S(\sqrt{ap})\cos ap\right]$

$(a>0,\ |\arg p|<\pi)$

[这里,S(x),C(x)为菲涅耳积分(见附录),以下同]

576. $\int_0^\infty \frac{\cos ax}{\sqrt{x+p}}dx=\sqrt{\frac{\pi}{2a}}[\cos ap+\sin ap-2C(\sqrt{ap})\cos ap-2S(\sqrt{ap})\sin ap]$

$(a>0,\ |\arg p|<\pi)$

577. $\int_0^\infty \frac{\sin ax}{\sqrt{x-u}}dx=\sqrt{\frac{\pi}{2a}}(\sin au+\cos au)\quad(a>0,u>0)$

578. $\int_0^\infty \frac{\cos ax}{\sqrt{x-u}}dx=\sqrt{\frac{\pi}{2a}}(\cos au-\sin au)\quad(a>0,u>0)$

579. $\int_0^\infty \frac{\sqrt{\sqrt{x^2+p^2}-p}\sin ax}{\sqrt{x^2+p^2}}dx=\sqrt{\frac{\pi}{2a}}e^{-ap}\quad(a>0)$

580. $\int_0^\infty \frac{\sqrt{\sqrt{x^2+p^2}+p}\cos ax}{\sqrt{x^2+p^2}}dx=\sqrt{\frac{\pi}{2a}}e^{-ap}\quad(a>0,\mathrm{Re}\,p>0)$

581. $\int_0^\infty \frac{\sin ax}{\sqrt{x}}dx=\int_0^\infty \frac{\cos ax}{\sqrt{x}}dx=\sqrt{\frac{\pi}{2a}}$

Ⅱ.1.2.14 三角函数与幂函数组合的积分

582. $\int_0^\infty x^{p-1}\sin ax\,dx=\frac{\Gamma(p)}{a^p}\sin\frac{p\pi}{2}=\frac{\pi}{2a^p\Gamma(1-p)}\sec\frac{p\pi}{2}$

$(a>0,0<\mathrm{Re}\,p<1)$ [3]

583. $\int_0^\infty x^{p-1}\cos ax\,dx=\frac{\Gamma(p)}{a^p}\cos\frac{p\pi}{2}=\frac{\pi}{2a^p\Gamma(1-p)}\csc\frac{p\pi}{2}$

$(a>0,0<\mathrm{Re}\,p<1)$ [3]

584. $\int_0^\infty x^p\sin(ax+b)dx=\frac{\Gamma(1+p)}{a^{p+1}}\cos\left(b+\frac{p\pi}{2}\right)\quad(a>0,-1<p<0)$ [3]

585. $\int_0^\infty x^p\cos(ax+b)dx=-\frac{\Gamma(1+p)}{a^{p+1}}\sin\left(b+\frac{p\pi}{2}\right)\quad(a>0,-1<p<0)$ [3]

586. $\int_0^\infty \frac{x^{p-1}}{q^2+x^2}\sin\left(ax-\frac{p\pi}{2}\right)dx=-\frac{\pi}{2}q^{p-2}e^{-aq}$

$(a>0,\mathrm{Re}\,q>0,0<\mathrm{Re}\,p<2)$

587. $\int_0^\infty \frac{x^p}{q^2+x^2}\cos\left(ax-\frac{p\pi}{2}\right)dx=\frac{\pi}{2}q^{p-1}e^{-aq}$

$(a>0,\mathrm{Re}\,q>0,\ |\mathrm{Re}\,p|<1)$

588. $\int_0^{\infty} \frac{x^{p-1}}{x^2 - b^2} \sin\left(ax - \frac{p\pi}{2}\right) dx = \frac{\pi}{2} b^{p-2} \cos\left(ab - \frac{p\pi}{2}\right)$

$(a > 0, b > 0, 0 < \operatorname{Re} p < 2)$

589. $\int_0^{\infty} \frac{x^{p}}{x^2 - b^2} \cos\left(ax - \frac{p\pi}{2}\right) dx = -\frac{\pi}{2} b^{p-1} \sin\left(ab - \frac{p\pi}{2}\right)$

$(a > 0, b > 0, |p| < 1)$

590. $\int_0^{\infty} [(b + ix)^{-q} - (b - ix)^{-q}] \sin ax \, dx = -\frac{i\pi a^{q-1} e^{-ab}}{\Gamma(q)}$

$(a > 0, \operatorname{Re} b > 0, \operatorname{Re} q > 0)$　[3]

591. $\int_0^{\infty} [(b + ix)^{-q} + (b - ix)^{-q}] \cos ax \, dx = \frac{\pi a^{q-1} e^{-ab}}{\Gamma(q)}$

$(a > 0, \operatorname{Re} b > 0, \operatorname{Re} q > 0)$　[3]

592. $\int_0^{\infty} x[(b + ix)^{-q} + (b - ix)^{-q}] \sin ax \, dx = -\frac{\pi a^{q-2} e^{-ab}}{\Gamma(q)} (q - 1 - ab)$

$(a > 0, \operatorname{Re} b > 0, \operatorname{Re} q > 0)$　[3]

593. $\int_0^{\infty} \frac{a^2 (b + x)^2 + p(p + 1)}{(b + x)^{p+2}} \sin ax \, dx = \frac{a}{b^p}$　$(a > 0, b > 0, p > 0)$

594. $\int_0^{\infty} \frac{a^2 (b + x)^2 + p(p + 1)}{(b + x)^{p+2}} \cos ax \, dx = \frac{p}{b^{p+1}}$　$(a > 0, b > 0, p > 0)$

Ⅱ.1.2.15　三角函数的有理函数与 x 的有理函数组合的积分

595. $\int_0^{\infty} \left(\frac{\sin x}{x} - \frac{1}{1 + x}\right) \frac{dx}{x} = 1 - \gamma$

[这里，γ 为欧拉常数(见附录)，以下同]

596. $\int_0^{\infty} \left(\cos x - \frac{1}{1 + x}\right) \frac{dx}{x} = -\gamma$

597. $\int_0^{\infty} \frac{1 - \cos ax}{x^2} dx = \frac{a\pi}{2}$　$(a \geqslant 0)$

598. $\int_{-\infty}^{\infty} \frac{1 - \cos ax}{x(x - b)} dx = \frac{\pi \sin ab}{b}$　($b > 0, b \neq 0, b$ 为实数)

599. $\int_0^{\infty} \frac{\cos ax - \cos bx}{x} dx = \ln \frac{b}{a}$　$(a > 0, b > 0)$

600. $\int_0^{\infty} \frac{a \sin bx - b \sin ax}{x^2} dx = ab \ln \frac{a}{b}$　$(a > 0, b > 0)$

601. $\int_0^{\infty} \frac{\cos ax - \cos bx}{x^2} dx = \frac{(b - a)\pi}{2}$　$(a \geqslant 0, b \geqslant 0)$

602. $\int_0^\infty \frac{\sin x - x\cos x}{x^2}\mathrm{d}x = 1$

603. $\int_0^\infty \frac{\cos ax + x\sin ax}{1+x^2}\mathrm{d}x = \pi \mathrm{e}^{-a} \quad (a>0)$

604. $\int_0^\infty \frac{\sin ax - ax\cos ax}{x^3}\mathrm{d}x = \frac{\pi}{4}a^2\,\mathrm{sgn}a$

605. $\int_0^\infty \frac{\cos ax - \cos bx}{x^2(x^2+p^2)}\mathrm{d}x = \frac{\pi[(b-a)p + \mathrm{e}^{-bp} - \mathrm{e}^{-ap}]}{2p^3}$

$(a>0, b>0, |\arg p| < \pi)$

606. $\int_0^\infty \frac{(1-\cos ax)\sin bx}{x^2}\mathrm{d}x = \frac{b}{2}\ln\frac{b^2-a^2}{b^2} + \frac{a}{2}\ln\frac{a+b}{a-b} \quad (a>0, b>0)$

607. $\int_0^\infty \frac{(1-\cos ax)\cos bx}{x^2}\mathrm{d}x = \begin{cases}\frac{\pi}{2}(a-b) & (0<b\leqslant a)\\ 0 & (0<a\leqslant b)\end{cases}$

608. $\int_0^\infty \frac{(1-\cos ax)\cos bx}{x}\mathrm{d}x = \ln\frac{\sqrt{|a^2-b^2|}}{b} \quad (a>0, b>0, a\neq b)$

609. $\int_0^\infty \frac{(\cos a - \cos nax)\sin mx}{x}\mathrm{d}x = \begin{cases}\frac{\pi}{2}(\cos a - 1) & (m>na>0)\\ \frac{\pi}{2}\cos a & (na>m)\end{cases}$

610. $\int_0^\infty \frac{\sin^2 ax - \sin^2 bx}{x}\mathrm{d}x = \frac{1}{2}\ln\frac{a}{b} \quad (a>0, b>0)$

611. $\int_0^\infty \frac{x^3 - \sin^3 x}{x^5}\mathrm{d}x = \frac{13}{32}\pi$

612. $\int_0^\infty \frac{(3-4\sin^2 ax)\sin^2 ax}{x}\mathrm{d}x = \frac{1}{2}\ln 2$ （$a\neq 0$，a 为实数）

613. $\int_0^{\frac{\pi}{2}} \left(\frac{1}{x} - \cot x\right)\mathrm{d}x = \ln\frac{\pi}{2}$

614. $\int_0^{\frac{\pi}{2}} \frac{4x^2\cos x + (\pi - x)x}{\sin x}\mathrm{d}x = \pi^2\ln 2$

615. $\int_0^{\frac{\pi}{2}} \frac{x}{1+\sin x}\mathrm{d}x = \ln 2$

616. $\int_0^{\pi} \frac{x\cos x}{1+\sin x}\mathrm{d}x = \pi\ln 2 - 4G$

[这里，G 为卡塔兰常数（见附录），以下同]

617. $\int_0^{\frac{\pi}{2}} \frac{x\cos x}{1+\sin x}\mathrm{d}x = \pi\ln 2 - 2G$

618. $\int_0^{\frac{\pi}{2}} \frac{x^2}{1-\cos x}\mathrm{d}x = -\frac{\pi^2}{4} + \pi\ln 2 + 4G = 3.3740473667\cdots$

619. $\int_0^{\pi} \frac{x^2}{1-\cos x}\mathrm{d}x = 4\pi\ln 2$

620. $\int_0^{\frac{\pi}{2}} \frac{x}{1+\cos x}\mathrm{d}x = \frac{\pi}{2} - \ln 2$

621. $\int_0^{\frac{\pi}{2}} \frac{x\sin x}{1-\cos x}\mathrm{d}x = \frac{\pi}{2}\ln 2 + 2G$

622. $\int_0^{\pi} \frac{x\sin x}{1-\cos x}\mathrm{d}x = 2\pi\ln 2$

623. $\int_0^{\pi} \frac{x-\sin x}{1-\cos x}\mathrm{d}x = \frac{\pi}{2} + \int_0^{\frac{\pi}{2}} \frac{x-\sin x}{1-\cos x}\mathrm{d}x = 2$

624. $\int_0^{\frac{\pi}{2}} \frac{x\sin x}{1+\cos x}\mathrm{d}x = -\frac{\pi}{2}\ln 2 + 2G$

625. $\int_{-\pi}^{\pi} \frac{\mathrm{d}x}{1-2a\cos x+a^2} = \frac{2\pi}{1-a^2} \quad (a^2 < 1)$

626. $\int_0^{\pi} \frac{x\sin x}{1-2a\cos x+a^2}\mathrm{d}x = \begin{cases} \frac{\pi}{a}\ln(1+a) & (a^2<1, a\neq 0) \\ \frac{\pi}{a}\ln\left(1+\frac{1}{a}\right) & (a^2>1) \end{cases}$

627. $\int_0^{2\pi} \frac{x\sin x}{1-2a\cos x+a^2}\mathrm{d}x = \begin{cases} \frac{2\pi}{a}\ln(1-a) & (a^2<1, a\neq 0) \\ \frac{2\pi}{a}\ln\left(1-\frac{1}{a}\right) & (a^2>1) \end{cases}$

628. $\int_0^{2\pi} \frac{x\sin nx}{1-2a\cos x+a^2}\mathrm{d}x = \frac{2\pi}{1-a^2}\left[(a^{-n}-a^n)\ln(1-a) + \sum_{k=1}^{n-1}\frac{a^{-k}-a^k}{n-k}\right]$

$(a^2<1, a\neq 0)$ [3]

629. $\int_0^{\infty} \frac{\sin x}{1-2a\cos x+a^2}\cdot\frac{\mathrm{d}x}{x} = \frac{\pi}{4a}\left(\left|\frac{1+a}{1-a}\right|-1\right)$ （$a\neq 0,1$，a 为实数）

630. $\int_0^{\frac{\pi}{2}} \frac{\cos x\pm\sin x}{\cos x\mp\sin x}x\,\mathrm{d}x = \mp\frac{\pi}{4}\ln 2 - G$

631. $\int_0^{\frac{\pi}{4}} \frac{\cos x-\sin x}{\cos x+\sin x}x\,\mathrm{d}x = \frac{\pi}{4}\ln 2 - \frac{1}{2}G$

632. $\int_0^{\frac{\pi}{4}} \left(\frac{\pi}{4} - x\tan x\right)\tan x\,\mathrm{d}x = \frac{1}{2}\ln 2 + \frac{\pi}{8}\ln 2 - \frac{\pi}{4} + \frac{\pi^2}{32}$

633. $\int_0^{\frac{\pi}{4}} \left(\frac{\pi}{4} - x\right)\frac{\tan x}{\cos 2x}\mathrm{d}x = -\frac{\pi}{8}\ln 2 + \frac{1}{2}G$

634. $\int_0^{\frac{\pi}{4}} \left(\frac{\pi}{4} - x\tan x\right)\frac{1}{\cos 2x}\mathrm{d}x = \frac{\pi}{8}\ln 2 + \frac{1}{2}G$

635. $\int_0^{\infty} \frac{\tan x}{a+b\cos 2x} \cdot \frac{\mathrm{d}x}{x} = \begin{cases} \frac{\pi}{2\sqrt{a^2-b^2}} & (a^2 > b^2) \\ 0 & (a^2 < b^2, a > 0) \end{cases}$

636. $\int_0^{\infty} \frac{\tan x}{a+b\cos 4x} \cdot \frac{\mathrm{d}x}{x} = \begin{cases} \frac{\pi}{2\sqrt{a^2-b^2}} & (a^2 > b^2) \\ 0 & (a^2 < b^2, a > 0) \end{cases}$

637. $\int_0^{\frac{\pi}{2}} \frac{x}{(\sin x + a\cos x)^2} \mathrm{d}x = \frac{a}{1+a^2} \frac{\pi}{2} - \frac{\ln a}{1+a^2} \quad (a > 0)$

638. $\int_0^{\frac{\pi}{4}} \frac{x}{(\sin x + a\cos x)^2} \mathrm{d}x = \frac{a}{1+a^2} \ln \frac{1+a}{\sqrt{2}} + \frac{\pi}{4} \cdot \frac{1-a}{(1+a)(1+a^2)} \quad (a > 0)$

639. $\int_0^{\frac{\pi}{2}} \frac{x}{(\cos x \pm \sin x)\sin x} \mathrm{d}x = \frac{\pi}{4} \ln 2 \pm G$

640. $\int_0^{\frac{\pi}{4}} \frac{x}{(\cos x + \sin x)\sin x} \mathrm{d}x = -\frac{\pi}{8} \ln 2 + G$

641. $\int_0^{\frac{\pi}{4}} \frac{x}{(\cos x + \sin x)\cos x} \mathrm{d}x = \frac{\pi}{8} \ln 2$

642. $\int_0^{\frac{\pi}{4}} \frac{x\sin x}{(\cos x + \sin x)\cos^2 x} \mathrm{d}x = -\frac{1}{2} \ln 2 - \frac{\pi}{8} \ln 2 + \frac{\pi}{4}$

643. $\int_0^{\pi} \frac{x\sin x}{a+b\cos^2 x} \mathrm{d}x = \begin{cases} \frac{\pi}{\sqrt{ab}} \arctan \sqrt{\frac{b}{a}} & (a > 0, b > 0) \\ \frac{\pi}{2\sqrt{-ab}} \ln \frac{\sqrt{a}+\sqrt{-b}}{\sqrt{a}-\sqrt{-b}} & (a > -b > 0) \end{cases}$

644. $\int_0^{\frac{\pi}{2}} \frac{x\sin 2x}{1+a\cos^2 x} \mathrm{d}x = \frac{\pi}{a} \ln \frac{1+\sqrt{1+a}}{2} \quad (a > -1, a \neq 0)$

645. $\int_0^{\frac{\pi}{2}} \frac{x\sin 2x}{1+a\sin^2 x} \mathrm{d}x = \frac{\pi}{a} \ln \frac{2(1+a-\sqrt{1+a})}{a} \quad (a > -1, a \neq 0)$

646. $\int_0^{\pi} \frac{x}{a^2-\cos^2 x} \mathrm{d}x = \begin{cases} \frac{\pi^2}{2a\sqrt{a^2-1}} & (a^2 > 1) \\ 0 & (0 < a^2 < 1) \end{cases}$

647. $\int_0^{\pi} \frac{x\sin x}{a^2-\cos^2 x} \mathrm{d}x = \frac{\pi}{2a} \ln \left| \frac{1+a}{1-a} \right| \quad (a^2 \neq 0, 1)$

648. $\int_0^{\pi} \frac{x\sin 2x}{a^2-\cos^2 x} \mathrm{d}x = \begin{cases} \pi \ln[4(1-a^2)] & (a^2 < 1) \\ 2\pi \ln[2(1-a^2+a\sqrt{a^2-1})] & (a^2 > 1) \end{cases}$

649. $\int_0^{\pi} \frac{a\cos x + b}{(a+b\cos x)^2} x^2 \mathrm{d}x = \frac{2\pi}{b} \ln \frac{2(a-b)}{a+\sqrt{a^2-b^2}} \quad (a > |b| > 0)$

650. $\int_0^{\frac{\pi}{2}} \frac{x\sin x}{\cos^2 t - \sin^2 x}\mathrm{d}x = -2\csc t\sum_{k=0}^{\infty}\frac{\sin(2k+1)t}{(2k+1)^2}$ [3]

651. $\int_0^{\pi} \frac{x\sin x}{1-\cos^2 t\sin^2 x}\mathrm{d}x = \pi(\pi - 2t)\csc 2t$ [3]

652. $\int_0^{\pi} \frac{x\cos x}{\cos^2 t - \sin^2 x}\mathrm{d}x = 4\csc t\sum_{k=0}^{\infty}\frac{\sin(2k+1)t}{(2k+1)^2}$ [3]

653. $\int_0^{\pi} \frac{x\sin x}{\tan^2 t + \cos^2 x}\mathrm{d}x = \frac{\pi}{2}(\pi - 2t)\cot t$ [3]

654. $\int_0^{\infty} \frac{\sin^2 x}{x(a^2\cos^2 x + b^2\sin^2 x)}\mathrm{d}x = \frac{\pi}{2b(a+b)} \quad (a>0, b>0)$

655. $\int_0^{\frac{\pi}{2}} \frac{x\sin 2x}{a^2\cos^2 x + b^2\sin^2 x}\mathrm{d}x = \frac{\pi}{a^2-b^2}\ln\frac{a+b}{2b} \quad (a>0, b>0, a\neq b)$

656. $\int_0^{\pi} \frac{x\sin 2x}{a^2\cos^2 x + b^2\sin^2 x}\mathrm{d}x = \frac{2\pi}{a^2-b^2}\ln\frac{a+b}{2a} \quad (a>0, b>0, a\neq b)$

657. $\int_0^{\infty} \frac{\sin 2ax}{p^2\sin^2 ax + q^2\cos^2 ax}\cdot\frac{x}{x^2+r^2}\mathrm{d}x$

$$= \frac{\pi}{2(p^2\sinh^2 ar - q^2\cosh^2 ar)}\left(\frac{p-q}{p+q} - \mathrm{e}^{-2ar}\right)$$

$\left(a>0, \left|\arg\frac{p}{q}\right|<\pi, \operatorname{Re} r>0\right)$ [3]

658. $\int_0^{\frac{\pi}{2}} \frac{1-x\cot x}{\sin^2 x}\mathrm{d}x = \frac{\pi}{4}$

659. $\int_0^{\frac{\pi}{4}} \frac{x\tan x}{(\sin x + \cos x)\cos x}\mathrm{d}x = -\frac{1}{2}\ln 2 - \frac{\pi}{8}\ln 2 + \frac{\pi}{4}$

660. $\int_0^{\frac{\pi}{2}} \frac{x\cot x}{a^2\cos^2 x + b^2\sin^2 x}\mathrm{d}x = \frac{\pi}{2a^2}\ln\frac{a+b}{b} \quad (a>0, b>0)$

661. $\int_0^{\frac{\pi}{2}} \frac{\left(\frac{\pi}{2}-x\right)\tan x}{a^2\cos^2 x + b^2\sin^2 x}\mathrm{d}x = \frac{1}{2}\int_0^{\pi} \frac{\left(\frac{\pi}{2}-x\right)\tan x}{a^2\cos^2 x + b^2\sin^2 x}\mathrm{d}x$

$$= \frac{\pi}{2b^2}\ln\frac{a+b}{a} \quad (a>0, b>0)$$ [3]

662. $\int_0^{\infty} \frac{\sin 2x}{a^2\cos^2 x + b^2\sin^2 x}\cdot\frac{\mathrm{d}x}{x} = \frac{\pi}{a(a+b)} \quad (a>0, b>0)$

663. $\int_0^{\infty} \frac{(1-\cos x)\sin x}{a^2\cos^2 x + b^2\sin^2 x}\cdot\frac{\mathrm{d}x}{x} = \frac{\pi}{2b(a+b)} \quad (a>0, b>0)$

664. $\int_0^{\infty} \frac{\sin x\cos^2 x}{a^2\cos^2 x + b^2\sin^2 x}\cdot\frac{\mathrm{d}x}{x} = \frac{\pi}{2a(a+b)} \quad (a>0, b>0)$

665. $\int_0^{\infty} \frac{\sin^3 x}{a^2\cos^2 x + b^2\sin^2 x}\cdot\frac{\mathrm{d}x}{x} = \frac{\pi}{2b(a+b)} \quad (a>0, b>0)$

666. $\int_0^{\infty} \frac{\tan x}{a^2\cos^2 x + b^2\sin^2 x} \cdot \frac{\mathrm{d}x}{x} = \frac{\pi}{2ab} \quad (a > 0, b > 0)$

667. $\int_0^{\infty} \frac{\sin^2 x\tan x}{a^2\cos^2 x + b^2\sin^2 x} \cdot \frac{\mathrm{d}x}{x} = \frac{\pi}{2b(a+b)} \quad (a > 0, b > 0)$ [3]

668. $\int_0^{\infty} \frac{\sin^2 2x\tan x}{a^2\cos^2 2x + b^2\sin^2 2x} \cdot \frac{\mathrm{d}x}{x} = \frac{\pi}{2b(a+b)} \quad (a > 0, b > 0)$

669. $\int_0^{\infty} \frac{\cos^2 2x\tan x}{a^2\cos^2 2x + b^2\sin^2 2x} \cdot \frac{\mathrm{d}x}{x} = \frac{\pi}{2a(a+b)} \quad (a > 0, b > 0)$

670. $\int_0^{\infty} \frac{1-\cos x}{\sin x(a^2\cos^2 x + b^2\sin^2 x)} \cdot \frac{\mathrm{d}x}{x} = \frac{\pi}{2ab} \quad (a > 0, b > 0)$

671. $\int_0^{\infty} \frac{\sin x}{\cos 2x(a^2\cos^2 x + b^2\sin^2 x)} \cdot \frac{\mathrm{d}x}{x} = \frac{\pi(b^2-a^2)}{2ab(b^2+a^2)} \quad (a > 0, b > 0)$

672. $\int_0^{\infty} \frac{\sin^3 x}{\cos 2x(a^2\cos^2 x + b^2\sin^2 x)} \cdot \frac{\mathrm{d}x}{x} = -\frac{\pi a}{2b(a^2+b^2)} \quad (a > 0, b > 0)$

673. $\int_0^{\infty} \frac{\sin x\cos x}{\cos 2x(a^2\cos^2 x + b^2\sin^2 x)} \cdot \frac{\mathrm{d}x}{x} = -\frac{\pi b}{2a(b^2+a^2)} \quad (a > 0, b > 0)$

674. $\int_0^{\infty} \frac{\sin x\cos^2 x}{\cos 2x(a^2\cos^2 x + b^2\sin^2 x)} \cdot \frac{\mathrm{d}x}{x} = \frac{\pi b}{2a(b^2+a^2)} \quad (a > 0, b > 0)$

675. $\int_0^{\infty} \frac{\sin^2 x\cos x}{\cos 4x(a^2\cos^2 2x + b^2\sin^2 2x)} \cdot \frac{\mathrm{d}x}{x} = -\frac{\pi a}{8b(a^2+b^2)} \quad (a > 0, b > 0)$

Ⅱ.1.2.16 三角函数的幂函数与其他幂函数组合的积分

676. $\int_0^{\pi} x\sin^p x\,\mathrm{d}x = \frac{\pi^2}{2^{p+1}} \frac{\Gamma(p+1)}{\left[\Gamma\left(\frac{p}{2}+1\right)\right]^2} \quad (p > -1)$ [3]

677. $\int_0^{\pi} x\sin^{2m} x\,\mathrm{d}x = \int_0^{\pi} x\cos^{2m} x\,\mathrm{d}x = \frac{\pi^2}{2} \frac{(2m-1)!!}{(2m)!!}$ [3]

678. $\int_{r\pi}^{s\pi} x\sin^{2m} x\,\mathrm{d}x = \int_{r\pi}^{s\pi} x\cos^{2m} x\,\mathrm{d}x = \frac{\pi^2}{2}(s^2-r^2) \frac{(2m-1)!!}{(2m)!!}$
(s,r 为自然数) [3]

679. $\int_0^{\infty} \frac{\sin^p x}{x}\mathrm{d}x = \frac{\sqrt{\pi}}{2} \frac{\Gamma\left(\frac{p}{2}\right)}{\Gamma\left(\frac{p+1}{2}\right)} = 2^{p-2}\mathrm{B}\left(\frac{p}{2}, \frac{p}{2}\right)$ [3]

[这里，p 是一个具有奇数分子和分母的分数；$\mathrm{B}(p,q)$ 为贝塔函数（见附录），以下同]

680. $\int_0^{\infty} \frac{\sin^{2n+1} x}{x}\mathrm{d}x = \frac{\pi}{2} \frac{(2n-1)!!}{(2n)!!}$

681. $\int_0^{\infty} \frac{\sin^{2n} x}{x} \mathrm{d}x = \infty$

682. $\int_0^{\infty} \frac{\sin^2 ax}{x^2} \mathrm{d}x = \frac{a\pi}{2} \quad (a > 0)$

683. $\int_0^{\infty} \frac{\sin^{2m} ax}{x^2} \mathrm{d}x = \frac{a\pi}{2} \frac{(2m-3)!!}{(2m-2)!!} \quad (a > 0)$

684. $\int_0^{\infty} \frac{\sin^{2m+1} ax}{x^3} \mathrm{d}x = \frac{a^2\pi}{4}(2m+1) \frac{(2m-3)!!}{(2m)!!} \quad (a > 0)$

685. $\int_0^{\infty} x^{p-1} \sin^2 ax \mathrm{d}x = -\frac{\Gamma(p)\cos\frac{p\pi}{2}}{2^{p+1}a^p} \quad (a > 0, -2 < \mathrm{Re}\, p < 0)$ [3]

686. $\int_0^{\infty} \frac{\cos^2 ax}{b^2 - x^2} \mathrm{d}x = \frac{\pi}{4b} \sin 2ab \quad (a > 0, b > 0)$

687. $\int_0^{\infty} \frac{\sin^3 ax}{x^q} \mathrm{d}x = \frac{3 - 3^{q-1}}{4} a^{q-1} \cos\frac{q\pi}{2} \Gamma(1-q) \quad (a > 0, 0 < \mathrm{Re}\, q < 2)$

688. $\int_0^{\infty} \frac{\sin^3 ax}{x} \mathrm{d}x = \frac{\pi}{4} \mathrm{sgn} a$

689. $\int_0^{\infty} \frac{\sin^3 ax}{x^2} \mathrm{d}x = \frac{3}{4} a \ln 3$

690. $\int_0^{\infty} \frac{\sin^3 ax}{x^3} \mathrm{d}x = \frac{3}{8} a^2 \pi\, \mathrm{sgn} a$

691. $\int_0^{\infty} \frac{\sin^4 ax}{x^2} \mathrm{d}x = \frac{a\pi}{4} \quad (a > 0)$

692. $\int_0^{\infty} \frac{\sin^4 ax}{x^3} \mathrm{d}x = a^2 \ln 2$

693. $\int_0^{\infty} \frac{\sin^4 ax}{x^4} \mathrm{d}x = \frac{a^3\pi}{3} \quad (a > 0)$

694. $\int_0^{\infty} \frac{\sin^5 ax}{x^2} \mathrm{d}x = \frac{5a}{16}(3\ln 3 - \ln 5)$

695. $\int_0^{\infty} \frac{\sin^5 ax}{x^3} \mathrm{d}x = \frac{5a^2\pi}{32} \quad (a > 0)$

696. $\int_0^{\infty} \frac{\sin^5 ax}{x^4} \mathrm{d}x = \frac{5a^3}{96}(25\ln 5 - 27\ln 3)$

697. $\int_0^{\infty} \frac{\sin^5 ax}{x^5} \mathrm{d}x = \frac{115a^4\pi}{384} \quad (a > 0)$

698. $\int_0^{\infty} \frac{\sin^6 ax}{x^2} \mathrm{d}x = \frac{3a\pi}{16} \quad (a > 0)$

699. $\int_0^{\infty} \frac{\sin^6 ax}{x^3} \mathrm{d}x = \frac{3a^2}{16}(8\ln 2 - 3\ln 3)$

700. $\int_0^{\infty}\frac{\sin^6 ax}{x^5}\mathrm{d}x=\frac{a^4}{16}(27\ln 3-32\ln 2)$

701. $\int_0^{\infty}\frac{\sin^6 ax}{x^6}\mathrm{d}x=\frac{11a^5\pi}{40}\quad(a>0)$

702. $\int_0^{\infty}\frac{\sin px\sin qx}{x}\mathrm{d}x=\ln\sqrt{\frac{p+q}{|p-q|}}\quad(p\neq q,p+q>0)$ [3]

703. $\int_0^{\infty}\frac{\sin px\sin qx}{x^2}\mathrm{d}x=\begin{cases}\frac{p\pi}{2} & (p\leqslant q)\\ \frac{q\pi}{2} & (p\geqslant q)\end{cases}$ [3]

704. $\int_0^{\infty}\frac{\sin^2 ax\sin bx}{x}\mathrm{d}x=\begin{cases}\frac{\pi}{4} & (0<b<2a)\\ \frac{\pi}{8} & (b=2a)\\ 0 & (b>2a)\end{cases}$ [3]

705. $\int_0^{\infty}\frac{\sin^2 ax\cos bx}{x}\mathrm{d}x=\frac{1}{4}\ln\frac{4a^2-b^2}{b^2}$ [3]

706. $\int_0^{\infty}\frac{\sin^2 ax\cos 2bx}{x^2}\mathrm{d}x=\begin{cases}\frac{\pi}{2}(a-b) & (b<a)\\ 0 & (b\geqslant a)\end{cases}$ [3]

707. $\int_0^{\infty}\frac{\sin 2ax\cos^2 bx}{x}\mathrm{d}x=\begin{cases}\frac{\pi}{2} & (a>b)\\ \frac{3\pi}{8} & (a=b)\\ \frac{\pi}{4} & (a<b)\end{cases}$ [3]

708. $\int_0^{\infty}\frac{\sin^2 ax\sin bx\sin cx}{x^2}\mathrm{d}x=\frac{\pi}{16}(|b-2a-c|-|2a-b-c|+2c)$

$(a>0,b>0,c>0)$ [3]

709. $\int_0^{\infty}\frac{\sin^2 ax\sin bx\sin cx}{x}\mathrm{d}x=\frac{1}{4}\ln\frac{b+c}{b-c}+\frac{1}{8}\ln\frac{(2a-b+c)(2a+b-c)}{(2a+b+c)(2a-b-c)}$

$(a>0,b>0,c>0,b\neq c)$ [3]

710. $\int_0^{\infty}\frac{\sin^2 ax\sin^2 bx}{x^2}\mathrm{d}x=\begin{cases}\frac{a\pi}{4} & (0\leqslant a\leqslant b)\\ \frac{b\pi}{4} & (0\leqslant b\leqslant a)\end{cases}$ [3]

711. $\int_0^{\infty}\frac{\sin^2 ax\sin^2 bx}{x^4}\mathrm{d}x=\begin{cases}\frac{a^2\pi}{6}(3b-a) & (0\leqslant a\leqslant b)\\ \frac{b^2\pi}{6}(3a-b) & (0\leqslant b\leqslant a)\end{cases}$ [3]

712. $\displaystyle\int_0^\infty \frac{\sin^2 ax\cos^2 bx}{x^2}\mathrm{d}x=\begin{cases}\dfrac{(2a-b)\pi}{4} & (0<b\leqslant a)\\[2mm] \dfrac{a\pi}{4} & (0<a\leqslant b)\end{cases}$　[3]

713. $\displaystyle\int_0^\infty \frac{\sin^3 ax\sin 3bx}{x^4}\mathrm{d}x=\begin{cases}\dfrac{a^2\pi}{2} & (b>a)\\[2mm] \dfrac{\pi}{16}[8a^3-9(a-b)^3] & (a\leqslant 3b\leqslant 3a)\\[2mm] \dfrac{9b\pi}{8}(a^2-b^2) & (3b\leqslant a)\end{cases}$　[3]

714. $\displaystyle\int_0^\infty \frac{\sin^3 ax\cos bx}{x}\mathrm{d}x=\begin{cases}0 & (b>3a)\\[2mm] -\dfrac{\pi}{16} & (b=3a)\\[2mm] -\dfrac{\pi}{8} & (3a>b>a)\\[2mm] \dfrac{\pi}{16} & (b=a)\\[2mm] \dfrac{\pi}{4} & (a>0,b>0,a>b)\end{cases}$　[3]

715. $\displaystyle\int_0^\infty \frac{\sin^3 ax\sin 3bx}{x^2}\mathrm{d}x=\frac{3}{8}\Big\{(a+b)\ln[3(a+b)]+(b-a)\ln[3(b-a)]$

$\displaystyle-\frac{1}{3}(a+3b)\ln(a+3b)-\frac{1}{3}(3b-a)\ln(3b-a)\Big\}$

$(a>0,b>0)$　[3]

716. $\displaystyle\int_0^\infty \frac{\sin^3 ax\cos bx}{x^3}\mathrm{d}x=\begin{cases}\dfrac{\pi}{8}(3a^2-b^2) & (b<a)\\[2mm] \dfrac{b^2\pi}{4} & (a=b)\\[2mm] \dfrac{\pi}{16}(3a-b)^2 & (a<b<3a)\\[2mm] 0 & (a>0,b>0,b>3a)\end{cases}$　[3]

717. $\displaystyle\int_0^\infty \frac{\sin^3 ax\sin bx}{x^4}\mathrm{d}x=\begin{cases}\dfrac{b\pi}{24}(9a^2-b^2) & (0<b\leqslant a)\\[2mm] \dfrac{\pi}{48}[24a^3-(3a-b)^3] & (0<a\leqslant b\leqslant 3a)\\[2mm] \dfrac{a^3\pi}{2} & (0<3a\leqslant b)\end{cases}$　[3]

718. $\int_0^\infty \frac{\sin^3 ax \sin^2 bx}{x} dx = \begin{cases} \frac{\pi}{8} & (2b > 3a) \\ \frac{5\pi}{32} & (2b = 3a) \\ \frac{3\pi}{16} & (3a > 2b > a) \\ \frac{3\pi}{32} & (2b = a) \\ 0 & (a > 2b > 0) \end{cases}$ [3]

719. $\int_0^\infty \frac{\sin^{2n} ax - \sin^{2n} bx}{x} dx = \frac{(2n-1)!!}{(2n)!!} \ln \frac{b}{a} \quad (ab > 0, n = 1, 2, \cdots)$ [3]

720. $\int_0^\infty \frac{\cos^{2n} ax - \cos^{2n} bx}{x} dx = \left[1 - \frac{(2n-1)!!}{(2n)!!}\right] \ln \frac{b}{a}$

$(ab > 0, n = 1, 2, \cdots)$ [3]

721. $\int_0^\infty \frac{\cos^{2m+1} ax - \cos^{2m+1} bx}{x} dx = \ln \frac{b}{a} \quad (ab > 0, m = 1, 2, \cdots)$ [3]

722. $\int_0^\infty \frac{\cos^m ax \cos max - \cos^m bx \cos mbx}{x} dx = \left(1 - \frac{1}{2^m}\right) \ln \frac{b}{a}$

$(ab > 0, m = 1, 2, \cdots)$ [3]

723. $\int_0^\infty \frac{\sin^{2m+1} x \sin 2mx}{a^2 + x^2} dx = \frac{(-1)^m \pi}{2^{2m+1} a} [(1 - e^{-2a})^{2m} - 1] \sinh a$

$(a > 0, m = 1, 2, \cdots)$ [3]

724. $\int_0^\infty \frac{\sin^{2m-1} x \sin(2m-1)x}{a^2 + x^2} dx = \frac{(-1)^{m+1} \pi}{2^{2m} a} (1 - e^{-2a})^{2m-1}$

$(a > 0, m = 1, 2, \cdots)$ [3]

725. $\int_0^\infty \frac{\sin^{2m-1} x \sin(2m+1)x}{a^2 + x^2} dx = \frac{(-1)^{m-1} \pi}{2^{2m} a} e^{-2a} (1 - e^{-2a})^{2m-1}$

$(a > 0, m = 1, 2, \cdots)$ [3]

726. $\int_0^\infty \frac{\sin^{2m+1} x \sin 3(2m+1)x}{a^2 + x^2} dx = \frac{(-1)^m \pi}{2a} e^{-3(2m+1)a} \sinh^{2m+1} a \quad (a > 0)$ [3]

727. $\int_0^\infty \frac{\cos^p ax \sin bx \cos x}{x} dx = \frac{\pi}{2} \quad (b > ap, p > -1)$ [3]

728. $\int_0^\infty \frac{\cos^p ax \sin pax \cos x}{x} dx = \frac{\pi}{2^{p+1}} (2^p - 1) \quad (p > -1)$ [3]

729. $\int_0^\infty \frac{\sin^{2m+1} x \cos^{2n} x}{x} dx = \int_0^\infty \frac{\sin^{2m+1} x \cos^{2n-1} x}{x} dx = \frac{(2m-1)!!(2n-1)!!}{2^{m+n+1}(m+n)!} \pi$

$= \frac{1}{2} \mathrm{B}\left(m + \frac{1}{2}, n + \frac{1}{2}\right)$ [3]

730. $\int_0^{\infty} \frac{\sin^{2m+1} 2x \cos^{2n-1} 2x \cos^2 x}{x} \mathrm{d}x = \frac{\pi}{2} \cdot \frac{(2m-1)!!(2n-1)!!}{(2m+2n)!!}$ [3]

731. $\int_0^{\frac{\pi}{2}} \frac{x^2}{\sin^2 x} \mathrm{d}x = \pi \ln 2$

732. $\int_0^{\frac{\pi}{4}} \frac{x^2}{\sin^2 x} \mathrm{d}x = -\frac{\pi^2}{16} + \frac{\pi}{4} \ln 2 + G = 0.8435118417\cdots$

[这里,G 为卡塔兰常数(见附录),以下同]

733. $\int_0^{\frac{\pi}{4}} \frac{x^2}{\cos^2 x} \mathrm{d}x = \frac{\pi^2}{16} + \frac{\pi}{4} \ln 2 - G$

734. $\int_0^{\frac{\pi}{4}} \frac{x^{p+1}}{\sin^2 x} \mathrm{d}x = -\left(\frac{\pi}{4}\right)^{p+1} + (p+1)\left(\frac{\pi}{4}\right)^p \cdot \left[\frac{1}{p} - \frac{1}{2} \sum_{k=1}^{\infty} \frac{1}{4^{2k-1}(p+2k)} \zeta(2k)\right] \quad (p > 0)$

[这里,$\zeta(z)$ 为黎曼函数(见附录),以下同] [3]

735. $\int_0^{\frac{\pi}{2}} \frac{x^2 \cos x}{\sin^2 x} \mathrm{d}x = -\frac{\pi^2}{4} + 4G = 1.1964612764\cdots$

736. $\int_0^{\frac{\pi}{2}} \frac{x^3 \cos x}{\sin^3 x} \mathrm{d}x = -\frac{\pi^2}{16} + \frac{3\pi}{2} \ln 2$

737. $\int_0^{\infty} \frac{\sin^{2n} x \cos 2nx}{x^m \cos x} \mathrm{d}x = 0 \quad \left(n > \frac{m-1}{2}, m > 0\right)$

738. $\int_0^{\infty} \frac{\sin^{2n+1} x \cos 2nx}{x^m \cos x} \mathrm{d}x = 0 \quad \left(n > \frac{m-2}{2}, m > 0\right)$

739. $\int_0^1 \frac{x}{\cos ax \cos[a(1-x)]} \mathrm{d}x = \frac{1}{a} \csc a \ln(\sec a) \quad \left(a < \frac{\pi}{2}\right)$

740. $\int_0^{\pi} \frac{x \sin(2n+1)x}{\sin x} \mathrm{d}x = \frac{\pi^2}{2} \quad (n = 0, 1, 2, \cdots)$

741. $\int_0^{\pi} \frac{x \sin 2nx}{\sin x} \mathrm{d}x = 4 \sum_{k=0}^{\infty} (2k+1)^{-2} \quad (n = 1, 2, \cdots)$

742. $\int_0^{\frac{\pi}{2}} \frac{x \cos^{p-1} x}{\sin^{p+1} x} \mathrm{d}x = \frac{\pi}{2p} \sec \frac{p\pi}{2} \quad (p < 1)$

Ⅱ.1.2.17 含有 $\sin^n ax$, $\cos^n ax$, $\tan^n ax$ 和 $\frac{1}{x^m}$ 组合的积分,积分区间为$[0,\infty)$

这里,m,n 为正整数;a,b,c,p,q 为正实数.

743. $\int_0^{\infty} \frac{\sin(\pm ax)}{x} dx = \pm \frac{\pi}{2} \quad (a > 0)$

744. $\int_0^{\infty} \frac{\sin x}{x} dx = \frac{\pi}{2}$

745. $\int_0^{\infty} \frac{\cos x}{x} dx = \infty$

746. $\int_0^{\infty} \frac{\tan x}{x} dx = \frac{\pi}{2}$

747. $\int_0^{\infty} \frac{\tan(\pm ax)}{x} dx = \pm \frac{\pi}{2} \quad (a > 0)$

748. $\int_0^{\infty} \frac{\sin^{2m} ax}{x} dx = \int_0^{\infty} \frac{\cos^{2m} ax}{x} dx = \infty$

749. $\int_0^{\infty} \frac{\sin^{2n+1} ax}{x} dx = \frac{(2n-1)!!}{(2n)!!} \cdot \frac{\pi}{2} \quad (n > 0, a > 0)$

750. $\int_0^{\infty} \frac{\sin^2 ax}{x^2} dx = \frac{a\pi}{2}$

751. $\int_0^{\infty} \frac{\sin^{2n} ax}{x^2} dx = \frac{(2n-3)!!}{(2n-2)!!} \cdot \frac{a\pi}{2} \quad (n > 1, a > 0)$

752. $\int_0^{\infty} \frac{\sin^3 ax}{x} dx = \frac{\pi}{4} \quad (a > 0)$

753. $\int_0^{\infty} \frac{\sin^3 ax}{x^2} dx = \frac{3a}{4} \ln 3$

754. $\int_0^{\infty} \frac{\sin^3 x}{x^3} dx = \frac{3\pi}{8}$

755. $\int_0^{\infty} \frac{\sin^4 ax}{x^2} dx = \frac{a\pi}{4} \quad (a > 0)$

756. $\int_0^{\infty} \frac{\sin^4 ax}{x^3} dx = a^2 \ln 2$

757. $\int_0^{\infty} \frac{\sin^4 x}{x^4} dx = \frac{\pi}{3}$

758. $\int_0^{\infty} \frac{\sin ax}{\sqrt{x}} dx = \int_0^{\infty} \frac{\cos ax}{\sqrt{x}} dx = \sqrt{\frac{\pi}{2a}} \quad (a > 0)$

759. $\int_0^{\infty} \frac{\sin ax}{\sqrt[p]{x}} dx = \frac{\pi \sqrt[p]{a}}{2a\Gamma\left(\frac{1}{p}\right) \sin \frac{\pi}{2p}} \quad (a > 0)$

760. $\int_0^{\infty} \frac{\cos ax}{\sqrt[p]{x}} dx = \frac{\pi \sqrt[p]{a}}{2a\Gamma\left(\frac{1}{p}\right) \cos \frac{\pi}{2p}} \quad (a > 0)$

761. $\int_0^{\infty} \frac{\sin ax \sin bx}{x} dx = \ln \sqrt{\frac{a+b}{a-b}}$

762. $\int_0^\infty \frac{\cos ax\cos bx}{x}\mathrm{d}x=\infty$

763. $\int_0^\infty \frac{\sin ax\cos bx}{x}\mathrm{d}x=\begin{cases}0 & (b>a>0)\\ \frac{\pi}{2} & (a>b>0)\\ \frac{\pi}{4} & (a=b>0)\end{cases}$

764. $\int_0^\infty \frac{\sin x\cos ax}{x}\mathrm{d}x=\begin{cases}0 & (|a|>1)\\ \frac{\pi}{4} & (|a|=1)\\ \frac{\pi}{2} & (|a|<1)\end{cases}$

765. $\int_0^\infty \frac{\sin ax\sin bx}{x^2}\mathrm{d}x=\begin{cases}\frac{a\pi}{2} & (0<a\leqslant b)\\ \frac{b\pi}{2} & (0<b\leqslant a)\end{cases}$

766. $\int_0^\infty \frac{\sin^2 px}{x^2}\mathrm{d}x=\frac{\pi|p|}{2}$

767. $\int_0^\infty \frac{\sin x}{x^p}\mathrm{d}x=\frac{\pi}{2\Gamma(p)\sin\frac{p\pi}{2}}\quad(0<p<1)$

768. $\int_0^\infty \frac{\cos x}{x^p}\mathrm{d}x=\frac{\pi}{2\Gamma(p)\cos\frac{p\pi}{2}}\quad(0<p<1)$

769. $\int_0^\infty \frac{1-\cos px}{x^2}\mathrm{d}x=\frac{\pi|p|}{2}$

770. $\int_0^\infty \frac{\cos ax-\cos bx}{x}\mathrm{d}x=\ln\left|\frac{b}{a}\right|$

771. $\int_0^{\frac{\pi}{2}} \frac{\arctan ax-\arctan bx}{x}\mathrm{d}x=\frac{\pi}{2}\ln\frac{a}{b}\quad(a>0,b>0)$

Ⅱ.1.2.18 含有函数$\sqrt{1-k^2\sin^2 x}$和 $\sqrt{1-k^2\cos^2 x}$的积分

772. $\int_0^\infty \sin x\sqrt{1-k^2\sin^2 x}\,\frac{\mathrm{d}x}{x}=\mathrm{E}(k)$

［这里，E(k)为第二类完全椭圆积分(见附录)，k 称为椭圆积分的模数，以下同］

773. $\int_0^\infty \sin x \sqrt{1-k^2\cos^2 x}\,\frac{\mathrm{d}x}{x}=\mathrm{E}(k)$

774. $\int_0^\infty \tan x \sqrt{1-k^2\sin^2 x}\,\frac{\mathrm{d}x}{x}=\mathrm{E}(k)$

775. $\int_0^\infty \tan x \sqrt{1-k^2\cos^2 x}\,\frac{\mathrm{d}x}{x}=\mathrm{E}(k)$

776. $\int_0^\infty \tan x \sqrt{1-k^2\sin^2 2x}\,\frac{\mathrm{d}x}{x}=\mathrm{E}(k)$

777. $\int_0^\infty \tan x \sqrt{1-k^2\cos^2 2x}\,\frac{\mathrm{d}x}{x}=\mathrm{E}(k)$

778. $\int_0^\infty \frac{\sin x}{\sqrt{1-k^2\sin^2 x}}\frac{\mathrm{d}x}{x}=\int_0^\infty \frac{\sin x}{\sqrt{1-k^2\cos^2 x}}\frac{\mathrm{d}x}{x}=\mathrm{K}(k)$

[这里,K(k)为第一类完全椭圆积分(见附录),以下同]

779. $\int_0^\infty \frac{\tan x}{\sqrt{1-k^2\sin^2 x}}\frac{\mathrm{d}x}{x}=\int_0^\infty \frac{\tan x}{\sqrt{1-k^2\cos^2 x}}\frac{\mathrm{d}x}{x}=\mathrm{K}(k)$

780. $\int_0^\infty \frac{\tan x}{\sqrt{1-k^2\sin^2 2x}}\frac{\mathrm{d}x}{x}=\int_0^\infty \frac{\tan x}{\sqrt{1-k^2\cos^2 2x}}\frac{\mathrm{d}x}{x}=\mathrm{K}(k)$

781. $\int_0^\infty \frac{\sin x\cos x}{\sqrt{1-k^2\sin^2 x}}\frac{\mathrm{d}x}{x}=\frac{1}{k^2}[\mathrm{E}(k)-k'^2\mathrm{K}(k)]$

(这里,$k'=\sqrt{1-k^2}$,k' 称为椭圆积分的补模数,以下同)

782. $\int_0^\infty \frac{\sin x\cos x}{\sqrt{1-k^2\cos^2 x}}\frac{\mathrm{d}x}{x}=\frac{1}{k^2}[\mathrm{K}(k)-\mathrm{E}(k)]$

783. $\int_0^\infty \frac{\sin x\cos^2 x}{\sqrt{1-k^2\sin^2 x}}\frac{\mathrm{d}x}{x}=\frac{1}{k^2}[\mathrm{E}(k)-k'^2\mathrm{K}(k)]$

784. $\int_0^\infty \frac{\sin x\cos^2 x}{\sqrt{1-k^2\cos^2 x}}\frac{\mathrm{d}x}{x}=\frac{1}{k^2}[\mathrm{K}(k)-\mathrm{E}(k)]$

785. $\int_0^\infty \frac{\sin x\cos^3 x}{\sqrt{1-k^2\sin^2 x}}\frac{\mathrm{d}x}{x}=\frac{1}{3k^4}[(2-3k^2)k'^2\mathrm{K}(k)-2(k'^2-k^2)\mathrm{E}(k)]$

786. $\int_0^\infty \frac{\sin x\cos^3 x}{\sqrt{1-k^2\cos^2 x}}\frac{\mathrm{d}x}{x}=\frac{1}{3k^4}[(2+k^2)\mathrm{K}(k)-2(1+k^2)\mathrm{E}(k)]$

787. $\int_0^\infty \frac{\sin x\cos^4 x}{\sqrt{1-k^2\sin^2 x}}\frac{\mathrm{d}x}{x}=\frac{1}{3k^4}[(2-3k^2)k'^2\mathrm{K}(k)-2(k'^2-k^2)\mathrm{E}(k)]$

788. $\int_0^\infty \frac{\sin x\cos^4 x}{\sqrt{1-k^2\cos^2 x}}\frac{\mathrm{d}x}{x}=\frac{1}{3k^4}[(2+k^2)\mathrm{K}(k)-2(1+k^2)\mathrm{E}(k)]$

789. $\int_0^\infty \frac{\sin^3 x\cos x}{\sqrt{1-k^2\sin^2 x}}\frac{\mathrm{d}x}{x}=\frac{1}{3k^4}[(1+k'^2)\mathrm{E}(k)-2k'^2\mathrm{K}(k)]$

790. $\int_0^{\infty}\frac{\sin^3 x\cos x}{\sqrt{1-k^2\cos^2 x}}\frac{\mathrm{d}x}{x}=\frac{1}{3k^4}[(1+k'^2)\mathrm{E}(k)-2k'^2\mathrm{K}(k)]$

791. $\int_0^{\infty}\frac{\sin^3 x\cos^2 x}{\sqrt{1-k^2\sin^2 x}}\frac{\mathrm{d}x}{x}=\frac{1}{3k^4}[(1+k'^2)\mathrm{E}(k)-2k'^2\mathrm{K}(k)]$

792. $\int_0^{\infty}\frac{\sin^3 x\cos^2 x}{\sqrt{1-k^2\cos^2 x}}\frac{\mathrm{d}x}{x}=\frac{1}{3k^4}[(1+k'^2)\mathrm{E}(k)-2k'^2\mathrm{K}(k)]$

793. $\int_0^{\infty}\frac{\sin^2 x\tan x}{\sqrt{1-k^2\sin^2 x}}\frac{\mathrm{d}x}{x}=\frac{1}{k^2}[\mathrm{K}(k)-\mathrm{E}(k)]$

794. $\int_0^{\infty}\frac{\sin^2 x\tan x}{\sqrt{1-k^2\cos^2 x}}\frac{\mathrm{d}x}{x}=\frac{1}{k^2}[\mathrm{E}(k)-k'^2\mathrm{K}(k)]$

795. $\int_0^{\infty}\frac{\sin^4 x\tan x}{\sqrt{1-k^2\sin^2 x}}\frac{\mathrm{d}x}{x}=\frac{1}{3k^4}[(2+k^2)\mathrm{K}(k)-2(1+k^2)\mathrm{E}(k)]$

796. $\int_0^{\infty}\frac{\sin^4 x\tan x}{\sqrt{1-k^2\cos^2 x}}\frac{\mathrm{d}x}{x}=\frac{1}{3k^4}[(2+3k^2)k'^2\mathrm{K}(k)-2(k'^2-k^2)\mathrm{E}(k)]$

797. $\int_0^{\infty}\frac{\sin x}{\sqrt{1+\sin^2 x}}\frac{\mathrm{d}x}{x}=\int_0^{\infty}\frac{\sin x}{\sqrt{1+\cos^2 x}}\frac{\mathrm{d}x}{x}=\sqrt{\frac{1}{2}}\mathrm{K}\left(\sqrt{\frac{1}{2}}\right)$

798. $\int_0^{\infty}\frac{\sin x\cos x}{\sqrt{1+\sin^2 x}}\frac{\mathrm{d}x}{x}=\sqrt{2}\left[\mathrm{K}\left(\sqrt{\frac{1}{2}}\right)-\mathrm{E}\left(\sqrt{\frac{1}{2}}\right)\right]$

799. $\int_0^{\infty}\frac{\sin x\cos x}{\sqrt{1+\cos^2 x}}\frac{\mathrm{d}x}{x}=\sqrt{2}\left[\mathrm{E}\left(\sqrt{\frac{1}{2}}\right)-\frac{1}{2}\mathrm{K}\left(\sqrt{\frac{1}{2}}\right)\right]$

800. $\int_0^{\infty}\frac{\sin x\cos^2 x}{\sqrt{1+\sin^2 x}}\frac{\mathrm{d}x}{x}=\sqrt{2}\left[\mathrm{K}\left(\sqrt{\frac{1}{2}}\right)-\mathrm{E}\left(\sqrt{\frac{1}{2}}\right)\right]$

801. $\int_0^{\infty}\frac{\sin x\cos^2 x}{\sqrt{1+\cos^2 x}}\frac{\mathrm{d}x}{x}=\sqrt{2}\left[\mathrm{E}\left(\sqrt{\frac{1}{2}}\right)-\frac{1}{2}\mathrm{K}\left(\sqrt{\frac{1}{2}}\right)\right]$

802. $\int_0^{\infty}\frac{\sin^3 x}{\sqrt{1+\sin^2 x}}\frac{\mathrm{d}x}{x}=\sqrt{\frac{1}{2}}\left[2\mathrm{E}\left(\sqrt{\frac{1}{2}}\right)-\mathrm{K}\left(\sqrt{\frac{1}{2}}\right)\right]$

803. $\int_0^{\infty}\frac{\sin^3 x}{\sqrt{1+\cos^2 x}}\frac{\mathrm{d}x}{x}=\sqrt{\frac{1}{2}}\left[\mathrm{K}\left(\sqrt{\frac{1}{2}}\right)-\mathrm{E}\left(\sqrt{\frac{1}{2}}\right)\right]$

804. $\int_0^{\infty}\frac{\sin^3 x\cos x}{\sqrt{1+\sin^2 x}}\frac{\mathrm{d}x}{x}=\frac{\sqrt{2}}{8}\left[2\mathrm{E}\left(\sqrt{\frac{1}{2}}\right)-\mathrm{K}\left(\sqrt{\frac{1}{2}}\right)\right]$

805. $\int_0^{\infty}\frac{\sin^3 x\cos x}{\sqrt{1+\cos^2 x}}\frac{\mathrm{d}x}{x}=\frac{1}{2\sqrt{2}}\left[\mathrm{K}\left(\sqrt{\frac{1}{2}}\right)-\mathrm{E}\left(\sqrt{\frac{1}{2}}\right)\right]$

806. $\int_0^{\infty}\frac{\tan x}{\sqrt{1+\sin^2 x}}\frac{\mathrm{d}x}{x}=\int_0^{\infty}\frac{\tan x}{\sqrt{1+\cos^2 x}}\frac{\mathrm{d}x}{x}=\frac{1}{\sqrt{2}}\mathrm{K}\left(\frac{1}{\sqrt{2}}\right)$

807. $\int_0^\infty \frac{\tan x}{\sqrt{1+\sin^2 2x}}\frac{dx}{x}=\int_0^\infty \frac{\tan x}{\sqrt{1+\cos^2 2x}}\frac{dx}{x}=\frac{1}{\sqrt{2}}K\left(\frac{1}{\sqrt{2}}\right)$

808. $\int_0^\infty \frac{\cos^2 2x\tan x}{\sqrt{1+\sin^2 2x}}\frac{dx}{x}=\sqrt{2}\left[K\left(\frac{\sqrt{2}}{2}\right)-E\left(\frac{\sqrt{2}}{2}\right)\right]$

Ⅱ.1.2.19 更复杂自变数的三角函数与幂函数组合的积分

809. $\int_0^\infty x\sin ax^2\sin 2bx\,dx=\frac{b}{2a}\sqrt{\frac{\pi}{2a}}\left(\cos\frac{b^2}{a}+\sin\frac{b^2}{a}\right)\quad(a>0,b\geqslant 0)$

810. $\int_0^\infty x\sin ax^2\cos 2bx\,dx=\frac{1}{2a}-\frac{b}{a}\sqrt{\frac{\pi}{2a}}\left[\sin\frac{b^2}{a}C\left(\frac{b}{\sqrt{a}}\right)-\cos\frac{b^2}{a}S\left(\frac{b}{\sqrt{a}}\right)\right]$

[这里,$S(x)$,$C(x)$为菲涅耳积分(见附录),以下同]

811. $\int_0^\infty x\cos ax^2\sin 2bx\,dx=\frac{b}{2a}\sqrt{\frac{\pi}{2a}}\left(\sin\frac{b^2}{a}-\cos\frac{b^2}{a}\right)\quad(a>0,b>0)$

812. $\int_0^\infty x\cos ax^2\cos 2bx\,dx=\frac{b}{a}\sqrt{\frac{\pi}{2a}}\left[\cos\frac{b^2}{a}C\left(\frac{b}{\sqrt{a}}\right)+\sin\frac{b^2}{a}S\left(\frac{b}{\sqrt{a}}\right)\right](a>0,b>0)$

[3]

813. $\int_0^\infty \frac{\sin ax^2}{x^2}dx=\sqrt{\frac{a\pi}{2}}\quad(a\geqslant 0)$

814. $\int_0^\infty \frac{\sin ax^2\cos bx^2}{x^2}dx=\begin{cases}\frac{1}{2}\sqrt{\frac{\pi}{2}}(\sqrt{a+b}+\sqrt{a-b}) & (a>b>0)\\ \frac{1}{2}\sqrt{a\pi} & (a=b\geqslant 0)\\ \frac{1}{2}\sqrt{\frac{\pi}{2}}(\sqrt{a+b}-\sqrt{b-a}) & (b>a>0)\end{cases}$ [3]

815. $\int_0^\infty \frac{\sin^2 a^2x^2}{x^4}dx=\frac{2\sqrt{\pi}}{3}a^3\quad(a\geqslant 0)$

816. $\int_0^\infty \frac{\sin^3 a^2x^2}{x^2}dx=\frac{3-\sqrt{3}}{8}a\sqrt{\pi}\quad(a\geqslant 0)$

817. $\int_0^\infty \frac{\sin x^2-x^2\cos x^2}{x^4}dx=\frac{1}{3}\sqrt{\frac{\pi}{2}}$

818. $\int_0^\infty \left(\cos x^2-\frac{1}{1+x^2}\right)\frac{dx}{x}=-\frac{1}{2}\gamma$

(这里,γ为欧拉常数,以下同)

819. $\int_0^\infty \frac{\cos ax^2-\sin ax^2}{x^4+b^4}dx=\frac{\pi e^{-ab^2}}{2b^3\sqrt{2}}\quad(a>0,b>0)$

820. $\int_0^\infty \frac{\cos ax^2 + \sin ax^2}{(x^4+b^4)^2} x^2 dx = \frac{\pi e^{-ab^2}}{4b^3\sqrt{2}}\left(a + \frac{1}{2b^2}\right) \quad (a>0, b>0)$

821. $\int_0^\infty \frac{\cos ax^2 - \sin ax^2}{(x^4+b^4)^2} x^4 dx = \frac{\pi e^{-ab^2}}{4b\sqrt{2}}\left(\frac{1}{2b^2} - a\right) \quad (a>0, b>0)$

822. $\int_0^1 \frac{\cos ax + \cos\frac{a}{x}}{1+x^2} dx = \frac{1}{2}\int_0^\infty \frac{\cos ax + \cos\frac{a}{x}}{1+x^2} dx = \frac{\pi}{2} e^{-a} \quad (a>0)$

823. $\int_0^1 \frac{\cos ax - \cos\frac{a}{x}}{1-x^2} dx = \frac{1}{2}\int_0^\infty \frac{\cos ax - \cos\frac{a}{x}}{1-x^2} dx = \frac{\pi}{2} \sin a \quad (a>0)$

824. $\int_0^\infty \sin\left(a^2x^2 + \frac{b^2}{x^2}\right)\frac{dx}{x^2} = \frac{\sqrt{\pi}}{2b}\sin\left(2ab + \frac{\pi}{4}\right) \quad (a>0, b>0)$

825. $\int_0^\infty \cos\left(a^2x^2 + \frac{b^2}{x^2}\right)\frac{dx}{x^2} = \frac{\sqrt{\pi}}{2b}\cos\left(2ab + \frac{\pi}{4}\right) \quad (a>0, b>0)$

826. $\int_0^\infty \sin\left(a^2x^2 - \frac{b^2}{x^2}\right)\frac{dx}{x^2} = -\frac{\sqrt{\pi}}{2b\sqrt{2}} e^{-2ab} \quad (a>0, b>0)$

827. $\int_0^\infty \cos\left(a^2x^2 - \frac{b^2}{x^2}\right)\frac{dx}{x^2} = \frac{\sqrt{\pi}}{2b\sqrt{2}} e^{-2ab} \quad (a>0, b>0)$

828. $\int_0^\infty \sin\left(ax - \frac{b}{x}\right)^2\frac{dx}{x^2} = \frac{\sqrt{2\pi}}{4b} \quad (a>0, b>0)$

829. $\int_0^\infty \cos\left(ax - \frac{b}{x}\right)^2\frac{dx}{x^2} = \frac{\sqrt{2\pi}}{4b} \quad (a>0, b>0)$

830. $\int_0^\infty \sin ax^p \frac{dx}{x} = \frac{\pi}{2p} \quad (a>0, p>0)$

831. $\int_0^\infty \sin(a\tan x)\frac{dx}{x} = \frac{\pi}{2}(1 - e^{-a}) \quad (a>0)$

832. $\int_0^\infty \sin(a\tan x)\cos x\frac{dx}{x} = \frac{\pi}{2}(1 - e^{-a}) \quad (a>0)$

833. $\int_0^\infty \cos(a\tan x)\sin x\frac{dx}{x} = \frac{\pi}{2}e^{-a} \quad (a>0)$

834. $\int_0^\infty \sin(a\tan x)\sin 2x\frac{dx}{x} = \frac{(1+a)\pi}{2}e^{-a} \quad (a>0)$

835. $\int_0^\infty \cos(a\tan x)\sin^3 x\frac{dx}{x} = \frac{(1-a)\pi}{2}e^{-a} \quad (a>0)$

836. $\int_0^\infty \sin(a\tan x)\tan\frac{x}{2}\cos^2 x\frac{dx}{x} = \frac{(1+a)\pi}{4}e^{-a} \quad (a>0)$

837. $\int_0^\infty \frac{\sin(a\tan^2 x)}{b^2+x^2} x dx = \frac{\pi}{2}\left[\exp(-a\tanh b) - e^{-a}\right] \quad (a>0, b>0)$ [3]

838. $\int_0^{\infty}\frac{\cos(a\tan^2 x)\cos x}{b^2+x^2}\mathrm{d}x=\frac{\pi}{2b}[\cosh b\exp(-a\tanh b)-\mathrm{e}^{-a}\sinh b]$

$(a>0,b>0)$ [3]

839. $\int_0^{\infty}\frac{\cos(a\tan^2 x)\csc 2x}{b^2+x^2}x\mathrm{d}x=\frac{\pi}{2\sinh 2b}\exp(-a\tanh b)\quad(a>0,b>0)$ [3]

840. $\int_0^{\infty}\frac{\cos(a\tan^2 x)\tan x}{b^2+x^2}x\mathrm{d}x=\frac{\pi}{2\cosh b}[\mathrm{e}^{-a}\cosh b-\exp(-a\tanh b)\sinh b]$

$(a>0,b>0)$ [3]

841. $\int_0^1\frac{\cos(a\ln x)}{(1+x)^2}\mathrm{d}x=\frac{a\pi}{2\sinh a\pi}$

842. $\int_0^1 x^{p-1}\sin(q\ln x)\mathrm{d}x=-\frac{q}{q^2+p^2}\quad(\mathrm{Re}\,p>|\,\mathrm{Im}\,q\,|)$

843. $\int_0^1 x^{p-1}\cos(q\ln x)\mathrm{d}x=\frac{q}{q^2+p^2}\quad(\mathrm{Re}\,p>|\,\mathrm{Im}\,q\,|)$

844. $\int_{-\infty}^{\infty}\frac{\sin(a\sqrt{|x|})}{x-b}\mathrm{sgn}x\,\mathrm{d}x=\cos(a\sqrt{|b|})+\exp(-a\sqrt{|b|})\quad(a>0)$

Ⅱ.1.2.20　三角函数与指数函数组合的积分

845. $\int_0^{2\pi}\mathrm{e}^{imx}\sin nx\mathrm{d}x=\begin{cases}0 & (m\neq n,\text{或 } m=n=0)\\ \mathrm{i}\pi & (m=n\neq 0)\end{cases}$

846. $\int_0^{2\pi}\mathrm{e}^{imx}\cos nx\mathrm{d}x=\begin{cases}0 & (m\neq n)\\ \pi & (m=n\neq 0)\\ 2\pi & (m=n=0)\end{cases}$

847. $\int_0^{\pi}\mathrm{e}^{ipx}\sin^{q-1}x\mathrm{d}x=\frac{\pi\mathrm{e}^{\frac{ip\pi}{2}}}{2^{q-1}q\mathrm{B}\left(\frac{q+p+1}{2},\frac{q-p+1}{2}\right)}\quad(\mathrm{Re}\,q>-1)$ [3]

[这里,$\mathrm{B}(x,y)$为贝塔函数(见附录),以下同]

848. $\int_{-\frac{\pi}{2}}^{\frac{\pi}{2}}\mathrm{e}^{ipx}\cos^{q-1}x\mathrm{d}x=\frac{\pi}{2^{q-1}q\mathrm{B}\left(\frac{q+p+1}{2},\frac{q-p+1}{2}\right)}\quad(\mathrm{Re}\,q>-1)$ [3]

849. $\int_0^{\infty}\mathrm{e}^{-px}\sin(qx+r)\mathrm{d}x=\frac{1}{p^2+q^2}(q\cos r+p\sin r)\quad(p>0)$

850. $\int_0^{\infty}\mathrm{e}^{-px}\cos(qx+r)\mathrm{d}x=\frac{1}{p^2+q^2}(q\cos r-p\sin r)\quad(p>0)$

851. $\int_{-\infty}^{\infty}\mathrm{e}^{-q^2x^2}\sin[p(x+r)]\mathrm{d}x=\frac{\sqrt{\pi}}{q}\mathrm{e}^{-\frac{p^2}{4q^2}}\sin pr$ [3]

852. $\int_{-\infty}^{\infty} e^{-q^2x^2}\cos[p(x+r)]dx=\frac{\sqrt{\pi}}{q}e^{-\frac{p^2}{4q^2}}\cos pr$ [3]

853. $$\int_0^{\infty} e^{-ax^2}\sin bx\,dx=\frac{b}{2a}\exp\left(-\frac{b^2}{4a}\right)\cdot {}_1F_1\left(\frac{1}{2};\frac{3}{2};\frac{b^2}{4a}\right)$$
$$=\frac{b}{2a}\cdot {}_1F_1\left(1;\frac{3}{2};-\frac{b^2}{4a}\right)$$
$$=\frac{b}{2a}\sum_{k=1}^{\infty}\frac{1}{(2k-1)!!}\left(-\frac{b^2}{2a}\right)^{k-1}\quad(a>0)$$ [3]

[这里，${}_1F_1(a;c;x)$为合流超几何函数(见附录)，以下同]

854. $\int_0^{\infty} e^{-px^2}\cos bx\,dx=\frac{1}{2}\sqrt{\frac{\pi}{p}}\exp\left(-\frac{b^2}{4p}\right)\quad(\mathrm{Re}\,p>0)$ [3]

855. $\int_0^{\infty} e^{-px^2}\sin ax\sin bx\,dx=\frac{1}{4}\sqrt{\frac{\pi}{p}}\left\{\exp\left[-\frac{(a-b)^2}{4p}\right]-\exp\left[-\frac{(a+b)^2}{4p}\right]\right\}$
$(\mathrm{Re}\,p>0)$ [3]

856. $\int_0^{\infty} e^{-px^2}\cos ax\cos bx\,dx=\frac{1}{4}\sqrt{\frac{\pi}{p}}\left\{\exp\left[-\frac{(a-b)^2}{4p}\right]+\exp\left[-\frac{(a+b)^2}{4p}\right]\right\}$
$(\mathrm{Re}\,p>0)$ [3]

857. $\int_0^{\infty} e^{-px^2}\sin^2 ax\,dx=\frac{1}{4}\sqrt{\frac{\pi}{p}}\left(1-e^{-\frac{a^3}{p}}\right)\quad(p>0)$

858. $\int_0^{\infty}\frac{\sin ax}{e^{px}+1}dx=\frac{1}{2a}-\frac{\pi}{2p\sinh\frac{a\pi}{p}}\quad(a>0,\mathrm{Re}\,p>0)$

859. $\int_0^{\infty}\frac{\sin ax}{e^{px}-1}dx=\frac{\pi}{2p}\coth\frac{a\pi}{p}-\frac{1}{2a}\quad(a>0,\mathrm{Re}\,p>0)$

860. $\int_0^{\frac{\pi}{2}}\frac{\sin 2nx}{\sin^{2n+2}x[\exp(2\pi\cot x)-1]}dx=(-1)^{n-1}\frac{2n-1}{4(2n+1)}$ [3]

861. $\int_0^{\frac{\pi}{2}}\frac{\sin 2nx}{\sin^{2n+2}x[\exp(\pi\cot x)-1]}dx=(-1)^{n-1}\frac{n}{2n+1}$ [3]

862. $\int_0^{\infty} e^{-r^2x}\cos ax^2(\cos rx-\sin rx)dx=\sqrt{\frac{\pi}{8a}}\exp\left(-\frac{r^2}{2a}\right)\quad(\mathrm{Re}\,r\geqslant|\,\mathrm{Im}\,r\,|)$
[3]

863. $\int_0^{\infty} e^{-px^2}\sin ax^2\,dx=\sqrt{\frac{\pi}{8}}\sqrt{\frac{\sqrt{p^2+a^2}-p}{p^2+a^2}}=\frac{\sqrt{\pi}}{2\sqrt[4]{p^2+a^2}}\sin\left(\frac{1}{2}\arctan\frac{a}{p}\right)$
$(\mathrm{Re}\,p>0,a>0)$ [3]

864. $\int_0^{\infty} e^{-px^2}\cos ax^2\,dx=\sqrt{\frac{\pi}{8}}\sqrt{\frac{\sqrt{p^2+a^2}+p}{p^2+a^2}}\quad(p>0)$

$$= \frac{\sqrt{\pi}}{2\sqrt[4]{p^2+a^2}}\cos\left(\frac{1}{2}\arctan\frac{a}{p}\right) \quad (\mathrm{Re}\, p > 0, a > 0) \quad [3]$$

865. $\int_0^\infty \exp\left(-\frac{p^2}{x^2}\right)\sin 2a^2x^2\,\mathrm{d}x = \frac{\sqrt{\pi}}{4a}\mathrm{e}^{-2ap}(\cos 2ap + \sin 2ap)$

$(a > 0, p > 0)$ [3]

866. $\int_0^\infty \exp\left(-\frac{p^2}{x^2}\right)\cos 2a^2x^2\,\mathrm{d}x = \frac{\sqrt{\pi}}{4a}\mathrm{e}^{-2ap}(\cos 2ap - \sin 2ap)$

$(a > 0, p > 0)$ [3]

867. $\int_0^\infty \exp\left(-\frac{p}{x}\right)\sin^2\frac{a}{x}\,\mathrm{d}x = a\arctan\frac{2a}{p} + \frac{p}{4}\ln\frac{p^2}{p^2+4a^2}$

$(a > 0, p > 0)$ [3]

868. $\int_0^\infty [\mathrm{e}^{-x}\cos(p\sqrt{x}) + p\mathrm{e}^{-x^2}\sin px]\,\mathrm{d}x = 1$ [3]

Ⅱ.1.2.21　含有 e^{-ax}, $\sin^m bx$, $\cos^n bx$ 的积分，积分区间为$[0,\infty)$

869. $\int_0^\infty \mathrm{e}^{-ax}\sin bx\,\mathrm{d}x = \frac{b}{a^2+b^2} \quad (a > 0)$

870. $\int_0^\infty \mathrm{e}^{-ax}\cos bx\,\mathrm{d}x = \frac{a}{a^2+b^2} \quad (a > 0)$

871. $\int_0^\infty x\mathrm{e}^{-ax}\sin bx\,\mathrm{d}x = \frac{2ab}{(a^2+b^2)^2} \quad (a > 0)$

872. $\int_0^\infty x\mathrm{e}^{-ax}\cos bx\,\mathrm{d}x = \frac{a^2-b^2}{(a^2+b^2)^2} \quad (a > 0)$

873. $\int_0^\infty x^n\mathrm{e}^{-ax}\sin bx\,\mathrm{d}x = \frac{n![(a+\mathrm{i}b)^{n+1}-(a-\mathrm{i}b)^{n+1}]}{2\mathrm{i}(a^2+b^2)^{n+1}} \quad (a > 0)$

874. $\int_0^\infty x^n\mathrm{e}^{-ax}\cos bx\,\mathrm{d}x = \frac{n![(a+\mathrm{i}b)^{n+1}+(a-\mathrm{i}b)^{n+1}]}{2\mathrm{i}(a^2+b^2)^{n+1}} \quad (a > 0, n > -1)$

875. $\int_0^\infty x\mathrm{e}^{-p^2x^2}\sin ax\,\mathrm{d}x = \frac{a\sqrt{\pi}}{4p^3}\exp\left(-\frac{a^2}{4p^2}\right) \quad (p > 0)$ [3]

876. $\int_0^\infty x\mathrm{e}^{-p^2x^2}\cos ax\,\mathrm{d}x = \frac{1}{2p^2} - \frac{a}{4p^3}\sum_{k=0}^{\infty}\frac{(-1)^k k!}{(2k+1)!}\left(\frac{a}{p}\right)^{2k+1}$ [3]

877. $\int_0^\infty x^2\mathrm{e}^{-p^2x^2}\sin ax\,\mathrm{d}x = \frac{a}{4p^4} + \frac{2p^2-a^2}{8p^5}\sum_{k=0}^{\infty}\frac{(-1)^k k!}{(2k+1)!}\left(\frac{a}{p}\right)^{2k+1}$ [3]

878. $\int_0^\infty x^2\mathrm{e}^{-p^2x^2}\cos ax\,\mathrm{d}x = \frac{(2p^2-a^2)\sqrt{\pi}}{8p^5}\exp\left(-\frac{a^2}{4p^2}\right) \quad (p > 0)$ [3]

879. $\int_0^{\infty} x^3 e^{-p^2x^2} \sin ax\,dx = \frac{(6ap^2 - a^3)\sqrt{\pi}}{16p^7}\exp\left(-\frac{a^2}{4p^2}\right) \quad (p > 0)$ [3]

880. $\int_0^{\infty} e^{-ax}\sin(bx+c)\,dx = \frac{a\sin c + b\cos c}{a^2+b^2} \quad (a>0)$

881. $\int_0^{\infty} e^{-ax}\cos(bx+c)\,dx = \frac{a\cos c - b\sin c}{a^2+b^2} \quad (a>0)$

882. $\int_0^{\infty} e^{-ax}\sin^2 bx\,dx = \frac{2b^2}{a(a^2+4b^2)} \quad (a>0)$

883. $\int_0^{\infty} e^{-ax}\cos^2 bx\,dx = \frac{a^2+2b^2}{a(a^2+4b^2)} \quad (a>0)$

884. $\int_0^{\infty} \frac{e^{-ax}\sin bx}{x}\,dx = \arctan\frac{b}{a} \quad (a>0)$

885. $\int_0^{\infty} \frac{e^{-ax}\cos bx}{x}\,dx = \infty$

886. $\int_0^{\infty} \frac{e^{-ax}\sin^2 bx}{x}\,dx = \ln\sqrt[4]{\frac{a^2+4b^2}{a^2}} \quad (a>0)$

887. $\int_0^{\infty} \frac{e^{-ax}\cos^n bx}{x^m}\,dx = \infty$

888. $\int_0^{\infty} \frac{e^{-ax}\sin^2 bx}{x^2}\,dx = b\arctan\frac{2b}{a} - a\ln\sqrt[4]{\frac{a^2+4b^2}{a^2}} \quad (a>0)$

889. $\int_0^{\infty} \frac{(e^{-ax}-e^{-bx})\sin cx}{x}\,dx = \arctan\frac{c(b-a)}{ab+c^2} \quad (a>0, b>0)$

890. $\int_0^{\infty} \frac{(e^{-ax}-e^{-bx})\cos cx}{x}\,dx = \ln\sqrt{\frac{b^2+c^2}{a^2+c^2}} \quad (a>0, b>0)$

891. $\int_0^{\infty} \frac{(e^{-ax}-e^{-bx})\sin cx}{x^2}\,dx = -a\arctan\frac{c}{a} + b\arctan\frac{c}{b} + c\ln\sqrt{\frac{b^2+c^2}{a^2+c^2}}$

892. $\int_0^{\infty} e^{-ax}\sin bx\sin cx\,dx = \frac{2abc}{[a^2+(b+c)^2][a^2+(b-c)^2]}$

893. $\int_0^{\infty} e^{-ax}\cos bx\cos cx\,dx = \frac{a(a^2+b^2+c^2)}{[a^2+(b+c)^2][a^2+(b-c)^2]}$

894. $\int_0^{\infty} e^{-ax}\sin bx\cos cx\,dx = \frac{b(a^2+b^2-c^2)}{[a^2+(b+c)^2][a^2+(b-c)^2]}$

895. $\int_0^{\infty} \frac{e^{-ax}}{x}\sin bx\sin cx\,dx = \frac{1}{4}\ln\frac{a^2+(b+c)^2}{a^2+(b-c)^2}$

896. $\int_0^{\infty} e^{-a^2x^2}\cos bx\,dx = \frac{\sqrt{\pi}}{2|a|}\exp\left(-\frac{b^2}{4a^2}\right) \quad (ab>0)$

897. $\int_0^{\infty} e^{-x\cos\varphi}x^{b-1}\sin(x\sin\varphi)\,dx = \Gamma(b)\sin b\varphi \quad \left(b>0, -\frac{\pi}{2}<\varphi<\frac{\pi}{2}\right)$

898. $\int_0^{\infty} e^{-x\cos\varphi} x^{b-1} \cos(x\sin\varphi)\,dx = \Gamma(b)\cos b\varphi \quad \left(b > 0, -\frac{\pi}{2} < \varphi < \frac{\pi}{2}\right)$

899. $\int_0^{\infty} x^{b-1} \sin x\,dx = \Gamma(b)\sin\frac{b\pi}{2} \quad (0 < b < 1)$

900. $\int_0^{\infty} x^{b-1} \cos x\,dx = \Gamma(b)\cos\frac{b\pi}{2} \quad (0 < b < 1)$

Ⅱ.1.2.22 三角函数与三角函数的指数函数组合的积分

901. $\int_0^{\infty} e^{-x\cos t} \cos(t - x\sin t)\,dx = 1$

902. $\int_0^{\pi} e^{a\cos x} \sin x\,dx = \frac{2}{a}\sinh a$

903. $\int_0^{\pi} e^{ip\cos x} \cos nx\,dx = i^n \pi J_n(p)$ [3]

［这里，$J_n(p)$为第一类贝塞尔函数（见附录），以下同］

904. $\int_{-\frac{\pi}{2}}^{\frac{\pi}{2}} e^{ip\sin x} \cos^{2q} x\,dx = \sqrt{\pi}\left(\frac{2}{p}\right)^q \Gamma\left(q + \frac{1}{2}\right) J_q(p) \quad \left(\mathrm{Re}\, q > -\frac{1}{2}\right)$ [3]

905. $\int_0^{\pi} e^{\pm p\cos x} \sin^{2q} x\,dx = \sqrt{\pi}\left(\frac{2}{p}\right)^q \Gamma\left(q + \frac{1}{2}\right) I_q(p) \quad \left(\mathrm{Re}\, q > -\frac{1}{2}\right)$ [3]

［这里，$I_q(p)$为第一类修正贝塞尔函数（见附录），以下同］

906. $\int_0^{\pi} e^{ip\cos x} \sin^{2q} x\,dx = \sqrt{\pi}\left(\frac{2}{p}\right)^q \Gamma\left(q + \frac{1}{2}\right) J_p(p) \quad \left(\mathrm{Re}\, q > -\frac{1}{2}\right)$ [3]

907. $\int_0^{\pi} e^{p\cos x} \sin(p\sin x)\sin mx\,dx = \frac{\pi p^m}{2m!}$

908. $\int_0^{\pi} e^{p\cos x} \cos(p\sin x)\cos mx\,dx = \frac{\pi p^m}{2m!}$

909. $\int_0^{\pi} e^{p\cos x} \sin(p\sin x)\csc x\,dx = \pi\sinh p$

910. $\int_0^{\pi} e^{p\cos x} \sin(p\sin x)\tan\frac{x}{2}\,dx = \pi(1 - e^p)$

911. $\int_0^{\pi} e^{p\cos x} \sin(p\sin x)\cot\frac{x}{2}\,dx = \pi(e^p - 1)$

912. $\int_0^{\pi} e^{p\cos x} \cos(p\sin x)\frac{\sin 2nx}{\sin x}\,dx = \pi\sum_{k=0}^{n-1}\frac{p^{2k+1}}{(2k+1)!} \quad (p > 0)$

913. $\int_0^{2\pi} e^{p\cos x} \cos(p\sin x - mx)\,dx = 2\int_0^{\pi} e^{p\cos x} \cos(p\sin x - mx)\,dx = \frac{2\pi p^m}{m!}$

914. $\int_0^{2\pi} e^{p\sin x}\sin(p\cos x+mx)\,dx=\frac{2\pi p^m}{m!}\sin\frac{m\pi}{2}\quad (p>0)$

915. $\int_0^{2\pi} e^{p\sin x}\cos(p\cos x+mx)\,dx=\frac{2\pi p^m}{m!}\cos\frac{m\pi}{2}\quad (p>0)$

916. $\int_0^{2\pi} e^{\cos x}\sin(mx-\sin x)\,dx=0$

Ⅱ.1.2.23　三角函数与指数函数和幂函数组合的积分

917. $\int_0^{\infty} e^{-px}\sin qx\,\frac{dx}{x}=\arctan\frac{p}{q}\quad (p>0)$

918. $\int_0^{\infty} e^{-px}\cos qx\,\frac{dx}{x}=\infty$

919. $\int_0^{\infty} e^{-px}(1-\cos ax)\,\frac{dx}{x}=\frac{1}{2}\ln\frac{a^2+p^2}{p^2}\quad (\mathrm{Re}\ p>0)$

920. $\int_0^{\infty} e^{-px}\sin qx\sin ax\,\frac{dx}{x}=\frac{1}{4}\ln\frac{p^2+(a+q)^2}{p^2+(a-q)^2}\quad (\mathrm{Re}\ p>|\ \mathrm{Im}\ q\ |,a>0)$

921. $\int_0^{\infty} e^{-px}\sin ax\sin bx\,\frac{dx}{x^2}=\frac{a}{2}\arctan\frac{2pb}{p^2+a^2-b^2}+\frac{b}{2}\arctan\frac{2pa}{p^2+b^2-a^2}$
$+\frac{p}{4}\ln\frac{p^2+(a-b)^2}{p^2+(a+b)^2}\quad (p>0)$

922. $\int_0^{\infty} e^{-px}\sin ax\cos bx\,\frac{dx}{x}=\frac{1}{2}\arctan\frac{2pa}{p^2-a^2+b^2}+s\frac{\pi}{2}\quad (a\geqslant 0,p>0)$

(这里，当 $p^2-a^2+b^2\geqslant 0$ 时，$s=0$；当 $p^2-a^2+b^2<0$ 时，$s=1$)

923. $\int_0^{\infty} e^{-px}(\sin ax-\sin bx)\,\frac{dx}{x}=\arctan\frac{(a-b)p}{ab+p^2}\quad (\mathrm{Re}\ p>0)$

924. $\int_0^{\infty} e^{-px}(\cos ax-\cos bx)\,\frac{dx}{x}=\frac{1}{2}\ln\frac{b^2+p^2}{a^2+p^2}\quad (\mathrm{Re}\ p>0)$

925. $\int_0^{\infty} e^{-px}(\cos ax-\cos bx)\,\frac{dx}{x^2}=\frac{p}{2}\ln\frac{a^2+p^2}{b^2+p^2}+b\arctan\frac{b}{p}-a\arctan\frac{a}{p}$

$(\mathrm{Re}\ p>0)$　[3]

926. $\int_0^{\infty} e^{-px}(\sin^2 ax-\sin^2 bx)\,\frac{dx}{x^2}=a\arctan\frac{2a}{p}-b\arctan\frac{2b}{p}-\frac{p}{4}\ln\frac{p^2+4a^2}{p^2+4b^2}$

$(p>0)$　[3]

927. $\int_0^{\infty} e^{-px}(\cos^2 ax-\cos^2 bx)\,\frac{dx}{x^2}=-a\arctan\frac{2a}{p}+b\arctan\frac{2b}{p}+\frac{p}{4}\ln\frac{p^2+4a^2}{p^2+4b^2}$

$(p>0)$　[3]

928. $\int_0^{\infty} (1-e^{-x})\cos x\,\frac{dx}{x}=\ln\sqrt{2}$

929. $\int_0^\infty \frac{e^{-qx}-e^{-px}}{x}\sin bx\,dx=\arctan\frac{(p-q)b}{b^2+pq}$ (Re $p>0$, Re $q>0$)

930. $\int_0^\infty \frac{e^{-qx}-e^{-px}}{x}\cos bx\,dx=\frac{1}{2}\ln\frac{b^2+p^2}{b^2+q^2}$ (Re $p>0$, Re $q>0$)

931. $\int_0^\infty \frac{e^{-qx}-e^{-px}}{x^2}\sin bx\,dx=\frac{b}{2}\ln\frac{b^2+p^2}{b^2+q^2}+p\arctan\frac{b}{p}-q\arctan\frac{b}{q}$

(Re $p>0$, Re $q>0$) [3]

932. $\int_0^\infty \frac{x}{e^{px}-1}\cos bx\,dx=\frac{1}{2b^2}-\frac{\pi^2}{2p^2}\cosh^2\frac{b\pi}{p}$ (Re $p>0$)

933. $\int_0^\infty e^{-\tan^2 x}\frac{\sin x}{\cos^2 x}\cdot\frac{dx}{x}=\frac{\sqrt{\pi}}{2}$

934. $\int_0^{\frac{\pi}{2}} xe^{-\tan^2 x}\frac{\sin 4x}{\cos^2 x}dx=-\frac{3\sqrt{\pi}}{2}$

935. $\int_0^{\frac{\pi}{2}} xe^{-\tan^2 x}\frac{\sin^2 2x}{\cos^2 x}dx=2\sqrt{\pi}$

936. $\int_0^{\frac{\pi}{2}} xe^{-p\tan^2 x}\frac{p-\cos^2 x}{\cos^4 x\cot x}dx=\frac{1}{4}\sqrt{\frac{\pi}{p}}$ ($p>0$)

937. $\int_0^{\frac{\pi}{2}} xe^{-p\tan^2 x}\frac{p-2\cos^2 x}{\cos^6 x\cot x}dx=\frac{1+2p}{8}\sqrt{\frac{\pi}{p}}$ ($p>0$)

938. $\int_0^\infty \exp\left(-\frac{p^2}{x^2}\right)\frac{\sin a^2x^2}{x^2}dx=\frac{\sqrt{\pi}}{2p}e^{-\sqrt{2}ap}\sin(\sqrt{2}ap)$ (Re $p>0$, $a>0$) [3]

939. $\int_0^\infty \exp\left(-\frac{p^2}{x^2}\right)\frac{\cos a^2x^2}{x^2}dx=\frac{\sqrt{\pi}}{2p}e^{-\sqrt{2}ap}\cos(\sqrt{2}ap)$ (Re $p>0$, $a>0$) [3]

940. $\int_0^\infty x^2e^{-px^2}\cos ax^2\,dx=\frac{\sqrt{\pi}}{4\sqrt[4]{(a^2+p^2)^3}}\cos\left(\frac{3}{2}\arctan\frac{a}{p}\right)$ (Re $p>0$) [3]

941. $\int_0^\infty \exp(p\cos ax)\sin(p\sin ax)\frac{dx}{x}=\frac{\pi}{2}(e^p-1)$ ($a>0$, $p>0$) [3]

942. $\int_0^\infty \exp(p\cos ax)\sin(p\sin ax+bx)\frac{x}{c^2+x^2}dx=\frac{\pi}{2}\exp(-cb+pe^{-ac})$

($a>0$, $b>0$, $c>0$, $p>0$) [3]

943. $\int_0^\infty \exp(p\cos ax)\cos(p\sin ax+bx)\frac{dx}{c^2+x^2}=\frac{\pi}{2c}\exp(-cb+pe^{-ac})$

($a>0$, $b>0$, $c>0$, $p>0$) [3]

944. $\int_0^\infty \exp(p\cos ax)\sin(p\sin ax+nx)\frac{dx}{x}=\frac{\pi}{2}e^p$ ($p>0$) [3]

945. $\int_0^\infty \exp(p\cos ax)\sin(p\sin ax)\cos nx\frac{dx}{x}=\frac{p^n\pi}{4n!}+\frac{\pi}{2}\sum_{k=n+1}^{\infty}\frac{p^k}{k!}$ ($p>0$) [3]

946. $\int_0^\infty \exp(p\cos ax)\cos(p\sin ax)\sin nx\,\frac{\mathrm{d}x}{x}=\frac{p^n\pi}{4n!}+\frac{\pi}{2}\sum_{k=0}^{n-1}\frac{p^k}{k!}$ （$p>0$） [3]

Ⅱ.1.2.24 三角函数与双曲函数组合的积分

947. $\int_0^\infty \frac{\sin ax}{\sinh px}\mathrm{d}x=\frac{\pi}{2p}\tanh\frac{a\pi}{2p}$ （$\mathrm{Re}\,p>0, a>0$） [3]

948. $\int_0^\infty \frac{\cos ax}{\cosh px}\mathrm{d}x=\frac{\pi}{2p}\mathrm{sech}\,\frac{a\pi}{2p}$ （$\mathrm{Re}\,p>0$，a 可以是任何实数） [3]

949. $\int_0^\infty \sin ax\,\frac{\sinh px}{\cosh qx}\mathrm{d}x=\frac{\pi}{q}\cdot\frac{\sin\frac{p\pi}{2q}\sinh\frac{a\pi}{2q}}{\cos\frac{p\pi}{q}+\cosh\frac{a\pi}{q}}$ （$|\mathrm{Re}\,p|<\mathrm{Re}\,q, a>0$） [3]

950. $\int_0^\infty \sin ax\,\frac{\cosh px}{\sinh qx}\mathrm{d}x=\frac{\pi}{2q}\cdot\frac{\sinh\frac{a\pi}{q}}{\cos\frac{p\pi}{q}+\cosh\frac{a\pi}{q}}$ （$|\mathrm{Re}\,p|<\mathrm{Re}\,q, a>0$） [3]

951. $\int_0^\infty \cos ax\,\frac{\sinh px}{\sinh qx}\mathrm{d}x=\frac{\pi}{2q}\cdot\frac{\sin\frac{p\pi}{q}}{\cos\frac{p\pi}{q}+\cosh\frac{a\pi}{q}}$ （$|\mathrm{Re}\,p|<\mathrm{Re}\,q$） [3]

952. $\int_0^\infty \cos ax\,\frac{\cosh px}{\cosh qx}\mathrm{d}x=\frac{\pi}{q}\cdot\frac{\cos\frac{p\pi}{2q}\cosh\frac{a\pi}{2q}}{\cos\frac{p\pi}{q}+\cosh\frac{a\pi}{q}}$

（$\mathrm{Re}\,p<\mathrm{Re}\,q$，$a$ 可以是任何实数） [3]

953. $\int_0^\infty \frac{\sin px\sin qx}{\cosh rx}\mathrm{d}x=\frac{\pi}{r}\cdot\frac{\sinh\frac{p\pi}{2r}\sinh\frac{q\pi}{2r}}{\cosh\frac{p\pi}{r}+\cosh\frac{q\pi}{r}}$ [$|\mathrm{Im}\,(p+q)|<\mathrm{Re}\,r$] [3]

954. $\int_0^\infty \frac{\sin px\cos qx}{\sinh rx}\mathrm{d}x=\frac{\pi}{2r}\cdot\frac{\sinh\frac{p\pi}{2r}}{\cosh\frac{p\pi}{r}+\cosh\frac{q\pi}{r}}$ [$|\mathrm{Im}\,(p+q)|<\mathrm{Re}\,r$] [3]

955. $\int_0^\infty \frac{\cos px\cos qx}{\cosh rx}\mathrm{d}x=\frac{\pi}{r}\cdot\frac{\cosh\frac{p\pi}{2r}\cosh\frac{q\pi}{2r}}{\cosh\frac{p\pi}{r}+\cosh\frac{q\pi}{r}}$ [$|\mathrm{Im}\,(p+q)|<\mathrm{Re}\,r$] [3]

956. $\int_0^\infty \frac{\sin^2 px}{\sinh^2 \pi x}\mathrm{d}x=\frac{p}{\pi(\mathrm{e}^{2p}-1)}+\frac{p-1}{2\pi}=\frac{p\coth p-1}{2\pi}$ （$|\mathrm{Im}\,p|<\pi$） [3]

957. $\int_0^{\infty} \sin ax(1-\tanh px)\mathrm{d}x = \frac{1}{a} - \frac{\pi}{2p\sinh \frac{a\pi}{2p}} \quad (\mathrm{Re}\ p > 0)$ [3]

958. $\int_0^{\infty} \sin ax(\coth px - 1)\mathrm{d}x = \frac{\pi}{2p}\coth \frac{a\pi}{2p} - \frac{1}{a} \quad (\mathrm{Re}\ p > 0)$ [3]

Ⅱ.1.2.25 三角函数、双曲函数和幂函数组合的积分

959. $\int_0^{\infty} x\frac{\sin 2ax}{\cosh px}\mathrm{d}x = \frac{\pi^2}{4p^2}\cdot\frac{\sinh \frac{a\pi}{p}}{\cosh^2 \frac{a\pi}{p}} \quad (\mathrm{Re}\ p > 0, a > 0)$

960. $\int_0^{\infty} x\frac{\cos 2ax}{\sinh px}\mathrm{d}x = \frac{\pi^2}{4p^2}\cdot\frac{1}{\cosh^2 \frac{a\pi}{p}} \quad (\mathrm{Re}\ p > 0, a > 0)$

961. $\int_0^{\infty} \frac{\sin ax}{\cosh px}\cdot\frac{\mathrm{d}x}{x} = 2\arctan\left[\exp\left(\frac{a\pi}{2p}\right)\right] - \frac{\pi}{2} \quad (\mathrm{Re}\ p > 0, a > 0)$

962. $\int_0^{\infty} (x^2+p^2)\frac{\cos ax}{\cosh \frac{\pi x}{2p}}\mathrm{d}x = \frac{2p^3}{\cosh^3 ap} \quad (\mathrm{Re}\ p > 0, a > 0)$

963. $\int_0^{\infty} x(x^2+4p^2)\frac{\cos ax}{\sinh \frac{\pi x}{2p}}\mathrm{d}x = \frac{6p^4}{\cosh^4 ap} \quad (\mathrm{Re}\ p > 0, a > 0)$

964. $\int_0^{\infty} x\cos 2ax \tanh x\mathrm{d}x = -\frac{\pi^2}{4}\cdot\frac{\cosh a\pi}{\sinh^2 a\pi} \quad (a > 0)$

965. $\int_0^{\infty} \cos ax \tanh px\frac{\mathrm{d}x}{x} = \ln\left(\coth \frac{a\pi}{4p}\right) \quad (\mathrm{Re}\ p > 0, a > 0)$

966. $\int_0^{\infty} \cos ax \coth px\frac{\mathrm{d}x}{x} = -\ln\left(2\sinh \frac{a\pi}{4p}\right) \quad (\mathrm{Re}\ p > 0, a > 0)$

Ⅱ.1.2.26 三角函数、双曲函数和指数函数组合的积分

967. $\int_0^{\infty} \frac{\cos ax \sinh px}{e^{qx}+1}\mathrm{d}x = -\frac{p}{2(a^2+p^2)} + \frac{\pi}{q}\cdot\frac{\sin \frac{p\pi}{q}\cosh \frac{a\pi}{q}}{\cosh \frac{2a\pi}{q} - \cos \frac{2p\pi}{q}}$ [3]

$(|\mathrm{Re}\ p| < \mathrm{Re}\ q)$

968. $\int_0^\infty \frac{\cos ax \sinh px}{e^{qx}-1}dx = \frac{p}{2(a^2+p^2)} - \frac{\pi}{2q} \cdot \frac{\sin \frac{2p\pi}{q}}{\cosh \frac{2a\pi}{q} - \cos \frac{2p\pi}{q}}$ [3]

$(\mathrm{Re}q > |\mathrm{Re}p|)$

969. $\int_0^\infty \frac{\sin ax \cosh px}{e^{qx}+1}dx = \frac{a}{2(a^2+p^2)} - \frac{\pi}{q} \cdot \frac{\sinh \frac{a\pi}{q} \cos \frac{p\pi}{q}}{\cosh \frac{2a\pi}{q} - \cos \frac{2p\pi}{q}}$ [3]

$(\mathrm{Re}q > |\mathrm{Re}p|)$

970. $\int_0^\infty \frac{\sin ax \cosh px}{e^{qx}-1}dx = -\frac{a}{2(a^2+p^2)} + \frac{\pi}{2q} \cdot \frac{\sinh \frac{2a\pi}{q}}{\cosh \frac{2a\pi}{q} - \cos \frac{2p\pi}{q}}$ [3]

$(\mathrm{Re}q > |\mathrm{Re}p|)$

971. $\int_0^\infty \sin ax \sinh px \exp\left(-\frac{x^2}{4q}\right)dx = \sqrt{q\pi}\sin(2apq)\exp[q(p^2-a^2)]$ [3]

$(\mathrm{Re}\, q > 0)$

972. $\int_0^\infty \cos ax \cosh px \exp\left(-\frac{x^2}{4q}\right)dx = \sqrt{q\pi}\cos(2apq)\exp[q(p^2-a^2)]$ [3]

$(\mathrm{Re}\, q > 0)$

973. $\int_0^\infty e^{-px^2}(\cosh x + \cos x)dx = \sqrt{\frac{\pi}{p}}\cosh\frac{1}{4p} \quad (\mathrm{Re}\, p > 0)$ [3]

974. $\int_0^\infty e^{-px^2}(\cosh x - \cos x)dx = \sqrt{\frac{\pi}{p}}\sinh\frac{1}{4p} \quad (\mathrm{Re}\, p > 0)$ [3]

Ⅱ.1.2.27 三角函数、双曲函数、指数函数和幂函数组合的积分

975. $\int_0^\infty x e^{-px^2}\cosh x \sin x dx = \frac{1}{4}\sqrt{\frac{\pi}{p^3}}\left(\cos\frac{1}{2p} + \sin\frac{1}{2p}\right) \quad (\mathrm{Re}\, p > 0)$ [3]

976. $\int_0^\infty x e^{-px^2}\sinh x \cos x dx = \frac{1}{4}\sqrt{\frac{\pi}{p^3}}\left(\cos\frac{1}{2p} - \sin\frac{1}{2p}\right) \quad (\mathrm{Re}\, p > 0)$ [3]

977. $\int_0^\infty x^2 e^{-px^2}\cosh x \cos x dx = \frac{1}{4}\sqrt{\frac{\pi}{p^3}}\left(\cos\frac{1}{2p} - \frac{1}{p}\sin\frac{1}{2p}\right) \quad (\mathrm{Re}\, p > 0)$ [3]

978. $\int_0^\infty x^2 e^{-px^2}\sinh x \sin x dx = \frac{1}{4}\sqrt{\frac{\pi}{p^3}}\left(\sin\frac{1}{2p} + \frac{1}{p}\cos\frac{1}{2p}\right) \quad (\mathrm{Re}\, p > 0)$ [3]

Ⅱ.1.2.28 反三角函数与幂函数组合的积分

979. $\int_0^1 \frac{\arcsin x}{x} dx = \frac{\pi}{2}\ln 2$

980. $\int_0^1 \frac{\arccos x}{1 \pm x} dx = \mp \frac{\pi}{2}\ln 2 + 2G$

[这里,G 为卡塔兰常数(见附录),以下同]

981. $\int_0^1 \arcsin x \frac{x}{1+qx^2} dx = \frac{\pi}{2q}\ln \frac{2\sqrt{1+q}}{1+\sqrt{1+q}} \quad (q>-1)$

982. $\int_0^1 \arcsin x \frac{x}{1-p^2x^2} dx = \frac{\pi}{2p^2}\ln \frac{1+\sqrt{1-p^2}}{2\sqrt{1-p^2}} \quad (p^2<1)$

983. $\int_0^1 \arcsin x \frac{dx}{x(1+qx^2)} = \frac{\pi}{2}\ln \frac{1+\sqrt{1+q}}{\sqrt{1+q}} \quad (q>-1)$

984. $\int_0^1 \arcsin x \frac{x}{(1+qx^2)^2} dx = \frac{\pi}{4q}\ln \frac{\sqrt{1+q}-1}{1+q} \quad (q>-1)$

985. $\int_0^1 \arccos x \frac{x}{(1+qx^2)^2} dx = \frac{\pi}{4q}\ln \frac{\sqrt{1+q}-1}{\sqrt{1+q}} \quad (q>-1)$

986. $\int_0^1 x^{2n} \arcsin x dx = \frac{1}{2n+1}\left[\frac{\pi}{2} - \frac{2^n n!}{(2n+1)!!}\right]$

987. $\int_0^1 x^{2n-1} \arcsin x dx = \frac{\pi}{4n}\left[1 - \frac{(2n-1)!!}{2^n n!}\right]$

988. $\int_0^1 x^{2n} \arccos x dx = \frac{2^n n!}{(2n+1)(2n+1)!!}$

989. $\int_0^1 x^{2n-1} \arccos x dx = \frac{\pi}{4n} \frac{(2n-1)!!}{2^n n!}$

990. $\int_{-1}^1 (1-x^2)^n \arccos x dx = \pi \frac{2^n n!}{(2n+1)!!}$

991. $\int_{-1}^1 (1-x^2)^{n-\frac{1}{2}} \arccos x dx = \frac{\pi^2}{4} \frac{(2n-1)!!}{2^n n!}$

992. $\int_0^1 \frac{(\arcsin x)^2}{x^2\sqrt{1-x^2}} dx = \pi \ln 2$

993. $\int_0^1 \frac{(\arccos x)^2}{(\sqrt{1-x^2})^3} dx = \pi \ln 2$

994. $\int_0^1 \frac{\arctan x}{x} dx = \int_1^\infty \frac{\operatorname{arccot} x}{x} dx = G$

995. $\int_0^{\infty} \frac{\operatorname{arccot} x}{1 \pm x} dx = \pm \frac{\pi}{4} \ln 2 + G$

996. $\int_0^{1} \frac{\arctan x}{x(1+x)} dx = -\frac{\pi}{8} \ln 2 + G$

997. $\int_0^{\infty} \frac{\arctan x}{1-x^2} dx = -G$

998. $\int_0^{1} \frac{\arctan qx}{(1+px)^2} dx = \frac{1}{2} \frac{q}{p^2+q^2} \ln \frac{(1+p)^2}{1+q^2} + \frac{q^2-p}{(1+p)(p^2+q^2)} \arctan q$ $(p > -1)$

999. $$\int_0^{1} \frac{\operatorname{arccot} qx}{(1+px)^2} dx = \frac{1}{2} \frac{q}{p^2+q^2} \ln \frac{1+q^2}{(1+p)^2} + \frac{p}{(p^2+q^2)} \arctan q + \frac{1}{1+p} \operatorname{arccot} q \quad (p > -1)$$

1000. $\int_0^{1} \frac{\arctan x}{x(1+x^2)} dx = \frac{\pi}{8} \ln 2 + \frac{1}{2} G$

1001. $\int_0^{\infty} \frac{x \arctan x}{1+x^4} dx = \frac{\pi^2}{16}$

1002. $\int_0^{\infty} \frac{x \arctan x}{1-x^4} dx = -\frac{\pi}{8} \ln 2$

1003. $\int_0^{\infty} \frac{x \operatorname{arccot} x}{1-x^4} dx = \frac{\pi}{8} \ln 2$

1004. $\int_0^{\infty} \frac{\arctan x}{x \sqrt{1+x^2}} dx = \int_0^{\infty} \frac{\operatorname{arccot} x}{\sqrt{1+x^2}} dx = 2G$

1005. $\int_0^{1} \frac{\arctan x}{x \sqrt{1-x^2}} dx = \frac{\pi}{2} \ln(1+\sqrt{2})$

1006. $\int_0^{\infty} x^p \operatorname{arccot} x \, dx = -\frac{\pi}{2(p+1)} \csc \frac{p\pi}{2} \quad (-1 < p < 0)$

1007. $\int_0^{\infty} \left(\frac{x^p}{1+x^{2p}} \right)^{2q} \arctan x \frac{dx}{x} = \frac{\sqrt{\pi^3}}{2^{2q+2p}} \frac{\Gamma(q)}{\Gamma\left(q+\frac{1}{2}\right)} \quad (q > 0)$

1008. $\int_0^{\infty} (1 - x \operatorname{arccot} x) dx = \frac{\pi}{4}$

1009. $\int_0^{1} \left(\frac{\pi}{4} - \arctan x \right) \frac{dx}{1-x} = -\frac{\pi}{8} \ln 2 + G$

1010. $\int_0^{1} \left(\frac{\pi}{4} - \arctan x \right) \frac{1+x}{1-x} \frac{dx}{1+x^2} = \frac{\pi}{8} \ln 2 + \frac{1}{2} G$

1011. $\int_0^{1} \left(x \operatorname{arccot} x - \frac{1}{x} \arctan x \right) \frac{dx}{1-x^2} = -\frac{\pi}{4} \ln 2$

1012. $\int_0^{\infty}\frac{(\arctan x)^2}{x^2\sqrt{1+x^2}}dx=\int_0^{\infty}\frac{x(\operatorname{arccot}x)^2}{\sqrt{1+x^2}}dx=-\frac{\pi^2}{4}+4G$

1013. $\int_0^1\frac{\arctan px}{1+p^2x}dx=\frac{1}{2p^2}\arctan p\ln(1+p^2)$

1014. $\int_0^1\frac{\operatorname{arccot}px}{1+p^2x}dx=\frac{1}{p^2}\left(\frac{\pi}{4}+\frac{1}{2}\operatorname{arccot}p\right)\ln(1+p^2)\quad(p>0)$

1015. $\int_0^{\infty}\frac{\arctan qx}{(p+x)^2}dx=-\frac{q}{1+p^2q^2}\left(\ln pq-\frac{\pi}{2}pq\right)\quad(p>0,q>0)$

1016. $\int_0^{\infty}\frac{\operatorname{arccot}qx}{(p+x)^2}dx=\frac{q}{1+p^2q^2}\left(\ln pq+\frac{\pi}{2pq}\right)\quad(p>0,q>0)$

1017. $\int_0^{\infty}\frac{x\operatorname{arccot}px}{q^2+x^2}dx=\frac{\pi}{2}\ln\frac{1+pq}{pq}\quad(p>0,q>0)$

1018. $\int_0^{\infty}\frac{x\operatorname{arccot}px}{x^2-p^2}dx=\frac{\pi}{4}\ln\frac{1+p^2q^2}{p^2q^2}\quad(p>0,q>0)$

1019. $\int_0^{\infty}\frac{\arctan px}{x(1+x^2)}dx=\frac{\pi}{2}\ln(1+p)\quad(p\geqslant 0)$

1020. $\int_0^{\infty}\frac{\arctan px}{x(1-x^2)}dx=\frac{\pi}{4}\ln(1+p^2)\quad(p\geqslant 0)$

1021. $\int_0^{\infty}\frac{\arctan qx}{x(p^2+x^2)}dx=\frac{\pi}{2p^2}\ln(1+pq)\quad(p>0,q\geqslant 0)$

1022. $\int_0^{\infty}\frac{\arctan qx}{x(1-p^2x^2)}dx=\frac{\pi}{4}\ln\frac{p^2+q^2}{p^2}\quad(p\geqslant 0)$

1023. $\int_0^{\infty}\frac{x\arctan qx}{(p^2+x^2)^2}dx=\frac{q\pi}{4p(1+pq)}\quad(p>0,q\geqslant 0)$

1024. $\int_0^{\infty}\frac{x\operatorname{arccot}qx}{(p^2+x^2)^2}dx=\frac{\pi}{4p^2(1+pq)}\quad(p>0,q\geqslant 0)$

1025. $\int_0^1\frac{\arctan qx}{x\sqrt{1-x^2}}dx=\frac{\pi}{2}\ln(q+\sqrt{1+q^2})$

1026. $\int_0^{\infty}\frac{\arctan qx\arcsin x}{x^2}dx=\frac{1}{2}q\pi\ln\frac{1+\sqrt{1+q^2}}{\sqrt{1+q^2}}+\frac{\pi}{2}\ln(q+\sqrt{1+q^2})-\frac{\pi}{2}\arctan q$ [3]

1027. $\int_0^{\infty}\frac{\arctan px-\arctan qx}{x}dx=\frac{\pi}{2}\ln\frac{p}{q}\quad(p>0,q>0)$

1028. $\int_0^{\infty}\frac{\arctan px\arctan qx}{x^2}dx=\frac{\pi}{2}\ln\frac{(p+q)^{p+q}}{p^pq^q}\quad(p>0,q>0)$

1029. $\int_0^1\frac{\arctan\sqrt{1-x^2}}{1-x^2\cos^2\lambda}dx=\frac{\pi}{\cos\lambda}\ln\left(\cos\frac{\pi-4\lambda}{8}\csc\frac{\pi+4\lambda}{8}\right)$

1030. $\int_0^1 \frac{\arctan(p\sqrt{1-x^2})}{1-x^2}\mathrm{d}x = \frac{\pi}{2}\ln(p+\sqrt{1+p^2}) \quad (p>0)$

1031. $\int_0^\infty \frac{\arctan x^2}{1+x^2}\mathrm{d}x = \int_0^\infty \frac{\arctan x^3}{1+x^2}\mathrm{d}x = \int_0^\infty \frac{\operatorname{arccot} x^2}{1+x^2}\mathrm{d}x = \int_0^\infty \frac{\operatorname{arccot} x^3}{1+x^2}\mathrm{d}x = \frac{\pi^2}{8}$

1032. $\int_0^1 \arctan x^2 \frac{1-x^2}{x^2}\mathrm{d}x = \frac{\pi}{2}(\sqrt{2}-1)$

1033. $\int_0^\infty \arctan\frac{p\sin qx}{1+p\cos qx}\cdot\frac{x}{1+x^2}\mathrm{d}x = \frac{\pi}{2}\ln(1+p\mathrm{e}^{-q}) \quad (p>-\mathrm{e}^q)$

Ⅱ.1.2.29 反三角函数与三角函数组合的积分

1034. $\int_0^{\frac{\pi}{2}} \frac{\arcsin(k\sin x)\sin x}{\sqrt{1-k^2\sin^2 x}}\mathrm{d}x = -\frac{\pi}{2k}\ln k' \quad (k'=\sqrt{1-k^2},k^2<1)$

1035. $\int_0^\infty \left(\frac{2}{\pi}\operatorname{arccot} x - \cos px\right)\mathrm{d}x = \ln p+\gamma$

(这里,γ为欧拉常数,以下同)

1036. $\int_0^\infty \operatorname{arccot} qx \sin px\,\mathrm{d}x = \frac{\pi}{2p}\left(1-\mathrm{e}^{-\frac{p}{q}}\right) \quad (p>0,q>0)$

1037. $\int_0^\infty \operatorname{arccot} qx \cos px\,\mathrm{d}x = \frac{1}{2p}\left[\mathrm{e}^{-\frac{p}{q}}\mathrm{Ei}\left(\frac{p}{q}\right) - \mathrm{e}^{\frac{p}{q}}\mathrm{Ei}\left(-\frac{p}{q}\right)\right]$

$(p>0,q>0)$ [3]

[这里,$\mathrm{Ei}(z)$为指数积分(见附录),以下同]

1038. $\int_0^\infty \frac{\operatorname{arccot} rx \sin px}{1\pm 2q\cos px+q^2}\mathrm{d}x = \begin{cases} \pm\frac{\pi}{2pq}\ln\frac{1\pm q}{1\pm q\mathrm{e}^{-\frac{p}{r}}} & (q^2<1,r>0,p>0) \\ \pm\frac{\pi}{2pq}\ln\frac{q\pm 1}{q\pm\mathrm{e}^{-\frac{p}{r}}} & (q^2>1,r>0,p>0) \end{cases}$

1039. $\int_0^\infty \frac{\operatorname{arccot} px \tan x}{q^2\cos^2 x+r^2\sin^2 x}\mathrm{d}x = \frac{\pi}{2r^2}\ln\left(1+\frac{r}{q}\tanh\frac{1}{p}\right) \quad (p>0,q>0,r>0)$

1040. $\int_0^\infty \arctan\frac{2a}{x}\sin bx\,\mathrm{d}x = \frac{\pi}{b}\mathrm{e}^{-ab}\sinh ab \quad (\mathrm{Re}\,a>0,b>0)$

1041. $\int_0^\infty \arctan\frac{a}{x}\cos bx\,\mathrm{d}x = \frac{1}{2b}[\mathrm{e}^{-ab}\overline{\mathrm{Ei}}(ab) - \mathrm{e}^{ab}\mathrm{Ei}(-ab)] \quad (a>0,b>0)$ [3]

[这里,$\overline{\mathrm{Ei}}(x)$和$\mathrm{Ei}(x)$皆为指数积分(见附录),以下同]

1042. $\int_0^\infty \arctan\frac{2ax}{x^2+c^2}\sin bx\,\mathrm{d}x = \frac{\pi}{b}\mathrm{e}^{-b\sqrt{a^2+c^2}}\sinh ab \quad (b>0)$

1043. $\int_0^\infty \arctan\frac{2}{x^2}\cos bx\,\mathrm{d}x = \frac{\pi}{b}\mathrm{e}^{-b}\sin b \quad (b>0)$

1044. $\int_0^\pi \arctan\frac{p\sin x}{1-p\cos x}\sin nx\,dx=\frac{\pi}{2a}p^n \quad (p^2<1)$

1045. $\int_0^\pi \arctan\frac{p\sin x}{1-p\cos x}\sin nx\cos x\,dx=\frac{\pi}{4}\left(\frac{p^{n+1}}{n+1}+\frac{p^{n-1}}{n-1}\right) \quad (p^2<1)$

1046. $\int_0^\pi \arctan\frac{p\sin x}{1-p\cos x}\sin nx\sin x\,dx=\frac{\pi}{4}\left(\frac{p^{n+1}}{n+1}-\frac{p^{n-1}}{n-1}\right) \quad (p^2<1)$

1047. $\int_0^\pi \arctan\frac{p\sin x}{1-p\cos x}\frac{dx}{\sin x}=\frac{\pi}{2}\ln\frac{1+p}{1-p} \quad (p^2<1)$

1048. $\int_0^\pi \arctan\frac{p\sin x}{1-p\cos x}\frac{dx}{\tan x}=-\frac{\pi}{2}\ln(1-p^2) \quad (p^2<1)$

Ⅱ.1.2.30 反三角函数与指数函数组合的积分

1049. $\int_0^1 e^{-ax}\arcsin x\,dx=\frac{\pi}{2a}[I_0(a)-\mathbf{L}_0(a)]$

［这里，$\mathbf{L}_\nu(z)$为斯特鲁维(Struve)函数(见附录)，以下同］

1050. $\int_0^1 xe^{-ax}\arcsin x\,dx=\frac{\pi}{2a^2}[\mathbf{L}_0(a)-I_0(a)+a\mathbf{L}_1(a)-aI_1(a)]+\frac{1}{a}$

［这里，$I_\nu(x)$为第一类修正贝塞尔函数(见附录)，以下同］

1051. $\int_0^\infty e^{-ax}\arctan\frac{x}{b}\,dx=\frac{1}{a}[-\mathrm{ci}(ab)\sin ab-\mathrm{si}(ab)\cos ab] \quad (\mathrm{Re}\,a>0)$

［这里，si(z)和 ci(z)分别为正弦积分和余弦积分(见附录)，以下同］

1052. $\int_0^\infty e^{-ax}\,\mathrm{arccot}\frac{x}{b}\,dx=\frac{1}{a}\left[\frac{\pi}{2}+\mathrm{ci}(ab)\sin ab+\mathrm{si}(ab)\cos ab\right] \quad (\mathrm{Re}\,a>0)$

1053. $\int_0^\infty \frac{\arctan\frac{x}{q}}{e^{2\pi x}-1}dx=\frac{1}{2}\left[\ln\Gamma(q)-\left(q-\frac{1}{2}\right)\ln q+q-\frac{1}{2}\ln 2\pi\right] \quad (q>0)$

Ⅱ.1.2.31 反三角函数与对数函数组合的积分

1054. $\int_0^1 \arcsin x\ln x\,dx=2-\ln 2-\frac{\pi}{2}$

1055. $\int_0^1 \arccos x\ln x\,dx=\ln 2-2$

1056. $\int_0^1 \arctan x\ln x\,dx=\frac{1}{2}\ln 2-\frac{\pi}{4}+\frac{\pi^2}{48}$

1057. $\int_0^1 \operatorname{arccot}x\ln x\,dx = -\frac{1}{2}\ln 2 - \frac{\pi}{4} - \frac{\pi^2}{48}$

1058. $\int_0^1 \frac{\arccos x}{\ln x}dx = -\sum_{k=0}^{\infty}\frac{(2k-1)!!\ln(2k+2)}{2^k k!(2k+1)}$

Ⅱ.1.3 指数函数和对数函数的定积分

Ⅱ.1.3.1 含有 e^{ax},e^{-ax},e^{-ax^2} 的积分

1059. $\int_0^{\infty} e^{-ax}dx = \frac{1}{a} \quad (a>0)$

1060. $\int_0^{\infty} xe^{-x}dx = 1$

1061. $\int_0^{\infty} x^{n-1}e^{-x}dx = \Gamma(n)$ （n 为正整数） [1]

1062. $\int_0^{\infty} x^n e^{-ax}dx = \begin{cases}\frac{\Gamma(n+1)}{a^{n+1}} & (a>0, n>-1)\\ \frac{n!}{a^{n+1}} & (a>0, n\text{ 为非负整数})\end{cases}$

1063. $\int_0^{\infty} x^{n-1}e^{-(a+1)x}dx = \frac{\Gamma(n)}{(a+1)^n} \quad (n>0, a>-1)$ [1]

1064. $\int_0^1 x^m e^{-ax}dx = \frac{m!}{a^{m+1}}\left(1-e^{-a}\sum_{r=0}^{m}\frac{a^r}{r!}\right)$ [1]

1065. $\int_0^{\infty} e^{-a^2x^2}dx = \frac{1}{2a}\sqrt{\pi} \quad (a>0)$

1066. $\int_0^b e^{-ax^2}dx = \frac{1}{2}\sqrt{\frac{\pi}{a}}\operatorname{erf}(b\sqrt{a}) \quad (a>0)$

[这里,erf(x)为误差函数(见附录),以下同]

1067. $\int_b^{\infty} e^{-ax^2}dx = \frac{1}{2}\sqrt{\frac{\pi}{a}}\operatorname{erfc}(b\sqrt{a}) \quad (a>0)$ [1]

[这里,erfc(x)为补余误差函数(见附录),以下同]

1068. $\int_0^{\infty} e^{-ax^2}dx = \frac{1}{2}\sqrt{\frac{\pi}{a}} \quad (a>0)$

1069. $\int_0^\infty x e^{-ax^2} dx = \frac{1}{2a} \quad (a > 0)$

1070. $\int_0^\infty x^n e^{-ax^2} dx = \frac{(n-1)!!}{2(2a)^{\frac{n}{2}}} \sqrt{\frac{\pi}{a}} \quad (a > 0, n > 0)$

1071. $\int_0^\infty x^{2n+1} e^{-ax^2} dx = \frac{n!}{2a^{n+1}} \quad (a > 0, n > -1)$ [1]

1072. $\int_0^\infty x^b e^{-ax^2} dx = \frac{\Gamma\left(\frac{b+1}{2}\right)}{2\sqrt{a^{b+1}}}$ [2]

1073. $\int_0^\infty x^n e^{-ax^p} dx = \frac{\Gamma\left(\frac{n+1}{p}\right)}{pa^{\frac{n+1}{p}}} \quad (a > 0, p > 0, n > -1)$ [1]

1074. $\int_0^\infty e^{-x^2} dx = \frac{\sqrt{\pi}}{2}$

1075. $\int_0^\infty x e^{-x^2} dx = \frac{1}{2}$

1076. $\int_0^\infty x^2 e^{-x^2} dx = \frac{\sqrt{\pi}}{4}$

1077. $\int_0^\infty \sqrt{x} e^{-ax} dx = \frac{1}{2a} \sqrt{\frac{\pi}{a}} \quad (a > 0)$

1078. $\int_0^\infty \frac{e^{-ax}}{\sqrt{x}} dx = \sqrt{\frac{\pi}{a}} \quad (a > 0)$

1079. $\int_0^\infty \frac{e^{-ax}}{x} dx = \infty$ [2]

1080. $\int_0^\infty \frac{e^{-ax}}{b+x} dx = -e^{ab} \mathrm{Ei}(ab)$ [2]

[这里,Ei(x)为指数积分(见附录),以下同]

1081. $\int_0^\infty \frac{e^{-ax}}{\sqrt{b+x}} dx = \sqrt{\frac{\pi}{a}} e^{ab} [1 - \mathrm{erf}(\sqrt{ab})]$ [2]

1082. $\int_0^\infty \frac{dx}{e^{ax}+1} = \frac{\ln 2}{a}$ [2]

1083. $\int_0^\infty \frac{dx}{e^{ax}-1} = \infty$ [2]

1084. $\int_0^\infty \frac{x}{e^{ax}+1} dx = \frac{\pi^2}{12a^2}$ [2]

1085. $\int_0^\infty \frac{x}{e^{ax}-1} dx = \frac{\pi^2}{6a^2}$ [2]

1086. $\int_0^{\infty} \frac{x^2}{e^{ax}+1} dx = \frac{3}{2a^3} \sum_{k=1}^{\infty} \frac{1}{k^3}$　[2]

1087. $\int_0^{\infty} \frac{x^2}{e^{ax}-1} dx = \frac{2}{a^3} \sum_{k=1}^{\infty} \frac{1}{k^3}$　[2]

1088. $\int_0^{\infty} \frac{x^p}{e^{ax}+1} dx = \frac{\Gamma(p+1)}{a^{p+1}} \sum_{k=0}^{\infty} \frac{1}{(2k+1)^{p+1}}$　[2]

1089. $\int_0^{\infty} \frac{x^p}{e^{ax}-1} dx = \frac{\Gamma(p+1)}{a^{p+1}} \sum_{k=1}^{\infty} \frac{1}{k^{p+1}}$　[2]

1090. $\int_{-\infty}^{\infty} \frac{e^{-px}}{1+e^{-qx}} dx = \frac{\pi}{q} \csc \frac{p\pi}{q}$　$(q > p > 0$,或 $q < p < 0)$　[3]

1091. $\int_{-\infty}^{\infty} \frac{e^{-px}}{b-e^{-x}} dx = \pi b^{p-1} \cot p\pi$　$(b > 0, 0 < \operatorname{Re} p < 1)$　[3]

1092. $\int_{-\infty}^{\infty} \frac{e^{-px}}{b+e^{-x}} dx = \pi b^{p-1} \csc p\pi$　$(|\arg b| < \pi, 0 < \operatorname{Re} p < 1)$　[3]

1093. $\int_0^{\infty} \frac{e^{-px}-e^{-qx}}{1-e^{-(p+q)x}} dx = \frac{\pi}{p+q} \cot \frac{p\pi}{p+q}$　$(p > 0, q > 0)$　[3]

1094. $\int_0^{\infty} \left(1-e^{-\frac{x}{b}}\right)^{q-1} e^{-px} dx = b\mathrm{B}(bp, q)$　$(\operatorname{Re} b > 0, \operatorname{Re} q > 0, \operatorname{Re} p > 0)$　[3]

1095. $\int_{-\infty}^{\infty} \frac{e^{-px}}{(a+e^{-x})(b+e^{-x})} dx = \frac{\pi(a^{p-1}-b^{p-1})}{b-a} \csc p\pi$

$(|\arg a| < \pi, |\arg b| < \pi, a \neq b, 0 < \operatorname{Re} p < 2)$　[3]

1096. $\int_0^{\infty} \frac{e^{-ax}-e^{-bx}}{x} dx = \ln \frac{b}{a}$　$(a > 0, b > 0)$

1097. $\int_0^{\infty} \frac{e^{-ax^2}-e^{-bx^2}}{x} dx = \ln \sqrt{\frac{b}{a}}$　$(a > 0, b > 0)$

1098. $\int_0^{\infty} \left(\frac{1}{1-e^{-x}} - \frac{1}{x}\right) e^{-x} dx = \gamma$　[1]

[这里,γ 为欧拉常数(见附录),以下同]

1099. $\int_0^{\infty} \frac{1}{x} \left(\frac{1}{1-e^{-x}} - \frac{1}{x}\right) dx = \gamma$

1100. $\int_0^{\infty} \frac{dx}{e^{nx}+e^{-nx}} = \frac{\pi}{4n}$　[5]

1101. $\int_0^{\infty} \frac{x}{e^{nx}-e^{-nx}} dx = \frac{\pi^2}{8n^2}$　[5]

Ⅱ.1.3.2 含有更复杂自变数的指数函数的积分

1102. $\int_{-\infty}^{\infty} \exp(-p^2x^2 \pm qx)\mathrm{d}x = \exp\left(\frac{q^2}{4p^2}\right)\frac{\sqrt{\pi}}{p} \quad (p > 0)$ [3]

1103. $\int_{-\infty}^{\infty} \exp\left[-\left(x - \frac{b}{x}\right)^{2n}\right]\mathrm{d}x = \frac{1}{n}\Gamma\left(\frac{1}{2n}\right)$ [3]

1104. $\int_{0}^{\infty} \exp\left(-x^2 - \frac{a^2}{x^2}\right)\mathrm{d}x = \frac{\mathrm{e}^{-2|a|}\sqrt{\pi}}{2}$ [1]

1105. $\int_{0}^{\infty} \exp\left(-ax^2 - \frac{b}{x^2}\right)\mathrm{d}x = \frac{1}{2}\sqrt{\frac{\pi}{a}}\exp(-2\sqrt{ab}) \quad (a > 0, b > 0)$ [3]

1106. $\int_{-\infty}^{\infty} \exp(-\mathrm{e}^x)\mathrm{e}^{px}\mathrm{d}x = \Gamma(p) \quad (\mathrm{Re}\, p > 0)$

1107. $\int_{-\infty}^{\infty} \exp[-a(x_1 - x)^2 - b(x_2 - x)^2]\mathrm{d}x = \sqrt{\frac{\pi}{a+b}}\exp\left[\frac{ab}{a+b}(x_1 - x_2)^2\right]$

$(a > 0, b > 0)$

1108. $\int_{0}^{\infty}\left[\frac{a\exp(-c\mathrm{e}^{ax})}{1-\mathrm{e}^{-ax}} - \frac{b\exp(-c\mathrm{e}^{bx})}{1-\mathrm{e}^{-bx}}\right]\mathrm{d}x = \mathrm{e}^{-c}\ln\frac{b}{a}$

$(a > 0, b > 0, c > 0)$ [3]

1109. $\int_{0}^{\infty} \exp(-\nu x - b\sinh x)\mathrm{d}x = \pi\csc\nu\pi[\mathbf{J}_\nu(b) - \mathrm{J}_\nu(b)]$

$\left(|\arg b| \leqslant \frac{\pi}{2}, \mathrm{Re}\,\nu > 0, \nu\text{不为整数}\right)$ [3]

［这里，$\mathbf{J}_\nu(x)$为安格尔函数，$\mathrm{J}_\nu(x)$为贝塞尔函数(见附录)，以下同］

1110. $\int_{0}^{\pi} \exp(z\cos x)\mathrm{d}x = \pi\mathrm{I}_0(z)$ [3]

［这里，$\mathrm{I}_\nu(z)$为第一类修正贝塞尔函数(见附录)，以下同］

1111. $\int_{0}^{\frac{\pi}{2}} \exp(-q\sin x)\sin 2x\mathrm{d}x = \frac{2}{q^2}[(q-1)\mathrm{e}^q + 1]$

1112. $\int_{0}^{T} \exp\left(-\frac{a}{T-\tau} - \frac{b}{\tau}\right)\frac{\mathrm{d}\tau}{\sqrt{(T-\tau)\tau^3}} = \sqrt{\frac{\pi}{bT}}\exp\left[-\frac{1}{T}(\sqrt{a}+\sqrt{b})^2\right]$

1113. $\int_{0}^{T} \exp\left(-\frac{a}{T-\tau} - \frac{b}{\tau}\right)\frac{\mathrm{d}\tau}{[\tau\sqrt{(T-\tau)}]^3} = \sqrt{\frac{\pi}{T^3}}\frac{\sqrt{a}+\sqrt{b}}{\sqrt{ab}}\exp\left[-\frac{1}{T}(\sqrt{a}+\sqrt{b})^2\right]$

Ⅱ.1.3.3 指数函数与幂函数组合的积分

1114. $\int_0^\infty \frac{xe^{-x}}{e^x-1}dx=\frac{\pi^2}{6}-1$ [3]

1115. $\int_0^\infty \frac{xe^{-2x}}{e^{-x}+1}dx=1-\frac{\pi^2}{12}$ [3]

1116. $\int_0^\infty \frac{xe^{-3x}}{e^{-x}+1}dx=\frac{\pi^2}{12}-\frac{3}{4}$ [3]

1117. $\int_0^\infty \frac{xe^{-2nx}}{1+e^x}dx=-\frac{\pi^2}{12}+\sum_{k=1}^{2n-1}\frac{(-1)^{k-1}}{k^2}$ [3]

1118. $\int_0^\infty \frac{xe^{-(2n-1)x}}{1+e^x}dx=\frac{\pi^2}{12}+\sum_{k=1}^{2n}\frac{(-1)^k}{k^2}$ [3]

1119. $\int_0^\infty \frac{x^2e^{-nx}}{1-e^{-x}}dx=2\sum_{k=n}^{\infty}\frac{1}{k^3}\quad(n=1,2,\cdots)$ [3]

1120. $\int_0^\infty \frac{x^2e^{-nx}}{1+e^{-x}}dx=2\sum_{k=n}^{\infty}\frac{(-1)^{n+k}}{k^3}\quad(n=1,2,\cdots)$ [3]

1121. $\int_{-\infty}^\infty \frac{x^2e^{-px}}{1+e^{-x}}dx=\pi^3\csc^3 p\pi(2-\sin^2 p\pi)\quad(0<\mathrm{Re}\,p<1)$ [3]

1122. $\int_0^\infty \frac{x^3e^{-nx}}{1-e^{-x}}dx=\frac{\pi^4}{15}-6\sum_{k=1}^{n-1}\frac{1}{k^4}$ [3]

1123. $\int_0^\infty \frac{x^3e^{-nx}}{1+e^{-x}}dx=6\sum_{k=n}^{\infty}\frac{(-1)^{n+k}}{k^4}$ [3]

1124. $\int_0^\infty \frac{e^{-px}(e^{-x}-1)^n}{x}dx=-\sum_{k=0}^{n}(-1)^k\binom{n}{k}\ln(p+n-k)$ [3]

1125. $\int_0^\infty \frac{e^{-px}(e^{-x}-1)^n}{x^2}dx=\sum_{k=0}^{n}(-1)^k\binom{n}{k}(p+n-k)\ln(p+n-k)$ [3]

1126. $\int_0^\infty \frac{x^{n-1}(1-e^{-mx})}{1-e^x}dx=(n-1)!\sum_{k=1}^{m}\frac{1}{k^n}$ [3]

1127. $\int_0^\infty \frac{x^{p-1}}{e^{ax}-q}dx=\frac{1}{qa^p}\Gamma(p)\sum_{k=1}^{\infty}\frac{q^k}{k^p}\quad(p>0,a>0,-1<q<1)$ [3]

1128. $\int_{-\infty}^\infty \frac{xe^{px}}{b+e^x}dx=\pi b^{p-1}\csc p\pi(\ln b-\pi\cot p\pi)$

$(|\arg b|<\pi,\ 0<\mathrm{Re}\,p<1)$ [3]

1129. $\int_{-\infty}^\infty \frac{xe^{px}}{e^{qx}-1}dx=\frac{\pi^2}{q^2}\csc^2\frac{p\pi}{q}\quad(\mathrm{Re}\,q>\mathrm{Re}\,p>0)$ [3]

1130. $\int_0^\infty x\frac{1+e^{-x}}{e^x-1}dx=\frac{\pi^2}{3}-1$ [3]

1131. $\int_0^\infty x\frac{1-e^{-x}}{1+e^{-3x}}e^{-x}dx=\frac{2\pi^2}{27}$ [3]

1132. $\int_0^\infty \frac{1-e^{-px}}{1+e^x}\frac{dx}{x}=\ln\frac{\sqrt{\pi}\Gamma\left(\frac{p}{2}+1\right)}{\Gamma\left(\frac{p+1}{2}\right)}$ $(\mathrm{Re}\,p>-1)$ [3]

1133. $\int_0^\infty \frac{e^{-qx}-e^{-px}}{1+e^{-x}}\frac{dx}{x}=\ln\frac{\Gamma\left(\frac{q}{2}\right)\Gamma\left(\frac{p+1}{2}\right)}{\Gamma\left(\frac{p}{2}\right)\Gamma\left(\frac{q+1}{2}\right)}$ $(\mathrm{Re}\,p>0,\mathrm{Re}\,q>0)$ [3]

1134. $\int_{-\infty}^\infty \frac{e^{px}-e^{qx}}{1+e^{rx}}\frac{dx}{x}=\ln\left(\tan\frac{p\pi}{2r}\cot\frac{q\pi}{2r}\right)$
$(|r|>|p|,|r|>|q|,rp>0,rq>0)$ [3]

1135. $\int_{-\infty}^\infty \frac{e^{px}-e^{qx}}{1-e^{rx}}\frac{dx}{x}=\ln\left(\sin\frac{p\pi}{r}\csc\frac{q\pi}{r}\right)$
$(|r|>|p|,|r|>|q|,rp>0,rq>0)$ [3]

1136. $\int_0^\infty \frac{e^{-qx}+e^{(q-p)x}}{1-e^{-px}}x\,dx=\left(\frac{\pi}{p}\csc\frac{q\pi}{p}\right)^2$ $(0<q<p)$ [3]

1137. $\int_0^\infty \left(\frac{a+be^{-px}}{ce^{px}+g+he^{-px}}-\frac{a+be^{-qx}}{ce^{qx}+g+he^{-qx}}\right)\frac{dx}{x}=\frac{a+b}{c+g+h}\ln\frac{p}{q}$
$(p>0,q>0)$ [3]

1138. $\int_0^\infty \frac{(1-e^{-ax})(1-e^{-bx})e^{-cx}}{1-e^{-x}}\frac{dx}{x}=\ln\frac{\Gamma(c)\Gamma(a+b+c)}{\Gamma(c+a)\Gamma(c+b)}$
$[\mathrm{Re}\,c>0,\mathrm{Re}\,c>-\mathrm{Re}\,a,\mathrm{Re}\,c>-\mathrm{Re}\,b,\mathrm{Re}\,c>-\mathrm{Re}\,(a+b)]$ [3]

1139. $\int_0^\infty \frac{[1-e^{(q-p)x}]^2}{e^{qx}-e^{(q-2p)x}}\frac{dx}{x}=\ln\left(\csc\frac{q\pi}{2p}\right)$ $(0<q<p)$ [3]

1140. $\int_0^\infty \frac{(1-e^{-ax})(1-e^{-bx})(1-e^{-cx})e^{-px}}{1-e^{-x}}\frac{dx}{x}$

$$=\ln\frac{\Gamma(p)\Gamma(p+a+b)\Gamma(p+a+c)\Gamma(p+b+c)}{\Gamma(p+a)\Gamma(p+b)\Gamma(p+c)\Gamma(p+a+b+c)}$$

$(2\mathrm{Re}\,p>|\mathrm{Re}\,a|+|\mathrm{Re}\,b|+|\mathrm{Re}\,c|)$ [3]

1141. $\int_0^\infty \frac{(1+ix)^{2n}-(1-ix)^{2n}}{i(e^{2\pi x}-1)}dx=\frac{1}{2}\frac{2n-1}{2n+1}$ $(n=1,2,\cdots)$ [3]

1142. $\int_0^\infty \frac{(1+ix)^{2n}-(1-ix)^{2n}}{i(e^{\pi x}+1)}dx=\frac{1}{2n+1}$ $(n=1,2,\cdots)$ [3]

1143. $\int_0^\infty \frac{(1+ix)^{2n-1}-(1-ix)^{2n-1}}{i(e^{\pi x}+1)}dx=\frac{1}{2n}(1-2^{2^n}B_{2n})$ $(n=1,2,\cdots)$ [3]

［这里，B_{2n} 为伯努利数（见附录），以下同］

1144. $\int_{-\infty}^{\infty}\frac{x}{a^2e^x+b^2e^{-x}}dx=\frac{\pi}{2ab}\ln\frac{b}{a}\quad(ab>0)$ ［3］

1145. $\int_{-\infty}^{\infty}\frac{x}{a^2e^x-b^2e^{-x}}dx=\frac{\pi^2}{4ab}$ ［3］

1146. $\int_0^{\infty}\frac{x}{e^x+e^{-x}-1}dx=\frac{1}{3}\left[\psi'\left(\frac{1}{3}\right)-\frac{2}{3}\pi^2\right]=1.1719536193\cdots$ ［3］

1147. $\int_0^{\infty}\frac{xe^{-x}}{e^x+e^{-x}-1}dx=\frac{1}{6}\left[\psi'\left(\frac{1}{3}\right)-\frac{5}{6}\pi^2\right]=0.3118211319\cdots$ ［3］

1148. $\int_0^{\ln 2}\frac{x}{e^x+2e^{-x}-2}dx=\frac{\pi}{8}\ln 2$ ［3］

1149. $\int_{-\infty}^{\infty}\frac{x}{(a+e^x)(1+e^{-x})}dx=\frac{(\ln a)^2}{2(a-1)}\quad(|\arg a|<\pi)$ ［3］

1150. $\int_{-\infty}^{\infty}\frac{x}{(a+e^x)(1-e^{-x})}dx=\frac{\pi^2+(\ln a)^2}{2(a+1)}\quad(|\arg a|<\pi)$ ［3］

1151. $\int_{-\infty}^{\infty}\frac{x^2}{(a+e^x)(1-e^{-x})}dx=\frac{[\pi^2+(\ln a)^2]\ln a}{3(a+1)}\quad(|\arg a|<\pi)$ ［3］

1152. $\int_{-\infty}^{\infty}\frac{x^3}{(a+e^x)(1-e^{-x})}dx=\frac{[\pi^2+(\ln a)^2]^2}{4(a+1)}\quad(|\arg a|<\pi)$ ［3］

1153. $\int_{-\infty}^{\infty}\frac{x^4}{(a+e^x)(1-e^{-x})}dx=\frac{[\pi^2+(\ln a)^2]^2}{15(a+1)}[7\pi^2+3(\ln a)^2]\ln a$ ［3］

1154. $\int_{-\infty}^{\infty}\frac{x^5}{(a+e^x)(1-e^{-x})}dx=\frac{[\pi^2+(\ln a)^2]^2}{6(a+1)}[3\pi^2+(\ln a)^2]^2$ ［3］

1155. $\int_{-\infty}^{\infty}\frac{(x-\ln a)x}{(a-e^x)(1-e^{-x})}dx=-\frac{[4\pi^2+(\ln a)^2]^2\ln a}{6(a-1)}\quad(|\arg a|<\pi)$ ［3］

1156. $\int_{-\infty}^{\infty}\frac{xe^{-px}}{(a+e^{-x})(b+e^{-x})}dx=\frac{\pi(a^{p-1}\ln a-b^{p-1}\ln b)}{(a-b)\sin p\pi}+\frac{\pi^2(a^{p-1}-b^{p-1})\cos p\pi}{(b-a)\sin^2 p\pi}$

$(|\arg a|<\pi,\ |\arg b|<\pi, a\neq b, 0<\operatorname{Re} p<2)$ ［3］

1157. $\int_{-\infty}^{\infty}\frac{x(x-a)e^{px}}{(b-e^x)(1-e^{-x})}dx=-\frac{\pi^2}{e^a-1}\csc^2 p\pi[(e^{ap}+1)\ln p-2\pi(e^{ap}-1)\cot p\pi]$

$(a>0,\ |\arg b|<\pi,\ |\operatorname{Re} p|<1)$ ［3］

1158. $\int_0^{\infty}(e^{-px}-e^{-qx})(e^{-ax}-e^{-bx})e^{-x}\frac{dx}{x}=\ln\frac{(p+b+1)(q+a+1)}{(p+a+1)(q+b+1)}$

$(p+a>-1, p+b>-1, q>p)$ ［3］

1159. $\int_{-\infty}^{\infty}\frac{xe^x}{(a+e^x)^2}dx=\frac{1}{a}\ln a\quad(|\arg a|<\pi)$ ［3］

1160. $\int_{-\infty}^{\infty}\frac{a^2e^x+b^2e^{-x}}{(a^2e^x-b^2e^{-x})^2}x^2dx=\frac{\pi^2}{2ab}\quad(ab>0)$ ［3］

1161. $\int_{-\infty}^{\infty} \frac{a^2 e^x - b^2 e^{-x}}{(a^2 e^x + b^2 e^{-x})^2} x^2 dx = \frac{\pi}{ab} \ln \frac{b}{a} \quad (ab > 0)$ [3]

1162. $\int_0^{\infty} \frac{e^x - e^{-x} + 2}{(e^x - 1)^2} x^2 dx = \frac{2\pi^2}{3} - 2$ [3]

1163. $\int_{-\infty}^{\infty} \frac{(a^2 e^x - e^{-x}) x^2}{(a^2 e^x + e^{-x})^{p+1}} dx = -\frac{1}{a^{p+1}} B\left(\frac{p}{2}, \frac{p}{2}\right) \ln a \quad (a > 0, p > 0)$ [3]

1164. $\int_{-\infty}^{\infty} \frac{(e^x - a e^{-x}) x^2}{(a + e^x)^2 (1 + e^{-x})^2} dx = \frac{(\ln a)^2}{a - 1}$ [3]

1165. $\int_{-\infty}^{\infty} \frac{(e^x - a e^{-x}) x^2}{(a + e^x)^2 (1 - e^{-x})^2} dx = \frac{\pi^2 + (\ln a)^2}{a + 1}$ [3]

1166. $\int_0^{\infty} \left(\frac{1}{2} - \frac{1}{1 + e^{-x}}\right) e^{-2x} \frac{dx}{x} = \frac{1}{2} \ln \frac{\pi}{4}$ [3]

1167. $\int_0^{\infty} \left(\frac{1}{2} - \frac{1}{x} + \frac{1}{e^x - 1}\right) e^{-px} \frac{dx}{x} = \ln\Gamma(p) - \left(p - \frac{1}{2}\right) \ln p + p - \frac{1}{2} \ln(2\pi) \quad (\operatorname{Re} p > 0)$ [3]

1168. $\int_0^{\infty} \left(\frac{1}{2} e^{-2x} - \frac{1}{e^x + 1}\right) \frac{dx}{x} = -\frac{1}{2} \ln \pi$ [3]

1169. $\int_0^{\infty} \left(\frac{e^{px} - 1}{1 - e^x} - p\right) e^{-x} \frac{dx}{x} = -\ln\Gamma(p) - \ln(\sin p\pi) + p + \ln \pi$
$(\operatorname{Re} p < 1)$ [3]

1170. $\int_0^{\infty} \left(p - \frac{1 - e^{-px}}{1 - e^{-x}}\right) e^{-x} \frac{dx}{x} = \ln\Gamma(p + 1) \quad (\operatorname{Re} p > -1)$ [3]

1171. $\int_0^{\infty} \left[q e^{-x} - \frac{e^{-px} - e^{-(p+q)x}}{e^{-x} - 1}\right] \frac{dx}{x} = \ln \frac{\Gamma(p + q + 1)}{\Gamma(p + 1)}$
$(\operatorname{Re} p > -1, \operatorname{Re} q > 0)$ [3]

1172. $\int_0^{\infty} \left(e^{-px} - 1 + px - \frac{1}{2} p^2 x^2\right) x^{q-1} dx = -\frac{\Gamma(q + 3)}{q(q + 1)(q + 2) p^q}$
$(\operatorname{Re} p > 0, -2 > \operatorname{Re} q > -3)$ [3]

1173. $\int_0^{\infty} \left[\frac{1}{x} - \frac{(x + 2)(1 - e^{-x})}{2x^2}\right] e^{-px} dx = -1 + \left(p + \frac{1}{2}\right) \ln\left(1 + \frac{1}{p}\right)$
$(\operatorname{Re} p > 0)$ [3]

1174. $\int_0^{\infty} [x^{q-1} e^{-x} - e^{-px} (1 - e^{-x})^{q-1}] dx = \Gamma(q) - \frac{\Gamma(p)}{\Gamma(p + q)}$
$(\operatorname{Re} p > 0, \operatorname{Re} q > 0)$ [3]

1175. $\int_0^{\infty} x^{p-1} \left[e^{-x} - \sum_{k=1}^{n} (-1)^k \frac{x^{k-1}}{(k - 1)!}\right] dx = \Gamma(p)$
$(-n < p < -n + 1, n = 0, 1, \cdots)$ [3]

1176. $\int_0^\infty \frac{e^{-ax}-e^{-bx}}{x^{p+1}}dx=\frac{b^p-a^p}{p}\Gamma(1-p)$
$(\mathrm{Re}\,a>0,\mathrm{Re}\,b<0,\mathrm{Re}\,p<1)$ [3]

1177. $\int_0^\infty [(x+1)e^{-x}-e^{-\frac{x}{2}}]\frac{dx}{x}=1-\ln 2$ [3]

1178. $\int_0^\infty \left(\frac{1}{1+x}-e^{-x}\right)\frac{dx}{x}=\gamma$ [3]
[这里,γ为欧拉常数(见附录),以下同]

1179. $\int_0^\infty \left(e^{-px}-\frac{1}{1+ax}\right)\frac{dx}{x}=\ln\frac{a}{p}-\gamma \quad (a>0,\mathrm{Re}\,p>0)$ [3]

1180. $\int_0^\infty \left(\frac{e^{-npx}-e^{-nqx}}{n}-\frac{e^{-mpx}-e^{-mqx}}{m}\right)\frac{dx}{x^2}=(q-p)\ln\frac{m}{n} \quad (p>0,q>0)$ [3]

1181. $\int_0^\infty \left(pe^{-x}-\frac{1-e^{-px}}{x}\right)\frac{dx}{x}=p\ln p-p \quad (p>0)$ [3]

1182. $\int_0^\infty \left[\left(\frac{1}{2}+\frac{1}{x}\right)e^{-x}-\frac{1}{x}e^{-\frac{x}{2}}\right]\frac{dx}{x}=\frac{\ln 2-1}{2}$ [3]

1183. $\int_0^\infty \left(\frac{p^2}{6}e^{-x}-\frac{p^2}{2x}-\frac{p}{x^2}-\frac{1-e^{-px}}{x^3}\right)\frac{dx}{x}=\frac{p^2}{6}\ln p-\frac{11}{36}p^3 \quad (p>0)$ [3]

1184. $\int_0^\infty \left(e^{-x}-e^{-2x}-\frac{1}{x}e^{-2x}\right)\frac{dx}{x}=1-\ln 2$ [3]

1185. $\int_0^\infty \left[\left(p-\frac{1}{2}\right)e^{-x}+\frac{x+2}{2x}\left(e^{-px}-e^{-\frac{x}{2}}\right)\right]\frac{dx}{x}=\left(p-\frac{1}{2}\right)(\ln p-1)$
$(p>0)$ [3]

1186. $\int_0^\infty \left[(p-q)e^{-rx}-\frac{1}{mx}(e^{-mpx}-e^{-mqx})\right]\frac{dx}{x}$
$=p\ln p-q\ln q-(p-q)\left(1+\ln\frac{r}{m}\right) \quad (p>0,q>0,r>0)$ [3]

1187. $\int_0^\infty [(p-r)e^{-qx}+(r-q)e^{-px}+(q-p)e^{-rx}]\frac{dx}{x^2}$
$=(r-q)p\ln p+(p-r)q\ln q+(q-p)r\ln r$
$(p>0,q>0,r>0)$ [3]

1188. $\int_0^\infty \left[1-\frac{x+2}{2x}(1-e^{-x})\right]e^{-qx}\frac{dx}{x}=-1+\left(q+\frac{1}{2}\right)\ln\frac{q+1}{q} \quad (q>0)$ [3]

1189. $\int_0^\infty \left(\frac{e^{-x}-1}{x}+\frac{1}{1+x}\right)\frac{dx}{x}=\gamma-1$ [3]

1190. $\int_0^\infty \left(e^{-px}-\frac{1}{1+a^2x^2}\right)\frac{dx}{x}=-\gamma+\ln\frac{a}{p} \quad (p>0)$ [3]

1191. $\int_0^\infty \left(\frac{p^2 e^{-x}}{2} - \frac{p}{x} + \frac{1-e^{-px}}{x^2}\right)\frac{dx}{x} = \frac{p^2}{x}\ln p - \frac{3}{4}p^2 \quad (p>0)$ [3]

1192. $\int_0^\infty (1-e^{-px})^2 e^{-qx}\frac{dx}{x^2} = (2p+q)\ln(2p+q) - 2(p+q)\ln(p+q) + q\ln q$

$(q>0, 2p>-q)$ [3]

1193. $\int_0^\infty (1-e^{-px})^n e^{-qx}\frac{dx}{x^3} = \frac{1}{2}\sum_{k=2}^{n}(-1)^{k-1}\binom{n}{k}(q+kp)^2\ln(q+kp)$

$(n>2, q>0, np+q>0)$ [3]

Ⅱ.1.3.4 指数函数与有理函数组合的积分

1194. $\int_0^\infty \frac{e^{-px}}{a-x}dx = e^{-pa}\mathrm{Ei}(ap) \quad (a>0, \mathrm{Re}\, p>0)$ [3]

[这里,$\mathrm{Ei}(z)$为指数积分(见附录),以下同]

1195. $\int_{-\infty}^\infty \frac{e^{ipx}}{x-a}dx = i\pi e^{iap} \quad (p>0)$ [3]

1196. $\int_{-\infty}^\infty \frac{e^{-ipx}}{a^2+x^2}dx = \frac{\pi}{a}e^{-|ap|} \quad (a>0, p$ 为实数$)$ [3]

1197. $\int_0^\infty x^{\nu-1}e^{-(p+iq)x}dx = \Gamma(\nu)(p^2+q^2)^{-\frac{\nu}{2}}\exp\left(-i\nu\arctan\frac{q}{p}\right)$

$(p>0, \mathrm{Re}\,\nu>0$;或 $p=0, 0<\mathrm{Re}\,\nu<1)$ [3]

1198. $\int_0^\infty (x+b)^q e^{-px}dx = p^{-q-1}e^{bp}\Gamma(q+1, bp) \quad (|\arg b|<\pi, \mathrm{Re}\, p>0)$ [3]

1199. $\int_{-\infty}^\infty (b+ix)^{-q}e^{-ipx}dx = \begin{cases} 0 & (p>0, \mathrm{Re}\, q>0, \mathrm{Re}\, b>0) \\ \frac{2\pi(-p)^{q-1}e^{bp}}{\Gamma(q)} & (p<0, \mathrm{Re}\, q>0, \mathrm{Re}\, b>0)\end{cases}$ [3]

1200. $\int_{-\infty}^\infty (b-ix)^{-q}e^{-ipx}dx = \begin{cases} \frac{2\pi p^{q-1}e^{-bp}}{\Gamma(q)} & (p>0, \mathrm{Re}\, q>0, \mathrm{Re}\, b>0) \\ 0 & (p<0, \mathrm{Re}\, q>0, \mathrm{Re}\, b>0)\end{cases}$ [3]

1201. $\int_0^\infty \frac{x^{q-1}e^{-px}}{x+b}dx = b^{q-1}e^{bp}\Gamma(q)\Gamma(1-q, bp)$

$(\mathrm{Re}\, p>0, \mathrm{Re}\, q>0, |\arg b|<\pi)$ [3]

1202. $\int_{-\infty}^\infty \frac{(b+ix)^{-q}e^{-ipx}}{a^2+x^2}dx = \frac{\pi}{a}(b+a)^{-q}e^{-ap}$

$(\mathrm{Re}\, a>0, \mathrm{Re}\, b>0, \mathrm{Re}\, q>-1, p>0)$ [3]

1203. $\int_{-\infty}^\infty \frac{(b-ix)^{-q}e^{-ipx}}{a^2+x^2}dx = \frac{\pi}{a}(b-a)^{-q}e^{ap}$

(Re $a>0$, Re $b>0$, $b\neq a$, Re $q>-1$, $p>0$) [3]

Ⅱ.1.3.5 指数函数与无理函数组合的积分

1204. $\int_0^u \frac{e^{-qx}}{\sqrt{x}}dx=\frac{\sqrt{\pi}}{q}\Phi(\sqrt{qu})$

[这里,$\Phi(x)$为概率积分(见附录),以下同] [3]

1205. $\int_0^\infty \frac{e^{-qx}}{\sqrt{x}}dx=\sqrt{\frac{\pi}{q}}\quad (q>0)$ [3]

1206. $\int_{-1}^\infty \frac{e^{-qx}}{\sqrt{1+x}}dx=e^q\sqrt{\frac{\pi}{q}}\quad (q>0)$ [3]

1207. $\int_1^\infty \frac{e^{-qx}}{\sqrt{x-1}}dx=e^{-q}\sqrt{\frac{\pi}{q}}\quad (\mathrm{Re}\,q>0)$ [3]

1208. $\int_0^\infty \frac{e^{-qx}}{\sqrt{x+b}}dx=\sqrt{\frac{\pi}{q}}e^{bq}[1-\Phi(\sqrt{bq})]\quad (\mathrm{Re}\,q>0,\ |\arg b|<\pi)$ [3]

1209. $\int_u^\infty \frac{\sqrt{x-u}}{x}e^{-qx}dx=\sqrt{\frac{\pi}{q}}e^{-qu}-\pi\sqrt{u}[1-\Phi(\sqrt{qu})]$

($u>0$, Re $q>0$) [3]

1210. $\int_u^\infty \frac{e^{-qx}}{x\sqrt{x-u}}dx=\frac{\pi}{\sqrt{u}}[1-\Phi(\sqrt{qu})]\quad (u>0,\ \mathrm{Re}\,q>0)$ [3]

1211. $\int_{-1}^1 \frac{e^{2x}}{\sqrt{1-x^2}}dx=\pi I_0(2)$ [3]

[这里,$I_\nu(z)$为第一类修正贝塞尔函数(见附录),以下同]

1212. $\int_0^2 \frac{e^{-px}}{\sqrt{x(2-x)}}dx=\pi e^{-p}I_0(p)\quad (p>0)$ [3]

1213. $\int_0^\infty \frac{e^{-px}}{\sqrt{x(x+a)}}dx=e^{\frac{ap}{2}}K_0\left(\frac{ap}{2}\right)\quad (a>0,\ p>0)$ [3]

[这里,$K_\nu(z)$为第二类修正贝塞尔函数(见附录),以下同]

Ⅱ.1.3.6 指数函数的代数函数与幂函数组合的积分

1214. $\int_0^\infty xe^{-x}\sqrt{1-e^{-x}}dx=\frac{4}{3}\left(\frac{4}{3}-\ln 2\right)$ [3]

1215. $\int_0^{\infty} x\mathrm{e}^{-x}\sqrt{1-\mathrm{e}^{-2x}}\,\mathrm{d}x = \frac{\pi}{4}\left(\frac{1}{2}+\ln 2\right)$ [3]

1216. $\int_0^{\infty} \frac{x}{\sqrt{\mathrm{e}^x-1}}\,\mathrm{d}x = 2\pi\ln 2$ [3]

1217. $\int_0^{\infty} \frac{x^2}{\sqrt{\mathrm{e}^x-1}}\,\mathrm{d}x = 4\pi\left[(\ln 2)^2+\frac{\pi^2}{12}\right]$ [3]

1218. $\int_0^{\infty} \frac{x\mathrm{e}^{-x}}{\sqrt{\mathrm{e}^x-1}}\,\mathrm{d}x = \frac{\pi}{2}(2\ln 2-1)$ [3]

1219. $\int_0^{\infty} \frac{x\mathrm{e}^{-x}}{\sqrt{\mathrm{e}^{2x}-1}}\,\mathrm{d}x = 1-\ln 2$ [3]

1220. $\int_0^{\infty} \frac{x\mathrm{e}^{-2x}}{\sqrt{\mathrm{e}^x-1}}\,\mathrm{d}x = \frac{3\pi}{4}\left(\ln 2-\frac{7}{12}\right)$ [3]

1221. $\int_0^{\infty} \frac{x\mathrm{e}^x}{\sqrt{\mathrm{e}^x-1}\left[a^2\mathrm{e}^x-(a^2-b^2)\right]}\,\mathrm{d}x = \frac{2\pi}{ab}\ln\left(1+\frac{b}{a}\right) \quad (ab>0)$ [3]

1222. $\int_0^{\infty} \frac{x\mathrm{e}^x}{\sqrt{\mathrm{e}^x-1}\left[a^2\mathrm{e}^x-(a^2+b^2)\right]}\,\mathrm{d}x = \frac{2\pi}{ab}\arctan\frac{b}{a} \quad (ab>0)$ [3]

1223. $\int_0^{\infty} \frac{x\mathrm{e}^{-2nx}}{\sqrt{\mathrm{e}^{2x}+1}}\,\mathrm{d}x = \frac{(2n-1)!!}{(2n)!!}\,\frac{\pi}{2}\left[\ln 2+\sum_{k=1}^{2n}\frac{(-1)^k}{k}\right]$ [3]

1224. $\int_0^{\infty} \frac{x\mathrm{e}^{-(2n-1)x}}{\sqrt{\mathrm{e}^{2x}-1}}\,\mathrm{d}x = -\frac{(2n-2)!!}{(2n-1)!!}\left[\ln 2+\sum_{k=1}^{2n-1}\frac{(-1)^k}{k}\right]$ [3]

1225. $\int_0^{\infty} \frac{x^2\mathrm{e}^x}{\sqrt{(\mathrm{e}^x-1)^3}}\,\mathrm{d}x = 8\pi\ln 2$ [3]

1226. $\int_0^{\infty} \frac{x^3\mathrm{e}^x}{\sqrt{(\mathrm{e}^x-1)^3}}\,\mathrm{d}x = 24\pi\left[(\ln 2)^2+\frac{\pi^2}{12}\right]$ [3]

1227. $\int_0^{\infty} \frac{x}{\sqrt[3]{\mathrm{e}^{3x}-1}}\,\mathrm{d}x = \frac{\pi}{3\sqrt{3}}\left(\ln 3+\frac{\pi}{3\sqrt{3}}\right)$ [3]

1228. $\int_0^{\infty} \frac{x}{\sqrt[3]{(\mathrm{e}^{3x}-1)^2}}\,\mathrm{d}x = \frac{\pi}{3\sqrt{3}}\left(\ln 3-\frac{\pi}{3\sqrt{3}}\right)$ [3]

1229. $\int_0^{\infty} \frac{x}{(a^2\mathrm{e}^x+\mathrm{e}^{-x})^p}\,\mathrm{d}x = -\frac{1}{2a^p}\mathrm{B}\left(\frac{p}{2},\frac{p}{2}\right)\ln a \quad (a>0,\mathrm{Re}\,p>0)$

[这里，$\mathrm{B}(x,y)$为贝塔函数（见附录）] [3]

Ⅱ.1.3.7 更复杂自变数的指数函数与幂函数组合的积分

1230. $\int_{-\infty}^{\infty} (x+a\mathrm{i})^{2n}\mathrm{e}^{-x^2}\,\mathrm{d}x = \frac{(2n-1)!!}{2^n}\sqrt{\pi}\sum_{k=0}^{n}(-1)^k\frac{(2a)^{2k}n!}{(2k)!(n-k)!}$ [3]

1231. $\int_0^{\infty}(1+2bx^2)\mathrm{e}^{-px^2}\,\mathrm{d}x=\frac{p+b}{2}\sqrt{\frac{\pi}{p^3}}\quad(\mathrm{Re}\,p>0)$　[3]

1232. $\int_0^{\infty}x\mathrm{e}^{-px^2-2qx}\,\mathrm{d}x=\frac{1}{2p}-\frac{q}{2p}\sqrt{\frac{\pi}{p}}\left[1-\Phi\left(\frac{q}{\sqrt{p}}\right)\right]\mathrm{e}^{\frac{q^2}{p}}$

$\left(\mathrm{Re}\,p>0,\ |\arg q|<\frac{\pi}{2}\right)$　[3]

[这里,$\Phi(x)$为概率积分(见附录),以下同]

1233. $\int_{-\infty}^{\infty}x^2\mathrm{e}^{-px^2+2qx}\,\mathrm{d}x=\frac{1}{2p}\sqrt{\frac{\pi}{p}}\left(1+2\frac{q^2}{p}\right)\mathrm{e}^{\frac{q^2}{p}}\quad(\mathrm{Re}\,p>0,\ |\arg q|<\pi)$

[3]

1234. $\int_0^{\infty}\left(\mathrm{e}^{-x^2}-\mathrm{e}^{-x}\right)\frac{\mathrm{d}x}{x}=\frac{1}{2}\gamma$　[3]

[这里,γ为欧拉常数(见附录),以下同]

1235. $\int_0^{\infty}\left(\mathrm{e}^{-px^2}-\mathrm{e}^{-qx^2}\right)\frac{\mathrm{d}x}{x^2}=\sqrt{\pi}(\sqrt{q}-\sqrt{p})\quad(\mathrm{Re}\,p>0,\mathrm{Re}\,q>0)$　[3]

1236. $\int_0^{1}\frac{\mathrm{e}^{x^2}-1}{x^2}\mathrm{d}x=\sum_{k=1}^{\infty}\frac{1}{k!(2k-1)}$　[3]

1237. $\int_0^{\infty}\left(\mathrm{e}^{-x^2}-\frac{1}{1+x^2}\right)\frac{\mathrm{d}x}{x}=-\frac{1}{2}\gamma$　[3]

1238. $\int_0^{\infty}\left(\mathrm{e}^{-x^4}-\mathrm{e}^{-x}\right)\frac{\mathrm{d}x}{x}=\frac{3}{4}\gamma$　[3]

1239. $\int_0^{\infty}\left(\mathrm{e}^{-x^4}-\mathrm{e}^{-x^2}\right)\frac{\mathrm{d}x}{x}=\frac{1}{4}\gamma$　[3]

1240. $\int_0^{\infty}\left[\exp\left(-\frac{a}{x^2}\right)-1\right]\mathrm{e}^{-px^2}\,\mathrm{d}x=\frac{1}{2}\sqrt{\frac{\pi}{p}}\left[\exp(-2\sqrt{ap})-1\right]$

$(\mathrm{Re}\,a>0,\mathrm{Re}\,p>0)$　[3]

1241. $\int_0^{\infty}x^2\exp\left(-\frac{a}{x^2}-px^2\right)\mathrm{d}x=\frac{1}{4}\sqrt{\frac{\pi}{p^3}}(1+2\sqrt{ap})\exp(-2\sqrt{ap})$

$(\mathrm{Re}\,a>0,\mathrm{Re}\,p>0)$　[3]

1242. $\int_0^{\infty}\frac{1}{x^2}\exp\left(-\frac{a}{x^2}-px^2\right)\mathrm{d}x=\frac{1}{2}\sqrt{\frac{\pi}{a}}\exp(-2\sqrt{ap})$

$(\mathrm{Re}\,a>0,\mathrm{Re}\,p>0)$　[3]

1243. $\int_0^{\infty}\frac{1}{x^4}\exp\left[-\frac{1}{2a}\left(x^2+\frac{1}{x^2}\right)\right]\mathrm{d}x=\sqrt{\frac{a\pi}{2}}(1+a)\mathrm{e}^{-\frac{1}{a}}\quad(a>0)$　[3]

1244. $\int_0^{1}\left[\frac{n\exp(1-x^{-n})}{1-x^n}-\frac{\exp(1-x^{-1})}{1-x}\right]\frac{\mathrm{d}x}{x}=-\ln n$　[3]

1245. $\int_0^\infty \left[\exp(-x^2) - \frac{1}{1+x^{2^{n+1}}}\right]\frac{dx}{x} = -\frac{1}{2^n}\gamma$ [3]

1246. $\int_0^\infty \left[\exp\left(-x^{2^n}\right) - \frac{1}{1+x^2}\right]\frac{dx}{x} = -\frac{1}{2^n}\gamma$ [3]

1247. $\int_0^\infty \left[\exp\left(-x^{2^n}\right) - e^{-x}\right]\frac{dx}{x} = \left(1-\frac{1}{2^n}\right)\gamma$ [3]

1248. $\int_0^\infty [\exp(-ax^p) - \exp(-bx^p)]\frac{dx}{x} = \frac{1}{p}\ln\frac{b}{a}$ $(\operatorname{Re} a > 0, \operatorname{Re} b > 0)$ [3]

1249. $\int_0^\infty [\exp(-x^p) - \exp(-x^q)]\frac{dx}{x} = \frac{p-q}{pq}\gamma$ [3]

1250. $\int_0^\infty x^{b-1}\exp(-ax^p)dx = \frac{1}{p}a^{-\frac{b}{p}}\Gamma\left(\frac{b}{p}\right)$ $(\operatorname{Re} a > 0, \operatorname{Re} b > 0, p > 0)$ [3]

1251. $\int_0^\infty x^{b-1}[1-\exp(-ax^p)]dx = -\frac{1}{|p|}a^{-\frac{b}{p}}\Gamma\left(\frac{b}{p}\right)$

($\operatorname{Re} a > 0$,当 $p > 0$ 时,$-p < \operatorname{Re} b < 0$;而当 $p < 0$ 时,$0 < \operatorname{Re} b < -p$) [3]

1252. $\int_{-\infty}^\infty xe^x\exp(-ae^x)dx = -\frac{1}{a}(\ln a + \gamma)$ $(\operatorname{Re} a > 0)$ [3]

1253. $\int_{-\infty}^\infty xe^x\exp(-ae^{2x})dx = -\frac{1}{4}\sqrt{\frac{\pi}{a}}[\ln(4a) + \gamma]$ $(\operatorname{Re} a > 0)$ [3]

1254. $\int_0^\infty \left[\left(1+\frac{a}{qx}\right)^{qx} - \left(1+\frac{a}{px}\right)^{px}\right]\frac{dx}{x} = (e^a - 1)\ln\frac{q}{p}$ $(p > 0, q > 0)$ [3]

1255. $\int_0^1 x^{-x}dx = \int_0^1 e^{-x\ln x}dx = \sum_{k=1}^\infty k^{-k} = 1.2912859970627\cdots$ [3]

Ⅱ.1.3.8 含有对数函数 $\ln x$ 和 $(\ln x)^n$ 的积分

1256. $\int_0^1 (\ln x)^n dx = e^{n\pi i}\Gamma(n+1) = (-1)^n n!$ $(n > -1)$

1257. $\int_0^1 x^m(\ln x)^n dx = (-1)^n\frac{\Gamma(n+1)}{(m+1)^{m+1}}$ ($m > -1$,n 为正整数) [1]

1258. $\int_0^1 \sqrt{\ln\frac{1}{x}}dx = \frac{\sqrt{\pi}}{2}$

1259. $\int_0^1 \frac{dx}{\sqrt{\ln\frac{1}{x}}} = \sqrt{\pi}$

1260. $\int_0^1 \ln\frac{1}{x}dx = 1$

1261. $\int_0^1 \left(\ln\frac{1}{x}\right)^n \mathrm{d}x = n!$

1262. $\int_0^1 \left(\ln\frac{1}{x}\right)^{p-1} \mathrm{d}x = \Gamma(p) \quad (\mathrm{Re}\, p > 0)$

1263. $\int_0^1 \left(\ln\frac{1}{x}\right)^{-p} \mathrm{d}x = \frac{\pi}{\Gamma(p)}\csc p\pi \quad (\mathrm{Re}\, p < 1)$

1264. $\int_0^1 x\ln\frac{1}{x}\mathrm{d}x = \frac{1}{4}$

1265. $\int_0^1 x^m\left(\ln\frac{1}{x}\right)^n \mathrm{d}x = \frac{\Gamma(n+1)}{(m+1)^{n+1}} \quad (m > -1, n > -1)$

1266. $\int_0^1 \ln(1+x)\mathrm{d}x = 2\ln 2 - 1$

1267. $\int_0^1 \ln(1-x)\mathrm{d}x = -1$

1268. $\int_0^1 x\ln(1+x)\mathrm{d}x = \frac{1}{4}$

1269. $\int_0^1 x\ln(1-x)\mathrm{d}x = -\frac{3}{4}$

1270. $\int_0^1 \frac{\ln x}{1+x}\mathrm{d}x = -\frac{\pi^2}{12}$

1271. $\int_0^1 \frac{\ln x}{1-x}\mathrm{d}x = -\frac{\pi^2}{6}$

1272. $\int_0^1 \frac{\ln(1+x)}{x}\mathrm{d}x = \frac{\pi^2}{12}$

1273. $\int_0^1 \frac{\ln(1-x)}{x}\mathrm{d}x = -\frac{\pi^2}{6}$

1274. $\int_0^1 \frac{\ln(1+x^a)}{x}\mathrm{d}x = \frac{\pi^2}{12a}$

1275. $\int_0^1 \frac{\ln(1-x^a)}{x}\mathrm{d}x = -\frac{\pi^2}{6a}$

1276. $\int_0^1 \frac{\ln x}{1-x^2}\mathrm{d}x = -\frac{\pi^2}{8}$

1277. $\int_0^1 \ln\frac{1+x}{1-x}\frac{\mathrm{d}x}{x} = \frac{\pi^2}{4}$

1278. $\int_0^1 \frac{\ln x}{\sqrt{1-x^2}}\mathrm{d}x = -\frac{\pi}{2}\ln 2$

1279. $\int_0^1 \frac{x^p - x^q}{\ln x}\mathrm{d}x = \ln\frac{p+1}{q+1} \quad (p > -1, q > -1)$

1280. $\int_0^1 \frac{\mathrm{d}x}{\sqrt{\ln(-\ln x)}} = \sqrt{\pi}$

1281. $\int_0^1 \frac{dx}{a+\ln x} = e^{-a}\mathrm{Ei}(a)$

[这里,Ei(x)为指数积分(见附录),以下同]

1282. $\int_0^1 \frac{dx}{a-\ln x} = -e^{a}\mathrm{Ei}(a)$

1283. $\int_0^1 \frac{dx}{(a+\ln x)^2} = e^{-a}\mathrm{Ei}(a) - \frac{1}{a}$

1284. $\int_0^1 \frac{dx}{(a-\ln x)^2} = e^{-a}\mathrm{Ei}(a) + \frac{1}{a}$

1285. $\int_0^1 \frac{dx}{(a+\ln x)^m} = \frac{1}{(m-1)!}\left[\frac{1}{e^a}\mathrm{Ei}(a) - \frac{1}{a^m}\sum_{k=1}^{m-1}(m-k-1)!a^k\right]$ [2]

1286. $\int_0^1 \frac{dx}{(a-\ln x)^m} = \frac{(-1)^m}{(m-1)!}\left[e^a\mathrm{Ei}(a) - \frac{1}{a^m}\sum_{k=1}^{m-1}(m-k-1)!(-a)^k\right]$ [2]

1287. $\int_0^1 \ln x\ln(1+x)dx = 2-2\ln 2-\frac{\pi^2}{12}$

1288. $\int_0^1 \ln x\ln(1-x)dx = 2-\frac{\pi^2}{6}$

1289. $\int_0^\infty \frac{\ln x}{1+x^2}dx = 0$

1290. $\int_0^\infty \frac{\ln x}{1-x^2}dx = -\frac{\pi^2}{4}$

1291. $\int_0^\infty \frac{\ln x}{a^2+x^2}dx = \frac{\pi}{2a}\ln a$

1292. $\int_0^\infty \frac{\ln x}{(a+x)(b+x)}dx = \frac{(\ln a)^2-(\ln b)^2}{2(a-b)} \quad (a \neq b)$

1293. $\int_0^\infty \frac{\ln x}{a^2+b^2x^2}dx = \frac{\pi}{2ab}\ln\frac{a}{b}$

1294. $\int_0^\infty \frac{\ln x}{a^2-b^2x^2}dx = -\frac{\pi}{4ab}$

1295. $\int_0^\infty \frac{\ln(x+1)}{1+x^2}dx = \frac{\pi\ln 2}{4}+G$

[这里,G为卡塔兰常数(见附录)]

1296. $\int_0^\infty \frac{\ln(x-1)}{1+x^2}dx = \frac{\pi\ln 2}{8}$

Ⅱ.1.3.9 含有更复杂自变数的对数函数的积分

1297. $\int_0^\infty \ln\frac{a^2+x^2}{b^2+x^2}dx = (a-b)\pi \quad (a>0, b>0)$

1298. $\int_0^{\infty} \ln \frac{a^2 - x^2}{b^2 - x^2} \mathrm{d}x = (a+b)\pi$

1299. $\int_0^{\infty} \ln x \ln \frac{a^2 + x^2}{b^2 + x^2} \mathrm{d}x = (b-a)\pi + \pi \ln \frac{a^a}{b^b} \quad (a > 0, b > 0)$

1300. $\int_0^{\infty} \ln x \ln\left(1 + \frac{b^2}{x^2}\right) \mathrm{d}x = \pi b(\ln b - 1) \quad (b > 0)$

1301. $\int_0^{\infty} \ln(1 + a^2 x^2) \ln\left(1 + \frac{b^2}{x^2}\right) \mathrm{d}x = 2\pi\left[\frac{1+ab}{b}\ln(1+ab) - b\right]$

$(a > 0, b > 0)$

1302. $\int_0^{\infty} \ln(a^2 + x^2) \ln\left(1 + \frac{b^2}{x^2}\right) \mathrm{d}x = 2\pi[(a+b)\ln(a+b) - a\ln a - b]$

$(a > 0, b > 0)$

1303. $\int_0^{\infty} \ln\left(1 + \frac{a^2}{x^2}\right) \ln\left(1 + \frac{b^2}{x^2}\right) \mathrm{d}x = 2\pi[(a+b)\ln(a+b) - a\ln a - b\ln b]$

$(a > 0, b > 0)$

1304. $\int_0^{\infty} \ln\left(a^2 + \frac{1}{x^2}\right) \ln\left(1 + \frac{b^2}{x^2}\right) \mathrm{d}x = 2\pi\left[\frac{1+ab}{a}\ln(1+ab) - b\ln b\right]$

$(a > 0, b > 0)$

1305. $\int_0^{\infty} \ln(1 + 2\mathrm{e}^{-x}\cos t + \mathrm{e}^{-2x}) \mathrm{d}x = \frac{\pi^2}{6} - \frac{t^2}{2} \quad (|t| < \pi)$

1306. $\int_0^{\pi} \ln(a + b\cos x) \mathrm{d}x = \pi \ln \frac{a + \sqrt{a^2 - b^2}}{2} \quad (a \geqslant |b| > 0)$

1307. $\int_0^{\pi} \ln(1 \pm \sin x) \mathrm{d}x = -\pi \ln 2 \pm 4G$

1308. $\int_0^{\pi} \ln(1 + a\cos x)^2 \mathrm{d}x = 2\pi \ln \frac{1 + \sqrt{1 - a^2}}{2} \quad (a^2 \leqslant 1)$

1309. $\int_0^{n\pi} \ln(1 - 2a\cos x + a^2) \mathrm{d}x = \begin{cases} 0 & (a^2 < 1) \\ n\pi \ln a^2 & (a^2 > 1) \end{cases}$

1310. $\int_0^{2\pi} \ln(1 + a\sin x + b\cos x) \mathrm{d}x = 2\pi \ln \frac{1 + \sqrt{1 - a^2 - b^2}}{2} \quad (a^2 + b^2 < 1)$

1311. $\int_0^{2\pi} \ln(1 + a^2 + b^2 + 2a\sin x + 2b\cos x) \mathrm{d}x = \begin{cases} 0 & (a^2 + b^2 \leqslant 1) \\ 2\pi \ln(a^2 + b^2) & (a^2 + b^2 \geqslant 1) \end{cases}$

1312. $\int_0^{\frac{\pi}{2}} \ln(a^2 - \sin^2 x)^2 \mathrm{d}x = \begin{cases} -2\pi \ln 2 & (a^2 \leqslant 1) \\ 2\pi \ln \frac{a + \sqrt{a^2 - 1}}{2} & (a > 1) \end{cases}$

1313. $\int_0^{\frac{\pi}{2}} \ln(1 + a\sin^2 x) \mathrm{d}x = \frac{1}{2}\int_0^{\pi} \ln(1 + a\sin^2 x) \mathrm{d}x$

$$= \int_0^{\frac{\pi}{2}} \ln(1 + a\cos^2 x)\mathrm{d}x = \frac{1}{2}\int_0^{\pi} \ln(1 + a\cos^2 x)\mathrm{d}x$$

$$= \pi \ln \frac{1 + \sqrt{1+a}}{2} \quad (a \geqslant -1)$$

1314. $\int_0^{\frac{\pi}{2}} \ln(a\tan x)\mathrm{d}x = \frac{\pi}{2}\ln a \quad (a > 0)$

1315. $\int_0^{\frac{\pi}{2}} \ln(1 + \tan x)\mathrm{d}x = \frac{\pi}{4}\ln 2 + G$

1316. $\int_0^{\frac{\pi}{2}} \ln(1 - \tan x)^2 \mathrm{d}x = \frac{\pi}{2}\ln 2 - 2G$

1317. $\int_0^1 \ln\left(\ln\frac{1}{x}\right)\mathrm{d}x = -\gamma$

[这里,γ 为欧拉常数(见附录),以下同]

1318. $\int_0^1 \frac{\mathrm{d}x}{\ln\left(\ln\frac{1}{x}\right)} = 0$

1319. $\int_0^1 \frac{\ln\left(\ln\frac{1}{x}\right)}{\sqrt{\ln\frac{1}{x}}}\mathrm{d}x = -(2\ln 2 + \gamma)\sqrt{\pi}$

Ⅱ.1.3.10 对数函数与有理函数组合的积分

1320. $\int_0^1 \frac{\ln x}{(1+x)^2}\mathrm{d}x = -\ln 2$

1321. $\int_0^a \frac{\ln x}{a^2 + x^2}\mathrm{d}x = \frac{\pi \ln a}{4a} - \frac{G}{a} \quad (a > 0)$

[这里,G 为卡塔兰常数(见附录),以下同]

1322. $\int_0^1 \frac{\ln x}{1 + x^2}\mathrm{d}x = -\int_1^{\infty} \frac{\ln x}{1 + x^2}\mathrm{d}x = -G$

1323. $\int_0^1 \frac{\ln x}{1 - x^2}\mathrm{d}x = -\frac{\pi^2}{8}$

1324. $\int_0^1 \frac{x\ln x}{1 + x^2}\mathrm{d}x = -\frac{\pi^2}{48}$

1325. $\int_0^1 \frac{x\ln x}{1 - x^2}\mathrm{d}x = -\frac{\pi^2}{24}$

1326. $\int_0^1 \left[\frac{1}{1-x} + \frac{x\ln x}{(1-x)^2}\right]\mathrm{d}x = \frac{\pi^2}{6} - 1$

1327. $\int_u^v \frac{\ln x}{(x+u)(x+v)}\mathrm{d}x = \frac{\ln uv}{2(v-u)}\ln\frac{(u+v)^2}{4uv}$

1328. $\int_0^\infty \frac{\ln x}{(x+a)(x+b)}\mathrm{d}x = \frac{(\ln a)^2-(\ln b)^2}{2(a-b)}$　$(|\arg a|<\pi,|\arg b|<\pi)$

1329. $\int_0^\infty \frac{\ln x}{(x+a)(x-1)}\mathrm{d}x = \frac{(\ln a)^2+\pi^2}{2(a+1)}$　$(a>0)$

1330. $\int_0^\infty \frac{\ln x}{x^2+2xa\cos t+a^2}\mathrm{d}x = \frac{t\ln a}{a\sin t}$　$(a>0,0<t<\pi)$

Ⅱ.1.3.11　对数函数与无理函数组合的积分

1331. $\int_0^{\frac{\sqrt{2}}{2}} \frac{\ln x}{\sqrt{1-x^2}}\mathrm{d}x = -\frac{\pi}{4}\ln 2-\frac{1}{2}G$

[这里,G为卡塔兰常数(见附录),以下同]

1332. $\int_0^1 \frac{\ln x}{\sqrt{1-x^2}}\mathrm{d}x = -\frac{\pi}{2}\ln 2$

1333. $\int_0^\infty \frac{\ln x}{x^2\sqrt{x^2-1}}\mathrm{d}x = 1-\ln 2$

1334. $\int_0^1 \sqrt{1-x^2}\ln x\mathrm{d}x = -\frac{\pi}{8}-\frac{\pi}{4}\ln 2$

1335. $\int_0^1 x\sqrt{1-x^2}\ln x\mathrm{d}x = \frac{1}{3}\ln 2-\frac{4}{9}$

1336. $\int_0^1 \frac{\ln x}{\sqrt{x(1-x^2)}}\mathrm{d}x = -\frac{\sqrt{2\pi}}{8}\left[\Gamma\left(\frac{1}{4}\right)\right]^2$　[3]

1337. $\int_0^1 \frac{\ln x}{\sqrt[n]{1-x^{2n}}}\mathrm{d}x = -\frac{\pi\mathrm{B}\left(\frac{1}{2n},\frac{1}{2n}\right)}{8n^2\sin\frac{\pi}{2n}}$　$(n>1)$　[3]

[这里,$\mathrm{B}(p,q)$为贝塔函数(见附录),以下同]

1338. $\int_0^1 \frac{\ln x}{\sqrt[n]{x^{n-1}(1-x^2)}}\mathrm{d}x = -\frac{\pi\mathrm{B}\left(\frac{1}{2n},\frac{1}{2n}\right)}{8\sin\frac{\pi}{2n}}$　[3]

Ⅱ.1.3.12 对数函数与幂函数组合的积分

1339. $\int_0^\infty \frac{x^{p-1}\ln x}{b+x}\mathrm{d}x = \frac{\pi b^{p-1}}{\sin p\pi}(\ln b - \pi\cot p\pi) \quad (0 < \mathrm{Re}\ p < 1,\ |\arg b| < \pi)$

1340. $\int_0^\infty \frac{x^{p-1}\ln x}{a-x}\mathrm{d}x = \pi a^{p-1}\left(\cot p\pi \ln a - \frac{\pi}{\sin^2 p\pi}\right) \quad (0 < \mathrm{Re}\ p < 1, a > 0)$

1341. $\int_0^1 \frac{x^{2n}\ln x}{1+x}\mathrm{d}x = -\frac{\pi^2}{12} + \sum_{k=1}^{2n}\frac{(-1)^{k-1}}{k^2}$

1342. $\int_0^1 \frac{x^{2n-1}\ln x}{1+x}\mathrm{d}x = \frac{\pi^2}{12} + \sum_{k=1}^{2n-1}\frac{(-1)^{k}}{k^2}$

1343. $\int_0^\infty \frac{x^{p-1}\ln x}{(x+a)(x+b)}\mathrm{d}x$

$= \frac{\pi}{(b-a)\sin p\pi}[a^{p-1}\ln a - b^{p-1}\ln b - \pi\cot p\pi(a^{p-1} - b^{p-1})]$

$(|\arg a| < \pi,\ |\arg b| < \pi, 0 < \mathrm{Re}\ p < 2, p \neq 1)$

1344. $\int_0^\infty \frac{x^{p-1}\ln x}{(x+a)(x-1)}\mathrm{d}x = \frac{\pi}{(a+1)\sin^2 p\pi}[\pi - a^{p-1}(\sin p\pi \ln a - \pi\cos p\pi)]$

$(|\arg a| < \pi, 0 < \mathrm{Re}\ p < 2, p \neq 1)$

1345. $\int_0^\infty \frac{x^{p-1}\ln x}{1-x^2}\mathrm{d}x = -\frac{\pi^2}{4}\csc^2\frac{p\pi}{2} \quad (0 < p < 2)$

1346. $\int_0^\infty \frac{x^{p-1}\ln x}{(x+a)^2}\mathrm{d}x = \frac{(1-p)a^{p-2}\pi}{\sin p\pi}\left(\ln a - \pi\cot p\pi + \frac{1}{p-1}\right)$

$(a > 0, 0 < \mathrm{Re}\ p < 2, p \neq 1)$

1347. $\int_0^1 \ln x\left(\frac{x}{a^2+x^2}\right)^p\frac{\mathrm{d}x}{x} = \frac{\ln a}{2a^p}\mathrm{B}\left(\frac{p}{2}, \frac{p}{2}\right) \quad (a > 0, p > 0)$

[这里,$\mathrm{B}(p,q)$为贝塔函数(见附录),以下同]

1348. $\int_1^\infty (x-1)^{p-1}\ln x\mathrm{d}x = \frac{\pi}{p}\csc p\pi \quad (-1 < p < 0)$

1349. $\int_0^\infty \frac{x^{p-1}\ln x}{1-x^q}\mathrm{d}x = -\frac{\pi^2}{q^2\sin^2\frac{p\pi}{q}} \quad (0 < p < q)$

1350. $\int_0^\infty \frac{x^{p-1}\ln x}{1+x^q}\mathrm{d}x = -\frac{\pi^2}{q^2}\frac{\cos\frac{p\pi}{q}}{\sin^2\frac{p\pi}{q}} \quad (0 < p < q)$

1351. $\int_0^\infty \frac{\ln x}{x^p(x^q-1)}\mathrm{d}x = \frac{\pi^2}{q^2\sin^2\frac{(p-1)\pi}{q}} \quad (p < 1, p+q > 1)$

1352. $\int_0^1 \frac{x^{q-1}\ln x}{1-x^{2q}}\mathrm{d}x = -\frac{\pi^2}{8q^2} \quad (q>0)$

1353. $\int_0^1 \frac{(1-x^2)x^{p-2}\ln x}{1+x^{2p}}\mathrm{d}x = -\left(\frac{\pi}{2p}\right)^2 \frac{\sin\frac{\pi}{2p}}{\cos^2\frac{\pi}{2p}} \quad (p>1)$

1354. $\int_0^1 \frac{(1+x^2)x^{p-2}\ln x}{1-x^{2p}}\mathrm{d}x = -\left(\frac{\pi}{2p}\right)^2 \sec^2\frac{\pi}{2p} \quad (p>1)$

1355. $\int_0^\infty \frac{1-x^p}{1-x^2}\ln x\,\mathrm{d}x = \frac{\pi^2}{4}\tan^2\frac{p\pi}{2} \quad (p<1)$

Ⅱ.1.3.13　对数函数的幂函数与其他幂函数组合的积分

1356. $\int_0^1 \frac{(\ln x)^2}{1+2x\cos t+x^2}\mathrm{d}x = \frac{t(\pi^2-t^2)}{6\sin t} \quad (0<t<\pi)$

1357. $\int_0^1 \frac{(\ln x)^3}{1+x}\mathrm{d}x = -\frac{7\pi^4}{120}$

1358. $\int_0^1 \frac{(\ln x)^3}{1-x}\mathrm{d}x = -\frac{\pi^4}{15}$

1359. $\int_0^1 \frac{(\ln x)^4}{1+x^2}\mathrm{d}x = \frac{5\pi^5}{64}$

1360. $\int_0^1 \frac{(\ln x)^5}{1+x}\mathrm{d}x = -\frac{31\pi^6}{252}$

1361. $\int_0^1 \frac{(\ln x)^5}{1-x}\mathrm{d}x = -\frac{8\pi^6}{63}$

1362. $\int_0^1 \frac{(\ln x)^6}{1+x^2}\mathrm{d}x = \frac{61\pi^7}{256}$

1363. $\int_0^1 \frac{(\ln x)^7}{1+x}\mathrm{d}x = -\frac{127\pi^8}{240}$

1364. $\int_0^1 \frac{(\ln x)^7}{1-x}\mathrm{d}x = -\frac{8\pi^7}{15}$

1365. $\int_0^1 x^{p-1}\sqrt{\ln\frac{1}{x}}\,\mathrm{d}x = \frac{1}{2}\sqrt{\frac{\pi}{p^3}} \quad (p>0)$

1366. $\int_0^1 \frac{x^{p-1}}{\sqrt{\ln\frac{1}{x}}}\mathrm{d}x = \sqrt{\frac{\pi}{p}} \quad (p>0)$

1367. $\int_u^v \frac{\mathrm{d}x}{x\sqrt{\ln\frac{x}{u}\ln\frac{v}{x}}} = \pi \quad (uv>0)$

1368. $\int_1^{\infty} \frac{(\ln x)^p}{x^2} dx = \Gamma(1+p) \quad (p > -1)$ [3]

1369. $\int_0^1 \left(\ln \frac{1}{x}\right)^{p-1} x^{q-1} dx = \frac{1}{q^p}\Gamma(p) \quad (\operatorname{Re} p > 0, \operatorname{Re} q > 0)$ [3]

1370. $\int_0^1 \left(\ln \frac{1}{x}\right)^{n-\frac{1}{2}} x^{q-1} dx = \frac{(2n-1)!!}{(2q)^n}\sqrt{\frac{\pi}{q}} \quad (\operatorname{Re} q > 0)$ [3]

1371. $\int_0^1 \left(\ln \frac{1}{x}\right)^{n-1} \frac{x^{q-1}}{1+x} dx = (n-1)!\sum_{k=0}^{\infty} \frac{(-1)^k}{(q+k)^n} \quad (\operatorname{Re} q > 0)$ [3]

1372. $\int_u^v \left(\ln \frac{x}{u}\right)^{p-1} \left(\ln \frac{v}{x}\right)^{q-1} \frac{dx}{x} = \mathrm{B}(p,q)\left(\ln \frac{v}{u}\right)^{p+q-1}$

$(p < 0, q > 0, uv > 0)$ [3]

[这里,$\mathrm{B}(p,q)$为贝塔函数(见附录)]

1373. $\int_0^1 \left(\frac{1}{\ln x} + \frac{1}{1-x}\right) dx = \gamma$ [3]

[这里,γ为欧拉常数(见附录)]

Ⅱ.1.3.14 更复杂自变数的对数函数与幂函数组合的积分

1374. $\int_0^{\frac{1}{2}} \frac{\ln(1-x)}{x} dx = \frac{1}{2}(\ln 2)^2 - \frac{\pi^2}{12}$

1375. $\int_0^1 \frac{\ln\left(1-\frac{x}{2}\right)}{x} dx = \frac{1}{2}(\ln 2)^2 - \frac{\pi^2}{12}$

1376. $\int_0^1 \frac{\ln \frac{1+x}{2}}{1-x} dx = \frac{1}{2}(\ln 2)^2 - \frac{\pi^2}{12}$

1377. $\int_0^1 \frac{\ln(1+x)}{1+x} dx = \frac{1}{2}(\ln 2)^2$

1378. $\int_0^1 \frac{\ln(1+x)}{1+x^2} dx = \frac{\pi}{8}\ln 2$

1379. $\int_0^{\infty} \frac{\ln(1+x)}{1+x^2} dx = \frac{\pi}{4}\ln 2 + G$

[这里,G为卡塔兰常数(见附录),以下同]

1380. $\int_0^1 \frac{\ln(1-x)}{1+x^2} dx = \frac{\pi}{8}\ln 2 - G$

1381. $\int_1^{\infty} \frac{\ln(x-1)}{1+x^2} dx = \frac{\pi}{8}\ln 2$

1382. $\int_0^1 \frac{\ln(1+x)}{x(1+x)}\mathrm{d}x = \frac{\pi^2}{12} - \frac{1}{2}(\ln 2)^2$

1383. $\int_0^\infty \frac{\ln(1+x)}{x(1+x)}\mathrm{d}x = \frac{\pi^2}{6}$

1384. $\int_0^1 \frac{\ln(1+x)}{(ax+b)^2}\mathrm{d}x = \begin{cases} \frac{1}{a(a-b)}\ln\frac{a+b}{b} + \frac{2\ln 2}{b^2-a^2} & (a \neq b, ab > 0) \\ \frac{1}{2a^2}(1-\ln 2) & (a = b) \end{cases}$

1385. $\int_0^\infty \frac{\ln(1+x)}{(ax+b)^2}\mathrm{d}x = \frac{\ln\frac{a}{b}}{a(a-b)} \quad (ab > 0)$

1386. $\int_0^a \frac{\ln(1+ax)}{1+x^2}\mathrm{d}x = \frac{1}{2}\arctan a \ln(1+a^2)$

1387. $\int_0^1 \frac{\ln(1+ax)}{1+ax^2}\mathrm{d}x = \frac{1}{2\sqrt{a}}\arctan\sqrt{a}\ln(1+a) \quad (a > 0)$

1388. $\int_0^1 \frac{\ln(ax+b)}{(1+x)^2}\mathrm{d}x = \frac{1}{a-b}\left[\frac{1}{2}(a+b)\ln(a+b) - b\ln b - a\ln 2\right]$

$(a > 0, b > 0, a \neq b)$

1389. $\int_0^\infty \frac{\ln(ax+b)}{(1+x)^2}\mathrm{d}x = \frac{1}{a-b}(a\ln a - b\ln b) \quad (a > 0, b > 0, a \neq b)$

1390. $\int_0^1 \frac{\ln(1\pm x)}{\sqrt{1-x^2}}\mathrm{d}x = -\frac{\pi}{2}\ln 2 \pm 2G$

1391. $\int_0^1 \frac{x\ln(1\pm x)}{\sqrt{1-x^2}}\mathrm{d}x = -1 \pm \frac{\pi}{2}$

1392. $\int_{-a}^a \frac{\ln(1+bx)}{\sqrt{a^2-x^2}}\mathrm{d}x = \pi\ln\frac{1+\sqrt{1-a^2b^2}}{2} \quad \left(0 \leqslant |b| \leqslant \frac{1}{a}\right)$

1393. $\int_0^1 \frac{x\ln(1+ax)}{\sqrt{1-x^2}}\mathrm{d}x$

$$= \begin{cases} -1 + \frac{\pi(1-\sqrt{1-a^2})}{2a} + \frac{\sqrt{1-a^2}}{a}\arcsin a & (|a| \leqslant 1) \\ -1 + \frac{\pi}{2a} + \frac{\sqrt{a^2-1}}{a}\ln(a+\sqrt{a^2-1}) & (|a| \geqslant 1) \end{cases}$$

1394. $\int_0^1 \frac{\ln(1+ax)}{x\sqrt{1-x^2}}\mathrm{d}x = \frac{1}{2}\arcsin a(\pi - \arcsin a) = \frac{\pi^2}{8} - \frac{1}{2}(\arccos a)^2$

$(|a| \leqslant 1)$

1395. $\int_0^\infty x^{p-1}\ln(1+x)\mathrm{d}x = \frac{\pi}{p\sin p\pi} \quad (-1 < \mathrm{Re}\, p < 0)$

1396. $\int_0^\infty x^{p-1}\ln(1+x^r)\mathrm{d}x = \frac{1}{r}\int_0^\infty t^{\frac{p}{r}-1}\ln(1+t)\mathrm{d}t = \frac{\pi}{p\sin\frac{p\pi}{r}}$

1397. $\int_0^\infty x^{p-1}\ln(1+ax)\mathrm{d}x = \frac{\pi}{pa^p\sin p\pi} \quad (-1 < \mathrm{Re}\ p < 0)$

1398. $\int_0^1 [\ln(1+x)]^n(1+x)^r\mathrm{d}x$

$$= (-1)^{n-1}\frac{n!}{(r+1)^{n+1}} + 2^{r+1}\sum_{k=0}^{n}\frac{(-1)^k n!(\ln 2)^{n-k}}{(n-k)!(r+1)^{k+1}}$$ [3]

1399. $\int_0^1 [\ln(1-x)]^n(1-x)^r\mathrm{d}x = (-1)^n\frac{n!}{(r+1)^{n+1}} \quad (r > -1)$

1400. $\int_0^\infty \frac{\ln(ax^2+b)}{c+x^2}\mathrm{d}x = \frac{\pi}{\sqrt{c}}\ln(\sqrt{ac}+\sqrt{b})$

$(\mathrm{Re}\ a > 0, \mathrm{Re}\ b > 0, |\arg c| < \pi)$

1401. $\int_0^1 \frac{\ln(1+x^2)}{x^2}\mathrm{d}x = \frac{\pi}{2} - \ln 2$

1402. $\int_0^\infty \frac{\ln(1+x^2)}{x^2}\mathrm{d}x = \pi$

1403. $\int_0^\infty \frac{\ln(1+x^2)}{(a+x)^2}\mathrm{d}x = \frac{2a}{1+a^2}\left(\frac{\pi}{2a}+\ln a\right) \quad (a > 0)$

1404. $\int_0^1 \frac{\ln(1+x^2)}{1+x^2}\mathrm{d}x = \frac{\pi}{2}\ln 2 - G$

1405. $\int_1^\infty \frac{\ln(1+x^2)}{1+x^2}\mathrm{d}x = \frac{\pi}{2}\ln 2 + G$

1406. $\int_0^1 \ln(1+ax^2)\sqrt{1-x^2}\mathrm{d}x = \frac{\pi}{2}\left[\ln\frac{1+\sqrt{1+a}}{2} + \frac{1-\sqrt{1+a}}{2(1+\sqrt{1+a})}\right]$

$(a > 0)$

1407. $\int_0^1 \frac{\ln(1-a^2x^2)}{\sqrt{1-x^2}}\mathrm{d}x = \pi\ln\frac{1+\sqrt{1-a^2}}{2} \quad (a^2 < 1)$

1408. $\int_0^1 \frac{\ln(1+ax^2)}{\sqrt{1-x^2}}\mathrm{d}x = \pi\ln\frac{1+\sqrt{1+a}}{2} \quad (a \geqslant -1)$

1409. $\int_0^1 \frac{\ln(1+2x\cos t+x^2)}{x}\mathrm{d}x = \frac{\pi^2}{6} - \frac{t^2}{2}$

1410. $\int_{-\infty}^\infty \frac{\ln(a^2-2ax\cos t+x^2)}{1+x^2}\mathrm{d}x = \pi\ln(1+2a\sin t+a^2)$

1411. $\int_0^\infty x^{p-1}\ln(1+2x\cos t+x^2)\mathrm{d}x = \frac{2\pi\cos pt}{p\sin p\pi} \quad (-1 < \mathrm{Re}\ p < 0, |t| < \pi)$

1412. $\int_0^\infty \frac{x}{x^2+b^2}\ln\frac{a^2+2ax\cos t+x^2}{a^2-2ax\cos t+x^2}dx$

$= \frac{1}{2}\pi^2 - \pi t + \pi\arctan\frac{(a^2-b^2)\cos t}{(a^2+b^2)\sin t+2ab} \quad (a>0, b>0, 0<t<\pi)$

1413. $\int_0^\infty \ln\frac{1+x^2}{x}\cdot\frac{dx}{1+x^2} = \pi\ln 2$

1414. $\int_0^1 \ln\frac{1+x^2}{x}\cdot\frac{dx}{1+x^2} = \frac{\pi}{2}\ln 2$

1415. $\int_0^\infty \ln\frac{1+x^2}{x}\cdot\frac{dx}{1-x^2} = 0$

1416. $\int_0^1 \ln\frac{1-x^2}{x}\cdot\frac{dx}{1+x^2} = \frac{\pi}{4}\ln 2$

1417. $\int_1^\infty \ln\frac{1+x^2}{x+1}\cdot\frac{dx}{1+x^2} = \frac{3\pi}{8}\ln 2$

1418. $\int_0^1 \ln\frac{1+x^2}{x+1}\cdot\frac{dx}{1+x^2} = \frac{3\pi}{8}\ln 2 - G$

1419. $\int_1^\infty \ln\frac{1+x^2}{x-1}\cdot\frac{dx}{1+x^2} = \frac{3\pi}{8}\ln 2 + G$

1420. $\int_0^1 \ln\frac{1+x^2}{1-x}\cdot\frac{dx}{1+x^2} = \frac{3\pi}{8}\ln 2$

1421. $\int_0^\infty \ln\frac{1+x^2}{x^2}\cdot\frac{x}{1+x^2}dx = \frac{\pi^2}{12}$

1422. $\int_0^\infty \ln\frac{(x+1)(x+a^2)}{(x+a)^2}\cdot\frac{dx}{x} = (\ln a)^2 \quad (a>0)$

1423. $\int_0^1 \ln\frac{(1-ax)(1+ax^2)}{(1-ax^2)^2}\cdot\frac{dx}{1+ax^2} = \frac{1}{2\sqrt{a}}\arctan\sqrt{a}\ln(1+a) \quad (a>0)$

1424. $\int_0^\infty \ln x\ln\frac{1+a^2x^2}{1+b^2x^2}\cdot\frac{dx}{x^2} = \pi(a-b)+\pi\ln\frac{b^b}{a^a} \quad (a>0, b>0)$

1425. $\int_0^\infty \ln x\ln\frac{a^2+2bx+x^2}{a^2-2bx+x^2}\cdot\frac{dx}{x} = 2\pi\ln a\arcsin\frac{b}{a} \quad (a\geqslant|b|)$

1426. $\int_0^\infty \ln(1+x)\frac{x\ln x-x-a}{(x+a)^2}\cdot\frac{dx}{x} = \frac{(\ln a)^2}{2(a-1)} \quad (a>0)$

1427. $\int_0^\infty \ln(1-x)^2\frac{x\ln x-x-a}{(x+a)^2}\cdot\frac{dx}{x} = \frac{\pi^2+(\ln a)^2}{1+a} \quad (a>0)$

1428. $\int_0^\infty \ln(1+e^{-x})dx = \frac{\pi^2}{12}$

1429. $\int_0^\infty \ln(1-e^{-x})dx = -\frac{\pi^2}{6}$

1430. $\int_0^\infty \ln\frac{e^x+1}{e^x-1}dx = \frac{\pi^2}{4}$

1431. $\int_0^{\infty} \ln(1-\mathrm{e}^{-2a\pi x}) \cdot \frac{\mathrm{d}x}{1+x^2} = -\pi\left[\frac{1}{2}\ln 2a\pi + a(\ln a - 1) - \ln\Gamma(a+1)\right]$

$(a>0)$ [3]

1432. $\int_0^{\infty} \ln(1+\mathrm{e}^{-2a\pi x}) \cdot \frac{\mathrm{d}x}{1+x^2}$

$= \pi\left[\ln\Gamma(2a) - \ln\Gamma(a) + a(1-\ln a) - \left(2a-\frac{1}{2}\right)\ln 2\right] \quad (a>0)$ [3]

1433. $\int_0^{\infty} \ln\frac{a+b\mathrm{e}^{-px}}{a+b\mathrm{e}^{-qx}} \cdot \frac{\mathrm{d}x}{x} = \ln\frac{a}{a+b}\ln\frac{p}{q} \quad \left(\frac{b}{a}>-1, pq>0\right)$ [3]

1434. $\int_0^{\infty} \ln(\cosh x)\frac{\mathrm{d}x}{1-x^2} = 0$

1435. $\int_0^{\pi} x\ln(\sin x)\mathrm{d}x = \frac{1}{2}\int_0^{\pi} x\ln(\cos^2 x)\mathrm{d}x = -\frac{\pi^2}{2}\ln 2$

1436. $\int_0^{\infty} \frac{\ln(\sin ax)}{b^2+x^2}\mathrm{d}x = \frac{\pi}{2b}\ln\frac{\sinh ab}{\mathrm{e}^{ab}}$

1437. $\int_0^{\infty} \frac{\ln(\cos ax)}{b^2+x^2}\mathrm{d}x = \frac{\pi}{2b}\ln\frac{\cosh ab}{\mathrm{e}^{ab}}$

1438. $\int_0^{\infty} \frac{\ln(\sin ax)}{b^2-x^2}\mathrm{d}x = \frac{a\pi}{2} - \frac{\pi^2}{4b}$

1439. $\int_0^{\infty} \frac{\ln(\cos ax)}{b^2-x^2}\mathrm{d}x = \frac{a\pi}{2}$

1440. $\int_0^{\infty} \frac{\ln(\sin^2 ax)}{b^2+x^2}\mathrm{d}x = \frac{\pi}{b}\ln\frac{1-\mathrm{e}^{-2ab}}{2} \quad (a>0, b>0)$

1441. $\int_0^{\infty} \frac{\ln(\cos^2 ax)}{b^2+x^2}\mathrm{d}x = \frac{\pi}{b}\ln\frac{1+\mathrm{e}^{-2ab}}{2} \quad (a>0, b>0)$

1442. $\int_0^{\infty} \frac{\ln(\sin^2 ax)}{b^2-x^2}\mathrm{d}x = a\pi - \frac{\pi^2}{2b} \quad (a>0, b>0)$

1443. $\int_0^{\infty} \frac{\ln(\cos^2 ax)}{b^2-x^2}\mathrm{d}x = a\pi \quad (a>0)$

1444. $\int_0^{\infty} \frac{\ln(\cos^2 x)}{x^2}\mathrm{d}x = -\pi$

1445. $\int_0^{\infty} \frac{\ln(\tan^2 ax)}{b^2+x^2}\mathrm{d}x = \frac{\pi}{b}\ln(\tanh ab) \quad (a>0, b>0)$

1446. $\int_0^{\infty} \frac{\ln(a^2+b^2x^2)}{c^2+x^2}\mathrm{d}x = \frac{\pi}{c}\ln(ac+b) \quad (ac+b>0, c>0)$

1447. $\int_0^{\infty} \frac{\ln(a^2+b^2x^2)}{c^2-x^2}\mathrm{d}x = -\frac{\pi}{c}\arctan\frac{bc}{a} \quad (a>0, c>0)$

1448. $\int_0^{\infty} \frac{\ln(a^2+b^2x^2)}{c^2+g^2x^2}\mathrm{d}x = \frac{\pi}{cg}\ln\frac{ag+bc}{g} \quad (a>0, b>0, c>0, g>0)$

1449. $\int_0^\infty \frac{\ln(a^2+b^2x^2)}{c^2-g^2x^2}\mathrm{d}x=-\frac{\pi}{cg}\arctan\frac{bc}{ag}\quad(a>0,b>0,c>0,g>0)$

1450. $\int_0^\infty \ln\frac{a^2+b^2x^2}{x^2}\cdot\frac{\mathrm{d}x}{c^2+g^2x^2}=\frac{\pi}{cg}\ln\frac{ag+bc}{c}\quad(a>0,b>0,c>0,g>0)$

1451. $\int_0^\infty \ln\frac{a^2+b^2x^2}{x^2}\cdot\frac{\mathrm{d}x}{c^2-g^2x^2}=\frac{\pi}{cg}\arctan\frac{ag}{bc}\quad(a>0,b>0,c>0,g>0)$

1452. $\int_0^\infty \frac{\ln(a^2\sin^2 px+b^2\cos^2 px)}{c^2+x^2}\mathrm{d}x=\frac{\pi}{c}[\ln(a\sinh pc+b\cosh pc)-pc]$

$(c>0)$ [2]

Ⅱ.1.3.15 对数函数与指数函数组合的积分

1453. $\int_0^\infty \mathrm{e}^{-px}\ln x\,\mathrm{d}x=-\frac{1}{p}(\ln p+\gamma)\quad(\mathrm{Re}\,p>0)$

[这里,γ为欧拉常数(见附录),以下同]

1454. $\int_0^\infty \mathrm{e}^{-px}(\ln x)^2\mathrm{d}x=\frac{1}{p}\left[\frac{\pi^2}{6}+(\ln p+\gamma)^2\right]\quad(\mathrm{Re}\,p>0)$

1455. $\int_0^\infty \mathrm{e}^{-px}(\ln x)^3\mathrm{d}x=-\frac{1}{p}\left[(\ln p+\gamma)^3+\frac{\pi^2}{2}(\ln p+\gamma)-\psi''(1)\right]$

[这里,$\psi(x)$为ψ函数(见附录),以下同]

1456. $\int_0^\infty \mathrm{e}^{-px^2}\ln x\,\mathrm{d}x=-\frac{1}{4}[\ln(4p)+\gamma]\sqrt{\frac{\pi}{p}}\quad(\mathrm{Re}\,p>0)$

1457. $\int_0^\infty \mathrm{e}^{-ax}\ln\frac{1}{x}\mathrm{d}x=\frac{\ln a+\gamma}{a}$

1458. $\int_0^\infty x\mathrm{e}^{-ax}\ln\frac{1}{x}\mathrm{d}x=\frac{2(\ln a+\gamma-1)}{a^2}$

1459. $\int_0^\infty \frac{\mathrm{e}^{-ax}}{\ln x}\mathrm{d}x=0\quad(a>0)$

1460. $\int_0^\infty \mathrm{e}^{-x}\ln x\,\mathrm{d}x=-\gamma$

1461. $\int_0^\infty \mathrm{e}^{-x^2}\ln x\,\mathrm{d}x=-\frac{\sqrt{\pi}}{4}(\gamma+2\ln 2)$

1462. $\int_0^\infty \mathrm{e}^{-x^2}(\ln x)^2\mathrm{d}x=\frac{\sqrt{\pi}}{8}\left[\frac{\pi^2}{2}+(2\ln 2+\gamma)^2\right]$

1463. $\int_0^1 x\mathrm{e}^x\ln(1-x)\mathrm{d}x=1-\mathrm{e}$

1464. $\int_0^1 (1-x)\mathrm{e}^{-x}\ln x\,\mathrm{d}x=\frac{1-\mathrm{e}}{\mathrm{e}}$

1465. $\int_0^\infty x^{p-1}\mathrm{e}^{-x}\ln x\,\mathrm{d}x=\Gamma'(p)\quad(\mathrm{Re}\,p>0)$

1466. $\int_0^\infty (x-q)x^{q-1}\mathrm{e}^{-x}\ln x\,\mathrm{d}x=\Gamma(q)\quad(\mathrm{Re}\,q>0)$

1467. $\int_0^\infty x^n\mathrm{e}^{-px}\ln x\,\mathrm{d}x=\frac{n!}{p^{n+1}}\left(1+\frac{1}{2}+\frac{1}{3}+\cdots+\frac{1}{n}-\ln p-\gamma\right)\quad(\mathrm{Re}\,p>0)$

1468. $\int_0^\infty x^{n-\frac{1}{2}}\mathrm{e}^{-px}\ln x\,\mathrm{d}x$

$$=\frac{(2n-1)!!\sqrt{\pi}}{2^n p^{n+\frac{1}{2}}}\left[2\left(1+\frac{1}{3}+\frac{1}{5}+\cdots+\frac{1}{2n-1}\right)-\ln 4p-\gamma\right]$$

$(\mathrm{Re}\,p>0)$ [3]

1469. $\int_0^1 (px^2+2x)\mathrm{e}^{px}\ln x\,\mathrm{d}x=\frac{1}{p^2}[(1-p)\mathrm{e}^p-1]$

1470. $\int_0^\infty \left(px-n-\frac{1}{2}\right)x^{n-\frac{1}{2}}\mathrm{e}^{-px}\ln x\,\mathrm{d}x=\frac{(2n-1)!!}{(2p)^n}\sqrt{\frac{\pi}{p}}\quad(\mathrm{Re}\,p>0)$

1471. $\int_0^\infty x^2\mathrm{e}^{-px^2}\ln x\,\mathrm{d}x=\frac{1}{8p}[2-\ln(4p)-\gamma]\sqrt{\frac{\pi}{p}}\quad(\mathrm{Re}\,p>0)$

1472. $\int_0^\infty (px^2-n)x^{2n-1}\mathrm{e}^{-px^2}\ln x\,\mathrm{d}x=\frac{(n-1)!}{4p^n}\quad(\mathrm{Re}\,p>0)$

1473. $\int_0^\infty (2px^2-2n-1)x^{2n}\mathrm{e}^{-px^2}\ln x\,\mathrm{d}x=\frac{(2n-1)!!}{2(2p)^n}\sqrt{\frac{\pi}{p}}\quad(\mathrm{Re}\,p>0)$

1474. $\int_0^\infty \frac{2ax^2-x-2b}{x\sqrt{x}}\exp\left(-ax-\frac{b}{x}\right)\ln x\,\mathrm{d}x=2\sqrt{\frac{\pi}{a}}\mathrm{e}^{-2\sqrt{ab}}\quad(a>0,b>0)$

1475. $\int_0^\infty \frac{2ax^2-3x-2b}{\sqrt{x}}\exp\left(-ax-\frac{b}{x}\right)\ln x\,\mathrm{d}x=\frac{1+2\sqrt{ab}}{a}\sqrt{\frac{\pi}{a}}\mathrm{e}^{-2\sqrt{ab}}$

$(a>0,b>0)$

1476. $\int_0^\infty \frac{1+ax^2-x^4}{x^2}\exp\left(-\frac{1+x^4}{2ax^2}\right)\ln x\,\mathrm{d}x=-\frac{\sqrt{2a^3\pi}}{2\sqrt[a]{\mathrm{e}}}\quad(a>0)$

1477. $\int_0^\infty \frac{x^4+ax^2-1}{x^4}\exp\left(-\frac{1+x^4}{2ax^2}\right)\ln x\,\mathrm{d}x=\frac{\sqrt{2a^3\pi}}{2\sqrt[a]{\mathrm{e}}}\quad(a>0)$

1478. $\int_0^\infty \frac{x^4+3ax-1}{x^6}\exp\left(-\frac{1+x^4}{2ax^2}\right)\ln x\,\mathrm{d}x=(1+a)\frac{\sqrt{2a^3\pi}}{2\sqrt[a]{\mathrm{e}}}\quad(a>0)$

Ⅱ.1.3.16 对数函数与三角函数组合的积分

1479. $\int_0^\infty \ln\left|\frac{x+a}{x-a}\right|\sin bx\,\mathrm{d}x=\frac{\pi}{b}\sin ab\quad(a>0,b>0)$

1480. $\int_0^{\infty}\ln\frac{a^2+x^2}{b^2+x^2}\cos cx\,dx=\frac{\pi}{c}(e^{-bc}-e^{-ac})\quad(a>0,b>0,c>0)$

1481. $\int_0^{\infty}\ln(1+e^{-ax})\cos bx\,dx=\frac{a}{2b^2}-\frac{\pi}{2b\sinh\frac{b\pi}{a}}\quad(\mathrm{Re}\,a>0,b>0)$

1482. $\int_0^{\infty}\ln(1-e^{-ax})\cos bx\,dx=\frac{a}{2b^2}-\frac{\pi}{2b}\coth\frac{b\pi}{a}\quad(\mathrm{Re}\,a>0,b>0)$

1483. $\int_0^{1}\ln(\sin\pi x)\cos 2n\pi x\,dx=2\int_0^{\frac{1}{2}}\ln(\sin\pi x)\cos 2n\pi x\,dx=\begin{cases}-\ln 2 & (n=0)\\ -\frac{1}{2n} & (n>0)\end{cases}$

1484. $\int_0^{1}\ln(\sin\pi x)\cos(2n+1)\pi x\,dx=0$

1485. $\int_0^{\frac{\pi}{2}}\ln(\sin x)\sin x\,dx=\ln 2-1$

1486. $\int_0^{\frac{\pi}{2}}\ln(\sin x)\cos x\,dx=-1$

1487. $\int_0^{\frac{\pi}{2}}\ln(\sin x)\cos 2nx\,dx=-\frac{\pi}{4n}$

1488. $\int_0^{\pi}\ln(\sin x)\cos[2m(x-n)]\,dx=-\frac{\pi\cos 2mn}{2m}$

1489. $\int_0^{\frac{\pi}{2}}\ln(\sin x)\sin^2 x\,dx=\frac{\pi}{8}(1-\ln 4)$

1490. $\int_0^{\frac{\pi}{2}}\ln(\sin x)\cos^2 x\,dx=-\frac{\pi}{8}(1+\ln 4)$

1491. $\int_0^{\frac{\pi}{2}}\ln(\sin x)\sin x\cos^2 x\,dx=\frac{1}{9}(\ln 8-4)$

1492. $\int_0^{\frac{\pi}{2}}\ln(\sin x)\tan x\,dx=-\frac{\pi^2}{24}$

1493. $\int_0^{\frac{\pi}{2}}\ln(\sin 2x)\sin x\,dx=\int_0^{\frac{\pi}{2}}\ln(\sin 2x)\cos x\,dx=2(\ln 2-1)$

1494. $\int_0^{\pi}\frac{\ln(1+p\cos x)}{\cos x}\,dx=\pi\arcsin p\quad(p^2<1)$

1495. $\int_0^{\pi}\frac{\ln(\sin x)}{1-2a\cos x+a^2}\,dx=\begin{cases}\frac{\pi}{1-a^2}\ln\frac{1-a^2}{2} & (a^2<1)\\ \frac{\pi}{a^2-1}\ln\frac{a^2-1}{2a^2} & (a^2>1)\end{cases}$

1496. $\int_0^{\pi}\frac{\ln(\sin bx)}{1-2a\cos x+a^2}\,dx=\frac{\pi}{1-a^2}\ln\frac{1-a^{2b}}{2}\quad(a^2<1)$

1497. $\int_0^{\pi}\frac{\ln(\cos bx)}{1-2a\cos x+a^2}dx=\frac{\pi}{1-a^2}\ln\frac{1+a^{2b}}{2}\quad(a^2<1)$

1498. $\int_0^{\frac{\pi}{2}}\frac{\ln(\sin x)}{1-2a\cos 2x+a^2}dx=\frac{1}{2}\int_0^{\pi}\frac{\ln(\sin x)}{1-2a\cos 2x+a^2}dx$

$$=\begin{cases}\frac{\pi}{2(1-a^2)}\ln\frac{1-a}{2} & (a^2<1)\\ \frac{\pi}{2(a^2-1)}\ln\frac{a-1}{2a} & (a^2>1)\end{cases}$$

1499. $\int_0^{\frac{\pi}{2}}\frac{\ln(\cos x)}{1-2a\cos 2x+a^2}dx=\begin{cases}\frac{\pi}{2(1-a^2)}\ln\frac{1+a}{2} & (a^2<1)\\ \frac{\pi}{2(a^2-1)}\ln\frac{a+1}{2a} & (a^2>1)\end{cases}$

1500. $\int_0^{\pi}\frac{\ln(\sin bx)}{1-2a\cos 2x+a^2}dx=\frac{\pi}{1-a^2}\ln\frac{1-a^b}{2}\quad(a^2<1)$

1501. $\int_0^{\pi}\frac{\ln(\cos bx)}{1-2a\cos 2x+a^2}dx=\frac{\pi}{1-a^2}\ln\frac{1+a^b}{2}\quad(a^2<1)$

1502. $\int_0^{\pi}\frac{\ln(\sin bx)\cos x}{1-2a\cos 2x+a^2}dx=\begin{cases}\frac{\pi}{2a}\frac{1+a^2}{1-a^2}\ln(1-a^2)-\frac{a\pi\ln 2}{1-a^2} & (a^2<1)\\ \frac{\pi}{2a}\frac{a^2+1}{a^2-1}\ln\frac{a^2-1}{a^2}-\frac{\pi\ln 2}{a(a^2-1)} & (a^2>1)\end{cases}$ [3]

1503. $\int_0^{\pi}\frac{\ln(\sin x)}{a+b\cos x}dx=\frac{\pi}{\sqrt{a^2-b^2}}\ln\frac{\sqrt{a^2-b^2}}{a+\sqrt{a^2-b^2}}\quad(a>0,a>b)$

1504. $\int_0^{\frac{\pi}{2}}\frac{\ln(\sin x)\sin x}{\sqrt{1+\sin^2 x}}dx=\int_0^{\frac{\pi}{2}}\frac{\ln(\cos x)\cos x}{\sqrt{1+\cos^2 x}}dx=-\frac{\pi}{8}\ln 2$

1505. $\int_0^{\frac{\pi}{2}}\frac{\ln(\sin x)\sin^3 x}{\sqrt{1+\sin^2 x}}dx=\int_0^{\frac{\pi}{2}}\frac{\ln(\cos x)\cos^3 x}{\sqrt{1+\cos^2 x}}dx=\frac{\ln 2-1}{4}$

1506. $\int_0^{\frac{\pi}{2}}\frac{\ln(\sin x)}{\sqrt{1-k^2\sin^2 x}}dx=-\frac{1}{2}\mathrm{K}(k)\ln k-\frac{\pi}{4}\mathrm{K}(k')$

[这里,$\mathrm{K}(k)$和$\mathrm{K}(k')$为第一类完全椭圆积分(见附录),$k'=\sqrt{1-k^2}$,以下同]

1507. $\int_0^{\frac{\pi}{2}}\frac{\ln(\cos x)}{\sqrt{1-k^2\sin^2 x}}dx=\frac{1}{2}\mathrm{K}(k)\ln\frac{k'}{k}-\frac{\pi}{4}\mathrm{K}(k')$

1508. $\int_0^{\frac{\pi}{2}}\ln(\sin x)\frac{\sin^{p-1}x}{\cos^{p+1}x}dx=-\frac{\pi}{2p}\csc\frac{p\pi}{2}\quad(0<p<2)$

1509. $\int_0^{\frac{\pi}{2}}\frac{\ln(\sin x)}{\tan^{p-1}x\sin 2x}dx=\frac{1}{4}\frac{\pi}{p-1}\sec\frac{p\pi}{2}\quad(p^2<1)$

1510. $\int_0^{\frac{\pi}{2}} \ln(\tan x)\sin x\mathrm{d}x = \ln 2$

1511. $\int_0^{\frac{\pi}{2}} \ln(\tan x)\cos x\mathrm{d}x = -\ln 2$

1512. $\int_0^{\frac{\pi}{2}} \ln(\tan x)\sin^2 x\mathrm{d}x = -\int_0^{\frac{\pi}{2}} \ln(\tan x)\cos^2 x\mathrm{d}x = \frac{\pi}{4}$

1513. $\int_0^{\frac{\pi}{4}} \frac{\ln(\tan x)}{\cos 2x}\mathrm{d}x = -\frac{\pi^2}{8}$

1514. $\int_0^{\frac{\pi}{2}} \ln\left(\cot\frac{x}{2}\right)\sin x\mathrm{d}x = \ln 2$

1515. $\int_0^{\frac{\pi}{2}} \frac{\ln(\tan x)}{1-2a\cos 2x+a^2}\mathrm{d}x = \begin{cases} \frac{\pi}{2(1-a^2)}\ln\frac{1-a}{1+a} & (a^2<1) \\ \frac{\pi}{2(a^2-1)}\ln\frac{a-1}{a+1} & (a^2>1) \end{cases}$

1516. $\int_0^{\frac{\pi}{2}} \frac{\ln(1+p\sin x)}{\sin x}\mathrm{d}x = \frac{\pi^2}{8}-\frac{1}{2}(\arccos p)^2 \quad (p^2<1)$

1517. $\int_0^{\frac{\pi}{2}} \frac{\ln(1+p\cos x)}{\cos x}\mathrm{d}x = \frac{\pi^2}{8}-\frac{1}{2}(\arccos p)^2 \quad (p^2<1)$

1518. $\int_0^{\frac{\pi}{2}} \frac{\ln(1+p\cos x)}{\cos x}\mathrm{d}x = \pi\arcsin p \quad (p^2<1)$

1519. $\int_0^{\frac{\pi}{4}} \frac{\ln\left[\tan\left(\frac{\pi}{4}\pm x\right)\right]}{\sin 2x}\mathrm{d}x = \pm\frac{\pi^2}{8}$

1520. $\int_0^{\frac{\pi}{4}} \frac{\ln\left[\tan\left(\frac{\pi}{4}\pm x\right)\right]}{\tan 2x}\mathrm{d}x = \pm\frac{\pi^2}{16}$

1521. $\int_0^{\pi} \frac{\ln(\tan rx)}{1-2p\cos x+p^2}\mathrm{d}x = \frac{\pi}{1-p^2}\ln\frac{1-p^{2r}}{1+p^{2r}} \quad (p^2<1)$

1522. $\int_0^{\infty} \ln x\sin ax^2\mathrm{d}x = -\frac{1}{4}\sqrt{\frac{\pi}{2a}}\left[\ln(4a)+\gamma-\frac{\pi}{2}\right] \quad (a>0)$

[这里,γ 为欧拉常数(见附录),以下同]

1523. $\int_0^{\infty} \ln x\cos ax^2\mathrm{d}x = -\frac{1}{4}\sqrt{\frac{\pi}{2a}}\left[\ln(4a)+\gamma+\frac{\pi}{2}\right] \quad (a>0)$

Ⅱ.1.3.17 对数函数与三角函数、指数函数和幂函数组合的积分

1524. $\int_0^{\infty} \ln x\frac{\sin ax}{x}\mathrm{d}x = -\frac{\pi}{2}(\ln a+\gamma) \quad (a>0)$

[这里，γ 为欧拉常数(见附录)，以下同]

1525. $\int_0^\infty \ln x \frac{\cos ax - \cos bx}{x} dx = \ln \frac{a}{b}\left[\frac{1}{2}\ln(ab) + \gamma\right] \quad (a > 0, b > 0)$

1526. $\int_0^\infty \ln x \frac{\cos ax - \cos bx}{x^2} dx = \frac{\pi}{2}[(a-b)(\gamma - 1) + a\ln a - b\ln b]$
$(a > 0, b > 0)$

1527. $\int_0^\infty \ln x \frac{\sin^2 ax}{x^2} dx = -\frac{a\pi}{2}[\ln(2a) + \gamma - 1] \quad (a > 0)$

1528. $\int_0^\infty \ln(\cos^2 ax) \frac{\cos bx}{x^2} dx = \pi b \ln 2 - a\pi \quad (a > 0, b > 0)$

1529. $\int_0^\infty \ln(4\cos^2 ax) \frac{\cos bx}{x^2 + c^2} dx = \frac{\pi}{c} \cosh bc \ln(1 + e^{-2ac}) \quad \left(0 < b < 2a < \frac{\pi}{c}\right)$

1530. $\int_0^\infty \ln(\cos^2 ax) \frac{\sin bx}{x(1 + x^2)} dx = \pi \sinh b \ln(1 + e^{-2a}) - \pi \ln 2 (1 - e^{-b})$
$(a > 0, b > 0)$

1531. $\int_0^\infty \ln(\cos^2 ax) \frac{\cos bx}{x^2(1 + x^2)} dx = -\pi \cosh b \ln(1 + e^{-2a}) + \pi(b + e^{-b}) \ln 2 - a\pi$
$(a > 0, b > 0)$

1532. $\int_0^1 \frac{x(1 + x)}{\ln x} \sin(\ln x) dx = \frac{\pi}{4}$

1533. $\int_0^\infty \ln(2 \pm 2\cos x) \frac{\sin bx}{x^2 + c^2} x dx = -\pi \sinh bc \ln(1 \pm e^{-c}) \quad (b > 0, c > 0)$

1534. $\int_0^\infty \ln(2 \pm 2\cos x) \frac{\cos bx}{x^2 + c^2} dx = \frac{\pi}{c} \cosh bc \ln(1 \pm e^{-c}) \quad (b > 0, c > 0)$

1535. $\int_0^\infty e^{-ax} \ln x \sin bx \, dx = \frac{b}{a^2 + b^2}\left(\ln \sqrt{a^2 + b^2} + \frac{a}{b} \arctan \frac{b}{a} - \gamma\right)$ [2]

1536. $\int_0^\infty e^{-ax} \ln x \cos bx \, dx = -\frac{a}{a^2 + b^2}\left(\ln \sqrt{a^2 + b^2} + \frac{b}{a} \arctan \frac{b}{a} + \gamma\right)$ [2]

Ⅱ.1.3.18 对数函数与双曲函数组合的积分

1537. $\int_0^\infty \frac{\ln x}{\cosh x} dx = \pi \ln \frac{\sqrt{2\pi}\,\Gamma\left(\frac{3}{4}\right)}{\Gamma\left(\frac{1}{4}\right)}$

1538. $\int_0^\infty \frac{\ln x}{\cosh x + \cos t} dx = \frac{\pi}{\sin t} \ln \frac{(2\pi)^{\frac{t}{\pi}}\, \Gamma\left(\frac{\pi + t}{2\pi}\right)}{\Gamma\left(\frac{\pi - t}{2\pi}\right)} \quad (t^2 < \pi^2)$

1539. $\int_0^{\infty} \frac{\ln x}{\cosh^2 x} dx = \ln\pi + \psi\left(\frac{1}{2}\right) = \ln\pi - 2\ln 2 - \gamma$

[这里,γ 为欧拉常数(见附录),以下同]

1540. $\int_0^{\infty} \frac{\ln(a^2+x^2)}{\cosh bx} dx = \frac{\pi}{b}\left[2\ln\frac{2\Gamma\left(\frac{2ab+3\pi}{4\pi}\right)}{\Gamma\left(\frac{2ab+\pi}{4\pi}\right)} - \ln\frac{2b}{\pi}\right]$

$\left(b>0, a>-\frac{\pi}{2b}\right)$

1541. $\int_0^{\infty} \frac{\ln(1+x^2)}{\cosh\frac{\pi x}{2}} dx = 2\ln\frac{4}{\pi}$

1542. $\int_0^{\infty} \ln(a^2+x^2)\frac{\sin\frac{2\pi x}{3}}{\sinh\pi x} dx = 2\sin\frac{\pi}{3}\ln\frac{6\Gamma\left(\frac{a+4}{6}\right)\Gamma\left(\frac{a+5}{6}\right)}{\Gamma\left(\frac{a+1}{6}\right)\Gamma\left(\frac{a+2}{6}\right)}$

$(a>-1)$ [3]

1543. $\int_0^{\infty} \ln(\cos^2 t + e^{-2x}\sin^2 t)\frac{dx}{\sinh x} = -2t^2$

1544. $\int_0^{\infty} \ln\left(\cosh\frac{x}{2}\right)\frac{dx}{\cosh x} = G - \frac{\pi}{4}\ln 2$

[这里,G 为卡塔兰常数(见附录)]

1545. $\int_0^{\infty} \ln(\coth x)\frac{dx}{\cosh x} = \frac{\pi}{2}\ln 2$

Ⅱ.1.3.19 含有 $\ln(\sin x)$,$\ln(\cos x)$,$\ln(\tan x)$ 的积分,积分区间为 $\left[0,\frac{\pi}{2}\right]$,$[0,\pi]$,$\left[0,\frac{\pi}{4}\right]$

1546. $\int_0^{\frac{\pi}{2}} \ln(\sin x) dx = \int_0^{\frac{\pi}{2}} \ln(\cos x) dx = -\frac{\pi}{2}\ln 2$

1547. $\int_0^{\frac{\pi}{2}} \ln(\tan x) dx = \int_0^{\frac{\pi}{2}} \ln(\cot x) dx = 0$

1548. $\int_0^{\frac{\pi}{2}} \ln(\sec x) dx = \int_0^{\frac{\pi}{2}} \ln(\csc x) dx = \frac{\pi}{2}\ln 2$

1549. $\int_0^{\frac{\pi}{2}} [\ln(\sin x)]^2 dx = \int_0^{\frac{\pi}{2}} [\ln(\cos x)]^2 dx = \frac{\pi}{2}\left[(\ln 2)^2 + \frac{\pi^2}{12}\right]$

1550. $\int_0^{\frac{\pi}{2}} \sin x \ln(\sin x)\mathrm{d}x = \int_0^{\frac{\pi}{2}} \cos x \ln(\cos x)\mathrm{d}x = \ln 2 - 1$

1551. $\int_0^{\frac{\pi}{2}} \cos x \ln(\sin x)\mathrm{d}x = \int_0^{\frac{\pi}{2}} \sin x \ln(\cos x)\mathrm{d}x = -1$

1552. $\int_0^{\frac{\pi}{2}} \ln(1 \pm \sin x)\mathrm{d}x = \int_0^{\frac{\pi}{2}} \ln(1 \pm \cos x)\mathrm{d}x = -\frac{\pi}{2}\ln 2 \pm 2G$ [2]

1553. $\int_0^{\pi} \ln(\sin x)\mathrm{d}x = \int_0^{\pi} \ln(\cos x)\mathrm{d}x = -\pi \ln 2$

1554. $\int_0^{\pi} x\ln(\sin x)\mathrm{d}x = -\frac{\pi^2}{2}\ln 2$

1555. $\int_0^{\pi} \ln(1 \pm \sin x)\mathrm{d}x = -\pi \ln 2 \pm 3.663862376$ [2]

1556. $\int_0^{\pi} \ln(1 \pm \cos x)\mathrm{d}x = -\pi \ln 2$

1557. $\int_0^{\pi} \ln(a \pm b\cos x)\mathrm{d}x = \pi \ln \frac{a + \sqrt{a^2 - b^2}}{2} \quad (a \geqslant b)$

1558. $\int_0^{\pi} \ln(a^2 - 2ab\cos x + b^2)\mathrm{d}x = \begin{cases} 2\pi \ln a & (a \geqslant b > 0) \\ 2\pi \ln b & (b \geqslant a > 0) \end{cases}$ [1]

1559. $\int_0^{\frac{\pi}{4}} \ln(\sin x)\mathrm{d}x = -\frac{\pi}{4}\ln 2 - \frac{1}{2}G$

1560. $\int_0^{\frac{\pi}{4}} \ln(\cos x)\mathrm{d}x = -\frac{\pi}{4}\ln 2 + \frac{1}{2}G$

1561. $\int_0^{\frac{\pi}{4}} \ln(\tan x)\mathrm{d}x = -G$

1562. $\int_0^{\frac{\pi}{4}} \ln(\cot x)\mathrm{d}x = G$

1563. $\int_0^{\frac{\pi}{4}} \ln(\cos x + \sin x)\mathrm{d}x = \frac{1}{2}\int_0^{\frac{\pi}{2}} \ln(\cos x + \sin x)\mathrm{d}x = -\frac{\pi}{8}\ln 2 + \frac{1}{2}G$

1564. $\int_0^{\frac{\pi}{4}} \ln(\cos x - \sin x)\mathrm{d}x = -\frac{\pi}{8}\ln 2 - \frac{1}{2}G$

1565. $\int_0^{\frac{\pi}{4}} \ln(1 + \cos x)\mathrm{d}x = \frac{\pi}{4}\ln 2 - 4L\left(\frac{\pi}{8}\right)$

[这里,$L(x)$ 为罗巴切夫斯基函数,$L(x) = -\int_0^{x} \ln(\cos t)\mathrm{d}t$,$L\left(\frac{\pi}{8}\right) = -\int_0^{\frac{\pi}{8}} \ln(\cos x)\mathrm{d}x$,以下同]

1566. $\int_0^{\frac{\pi}{4}} \ln(1 - \cos x)\mathrm{d}x = -\frac{3\pi}{4} - G + 4L\left(\frac{\pi}{8}\right)$

1567. $\int_0^{\frac{\pi}{4}} \ln(1+\sin x)\mathrm{d}x = -\frac{3\pi}{4}\ln 2 + 2G + 4L\left(\frac{\pi}{8}\right)$

1568. $\int_0^{\frac{\pi}{4}} \ln(1-\sin x)\mathrm{d}x = \frac{\pi}{4}\ln 2 - G - 4L\left(\frac{\pi}{8}\right)$

1569. $\int_0^{\frac{\pi}{4}} \ln(1+\tan x)\mathrm{d}x = \frac{\pi}{8}\ln 2$

1570. $\int_0^{\frac{\pi}{4}} \ln(1+\cot x)\mathrm{d}x = \frac{\pi}{8}\ln 2 + G$

1571. $\int_0^{\frac{\pi}{4}} \ln(1-\tan x)\mathrm{d}x = \frac{\pi}{8}\ln 2 - G$

1572. $\int_0^{\frac{\pi}{4}} \ln(\cot x - 1)\mathrm{d}x = \frac{\pi}{8}\ln 2$

Ⅱ.1.4 双曲函数和反双曲函数的定积分

Ⅱ.1.4.1 含有 $\sinh ax$ 和 $\cosh bx$ 的积分,积分区间为$[0,\infty)$

1573. $\int_0^{\infty} \frac{\mathrm{d}x}{\sinh ax} = \infty$

1574. $\int_0^{\infty} \frac{x}{\sinh ax}\mathrm{d}x = \frac{\pi^2}{4a^2} \quad (a>0)$

1575. $\int_0^{\infty} \frac{x^3}{\sinh x}\mathrm{d}x = \frac{\pi^4}{8}$

1576. $\int_0^{\infty} \frac{x^5}{\sinh x}\mathrm{d}x = \frac{\pi^6}{4}$

1577. $\int_0^{\infty} \frac{x^7}{\sinh x}\mathrm{d}x = \frac{17}{16}\pi^8$

1578. $\int_0^{\infty} \frac{x^m}{\sinh ax}\mathrm{d}x = \frac{(2^{m+1}-1)m!}{2^m a^{m+1}}\sum_{k=1}^{\infty}\frac{(-1)^{k+1}}{(2k-1)^{m+1}}$

1579. $\int_0^{\infty} \frac{\mathrm{d}x}{\cosh ax} = \frac{\pi}{2\,|\,a\,|}$

1580. $\int_0^{\infty} \frac{x}{\cosh ax}\mathrm{d}x = \frac{1.831329803}{a^2}$ [2]

1581. $\int_0^{\infty} \frac{x^2}{\cosh x} dx = \frac{\pi^3}{8}$

1582. $\int_0^{\infty} \frac{x^4}{\cosh x} dx = \frac{5}{32}\pi^5$

1583. $\int_0^{\infty} \frac{x^6}{\cosh x} dx = \frac{61}{128}\pi^7$

1584. $\int_0^{\infty} \frac{x^m}{\cosh ax} dx = \frac{2^{m+1} m!}{2^m a^{m+1}} \sum_{k=1}^{\infty} \frac{(-1)^{k+1}}{(2k-1)^{m+1}}$

1585. $\int_0^{\infty} \frac{dx}{a + \sinh bx} = \frac{1}{b\sqrt{1+a^2}} \ln \frac{1+a+\sqrt{1+a^2}}{1+a-\sqrt{1+a^2}} \quad (1+a > \sqrt{1+a^2})$

1586. $\int_0^{\infty} \frac{dx}{a + \cosh bx} = \frac{1}{b\sqrt{a^2-1}} \ln \frac{1+a+\sqrt{a^2-1}}{1+a-\sqrt{a^2-1}} \quad (a^2 > 1)$

1587. $\int_0^{\infty} \frac{dx}{a \sinh cx + b \cosh cx} = \frac{1}{c\sqrt{a^2-b^2}} \ln \frac{a+b+\sqrt{a^2-b^2}}{a+b-\sqrt{a^2-b^2}} \quad (a^2 > b^2)$

1588. $\int_0^{\infty} \frac{dx}{a \sinh x + b \cosh x} = \begin{cases} \frac{2}{\sqrt{b^2-a^2}} \arctan \frac{\sqrt{b^2-a^2}}{a+b} & (b^2 > a^2) \\ \frac{1}{\sqrt{a^2-b^2}} \ln \frac{a+b+\sqrt{a^2-b^2}}{a+b-\sqrt{a^2-b^2}} & (a^2 > b^2) \end{cases}$ [3]

1589. $\int_0^{\infty} \frac{\sin ax}{\sinh bx} dx = \frac{\pi}{2b} \tanh \frac{a\pi}{2|b|}$ [1]

1590. $\int_0^{\infty} \frac{\cos ax}{\cosh bx} dx = \frac{\pi}{2b} \operatorname{sech} \frac{a\pi}{2b}$ [1]

1591. $\int_0^{\infty} \frac{\sinh ax}{\sinh bx} dx = \frac{\pi}{2b} \tan \frac{a\pi}{2|b|}$ [2]

1592. $\int_0^{\infty} \frac{\cosh ax}{\cosh bx} dx = \frac{\pi}{2b} \sec \frac{a\pi}{2b}$ [2]

1593. $\int_0^{\infty} \frac{x \sin ax}{\cosh bx} dx = \frac{\pi^2}{(2b)^2} \frac{\tanh \frac{a\pi}{2b}}{\cosh \frac{a\pi}{2b}}$ [2]

1594. $\int_0^{\infty} \frac{x \cos ax}{\sinh bx} dx = \frac{\pi^2}{(2b)^2} \operatorname{sech}^2 \frac{a\pi}{2b}$ [2]

1595. $\int_0^{\infty} \frac{\sin ax \sin bx}{\cosh cx} dx = \frac{\pi}{c} \cdot \frac{\sinh \frac{a\pi}{2c} \sinh \frac{b\pi}{2c}}{\cosh \frac{a\pi}{c} + \cosh \frac{b\pi}{c}}$ [2]

1596. $\int_0^{\infty} \frac{\sin ax \cos bx}{\sinh cx} dx = \frac{\pi}{2c} \cdot \frac{\sinh \frac{a\pi}{c}}{\cosh \frac{a\pi}{c} + \cosh \frac{b\pi}{c}}$ [2]

1597. $\int_0^\infty \frac{\cos ax\cos bx}{\cosh cx}dx=\frac{\pi}{c}\cdot\frac{\cosh\frac{a\pi}{2c}\cosh\frac{b\pi}{2c}}{\cosh\frac{a\pi}{c}+\cosh\frac{b\pi}{c}}$ [2]

1598. $\int_0^\infty \frac{\sinh ax\sin bx}{\cosh cx}dx=\frac{\pi}{c}\cdot\frac{\sin\frac{a\pi}{2c}\sinh\frac{b\pi}{2c}}{\cos\frac{a\pi}{c}+\cosh\frac{b\pi}{c}}$ [2]

1599. $\int_0^\infty \frac{\sinh ax\cos bx}{\sinh cx}dx=\frac{\pi}{2c}\cdot\frac{\sin\frac{a\pi}{c}}{\cos\frac{a\pi}{c}+\cosh\frac{b\pi}{c}}$ [2]

1600. $\int_0^\infty \frac{\cosh ax\cos bx}{\cosh cx}dx=\frac{\pi}{c}\cdot\frac{\cos\frac{a\pi}{2c}\cosh\frac{b\pi}{2c}}{\cos\frac{a\pi}{c}+\cosh\frac{b\pi}{c}}$ [2]

1601. $\int_0^\infty \frac{\sinh ax\sinh bx}{\cosh cx}dx=\frac{\pi}{c}\cdot\frac{\sin\frac{a\pi}{2c}\sin\frac{b\pi}{2c}}{\cos\frac{a\pi}{c}+\cos\frac{b\pi}{c}}$ $(c>|a|+|b|)$ [3]

1602. $\int_0^\infty \frac{\sinh ax\cosh bx}{\sinh cx}dx=\frac{\pi}{2c}\cdot\frac{\sin\frac{a\pi}{c}}{\cos\frac{a\pi}{c}+\cos\frac{b\pi}{c}}$ $(c>|a|+|b|)$ [3]

1603. $\int_0^\infty \frac{\cosh ax\cosh bx}{\cosh cx}dx=\frac{\pi}{c}\cdot\frac{\cos\frac{a\pi}{2c}\cos\frac{b\pi}{2c}}{\cos\frac{a\pi}{c}+\cos\frac{b\pi}{c}}$ $(c>|a|+|b|)$ [3]

1604. $\int_{-\infty}^\infty \frac{\sinh^2 ax}{\sinh^2 x}dx=1-a\pi\cot a\pi$ $(a^2<1)$

1605. $\int_0^\infty \frac{\sinh ax\sinh bx}{\cosh^2 bx}dx=\frac{a\pi}{2b^2}\sec\frac{a\pi}{2b}$ $(b>|a|)$

1606. $\int_0^\infty \frac{\cosh 2px}{\cosh^{2q}ax}dx=\frac{4^{q-1}}{a}\mathrm{B}\left(q+\frac{p}{a},q-\frac{p}{a}\right)$

$[\mathrm{Re}\,(q\pm p)>0,a>0,p>0]$

[这里,$\mathrm{B}(p,q)$为贝塔函数(见附录),以下同] [3]

1607. $\int_0^\infty \frac{\sinh^p x}{\cosh^q x}dx=\frac{1}{2}\mathrm{B}\left(\frac{p+1}{2},\frac{q-p}{2}\right)$ $[\mathrm{Re}\,p>-1,\mathrm{Re}\,(p-q)<0]$ [3]

1608. $\int_{-\infty}^\infty \left(1-\frac{\sqrt{2}\cosh x}{\sqrt{\cosh 2x}}\right)dx=-\ln 2$

1609. $\int_0^\infty \frac{\sinh^{2p-1}x\cosh x}{(1+a\sinh^2 x)^q}dx=\frac{1}{2}a^{-p}\mathrm{B}(p,q-p)$ $(\mathrm{Re}\,q>\mathrm{Re}\,p>0,a>0)$ [3]

1610. $\int_0^\infty \frac{x}{(1+x^2)\sinh\pi x}dx = \ln 2 - \frac{1}{2}$

1611. $\int_0^\infty \frac{dx}{(1+x^2)\cosh\pi x} = 2 - \frac{\pi}{2}$

1612. $\int_0^\infty \frac{x}{(1+x^2)\sinh\frac{\pi x}{2}}dx = \frac{\pi}{2} - 1$

1613. $\int_0^\infty \frac{dx}{(1+x^2)\cosh\frac{\pi x}{2}} = \ln 2$

1614. $\int_0^\infty \frac{x}{(1+x^2)\sinh\frac{\pi x}{4}}dx = \frac{1}{\sqrt{2}}[\pi + 2\ln(\sqrt{2}+1)] - 2$ [3]

1615. $\int_0^\infty \frac{dx}{(1+x^2)\cosh\frac{\pi x}{4}} = \frac{1}{\sqrt{2}}[\pi - 2\ln(\sqrt{2}+1)]$ [3]

1616. $\int_0^\infty x\frac{\sinh ax}{\cosh bx}dx = \frac{\pi^2}{4b^2}\sin\frac{a\pi}{2b}\sec^2\frac{a\pi}{2b} \quad (b > |a|)$

1617. $\int_0^\infty x^3\frac{\sinh ax}{\cosh bx}dx = \left(\frac{\pi}{2b}\sec\frac{a\pi}{2b}\right)^4\sin\frac{a\pi}{2b}\left(6 - \cos^2\frac{a\pi}{2b}\right) \quad (b > |a|)$

1618. $\int_0^\infty x^5\frac{\sinh ax}{\cosh bx}dx = \left(\frac{\pi}{2b}\sec\frac{a\pi}{2b}\right)^6\sin\frac{a\pi}{2b}\left(120 - 60\cos^2\frac{a\pi}{2b} + \cos^4\frac{a\pi}{2b}\right)$
$(b > |a|)$

1619. $\int_0^\infty x^7\frac{\sinh ax}{\cosh bx}dx$

$$= \left(\frac{\pi}{2b}\sec\frac{a\pi}{2b}\right)^8\sin\frac{a\pi}{2b}\left(5040 - 4200\cos^2\frac{a\pi}{2b} + 546\cos^4\frac{a\pi}{2b} - \cos^6\frac{a\pi}{2b}\right)$$
$(b > |a|)$

1620. $\int_0^\infty x^{2m+1}\frac{\sinh ax}{\cosh bx}dx = \frac{\pi}{2b}\cdot\frac{d^{2m+1}}{da^{2m+1}}\sec\frac{a\pi}{2b} \quad (b > |a|)$ [3]

1621. $\int_0^\infty x^2\frac{\sinh ax}{\sinh bx}dx = \frac{\pi^3}{4b^3}\sin\frac{a\pi}{2b}\sec^3\frac{a\pi}{2b} \quad (b > |a|)$

1622. $\int_0^\infty x^4\frac{\sinh ax}{\sinh bx}dx = 8\left(\frac{\pi}{2b}\sec\frac{a\pi}{2b}\right)^5\sin\frac{a\pi}{2b}\left(2 + \sin^2\frac{a\pi}{2b}\right) \quad (b > |a|)$

1623. $\int_0^\infty x^6\frac{\sinh ax}{\sinh bx}dx = 16\left(\frac{\pi}{2b}\sec\frac{a\pi}{2b}\right)^7\sin\frac{a\pi}{2b}\left(45 - 30\cos^2\frac{a\pi}{2b} + 2\cos^4\frac{a\pi}{2b}\right)$
$(b > |a|)$

1624. $\int_0^\infty x^{2m}\frac{\sinh ax}{\sinh bx}dx = \frac{\pi}{2b}\cdot\frac{d^{2m}}{da^{2m}}\tan\frac{a\pi}{2b} \quad (b > |a|)$ [3]

1625. $\int_0^\infty x\frac{\cosh ax}{\sinh bx}dx=\left(\frac{\pi}{2b}\sec\frac{a\pi}{2b}\right)^2 \quad (b>|a|)$

1626. $\int_0^\infty x^3\frac{\cosh ax}{\sinh bx}dx=2\left(\frac{\pi}{2b}\sec\frac{a\pi}{2b}\right)^4\left(1+2\sin^2\frac{a\pi}{2b}\right) \quad (b>|a|)$

1627. $\int_0^\infty x^5\frac{\cosh ax}{\sinh bx}dx=8\left(\frac{\pi}{2b}\sec\frac{a\pi}{2b}\right)^6\left(15-15\sin^2\frac{a\pi}{2b}+2\cos^4\frac{a\pi}{2b}\right)$

$(b>|a|)$

1628. $\int_0^\infty x^7\frac{\cosh ax}{\sinh bx}dx$

$$=16\left(\frac{\pi}{2b}\sec\frac{a\pi}{2b}\right)^8\left(315-420\cos^2\frac{a\pi}{2b}+126\cos^4\frac{a\pi}{2b}-4\cos^6\frac{a\pi}{2b}\right)$$

$(b>|a|)$

1629. $\int_0^\infty x^{2m+1}\frac{\cosh ax}{\sinh bx}dx=\frac{\pi}{2b}\cdot\frac{d^{2m+1}}{da^{2m+1}}\tan\frac{a\pi}{2b} \quad (b>|a|)$ [3]

1630. $\int_0^\infty x^2\frac{\cosh ax}{\cosh bx}dx=\frac{\pi^3}{8b^3}\left(2\sec^3\frac{a\pi}{2b}-\sec\frac{a\pi}{2b}\right) \quad (b>|a|)$

1631. $\int_0^\infty x^4\frac{\cosh ax}{\cosh bx}dx=\left(\frac{\pi}{2b}\sec\frac{a\pi}{2b}\right)^5\left(24-20\cos^2\frac{a\pi}{2b}+\cos^4\frac{a\pi}{2b}\right)$

$(b>|a|)$

1632. $\int_0^\infty x^6\frac{\cosh ax}{\cosh bx}dx=\left(\frac{\pi}{2b}\sec\frac{a\pi}{2b}\right)^7\left(720-840\cos^2\frac{a\pi}{2b}+182\cos^4\frac{a\pi}{2b}-\cos^6\frac{a\pi}{2b}\right)$

$(b>|a|)$

1633. $\int_0^\infty x^{2m}\frac{\cosh ax}{\cosh bx}dx=\frac{\pi}{2b}\cdot\frac{d^{2m}}{da^{2m}}\sec\frac{a\pi}{2b} \quad (b>|a|)$ [3]

1634. $\int_0^\infty \frac{\sinh ax}{\sinh \pi x}\cdot\frac{dx}{1+x^2}=-\frac{a}{2}\cos a+\frac{1}{2}\sin a\ln[2(1+\cos a)] \quad (|a|\leqslant\pi)$

1635. $\int_0^\infty \frac{\sinh ax}{\cosh \pi x}\cdot\frac{x dx}{1+x^2}=-2\sin\frac{a}{2}+\frac{\pi}{2}\sin a-\cos a\ln\left(\tan\frac{a+\pi}{4}\right)$

$(|a|<\pi)$

1636. $\int_0^\infty \frac{\cosh ax}{\sinh \pi x}\cdot\frac{x dx}{1+x^2}=\frac{1}{2}(a\sin a-1)+\frac{1}{2}\cos a\ln[2(1+\cos a)]$

$(|a|<\pi)$

1637. $\int_0^\infty \frac{\cosh ax}{\cosh \pi x}\cdot\frac{dx}{1+x^2}=2\cos\frac{a}{2}-\frac{\pi}{2}\cos a-\sin a\ln\left(\tan\frac{a+\pi}{4}\right)$

$(|a|<\pi)$

1638. $\int_0^\infty \frac{\sinh ax}{\sinh\frac{\pi}{2}x}\cdot\frac{dx}{1+x^2}=\frac{\pi}{2}\sin a+\frac{1}{2}\cos a\ln\frac{1-\sin a}{1+\sin a} \quad \left(|a|\leqslant\frac{\pi}{2}\right)$

1639. $\int_0^\infty \frac{\cosh ax}{\sinh \frac{\pi}{2} x} \cdot \frac{x\mathrm{d}x}{1+x^2} = \frac{\pi}{2}\cos a - 1 + \frac{1}{2}\sin a \ln \frac{1+\sin a}{1-\sin a} \quad \left(|a| < \frac{\pi}{2}\right)$

1640. $\int_0^\infty \frac{\sinh ax}{\sinh bx} \cdot \frac{\mathrm{d}x}{c^2+x^2} = \frac{\pi}{c}\sum_{k=1}^{\infty} \frac{\sin \frac{k(b-a)\pi}{b}}{bc+k\pi} \quad (b \geqslant |a|)$ [3]

1641. $\int_0^\infty \frac{\cosh ax}{\sinh bx} \cdot \frac{x\mathrm{d}x}{c^2+x^2} = \frac{\pi}{2bc} + \pi\sum_{k=1}^{\infty} \frac{\cos \frac{k(b-a)\pi}{b}}{bc+k\pi} \quad (b > |a|)$ [3]

1642. $\int_0^\infty \frac{\sinh ax}{\cosh bx} \cdot \frac{\mathrm{d}x}{x} = \ln\left[\tan\left(\frac{a\pi}{4b} + \frac{\pi}{4}\right)\right] \quad (b > |a|)$

1643. $\int_0^\infty \frac{\sinh^2 ax}{\sinh bx} \cdot \frac{\mathrm{d}x}{x} = \frac{1}{2}\ln\left(\sec \frac{a\pi}{b}\right) \quad (b > |2a|)$

1644. $\int_0^\infty \frac{\sinh ax \cosh bx}{\cosh cx} \cdot \frac{\mathrm{d}x}{x} = \frac{1}{2}\ln\left[\tan \frac{(a+b+c)\pi}{4c} \cot \frac{(b+c-a)\pi}{4c}\right]$
$(c > |a| + |b|)$

1645. $\int_0^\infty \frac{x}{\cosh^2 ax}\mathrm{d}x = \frac{\ln 2}{a^2} \quad (a \neq 0)$

1646. $\int_0^\infty \frac{x\sinh ax}{\cosh^2 ax}\mathrm{d}x = \frac{\pi}{2a^2} \quad (a > 0)$

1647. $\int_0^\infty \frac{x\sinh ax}{\cosh^{2p+1} ax}\mathrm{d}x = \frac{\sqrt{\pi}}{4pa^2} \frac{\Gamma(p)}{\Gamma\left(p+\frac{1}{2}\right)} \quad (a > 0, p > 0)$ [3]

1648. $\int_{-\infty}^\infty \frac{x^2}{\sinh^2 x}\mathrm{d}x = \frac{\pi^2}{3}$

1649. $\int_0^\infty x^2 \frac{\cosh ax}{\sinh^2 ax}\mathrm{d}x = \frac{\pi^2}{2a^3} \quad (a > 0)$

1650. $\int_0^\infty x^2 \frac{\sinh ax}{\cosh^2 ax}\mathrm{d}x = \frac{\ln 2}{2a^3} \quad (a \neq 0)$

1651. $\int_0^\infty \frac{\tan \frac{x}{2}}{\cosh x} \frac{\mathrm{d}x}{x} = \ln 2$

1652. $\int_0^\infty \left(\frac{1}{\sinh x} - \frac{1}{x}\right) \frac{\mathrm{d}x}{x} = -\ln 2$

1653. $\int_0^\infty \left(\frac{a}{\sinh ax} - \frac{b}{\sinh bx}\right) \frac{\mathrm{d}x}{x} = (b-a)\ln 2$

1654. $\int_0^\infty \frac{\cosh ax - 1}{\sinh bx} \cdot \frac{\mathrm{d}x}{x} = -\ln\left(\cos \frac{a\pi}{2b}\right) \quad (b > |a|)$

1655. $\int_0^\infty \frac{(1+\mathrm{i}x)^{2n-1} - (1-\mathrm{i}x)^{2n-1}}{\mathrm{i}\sinh \frac{\pi x}{2}}\mathrm{d}x = 2$ [3]

1656. $\int_0^{\infty}\frac{x}{2\cosh x-1}\mathrm{d}x=\frac{4}{\sqrt{3}}\left[\frac{\pi}{3}\ln 2-L\left(\frac{\pi}{3}\right)\right]=1.1719536193\cdots$ [3]

1657. $\int_0^{\infty}\frac{\mathrm{d}x}{\cosh ax+\cos t}=\frac{t}{a}\csc t\quad(a>0,0<t<\pi)$ [3]

1658. $\int_0^{\infty}\frac{x}{\cosh 2x+\cos 2t}\mathrm{d}x=\frac{t\ln 2-\mathrm{L}(t)}{\sin t\cos t}$ [3]

$\left[\right.$这里,$\mathrm{L}(t)=-\int_0^t\ln(\cos x)\mathrm{d}x$ 为罗巴切夫斯基(Lobachevsky)函数$\left.\right]$

1659. $\int_0^{\infty}\frac{x^2}{\cosh x+\cos t}\mathrm{d}x=\frac{t}{3}\cdot\frac{\pi^2-t^2}{\sin t}\quad(0<t<\pi)$ [3]

1660. $\int_0^{\infty}\frac{x^4}{\cosh x+\cos t}\mathrm{d}x=\frac{t}{15}\cdot\frac{(\pi^2-t^2)(7\pi^2-3t^2)}{\sin t}\quad(0<t<\pi)$ [3]

1661. $\int_0^{\infty}x\frac{\sinh ax}{(\cosh ax-\cos t)^2}\mathrm{d}x=\frac{t}{a^2}\csc t\quad(a>0,0<t<\pi)$ [3]

1662. $\int_0^{\infty}x^3\frac{\sinh x}{(\cosh x+\cos t)^2}\mathrm{d}x=\frac{t(\pi^2-t^2)}{\sin t}\quad(0<t<\pi)$ [3]

1663. $\int_0^{\infty}\frac{\cosh ax-\cos t_1}{\cosh bx-\cos t_2}\mathrm{d}x=\frac{\pi}{b}\cdot\frac{\sin\frac{a(\pi-t_2)}{b}}{\sin t_2\sin\frac{a\pi}{b}}-\frac{\pi-t_2}{b\sin t_2}\cos t_1$

$(0<|a|<1,0<t_2<\pi)$ [3]

Ⅱ.1.4.2　双曲函数与指数函数组合的积分

1664. $\int_0^{\infty}\mathrm{e}^{-px}\sinh^q rx\,\mathrm{d}x=\frac{1}{2^{q+1}r}\mathrm{B}\left(\frac{p}{2r}-\frac{q}{2},q+1\right)$

$(\mathrm{Re}\,r>0,\mathrm{Re}\,q>0,\mathrm{Re}\,p>\mathrm{Re}\,qr)$ [3]

[这里,$\mathrm{B}(p,q)$为贝塔函数(见附录),以下同]

1665. $\int_{-\infty}^{\infty}\mathrm{e}^{-px}\frac{\sinh px}{\sinh qx}\mathrm{d}x=\frac{\pi}{2q}\tan\frac{p\pi}{q}\quad(\mathrm{Re}\,q>2|\mathrm{Re}\,p|)$

1666. $\int_0^{\infty}\mathrm{e}^{-x}\frac{\sinh ax}{\sinh x}\mathrm{d}x=\frac{1}{a}-\frac{\pi}{2}\cot\frac{a\pi}{2}\quad(0<a<2)$

1667. $\int_0^{\infty}\frac{\mathrm{e}^{-px}}{\cosh^{2q+1}px}\mathrm{d}x=\frac{2^{2q-2}}{p}\mathrm{B}(q,q)-\frac{1}{2pq}\quad(p>0,q>0)$ [3]

1668. $\int_0^{\infty}\frac{\mathrm{e}^{-px}}{\cosh x}\mathrm{d}x=\beta\left(\frac{p+1}{2}\right)\quad(\mathrm{Re}\,p>-1)$ [3]

$\left[\right.$这里,$\beta(x)=\int_0^1\frac{t^{x-1}}{1+t}\mathrm{d}t\ (\mathrm{Re}\,x>0)$为不完全贝塔函数$\left.\right]$

1669. $\int_0^\infty e^{-px}\frac{\sinh px}{\cosh^2 px}dx=\frac{1}{p}(1-\ln 2)\quad (\mathrm{Re}\,p>0)$

1670. $\int_0^\infty e^{-qx}\frac{\sinh px}{\sinh qx}dx=\frac{1}{p}-\frac{\pi}{2q}\cot\frac{p\pi}{2q}\quad (0<p<2q)$

1671. $\int_0^\infty e^{-px}(\cosh rx-1)^q dx=\frac{1}{2^q r}\mathrm{B}\left(\frac{p}{r}-q,2q+1\right)$

$(\mathrm{Re}\,r>0,\mathrm{Re}\,q>-1,\mathrm{Re}\,p>\mathrm{Re}\,qr)$ [3]

1672. $\int_{-\infty}^\infty \frac{e^{-ibx}}{\sinh x+\sinh t}dx=-\frac{i\pi e^{itb}}{\sinh\pi b\cosh t}(\cosh\pi b-e^{-2itb})\quad (t>0)$ [3]

1673. $\int_0^\infty \frac{e^{-px}}{\cosh x-\cos t}dx=2\csc t\sum_{k=1}^\infty\frac{\sin kt}{p+k}\quad (\mathrm{Re}\,p>-1,t\neq 2n\pi)$ [3]

1674. $\int_0^\infty e^{-(p-1)x}\frac{1-e^{-x}\cos t}{\cosh x-\cos t}dx=2\sum_{k=0}^\infty\frac{\cos kt}{p+k}\quad (\mathrm{Re}\,p>0,t\neq 2n\pi)$ [3]

1675. $\int_0^\infty \frac{e^{px}+\cos t}{(\cosh px+\cos t)^2}dx=\frac{1}{p}\left(t\csc t+\frac{1}{1+\cos t}\right)\quad (p>0)$ [3]

1676. $\int_0^\infty e^{-ax}\sinh bx\,dx=\frac{b}{a^2-b^2}\quad (|b|<a)$ [1]

1677. $\int_0^\infty e^{-ax}\cosh bx\,dx=\frac{a}{a^2-b^2}\quad (|b|<a)$ [1]

1678. $\int_0^\infty e^{-px^2}\cosh ax\,dx=\frac{1}{2}\sqrt{\frac{\pi}{p}}\exp\left(\frac{a^2}{4p}\right)\quad (\mathrm{Re}\,p>0)$

1679. $\int_0^\infty e^{-px^2}\sinh^2 ax\,dx=\frac{1}{4}\sqrt{\frac{\pi}{p}}\left[\exp\left(\frac{a^2}{p}\right)-1\right]\quad (\mathrm{Re}\,p>0)$

1680. $\int_0^\infty e^{-px^2}\cosh^2 ax\,dx=\frac{1}{4}\sqrt{\frac{\pi}{p}}\left[\exp\left(\frac{a^2}{p}\right)+1\right]\quad (\mathrm{Re}\,p>0)$

1681. $\int_0^\infty \frac{\sinh ax}{e^{bx}+1}dx=\frac{\pi}{2b}\csc\frac{a\pi}{b}-\frac{1}{2a}\quad (b\geqslant 0)$ [1]

1682. $\int_0^\infty \frac{\sinh ax}{e^{bx}-1}dx=\frac{1}{2a}-\frac{\pi}{2b}\cot\frac{a\pi}{b}\quad (b\geqslant 0)$ [1]

Ⅱ.1.4.3 双曲函数与指数函数和幂函数组合的积分

1683. $\int_0^\infty x^{p-1}e^{-qx}\sinh rx\,dx=\frac{1}{2}\Gamma(p)[(q-r)^{-p}-(q+r)^{-p}]$

$(\mathrm{Re}\,p>-1,\mathrm{Re}\,q>|\mathrm{Re}\,r|)$ [3]

1684. $\int_0^\infty x^{p-1}e^{-qx}\cosh rx\,dx=\frac{1}{2}\Gamma(p)[(q-r)^{-p}+(q+r)^{-p}]$

(Re $p>-1$, Re $q>|$ Re $r|$) [3]

1685. $\int_0^\infty \frac{e^{-px}}{x}\sinh qx\,dx=\frac{1}{2}\ln\frac{p+q}{p-q}$ (Re $p>|$ Re $q|$)

1686. $\int_1^\infty \frac{e^{-px}}{x}\cosh qx\,dx=\frac{1}{2}[-\mathrm{Ei}(q-p)-\mathrm{Ei}(-q-p)]$

(Re $p>|$ Re $q|$) [3]

[这里,Ei(x)为指数积分(见附录),以下同]

1687. $\int_0^\infty xe^{-x}\coth x\,dx=\frac{\pi^2}{3}-1$

1688. $\int_0^\infty \frac{e^{-px}}{x}\tanh x\,dx=\ln\frac{p}{4}+2\ln\frac{\Gamma\left(\frac{p}{4}\right)}{\Gamma\left(\frac{p}{4}+\frac{1}{2}\right)}$ (Re $p>0$) [3]

1689. $\int_0^\infty \frac{x^2e^{-2nx}}{\sinh x}dx=4\sum_{k=n}^{\infty}\frac{1}{(2k+1)^3}$ $(n=0,1,2,\cdots)$

1690. $\int_0^\infty \frac{x^3e^{-2nx}}{\sinh x}dx=\frac{\pi^4}{8}-12\sum_{k=1}^{n}\frac{1}{(2k-1)^4}$ $(n=0,1,2,\cdots)$

1691. $\int_0^\infty \frac{e^{-x}}{x}\cdot\frac{\sinh^2 ax}{\sinh x}dx=\frac{1}{2}\ln(a\pi\csc a\pi)$ $(a<1)$

1692. $\int_0^\infty \frac{e^{-x}}{x}\cdot\frac{\sinh^2\frac{x}{2}}{\cosh x}dx=\frac{1}{2}\ln\frac{4}{\pi}$

1693. $\int_0^\infty \frac{e^{-px}}{x}(1-\operatorname{sech}x)dx=2\ln\frac{\Gamma\left(\frac{p+3}{4}\right)}{\Gamma\left(\frac{p+1}{4}\right)}-\ln\frac{p}{4}$ (Re $p>0$) [3]

1694. $\int_0^\infty\left[\frac{\sinh\left(\frac{1}{2}-p\right)x}{\sinh\frac{x}{2}}-(1-2p)e^{-x}\right]\frac{dx}{x}=2\ln\Gamma(p)-\ln\pi+\ln(\sin p\pi)$

(0 < Re $p<1$) [3]

1695. $\int_0^\infty\left[-\frac{\sinh qx}{\sinh\frac{x}{2}}+2qe^{-x}\right]\frac{dx}{x}=2\ln\Gamma\left(q+\frac{1}{2}\right)-\ln\pi+\ln(\cos q\pi)$

$\left(q^2<\frac{1}{2}\right)$ [3]

1696. $\int_0^\infty \frac{\sinh^2 ax}{1-e^{px}}\cdot\frac{dx}{x}=\frac{1}{4}\ln\left(\frac{p}{2a\pi}\sin\frac{2a\pi}{p}\right)$ $(0<2|a|<p)$

1697. $\int_0^\infty \frac{\sinh^2 ax}{e^x+1}\cdot\frac{dx}{x}=-\frac{1}{4}\ln(a\pi\cot a\pi)$ $\left(a<\frac{1}{2}\right)$

1698. $\int_{-\infty}^{\infty}\frac{x(1-\mathrm{e}^{px})}{\sinh x}\mathrm{d}x=-\frac{\pi^2}{2}\tan^2\frac{p\pi}{2}\quad(p<1)$

1699. $\int_{0}^{\infty}\frac{1-\mathrm{e}^{-px}}{\sinh x}\cdot\frac{1-\mathrm{e}^{-(p+1)x}}{x}\mathrm{d}x=2p\ln 2\quad(p>-1)$

1700. $\int_{0}^{\infty}x\frac{\mathrm{e}^{-x}-\cos a}{\cosh x-\cos a}\mathrm{d}x=|a|\pi-\frac{a^2}{2}-\frac{\pi^2}{3}$

1701. $\int_{0}^{\infty}\frac{\mathrm{e}^{-2x}}{x}\cdot\frac{\tanh\frac{x}{2}}{\cosh x}\mathrm{d}x=2\ln\frac{\pi}{2\sqrt{2}}$

Ⅱ.1.4.4 反双曲函数的积分

1702. $\int_{0}^{1}\operatorname{arsinh}x\,\mathrm{d}x=1-\sqrt{2}+\ln(1+\sqrt{2})$ [6]

1703. $\int_{0}^{1}\frac{\operatorname{arsinh}x}{x}\mathrm{d}x=\sum_{n=0}^{\infty}\begin{pmatrix}-\frac{1}{2}\\ n\end{pmatrix}\frac{1}{(2n+1)^2}$ [6]

1704. $\int_{0}^{1}\frac{\operatorname{arsinh}x}{\sqrt{x^2+1}}\mathrm{d}x=\frac{1}{2}[\ln(1+\sqrt{2})]^2$ [6]

1705. $\int_{0}^{1}\frac{x\operatorname{arsinh}x}{\sqrt{x^2+1}}\mathrm{d}x=\sqrt{2}\ln(1+\sqrt{2})-1$ [6]

1706. $\int_{0}^{\infty}\frac{\operatorname{arsinh}x}{x^2+1}\mathrm{d}x=2G$ [6]

[这里,G 为卡塔兰常数(见附录),以下同]

1707. $\int_{0}^{\infty}\frac{\operatorname{arsinh}x}{x^{k+1}}\mathrm{d}x=\frac{1}{2k\sqrt{\pi}}\Gamma\left(\frac{k}{2}\right)\Gamma\left(\frac{1-k}{2}\right)\quad(0<k<1)$ [6]

1708. $\int_{1}^{\infty}\frac{\operatorname{arcosh}x}{x^2-1}\mathrm{d}x=\frac{\pi^2}{4}$ [6]

1709. $\int_{1}^{\infty}\frac{\operatorname{arcosh}x}{x^{2n}}\mathrm{d}x=\frac{(2n-1)!!}{2^n(2n-1)^2(n-1)!}\quad(n=1,2,\cdots)$ [6]

1710. $\int_{1}^{\infty}\frac{\operatorname{arcosh}x}{x^{2n+1}}\mathrm{d}x=\frac{2^{n-2}(n-1)!}{n(2n-1)!!}\quad(n=1,2,\cdots)$ [6]

1711. $\int_{1}^{\infty}\frac{\operatorname{arcosh}x}{x^{k+1}}\mathrm{d}x=\frac{\sqrt{\pi}}{2k}\frac{\Gamma\left(\frac{k}{2}\right)}{\Gamma\left(\frac{k+1}{2}\right)}\quad(k>0)$ [6]

1712. $\int_{1}^{\infty}\frac{(\operatorname{arcosh}x)^k}{(x^2-1)^\lambda}\mathrm{d}x=2^{2\lambda}\Gamma(k+1)\sum_{n=0}^{\infty}\begin{pmatrix}1-2\lambda\\ n\end{pmatrix}\frac{(-1)^n}{(2n+2\lambda-1)^{k+1}}$

$(k > 2\lambda - 2 > -1)$ [6]

1713. $\int_0^a \operatorname{artanh}\frac{x}{a}\mathrm{d}x = a\ln 2$

1714. $\int_0^a x\operatorname{artanh}\frac{x}{a}\mathrm{d}x = \frac{a^2}{2}$

1715. $\int_0^a \operatorname{artanh}\frac{x}{a}\frac{\mathrm{d}x}{x} = \frac{\pi^2}{8}$

1716. $\int_0^a x^n \operatorname{artanh}\frac{x}{a}\mathrm{d}x = \frac{a^{n+1}}{n+1}\left[\sum_{k=0}^{r-1}\frac{1}{n-2k} + s\ln 2\right]$

$\left(这里, r = \left[\frac{n+1}{2}\right], s = n+1-2r, n = 0,1,2,\cdots\right)$ [6]

1717. $\int_0^a \left(\operatorname{artanh}\frac{x}{a}\right)^k \mathrm{d}x = 2^{1-k}\Gamma(k+1)\sum_{n=1}^{\infty}\frac{(-1)^{n-1}}{n^k} \quad (k > 0)$ [6]

1718. $\int_0^a \frac{\left(\operatorname{artanh}\frac{x}{a}\right)^k}{(a^2-x^2)^\lambda}\mathrm{d}x = 2(2a)^{1-2\lambda}\Gamma(k+1)\sum_{n=0}^{\infty}\binom{2\lambda-2}{n}\frac{1}{(2n-2\lambda+2)^{k+1}}$

$\left(1 > \lambda > \frac{1}{2} - \frac{k}{2}\right)$ [6]

1719. $\int_0^a \frac{\operatorname{artanh}\frac{x}{a}}{\sqrt{a^2-x^2}}\mathrm{d}x = 2G$ [6]

1720. $\int_a^\infty \operatorname{arcoth}\frac{x}{a}\frac{\mathrm{d}x}{x} = \frac{\pi^2}{8} \quad (a > 0)$ [6]

1721. $\int_a^\infty \frac{\operatorname{arcoth}\frac{x}{a}}{x^2}\mathrm{d}x = \frac{1}{a}\ln 2 \quad (a > 0)$ [6]

1722. $\int_a^\infty \frac{\operatorname{arcoth}\frac{x}{a}}{x^{n+1}}\mathrm{d}x = \frac{1}{2na^n}\left[s\left(\ln 4 + \sum_{k=1}^{r}\frac{1}{k}\right) + 2(1-s)\sum_{k=1}^{r}\frac{1}{2k-1}\right]$

$(a > 0)$ [6]

$\left(这里, r = \left[\frac{n}{2}\right], s = n - 2r, n = 1,2,\cdots\right)$

1723. $\int_a^\infty \frac{\operatorname{arcoth}\frac{x}{a}}{x^{k+1}}\mathrm{d}x = \frac{1}{2ka^k}\left[\psi\left(\frac{k+1}{2}\right) - \psi\left(\frac{1}{2}\right)\right]$

$(k > -1, k \neq 0, a > 0)$ [6]

[这里,$\psi(x)$为 ψ 函数(见附录),以下同]

1724. $\int_a^\infty \left(\operatorname{arcoth}\frac{x}{a}\right)^k \mathrm{d}x = 2^{1-k}a\Gamma(k+1)\sum_{n=1}^{\infty}\frac{1}{n^k} = 2^{1-k}a\Gamma(k+1)\zeta(k)$

$(a>0,k>0)$ [6]

[这里,$\zeta(k)$为黎曼函数(见附录),以下同]

1725. $\int_a^{\infty}\frac{\left(\operatorname{arcoth}\frac{x}{a}\right)^k}{(x^2-a^2)^{\lambda}}\mathrm{d}x=2(2a)^{1-2\lambda}\Gamma(k+1)\sum_{n=0}^{\infty}\binom{2\lambda-2}{n}\frac{(-1)^n}{(2n-2\lambda+2)^{k+1}}$

$\left(a>0,1>\lambda>\frac{1-k}{2}\right)$ [6]

1726. $\int_a^{\infty}\frac{\operatorname{arcoth}\frac{x}{a}}{\sqrt{a^2-x^2}}\mathrm{d}x=\frac{\pi^2}{4}\quad(a>0)$ [6]

Ⅱ.1.5 重积分

Ⅱ.1.5.1 积分次序和积分变量交换的积分

1727. $\int_0^a\mathrm{d}x\int_0^x f(x,y)\mathrm{d}y=\int_0^a\mathrm{d}y\int_y^a f(x,y)\mathrm{d}x$ [3]

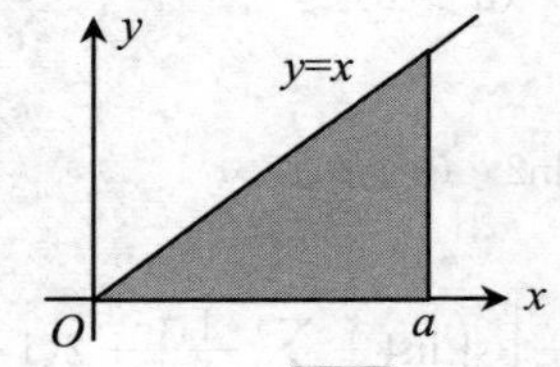

1728. $\int_0^R\mathrm{d}x\int_0^{\sqrt{R^2-x^2}}f(x,y)\mathrm{d}y=\int_0^R\mathrm{d}y\int_0^{\sqrt{R^2-y^2}}f(x,y)\mathrm{d}x$ [3]

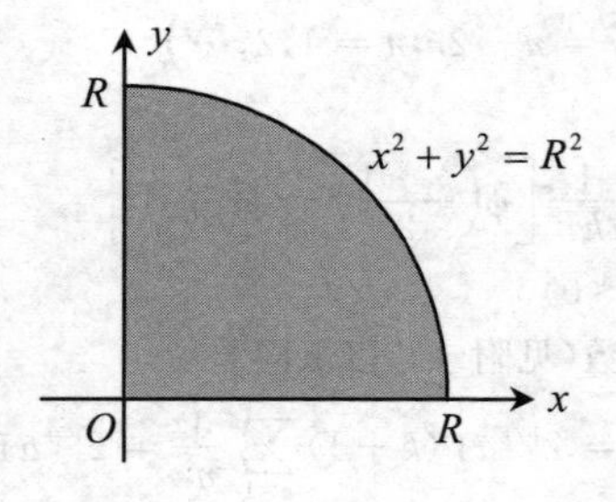

1729. $\int_0^{2p}\mathrm{d}x\int_0^{\frac{q}{p}\sqrt{2px-x^2}}f(x,y)\mathrm{d}y=\int_0^{q}\mathrm{d}y\int_{p\left[1-\sqrt{1-\left(\frac{y}{q}\right)^2}\right]}^{p\left[1+\sqrt{1-\left(\frac{y}{q}\right)^2}\right]}f(x,y)\mathrm{d}x$ 　[3]

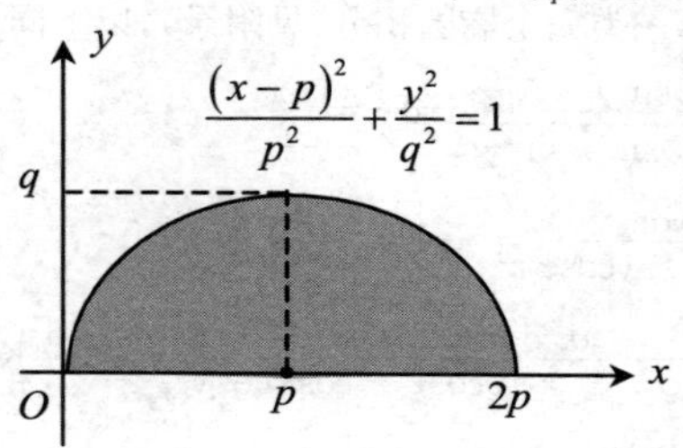

Ⅱ.1.5.2　具有常数积分限的二重积分和三重积分

1730. $\int_0^{\pi}\mathrm{d}\omega\int_0^{\infty}f'(p\cosh x+q\cos\omega\sinh x)\sinh x\mathrm{d}x$

$$=-\frac{\pi\operatorname{sgn}p}{\sqrt{p^2-q^2}}f(\operatorname{sgn}p\cdot\sqrt{p^2-q^2})$$

$\left[p^2>q^2,\ \lim_{x\to+\infty}f(x)=0\right]$ 　[3]

1731. $\int_0^{2\pi}\mathrm{d}\omega\int_0^{\infty}f'[p\cosh x+(q\cos\omega+r\sin\omega)\sinh x]\sinh x\mathrm{d}x$

$$=-\frac{2\pi\operatorname{sgn}p}{\sqrt{p^2-q^2-r^2}}f(\operatorname{sgn}p\cdot\sqrt{p^2-q^2-r^2})$$

$\left[p^2>q^2+r^2,\ \lim_{x\to+\infty}f(x)=0\right]$ 　[3]

1732. $\int_0^{\pi}\int_0^{\pi}\frac{\mathrm{d}x\mathrm{d}y}{\sin x\sin^2 y}f'\left(\frac{p-q\cos x}{\sin x\sin y}+r\cot y\right)$

$$=-\frac{2\pi\operatorname{sgn}p}{\sqrt{p^2-q^2-r^2}}f(\operatorname{sgn}p\cdot\sqrt{p^2-q^2-r^2})$$

$\left[p^2>q^2+r^2,\ \lim_{x\to+\infty}f(x)=0\right]$ 　[3]

1733. $\int_{-\infty}^{\infty}\mathrm{d}x\int_{-\infty}^{\infty}f'(p\cosh x\cosh y+q\sinh x\cosh y+r\sinh y)\cosh y\mathrm{d}y$

$$=-\frac{2\pi\operatorname{sgn}p}{\sqrt{p^2-q^2-r^2}}f(\operatorname{sgn}p\cdot\sqrt{p^2-q^2-r^2})$$

$\left[p^2>q^2+r^2,\ \lim_{x\to+\infty}f(x)=0\right]$ 　[3]

1734. $\int_0^{\frac{\pi}{2}}\int_0^{\frac{\pi}{2}}\frac{\sin y\sqrt{1-k^2\sin^2 x\sin^2 y}}{1-k^2\sin^2 y}\mathrm{d}x\mathrm{d}y=\frac{\pi}{2\sqrt{1-k^2}}$ 　[3]

1735. $\int_0^{\frac{\pi}{2}}\int_0^{\frac{\pi}{2}} \frac{\cos y\sqrt{1-k^2\sin^2 x\sin^2 y}}{1-k^2\sin^2 y}\mathrm{d}x\mathrm{d}y = \mathrm{K}(k)$ [3]

[这里，$\mathrm{K}(k)$为第一类完全椭圆积分(见附录)，以下同]

1736. $\int_0^{\frac{\pi}{2}}\int_0^{\frac{\pi}{2}} \frac{\sin\alpha\sin y}{\sqrt{1-\sin^2\alpha\sin^2 x\sin^2 y}}\mathrm{d}x\mathrm{d}y = \frac{\alpha\pi}{2}$ [3]

1737. $\int_0^{\pi}\int_0^{\pi}\int_0^{\pi} \frac{\mathrm{d}x\mathrm{d}y\mathrm{d}z}{1-\cos x\cos y\cos z} = 4\pi\left[\mathrm{K}\left(\frac{\sqrt{2}}{2}\right)\right]^2$ [3]

1738. $\int_0^{\pi}\int_0^{\pi}\int_0^{\pi} \frac{\mathrm{d}x\mathrm{d}y\mathrm{d}z}{3-\cos y\cos z-\cos x\cos z-\cos x\cos y} = \sqrt{3}\pi\left[\mathrm{K}\left(\sin\frac{\pi}{12}\right)\right]^2$ [3]

1739. $\int_0^{\pi}\int_0^{\pi}\int_0^{\pi} \frac{\mathrm{d}x\mathrm{d}y\mathrm{d}z}{3-\cos x-\cos y-\cos z}$

$= 4\pi[18+12\sqrt{2}-10\sqrt{3}-7\sqrt{6}]\{\mathrm{K}[(2-\sqrt{3})(\sqrt{3}-\sqrt{2})]\}^2$ [3]

Ⅱ.1.5.3 多重积分

1740. $\int_p^x \mathrm{d}t_{n-1}\int_p^{t_{n-1}} \mathrm{d}t_{n-2}\cdots\int_p^{t_1} f(t)\mathrm{d}t = \frac{1}{(n-1)!}\int_p^x (x-t)^{n-1}f(t)\mathrm{d}t$ [3]

[这里，$f(t)$为区间$[p,q]$上的连续函数，并且$p\leqslant x\leqslant q$]

1741. $\underset{\substack{x_1\geqslant 0,x_2\geqslant 0,\cdots,x_n\geqslant 0\\ x_1+x_2+\cdots+x_n\leqslant h}}{\iint\cdots\int} \mathrm{d}x_1\mathrm{d}x_2\cdots\mathrm{d}x_n = \frac{h^n}{n!}$ (n维单纯形的体积) [3]

1742. $\underset{x_1{}^2+x_2{}^2+\cdots+x_n{}^2\leqslant R^2}{\iint\cdots\int} \mathrm{d}x_1\mathrm{d}x_2\cdots\mathrm{d}x_n = \frac{\sqrt{\pi^n}}{\Gamma\left(\frac{n}{2}+1\right)}R^n$ (n维球的体积) [3]

1743. $\underset{x_1{}^2+x_2{}^2+\cdots+x_n{}^2\leqslant 1}{\iint\cdots\int} \frac{\mathrm{d}x_1\mathrm{d}x_2\cdots\mathrm{d}x_n}{\sqrt{1-x_1{}^2-x_2{}^2-\cdots-x_n{}^2}} = \frac{\sqrt{\pi^{n+1}}}{\Gamma\left(\frac{n+1}{2}\right)}$ $(n>1)$

($n+1$维球$x_1{}^2+x_2{}^2+\cdots+x_{n+1}{}^2=1$表面面积的一半) [3]

1744. $\underset{\substack{x_1\geqslant 0,\ x_2\geqslant 0,\ \cdots,\ x_n\geqslant 0\\ \left(\frac{x_1}{q_1}\right)^{\alpha_1}+\left(\frac{x_2}{q_2}\right)^{\alpha_2}+\cdots+\left(\frac{x_n}{q_n}\right)^{\alpha_n}\leqslant 1}}{\iint\cdots\int} x_1{}^{p_1-1}\ x_2{}^{p_2-1}\cdots\ x_n{}^{p_n-1}\mathrm{d}x_1\mathrm{d}x_2\cdots\mathrm{d}x_n$

$= \frac{q_1{}^{p_1}\ q_2{}^{p_2}\cdots\ q_n{}^{p_n}}{\alpha_1\alpha_2\cdots\alpha_n}\frac{\Gamma\left(\frac{p_1}{\alpha_1}\right)\Gamma\left(\frac{p_2}{\alpha_2}\right)\cdots\Gamma\left(\frac{p_n}{\alpha_n}\right)}{\Gamma\left(\frac{p_1}{\alpha_1}+\frac{p_2}{\alpha_2}+\cdots+\frac{p_n}{\alpha_n}+1\right)}$

$(\alpha_i > 0, p_i > 0, q_i > 0, i = 1,2,\cdots,n)$ [3]

1745. $$\underset{\substack{x_1\geqslant 0, x_2\geqslant 0,\cdots,x_n\geqslant 0\\ x_1^{\alpha_1}+x_2^{\alpha_2}+\cdots+x_n^{\alpha_n}\geqslant 1}}{\iint\cdots\int} \frac{x_1^{p_1-1}\, x_2^{p_2-1}\cdots x_n^{p_n-1}}{(x_1^{\alpha_1}+x_2^{\alpha_2}+\cdots+x_n^{\alpha_n})^{\mu}}\mathrm{d}x_1\mathrm{d}x_2\cdots\mathrm{d}x_n$$

$$=\frac{1}{\alpha_1\alpha_2\cdots\alpha_n\left(\mu-\frac{p_1}{\alpha_1}-\frac{p_2}{\alpha_2}-\cdots-\frac{p_n}{\alpha_n}\right)}\cdot\frac{\Gamma\left(\frac{p_1}{\alpha_1}\right)\Gamma\left(\frac{p_2}{\alpha_2}\right)\cdots\Gamma\left(\frac{p_n}{\alpha_n}\right)}{\Gamma\left(\frac{p_1}{\alpha_1}+\frac{p_2}{\alpha_2}+\cdots+\frac{p_n}{\alpha_n}\right)}$$

$\left(p_1 > 0, p_2 > 0,\cdots,p_n > 0; \mu > \frac{p_1}{\alpha_1}+\frac{p_2}{\alpha_2}+\cdots+\frac{p_n}{\alpha_n}\right)$ [3]

1746. $$\underset{\substack{x_1\geqslant 0, x_2\geqslant 0,\cdots,x_n\geqslant 0\\ x_1^{\alpha_1}+x_2^{\alpha_2}+\cdots+x_n^{\alpha_n}\leqslant 1}}{\iint\cdots\int} \frac{x_1^{p_1-1}\, x_2^{p_2-1}\cdots x_n^{p_n-1}}{(x_1^{\alpha_1}+x_2^{\alpha_2}+\cdots+x_n^{\alpha_n})^{\mu}}\mathrm{d}x_1\mathrm{d}x_2\cdots\mathrm{d}x_n$$

$$=\frac{1}{\alpha_1\alpha_2\cdots\alpha_n\left(\frac{p_1}{\alpha_1}+\frac{p_2}{\alpha_2}+\cdots+\frac{p_n}{\alpha_n}-\mu\right)}\cdot\frac{\Gamma\left(\frac{p_1}{\alpha_1}\right)\Gamma\left(\frac{p_2}{\alpha_2}\right)\cdots\Gamma\left(\frac{p_n}{\alpha_n}\right)}{\Gamma\left(\frac{p_1}{\alpha_1}+\frac{p_2}{\alpha_2}+\cdots+\frac{p_n}{\alpha_n}\right)}$$

$\left(p_1 > 0, p_2 > 0,\cdots,p_n > 0; \mu < \frac{p_1}{\alpha_1}+\frac{p_2}{\alpha_2}+\cdots+\frac{p_n}{\alpha_n}\right)$ [3]

1747. $$\underset{\substack{x_1\geqslant 0, x_2\geqslant 0,\cdots,x_n\geqslant 0\\ x_1^{\alpha_1}+x_2^{\alpha_2}+\cdots+x_n^{\alpha_n}\leqslant 1}}{\iint\cdots\int} x_1^{p_1-1}\, x_2^{p_2-1}\cdots x_n^{p_n-1}\sqrt{\frac{1-x_1^{\alpha_1}-x_2^{\alpha_2}-\cdots-x_n^{\alpha_n}}{1+x_1^{\alpha_1}+x_2^{\alpha_2}+\cdots+x_n^{\alpha_n}}}\mathrm{d}x_1\mathrm{d}x_2\cdots\mathrm{d}x_n$$

$$=\frac{\sqrt{2}}{2}\cdot\frac{\Gamma\left(\frac{p_1}{\alpha_1}\right)\Gamma\left(\frac{p_2}{\alpha_2}\right)\cdots\Gamma\left(\frac{p_n}{\alpha_n}\right)}{\alpha_1\alpha_2\cdots\alpha_n}\cdot\frac{1}{\Gamma(m)}\left[\frac{\Gamma\left(\frac{m}{2}\right)}{\Gamma\left(\frac{m+1}{2}\right)}-\frac{\Gamma\left(\frac{m+1}{2}\right)}{\Gamma\left(\frac{m+2}{2}\right)}\right]$$ [3]

$\left(\text{这里}, m=\frac{p_1}{\alpha_1}+\frac{p_2}{\alpha_2}+\cdots+\frac{p_n}{\alpha_n}\right)$

1748. $$\int_0^{\infty}\int_0^{\infty}\cdots\int_0^{\infty}\frac{x_1^{p_1-1}\, x_2^{p_2-1}\cdots x_n^{p_n-1}}{(r_0+r_1x_1+r_2x_2+\cdots+r_nx_n)^{s}}\mathrm{d}x_1\mathrm{d}x_2\cdots\mathrm{d}x_n$$

$$=\frac{\Gamma(p_1)\Gamma(p_2)\cdots\Gamma(p_n)\Gamma(s-p_1-p_2-\cdots-p_n)}{r_1^{p_1}\, r_2^{p_2}\cdots r_n^{p_n}\, r_0^{s-p_1-p_2-\cdots-p_n}\,\Gamma(s)}$$

$(p_i > 0, r_i > 0, s > 0)$ [3]

1749. $$\int_0^{\infty}\int_0^{\infty}\cdots\int_0^{\infty}\frac{x_1^{p_1-1}\, x_2^{p_2-1}\cdots x_n^{p_n-1}}{[1+(r_1x_1)^{q_1}+(r_2x_2)^{q_2}+\cdots+(r_nx_n)^{q_n}]^{s}}\mathrm{d}x_1\mathrm{d}x_2\cdots\mathrm{d}x_n$$

$$=\frac{\Gamma\left(\frac{p_1}{q_1}\right)\Gamma\left(\frac{p_2}{q_2}\right)\cdots\Gamma\left(\frac{p_n}{q_n}\right)\Gamma\left(s-\frac{p_1}{q_1}-\frac{p_2}{q_2}-\cdots-\frac{p_n}{q_n}\right)}{q_1q_2\cdots q_n\, r_1^{p_1q_1}\, r_2^{p_2q_2}\cdots r_n^{p_nq_n}\,\Gamma(s)}$$

$(p_i > 0, q_i > 0, r_i > 0, s > 0)$ [3]

1750. $$\underset{x_1{}^2+x_2{}^2+\cdots+x_n{}^2\leqslant 1}{\iint\cdots\int}(p_1x_1+p_2x_2+\cdots+p_nx_n)^{2m}\mathrm{d}x_1\mathrm{d}x_2\cdots\mathrm{d}x_n$$

$$=\frac{(2m-1)!!}{2^m}\cdot\frac{\sqrt{\pi^n}}{\Gamma\left(\frac{n}{2}+m+1\right)}(p_1{}^2+p_2{}^2+\cdots+p_n{}^2)^m$$ [3]

1751. $$\underset{x_1{}^2+x_2{}^2+\cdots+x_n{}^2\leqslant 1}{\iint\cdots\int}\mathrm{e}^{p_1x_1+p_2x_2+\cdots+p_nx_n}\mathrm{d}x_1\mathrm{d}x_2\cdots\mathrm{d}x_n$$

$$=\sqrt{\pi^n}\sum_{k=0}^{\infty}\frac{1}{k!\Gamma\left(\frac{n}{2}+k+1\right)}\left(\frac{p_1{}^2+p_2{}^2+\cdots+p_n{}^2}{4}\right)^k$$ [3]

1752. $$\int_0^\infty\int_0^\infty\cdots\int_0^\infty\exp\left[-\left(x_1+x_2+\cdots+x_n+\frac{\lambda^{n+1}}{x_1x_2\cdots x_n}\right)\right]$$

$$\cdot x_1{}^{\frac{1}{n+1}-1}x_2{}^{\frac{2}{n+1}-1}\cdots x_n{}^{\frac{n}{n+1}-1}\mathrm{d}x_1\mathrm{d}x_2\cdots\mathrm{d}x_n=\frac{1}{\sqrt{n+1}}(2\pi)^{\frac{n}{2}}\mathrm{e}^{-(n+1)\lambda}$$ [3]

Ⅱ.2 特殊函数的定积分

Ⅱ.2.1 椭圆函数的定积分

Ⅱ.2.1.1 椭圆积分的积分

这里，使用记号 $k'=\sqrt{1-k^2}$，并且 $k^2<1$.

1. $$\int_0^{\frac{\pi}{2}}\mathrm{F}(k,x)\cot x\mathrm{d}x=\frac{\pi}{4}\mathrm{K}(k')+\frac{1}{2}\ln k\cdot\mathrm{K}(k)$$

[这里，$\mathrm{F}(k,x)$ 为第一类椭圆积分，$\mathrm{K}(k)$ 和 $\mathrm{K}(k')$ 为第一类完全椭圆积分(见附

录),以下同]

2. $\int_0^{\frac{\pi}{2}} F(k,x)\frac{\sin x\cos x}{1+k\sin^2 x}dx=\frac{1}{4k}K(k)\ln\frac{(1+k)\sqrt{k}}{2}+\frac{\pi}{16k}K(k')$ [3]

3. $\int_0^{\frac{\pi}{2}} F(k,x)\frac{\sin x\cos x}{1-k\sin^2 x}dx=\frac{1}{4k}K(k)\ln\frac{2}{(1-k)\sqrt{k}}-\frac{\pi}{16k}K(k')$ [3]

4. $\int_0^{\frac{\pi}{2}} F(k,x)\frac{\sin x\cos x}{1-k^2\sin^2 x}dx=-\frac{1}{2k^2}\ln k'\cdot K(k)$

5. $\int_0^{\frac{\pi}{2}} F(k',x)\frac{\sin x\cos x}{\cos^2 x+k\sin^2 x}dx=\frac{1}{4(1-k)}\ln\frac{2}{(1+k)\sqrt{k}}K(k')$

6. $\int_0^{\frac{\pi}{2}} F(k,x)\frac{\sin x\cos x}{1-k^2\sin^2 t\sin^2 x}\cdot\frac{dx}{\sqrt{1-k^2\sin^2 x}}$

$=-\frac{1}{k^2\sin t\cos t}\left[K(k)\arctan(k'\tan t)-\frac{\pi}{2}F(k,t)\right]$ [3]

7. $\int_u^v F(k,x)\frac{dx}{\sqrt{(\sin^2 x-\sin^2 u)(\sin^2 v-\sin^2 x)}}$

$=\frac{1}{2\cos u\sin v}K(k)K(\sqrt{1-\tan^2 u\cot^2 v})$ [3]

(这里,$k^2=1-\cot^2 u\cot^2 v$)

8. $\int_0^1 F(k,\arcsin x)\frac{x}{1+kx^2}dx=\frac{1}{4k}K(k)\ln\frac{(1+k)\sqrt{k}}{2}+\frac{\pi}{16k}K(k')$

9. $\int_0^{\frac{\pi}{2}} E(k,x)\frac{\sin x\cos x}{1-k^2\sin^2 x}dx=\frac{1}{2k^2}[(1+k'^2)K(k)-(2+\ln k')E(k)]$ [3]

[这里,$E(k,x)$为第二类椭圆积分,$E(k)$为第二类完全椭圆积分(见附录),以下同]

10. $\int_0^{\frac{\pi}{2}} E(k,x)\frac{dx}{\sqrt{1-k^2\sin^2 x}}=\frac{1}{2}[E(k)K(k)-\ln k']$ [3]

11. $\int_0^{\frac{\pi}{2}} E(k,\sin x)\frac{\sin x}{\sqrt{1-k^2\sin^2 x}}dx=\frac{\pi}{2k}$ [4]

12. $\int_0^{\frac{\pi}{2}} E(k,x)\frac{\sin x\cos x}{1-k^2\sin^2 t\sin^2 x}\cdot\frac{dx}{\sqrt{1-k^2\sin^2 x}}$

$=\frac{1}{k^2\sin t\cos t}\Big[E(k)\arctan(k'\tan t)-\frac{\pi}{2}E(k,t)$

$+\frac{\pi}{2}\cot t(1-\sqrt{1-k^2\sin^2 t})\Big]$ [3]

13. $\int_u^v E(k,x)\frac{dx}{\sqrt{(\sin^2 x-\sin^2 u)(\sin^2 v-\sin^2 x)}}$

$$= \frac{1}{2\cos u \sin v} \mathrm{E}(k) \mathrm{K}\left(\sqrt{1 - \frac{\tan^2 u}{\tan^2 v}}\right) + \frac{k^2 \sin v}{2\cos u} \mathrm{K}\left(\sqrt{1 - \frac{\sin^2 2u}{\sin^2 2v}}\right) \quad [3]$$

（这里，$k^2 = 1 - \cot^2 u \cot^2 v$）

Ⅱ.2.1.2 椭圆积分相对于模数的积分

14. $\int_0^1 \mathrm{F}(k, x) k \mathrm{d}k = \frac{1 - \cos x}{\sin x} = \tan \frac{x}{2}$ [3]

15. $\int_0^1 \mathrm{E}(k, x) k \mathrm{d}k = \frac{\sin^2 x + 1 - \cos x}{3\sin x}$ [3]

16. $\int_0^1 \Pi(r^2, k, x) k \mathrm{d}k = \tan \frac{x}{2} - r \ln \sqrt{\frac{1 + r\sin x}{1 - r\sin x}} - r^2 \Pi(r^2, 0, x)$ [3]

[$\Pi(h, k, \varphi)$ 为第三类椭圆积分，见附录]

Ⅱ.2.1.3 完全椭圆积分相对于模数的积分

17. $\int_0^1 \mathrm{K}(k) \mathrm{d}k = 2G$ [3]

[这里，G 为卡塔兰常数（见附录），以下同]

18. $\int_0^1 \mathrm{K}(k') \mathrm{d}k = \frac{\pi^2}{4}$

19. $\int_0^1 \frac{1}{k}\left[\mathrm{K}(k) - \frac{\pi}{2}\right] \mathrm{d}k = \pi \ln 2 - 2G$ [3]

20. $\int_0^1 \frac{\mathrm{K}(k)}{k'} \mathrm{d}k = \left[\mathrm{K}\left(\frac{\sqrt{2}}{2}\right)\right]^2 = \frac{1}{16\pi}\left[\Gamma\left(\frac{1}{4}\right)\right]^4$

21. $\int_0^1 \frac{\mathrm{K}(k)}{1 + k} \mathrm{d}k = \frac{\pi^2}{8}$

22. $\int_0^1 \frac{1}{k}\left[\mathrm{K}(k') - \ln \frac{4}{k}\right] \mathrm{d}k = \frac{1}{12}[24(\ln 2)^2 - \pi^2]$

23. $n^2 \int_0^1 k^n \mathrm{K}(k) \mathrm{d}k = (n-1)^2 \int_0^1 k^{n-2} \mathrm{K}(k) \mathrm{d}k + 1$

24. $n \int_0^1 k^n \mathrm{K}(k') \mathrm{d}k = (n-1) \int_0^1 k^{n-2} \mathrm{E}(k) \mathrm{d}k \quad (n > 1)$

25. $\int_0^1 \mathrm{E}(k) \mathrm{d}k = \frac{1}{2} + G$

26. $\int_0^1 \mathrm{E}(k') \mathrm{d}k = \frac{\pi^2}{8}$

27. $\int_0^1 \frac{1}{k}\left[\mathrm{E}(k)-\frac{\pi}{2}\right]\mathrm{d}k=\pi\ln 2-2G+1-\frac{\pi}{2}$

28. $\int_0^1 \frac{1}{k}[\mathrm{E}(k')-1]\mathrm{d}k=2\ln 2-1$

29. $(n+2)\int_0^1 k^n\mathrm{E}(k')\mathrm{d}k=(n+1)\int_0^1 k^n\mathrm{K}(k')\mathrm{d}k \quad (n>1)$ [3]

30. $\int_0^a \frac{k\mathrm{K}(k)}{k'^2\sqrt{a^2-k^2}}\mathrm{d}k=\frac{\pi}{4}\frac{1}{\sqrt{1-a^2}}\ln\frac{1+a}{1-a} \quad (0<a<1)$ [3]

31. $\int_0^{\frac{\pi}{2}} \frac{\mathrm{E}(p\sin x)}{1-p^2\sin^2 x}\sin x\mathrm{d}x=\frac{\pi}{2\sqrt{1-p^2}} \quad (p^2<1)$ [3]

Ⅱ.2.2 指数积分、对数积分和正弦积分等函数的定积分

Ⅱ.2.2.1 指数积分的积分

32. $\int_0^p \mathrm{Ei}(ax)\mathrm{d}x=p\mathrm{Ei}(ap)+\frac{1-\mathrm{e}^{ap}}{a}$

[这里，Ei(x)为指数积分(见附录)，以下同]

33. $\int_0^\infty \mathrm{Ei}(-px)\mathrm{Ei}(-qx)\mathrm{d}x=\left(\frac{1}{p}+\frac{1}{q}\right)\ln(p+q)-\frac{\ln q}{p}-\frac{\ln p}{q}$

$(p>0,q>0)$

34. $\int_0^\infty \mathrm{Ei}(-px)x^{q-1}\mathrm{d}x=-\frac{\Gamma(q)}{qp^q} \quad (\mathrm{Re}\,p\geqslant 0,\mathrm{Re}\,q>0)$ [4]

35. $\int_0^\infty \mathrm{Ei}(px)\mathrm{e}^{-qx}\mathrm{d}x=-\frac{1}{q}\ln\left(\frac{q}{p}-1\right) \quad (p>0,\mathrm{Re}\,q>0,q>p)$ [3][4]

36. $\int_0^\infty \mathrm{Ei}(-px)\mathrm{e}^{-qx}\mathrm{d}x=-\frac{1}{q}\ln\left(1+\frac{q}{p}\right) \quad [\mathrm{Re}\,(p+q)\geqslant 0,q>0]$ [3][4]

37. $\int_0^\infty \mathrm{Ei}(-x)\mathrm{e}^{-px}\mathrm{d}x=\frac{1}{p(p+1)}-\frac{1}{p^2}\ln(1+p) \quad (\mathrm{Re}\,p>0)$ [3]

38. $\int_0^\infty \mathrm{Ei}(-x^2)\mathrm{e}^{px^2}\mathrm{d}x=-\sqrt{\frac{\pi}{p}}\arcsin\sqrt{p} \quad (0<p<1)$ [4]

39. $\int_0^\infty \mathrm{Ei}(-x^2)\mathrm{e}^{-px^2}\mathrm{d}x=-\sqrt{\frac{\pi}{p}}\ln(\sqrt{p}+\sqrt{1+p}) \quad (\mathrm{Re}\,p>0)$ [4]

40. $\int_0^\infty \mathrm{Ei}\left(\frac{a^2}{4x}\right)\mathrm{e}^{-px}\,\mathrm{d}x = -\frac{2}{p}\mathrm{K}_0(a\sqrt{p}) \quad (\mathrm{Re}\,p > 0, a > 0)$

41. $\int_0^\infty \mathrm{Ei}\left(-\frac{1}{4x}\right)\mathrm{e}^{-px}\,\mathrm{d}x = -\frac{2}{p}\mathrm{K}_0(\sqrt{p}) \quad (\mathrm{Re}\,p > 0)$

42. $\int_0^\infty \mathrm{Ei}\left(-\frac{1}{4x^2}\right)\mathrm{e}^{-px^2}\,\mathrm{d}x = \sqrt{\frac{\pi}{p}}\mathrm{Ei}(-\sqrt{p}) \quad (\mathrm{Re}\,p > 0)$

43. $\int_0^\infty \mathrm{Ei}\left(-\frac{1}{4x^2}\right)\exp\left(-\mu x^2 + \frac{1}{4x^2}\right)\mathrm{d}x = \sqrt{\frac{\pi}{\mu}}[\cos\sqrt{\mu}\,\mathrm{ci}(\sqrt{\mu}) - \sin\sqrt{\mu}\,\mathrm{si}(\sqrt{\mu})]$

$(\mathrm{Re}\,p > 0)$

[这里，si(z)和 ci(z)分别为正弦积分和余弦积分(见附录)，以下同]

44. $\int_0^\infty \mathrm{Ei}(-x)\mathrm{e}^x x^{\nu-1}\,\mathrm{d}x = -\frac{\pi\Gamma(\nu)}{\sin\nu\pi} \quad (0 < \mathrm{Re}\,\nu < 1)$

45. $\int_0^\infty \mathrm{Ei}(-px)\mathrm{e}^{-\mu x}x^{\nu-1}\,\mathrm{d}x = -\frac{\Gamma(\nu)}{\nu(p+\mu)^\nu}\cdot {}_2\mathrm{F}_1\left(1,\nu;\nu+1;\frac{\mu}{p+\mu}\right)$

$[|\arg p| < \pi, \mathrm{Re}\,(p+\mu) > 0, \mathrm{Re}\,\nu > 0]$ [3]

[这里，${}_2\mathrm{F}_1(a,b;c;x)$为超几何函数(见附录)，以下同]

46. $\int_0^\infty \left[\frac{\mathrm{e}^{-ax}\mathrm{Ei}(ax)}{x-b} - \frac{\mathrm{e}^{ax}\mathrm{Ei}(-ax)}{x+b}\right]\mathrm{d}x = \begin{cases}\pi^2\mathrm{e}^{-ab} & (a>0, b>0)\\ 0 & (a>0, b<0)\end{cases}$ [3]

47. $\int_0^\infty \mathrm{Ei}\left(-\frac{1}{4x^2}\right)\exp\left(-\mu x^2 + \frac{1}{4x^2}\right)\frac{\mathrm{d}x}{x^2}$

$= 2\sqrt{\pi}[\cos\sqrt{\mu}\,\mathrm{si}(\sqrt{\mu}) - \sin\sqrt{\mu}\,\mathrm{ci}(\sqrt{\mu})] \quad (\mathrm{Re}\,\mu > 0)$

48. $\int_{-\ln a}^\infty [\mathrm{Ei}(-a) - \mathrm{Ei}(-\mathrm{e}^{-x})]\mathrm{e}^{-\mu x}\,\mathrm{d}x = \frac{1}{\mu}\gamma(\mu, a) \quad (\mathrm{Re}\,\mu > 0, a < 1)$

[这里，$\gamma(\mu,a)$为不完全伽马函数(见附录)，以下同] [3]

49. $\int_0^\infty \mathrm{Ei}(-ax)\sin bx\,\mathrm{d}x = -\frac{1}{2b}\ln\left(1+\frac{b^2}{a^2}\right) \quad (a>0, b>0)$

50. $\int_0^\infty \mathrm{Ei}(-ax)\cos bx\,\mathrm{d}x = -\frac{1}{b}\arctan\frac{b}{a} \quad (a>0, b>0)$

51. $\int_0^\infty \mathrm{Ei}(-x)\mathrm{e}^{-ax}\sin bx\,\mathrm{d}x = -\frac{1}{a^2+b^2}\left\{\frac{b}{2}\ln[(1+a^2)+b^2] - a\arctan\frac{b}{1+a}\right\}$

$(\mathrm{Re}\,a > |\mathrm{Im}\,b|)$

52. $\int_0^\infty \mathrm{Ei}(-x)\mathrm{e}^{-ax}\cos bx\,\mathrm{d}x = -\frac{1}{a^2+b^2}\left\{\frac{a}{2}\ln[(1+a^2)+b^2] + b\arctan\frac{b}{1+a}\right\}$

$(\mathrm{Re}\,a > |\mathrm{Im}\,b|)$

53. $\int_0^\infty \mathrm{Ei}(-x)\ln x\,\mathrm{d}x = 1+\gamma$

[这里，γ 为欧拉常数(见附录)]

Ⅱ.2.2.2 对数积分的积分

54. $\int_0^1 \mathrm{li}(x)\mathrm{d}x = -\ln 2$

[这里,li(x)为对数积分(见附录),以下同]

55. $\int_0^1 \mathrm{li}\left(\frac{1}{x}\right)x\mathrm{d}x = 0$

56. $\int_0^1 \mathrm{li}(x)x^{p-1}\mathrm{d}x = -\frac{1}{p}\ln(p+1) \quad (p > -1)$

57. $\int_0^1 \frac{\mathrm{li}(x)}{x^{q+1}}\mathrm{d}x = \frac{1}{q}\ln(1-q) \quad (q < 1)$

58. $\int_1^\infty \frac{\mathrm{li}(x)}{x^{q+1}}\mathrm{d}x = -\frac{1}{q}\ln(q-1) \quad (q > 1)$

59. $\int_0^1 \mathrm{li}\left(\frac{1}{x}\right)\left(\ln\frac{1}{x}\right)^{p-1}\mathrm{d}x = -\pi\cot p\pi\,\Gamma(p) \quad (0 < p < 1)$

60. $\int_1^\infty \mathrm{li}\left(\frac{1}{x}\right)(\ln x)^{p-1}\mathrm{d}x = -\frac{\pi}{\sin p\pi}\Gamma(p) \quad (0 < p < 1)$

61. $\int_0^1 \frac{\mathrm{li}(x)}{x}\left(\ln\frac{1}{x}\right)^{p-1}\mathrm{d}x = -\frac{1}{p}\Gamma(p) \quad (0 < p \leqslant 1)$

62. $\int_0^1 \frac{\mathrm{li}(x)}{x^2}\left(\ln\frac{1}{x}\right)^{p-1}\mathrm{d}x = -\frac{\pi}{\sin p\pi}\Gamma(p) \quad (0 < p < 1)$

Ⅱ.2.2.3 正弦积分和余弦积分函数的积分

63. $\int_0^p \mathrm{si}(\alpha x)\mathrm{d}x = p\,\mathrm{si}(p\alpha) + \frac{\cos p\alpha - 1}{\alpha}$ [4]

[这里,si(z)为正弦积分(见附录),以下同]

64. $\int_0^p \mathrm{ci}(\alpha x)\mathrm{d}x = p\,\mathrm{ci}(p\alpha) - \frac{\sin p\alpha}{\alpha}$ [4]

[这里,ci(z)为余弦积分(见附录),以下同]

65. $\int_0^\infty \mathrm{si}(px)\mathrm{si}(qx)\mathrm{d}x = \frac{\pi}{2p} \quad (p \geqslant q)$

66. $\int_0^\infty \mathrm{ci}(px)\mathrm{ci}(qx)\mathrm{d}x = \frac{\pi}{2p} \quad (p \geqslant q)$

67. $\displaystyle\int_0^\infty \mathrm{si}(px)\mathrm{ci}(qx)\mathrm{d}x = \begin{cases} \dfrac{1}{4q}\ln\left(\dfrac{p+q}{p-q}\right)^2 + \dfrac{1}{4p}\ln\dfrac{(p^2-q^2)^2}{q^4} & (p \neq q) \\ \dfrac{1}{q}\ln 2 & (p = q) \end{cases}$

68. $\displaystyle\int_0^\infty \frac{\mathrm{ci}(ax)}{b+x}\mathrm{d}x = -\frac{1}{2}\{[\mathrm{si}(ab)]^2 + [\mathrm{ci}(ab)]^2\} \quad (a > 0, |\arg b| < \pi)$

69. $\displaystyle\int_{-\infty}^\infty \frac{\mathrm{si}(a|x|)}{x-b}\mathrm{sgn}x\,\mathrm{d}x = \pi\mathrm{ci}(a|b|) \quad (a > 0, b > 0)$ [3]

70. $\displaystyle\int_{-\infty}^\infty \frac{\mathrm{ci}(a|x|)}{x-b}\mathrm{d}x = -\pi\cdot\mathrm{sgn}b\cdot\mathrm{si}(a|b|) \quad (a > 0)$ [3]

71. $\displaystyle\int_0^\infty \mathrm{si}(px)\frac{x}{q^2+x^2}\mathrm{d}x = \frac{\pi}{2}\mathrm{Ei}(-pq) \quad (p > 0, q > 0)$

72. $\displaystyle\int_0^\infty \mathrm{si}(px)\frac{x}{q^2-x^2}\mathrm{d}x = -\frac{\pi}{2}\mathrm{ci}(pq) \quad (p > 0, q > 0)$

73. $\displaystyle\int_0^\infty \mathrm{ci}(px)\frac{\mathrm{d}x}{q^2+x^2} = \frac{\pi}{2q}\mathrm{Ei}(-pq) \quad (p > 0, q > 0)$

74. $\displaystyle\int_0^\infty \mathrm{ci}(px)\frac{\mathrm{d}x}{q^2-x^2} = \frac{\pi}{2q}\mathrm{si}(pq) \quad (p > 0, q > 0)$

75. $\displaystyle\int_0^\infty \mathrm{si}(px)x^{q-1}\mathrm{d}x = -\frac{\Gamma(q)}{qp^q}\sin\frac{q\pi}{2} \quad (0 < \mathrm{Re}\,q < 1, p > 0)$ [4]

76. $\displaystyle\int_0^\infty \mathrm{ci}(px)x^{q-1}\mathrm{d}x = -\frac{\Gamma(q)}{qp^q}\cos\frac{q\pi}{2} \quad (0 < \mathrm{Re}\,q < 1, p > 0)$ [4]

77. $\displaystyle\int_0^\infty \mathrm{si}(px)\mathrm{e}^{-qx}\mathrm{d}x = -\frac{1}{q}\arctan\frac{q}{p} \quad (\mathrm{Re}\,q > 0)$ [4]

78. $\displaystyle\int_0^\infty \mathrm{ci}(px)\mathrm{e}^{-qx}\mathrm{d}x = -\frac{1}{q}\ln\sqrt{1+\frac{q^2}{p^2}} \quad (\mathrm{Re}\,q > 0)$ [4]

79. $\displaystyle\int_0^\infty \mathrm{si}(x)\mathrm{e}^{-qx^2}x\mathrm{d}x = \frac{\pi}{4q}\left[1-\Phi\left(\frac{1}{2\sqrt{q}}\right)\right] \quad (\mathrm{Re}\,q > 0)$

[这里,$\Phi(x)$为概率积分(见附录),以下同]

80. $\displaystyle\int_0^\infty \mathrm{ci}(x)\mathrm{e}^{-qx^2}x\mathrm{d}x = \frac{1}{4}\sqrt{\frac{\pi}{q}}\mathrm{Ei}\left(-\frac{1}{4q}\right) \quad (\mathrm{Re}\,q > 0)$

81. $\displaystyle\int_0^\infty \left[\mathrm{si}(x^2)+\frac{\pi}{2}\right]\mathrm{e}^{-qx}\mathrm{d}x = \frac{\pi}{q}\left\{\left[\mathrm{S}\left(\frac{q^2}{4}\right)-\frac{1}{2}\right]^2 + \left[\mathrm{C}\left(\frac{q^2}{4}\right)-\frac{1}{2}\right]^2\right\}$

$(\mathrm{Re}\,q > 0)$ [3]

[这里,$\mathrm{S}(z)$和$\mathrm{C}(z)$为菲涅耳函数(见附录),以下同]

82. $\displaystyle\int_0^\infty \mathrm{si}\left(\frac{1}{x}\right)\mathrm{e}^{-qx}\mathrm{d}x = \frac{2}{q}\mathrm{kei}(2\sqrt{q}) \quad (\mathrm{Re}\,q > 0)$ [3]

[这里,$\mathrm{kei}(z)$为汤姆森(Thomson)函数(见附录),以下同]

83. $\int_0^\infty \operatorname{ci}\left(\frac{1}{x}\right) e^{-qx} dx = -\frac{2}{q}\ker(2\sqrt{q}) \quad (\operatorname{Re} q > 0)$ [3]

[这里，ker(z)为汤姆森(Thomson)函数(见附录)，以下同]

84. $$\int_0^\infty \sin px \operatorname{si}(qx) dx = \begin{cases} -\frac{\pi}{2p} & (p^2 > q^2) \\ -\frac{\pi}{4p} & (p^2 = q^2) \\ 0 & (p^2 < q^2) \end{cases}$$

85. $$\int_0^\infty \cos px \operatorname{si}(qx) dx = \begin{cases} -\frac{1}{4p}\ln\left(\frac{p+q}{p-q}\right)^2 & (p \neq 0, p^2 \neq q^2) \\ \frac{1}{q} & (p = 0) \end{cases}$$

86. $$\int_0^\infty \sin px \operatorname{ci}(qx) dx = \begin{cases} -\frac{1}{4p}\ln\left(\frac{p^2}{q^2} - 1\right)^2 & (p \neq 0, p^2 \neq q^2) \\ 0 & (p = 0) \end{cases}$$

87. $$\int_0^\infty \cos px \operatorname{ci}(qx) dx = \begin{cases} -\frac{\pi}{2p} & (p^2 > q^2) \\ -\frac{\pi}{4p} & (p^2 = q^2) \\ 0 & (p^2 < q^2) \end{cases}$$

88. $\int_0^\infty \left[\operatorname{si}(ax) + \frac{\pi}{2}\right]\frac{\sin bx}{x} dx = \frac{1}{2}\left[L_2\left(\frac{a}{b}\right) - L_2\left(-\frac{a}{b}\right)\right]$

$(a > 0, b > 0)$ [3]

[这里，$L_2(x)$为拉盖尔(Laguerre)多项式(见附录)，以下同]

89. $\int_0^\infty \left[\operatorname{si}(ax) + \frac{\pi}{2}\right]\frac{\cos bx}{x} dx = \frac{\pi}{2}\ln\frac{a}{b} \quad (a > 0, b > 0)$

90. $\int_{-\infty}^\infty [\sin ax \operatorname{ci}(a|x|) - \operatorname{sgn} x \cos ax \operatorname{si}(a|x|)]\frac{dx}{x-b}$

$= -\pi[\sin(a|b|)\operatorname{si}(a|b|) + \cos ab \operatorname{ci}(a|b|)] \quad (a > 0)$

91. $\int_{-\infty}^\infty [\cos ax \operatorname{ci}(a|x|) + \sin(a|x|)\operatorname{si}(a|x|)]\frac{dx}{x-b}$

$= -\pi[\operatorname{sign} b \cos ab \operatorname{si}(a|b|) - \sin ab \operatorname{ci}(a|b|)] \quad (a > 0)$

92. $\int_0^\infty \{[\operatorname{si}(x)]^2 + [\operatorname{ci}(x)]^2\}\cos ax dx = \frac{\pi}{a}\ln(1+a) \quad (a > 0)$

93. $\int_0^\infty \operatorname{si}\left(\frac{a}{x}\right)\sin bx dx = -\frac{\pi}{2b}J_0(2\sqrt{ab}) \quad (b > 0)$

[这里，$J_0(z)$ 为零阶贝塞尔函数，见附录]

94. $\int_0^\infty \frac{\operatorname{si}(ax)\sin bx}{x^2 + c^2} dx$

$$=\begin{cases}\dfrac{\pi}{2c}\mathrm{Ei}(-ac)\sinh bc & (0<b\leqslant a,c>0)\\ \dfrac{\pi}{4c}\mathrm{e}^{-bc}[\mathrm{Ei}(-bc)+\mathrm{Ei}(bc)-\mathrm{Ei}(-ac)-\mathrm{Ei}(ac)] & \\ \quad+\dfrac{\pi}{2c}\mathrm{Ei}(-bc)\sinh bc & (0<a\leqslant b,c>0)\end{cases}$$

95. $\displaystyle\int_0^\infty \frac{\mathrm{ci}(ax)\sin bx}{x^2+c^2}\mathrm{d}x$

$$=\begin{cases}-\dfrac{\pi}{2}\mathrm{Ei}(-ac)\sinh bc & (0<b\leqslant a,c>0)\\ \dfrac{\pi}{4}\mathrm{e}^{-bc}[\mathrm{Ei}(-bc)+\mathrm{Ei}(bc)-\mathrm{Ei}(-ac)-\mathrm{Ei}(ac)] & \\ \quad-\dfrac{\pi}{2}\mathrm{Ei}(-bc)\sinh bc & (0<a\leqslant b,c>0)\end{cases}$$

96. $\displaystyle\int_0^\infty \frac{\mathrm{ci}(ax)\cos bx}{x^2+c^2}\mathrm{d}x$

$$=\begin{cases}\dfrac{\pi}{2c}\mathrm{Ei}(-ac)\cosh bc & (0<b\leqslant a,c>0)\\ \dfrac{\pi}{4c}\{\mathrm{e}^{-bc}[\mathrm{Ei}(ac)+\mathrm{Ei}(-ac)-\mathrm{Ei}(bc)] & \\ \quad+\mathrm{e}^{bc}\mathrm{Ei}(-bc)\} & (0<a\leqslant b,c>0)\end{cases}$$

97. $\displaystyle\int_0^\infty \mathrm{si}(bx)\cos ax\ \mathrm{e}^{-px}\mathrm{d}x$

$$=-\frac{1}{2(a^2+p^2)}\left[\frac{a}{2}\ln\frac{p^2+(a+b)^2}{p^2+(a-b)^2}+p\arctan\frac{2bp}{b^2-a^2-p^2}\right]$$

$(a>0,b>0,p>0)$

98. $\displaystyle\int_0^\infty \mathrm{ci}(bx)\sin ax\ \mathrm{e}^{-px}\mathrm{d}x$

$$=-\frac{1}{2(a^2+p^2)}\left[\frac{a}{2}\ln\frac{(p^2+b^2-a^2)^2+4a^2p^2}{b^4}-p\arctan\frac{2ap}{p^2+b^2-a^2}\right]$$

$(a>0,b>0,\mathrm{Re}\ p>0)$

99. $\displaystyle\int_0^\infty \mathrm{ci}(bx)\cos ax\ \mathrm{e}^{-px}\mathrm{d}x$

$$=-\frac{1}{2(a^2+p^2)}\left[\frac{p}{2}\ln\frac{(p^2+b^2-a^2)+4a^2p^2}{b^4}+a\arctan\frac{2ap}{p^2+b^2-a^2}\right]$$

$(a>0,b>0,\mathrm{Re}\ p>0)$

100. $\displaystyle\int_0^\infty \mathrm{si}(\beta x)\cos ax\ \mathrm{e}^{-\mu x}\mathrm{d}x=-\frac{\arctan\dfrac{\mu+\mathrm{i}a}{\beta}}{2(\mu+\mathrm{i}a)}-\frac{\arctan\dfrac{\mu-\mathrm{i}a}{\beta}}{2(\mu-\mathrm{i}a)}$

$(a>0, \operatorname{Re}\mu>|\operatorname{Im}\beta|)$

101. $\int_0^\infty \operatorname{ci}(\beta x)\cos ax\ \mathrm{e}^{-\mu x}\,\mathrm{d}x=-\dfrac{\ln\left[1+\dfrac{(\mu+\mathrm{i}a)^2}{\beta^2}\right]}{4(\mu+\mathrm{i}a)}-\dfrac{\ln\left[1+\dfrac{(\mu-\mathrm{i}a)^2}{\beta^2}\right]}{4(\mu-\mathrm{i}a)}$

$(a>0, \operatorname{Re}\mu>|\operatorname{Im}\beta|)$

102. $\int_0^\infty [\operatorname{ci}(x)\cos x+\operatorname{si}(x)\sin x]\mathrm{e}^{-px}\,\mathrm{d}x=-\dfrac{p\ln p+\dfrac{\pi}{2}}{1+p^2}\quad (\operatorname{Re}p>0)$

103. $\int_0^\infty [\operatorname{si}(x)\cos x-\operatorname{ci}(x)\sin x]\mathrm{e}^{-px}\,\mathrm{d}x=\dfrac{\ln p-\dfrac{p\pi}{2}}{1+p^2}\quad (\operatorname{Re}p>0)$

104. $\int_0^\infty [\sin x-x\operatorname{ci}(x)]\mathrm{e}^{-px}\,\mathrm{d}x=\dfrac{\ln(1+p^2)}{2p^2}$

105. $\int_0^\infty \operatorname{si}(x)\ln x\,\mathrm{d}x=1+\gamma$

[这里，γ 为欧拉常数(见附录)]

106. $\int_0^\infty \operatorname{ci}(x)\ln x\,\mathrm{d}x=\dfrac{\pi}{2}$

Ⅱ.2.2.4 双曲正弦积分和双曲余弦积分函数的积分

107. $\int_0^\infty \operatorname{shi}(x)\mathrm{e}^{-px}\,\mathrm{d}x=\dfrac{1}{2p}\ln\dfrac{p+1}{p-1}=\dfrac{1}{p}\operatorname{arctan}p\quad (\operatorname{Re}p>1)$

[这里，$\operatorname{shi}(x)$ 为双曲正弦积分函数(见附录)，以下同]

108. $\int_0^\infty \operatorname{chi}(x)\mathrm{e}^{-px}\,\mathrm{d}x=-\dfrac{1}{2p}\ln(p^2-1)\quad (\operatorname{Re}p>1)$

[这里，$\operatorname{chi}(x)$ 为双曲余弦积分函数(见附录)，以下同]

109. $\int_0^\infty \operatorname{chi}(x)\mathrm{e}^{-px^2}\,\mathrm{d}x=\dfrac{1}{4}\sqrt{\dfrac{\pi}{p}}\operatorname{Ei}\left(\dfrac{1}{4p}\right)\quad (p>0)$

110. $\int_0^\infty [\cosh x\operatorname{shi}(x)-\sinh x\operatorname{chi}(x)]\mathrm{e}^{-px}\,\mathrm{d}x=\dfrac{\ln p}{p^2-1}\quad (\operatorname{Re}p>0)$

111. $\int_0^\infty [\cosh x\operatorname{chi}(x)+\sinh x\operatorname{shi}(x)]\mathrm{e}^{-px}\,\mathrm{d}x=\dfrac{p\ln p}{1-p^2}\quad (\operatorname{Re}p>2)$

112. $\int_0^\infty [\cosh x\operatorname{shi}(x)-\sinh x\operatorname{chi}(x)]\mathrm{e}^{-px^2}\,\mathrm{d}x=\dfrac{1}{4}\sqrt{\dfrac{\pi}{p}}\mathrm{e}^{\frac{1}{4p}}\operatorname{Ei}\left(-\dfrac{1}{4p}\right)$

$(\operatorname{Re}p>0)$

113. $\int_0^\infty [\cosh x\operatorname{chi}(x)+\sinh x\operatorname{shi}(x)]\mathrm{e}^{-px^2}\,\mathrm{d}x=\dfrac{1}{8}\sqrt{\dfrac{\pi}{p^3}}\mathrm{e}^{\frac{1}{4p}}\operatorname{Ei}\left(-\dfrac{1}{4p}\right)$

(Re $p>0$)

114. $\int_0^\infty [x\,\mathrm{chi}(x)-\sinh x]\mathrm{e}^{-px}\mathrm{d}x=-\frac{\ln(p^2-1)}{2p^2}$ (Re $p>1$)

115. $\int_0^\infty [\mathrm{chi}(x)+\mathrm{ci}(x)]\mathrm{e}^{-px}\mathrm{d}x=-\frac{\ln(p^4-1)}{2p}$ (Re $p>1$)

116. $\int_0^\infty [\mathrm{chi}(x)-\mathrm{ci}(x)]\mathrm{e}^{-px}\mathrm{d}x=\frac{1}{2p}\ln\frac{p^2+1}{p^2-1}$ (Re $p>1$)

Ⅱ.2.2.5 概率积分函数的积分

117. $\int_0^p \Phi(ax)\mathrm{d}x=p\Phi(ap)+\frac{\mathrm{e}^{-a^2p^2}-1}{a\sqrt{\pi}}$ [4]

[这里,$\Phi(x)$为概率积分(见附录),以下同]

118. $\int_0^\infty \Phi(qx)\mathrm{e}^{-px}\mathrm{d}x=\frac{1}{p}\left[1-\Phi\left(\frac{p}{2q}\right)\right]\exp\left(\frac{p^2}{4q^2}\right)$

$\left(\mathrm{Re}\ p>0,\ |\arg q|<\frac{\pi}{4}\right)$

119. $\int_0^\infty \Phi(\sqrt{qx})\mathrm{e}^{-px}\mathrm{d}x=\frac{\sqrt{q}}{p}\frac{1}{\sqrt{p+q}}$ [Re $p>0$,Re $(p+q)>0$]

120. $\int_0^\infty [1-\Phi(\sqrt{qx})]\mathrm{e}^{px}\mathrm{d}x=\frac{1}{p}\left(\frac{\sqrt{q}}{\sqrt{q-p}}-1\right)$

(Re $q>0$,Re $q>$ Re p)

121. $\int_0^\infty \left[1-\Phi\left(\frac{q}{2\sqrt{x}}\right)\right]\mathrm{e}^{-px}\mathrm{d}x=\frac{1}{p}\mathrm{e}^{-q\sqrt{p}}$ $\left(\mathrm{Re}\ p>0,\ |\arg q|<\frac{\pi}{4}\right)$ [4]

122. $\int_0^\infty [1-\Phi(qx)]x^{2p-1}\mathrm{d}x=\frac{\Gamma\left(p+\frac{1}{2}\right)}{2\sqrt{\pi}pq^{2p}}$ (Re $p>0$,Re $q>0$) [4]

123. $\int_0^\infty \Phi(qx)\mathrm{e}^{-px^2}x\mathrm{d}x=\frac{q}{2p\sqrt{p+q^2}}$ (Re $p>0$,Re $p>-$Re q^2)

124. $\int_0^\infty \Phi(qx)\mathrm{e}^{(q^2-p^2)x^2}x\mathrm{d}x=\frac{q}{2p(p^2-q^2)}$ $\left(\mathrm{Re}\ p^2>\mathrm{Re}\ q^2,\ |\arg p|<\frac{\pi}{4}\right)$

125. $\int_0^\infty \Phi(\mathrm{i}qx)\mathrm{e}^{-px^2}x\mathrm{d}x=\frac{\mathrm{i}q}{2p\sqrt{p-q^2}}$ ($q>0$,Re $p>$ Re q^2)

126. $\int_0^\infty \Phi(\mathrm{i}x)\mathrm{e}^{-px-x^2}x\mathrm{d}x=\frac{\mathrm{i}}{\sqrt{\pi}}\left[\frac{1}{p}+\frac{p}{4}\mathrm{Ei}\left(-\frac{p^2}{4}\right)\right]$ (Re $p>0$)

127. $\int_0^\infty \Phi(\mathrm{i}ax)\mathrm{e}^{-a^2x^2-bx}\mathrm{d}x=-\frac{1}{2a\mathrm{i}\sqrt{\pi}}\exp\left(\frac{b^2}{4a^2}\right)\mathrm{Ei}\left(-\frac{b^2}{4a^2}\right)$

$\left(\mathrm{Re}\,b>0,\ |\arg a|<\frac{\pi}{4}\right)$

128. $\int_0^\infty \Phi(x)\mathrm{e}^{-px^2}\frac{\mathrm{d}x}{x}=\frac{1}{2}\ln\frac{\sqrt{p+1}+1}{\sqrt{p+1}-1}=\mathrm{arcoth}\sqrt{p+1}$ $(\mathrm{Re}\,p>0)$

129. $\int_0^\infty \Phi(\sqrt{b-a}x)\mathrm{e}^{-(a+p)x^2}x\mathrm{d}x=\frac{\sqrt{b-a}}{2(a+p)\sqrt{b+p}}$

$(\mathrm{Re}\,p>-a>0,b>a)$

130. $\int_0^\infty [1-\Phi(qx)]\mathrm{e}^{-px^2}x\mathrm{d}x=\frac{1}{2p}\left(1-\frac{q}{\sqrt{p+q^2}}\right)$

$(\mathrm{Re}\,p>0,\mathrm{Re}\,p>-\mathrm{Re}\,q^2)$

131. $\int_0^\infty [1-\Phi(qx)]\mathrm{e}^{-p^2x^2}\mathrm{d}x=\frac{1}{2p^2}\left(1-\frac{q^2}{\sqrt{q^2+p^2}}\right)$ [4]

132. $\int_0^\infty [1-\Phi(qx)]\mathrm{e}^{(q^2-p^2)x^2}x\mathrm{d}x=\frac{1}{2p(p+q)}$

$\left(\mathrm{Re}\,p^2>\mathrm{Re}\,q^2,\arg p<\frac{\pi}{4}\right)$

133. $\int_0^\infty [1-\Phi(qx)]\mathrm{e}^{p^2x^2}x^{\nu-1}\mathrm{d}x=\frac{\Gamma\left(\frac{\nu+1}{2}\right)}{\nu q^\nu\sqrt{\pi}}\cdot{}_2\mathrm{F}_1\left(\frac{\nu}{2},\frac{\nu+1}{2};\frac{\nu}{2}+1;\frac{p^2}{q^2}\right)$

$(\mathrm{Re}\,\nu>0,\mathrm{Re}\,q^2>\mathrm{Re}\,p^2)$ [3]

[这里，${}_2\mathrm{F}_1(a,b;c;x)$为超几何函数(见附录)，以下同]

134. $\int_0^\infty [1-\Phi(x)]\mathrm{e}^{-p^2x^2}\mathrm{d}x=\frac{\arctan p}{p\sqrt{\pi}}$ $(\mathrm{Re}\,p>0)$

135. $\int_0^\infty [1-\Phi(x)]\mathrm{e}^{-p^2x^2}x^2\mathrm{d}x=\frac{1}{2\sqrt{\pi}}\left[\frac{\arctan p}{p^3}-\frac{1}{p^2(p^2+1)}\right]$

$\left(|\arg p|<\frac{\pi}{4}\right)$

136. $\int_0^\infty \left[1-\Phi\left(\frac{q}{x}\right)\right]\mathrm{e}^{-p^2x^2}x\mathrm{d}x=\frac{1}{2p^2}\mathrm{e}^{-2pq}$ $\left(|\arg p|<\frac{\pi}{4},\ |\arg q|<\frac{\pi}{4}\right)$

137. $\int_0^\infty \left[1-\Phi\left(\frac{1}{x}\right)\right]\mathrm{e}^{-p^2x^2}\frac{\mathrm{d}x}{x}=-\mathrm{Ei}(-2p)$ $\left(|\arg p|<\frac{\pi}{4}\right)$

138. $\int_0^\infty \left[1-\Phi\left(\frac{\sqrt{2}x}{2}\right)\right]\mathrm{e}^{\frac{x^2}{2}}x^{\nu-1}\mathrm{d}x=2^{\frac{\nu}{2}-1}\sec\frac{\nu\pi}{2}\Gamma\left(\frac{\nu}{2}\right)$ $(0<\mathrm{Re}\,\nu<1)$

139. $\int_0^\infty \left[\Phi\left(x+\frac{1}{2}\right)-\Phi\left(\frac{1}{2}\right)\right]\mathrm{e}^{-px+\frac{1}{4}}\mathrm{d}x$

$$=\frac{1}{(p+1)(p+2)}\exp\frac{(p+1)^2}{4}\left[1-\Phi\left(\frac{p+1}{2}\right)\right]$$

140. $\int_0^\infty [1-\Phi(ax)]\sin bx\,dx=\frac{1}{b}\left[1-\exp\left(-\frac{b^2}{4a^2}\right)\right]\quad (a>0,b>0)$

141. $\int_0^\infty [1-\Phi(\sqrt{ax})]\sin bx\,dx=\frac{1}{b}-\left[\frac{a}{2(a^2+b^2)}\right]^{\frac{1}{2}}(\sqrt{a^2+b^2}-a)^{-\frac{1}{2}}$

$(\mathrm{Re}\,a>|\,\mathrm{Im}\,b\,|)$

142. $\int_0^\infty [1-\Phi(\sqrt{ax})]\cos bx\,dx=\left[\frac{a}{2(a^2+b^2)}\right]^{\frac{1}{2}}(\sqrt{a^2+b^2}+a)^{-\frac{1}{2}}$

$(\mathrm{Re}\,a>|\,\mathrm{Im}\,b\,|)$

143. $\int_0^\infty \left[1-\Phi\left(\sqrt{\frac{a}{x}}\right)\right]\sin bx\,dx=\frac{1}{b}\exp(-\sqrt{2ab})\cos\sqrt{2ab}$

$(\mathrm{Re}\,a>0,b>0)$

144. $\int_0^\infty \left[1-\Phi\left(\sqrt{\frac{a}{x}}\right)\right]\cos bx\,dx=-\frac{1}{b}\exp(-\sqrt{2ab})\sin\sqrt{2ab}$

$(\mathrm{Re}\,a>0,b>0)$

145. $\int_0^\infty \left[1-\Phi\left(\frac{x}{\sqrt{2}}\right)\right]e^{\frac{1}{2}x^2}\sin bx\,dx=\sqrt{\frac{\pi}{2}}e^{\frac{1}{2}b^2}\left[1-\Phi\left(\frac{b}{\sqrt{2}}\right)\right]\quad (b>0)$

146. $\int_0^\infty [\Phi(ax)-\Phi(bx)]\frac{\cos px}{x}dx=\frac{1}{2}\left[\mathrm{Ei}\left(-\frac{p^2}{4b^2}\right)-\mathrm{Ei}\left(\frac{p^2}{4a^2}\right)\right]$

$(a>0,b>0,p>0)$

147. $\int_0^\infty \Phi(ax)\sin bx^2\,dx=\frac{1}{4\sqrt{2\pi b}}\left(\ln\frac{a^2+a\sqrt{2b}+b}{a^2-a\sqrt{2b}+b}+2\arctan\frac{a\sqrt{2b}}{b-a^2}\right)$

$(a>0,b>0)$

148. $\int_0^\infty \Phi(a\sqrt{x})\frac{\sin bx}{\sqrt{x}}dx=\frac{1}{2\sqrt{2\pi b}}\left(\ln\frac{a^2+a\sqrt{2b}+b}{a^2-a\sqrt{2b}+b}+2\arctan\frac{a\sqrt{2b}}{b-a^2}\right)$

$(a>0,b>0)$

149. $\int_0^\infty \Phi(\mathrm{i}ax)e^{-a^2x^2}\sin bx\,dx=\frac{\mathrm{i}}{a}\frac{\sqrt{\pi}}{2}e^{-\frac{b^2}{4a^2}}\quad (b>0)$ [3]

150. $\int_0^\infty [1-\Phi(x)]\sin 2px\,dx=\frac{2}{p\pi}(1-e^{-p^2})\quad (p>0)$ [4]

151. $\int_0^\infty [1-\Phi(x)]\cos 2px\,dx=\frac{2e^{-p^2}}{p\mathrm{i}\pi}\Phi(p\mathrm{i})$ [4]

152. $\int_0^\infty [1-\Phi(x)]\mathrm{si}(2px)\,dx=\frac{2}{p\pi}(1-e^{-p^2})-\frac{2}{\sqrt{\pi}}[1-\Phi(p)]\quad (p>0)$ [4]

Ⅱ.2.2.6 菲涅耳函数的积分

153. $\int_0^p S(\alpha x)\,dx = pS(\alpha p) + \frac{\cos(\alpha^2 p^2) - 1}{\alpha\sqrt{2\pi}}$ [4]

[这里,$S(z)$为菲涅耳函数(见附录),以下同]

154. $\int_0^p C(\alpha x)\,dx = pC(\alpha p) - \frac{\sin(\alpha^2 p^2)}{\alpha\sqrt{2\pi}}$ [4]

[这里,$C(z)$为菲涅耳函数(见附录),以下同]

155. $\int_0^\infty \left[\frac{1}{2} - S(px)\right] x^{2q-1}\,dx = \frac{\sqrt{2}\Gamma\left(q+\frac{1}{2}\right)\sin\frac{2q+1}{4}\pi}{4\sqrt{\pi}qp^{2q}}$

$\left(0 < \operatorname{Re} q < \frac{3}{2}, p > 0\right)$

156. $\int_0^\infty \left[\frac{1}{2} - C(px)\right] x^{2q-1}\,dx = \frac{\sqrt{2}\Gamma\left(q+\frac{1}{2}\right)\cos\frac{2q+1}{4}\pi}{4\sqrt{\pi}qp^{2q}}$

$\left(0 < \operatorname{Re} q < \frac{3}{2}, p > 0\right)$

157. $\int_0^\infty \left[\frac{1}{2} - S(x)\right]\sin 2px\,dx = \frac{1 + \sin p^2 - \cos p^2}{4p} \quad (p > 0)$

158. $\int_0^\infty \left[\frac{1}{2} - C(x)\right]\sin 2px\,dx = \frac{1 - \sin p^2 - \cos p^2}{4p} \quad (p > 0)$

159. $\int_0^\infty \left[\frac{1}{2} - S(x)\right]\operatorname{si}(2px)\,dx = \sqrt{\frac{\pi}{8}}[S(p) + C(p) - 1] - \frac{1 + \sin p^2 - \cos p^2}{4p}$

$(p > 0)$

160. $\int_0^\infty \left[\frac{1}{2} - C(x)\right]\operatorname{si}(2px)\,dx = \sqrt{\frac{\pi}{8}}[S(p) - C(p)] - \frac{1 - \sin p^2 - \cos p^2}{4p}$

$(p > 0)$

161. $\int_0^\infty S(t)e^{-pt}\,dt = \frac{1}{p}\left\{\cos\frac{p^2}{4}\left[\frac{1}{2} - C\left(\frac{p}{2}\right)\right] + \sin\frac{p^2}{4}\left[\frac{1}{2} - S\left(\frac{p}{2}\right)\right]\right\}$

162. $\int_0^\infty C(t)e^{-pt}\,dt = \frac{1}{p}\left\{\cos\frac{p^2}{4}\left[\frac{1}{2} - S\left(\frac{p}{2}\right)\right] - \sin\frac{p^2}{4}\left[\frac{1}{2} - C\left(\frac{p}{2}\right)\right]\right\}$

163. $\int_0^\infty S(\sqrt{t})e^{-pt}\,dt = \frac{\sqrt{\sqrt{p^2+1} - p}}{2p\sqrt{p^2+1}}$

164. $\int_0^\infty C(\sqrt{t})e^{-pt}\,dt = \frac{\sqrt{\sqrt{p^2+1}+p}}{2p\sqrt{p^2+1}}$

165. $\int_0^\infty S(x)\sin b^2x^2\,dx = \begin{cases} 2^{-\frac{5}{2}}\frac{\sqrt{\pi}}{b} & (0<b^2<1) \\ 0 & (b^2>1) \end{cases}$

166. $\int_0^\infty C(x)\cos b^2x^2\,dx = \begin{cases} 2^{-\frac{5}{2}}\frac{\sqrt{\pi}}{b} & (0<b^2<1) \\ 0 & (b^2>1) \end{cases}$

Ⅱ.2.3 伽马(Gamma)函数的定积分

Ⅱ.2.3.1 伽马函数的积分

167. $\int_{-\infty}^\infty \Gamma(a+x)\Gamma(b-x)\,dx$

$$= \begin{cases} -i\pi 2^{1-a-b}\Gamma(a+b) & [\mathrm{Re}\,(a+b)<1, \mathrm{Im}\,a>0, \mathrm{Im}\,b>0] \\ i\pi 2^{1-a-b}\Gamma(a+b) & [\mathrm{Re}\,(a+b)<1, \mathrm{Im}\,a<0, \mathrm{Im}\,b<0] \\ 0 & [\mathrm{Re}\,(a+b)<1, \mathrm{Im}\,a\cdot\mathrm{Im}\,b<0] \end{cases}$$

[这里,$\Gamma(z)$为伽马函数(见附录),以下同]

168. $\int_0^\infty |\Gamma(a+ix)\Gamma(b+ix)|^2\,dx$

$$= \frac{\sqrt{\pi}\Gamma(a)\Gamma\left(a+\frac{1}{2}\right)\Gamma(b)\Gamma\left(b+\frac{1}{2}\right)\Gamma(a+b)}{2\Gamma\left(a+b+\frac{1}{2}\right)} \quad (a>0, b>0)$$

169. $\int_0^\infty \left|\frac{\Gamma(a+ix)}{\Gamma(b+ix)}\right|^2 dx = \frac{\sqrt{\pi}\Gamma(a)\Gamma\left(a+\frac{1}{2}\right)\Gamma\left(b-a-\frac{1}{2}\right)}{2\Gamma(b)\Gamma\left(b-\frac{1}{2}\right)\Gamma(b-a)}$

$\left(0<a<b-\frac{1}{2}\right)$

170. $\int_{-\infty}^\infty \frac{\Gamma(a+x)}{\Gamma(b+x)}dx = 0 \quad [\mathrm{Im}\,a\neq 0, \mathrm{Re}\,(a-b)<-1]$

171. $\int_{-\infty}^{\infty}\frac{\mathrm{d}x}{\Gamma(a+x)\Gamma(b-x)}=\frac{2^{a+b-2}}{\Gamma(a+b-1)}$ [$\mathrm{Re}(a+b)>1$]

172. $\int_{-\mathrm{i}\infty}^{\mathrm{i}\infty}\Gamma(\alpha+x)\Gamma(\beta+x)\Gamma(\gamma-x)\Gamma(\delta-x)\mathrm{d}x$

$=2\pi\mathrm{i}\frac{\Gamma(\alpha+\gamma)\Gamma(\alpha+\delta)\Gamma(\beta+\gamma)\Gamma(\beta+\delta)}{\Gamma(\alpha+\beta+\gamma+\delta)}$

($\mathrm{Re}\,\alpha>0,\mathrm{Re}\,\beta>0,\mathrm{Re}\,\gamma>0,\mathrm{Re}\,\delta>0$) [3]

173. $\int_{-\infty}^{\infty}\frac{\mathrm{d}x}{\Gamma(\alpha+x)\Gamma(\beta-x)\Gamma(\gamma+x)\Gamma(\delta-x)}$

$=\frac{\Gamma(\alpha+\beta+\gamma+\delta-3)}{\Gamma(\alpha+\beta-1)\Gamma(\beta+\gamma-1)\Gamma(\gamma+\delta-1)\Gamma(\delta+\alpha-1)}$

[$\mathrm{Re}\,(\alpha+\beta+\gamma+\delta)>3$] [3]

174. $\int_{-\infty}^{\infty}\frac{\Gamma(\gamma+x)\Gamma(\delta+x)}{\Gamma(\alpha+x)\Gamma(\beta+x)}\mathrm{d}x=0$

[$\mathrm{Re}\,(\alpha+\beta-\gamma-\delta)>1,\mathrm{Im}\,\gamma>0,\mathrm{Im}\,\delta>0$] [3]

175. $\int_{-\infty}^{\infty}\frac{\Gamma(\gamma+x)\Gamma(\delta+x)}{\Gamma(\alpha+x)\Gamma(\beta+x)}\mathrm{d}x$

$=\frac{\pm 2\pi^2\mathrm{i}\Gamma(\alpha+\beta-\gamma-\delta-1)}{\sin[(\gamma-\delta)\pi]\Gamma(\alpha-\gamma)\Gamma(\alpha-\delta)\Gamma(\beta-\gamma)\Gamma(\beta-\delta)}$

[$\mathrm{Re}\,(\alpha+\beta-\gamma-\delta)>1,\mathrm{Im}\,\gamma<0,\mathrm{Im}\,\delta<0$] [3]

(在右边分式的分子中,如果 $\mathrm{Im}\,\gamma>\mathrm{Im}\,\delta$,取正号;如果 $\mathrm{Im}\,\gamma<\mathrm{Im}\,\delta$,则取负号)

Ⅱ.2.3.2 伽马函数与三角函数组合的积分

176. $\int_{-\infty}^{\infty}\frac{\sin rx}{\Gamma(p+x)\Gamma(q-x)}\mathrm{d}x=\begin{cases}\frac{\left(2\cos\frac{r}{2}\right)^{p+q-2}\sin\frac{r(q-p)}{2}}{\Gamma(p+q-1)} & (|r|<\pi)\\ 0 & (|r|>\pi)\end{cases}$

[$\mathrm{Re}\,(p+q)>1$, r 为实数]

177. $\int_{-\infty}^{\infty}\frac{\cos rx}{\Gamma(p+x)\Gamma(q-x)}\mathrm{d}x=\begin{cases}\frac{\left(2\cos\frac{r}{2}\right)^{p+q-2}\cos\frac{r(q-p)}{2}}{\Gamma(p+q-1)} & (|r|<\pi)\\ 0 & (|r|>\pi)\end{cases}$

[$\mathrm{Re}\,(p+q)>1$, r 为实数]

178. $\int_{-\infty}^{\infty}\frac{\sin m\pi x}{\sin\pi x\Gamma(p+x)\Gamma(q-x)}\mathrm{d}x=\begin{cases}\frac{2^{p+q-2}}{\Gamma(p+q-1)} & (m\text{ 为奇数})\\ 0 & (m\text{ 为偶数})\end{cases}$

Ⅱ.2.3.3 伽马函数与指数函数和幂函数组合的积分

179. $\int_{-\infty}^{\infty}\Gamma(a+x)\Gamma(b-x)\exp[2(n\pi+\theta)x\mathrm{i}]\mathrm{d}x$

$=2\pi\mathrm{i}\Gamma(a+b)(2\cos\theta)^{-a-b}\exp[(b-a)\mathrm{i}\theta]$

$\cdot[\eta_n(b)\exp(2n\pi b\mathrm{i})-\eta_n(-a)\exp(-2n\pi a\mathrm{i})]$

$\left[\mathrm{Re}\,(a+b)<1,-\frac{\pi}{2}<\theta<\frac{\pi}{2},n\text{ 是整数}\right]$

$\left[\text{如果}\left(\frac{1}{2}-n\right)\mathrm{Im}\,\zeta>0,\text{则 }\eta_n(\zeta)=0;\text{若}\left(\frac{1}{2}-n\right)\mathrm{Im}\,\zeta<0,\text{则 }\eta_n(\zeta)=\mathrm{sgn}\left(\frac{1}{2}-n\right)\right]$

180. $\int_{-\infty}^{\infty}\frac{\Gamma(a+x)}{\Gamma(b+x)}\exp[(2n\pi+\pi-2\theta)x\mathrm{i}]\mathrm{d}x$

$=2\pi\mathrm{i}\,\mathrm{sgn}\left(n+\frac{1}{2}\right)\frac{(2\cos\theta)^{b-a-1}}{\Gamma(b-a)}\times\exp[-(2n\pi+\pi-\theta)a\mathrm{i}+\theta(b-1)\mathrm{i}]$

$\left[\mathrm{Re}\,(b-a)>0,-\frac{\pi}{2}<\theta<\frac{\pi}{2},\left(n+\frac{1}{2}\right)\mathrm{Im}\,a<0,n\text{ 是整数}\right]$

181. $\int_{-\infty}^{\infty}\frac{\Gamma(a+x)}{\Gamma(b+x)}\exp[(2n\pi+\pi-2\theta)x\mathrm{i}]\mathrm{d}x=0$

$\left[\mathrm{Re}\,(b-a)>0,-\frac{\pi}{2}<\theta<\frac{\pi}{2},\left(n+\frac{1}{2}\right)\mathrm{Im}\,a>0,n\text{ 是整数}\right]$

182. $\int_{c-\mathrm{i}\infty}^{c+\mathrm{i}\infty}\Gamma(-s)\Gamma(b+s)t^s\,\mathrm{d}s=2\pi\mathrm{i}\Gamma(b)(1+t)^{-b}$

$[\mathrm{Re}\,(1-b)<c<0,\ |\arg t|<\pi]$

183. $\int_{-c-\mathrm{i}\infty}^{-c+\mathrm{i}\infty}\Gamma(-\nu-s)\Gamma(-s)\left(\frac{1}{2}\mathrm{i}z\right)^{\nu+2s}\mathrm{d}s=2\pi^2\mathrm{e}^{-\frac{1}{2}\mathrm{i}\nu\pi}\mathrm{H}_\nu^{(2)}(z)$

$\left(0<\mathrm{Re}\,\nu<c,\ |\arg \mathrm{i}z|<\frac{\pi}{2}\right)$

[这里,$\mathrm{H}_\nu^{(2)}(z)$为第二种汉克尔函数(见附录),以下同]

184. $\int_{-c-\mathrm{i}\infty}^{-c+\mathrm{i}\infty}\Gamma(-\nu-s)\Gamma(-s)\left(-\frac{1}{2}\mathrm{i}z\right)^{\nu+2s}\mathrm{d}s=-2\pi^2\mathrm{e}^{\frac{1}{2}\mathrm{i}\nu\pi}\mathrm{H}_\nu^{(1)}(z)$

$\left(0<\mathrm{Re}\,\nu<c,\ |\arg(-\mathrm{i}z)|<\frac{\pi}{2}\right)$

[这里,$\mathrm{H}_\nu^{(1)}(z)$为第一种汉克尔函数(见附录),以下同]

185. $\int_{-i\infty}^{i\infty}\frac{\left(\frac{x}{2}\right)^{\nu+2s}\Gamma(-s)}{\Gamma(\nu+s+1)}ds=2\pi i J_\nu(x)\quad(x>0,\mathrm{Re}\,\nu>0)$

[这里,$J_\nu(x)$为贝塞尔函数(见附录),以下同]

186. $\int_{-i\infty}^{i\infty}\Gamma(s)\Gamma\left(\frac{1}{2}-\nu-s\right)\Gamma\left(\frac{1}{2}+\nu-s\right)(2z)^s ds=2^{\frac{3}{2}}\pi^{\frac{3}{2}}iz^{\frac{1}{2}}e^z\sec\nu\pi\,K_\nu(z)$

$\left(|\arg z|<\frac{3}{2}\pi,2\nu\neq\pm1,\pm3,\cdots\right)$ [3]

[这里,$K_\nu(z)$为第二类修正贝塞尔函数(见附录),以下同]

187. $\int_{-i\infty}^{i\infty}\Gamma(-s)\Gamma(-2\nu-s)\Gamma\left(\nu+s+\frac{1}{2}\right)(2iz)^s ds$

$=\pi^{\frac{5}{2}}e^{i(z-\nu\pi)}\sec\nu\pi\,(2z)^{-\nu}H_\nu^{(2)}(z)$

$\left(|\arg iz|<\frac{3}{2}\pi,2\nu\neq\pm1,\pm3,\cdots\right)$ [3]

188. $\int_{-i\infty}^{i\infty}\Gamma(-s)\Gamma(-2\nu-s)\Gamma\left(\nu+s+\frac{1}{2}\right)(-2iz)^s ds$

$=-\pi^{\frac{5}{2}}e^{-i(z-\nu\pi)}\sec\nu\pi\,(2z)^{-\nu}H_\nu^{(1)}(z)$

$\left[|\arg(-iz)|<\frac{3}{2}\pi,2\nu\neq\pm1,\pm3,\cdots\right]$ [3]

189. $\int_{-i\infty}^{i\infty}\frac{\Gamma(\alpha+s)\Gamma(\beta+s)\Gamma(-s)}{\Gamma(\gamma+s)}(-z)^s ds=2\pi i\frac{\Gamma(\alpha)\Gamma(\beta)}{\Gamma(\gamma)}F(\alpha,\beta;\gamma;z)$ [3]

[对于$\arg(-z)<\pi$的情况,积分路径在被积函数的极点$s=0,1,2,3,\cdots$处,必须分离,即从极点$s=-\alpha-n$和$s=-\beta-n$处分开,其中$n=0,1,2,3,\cdots$]

[这里,$F(\alpha,\beta;\gamma;z)$为超几何函数(见附录)]

190. $\int_{-\frac{1}{2}-i\infty}^{-\frac{1}{2}+i\infty}\frac{\Gamma(-s)}{s\Gamma(1+s)}x^{2s}ds=4\pi\int_{2x}^{\infty}\frac{J_0(t)}{t}dt\quad(x>0)$ [3]

191. $\int_{\delta-i\infty}^{\delta+i\infty}\frac{\Gamma(\alpha+s)\Gamma(-s)}{\Gamma(\gamma+s)}(-z)^s ds=\frac{2\pi i\Gamma(\alpha)}{\Gamma(\gamma)}\cdot{}_1F_1(\alpha;\gamma;z)$

$\left[-\frac{\pi}{2}<\arg(-z)<\frac{\pi}{2},-\mathrm{Re}\,\alpha<\delta<0,\gamma\neq0,1,2,\cdots\right]$ [3]

[这里,${}_1F_1(\alpha;\gamma;z)$为合流超几何函数(见附录)]

192. $\int_{-i\infty}^{i\infty}\left[\frac{\Gamma\left(\frac{1}{2}-s\right)}{\Gamma(s)}\right]^2 z^s ds=2\pi iz^{\frac{1}{2}}\left[\frac{2}{\pi}K_0\left(4z^{\frac{1}{4}}\right)-N_0\left(4z^{\frac{1}{4}}\right)\right]\quad(z>0)$ [3]

[这里,$N_\nu(z)$为诺伊曼函数(见附录)]

193. $\int_0^{\infty}\frac{e^{-ax}}{\Gamma(x+1)}dx=\nu(e^{-a})$ [3]

[这里,函数$\nu(x)$的定义见附录]

194. $\int_0^\infty \frac{e^{-ax}}{\Gamma(x+b+1)}dx = e^{ba}\nu(e^{-a},b)$

[这里,函数 $\nu(x,\alpha)$ 的定义见附录]

195. $\int_0^\infty \frac{e^{-ax}x^m}{\Gamma(x+1)}dx = \mu(e^{-a},m)\Gamma(m+1) \quad (\mathrm{Re}\, m > -1)$ [3]

[这里,函数 $\mu(x,\beta)$ 的定义见附录]

196. $\int_0^\infty \frac{e^{-ax}x^m}{\Gamma(x+n+1)}dx = e^{na}\mu(e^{-a},m,n)\Gamma(m+1)$ [3]

[这里,函数 $\mu(x,\beta,\alpha)$ 的定义见附录]

Ⅱ.2.3.4 伽马函数的对数的积分

197. $\int_p^{p+1} \ln\Gamma(x)dx = \frac{1}{2}\ln 2\pi + p\ln p - p$

198. $\int_0^1 \ln\Gamma(x)dx = \int_0^1 \ln\Gamma(1-x)dx = \frac{1}{2}\ln 2\pi$

199. $\int_0^1 \ln\Gamma(x+q)dx = \frac{1}{2}\ln 2\pi + q\ln q - q \quad (q \geqslant 0)$

200. $\int_0^z \ln\Gamma(x+1)dx = \frac{z}{2}\ln 2\pi - \frac{z(z+1)}{2} + z\ln\Gamma(z+1) - \ln G(z+1)$

{这里

$$G(z+1) = (2\pi)^{\frac{z}{2}}\exp\left[-\frac{z(z+1)}{2} - \frac{z^2\gamma}{2}\right]\prod_{k=1}^{\infty}\left[\left(1+\frac{z}{k}\right)^k \exp\left(-z+\frac{z^2}{2k}\right)\right]$$

其中,γ 为欧拉常数}

201. $\int_0^n \ln\Gamma(a+x)dx = \sum_{k=0}^{n-1}(a+k)\ln(a+k) - na + \frac{1}{2}n\ln(2\pi) - \frac{1}{2}n(n-1)$

$(a \geqslant 0, n = 1,2,\cdots)$

202. $\int_0^1 \ln\Gamma(a+x)\exp(2n\pi x i)dx = \frac{1}{2n\pi i}[\ln a - \exp(-2n\pi a i)\mathrm{Ei}(2n\pi a i)]$

$(a > 0, n = \pm 1, \pm 2, \cdots)$

203. $\int_0^1 \ln\Gamma(x)\sin 2n\pi x\, dx = \frac{1}{2n\pi}[\ln(2n\pi) + \gamma]$

[这里,γ 为欧拉常数(见附录),以下同]

204. $\int_0^1 \ln\Gamma(x)\sin(2n+1)\pi x dx$

$$= \frac{1}{(2n+1)\pi}\left[\ln\frac{\pi}{2} + 2\left(1+\frac{1}{3}+\cdots+\frac{1}{2n-1}\right)+\frac{1}{2n+1}\right]$$

205. $\int_0^1 \ln\Gamma(x)\cos 2n\pi x\,\mathrm{d}x = \frac{1}{4n}$

206. $\int_0^1 \ln\Gamma(x)\cos(2n+1)\pi x\,\mathrm{d}x = \frac{2}{\pi^2}\left[\frac{\ln(2\pi)+\gamma}{(2n+1)^2} + 2\sum_{k=2}^{\infty}\frac{\ln k}{4k^2-(2n+1)^2}\right]$

207. $\int_0^1 \ln\Gamma(a+x)\sin 2n\pi x\,\mathrm{d}x = -\frac{1}{2n\pi}[\ln a + \cos 2n\pi a\,\mathrm{ci}(2n\pi a) - \sin 2n\pi a\,\mathrm{si}(2n\pi a)]$

$(a>0, n=1,2,\cdots)$

208. $\int_0^1 \ln\Gamma(a+x)\cos 2n\pi x\,\mathrm{d}x = -\frac{1}{2n\pi}[\sin 2n\pi a\,\mathrm{ci}(2n\pi a) + \cos 2n\pi a\,\mathrm{si}(2n\pi a)]$

$(a>0, n=1,2,\cdots)$

Ⅱ.2.3.5 不完全伽马函数的积分

209. $\int_0^\infty \mathrm{e}^{-\alpha x}\gamma(\beta,x)\mathrm{d}x = \frac{1}{\alpha}\Gamma(\beta)(1+\alpha)^{-\beta} \quad (\beta>0)$

[这里,$\gamma(a,x)$为不完全伽马函数(见附录),以下同]

210. $\int_0^\infty \mathrm{e}^{-\alpha x}\Gamma(\beta,x)\mathrm{d}x = \frac{1}{\alpha}\Gamma(\beta)\left[1-\frac{1}{(\alpha+1)^\beta}\right] \quad (\beta>0)$

[这里,$\Gamma(a,x)$为补余不完全伽马函数(见附录),以下同]

211. $\int_0^\infty x^{\mu-1}\mathrm{e}^{-\beta x}\Gamma(\nu,\alpha x)\mathrm{d}x = \frac{\alpha^\nu\Gamma(\mu+\nu)}{\mu(\alpha+\beta)^{\mu+\nu}}\cdot {}_2F_1\left(1,\mu+\nu;\mu+1;\frac{\beta}{\alpha+\beta}\right)$

[$\mathrm{Re}\,(\alpha+\beta)>0, \mathrm{Re}\,\mu>0, \mathrm{Re}\,(\mu+\nu)>0$]

[这里,${}_2F_1(a,b;c;x)$为超几何函数(见附录),以下同]

212. $\int_0^\infty x^{\mu-1}\mathrm{e}^{-\beta x}\gamma(\nu,\alpha x)\mathrm{d}x = \frac{\alpha^\nu\Gamma(\mu+\nu)}{\nu(\alpha+\beta)^{\mu+\nu}}\cdot {}_2F_1\left(1,\mu+\nu;\nu+1;\frac{\alpha}{\alpha+\beta}\right)$

[$\mathrm{Re}\,(\alpha+\beta)>0, \mathrm{Re}\,\beta>0, \mathrm{Re}\,(\mu+\nu)>0$]

Ⅱ.2.3.6 ψ 函数的积分

213. $\int_1^x \psi(x)\mathrm{d}x = \ln\Gamma(x)$

[这里,函数 $\psi(x)$的定义见附录,以下同]

214. $\int_0^1 \psi(a+x)\mathrm{d}x = \ln a \quad (a>0)$

215. $\int_0^1 e^{2\pi nxi}\psi(a+x)dx = e^{-2\pi nai}\mathrm{Ei}(2\pi nai) \quad (a>0, n=\pm 1, \pm 2, \cdots)$

[这里,$\mathrm{Ei}(x)$为指数积分(见附录),以下同]

216. $\int_0^1 \psi(x)\sin\pi x\, dx = -\frac{2}{\pi}\left[\ln(2\pi)+\gamma+2\sum_{k=2}^{\infty}\frac{\ln k}{4k^2-1}\right]$ [3]

[这里,γ为欧拉常数(见附录),以下同]

217. $\int_0^1 \psi(x)\sin^2\pi x\, dx = -\pi\int_0^1 \ln\Gamma(x)\sin 2\pi x\, dx = -\frac{1}{2}[\gamma+\ln(2\pi)]$ [4]

218. $\int_0^1 \psi(x)\sin\pi x\cos\pi x\, dx = -\pi\int_0^1 \ln\Gamma(x)\cos 2\pi x\, dx = -\frac{\pi}{4}$ [4]

219. $\int_0^1 \psi(x)\sin\pi x\sin n\pi x\, dx = \begin{cases} \frac{1}{2}\ln\frac{n-1}{n+1} & (n\text{ 为奇数}) \\ \frac{n}{1-n^2} & (n\text{ 为偶数}) \end{cases}$ [3]

220. $\int_0^1 \psi(x)\sin 2n\pi x\, dx = -\frac{1}{2}\pi \quad (n=1,2,\cdots)$

221. $\int_0^1 [\psi(a+ix)-\psi(a-ix)]\sin xy\, dx = i\pi\frac{e^{-ay}}{1-e^{-y}} \quad (a>0, y>0)$

222. $\int_0^1 \psi(a+x)\sin 2n\pi x\, dx = \sin 2n\pi a\,\mathrm{ci}(2n\pi a)+\cos 2n\pi a\,\mathrm{si}(2n\pi a)$

$(a\geqslant 0, n=1,2,\cdots)$

223. $\int_0^1 \psi(a+x)\cos 2n\pi x\, dx = \sin 2n\pi a\,\mathrm{si}(2n\pi a)-\cos 2n\pi a\,\mathrm{ci}(2n\pi a)$

$(a>0, n=1,2,\cdots)$

224. $\int_0^\infty x^{-\alpha}[\gamma+\psi(1+x)]dx = -\pi\csc\alpha\pi\,\zeta(\alpha) \quad (1<\mathrm{Re}\,\alpha<2)$ [3]

[这里,γ为欧拉常数,$\zeta(z)$为黎曼(Riemann)Zeta 函数(见附录),以下同]

225. $\int_0^\infty x^{-\alpha}[\ln x-\psi(1+x)]dx = \pi\csc\alpha\pi\,\zeta(\alpha) \quad (1<\mathrm{Re}\,\alpha<1)$ [3]

226. $\int_0^\infty x^{-\alpha}[\ln(1+x)-\psi(1+x)]dx = \pi\csc\alpha\pi\left[\zeta(\alpha)-\frac{1}{\alpha-1}\right]$

$(0<\mathrm{Re}\,\alpha<1)$ [3]

227. $\int_0^\infty x^{-\alpha}\psi^{(n)}(1+x)dx = (-1)^{n-1}\frac{\pi\Gamma(\alpha+n)}{\Gamma(\alpha)\sin\pi\alpha}\zeta(\alpha+n)$

$(0<\mathrm{Re}\,\alpha<1, n=1,2,\cdots)$ [3]

[这里,$\psi^{(n)}(x)$是函数 $\psi(x)$对 x 的第 n 次微商]

228. $\int_0^\infty [\psi(1+x)-\ln x]\cos(2\pi xy)dx = \frac{1}{2}[\psi(y+1)-\ln y]$

Ⅱ.2.4 贝塞尔(Bessel)函数的定积分

Ⅱ.2.4.1 贝塞尔函数的积分

229. $\int_0^\infty \mathrm{J}_\nu(bx)\mathrm{d}x = \frac{1}{b} \quad (\mathrm{Re}\,\nu > -1, b > 0)$

230. $\int_0^\infty \mathrm{N}_\nu(bx)\mathrm{d}x = -\frac{1}{b}\tan\frac{\nu\pi}{2} \quad (|\,\mathrm{Re}\,\nu\,| < 1, b > 0)$

231. $\int_0^a \mathrm{J}_\nu(x)\mathrm{d}x = 2\sum_{k=0}^{\infty}\mathrm{J}_{\nu+2k+1}(a) \quad (\mathrm{Re}\,\nu > -1)$

232. $\int_0^a \mathrm{J}_{\frac{1}{2}}(x)\mathrm{d}x = 2\mathrm{S}(\sqrt{a})$ [3]

233. $\int_0^a \mathrm{J}_{-\frac{1}{2}}(x)\mathrm{d}x = 2\mathrm{C}(\sqrt{a})$ [3]

234. $\int_0^a \mathrm{J}_0(x)\mathrm{d}x = a\mathrm{J}_0(a) + \frac{a\pi}{2}[\mathrm{J}_1(a)\mathbf{H}_0(a) - \mathrm{J}_0(a)\mathbf{H}_1(a)] \quad (a > 0)$ [3]

[这里 $\mathbf{H}_\nu(z)$ 为斯特鲁维函数(见附录),以下同]

235. $\int_a^\infty \mathrm{J}_0(x)\mathrm{d}x = 1 - a\mathrm{J}_0(a) + \frac{a\pi}{2}[\mathrm{J}_0(a)\mathbf{H}_1(a) - \mathrm{J}_1(a)\mathbf{H}_0(a)]$ [3]

236. $\int_0^a \mathrm{J}_1(x)\mathrm{d}x = 1 - \mathrm{J}_0(a) \quad (a > 0)$ [3]

237. $\int_a^\infty \mathrm{J}_1(x)\mathrm{d}x = \mathrm{J}_0(a) \quad (a > 0)$ [3]

238. $\int_0^\infty \mathrm{J}_\mu(ax)\mathrm{J}_\nu(bx)\mathrm{d}x$

$$= b^\nu a^{-\nu-1}\frac{\Gamma\left(\frac{\mu+\nu+1}{2}\right)}{\Gamma(\nu+1)\Gamma\left(\frac{\mu-\nu+1}{2}\right)}\cdot \mathrm{F}\left(\frac{\mu+\nu+1}{2},\frac{\nu-\mu+1}{2};\nu+1;\frac{b^2}{a^2}\right)$$ [3]

[$a > 0, b > 0, \mathrm{Re}\,(\mu+\nu) > -1, b > a$; 对于 $b < a$,μ 和 ν 的位置应该颠倒过来]

239. $\int_0^\infty \mathrm{J}_{\nu+n}(\alpha t)\mathrm{J}_{\nu-n-1}(\beta t)\mathrm{d}t$

$$=\begin{cases}\dfrac{\beta^{\nu-n-1}\Gamma(\nu)}{\alpha^{\nu-n}n!\,\Gamma(\nu-n)}F\left(\nu,-n;\nu-n;\dfrac{\beta^2}{\alpha^2}\right) & (0<\beta<\alpha,\mathrm{Re}\,\nu>0)\\ (-1)^n\dfrac{1}{2\alpha} & (0<\beta=\alpha,\mathrm{Re}\,\nu>0)\\ 0 & (0<\alpha<\beta,\mathrm{Re}\,\nu>0)\end{cases}$$ [3]

240. $$\int_0^\infty J_\nu(\alpha x)J_{\nu-1}(\beta x)\mathrm{d}x=\begin{cases}\dfrac{\beta^{\nu-1}}{\alpha^\nu} & (\beta<\alpha,\mathrm{Re}\,\nu>0)\\ \dfrac{1}{2\beta} & (\beta=\alpha,\mathrm{Re}\,\nu>0)\\ 0 & (\beta>\alpha,\mathrm{Re}\,\nu>0)\end{cases}$$ [3]

241. $$\int_0^\infty J_{\nu+2n+1}(ax)J_\nu(bx)\mathrm{d}x$$

$$=\begin{cases}b^\nu a^{-\nu-1}P_n^{(\nu,0)}\left(1-\dfrac{2b^2}{a^2}\right) & (0<b<a,\mathrm{Re}\,\nu>-1-n)\\ 0 & (0<a<b,\mathrm{Re}\,\nu>-1-n)\end{cases}$$ [3]

242. $$\int_0^\infty J_{\nu+n}(ax)N_{\nu-n}(ax)\mathrm{d}x=(-1)^{n+1}\frac{1}{2a}$$

$$\left(a>0,\mathrm{Re}\,\nu>-\frac{1}{2},n=0,1,2,\cdots\right)$$

243. $$\int_0^\infty J_1(bx)N_0(ax)\mathrm{d}x=-\frac{1}{b\pi}\ln\left(1-\frac{b^2}{a^2}\right)\quad(0<b<a)$$

244. $$\int_0^a J_\nu(x)J_{\nu+1}(x)\mathrm{d}x=\sum_{n=0}^\infty[J_{\nu+n+1}(a)]^2\quad(\mathrm{Re}\,\nu>-1)$$

245. $$\int_0^\infty[J_\mu(ax)]^2J_\nu(bx)\mathrm{d}x$$

$$=a^{2\mu}b^{-2\mu-1}\frac{\Gamma\left(\dfrac{2\mu+\nu+1}{2}\right)}{[\Gamma(\mu+1)]^2\Gamma\left(\dfrac{-2\mu+\nu+1}{2}\right)}$$

$$\cdot\left[F\left(\frac{2\mu-\nu+1}{2},\frac{2\mu+\nu+1}{2};\mu+1;\frac{1-\sqrt{1-\dfrac{4a^2}{b^2}}}{2}\right)\right]^2$$

$(\mathrm{Re}\,2\mu+\mathrm{Re}\,\nu>-1,0<2a<b)$ [3]

246. $$\int_0^\infty[J_\mu(ax)]^2K_\nu(bx)\mathrm{d}x$$

$$=\frac{1}{2b}\Gamma\left(\frac{2\mu+\nu+1}{2}\right)\Gamma\left(\frac{2\mu-\nu+1}{2}\right)\left[P^{-\mu}_{\frac{1}{2}\nu-\frac{1}{2}}\left(\sqrt{1+\frac{4a^2}{b^2}}\right)\right]^2$$

$(2\mathrm{Re}\,\mu>|\mathrm{Re}\,\nu|-1,\mathrm{Re}\,b>2|\mathrm{Im}\,a|)$ [3]

247. $\int_0^z J_\mu(x)J_\nu(z-x)\mathrm{d}x = 2\sum_{n=0}^{\infty}(-1)^k J_{\mu+\nu+2k+1}(z)$

$(\mathrm{Re}\,\mu > -1, \mathrm{Re}\,\nu > -1)$

248. $\int_0^z J_\mu(x)J_{-\mu}(z-x)\mathrm{d}x = \sin z \quad (-1 < \mathrm{Re}\,\mu < 1)$ [3]

249. $\int_0^z J_\mu(x)J_{1-\mu}(z-x)\mathrm{d}x = J_0(z) - \cos z \quad (-1 < \mathrm{Re}\,\mu < 2)$ [3]

250. $\int_0^\infty J_\nu\left(\frac{a}{x}\right)J_\nu(bx)\mathrm{d}x = \frac{1}{b}J_{2\nu}(2\sqrt{ab}) \quad \left(a > 0, b > 0, \mathrm{Re}\,\nu > -\frac{1}{2}\right)$

251. $\int_0^\infty J_\nu\left(\frac{a}{x}\right)N_\nu(bx)\mathrm{d}x = \frac{1}{b}\left[N_{2\nu}(2\sqrt{ab}) + \frac{2}{\pi}K_{2\nu}(2\sqrt{ab})\right]$

$\left(a > 0, b > 0, -\frac{1}{2} < \mathrm{Re}\,\nu < \frac{3}{2}\right)$

252. $\int_0^\infty J_\nu\left(\frac{a}{x}\right)K_\nu(bx)\mathrm{d}x = \frac{1}{b}e^{\frac{1}{2}i(\nu+1)\pi}K_{2\nu}\left(2e^{\frac{1}{4}i\pi}\sqrt{ab}\right)$

$+ \frac{1}{b}e^{-\frac{1}{2}i(\nu+1)\pi}K_{2\nu}\left(2e^{-\frac{1}{4}i\pi}\sqrt{ab}\right)$

$\left(a > 0, \mathrm{Re}\,b > 0, |\mathrm{Re}\,\nu| < \frac{5}{2}\right)$

253. $\int_0^\infty N_\nu\left(\frac{a}{x}\right)J_\nu(bx)\mathrm{d}x = -\frac{2}{b\pi}\left[K_{2\nu}(2\sqrt{ab}) - \frac{\pi}{2}N_{2\nu}(2\sqrt{ab})\right]$

$\left(a > 0, b > 0, |\mathrm{Re}\,\nu| < \frac{1}{2}\right)$

254. $\int_0^\infty N_\nu\left(\frac{a}{x}\right)N_\nu(bx)\mathrm{d}x = -\frac{1}{b}J_{2\nu}(2\sqrt{ab})$

$\left(a > 0, b > 0, |\mathrm{Re}\,\nu| < \frac{1}{2}\right)$

255. $\int_0^\infty N_\nu\left(\frac{a}{x}\right)K_\nu(bx)\mathrm{d}x = -\frac{1}{b}e^{\frac{1}{2}i\nu\pi}K_{2\nu}\left(2e^{\frac{1}{4}i\pi}\sqrt{ab}\right) - \frac{1}{b}e^{-\frac{1}{2}i\nu\pi}K_{2\nu}\left(2e^{-\frac{1}{4}i\pi}\sqrt{ab}\right)$

$\left(a > 0, \mathrm{Re}\,b > 0, |\mathrm{Re}\,\nu| < \frac{5}{2}\right)$

256. $\int_0^\infty K_\nu\left(\frac{a}{x}\right)N_\nu(bx)\mathrm{d}x = -\frac{2}{b}\left[\sin\frac{3\nu\pi}{2}\mathrm{ker}_{2\nu}(2\sqrt{ab}) + \cos\frac{3\nu\pi}{3}\mathrm{kei}_{2\nu}(2\sqrt{ab})\right]$

$\left(\mathrm{Re}\,a > 0, b > 0, |\mathrm{Re}\,\nu| < \frac{1}{2}\right)$ [3]

[这里,$\mathrm{ker}_\nu(z)$和$\mathrm{kei}_\nu(z)$皆为汤姆森(Thomson)函数(见附录),以下同]

257. $\int_0^\infty K_\nu\left(\frac{a}{x}\right)K_\nu(bx)\mathrm{d}x = \frac{\pi}{b}K_{2\nu}(2\sqrt{ab}) \quad (\mathrm{Re}\,a > 0, \mathrm{Re}\,b > 0)$

258. $\int_0^\infty J_{2\nu}(a\sqrt{x})J_\nu(bx)\,dx = \frac{1}{b}J_\nu\left(\frac{a^2}{4b}\right) \quad \left(a>0, b>0, \operatorname{Re}\nu>-\frac{1}{2}\right)$

259. $\int_0^\infty J_{2\nu}(a\sqrt{x})N_\nu(bx)\,dx = \frac{1}{b}\mathbf{H}_\nu\left(\frac{a^2}{4b}\right) \quad \left(a>0, b>0, \operatorname{Re}\nu>-\frac{1}{2}\right)$ [3]

[这里，$\mathbf{H}_\nu(z)$为斯特鲁维(Struve)函数(见附录)，以下同]

260. $\int_0^\infty J_{2\nu}(a\sqrt{x})K_\nu(bx)\,dx = \frac{\pi}{2b}\left[I_\nu\left(\frac{a^2}{4b}\right) - \mathbf{L}_\nu\left(\frac{a^2}{4b}\right)\right]$

$\left(\operatorname{Re}b>0, \operatorname{Re}\nu>-\frac{1}{2}\right)$ [3]

[这里，$\mathbf{L}_\nu(z)$为斯特鲁维(Struve)函数(见附录)，以下同]

261. $\int_0^\infty N_{2\nu}(a\sqrt{x})J_\nu(bx)\,dx$

$$= \frac{1}{b}\cot 2\nu\pi\, J_\nu\left(\frac{a^2}{4b}\right) - \frac{1}{2b}\csc 2\nu\pi\, J_{-\nu}\left(\frac{a^2}{4b}\right) - \frac{2^{3\nu-3}a^{2-2\nu}b^{\nu-2}}{\pi^{\frac{3}{2}}}\Gamma\left(\nu-\frac{1}{2}\right)\cdot {}_1F_2\left(1;\frac{3}{2},\frac{3}{2}-\nu;\frac{a^4}{64b^2}\right)$$

$(a>0, b>0)$ [3]

262. $\int_0^\infty N_{2\nu}(a\sqrt{x})N_\nu(bx)\,dx$

$$= \frac{1}{2b}\left[\sec\nu\pi\, J_{-\nu}\left(\frac{a^2}{4b}\right) + \csc\nu\pi\, \mathbf{H}_{-\nu}\left(\frac{a^2}{4b}\right) - 2\cot 2\nu\pi\, \mathbf{H}_\nu\left(\frac{a^2}{4b}\right)\right]$$

$\left(a>0, b>0, |\operatorname{Re}\nu|<\frac{1}{2}\right)$ [3]

263. $\int_0^\infty N_{2\nu}(a\sqrt{x})K_\nu(bx)\,dx = \frac{\pi}{2b}\left[\csc 2\nu\pi\, \mathbf{L}_{-\nu}\left(\frac{a^2}{4b}\right) - \cot 2\nu\pi\, \mathbf{L}_\nu\left(\frac{a^2}{4b}\right) - \tan\nu\pi\, I_\nu\left(\frac{a^2}{4b}\right) - \frac{\sec\nu\pi}{\pi}K_\nu\left(\frac{a^2}{4b}\right)\right]$

$\left(\operatorname{Re}b>0, |\operatorname{Re}\nu|<\frac{1}{2}\right)$ [3]

264. $\int_0^\infty K_{2\nu}(a\sqrt{x})J_\nu(bx)\,dx = \frac{\pi}{4b}\sec\nu\pi\left[\mathbf{H}_{-\nu}\left(\frac{a^2}{4b}\right) - N_{-\nu}\left(\frac{a^2}{4b}\right)\right]$

$\left(\operatorname{Re}a>0, b>0, \operatorname{Re}\nu>-\frac{1}{2}\right)$ [3]

265. $\int_0^\infty K_{2\nu}(a\sqrt{x})N_\nu(bx)\,dx = -\frac{\pi}{4b}\left[\sec\nu\pi\, J_{-\nu}\left(\frac{a^2}{4b}\right) - \csc\nu\pi\, \mathbf{H}_{-\nu}\left(\frac{a^2}{4b}\right) + 2\csc 2\nu\pi\, \mathbf{H}_\nu\left(\frac{a^2}{4b}\right)\right]$

$\left(\operatorname{Re}a>0, b>0, \operatorname{Re}\nu<\frac{1}{2}\right)$ [3]

266. $\int_0^\infty K_{2\nu}(a\sqrt{x})K_\nu(bx)\mathrm{d}x=\frac{\pi}{4b\cos\nu\pi}\left\{K_\nu\left(\frac{a^2}{4b}\right)+\frac{\pi}{2\sin\nu\pi}\left[\mathbf{L}_{-\nu}\left(\frac{a^2}{4b}\right)-\mathbf{L}_\nu\left(\frac{a^2}{4b}\right)\right]\right\}$

$\left(\mathrm{Re}\,b>0,\ |\mathrm{Re}\,\nu|<\frac{1}{2}\right)$ [3]

267. $\int_0^\infty I_{2\nu}(a\sqrt{x})K_\nu(bx)\mathrm{d}x=\frac{\pi}{2b}\left[I_\nu\left(\frac{a^2}{4b}\right)+\mathbf{L}_\nu\left(\frac{a^2}{4b}\right)\right]$

$\left(\mathrm{Re}\,b>0,\mathrm{Re}\,\nu>-\frac{1}{2}\right)$ [3]

268. $\int_0^z J_0(\sqrt{z^2-x^2})\mathrm{d}x=\sin z$

269. $\int_0^{\frac{\pi}{2}} J_{2\nu}(2z\sin x)\mathrm{d}x=\frac{\pi}{2}[J_\nu(z)]^2 \quad \left(\mathrm{Re}\,\nu>-\frac{1}{2}\right)$

270. $\int_0^{\frac{\pi}{2}} J_{2\nu}(2z\cos x)\mathrm{d}x=\frac{\pi}{2}[J_\nu(z)]^2 \quad \left(\mathrm{Re}\,\nu>-\frac{1}{2}\right)$

271. $\int_0^\infty K_{2\nu}(2z\sinh x)\mathrm{d}x=\frac{\pi^2}{8\cos\nu\pi}\{[J_\nu(z)]^2+[N_\nu(z)]^2\}$

$\left(\mathrm{Re}\,z>0,-\frac{1}{2}<\mathrm{Re}\,\nu<\frac{1}{2}\right)$

Ⅱ.2.4.2 贝塞尔函数与 x 和 x^2 组合的积分

272. $\int_0^1 xJ_\nu(ax)J_\nu(bx)\mathrm{d}x=\begin{cases}\frac{1}{2}[J_{\nu+1}(a)]^2 & (a=b)\\ 0 & (a\neq b)\end{cases}$

$[J_\nu(a)=J_\nu(b)=0,\nu>-1]$

273. $\int_0^p xJ_\nu(ax)K_\nu(bx)\mathrm{d}x=\frac{1}{a^2+b^2}\left[\left(\frac{a}{b}\right)^\nu+apJ_{\nu+1}(ap)K_\nu(bp)-bpJ_\nu(ap)K_{\nu+1}(bp)\right] \quad (\mathrm{Re}\,\nu>-1)$

274. $\int_0^\infty xK_\nu(ax)J_\nu(bx)\mathrm{d}x=\frac{b^\nu}{a^\nu(a^2+b^2)}$

$(\mathrm{Re}\,a>0,b>0,\mathrm{Re}\,\nu>-1)$ [3]

275. $\int_0^\infty xK_\nu(ax)K_\nu(bx)\mathrm{d}x=\frac{\pi(a^{2\nu}-b^{2\nu})}{2(a^2-b^2)(ab)^\nu\sin\nu\pi}$

$[|\mathrm{Re}\,\nu|<1,\mathrm{Re}\,(a+b)>0]$ [3]

276. $\int_0^\infty x\left[\frac{2}{\pi}K_0(ax)-N_0(ax)\right]K_0(bx)\mathrm{d}x=\frac{2}{\pi}\left(\frac{1}{a^2+b^2}+\frac{1}{b^2-a^2}\right)\ln\frac{b}{a}$

$[\mathrm{Re}\, b > |\mathrm{Im}\, a|, \mathrm{Re}\,(a+b) > 0]$

277. $\int_0^\infty x[\mathrm{J}_\nu(ax)]^2 \mathrm{J}_\nu(bx)\mathrm{N}_\nu(bx)\mathrm{d}x = \begin{cases} -\dfrac{1}{2\pi ab} & \left(0 < b < a, \mathrm{Re}\,\nu > -\dfrac{1}{2}\right) \\ 0 & \left(0 < a < b, \mathrm{Re}\,\nu > -\dfrac{1}{2}\right) \end{cases}$ [3]

278. $\int_0^\infty x[\mathrm{J}_0(ax)\mathrm{K}_0(bx)]^2 \mathrm{d}x = \dfrac{\pi}{8ab} - \dfrac{1}{4ab}\arcsin\dfrac{b^2-a^2}{b^2+a^2} \quad (a > 0, b > 0)$

279. $\int_0^\infty x^2 \mathrm{J}_1(ax)\mathrm{K}_0(bx)\mathrm{J}_0(cx)\mathrm{d}x$

$$= 2a(a^2+b^2-c^2)[(a^2+b^2+c^2)^2 - 4a^2c^2]^{-\frac{3}{2}}$$

$(\mathrm{Re}\, a > 0, c > 0, \mathrm{Re}\, b \geqslant |\mathrm{Im}\, a|)$

280. $\int_0^\infty x^2 \mathrm{I}_0(ax)\mathrm{K}_1(bx)\mathrm{J}_0(cx)\mathrm{d}x$

$$= 2b(b^2+c^2-a^2)[(a^2+b^2+c^2)^2 - 4a^2b^2]^{-\frac{3}{2}} \quad (\mathrm{Re}\, b > |\mathrm{Re}\, a|, c > 0)$$

281. $\int_0^\infty x\mathrm{J}_{\frac{1}{2}\nu}(ax^2)\mathrm{J}_\nu(bx)\mathrm{d}x = \dfrac{1}{2a}\mathrm{J}_{\frac{1}{2}\nu}\left(\dfrac{b^2}{4a}\right) \quad (a > 0, b > 0, \mathrm{Re}\,\nu > -1)$

282. $\int_0^\infty x\mathrm{J}_{\frac{1}{2}\nu}(ax^2)\mathrm{N}_\nu(bx)\mathrm{d}x = \dfrac{1}{4a}\left[\mathrm{N}_{\frac{1}{2}\nu}\left(\dfrac{b^2}{4a}\right) - \tan\dfrac{\nu\pi}{2}\mathrm{J}_{\frac{1}{2}\nu}\left(\dfrac{b^2}{4a}\right)\right.$

$$\left. + \sec\frac{\nu\pi}{2}\mathbf{H}_{-\frac{1}{2}\nu}\left(\frac{b^2}{4a}\right)\right]$$

$(a > 0, b > 0, \mathrm{Re}\,\nu > -1)$ [3]

[这里,$\mathbf{H}_\nu(z)$为斯特鲁维(Struve)函数(见附录),以下同]

283. $\int_0^\infty x\mathrm{J}_{\frac{1}{2}\nu}(ax^2)\mathrm{K}_\nu(bx)\mathrm{d}x = \dfrac{\pi}{8a\cos\dfrac{\nu\pi}{2}}\left[\mathbf{H}_{-\frac{1}{2}\nu}\left(\dfrac{b^2}{4a}\right) - \mathrm{N}_{-\frac{1}{2}\nu}\left(\dfrac{b^2}{4a}\right)\right]$

$(a > 0, \mathrm{Re}\, b > 0, \mathrm{Re}\,\nu > -1)$ [3]

284. $\int_0^\infty x\mathrm{N}_{\frac{1}{2}\nu}(ax^2)\mathrm{J}_\nu(bx)\mathrm{d}x = -\dfrac{1}{2a}\mathbf{H}_{\frac{1}{2}\nu}\left(\dfrac{b^2}{4a}\right)$

$(a > 0, \mathrm{Re}\, b > 0, \mathrm{Re}\,\nu > -1)$ [3]

285. $\int_0^\infty x\mathrm{N}_{\frac{1}{2}\nu}(ax^2)\mathrm{K}_\nu(bx)\mathrm{d}x = \dfrac{\pi}{4a\sin\nu\pi}\left[\cos\dfrac{\nu\pi}{2}\mathbf{H}_{-\frac{1}{2}\nu}\left(\dfrac{b^2}{4a}\right)\right.$

$$\left. - \sin\frac{\nu\pi}{2}\mathrm{J}_{-\frac{1}{2}\nu}\left(\frac{b^2}{4a}\right) - \mathbf{H}_{\frac{1}{2}\nu}\left(\frac{b^2}{4a}\right)\right]$$

$(a > 0, \mathrm{Re}\, b > 0, |\mathrm{Re}\,\nu| < 1)$ [3]

286. $\int_0^\infty x\mathrm{K}_{\frac{1}{2}\nu}(ax^2)\mathrm{J}_\nu(bx)\mathrm{d}x = \dfrac{\pi}{4a}\left[\mathrm{I}_{\frac{1}{2}\nu}\left(\dfrac{b^2}{4a}\right) - \mathbf{L}_{\frac{1}{2}\nu}\left(\dfrac{b^2}{4a}\right)\right]$

$(\mathrm{Re}\, a > 0, b > 0, \mathrm{Re}\,\nu > -1)$ [3]

［这里，$\mathbf{L}_\nu(z)$为斯特鲁维（Struve）函数（见附录），以下同］

287. $\int_0^\infty x\mathrm{K}_{\frac{1}{2}\nu}(ax^2)\mathrm{N}_\nu(bx)\mathrm{d}x=\frac{\pi}{4a}\left[\csc\nu\pi\,\mathbf{L}_{-\frac{1}{2}\nu}\left(\frac{b^2}{4a}\right)-\cot\nu\pi\,\mathbf{L}_{\frac{1}{2}\nu}\left(\frac{b^2}{4a}\right)-\tan\frac{\nu\pi}{2}\,\mathrm{I}_{\frac{1}{2}\nu}\left(\frac{b^2}{4a}\right)-\frac{1}{\pi}\sec\frac{\nu\pi}{2}\,\mathrm{K}_{\frac{1}{2}\nu}\left(\frac{b^2}{4a}\right)\right]$

$(\mathrm{Re}\,a>0,b>0,|\mathrm{Re}\,\nu|<1)$ ［3］

288. $\int_0^\infty x\mathrm{K}_{\frac{1}{2}\nu}(ax^2)\mathrm{K}_\nu(bx)\mathrm{d}x=\frac{\pi}{8a}\left\{\sec\frac{\nu\pi}{2}\,\mathrm{K}_{\frac{1}{2}\nu}\left(\frac{b^2}{4a}\right)+\pi\csc\nu\pi\left[\mathbf{L}_{-\frac{1}{2}\nu}\left(\frac{b^2}{4a}\right)-\mathbf{L}_{\frac{1}{2}\nu}\left(\frac{b^2}{4a}\right)\right]\right\}$

$(\mathrm{Re}\,a>0,|\mathrm{Re}\,\nu|<1)$ ［3］

289. $\int_0^\infty x^2\mathrm{J}_{2\nu}(2ax)\mathrm{J}_{\nu-\frac{1}{2}}(x^2)\mathrm{d}x=\frac{1}{2}a\mathrm{J}_{\nu+\frac{1}{2}}(a^2)\quad\left(a>0,\mathrm{Re}\,\nu>-\frac{1}{2}\right)$

290. $\int_0^\infty x^2\mathrm{J}_{2\nu}(2ax)\mathrm{J}_{\nu+\frac{1}{2}}(x^2)\mathrm{d}x=\frac{1}{2}a\mathrm{J}_{\nu-\frac{1}{2}}(a^2)\quad(a>0,\mathrm{Re}\,\nu>-2)$

291. $\int_0^\infty x^2\mathrm{J}_{2\nu}(2ax)\mathrm{N}_{\nu+\frac{1}{2}}(x^2)\mathrm{d}x=-\frac{1}{2}a\mathbf{H}_{\nu-\frac{1}{2}}(a^2)\quad(a>0,\mathrm{Re}\,\nu>-2)$

Ⅱ.2.4.3 贝塞尔函数与有理函数组合的积分

292. $\int_0^\infty\frac{\mathrm{N}_\nu(bx)}{x+a}\mathrm{d}x=\frac{\pi}{\sin\nu\pi}[\mathbf{E}_\nu(ab)+\mathrm{N}_\nu(ab)]+2\cot\nu\pi[\mathbf{J}_\nu(ab)-\mathrm{J}_\nu(ab)]$

$\left(b>0,|\arg a|<\pi,|\mathrm{Re}\,\nu|<1,\nu\neq0,\pm\frac{1}{2}\right)$ ［3］

［这里，$\mathbf{E}_\nu(z)$为韦伯（Weber）函数（见附录），$\mathbf{J}_\nu(z)$为安格尔（Anger）函数（见附录），以下同］

293. $\int_0^\infty\frac{\mathrm{N}_\nu(bx)}{x-a}\mathrm{d}x=\pi\{\cot\nu\pi[\mathrm{N}_\nu(ab)+\mathbf{E}_\nu(ab)]+\mathbf{J}_\nu(ab)+2(\cot\nu\pi)^2[\mathbf{J}_\nu(ab)-\mathrm{J}_\nu(ab)]\}$

$(a>0,b>0,|\mathrm{Re}\,\nu|<1)$ ［3］

294. $\int_0^\infty\frac{\mathrm{K}_\nu(bx)}{x+a}\mathrm{d}x=\frac{\pi^2}{2}(\csc\nu\pi)^2\left[\mathrm{I}_\nu(ab)+\mathrm{I}_{-\nu}(ab)-\mathrm{e}^{-\frac{1}{2}\mathrm{i}\nu\pi}\mathbf{J}_\nu(\mathrm{i}ab)-\mathrm{e}^{\frac{1}{2}\mathrm{i}\nu\pi}\mathbf{J}_{-\nu}(\mathrm{i}ab)\right]$

$(\mathrm{Re}\,b>0,|\arg a|<\pi,|\mathrm{Re}\,\nu|<1)$ ［3］

295. $\int_0^\infty\frac{\mathrm{J}_\nu(bx)}{x^2+a^2}\mathrm{d}x=\frac{\pi[\mathbf{J}_\nu(a)-\mathrm{J}_\nu(a)]}{a\sin\nu\pi}\quad(\mathrm{Re}\,a>0,\mathrm{Re}\,\nu>-1)$ ［3］

296. $\int_0^\infty \frac{J_0(bx)}{x^2+a^2}dx = \frac{\pi}{2a}[I_0(ab) - \mathbf{L}_0(ab)] \quad (b>0, \operatorname{Re} a>0)$ [3]

297. $\int_0^\infty \frac{xJ_0(bx)}{x^2+a^2}dx = K_0(ab) \quad (b>0, \operatorname{Re} a>0)$

298. $$\int_0^\infty \frac{N_\nu(bx)}{x^2+a^2}dx = \frac{1}{\cos\frac{\nu\pi}{2}}\left[-\frac{\pi}{2a}\tan\frac{\nu\pi}{2}I_\nu(ab) - \frac{1}{a}K_\nu(ab) + \frac{b\sin\frac{\nu\pi}{2}}{1-\nu^2}\cdot {}_1F_2\left(1;\frac{3-\nu}{2},\frac{3+\nu}{2};\frac{a^2b^2}{4}\right)\right]$$

$(\operatorname{Re} a>0, b>0, |\operatorname{Re}\nu|<1)$ [3]

299. $$\int_0^\infty \frac{N_\nu(bx)}{x^2-a^2}dx = \frac{\pi}{2a}\left(J_\nu(ab) + \tan\frac{\nu\pi}{2}\left\{\tan\frac{\nu\pi}{2}[\mathbf{J}_\nu(ab) - J_\nu(ab)] - \mathbf{E}_\nu(ab) - N_\nu(ab)\right\}\right)$$

$(a>0, b>0, |\operatorname{Re}\nu|<1)$ [3]

300. $\int_0^\infty \frac{N_0(bx)}{x^2+a^2}dx = -\frac{K_0(ab)}{a} \quad (b>0, \operatorname{Re} a>0)$

301. $\int_0^z J_p(x)J_q(z-x)\frac{dx}{x} = \frac{J_{p+q}(z)}{p} \quad (\operatorname{Re} p>0, \operatorname{Re} q>-1)$

302. $\int_0^z \frac{J_p(x)}{x}\cdot\frac{J_q(z-x)}{z-x}dx = \left(\frac{1}{p}+\frac{1}{q}\right)\frac{J_{p+q}(z)}{z} \quad (\operatorname{Re} p>0, \operatorname{Re} q>0)$

303. $$\int_0^\infty [1-J_0(ax)]J_0(bx)\frac{dx}{x} = \begin{cases}\ln\frac{a}{b} & (0<b<a)\\ 0 & (0<a<b)\end{cases}$$

304. $$\int_0^\infty [J_0(ax)-1]J_1(bx)\frac{dx}{x^2} = \begin{cases}-\frac{b}{4}\left(1+2\ln\frac{a}{b}\right) & (0<b<a)\\ -\frac{a^2}{4b} & (0<a<b)\end{cases}$$

305. $\int_0^\infty \frac{x^3J_0(x)}{x^4-a^4}dx = \frac{1}{2}K_0(a) - \frac{1}{4}\pi N_0(a) \quad (a>0)$

306. $\int_0^\infty \frac{x[J_\nu(x)]^2}{x^2+a^2}dx = I_\nu(a)K_\nu(a) \quad (\operatorname{Re} a>0, \operatorname{Re}\nu>-1)$

307. $\int_0^\infty \frac{x^2J_0(bx)}{x^4+a^4}dx = -\frac{1}{a^2}\operatorname{kei}(ab) \quad \left(b>0, |\arg a|<\frac{\pi}{4}\right)$ [3]

308. $\int_0^\infty \frac{x^3J_0(bx)}{x^4+a^4}dx = \operatorname{ker}(ab) \quad \left(b>0, |\arg a|<\frac{\pi}{4}\right)$ [3]

309. $\int_0^\infty J_1(ax)J_1(bx)\frac{dx}{x^2} = \frac{a+b}{\pi}\left[E\left(\frac{2i\sqrt{ab}}{|b-a|}\right) - K\left(\frac{2i\sqrt{ab}}{|b-a|}\right)\right]$

$(a>0,b>0)$

310. $\int_0^\infty \frac{1}{x}J_{\nu+2n+1}(x)J_{\nu+2m+1}(x)\mathrm{d}x=\begin{cases}0 & (m\neq n,\nu>-1)\\ \frac{1}{4n+2\nu+2} & (m=n,\nu>-1)\end{cases}$

311. $\int_a^b \frac{\mathrm{d}x}{x[J_\nu(x)]^2}=\frac{\pi}{2}\left[\frac{N_\nu(b)}{J_\nu(b)}-\frac{N_\nu(a)}{J_\nu(a)}\right]$

[对于 $x\in[a,b]$，函数 $J_\nu(x)\neq 0$]

312. $\int_a^b \frac{\mathrm{d}x}{x[N_\nu(x)]^2}=\frac{\pi}{2}\left[\frac{J_\nu(a)}{N_\nu(a)}-\frac{J_\nu(b)}{N_\nu(b)}\right]$

[对于 $x\in[a,b]$，函数 $N_\nu(x)\neq 0$]

313. $\int_a^b \frac{\mathrm{d}x}{xJ_\nu(x)N_\nu(x)}=\frac{\pi}{2}\ln\frac{J_\nu(a)N_\nu(b)}{J_\nu(b)N_\nu(a)}$

314. $\int_0^\infty \frac{xJ_\nu(ax)J_\nu(bx)}{x^2+c^2}\mathrm{d}x=\begin{cases}I_\nu(bc)K_\nu(ac) & (0<b<a,\mathrm{Re}\,c>0,\mathrm{Re}\,\nu>-1)\\ I_\nu(ac)K_\nu(bc) & (0<a<b,\mathrm{Re}\,c>0,\mathrm{Re}\,\nu>-1)\end{cases}$

315. $\int_0^\infty \frac{x^{1-2n}J_\nu(ax)J_\nu(bx)}{x^2+c^2}\mathrm{d}x$

$=\begin{cases}(-1)^n c^{-2n}I_\nu(bc)K_\nu(ac) & (0<b<a,\mathrm{Re}\,c>0,\mathrm{Re}\,\nu>n-1)\\ (-1)^n c^{-2n}I_\nu(ac)K_\nu(bc) & (0<a<b,\mathrm{Re}\,c>0,\mathrm{Re}\,\nu>n-1)\end{cases}$

$(n=0,1,2,\cdots)$

316. $\int_0^\infty J_\nu\left(\frac{a}{x}\right)J_\nu\left(\frac{x}{b}\right)\frac{\mathrm{d}x}{x^2}=\frac{1}{a}J_{2\nu}\left(\frac{2\sqrt{a}}{\sqrt{b}}\right)\quad\left(a>0,b>0,|\mathrm{Re}\,\nu|>-\frac{1}{2}\right)$

317. $\int_0^\infty J_\nu\left(\frac{a}{x}\right)N_\nu\left(\frac{x}{b}\right)\frac{\mathrm{d}x}{x^2}=-\frac{1}{a}\left[\frac{2}{\pi}K_{2\nu}\left(\frac{2\sqrt{a}}{\sqrt{b}}\right)-N_{2\nu}\left(\frac{2\sqrt{a}}{\sqrt{b}}\right)\right]$

$\left(a>0,b>0,|\mathrm{Re}\,\nu|<\frac{1}{2}\right)$

318. $\int_0^\infty J_\nu\left(\frac{a}{x}\right)K_\nu\left(\frac{x}{b}\right)\frac{\mathrm{d}x}{x^2}=\frac{1}{a}e^{\frac{1}{2}i\nu\pi}K_{2\nu}\left(\frac{2\sqrt{a}}{\sqrt{b}}e^{\frac{1}{4}i\pi}\right)+\frac{1}{a}e^{-\frac{1}{2}i\nu\pi}K_{2\nu}\left(\frac{2\sqrt{a}}{\sqrt{b}}e^{-\frac{1}{4}i\pi}\right)$

$\left(a>0,\mathrm{Re}\,b>0,|\mathrm{Re}\,\nu|<\frac{1}{2}\right)$

319. $\int_0^\infty N_\nu\left(\frac{a}{x}\right)J_\nu\left(\frac{x}{b}\right)\frac{\mathrm{d}x}{x^2}=\frac{2}{a\pi}\left[K_{2\nu}\left(\frac{2\sqrt{a}}{\sqrt{b}}\right)+\frac{\pi}{2}N_{2\nu}\left(\frac{2\sqrt{a}}{\sqrt{b}}\right)\right]$

$\left(a>0,b>0,|\mathrm{Re}\,\nu|<\frac{1}{2}\right)$

320. $\int_0^\infty N_\nu\left(\frac{a}{x}\right)K_\nu\left(\frac{x}{b}\right)\frac{\mathrm{d}x}{x^2}$

$=\frac{1}{a}\left[e^{\frac{1}{2}i(\nu+1)\pi}K_{2\nu}\left(\frac{2\sqrt{a}}{\sqrt{b}}e^{\frac{1}{4}i\pi}\right)+e^{-\frac{1}{2}i(\nu+1)\pi}K_{2\nu}\left(\frac{2\sqrt{a}}{\sqrt{b}}e^{-\frac{1}{4}i\pi}\right)\right]$

$\left(a>0, \operatorname{Re} b>0, |\operatorname{Re} \nu|<\frac{1}{2}\right)$

321. $\int_0^\infty K_\nu\left(\frac{a}{x}\right) J_\nu\left(\frac{x}{b}\right) \frac{dx}{x^2}=\frac{i}{a}\left[e^{\frac{1}{2} i\nu\pi} K_{2\nu}\left(\frac{2\sqrt{a}}{\sqrt{b}} e^{\frac{1}{4} i\pi}\right)-e^{-\frac{1}{2} i\nu\pi} K_{2\nu}\left(\frac{2\sqrt{a}}{\sqrt{b}} e^{-\frac{1}{4} i\pi}\right)\right]$

$\left(\operatorname{Re} a>0, b>0, |\operatorname{Re} \nu|<\frac{5}{2}\right)$

322. $\int_0^\infty K_\nu\left(\frac{a}{x}\right) N_\nu\left(\frac{x}{b}\right) \frac{dx}{x^2}=\frac{2}{a}\left[\sin \frac{3\nu\pi}{2} \operatorname{kei}_{2\nu}\left(\frac{2\sqrt{a}}{\sqrt{b}}\right)-\cos \frac{3\nu\pi}{2} \operatorname{ker}_{2\nu}\left(\frac{2\sqrt{a}}{\sqrt{b}}\right)\right]$

$\left(\operatorname{Re} a>0, b>0, |\operatorname{Re} \nu|<\frac{5}{2}\right)$

[这里,$\operatorname{ker}_\nu(z)$和$\operatorname{kei}_\nu(z)$为汤姆森(Thomson)函数(见附录),以下同]

323. $\int_0^\infty K_\nu\left(\frac{a}{x}\right) K_\nu\left(\frac{x}{b}\right) \frac{dx}{x^2}=\frac{\pi}{a} K_{2\nu}\left(\frac{2\sqrt{a}}{\sqrt{b}}\right) \quad(\operatorname{Re} a>0, \operatorname{Re} b>0)$

Ⅱ.2.4.4　贝塞尔函数与无理函数组合的积分

324. $\int_0^1 \sqrt{x} J_\nu(xy) dx=\sqrt{2} y^{-\frac{3}{2}} \frac{\Gamma\left(\frac{\nu}{2}+\frac{3}{4}\right)}{\Gamma\left(\frac{\nu}{2}+\frac{1}{4}\right)}$

$+y^{-\frac{1}{2}}\left[\left(\nu-\frac{1}{2}\right) J_\nu(y) S_{-\frac{1}{2}, \nu-1}(y)-J_{\nu-1}(y) S_{\frac{1}{2}, \nu}(y)\right]$

$\left(y>0, \operatorname{Re} \nu>-\frac{3}{2}\right)$ [3]

[这里,$S_{\mu,\nu}(y)$为洛默尔(Lommel)函数(见附录),以下同]

325. $\int_1^\infty \sqrt{x} J_\nu(xy) dx=y^{-\frac{1}{2}}\left[J_{\nu-1}(y) S_{\frac{1}{2}, \nu}(y)+\left(\frac{1}{2}-\nu\right) J_\nu(y) S_{-\frac{1}{2}, \nu-1}(y)\right]$

$(y>0)$ [3]

326. $\int_0^\infty \frac{J_\nu(xy)}{\sqrt{x^2+a^2}} dx=I_{\frac{\nu}{2}}\left(\frac{ay}{2}\right) K_{\frac{\nu}{2}}\left(\frac{ay}{2}\right) \quad(\operatorname{Re} a>0, y>0, \operatorname{Re} \nu>-1)$

327. $\int_0^\infty \frac{N_\nu(xy)}{\sqrt{x^2+a^2}} dx=-\frac{1}{\pi} \sec \frac{\nu\pi}{2} K_{\frac{\nu}{2}}\left(\frac{ay}{2}\right)\left[K_{\frac{\nu}{2}}\left(\frac{ay}{2}\right)+\pi \sin \frac{\nu\pi}{2} I_{\frac{\nu}{2}}\left(\frac{ay}{2}\right)\right]$

$(\operatorname{Re} a>0, y>0, |\operatorname{Re} \nu|<1)$

328. $\int_0^\infty \frac{K_\nu(xy)}{\sqrt{x^2+a^2}} dx=\frac{\pi^2}{8} \sec \frac{\nu\pi}{2}\left\{\left[J_{\frac{\nu}{2}}\left(\frac{ay}{2}\right)\right]^2+\left[N_{\frac{\nu}{2}}\left(\frac{ay}{2}\right)\right]^2\right\}$

$(\operatorname{Re} a>0, \operatorname{Re} y>0, |\operatorname{Re} \nu|<1)$

329. $\int_0^1 \frac{J_\nu(xy)}{\sqrt{1-x^2}}dx = \frac{\pi}{2}\left[J_{\frac{\nu}{2}}\left(\frac{y}{2}\right)\right]^2 \quad (y>0, \mathrm{Re}\,\nu>-1)$

330. $\int_0^1 \frac{N_0(xy)}{\sqrt{1-x^2}}dx = \frac{\pi}{2}J_0\left(\frac{y}{2}\right)N_0\left(\frac{y}{2}\right) \quad (y>0)$

331. $\int_1^\infty \frac{J_\nu(xy)}{\sqrt{x^2-1}}dx = -\frac{\pi}{2}J_{\frac{\nu}{2}}\left(\frac{y}{2}\right)N_{\frac{\nu}{2}}\left(\frac{y}{2}\right) \quad (y>0)$

332. $\int_1^\infty \frac{N_\nu(xy)}{\sqrt{x^2-1}}dx = \frac{\pi}{4}\left\{\left[J_{\frac{\nu}{2}}\left(\frac{y}{2}\right)\right]^2 - \left[N_{\frac{\nu}{2}}\left(\frac{y}{2}\right)\right]^2\right\} \quad (y>0)$

333. $\int_0^\infty \frac{xJ_0(xy)}{\sqrt{a^2+x^2}}dx = \frac{1}{y}e^{-ay} \quad (y>0, \mathrm{Re}\,a>0)$

334. $\int_0^1 \frac{xJ_0(xy)}{\sqrt{1-x^2}}dx = \frac{1}{y}\sin y \quad (y>0)$

335. $\int_1^\infty \frac{xJ_0(xy)}{\sqrt{x^2-1}}dx = \frac{1}{y}\cos y \quad (y>0)$

336. $\int_0^\infty \frac{xJ_0(xy)}{\sqrt{(x^2+a^2)^3}}dx = \frac{1}{a}e^{-ay} \quad (y>0, \mathrm{Re}\,a>0)$

337. $\int_0^\infty \frac{xJ_0(ax)}{\sqrt{x^4+4b^4}}dx = K_0(ab)J_0(ab) \quad (a>0, b>0)$

338. $\int_0^\infty \sqrt{x}J_{2\nu-1}(a\sqrt{x})N_\nu(xy)dx = -\frac{a}{2y^2}\mathbf{H}_{\nu-1}\left(\frac{a^2}{4y}\right)$

$\left(a>0, y>0, \mathrm{Re}\,\nu>-\frac{1}{2}\right)$

339. $\int_0^\infty \frac{J_\nu(a\sqrt{x^2+1})}{\sqrt{x^2+1}}dx = -\frac{\pi}{2}J_{\frac{\nu}{2}}\left(\frac{a}{2}\right)N_{\frac{\nu}{2}}\left(\frac{a}{2}\right) \quad (a>0, \mathrm{Re}\,\nu>-1)$

Ⅱ.2.4.5　贝塞尔函数与幂函数组合的积分

340. $\int_0^1 x^\nu J_\nu(ax)dx = 2^{\nu-1}a^{-\nu}\sqrt{\pi}\Gamma\left(\nu+\frac{1}{2}\right)[J_\nu(a)\mathbf{H}_{\nu-1}(a) - \mathbf{H}_\nu(a)J_{\nu-1}(a)]$

$\left(\mathrm{Re}\,\nu>-\frac{1}{2}\right)$ [3]

[这里,$\mathbf{H}_\nu(z)$为斯特鲁维(Struve)函数(见附录),以下同]

341. $\int_0^1 x^\nu N_\nu(ax)dx = 2^{\nu-1}a^{-\nu}\sqrt{\pi}\Gamma\left(\nu+\frac{1}{2}\right)[N_\nu(a)\mathbf{H}_{\nu-1}(a) - \mathbf{H}_\nu(a)N_{\nu-1}(a)]$

$\left(\mathrm{Re}\,\nu>-\frac{1}{2}\right)$ [3]

342. $\int_0^1 x^\nu \mathrm{I}_\nu(ax)\mathrm{d}x = 2^{\nu-1}a^{-\nu}\sqrt{\pi}\Gamma\left(\nu+\frac{1}{2}\right)[\mathrm{I}_\nu(a)\mathbf{L}_{\nu-1}(a)-\mathbf{L}_\nu(a)\mathrm{I}_{\nu-1}(a)]$

$\left(\mathrm{Re}\,\nu > -\frac{1}{2}\right)$ [3]

[这里,$\mathbf{L}_\nu(z)$为斯特鲁维(Struve)函数(见附录),以下同]

343. $\int_0^1 x^\nu \mathrm{K}_\nu(ax)\mathrm{d}x = 2^{\nu-1}a^{-\nu}\sqrt{\pi}\Gamma\left(\nu+\frac{1}{2}\right)[\mathrm{K}_\nu(a)\mathbf{L}_{\nu-1}(a)+\mathbf{L}_\nu(a)\mathrm{K}_{\nu-1}(a)]$

$\left(\mathrm{Re}\,\nu > -\frac{1}{2}\right)$ [3]

344. $\int_0^1 x^{\nu+1}\mathrm{J}_\nu(ax)\mathrm{d}x = a^{-1}\mathrm{J}_{\nu+1}(a) \quad \left(\mathrm{Re}\,\nu > -1\right)$

345. $\int_0^1 x^{\nu+1}\mathrm{N}_\nu(ax)\mathrm{d}x = a^{-1}\mathrm{N}_{\nu+1}(a) + 2^{\nu+1}a^{-\nu-2}\Gamma(\nu+1) \quad \left(\mathrm{Re}\,\nu > -1\right)$

346. $\int_0^1 x^{\nu+1}\mathrm{I}_\nu(ax)\mathrm{d}x = a^{-1}\mathrm{I}_{\nu+1}(a) \quad \left(\mathrm{Re}\,\nu > -1\right)$

347. $\int_0^1 x^{\nu+1}\mathrm{K}_\nu(ax)\mathrm{d}x = -a^{-1}\mathrm{K}_{\nu+1}(a) + 2^{\nu}a^{-\nu-2}\Gamma(\nu+1) \quad \left(\mathrm{Re}\,\nu > -1\right)$

348. $\int_0^1 x^{1-\nu}\mathrm{J}_\nu(ax)\mathrm{d}x = \frac{a^{\nu-2}}{2^{\nu-1}\Gamma(\nu)} - a^{-1}\mathrm{J}_{\nu-1}(a)$

349. $\int_0^1 x^{1-\nu}\mathrm{N}_\nu(ax)\mathrm{d}x = \frac{a^{\nu-2}\cot(\nu\pi)}{2^{\nu-1}\Gamma(\nu)} - a^{-1}\mathrm{N}_{\nu-1}(a) \quad \left(\mathrm{Re}\,\nu < 1\right)$

350. $\int_0^1 x^{1-\nu}\mathrm{I}_\nu(ax)\mathrm{d}x = a^{-1}\mathrm{I}_{\nu-1}(a) - \frac{a^{\nu-2}}{2^{\nu-1}\Gamma(\nu)}$

351. $\int_0^1 x^{1-\nu}\mathrm{K}_\nu(ax)\mathrm{d}x = -a^{-1}\mathrm{K}_{\nu-1}(a) + 2^{-\nu}a^{\nu-2}\Gamma(1-\nu) \quad \left(\mathrm{Re}\,\nu < 1\right)$

352. $$\int_0^1 x^\mu \mathrm{J}_\nu(ax)\mathrm{d}x = a^{-\mu-1}\left[(\mu+\nu-1)a\mathrm{J}_\nu(a)\mathrm{S}_{\mu-1,\nu-1}(a) - a\mathrm{J}_{\nu-1}(a)\mathrm{S}_{\mu,\nu}(a) + 2^\mu\frac{\Gamma\left(\frac{1}{2}+\frac{\nu}{2}+\frac{\mu}{2}\right)}{\Gamma\left(\frac{1}{2}+\frac{\nu}{2}-\frac{\mu}{2}\right)}\right]$$

$[a > 0, \mathrm{Re}\,(\mu+\nu) > -1]$ [3]

[这里,$\mathrm{S}_{\mu,\nu}(a)$为洛默尔(Lommel)函数(见附录),以下同]

353. $$\int_0^\infty x^\mu \mathrm{J}_\nu(ax)\mathrm{d}x = 2^\mu a^{-\mu-1}\frac{\Gamma\left(\frac{1}{2}+\frac{\nu}{2}+\frac{\mu}{2}\right)}{\Gamma\left(\frac{1}{2}+\frac{\nu}{2}-\frac{\mu}{2}\right)}$$

$\left(a>0, -\operatorname{Re}\nu-1<\operatorname{Re}\mu<\frac{1}{2}\right)$

354. $\int_0^\infty x^\mu \mathrm{N}_\nu(ax)\mathrm{d}x = 2^\mu \cot\frac{(1+\nu-\mu)\pi}{2}\cdot a^{-\mu-1}\cdot\frac{\Gamma\left(\frac{1}{2}+\frac{\nu}{2}+\frac{\mu}{2}\right)}{\Gamma\left(\frac{1}{2}+\frac{\nu}{2}-\frac{\mu}{2}\right)}$

$\left(a>0, |\operatorname{Re}\nu|-1<\mu<\frac{1}{2}\right)$

355. $\int_0^\infty x^\mu \mathrm{K}_\nu(ax)\mathrm{d}x = 2^{\mu-1}a^{-\mu-1}\Gamma\left(\frac{\mu+\nu+1}{2}\right)\Gamma\left(\frac{\mu-\nu+1}{2}\right)$

$[\operatorname{Re}a>0, \operatorname{Re}(\mu+1\pm\nu)>0]$

356. $\int_0^\infty \frac{\mathrm{J}_\nu(ax)}{x^{\nu-\mu}}\mathrm{d}x = \frac{\Gamma\left(\frac{\mu}{2}+\frac{1}{2}\right)}{2^{\nu-\mu}a^{\mu-\nu+1}\Gamma\left(\nu-\frac{\mu}{2}+\frac{1}{2}\right)}\quad\left(-1<\operatorname{Re}\mu<\operatorname{Re}\nu-\frac{1}{2}\right)$

357. $\int_0^\infty \frac{\mathrm{N}_\nu(ax)}{x^{\nu-\mu}}\mathrm{d}x = \frac{\Gamma\left(\frac{1}{2}+\frac{\mu}{2}\right)\Gamma\left(\frac{1}{2}+\frac{\mu}{2}-\nu\right)\sin\left(\frac{\mu}{2}-\nu\right)\pi}{2^{\nu-\mu}\pi}$

$\left[|\operatorname{Re}\nu|<\operatorname{Re}(1+\mu-\nu)<\frac{3}{2}\right]$

358. $\int_0^\infty \frac{x^\nu \mathrm{J}_\nu(ax)}{x+b}\mathrm{d}x = \frac{\pi b^\nu}{2\cos\nu\pi}[\mathbf{H}_{-\nu}(ab)-\mathrm{N}_{-\nu}(ab)]$

$\left(a>0, -\frac{1}{2}<\operatorname{Re}\nu<\frac{3}{2}, |\arg b|<\pi\right)$ [3]

359. $\int_0^\infty \frac{x^\mu \mathrm{N}_\nu(bx)}{x+a}\mathrm{d}x$

$= \frac{(2a)^\mu}{\pi}\left[\sin\frac{(\mu-\nu)\pi}{2}\Gamma\left(\frac{\mu+\nu+1}{2}\right)\Gamma\left(\frac{\mu-\nu+1}{2}\right)\mathrm{S}_{-\mu,\nu}(ab)\right.$

$\left.-2\cos\frac{(\mu-\nu)\pi}{2}\Gamma\left(\frac{\mu}{2}+\frac{\nu}{2}+1\right)\Gamma\left(\frac{\mu}{2}-\frac{\nu}{2}+1\right)\mathrm{S}_{-\mu-1,\nu}(ab)\right]$

$\left[b>0, |\arg a|<\pi, \operatorname{Re}(\mu\pm\nu)>-1, \operatorname{Re}\mu<\frac{3}{2}\right]$ [3]

360. $\int_0^\infty \frac{x^\mu \mathrm{K}_\nu(bx)}{x+a}\mathrm{d}x$

$= 2^{\mu-2}b^{-\mu}\Gamma\left(\frac{\mu+\nu}{2}\right)\Gamma\left(\frac{\mu-\nu}{2}\right)\cdot {}_1\mathrm{F}_2\left(1;1-\frac{\mu+\nu}{2},1-\frac{\mu-\nu}{2};\frac{a^2b^2}{4}\right)$

$-2^{\mu-3}ab^{1-\mu}\Gamma\left(\frac{\mu-\nu-1}{2}\right)\Gamma\left(\frac{\mu+\nu-1}{2}\right)$

$\cdot {}_1\mathrm{F}_2\left(1;\frac{3-\mu-\nu}{2},\frac{3-\mu+\nu}{2};\frac{a^2b^2}{4}\right)$

$$-\pi a^{\mu}\csc[(\mu-\nu)\pi]\{K_{\nu}(ab)+\pi\cos\mu\pi\csc[(\mu+\nu)\pi]I_{\nu}(ab)\}$$

$[\operatorname{Re} b>0, |\arg a|<\pi, \operatorname{Re}\mu>|\operatorname{Re}\nu|-1]$ [3]

[这里,${}_1F_2$为广义超几何函数(见附录),以下同]

361. $$\int_0^{\infty}\frac{x^{\nu+1}J_{\nu}(bx)}{\sqrt{x^2+a^2}}dx=\sqrt{\frac{2}{\pi b}}a^{\nu+\frac{1}{2}}K_{\nu+\frac{1}{2}}(ab)$$

$\left(\operatorname{Re} a>0, b>0, -1<\operatorname{Re}\nu<\frac{1}{2}\right)$

362. $$\int_0^{\infty}\frac{x^{1-\nu}J_{\nu}(bx)}{\sqrt{x^2+a^2}}dx=\sqrt{\frac{\pi}{2b}}a^{\frac{1}{2}-\nu}\left[I_{\nu-\frac{1}{2}}(ab)-\mathbf{L}_{\nu-\frac{1}{2}}(ab)\right]$$

$\left(\operatorname{Re} a>0, b>0, \operatorname{Re}\nu>-\frac{1}{2}\right)$

363. $$\int_0^{\infty}x^{-\nu}(x^2+a^2)^{-\nu-\frac{1}{2}}J_{\nu}(bx)dx=2^{\nu}a^{-2\nu}b^{\nu}\frac{\Gamma(\nu+1)}{\Gamma(2\nu+1)}I_{\nu}\left(\frac{ab}{2}\right)K_{\nu}\left(\frac{ab}{2}\right)$$

$\left(\operatorname{Re} a>0, b>0, \operatorname{Re}\nu>-\frac{1}{2}\right)$

364. $$\int_0^{\infty}x^{\nu+1}(x^2+a^2)^{-\nu-\frac{1}{2}}J_{\nu}(bx)dx=\frac{\sqrt{\pi}b^{\nu-1}}{2^{\nu}e^{ab}\Gamma\left(\nu+\frac{1}{2}\right)}$$

$\left(\operatorname{Re} a>0, b>0, \operatorname{Re}\nu>-\frac{1}{2}\right)$

365. $$\int_0^{\infty}x^{\nu+1}(x^2+a^2)^{-\nu-\frac{3}{2}}J_{\nu}(bx)dx=\frac{\sqrt{\pi}b^{\nu}}{2^{\nu+1}ae^{ab}\Gamma\left(\nu+\frac{3}{2}\right)}$$

$(\operatorname{Re} a>0, b>0, \operatorname{Re}\nu>-1)$

366. $$\int_0^{\infty}x^{\nu+1}(x^2+a^2)^{\mu}N_{\nu}(bx)dx$$

$$=\frac{2^{\nu-1}a^{2\mu+2}}{b^{\nu}(\mu+1)\pi}\Gamma(\nu)\cdot{}_1F_2\left(1;1-\nu,2+\mu;\frac{a^2b^2}{4}\right)$$

$$-\frac{2^{\mu}a^{\mu+\nu+1}}{b^{\mu+1}\sin\nu\pi}\Gamma(\mu+1)\left[I_{\mu+\nu+1}(ab)-2\cos\mu\pi\, K_{\mu+\nu+1}(ab)\right]$$

$(\operatorname{Re} a>0, b>0, -1<\operatorname{Re}\nu<-2\operatorname{Re}\mu)$

367. $$\int_0^{\infty}x^{\nu+1}(x^2+a^2)^{\mu}K_{\nu}(bx)dx=\frac{2^{\nu}a^{\mu+\nu+1}}{b^{\mu+1}}\Gamma(\nu+1)S_{\mu-\nu,\mu+\nu+1}(ab)$$

$(\operatorname{Re} a>0, \operatorname{Re} b>0, \operatorname{Re}\nu>-1)$

368. $$\int_0^{\infty}\frac{x^{\nu+1}J_{\nu}(bx)}{(x^2+a^2)^{\mu+1}}dx=\frac{a^{\nu-\mu}b^{\mu}}{2^{\mu}\Gamma(\mu+1)}K_{\nu-\mu}(ab)$$

$\left[a>0, b>0, -1<\operatorname{Re}\nu<\operatorname{Re}\left(2\mu+\frac{3}{2}\right)\right]$

369. $\int_0^\infty \frac{x^{\nu+1}\mathrm{J}_\nu(ax)}{x^2+b^2}\mathrm{d}x = b^\nu \mathrm{K}_\nu(ab) \quad \left(a>0, \operatorname{Re} b>0, -1<\operatorname{Re}\nu<\frac{3}{2}\right)$

370. $\int_0^\infty \frac{x^{-\nu}\mathrm{J}_\nu(ax)}{x^2+b^2}\mathrm{d}x = \frac{\pi}{2b^{\nu+1}}[\mathrm{I}_\nu(ab)-\mathbf{L}_\nu(ab)]$

$\left(a>0, \operatorname{Re} b>0, \operatorname{Re}\nu>-\frac{5}{2}\right)$ [3]

371. $\int_0^\infty \frac{x^{\nu}\mathrm{K}_\nu(ax)}{x^2+b^2}\mathrm{d}x = \frac{\pi^2 b^{\nu-1}}{4\cos\nu\pi}[\mathbf{H}_{-\nu}(ab)-\mathrm{N}_{-\nu}(ab)]$

$\left(a>0, \operatorname{Re} b>0, \operatorname{Re}\nu>-\frac{1}{2}\right)$ [3]

372. $\int_0^\infty \frac{x^{-\nu}\mathrm{K}_\nu(ax)}{x^2+b^2}\mathrm{d}x = \frac{\pi^2}{4b^{\nu+1}\cos\nu\pi}[\mathbf{H}_\nu(ab)-\mathrm{N}_\nu(ab)]$

$\left(a>0, \operatorname{Re} b>0, \operatorname{Re}\nu<\frac{1}{2}\right)$ [3]

373. $\int_0^1 x^{\nu+1}(1-x^2)^\mu \mathrm{J}_\nu(bx)\mathrm{d}x = \frac{2^\mu}{b^{\mu+1}}\Gamma(\mu+1)\mathrm{J}_{\mu+\nu+1}(b)$

$(b>0, \operatorname{Re}\mu>-1, \operatorname{Re}\nu>-1)$ [3]

374. $\int_0^1 x^{\nu+1}(1-x^2)^\mu \mathrm{N}_\nu(bx)\mathrm{d}x$

$$= \frac{1}{b^{\mu+1}}\left[2^\mu\Gamma(\mu+1)\mathrm{N}_{\mu+\nu+1}(b) + \frac{2^{\nu+1}}{\pi}\Gamma(\nu+1)\mathrm{S}_{\mu-\nu,\mu+\nu+1}(b)\right]$$

$(b>0, \operatorname{Re}\mu>-1, \operatorname{Re}\nu>-1)$ [3]

375. $\int_0^1 x^{1-\nu}(1-x^2)^\mu \mathrm{J}_\nu(bx)\mathrm{d}x = \frac{2^{1-\nu}\mathrm{S}_{\mu+\nu,\mu-\nu+1}(b)}{b^{\mu+1}\Gamma(\nu)} \quad (b>0, \operatorname{Re}\mu>-1)$ [3]

376. $\int_0^1 x^{1-\nu}(1-x^2)^\mu \mathrm{N}_\nu(bx)\mathrm{d}x$

$$= \frac{1}{b^{\mu+1}}\left[\frac{2^{1-\nu}}{\pi}\cos\nu\pi\Gamma(1-\nu)\mathrm{S}_{\mu+\nu,\mu-\nu+1}(b) - 2^\mu\csc\nu\pi\,\Gamma(\mu+1)\mathrm{J}_{\mu-\nu+1}(b)\right]$$

$(b>0, \operatorname{Re}\mu>-1, \operatorname{Re}\nu<1)$ [3]

377. $\int_0^1 x^{1-\nu}(1-x^2)^\mu \mathrm{K}_\nu(bx)\mathrm{d}x = \frac{b^\nu}{2^{\nu+2}(\mu+1)}\Gamma(-\nu)\cdot{}_1\mathrm{F}_2\left(1;\nu+1,\mu+2;\frac{b^2}{4}\right)$

$$+\frac{2^{\mu-1}\pi}{b^{\mu+1}}\csc\nu\pi\,\Gamma(\mu+1)\mathrm{I}_{\mu-\nu+2}(b)$$

$(\operatorname{Re}\mu>-1, \operatorname{Re}\nu<1)$ [3]

378. $\int_0^1 \frac{x^{1-\nu}\mathrm{J}_\nu(bx)}{\sqrt{1-x^2}}\mathrm{d}x = \sqrt{\frac{\pi}{2b}}\mathbf{H}_{\nu-\frac{1}{2}}(b) \quad (b>0)$ [3]

379. $\int_0^1 \frac{x^{1+\nu}\mathrm{N}_\nu(bx)}{\sqrt{1-x^2}}\mathrm{d}x = \sqrt{\frac{\pi}{2b}}\csc\nu\pi\,[\cos\nu\pi\,\mathrm{J}_{\nu+\frac{1}{2}}(b) - \mathbf{H}_{-\nu-\frac{1}{2}}(b)]$

$(b>0, \mathrm{Re}\,\nu>-1)$ [3]

380. $\int_0^1 \frac{x^{1-\nu}\mathrm{N}_\nu(bx)}{\sqrt{1-x^2}}\mathrm{d}x = \sqrt{\frac{\pi}{2b}}\{\cot\nu\pi\,[\mathbf{H}_{\nu-\frac{1}{2}}(b)-\mathrm{N}_{\nu-\frac{1}{2}}(b)]-\mathrm{J}_{\nu-\frac{1}{2}}(b)\}$

$(b>0, \mathrm{Re}\,\nu<1)$ [3]

381. $\int_0^1 x^\nu(1-x^2)^{\nu-\frac{1}{2}}\mathrm{J}_\nu(bx)\mathrm{d}x = 2^{\nu-1}\sqrt{\pi}b^{-\nu}\Gamma\left(\nu+\frac{1}{2}\right)\left[\mathrm{J}_\nu\left(\frac{b}{2}\right)\right]^2$

$\left(b>0, \mathrm{Re}\,\nu>-\frac{1}{2}\right)$

382. $\int_0^1 x^\nu(1-x^2)^{\nu-\frac{1}{2}}\mathrm{N}_\nu(bx)\mathrm{d}x = 2^{\nu-1}\sqrt{\pi}b^{-\nu}\Gamma\left(\nu+\frac{1}{2}\right)\mathrm{J}_\nu\left(\frac{b}{2}\right)\mathrm{N}_\nu\left(\frac{b}{2}\right)$

383. $\int_0^1 x^\nu(1-x^2)^{\nu-\frac{1}{2}}\mathrm{I}_\nu(bx)\mathrm{d}x = 2^{-\nu-1}\sqrt{\pi}b^{-\nu}\Gamma\left(\nu+\frac{1}{2}\right)\left[\mathrm{I}_\nu\left(\frac{b}{2}\right)\right]^2$

384. $\int_0^1 x^\nu(1-x^2)^{\nu-\frac{1}{2}}\mathrm{K}_\nu(bx)\mathrm{d}x = 2^{\nu-1}\sqrt{\pi}b^{-\nu}\Gamma\left(\nu+\frac{1}{2}\right)\mathrm{I}_\nu\left(\frac{b}{2}\right)\mathrm{K}_\nu\left(\frac{b}{2}\right)$

$\left(\mathrm{Re}\,\nu>-\frac{1}{2}\right)$

385. $\int_1^\infty x^{-\nu}(x^2-1)^{-\nu-\frac{1}{2}}\mathrm{J}_\nu(bx)\mathrm{d}x = -2^{-\nu-1}\sqrt{\pi}b^\nu\Gamma\left(\frac{1}{2}-\nu\right)\mathrm{J}_\nu\left(\frac{b}{2}\right)\mathrm{N}_\nu\left(\frac{b}{2}\right)$

$\left(b>0, |\mathrm{Re}\,\nu|<\frac{1}{2}\right)$

386. $\int_0^1 x^{\nu+1}(1-x^2)^{-\nu-\frac{1}{2}}\mathrm{J}_\nu(bx)\mathrm{d}x = \frac{2^{-\nu}b^{\nu-1}}{\sqrt{\pi}}\Gamma\left(\frac{1}{2}-\nu\right)\sin b$

$\left(b>0, |\mathrm{Re}\,\nu|<\frac{1}{2}\right)$

387. $\int_1^\infty x^{-\nu+1}(x^2-1)^{\nu-\frac{1}{2}}\mathrm{J}_\nu(bx)\mathrm{d}x = \frac{2^{-\nu}b^{-\nu-1}}{\sqrt{\pi}}\Gamma\left(\frac{1}{2}+\nu\right)\cos b$

$\left(b>0, |\mathrm{Re}\,\nu|<\frac{1}{2}\right)$

388. $\int_1^\infty x^\nu(x^2-1)^{\nu-\frac{1}{2}}\mathrm{N}_\nu(bx)\mathrm{d}x$

$= 2^{\nu-2}\sqrt{\pi}b^{-\nu}\Gamma\left(\nu+\frac{1}{2}\right)\left[\mathrm{J}_\nu\left(\frac{b}{2}\right)\mathrm{J}_{-\nu}\left(\frac{b}{2}\right)-\mathrm{N}_\nu\left(\frac{b}{2}\right)\mathrm{N}_{-\nu}\left(\frac{b}{2}\right)\right]$

$\left(b>0, |\mathrm{Re}\,\nu|<\frac{1}{2}\right)$

389. $\int_1^\infty x^\nu(x^2-1)^{\nu-\frac{1}{2}}\mathrm{K}_\nu(bx)\mathrm{d}x = \frac{2^{\nu-1}b^{-\nu}}{\sqrt{\pi}}\Gamma\left(\nu+\frac{1}{2}\right)\left[\mathrm{K}_\nu\left(\frac{b}{2}\right)\right]^2$

$\left(\mathrm{Re}\,b>0, \mathrm{Re}\,\nu>-\frac{1}{2}\right)$

390. $\int_0^\infty \frac{x^\nu N_\nu(bx)}{x^2-a^2}dx = \frac{\pi}{2}a^{\nu-1}J_\nu(ab)\quad \left(a>,b>0,-\frac{1}{2}<\mathrm{Re}\,\nu<\frac{5}{2}\right)$

391. $\int_0^\infty \frac{x^\mu N_\nu(bx)}{x^2-a^2}dx$

$$=\frac{\pi}{2}a^{\mu-1}J_\nu(ab)+\frac{2^\mu a^{\mu-1}}{\pi}\cos\frac{(\mu-\nu+1)\pi}{2}\Gamma\left(\frac{\mu-\nu+1}{2}\right)\Gamma\left(\frac{\mu+\nu+1}{2}\right)S_{-\mu,\nu}(ab)$$

$\left(a>,b>0,\ |\mathrm{Re}\,\nu|-1<\mathrm{Re}\,\mu<\frac{5}{2}\right)$　　[3]

392. $\int_0^\infty J_\nu(\alpha t)J_\mu(\alpha t)t^{-\lambda}dt$

$$=\frac{\alpha^{\lambda-1}\Gamma(\lambda)\Gamma\left(\frac{\nu+\mu-\lambda+1}{2}\right)}{2^\lambda\Gamma\left(\frac{-\nu+\mu+\lambda+1}{2}\right)\Gamma\left(\frac{\nu+\mu+\lambda+1}{2}\right)\Gamma\left(\frac{\nu-\mu+\lambda+1}{2}\right)}$$

$[\mathrm{Re}\,(\nu+\mu+1)>\mathrm{Re}\,\lambda>0,\alpha>0]$　　[3]

393. $\int_0^\infty J_\nu(\alpha t)J_\mu(\beta t)t^{-\lambda}dt=\frac{\alpha^\nu\Gamma\left(\frac{\nu+\mu-\lambda+1}{2}\right)}{2^\lambda\beta^{\nu-\lambda+1}\Gamma\left(\frac{-\nu+\mu+\lambda+1}{2}\right)\Gamma(\nu+1)}$

$$\cdot F\left(\frac{\nu+\mu-\lambda+1}{2},\frac{\nu-\mu-\lambda+1}{2};\nu+1;\frac{\alpha^2}{\beta^2}\right)$$

$[\mathrm{Re}\,(\nu+\mu-\lambda+1)>0,\mathrm{Re}\,\lambda>-1,0<\alpha<\beta]$　　[3]

394. $\int_0^\infty J_{\nu+1}(\alpha t)J_\mu(\beta t)t^{\mu-\nu}dt$

$$=\begin{cases}\dfrac{(\alpha^2-\beta^2)^{\nu-\mu}\beta^\mu}{2^{\nu-\mu}\alpha^{\nu+1}\Gamma(\nu-\mu+1)} & [\alpha\geqslant\beta,\mathrm{Re}\,\mu>\mathrm{Re}\,(\nu+1)>0]\\ 0 & (\alpha<\beta)\end{cases}$$　　[3]

395. $\int_0^\infty \frac{J_\nu(x)J_\mu(x)}{x^{\nu+\mu}}dx=\frac{\sqrt{\pi}\Gamma(\nu+\mu)}{2^{\nu+\mu}\Gamma\left(\nu+\mu+\frac{1}{2}\right)\Gamma\left(\nu+\frac{1}{2}\right)\Gamma\left(\mu+\frac{1}{2}\right)}$

$[\mathrm{Re}\,(\nu+\mu)>0]$　　[3]

396. $\int_0^\infty x^{\mu-\nu+1}J_\mu(x)K_\nu(x)dx=\frac{1}{2}\Gamma(\mu-\nu+1)$

$[\mathrm{Re}\,\mu>-1,\mathrm{Re}\,(\mu-\nu)>-1]$

397. $\int_0^\infty x^{-\lambda}J_\nu(ax)J_\nu(bx)dx=\frac{a^\nu b^\nu\Gamma\left(\nu+\frac{1-\lambda}{2}\right)}{2^\lambda(a+b)^{2\nu-\lambda+1}\Gamma(\nu+1)\Gamma\left(\frac{1+\lambda}{2}\right)}$

$$\cdot F\left[\nu+\frac{1-\lambda}{2},\nu+\frac{1}{2};2\nu+1;\frac{4ab}{(a+b)^2}\right]$$

$(a>0, b>0, 2\operatorname{Re}\nu+1>\operatorname{Re}\lambda>-1)$ [3]

398. $\int_0^\infty x^{-\lambda}\mathrm{N}_\mu(ax)\mathrm{J}_\nu(bx)\mathrm{d}x=\frac{2}{\pi}\sin\frac{(\nu-\mu-\lambda)\pi}{2}\int_0^\infty x^{-\lambda}\mathrm{K}_\mu(ax)\mathrm{I}_\nu(bx)\mathrm{d}x$

$[a>b, \operatorname{Re}\lambda>-1, \operatorname{Re}(\nu-\lambda+1\pm\mu)>0]$

399. $\int_0^\infty x^{-\lambda}\mathrm{K}_\mu(ax)\mathrm{J}_\nu(bx)\mathrm{d}x=\frac{b^\nu\Gamma\left(\frac{\nu+\mu-\lambda+1}{2}\right)\Gamma\left(\frac{\nu-\mu-\lambda+1}{2}\right)}{2^{\lambda+1}a^{\nu-\lambda+1}\Gamma(\nu+1)}$

$\cdot\mathrm{F}\left(\frac{\nu+\mu-\lambda+1}{2},\frac{\nu-\mu-\lambda+1}{2};\nu+1;-\frac{b^2}{a^2}\right)$

$[\operatorname{Re}(a\pm ib)>0, \operatorname{Re}(\nu-\lambda+1)>|\operatorname{Re}\mu|]$ [3]

400. $\int_0^\infty x^{-\lambda}\mathrm{K}_\mu(ax)\mathrm{I}_\nu(bx)\mathrm{d}x=\frac{2^{-\lambda-1}a^{\lambda-\nu-1}b^\nu}{\Gamma(\nu+1)}\Gamma\left(\frac{1-\lambda+\mu+\nu}{2}\right)\Gamma\left(\frac{1-\lambda-\mu+\nu}{2}\right)$

$\cdot\mathrm{F}\left(\frac{1-\lambda+\mu+\nu}{2},\frac{1-\lambda-\mu+\nu}{2};\nu+1;\frac{b^2}{a^2}\right)$

$[a>b, \operatorname{Re}(\nu-\lambda+1\pm\mu)>0]$ [3]

401. $\int_0^\infty x^{-\lambda}\mathrm{K}_\mu(ax)\mathrm{K}_\nu(bx)\mathrm{d}x=\frac{2^{-\lambda-2}a^{-\nu+\lambda-1}b^\nu}{\Gamma(1-\lambda)}\Gamma\left(\frac{1-\lambda+\mu+\nu}{2}\right)\Gamma\left(\frac{1-\lambda-\mu+\nu}{2}\right)$

$\cdot\Gamma\left(\frac{1-\lambda+\mu-\nu}{2}\right)\Gamma\left(\frac{1-\lambda-\mu-\nu}{2}\right)$

$\cdot\mathrm{F}\left(\frac{1-\lambda+\mu+\nu}{2},\frac{1-\lambda-\mu+\nu}{2};1-\lambda;1-\frac{b^2}{a^2}\right)$

$[\operatorname{Re}(a+b)>0, \operatorname{Re}\lambda<1-|\operatorname{Re}\mu|-|\operatorname{Re}\nu|]$ [3]

402. $\int_0^\infty x^{\mu+\nu+1}\mathrm{J}_\mu(ax)\mathrm{K}_\nu(bx)\mathrm{d}x=\frac{2^{\mu+\nu}a^\mu b^\nu}{(a^2+b^2)^{\mu+\nu+1}}\Gamma(\mu+\nu+1)$

$(\operatorname{Re}\mu>|\operatorname{Re}\nu|-1, \operatorname{Re}b>|\operatorname{Im}a|)$

403. $\int_0^\infty \frac{x^{\nu-\mu+1+2n}\mathrm{J}_\mu(ax)\mathrm{J}_\nu(bx)}{x^2+c^2}\mathrm{d}x=(-1)^n c^{\nu-\mu+2n}\mathrm{I}_\mu(ac)\mathrm{K}_\nu(bc)$

$(a>0, b>a, \operatorname{Re}c>0, \operatorname{Re}\mu-2n+2>\operatorname{Re}\nu>-n-1, n\geqslant 0$, n 为整数)

404. $\int_0^\infty \frac{x^{\mu-\nu+1+2n}\mathrm{J}_\mu(ax)\mathrm{J}_\nu(bx)}{x^2+c^2}\mathrm{d}x=(-1)^n c^{\mu-\nu+2n}\mathrm{I}_\nu(bc)\mathrm{K}_\mu(ac)$

$(b>0, a>b, \operatorname{Re}\nu-2n+2>\operatorname{Re}\mu>-n-1, n\geqslant 0$, n 为整数)

405. $\int_0^\infty x^{q-1}\mathrm{J}_\lambda(ax)\mathrm{J}_\mu(bx)\mathrm{J}_\nu(cx)\mathrm{d}x$

$$=\frac{2^{q-1}a^\lambda b^\mu c^{-\lambda-\mu-q}\Gamma\left(\frac{\lambda+\mu+\nu+q}{2}\right)}{\Gamma(\lambda+1)\Gamma(\mu+1)\Gamma\left(1-\frac{\lambda+\mu-\nu+q}{2}\right)}$$

$$\cdot\mathrm{F}_4\left(\frac{\lambda+\mu-\nu+q}{2},\frac{\lambda+\mu+\nu+q}{2};\lambda+1,\mu+1;\frac{a^2}{c^2},\frac{b^2}{c^2}\right)$$

$$\left[a>0,b>0,c>0,c>a+b,\text{Re}\,(\lambda+\mu+\nu+q)>0,\text{Re}\,q<\frac{5}{2}\right] \qquad [3]$$

406. $\int_0^\infty x^{q-1}\mathrm{J}_\lambda(ax)\mathrm{J}_\mu(bx)\mathrm{K}_\nu(cx)\mathrm{d}x$

$$=\frac{2^{q-2}a^\lambda b^\mu c^{-\lambda-\mu-q}}{\Gamma(\lambda+1)\Gamma(\mu+1)}\Gamma\left(\frac{q+\lambda+\mu-\nu}{2}\right)\Gamma\left(\frac{q+\lambda+\mu+\nu}{2}\right)$$

$$\cdot\mathrm{F}_4\left(\frac{q+\lambda+\mu-\nu}{2},\frac{q+\lambda+\mu+\nu}{2};\lambda+1,\mu+1;-\frac{a^2}{c^2},-\frac{b^2}{c^2}\right)$$

$[\text{Re}\,(q+\lambda+\mu)>|\text{Re}\,\nu|,\text{Re}\,c>|\text{Im}\,a|+|\text{Im}\,b|]$ [3]

407. $\int_0^\infty x^{\nu+1}[\mathrm{J}_\nu(ax)]^2\mathrm{N}_\nu(bx)\mathrm{d}x$

$$=\begin{cases}0 & \left(0<b<2a,\ |\text{Re}\,\nu|<\frac{1}{2}\right)\\ \dfrac{2^{3\nu+1}a^{2\nu}b^{-\nu-1}}{\sqrt{\pi}\Gamma\left(\frac{1}{2}-\nu\right)}(b^2-4a^2)^{-\nu-\frac{1}{2}} & \left(0<2a<b,\ |\text{Re}\,\nu|<\frac{1}{2}\right)\end{cases}$$

408. $\int_0^\infty x^{1-2\nu}[\mathrm{J}_\nu(x)]^4\mathrm{d}x=\dfrac{\Gamma(\nu)\Gamma(2\nu)}{2\pi\left[\Gamma\left(\nu+\frac{1}{2}\right)\right]^2\Gamma(3\nu)}\quad(\text{Re}\,\nu>0)$

409. $\int_0^\infty x^{1-2\nu}[\mathrm{J}_\nu(ax)]^2[\mathrm{J}_\nu(bx)]^2\mathrm{d}x$

$$=\frac{a^{2\nu-1}\Gamma(\nu)}{2\pi b\Gamma\left(\nu+\frac{1}{2}\right)\Gamma\left(2\nu+\frac{1}{2}\right)}\mathrm{F}\left(\nu,\frac{1}{2}-\nu;2\nu+\frac{1}{2};\frac{a^2}{b^2}\right)$$

410. $\int_0^a x^\mu(a-x)^\nu\mathrm{J}_\mu(x)\mathrm{J}_\nu(a-x)\mathrm{d}x$

$$=\frac{a^{\mu+\nu+\frac{1}{2}}}{\sqrt{2\pi}\Gamma(\mu+\nu+1)}\Gamma\left(\mu+\frac{1}{2}\right)\Gamma\left(\nu+\frac{1}{2}\right)\mathrm{J}_{\mu+\nu+\frac{1}{2}}(a)$$

$\left(\text{Re}\,\mu>-\frac{1}{2},\text{Re}\,\nu>-\frac{1}{2}\right)$

411. $\int_0^a x^\mu(a-x)^{\nu+1}\mathrm{J}_\mu(x)\mathrm{J}_\nu(a-x)\mathrm{d}x$

$$=\frac{a^{\mu+\nu+\frac{3}{2}}}{\sqrt{2\pi}\Gamma(\mu+\nu+2)}\Gamma\left(\mu+\frac{1}{2}\right)\Gamma\left(\nu+\frac{3}{2}\right)\mathrm{J}_{\mu+\nu+\frac{1}{2}}(a)$$

$\left(\text{Re}\,\mu>-\frac{1}{2},\text{Re}\,\nu>-1\right)$

412. $\int_0^a x^\mu(a-x)^{-\mu-1}\mathrm{J}_\mu(x)\mathrm{J}_\nu(a-x)\mathrm{d}x$

$$= \frac{2^{\mu} a^{\mu}}{\sqrt{\pi}\Gamma(\mu+\nu+1)} \Gamma\left(\mu+\frac{1}{2}\right) \Gamma\left(\nu-\mu\right) \mathrm{J}_{\nu}(a)$$

$\left(\operatorname{Re}\nu > \operatorname{Re}\mu > -\frac{1}{2}\right)$

413. $\int_0^{\infty} x^{\mu-1} \mid x-b \mid^{-\mu} \mathrm{K}_{\mu}(\mid x-b \mid) \mathrm{K}_{\nu}(x) \mathrm{d}x$

$$= \frac{(2b)^{-\mu}}{\sqrt{\pi}} \Gamma\left(\frac{1}{2}-\mu\right) \Gamma\left(\mu+\nu\right) \Gamma\left(\mu-\nu\right) \mathrm{K}_{\nu}(b)$$

$\left(b > 0, \operatorname{Re}\mu < \frac{1}{2}, \operatorname{Re}\mu > \mid \operatorname{Re}\nu \mid\right)$

414. $\int_0^{\infty} x^{\mu-1}(x+b)^{-\mu} \mathrm{K}_{\mu}(x+b) \mathrm{K}_{\nu}(x) \mathrm{d}x = \frac{\sqrt{\pi}\Gamma(\mu+\nu)\Gamma(\mu-\nu)}{2^{\mu} b^{\mu} \Gamma\left(\mu+\frac{1}{2}\right)} \mathrm{K}_{\nu}(b)$

$(\mid \arg b \mid < \pi, \operatorname{Re}\mu > \mid \operatorname{Re}\nu \mid)$

Ⅱ.2.4.6 更复杂自变数的贝塞尔函数与幂函数组合的积分

415. $\int_0^1 x^{\lambda}(1-x)^{\mu-1} \mathrm{K}_{\nu}(a\sqrt{x}) \mathrm{d}x$

$$= 2^{-\nu-1} a^{-\nu} \frac{\Gamma(\nu)\Gamma(\mu)\Gamma\left(\lambda+1-\frac{\nu}{2}\right)}{\Gamma\left(\lambda+1+\mu-\frac{\nu}{2}\right)}$$

$$\cdot {}_1\mathrm{F}_2\left(\lambda+1-\frac{\nu}{2}; 1-\nu, \lambda+1+\mu-\frac{\nu}{2}; \frac{a^2}{4}\right)$$

$$+ 2^{-\nu-1} a^{\nu} \frac{\Gamma(-\nu)\Gamma(\mu)\Gamma\left(\lambda+1+\frac{\nu}{2}\right)}{\Gamma\left(\lambda+1+\mu+\frac{\nu}{2}\right)}$$

$$\cdot {}_1\mathrm{F}_2\left(\lambda+1+\frac{\nu}{2}; 1+\nu, \lambda+1+\mu+\frac{\nu}{2}; \frac{a^2}{4}\right)$$

$\left(\operatorname{Re}\lambda > -1+\frac{1}{2} \mid \operatorname{Re}\nu \mid, \operatorname{Re}\mu > 0\right)$ [3]

[这里，${}_1\mathrm{F}_2$ 为广义超几何函数(见附录)，以下同]

416. $\int_1^{\infty} x^{\lambda}(x-1)^{\mu-1} \mathrm{J}_{\nu}(a\sqrt{x}) \mathrm{d}x = 2^{2\lambda} a^{-2\lambda} \mathrm{G}_{13}^{20}\left(\frac{a^2}{4}\middle|\begin{matrix} 0 \\ -\mu, \lambda+\frac{\nu}{2}, \lambda-\frac{\nu}{2}\end{matrix}\right) \Gamma(\mu)$

$\left(a>0,0<\operatorname{Re}\mu<\frac{1}{4}-\operatorname{Re}\lambda\right)$ [3]

[这里，$G_{pq}^{mn}(x)$为迈耶(Meijer)函数(见附录)，以下同]

417. $\int_1^{\infty} x^{\lambda}(x-1)^{\mu-1}K_{\nu}(a\sqrt{x})\mathrm{d}x=2^{2\lambda-1}a^{-2\lambda}G_{13}^{30}\left(\frac{a^2}{4}\middle|\begin{matrix}0\\-\mu,\lambda+\frac{\nu}{2},\lambda-\frac{\nu}{2}\end{matrix}\right)\Gamma(\mu)$

$(\operatorname{Re}a>0,\operatorname{Re}\mu>0)$ [3]

418. $\int_0^1 x^{-\frac{1}{2}}(1-x)^{-\frac{1}{2}}J_{\nu}(a\sqrt{x})\mathrm{d}x=\pi\left[J_{\frac{\nu}{2}}\left(\frac{a}{2}\right)\right]^2 \quad (|\operatorname{Re}\nu|>-1)$

419. $\int_0^1 x^{-\frac{1}{2}}(1-x)^{-\frac{1}{2}}N_{\nu}(a\sqrt{x})\mathrm{d}x=\pi\left\{\cot\nu\pi\left[J_{\frac{\nu}{2}}\left(\frac{a}{2}\right)\right]^2-\csc\nu\pi\left[J_{-\frac{\nu}{2}}\left(\frac{a}{2}\right)\right]^2\right\}$

$(|\operatorname{Re}\nu|<1)$

420. $\int_0^1 x^{-\frac{1}{2}}(1-x)^{-\frac{1}{2}}I_{\nu}(a\sqrt{x})\mathrm{d}x=\pi\left[I_{\frac{\nu}{2}}\left(\frac{a}{2}\right)\right]^2 \quad (|\operatorname{Re}\nu|>-1)$

421. $\int_0^1 x^{-\frac{1}{2}}(1-x)^{-\frac{1}{2}}K_{\nu}(a\sqrt{x})\mathrm{d}x=\frac{\pi}{2}\sec\frac{\nu\pi}{2}\left[I_{\frac{\nu}{2}}\left(\frac{a}{2}\right)+I_{-\frac{\nu}{2}}\left(\frac{a}{2}\right)\right]K_{\frac{\nu}{2}}\left(\frac{a}{2}\right)$

$(|\operatorname{Re}\nu|<1)$

422. $\int_1^{\infty} x^{-\frac{1}{2}}(x-1)^{-\frac{1}{2}}K_{\nu}(a\sqrt{x})\mathrm{d}x=\left[K_{\frac{\nu}{2}}\left(\frac{a}{2}\right)\right]^2 \quad (\operatorname{Re}a>0)$

423. $\int_1^{\infty} x^{-\frac{\nu}{2}}(x-1)^{\mu-1}J_{-\nu}(a\sqrt{x})\mathrm{d}x=2^{\mu}a^{-\mu}\Gamma(\mu)[\cos\nu\pi\, J_{\nu-\mu}(a)-\sin\nu\pi\, N_{\nu-\mu}(a)]$

$\left(a>0,0<\operatorname{Re}\mu<\frac{1}{2}\operatorname{Re}\nu+\frac{3}{4}\right)$

424. $\int_1^{\infty} x^{-\frac{\nu}{2}}(x-1)^{\mu-1}J_{\nu}(a\sqrt{x})\mathrm{d}x=2^{\mu}a^{-\mu}\Gamma(\mu)J_{\nu-\mu}(a)$

$\left(a>0,0<\operatorname{Re}\mu<\frac{1}{2}\operatorname{Re}\nu+\frac{3}{4}\right)$

425. $\int_1^{\infty} x^{-\frac{\nu}{2}}(x-1)^{\mu-1}N_{\nu}(a\sqrt{x})\mathrm{d}x=2^{\mu}a^{-\mu}\Gamma(\mu)N_{\nu-\mu}(a)$

$\left(a>0,0<\operatorname{Re}\mu<\frac{1}{2}\operatorname{Re}\nu+\frac{3}{4}\right)$

426. $\int_1^{\infty} x^{-\frac{\nu}{2}}(x-1)^{\mu-1}H_{\nu}^{(1)}(a\sqrt{x})\mathrm{d}x=2^{\mu}a^{-\mu}\Gamma(\mu)H_{\nu-\mu}^{(1)}(a)$

$(\operatorname{Re}\mu>0,\operatorname{Im}a>0)$

427. $\int_1^{\infty} x^{-\frac{\nu}{2}}(x-1)^{\mu-1}H_{\nu}^{(2)}(a\sqrt{x})\mathrm{d}x=2^{\mu}a^{-\mu}\Gamma(\mu)H_{\nu-\mu}^{(2)}(a)$

$(\operatorname{Re}\mu>0,\operatorname{Im}a<0)$

428. $\int_1^{\infty} x^{-\frac{\nu}{2}}(x-1)^{\mu-1}K_{\nu}(a\sqrt{x})\mathrm{d}x=2^{\mu}a^{-\mu}\Gamma(\mu)K_{\nu-\mu}(a)$

$(\operatorname{Re} a>0, \operatorname{Re} \mu>0)$

429. $\int_0^1 x^{-\frac{1}{2}}(1-x)^{\mu-1} \mathrm{J}_\nu(a \sqrt{x}) \mathrm{d} x=\frac{2^{2-\nu} a^{-\mu}}{\Gamma(\mu)} s_{\mu+\nu-1, \mu-\nu}(a) \quad(\operatorname{Re} \mu>0)$ [3]

430. $$\int_0^1 x^{-\frac{1}{2}}(1-x)^{\mu-1} \mathrm{N}_\nu(a \sqrt{x}) \mathrm{d} x=\frac{2^{2-\nu} a^{-\mu}}{\Gamma(\nu)} \cot \nu \pi\, s_{\mu+\nu-1, \mu-\nu}(a) -2^\mu a^{-\mu} \csc \nu \pi \Gamma(\mu) \mathrm{J}_{\mu-\nu}(a)$$

$(\operatorname{Re} \mu>0, \operatorname{Re} \nu<1)$ [3]

431. $\int_0^{\infty} \sqrt{x} \mathrm{J}_{2 \nu-1}(a \sqrt{x}) \mathrm{J}_\nu(b x) \mathrm{d} x=\frac{1}{2} a b^{-2} \mathrm{J}_{\nu-1}\left(\frac{a^2}{4 b}\right) \quad\left(b>0, \operatorname{Re} \nu>-\frac{1}{2}\right)$

432. $$\int_0^{\infty} \sqrt{x} \mathrm{J}_{2 \nu-1}(a \sqrt{x}) \mathrm{K}_\nu(b x) \mathrm{d} x=\frac{a \pi}{4 b^2}\left[\mathrm{I}_{\nu-1}\left(\frac{a^2}{4 b}\right)-\mathbf{L}_{\nu-1}\left(\frac{a^2}{4 b}\right)\right]$$

$\left(\operatorname{Re} b>0, \operatorname{Re} \nu>-\frac{1}{2}\right)$ [3]

433. $\int_0^{\infty} \frac{\mathrm{J}_\nu\left(a \sqrt{t^2+1}\right)}{\sqrt{t^2+1}} \mathrm{d} t=-\frac{\pi}{2} \mathrm{J}_{\frac{\nu}{2}}\left(\frac{a}{2}\right) \mathrm{N}_{\frac{\nu}{2}}\left(\frac{a}{2}\right) \quad(a>0, \operatorname{Re} \nu>-1)$

434. $$\int_0^{\infty} \frac{x^{2 \mu+1} \mathrm{J}_\nu\left(a \sqrt{x^2+z^2}\right)}{\sqrt{\left(x^2+z^2\right)^\nu}} \mathrm{d} x=\frac{2^\mu \Gamma(\mu+1)}{a^{\mu+1} z^{\nu-\mu-1}} \mathrm{J}_{\nu-\mu-1}(a z)$$

$\left[a>0, \operatorname{Re}\left(\frac{\nu}{2}-\frac{1}{4}\right)>\operatorname{Re} \mu>-1\right]$

435. $\int_0^{\infty} \frac{x^{2 \mu+1} \mathrm{K}_\nu\left(a \sqrt{x^2+z^2}\right)}{\sqrt{\left(x^2+z^2\right)^\nu}} \mathrm{d} x=\frac{2^\mu \Gamma(\mu+1)}{a^{\mu+1} z^{\nu-\mu-1}} \mathrm{K}_{\nu-\mu-1}(a z) \quad(a>0, \operatorname{Re} \mu>-1)$

436. $$\int_0^{\infty} \frac{x^{\nu-1} \mathrm{J}_\mu\left(a \sqrt{x^2+z^2}\right) \mathrm{J}_\nu(b x)}{\sqrt{\left(x^2+z^2\right)^\mu}} \mathrm{d} x=\frac{2^{\nu-1} \Gamma(\nu)}{b^\nu} \cdot \frac{\mathrm{J}_\mu(a z)}{z^\mu}$$

$[0<a<b, \operatorname{Re}(\mu+2)>\operatorname{Re} \nu>0]$

437. $$\int_0^{\infty} \frac{x^{\nu+1} \mathrm{J}_\mu\left(a \sqrt{x^2+z^2}\right) \mathrm{J}_\nu(b x)}{\sqrt{\left(x^2+z^2\right)^\mu}} \mathrm{d} x=\begin{cases}0 & (0<a<b) \\ \frac{b^\nu}{a^\mu}\left(\frac{\sqrt{a^2-b^2}}{z}\right)^{\mu-\nu-1} \mathrm{J}_{\mu-\nu-1}\left(z \sqrt{a^2-b^2}\right) & \\ \quad(a>b>0, \operatorname{Re} \mu>\operatorname{Re} \nu>-1) & \end{cases}$$

438. $$\int_0^{\infty} \frac{x^{\nu+1} \mathrm{K}_\mu\left(a \sqrt{x^2+z^2}\right) \mathrm{J}_\nu(b x)}{\sqrt{\left(x^2+z^2\right)^\mu}} \mathrm{d} x=\frac{b^\nu}{a^\mu}\left(\frac{\sqrt{a^2+b^2}}{z}\right)^{\mu-\nu-1} \mathrm{K}_{\mu-\nu-1}\left(z \sqrt{a^2+b^2}\right)$$

$\left(a>0, b>0, \operatorname{Re} \nu>-1,|\arg z|<\frac{\pi}{2}\right)$ [3]

439. $\int_0^\infty \frac{x^{\nu+1}J_{\mu-1}\left(a\sqrt{x^2+z^2}\right)J_\nu(bx)}{\sqrt{(x^2+z^2)^{\mu+1}}}\mathrm{d}x=\frac{a^{\mu-1}z^\mu}{2^{\mu-1}\Gamma(\mu)}K_\nu(bz)$

$[a<b,\mathrm{Re}\,(\mu+2)>\mathrm{Re}\,\nu>-1]$ [3]

Ⅱ.2.4.7 贝塞尔函数与三角函数组合的积分

440. $$\int_0^\infty J_\nu(ax)\sin bx\,\mathrm{d}x=\begin{cases}\dfrac{\sin\left(\nu\arcsin\dfrac{b}{a}\right)}{\sqrt{a^2-b^2}} & (b<a,\mathrm{Re}\,\nu>-2)\\ \infty\text{ 或 }0 & (b=a,\mathrm{Re}\,\nu>-2)\\ \dfrac{a^\nu\cos\dfrac{\nu\pi}{2}}{\sqrt{b^2-a^2}\left(b+\sqrt{b^2-a^2}\right)^\nu} & (b>a,\mathrm{Re}\,\nu>-2)\end{cases}$$

441. $$\int_0^\infty J_\nu(ax)\cos bx\,\mathrm{d}x=\begin{cases}\dfrac{\cos\left(\nu\arcsin\dfrac{b}{a}\right)}{\sqrt{a^2-b^2}} & (b<a,\mathrm{Re}\,\nu>-1)\\ \infty\text{ 或 }0 & (b=a,\mathrm{Re}\,\nu>-1)\\ -\dfrac{a^\nu\sin\dfrac{\nu\pi}{2}}{\sqrt{b^2-a^2}\left(b+\sqrt{b^2-a^2}\right)^\nu} & (b>a,\mathrm{Re}\,\nu>-1)\end{cases}$$

442. $\int_0^\infty N_\nu(ax)\sin bx\,\mathrm{d}x$

$$=\begin{cases}\dfrac{\cot\dfrac{\nu\pi}{2}}{\sqrt{a^2-b^2}}\sin\left(\nu\arcsin\dfrac{b}{a}\right) \quad (0<b<a,\ |\mathrm{Re}\,\nu|<2)\\ \dfrac{\csc\dfrac{\nu\pi}{2}}{2\sqrt{b^2-a^2}}\left[a^{-\nu}\cos\nu\pi\left(b-\sqrt{b^2-a^2}\right)^\nu-a^\nu\left(b-\sqrt{b^2-a^2}\right)^{-\nu}\right]\\ \qquad (0<a<b,\ |\mathrm{Re}\,\nu|<2)\end{cases}$$

443. $\int_0^\infty N_\nu(ax)\cos bx\,\mathrm{d}x$

$$=\begin{cases}\dfrac{\tan\dfrac{\nu\pi}{2}}{\sqrt{a^2-b^2}}\cos\left(\nu\arcsin\dfrac{b}{a}\right) & (0<b<a,\ |\operatorname{Re}\nu|<1)\\ -\dfrac{\sin\dfrac{\nu\pi}{2}}{\sqrt{b^2-a^2}}\Big[a^{-\nu}(b-\sqrt{b^2-a^2})^{\nu}+\cot\nu\pi & \\ \quad +a^{\nu}\csc\nu\pi(b-\sqrt{b^2-a^2})^{-\nu}\Big] & (0<a<b,\ |\operatorname{Re}\nu|<1)\end{cases}$$

444. $\int_0^\infty K_\nu(ax)\sin bx\,dx=\dfrac{\pi a^{-\nu}\csc\dfrac{\nu\pi}{2}}{4\sqrt{a^2+b^2}}\left[(\sqrt{b^2+a^2}+b)^{\nu}-(\sqrt{b^2+a^2}-b)^{\nu}\right]$

$(\operatorname{Re}a>0,b>0,\ |\operatorname{Re}\nu|<2,\nu\neq 0)$

445. $\int_0^\infty K_\nu(ax)\cos bx\,dx$

$$=\frac{\pi\sec\dfrac{\nu\pi}{2}}{4\sqrt{a^2+b^2}}\left[a^{-\nu}(\sqrt{b^2+a^2}+b)^{\nu}+a^{\nu}(\sqrt{b^2+a^2}+b)^{-\nu}\right]$$

$(\operatorname{Re}a>0,b>0,\ |\operatorname{Re}\nu|<1)$

446. $\int_0^\infty J_0(ax)\sin bx\,dx=\begin{cases}0 & (0<b<a)\\ \dfrac{1}{\sqrt{b^2-a^2}} & (0<a<b)\end{cases}$

447. $\int_0^\infty J_0(ax)\cos bx\,dx=\begin{cases}\dfrac{1}{\sqrt{a^2-b^2}} & (0<b<a)\\ \infty & (a=b)\\ 0 & (0<a<b)\end{cases}$

448. $\int_0^\infty N_0(ax)\sin bx\,dx=\begin{cases}\dfrac{2}{\pi}\dfrac{1}{\sqrt{a^2-b^2}}\arcsin\dfrac{b}{a} & (0<b<a)\\ \dfrac{2}{\pi}\dfrac{1}{\sqrt{b^2-a^2}}\ln\left(\dfrac{b}{a}-\sqrt{\dfrac{b^2}{a^2}-1}\right) & (0<a<b)\end{cases}$

449. $\int_0^\infty N_0(ax)\cos bx\,dx=\begin{cases}0 & (0<b<a)\\ -\dfrac{1}{\sqrt{b^2-a^2}} & (0<a<b)\end{cases}$

450. $\int_0^\infty K_0(ax)\sin bx\,dx=\dfrac{1}{\sqrt{b^2+a^2}}\ln\left(\dfrac{b}{a}+\sqrt{\dfrac{b^2}{a^2}+1}\right)\quad (a>0,b>0)$

451. $\int_0^\infty K_0(ax)\cos bx\,dx=\dfrac{\pi}{2\sqrt{b^2+a^2}}$ ($a>0$,a 和 b 皆为实数)

452. $$\int_0^\infty J_{2n+1}(ax)\sin bx\,dx=\begin{cases}(-1)^n\dfrac{1}{\sqrt{a^2-b^2}}T_{2n+1}\left(\dfrac{b}{a}\right) & (0<b<a)\\ 0 & (0<a<b)\end{cases}$$ [3]

[这里,$T_n(x)$为第一类切比雪夫(Chebyshev)多项式(见附录),以下同]

453. $$\int_0^\infty J_{2n}(ax)\cos bx\,dx=\begin{cases}(-1)^n\dfrac{1}{\sqrt{a^2-b^2}}T_{2n}\left(\dfrac{b}{a}\right) & (0<b<a)\\ 0 & (0<a<b)\end{cases}$$ [3]

454. $$\int_0^\infty J_\nu(ax)J_\nu(bx)\sin cx\,dx=\begin{cases}0 \quad (0<a<b,0<c<b-a,\mathrm{Re}\,\nu>-1)\\ \dfrac{1}{2\sqrt{ab}}P_{\nu-\frac{1}{2}}\left(\dfrac{b^2+a^2-c^2}{2ab}\right)\\ \qquad (0<a<b,b-a<c<b+a,\mathrm{Re}\,\nu>-1)\\ -\dfrac{\cos\nu\pi}{\pi\sqrt{ab}}Q_{\nu-\frac{1}{2}}\left(-\dfrac{b^2+a^2-c^2}{2ab}\right)\\ \qquad (0<a<b,b+a<c,\mathrm{Re}\,\nu>-1)\end{cases}$$ [3]

[这里,$P_\nu(x)$和$Q_\nu(x)$分别为第一类和第二类勒让德(Legendre)函数(见附录),以下同]

455. $$\int_0^\infty J_\nu(x)J_{-\nu}(x)\cos bx\,dx=\begin{cases}\dfrac{1}{2}P_{\nu-\frac{1}{2}}\left(\dfrac{b^2}{2}-1\right) & (0<b<2)\\ 0 & (2<b)\end{cases}$$ [3]

456. $$\int_0^\infty J_0(x)N_0(x)\sin 2ax\,dx=\begin{cases}0 & (0<a<1)\\ -\dfrac{K\left(\sqrt{1-\dfrac{1}{a^2}}\right)}{\pi a} & (a>1)\end{cases}$$ [3]

[这里,$K(k)$为第一类完全椭圆积分(见附录),以下同]

457. $$\int_0^\infty K_0(ax)I_0(bx)\cos cx\,dx=\frac{1}{\sqrt{c^2+(a+b)^2}}K\left[\frac{2\sqrt{ab}}{\sqrt{c^2+(a+b)^2}}\right]$$

$(\mathrm{Re}\,a>|\mathrm{Re}\,b|,c>0)$ [3]

458. $$\int_0^\infty J_0(x)N_0(x)\cos 2ax\,dx=\begin{cases}-\dfrac{1}{\pi}K(a) & (0<a<1)\\ -\dfrac{1}{\pi a}K\left(\dfrac{1}{a}\right) & (a>1)\end{cases}$$

459. $$\int_0^\infty [N_0(x)]^2\cos 2ax\,dx=\begin{cases}\dfrac{1}{\pi}K(\sqrt{1-a^2}) & (0<a<1)\\ \dfrac{2}{\pi a}K\left(\sqrt{1-\dfrac{1}{a^2}}\right) & (a>1)\end{cases}$$

460. $\int_0^\infty \left[J_\nu(ax)\cos\frac{\nu\pi}{2} - N_\nu(ax)\sin\frac{\nu\pi}{2} \right]\sin bx\,dx$

$$= \begin{cases} 0 \quad (0 < b < a,\ |\operatorname{Re}\nu| < 2) \\ \dfrac{1}{2a^\nu\sqrt{b^2-a^2}}\left[(b+\sqrt{b^2-a^2})^\nu + (b-\sqrt{b^2-a^2})^\nu\right] \\ \qquad (0 < a < b,\ |\operatorname{Re}\nu| < 2) \end{cases}$$

461. $\int_0^\infty \left[N_\nu(ax)\cos\frac{\nu\pi}{2} + J_\nu(ax)\sin\frac{\nu\pi}{2} \right]\cos bx\,dx$

$$= \begin{cases} 0 \quad (0 < b < a,\ |\operatorname{Re}\nu| < 1) \\ -\dfrac{1}{2a^\nu\sqrt{b^2-a^2}}\left[(b+\sqrt{b^2-a^2})^\nu + (b-\sqrt{b^2-a^2})^\nu\right] \\ \qquad (0 < a < b,\ |\operatorname{Re}\nu| < 1) \end{cases}$$

462. $\int_0^a \sin(a-x)J_\nu(x)\,dx = aJ_{\nu+1}(a) - 2\nu\sum_{n=0}^{\infty}(-1)^n J_{\nu+2n+2}(a) \quad (\operatorname{Re}\nu > -1)$

463. $\int_0^a \cos(a-x)J_\nu(x)\,dx = aJ_\nu(a) - 2\nu\sum_{n=0}^{\infty}(-1)^n J_{\nu+2n+1}(a) \quad (\operatorname{Re}\nu > -1)$

464. $\int_0^a \sin(a-x)J_{2n}(x)\,dx$

$$= aJ_{2n+1}(a) + (-1)^n 2n\left[\cos a - J_0(a) - 2\sum_{m=1}^{n}(-1)^m J_{2m}(a)\right]$$

$(n = 0,1,2,\cdots)$

465. $\int_0^a \cos(a-x)J_{2n}(x)\,dx = aJ_{2n}(a) - (-1)^n 2n\left[\sin a - 2\sum_{m=0}^{n-1}(-1)^m J_{2m+1}(a)\right]$

$(n = 0,1,2,\cdots)$

466. $\int_0^a \sin(a-x)J_{2n+1}(x)\,dx$

$$= aJ_{2n+2}(a) + (-1)^n(2n+1)\left[\sin a - 2\sum_{m=0}^{n}(-1)^m J_{2m+1}(a)\right]$$

$(n = 0,1,2,\cdots)$

467. $\int_0^a \cos(a-x)J_{2n+1}(x)\,dx$

$$= aJ_{2n+1}(a) + (-1)^n(2n+1)\left[\cos a - J_0(a) - 2\sum_{m=1}^{n}(-1)^m J_{2m}(a)\right]$$

$(n = 0,1,2,\cdots)$

468. $\int_0^z \sin(z-x)J_0(x)\,dx = zJ_1(z)$

469. $\int_0^z \cos(z-x)J_0(x)\,dx = zJ_0(z)$

470. $\int_0^\infty J_\nu(a\sqrt{x})\sin bx\,dx$

$$=\frac{a\sqrt{\pi}}{4\sqrt{b^3}}\left[\cos\left(\frac{a^2}{8b}-\frac{\nu\pi}{4}\right)J_{\frac{\nu}{2}-\frac{1}{2}}\left(\frac{a^2}{8b}\right)-\sin\left(\frac{a^2}{8b}-\frac{\nu\pi}{4}\right)J_{\frac{\nu}{2}+\frac{1}{2}}\left(\frac{a^2}{8b}\right)\right]$$

$(a>0,b>0,\mathrm{Re}\,\nu>-4)$

471. $\int_0^\infty J_\nu(a\sqrt{x})\cos bx\,dx$

$$=-\frac{a\sqrt{\pi}}{4\sqrt{b^3}}\left[\sin\left(\frac{a^2}{8b}-\frac{\nu\pi}{4}\right)J_{\frac{\nu}{2}-\frac{1}{2}}\left(\frac{a^2}{8b}\right)+\cos\left(\frac{a^2}{8b}-\frac{\nu\pi}{4}\right)J_{\frac{\nu}{2}+\frac{1}{2}}\left(\frac{a^2}{8b}\right)\right]$$

$(a>0,b>0,\mathrm{Re}\,\nu>-2)$

472. $\int_0^\infty J_0(a\sqrt{x})\sin bx\,dx=\frac{1}{b}\cos\frac{a^2}{4b}\quad(a>0,b>0)$

473. $\int_0^\infty J_0(a\sqrt{x})\cos bx\,dx=\frac{1}{b}\sin\frac{a^2}{4b}\quad(a>0,b>0)$

474. $\int_0^\infty J_\nu(a\sqrt{x})J_\nu(b\sqrt{x})\sin cx\,dx=\frac{1}{c}J_\nu\left(\frac{ab}{2c}\right)\cos\left(\frac{a^2+b^2}{4c}-\frac{\nu\pi}{2}\right)$

$(a>0,b>0,c>0,\mathrm{Re}\,\nu>-2)$

475. $\int_0^\infty J_\nu(a\sqrt{x})J_\nu(b\sqrt{x})\cos cx\,dx=\frac{1}{c}J_\nu\left(\frac{ab}{2c}\right)\sin\left(\frac{a^2+b^2}{4c}-\frac{\nu\pi}{2}\right)$

$(a>0,b>0,c>0,\mathrm{Re}\,\nu>-1)$

476. $\int_0^\infty J_0(a\sqrt{x})K_0(a\sqrt{x})\sin bx\,dx=\frac{1}{2b}K_0\left(\frac{a^2}{2b}\right)\quad(\mathrm{Re}\,a>0,b>0)$

477. $\int_0^\infty J_0(\sqrt{ax})K_0(\sqrt{ax})\cos bx\,dx=\frac{\pi}{4b}\left[I_0\left(\frac{a}{2b}\right)-\mathbf{L}_0\left(\frac{a}{2b}\right)\right]$

$(\mathrm{Re}\,a>0,b>0)$

［这里，$\mathbf{L}_\nu(z)$为斯特鲁维(Struve)函数(见附录)，以下同］

478. $\int_0^\infty K_0(\sqrt{ax})N_0(\sqrt{ax})\cos bx\,dx=-\frac{1}{2b}K_0\left(\frac{a}{2b}\right)\quad(\mathrm{Re}\sqrt{a}>0,b>0)$

479. $\int_0^\infty K_0(\sqrt{ax}\,e^{\frac{1}{4}i\pi})K_0(\sqrt{ax}\,e^{-\frac{1}{4}i\pi})\cos bx\,dx=\frac{\pi^2}{8b}\left[\mathbf{H}_0\left(\frac{a}{2b}\right)-N_0\left(\frac{a}{2b}\right)\right]$

$(\mathrm{Re}\,a>0,b>0)$

［这里，$\mathbf{H}_\nu(z)$为斯特鲁维(Struve)函数(见附录)，以下同］

480. $\int_a^\infty J_0(b\sqrt{x^2-a^2})\sin cx\,dx=\begin{cases}0 & (0<c<b)\\ \dfrac{\cos(a\sqrt{c^2-b^2})}{\sqrt{c^2-b^2}} & (0<b<c)\end{cases}$

481. $\int_a^{\infty} J_0(b\sqrt{x^2-a^2})\cos cx\,dx = \begin{cases} \dfrac{\exp(-a\sqrt{b^2-c^2})}{\sqrt{b^2-c^2}} & (0<c<b) \\ -\dfrac{\sin(a\sqrt{c^2-b^2})}{\sqrt{c^2-b^2}} & (0<b<c) \end{cases}$

482. $\int_0^{\infty} J_0(b\sqrt{x^2-a^2})\cos cx\,dx = \begin{cases} \dfrac{\cosh(a\sqrt{b^2-c^2})}{\sqrt{b^2-c^2}} & (0<c<b, a>0) \\ 0 & (0<b<c, a>0) \end{cases}$ [3]

483. $\int_0^{a} J_0(b\sqrt{a^2-x^2})\cos cx\,dx = \dfrac{\sin(a\sqrt{b^2+c^2})}{\sqrt{b^2+c^2}} \quad (b>0)$

484. $\int_0^{\infty} J_0(a\sqrt{x^2+z^2})\cos bx\,dx = \begin{cases} \dfrac{\cos(z\sqrt{a^2-b^2})}{\sqrt{a^2-b^2}} & (0<b<a, z>0) \\ 0 & (0<a<b, z>0) \end{cases}$

485. $\int_0^{\infty} N_0(a\sqrt{x^2+z^2})\cos bx\,dx$

$$= \begin{cases} \dfrac{\sin(z\sqrt{a^2-b^2})}{\sqrt{a^2-b^2}} & (0<b<a, z>0) \\ -\dfrac{\exp(-z\sqrt{b^2-a^2})}{\sqrt{b^2-a^2}} & (0<a<b, z>0) \end{cases}$$

486. $\int_0^{\infty} K_0(a\sqrt{x^2+b^2})\cos cx\,dx = \dfrac{\pi}{2\sqrt{a^2+c^2}}\exp(-b\sqrt{a^2+c^2})$

$(\operatorname{Re} a>0, \operatorname{Re} b>0, c>0)$

487. $\int_0^{\infty} H_0^{(1)}(a\sqrt{b^2-x^2})\cos cx\,dx = -\mathrm{i}\,\dfrac{\exp(\mathrm{i}b\sqrt{a^2+c^2})}{\sqrt{a^2+c^2}}$

$(a>0, c>0, 0\leqslant \arg\sqrt{b^2-x^2}<\pi)$

488. $\int_0^{\infty} H_0^{(2)}(a\sqrt{b^2-x^2})\cos cx\,dx = \mathrm{i}\,\dfrac{\exp(-\mathrm{i}b\sqrt{a^2+c^2})}{\sqrt{a^2+c^2}}$

$(a>0, c>0, -\pi<\arg\sqrt{b^2-x^2}\leqslant 0)$

489. $\int_0^{\infty}\left[K_0(2\sqrt{x})+\dfrac{\pi}{2}N_0(2\sqrt{x})\right]\sin bx\,dx = \dfrac{\pi}{2b}\sin\dfrac{1}{b} \quad (b>0)$

490. $\int_0^{\frac{\pi}{2}} \cos 2\mu x\, J_{2\nu}(2a\cos x)\,dx = \dfrac{\pi}{2}J_{\nu+\mu}(a)J_{\nu-\mu}(a) \quad \left(\operatorname{Re}\nu>-\dfrac{1}{2}\right)$

491. $\int_0^{\frac{\pi}{2}} \cos 2\mu x\, N_{2\nu}(2a\cos x)\,dx$

$$= \frac{\pi}{2}\left[\cot 2\nu\pi\, J_{\nu+\mu}(a)J_{\nu-\mu}(a) - \csc 2\nu\pi\, J_{\mu-\nu}(a)J_{-\mu-\nu}(a)\right]$$

$\left(|\operatorname{Re}\nu|<\frac{1}{2}\right)$

492. $\int_0^{\frac{\pi}{2}}\cos 2\mu x\,\mathrm{I}_{2\nu}(2a\cos x)\,\mathrm{d}x=\frac{\pi}{2}\mathrm{I}_{\nu+\mu}(a)\mathrm{I}_{\nu-\mu}(a)\quad\left(\operatorname{Re}\nu>-\frac{1}{2}\right)$

493. $\int_0^{\frac{\pi}{2}}\cos\nu x\,\mathrm{K}_{\nu}(2a\cos x)\,\mathrm{d}x=\frac{\pi}{2}\mathrm{I}_0(a)\mathrm{K}_{\nu}(a)\quad(\operatorname{Re}\nu<1)$

494. $\int_0^{\pi}\cos 2nx\,\mathrm{J}_0(2z\sin x)\,\mathrm{d}x=\pi[\mathrm{J}_n(z)]^2$

495. $\int_0^{\pi}\cos 2nx\,\mathrm{J}_0(2z\cos x)\,\mathrm{d}x=(-1)^n\pi[\mathrm{J}_n(z)]^2$

496. $\int_0^{\frac{\pi}{2}}\cos 2nx\,\mathrm{N}_0(2a\sin x)\,\mathrm{d}x=\frac{\pi}{2}\mathrm{J}_n(a)\mathrm{N}_n(a)\quad(n=0,1,2,\cdots)$

497. $\int_0^{\pi}\sin 2\mu x\,\mathrm{J}_{2\nu}(2a\sin x)\,\mathrm{d}x=\pi\sin\mu\pi\,\mathrm{J}_{\nu+\mu}(a)\mathrm{J}_{\nu-\mu}(a)\quad(\operatorname{Re}\nu>-1)$

498. $\int_0^{\pi}\cos 2\mu x\,\mathrm{J}_{2\nu}(2a\sin x)\,\mathrm{d}x=\pi\cos\mu\pi\,\mathrm{J}_{\nu+\mu}(a)\mathrm{J}_{\nu-\mu}(a)\quad\left(\operatorname{Re}\nu>-\frac{1}{2}\right)$

499. $\int_0^{\frac{\pi}{2}}\cos(\nu-\mu)x\,\mathrm{J}_{\nu+\mu}(2z\cos x)\,\mathrm{d}x=\frac{\pi}{2}\mathrm{J}_{\nu}(z)\mathrm{J}_{\mu}(z)\quad[\operatorname{Re}(\nu+\mu)>-1]$

500. $\int_0^{\frac{\pi}{2}}\cos(\mu-\nu)x\,\mathrm{I}_{\nu+\mu}(2a\cos x)\,\mathrm{d}x=\frac{\pi}{2}\mathrm{I}_{\mu}(a)\mathrm{I}_{\nu}(a)\quad[\operatorname{Re}(\nu+\mu)>-1]$

501. $\int_0^{\frac{\pi}{2}}\cos(\mu-\nu)x\,\mathrm{K}_{\nu+\mu}(2a\cos x)\,\mathrm{d}x=\frac{\pi^2}{4}\csc(\mu+\nu)\pi\,[\mathrm{I}_{-\mu}(a)\mathrm{I}_{-\nu}(a)-\mathrm{I}_{\mu}(a)\mathrm{I}_{\nu}(a)]$

$[|\operatorname{Re}(\mu+\nu)|<1]$

502. $\int_0^{\frac{\pi}{2}}\cos(m+\nu)x\,\mathrm{K}_{\nu-m}(2a\cos x)\,\mathrm{d}x=(-1)^m\frac{\pi}{2}\mathrm{I}_m(a)\mathrm{K}_{\nu}(a)$

$[|\operatorname{Re}(\nu-m)|<1]$

503. $\int_0^{\frac{\pi}{2}}\mathrm{J}_{\nu-\frac{1}{2}}(x\sin t)\sin^{\nu+\frac{1}{2}}t\,\mathrm{d}t=\sqrt{\frac{\pi}{2x}}\mathrm{J}_{\nu}(x)$

$\left(\nu=0,\frac{1}{2},n,n+\frac{1}{2},\cdots;x>0,n\text{ 为自然数}\right)$

504. $\int_0^{\frac{\pi}{2}}\mathrm{J}_{\nu}(z\sin x)\sin^{\nu}x\cos^{2\nu}x\,\mathrm{d}x=2^{\nu-1}\sqrt{\pi}\Gamma\left(\nu+\frac{1}{2}\right)z^{-\nu}\left[\mathrm{J}_{\nu}\left(\frac{z}{2}\right)\right]^2$

$\left(\operatorname{Re}\nu>-\frac{1}{2}\right)$

505. $\int_0^{\frac{\pi}{2}}\mathrm{J}_{\nu}(z\sin x)\mathrm{I}_{\mu}(z\cos x)\tan^{\nu+1}x\,\mathrm{d}x=\frac{\left(\frac{z}{2}\right)^{\nu}\Gamma\left(\frac{\mu-\nu}{2}\right)}{\Gamma\left(\frac{\mu+\nu}{2}+1\right)}\mathrm{J}_{\mu}(z)$

$(\mathrm{Re}\,\nu > \mathrm{Re}\,\mu > -1)$

506. $\int_0^{\frac{\pi}{2}} \mathrm{J}_\nu(z_1 \sin x)\mathrm{J}_\mu(z_2 \cos x)\sin^{\nu+1} x \cos^{\mu+1} x\,\mathrm{d}x$

$$= \frac{z_1{}^\nu z_2{}^\mu}{\sqrt{(z_1{}^2 + z_2{}^2)^{\nu+\mu+1}}}\mathrm{J}_{\nu+\mu+1}(\sqrt{z_1{}^2 + z_2{}^2}) \quad (\mathrm{Re}\,\nu > -1, \mathrm{Re}\,\mu > -1)$$ [3]

507. $\int_0^{\frac{\pi}{2}} \mathrm{J}_\nu(z\cos^2 x)\mathrm{J}_\mu(z\sin^2 x)\sin x \cos x\,\mathrm{d}x = \frac{1}{z}\sum_{k=0}^{\infty}(-1)^k \mathrm{J}_{\nu+\mu+2k+1}(z)$

$(\mathrm{Re}\,\nu > -1, \mathrm{Re}\,\mu > -1)$

508. $\int_0^{\frac{\pi}{2}} \mathrm{J}_\mu(z\sin\theta)\sin^{1-\mu}\theta\,\mathrm{d}\theta = \sqrt{\frac{\pi}{2z}}\mathbf{H}_{\mu-\frac{1}{2}}(z)$ [3]

509. $\int_0^{\frac{\pi}{2}} \mathrm{J}_\mu(a\sin\theta)\sin^{\mu+1}\theta\cos^{2q+1}\theta\,\mathrm{d}\theta = 2^q a^{-q-1}\Gamma(q+1)\mathrm{J}_{q+\mu+1}(a)$

$(\mathrm{Re}\,q > -1, \mathrm{Re}\,\mu > -1)$

510. $\int_0^{\frac{\pi}{2}} \mathrm{J}_\nu(z\sin\theta)\sin^{\nu+1}\theta\cos^{-2\nu}\theta\,\mathrm{d}\theta = \frac{2^{-\nu}z^{\nu-1}}{\sqrt{\pi}}\Gamma\left(\frac{1}{2}-\nu\right)\sin z$

$\left(-1 < \mathrm{Re}\,\nu < \frac{1}{2}\right)$

511. $\int_0^{\frac{\pi}{2}} \mathrm{J}_\nu(z\sin^2\theta)\mathrm{J}_\nu(z\cos^2\theta)\sin^{2\nu+1}\theta\cos^{2\nu+1}\theta\,\mathrm{d}\theta = \frac{\Gamma\left(\frac{1}{2}+\nu\right)\mathrm{J}_{2\nu+\frac{1}{2}}(z)}{2^{2\nu+\frac{3}{2}}\sqrt{z}\Gamma(\nu+1)}$

$\left(\mathrm{Re}\,\nu > -\frac{1}{2}\right)$

512. $\int_0^{\frac{\pi}{2}} \mathrm{J}_\mu(z\sin^2\theta)\mathrm{J}_\nu(z\cos^2\theta)\sin^{2\mu+1}\theta\cos^{2\nu+1}\theta\,\mathrm{d}\theta = \frac{\Gamma\left(\mu+\frac{1}{2}\right)\Gamma\left(\nu+\frac{1}{2}\right)}{2\sqrt{2\pi z}\Gamma(\mu+\nu+1)}\mathrm{J}_{\mu+\nu+1}(z)$

$\left(\mathrm{Re}\,\mu > -\frac{1}{2}, \mathrm{Re}\,\nu > -\frac{1}{2}\right)$

513. $\int_0^{\pi} \sin^{2\nu} x \frac{\mathrm{J}_\nu(\sqrt{a^2+b^2-2ab\cos x})}{(\sqrt{a^2+b^2-2ab\cos x})^\nu}\mathrm{d}x = 2^\nu\sqrt{\pi}\Gamma\left(\nu+\frac{1}{2}\right)\frac{\mathrm{J}_\nu(a)\mathrm{J}_\nu(b)}{a^\nu b^\nu}$

$\left(\mathrm{Re}\,\nu > -\frac{1}{2}\right)$

514. $\int_0^{\pi} \sin^{2\nu} x \frac{\mathrm{N}_\nu(\sqrt{a^2+b^2-2ab\cos x})}{(\sqrt{a^2+b^2-2ab\cos x})^\nu}\mathrm{d}x = 2^\nu\sqrt{\pi}\Gamma\left(\nu+\frac{1}{2}\right)\frac{\mathrm{J}_\nu(a)\mathrm{J}_\nu(b)}{a^\nu b^\nu}$

$\left(|a| < |b|, \mathrm{Re}\,\nu > -\frac{1}{2}\right)$

515. $\int_0^{\infty} \sin ax^2 \mathrm{J}_\nu(bx)\mathrm{d}x = -\frac{\sqrt{\pi}}{2\sqrt{a}}\sin\left(\frac{b^2}{8a} - \frac{\nu+1}{4}\pi\right)\mathrm{J}_{\frac{\nu}{2}}\left(\frac{b^2}{8a}\right)$

$(a>0, b>0, \operatorname{Re}\nu>-3)$ [3]

516. $\int_0^\infty \cos ax^2 \mathrm{J}_\nu(bx)\mathrm{d}x = \frac{\sqrt{\pi}}{2\sqrt{a}}\cos\left(\frac{b^2}{8a}-\frac{\nu+1}{4}\pi\right)\mathrm{J}_{\frac{\nu}{2}}\left(\frac{b^2}{8a}\right)$

$(a>0, b>0, \operatorname{Re}\nu>-1)$ [3]

517. $\int_0^\infty \sin ax^2 \mathrm{N}_\nu(bx)\mathrm{d}x = -\frac{\sqrt{\pi}}{4\sqrt{a}}\sec\frac{\nu\pi}{2}\left[\cos\left(\frac{b^2}{8a}-\frac{3\nu+1}{4}\pi\right)\mathrm{J}_{\frac{\nu}{2}}\left(\frac{b^2}{8a}\right)\right.$

$\left.-\sin\left(\frac{b^2}{8a}+\frac{\nu-1}{4}\pi\right)\mathrm{N}_{\frac{\nu}{2}}\left(\frac{b^2}{8a}\right)\right]$

$(a>0, b>0, -3<\operatorname{Re}\nu<3)$ [3]

518. $\int_0^\infty \cos ax^2 \mathrm{N}_\nu(bx)\mathrm{d}x = \frac{\sqrt{\pi}}{4\sqrt{a}}\sec\frac{\nu\pi}{2}\left[\sin\left(\frac{b^2}{8a}-\frac{3\nu+1}{4}\pi\right)\mathrm{J}_{\frac{\nu}{2}}\left(\frac{b^2}{8a}\right)\right.$

$\left.+\cos\left(\frac{b^2}{8a}+\frac{\nu-1}{4}\pi\right)\mathrm{N}_{\frac{\nu}{2}}\left(\frac{b^2}{8a}\right)\right]$

$(a>0, b>0, -1<\operatorname{Re}\nu<1)$ [3]

519. $\int_0^\infty \sin ax^2 \mathrm{J}_1(bx)\mathrm{d}x = \frac{1}{b}\sin\frac{b^2}{4a} \quad (a>0, b>0)$

520. $\int_0^\infty \cos ax^2 \mathrm{J}_1(bx)\mathrm{d}x = \frac{2}{b}\sin^2\frac{b^2}{4a} \quad (a>0, b>0)$

521. $\int_0^\infty \sin^2 ax^2 \mathrm{J}_1(bx)\mathrm{d}x = \frac{1}{2b}\cos\frac{b^2}{8a} \quad (a>0, b>0)$

522. $\int_0^{\frac{\pi}{2}} \mathrm{J}_\nu(\mu z\sin t)\cos(\mu x\cos t)\mathrm{d}t$

$= \frac{\pi}{2}\mathrm{J}_{\frac{\nu}{2}}\left[\frac{\mu(\sqrt{x^2+z^2}+x)}{2}\right]\mathrm{J}_{\frac{\nu}{2}}\left[\frac{\mu(\sqrt{x^2+z^2}-x)}{2}\right]$

$(\operatorname{Re} z>0, \operatorname{Re}\nu>-1)$

523. $\int_0^{\frac{\pi}{2}} \mathrm{J}_\nu(a\sin x)\cos(b\cos x)\sin^{\nu+1}x\,\mathrm{d}x = \sqrt{\frac{\pi}{2}}a^\nu(a^2+b^2)^{-\frac{\nu}{2}-\frac{1}{4}}\mathrm{J}_{\nu+\frac{1}{2}}(\sqrt{a^2+b^2})$

$(\operatorname{Re}\nu>-1)$

524. $\int_0^{\frac{\pi}{2}} \mathrm{J}_{2\nu}(2\sqrt{z\zeta}\sin\theta)\cos[(z-\zeta)\cos\theta]\mathrm{d}\theta = \frac{\pi}{2}\mathrm{J}_\nu(z)\mathrm{J}_\nu(\zeta) \quad \left(\operatorname{Re}\nu>-\frac{1}{2}\right)$

Ⅱ.2.4.8 贝塞尔函数与三角函数和幂函数组合的积分

525. $\int_0^\infty x\,\mathrm{K}_0(ax)\sin bx\,\mathrm{d}x = \frac{b\pi}{2}(a^2+b^2)^{-\frac{3}{2}} \quad (\operatorname{Re} a>0, b>0)$

526. $\int_0^\infty \mathrm{J}_\nu(ax)\sin bx\,\frac{\mathrm{d}x}{x}=\begin{cases}\frac{1}{\nu}\sin\left(\nu\arcsin\frac{b}{a}\right) & (b\leqslant a,\operatorname{Re}\nu>-1)\\ \frac{a^\nu\sin\frac{\nu\pi}{2}}{\nu(b+\sqrt{b^2-a^2})^\nu} & (b\geqslant a,\operatorname{Re}\nu>-1)\end{cases}$

527. $\int_0^\infty \mathrm{J}_\nu(ax)\cos bx\,\frac{\mathrm{d}x}{x}=\begin{cases}\frac{1}{\nu}\cos\left(\nu\arcsin\frac{b}{a}\right) & (b\leqslant a,\operatorname{Re}\nu>0)\\ \frac{a^\nu\cos\frac{\nu\pi}{2}}{\nu(b+\sqrt{b^2-a^2})^\nu} & (b\geqslant a,\operatorname{Re}\nu>0)\end{cases}$ [3]

528. $\int_0^\infty \mathrm{N}_\nu(ax)\sin bx\,\frac{\mathrm{d}x}{x}$

$$=\begin{cases}-\frac{1}{\nu}\tan\frac{\nu\pi}{2}\sin\left(\nu\arcsin\frac{b}{a}\right) & (0<b<a,\ |\operatorname{Re}\nu|<1)\\ \frac{1}{2\nu}\sec\frac{\nu\pi}{2}\left[a^{-\nu}\cos\nu\pi(b-\sqrt{b^2-a^2})^\nu-a^\nu(b-\sqrt{b^2-a^2})^{-\nu}\right] \\ \qquad (0<a<b,\ |\operatorname{Re}\nu|<1)\end{cases}$$ [3]

529. $\int_0^\infty \mathrm{J}_\nu(ax)\sin bx\,\frac{\mathrm{d}x}{x^2}$

$$=\begin{cases}\frac{\sqrt{a^2-b^2}}{\nu^2-1}\sin\left(\nu\arcsin\frac{b}{a}\right)-\frac{b}{\nu(\nu^2-1)}\cos\left(\nu\arcsin\frac{b}{a}\right)\\ \qquad (0<b<a,\operatorname{Re}\nu>0)\\ -\frac{a^\nu(b+\nu\sqrt{b^2-a^2})}{\nu(\nu^2-1)(b+\sqrt{b^2-a^2})^\nu}\cos\frac{\nu\pi}{2} \quad (0<a<b,\operatorname{Re}\nu>0)\end{cases}$$ [3]

530. $\int_0^\infty \mathrm{J}_\nu(ax)\cos bx\,\frac{\mathrm{d}x}{x^2}$

$$=\begin{cases}\frac{a}{2\nu(\nu-1)}\cos\left[(\nu-1)\arcsin\frac{b}{a}\right]+\frac{a}{2\nu(\nu+1)}\cos\left[(\nu+1)\arcsin\frac{b}{a}\right]\\ \qquad (0<b<a,\operatorname{Re}\nu>1)\\ \frac{a^\nu\sin\frac{\nu\pi}{2}}{2\nu(\nu-1)(b+\sqrt{b^2-a^2})^{\nu-1}}-\frac{a^{\nu+2}\sin\frac{\nu\pi}{2}}{2\nu(\nu+1)(b+\sqrt{b^2-a^2})^{\nu+1}}\\ \qquad (0<a<b,\operatorname{Re}\nu>1)\end{cases}$$

[3]

531. $\int_0^\infty \mathrm{J}_0(ax)\sin x\,\frac{\mathrm{d}x}{x}=\begin{cases}\frac{\pi}{2} & (0<a<1)\\ \operatorname{arccsc}a & (a>1)\end{cases}$

532. $\int_0^\infty J_0(x)\sin bx\,\frac{dx}{x}=\begin{cases}\frac{\pi}{2} & (b>1)\\ \arcsin b & (b^2<1)\\ -\frac{\pi}{2} & (b<-1)\end{cases}$

533. $\int_0^\infty [J_0(x)-\cos ax]\frac{dx}{x}=\ln(2a)$

534. $\int_0^z J_\nu(x)\sin(z-x)\frac{dx}{x}=\frac{2}{\nu}\sum_{k=0}^\infty(-1)^k J_{\nu+2k+1}(z)\quad(\mathrm{Re}\,\nu>0)$

535. $\int_0^z J_\nu(x)\cos(z-x)\frac{dx}{x}=\frac{1}{\nu}J_\nu(z)+\frac{2}{\nu}\sum_{k=1}^\infty(-1)^k J_{\nu+2k}(z)\quad(\mathrm{Re}\,\nu>0)$

536. $\int_0^\infty \frac{\sin ax}{b^2+x^2}J_0(ux)dx=\frac{1}{b}\sinh ab\,K_0(bu)\quad(a>0,\mathrm{Re}\,b>0,u>a)$

537. $\int_0^\infty \frac{\cos ax}{b^2+x^2}J_0(ux)dx=\frac{\pi}{2b}e^{-ab}I_0(bu)\quad(a>0,\mathrm{Re}\,b>0,-a<u<a)$

538. $\int_0^\infty \frac{x}{b^2+x^2}\sin ax\,J_0(cx)dx=\frac{\pi}{2}e^{-ab}I_0(bc)\quad(a>0,\mathrm{Re}\,b>0,0<c<a)$

539. $\int_0^\infty \frac{x}{b^2+x^2}\cos ax\,J_0(cx)dx=\cosh ab\,K_0(bc)\quad(a>0,\mathrm{Re}\,b>0,c>a)$

540. $\int_0^\infty (1-\cos ax)J_0(bx)\frac{dx}{x}=\begin{cases}\operatorname{arcosh}\frac{a}{b} & (0<b<a)\\ 0 & (0<a<b)\end{cases}$

541. $\int_0^\infty \frac{\sin(x+t)}{x+t}J_0(t)dt=\frac{\pi}{2}J_0(x)\quad(x>0)$

542. $\int_0^\infty \frac{\cos(x+t)}{x+t}J_0(t)dt=-\frac{\pi}{2}N_0(x)\quad(x>0)$

543. $\int_{-\infty}^\infty \frac{|x|}{x+b}\sin[a(x+b)]J_0(cx)dx=0\quad(0\leqslant a<c)$

544. $\int_{-\infty}^\infty \frac{1}{x+b}\sin[a(x+b)][J_{n+\frac{1}{2}}(x)]^2dx=\pi[J_{n+\frac{1}{2}}(b)]^2$

$(2\leqslant a<\infty,n=0,1,2,\cdots)$

545. $\int_{-\infty}^\infty \frac{1}{x+b}\sin[a(x+b)]J_{n+\frac{1}{2}}(x)\cdot J_{-n-\frac{1}{2}}(x)dx=\pi J_{n+\frac{1}{2}}(b)\cdot J_{-n-\frac{1}{2}}(b)$

$(2\leqslant a<\infty,n=0,1,2,\cdots)$

546. $\int_{-\infty}^\infty \frac{J_\mu[a(z+x)]}{(z+x)^\mu}\cdot\frac{J_\nu[a(\zeta+x)]}{(\zeta+x)^\nu}dx$

$$=\frac{\sqrt{\frac{2\pi}{a}}\Gamma(\mu+\nu)}{\Gamma\left(\mu+\frac{1}{2}\right)\Gamma\left(\nu+\frac{1}{2}\right)}\cdot\frac{J_{\mu+\nu-\frac{1}{2}}[a(z-\zeta)]}{(z-\zeta)^{\mu+\nu+\frac{1}{2}}}\quad[\mathrm{Re}\,(\mu+\nu)>0]$$

547. $\int_0^\infty x^\lambda \mathrm{J}_\nu(ax)\sin bx\,\mathrm{d}x$

$$=\begin{cases} 2^{1+\lambda}a^{-(2+\lambda)}b\dfrac{\Gamma\left(\dfrac{2+\lambda+\nu}{2}\right)}{\Gamma\left(\dfrac{\nu-\lambda}{2}\right)}\cdot \mathrm{F}\left(\dfrac{2+\lambda+\nu}{2},\dfrac{2+\lambda-\nu}{2};\dfrac{3}{2};\dfrac{b^2}{a^2}\right) \\ \qquad \left(0<b<a,-\mathrm{Re}\,\nu-1<1+\mathrm{Re}\,\lambda<\dfrac{3}{2}\right) \\ \left(\dfrac{a}{2}\right)^\nu b^{-(\nu+\lambda+1)}\dfrac{\Gamma(\nu+\lambda+1)}{\Gamma(\nu+1)}\sin\dfrac{(1+\lambda+\nu)\pi}{2} \\ \quad \cdot \mathrm{F}\left(\dfrac{2+\lambda+\nu}{2},\dfrac{1+\lambda+\nu}{2};\nu+1;\dfrac{a^2}{b^2}\right) \\ \qquad \left(0<a<b,-\mathrm{Re}\,\nu-1<1+\mathrm{Re}\,\lambda<\dfrac{3}{2}\right) \end{cases}$$ [3]

548. $\int_0^\infty x^\lambda \mathrm{J}_\nu(ax)\cos bx\,\mathrm{d}x$

$$=\begin{cases} 2^{\lambda}a^{-(1+\lambda)}\dfrac{\Gamma\left(\dfrac{1+\lambda+\nu}{2}\right)}{\Gamma\left(\dfrac{1-\lambda+\nu}{2}\right)}\cdot \mathrm{F}\left(\dfrac{1+\lambda+\nu}{2},\dfrac{1+\lambda-\nu}{2};\dfrac{1}{2};\dfrac{b^2}{a^2}\right) \\ \qquad \left(0<b<a,-\mathrm{Re}\,\nu<1+\mathrm{Re}\,\lambda<\dfrac{3}{2}\right) \\ \left(\dfrac{a}{2}\right)^\nu b^{-(\nu+\lambda+1)}\dfrac{\Gamma(\nu+\lambda+1)}{\Gamma(\nu+1)}\cos\dfrac{(1+\lambda+\nu)\pi}{2} \\ \quad \cdot \mathrm{F}\left(\dfrac{1+\lambda+\nu}{2},\dfrac{2+\lambda+\nu}{2};\nu+1;\dfrac{a^2}{b^2}\right) \\ \qquad \left(0<a<b,-\mathrm{Re}\,\nu<1+\mathrm{Re}\,\lambda<\dfrac{3}{2}\right) \end{cases}$$ [3]

549. $$\int_0^\infty x^\lambda \mathrm{K}_\mu(ax)\sin bx\,\mathrm{d}x=\frac{2^\lambda b}{a^{2+\lambda}}\Gamma\left(\frac{2+\lambda+\mu}{2}\right)\Gamma\left(\frac{2+\lambda-\mu}{2}\right)\cdot \mathrm{F}\left(\frac{2+\lambda+\mu}{2},\frac{2+\lambda-\mu}{2};\frac{3}{2};-\frac{b^2}{a^2}\right)$$

$[\mathrm{Re}\,a>0,b>0,\mathrm{Re}\,(-\lambda\pm\mu)<2]$ [3]

550. $$\int_0^\infty x^\lambda \mathrm{K}_\mu(ax)\cos bx\,\mathrm{d}x=2^{\lambda-1}a^{-\lambda-1}\Gamma\left(\frac{1+\lambda+\mu}{2}\right)\Gamma\left(\frac{1+\lambda-\mu}{2}\right)\cdot \mathrm{F}\left(\frac{1+\lambda+\mu}{2},\frac{1+\lambda-\mu}{2};\frac{1}{2};-\frac{b^2}{a^2}\right)$$

$[\mathrm{Re}\,a>0,b>0,\mathrm{Re}\,(-\lambda\pm\mu)<1]$ [3]

551. $\int_0^\infty x^\nu \sin(ax) \mathrm{J}_\nu(bx) \mathrm{d}x$

$$=\begin{cases} \dfrac{\sqrt{\pi} 2^\nu b^\nu (a^2-b^2)^{-\nu-\frac{1}{2}}}{\Gamma\left(\frac{1}{2}-\nu\right)} & \left(0<b<a, -1<\operatorname{Re}\nu<\frac{1}{2}\right) \\ 0 & \left(0<a<b, -1<\operatorname{Re}\nu<\frac{1}{2}\right) \end{cases}$$

552. $\int_0^\infty x^\nu \cos(ax) \mathrm{J}_\nu(bx) \mathrm{d}x$

$$=\begin{cases} -\dfrac{2^\nu b^\nu}{\sqrt{\pi}}(a^2-b^2)^{-\nu-\frac{1}{2}} \Gamma\left(\frac{1}{2}+\nu\right) \sin\nu\pi & \left(0<b<a, |\operatorname{Re}\nu|<\frac{1}{2}\right) \\ \dfrac{2^\nu b^\nu}{\sqrt{\pi}}(b^2-a^2)^{-\nu-\frac{1}{2}} \Gamma\left(\frac{1}{2}+\nu\right) & \left(0<a<b, |\operatorname{Re}\nu|<\frac{1}{2}\right) \end{cases}$$

553. $\int_0^\infty x^{\nu+1} \sin(ax) \mathrm{J}_\nu(bx) \mathrm{d}x$

$$=\begin{cases} -\dfrac{2^{1+\nu}}{\sqrt{\pi}} a b^\nu (a^2-b^2)^{-\nu-\frac{3}{2}} \Gamma\left(\nu+\frac{3}{2}\right) \sin\nu\pi \\ \qquad \left(0<b<a, -\frac{3}{2}<\operatorname{Re}\nu<-\frac{1}{2}\right) \\ -\dfrac{2^{1+\nu}}{\sqrt{\pi}} a b^\nu (b^2-a^2)^{-\nu-\frac{3}{2}} \Gamma\left(\nu+\frac{3}{2}\right) \\ \qquad \left(0<a<b, -\frac{3}{2}<\operatorname{Re}\nu<-\frac{1}{2}\right) \end{cases}$$

554. $\int_0^\infty x^{\nu+1} \cos(ax) \mathrm{J}_\nu(bx) \mathrm{d}x$

$$=\begin{cases} 2^{1+\nu}\sqrt{\pi} a b^\nu \dfrac{(a^2-b^2)^{-\nu-\frac{3}{2}}}{\Gamma\left(-\frac{1}{2}-\nu\right)} & \left(0<b<a, -1<\operatorname{Re}\nu<-\frac{1}{2}\right) \\ 0 & \left(0<a<b, -1<\operatorname{Re}\nu<-\frac{1}{2}\right) \end{cases}$$

555. $\int_0^1 x^\nu \sin ax \mathrm{J}_\nu(ax) \mathrm{d}x = \frac{1}{2\nu+1}[\sin a \mathrm{J}_\nu(a) - \cos a \mathrm{J}_{\nu+1}(a)] \quad (\operatorname{Re}\nu>-1)$

556. $\int_0^1 x^\nu \cos ax \mathrm{J}_\nu(ax) \mathrm{d}x = \frac{1}{2\nu+1}[\cos a \mathrm{J}_\nu(a) + \sin a \mathrm{J}_{\nu+1}(a)] \quad \left(\operatorname{Re}\nu>-\frac{1}{2}\right)$

557. $\int_0^\infty x^\nu \mathrm{N}_{\nu-1}(ax) \sin bx \mathrm{d}x$

$$=\begin{cases}0 & \left(0<b<a,\ |\operatorname{Re}\nu|<\dfrac{1}{2}\right)\\ \dfrac{2^{\nu}\sqrt{\pi}a^{\nu-1}b}{\Gamma\left(\dfrac{1}{2}-\nu\right)}\left(b^2-a^2\right)^{-\nu-\frac{1}{2}} & \left(0<a<b,\ |\operatorname{Re}\nu|<\dfrac{1}{2}\right)\end{cases}$$

558. $\int_0^{\infty} x^{\nu}\mathrm{N}_{\nu}(ax)\cos bx\,\mathrm{d}x$

$$=\begin{cases}0 & \left(0<b<a,\ |\operatorname{Re}\nu|<\dfrac{1}{2}\right)\\ -\dfrac{2^{\nu}\sqrt{\pi}a^{\nu}}{\Gamma\left(\dfrac{1}{2}-\nu\right)}\left(b^2-a^2\right)^{-\nu-\frac{1}{2}} & \left(0<a<b,\ |\operatorname{Re}\nu|<\dfrac{1}{2}\right)\end{cases}$$

559. $\int_0^{\infty} x^{\nu+1}\mathrm{K}_{\nu}(ax)\sin bx\,\mathrm{d}x=\sqrt{\pi}(2a)^{\nu}b(a^2+b^2)^{-\nu-\frac{3}{2}}\Gamma\left(\nu+\frac{3}{2}\right)$

$\left(\operatorname{Re}a>0, b>0, \operatorname{Re}\nu>-\frac{3}{2}\right)$

560. $\int_0^{\infty} x^{\mu}\mathrm{K}_{\mu}(ax)\cos bx\,\mathrm{d}x=\frac{1}{2}\sqrt{\pi}(2a)^{\mu}b(a^2+b^2)^{-\mu-\frac{1}{2}}\Gamma\left(\mu+\frac{1}{2}\right)$

$\left(\operatorname{Re}a>0, b>0, \operatorname{Re}\mu>-\frac{1}{2}\right)$

561. $\int_0^{\infty} x^{\nu}[\mathrm{J}_{\nu}(ax)\cos ax+\mathrm{N}_{\nu}(ax)\sin ax]\sin bx\,\mathrm{d}x=\frac{\sqrt{\pi}(2a)^{\nu}}{\Gamma\left(\frac{1}{2}-\nu\right)}(b^2+2ab)^{-\nu-\frac{1}{2}}$

$\left(b>0, -1<\operatorname{Re}\nu<\frac{1}{2}\right)$

562. $\int_0^{\infty} x^{\nu}[\mathrm{N}_{\nu}(ax)\cos ax-\mathrm{J}_{\nu}(ax)\sin ax]\cos bx\,\mathrm{d}x=-\frac{\sqrt{\pi}(2a)^{\nu}}{\Gamma\left(\frac{1}{2}-\nu\right)}(b^2+2ab)^{-\nu-\frac{1}{2}}$

$\left(b>0, -1<\operatorname{Re}\nu<\frac{1}{2}\right)$

563. $\int_0^{\infty} x^{\nu}[\mathrm{J}_{\nu}(ax)\cos ax-\mathrm{N}_{\nu}(ax)\sin ax]\sin bx\,\mathrm{d}x$

$$=\begin{cases}0 & \left(0<b<2a, -1<\operatorname{Re}\nu<\dfrac{1}{2}\right)\\ \dfrac{\sqrt{\pi}(2b)^{\nu}}{\Gamma\left(\dfrac{1}{2}-\nu\right)}(b^2-2ab)^{-\nu-\frac{1}{2}} & \left(2a<b, -1<\operatorname{Re}\nu<\dfrac{1}{2}\right)\end{cases}$$

564. $\int_0^{\infty} x^{\nu}[\mathrm{J}_{\nu}(ax)\sin ax+\mathrm{N}_{\nu}(ax)\cos ax]\cos bx\,\mathrm{d}x$

$$=\begin{cases}0 & \left(0<b<2a,\ |\operatorname{Re}\nu|<\frac{1}{2}\right)\\ -\frac{\sqrt{\pi}(2b)^{\nu}}{\Gamma\left(\frac{1}{2}-\nu\right)}(b^2-2ab)^{-\nu-\frac{1}{2}} & \left(0<2a<b,\ |\operatorname{Re}\nu|<\frac{1}{2}\right)\end{cases}$$

565. $\int_0^{\infty}\sin 2ax\,[x^{\nu}J_{\nu}(x)]^2\mathrm{d}x$

$$=\begin{cases}\frac{a^{-2\nu}\Gamma\left(\frac{1}{2}+\nu\right)}{2\sqrt{\pi}\Gamma(1-\nu)}\cdot F\left(\frac{1}{2}+\nu,\frac{1}{2};1-\nu;a^2\right)\\ \qquad\left(0<a<1,\ |\operatorname{Re}\nu|<\frac{1}{2}\right)\\ \frac{a^{-4\nu-1}\Gamma\left(\frac{1}{2}+\nu\right)}{2\Gamma(1+\nu)\Gamma\left(\frac{1}{2}-2\nu\right)}\cdot F\left(\frac{1}{2}+\nu,\frac{1}{2}+2\nu;1+\nu;\frac{1}{a^2}\right)\\ \qquad\left(a>1,\ |\operatorname{Re}\nu|<\frac{1}{2}\right)\end{cases}\qquad[3]$$

566. $\int_0^{\infty}\cos 2ax\,[x^{\nu}J_{\nu}(x)]^2\mathrm{d}x$

$$=\begin{cases}\frac{a^{-2\nu}\Gamma\left(\nu\right)}{2\sqrt{\pi}\Gamma\left(\frac{1}{2}-\nu\right)}\cdot F\left(\frac{1}{2}+\nu,\frac{1}{2};1-\nu;a^2\right)\\ \quad+\frac{\Gamma(-\nu)\Gamma\left(\frac{1}{2}+2\nu\right)}{2\pi\Gamma\left(\frac{1}{2}-\nu\right)}\cdot F\left(\frac{1}{2}+\nu,\frac{1}{2}+2\nu;1+\nu;a^2\right)\\ \qquad\left(0<a<1,-\frac{1}{4}<\operatorname{Re}\nu<\frac{1}{2}\right)\\ -\frac{a^{-4\nu-1}\Gamma\left(\frac{1}{2}+2\nu\right)}{\Gamma(1+\nu)\Gamma\left(\frac{1}{2}-\nu\right)}\sin\nu\pi\cdot F\left(\frac{1}{2}+\nu,\frac{1}{2}+2\nu;1+\nu;\frac{1}{a^2}\right)\\ \qquad\left(a>1,-\frac{1}{4}<\operatorname{Re}\nu<\frac{1}{2}\right)\end{cases}\qquad[3]$$

567. $\int_0^{\infty}\frac{x^{\nu}}{x+b}\sin(x+b)J_{\nu}(x)\mathrm{d}x=\frac{\pi}{2}\sec\nu\pi\, b^{\nu}J_{-\nu}(b)$

$\left(|\arg b|<\pi,\ |\operatorname{Re}\nu|<\frac{1}{2}\right)$

568. $\int_0^{\infty} \frac{x^{\nu}}{x+b}\cos(x+b)\mathrm{J}_{\nu}(x)\mathrm{d}x = -\frac{\pi}{2}\sec\nu\pi\, b^{\nu}\mathrm{N}_{-\nu}(b)$

$\left(|\arg b| < \pi,\ |\operatorname{Re}\nu| < \frac{1}{2}\right)$

569. $\int_{-\infty}^{\infty} \frac{x^{-\nu}}{x+b}\sin[a(x+b)]\mathrm{J}_{\nu+2n}(x)\mathrm{d}x = \pi b^{-\nu}\mathrm{J}_{\nu+2n}(b)$

$\left(1 \leqslant a < \infty, n = 0,1,2,\cdots; \operatorname{Re}\nu > -\frac{3}{2}\right)$

570. $\int_0^{\infty} \frac{x^{\nu}}{x^2+b^2}\sin ax\,\mathrm{J}_{\nu}(cx)\mathrm{d}x = b^{\nu-1}\sinh ab\,\mathrm{K}_{\nu}(bc)$

$\left(0 < a \leqslant c, \operatorname{Re} b > 0, -1 < \operatorname{Re}\nu < \frac{3}{2}\right)$

571. $\int_0^{\infty} \frac{x^{\nu+1}}{x^2+b^2}\cos ax\,\mathrm{J}_{\nu}(cx)\mathrm{d}x = b^{\nu}\cosh ab\,\mathrm{K}_{\nu}(bc)$

$\left(0 < a \leqslant c, \operatorname{Re} b > 0, -1 < \operatorname{Re}\nu < \frac{1}{2}\right)$

572. $\int_0^{\infty} \sqrt{x}\mathrm{J}_{\frac{1}{4}}(a^2x^2)\sin bx\,\mathrm{d}x = 2^{-\frac{3}{2}}a^{-2}\sqrt{\pi b}\mathrm{J}_{\frac{1}{4}}\left(\frac{b^2}{4a^2}\right) \quad (b > 0)$

573. $\int_0^{\infty} \sqrt{x}\mathrm{J}_{-\frac{1}{4}}(a^2x^2)\cos bx\,\mathrm{d}x = 2^{-\frac{3}{2}}a^{-2}\sqrt{\pi b}\mathrm{J}_{-\frac{1}{4}}\left(\frac{b^2}{4a^2}\right) \quad (b > 0)$

574. $\int_0^{\infty} \sqrt{x}\mathrm{N}_{\frac{1}{4}}(a^2x^2)\sin bx\,\mathrm{d}x = -2^{-\frac{3}{2}}a^{-2}\sqrt{\pi b}\mathbf{H}_{\frac{1}{4}}\left(\frac{b^2}{4a^2}\right)$

[这里,$\mathbf{H}_{\nu}(z)$为斯特鲁维(Struve)函数(见附录),以下同]

575. $\int_0^{\infty} \sqrt{x}\mathrm{N}_{-\frac{1}{4}}(a^2x^2)\cos bx\,\mathrm{d}x = -2^{-\frac{3}{2}}a^{-2}\sqrt{\pi b}\mathbf{H}_{-\frac{1}{4}}\left(\frac{b^2}{4a^2}\right)$

576. $\int_0^{\infty} x^{\frac{\nu}{2}}\mathrm{J}_{\nu}(a\sqrt{x})\sin bx\,\mathrm{d}x = 2^{-\nu}a^{\nu}b^{-\nu-1}\cos\left(\frac{a^2}{4b} - \frac{\nu\pi}{2}\right)$

$\left(a > 0, b > 0, -2 < \operatorname{Re}\nu < \frac{1}{2}\right)$

577. $\int_0^{\infty} x^{\frac{\nu}{2}}\mathrm{J}_{\nu}(a\sqrt{x})\cos bx\,\mathrm{d}x = 2^{-\nu}a^{\nu}b^{-\nu-1}\sin\left(\frac{a^2}{4b} - \frac{\nu\pi}{2}\right)$

$\left(a > 0, b > 0, -1 < \operatorname{Re}\nu < \frac{1}{2}\right)$

578. $\int_0^{\infty} x(x^2+b^2)^{-\frac{\nu}{2}}\mathrm{J}_{\nu}(a\sqrt{x^2+b^2})\sin cx\,\mathrm{d}x$

$$=\begin{cases}\sqrt{\frac{\pi}{2}}a^{-\nu}b^{-\nu+\frac{3}{2}}c(a^2-c^2)^{\frac{\nu}{2}-\frac{3}{4}}J_{\nu-\frac{3}{2}}(b\sqrt{a^2-c^2}) \\ \qquad \left(0<c<a,\operatorname{Re}\nu>\frac{1}{2}\right) \\ 0 \quad \left(0<a<c,\operatorname{Re}\nu>\frac{1}{2}\right)\end{cases}$$

579. $\int_0^{\infty}(x^2+b^2)^{-\frac{\nu}{2}}J_\nu(a\sqrt{x^2+b^2})\cos cx\,dx$

$$=\begin{cases}\sqrt{\frac{\pi}{2}}a^{-\nu}b^{-\nu+\frac{1}{2}}(a^2-c^2)^{\frac{\nu}{2}-\frac{1}{4}}J_{\nu-\frac{1}{2}}(b\sqrt{a^2-c^2}) \\ \qquad \left(0<c<a,b>0,\operatorname{Re}\nu>-\frac{1}{2}\right) \\ 0 \quad \left(0<a<c,b>0,\operatorname{Re}\nu>-\frac{1}{2}\right)\end{cases}$$

580. $\int_0^{\infty}x(x^2+b^2)^{\frac{\nu}{2}}K_{\pm\nu}(a\sqrt{x^2+b^2})\sin cx\,dx$

$$=\sqrt{\frac{\pi}{2}}a^{\nu}b^{\nu+\frac{3}{2}}c(a^2+c^2)^{-\frac{\nu}{2}-\frac{3}{4}}K_{-\nu-\frac{3}{2}}(b\sqrt{a^2-c^2})$$

$(\operatorname{Re}a>0,\operatorname{Re}b>0,c>0)$

581. $\int_0^{\infty}(x^2+b^2)^{\mp\frac{\nu}{2}}K_\nu(a\sqrt{x^2+b^2})\cos cx\,dx$

$$=\sqrt{\frac{\pi}{2}}a^{\mp\nu}b^{\frac{1}{2}\mp\nu}(a^2+c^2)^{\pm\frac{\nu}{2}-\frac{1}{4}}K_{\pm\nu-\frac{1}{2}}(b\sqrt{a^2+c^2})$$

$(\operatorname{Re}a>0,\operatorname{Re}b>0,c>0)$

582. $\int_0^{\infty}(x^2+a^2)^{-\frac{\nu}{2}}N_\nu(b\sqrt{x^2+a^2})\cos cx\,dx$

$$=\begin{cases}\sqrt{\frac{a\pi}{2}}(ab)^{-\nu}(b^2-c^2)^{\frac{\nu}{2}-\frac{1}{4}}N_{\nu-\frac{1}{2}}(a\sqrt{b^2-c^2}) \\ \qquad \left(0<c<b,a>0,\operatorname{Re}\nu>-\frac{1}{2}\right) \\ -\sqrt{\frac{2a}{\pi}}(ab)^{-\nu}(c^2-b^2)^{\frac{\nu}{2}-\frac{1}{4}}K_{\nu-\frac{1}{2}}(a\sqrt{c^2-b^2}) \\ \qquad \left(0<b<c,a>0,\operatorname{Re}\nu>-\frac{1}{2}\right)\end{cases}$$

583. $\int_0^{a}\frac{\cos cx}{\sqrt{a^2-x^2}}J_\nu(b\sqrt{a^2-x^2})\,dx$

$$=\frac{\pi}{2}J_{\frac{\nu}{2}}\left[\frac{a}{2}(\sqrt{b^2+c^2}-c)\right]J_{\frac{\nu}{2}}\left[\frac{a}{2}(\sqrt{b^2+c^2}+c)\right]$$

$(c>0,a>0,\mathrm{Re}\,\nu>-1)$

584. $\int_a^{\infty}\frac{\sin cx}{\sqrt{x^2-a^2}}\mathrm{J}_\nu(b\sqrt{x^2-a^2})\mathrm{d}x$

$$=\frac{\pi}{2}\mathrm{J}_{\frac{\nu}{2}}\left[\frac{a}{2}(c-\sqrt{c^2+b^2})\right]\mathrm{J}_{-\frac{\nu}{2}}\left[\frac{a}{2}(c+\sqrt{c^2+b^2})\right]$$

$(0<b<c,a>0,\mathrm{Re}\,\nu>-1)$

585. $\int_a^{\infty}\frac{\cos cx}{\sqrt{x^2-a^2}}\mathrm{J}_\nu(b\sqrt{x^2-a^2})\mathrm{d}x$

$$=-\frac{\pi}{2}\mathrm{J}_{\frac{\nu}{2}}\left[\frac{a}{2}(c-\sqrt{c^2-b^2})\right]\mathrm{N}_{-\frac{\nu}{2}}\left[\frac{a}{2}(c+\sqrt{c^2-b^2})\right]$$

$(0<b<c,a>0,\mathrm{Re}\,\nu>-1)$

586. $\int_0^{a}(a^2-x^2)^{\frac{\nu}{2}}\cos x\,\mathrm{I}_\nu(\sqrt{a^2-x^2})\mathrm{d}x=\frac{\sqrt{\pi}a^{2\nu+1}}{2^{\nu+1}\Gamma\left(\nu+\frac{3}{2}\right)}$

$\left(\mathrm{Re}\,\nu>-\frac{1}{2}\right)$

587. $\int_0^{\infty}x\sin ax^2\,\mathrm{J}_\nu(bx)\mathrm{d}x$

$$=\frac{\sqrt{\pi}b}{8a^{\frac{3}{2}}}\left[\cos\left(\frac{b^2}{8a}-\frac{\nu\pi}{4}\right)\mathrm{J}_{\frac{\nu}{2}-\frac{1}{2}}\left(\frac{b^2}{8a}\right)-\sin\left(\frac{b^2}{8a}-\frac{\nu\pi}{4}\right)\mathrm{J}_{\frac{\nu}{2}+\frac{1}{2}}\left(\frac{b^2}{8a}\right)\right]$$

$(a>0,b>0,\mathrm{Re}\,\nu>-4)$

588. $\int_0^{\infty}x\cos ax^2\,\mathrm{J}_\nu(bx)\mathrm{d}x$

$$=\frac{\sqrt{\pi}b}{8a^{\frac{3}{2}}}\left[\cos\left(\frac{b^2}{8a}-\frac{\nu\pi}{4}\right)\mathrm{J}_{\frac{\nu}{2}+\frac{1}{2}}\left(\frac{b^2}{8a}\right)+\sin\left(\frac{b^2}{8a}-\frac{\nu\pi}{4}\right)\mathrm{J}_{\frac{\nu}{2}-\frac{1}{2}}\left(\frac{b^2}{8a}\right)\right]$$

$(a>0,b>0,\mathrm{Re}\,\nu>-2)$

589. $\int_0^{\infty}x\sin ax^2\,\mathrm{J}_0(bx)\mathrm{d}x=\frac{1}{2a}\cos\frac{b^2}{4a}\quad(a>0,b>0)$

590. $\int_0^{\infty}x\cos ax^2\,\mathrm{J}_0(bx)\mathrm{d}x=\frac{1}{2a}\sin\frac{b^2}{4a}\quad(a>0,b>0)$

591. $\int_0^{\infty}x^{\nu+1}\sin ax^2\,\mathrm{J}_\nu(bx)\mathrm{d}x=\frac{b^\nu}{(2a)^{\nu+1}}\cos\left(\frac{b^2}{4a}-\frac{\nu\pi}{2}\right)$

$\left(a>0,b>0,-2<\mathrm{Re}\,\nu<\frac{1}{2}\right)$

592. $\int_0^{\infty}x^{\nu+1}\cos ax^2\,\mathrm{J}_\nu(bx)\mathrm{d}x=\frac{b^\nu}{(2a)^{\nu+1}}\sin\left(\frac{b^2}{4a}-\frac{\nu\pi}{2}\right)$

$\left(a>0,b>0,-2<\mathrm{Re}\,\nu<\frac{1}{2}\right)$

593. $\int_0^\infty \sin\frac{a}{2x}[\sin x \mathrm{J}_0(x)+\cos x \mathrm{N}_0(x)]\frac{\mathrm{d}x}{x}=\pi \mathrm{J}_0(\sqrt{a})\mathrm{N}_0(\sqrt{a}) \quad (a>0)$

594. $\int_0^\infty \cos\frac{a}{2x}[\sin x \mathrm{N}_0(x)-\cos x \mathrm{J}_0(x)]\frac{\mathrm{d}x}{x}=\pi \mathrm{J}_0(\sqrt{a})\mathrm{N}_0(\sqrt{a}) \quad (a>0)$

595. $\int_0^\infty x\sin\frac{a}{2x}\mathrm{K}_0(x)\mathrm{d}x=\frac{\pi a}{2}\mathrm{J}_1(\sqrt{a})\mathrm{K}_1(\sqrt{a}) \quad (a>0)$

596. $\int_0^\infty x\cos\frac{a}{2x}\mathrm{K}_0(x)\mathrm{d}x=-\frac{\pi a}{2}\mathrm{N}_1(\sqrt{a})\mathrm{K}_1(\sqrt{a}) \quad (a>0)$

597. $\int_0^\infty \cos(a\sqrt{x})\mathrm{K}_\nu(bx)\frac{\mathrm{d}x}{\sqrt{x}}$

$$=\frac{\pi}{2\sqrt{b}}\sec\nu\pi\left[\mathrm{D}_{\nu-\frac{1}{2}}\left(\frac{a}{\sqrt{2b}}\right)\mathrm{D}_{-\nu-\frac{1}{2}}\left(-\frac{a}{\sqrt{2b}}\right)+\mathrm{D}_{\nu-\frac{1}{2}}\left(-\frac{a}{\sqrt{2b}}\right)\mathrm{D}_{-\nu-\frac{1}{2}}\left(\frac{a}{\sqrt{2b}}\right)\right]$$

$\left(\mathrm{Re}\, b>0,\ |\mathrm{Re}\,\nu|<\frac{1}{2}\right)$

[这里,$\mathrm{D}_p(z)$为抛物柱面函数(见附录),以下同]

598. $\int_0^\infty x^{\frac{1}{4}}\sin(2a\sqrt{x})\mathrm{J}_{-\frac{1}{4}}(x)\mathrm{d}x=\sqrt{\pi}a^{\frac{3}{2}}\mathrm{J}_{\frac{3}{4}}(a^2) \quad (a>0)$

599. $\int_0^\infty x^{\frac{1}{4}}\cos(2a\sqrt{x})\mathrm{J}_{\frac{1}{4}}(x)\mathrm{d}x=\sqrt{\pi}a^{\frac{3}{2}}\mathrm{J}_{-\frac{3}{4}}(a^2) \quad (a>0)$

600. $\int_0^\infty x^{\frac{1}{4}}\sin(2a\sqrt{x})\mathrm{J}_{\frac{3}{4}}(x)\mathrm{d}x=\sqrt{\pi}a^{\frac{3}{2}}\mathrm{J}_{-\frac{1}{4}}(a^2) \quad (a>0)$

601. $\int_0^\infty x^{\frac{1}{4}}\cos(2a\sqrt{x})\mathrm{J}_{-\frac{3}{4}}(x)\mathrm{d}x=\sqrt{\pi}a^{\frac{3}{2}}\mathrm{J}_{\frac{1}{4}}(a^2) \quad (a>0)$

602. $\int_0^t x^{-\frac{1}{2}}\frac{\cos(b\sqrt{t-x})}{\sqrt{t-x}}\mathrm{J}_{2\nu}(a\sqrt{x})\mathrm{d}x$

$$=\pi\mathrm{J}_\nu\left[\frac{\sqrt{t}}{2}(\sqrt{a^2+b^2}+b)\right]\mathrm{J}_\nu\left[\frac{\sqrt{t}}{2}(\sqrt{a^2+b^2}-b)\right]$$

$\left(\mathrm{Re}\,\nu>-\frac{1}{2}\right)$

603. $\int_0^1 \frac{\cos(\mu\arccos x)}{\sqrt{1-x^2}}\mathrm{J}_\nu(ax)\mathrm{d}x=\frac{\pi}{2}\mathrm{J}_{\frac{1}{2}(\mu+\nu)}\left(\frac{a}{2}\right)\mathrm{J}_{\frac{1}{2}(\nu-\mu)}\left(\frac{a}{2}\right)$

$[\mathrm{Re}\,(\mu+\nu)>-1, a>0]$

604. $\int_0^1 \frac{\cos[(\nu+1)\arccos x]}{\sqrt{1-x^2}}\mathrm{J}_\nu(ax)\mathrm{d}x=\sqrt{\frac{\pi}{a}}\cos\frac{a}{2}\mathrm{J}_{\nu+\frac{1}{2}}\left(\frac{a}{2}\right)$

$(\mathrm{Re}\,\nu>-1, a>0)$

605. $\int_0^1 \frac{\cos[(\nu-1)\arccos x]}{\sqrt{1-x^2}}\mathrm{J}_\nu(ax)\mathrm{d}x=\sqrt{\frac{\pi}{a}}\sin\frac{a}{2}\mathrm{J}_{\nu-\frac{1}{2}}\left(\frac{a}{2}\right)$

$(\operatorname{Re}\nu > 0, a > 0)$

Ⅱ.2.4.9 贝塞尔函数与三角函数、指数函数和幂函数组合的积分

606. $\int_0^\infty e^{-bx}\cos ax\,J_0(cx)\,dx = \dfrac{\left[\sqrt{(b^2+c^2-a^2)^2+4a^2b^2}+b^2+c^2-a^2\right]^{\frac{1}{2}}}{\sqrt{2}\sqrt{(b^2+c^2-a^2)^2+4a^2b^2}}$

$(c > 0)$

607. $\int_0^\infty e^{-ax}J_0(bx)\sin cx\,\dfrac{dx}{x} = \arcsin\dfrac{2c}{\sqrt{a^2+(c+b)^2}+\sqrt{a^2+(c-b)^2}}$

$(\operatorname{Re}a > |\operatorname{Im}b|, c > 0)$

608. $\int_0^\infty e^{-ax}J_1(cx)\sin bx\,\dfrac{dx}{x} = \dfrac{b}{c}(1-r)\quad\left(b^2 = \dfrac{c^2}{1-r^2}-\dfrac{a^2}{r^2}, c > 0\right)$

609. $\int_0^\infty e^{-\frac{1}{2}ax}\sin bx\,I_0\left(\dfrac{1}{2}ax\right)dx = \dfrac{1}{\sqrt{2b}}\dfrac{1}{\sqrt{a^2+b^2}}\sqrt{b+\sqrt{a^2+b^2}}$

$(\operatorname{Re}a > 0, b > 0)$

610. $\int_0^\infty e^{-\frac{1}{2}ax}\cos bx\,I_0\left(\dfrac{1}{2}ax\right)dx = \dfrac{a}{\sqrt{2b}}\dfrac{1}{\sqrt{a^2+b^2}\sqrt{b+\sqrt{a^2+b^2}}}$

$(\operatorname{Re}a > 0, b > 0)$

611. $\int_0^\infty \dfrac{\sin(xa\sin\psi)}{x}e^{-xa\cos\varphi\cos\psi}J_\nu(xa\sin\varphi)\,dx = \nu^{-1}\tan^\nu\dfrac{\varphi}{2}\sin(\nu\psi)$

$\left(\operatorname{Re}\nu > -1, a > 0, 0 < \varphi < \dfrac{\pi}{2}, 0 < \psi < \dfrac{\pi}{2}\right)$ [3]

612. $\int_0^\infty \dfrac{\cos(xa\ \sin\psi)}{x}e^{-xa\cos\varphi\cos\psi}J_\nu(xa\sin\varphi)\,dx = \nu^{-1}\tan^\nu\dfrac{\varphi}{2}\cos(\nu\psi)$

$\left(\operatorname{Re}\nu > 0, a > 0, 0 < \varphi < \dfrac{\pi}{2}, 0 < \psi < \dfrac{\pi}{2}\right)$ [3]

613. $\int_0^\infty x^{\nu+1}e^{-ax\cos\varphi\cos\psi}\sin(ax\sin\psi)J_\nu(ax\sin\varphi)\,dx$

$= \dfrac{2^{\nu+1}a^{-\nu-2}}{\sqrt{\pi}}\Gamma\left(\nu+\dfrac{3}{2}\right)\sin^\nu\varphi(\cos^2\psi+\sin^2\psi\cos^2\varphi)^{-\nu-\frac{3}{2}}\sin\left[\left(\nu+\dfrac{3}{2}\right)\beta\right]$

$\left(\tan\dfrac{\beta}{2} = \tan\psi\cos\varphi, a > 0, 0 < \varphi < \dfrac{\pi}{2}, 0 < \psi < \dfrac{\pi}{2}, \operatorname{Re}\nu > -\dfrac{3}{2}\right)$ [3]

614. $\int_0^\infty x^{\nu+1}e^{-ax\cos\varphi\cos\psi}\cos(ax\sin\psi)J_\nu(ax\sin\varphi)\,dx$

$= \dfrac{2^{\nu+1}a^{-\nu-2}}{\sqrt{\pi}}\Gamma\left(\nu+\dfrac{3}{2}\right)\sin^\nu\varphi(\cos^2\psi+\sin^2\psi\cos^2\varphi)^{-\nu-\frac{3}{2}}\cos\left[\left(\nu+\dfrac{3}{2}\right)\beta\right]$

$\left(\tan\frac{\beta}{2}=\tan\psi\cos\varphi, a>0, 0<\varphi<\frac{\pi}{2}, 0<\psi<\frac{\pi}{2}, \operatorname{Re}\nu>-1\right)$ [3]

615. $\int_0^\infty x^\nu e^{-ax\cos\varphi\cos\psi}\sin(ax\sin\psi)J_\nu(ax\sin\varphi)dx$

$$=\frac{2^\nu a^{-\nu-1}}{\sqrt{\pi}}\Gamma\left(\nu+\frac{1}{2}\right)\sin^\nu\varphi(\cos^2\psi+\sin^2\psi\cos^2\varphi)^{-\nu-\frac{1}{2}}\sin\left[\left(\nu+\frac{1}{2}\right)\beta\right]$$

$\left(\tan\frac{\beta}{2}=\tan\psi\cos\varphi, a>0, 0<\varphi<\frac{\pi}{2}, 0<\psi<\frac{\pi}{2}, \operatorname{Re}\nu>-1\right)$ [3]

616. $\int_0^\infty x^\nu e^{-ax\cos\varphi\cos\psi}\cos(ax\sin\psi)J_\nu(ax\sin\varphi)dx$

$$=\frac{2^\nu a^{-\nu-1}}{\sqrt{\pi}}\Gamma\left(\nu+\frac{1}{2}\right)\sin^\nu\varphi\,(\cos^2\psi+\sin^2\psi\cos^2\varphi)^{-\nu-\frac{1}{2}}\cos\left[\left(\nu+\frac{3}{2}\right)\beta\right]$$

$\left(\tan\frac{\beta}{2}=\tan\psi\cos\varphi, a>0, 0<\varphi<\frac{\pi}{2}, 0<\psi<\frac{\pi}{2}, \operatorname{Re}\nu>-\frac{1}{2}\right)$ [3]

617. $\int_0^\infty e^{-x^2}\sin(bx)I_0(x^2)dx=2^{-\frac{3}{2}}\sqrt{\pi}\exp\left(-\frac{b^2}{8}\right)I_0\left(\frac{b^2}{8}\right)\quad(b>0)$

618. $\int_0^\infty e^{-ax}\sin(x^2)J_0(x^2)dx$

$$=\frac{1}{4}\sqrt{\frac{\pi}{2}}\left[J_0\left(\frac{a^2}{16}\right)\sin\left(\frac{a^2}{16}-\frac{\pi}{4}\right)-N_0\left(\frac{a^2}{16}\right)\sin\left(\frac{a^2}{16}+\frac{\pi}{4}\right)\right]$$

$(a>0)$

619. $\int_0^\infty e^{-ax}\cos(x^2)J_0(x^2)dx$

$$=\frac{1}{4}\sqrt{\frac{\pi}{2}}\left[J_0\left(\frac{a^2}{16}\right)\cos\left(\frac{a^2}{16}-\frac{\pi}{4}\right)-N_0\left(\frac{a^2}{16}\right)\cos\left(\frac{a^2}{16}+\frac{\pi}{4}\right)\right]$$

$(a>0)$

620. $\int_0^\infty x^{-\nu}e^{-x}\sin(4a\sqrt{x})I_\nu(x)dx=\left(2^{\frac{3}{2}}a\right)^{\nu-1}e^{-a^2}W_{\frac{1}{2}-\frac{3\nu}{2},\frac{1}{2}-\frac{\nu}{2}}(2a^2)$

$(a>0, \operatorname{Re}\nu>0)$ [3]

[这里，$W_{\lambda,\mu}(z)$为惠特克(Whittaker)函数(见附录)，以下同]

621. $\int_0^\infty x^{-\nu-\frac{1}{2}}e^{-x}\cos(4a\sqrt{x})I_\nu(x)dx=2^{\frac{3\nu}{2}-1}a^{\nu-1}e^{-a^2}W_{-\frac{3\nu}{2},\frac{\nu}{2}}(2a^2)$

$\left(a>0, \operatorname{Re}\nu>-\frac{1}{2}\right)$ [3]

622. $\int_0^\infty x^{-\nu}e^{x}\sin(4a\sqrt{x})K_\nu(x)dx=\left(2^{\frac{3}{2}}a\right)^{\nu-1}\pi e^{a^2}\frac{\Gamma\left(\frac{3}{2}-2\nu\right)}{\Gamma\left(\frac{1}{2}+\nu\right)}W_{\frac{3\nu}{2}-\frac{1}{2},\frac{1}{2}-\frac{\nu}{2}}(2a^2)$

$\left(a>0, 0<\operatorname{Re}\nu<\dfrac{3}{4}\right)$ [3]

623. $\displaystyle\int_0^\infty x^{-\nu-\frac{1}{2}}\mathrm{e}^x\cos(4a\sqrt{x})\mathrm{K}_\nu(x)\mathrm{d}x=2^{\frac{3\nu}{2}-1}\pi a^{\nu-1}\mathrm{e}^{a^2}\frac{\Gamma\left(\frac{1}{2}-2\nu\right)}{\Gamma\left(\frac{1}{2}+\nu\right)}\mathrm{W}_{\frac{3\nu}{2},-\frac{\nu}{2}}(2a^2)$

$\left(a>0, -\dfrac{1}{2}<\operatorname{Re}\nu<\dfrac{1}{4}\right)$ [3]

624. $\displaystyle\int_0^\infty x^{q-\frac{3}{2}}\mathrm{e}^{-x}\sin(4a\sqrt{x})\mathrm{K}_\nu(x)\mathrm{d}x$

$$=\frac{\sqrt{\pi}a\Gamma(q+\nu)\Gamma(q-\nu)}{2^{q-2}\Gamma\left(q+\frac{1}{2}\right)}\cdot{}_2\mathrm{F}_2\left(q+\nu,q-\nu;\frac{3}{2},q+\frac{1}{2};-2a^2\right)$$

$(\operatorname{Re}q<|\operatorname{Re}\nu|)$ [3]

625. $\displaystyle\int_0^\infty x^{q-1}\mathrm{e}^{-x}\cos(4a\sqrt{x})\mathrm{K}_\nu(x)\mathrm{d}x$

$$=\frac{\sqrt{\pi}\Gamma(q+\nu)\Gamma(q-\nu)}{2^{q}\Gamma\left(q+\frac{1}{2}\right)}\cdot{}_2\mathrm{F}_2\left(q+\nu,q-\nu;\frac{1}{2},q+\frac{1}{2};-2a^2\right)$$

$(\operatorname{Re}q>|\operatorname{Re}\nu|)$ [3]

626. $\displaystyle\int_0^\infty x^{-\frac{1}{2}}\mathrm{e}^{-x}\cos(4a\sqrt{x})\mathrm{I}_0(x)\mathrm{d}x=\frac{1}{\sqrt{2\pi}}\mathrm{e}^{-a^2}\mathrm{K}_0(a^2)\quad(a>0)$

627. $\displaystyle\int_0^\infty x^{-\frac{1}{2}}\mathrm{e}^{x}\cos(4a\sqrt{x})\mathrm{K}_0(x)\mathrm{d}x=\sqrt{\frac{\pi}{2}}\mathrm{e}^{a^2}\mathrm{K}_0(a^2)\quad(a>0)$

628. $\displaystyle\int_0^\infty x^{-\frac{1}{2}}\mathrm{e}^{-x}\cos(4a\sqrt{x})\mathrm{K}_0(x)\mathrm{d}x=\frac{1}{\sqrt{2}}\pi^{\frac{3}{2}}\mathrm{e}^{-a^2}\mathrm{I}_0(a^2)$

629. $\displaystyle\int_0^\infty x^{-\frac{1}{2}}\mathrm{e}^{-a\sqrt{x}}\sin(a\sqrt{x})\mathrm{J}_\nu(bx)\mathrm{d}x$

$$=\frac{\mathrm{i}}{\sqrt{2\pi b}}\Gamma\left(\nu+\frac{1}{2}\right)\mathrm{D}_{-\nu-\frac{1}{2}}\left(\frac{a}{\sqrt{b}}\right)\left[\mathrm{D}_{-\nu-\frac{1}{2}}\left(\frac{\mathrm{i}a}{\sqrt{b}}\right)-\mathrm{D}_{-\nu-\frac{1}{2}}\left(-\frac{\mathrm{i}a}{\sqrt{b}}\right)\right]$$

$(a>0, b>0, \operatorname{Re}\nu>-1)$ [3]

630. $\displaystyle\int_0^\infty x^{-\frac{1}{2}}\mathrm{e}^{-a\sqrt{x}}\cos(a\sqrt{x})\mathrm{J}_\nu(bx)\mathrm{d}x$

$$=\frac{1}{\sqrt{2\pi b}}\Gamma\left(\nu+\frac{1}{2}\right)\mathrm{D}_{-\nu-\frac{1}{2}}\left(\frac{a}{\sqrt{b}}\right)\left[\mathrm{D}_{-\nu-\frac{1}{2}}\left(\frac{\mathrm{i}a}{\sqrt{b}}\right)+\mathrm{D}_{-\nu-\frac{1}{2}}\left(-\frac{\mathrm{i}a}{\sqrt{b}}\right)\right]$$

$\left(a>0, b>0, \operatorname{Re}\nu>-\dfrac{1}{2}\right)$ [3]

631. $\displaystyle\int_0^\infty x^{-\frac{1}{2}}\mathrm{e}^{-a\sqrt{x}}\sin(a\sqrt{x})\mathrm{J}_0(bx)\mathrm{d}x=\frac{a}{2b}\mathrm{I}_{\frac{1}{4}}\left(\frac{a^2}{4b}\right)\mathrm{K}_{\frac{1}{4}}\left(\frac{a^2}{4b}\right)$

$\left(|\arg a|<\frac{\pi}{4},b>0\right)$

632. $\int_0^{\infty} x^{-\frac{1}{2}} e^{-a\sqrt{x}} \cos(a\sqrt{x}) J_0(bx) dx = \frac{a}{2b} I_{-\frac{1}{4}}\left(\frac{a^2}{4b}\right) K_{\frac{1}{4}}\left(\frac{a^2}{4b}\right)$

$\left(|\arg a|<\frac{\pi}{4},b>0\right)$

633. $\int_{-\frac{\pi}{2}}^{\frac{\pi}{2}} e^{i(\mu-\nu)\theta} \cos^{\mu+\nu}\theta\, (\lambda z)^{-\mu-\nu} J_{\mu+\nu}(\lambda z) d\theta = \pi(2az)^{-\mu}(2bz)^{-\nu} J_{\mu}(az) J_{\nu}(bz)$

$[\lambda=\sqrt{2\cos\theta(a^2 e^{i\theta}+b^2 e^{-i\theta})}, \mathrm{Re}\,(\mu+\nu)>-1]$

Ⅱ.2.4.10 贝塞尔函数与三角函数和双曲函数组合的积分

634. $\int_0^{\infty} \cosh x \sin(2a\sinh x)[J_{\nu}(be^{x}) N_{\nu}(be^{-x}) - N_{\nu}(be^{x}) J_{\nu}(be^{-x})] dx$

$$=\begin{cases} 0 & \left(0<a<b,\ |\mathrm{Re}\,\nu|<\frac{1}{2}\right) \\ -\frac{2\cos\nu\pi}{\pi\sqrt{a^2-b^2}} K_{2\nu}(2\sqrt{a^2-b^2}) & \left(0<b<a,\ |\mathrm{Re}\,\nu|<\frac{1}{2}\right) \end{cases} \quad [3]$$

Ⅱ.2.4.11 贝塞尔函数与指数函数组合的积分

635. $\int_0^{\infty} e^{-ax} J_{\nu}(bx) dx = \frac{b^{-\nu}(\sqrt{a^2+b^2}-a)^{\nu}}{\sqrt{a^2+b^2}}$ $[\mathrm{Re}\,\nu>-1, \mathrm{Re}\,(a\pm ib)>0]$

636. $\int_0^{\infty} e^{-ax} N_{\nu}(bx) dx$

$$=\frac{\csc\nu\pi}{\sqrt{a^2+b^2}}[b^{\nu}(\sqrt{a^2+b^2}+a)^{-\nu}\cos\nu\pi - b^{-\nu}(\sqrt{a^2+b^2}+a)^{\nu}]$$

$(\mathrm{Re}\,\nu>0, b>0, |\mathrm{Re}\,\nu|<1)$

637. $\int_0^{\infty} e^{-ax} H_{\nu}^{(1,2)}(bx) dx$

$$=\frac{(\sqrt{a^2+b^2}-a)^{\nu}}{b^{\nu}\sqrt{a^2+b^2}}\left\{1\pm\frac{i}{\sin\nu\pi}\left[\cos\nu\pi-\left(\frac{a+\sqrt{a^2+b^2}}{b}\right)^{2\nu}\right]\right\}$$

[$-1<\mathrm{Re}\,\nu<1$;正号相应于函数 $H_{\nu}^{(1)}$,负号相应于函数 $H_{\nu}^{(2)}$]

638. $\int_0^{\infty} e^{-ax} I_{\nu}(bx) dx = \frac{(a-\sqrt{a^2-b^2})^{\nu}}{b^{\nu}\sqrt{a^2-b^2}}$ $(\mathrm{Re}\,a>|\mathrm{Re}\,b|, \mathrm{Re}\,\nu>-1)$

639. $\int_0^\infty e^{-ax}K_\nu(bx)dx$

$$=\begin{cases}\dfrac{\pi}{b\sin\nu\pi}\cdot\dfrac{\sin\nu\theta}{\sin\theta} & \left(\cos\theta=\dfrac{a}{b},\text{当 } b\to\infty\text{ 时},\theta\to\dfrac{\pi}{2}\right)\\ \dfrac{\pi\csc\nu\pi}{2\sqrt{a^2-b^2}}\left[b^{-\nu}(a+\sqrt{a^2-b^2})^\nu-b^\nu(a+\sqrt{a^2-b^2})^{-\nu}\right] & \\ \qquad[\operatorname{Re}(a+b)>0,\ |\operatorname{Re}\nu|<1] & \end{cases}$$

640. $\int_0^\infty e^{-ax}N_0(bx)dx=-\dfrac{2}{\pi\sqrt{a^2+b^2}}\ln\dfrac{a+\sqrt{a^2+b^2}}{b}\quad(\operatorname{Re}a>|\operatorname{Im}b|)$

641. $\int_0^\infty e^{-ax}H_0^{(1)}(bx)dx=\dfrac{1}{\sqrt{a^2+b^2}}\left\{1-\dfrac{2i}{\pi}\ln\left[\dfrac{a}{b}+\sqrt{1+\left(\dfrac{a}{b}\right)^2}\right]\right\}$

$(\operatorname{Re}a>|\operatorname{Im}b|)$

642. $\int_0^\infty e^{-ax}H_0^{(2)}(bx)dx=\dfrac{1}{\sqrt{a^2+b^2}}\left\{1+\dfrac{2i}{\pi}\ln\left[\dfrac{a}{b}+\sqrt{1+\left(\dfrac{a}{b}\right)^2}\right]\right\}$

$(\operatorname{Re}a>|\operatorname{Im}b|)$

643. $\int_0^\infty e^{-ax}K_0(bx)dx$

$$=\begin{cases}\dfrac{1}{\sqrt{b^2-a^2}}\arccos\dfrac{a}{b} & [0<a<b,\operatorname{Re}(a+b)>0]\\ \dfrac{1}{\sqrt{a^2-b^2}}\ln\left(\dfrac{a}{b}+\sqrt{\dfrac{a^2}{b^2}-1}\right) & [0\leqslant b<a,\operatorname{Re}(a+b)>0]\end{cases}$$

644. $\int_0^\infty e^{-2ax}J_0(x)N_0(x)dx=\dfrac{K\left(\dfrac{a}{\sqrt{a^2+1}}\right)}{\pi\sqrt{a^2+1}}\quad(\operatorname{Re}a>0)$

[这里,K(k)为第一类完全椭圆积分(见附录),以下同]

645. $\int_0^\infty e^{-2ax}I_0(x)K_0(x)dx=\begin{cases}\dfrac{1}{2}K(\sqrt{1-a^2}) & (0<a<1)\\ \dfrac{1}{2a}K\left(\dfrac{\sqrt{a^2-1}}{a}\right) & (1<a<\infty)\end{cases}$

646. $\int_0^\infty e^{-ax}J_\nu(bx)J_\nu(cx)dx=\dfrac{1}{\pi\sqrt{bc}}Q_{\nu-\frac{1}{2}}\left(\dfrac{a^2+b^2+c^2}{2bc}\right)$

$\left[\operatorname{Re}(a\pm ib\pm ic)>0,c>0,\operatorname{Re}\nu>-\dfrac{1}{2}\right]$ [3]

647. $\int_0^\infty e^{-ax}[J_0(bx)]^2dx=\dfrac{2}{\pi\sqrt{a^2+4b^2}}K\left(\dfrac{2b}{\sqrt{a^2+4b^2}}\right)$

648. $\int_0^\infty e^{-2ax}[J_1(bx)]^2\,dx = \dfrac{(2a^2+b^2)K\left(\dfrac{b}{\sqrt{a^2+b^2}}\right)-2(a^2+b^2)E\left(\dfrac{b}{\sqrt{a^2+b^2}}\right)}{\pi b^2\sqrt{a^2+b^2}}$

[这里,$E(k)$为第二类完全椭圆积分(见附录),以下同]

649. $\int_0^\infty e^{-x^2}J_{\nu+\frac{1}{2}}\left(\dfrac{x^2}{2}\right)dx = \dfrac{\Gamma(\nu+1)}{\sqrt{\pi}}D_{-\nu-1}\left(ze^{\frac{i\pi}{4}}\right)D_{-\nu-1}\left(ze^{\frac{i\pi}{4}}\right)$　$(\mathrm{Re}\,\nu>-1)$

[这里,$D_p(z)$为抛物柱面函数(见附录),以下同]

650. $\int_0^\infty e^{-ax}J_\nu(b\sqrt{x})\,dx = \dfrac{b}{4}\sqrt{\dfrac{\pi}{a^3}}\exp\left(-\dfrac{b^2}{8a}\right)\left[I_{\frac{1}{2}(\nu-1)}\left(\dfrac{b^2}{8a}\right)-I_{\frac{1}{2}(\nu+1)}\left(\dfrac{b^2}{8a}\right)\right]$

651. $\int_0^\infty e^{-ax}N_{2\nu}(2\sqrt{bx})\,dx$

$$= \frac{e^{-\frac{b}{2a}}}{\sqrt{ab}}\left[\cot\nu\pi\,\frac{\Gamma(\nu+1)}{\Gamma(2\nu+1)}M_{\frac{1}{2},\nu}\left(\frac{b}{a}\right)-\csc\nu\pi\,W_{\frac{1}{2},\nu}\left(\frac{b}{a}\right)\right]$$

$(\mathrm{Re}\,a>0,\ |\mathrm{Re}\,\nu|<1)$

[这里,$M_{\lambda,\mu}(z)$和$W_{\lambda,\mu}(z)$为惠特克(Whittaker)函数(见附录),以下同]

652. $\int_0^\infty e^{-ax}I_{2\nu}(2\sqrt{bx})\,dx = \dfrac{e^{\frac{b}{2a}}\Gamma(\nu+1)}{\sqrt{ab}\,\Gamma(2\nu+1)}M_{-\frac{1}{2},\nu}\left(\dfrac{b}{a}\right)$

$(\mathrm{Re}\,a>0,\ |\mathrm{Re}\,\nu|<1)$　[3]

653. $\int_0^\infty e^{-ax}K_{2\nu}(2\sqrt{bx})\,dx = \dfrac{e^{\frac{b}{2a}}}{\sqrt{ab}}\Gamma(\nu+1)\Gamma(1-\nu)W_{-\frac{1}{2},\nu}\left(\dfrac{b}{a}\right)$

$(\mathrm{Re}\,a>0,\ |\mathrm{Re}\,\nu|<1)$　[3]

654. $\int_0^\infty e^{-ax}K_1(b\sqrt{x})\,dx = \dfrac{b}{8}\sqrt{\dfrac{\pi}{a^3}}\exp\left(\dfrac{b^2}{8a}\right)\left[K_1\left(\dfrac{b^2}{8a}\right)-K_0\left(\dfrac{b^2}{8a}\right)\right]$

655. $\int_0^\infty e^{-ax}J_\nu(2b\sqrt{x})J_\nu(2c\sqrt{x})\,dx = \dfrac{1}{a}\exp\left(-\dfrac{b^2+c^2}{a}\right)I_\nu\left(\dfrac{2bc}{a}\right)$

$(\mathrm{Re}\,\nu>-1)$

656. $\int_0^\infty e^{-ax}J_0(b\sqrt{x^2+2cx})\,dx = \dfrac{1}{\sqrt{a^2+b^2}}\exp\left[c(a-\sqrt{a^2+b^2})\right]$

657. $\int_1^\infty e^{-ax}J_0(b\sqrt{x^2-1})\,dx = \dfrac{1}{\sqrt{a^2+b^2}}\exp(-\sqrt{a^2+b^2})$

658. $\int_{-\infty}^\infty e^{itx}H_0^{(1)}(r\sqrt{a^2-t^2})\,dt = -2i\,\dfrac{e^{ia\sqrt{r^2+x^2}}}{\sqrt{r^2+x^2}}$

$(0\leqslant\arg\sqrt{a^2-t^2}<\pi,0\leqslant\arg a\leqslant\pi,r$和$x$皆为实数)

659. $\int_{-\infty}^\infty e^{-itx}H_0^{(2)}(r\sqrt{a^2-t^2})\,dt = 2i\,\dfrac{e^{-ia\sqrt{r^2+x^2}}}{\sqrt{r^2+x^2}}$

$(-\pi < \arg\sqrt{a^2-t^2} \leqslant 0, -\pi < \arg a \leqslant 0$，$r$ 和 x 皆为实数)

660. $\displaystyle\int_{-1}^{1} e^{-ax} I_0(b\sqrt{1-x^2})dx = 2\frac{\sinh\sqrt{a^2+b^2}}{\sqrt{a^2+b^2}} \quad (a>0, b>0)$

661. $\displaystyle\int_0^\infty e^{(p+q)x} K_{q-p}(2z\sinh x)dx = \frac{\pi^2}{4\sin(p-q)\pi}[J_p(z)N_q(z) - J_q(z)N_p(z)]$

$[\operatorname{Re} z > 0, -1 < \operatorname{Re}(p-q) < 1]$

662. $\displaystyle\int_0^\infty e^{-2px} K_0(2z\sinh x)dx = -\frac{\pi}{4}\left[J_p(z)\frac{\partial N_p(z)}{\partial p} - N_p(z)\frac{\partial J_p(z)}{\partial p}\right]$

$(\operatorname{Re} z > 0)$ [3]

663. $\displaystyle\int_0^\infty e^{-ax^2} J_\nu(bx)dx = \frac{\sqrt{\pi}}{2\sqrt{a}}\exp\left(-\frac{b^2}{8a}\right) I_{\frac{\nu}{2}}\left(\frac{b^2}{8a}\right)$

$(\operatorname{Re} a > 0, b > 0, \operatorname{Re}\nu > -1)$

664. $\displaystyle\int_0^\infty e^{-ax^2} N_\nu(bx)dx$

$$= -\frac{\sqrt{\pi}}{2\sqrt{a}}\exp\left(-\frac{b^2}{8a}\right)\left[\tan\frac{\nu\pi}{2} I_{\frac{\nu}{2}}\left(\frac{b^2}{8a}\right) + \frac{1}{\pi}\sec\frac{\nu\pi}{2} K_{\frac{\nu}{2}}\left(\frac{b^2}{8a}\right)\right]$$

$(\operatorname{Re} a > 0, b > 0, |\operatorname{Re}\nu| < 1)$

665. $\displaystyle\int_0^\infty e^{-ax^2} K_\nu(bx)dx = \frac{\sqrt{\pi}}{4\sqrt{a}}\sec\frac{\nu\pi}{2}\exp\left(\frac{b^2}{8a}\right) K_{\frac{\nu}{2}}\left(\frac{b^2}{8a}\right)$

$(\operatorname{Re} a > 0, |\operatorname{Re}\nu| < 1)$

Ⅱ.2.4.12 贝塞尔函数与指数函数和幂函数组合的积分

666. $\displaystyle\int_0^\infty x^{\mu-1} e^{-ax} J_\nu(bx)dx$

$$= \left(\frac{b}{2a}\right)^\nu \frac{\Gamma(\nu+\mu)}{a^\mu\Gamma(\nu+1)} \cdot F\left(\frac{\nu+\mu}{2}, \frac{\nu+\mu+1}{2}; \nu+1; -\frac{b^2}{a^2}\right)$$

$$= \left(\frac{b}{2a}\right)^\nu \left(1+\frac{b^2}{a^2}\right)^{\frac{1}{2}-\mu} \frac{\Gamma(\nu+\mu)}{a^\mu\Gamma(\nu+1)} \cdot F\left(\frac{\nu-\mu+1}{2}, \frac{\nu-\mu}{2}+1; \nu+1; -\frac{b^2}{a^2}\right)$$

$$= \left(a^2+b^2\right)^{-\frac{\nu+\mu}{2}} \left(\frac{b}{2}\right)^\nu \frac{\Gamma(\nu+\mu)}{\Gamma(\nu+1)} \cdot F\left(\frac{\nu+\mu}{2}, \frac{\nu-\mu+1}{2}; \nu+1; \frac{b^2}{a^2+b^2}\right)$$

$[\operatorname{Re}(\nu+\mu) > 0, \operatorname{Re}(a+ib) > 0, \operatorname{Re}(a-ib) > 0]$

$$= \left(a^2+b^2\right)^{-\frac{\mu}{2}} \Gamma(\nu+\mu) P_{\mu-1}^{-\nu}[a(a^2+b^2)^{-\frac{1}{2}}]$$

$[a > 0, b > 0, \operatorname{Re}(\nu+\mu) > 0]$ [3]

[这里，$F(a,b;c;x)$为超几何函数，$P_\nu^\mu(z)$为连带勒让德(Legendre)函数(见附录)，以下同]

667. $\int_0^\infty x^{\mu-1}e^{-ax}N_\nu(bx)dx$

$$=\frac{\cot\nu\pi}{\sqrt{(a^2+b^2)^{\nu+\mu}}}\left(\frac{b}{2}\right)^\nu\frac{\Gamma(\nu+\mu)}{\Gamma(\nu+1)}\cdot F\left(\frac{\nu+\mu}{2},\frac{\nu-\mu+1}{2};\nu+1;\frac{b^2}{a^2+b^2}\right)$$

$$-\frac{\csc\nu\pi}{\sqrt{(a^2+b^2)^{\mu-\nu}}}\left(\frac{b}{2}\right)^{-\nu}\frac{\Gamma(\mu-\nu)}{\Gamma(1-\nu)}\cdot F\left(\frac{\mu-\nu}{2},\frac{1-\nu-\mu}{2};1-\nu;\frac{b^2}{a^2+b^2}\right)$$

$[\mathrm{Re}\,\mu\geqslant|\mathrm{Re}\,\nu|,\mathrm{Re}\,(a\pm ib)>0]$

$$=-\frac{2}{\pi}(a^2+b^2)^{-\frac{\mu}{2}}\Gamma(\nu+\mu)Q_{\mu-1}^{-\nu}[a(a^2+b^2)^{-\frac{1}{2}}]$$

$(a>0,b>0,\mathrm{Re}\,\mu>|\mathrm{Re}\,\nu|)$ [3]

[这里，$Q_\nu^\mu(z)$为连带勒让德函数(见附录)，以下同]

668. $\int_0^\infty x^{\mu-1}e^{-ax}K_\nu(bx)dx$

$$=\frac{\sqrt{\pi}(2b)^\nu}{(a+b)^{\mu+\nu}}\frac{\Gamma(\mu+\nu)\Gamma(\mu-\nu)}{\Gamma\left(\mu+\frac{1}{2}\right)}\cdot F\left(\mu+\nu,\nu+\frac{1}{2};\mu+\frac{1}{2};\frac{a-b}{a+b}\right)$$

$[\mathrm{Re}\,\mu>|\mathrm{Re}\,\nu|,\mathrm{Re}\,(a+b)>0]$ [3]

669. $\int_0^\infty x^{m+1}e^{-ax}J_\nu(bx)dx=(-1)^{m+1}b^{-\nu}\frac{d^{m+1}}{da^{m+1}}\left[\frac{(\sqrt{a^2+b^2}-a)^\nu}{\sqrt{a^2+b^2}}\right]$

$(b>0,\mathrm{Re}\,\nu>-m-2)$

670. $\int_0^\infty x^\nu e^{-ax}J_\nu(bx)dx=\frac{(2b)^\nu\Gamma\left(\nu+\frac{1}{2}\right)}{\sqrt{\pi}(a^2+b^2)^{\nu+\frac{1}{2}}}\quad\left(\mathrm{Re}\,\nu>-\frac{1}{2},\mathrm{Re}\,a>|\mathrm{Im}\,b|\right)$

671. $\int_0^\infty x^{\nu+1}e^{-ax}J_\nu(bx)dx=\frac{2a(2b)^\nu\Gamma\left(\nu+\frac{3}{2}\right)}{\sqrt{\pi}(a^2+b^2)^{\nu+\frac{3}{2}}}\quad(\mathrm{Re}\,\nu>-1,\mathrm{Re}\,a>|\mathrm{Im}\,b|)$

672. $\int_0^\infty\frac{x^\nu}{e^{\pi x}-1}J_\nu(bx)dx=\frac{(2b)^\nu}{\sqrt{\pi}}\Gamma\left(\nu+\frac{1}{2}\right)\sum_{n=1}^\infty\frac{1}{(n^2\pi^2+b^2)^{\nu+\frac{1}{2}}}$

$(\mathrm{Re}\,\nu>0,|\mathrm{Im}\,b|<\pi)$

673. $\int_0^\infty e^{-ax}J_\nu(bx)\frac{dx}{x}=\frac{(\sqrt{a^2+b^2}-a)^\nu}{\nu b^\nu}\quad(\mathrm{Re}\,\nu>0,\mathrm{Re}\,a>|\mathrm{Im}\,b|)$

674. $\int_0^\infty\left(J_0(x)-e^{-ax}\right)\frac{dx}{x}=\ln(2a)\quad(a>0)$

675. $\int_0^\infty\frac{e^{i(u+x)}}{u+x}J_0(x)dx=\frac{\pi i}{2}H_0^{(1)}(u)$

676. $\int_0^\infty e^{-x\cosh a} I_p(x) \frac{dx}{\sqrt{x}} = \sqrt{\frac{2}{\pi}} Q_{p-\frac{1}{2}}(\cosh a)$

677. $\int_0^\infty x e^{-ax} K_0(bx) dx = \frac{1}{a^2-b^2}\left[\frac{a}{\sqrt{a^2-b^2}}\ln\left(\frac{a}{b}+\sqrt{\frac{a^2}{b^2}-1}\right)-1\right]$

678. $\int_0^\infty \sqrt{x} e^{-ax} K_{\pm\frac{1}{2}}(bx) dx = \frac{1}{a+b}\sqrt{\frac{\pi}{2b}}$

679. $\int_0^\infty t^\nu e^{-tz(z^2-1)^{-\frac{1}{2}}} K_\mu(t) dt = \frac{\Gamma(\nu-\mu+1)}{(z^2-1)^{-\frac{\nu+1}{2}}} e^{-i\mu\pi} Q_\nu^\mu(z)$

$[\mathrm{Re}\,(\nu\pm\mu) > -1]$ [3]

680. $\int_0^\infty t^\nu e^{-tz(z^2-1)^{-\frac{1}{2}}} I_{-\mu}(t) dt = \frac{\Gamma(-\nu-\mu)}{(z^2-1)^{\frac{\nu}{2}}} P_\nu^\mu(z)$ $[\mathrm{Re}\,(\nu+\mu) < 0]$ [3]

681. $\int_0^\infty t^\nu e^{-tz(z^2-1)^{-\frac{1}{2}}} I_\mu(t) dt = \frac{\Gamma(\nu+\mu+1)}{(z^2-1)^{-\frac{\nu+1}{2}}} P_\nu^{-\mu}(z)$ $[\mathrm{Re}\,(\nu+\mu) > -1]$ [3]

682. $\int_0^\infty t^\nu e^{-t\cos\theta} J_\mu(t\sin\theta) dt = \Gamma(\nu+\mu+1) P_\nu^{-\mu}(\cos\theta)$

$\left[\mathrm{Re}\,(\nu+\mu) > -1, 0 \leqslant \theta < \frac{\pi}{2}\right]$ [3]

683. $\int_{-1}^1 (1-x^2)^{-\frac{1}{2}} x e^{-ax} I_1(b\sqrt{1-x^2}) dx$

$= \frac{2}{b}\left(\sinh a - \frac{a}{\sqrt{a^2+b^2}}\sinh\sqrt{a^2+b^2}\right)$ $(a>0, b>0)$ [3]

684. $\int_0^\infty e^{-2ax} J_0(bx) J_1(bx) x\, dx = \frac{K\left(\frac{b}{\sqrt{a^2+b^2}}\right) - E\left(\frac{b}{\sqrt{a^2+b^2}}\right)}{2\pi b\sqrt{a^2+b^2}}$

685. $\int_0^\infty e^{-2ax} I_0(bx) I_1(bx) x\, dx = \frac{1}{2\pi b}\left[\frac{a}{a^2-b^2} E\left(\frac{b}{a}\right) - \frac{1}{a} K\left(\frac{b}{a}\right)\right]$

$(\mathrm{Re}\,a > \mathrm{Re}\,b)$

686. $\int_0^\infty \frac{1}{(x+a)\sqrt{x}} e^{-x} K_\nu(x) dx = \frac{\pi e^a}{\sqrt{a}\cos\nu\pi} K_\nu(a)$

$\left(|\arg a| < \pi, |\mathrm{Re}\,\nu| < \frac{1}{2}\right)$

687. $\int_0^\infty x e^{-ax^2} J_\nu(bx) dx = \frac{\sqrt{\pi} b}{8\sqrt{a^3}} \exp\left(-\frac{b^2}{8a}\right)\left[I_{\frac{\nu-1}{2}}\left(\frac{b^2}{8a}\right) - I_{\frac{\nu+1}{2}}\left(\frac{b^2}{8a}\right)\right]$

$(\mathrm{Re}\,a > 0, \mathrm{Re}\,\nu > -2)$

688. $\int_0^\infty x^{\nu+1} e^{-ax^2} J_\nu(bx) dx = \frac{b^\nu}{(2a)^{\nu+1}} \exp\left(-\frac{b^2}{4a}\right)$ $(\mathrm{Re}\,a > 0, \mathrm{Re}\,\nu > -1)$

689. $\int_0^\infty x^{\nu-1}e^{-ax^2}J_\nu(bx)dx = 2^{\nu-1}b^{-\nu}\gamma\left(\nu,\frac{b^2}{4a}\right)$ $(\operatorname{Re}a>0,\operatorname{Re}\nu>0)$ [3]

[这里，$\gamma(a,x)$为不完全伽马函数(见附录)，以下同]

690. $\int_0^\infty x^{\nu+1}e^{\pm iax^2}J_\nu(bx)dx = \frac{b^\nu}{(2a)^{\nu+1}}\exp\left[\pm i\left(\frac{\nu+1}{2}\pi-\frac{b^2}{4a}\right)\right]$

$\left(a>0,b>0,-1<\operatorname{Re}\nu<\frac{1}{2}\right)$

691. $\int_0^1 x^{n+1}e^{-ax^2}I_n(2ax)dx = \frac{1}{4a}\left[e^a-e^{-a}\sum_{r=-n}^{n}I_r(2a)\right]$ $(n=0,1,2,\cdots)$

692. $\int_1^\infty x^{1-n}e^{-ax^2}I_n(2ax)dx = \frac{1}{4a}\left[e^a-e^{-a}\sum_{r=1-n}^{n-1}I_r(2a)\right]$ $(n=1,2,\cdots)$

693. $\int_0^\infty xe^{-q^2x^2}J_p(ax)J_p(bx)dx = \frac{1}{2q^2}\exp\left(-\frac{a^2+b^2}{4q^2}\right)I_p\left(\frac{ab}{2q^2}\right)$

$\left(a>0,b>0,\operatorname{Re}p>-1,|\arg q|<\frac{\pi}{4}\right)$

694. $\int_0^\infty x^{2\nu+1}e^{-ax^2}J_\nu(x)N_\nu(x)dx = \frac{1}{2\sqrt{\pi}}a^{-\frac{3\nu+1}{2}}\exp\left(-\frac{1}{2a}\right)W_{\frac{\nu}{2},\frac{\nu}{2}}\left(\frac{1}{a}\right)$

$\left(\operatorname{Re}a>0,\operatorname{Re}\nu>-\frac{1}{2}\right)$

695. $\int_0^\infty xe^{-ax^2}I_\nu(bx)J_\nu(cx)dx = \frac{1}{2a}\exp\left(\frac{b^2-c^2}{4a}\right)J_\nu\left(\frac{bc}{2a}\right)$

$(\operatorname{Re}a>0,\operatorname{Re}\nu>-1)$

696. $\int_0^\infty xe^{-\frac{x^2}{2a}}[I_\nu(x)+I_{-\nu}(x)]K_\nu(x)dx = ae^aK_\nu(a)$

$(\operatorname{Re}a>0,-1<\operatorname{Re}\nu<1)$

697. $\int_0^\infty x^{-1}e^{-\frac{a}{x}}J_\nu(bx)dx = 2J_\nu(\sqrt{2ab})K_\nu(\sqrt{2ab})$ $(\operatorname{Re}a>0,b>0)$

698. $\int_0^\infty x^{-1}e^{-\frac{a}{x}}N_\nu(bx)dx = 2N_\nu(\sqrt{2ab})K_\nu(\sqrt{2ab})$ $(\operatorname{Re}a>0,b>0)$

699. $\int_0^\infty x^{-1}e^{-\frac{a}{x}-bx}J_\nu(cx)dx = 2J_\nu(\sqrt{2a}\sqrt{\sqrt{b^2+c^2}-b})K_\nu(\sqrt{2a}\sqrt{\sqrt{b^2+c^2}+b})$

$(\operatorname{Re}a>0,\operatorname{Re}b>0,c>0)$

700. $\int_0^\infty \frac{1}{\sqrt{b^2+x^2}}\exp(-a\sqrt{b^2+x^2})J_\nu(cx)dx$

$= I_{\frac{\nu}{2}}\left[\frac{b}{2}(\sqrt{a^2+c^2}-a)\right]K_{\frac{\nu}{2}}\left[\frac{b}{2}(\sqrt{a^2+c^2}+a)\right]$

$(\operatorname{Re}a>0,\operatorname{Re}b>0,c>0,\operatorname{Re}\nu>-1)$

701. $\int_0^\infty \frac{1}{\sqrt{b^2+x^2}}\exp(-a\sqrt{b^2+x^2})\,\mathrm{N}_\nu(cx)\,\mathrm{d}x$

$$=-\sec\frac{\nu\pi}{2}\mathrm{K}_{\frac{\nu}{2}}\left[\frac{b}{2}(\sqrt{a^2+c^2}+a)\right]$$

$$\cdot\left\{\frac{1}{\pi}\mathrm{K}_{\frac{\nu}{2}}\left[\frac{b}{2}(\sqrt{a^2+c^2}+a)\right]+\sin\frac{\nu\pi}{2}\mathrm{I}_{\frac{\nu}{2}}\left[\frac{b}{2}(\sqrt{a^2+c^2}-a)\right]\right\}$$

$(\mathrm{Re}\,a>0,\mathrm{Re}\,b>0,c>0,|\mathrm{Re}\,\nu|<1)$

702. $\int_0^\infty \frac{1}{\sqrt{b^2+x^2}}\exp(-a\sqrt{b^2+x^2})\mathrm{K}_\nu(cx)\,\mathrm{d}x$

$$=\frac{1}{2}\sec\frac{\nu\pi}{2}\mathrm{K}_{\frac{\nu}{2}}\left[\frac{b}{2}(a+\sqrt{a^2-c^2})\right]\mathrm{K}_{\frac{\nu}{2}}\left[\frac{b}{2}(a-\sqrt{a^2-c^2})\right]$$

$[\mathrm{Re}\,a>0,\mathrm{Re}\,b>0,\mathrm{Re}\,(b+c)>0,|\mathrm{Re}\,\nu|<1]$

Ⅱ.2.4.13 更复杂自变数的贝塞尔函数与指数函数和幂函数组合的积分

703. $\int_0^\infty \sqrt{x}\mathrm{e}^{-ax}\mathrm{J}_{\pm\frac{1}{4}}(x^2)\,\mathrm{d}x=\frac{\sqrt{\pi a}}{4}\left[\mathbf{H}_{\mp\frac{1}{4}}\left(\frac{a^2}{4}\right)-\mathrm{N}_{\mp\frac{1}{4}}\left(\frac{a^2}{4}\right)\right]$ [3]

[这里,$\mathbf{H}_\nu(z)$为斯特鲁维(Struve)函数(见附录),以下同]

704. $\int_0^\infty x^{-1}\mathrm{e}^{-ax}\mathrm{N}_\nu\left(\frac{2}{x}\right)\mathrm{d}x=2\mathrm{N}_\nu(2\sqrt{a})\mathrm{K}_\nu(2\sqrt{a})\quad(\mathrm{Re}\,a>0)$

705. $\int_0^\infty x^{-1}\mathrm{e}^{-ax}\mathrm{H}_\nu^{(1,2)}\left(\frac{2}{x}\right)\mathrm{d}x=\mathrm{H}_\nu^{(1,2)}(\sqrt{a})\mathrm{K}_\nu(\sqrt{a})$

706. $\int_0^\infty x^{-\frac{1}{2}}\mathrm{e}^{-ax}\mathrm{N}_{2\nu}(b\sqrt{x})\,\mathrm{d}x$

$$=-\sqrt{\frac{\pi}{a}}\frac{1}{\cos\nu\pi}\exp\left(-\frac{b^2}{8a}\right)\left[\sin\nu\pi\,\mathrm{I}_\nu\left(\frac{b^2}{8a}\right)+\frac{1}{\pi}\mathrm{K}_\nu\left(\frac{b^2}{8a}\right)\right]$$

$\left(|\mathrm{Re}\,\nu|<\frac{1}{2}\right)$

707. $\int_0^\infty \mathrm{e}^{-px}\mathrm{J}_{2\nu}(2a\sqrt{x})\mathrm{J}_\nu(bx)\,\mathrm{d}x=\frac{1}{\sqrt{p^2+b^2}}\exp\left(-\frac{a^2p}{p^2+b^2}\right)\mathrm{J}_\nu\left(\frac{a^2b}{p^2+b^2}\right)$

$\left(\mathrm{Re}\,p>0,b>0,\mathrm{Re}\,\nu>-\frac{1}{2}\right)$

708. $\int_1^\infty (x^2-1)^{-\frac{1}{2}}\mathrm{e}^{-ax}\mathrm{J}_\nu(b\sqrt{x^2-1})\,\mathrm{d}x$

$$= I_{\frac{\nu}{2}}\left[\frac{1}{2}(\sqrt{a^2+b^2}-a)\right]K_{\frac{\nu}{2}}\left[\frac{1}{2}(\sqrt{a^2+b^2}+a)\right]$$

709. $\int_1^{\infty}(x^2-1)^{\frac{\nu}{2}}e^{-ax}J_\nu(b\sqrt{x^2-1})dx=\sqrt{\frac{2}{\pi}}b^\nu(a^2+b^2)^{-\frac{2\nu+1}{4}}K_{\nu+\frac{1}{2}}(\sqrt{a^2+b^2})$

710. $\int_{-1}^{1}(1-x^2)^{-\frac{1}{2}}e^{-ax}I_1(b\sqrt{1-x^2})dx=\frac{2}{b}(\cosh\sqrt{a^2+b^2}-\cosh a)$

$(a>0, b>0)$

711. $\int_1^{\infty}\left(\frac{x-1}{x+1}\right)^{\frac{\nu}{2}}e^{-ax}J_\nu(b\sqrt{x^2-1})dx=\frac{\exp(-\sqrt{a^2+b^2})}{\sqrt{a^2+b^2}}\left(\frac{b}{a+\sqrt{a^2+b^2}}\right)^\nu$

$(\mathrm{Re}\,\nu>-1)$

712. $\int_1^{\infty}\left(\frac{x-1}{x+1}\right)^{\frac{\nu}{2}}e^{-ax}I_\nu(b\sqrt{x^2-1})dx=\frac{\exp(-\sqrt{a^2-b^2})}{\sqrt{a^2-b^2}}\left(\frac{b}{a+\sqrt{a^2-b^2}}\right)^\nu$

$(\mathrm{Re}\,\nu>-1, a>b)$

713. $\int_0^{\infty}\left(\frac{t-b}{t+b}\right)^{\frac{\nu}{2}}e^{-pt}K_\nu(a\sqrt{t^2-b^2})dt$

$$=\frac{\Gamma(\nu+1)}{2sa^\nu}[x^\nu e^{-bs}\Gamma(-\nu,bx)-y^\nu e^{bs}\Gamma(-\nu,by)]$$

$[\mathrm{Re}\,(p+a)>0, \mathrm{Re}\,\nu<1]$

(这里,$s=\sqrt{p^2-a^2}, x=p-s, y=p+s$)

Ⅱ.2.4.14 贝塞尔函数与更复杂自变数的指数函数和幂函数组合的积分

714. $\int_0^{\infty}xe^{-\frac{1}{4}ax^2}J_{\frac{\nu}{2}}\left(\frac{1}{4}bx^2\right)J_\nu(cx)dx=\frac{2}{\sqrt{a^2+b^2}}\exp\left(-\frac{ac^2}{a^2+b^2}\right)J_{\frac{\nu}{2}}\left(\frac{bc^2}{a^2+b^2}\right)$

$(c>0, \mathrm{Re}\,a>|\mathrm{Im}\,b|, \mathrm{Re}\,\nu>-1)$

715. $\int_0^{\infty}xe^{-\frac{1}{4}ax^2}I_{\frac{\nu}{2}}\left(\frac{1}{4}ax^2\right)J_\nu(bx)dx=\frac{\sqrt{2}}{b\sqrt{a\pi}}\exp\left(-\frac{b^2}{2a}\right)$

$(\mathrm{Re}\,a>0, b>0, \mathrm{Re}\,\nu>-1)$

716. $\int_0^{\infty}\exp\left[-\frac{1}{2}x-\frac{1}{2x}(a^2+b^2)\right]I_\nu\left(\frac{ab}{x}\right)\frac{dx}{x}$

$$=\begin{cases}2I_\nu(a)K_\nu(b) & (0<a<b, \mathrm{Re}\,\nu>-1)\\ 2K_\nu(a)I_\nu(b) & (0<b<a, \mathrm{Re}\,\nu>-1)\end{cases}$$

717. $\int_0^\infty \exp\left[-\frac{1}{2}x-\frac{1}{2x}(z^2+w^2)\right]\mathrm{K}_\nu\left(\frac{zw}{x}\right)\frac{\mathrm{d}x}{x}=2\mathrm{K}_\nu(z)\mathrm{K}_\nu(w)$

$\left[|\arg z|<\pi,\ |\arg w|<\pi,\ |\arg(z+w)|<\frac{\pi}{4}\right]$

718. $\int_0^\infty x^{-\frac{1}{2}}\exp\left(-\frac{b^2}{8x}-ax\right)\mathrm{K}_\nu\left(\frac{b^2}{8x}\right)\mathrm{d}x=\frac{2\sqrt{\pi}}{\sqrt{a}}\mathrm{K}_{2\nu}(b\sqrt{a})$

719. $\int_0^\infty \frac{x}{\sqrt{b^2+x^2}}\exp\left(-\frac{a^2b}{b^2+x^2}\right)\mathrm{J}_\nu\left(\frac{a^2x}{b^2+x^2}\right)\mathrm{J}_\nu(cx)\mathrm{d}x=\frac{1}{c}\mathrm{e}^{-bc}\mathrm{J}_{2\nu}(2a\sqrt{c})$

$\left(\mathrm{Re}\, b>0, c>0, \mathrm{Re}\,\nu>-\frac{1}{2}\right)$

720. $\int_0^\infty \mathrm{e}^{-(\xi-z)\cosh t}\mathrm{J}_{2\nu}(2\sqrt{z\xi}\sinh t)\mathrm{d}t=\mathrm{I}_\nu(z)\mathrm{K}_\nu(\xi)$

$\left[\mathrm{Re}\,(\xi-z)>0, \mathrm{Re}\,\nu>-\frac{1}{2}\right]$

721. $\int_0^\infty \mathrm{e}^{-(\xi+z)\cosh t}\mathrm{K}_{2\nu}(2\sqrt{z\xi}\sinh t)\mathrm{d}t=\frac{1}{2}\sec\nu\pi\,\mathrm{K}_\nu(z)\mathrm{K}_\nu(\xi)$

$\left[\mathrm{Re}\,(\sqrt{z}+\sqrt{\xi})^2>0,\ |\mathrm{Re}\,\nu|<\frac{1}{2}\right]$

Ⅱ.2.4.15 贝塞尔函数与对数函数或反正切函数组合的积分

722. $\int_0^\infty \ln x\mathrm{J}_0(ax)\mathrm{d}x=-\frac{1}{a}[\ln(2a)+\gamma]$

[这里,γ为欧拉常数(见附录),以下同]

723. $\int_0^\infty \ln x\mathrm{J}_1(ax)\mathrm{d}x=-\frac{1}{a}\left(\ln\frac{a}{2}+\gamma\right)$

724. $\int_0^\infty \ln(a^2+x^2)\mathrm{J}_1(bx)\mathrm{d}x=\frac{2}{b}[\mathrm{K}_0(ab)+\ln a]$

725. $\int_0^\infty \ln\sqrt{1+t^4}\,\mathrm{J}_1(xt)\mathrm{d}t=\frac{2}{x}\mathrm{ker}(x)$

726. $\int_0^\infty \frac{\ln(x+\sqrt{x^2+a^2})}{\sqrt{x^2+a^2}}\mathrm{J}_0(bx)\mathrm{d}x=\frac{1}{2}\left[\mathrm{K}_0\left(\frac{ab}{2}\right)\right]^2+\ln a\,\mathrm{I}_0\left(\frac{ab}{2}\right)\mathrm{K}_0\left(\frac{ab}{2}\right)$

$(a>0, b>0)$

727. $\int_0^\infty \ln\frac{\sqrt{x^2+a^2}+x}{\sqrt{x^2+a^2}-x}\mathrm{J}_0(bx)\frac{\mathrm{d}x}{\sqrt{x^2+a^2}}=\left[\mathrm{K}_0\left(\frac{ab}{2}\right)\right]^2\quad(\mathrm{Re}\,a>0, b>0)$

728. $\int_0^\infty x[\ln(a+\sqrt{a^2+x^2})-\ln x]\mathrm{J}_0(bx)\mathrm{d}x=\frac{1}{b^2}(1-\mathrm{e}^{-ab})\quad(\mathrm{Re}\,a>0, b>0)$

729. $\int_0^\infty x\ln\left(1+\frac{a^2}{x^2}\right)\mathrm{J}_0(bx)\mathrm{d}x = \frac{2}{b}\left[\frac{1}{b} - a\mathrm{K}_1(ab)\right]$ $(\mathrm{Re}\, a > 0, b > 0)$

730. $\int_0^\infty \arctan t^2\, \mathrm{J}_1(xt)\mathrm{d}t = -\frac{2}{x}\mathrm{kei}(x)$

[这里，$\mathrm{kei}(x)$ 为汤姆森(Thomson) 函数，见附录]

Ⅱ.2.4.16 贝塞尔函数与双曲函数和指数函数组合的积分

731. $\int_0^\infty \mathrm{K}_\nu(bx)\sinh ax\,\mathrm{d}x = \frac{\pi}{2}\frac{\csc\frac{\nu\pi}{2}\sin\left(\nu\arcsin\frac{a}{b}\right)}{\sqrt{b^2-a^2}}$

$(\mathrm{Re}\, b > |\mathrm{Re}\, a|, |\mathrm{Re}\,\nu| < 2)$

732. $\int_0^\infty \mathrm{K}_\nu(bx)\cosh ax\,\mathrm{d}x = \frac{\pi}{2}\frac{\cos\left(\nu\arcsin\frac{a}{b}\right)}{\sqrt{b^2-a^2}\cos\frac{\nu\pi}{2}}$ $(\mathrm{Re}\, b > |\mathrm{Re}\, a|, |\mathrm{Re}\,\nu| < 1)$

733. $\int_0^\infty \mathrm{K}_0(ax)\mathrm{J}_0(cx)\cosh bx\,\mathrm{d}x = \frac{\mathrm{K}(k)}{\sqrt{\mu+\nu}}$ $(\mathrm{Re}\, a > |\mathrm{Re}\, b|, c > 0)$

$\Big[$这里，$\mu = \frac{1}{2}\sqrt{(a^2+b^2+c^2)^2-4a^2b^2}+a^2-b^2-c^2$，

$\nu = \frac{1}{2}\sqrt{(a^2+b^2+c^2)^2-4a^2b^2}-a^2+b^2+c^2$，$k^2 = \frac{\nu}{\mu+\nu}\Big]$

734. $\int_0^\infty \mathrm{K}_1(ax)\mathrm{J}_0(cx)\cosh bx\,\mathrm{d}x = \frac{1}{a}\left[\mu\mathrm{E}(k) - \mathrm{K}(k)\mathrm{E}(\mu) + \frac{\mathrm{K}(k)\,\mathrm{sn}\mu\,\mathrm{dn}\mu}{\mathrm{cn}\mu}\right]$

$(\mathrm{Re}\, a > |\mathrm{Re}\, b|, c > 0)$ [3]

$\Big\{$这里，$\mathrm{cn}^2\mu = \frac{2c^2}{\sqrt{(a^2+b^2+c^2)^2-4a^2b^2}-a^2+b^2+c^2}$，

$k^2 = \frac{1}{2}\left[1-\frac{a^2-b^2-c^2}{\sqrt{(a^2+b^2+c^2)^2-4a^2b^2}}\right]$；$\mathrm{K}(k)$，$\mathrm{E}(k)$为完全椭圆积分，$\mathrm{sn}\mu$，

$\mathrm{cn}\mu$，$\mathrm{dn}\mu$ 为雅可比椭圆函数(见附录)，以下同$\Big\}$

735. $\int_0^\infty \mathrm{J}_{\mu+\nu}(2z\sinh t)\sinh(\mu-\nu)t\,\mathrm{d}t = \frac{1}{2}[\mathrm{I}_\nu(z)\mathrm{K}_\mu(z) - \mathrm{I}_\mu(z)\mathrm{K}_\nu(z)]$

$\left[\mathrm{Re}\,(\mu+\nu) > -1, |\mathrm{Re}\,(\mu-\nu)| < \frac{3}{2}, z > 0\right]$

736. $\int_0^\infty J_{\mu+\nu}(2z\sinh t)\cosh(\mu-\nu)t\,dt=\frac{1}{2}[I_\nu(z)K_\mu(z)+I_\mu(z)K_\nu(z)]$

$\left[\mathrm{Re}\,(\mu+\nu)>-1,\ |\,\mathrm{Re}\,(\mu-\nu)\,|<\frac{3}{2},z>0\right]$

737. $\int_0^\infty J_{\mu+\nu}(2z\cosh t)\cosh(\mu-\nu)t\,dt=-\frac{\pi}{4}[J_\mu(z)N_\nu(z)+J_\nu(z)N_\mu(z)]$

$(z>0)$

738. $\int_0^\infty N_{\mu+\nu}(2z\cosh t)\cosh(\mu-\nu)t\,dt=\frac{\pi}{4}[J_\mu(z)J_\nu(z)-N_\mu(z)N_\nu(z)]$

$(z>0)$

739. $\int_0^\infty K_{\mu\pm\nu}(2z\cosh t)\cosh(\mu\mp\nu)t\,dt=\frac{1}{2}K_\mu(z)K_\nu(z)\quad(\mathrm{Re}\,z>0)$

740. $\int_0^\infty J_0(2z\sinh t)\sinh 2\nu t\,dt=\frac{\sin\nu\pi}{\pi}[K_\nu(z)]^2\quad\left(|\,\mathrm{Re}\,\nu\,|<\frac{3}{4},z>0\right)$

741. $\int_0^\infty N_0(2z\sinh t)\sinh 2\nu t\,dt$

$$=\frac{1}{\pi}\left[I_\nu(z)\frac{\partial K_\nu(z)}{\partial\nu}-K_\nu(z)\frac{\partial I_\nu(z)}{\partial\nu}\right]-\frac{1}{\pi}\cos\nu\pi[K_\nu(z)]^2$$

$\left(|\,\mathrm{Re}\,\nu\,|<\frac{3}{4},z>0\right)$

742. $\int_0^\infty N_0(2z\sinh t)\cosh 2\nu t\,dt=-\frac{\cos\nu\pi}{\pi}[K_\nu(z)]^2\quad\left(|\,\mathrm{Re}\,\nu\,|<\frac{3}{4},z>0\right)$

743. $\int_0^\infty K_0(2z\sinh t)\cosh 2\nu t\,dt=\frac{\pi^2}{8}\{[J_\nu(z)]^2+[N_\nu(z)]^2\}\quad(\mathrm{Re}\,z>0)$

744. $\int_0^\infty K_{2\nu}(2a\cosh x)\cosh 2\mu x\,dx=\frac{1}{2}K_{\mu+\nu}(a)K_{\mu-\nu}(a)\quad(\mathrm{Re}\,a>0)$

745. $\int_0^a\frac{\cosh\sqrt{a^2-x^2}\,\sinh t}{\sqrt{a^2-x^2}}I_{2\nu}(x)\,dx=\frac{\pi}{2}I_\nu\left(\frac{1}{2}ae^t\right)I_\nu\left(\frac{1}{2}ae^{-t}\right)$

$\left(\mathrm{Re}\,\nu>-\frac{1}{2}\right)$

746. $\int_0^a\frac{\cosh(\sqrt{a^2-x^2}\,\sinh t)}{\sqrt{a^2-x^2}}K_{2\nu}(x)\,dx$

$$=\frac{\pi^2}{4}\csc\nu\pi[I_{-\nu}(ae^t)I_{-\nu}(ae^{-t})-I_\nu(ae^t)I_\nu(ae^{-t})]$$

$\left(|\,\mathrm{Re}\,\nu\,|<\frac{1}{2}\right)$

747. $\int_0^\infty e^{-ax}\sinh bx\,J_0(cx)\,dx=\frac{\sqrt{ab}}{r_1r_2}\sqrt{\frac{r_2-r_1}{r_2+r_1}}\quad(\mathrm{Re}\,a>|\,\mathrm{Re}\,b\,|,c>0)$

[这里,$r_1=\sqrt{c^2+(b-a)^2}$,$r_2=\sqrt{c^2+(b+a)^2}$]　[3]

748. $\int_0^\infty e^{-ax}\cosh bx\,J_0(cx)\,dx=\frac{\sqrt{ab}}{r_1r_2}\sqrt{\frac{r_2+r_1}{r_2-r_1}}\quad(\mathrm{Re}\,a>|\mathrm{Re}\,b|,c>0)$

[这里,$r_1=\sqrt{c^2+(b-a)^2}$,$r_2=\sqrt{c^2+(b+a)^2}$]　[3]

Ⅱ.2.4.17　贝塞尔函数与其他特殊函数组合的积分

749. $\int_0^\infty \mathrm{Ei}(-x)J_0(2\sqrt{zx})\,dx=\frac{e^{-z}-1}{z}$

750. $\int_0^\infty \mathrm{si}(x)J_0(2\sqrt{zx})\,dx=-\frac{\sin z}{z}$

751. $\int_0^\infty \mathrm{ci}(x)J_0(2\sqrt{zx})\,dx=\frac{\cos z-1}{z}$

752. $\int_0^\infty \mathrm{Ei}(-x)J_1(2\sqrt{zx})\frac{dx}{\sqrt{x}}=\frac{\mathrm{Ei}(-z)-\ln z-\gamma}{\sqrt{z}}$

[这里,γ为欧拉常数(见附录),以下同]

753. $\int_0^\infty \mathrm{si}(x)J_1(2\sqrt{zx})\frac{dx}{\sqrt{x}}=-\frac{\frac{\pi}{2}-\mathrm{si}(z)}{\sqrt{z}}$

754. $\int_0^\infty \mathrm{ci}(x)J_1(2\sqrt{zx})\frac{dx}{\sqrt{x}}=\frac{\mathrm{ci}(z)-\ln z-\gamma}{\sqrt{z}}$

755. $\int_0^\infty \mathrm{Ei}(-x)N_0(2\sqrt{zx})\,dx=-\frac{e^z\mathrm{Ei}(-z)-\ln z-\gamma}{\pi z}$

756. $\int_0^\infty \mathrm{ci}(a^2x^2)J_0(bx)\,dx=\frac{1}{b}\left[\mathrm{ci}\left(\frac{b^2}{4a^2}\right)+\ln\frac{b^2}{4a^2}+2\gamma\right]\quad(a>0)$

757. $\int_0^\infty \mathrm{si}(a^2x^2)J_1(bx)\,dx=\frac{1}{b}\left[-\mathrm{si}\left(\frac{b^2}{4a^2}\right)-\frac{\pi}{2}\right]\quad(a>0)$

758. $\int_0^\infty x\,\mathrm{si}(a^2x^2)J_0(bx)\,dx=-\frac{2}{b^2}\sin\frac{b^2}{4a^2}\quad(a>0)$

759. $\int_0^\infty x\,\mathrm{ci}(a^2x^2)J_0(bx)\,dx=\frac{2}{b^2}\left(1-\cos\frac{b^2}{4a^2}\right)\quad(a>0)$

760. $\int_0^\infty x^{\nu+1}[1-\Phi(ax)]J_\nu(bx)\,dx$

$$=\frac{a^{-\nu}}{b^2\Gamma(\nu+2)}\Gamma\left(\nu+\frac{3}{2}\right)\exp\left(-\frac{b^2}{8a^2}\right)M_{\frac{\nu}{2}+\frac{1}{2},\frac{\nu}{2}+\frac{1}{2}}\left(\frac{b^2}{4a^2}\right)$$

$\left(|\arg a|<\frac{\pi}{4},b>0,\mathrm{Re}\,\nu>-1\right)$　[3]

[这里, $M_{\lambda,\mu}(z)$ 为惠特克函数,见附录]

761. $\int_0^{\infty} x^{\nu}[1-\Phi(ax)]J_{\nu}(bx)\,dx$

$$=\sqrt{\frac{2}{\pi}}\cdot\frac{a^{\frac{1}{2}-\nu}\Gamma\left(\nu+\frac{1}{2}\right)}{b^{\frac{3}{2}}\Gamma\left(\nu+\frac{3}{2}\right)}\exp\left(-\frac{b^2}{8a^2}\right)M_{\frac{\nu}{2}-\frac{1}{4},\frac{\nu}{2}+\frac{1}{4}}\left(\frac{b^2}{4a^2}\right)$$

$\left(|\arg a|<\frac{\pi}{4}, b>0, \operatorname{Re}\nu>-\frac{1}{2}\right)$ [3]

762. $\int_0^{\infty} x^{-1}\exp\left(\frac{a^2}{2x}-x\right)\left[1-\Phi\left(\frac{a}{\sqrt{2x}}\right)\right]K_{\nu}(x)\,dx$

$$=\frac{1}{4}\pi^{\frac{5}{2}}\sec\nu\pi\{[J_{\nu}(a)]^2+[N_{\nu}(a)]^2\}$$

$\left(\operatorname{Re}a>0, |\operatorname{Re}\nu|<\frac{1}{2}\right)$

763. $\int_0^{\infty} x^{\nu-2\mu+2n+2}e^{x^2}\Gamma(\mu,x^2)N_{\nu}(bx)\,dx$

$$=\frac{(-1)^n}{b\Gamma(1-\mu)}\Gamma\left(\frac{3}{2}-\mu+\nu+n\right)\Gamma\left(\frac{3}{2}-\mu+n\right)\exp\left(\frac{b^2}{8}\right)W_{\mu-\frac{\nu}{2}-n-1,\frac{\nu}{2}}\left(\frac{b^2}{4}\right)$$

$\left[\operatorname{Re}(\nu-\mu+n)>-\frac{3}{2}, \operatorname{Re}(-\mu+n)>-\frac{3}{2}, \operatorname{Re}\nu<\frac{1}{2}-2n, b>0, n\right.$ 为整数$\left.\right]$ [3]

[这里, $W_{\lambda,\mu}(z)$ 为惠特克函数,见附录]

Ⅱ.2.5 由贝塞尔函数生成的函数的定积分

Ⅱ.2.5.1 斯特鲁维(Struve)函数的积分

764. $\int_0^{\infty}\mathbf{H}_{\nu}(bx)\,dx=-\frac{1}{b}\cot\frac{\nu\pi}{2}\quad(b>0, -2<\operatorname{Re}\nu<0)$

[这里 $\mathbf{H}_{v}(z)$ 为斯特鲁维函数(见附录),以下同]

765. $\int_0^{\infty}\mathbf{H}_{\nu}\left(\frac{a^2}{x}\right)\mathbf{H}_{\nu}(bx)\,dx=-\frac{1}{b}J_{2\nu}(2a\sqrt{b})\quad\left(a>0, b>0, \operatorname{Re}\nu>-\frac{3}{2}\right)$

766. $\int_0^\infty \frac{1}{x}\mathbf{H}_{\nu-1}\left(\frac{a^2}{x}\right)\mathbf{H}_\nu(bx)\mathrm{d}x = -\frac{1}{a\sqrt{b}}\mathrm{J}_{2\nu-1}(2a\sqrt{b})$

$\left(a>0, b>0, \mathrm{Re}\,\nu>-\frac{1}{2}\right)$

767. $\int_0^\infty \frac{\mathbf{H}_1(bx)}{x^2+a^2}\mathrm{d}x = \frac{\pi}{2a}[\mathrm{I}_1(ab)-\mathbf{L}_1(ab)]$ $(\mathrm{Re}\,a>0, b>0)$

768. $\int_0^\infty \frac{\mathbf{H}_\nu(bx)}{x^2+a^2}\mathrm{d}x = -\frac{\pi}{2a\sin\frac{\nu\pi}{2}}\mathbf{L}_\nu(ab)+\frac{b}{1-\nu^2}\cot\frac{\nu\pi}{2}\cdot{}_1\mathrm{F}_2\left(1;\frac{3-\nu}{2};\frac{3+\nu}{2};\frac{a^2b^2}{2}\right)$

$(\mathrm{Re}\,a>0, b>0, |\mathrm{Re}\,\nu|<2)$ [3]

769. $\int_0^\infty x^{\mu-1}\mathbf{H}_\nu(ax)\mathrm{d}x = \frac{2^{\mu-1}\Gamma\left(\frac{\mu+\nu}{2}\right)}{a^\mu\Gamma\left(\frac{\nu}{2}-\frac{\mu}{2}+1\right)}\tan\frac{(\mu+\nu)\pi}{2}$

$\left[a>0, -1-\mathrm{Re}\,\nu<\mathrm{Re}\,\mu<\min\left(\frac{3}{2}, 1-\mathrm{Re}\,\nu\right)\right]$

770. $\int_0^1 x^{\nu+1}\mathbf{H}_\nu(ax)\mathrm{d}x = \frac{1}{a}\mathbf{H}_{\nu+1}(a)$ $\left(a>0, \mathrm{Re}\,\nu>-\frac{3}{2}\right)$

771. $\int_0^1 x^{1-\nu}\mathbf{H}_\nu(ax)\mathrm{d}x = \frac{a^{\nu-1}}{2^{\nu-1}\sqrt{\pi}\Gamma\left(\nu+\frac{1}{2}\right)}-\frac{1}{a}\mathbf{H}_{\nu-1}(a)$ $(a>0)$

772. $\int_0^\infty x^{-\nu-1}\mathbf{H}_\nu(x)\mathrm{d}x = \frac{2^{-\nu-1}\pi}{\Gamma(\nu+1)}$ $\left(\mathrm{Re}\,\nu>-\frac{3}{2}\right)$

773. $\int_0^\infty x^{-\mu-\nu}\mathbf{H}_\mu(x)\mathbf{H}_\nu(x)\mathrm{d}x = \frac{2^{-\mu-\nu}\sqrt{\pi}\Gamma(\mu+\nu)}{\Gamma\left(\mu+\frac{1}{2}\right)\Gamma\left(\nu+\frac{1}{2}\right)\Gamma\left(\mu+\nu+\frac{1}{2}\right)}$

$[\mathrm{Re}\,(\mu+\nu)>0]$

774. $\int_0^\infty \frac{x^\lambda\mathbf{H}_\nu(bx)}{(x^2+a^2)^{1-\mu}}\mathrm{d}x = \frac{1}{\sqrt{2b}}\frac{a^{\lambda+2\mu-\frac{3}{2}}}{\Gamma(1-\mu)}\mathrm{G}_{24}^{22}\left(\frac{a^2b^2}{4}\middle|\begin{matrix} & l, & m & \\ l, & m-\mu, & h, & k\end{matrix}\right)$

$\left[\mathrm{Re}\,a>0, b>0, \mathrm{Re}\,(\lambda+\nu)>-2, \mathrm{Re}\,(\lambda+2\mu)<\frac{5}{2}, \mathrm{Re}\,(\lambda+2\mu+\nu)<2\right]$

$\left(这里, h=\frac{1}{4}+\frac{\nu}{2}, k=\frac{1}{4}-\frac{\nu}{2}, l=\frac{3}{4}+\frac{\nu}{2}, m=\frac{3}{4}-\frac{\lambda}{2}\right)$

775. $\int_0^\infty \frac{x^{\nu+1}\mathbf{H}_\nu(bx)}{(x^2+a^2)^{1-\mu}}\mathrm{d}x = \frac{2^{2\mu-1}\pi a^{\mu+\nu}b^{-\mu}}{\Gamma(1-\mu)\cos(\mu+\nu)\pi}[\mathrm{I}_{\mu-\nu}(ab)-\mathbf{L}_{\mu+\nu}(ab)]$

$\left[\mathrm{Re}\,a>0, b>0, \mathrm{Re}\,\nu>-\frac{3}{2}, \mathrm{Re}\,(\mu+\nu)<\frac{1}{2}, \mathrm{Re}\,(2\mu+\nu)<\frac{3}{2}\right]$

776. $\int_0^1 x^{\frac{\nu}{2}}(1-x)^{\mu-1}\mathbf{H}_\nu(a\sqrt{x})\mathrm{d}x = 2^\mu a^{-\mu}\Gamma(\mu)\mathbf{H}_{\mu+\nu}(a)$

$\left(\operatorname{Re}\mu > 0, \operatorname{Re}\nu > -\frac{3}{2}\right)$ [3]

777. $\int_0^1 x^{\lambda-\frac{\nu}{2}-\frac{3}{2}}(1-x)^{\mu-1}\mathbf{H}_\nu(a\sqrt{x})\,\mathrm{d}x$

$$=\frac{a^{\nu+1}\mathrm{B}(\lambda,\mu)}{2^\nu\sqrt{\pi}\Gamma\left(\nu+\frac{3}{2}\right)}\cdot {}_2\mathrm{F}_3\left(1,\lambda;\frac{3}{2},\nu+\frac{3}{2},\lambda+\mu;-\frac{a^2}{4}\right)$$

$(\operatorname{Re}\lambda > 0, \operatorname{Re}\mu > 0)$ [3]

Ⅱ.2.5.2 斯特鲁维(Struve)函数与三角函数组合的积分

778. $\int_0^\infty x^{-\nu}\sin ax\,\mathbf{H}_\nu(bx)\,\mathrm{d}x$

$$=\begin{cases} 0 & \left(0 < b < a, \operatorname{Re}\nu > -\frac{1}{2}\right) \\ \sqrt{\pi}(2b)^{-\nu}\dfrac{(b^2-a^2)^{\nu-\frac{1}{2}}}{\Gamma\left(\nu+\frac{1}{2}\right)} & \left(0 < a < b, \operatorname{Re}\nu > -\frac{1}{2}\right) \end{cases}$$

779. $\int_0^\infty \sqrt{x}\sin ax\,\mathbf{H}_{\frac{1}{4}}(b^2x^2)\,\mathrm{d}x = -2^{-\frac{3}{2}}\frac{\sqrt{\pi a}}{b^2}\mathrm{N}_{\frac{1}{4}}\left(\frac{a^2}{4b^2}\right) \quad (a > 0)$

Ⅱ.2.5.3 斯特鲁维(Struve)函数与指数函数和幂函数组合的积分

780. $\int_0^\infty \mathrm{e}^{-ax}\mathbf{H}_0(bx)\,\mathrm{d}x = \frac{2}{\pi\sqrt{a^2+b^2}}\ln\frac{\sqrt{a^2+b^2}+b}{a} \quad (\operatorname{Re}a > |\operatorname{Im}b|)$

781. $\int_0^\infty \mathrm{e}^{-ax}\mathbf{L}_0(bx)\,\mathrm{d}x = \frac{2}{\pi\sqrt{a^2+b^2}}\arcsin\frac{b}{a} \quad (\operatorname{Re}a > |\operatorname{Re}b|)$

782. $\int_0^\infty \mathrm{e}^{-ax}\mathbf{H}_{-n-\frac{1}{2}}(bx)\,\mathrm{d}x = \frac{(-1)^n}{\sqrt{a^2+b^2}}b^{n+\frac{1}{2}}(a+\sqrt{a^2+b^2})^{-n-\frac{1}{2}}$

$(\operatorname{Re}a > |\operatorname{Im}b|)$

783. $\int_0^\infty \mathrm{e}^{-ax}\mathbf{L}_{-n-\frac{1}{2}}(bx)\,\mathrm{d}x = \frac{1}{\sqrt{a^2+b^2}}b^{n+\frac{1}{2}}(a+\sqrt{a^2-b^2})^{-n-\frac{1}{2}}$

$(\operatorname{Re}a > |\operatorname{Re}b|)$

784. $\int_0^\infty \mathrm{e}^{(\nu+1)x}\mathbf{H}_\nu(a\sinh x)\,\mathrm{d}x$

$$= \sqrt{\frac{\pi}{a}} \csc\nu\pi \left[\sinh\frac{a}{2} \mathrm{I}_{\nu+\frac{1}{2}}\left(\frac{a}{2}\right) - \cosh\frac{a}{2} \mathrm{I}_{\nu-\frac{1}{2}}\left(\frac{a}{2}\right) \right]$$

$(\mathrm{Re}\, a > 0,\ -2 < \mathrm{Re}\, \nu < 0)$

785. $$\int_0^\infty x^\lambda \mathrm{e}^{-ax} \mathbf{H}_\nu(bx)\mathrm{d}x = \frac{b^{\nu+1}\Gamma(\lambda+\nu+2)}{2^\nu a^{\lambda+\nu+2}\sqrt{\pi}\Gamma\left(\nu+\frac{3}{2}\right)} \cdot {}_3\mathrm{F}_2\left(1, \frac{\lambda+\nu+2}{2}, \frac{\lambda+\nu+3}{2}; \frac{3}{2}, \nu+\frac{3}{2}; -\frac{b^2}{a^2}\right)$$

$[\mathrm{Re}\, a > 0, b > 0, \mathrm{Re}\,(\lambda+\nu) > -2]$ [3]

786. $$\int_0^\infty x^\nu \mathrm{e}^{-ax} \mathbf{L}_\nu(bx)\mathrm{d}x = \frac{(2b)^\nu \Gamma\left(\nu+\frac{1}{2}\right)}{\sqrt{\pi}(\sqrt{a^2+b^2})^{2\nu+1}} - \frac{\left(\frac{b}{a}\right)^\nu \Gamma(2\nu+1)}{\sqrt{\frac{\pi}{2}}\, a(b^2-a^2)^{\frac{\nu}{2}+\frac{1}{4}}} \mathrm{P}_{-\nu-\frac{1}{2}}^{-\nu-\frac{1}{2}}\left(\frac{b}{a}\right)$$

$\left(\mathrm{Re}\, a > |\mathrm{Re}\, b|, \mathrm{Re}\, \nu > -\frac{1}{2}\right)$ [3]

787. $$\int_0^\infty x^{\mu-1} \mathrm{e}^{-a^2x^2} \mathbf{H}_\nu(bx)\mathrm{d}x = \frac{b^{\nu+1}\Gamma\left(\frac{\nu+\mu+1}{2}\right)}{2^{\nu+1}a^{\nu+\mu+1}\sqrt{\pi}\Gamma\left(\nu+\frac{3}{2}\right)} \cdot {}_2\mathrm{F}_2\left(1, \frac{\nu+\mu+1}{2}; \frac{3}{2}, \nu+\frac{3}{2}; -\frac{b^2}{4a^2}\right)$$

$\left(\mathrm{Re}\, \mu > -\mathrm{Re}\, \nu - 1,\ |\arg a| < \frac{\pi}{4}\right)$ [3]

788. $$\int_0^\infty t^\nu \mathrm{e}^{-at} \mathbf{L}_{2\nu}(2\sqrt{t})\mathrm{d}t = \frac{1}{a^{2\nu+1}} \mathrm{e}^{\frac{1}{a}} \Phi\left(\frac{1}{\sqrt{a}}\right)$$ [3]

789. $$\int_0^\infty t^\nu \mathrm{e}^{-at} \mathbf{L}_{-2\nu}(\sqrt{t})\mathrm{d}t = \frac{1}{a^{2\nu+1}\Gamma\left(\frac{1}{2}-2\nu\right)} \mathrm{e}^{\frac{1}{a}} \gamma\left(\frac{1}{2}-2\nu, \frac{1}{a}\right)$$ [3]

[这里,$\gamma(a,x)$为不完全伽马函数(见附录)]

Ⅱ.2.5.4 斯特鲁维(Struve)函数与贝塞尔函数组合的积分

790. $$\int_0^\infty \mathbf{H}_{\nu-1}(ax)\mathrm{N}_\nu(bx)\mathrm{d}x = \begin{cases} -a^{\nu-1}b^{-\nu} & \left(0 < b < a,\ |\mathrm{Re}\, \nu| < \frac{1}{2}\right) \\ 0 & \left(0 < a < b,\ |\mathrm{Re}\, \nu| < \frac{1}{2}\right) \end{cases}$$

791. $$\int_0^\infty [\mathbf{H}_0(ax) - \mathrm{N}_0(ax)]\mathrm{J}_0(bx)\mathrm{d}x = \frac{4}{\pi(a+b)}\mathrm{K}\left(\frac{|a-b|}{a+b}\right)$$

$(a>0,b>0)$

792. $\int_0^\infty J_{2\nu}(a\sqrt{x})\mathbf{H}_\nu(bx)\mathrm{d}x=-\frac{1}{b}N_\nu\left(\frac{a^2}{4b}\right)$

$\left(a>0,b>0,-1<\operatorname{Re}\nu<\frac{4}{5}\right)$

793. $\int_0^\infty K_{2\nu}(2a\sqrt{x})\mathbf{H}_\nu(bx)\mathrm{d}x=\frac{2^\nu}{\pi b}\Gamma(\nu+1)S_{-\nu-1,\nu}\left(\frac{a^2}{b}\right)$

$\left(\operatorname{Re}a>0,b>0,\operatorname{Re}\nu>-1\right)$

794. $\int_0^\infty\left[\cos\frac{(\mu-\nu)\pi}{2}J_\mu(a\sqrt{x})-\sin\frac{(\mu-\nu)\pi}{2}N_\mu(a\sqrt{x})\right]K_\mu(a\sqrt{x})\mathbf{H}_\nu(bx)\mathrm{d}x$

$=\frac{1}{a^2}W_{\frac{\nu}{2},\frac{\mu}{2}}\left(\frac{a^2}{2b}\right)W_{-\frac{\nu}{2},\frac{\mu}{2}}\left(\frac{a^2}{2b}\right)$

$\left(|\arg a|<\frac{\pi}{4},b>0,\operatorname{Re}\nu>|\operatorname{Re}\mu|-2\right)$ [3]

795. $\int_0^\infty\left[\mathbf{H}_{-\nu}\left(\frac{a}{x}\right)-N_{-\nu}\left(\frac{a}{x}\right)\right]J_\nu(bx)\mathrm{d}x=\frac{4}{\pi b}\cos\nu\pi K_{2\nu}(2\sqrt{ab})$

$\left(|\arg a|<\pi,b>0,|\operatorname{Re}\nu|>\frac{1}{2}\right)$ [3]

796. $\int_0^\infty\left[J_{-\nu}\left(\frac{a^2}{x}\right)+\sin\nu\pi\mathbf{H}_\nu\left(\frac{a^2}{x}\right)\right]\mathbf{H}_\nu(bx)\mathrm{d}x$

$=\frac{1}{b}\left[\frac{2}{\pi}K_{2\nu}(2a\sqrt{b})-N_{2\nu}(2a\sqrt{b})\right]$

$\left(a>0,b>0,-\frac{3}{2}<\operatorname{Re}\nu<0\right)$ [3]

797. $\int_0^\infty\left[\frac{2}{\pi}K_{2\nu}(2a\sqrt{x})+N_{2\nu}(2a\sqrt{x})\right]\mathbf{H}_\nu(bx)\mathrm{d}x=\frac{1}{b}J_\nu\left(\frac{a^2}{b}\right)$

$\left(a>0,b>0,|\operatorname{Re}\nu|<\frac{1}{2}\right)$ [3]

798. $\int_0^\infty\left[\cos\frac{\nu\pi}{2}J_\nu(ax)+\sin\frac{\nu\pi}{2}\mathbf{H}_\nu(ax)\right]\frac{\mathrm{d}x}{x^2+k^2}=\frac{\pi}{2k}[I_\nu(ak)-\mathbf{L}_\nu(ak)]$

$\left(a>0,\operatorname{Re}k>0,-\frac{1}{2}<\operatorname{Re}\nu<2\right)$ [3]

799. $\int_0^\infty x[I_\nu(ax)-\mathbf{L}_{-\nu}(ax)]J_\nu(bx)\mathrm{d}x=\frac{2}{\pi}\frac{1}{a^2+b^2}\left(\frac{b}{a}\right)^{\nu-1}\cos\nu\pi$

$\left(\operatorname{Re}a>0,b>0,-1<\operatorname{Re}\nu<-\frac{1}{2}\right)$

800. $\int_0^\infty x[\mathbf{H}_{-\nu}(ax)-N_{-\nu}(ax)]J_\nu(bx)\mathrm{d}x=\frac{1}{a+b}\frac{2b^{\nu-1}}{\pi a^\nu}\cos\nu\pi$

$\left(|\arg a|<\pi, b>0, \operatorname{Re}\nu>-\frac{1}{2}\right)$

801. $\int_0^\infty x\mathrm{K}_\nu(ax)\mathbf{H}_\nu(bx)\mathrm{d}x=\frac{a^{-\nu-1}b^{\nu+1}}{a^2+b^2}\quad\left(\operatorname{Re}a>0, b>0, \operatorname{Re}\nu>-\frac{3}{2}\right)$

802. $\int_0^\infty x[\mathrm{K}_\mu(ax)]^2\mathbf{H}_0(bx)\mathrm{d}x=-\frac{\pi}{2^{\mu+1}a^{2\mu}}\frac{(z+b)^{2\mu}+(z-b)^{2\mu}}{bz}\sec\mu\pi$

$\left(z=\sqrt{4a^2+b^2}, \operatorname{Re}a>0, b>0, |\operatorname{Re}\mu|<\frac{3}{2}\right)$

803. $\int_0^\infty x\{[\mathrm{J}_{\frac{\nu}{2}}(ax)]^2-[\mathrm{N}_{\frac{\nu}{2}}(ax)]^2\}\mathbf{H}_\nu(bx)\mathrm{d}x$

$$=\begin{cases}0 & \left(0<b<2a, -\frac{3}{2}<\operatorname{Re}\nu<0\right)\\ \frac{4}{\pi b}\frac{1}{\sqrt{b^2-4a^2}} & \left(0<2a<b, -\frac{3}{2}<\operatorname{Re}\nu<0\right)\end{cases}$$

804. $\int_0^\infty x^{\nu+1}\{[\mathrm{J}_\nu(ax)]^2-[\mathrm{N}_\nu(ax)]^2\}\mathbf{H}_\nu(bx)\mathrm{d}x$

$$=\begin{cases}0 & \left(0<b<2a, -\frac{3}{4}<\operatorname{Re}\nu<0\right)\\ \frac{2^{3\nu+2}a^{2\nu}b^{-\nu-1}}{\sqrt{\pi}\Gamma\left(\frac{1}{2}-\nu\right)}(b^2-4a^2)^{-\nu-\frac{1}{2}} & \left(0<2a<b, -\frac{3}{4}<\operatorname{Re}\nu<0\right)\end{cases}$$

805. $\int_0^\infty x^{1-\mu-\nu}\mathrm{J}_\nu(x)\mathbf{H}_\mu(x)\mathrm{d}x=\frac{(2\nu-1)2^{-\mu-\nu}}{(\mu+\nu-1)\Gamma\left(\mu+\frac{1}{2}\right)\Gamma\left(\nu+\frac{1}{2}\right)}$

$\left[\operatorname{Re}\nu>\frac{1}{2}, \operatorname{Re}(\mu+\nu)>1\right]$

806. $\int_0^\infty x^{\mu-\nu+1}\mathrm{N}_\mu(ax)\mathbf{H}_\nu(bx)\mathrm{d}x$

$$=\begin{cases}0\quad\left(0<b<a, \operatorname{Re}(\nu-\mu)>0, -\frac{3}{2}<\operatorname{Re}\nu<\frac{1}{2}\right)\\ \frac{2^{1+\mu-\nu}a^\mu b^{-\nu}}{\Gamma(\nu-\mu)}(b^2-a^2)^{\nu-\mu-1}\\ \qquad\left(0<a<b, \operatorname{Re}(\nu-\mu)>0, -\frac{3}{2}<\operatorname{Re}\nu<\frac{1}{2}\right)\end{cases}$$

807. $\int_0^\infty x^{\mu+\nu+1}\mathrm{K}_\mu(ax)\mathbf{H}_\nu(bx)\mathrm{d}x$

$$=\frac{2^{\mu+\nu+1}b^{\nu+1}}{\sqrt{\pi}a^{\mu+2\nu+3}}\Gamma\left(\mu+\nu+\frac{3}{2}\right)\mathrm{F}\left(1, \mu+\nu+\frac{3}{2}; \frac{3}{2}; -\frac{b^2}{a^2}\right)$$

$\left[\operatorname{Re}a>0, b>0, \operatorname{Re}\nu>-\frac{3}{2}, \operatorname{Re}(\mu+\nu)>-\frac{3}{2}\right]$ [3]

808. $\int_0^\infty x^{1-\mu}[\sin\mu\pi\, J_{\mu+\nu}(ax)+\cos\mu\pi\, N_{\mu+\nu}(ax)]\mathbf{H}_\nu(bx)\mathrm{d}x$

$$=\begin{cases}0 & \left[0<b<a, 1<\operatorname{Re}\mu<\frac{3}{2}, \operatorname{Re}\nu>-\frac{3}{2}, \operatorname{Re}(\nu-\mu)<\frac{1}{2}\right]\\ \frac{b^\nu(b^2-a^2)^{\mu-1}}{2^{\mu-1}a^{\mu+\nu}\Gamma(\mu)} & \\ \quad\left[0<a<b, 1<\operatorname{Re}\mu<\frac{3}{2}, \operatorname{Re}\nu>-\frac{3}{2}, \operatorname{Re}(\nu-\mu)<\frac{1}{2}\right]\end{cases}$$

Ⅱ.2.5.5 汤姆森(Thomson)函数的积分 [3]

809. $\int_0^\infty e^{-px}\operatorname{ber}(x)\mathrm{d}x=\frac{\sqrt{\sqrt{p^4+1}+p^2}}{\sqrt{2(p^4+1)}}$

810. $\int_0^\infty e^{-px}\operatorname{bei}(x)\mathrm{d}x=\frac{\sqrt{\sqrt{p^4+1}-p^2}}{\sqrt{2(p^4+1)}}$

811. $\int_0^\infty e^{-px}\operatorname{ber}_\nu(2\sqrt{x})\mathrm{d}x$

$$=\frac{1}{2p}\sqrt{\frac{\pi}{p}}\left[J_{\frac{1}{2}(\nu-1)}\left(\frac{1}{2p}\right)\cos\left(\frac{1}{2p}+\frac{3\nu\pi}{4}\right)-J_{\frac{1}{2}(\nu+1)}\left(\frac{1}{2p}\right)\cos\left(\frac{1}{2p}+\frac{3\nu+6}{4}\pi\right)\right]$$

812. $\int_0^\infty e^{-px}\operatorname{bei}_\nu(2\sqrt{x})\mathrm{d}x$

$$=\frac{1}{2p}\sqrt{\frac{\pi}{p}}\left[J_{\frac{1}{2}(\nu-1)}\left(\frac{1}{2p}\right)\sin\left(\frac{1}{2p}+\frac{3\nu\pi}{4}\right)-J_{\frac{1}{2}(\nu+1)}\left(\frac{1}{2p}\right)\sin\left(\frac{1}{2p}+\frac{3\nu+6}{4}\pi\right)\right]$$

813. $\int_0^\infty e^{-px}\operatorname{ber}(2\sqrt{x})\mathrm{d}x=\frac{1}{p}\cos\frac{1}{p}$

814. $\int_0^\infty e^{-px}\operatorname{bei}(2\sqrt{x})\mathrm{d}x=\frac{1}{p}\sin\frac{1}{p}$

815. $\int_0^\infty e^{-px}\operatorname{ker}(2\sqrt{x})\mathrm{d}x=-\frac{1}{2p}\left[\cos\frac{1}{p}\operatorname{ci}\left(\frac{1}{p}\right)+\sin\frac{1}{p}\operatorname{si}\left(\frac{1}{p}\right)\right]$

816. $\int_0^\infty e^{-px}\operatorname{kei}(2\sqrt{x})\mathrm{d}x=-\frac{1}{2p}\left[\sin\frac{1}{p}\operatorname{ci}\left(\frac{1}{p}\right)-\cos\frac{1}{p}\operatorname{si}\left(\frac{1}{p}\right)\right]$

817. $\int_0^\infty e^{-px}\operatorname{ber}_\nu(2\sqrt{x})\operatorname{bei}_\nu(2\sqrt{x})\mathrm{d}x=\frac{1}{2p}J_\nu\left(\frac{2}{p}\right)\sin\left(\frac{2}{p}+\frac{3\nu\pi}{2}\right)\quad(\operatorname{Re}\nu>-1)$

818. $\int_0^\infty e^{-px}\{[\operatorname{ber}_\nu(2\sqrt{x})]^2+[\operatorname{bei}_\nu(2\sqrt{x})]^2\}\mathrm{d}x=\frac{1}{p}I_\nu\left(\frac{2}{p}\right)\quad(\operatorname{Re}\nu>-1)$

819. $\int_0^\infty x^{-\frac{1}{2}}e^{-px}\operatorname{ber}_{2\nu}(2\sqrt{2x})\mathrm{d}x=\sqrt{\frac{\pi}{p}}J_\nu\left(\frac{1}{p}\right)\cos\left(\frac{1}{p}-\frac{3\pi}{4}+\frac{3\nu\pi}{2}\right)$

$\left(\operatorname{Re}\nu>-\dfrac{1}{2}\right)$

820. $\displaystyle\int_0^\infty x^{-\frac{1}{2}}\mathrm{e}^{-px}\operatorname{bei}_{2\nu}(2\sqrt{2x})\mathrm{d}x=\sqrt{\frac{\pi}{p}}\mathrm{J}_\nu\left(\frac{1}{p}\right)\sin\left(\frac{1}{p}-\frac{3\pi}{4}+\frac{3\nu\pi}{2}\right)$

$\left(\operatorname{Re}\nu>-\dfrac{1}{2}\right)$

821. $\displaystyle\int_0^\infty x^{\frac{\nu}{2}}\mathrm{e}^{-px}\operatorname{ber}_\nu(\sqrt{x})\mathrm{d}x=\frac{2^{-\nu}}{p^{1+\nu}}\cos\left(\frac{1}{4p}+\frac{3\nu\pi}{4}\right)\quad(\operatorname{Re}\nu>-1)$

822. $\displaystyle\int_0^\infty x^{\frac{\nu}{2}}\mathrm{e}^{-px}\operatorname{bei}_\nu(\sqrt{x})\mathrm{d}x=\frac{2^{-\nu}}{p^{1+\nu}}\sin\left(\frac{1}{4p}+\frac{3\nu\pi}{4}\right)\quad(\operatorname{Re}\nu>-1)$

823. $\displaystyle\int_0^\infty \mathrm{e}^{-px}\left[\ker(2\sqrt{x})-\frac{1}{2}\ln x\operatorname{ber}(2\sqrt{x})\right]\mathrm{d}x=\frac{1}{p}\left(\ln p\cos\frac{1}{p}+\frac{\pi}{4}\sin\frac{1}{p}\right)$

824. $\displaystyle\int_0^\infty \mathrm{e}^{-px}\left[\operatorname{kei}(2\sqrt{x})-\frac{1}{2}\ln x\operatorname{bei}(2\sqrt{x})\right]\mathrm{d}x=\frac{1}{p}\left(\ln p\sin\frac{1}{p}-\frac{\pi}{4}\cos\frac{1}{p}\right)$

825. $\displaystyle\int_0^\infty x\ker(x)\mathrm{J}_1(ax)\mathrm{d}x=\frac{1}{2a}\ln(1+a^4)^{\frac{1}{2}}\quad(a>0)$

826. $\displaystyle\int_0^\infty x\operatorname{kei}(x)\mathrm{J}_1(ax)\mathrm{d}x=-\frac{1}{2a}\arctan a^2\quad(a>0)$

Ⅱ.2.5.6 洛默尔(Lommel)函数的积分 [3]

827. $\displaystyle\int_0^\infty x^{\lambda-1}\mathrm{S}_{\mu,\nu}(x)\mathrm{d}x$

$$=\frac{\Gamma\left(\frac{1+\lambda+\mu}{2}\right)\Gamma\left(\frac{1-\lambda-\mu}{2}\right)\Gamma\left(\frac{1+\mu+\nu}{2}\right)\Gamma\left(\frac{1+\mu-\nu}{2}\right)}{2^{2-\lambda-\mu}\Gamma\left(\frac{\nu-\lambda}{2}+1\right)\Gamma\left(1-\frac{\lambda+\nu}{2}\right)}$$

$\left(-\operatorname{Re}\mu<\operatorname{Re}\lambda+1<\dfrac{5}{2}\right)$

828. $\displaystyle\int_0^u x^{\lambda-\frac{\mu}{2}-\frac{1}{2}}(u-x)^{\sigma-1}\mathrm{s}_{\mu,\nu}(a\sqrt{x})\mathrm{d}x$

$$=\frac{a^{\mu+1}u^{\lambda+\sigma}\Gamma(\sigma)\Gamma(\lambda+1)}{(\mu-\nu+1)(\mu+\nu+1)\Gamma(\lambda+\sigma+1)}$$

$$\cdot{}_2\mathrm{F}_3\left(1,1+\lambda;\frac{\mu-\nu+3}{2},\frac{\mu+\nu+3}{2},\lambda+\sigma+1;-\frac{a^2u}{4}\right)$$

$(\operatorname{Re}\lambda>-1,\operatorname{Re}\sigma>0)$

829. $\displaystyle\int_u^\infty x^{\frac{\nu}{2}}(x-u)^{\mu-1}\mathrm{s}_{\lambda,\nu}(a\sqrt{x})\mathrm{d}x=\frac{u^{\frac{\mu}{2}+\frac{\nu}{2}}\mathrm{B}\left(\mu,\frac{1-\lambda-\nu}{2}-\mu\right)}{a^\mu}\mathrm{S}_{\lambda+\mu,\mu+\nu}(a\sqrt{u})$

$[|\arg(a\sqrt{u})|<\pi, 0<2\mathrm{Re}\,\mu<1-\mathrm{Re}(\lambda+\nu)]$

830. $\int_0^{\infty}\sqrt{x}\mathrm{e}^{-ax}\mathrm{s}_{\mu,\frac{1}{4}}\left(\frac{x^2}{2}\right)\mathrm{d}x=2^{-2\mu-1}\sqrt{a}\Gamma\left(2\mu+\frac{3}{2}\right)\mathrm{S}_{-\mu-1,\frac{1}{4}}\left(\frac{a^2}{2}\right)$

$\left(|\mathrm{Re}\,a>0, \mathrm{Re}\,\mu>-\frac{3}{4}\right)$

831. $\int_0^{\infty}x^{-\mu-1}\cos ax\ \mathrm{s}_{\mu,\nu}(x)\mathrm{d}x$

$$=\begin{cases}0 & (a>1)\\ 2^{\mu-\frac{1}{2}}\sqrt{\pi}\Gamma\left(\frac{\mu+\nu+1}{2}\right)\Gamma\left(\frac{\mu-\nu+1}{2}\right)(1-a^2)^{\frac{\mu}{2}+\frac{1}{4}}\mathrm{P}_{\nu-\frac{1}{2}}^{\mu-\frac{1}{2}}(a) & \\ \quad (0<a<1) & \end{cases}$$

832. $\int_0^{\infty}x^{-\mu}\sin ax\ \mathrm{S}_{\mu,\nu}(x)\mathrm{d}x$

$$=2^{-\mu-\frac{1}{2}}\sqrt{\pi}\Gamma\left(1-\frac{\mu+\nu}{2}\right)\Gamma\left(1-\frac{\mu-\nu}{2}\right)(a^2-1)^{\frac{\mu}{2}-\frac{1}{4}}\mathrm{P}_{\nu-\frac{1}{2}}^{\mu-\frac{1}{2}}(a)$$

$(a>1, \mathrm{Re}\,\mu<1-|\mathrm{Re}\,\nu|)$

833. $\int_0^{\frac{\pi}{2}}\cos 2\mu x\ \mathrm{S}_{2\mu-1,2\nu}(a\cos x)\mathrm{d}x$

$$=\frac{\pi 2^{2\mu-3}a^{2\mu}\csc 2\nu\pi}{\Gamma(1-\mu-\nu)\Gamma(1-\mu+\nu)}\left[\mathrm{J}_{\mu+\nu}\left(\frac{a}{2}\right)\mathrm{N}_{\mu-\nu}\left(\frac{a}{2}\right)-\mathrm{J}_{\mu-\nu}\left(\frac{a}{2}\right)\mathrm{N}_{\mu+\nu}\left(\frac{a}{2}\right)\right]$$

$(\mathrm{Re}\,\mu>-2,\ |\mathrm{Re}\,\nu|<1)$

834. $\int_0^{\frac{\pi}{2}}\cos(\mu+1)x\ \mathrm{s}_{\mu,\nu}(a\cos x)\mathrm{d}x=2^{\mu-2}\pi\Gamma(q)\Gamma(\sigma)\mathrm{J}_q\left(\frac{a}{2}\right)\mathrm{J}_\sigma\left(\frac{a}{2}\right)$

$(2q=\mu+\nu+1, 2\sigma=\mu-\nu+1, \mathrm{Re}\,\mu>-2)$

835. $\int_0^{\frac{\pi}{2}}\frac{\cos 2\mu x}{\cos x}\mathrm{S}_{2\mu,2\nu}(a\sec x)\mathrm{d}x=\frac{\pi 2^{2\mu-1}}{a}\mathrm{W}_{\mu,\nu}\left(a\mathrm{e}^{\mathrm{i}\frac{\pi}{2}}\right)\mathrm{W}_{\mu,\nu}\left(a\mathrm{e}^{-\mathrm{i}\frac{\pi}{2}}\right)$

$(|\arg a|<\pi, \mathrm{Re}\,\mu<1)$

836. $\int_0^{\infty}\exp[(\mu+1)x]\mathrm{s}_{\mu,\nu}(a\sinh x)\mathrm{d}x$

$$=2^{\mu-2}\pi\csc\mu\pi\Gamma(q)\Gamma(\sigma)\left[\mathrm{I}_q\left(\frac{a}{2}\right)\mathrm{I}_\sigma\left(\frac{a}{2}\right)-\mathrm{I}_{-q}\left(\frac{a}{2}\right)\mathrm{I}_{-\sigma}\left(\frac{a}{2}\right)\right]$$

$(2q=\mu+\nu+1, 2\sigma=\mu-\nu+1, a>0, -2<\mathrm{Re}\,\mu<0)$

837. $\int_0^{\infty}\sqrt{\sinh x}\cosh\nu x\,\mathrm{S}_{\mu,\frac{1}{2}}(a\cosh x)\mathrm{d}x=\frac{\mathrm{B}\left(\frac{1}{4}-\frac{\mu+\nu}{2},\frac{1}{4}-\frac{\mu-\nu}{2}\right)}{2^{\mu+\frac{3}{2}}\sqrt{a}}\mathrm{S}_{\mu+\frac{1}{2},\nu}(a)$

$\left(|\arg a|<\pi, \mathrm{Re}\,\mu+|\mathrm{Re}\,\nu|<\frac{1}{2}\right)$

838. $\int_0^\infty x^{1-\mu-\nu}\mathrm{J}_\nu(ax)\mathrm{S}_{\mu,-\mu-2\nu}(x)\mathrm{d}x=\frac{\sqrt{\pi}a^{\nu-1}\Gamma(1-\mu-\nu)}{2^{\mu+2\nu}\Gamma\left(\nu+\frac{1}{2}\right)}(a^2-1)^{\frac{1}{2}(\mu+\nu-1)}\mathrm{P}_{\mu+\nu}^{\mu+\nu-1}(a)$

$\left[a>1,\mathrm{Re}\,\nu>-\frac{1}{2},\mathrm{Re}\,(\mu+\nu)<1\right]$

839. $\int_0^\infty x^{-\mu}\mathrm{J}_\nu(ax)\mathrm{s}_{\mu+\nu,\mu-\nu+1}(x)\mathrm{d}x$

$$=\begin{cases}2^{\nu-1}a^{-\nu}(1-a^2)^\mu\Gamma(\nu) & \left(0<a<1,\mathrm{Re}\,\mu>-1,-1<\mathrm{Re}\,\nu<\frac{3}{2}\right)\\ 0 & \left(a>1,\mathrm{Re}\,\mu>-1,-1<\mathrm{Re}\,\nu<\frac{3}{2}\right)\end{cases}$$

840. $\int_0^\infty x\mathrm{K}_\nu(bx)\mathrm{s}_{\mu,\frac{\nu}{2}}(ax^2)\mathrm{d}x=\frac{1}{4a}\Gamma\left(\mu+\frac{1}{2}\nu+1\right)\Gamma\left(\mu-\frac{1}{2}\nu+1\right)\mathrm{S}_{-\mu-1,\frac{1}{2}\nu}\left(\frac{b^2}{4a}\right)$

$\left(a>0,\mathrm{Re}\,b>0,\mathrm{Re}\,\mu>\frac{1}{2}\mid\mathrm{Re}\,\nu\mid-2\right)$

Ⅱ.2.6 勒让德(Legendre)函数和连带勒让德函数的定积分

Ⅱ.2.6.1 勒让德函数和连带勒让德函数的积分

841. $\int_{\cos\varphi}^1\mathrm{P}_\nu(x)\mathrm{d}x=\sin\varphi\mathrm{P}_\nu^{-1}(\cos\varphi)$

842. $\int_1^\infty\mathrm{Q}_\nu(x)\mathrm{d}x=\frac{1}{\nu(\nu+1)}\quad(\mathrm{Re}\,\nu>0)$

843. $\int_{-1}^1\mathrm{P}_n^m(x)\mathrm{P}_k^m(x)\mathrm{d}x=\begin{cases}0 & (n\neq k)\\ \frac{2(n+m)!}{(2n+1)(n-m)!} & (n=k)\end{cases}$

844. $\int_{-1}^1\mathrm{Q}_n^m(x)\mathrm{P}_k^m(x)\mathrm{d}x=(-1)^m\frac{1-(-1)^{n+k}(n+m)!}{(k-n)(k+n+1)(n-m)!}$

845. $\int_{-1}^1\mathrm{P}_\nu(x)\mathrm{P}_\sigma(x)\mathrm{d}x$

$$=\begin{cases}\dfrac{2\pi\sin(\sigma-\nu)\pi+4\sin\nu\pi\sin\sigma\pi[\psi(\nu+1)-\psi(\sigma+1)]}{(\sigma-\nu)(\sigma+\nu+1)\pi^2}\\ \qquad(\sigma+\nu+1\neq 0)\\ \dfrac{\pi^2-2\sin^2\nu\pi\,\psi'(\nu+1)}{\left(\nu+\dfrac{1}{2}\right)\pi^2}\quad(\sigma=\nu)\end{cases}\qquad[3]$$

846. $\int_{-1}^{1}Q_\nu(x)Q_\sigma(x)\mathrm{d}x$

$$=\begin{cases}\dfrac{[\psi(\nu+1)-\psi(\sigma+1)](1+\cos\sigma\pi\cos\nu\pi)-\dfrac{\pi}{2}\sin(\nu-\sigma)\pi}{(\sigma-\nu)(\sigma+\nu+1)}\\ \qquad(\sigma+\nu+1\neq 0;\ \nu,\sigma\neq-1,-2,-3,\cdots)\\ \dfrac{\dfrac{1}{2}\pi^2-\psi'(\nu+1)(1+\cos^2\nu\pi)}{2\nu+1}\quad(\sigma=\nu;\ \nu\neq-1,-2,-3,\cdots)\end{cases}\qquad[3]$$

847. $\int_{-1}^{1}P_\nu(x)Q_\sigma(x)\mathrm{d}x$

$$=\begin{cases}\dfrac{1-\cos(\sigma-\nu)\pi-\dfrac{2}{\pi}\sin\nu\pi\cos\sigma\pi[\psi(\nu+1)-\psi(\sigma+1)]}{(\sigma-\nu)(\sigma+\nu+1)}\\ \qquad(\mathrm{Re}\,\nu>0,\mathrm{Re}\,\sigma>0,\sigma\neq\nu)\\ -\dfrac{\sin2\nu\pi\,\psi'(\nu+1)}{(2\nu+1)\pi}\quad(\mathrm{Re}\,\nu>0,\sigma=\nu)\end{cases}\qquad[3]$$

848. $$\int_{0}^{1}P_\nu(x)P_\sigma(x)\mathrm{d}x=\frac{A\sin\dfrac{\sigma\pi}{2}\cos\dfrac{\nu\pi}{2}-\dfrac{1}{A}\sin\dfrac{\nu\pi}{2}\cos\dfrac{\sigma\pi}{2}}{\dfrac{1}{2}(\sigma-\nu)(\sigma+\nu+1)\pi}$$

$$\left[这里,A=\frac{\Gamma\left(\dfrac{1}{2}+\dfrac{\nu}{2}\right)\Gamma\left(1+\dfrac{\sigma}{2}\right)}{\Gamma\left(\dfrac{1}{2}+\dfrac{\sigma}{2}\right)\Gamma\left(1+\dfrac{\nu}{2}\right)},以下同\right]\qquad[3]$$

849. $\int_{0}^{1}Q_\nu(x)Q_\sigma(x)\mathrm{d}x$

$$=\frac{\psi(\nu+1)-\psi(\sigma+1)-\dfrac{\pi}{2}\left[\left(A-\dfrac{1}{A}\right)\sin\dfrac{(\sigma+\nu)\pi}{2}-\left(A+\dfrac{1}{A}\right)\sin\dfrac{(\sigma-\nu)\pi}{2}\right]}{(\sigma-\nu)(\sigma+\nu+1)}$$

$(\mathrm{Re}\,\nu>0,\mathrm{Re}\,\sigma>0)$ [3]

850. $\int_{0}^{1}P_\nu(x)Q_\sigma(x)\mathrm{d}x=\dfrac{\dfrac{1}{A}\cos\dfrac{(\nu-\sigma)\pi}{2}-1}{(\sigma-\nu)(\sigma+\nu+1)}\quad(\mathrm{Re}\,\nu>0,\mathrm{Re}\,\sigma>0)$ [3]

851. $\int_{1}^{\infty} \mathrm{P}_{\nu}(x)\mathrm{Q}_{\sigma}(x)\mathrm{d}x = \frac{1}{(\sigma-\nu)(\sigma+\nu+1)}$

$[\mathrm{Re}\,(\sigma-\nu) > 0, \mathrm{Re}\,(\sigma+\nu) > -1]$ [3]

852. $\int_{1}^{\infty} \mathrm{Q}_{\nu}(x)\mathrm{Q}_{\sigma}(x)\mathrm{d}x = \frac{\psi(\sigma+1)-\psi(\nu+1)}{(\sigma-\nu)(\sigma+\nu+1)}$

$[\mathrm{Re}\,(\sigma+\nu) > -1; \sigma, \nu \neq -1, -2, -3, \cdots]$ [3]

853. $\int_{1}^{\infty} [\mathrm{Q}_{\nu}(x)]^2 \mathrm{d}x = \frac{\psi'(\nu+1)}{2\nu+1} \quad \left(\mathrm{Re}\,\nu > -\frac{1}{2}\right)$ [3]

Ⅱ.2.6.2 连带勒让德函数与幂函数组合的积分

854. $\int_{\cos\varphi}^{1} x\mathrm{P}_{\nu}(x)\mathrm{d}x = -\frac{\sin\varphi}{(\nu-1)(\nu+2)}[\sin\varphi \mathrm{P}_{\nu}(\cos\varphi) + \cos\varphi \mathrm{P}_{\nu}^{1}(\cos\varphi)]$

855. $\int_{0}^{1} \frac{[\mathrm{P}_{n}^{m}(x)]^2}{1-x^2}\mathrm{d}x = \frac{(n+m)!}{2m(n-m)!} \quad (0 < m \leqslant n)$

856. $\int_{0}^{1} \frac{[\mathrm{P}_{\nu}^{\mu}(x)]^2}{1-x^2}\mathrm{d}x = -\frac{\Gamma(1+\mu+\nu)}{2\mu\Gamma(1-\mu+\nu)}$ （$\mathrm{Re}\,\mu < 0$，$\nu+\mu$ 为正整数）

857. $\int_{0}^{1} \frac{[\mathrm{P}_{\nu}^{n-\nu}(x)]^2}{1-x^2}\mathrm{d}x = -\frac{n!}{2(n-\nu)\Gamma(1-n+2\nu)} \quad (\mathrm{Re}\,\nu > n, n = 0,1,2,\cdots)$

858. $\int_{-1}^{1} \frac{\mathrm{P}_{n}^{m}(x)\mathrm{P}_{n}^{k}(x)}{1-x^2}\mathrm{d}x = 0 \quad (0 \leqslant m \leqslant n, 0 \leqslant k \leqslant n; m \neq k)$

859. $\int_{-1}^{1} x^{k}(z-x)^{-1}(1-x^2)^{\frac{m}{2}}\mathrm{P}_{n}^{m}(x)\mathrm{d}x = (-2)^{m}(z^2-1)^{\frac{m}{2}}z^{k}\mathrm{Q}_{n}^{m}(z)$

[$m \leqslant n, k = 0,1,2,\cdots,n-m$；$z$ 在沿着实轴割去区间$(-1,1)$的复平面内]

860. $\int_{0}^{1} x^{\sigma}\mathrm{P}_{\nu}(x)\mathrm{d}x = \frac{\sqrt{\pi}2^{-\sigma-1}\Gamma(1+\sigma)}{\Gamma\left(1+\frac{\sigma}{2}-\frac{\nu}{2}\right)\Gamma\left(\frac{\sigma}{2}+\frac{\nu}{2}+\frac{3}{2}\right)} \quad (\mathrm{Re}\,\sigma > -1)$

861. $$\int_{0}^{1} x^{\sigma}\mathrm{P}_{\nu}^{m}(x)\mathrm{d}x = \frac{(-1)^{m}\sqrt{\pi}2^{-2m-1}\Gamma\left(\frac{1+\sigma}{2}\right)\Gamma(1+m+\nu)}{\Gamma\left(\frac{1}{2}+\frac{m}{2}\right)\Gamma\left(\frac{3}{2}+\frac{\sigma}{2}+\frac{m}{2}\right)\Gamma(1-m+\nu)}$$

$$\cdot {}_{3}\mathrm{F}_{2}\left(\frac{m+\nu+1}{2}, \frac{m-\nu}{2}, \frac{m}{2}+1; m+1, \frac{3+\sigma+m}{2}; 1\right)$$

$(\mathrm{Re}\,\sigma > -1; m = 0,1,2,\cdots)$

862. $$\int_{0}^{1} x^{\sigma}\mathrm{P}_{\nu}^{\mu}(x)\mathrm{d}x = \frac{\sqrt{\pi}2^{2\mu-1}\Gamma\left(\frac{1+\sigma}{2}\right)}{\Gamma\left(\frac{1-\mu}{2}\right)\Gamma\left(\frac{3+\sigma-\mu}{2}\right)}$$

$$\cdot\ {}_3F_2\left(\frac{\nu-\mu+1}{2},-\frac{\mu+\nu}{2},1-\frac{\mu}{2};1-\mu,\frac{3+\sigma-\mu}{2};1\right)$$

$(\mathrm{Re}\,\sigma>-1,\mathrm{Re}\,\mu<2)$

863. $\int_1^\infty x^{\mu-1}Q_\nu(ax)\mathrm{d}x=\mathrm{e}^{\mathrm{i}\mu\pi}\Gamma(\mu)a^{-\mu}(a^2-1)^{\frac{\mu}{2}}Q_\nu^{-\mu}(a)$

$[|\arg(a-1)|<\pi;\mathrm{Re}\,\mu>0,\mathrm{Re}\,(\nu-\mu)>-1]$

864. $\int_{-1}^1(1+x)^\sigma P_\nu(x)\mathrm{d}x=\frac{2^{\sigma+1}[\Gamma(\sigma+1)]^2}{\Gamma(\sigma+\nu+2)\Gamma(\sigma-\nu+1)}\quad(\mathrm{Re}\,\sigma>-1)$

865. $\int_{-1}^1(1+x)^{\lambda+\nu}P_\nu(x)P_\lambda(x)\mathrm{d}x=-\frac{2^{\lambda+\nu+1}[\Gamma(\lambda+\nu+1)]^4}{[\Gamma(\lambda+1)\Gamma(\nu+1)]^2\Gamma(2\lambda+2\nu+2)}$

$[\mathrm{Re}\,(\nu+\lambda+1)>0]$

866. $\int_{-1}^1(1-x^2)^{\lambda-1}P_\nu^\mu(x)\mathrm{d}x$

$$=\frac{\pi 2^\mu\Gamma\left(\lambda+\frac{\mu}{2}\right)\Gamma\left(\lambda-\frac{\mu}{2}\right)}{\Gamma\left(\lambda+\frac{\nu}{2}+\frac{1}{2}\right)\Gamma\left(\lambda-\frac{\nu}{2}\right)\Gamma\left(-\frac{\mu}{2}+\frac{\nu}{2}+1\right)\Gamma\left(-\frac{\mu}{2}-\frac{\nu}{2}+\frac{1}{2}\right)}$$

$(2\mathrm{Re}\,\lambda>|\mathrm{Re}\,\mu|)$

867. $\int_1^\infty(x^2-1)^{\lambda-1}P_\nu^\mu(x)\mathrm{d}x$

$$=\frac{2^{\mu-1}\Gamma\left(\lambda-\frac{\mu}{2}\right)\Gamma\left(1-\lambda+\frac{\nu}{2}\right)\Gamma\left(\frac{1}{2}-\lambda-\frac{\nu}{2}\right)}{\Gamma\left(1-\frac{\mu}{2}+\frac{\nu}{2}\right)\Gamma\left(\frac{1}{2}-\frac{\mu}{2}-\frac{\nu}{2}\right)\Gamma\left(1-\lambda-\frac{\mu}{2}\right)}$$

$[\mathrm{Re}\,\lambda>\mathrm{Re}\,\mu,\mathrm{Re}\,(1-2\lambda-\nu)>0,\mathrm{Re}\,(2-2\lambda+\nu)>0]$ [3]

868. $\int_1^\infty(x^2-1)^{\lambda-1}Q_\nu^\mu(x)\mathrm{d}x$

$$=\mathrm{e}^{\mathrm{i}\mu\pi}\frac{\Gamma\left(\frac{1}{2}+\frac{\nu}{2}+\frac{\mu}{2}\right)\Gamma\left(1-\lambda+\frac{\nu}{2}\right)\Gamma\left(\lambda+\frac{\mu}{2}\right)\Gamma\left(\lambda-\frac{\mu}{2}\right)}{2^{2\lambda-\mu}\Gamma\left(1-\frac{\mu}{2}+\frac{\nu}{2}\right)\Gamma\left(\frac{1}{2}+\lambda+\frac{\nu}{2}\right)}$$

$(|\mathrm{Re}\,\mu|<2\mathrm{Re}\,\lambda<\mathrm{Re}\,\nu+2)$ [3]

869. $\int_0^1 x^\sigma(1-x^2)^{-\frac{\mu}{2}}P_\nu^\mu(x)\mathrm{d}x=\frac{2^{\mu-1}\Gamma\left(\frac{1}{2}+\frac{\sigma}{2}\right)\Gamma\left(1+\frac{\sigma}{2}\right)}{\Gamma\left(\frac{\sigma}{2}-\frac{\nu}{2}-\frac{\mu}{2}+1\right)\Gamma\left(\frac{\sigma}{2}+\frac{\nu}{2}-\frac{\mu}{2}+\frac{3}{2}\right)}$

$(\mathrm{Re}\,\mu<1,\mathrm{Re}\,\sigma>-1)$

870. $\int_0^1 x^\sigma(1-x^2)^{\frac{m}{2}}P_\nu^m(x)\mathrm{d}x$

$$=\frac{(-1)^m 2^{-m-1}\Gamma\left(\frac{1}{2}+\frac{\sigma}{2}\right)\Gamma\left(1+\frac{\sigma}{2}\right)\Gamma(1+m+\nu)}{\Gamma(1-m+\nu)\Gamma\left(\frac{\sigma}{2}+\frac{m}{2}-\frac{\nu}{2}+1\right)\Gamma\left(\frac{\sigma}{2}+\frac{m}{2}+\frac{\nu}{2}+\frac{3}{2}\right)}$$

($\mathrm{Re}\,\sigma>-1$,m 为正整数)

871. $\int_0^1 x^\sigma(1-x^2)^\eta \mathrm{P}_\nu^\mu(x)\mathrm{d}x$

$$=\frac{2^{\mu-1}\Gamma\left(1+\eta-\frac{\mu}{2}\right)\Gamma\left(\frac{1}{2}+\frac{\sigma}{2}\right)}{\Gamma(1-\mu)\Gamma\left(\frac{3}{2}+\eta+\frac{\sigma}{2}-\frac{\mu}{2}\right)}$$

$$\cdot {}_3\mathrm{F}_2\left(\frac{\nu-\mu+1}{2},-\frac{\mu+\nu}{2},1+\eta-\frac{\mu}{2};1-\mu,\frac{3+\sigma-\mu}{2}+\eta;1\right)$$

$\left[\mathrm{Re}\left(\eta-\frac{\mu}{2}\right)>-1,\mathrm{Re}\,\sigma>-1\right]$

872. $\int_1^\infty x^{-q}(x^2-1)^{-\frac{\mu}{2}}\mathrm{P}_\nu^\mu(x)\mathrm{d}x=\frac{2^{q+\mu-2}\Gamma\left(\frac{q+\mu+\nu}{2}\right)\Gamma\left(\frac{q+\mu-\nu-1}{2}\right)}{\sqrt{\pi}\Gamma(q)}$

[$\mathrm{Re}\,\mu<1,\mathrm{Re}\,(q+\mu+\nu)>0,\mathrm{Re}\,(q+\mu-\nu)>1$]

873. $\int_u^\infty (x-u)^{\mu-1}\mathrm{Q}_\nu(x)\mathrm{d}x=\mathrm{e}^{\mathrm{i}\mu\pi}\Gamma(\mu)(u^2-1)^{\frac{\mu}{2}}\mathrm{Q}_\nu^{-\mu}(u)$

[$|\arg(u-1)|<\pi,0<\mathrm{Re}\,\mu<1+\mathrm{Re}\,\nu$]

874. $\int_u^\infty (x-u)^{\mu-1}(x^2-1)^{\frac{\lambda}{2}}\mathrm{Q}_\nu^{-\lambda}(x)\mathrm{d}x=\mathrm{e}^{\mathrm{i}\mu\pi}\Gamma(\mu)(u^2-1)^{\frac{\lambda}{2}+\frac{\mu}{2}}\mathrm{Q}_\nu^{-\lambda-\mu}(u)$

[$|\arg(u-1)|<\pi,0<\mathrm{Re}\,\mu<1+\mathrm{Re}\,(\nu-\lambda)$]

875. $\int_1^\infty (x-1)^{\lambda-1}(x^2-1)^{\frac{\mu}{2}}\mathrm{P}_\nu^\mu(x)\mathrm{d}x=\frac{2^{\lambda+\mu}\Gamma(\lambda)\Gamma(-\lambda-\mu-\nu)\Gamma(1-\lambda-\mu+\nu)}{\Gamma(1-\mu+\nu)\Gamma(-\mu-\nu)\Gamma(1-\lambda-\mu)}$

[$\mathrm{Re}\,\lambda>0,\mathrm{Re}\,(\lambda+\mu+\nu)<0,\mathrm{Re}\,(\lambda+\mu-\nu)<1$]

876. $\int_1^\infty (x-1)^{\lambda-1}(x^2-1)^{-\frac{\mu}{2}}\mathrm{P}_\nu^\mu(x)\mathrm{d}x$

$$=-\frac{2^{\lambda-\mu}\sin\nu\pi\Gamma(\lambda-\mu)\Gamma(-\lambda+\mu-\nu)\Gamma(1-\lambda+\mu+\nu)}{\pi\Gamma(1-\lambda)}$$

[$\mathrm{Re}\,(\lambda-\mu)>0,\mathrm{Re}\,(\mu-\lambda-\nu)>0,\mathrm{Re}\,(\mu-\lambda+\nu)>-1$]

877. $\int_{-1}^1 (1-x^2)^{-\frac{\mu}{2}}(z-x)^{-1}\mathrm{P}_{\mu+n}^\mu(x)\mathrm{d}x=2\mathrm{e}^{-\mathrm{i}\mu\pi}(z^2-1)^{-\frac{\mu}{2}}\mathrm{Q}_{\mu+n}^\mu(z)$

[$\mathrm{Re}\,\mu+n>-1,n=0,1,2,\cdots;z$ 在沿着实轴割去区间$(-1,1)$的复平面内]

878. $\int_0^\infty (a+x)^{-\mu-\nu-2}\mathrm{P}_\mu\left(\frac{a-x}{a+x}\right)\mathrm{P}_\nu\left(\frac{a-x}{a+x}\right)\mathrm{d}x$

$$=\frac{a^{-\mu-\nu-1}[\Gamma(\mu+\nu+1)]^4}{[\Gamma(\mu+1)\Gamma(\nu+1)]^2\Gamma(2\mu+2\nu+2)}$$

$[|\arg a|<\pi, \operatorname{Re}(\mu+\nu)>-1]$

Ⅱ.2.6.3 连带勒让德函数与三角函数和幂函数组合的积分

879. $\int_0^\infty (x^2-1)^{\frac{\mu}{2}} \sin ax \, P_\nu^\mu(x) \, dx$

$$= \frac{2^\mu \pi^{\frac{1}{2}} a^{-\mu-\frac{1}{2}}}{\Gamma\left(\frac{1}{2}-\frac{\mu}{2}-\frac{\nu}{2}\right)\Gamma\left(1-\frac{\mu}{2}+\frac{\nu}{2}\right)} S_{\mu+\frac{1}{2},\nu+\frac{1}{2}}(a)$$

$\left[a>0, \operatorname{Re}\mu<\frac{3}{2}, \operatorname{Re}(\mu+\nu)<1\right]$ [3]

880. $\int_0^\infty \frac{\sin ax}{\sqrt{x^2+2}} P_\nu^{-1}(x^2+1) \, dx = \frac{a}{\pi\sqrt{2}} \sin\nu\pi \left[K_{\nu+\frac{1}{2}}\left(\frac{a}{\sqrt{2}}\right)\right]^2$

$(a>0, -2<\operatorname{Re}\nu<1)$ [3]

881. $\int_0^\infty \frac{\sin ax}{\sqrt{x^2+2}} Q_\nu^1(x^2+1) \, dx = -2^{-\frac{3}{2}} \pi a K_{\nu+\frac{1}{2}}\left(\frac{a}{\sqrt{2}}\right) I_{\nu+\frac{1}{2}}\left(\frac{a}{\sqrt{2}}\right)$

$\left(a>0, \operatorname{Re}\nu>-\frac{3}{2}\right)$ [3]

882. $\int_0^\infty \sin bx \, P_\nu\left(\frac{2x^2}{a^2}-1\right) dx = -\frac{\pi a}{4\cos\nu\pi}\left\{\left[J_{\nu+\frac{1}{2}}\left(\frac{ab}{2}\right)\right]^2 - \left[J_{-\nu-\frac{1}{2}}\left(\frac{ab}{2}\right)\right]^2\right\}$

$(a>0, b>0, -1<\operatorname{Re}\nu<0)$ [3]

883. $\int_0^\infty \cos bx \, P_\nu\left(\frac{2x^2}{a^2}-1\right) dx$

$$= -\frac{\pi a}{4}\left[J_{\nu+\frac{1}{2}}\left(\frac{ab}{2}\right) J_{-\nu-\frac{1}{2}}\left(\frac{ab}{2}\right) - N_{\nu+\frac{1}{2}}\left(\frac{ab}{2}\right) N_{-\nu-\frac{1}{2}}\left(\frac{ab}{2}\right)\right]$$

$(a>0, b>0, -1<\operatorname{Re}\nu<0)$ [3]

884. $\int_0^\infty \cos ax \, P_\nu(x^2+1) \, dx = -\frac{\sqrt{2}}{\pi} \sin\nu\pi \left[K_{\nu+\frac{1}{2}}\left(\frac{a}{\sqrt{2}}\right)\right]^2$

$(a>0, -1<\operatorname{Re}\nu<0)$

885. $\int_0^\infty \cos ax \, Q_\nu(x^2+1) \, dx = \frac{\pi}{\sqrt{2}} K_{\nu+\frac{1}{2}}\left(\frac{a}{\sqrt{2}}\right) J_{\nu+\frac{1}{2}}\left(\frac{a}{\sqrt{2}}\right)$

$(a>0, \operatorname{Re}\nu>-1)$

886. $\int_0^1 \cos ax \, P_\nu(2x^2-1) \, dx = \frac{\pi}{2} J_{\nu+\frac{1}{2}}\left(\frac{a}{2}\right) J_{-\nu-\frac{1}{2}}\left(\frac{a}{2}\right) \quad (a>0)$

887. $\int_0^1 \frac{1}{x} \cos ax \, P_\nu(2x^{-2}+1) \, dx$

$$=-\frac{\pi}{2}\csc\nu\pi\cdot{}_1F_1(\nu+1;1;\mathrm{i}a)\cdot{}_1F_1(\nu+1;1;-\mathrm{i}a)$$

$(a>0,-1<\mathrm{Re}\,\nu<0)$

888. $\int_a^\infty (x^2-a^2)^{\frac{\nu}{2}-\frac{1}{4}}\sin bx\,P_0^{\frac{1}{2}-\nu}\left(\frac{a}{x}\right)dx=b^{-\nu-\frac{1}{2}}\cos\left(ab-\frac{\nu\pi}{2}+\frac{\pi}{4}\right)$

$\left(a>0,\ |\mathrm{Re}\,\nu|<\frac{1}{2}\right)$

889. $\int_0^\infty \sqrt{x}\sin bx\left[P_\nu^{-\frac{1}{4}}(\sqrt{1+a^2x^2})\right]^2dx$

$$=\frac{\sqrt{2}\pi^{-\frac{1}{2}}a^{-1}b^{-\frac{1}{2}}}{\Gamma\left(\frac{5}{4}+\nu\right)\Gamma\left(\frac{1}{4}-\nu\right)}\left[K_{\nu+\frac{1}{2}}\left(\frac{b}{2a}\right)\right]^2$$

$\left(\mathrm{Re}\,a>0,b>0,-\frac{5}{4}<\mathrm{Re}\,\nu<\frac{1}{4}\right)$

890. $\int_0^\infty \sqrt{x}\cos bx\left[P_\nu^{\frac{1}{4}}(\sqrt{1+a^2x^2})\right]^2dx$

$$=\frac{\sqrt{2}\pi^{-\frac{1}{2}}a^{-1}b^{-\frac{1}{2}}}{\Gamma\left(\frac{3}{4}+\nu\right)\Gamma\left(-\frac{1}{4}-\nu\right)}\left[K_{\nu+\frac{1}{2}}\left(\frac{b}{2a}\right)\right]^2$$

$\left(\mathrm{Re}\,a>0,b>0,-\frac{3}{4}<\mathrm{Re}\,\nu<-\frac{1}{4}\right)$

891. $\int_0^\infty \cos ax\,P_\nu(\cosh x)\,dx$

$$=-\frac{\sin\nu\pi}{4\pi^2}\Gamma\left(\frac{1+\nu+\mathrm{i}a}{2}\right)\Gamma\left(\frac{1+\nu-\mathrm{i}a}{2}\right)\Gamma\left(-\frac{\nu+\mathrm{i}a}{2}\right)\Gamma\left(-\frac{\nu-\mathrm{i}a}{2}\right)$$

$(a>0,-1<\mathrm{Re}\,\nu<0)$

892. $\int_0^\pi \sin^{\alpha-1}\varphi\,P_\nu^{-\mu}(\cos\varphi)\,d\varphi$

$$=\frac{2^{-\mu}\pi\Gamma\left(\frac{\alpha}{2}+\frac{\mu}{2}\right)\Gamma\left(\frac{\alpha}{2}-\frac{\mu}{2}\right)}{\Gamma\left(\frac{\alpha}{2}+\frac{\nu}{2}+\frac{1}{2}\right)\Gamma\left(\frac{\alpha}{2}-\frac{\nu}{2}\right)\Gamma\left(\frac{\mu}{2}+\frac{\nu}{2}+1\right)\Gamma\left(\frac{\mu}{2}-\frac{\nu}{2}+\frac{1}{2}\right)}$$

$[\mathrm{Re}\,(\alpha\pm\mu)>0]$

893. $\int_0^a\left[\frac{\sin(a-x)}{\sin x}\right]^\eta P_\nu^{-\mu}(\cos x)P_\nu^{-\eta}[\cos(a-x)]\frac{dx}{\sin x}$

$$=\frac{2^\eta(\sin a)^\eta\Gamma(\mu-\eta)\Gamma\left(\eta+\frac{1}{2}\right)}{\sqrt{\pi}\Gamma(\eta+\mu+1)}P_\nu^{-\mu}(\cos a)\quad\left(\mathrm{Re}\,\mu>\mathrm{Re}\,\eta>-\frac{1}{2}\right)$$

Ⅱ.2.6.4 连带勒让德函数与指数函数和幂函数组合的积分

894. $\int_1^\infty e^{-ax}(x-1)^{\lambda-1}(x^2-1)^{\frac{\mu}{2}}P_\nu^\mu(x)dx$

$$=\frac{a^{-\lambda-\mu}e^{-a}}{\Gamma(1-\mu+\nu)\Gamma(-\mu-\nu)}G_{23}^{31}\left(2a\left|\begin{matrix}1+\mu, & 1 & \\ \lambda+\mu, & -\nu, & 1+\nu\end{matrix}\right.\right)$$

$(\mathrm{Re}\,a>0, \mathrm{Re}\,\lambda>0)$

895. $\int_1^\infty e^{-ax}(x-1)^{\lambda-1}(x^2-1)^{\frac{\mu}{2}}Q_\nu^\mu(x)dx$

$$=\frac{e^{i\mu\pi}\Gamma(\nu+\mu+1)}{2\Gamma(\nu-\mu+1)}a^{-\lambda-\mu}e^{-a}G_{23}^{22}\left(2a\left|\begin{matrix}1+\mu, & 1 & \\ \lambda+\mu, & \nu+1, & -\nu\end{matrix}\right.\right)$$

$[\mathrm{Re}\,a>0, \mathrm{Re}\,\lambda>0, \mathrm{Re}\,(\lambda+\mu)>0]$

896. $\int_1^\infty e^{-ax}(x-1)^{\lambda-1}(x^2-1)^{-\frac{\mu}{2}}P_\nu^\mu(x)dx$

$$=-\frac{1}{\pi}\sin\nu\pi\, a^{\mu-\lambda}e^{-a}G_{23}^{31}\left(2a\left|\begin{matrix}1, & 1-\mu & \\ \lambda-\mu, & 1+\nu, & -\nu\end{matrix}\right.\right)$$

$[\mathrm{Re}\,a>0, \mathrm{Re}\,(\lambda-\mu)>0]$ [3]

897. $\int_1^\infty e^{-ax}(x-1)^{\lambda-1}(x^2-1)^{-\frac{\mu}{2}}Q_\nu^\mu(x)dx$

$$=\frac{1}{2}e^{i\mu\pi}a^{\mu-\lambda}e^{-a}G_{23}^{22}\left(2a\left|\begin{matrix}1-\mu, & 1 & \\ \lambda-\mu, & \nu+1, & -\nu\end{matrix}\right.\right)$$

$[\mathrm{Re}\,a>0, \mathrm{Re}\,\lambda>0, \mathrm{Re}\,(\lambda-\mu)>0]$ [3]

898. $\int_1^\infty e^{-ax}(x^2-1)^{-\frac{\mu}{2}}P_\nu^\mu(x)dx=2^{\frac{1}{2}}\pi^{-\frac{1}{2}}a^{\mu-\frac{1}{2}}K_{\nu+\frac{1}{2}}(a)$

$(\mathrm{Re}\,a>0, \mathrm{Re}\,\mu<1)$ [3]

899. $\int_1^\infty e^{-\frac{1}{2}ax}\left(\frac{x+1}{x-1}\right)^{\frac{\mu}{2}}P_{\nu-\frac{1}{2}}^\mu(x)dx=\frac{2}{a}W_{\mu,\nu}(a)$

$\left(\mathrm{Re}\,\mu<1, \nu-\frac{1}{2}\neq 0, \pm 1, \pm 2, \cdots\right)$ [3]

Ⅱ.2.6.5 连带勒让德函数与双曲函数组合的积分 [3]

900. $\int_0^\infty (\sinh x)^{\alpha-1}P_\nu^{-\mu}(\cosh x)dx$

$$= \frac{2^{-1-\mu}\Gamma\left(\frac{\alpha}{2}+\frac{\mu}{2}\right)\Gamma\left(\frac{\nu}{2}-\frac{\alpha}{2}+1\right)\Gamma\left(\frac{1}{2}-\frac{\alpha}{2}-\frac{\nu}{2}\right)}{\Gamma\left(\frac{\mu}{2}+\frac{\nu}{2}+1\right)\Gamma\left(\frac{\mu}{2}-\frac{\nu}{2}+\frac{1}{2}\right)\Gamma\left(\frac{\mu}{2}-\frac{\alpha}{2}+1\right)}$$

$[\mathrm{Re}\,(\alpha+\mu)>0, \mathrm{Re}\,(\nu-\alpha+2)>0, \mathrm{Re}\,(1-\alpha-\nu)>0]$

901. $\int_0^\infty (\sinh x)^{\alpha-1}\mathrm{Q}_\nu^\mu(\cosh x)\mathrm{d}x$

$$= \mathrm{e}^{\mathrm{i}\mu\pi}2^{\mu-\alpha}\frac{\Gamma\left(\frac{\nu}{2}+\frac{\mu}{2}+\frac{1}{2}\right)\Gamma\left(\frac{\nu}{2}-\frac{\alpha}{2}+1\right)\Gamma\left(\frac{\alpha}{2}+\frac{\mu}{2}\right)\Gamma\left(\frac{\alpha}{2}-\frac{\mu}{2}\right)}{\Gamma\left(\frac{\nu}{2}-\frac{\mu}{2}+1\right)\Gamma\left(\frac{\nu}{2}+\frac{\alpha}{2}+\frac{1}{2}\right)}$$

$[\mathrm{Re}\,(\alpha\pm\mu)>0, \mathrm{Re}\,(\nu-\alpha+2)>0]$

902. $\int_0^\infty \mathrm{e}^{-\alpha x}\sinh^{2\mu}\frac{x}{2}\,\mathrm{P}_{2n}^{-2\mu}\left(\cosh\frac{x}{2}\right)\mathrm{d}x$

$$= \frac{\Gamma\left(2\mu+\frac{1}{2}\right)\Gamma(\alpha-n-\mu)\Gamma\left(\alpha+n-\mu+\frac{1}{2}\right)}{4^\mu\sqrt{\pi}\,\Gamma(\alpha+n+\mu+1)\Gamma\left(\alpha-n+\mu+\frac{1}{2}\right)}$$

$\left(\mathrm{Re}\,\alpha>n+\mathrm{Re}\,\mu, \mathrm{Re}\,\mu>-\frac{1}{4}\right)$

Ⅱ.2.6.6 连带勒让德函数与概率积分函数组合的积分

903. $\int_1^\infty (x^2-1)^{-\frac{\mu}{2}}\exp(a^2x^2)[1-\Phi(ax)]\mathrm{P}_\nu^\mu(x)\mathrm{d}x$

$$= \pi^{-1}2^{\mu-1}a^{\mu-\frac{3}{2}}\mathrm{e}^{\frac{a^2}{2}}\Gamma\left(\frac{\mu+\nu+1}{2}\right)\Gamma\left(\frac{\mu-\nu}{2}\right)\mathrm{W}_{\frac{1}{4}-\frac{\mu}{2},\frac{1}{4}+\frac{\nu}{2}}(a^2)$$

$[\mathrm{Re}\,a>0, \mathrm{Re}\,\mu<1, \mathrm{Re}\,(\mu+\nu)>-1, \mathrm{Re}\,(\mu-\nu)>0]$ [3]

Ⅱ.2.6.7 连带勒让德函数与贝塞尔函数组合的积分

904. $\int_1^\infty \mathrm{P}_{\nu-\frac{1}{2}}(x)x^{\frac{1}{2}}\mathrm{J}_\nu(ax)\mathrm{d}x = -\frac{1}{\sqrt{2a}}\left[\cos\frac{a}{2}\,\mathrm{N}_\nu\left(\frac{a}{2}\right)+\sin\frac{a}{2}\,\mathrm{J}_\nu\left(\frac{a}{2}\right)\right]$

$\left(|\,\mathrm{Re}\,\nu\,|<\frac{1}{2}\right)$

905. $\int_1^\infty \mathrm{P}_{\nu-\frac{1}{2}}(x)x^{\frac{1}{2}}\mathrm{N}_\nu(ax)\mathrm{d}x = \frac{1}{\sqrt{2a}}\left[\cos\frac{a}{2}\,\mathrm{J}_\nu\left(\frac{a}{2}\right)-\sin\frac{a}{2}\,\mathrm{N}_\nu\left(\frac{a}{2}\right)\right]$

$\left(a>0, \operatorname{Re}\nu<\frac{1}{2}\right)$

906. $\int_0^{\infty}\sqrt{x}\mathrm{Q}_{\nu-\frac{1}{2}}\left(\frac{a^2+x^2}{x}\right)\mathrm{J}_\nu(yx)\mathrm{d}x=\frac{\pi}{\sqrt{2y}}\exp\left[-\left(a^2-\frac{1}{4}\right)^{\frac{1}{2}}y\right]\mathrm{J}_\nu\left(\frac{y}{2}\right)$

$\left(\operatorname{Re}\nu>-\frac{1}{2}, y>0\right)$ [3]

907. $\int_0^{\infty}x\mathrm{P}_\mu^\nu(\sqrt{1+x^2})\mathrm{K}_\nu(yx)\mathrm{d}x=y^{-\frac{3}{2}}\mathrm{S}_{\nu+\frac{1}{2},\mu+\frac{1}{2}}(y)$

$(\operatorname{Re}\nu<1, \operatorname{Re}y>0)$ [3]

908. $\int_0^{\infty}x\left[\mathrm{P}_{\lambda-\frac{1}{2}}(\sqrt{1+a^2x^2})\right]^2\mathrm{J}_0(yx)\mathrm{d}x=\frac{2}{ay\pi^2}\cos\lambda\pi\left[\mathrm{K}_\lambda\left(\frac{y}{2a}\right)\right]^2$

$\left(\operatorname{Re}a>0, |\operatorname{Re}\lambda|>\frac{1}{4}, y>0\right)$

909. $\int_0^{\infty}x(a^2+x^2)^{-\frac{\mu}{2}}\mathrm{P}_{\mu-1}^{-\nu}\left(\frac{a}{\sqrt{a^2+x^2}}\right)\mathrm{J}_\nu(yx)\mathrm{d}x=\frac{y^{\mu-2}\mathrm{e}^{-ay}}{\Gamma(\mu+\nu)}$

$\left(\operatorname{Re}a>0, y>0, \operatorname{Re}\nu>-1, \operatorname{Re}\mu>\frac{1}{2}\right)$

910. $\int_0^{\infty}x^{\nu+1}(x^2+a^2)^{\frac{\nu}{2}}\mathrm{P}_\nu\left(\frac{x^2+2a^2}{2a\sqrt{a^2+x^2}}\right)\mathrm{J}_\nu(yx)\mathrm{d}x=\frac{(2a)^{\nu+1}y^{-\nu-1}}{\pi\Gamma(-\nu)}\left[\mathrm{K}_{\nu+\frac{1}{2}}\left(\frac{ya}{2}\right)\right]^2$

$(\operatorname{Re}a>0, y>0, -1<\operatorname{Re}\nu<0)$

911. $\int_0^{\infty}x^{1-\nu}(x^2+a^2)^{-\frac{\nu}{2}}\mathrm{P}_{\nu-1}\left(\frac{x^2+2a^2}{2a\sqrt{a^2+x^2}}\right)\mathrm{J}_\nu(yx)\mathrm{d}x$

$=\frac{(2a)^{1-\nu}y^{\nu-1}}{\pi\Gamma(\nu)}\mathrm{I}_{\nu-\frac{1}{2}}\left(\frac{ay}{2}\right)\mathrm{K}_{\nu-\frac{1}{2}}\left(\frac{ay}{2}\right)$

$(\operatorname{Re}a>0, y>0, 0<\operatorname{Re}\nu<1)$

912. $\int_0^{\infty}(a+x)^{\mu}\mathrm{e}^{-x}\mathrm{P}_\nu^{-2\mu}\left(1+\frac{2x}{a}\right)\mathrm{I}_\mu(x)\mathrm{d}x=0$

$\left(-\frac{1}{2}<\operatorname{Re}\mu<0, -\frac{1}{2}+\operatorname{Re}\mu<\operatorname{Re}\nu<-\frac{1}{2}-\operatorname{Re}\mu\right)$ [3]

913. $\int_0^{\infty}(a+x)^{-\mu}\mathrm{e}^{-x}\mathrm{P}_\nu^{-2\mu}\left(1+\frac{2x}{a}\right)\mathrm{I}_\mu(x)\mathrm{d}x$

$=\frac{2^{\mu-1}\mathrm{e}^a\Gamma\left(\mu+\nu+\frac{1}{2}\right)\Gamma\left(\mu-\nu-\frac{1}{2}\right)}{\sqrt{\pi}\Gamma(2\mu+\nu+1)\Gamma(2\mu-\nu)}\mathrm{W}_{\frac{1}{2}-\mu,\frac{1}{2}+\nu}(2a)$

$\left(|\arg a|<\pi, \operatorname{Re}\mu>\left|\operatorname{Re}\nu+\frac{1}{2}\right|\right)$ [3]

914. $\int_0^{\infty}x^{-\mu}\mathrm{e}^{x}\mathrm{P}_\nu^{2\mu}\left(1+\frac{2x}{a}\right)\mathrm{K}_\mu(x+a)\mathrm{d}x$

$$= \frac{2^{\mu-1}\cos\mu\pi}{\sqrt{\pi}}\Gamma\left(\mu+\nu+\frac{1}{2}\right)\Gamma\left(\mu-\nu+\frac{1}{2}\right)\mathrm{W}_{\frac{1}{2}-\mu,\frac{1}{2}+\nu}(2a)$$

$\left(|\arg a|<\pi, \mathrm{Re}\,\mu>\left|\mathrm{Re}\,\nu+\frac{1}{2}\right|\right)$ [3]

915. $\int_0^\infty x^{-\frac{1}{2}\mu}(x+a)^{-\frac{1}{2}}\mathrm{e}^{-x}\mathrm{P}^{\mu}_{\nu-\frac{1}{2}}\left(\frac{a-x}{a+x}\right)\mathrm{K}_\nu(x+a)\mathrm{d}x = \sqrt{\frac{\pi}{2}}a^{-\frac{\mu}{2}}\Gamma(\mu,2a)$

$(a>0, \mathrm{Re}\,\mu<1)$

916. $\int_0^\infty (\sinh x)^{\mu+1}(\cosh)x^{-2\mu-\frac{3}{2}}\mathrm{P}^{-\mu}_{\nu}(\cosh 2x)\mathrm{I}_{\mu-\frac{1}{2}}(a\ \mathrm{sech}x)\mathrm{d}x$

$$= \frac{2^{\mu-\frac{1}{2}}\Gamma(\mu-\nu)\Gamma(\mu+\nu+1)}{\pi^{\frac{1}{2}}a^{\mu+\frac{3}{2}}[\Gamma(\mu+1)]^2}\mathrm{M}_{\nu+\frac{1}{2},\mu}(a)\mathrm{M}_{-\nu-\frac{1}{2},\mu}(a)$$

$(\mathrm{Re}\,\mu>\mathrm{Re}\,\nu, \mathrm{Re}\,\mu>-\mathrm{Re}\,\nu-1)$

Ⅱ.2.6.8 勒让德多项式与幂函数组合的积分

917. $\int_0^1 x^\lambda \mathrm{P}_{2m}(x)\mathrm{d}x = \frac{(-1)^m\Gamma\left(m-\frac{\lambda}{2}\right)\Gamma\left(\frac{1}{2}+\frac{\lambda}{2}\right)}{2\Gamma\left(-\frac{\lambda}{2}\right)\Gamma\left(m+\frac{3}{2}+\frac{\lambda}{2}\right)}$ $(\mathrm{Re}\,\lambda>-1)$

918. $\int_0^1 x^\lambda \mathrm{P}_{2m+1}(x)\mathrm{d}x = \frac{(-1)^m\Gamma\left(m+\frac{1}{2}-\frac{\lambda}{2}\right)\Gamma\left(1+\frac{\lambda}{2}\right)}{2\Gamma\left(\frac{1}{2}-\frac{\lambda}{2}\right)\Gamma\left(m+2+\frac{\lambda}{2}\right)}$ $(\mathrm{Re}\,\lambda>-2)$

919. $\int_0^1 x^{2\mu-1}\mathrm{P}_n(1-2x^2)\mathrm{d}x = \frac{(-1)^n[\Gamma(\mu)]^2}{2\Gamma(\mu+n+1)\Gamma(\mu-n)}$ $(\mathrm{Re}\,\mu>0)$

Ⅱ.2.6.9 勒让德多项式与有理函数和无理函数组合的积分

920. $\int_{-1}^1 \mathrm{P}_n(x)\mathrm{P}_m(x)\mathrm{d}x = \begin{cases} 0 & (m\neq n) \\ \frac{2}{2n+1} & (m=n) \end{cases}$

921. $\int_0^1 \mathrm{P}_n(x)\mathrm{P}_m(x)\mathrm{d}x = \begin{cases} \dfrac{1}{2n+1} & (m=n) \\ 0 & (m\neq n, n-m \text{ 为偶数}) \\ \dfrac{(-1)^{\frac{1}{2}(m+n-1)} m!n!}{2^{m+n-1}(n-m)(n+m+1)\left[\left(\dfrac{n}{2}\right)!\left(\dfrac{m-1}{2}\right)!\right]^2} & (n \text{ 为偶数}, m \text{ 为奇数}) \end{cases}$

922. $\int_0^{2\pi} \mathrm{P}_{2n}(\cos\varphi)\mathrm{d}\varphi = 2\pi\left[\binom{2n}{n}2^{-2n}\right]^2$

923. $\int_{-1}^1 x^m \mathrm{P}_n(x)\mathrm{d}x = \begin{cases} 0 & (m<n) \\ \dfrac{2^{n+1}(n!)^2}{(2n+1)!} & (m=n) \\ \dfrac{2m!}{(m-n)!!(m+n+1)!!} & (m>n, \text{且 } m-n \text{ 为偶数}) \end{cases}$

924. $\int_{-1}^1 (1+x)^{m+n}\mathrm{P}_m(x)\mathrm{P}_n(x)\mathrm{d}x = \dfrac{2^{m+n+1}[(m+n)!]^4}{(m!n!)^2(2m+2n+1)!}$

925. $\int_{-1}^1 (1+x)^{m-n-1}\mathrm{P}_m(x)\mathrm{P}_n(x)\mathrm{d}x = 0 \quad (m>n)$

926. $\int_{-1}^1 (1-x^2)^n \mathrm{P}_{2m}(x)\mathrm{d}x = \dfrac{2n^2}{(n-m)(2m+2n+1)}\int_{-1}^1 (1-x^2)^{n-1}\mathrm{P}_{2m}(x)\mathrm{d}x$
$(m<n)$

927. $\int_0^1 x^2 \mathrm{P}_{n+1}(x)\mathrm{P}_{n-1}(x)\mathrm{d}x = \dfrac{n(n+1)}{(2n-1)(2n+1)(2n+3)}$

928. $\int_{-1}^1 \dfrac{1}{z-x}[\mathrm{P}_n(x)\mathrm{P}_{n-1}(z) - \mathrm{P}_{n-1}(x)\mathrm{P}_n(z)]\mathrm{d}x = -\dfrac{2}{n}$

929. $\int_{-1}^x (x-t)^{-\frac{1}{2}}\mathrm{P}_n(t)\mathrm{d}t = \left(n+\dfrac{1}{2}\right)^{-1}(1+x)^{-\frac{1}{2}}[\mathrm{T}_n(x)+\mathrm{T}_{n+1}(x)]$ [3]

930. $\int_x^1 (t-x)^{-\frac{1}{2}}\mathrm{P}_n(t)\mathrm{d}t = \left(n+\dfrac{1}{2}\right)^{-1}(1-x)^{-\frac{1}{2}}[\mathrm{T}_n(x)-\mathrm{T}_{n+1}(x)]$ [3]

931. $\int_{-1}^1 (1-x)^{-\frac{1}{2}}\mathrm{P}_n(x)\mathrm{d}x = \dfrac{2\sqrt{2}}{2n+1}$

932. $\int_{-1}^1 (\cosh 2p - x)^{-\frac{1}{2}}\mathrm{P}_n(x)\mathrm{d}x = \dfrac{2\sqrt{2}}{2n+1}\exp[-(2n+1)p] \quad (p>0)$

933. $\int_{-1}^1 (1-x^2)^{-\frac{1}{2}}\mathrm{P}_{2m}(x)\mathrm{d}x = \left[\dfrac{\Gamma\left(\dfrac{1}{2}+m\right)}{m!}\right]^2$

934. $\int_{-1}^1 x(1-x^2)^{-\frac{1}{2}}\mathrm{P}_{2m+1}(x)\mathrm{d}x = \dfrac{\Gamma\left(\dfrac{1}{2}+m\right)\Gamma\left(\dfrac{3}{2}+m\right)}{m!(m+1)!}$

935. $\int_{-1}^{1}(1+px^2)^{-m-\frac{3}{2}}\mathrm{P}_{2m}(x)\mathrm{d}x=\frac{2}{2m+1}(-p)^m(1+p)^{-m-\frac{1}{2}}\quad(|p|<1)$

Ⅱ.2.6.10 勒让德多项式与其他初等函数组合的积分

936. $\int_0^{\infty}\mathrm{P}_n(1-x)\mathrm{e}^{-ax}\mathrm{d}x=\mathrm{e}^{-a}a^n\left(\frac{1}{a}\frac{\mathrm{d}}{\mathrm{d}a}\right)^n\frac{\mathrm{e}^a}{a}\quad(\mathrm{Re}\,a>0)$

$$=a^n\left(1+\frac{1}{2}\frac{\mathrm{d}}{\mathrm{d}a}\right)^n\frac{1}{a^{n+1}}\quad(\mathrm{Re}\,a>0)$$

937. $\int_0^{\infty}\mathrm{P}_n(\mathrm{e}^{-x})\mathrm{e}^{-ax}\mathrm{d}x=\frac{(a-1)(a-2)\cdots(a-n+1)}{(a+n)(a+n-2)\cdots(a-n+2)}$
$(\mathrm{Re}\,a>0,n\geqslant 2)$

938. $\int_0^{\infty}\mathrm{P}_{2n}(\cosh x)\mathrm{e}^{-ax}\mathrm{d}x=\frac{(a^2-1^2)(a^2-3^2)\cdots[a^2-(2n-1)^2]}{a(a^2-2^2)(a^2-4^2)\cdots[a^2-(2n)^2]}$
$(\mathrm{Re}\,a>2n)$

939. $\int_0^{\infty}\mathrm{P}_{2n+1}(\cosh x)\mathrm{e}^{-ax}\mathrm{d}x=\frac{a(a^2-2^2)(a^2-4^2)\cdots[a^2-(2n)^2]}{(a^2-1^2)(a^2-3^2)\cdots[a^2-(2n+1)^2]}$
$(\mathrm{Re}\,a>2n+1)$

940. $\int_0^{\infty}\mathrm{P}_{2n}(\cos x)\mathrm{e}^{-ax}\mathrm{d}x=\frac{(a^2+1^2)(a^2+3^2)\cdots[a^2+(2n-1)^2]}{a(a^2+2^2)(a^2+4^2)\cdots[a^2+(2n)^2]}$
$(\mathrm{Re}\,a>0)$

941. $\int_0^{\infty}\mathrm{P}_{2n+1}(\cos x)\mathrm{e}^{-ax}\mathrm{d}x=\frac{a(a^2+2^2)(a^2+4^2)\cdots[a^2+(2n)^2]}{(a^2+1^2)(a^2+3^2)\cdots[a^2+(2n+1)^2]}$
$(\mathrm{Re}\,a>0)$

942. $\int_0^{1}\mathrm{P}_n(1-2x^2)\sin ax\,\mathrm{d}x=\frac{\pi}{2}\left[\mathrm{J}_{n+\frac{1}{2}}\left(\frac{a}{2}\right)\right]^2\quad(a>0)$

943. $\int_0^{1}\mathrm{P}_n(1-2x^2)\cos ax\,\mathrm{d}x=\frac{\pi}{2}(-1)^n\mathrm{J}_{n+\frac{1}{2}}\left(\frac{a}{2}\right)\mathrm{J}_{-n-\frac{1}{2}}\left(\frac{a}{2}\right)\quad(a>0)$

944. $\int_0^{2\pi}\mathrm{P}_{2m+1}(\cos\theta)\cos\theta\,\mathrm{d}\theta=\frac{\pi}{2^{4m+1}}\binom{2m}{m}\binom{2m+2}{m+1}$

945. $\int_0^{\pi}\mathrm{P}_m(\cos\theta)\sin n\theta\,\mathrm{d}\theta$

$$=\begin{cases}\dfrac{2(n-m+1)(n-m+3)\cdots(n+m-1)}{(n-m)(n-m+2)\cdots(n+m)} & (n>m,n+m\text{ 为奇数})\\ 0 & (n\leqslant m,n+m\text{ 为偶数})\end{cases}$$

946. $\int_0^{\pi}\mathrm{P}_n(1-2\sin^2 x\sin^2\theta)\sin x\,\mathrm{d}x=\frac{2\sin(2n+1)\theta}{(2n+1)\sin\theta}$

947. $\int_0^1 P_{2n+1}(x)\sin ax\,\frac{dx}{\sqrt{x}} = (-1)^{n+1}\sqrt{\frac{\pi}{2a}}J_{2n+\frac{3}{2}}(a) \quad (a>0)$

948. $\int_0^1 P_n(x)\arcsin x\,dx = \begin{cases} 0 & (n\text{为偶数}) \\ \pi\left[\dfrac{(n-2)!!}{2^{\frac{1}{2}(n+1)}\left(\dfrac{n+1}{2}\right)!}\right]^2 & (n\text{为奇数}) \end{cases}$

$\left[\text{这里},P_n(x) = \frac{1}{t}\sum_{r=0}^{t-1}\left(x+\sqrt{x^2-1}\cos\frac{2\pi r}{t}\right)^n (t>n)\right]$

Ⅱ.2.6.11 勒让德多项式与贝塞尔函数组合的积分

949. $\int_0^1 xP_n(1-2x^2)J_0(yx)dx = \frac{1}{y}J_{2n+1}(y) \quad (y>0)$

950. $\int_0^1 xP_n(1-2x^2)N_\nu(yx)dx = \frac{1}{y\pi}[S_{2n+1}(y)+\pi N_{2n+1}(y)]$

$(\nu>0, y>0; n=0,1,2,\cdots)$ [3]

951. $\int_0^1 xP_n(1-2x^2)K_0(yx)dx = \frac{1}{y}\left[(-1)^{n+1}K_{2n+1}(y)+\frac{i}{2}S_{2n+1}(iy)\right]$

$(y>0)$ [3]

952. $\int_0^1 xP_n(1-2x^2)[J_0(ax)]^2dx = \frac{1}{2(2n+1)}\{[J_n(a)]^2+[J_{n+1}(a)]^2\}$

953. $\int_0^1 xP_n(1-2x^2)J_0(ax)N_0(ax)dx$

$= \frac{1}{2(2n+1)}[J_n(a)N_n(a)+J_{n+1}(a)N_{n+1}(a)]$

954. $\int_0^1 x^2P_n(1-2x^2)J_1(yx)dx = \frac{1}{(2n+1)y}[(n+1)J_{2n+2}(y)-nJ_{2n}(y)]$

$(y>0)$

955. $\int_0^1 e^{-ax}P_n(1-2x)I_0(ax)dx = \frac{e^{-a}}{2n+1}[I_n(a)+I_{n+1}(a)] \quad (a>0)$

956. $\int_0^{\frac{\pi}{2}} \sin 2xP_n(\cos 2x)J_0(a\sin x)dx = \frac{1}{a}J_{2n+1}(a)$

957. $\int_0^1 xP_n(1-2x^2)[I_0(ax)-\mathbf{L}_0(ax)]dx = (-1)^n[I_{2n+1}(a)-\mathbf{L}_{2n+1}(a)]$

$(a>0)$ [3]

Ⅱ.2.7 正交多项式的定积分

Ⅱ.2.7.1 埃尔米特(Hermite)多项式的积分

958. $\int_0^x \mathrm{H}_n(y)\mathrm{d}y = \frac{1}{2(n+1)}[\mathrm{H}_{n+1}(x) - \mathrm{H}_{n+1}(0)]$

[这里,$\mathrm{H}_n(x)$ 为埃尔米特多项式(见附录),以下同]

959. $\int_{-1}^1 (1-t^2)^{\alpha-\frac{1}{2}} \mathrm{H}_{2n}(\sqrt{x}\,t)\mathrm{d}t = \frac{(-1)^n\sqrt{\pi}(2n)!}{\Gamma(n+\alpha+1)}\Gamma\left(\alpha+\frac{1}{2}\right)\mathrm{L}_n^\alpha(x)$

$\left(\mathrm{Re}\,\alpha > -\frac{1}{2}\right)$ [3]

960. $\int_0^x \mathrm{e}^{-y^2}\mathrm{H}_n(y)\mathrm{d}y = \mathrm{H}_{n-1}(0) - \mathrm{e}^{-x^2}\mathrm{H}_{n-1}(x)$

961. $\int_{-\infty}^\infty \mathrm{e}^{-x^2}\mathrm{H}_{2m}(yx)\mathrm{d}x = \frac{(2m)!}{m!}\sqrt{\pi}(y^2-1)^m$

962. $\int_{-\infty}^\infty \mathrm{e}^{-x^2}\mathrm{H}_n(x)\mathrm{H}_m(x)\mathrm{d}x = \begin{cases} 0 & (m \neq n) \\ 2^n n!\sqrt{\pi} & (m = n) \end{cases}$

963. $\int_{-\infty}^\infty \mathrm{e}^{-x^2}\mathrm{H}_m(ax)\mathrm{H}_n(x)\mathrm{d}x = 0 \quad (m < n)$

964. $\int_{-\infty}^\infty \mathrm{e}^{-x^2}\mathrm{H}_{2m+n}(ax)\mathrm{H}_n(x)\mathrm{d}x = \frac{(2m+n)!}{m!}\sqrt{\pi}(2a)^n(a^2-1)^m$

965. $\int_{-\infty}^\infty \mathrm{e}^{-2x^2}\mathrm{H}_m(x)\mathrm{H}_n(x)\mathrm{d}x = (-1)^{\frac{1}{2}(m+n)}2^{\frac{1}{2}(m+n-1)}\Gamma\left(\frac{m+n+1}{2}\right)$

($m+n$ 为偶数)

966. $\int_{-\infty}^\infty \mathrm{e}^{-2a^2x^2}\mathrm{H}_m(x)\mathrm{H}_n(x)\mathrm{d}x = 2^{\frac{m+n-1}{2}}a^{-m-n-1}(1-2a^2)^{\frac{m+n}{2}}\Gamma\left(\frac{m+n+1}{2}\right)$

$\cdot\,{}_2\mathrm{F}_1\left(-m,-n;\frac{1-m-n}{2};\frac{a^2}{2a^2-1}\right)$

$\left(\mathrm{Re}\,a^2 > 0, a^2 \neq \frac{1}{2}, m+n \text{ 为偶数}\right)$ [3]

967. $\int_{-\infty}^\infty \mathrm{e}^{-(x-y)^2}\mathrm{H}_n(x)\mathrm{d}x = \sqrt{\pi}2^n y^n$

968. $\int_{-\infty}^{\infty} e^{-(x-y)^2} H_m(x) H_n(x) dx = 2^n \sqrt{\pi} m! y^{n-m} L_m^{n-m}(-2y^2) \quad (m \leqslant n)$

969. $\int_{-\infty}^{\infty} e^{ixy} e^{-\frac{x^2}{2}} H_n(x) dx = i^n \sqrt{2\pi} e^{-\frac{y^2}{2}} H_n(y)$

970. $$\int_0^{\infty} e^{-2ax^2} x^{\nu} H_{2n}(x) dx = (-1)^n 2^{2n-\frac{3}{2}-\frac{\nu}{2}} \frac{\Gamma\left(\frac{\nu+1}{2}\right)\Gamma\left(n+\frac{1}{2}\right)}{\sqrt{\pi} a^{\frac{\nu+1}{2}}} \cdot F\left(-n, \frac{\nu+1}{2}; \frac{1}{2}; \frac{1}{2a}\right)$$

$(\mathrm{Re}\, a > 0, \mathrm{Re}\, \nu > -1)$ [3]

971. $$\int_0^{\infty} e^{-2ax^2} x^{\nu} H_{2n+1}(x) dx = (-1)^n 2^{2n-\frac{\nu}{2}} \frac{\Gamma\left(\frac{\nu}{2}+1\right)\Gamma\left(n+\frac{3}{2}\right)}{\sqrt{\pi} a^{\frac{\nu}{2}+1}} \cdot F\left(-n, \frac{\nu}{2}+1; \frac{3}{2}; \frac{1}{2a}\right)$$

$(\mathrm{Re}\, a > 0, \mathrm{Re}\, \nu > -2)$ [3]

972. $\int_{-\infty}^{\infty} e^{-x^2} H_m(x+y) H_n(x+z) dx = 2^n \sqrt{\pi} m! z^{n-m} L_m^{n-m}(-2yz)$

$(m \leqslant n)$ [3]

973. $$\int_0^{\infty} x^{a-1} e^{-bx} H_n(x) dx = 2^n \sum_{m=0}^{\left[\frac{n}{2}\right]} \frac{n! \Gamma(a+n-2m)}{m!(n-2m)!} (-1)^m 2^{-2m} b^{2m-a-n}$$ [3]

(如果 n 是偶数，则 $\mathrm{Re}\, a > 0$；如果 n 是奇数，则 $\mathrm{Re}\, a > -1$；$\mathrm{Re}\, b > 0$)

974. $\int_{-\infty}^{\infty} x e^{-x^2} H_{2m+1}(yx) dx = \sqrt{\pi} \frac{(2m+1)!}{m!} y (y^2-1)^m$

975. $\int_{-\infty}^{\infty} x^n e^{-x^2} H_n(yx) dx = \sqrt{\pi} n! P_n(y)$

976. $$\int_{-\infty}^{\infty} (x \pm ic)^{\nu} e^{-x^2} H_n(x) dx = 2^{n-1-\nu} \sqrt{\pi} \frac{\Gamma\left(\frac{n-\nu}{2}\right)}{\Gamma(-\nu)} \exp\left[\pm \frac{1}{2} i\pi(\nu+n)\right]$$

$(c > 0)$ [3]

977. $$\int_0^{\infty} \frac{1}{x(x^2+a^2)} e^{-x^2} H_{2n+1}(x) dx = (-2)^n \sqrt{\pi} a^{-2} \left[2^n n! - (2n+1)! e^{\frac{a^2}{2}} D_{-2n-2}(a\sqrt{2})\right]$$ [3]

978. $\int_0^{\infty} e^{-xp} H_{2n+1}(\sqrt{x}) dx = (-1)^n 2^n (2n+1)!! \sqrt{\pi} (p-1)^n p^{-n-\frac{3}{2}}$

$(\mathrm{Re}\, p > 0)$

979. $$\int_0^{\infty} e^{-(c-b)x} H_{2n+1}[\sqrt{(a-b)x}] dx = (-1)^n \sqrt{\pi} \sqrt{a-b} \frac{(2n+1)!(c-a)^n}{n!(c-b)^{n+\frac{3}{2}}}$$

$[\mathrm{Re}\,(c-b)>0]$

980. $\int_0^\infty x^{-\frac{1}{2}}\mathrm{e}^{-(c-b)x}\mathrm{H}_{2n}[\sqrt{(a-b)x}]\mathrm{d}x=(-1)^n\sqrt{\pi}\dfrac{(2n)!(c-a)^n}{n!(c-b)^{n+\frac{1}{2}}}$

$[\mathrm{Re}\,(c-b)>0]$

981. $\int_0^\infty x^{a-\frac{n}{2}-1}\mathrm{e}^{-bx}\mathrm{H}_n(\sqrt{x})\mathrm{d}x=2^nb^{-a}\Gamma(a)\cdot{}_2\mathrm{F}_1\left(-\dfrac{n}{2},\dfrac{1}{2}-\dfrac{n}{2};1-a;b\right)$ [3]

$\Big($如果 n 是偶数,则 $\mathrm{Re}\,a>\dfrac{n}{2}$;如果 n 是奇数,则 $\mathrm{Re}\,a>\dfrac{n}{2}-\dfrac{1}{2}$;$\mathrm{Re}\,b>0$.

如果 a 是偶数,仅 $1+\left[\dfrac{n}{2}\right]$各项中的第一项保留在${}_2\mathrm{F}_1$的级数中$\Big)$

982. $\int_0^\infty x^{-\frac{1}{2}}\mathrm{e}^{-px}\mathrm{H}_{2n}(\sqrt{x})\mathrm{d}x=(-1)^n2^n(2n-1)!!\sqrt{\pi}(p-1)^np^{-n-\frac{1}{2}}$

983. $\int_0^\infty x^{-\frac{n+1}{2}}\mathrm{e}^{-px}\mathrm{e}^{-\frac{q^2}{4x}}\mathrm{H}_n\left(\dfrac{q}{2\sqrt{x}}\right)\mathrm{d}x=2^n\sqrt{\pi}p^{\frac{n-1}{2}}\mathrm{e}^{-q\sqrt{p}}$

984. $\int_0^\infty \mathrm{e}^{-x^2}\sinh(\sqrt{2}bx)\mathrm{H}_{2n+1}(x)\mathrm{d}x=2^{n-\frac{1}{2}}\sqrt{\pi}b^{2n+1}\mathrm{e}^{\frac{b^2}{2}}$

985. $\int_0^\infty \mathrm{e}^{-x^2}\cosh(\sqrt{2}bx)\mathrm{H}_{2n}(x)\mathrm{d}x=2^{n-1}\sqrt{\pi}b^{2n}\mathrm{e}^{\frac{b^2}{2}}$

986. $\int_0^\infty \mathrm{e}^{-x^2}\sin(\sqrt{2}bx)\mathrm{H}_{2n+1}(x)\mathrm{d}x=(-1)^n2^{n-\frac{1}{2}}\sqrt{\pi}b^{2n+1}\mathrm{e}^{-\frac{b^2}{2}}$

987. $\int_0^\infty \mathrm{e}^{-x^2}\cos(\sqrt{2}bx)\mathrm{H}_{2n}(x)\mathrm{d}x=(-1)^n2^{n-1}\sqrt{\pi}b^{2n}\mathrm{e}^{-\frac{b^2}{2}}$

Ⅱ.2.7.2 拉盖尔(Laguerre)多项式的积分

988. $\int_0^t \mathrm{L}_n(x)\mathrm{d}x=\mathrm{L}_n(t)-\dfrac{1}{n+1}\mathrm{L}_{n+1}(t)$

989. $\int_0^t \mathrm{L}_n^\alpha(x)\mathrm{d}x=\mathrm{L}_n^\alpha(t)-\mathrm{L}_{n+1}^\alpha(t)-\dbinom{n+\alpha}{n}+\dbinom{n+1+\alpha}{n+1}$

990. $\int_0^t \mathrm{L}_{n-1}^{\alpha+1}(x)\mathrm{d}x=-\mathrm{L}_n^\alpha(t)+\dbinom{n+\alpha}{n}$

991. $\int_0^t \mathrm{L}_m(x)\mathrm{L}_n(t-x)\mathrm{d}x=\mathrm{L}_{m+n}(t)-\mathrm{L}_{m+n+1}(t)$

992. $\sum\limits_{k=0}^\infty\left[\int_0^t\dfrac{\mathrm{L}_k(x)}{k!}\mathrm{d}x\right]^2=\mathrm{e}^t-1\quad(t\geqslant 0)$

993. $\int_0^1 x^\alpha(1-x)^{\mu-1}\mathrm{L}_n^\alpha(ax)\mathrm{d}x=\dfrac{\Gamma(\alpha+n+1)\Gamma(\mu)}{\Gamma(\alpha+\mu+n+1)}\mathrm{L}_n^{\alpha+\mu}(a)$

$(\operatorname{Re}\alpha>-1,\operatorname{Re}\mu>0)$

994. $\int_0^1 x^{\lambda-1}(1-x)^{\mu-1}L_n^{\alpha}(\beta x)\mathrm{d}x=\dfrac{\Gamma(\alpha+n+1)\Gamma(\lambda)\Gamma(\mu)}{n!\,\Gamma(\alpha+1)\Gamma(\lambda+\mu)}\cdot{}_2F_2(-n,\lambda;\alpha+1,\lambda+\mu;\beta)$

$(\operatorname{Re}\lambda>0,\operatorname{Re}\mu>0)$

995. $\int_0^1 x^{\alpha}(1-x)^{\beta}L_m^{\alpha}(xy)L_n^{\beta}[(1-x)y]\mathrm{d}x$

$$=\frac{(m+n)!\,\Gamma(\alpha+m+1)\Gamma(\beta+n+1)}{m!\,n!\,\Gamma(\alpha+\beta+m+n+2)}L_{m+n}^{\alpha+\beta+1}(y)$$

$(\operatorname{Re}\alpha>-1,\operatorname{Re}\beta>-1)$

996. $\int_0^{\infty} e^{-bx}L_n(x)\mathrm{d}x=(b-1)^n b^{-n-1}\quad(\operatorname{Re}b>0)$

997. $\int_0^{\infty} e^{-bx}L_n^{\alpha}(x)\mathrm{d}x=\sum_{m=0}^{n}\binom{\alpha+m-1}{m}\dfrac{(b-1)^{n-m}}{b^{n-m+1}}\quad(\operatorname{Re}b>0)$

998. $\int_0^{\infty} e^{-st}t^{\beta}L_n^{\alpha}(t)\mathrm{d}t=\dfrac{\Gamma(\beta+1)\Gamma(\alpha+n+1)}{n!\,\Gamma(\alpha+1)}s^{-\beta-1}F\left(-n,\beta+1;\alpha+1;\dfrac{1}{s}\right)$

$(\operatorname{Re}\beta>-1,\operatorname{Re}s>0)$

999. $\int_0^{\infty} e^{-st}t^{\alpha}L_n^{\alpha}(t)\mathrm{d}t=\dfrac{(s-1)^n\Gamma(\alpha+n+1)}{n!\,s^{\alpha+n+1}}\quad(\operatorname{Re}\alpha>-1,\operatorname{Re}s>0)$

1000. $\int_y^{\infty} e^{-x}L_n^{\alpha}(x)\mathrm{d}x=e^{-y}[L_n^{\alpha}(y)-L_{n-1}^{\alpha}(y)]$

1001. $\int_0^{\infty} e^{-bx}L_n(\lambda x)L_n(\mu x)\mathrm{d}x=\dfrac{(b-\lambda-\mu)^n}{b^{n+1}}P_n\left[\dfrac{b^2-(\lambda+\mu)b+2\lambda\mu}{b(b-\lambda-\mu)}\right]$

$(\operatorname{Re}b>0)$

1002. $\int_0^{\infty} e^{-x}x^{\alpha}L_n^{\alpha}(x)L_m^{\alpha}(x)\mathrm{d}x=\begin{cases}0 & (m\neq n,\operatorname{Re}a>-1)\\ \dfrac{\Gamma(\alpha+n+1)}{n!} & (m=n,\operatorname{Re}a>0)\end{cases}$

1003. $\int_0^{\infty} e^{-bx}x^{\alpha}L_n^{\alpha}(\lambda x)L_m^{\alpha}(\mu x)\mathrm{d}x=\dfrac{\Gamma(m+n+\alpha+1)}{m!\,n!}\dfrac{(b-\lambda)^n(b-\mu)^m}{b^{m+n+\alpha+1}}$

$$\cdot F\left[-m,-n;-m-n-\alpha;\frac{b(b-\lambda-\mu)}{(b-\lambda)(b-\mu)}\right]$$

$(\operatorname{Re}\alpha>-1,\operatorname{Re}b>0)$ [3]

1004. $\int_0^{\infty} e^{-x}x^{\alpha+\beta}L_m^{\alpha}(x)L_n^{\beta}(x)\mathrm{d}x=(-1)^{m+n}(\alpha+\beta)!\binom{\alpha+m}{n}\binom{\beta+n}{m}$

$[\operatorname{Re}(\alpha+\beta)>-1]$

1005. $\int_0^{\infty} e^{-bx}x^{2a}[L_n^{a}(x)]^2\mathrm{d}x=\dfrac{2^{2a}}{\pi(n!)^2b^{2a+1}}\Gamma\left(a+\dfrac{1}{2}\right)\Gamma\left(n+\dfrac{1}{2}\right)\Gamma(a+n+1)$

$$\cdot F\left[-n,a+\frac{1}{2};\frac{1}{2}-n;\left(1-\frac{2}{b}\right)^2\right]$$

$\left(\mathrm{Re}>-\dfrac{1}{2},\mathrm{Re}\,b>0\right)$

1006. $\displaystyle\int_0^\infty e^{-x}x^{\gamma-1}L_n^\mu(x)\mathrm{d}x=\frac{\Gamma(\gamma)\Gamma(\mu-\gamma+n+1)}{n!\,\Gamma(\mu-\gamma+1)}$ $(\mathrm{Re}\,\gamma>0)$

1007. $\displaystyle\int_0^\infty x^{\nu-2n-1}e^{-ax}\sin bx\,L_{2n}^{\nu-2n-1}(ax)\mathrm{d}x=(-1)^n\mathrm{i}\Gamma(\nu)\frac{b^{2n}[(a-\mathrm{i}b)^{-\nu}-(a+\mathrm{i}b)^{-\nu}]}{2(2n)!}$

$(b>0,\mathrm{Re}\,a>0,\mathrm{Re}\,\nu>2n)$

1008. $\displaystyle\int_0^\infty x^{\nu-2n-2}e^{-ax}\sin bx\,L_{2n+1}^{\nu-2n-2}(ax)\mathrm{d}x$

$\displaystyle=(-1)^{n+1}\Gamma(\nu)\frac{b^{2n+1}[(a+\mathrm{i}b)^{-\nu}+(a-\mathrm{i}b)^{-\nu}]}{2(2n+1)!}$

$(b>0,\mathrm{Re}\,a>0,\mathrm{Re}\,\nu>2n+1)$

1009. $\displaystyle\int_0^\infty x^{\nu-2n}e^{-ax}\cos bx\,L_{2n-1}^{\nu-2n}(ax)\mathrm{d}x=\mathrm{i}(-1)^{n+1}\Gamma(\nu)\frac{b^{2n-1}[(a-\mathrm{i}b)^{-\nu}-(a+\mathrm{i}b)^{-\nu}]}{2(2n-1)!}$

$(b>0,\mathrm{Re}\,a>0,\mathrm{Re}\,\nu>2n-1)$

1010. $\displaystyle\int_0^\infty x^{\nu-2n-1}e^{-ax}\cos bx\,L_{2n}^{\nu-2n-1}(ax)\mathrm{d}x=(-1)^n\Gamma(\nu)\frac{b^{2n}[(a+\mathrm{i}b)^{-\nu}+(a-\mathrm{i}b)^{-\nu}]}{2(2n)!}$

$(b>0,\mathrm{Re}\,a>0,\mathrm{Re}\,\nu>2n)$

1011. $\displaystyle\int_0^\infty e^{-\frac{1}{2}x^2}\sin bx\,L_n(x^2)\mathrm{d}x=(-1)^n\frac{\mathrm{i}}{2}\frac{n!}{\sqrt{2\pi}}\{[D_{-n-1}(\mathrm{i}b)]^2-[D_{-n-1}(-\mathrm{i}b)]^2\}$

$(b>0)$

1012. $\displaystyle\int_0^\infty e^{-\frac{1}{2}x^2}\cos bx\,L_n(x^2)\mathrm{d}x=\sqrt{\frac{\pi}{2}}(n!)^{-1}e^{-\frac{1}{2}b^2}2^{-n}\left[H_n\left(\frac{b}{\sqrt{2}}\right)\right]^2$ $(b>0)$

1013. $\displaystyle\int_0^\infty x^{2n+1}e^{-\frac{1}{2}x^2}\sin bx\,L_n^{n+\frac{1}{2}}\left(\frac{1}{2}x^2\right)\mathrm{d}x=\sqrt{\frac{\pi}{2}}b^{2n+1}e^{-\frac{1}{2}b^2}L_n^{n+\frac{1}{2}}\left(\frac{b^2}{2}\right)$ $(b>0)$

1014. $\displaystyle\int_0^\infty x^{2n}e^{-\frac{1}{2}x^2}\cos bx\,L_n^{n-\frac{1}{2}}\left(\frac{1}{2}x^2\right)\mathrm{d}x=\sqrt{\frac{\pi}{2}}b^{2n}e^{-\frac{1}{2}b^2}L_n^{n+\frac{1}{2}}\left(\frac{b^2}{2}\right)$ $(b>0)$

1015. $\displaystyle\int_0^\infty xe^{-\frac{1}{2}\alpha x^2}L_n\left(\frac{1}{2}\beta x^2\right)J_0(xy)\mathrm{d}x=\frac{(\alpha-\beta)^n}{\alpha^{n+1}}e^{-\frac{1}{2\alpha}y^2}L_n\left[\frac{\beta y^2}{2\alpha(\beta-\alpha)}\right]$

$(y>0,\mathrm{Re}\,\alpha>0)$

1016. $\displaystyle\int_0^\infty xe^{-x^2}L_n(x^2)J_0(xy)\mathrm{d}x=\frac{2^{-2n-1}}{n!}y^{2n}e^{-\frac{1}{4}y^2}$

1017. $\displaystyle\int_0^\infty x^{2n+\nu+1}e^{-\frac{1}{2}x^2}L_n^{\nu+n}\left(\frac{1}{2}x^2\right)J_\nu(xy)\mathrm{d}x=y^{2n+\nu}e^{-\frac{1}{2}y^2}L_n^{\nu+n}\left(\frac{1}{2}y^2\right)$

$(y>0,\mathrm{Re}\,\nu>-1)$

1018. $\displaystyle\int_0^\infty x^{\nu+1}e^{-\beta x^2}L_n^\nu(\alpha x^2)J_\nu(xy)\mathrm{d}x=2^{-\nu-1}\beta^{-\nu-n-1}(\beta-\alpha)^n y^\nu e^{-\frac{y^2}{4\beta}}L_n^\nu\left[\frac{\alpha y^2}{4\beta(\alpha-\beta)}\right]$

[3]

1019. $\int_0^\infty x^{\nu+1}\mathrm{e}^{-\frac{x^2}{2q}}\mathrm{L}_n^\nu\left[\frac{x^2}{2q(1-q)}\right]\mathrm{J}_\nu(xy)\mathrm{d}x=\frac{q^{n+\nu+1}}{(q-1)^n}y^\nu\mathrm{e}^{-\frac{qy^2}{2}}\mathrm{L}_n^\nu\left(\frac{y^2}{2}\right)$

$(\nu>0)$ [3]

1020. $\int_0^\infty x^{\nu+1}\mathrm{e}^{-\beta x^2}[\mathrm{L}_n^{\frac{\nu}{2}}(\alpha x^2)]^2\mathrm{J}_\nu(xy)\mathrm{d}x$

$$=\frac{y^\nu}{n!\pi}(2\beta)^{-\nu-1}\mathrm{e}^{-\frac{y^2}{4\beta}}\Gamma\left(n+1+\frac{\nu}{2}\right)$$

$$\cdot\sum_{l=0}^n\frac{(-1)^l\Gamma\left(n-l+\frac{1}{2}\right)\Gamma\left(l+\frac{1}{2}\right)}{\Gamma\left(l+1+\frac{\nu}{2}\right)(n-l)!}\left(\frac{2\alpha-\beta}{\beta}\right)^{2l}\mathrm{L}_{2l}^\nu\left[\frac{\alpha y^2}{2\beta(2\alpha-\beta)}\right]$$

$(y>0,\mathrm{Re}\,\beta>0,\mathrm{Re}\,\nu>-1)$ [3]

1021. $\int_0^\infty x^{\nu+1}\mathrm{e}^{-\alpha x^2}\mathrm{L}_m^{\nu-\sigma}(\alpha x^2)\mathrm{L}_n^\sigma(\alpha x^2)\mathrm{J}_\nu(xy)\mathrm{d}x$

$$=(-1)^{m+n}(2\alpha)^{-\nu-1}y^\nu\mathrm{e}^{-\frac{y^2}{4\alpha}}\mathrm{L}_n^{\sigma-m+n}\left(\frac{y^2}{4\alpha}\right)\mathrm{L}_m^{\nu-\sigma+m-n}\left(\frac{y^2}{4\alpha}\right)$$

$(y>0,\mathrm{Re}\,\alpha>0,\mathrm{Re}\,\nu>-1)$ [3]

1022. $\int_0^\infty \mathrm{e}^{-\frac{1}{2}x^2}\mathrm{L}_n\left(\frac{1}{2}x^2\right)\mathrm{H}_{2n+1}\left(\frac{x}{2\sqrt{2}}\right)\sin(xy)\mathrm{d}x$

$$=\left(\frac{\pi}{2}\right)^{\frac{1}{2}}\mathrm{e}^{-\frac{1}{2}y^2}\mathrm{L}_n\left(\frac{y^2}{2}\right)\mathrm{H}_{2n+1}\left(\frac{y}{2\sqrt{2}}\right)$$

1023. $\int_0^\infty \mathrm{e}^{-\frac{1}{2}x^2}\mathrm{L}_n\left(\frac{1}{2}x^2\right)\mathrm{H}_{2n}\left(\frac{x}{2\sqrt{2}}\right)\cos(xy)\mathrm{d}x$

$$=\left(\frac{\pi}{2}\right)^{\frac{1}{2}}\mathrm{e}^{-\frac{1}{2}y^2}\mathrm{L}_n\left(\frac{y^2}{2}\right)\mathrm{H}_{2n}\left(\frac{y}{2\sqrt{2}}\right)$$

Ⅱ.2.7.3 雅可比(Jacobi)多项式的积分 [3]

1024. $\int_{-1}^1(1-x)^\alpha(1+x)^\sigma\mathrm{P}_n^{(\alpha,\beta)}(x)\mathrm{d}x=\frac{2^{\alpha+\sigma+1}\Gamma(\alpha+1)\Gamma(\sigma+1)\Gamma(\alpha-\beta+1)}{n!\Gamma(\sigma-\beta-n+1)\Gamma(\alpha+\sigma+n+2)}$

$(\mathrm{Re}\,\alpha>-1,\mathrm{Re}\,\sigma>-1)$

[这里,$\mathrm{P}_n^{(\alpha,\beta)}(x)$ 为雅可比多项式(见附录),以下同]

1025. $\int_{-1}^1(1-x)^q(1+x)^\beta\mathrm{P}_n^{(\alpha,\beta)}(x)\mathrm{d}x=\frac{2^{\beta+q+1}\Gamma(q+1)\Gamma(\beta+n+1)\Gamma(\alpha-q+n)}{n!\Gamma(\alpha-q)\Gamma(\beta+q+n+2)}$

$(\mathrm{Re}\,q>-1,\mathrm{Re}\,\beta>-1)$

1026. $\int_{-1}^1(1-x)^q(1+x)^\sigma\mathrm{P}_n^{(\alpha,\beta)}(x)\mathrm{d}x$

$$= \frac{2^{q+\sigma+1}\Gamma(q+1)\Gamma(\sigma+1)\Gamma(\alpha+n+1)}{n!\Gamma(q+\sigma+2)\Gamma(\alpha+1)}$$

$$\cdot {}_3F_2(-n,\alpha+\beta+n+1,q+1;\alpha+1,q+\sigma+2;1)$$

$(\mathrm{Re}\, q>-1, \mathrm{Re}\, \sigma>-1)$

1027. $\int_{-1}^{1}(1-x)^{\alpha-1}(1+x)^{\beta}[\mathrm{P}_n^{(\alpha,\beta)}(x)]^2\mathrm{d}x = \frac{2^{\alpha+\beta}\Gamma(\alpha+n+1)\Gamma(\beta+n+1)}{n!\alpha\Gamma(\alpha+\beta+n+1)}$

$(\mathrm{Re}\, \alpha>0, \mathrm{Re}\, \beta>-1)$

1028. $\int_{-1}^{1}(1-x)^{2\alpha}(1+x)^{\beta}[\mathrm{P}_n^{(\alpha,\beta)}(x)]^2\mathrm{d}x$

$$= \frac{2^{4\alpha+\beta+1}\Gamma\left(\alpha+\frac{1}{2}\right)[\Gamma(\alpha+n+1)]^2\Gamma(\beta+2n+1)}{\sqrt{\pi}(n!)^2\Gamma(\alpha+1)\Gamma(2\alpha+\beta+2n+2)}$$

$\left(\mathrm{Re}\, \alpha>-\frac{1}{2}, \mathrm{Re}\, \beta>-1\right)$

1029. $\int_{-1}^{1}(1-x)^{\alpha}(1+x)^{\beta}\mathrm{P}_n^{(\alpha,\beta)}(x)\mathrm{P}_m^{(\alpha,\beta)}(x)\mathrm{d}x$

$$= \begin{cases} 0 & (m\neq n, \mathrm{Re}\, \alpha>-1, \mathrm{Re}\, \beta>-1) \\ \dfrac{2^{\alpha+\beta+1}\Gamma(\alpha+n+1)\Gamma(\beta+n+1)}{n!(\alpha+\beta+2n+1)\Gamma(\alpha+\beta+n+1)} & (m=n, \mathrm{Re}\, \alpha>-1, \mathrm{Re}\, \beta>-1) \end{cases}$$

1030. $\int_{-1}^{1}(1-x)^{q}(1+x)^{\beta}\mathrm{P}_n^{(\alpha,\beta)}(x)\mathrm{P}_n^{(q,\beta)}(x)\mathrm{d}x$

$$= \frac{2^{q+\beta+1}\Gamma(q+n+1)\Gamma(\beta+n+1)\Gamma(\alpha+\beta+2n+1)}{n!\Gamma(\beta+q+2n+2)\Gamma(\alpha+\beta+n+1)}$$

$(\mathrm{Re}\, q>-1, \mathrm{Re}\, \beta>-1)$

1031. $\int_{-1}^{1}(1-x)^{q-1}(1+x)^{\beta}\mathrm{P}_n^{(\alpha,\beta)}(x)\mathrm{P}_n^{(q,\beta)}(x)\mathrm{d}x$

$$= \frac{2^{q+\beta}\Gamma(\alpha+n+1)\Gamma(\beta+n+1)\Gamma(q)}{n!\Gamma(\alpha+1)\Gamma(q+\beta+n+1)} \quad (\mathrm{Re}\, q>0, \mathrm{Re}\, \beta>-1)$$

1032. $\int_{-1}^{1}(1-x)^{\alpha}(1+x)^{\sigma}\mathrm{P}_n^{(\alpha,\beta)}(x)\mathrm{P}_m^{(\alpha,\sigma)}(x)\mathrm{d}x$

$$= \frac{2^{\alpha+\sigma+1}\Gamma(\alpha+n+1)\Gamma(\alpha+\beta+m+n+1)\Gamma(\sigma+m+1)\Gamma(\sigma-\beta+1)}{m!(n-m)!\Gamma(\alpha+\beta+n+1)\Gamma(\alpha+\sigma+m+n+2)\Gamma(\alpha-\beta+m-n+1)}$$

$(\mathrm{Re}\, \alpha>-1, \mathrm{Re}\, \sigma>-1)$

1033. $\int_{-1}^{1}(1-x)^{q}(1+x)^{\beta}\mathrm{P}_n^{(\alpha,\beta)}(x)\mathrm{P}_m^{(q,\beta)}(x)\mathrm{d}x$

$$= \frac{2^{\beta+q+1}\Gamma(\alpha+\beta+m+n+1)\Gamma(\beta+n+1)\Gamma(q+m+1)\Gamma(\alpha-q-m+n)}{n!(n-m)!\Gamma(\alpha+\beta+n+1)\Gamma(\beta+q+m+n+2)\Gamma(\alpha-q)}$$

$(\mathrm{Re}\, q>-1, \mathrm{Re}\, \beta>-1)$

1034. $\int_{0}^{x}(1-y)^{\alpha}(1+y)^{\beta}\mathrm{P}_n^{(\alpha,\beta)}(y)\mathrm{d}y$

$$= \frac{1}{2n}[P_{n-1}^{(\alpha+1,\beta+1)}(0) - (1-x)^{\alpha+1}(1+x)^{\beta+1}P_{n-1}^{(\alpha+1,\beta+1)}(x)]$$

1035. $\int_0^1 x^\alpha(1-x)^{\mu-1}P_n^{(\alpha,\beta)}(1-\gamma x)\mathrm{d}x = \frac{\Gamma(\alpha+n+1)\Gamma(\mu)}{\Gamma(\alpha+\mu+n+1)}P_n^{(\alpha+\mu,\beta-\mu)}(1-\gamma)$

$(\mathrm{Re}\,\alpha > -1, \mathrm{Re}\,\mu > 0)$

1036. $\int_0^1 x^\beta(1-x)^{\mu-1}P_n^{(\alpha,\beta)}(\gamma x-1)\mathrm{d}x = \frac{\Gamma(\beta+n+1)\Gamma(\mu)}{\Gamma(\beta+\mu+n+1)}P_n^{(\alpha-\mu,\beta+\mu)}(\gamma-1)$

$(\mathrm{Re}\,\beta > -1, \mathrm{Re}\,\mu > 0)$

1037. $\int_0^1 (1-x^2)^\nu \sin bx\, P_{2n+1}^{(\nu,\nu)}(x)\mathrm{d}x = \frac{(-1)^n\sqrt{\pi}\,\Gamma(2n+\nu+2)}{(2n+1)!\,2^{\frac{1}{2}-\nu}b^{\nu+\frac{1}{2}}}J_{2n+\nu+\frac{3}{2}}(b)$

$(b > 0, \mathrm{Re}\,\nu > -1)$

1038. $\int_0^1 (1-x^2)^\nu \cos bx\, P_{2n}^{(\nu,\nu)}(x)\mathrm{d}x = \frac{(-1)^n 2^{\nu-\frac{1}{2}}\sqrt{\pi}\,\Gamma(2n+\nu+1)}{(2n)!\,b^{\nu+\frac{1}{2}}}J_{2n+\nu+\frac{1}{2}}(b)$

$(b > 0, \mathrm{Re}\,\nu > -1)$

Ⅱ.2.7.4 切比雪夫(Chebyshev)多项式与幂函数组合的积分 [3]

1039. $\int_{-1}^1 [T_n(x)]^2\mathrm{d}x = 1 - \frac{1}{4n^2-1}$

[这里,$T_n(x)$ 为第一类切比雪夫多项式(见附录),以下同]

1040. $\int_{-1}^1 U_n[x(1-y^2)^{\frac{1}{2}}(1-z^2)^{\frac{1}{2}} + yz]\mathrm{d}x = \frac{2}{n+1}U_n(y)U_n(z)$

$(|y| < 1, |z| < 1)$

[这里,$U_n(x)$ 为第二类切比雪夫多项式(见附录),以下同]

1041. $\int_{-1}^1 \frac{T_n(x)T_m(x)}{\sqrt{1-x^2}}\mathrm{d}x = \begin{cases} 0 & (m \neq n) \\ \frac{\pi}{2} & (m = n \neq 0) \\ \pi & (m = n = 0) \end{cases}$

1042. $\int_{-1}^1 \sqrt{1-x^2}\,U_n(x)U_m(x)\mathrm{d}x = \begin{cases} 0 & (m \neq n) \\ \frac{\pi}{2} & (m = n) \end{cases}$

1043. $\int_{-1}^1 (y-x)^{-1}(1-y^2)^{-\frac{1}{2}}T_n(y)\mathrm{d}y = \pi U_{n-1}(x) \quad (n = 1,2,3,\cdots)$

1044. $\int_{-1}^1 (y-x)^{-1}(1-y^2)^{\frac{1}{2}}U_{n-1}(y)\mathrm{d}y = -\pi T_n(x) \quad (n = 1,2,3,\cdots)$

1045. $\int_{-1}^1 (1-x)^{-\frac{1}{2}}(1+x)^{m-n-\frac{3}{2}}T_m(x)T_n(x)\mathrm{d}x = 0 \quad (m > n)$

1046. $\int_{-1}^{1}(1-x)^{-\frac{1}{2}}(1+x)^{m+n-\frac{3}{2}}\mathrm{T}_m(x)\mathrm{T}_n(x)\mathrm{d}x=\dfrac{\pi(2m+2n-1)!}{2^{m+n}(2m-1)!(2n-1)!}$

$(m+n\neq 0)$

1047. $\int_{-1}^{1}(1-x)^{\frac{1}{2}}(1+x)^{m+n+\frac{3}{2}}\mathrm{U}_m(x)\mathrm{U}_n(x)\mathrm{d}x=\dfrac{\pi(2m+2n+2)!}{2^{m+n+2}(2m+1)!(2n+1)!}$

1048. $\int_{-1}^{1}(1-x)^{\frac{1}{2}}(1+x)^{m-n-\frac{1}{2}}\mathrm{U}_m(x)\mathrm{U}_n(x)\mathrm{d}x=0\quad(m>n)$

1049. $\int_{-1}^{1}(1-x)(1+x)^{\frac{1}{2}}\mathrm{U}_m(x)\mathrm{U}_n(x)\mathrm{d}x$

$$=\frac{4\sqrt{2}(m+1)(n+1)}{\left(m+n+\frac{3}{2}\right)\left(m+n+\frac{5}{2}\right)[1-4(m-n)^2]}$$

1050. $\int_{0}^{1}x^{s-1}(1-x^2)^{-\frac{1}{2}}\mathrm{T}_n(x)\mathrm{d}x=\dfrac{\pi}{s2^s\mathrm{B}\left(\frac{1}{2}+\frac{s}{2}+\frac{n}{2},\frac{1}{2}+\frac{s}{2}-\frac{n}{2}\right)}$

$(\mathrm{Re}\,s>0)$

1051. $\int_{-1}^{1}(1-x)^{\alpha}(1+x)^{\beta}\mathrm{T}_n(x)\mathrm{d}x=\dfrac{2^{\alpha+\beta+2n+1}(n!)^2\Gamma(\alpha+1)\Gamma(\beta+1)}{(2n)!\Gamma(\alpha+\beta+2)}$

$$\cdot\,{}_3\mathrm{F}_2\left(-n,n,\alpha+1;\frac{1}{2},\alpha+\beta+2;1\right)$$

$(\mathrm{Re}\,\alpha>-1,\mathrm{Re}\,\beta>-1)$ [3]

1052. $\int_{-1}^{1}(1-x)^{\alpha}(1+x)^{\beta}\mathrm{U}_n(x)\mathrm{d}x=\dfrac{2^{\alpha+\beta+2n+2}[(n+1)!]^2\Gamma(\alpha+1)\Gamma(\beta+1)}{(2n+2)!\Gamma(\alpha+\beta+2)}$

$$\cdot\,{}_3\mathrm{F}_2\left(-n,n+1,\alpha+1;\frac{3}{2},\alpha+\beta+2;1\right)$$

1053. $\int_{-1}^{1}(1-x^2)^{-\frac{1}{2}}\mathrm{T}_n(1-yx^2)\mathrm{d}x=\frac{1}{2}\pi[\mathrm{P}_n(1-y)+\mathrm{P}_{n-1}(1-y)]$

1054. $\int_{-1}^{1}(1-x^2)^{-\frac{1}{2}}\mathrm{U}_{2n}(zx)\mathrm{d}x=\pi\mathrm{P}_n(2z^2-1)\quad(|z|<1)$

Ⅱ.2.7.5 切比雪夫(Chebyshev)多项式与若干初等函数组合的积分

1055. $\int_{-1}^{1}x^{-\frac{1}{2}}(1-x^2)^{-\frac{1}{2}}\mathrm{e}^{-\frac{2a}{x}}\mathrm{T}_n(x)\mathrm{d}x=\sqrt{\pi}\mathrm{D}_{n-\frac{1}{2}}(2\sqrt{a})\mathrm{D}_{-n-\frac{1}{2}}(2\sqrt{a})$

$(\mathrm{Re}\,a>0)$ [3]

1056. $\int_{0}^{\infty}\dfrac{x\mathrm{U}_n[a(a^2+x^2)^{-\frac{1}{2}}]}{(a^2+x^2)^{\frac{n}{2}+1}(\mathrm{e}^{\pi x}+1)}\mathrm{d}x=\dfrac{a^{-n}}{2n}-2^{-n-1}\zeta\left(n+1,\dfrac{a+1}{2}\right)$

$(\mathrm{Re}\,a>0)$ [3]

1057. $\int_0^{\infty}\frac{x\mathrm{U}_n[a(a^2+x^2)^{-\frac{1}{2}}]}{(a^2+x^2)^{\frac{n}{2}+1}(\mathrm{e}^{2\pi x}-1)}\mathrm{d}x=-\frac{a^{-n-1}}{4}-\frac{a^{-n}}{2n}+\frac{1}{2}\zeta\left(n+1,a\right)$

$(\mathrm{Re}\,a>0)$ [3]

1058. $\int_0^{\infty}(a^2+x^2)^{-\frac{n}{2}}\operatorname{sech}\frac{\pi x}{2}\mathrm{T}_n[a(a^2+x^2)^{-\frac{1}{2}}]\mathrm{d}x$

$=2^{1-2n}\left[\zeta\left(n,\frac{a+1}{4}\right)-\zeta\left(n,\frac{a+3}{4}\right)\right]\quad(\mathrm{Re}\,a>0)$

$=2^{1-n}\Phi\left(-1,n,\frac{a+1}{2}\right)\quad(\mathrm{Re}\,a>0)$ [3]

1059. $\int_0^{\infty}(a^2+x^2)^{-\frac{n}{2}}\left(\cosh\frac{\pi x}{2}\right)^{-2}\mathrm{T}_n[a(a^2+x^2)^{-\frac{1}{2}}]\mathrm{d}x$

$=n2^{1-n}\pi^{-1}\zeta\left(n+1,\frac{a+1}{4}\right)\quad(\mathrm{Re}\,a>0)$ [3]

1060. $\int_{-1}^{1}\sin(xyz)\cos[(1-x^2)^{\frac{1}{2}}(1-y^2)^{\frac{1}{2}}z]\mathrm{T}_{2n+1}(x)\mathrm{d}x$

$=(-1)^n\pi\mathrm{T}_{2n+1}(y)\mathrm{J}_{2n+1}(z)$

1061. $\int_{-1}^{1}\sin(xyz)\sin[(1-x^2)^{\frac{1}{2}}(1-y^2)^{\frac{1}{2}}z]\mathrm{U}_{2n+1}(x)\mathrm{d}x$

$=(-1)^n\pi(1-y^2)^{\frac{1}{2}}\mathrm{U}_{2n+1}(y)\mathrm{J}_{2n+2}(z)$

1062. $\int_{-1}^{1}\cos(xyz)\cos[(1-x^2)^{\frac{1}{2}}(1-y^2)^{\frac{1}{2}}z]\mathrm{T}_{2n}(x)\mathrm{d}x=(-1)^n\pi\mathrm{T}_{2n}(y)\mathrm{J}_{2n}(z)$

1063. $\int_{-1}^{1}\cos(xyz)\sin[(1-x^2)^{\frac{1}{2}}(1-y^2)^{\frac{1}{2}}z]\mathrm{U}_{2n}(x)\mathrm{d}x$

$=(-1)^n\pi(1-y^2)^{\frac{1}{2}}\mathrm{U}_{2n}(y)\mathrm{J}_{2n+1}(z)$

1064. $\int_0^{1}(1-x^2)^{-\frac{1}{2}}\sin(ax)\mathrm{T}_{2n+1}(x)\mathrm{d}x=(-1)^n\frac{\pi}{2}\mathrm{J}_{2n+1}(a)\quad(a>0)$

1065. $\int_0^{1}(1-x^2)^{-\frac{1}{2}}\cos(ax)\mathrm{T}_{2n}(x)\mathrm{d}x=(-1)^n\frac{\pi}{2}\mathrm{J}_{2n}(a)\quad(a>0)$

Ⅱ.2.7.6 切比雪夫(Chebyshev)多项式与贝塞尔函数组合的积分

1066. $\int_0^{1}(1-x^2)^{-\frac{1}{2}}\mathrm{T}_n(x)\mathrm{J}_\nu(yx)\mathrm{d}x=\frac{\pi}{2}\mathrm{J}_{\frac{1}{2}(\nu+n)}\left(\frac{y}{2}\right)\mathrm{J}_{\frac{1}{2}(\nu-n)}\left(\frac{y}{2}\right)$

$(y>0,\mathrm{Re}\,\nu>-n-1)$ [3]

1067. $\int_1^{\infty}(x^2-1)^{-\frac{1}{2}}\mathrm{T}_n\left(\frac{1}{x}\right)\mathrm{K}_{2\mu}(ax)\mathrm{d}x=\frac{\pi}{2a}\mathrm{W}_{\frac{n}{2},\mu}(a)\mathrm{W}_{-\frac{n}{2},\mu}(a)$

$(\mathrm{Re}\,a>0)$ [3]

Ⅱ.2.7.7 盖根鲍尔(Gegenbauer)多项式与幂函数组合的积分 [3]

1068. $\int_{-1}^{1}(1-x^2)^{\nu-\frac{1}{2}}\mathrm{C}_n^{\nu}(x)\mathrm{d}x=0\quad\left(n>0,\mathrm{Re}\,\nu>-\frac{1}{2}\right)$

[这里,$\mathrm{C}_n^{\nu}(x)$ 为盖根鲍尔多项式(见附录),以下同]

1069. $\int_{0}^{1}x^{n+2q}(1-x^2)^{\nu-\frac{1}{2}}\mathrm{C}_n^{\nu}(x)\mathrm{d}x$

$$=\frac{\Gamma(2\nu+n)\Gamma(2q+n+1)\Gamma\left(\nu+\frac{1}{2}\right)\Gamma\left(q+\frac{1}{2}\right)}{2^{n+1}n!\Gamma(2\nu)\Gamma(2q+1)\Gamma(n+\nu+q+1)}$$

$\left(\mathrm{Re}\,q>-\frac{1}{2},\mathrm{Re}\,\nu>-\frac{1}{2}\right)$

1070. $\int_{-1}^{1}(1-x^2)^{\nu-\frac{1}{2}}(1+x)^b\mathrm{C}_n^{\nu}(x)\mathrm{d}x$

$$=\frac{2^{b+\nu+\frac{1}{2}}\Gamma(b+1)\Gamma\left(\nu+\frac{1}{2}\right)\Gamma(2\nu+n)\Gamma\left(b-\nu+\frac{3}{2}\right)}{n!\Gamma(2\nu)\Gamma\left(b-\nu-n+\frac{3}{2}\right)\Gamma\left(b+\nu+n+\frac{3}{2}\right)}$$

$\left(\mathrm{Re}\,b>-1,\mathrm{Re}\,\nu>-\frac{1}{2}\right)$

1071. $\int_{-1}^{1}(1-x)^a(1+x)^b\mathrm{C}_n^{\nu}(x)\mathrm{d}x$

$$=\frac{2^{a+b+1}\Gamma(a+1)\Gamma(b+1)\Gamma(n+2\nu)}{n!\Gamma(2\nu)\Gamma(a+b+2)}$$

$$\cdot{}_3\mathrm{F}_2\left(-n,n+2\nu,a+1;\nu+\frac{1}{2},a+b+2;1\right)$$

$(\mathrm{Re}\,a>-1,\mathrm{Re}\,b>-1)$

1072. $\int_{-1}^{1}(1-x^2)^{\nu-\frac{1}{2}}\mathrm{C}_m^{\nu}(x)\mathrm{C}_n^{\nu}(x)\mathrm{d}x=0\quad\left(m\neq n,\mathrm{Re}\,\nu>-\frac{1}{2}\right)$

1073. $\int_{-1}^{1}(1-x^2)^{\nu-\frac{1}{2}}[\mathrm{C}_n^{\nu}(x)]^2\mathrm{d}x=\frac{\pi 2^{1-2\nu}\Gamma(2\nu+n)}{n!(n+\nu)[\Gamma(\nu)]^2}\quad\left(\mathrm{Re}\,a>-\frac{1}{2}\right)$

1074. $\int_{-1}^{1}(1-x)^{\nu-\frac{3}{2}}(1+x)^{\nu-\frac{1}{2}}[\mathrm{C}_n^{\nu}(x)]^2\mathrm{d}x=\frac{\sqrt{\pi}\Gamma(2\nu+n)\Gamma\left(\nu-\frac{1}{2}\right)}{n!\Gamma(\nu)\Gamma(2\nu)}$

$\left(\mathrm{Re}\,\nu>\frac{1}{2}\right)$

1075. $\int_{-1}^{1}(1-x)^{\nu-\frac{1}{2}}(1+x)^{2\nu-1}[C_n^{\nu}(x)]^2\mathrm{d}x=\dfrac{2^{3\nu-\frac{1}{2}}[\Gamma(2\nu+n)]^2\Gamma\left(2n+\nu+\frac{1}{2}\right)}{(n!)^2\Gamma(2\nu)\Gamma\left(3\nu+2n+\frac{1}{2}\right)}$

$(\mathrm{Re}\,\nu>0)$

1076. $\int_{-1}^{1}(1-x)^{3\nu+2n-\frac{3}{2}}(1+x)^{\nu-\frac{1}{2}}[C_n^{\nu}(x)]^2\mathrm{d}x$

$$=\frac{\sqrt{\pi}\left[\Gamma\left(\nu+\frac{1}{2}\right)\right]^2\Gamma\left(\nu+2n+\frac{1}{2}\right)\Gamma(2\nu+2n)\Gamma\left(3\nu+2n-\frac{1}{2}\right)}{2^{2\nu+2n}\left[n!\,\Gamma(2\nu)\Gamma\left(\nu+n+\frac{1}{2}\right)\right]^2\Gamma\left(2\nu+2n+\frac{1}{2}\right)}$$

$\left(\mathrm{Re}\,\nu>\frac{1}{6}\right)$

1077. $\int_{-1}^{1}(1-x)^{2\nu-1}(1+x)^{\nu-\frac{1}{2}}C_m^{\nu}(x)C_n^{\nu}(x)\mathrm{d}x$

$$=\frac{2^{3\nu-\frac{1}{2}}\Gamma(2\nu+m)\Gamma(2\nu+n)\Gamma\left(\nu+\frac{1}{2}\right)\Gamma\left(\frac{1}{2}+\nu+m+n\right)\Gamma\left(\frac{1}{2}-\nu-m+n\right)}{m!n!\Gamma(2\nu)\Gamma\left(\frac{1}{2}-\nu\right)\Gamma\left(\frac{1}{2}+\nu-m+n\right)\Gamma\left(\frac{1}{2}+3\nu+m+n\right)}$$

$(\mathrm{Re}\,\nu>0)$

1078. $\int_{-1}^{1}(1-x)^{\nu-\frac{1}{2}}(1+x)^{\nu+m-n-\frac{3}{2}}C_m^{\nu}(x)C_n^{\nu}(x)\mathrm{d}x$

$$=(-1)^m\frac{2^{2-2\nu-m+n}\pi^{\frac{3}{2}}\Gamma(2\nu+n)\Gamma\left(\nu-\frac{1}{2}+m-n\right)\Gamma\left(\frac{1}{2}-\nu+m-n\right)}{m!(n-m)![\Gamma(\nu)]^2\Gamma\left(\frac{1}{2}+\nu+m\right)\Gamma\left(\frac{1}{2}-\nu-n\right)\Gamma\left(\frac{1}{2}+m-n\right)}$$

$\left(n\geqslant m,\mathrm{Re}\,\nu>-\frac{1}{2}\right)$

1079. $\int_{-1}^{1}(1-x)^{\nu-\frac{1}{2}}(1+x)^{3\nu+m+n-\frac{3}{2}}C_n^{\nu}(x)C_m^{\nu}(x)\mathrm{d}x$

$$=\frac{2^{4\nu+m+n-1}\left[\Gamma\left(\nu+\frac{1}{2}\right)\Gamma(2\nu+m+n)\right]^2\Gamma\left(\nu+m+n+\frac{1}{2}\right)\Gamma\left(3\nu+m+n-\frac{1}{2}\right)}{\Gamma(2\nu+m)\Gamma(2\nu+n)\Gamma(4\nu+2m+2n)\Gamma\left(\nu+m+\frac{1}{2}\right)\Gamma\left(\nu+n+\frac{1}{2}\right)}$$

$\left(\mathrm{Re}\,\nu>-\frac{1}{6}\right)$

Ⅱ.2.7.8　盖根鲍尔(Gegenbauer)多项式与若干初等函数组合的积分

1080. $\int_{-1}^{1}(1-x^2)^{\nu-\frac{1}{2}}\mathrm{e}^{\mathrm{i}ax}C_n^\nu(x)\mathrm{d}x=\dfrac{\mathrm{i}^n\pi 2^{1-\nu}\Gamma(2\nu+n)}{n!\Gamma(\nu)}a^{-\nu}J_{\nu+n}(a)$

$\left(\operatorname{Re}\nu>-\dfrac{1}{2}\right)$　[3]

1081. $\int_{0}^{1}(1-x^2)^{\nu-\frac{1}{2}}\sin ax\, C_{2n+1}^\nu(x)\mathrm{d}x=\dfrac{(-1)^n\pi\Gamma(2n+2\nu+1)}{(2n+1)!(2a)^\nu\Gamma(\nu)}J_{2n+\nu+1}(a)$

$\left(a>0,\operatorname{Re}\nu>-\dfrac{1}{2}\right)$　[3]

1082. $\int_{0}^{1}(1-x^2)^{\nu-\frac{1}{2}}\cos ax\, C_{2n}^\nu(x)\mathrm{d}x=\dfrac{(-1)^n\pi\Gamma(2n+2\nu)}{(2n)!(2a)^\nu\Gamma(\nu)}J_{2n+\nu}(a)$

$\left(a>0,\operatorname{Re}\nu>-\dfrac{1}{2}\right)$　[3]

Ⅱ.2.7.9　盖根鲍尔(Gegenbauer)多项式与贝塞尔函数组合的积分

1083. $\int_{1}^{\infty}x^{2n-\nu+1}(x^2-1)^{\nu-2n-\frac{1}{2}}C_{2n}^{\nu-2n}\left(\dfrac{1}{x}\right)J_\nu(yx)\mathrm{d}x$

$=(-1)^n2^{2n-\nu+1}y^{2n-\nu-1}\dfrac{\Gamma(2\nu-2n)}{(2n)!\Gamma(\nu-2n)}\cos y$

$\left(y>0,2n-\dfrac{1}{2}<\operatorname{Re}\nu<2n+\dfrac{1}{2}\right)$

1084. $\int_{1}^{\infty}x^{2n-\nu+2}(x^2-1)^{\nu-2n-\frac{3}{2}}C_{2n+1}^{\nu-2n-1}\left(\dfrac{1}{x}\right)J_\nu(yx)\mathrm{d}x$

$=(-1)^n2^{2n-\nu+2}y^{2n-\nu}\dfrac{\Gamma(2\nu-2n-1)}{(2n+1)!\Gamma(\nu-2n-1)}\sin y$

$\left(y>0,2n+\dfrac{1}{2}<\operatorname{Re}\nu<2n+\dfrac{3}{2}\right)$

1085. $\int_{0}^{\pi}(\sin x)^{2\nu}C_n^\nu(\cos x)\dfrac{J_\nu(\omega)}{\omega^\nu}\mathrm{d}x=\dfrac{\pi\Gamma(2\nu+n)}{2^{\nu-1}n!\Gamma(\nu)}\dfrac{J_{\nu+n}(\alpha)}{\alpha^\nu}\dfrac{J_{\nu+n}(\beta)}{\beta^\nu}$

$\left(\omega=\sqrt{\alpha^2+\beta^2-2\alpha\beta\cos x},\operatorname{Re}\nu>-\dfrac{1}{2},n=0,1,2,\cdots\right)$　[3]

1086. $\int_{0}^{\pi}(\sin x)^{2\nu}C_n^\nu(\cos x)\dfrac{N_\nu(\omega)}{\omega^\nu}\mathrm{d}x=\dfrac{\pi\Gamma(2\nu+n)}{2^{\nu-1}n!\Gamma(\nu)}\dfrac{J_{\nu+n}(\alpha)}{\alpha^\nu}\dfrac{N_{\nu+n}(\beta)}{\beta^\nu}$

$\left(\omega=\sqrt{\alpha^2+\beta^2-2\alpha\beta\cos x}, \operatorname{Re}\nu>-\frac{1}{2}, |\alpha|<|\beta|\right)$ [3]

Ⅱ.2.8 超几何函数和合流超几何函数的定积分

Ⅱ.2.8.1 超几何函数与幂函数组合的积分 [3]

1087. $\int_0^{\infty} \mathrm{F}(a,b;c;-z) z^{-s-1} \mathrm{d}z=\frac{\Gamma(a+s)\Gamma(b+s)\Gamma(c)\Gamma(-s)}{\Gamma(a)\Gamma(b)\Gamma(c+s)}$

$[\operatorname{Re} s<0, \operatorname{Re}(a+s)>0, \operatorname{Re}(b+s)>0, c\neq 0,-1,-2,\cdots]$

[这里,$\mathrm{F}(a,b;c;x)$,或${}_2\mathrm{F}_1(a,b;c;x)$ 为超几何函数(见附录),以下同]

1088. $\int_0^1 x^{\alpha-\gamma}(1-x)^{\gamma-\beta-1} \mathrm{F}(\alpha,\beta;\gamma;x) \mathrm{d}x$

$$=\frac{\Gamma\left(1+\frac{\alpha}{2}\right)\Gamma(\gamma)\Gamma(\alpha-\gamma+1)\Gamma\left(\gamma-\frac{\alpha}{2}-\beta\right)}{\Gamma(1+\alpha)\Gamma\left(1+\frac{\alpha}{2}-\beta\right)\Gamma\left(\gamma-\frac{\alpha}{2}\right)}$$

$\left[\operatorname{Re}\alpha+1>\operatorname{Re}\gamma>\operatorname{Re}\beta, \operatorname{Re}\left(\gamma-\frac{\alpha}{2}-\beta\right)>0\right]$

1089. $\int_0^1 x^{q-1}(1-x)^{\beta-\gamma-n} \mathrm{F}(-n,\beta;\gamma;x) \mathrm{d}x=\frac{\Gamma(\gamma)\Gamma(q)\Gamma(\beta-\gamma+1)\Gamma(\gamma-q+n)}{\Gamma(\gamma+n)\Gamma(\gamma-q)\Gamma(\beta-\gamma+q+1)}$

$[\operatorname{Re} q>0, \operatorname{Re}(\beta-\gamma)>n-1; n=0,1,2,\cdots]$

1090. $\int_0^1 x^{q-1}(1-x)^{\beta-q-1} \mathrm{F}(\alpha,\beta;\gamma;x) \mathrm{d}x=\frac{\Gamma(\gamma)\Gamma(q)\Gamma(\beta-q)\Gamma(\gamma-\alpha-q)}{\Gamma(\beta)\Gamma(\gamma-\alpha)\Gamma(\gamma-q)}$

$[\operatorname{Re} q>0, \operatorname{Re}(\beta-q)>0, \operatorname{Re}(\gamma-\alpha-q)>0]$

1091. $\int_0^1 x^{\gamma-1}(1-x)^{q-1} \mathrm{F}(\alpha,\beta;\gamma;x) \mathrm{d}x=\frac{\Gamma(\gamma)\Gamma(q)\Gamma(\gamma+q-\alpha-\beta)}{\Gamma(\gamma+q-\alpha)\Gamma(\gamma+q-\beta)}$

$[\operatorname{Re}\gamma>0, \operatorname{Re} q>0, \operatorname{Re}(\gamma+q-\alpha-\beta)>0]$

1092. $\int_0^1 x^{\lambda-1}(1-x)^{\beta-\lambda-1} \mathrm{F}\left(\alpha,\beta;\lambda;\frac{zx}{b}\right) \mathrm{d}x=\mathrm{B}(\lambda,\beta-\lambda)\cdot\left(1-\frac{z}{b}\right)^{-\alpha}$

1093. $\int_0^1 x^{\gamma-1}(1-x)^{\delta-\gamma-1} \mathrm{F}(\alpha,\beta;\gamma;xz) \mathrm{F}\left[\delta-\alpha,\delta-\beta;\delta-\gamma;(1-x)\zeta\right] \mathrm{d}x$

$$=\frac{\Gamma(\gamma)\Gamma(\delta-\gamma)}{\Gamma(\delta)}(1-\zeta)^{2\alpha-\delta} \mathrm{F}(\alpha,\beta;\delta;z+\zeta-z\zeta)$$

$[0<\operatorname{Re}\gamma<\operatorname{Re}\delta,\ |\arg(1-z)|<\pi,\ |\arg(1-\zeta)|<\pi]$

1094. $\int_0^1 x^{\gamma-1}(1-x)^{\varepsilon-1}(1-xz)^{-\delta}F\left(\alpha,\beta;\gamma;xz\right)F\left[\delta,\beta-\gamma;\varepsilon;\frac{(1-x)z}{1-xz}\right]dx$

$$=\frac{\Gamma(\gamma)\Gamma(\varepsilon)}{\Gamma(\gamma+\varepsilon)}F\left(\alpha+\delta,\beta;\gamma+\varepsilon;z\right)$$

$[\operatorname{Re}\gamma>0,\operatorname{Re}\varepsilon>0,\ |\arg(z-1)|<\pi]$

1095. $\int_0^1 x^{\gamma-1}(x+z)^{-\sigma}F(\alpha,\beta;\gamma;-x)dx$

$$=\frac{\Gamma(\gamma)\Gamma(\alpha-\gamma+\sigma)\Gamma(\beta-\gamma+\sigma)}{\Gamma(\sigma)\Gamma(\alpha+\beta-\gamma+\sigma)}$$

$$\cdot F(\alpha-\gamma+\sigma,\beta-\gamma+\sigma;\alpha+\beta-\gamma+\sigma;1-z)$$

$[\operatorname{Re}\gamma>0,\operatorname{Re}(\alpha-\gamma+\sigma)>0,\operatorname{Re}(\beta-\gamma+\sigma)>0,\ |\arg z|<\pi]$

Ⅱ.2.8.2 超几何函数与三角函数组合的积分

1096. $\int_0^\infty x\sin\mu x F\left(\alpha,\beta;\frac{3}{2};-c^2x^2\right)dx=2^{-\alpha-\beta+1}\pi\frac{c^{-\alpha-\beta}\mu^{\alpha+\beta-2}}{\Gamma(\alpha)\Gamma(\beta)}K_{\alpha-\beta}\left(\frac{\mu}{c}\right)$

$\left(\mu>0,\operatorname{Re}\alpha>\frac{1}{2},\operatorname{Re}\beta>\frac{1}{2}\right)$ [3]

1097. $\int_0^\infty \cos\mu x F\left(\alpha,\beta;\frac{1}{2};-c^2x^2\right)dx=2^{-\alpha-\beta+1}\pi\frac{c^{-\alpha-\beta}\mu^{\alpha+\beta-1}}{\Gamma(\alpha)\Gamma(\beta)}K_{\alpha-\beta}\left(\frac{\mu}{c}\right)$

$(\mu>0,\operatorname{Re}\alpha>0,\operatorname{Re}\beta>0,c>0)$ [3]

Ⅱ.2.8.3 超几何函数与指数函数组合的积分

1098. $\int_0^\infty e^{-\lambda x}x^{\gamma-1}\cdot {}_2F_1\left(\alpha,\beta;\delta;-x\right)dx=\frac{\Gamma(\delta)\lambda^{-\gamma}}{\Gamma(\alpha)\Gamma(\beta)}E(\alpha,\beta,\gamma:\delta:\lambda)$

$(\operatorname{Re}\lambda>0,\operatorname{Re}\gamma>0)$ [3]

[这里,E 为麦克罗伯特(MacRobert)函数(见附录)]

1099. $\int_0^\infty e^{-bx}x^{a-1}\cdot F\left(\frac{1}{2}+\nu,\frac{1}{2}-\nu;a;-\frac{x}{2}\right)dx=\frac{2^a e^b}{\sqrt{\pi}}\Gamma(a)(2b)^{\frac{1}{2}-a}K_\nu(b)$

$(\operatorname{Re}a>0,\operatorname{Re}b>0)$

1100. $\int_0^\infty e^{-bx}x^{\gamma-1}\cdot F\left(2\alpha,2\beta;\gamma;-\lambda x\right)dx=\Gamma(\gamma)b^{-\gamma}\left(\frac{b}{\lambda}\right)^{\alpha+\beta-\frac{1}{2}}e^{\frac{b}{2\lambda}}W_{\frac{1}{2}-\alpha-\beta,\alpha-\beta}\left(\frac{b}{2\lambda}\right)$

$(\operatorname{Re}b>0,\operatorname{Re}\gamma>0,\ |\arg\lambda|<\pi)$ [3]

1101. $\int_0^{\infty} e^{-xt} t^{b-1} \cdot F\left(a, a-c+1; b; -t\right) dt = x^{b-a} \Gamma(b) \Psi(a, c; x)$

$(\mathrm{Re}\, b > 0, \mathrm{Re}\, x > 0)$ [3]

［这里，合流超几何函数 $\Psi(a,\gamma;z)$ 的定义见附录，以下同］

1102. $\int_0^{\infty} e^{-\lambda x} F\left(\alpha, \beta; \frac{1}{2}; -x^2\right) dx = \lambda^{\alpha+\beta-1} S_{1-\alpha-\beta, \alpha-\beta}(\lambda) \quad (\mathrm{Re}\, \lambda > 0)$ [3]

1103. $\int_0^{\infty} x e^{-\lambda x} F\left(\alpha, \beta; \frac{3}{2}; -x^2\right) dx = \lambda^{\alpha+\beta-2} S_{1-\alpha-\beta, \alpha-\beta}(\lambda) \quad (\mathrm{Re}\, \lambda > 0)$ [3]

1104. $\int_{\gamma-i\infty}^{\gamma+i\infty} e^{st} s^{-b} F\left(a, b; a+b-c+1; 1-\frac{1}{s}\right) ds$

$= 2\pi i \frac{\Gamma(a+b-c+1)}{\Gamma(b)\Gamma(b-c+1)} t^{b-1} \Psi(a, c; t)$

$\left[\mathrm{Re}\, b > 0, \mathrm{Re}\,(b-c) > -1, \gamma > \frac{1}{2}\right]$ [3]

1105. $\int_0^{\infty} e^{-t} t^{\gamma-1} (x+t)^{-a} (y+t)^{-b} F\left[a, b; \gamma; \frac{t(x+y+t)}{(x+t)(y+t)}\right] dt$

$= \Gamma(\gamma) \Psi(a, c; x) \Psi(b, c; y)$

$(\gamma = a+b-c+1, \mathrm{Re}\, \gamma > 0, xy \neq 0)$ [3]

1106. $\int_0^{\infty} e^{-x} x^{\gamma-1} (x+y)^{-\alpha} (x+z)^{-\beta} F\left[\alpha, \beta; \gamma; \frac{x(x+y+z)}{(x+y)(x+z)}\right] dx$

$= \Gamma(\gamma)(zy)^{-\frac{1}{2}-\mu} e^{\frac{y+z}{2}} W_{\nu,\mu}(y) W_{\lambda,\mu}(z)$

$(2\nu = 1-\alpha+\beta-\gamma; 2\lambda = 1+\alpha-\beta-\gamma, 2\mu = \alpha+\beta-\gamma; \mathrm{Re}\, \gamma > 0, |\arg y| < \pi, |\arg z| < \pi)$ [3]

1107. $\int_0^{\infty} (1-e^{-x})^{\mu} e^{-\alpha x} F(-n, \mu+\beta+n; \beta; e^{-x}) dx$

$= \frac{B(\alpha, \mu+n+1) B(\alpha, \beta+n-\alpha)}{B(\alpha, \beta-\alpha)} \quad (\mathrm{Re}\, \alpha > 0, \mathrm{Re}\, \mu > -1)$ [3]

1108. $\int_0^{\infty} (1-e^{-x})^{\gamma-1} e^{-\mu x} F(\alpha, \beta; \gamma; 1-e^{-x}) dx = \frac{\Gamma(\mu)\Gamma(\gamma-\alpha-\beta+\mu)\Gamma(\gamma)}{\Gamma(\gamma-\alpha+\mu)\Gamma(\gamma-\beta+\mu)}$

$[\mathrm{Re}\, \mu > 0, \mathrm{Re}\, \mu > \mathrm{Re}\,(\alpha+\beta-\gamma), \mathrm{Re}\, \gamma > 0]$ [3]

1109. $\int_0^{\infty} (1-e^{-x})^{\gamma-1} e^{-\mu x} F[\alpha, \beta; \gamma; \delta(1-e^{-x})] dx = B(\mu, \gamma) F(\alpha, \beta; \mu+\gamma; \delta)$

$[\mathrm{Re}\, \mu > 0, \mathrm{Re}\, \gamma > 0, |\arg(1-\delta)| < \pi]$ [3]

Ⅱ.2.8.4 超几何函数与贝塞尔函数组合的积分

1110. $\int_0^{\infty} x^{\delta} F(\alpha, \beta; \gamma; -\lambda^2 x^2) J_{\nu}(xy) dx$

$$= \frac{2^{\delta} y^{-\delta-1}\Gamma(\gamma)}{\Gamma(\alpha)\Gamma(\beta)} G_{24}^{22}\left(\frac{y^2}{4\lambda^2}\left|\begin{matrix} 1-\alpha, & 1-\beta \\ \frac{1+\delta+\nu}{2}, & 0, \quad 1-\gamma, \quad \frac{1+\delta-\nu}{2}\end{matrix}\right.\right)$$

$\left[y>0, \mathrm{Re}\,\lambda>0, -1-\mathrm{Re}\,\nu-2\min(\mathrm{Re}\,\alpha, \mathrm{Re}\,\beta)<\mathrm{Re}\,\delta<-\frac{1}{2}\right]$ [3]

1111. $\int_0^{\infty} x^{\delta} F(\alpha,\beta;\gamma;-\lambda^2 x^2) J_{\nu}(xy)\,dx$

$$= \frac{2^{\delta} y^{-\delta-1}\Gamma(\gamma)}{\Gamma(\alpha)\Gamma(\beta)} G_{24}^{31}\left(\frac{y^2}{4\lambda^2}\left|\begin{matrix} 1, & \gamma \\ \frac{1+\delta+\nu}{2}, & \alpha, \quad \beta, \quad \frac{1+\delta-\nu}{2}\end{matrix}\right.\right)$$

$\left[y>0, \mathrm{Re}\,\lambda>0, -\mathrm{Re}\,\nu-1<\mathrm{Re}\,\delta<2\max(\mathrm{Re}\,\alpha, \mathrm{Re}\,\beta)-\frac{1}{2}\right]$ [3]

1112. $\int_0^{\infty} x^{\nu+1} F(\alpha,\beta;\gamma;-\lambda^2 x^2) J_{\nu}(xy)\,dx$

$$= \frac{2^{\nu+1} y^{-\nu-2}\Gamma(\gamma)}{\Gamma(\alpha)\Gamma(\beta)} G_{13}^{30}\left(\frac{y^2}{4\lambda^2}\left|\begin{matrix} \gamma \\ \nu+1, \quad \alpha, \quad \beta\end{matrix}\right.\right)$$

$\left[y>0, \mathrm{Re}\,\lambda>0, -1<\mathrm{Re}\,\nu<2\max(\mathrm{Re}\,\alpha, \mathrm{Re}\,\beta)-\frac{3}{2}\right]$ [3]

1113. $\int_0^{\infty} x^{\nu+1} F(\alpha,\beta;\nu+1;-\lambda^2 x^2) J_{\nu}(xy)\,dx$

$$= \frac{2^{\nu-\alpha-\beta+2}\Gamma(\nu+1)}{\lambda^{\alpha+\beta}\Gamma(\alpha)\Gamma(\beta)} y^{\alpha+\beta-\nu-2} K_{\alpha-\beta}\left(\frac{y}{\lambda}\right)$$

$\left[y>0, \mathrm{Re}\,\lambda>0, -1<\mathrm{Re}\,\nu<2\max(\mathrm{Re}\,\alpha, \mathrm{Re}\,\beta)-\frac{3}{2}\right]$ [3]

1114. $\int_0^{\infty} x^{\nu+1} F\left(\alpha,\beta;\frac{\beta+\nu}{2}+1;-\lambda^2 x^2\right) J_{\nu}(xy)\,dx$

$$= \frac{\lambda^{-\nu-\beta-1} y^{\beta-1}}{\sqrt{\pi}\, 2^{\beta-1}\Gamma(\alpha)\Gamma(\beta)} \Gamma\left(\frac{\beta+\nu+2}{2}\right)\left[K_{\frac{1}{2}(\nu-\beta+1)}\left(\frac{y}{2\lambda}\right)\right]^2$$

$\left[y>0, -1<\mathrm{Re}\,\nu<2\max(\mathrm{Re}\,\alpha, \mathrm{Re}\,\beta)-\frac{3}{2}\right]$ [3]

1115. $\int_0^{\infty} x^{2\alpha-\nu} F\left(\nu+\alpha+\frac{1}{2},\alpha;2\alpha;-\lambda^2 x^2\right) J_{\nu}(xy)\,dx$

$$= \frac{2^{2\alpha-\nu} y^{\nu-2}}{\lambda^{2\alpha-1}\Gamma(2\nu)} \Gamma\left(\frac{1}{2}+\alpha\right) M_{\alpha-\frac{1}{2},\nu-\frac{1}{2}}\left(\frac{y}{\lambda}\right) W_{\frac{1}{2}-\alpha,\nu-\frac{1}{2}}\left(\frac{y}{\lambda}\right)$$ [3]

1116. $\int_0^{\infty} x^{-2\alpha-1} F\left(\frac{1}{2}+\alpha, 1+\alpha; 1+2\alpha; -\frac{4\lambda^2}{x^2}\right) J_{\nu}(xy)\,dx$

$$= \lambda^{-2\alpha} I_{\frac{1}{2}\nu+\alpha}(\lambda y) K_{\frac{1}{2}\nu-\alpha}(\lambda y)$$

$\left[y>0, \mathrm{Re}\,\lambda>0, \mathrm{Re}\,\nu>-1, \mathrm{Re}\,\alpha>-\frac{1}{2}\right]$ [3]

1117. $\int_0^\infty x^{\nu+1-4\alpha}\mathrm{F}\left(\alpha,\alpha+\frac{1}{2};\nu+1;-\frac{\lambda^2}{x^2}\right)\mathrm{J}_\nu(xy)\mathrm{d}x$

$=\frac{\Gamma(\nu)}{\Gamma(2\alpha)}2^\nu\lambda^{1-2\alpha}y^{2\alpha-\nu-1}\mathrm{I}_\nu\left(\frac{\lambda y}{2}\right)\mathrm{K}_{2\alpha-\nu-1}\left(\frac{\lambda y}{2}\right)$

$\left[y>0,\mathrm{Re}\,\lambda>0,\mathrm{Re}\,\alpha-1<\mathrm{Re}\,\nu<4\mathrm{Re}\,\alpha-\frac{3}{2}\right]$ [3]

1118. $\int_0^\infty x^{\nu+1}(1+x)^{-2\alpha}\mathrm{F}\left[\alpha,\nu+\frac{1}{2};2\nu+1;-\frac{4x}{(1+x)^2}\right]\mathrm{J}_\nu(xy)\mathrm{d}x$

$=\frac{\Gamma(\nu+1)\Gamma(\nu-\alpha+1)}{\Gamma(\alpha)}2^{2\nu-2\alpha+1}y^{2(\alpha-\nu-1)}\mathrm{J}_\nu(y)$

$\left(y>0,-1<\mathrm{Re}\,\nu<2\mathrm{Re}\,\alpha-\frac{3}{2}\right)$ [3]

1119. $\int_0^\infty x^{\nu+1}\mathrm{F}\left(\alpha,\beta;\nu+1;-\lambda^2x^2\right)\mathrm{K}_\nu(xy)\mathrm{d}x$

$=2^{\nu+1}\lambda^{-\alpha-\beta}y^{\alpha+\beta-\nu-2}\Gamma(\nu+1)\mathrm{S}_{1-\alpha-\beta,\alpha-\beta}\left(\frac{y}{\lambda}\right)$

$(\mathrm{Re}\,y>0,\mathrm{Re}\,\lambda>0,\mathrm{Re}\,\nu>-1)$ [3]

1120. $\int_0^\infty x^{\alpha+\beta-2\nu-1}(x+1)^{-\nu}\mathrm{e}^{xz}\mathrm{F}\left(\alpha,\beta;\alpha+\beta-2\nu;-x\right)\mathrm{K}_\nu[(x+1)z]\mathrm{d}x$

$=\pi^{-\frac{1}{2}}\cos\nu\pi\Gamma\left(\frac{1}{2}-\alpha+\nu\right)\Gamma\left(\frac{1}{2}-\beta+\nu\right)\Gamma(\gamma)(2z)^{-\frac{1}{2}-\frac{\gamma}{2}}\mathrm{W}_{\frac{1}{2}\gamma,\frac{1}{2}(\beta-\alpha)}(2z)$

$\left[\gamma=\alpha+\beta-2\nu,\mathrm{Re}\,(\alpha+\beta-2\nu)>0,\mathrm{Re}\,\left(\frac{1}{2}-\alpha+\nu\right)>0,\right.$

$\left.\mathrm{Re}\,\left(\frac{1}{2}-\beta+\nu\right)>0,\ |\arg z|<\frac{3\pi}{2}\right]$ [3]

Ⅱ.2.8.5 合流超几何函数与幂函数组合的积分

1121. $\int_0^\infty t^{b-1}\cdot{}_1\mathrm{F}_1(a;c;-t)\mathrm{d}t=\frac{\Gamma(b)\Gamma(c)\Gamma(a-b)}{\Gamma(a)\Gamma(c-b)}\quad(0<\mathrm{Re}\,b<\mathrm{Re}\,a)$

[这里，${}_1\mathrm{F}_1(a;c;x)$ 或 $\mathrm{M}(a;c;x)$ 为合流超几何函数(见附录)，以下同]

1122. $\int_0^\infty t^{b-1}\cdot\Psi(a,c;t)\mathrm{d}t=\frac{\Gamma(b)\Gamma(a-b)\Gamma(b-c+1)}{\Gamma(a)\Gamma(a-c+1)}$

$(0<\mathrm{Re}\,b<\mathrm{Re}\,a,\mathrm{Re}\,c<\mathrm{Re}\,b+1)$

1123. $\int_0^\infty\frac{1}{x}\mathrm{W}_{k,\mu}(x)\mathrm{d}x=\frac{\pi^{\frac{3}{2}}2^k\sec\mu\pi}{\Gamma\left(\frac{3}{4}-\frac{k}{2}+\frac{\mu}{2}\right)\Gamma\left(\frac{3}{4}-\frac{k}{2}-\frac{\mu}{2}\right)}$

$\left(|\operatorname{Re}\mu|<\frac{1}{2}\right)$

1124. $\int_0^\infty \frac{1}{x} M_{k,\mu}(x) W_{\lambda,\mu}(x) \mathrm{d}x = \frac{\Gamma(2\mu+1)}{(k-\lambda)\Gamma\left(\frac{1}{2}+\mu-\lambda\right)}$

$\left[\operatorname{Re}\mu>-\frac{1}{2}, \operatorname{Re}(k-\lambda)>0\right]$

1125. $\int_0^\infty \frac{1}{x} W_{k,\mu}(x) W_{\lambda,\mu}(x) \mathrm{d}x$

$$= \frac{1}{(k-\lambda)\sin 2\mu\pi}$$

$$\cdot \left[\frac{1}{\Gamma\left(\frac{1}{2}-k+\mu\right)\Gamma\left(\frac{1}{2}-\lambda-\mu\right)} - \frac{1}{\Gamma\left(\frac{1}{2}-k-\mu\right)\Gamma\left(\frac{1}{2}-\lambda+\mu\right)}\right]$$

$\left(|\operatorname{Re}\mu|<\frac{1}{2}\right)$

1126. $\int_0^\infty x^{q-1} W_{k,\mu}(x) W_{-k,\mu}(x) \mathrm{d}x = \frac{\Gamma(q+1)\Gamma\left(\frac{1}{2}+\frac{q}{2}+\mu\right)\Gamma\left(\frac{1}{2}+\frac{q}{2}-\mu\right)}{2\Gamma\left(1+\frac{q}{2}+k\right)\Gamma\left(1+\frac{q}{2}-k\right)}$

$(\operatorname{Re} q > 2|\operatorname{Re}\mu|-1)$

1127. $\int_0^\infty [W_{\lambda,\mu}(z)]^2 \frac{\mathrm{d}z}{z} = \frac{\pi}{\sin 2\mu\pi} \frac{\psi\left(\frac{1}{2}+\mu-\lambda\right)-\psi\left(\frac{1}{2}-\mu-\lambda\right)}{\Gamma\left(\frac{1}{2}+\mu-\lambda\right)\Gamma\left(\frac{1}{2}-\mu-\lambda\right)}$

$\left(|\operatorname{Re}\mu|<\frac{1}{2}\right)$

1128. $\int_0^\infty [W_{\lambda,0}(z)]^2 \frac{\mathrm{d}z}{z} = \frac{\psi'\left(\frac{1}{2}-\lambda\right)}{\left[\Gamma\left(\frac{1}{2}-\lambda\right)\right]^2}$

1129. $\int_0^t x^{\gamma-1}(t-x)^{c-\gamma-1} \cdot {}_1F_1(\alpha;\gamma;x)\mathrm{d}x = t^{c-1}\frac{\Gamma(\gamma)\Gamma(c-\gamma)}{\Gamma(c)} \cdot {}_1F_1(a;c;t)$

$(\operatorname{Re} c > \operatorname{Re}\gamma > 0)$

1130. $\int_0^t x^{\beta-1}(t-x)^{\gamma-1} \cdot {}_1F_1(t;\beta;x)\mathrm{d}x = t^{\beta+\gamma-1}\frac{\Gamma(\beta)\Gamma(\gamma)}{\Gamma(\beta+\gamma)} \cdot {}_1F_1(t;\beta+\gamma;t)$

$(\operatorname{Re}\beta>0, \operatorname{Re}\gamma>0)$

1131. $\int_0^t x^{\beta-1}(t-x)^{\delta-1} \cdot {}_1F_1(t;\beta;x) \cdot {}_1F_1(\gamma;\delta;t-x)\mathrm{d}x$

$$= t^{\beta+\delta-1}\frac{\Gamma(\beta)\Gamma(\delta)}{\Gamma(\beta+\delta)}\cdot{}_1F_1(t+\gamma;\beta+\delta;t)$$

$(\mathrm{Re}\,\beta>0,\mathrm{Re}\,\delta>0)$ [3]

1132. $\int_0^t x^{\mu-\frac{1}{2}}(t-x)^{\nu-\frac{1}{2}}M_{k,\mu}(x)M_{\lambda,\nu}(t-x)\mathrm{d}x$

$$=\frac{\Gamma(2\mu+1)\Gamma(2\nu+1)}{\Gamma(2\mu+2\nu+2)}t^{\mu+\nu}M_{k+\lambda,\mu+\nu+\frac{1}{2}}(t)$$

$\left(\mathrm{Re}\,\mu>-\frac{1}{2},\mathrm{Re}\,\nu>-\frac{1}{2}\right)$ [3]

1133. $\int_0^1 x^{\lambda-1}(1-x)^{2\mu-\lambda}\cdot{}_1F_1\left(\frac{1}{2}+\mu-\nu;\lambda;xz\right)\mathrm{d}x$

$$=e^{\frac{z}{2}}z^{-\frac{1}{2}-\mu}B(\lambda,1+2\mu-\lambda)M_{\nu,\mu}(z)$$

$[\mathrm{Re}\,\lambda>0,\mathrm{Re}\,(2\mu-\lambda)>-1]$ [3]

1134. $\int_0^1 x^{\beta-1}(1-x)^{\sigma-\beta-1}\cdot{}_1F_1(\alpha;\beta;\lambda x)\cdot{}_1F_1[\sigma-\alpha;\sigma-\beta;\mu(1-x)]\mathrm{d}x$

$$=\frac{\Gamma(\beta)\Gamma(\sigma-\beta)}{\Gamma(\sigma)}e^{\lambda}\cdot{}_1F_1(\alpha;\sigma;\mu-\lambda)$$

$(0<\mathrm{Re}\,\beta<\mathrm{Re}\,\sigma)$ [3]

Ⅱ.2.8.6 合流超几何函数与三角函数组合的积分

1135. $\int_0^\infty \cos ax\cdot{}_1F_1(\nu+1;1;\mathrm{i}x)\cdot{}_1F_1(\nu+1;1;-\mathrm{i}x)\mathrm{d}x$

$$=\begin{cases}-\dfrac{1}{a}\sin\nu\pi P_\nu\left(\dfrac{2}{a^2}-1\right) & (0<a<1,-1<\mathrm{Re}\,\nu<0)\\ 0 & (1<a<\infty,-1<\mathrm{Re}\,\nu<0)\end{cases}$$

1136. $\int_0^\infty \cos(2xy)\cdot{}_1F_1(a;c;-x^2)\mathrm{d}x$

$$=\frac{1}{2}\sqrt{\pi}\frac{\Gamma(c)}{\Gamma(a)}y^{2a-1}e^{-y^2}\Psi\left(c-\frac{1}{2},a+\frac{1}{2};y^2\right)$$ [3]

1137. $\int_0^\infty x^{4\nu}e^{-\frac{1}{2}x^2}\sin bx\cdot{}_1F_1\left(\frac{1}{2}-2\nu;2\nu+1;\frac{1}{2}x^2\right)\mathrm{d}x$

$$=\sqrt{\frac{\pi}{2}}b^{4\nu}e^{-\frac{1}{2}b^2}\cdot{}_1F_1\left(\frac{1}{2}-2\nu;1+2\nu;\frac{1}{2}b^2\right)$$

$\left(b>0,\mathrm{Re}\,\nu>-\frac{1}{4}\right)$ [3]

1138. $\int_0^\infty x^{2\nu-1}e^{-\frac{1}{4}x^2}\sin bx\,M_{3\nu,\nu}\left(\frac{1}{2}x^2\right)\mathrm{d}x=\sqrt{\frac{\pi}{2}}b^{2\nu-1}e^{-\frac{1}{4}b^2}M_{3\nu,\nu}\left(\frac{1}{2}b^2\right)$

$\left(b>0, \operatorname{Re}\nu>-\frac{1}{4}\right)$ [3]

1139. $\int_0^\infty x^{-2\nu-1}\mathrm{e}^{\frac{1}{4}x^2}\cos bx\,\mathrm{W}_{3\nu,\nu}\left(\frac{1}{2}x^2\right)\mathrm{d}x=\sqrt{\frac{\pi}{2}}b^{-2\nu-1}\mathrm{e}^{\frac{1}{4}b^2}\mathrm{W}_{3\nu,\nu}\left(\frac{1}{2}b^2\right)$

$\left(b>0, \operatorname{Re}\nu<\frac{1}{4}\right)$ [3]

1140. $\int_0^\infty x^{-2\nu}\mathrm{e}^{\frac{1}{4}x^2}\sin bx\,\mathrm{W}_{3\nu-1,\nu}\left(\frac{1}{2}x^2\right)\mathrm{d}x=\sqrt{\frac{\pi}{2}}b^{-2\nu}\mathrm{e}^{\frac{1}{4}b^2}\mathrm{W}_{3\nu-1,\nu}\left(\frac{1}{2}b^2\right)$

$\left(b>0, \operatorname{Re}\nu<\frac{1}{2}\right)$ [3]

Ⅱ.2.8.7 合流超几何函数与指数函数组合的积分

1141. $\int_0^\infty \mathrm{e}^{-st}t^{b-1}\cdot {}_1\mathrm{F}_1(a;c;kt)\,\mathrm{d}t$

$$=\begin{cases}\Gamma(b)s^{-b}\mathrm{F}(a,b;c;ks^{-1}) & (|s|>|k|)\\ \Gamma(b)(s-k)^{-b}\mathrm{F}\left(c-a,b;c;\frac{k}{k-s}\right) & (|s-k|>|k|)\end{cases}$$

$[\operatorname{Re}b>0, \operatorname{Re}s>\max(0,\operatorname{Re}k)]$

1142. $\int_0^\infty \mathrm{e}^{-st}t^{c-1}\cdot {}_1\mathrm{F}_1(a;c;t)\,\mathrm{d}t=\Gamma(c)s^{-c}(1-s^{-1})^{-a}$ $(\operatorname{Re}c>0, \operatorname{Re}s>1)$

1143. $\int_0^\infty \mathrm{e}^{-st}t^{b-1}\cdot \Psi(a,c;t)\,\mathrm{d}t$

$$=\frac{\Gamma(b)\Gamma(b-c+1)}{\Gamma(a+b-c+1)}\cdot \mathrm{F}(b,b-c+1;a+b-c+1;1-s)$$

$(\operatorname{Re}b>0, \operatorname{Re}c<\operatorname{Re}b+1, |1-s|<1)$

$$=\frac{\Gamma(b)\Gamma(b-c+1)}{\Gamma(a+b-c+1)}s^{-b}\cdot \mathrm{F}(a,b;a+b-c+1;1-s^{-1})$$

$\left(\operatorname{Re}s>\frac{1}{2}\right)$ [3]

1144. $\int_0^\infty \mathrm{e}^{-st}t^{\alpha}\mathrm{M}_{\mu,\nu}(t)\,\mathrm{d}t$

$$=\frac{\Gamma\left(\alpha+\nu+\frac{3}{2}\right)}{\left(\frac{1}{2}+s\right)^{\alpha+\nu+\frac{3}{2}}}\cdot \mathrm{F}\left(\alpha+\nu+\frac{3}{2},-\mu+\nu+\frac{1}{2};2\nu+1;\frac{2}{2s+1}\right)$$

$\left[\operatorname{Re}\left(\alpha+\mu+\frac{3}{2}\right)>0, \operatorname{Re}\nu>\frac{1}{2}\right]$

1145. $\int_0^{\infty} e^{-st} t^{\mu-\frac{1}{2}} M_{\lambda,\mu}(qt)\,dt = q^{\mu+\frac{1}{2}} \Gamma(2\mu+1)\left(s-\frac{1}{2}q\right)^{\lambda-\mu-\frac{1}{2}}\left(s+\frac{1}{2}q\right)^{-\lambda-\mu-\frac{1}{2}}$

$\left(\operatorname{Re}\mu > -\frac{1}{2}, \operatorname{Re}s > \frac{1}{2}|\operatorname{Re}q|\right)$

1146. $\int_0^{\infty} e^{-st} t^{\alpha} W_{\lambda,\mu}(qt)\,dt$

$$= \frac{\Gamma\left(\alpha+\mu+\frac{3}{2}\right)\Gamma\left(\alpha-\mu+\frac{3}{2}\right)}{\Gamma(\alpha-\lambda+2)} q^{\mu+\frac{1}{2}}\left(s+\frac{1}{2}q\right)^{-\alpha-\mu-\frac{3}{2}}$$

$$\cdot F\left(\alpha+\mu+\frac{3}{2}, \mu-\lambda+\frac{1}{2}; \alpha-\lambda+2; \frac{2s-q}{2s+q}\right)$$

$\left[\operatorname{Re}\left(\alpha\pm\mu+\frac{3}{2}\right) > 0, \operatorname{Re}s > -\frac{q}{2}, q > 0\right]$ [3]

1147. $\int_0^{\infty} e^{-\frac{bx}{2}} x^{\nu-1} M_{\lambda,\mu}(bx)\,dx = b^{\nu} \frac{\Gamma(1+2\mu)\Gamma(\lambda-\nu)\Gamma\left(\frac{1}{2}+\mu+\nu\right)}{\Gamma\left(\frac{1}{2}+\mu+\lambda\right)\Gamma\left(\frac{1}{2}+\mu-\nu\right)}$

$\left[\operatorname{Re}\left(\frac{1}{2}+\nu+\mu\right) > 0, \operatorname{Re}(\lambda-\nu) > 0\right]$

1148. $\int_0^{\infty} e^{-sx} M_{\lambda,\mu}(x)\frac{dx}{x} = \frac{2\Gamma(1+2\mu)e^{-i\lambda\pi}}{\Gamma\left(\frac{1}{2}+\mu+\lambda\right)}\left(\frac{s-\frac{1}{2}}{s+\frac{1}{2}}\right)^{\frac{\lambda}{2}} Q_{\mu-\frac{1}{2}}^{\lambda}(2s)$

$\left[\operatorname{Re}\left(\frac{1}{2}+\mu\right) > 0, \operatorname{Re}s > \frac{1}{2}\right]$ [3]

1149. $\int_0^{\infty} e^{-sx} W_{\lambda,\mu}(x)\frac{dx}{x} = \frac{\pi}{\cos\frac{\mu\pi}{2}}\left(\frac{s-\frac{1}{2}}{s+\frac{1}{2}}\right)^{\frac{\lambda}{2}} P_{\mu-\frac{1}{2}}^{\lambda}(2s)$

$\left[\operatorname{Re}\left(\frac{1}{2}\pm\mu\right) > 0, \operatorname{Re}s > -\frac{1}{2}\right]$ [3]

1150. $\int_0^{\infty} x^{\nu-1} e^{-\frac{1}{2}x} W_{\lambda,\mu}(x)\,dx = \frac{\Gamma\left(\nu-\mu+\frac{1}{2}\right)\Gamma\left(\nu+\mu+\frac{1}{2}\right)}{\Gamma(\nu-\lambda+1)}$

$\left[\operatorname{Re}\left(\nu\pm\mu+\frac{1}{2}\right) > 0\right]$ [3]

1151. $\int_0^{\infty} x^{\nu-1} e^{\frac{1}{2}x} W_{\lambda,\mu}(x)\,dx = \Gamma(-\lambda-\mu)\frac{\Gamma\left(\frac{1}{2}+\mu+\nu\right)\Gamma\left(\frac{1}{2}-\mu+\nu\right)}{\Gamma\left(\frac{1}{2}-\mu-\lambda\right)\Gamma\left(\frac{1}{2}+\mu-\lambda\right)}$

$$\left[\operatorname{Re}\left(\nu\pm\mu+\frac{1}{2}\right)>0,\operatorname{Re}\left(\lambda+\nu\right)<0\right]$$ [3]

1152. $\int_0^{\infty} e^{-st}t^{c-1}\cdot{}_1F_1(a;c;t)\cdot{}_1F_1(\alpha;c;\lambda t)dt$

$$=\Gamma(c)(s-1)^{-a}(s-\lambda)^{-\alpha}s^{a+\alpha-c}F[a,\alpha;c;\lambda(s-1)^{-1}(s-\lambda)^{-1}]$$

$(\operatorname{Re} c>0,\operatorname{Re} s>\operatorname{Re}\lambda+1)$ [3]

1153. $\int_0^{\infty} e^{-t}t^{q}\cdot{}_1F_1(a;c;t)\Psi(a',c';\lambda t)dt=C\frac{\Gamma(c)\Gamma(\beta)}{\Gamma(\gamma)}\lambda^{\sigma}F(c-a,\beta;\gamma;1-\lambda^{-1})$

[这里，$q=c-1,\sigma=-c,\beta=c-c'+1,\gamma=c-a+a'-c'+1,C=\frac{\Gamma(a'-a)}{\Gamma(a')}$；或 $q=c+c'-2,\sigma=1-c-c',\beta=c+c'-1,\gamma=a'-a+c$，$C=\frac{\Gamma(a'-a-c'+1)}{\Gamma(a'-c'+1)}$] [3]

1154. $\int_0^{\infty} e^{-x}x^{c+n-1}(x+y)^{-1}\cdot{}_1F_1(a;c;x)dx$

$$=(-1)^n\Gamma(c)\Gamma(1-a)y^{c+n-1}\Psi(c-a,c;y)$$

$(-\operatorname{Re} c<n<1-\operatorname{Re} a,n=0,1,2,\cdots,|\arg y|<\pi)$ [3]

1155. $\int_0^{\infty} e^{-st}e^{-t^2}t^{2c-2}\cdot{}_1F_1(a;c;t^2)dt=2^{1-2c}\Gamma(2c-1)\Psi\left(c-\frac{1}{2},a+\frac{1}{2};\frac{1}{4}s^2\right)$

$\left(\operatorname{Re} c>\frac{1}{2},\operatorname{Re} s>0\right)$ [3]

1156. $\int_0^{\infty} e^{-st}e^{-\frac{1}{2a}t^2}t^{2\nu-1}M_{-3\nu,\nu}\left(\frac{t^2}{a}\right)dt=\frac{1}{2\sqrt{\pi}}\Gamma(4\nu+1)a^{-\nu}s^{-4\nu}e^{\frac{1}{8}as^2}K_{2\nu}\left(\frac{as^2}{8}\right)$

$\left(\operatorname{Re} a>0,\operatorname{Re}\nu>-\frac{1}{4},\operatorname{Re} s>0\right)$ [3]

1157. $\int_0^{\infty} e^{-st}e^{-\frac{1}{2a}t^2}t^{2\mu-1}M_{\lambda,\mu}\left(\frac{t^2}{a}\right)dt$

$$=2^{-3\mu-\lambda}\Gamma(4\mu+1)a^{\frac{1}{2}(\lambda+\mu-1)}s^{\lambda-\mu-1}e^{\frac{1}{8}as^2}W_{-\frac{1}{2}(\lambda+3\mu),\frac{1}{2}(\lambda-\mu)}\left(\frac{as^2}{4}\right)$$

$\left(\operatorname{Re} a>0,\operatorname{Re}\nu>-\frac{1}{4},\operatorname{Re} s>0\right)$ [3]

1158. $\int_0^{\infty} e^{-st}\exp\left(\frac{a}{2t}\right)t^{k}W_{k,\mu}\left(\frac{a}{t}\right)dt=2^{1-2k}\sqrt{a}s^{-k-\frac{1}{2}}S_{2k,2\mu}(2\sqrt{as})$

$\left[|\arg a|<\pi,\operatorname{Re}(k\pm\mu)>-\frac{1}{2},\operatorname{Re} s>0\right]$ [3]

Ⅱ.2.8.8 合流超几何函数与贝塞尔函数和幂函数组合的积分

1159. $\int_0^\infty x^{2q} \cdot {}_1\mathrm{F}_1(a;b;-\lambda x^2)\mathrm{J}_\nu(xy)\mathrm{d}x$

$$= \frac{2^{2q}\Gamma(b)}{y^{2q+1}\Gamma(a)}\mathrm{G}_{23}^{21}\left(\frac{y^2}{4\lambda}\middle| \begin{matrix} 1, & b \\ \frac{1}{2}+q+\frac{\nu}{2}, & a, & \frac{1}{2}+q-\frac{\nu}{2}\end{matrix}\right)$$

$\left(y>0,-1-\mathrm{Re}\,\nu<2\mathrm{Re}\,q<\frac{1}{2}+2\mathrm{Re}\,a,\mathrm{Re}\,\lambda>0\right)$ [3]

1160. $\int_0^\infty x^{\nu+1} \cdot {}_1\mathrm{F}_1\left(2a-\nu;a+1;-\frac{1}{2}x^2\right)\mathrm{J}_\nu(xy)\mathrm{d}x$

$$= \frac{2^{\nu-a+\frac{1}{2}}\Gamma(a+1)}{\sqrt{\pi}\Gamma(2a-\nu)}y^{2a-\nu-1}\mathrm{e}^{-\frac{1}{4}y^2}\mathrm{K}_{a-\nu-\frac{1}{2}}\left(\frac{y^2}{4}\right)$$

$\left[y>0,\mathrm{Re}\,\nu>-1,\mathrm{Re}\,(4a-3\nu)>\frac{1}{2}\right]$ [3]

1161. $\int_0^\infty x^a \cdot {}_1\mathrm{F}_1\left(a;\frac{1+a+\nu}{2};-\frac{1}{2}x^2\right)\mathrm{J}_\nu(xy)\mathrm{d}x$

$$= y^{a-1} \cdot {}_1\mathrm{F}_1\left(a;\frac{1+a+\nu}{2};-\frac{y^2}{2}\right)$$

$\left[y>0,\mathrm{Re}\,a>-\frac{1}{2},\mathrm{Re}\,(a+\nu)>-1\right]$ [3]

1162. $\int_0^\infty x^{\nu+1-2a} \cdot {}_1\mathrm{F}_1\left(a;1+\nu-a;-\frac{1}{2}x^2\right)\mathrm{J}_\nu(xy)\mathrm{d}x$

$$= \frac{\sqrt{\pi}\Gamma(1+\nu-a)}{\Gamma(a)}2^{-2a+\nu+\frac{1}{2}}y^{2a-\nu-1}\mathrm{e}^{-\frac{1}{4}y^2}\mathrm{I}_{a-\frac{1}{2}}\left(\frac{y^2}{4}\right)$$

$\left(y>0,\mathrm{Re}\,a-1<\mathrm{Re}\,\nu<4\mathrm{Re}\,a-\frac{1}{2}\right)$ [3]

1163. $\int_0^\infty x \cdot {}_1\mathrm{F}_1(\lambda;1;-x^2)\mathrm{J}_0(xy)\mathrm{d}x = [2^{2\lambda-1}\Gamma(\lambda)]^{-1}y^{2\lambda-2}\mathrm{e}^{-\frac{1}{4}y^2}$

$(y>0,\mathrm{Re}\,\lambda>0)$ [3]

1164. $\int_0^\infty x^{\nu+1} \cdot {}_1\mathrm{F}_1(a;b;-\lambda x^2)\mathrm{J}_\nu(xy)\mathrm{d}x = \frac{2^{1-a}\Gamma(b)}{\Gamma(a)}\lambda^{-\frac{a}{2}-\frac{\nu}{2}}y^{a-2}\mathrm{e}^{-\frac{y^2}{8\lambda}}\mathrm{W}_{k,\mu}\left(\frac{y^2}{4\lambda}\right)$

$\left(2k=a-2b+\nu+2,2\mu=a-\nu-1;y>0,-1<\mathrm{Re}\,\nu<2\mathrm{Re}\,a-\frac{1}{2},\right.$

$\left.\mathrm{Re}\,\lambda>0\right)$ [3]

1165. $\int_0^{\infty} x^{2b-\nu-1} \cdot {}_1F_1(a;b;-\lambda x^2) J_\nu(xy) dx$

$$= \frac{2^{2b-2a-\nu-1}\Gamma(b)}{\Gamma(a-b+\nu+1)} \lambda^{-a} y^{2a-2b+\nu} \cdot {}_1F_1\left(a;1+a-b+\nu;-\frac{y^2}{4\lambda}\right)$$

$\left[y>0, 0<\mathrm{Re}\, b<\frac{3}{4}+\mathrm{Re}\left(a+\frac{\nu}{2}\right), \mathrm{Re}\,\lambda>0\right]$ [3]

Ⅱ.2.8.9 合流超几何函数与贝塞尔函数、指数函数和幂函数组合的积分

1166. $\int_0^{\infty} x^{2\lambda+\frac{1}{2}} e^{-\frac{1}{4}x^2} M_{k,\mu}\left(\frac{1}{2}x^2\right) N_\nu(xy) dx$

$$= \frac{2^\lambda y^{-\frac{1}{2}}\Gamma(2\mu+1)}{\Gamma\left(k+\mu+\frac{1}{2}\right)} G_{34}^{31}\left(\frac{y^2}{2}\middle| \begin{matrix} -\mu-\lambda, & \mu-\lambda, & & l \\ h, & \tau, & k-\lambda-\frac{1}{2}, & l \end{matrix}\right)$$

$\left[h=\frac{1}{4}+\frac{\nu}{2}, \tau=\frac{1}{4}-\frac{\nu}{2}, l=-\frac{1}{4}-\frac{\nu}{2}; y>0, \mathrm{Re}\,(k-\lambda)>0,\right.$

$\left.\mathrm{Re}\,(2\lambda+2\mu\pm\nu)>-\frac{5}{2}\right]$ [3]

[此处，$M_{\lambda,\mu}(x)$ 为惠特克（Whitaker）函数，$G_{p,q}^{m,n}\left(x\middle|\begin{matrix}a_1,\cdots,a_p\\ b_1,\cdots,b_q\end{matrix}\right)$ 为迈耶（Meijer）函数，定义见附录]

Ⅱ.2.8.10 合流超几何函数与拉盖尔多项式、指数函数和幂函数组合的积分

1167. $\int_0^1 e^{-\frac{1}{2}ax} x^\alpha (1-x)^{\frac{\mu-\alpha}{2}-1} L_n^\alpha(ax) M_{\alpha-\frac{1+\alpha}{2},\frac{\mu-\alpha-1}{2}}[a(1-x)] dx$

$$= \frac{\Gamma(\mu-\alpha)}{\Gamma(1+\mu)} \cdot \frac{\Gamma(1+n+\alpha)}{n!} a^{-\frac{1+\alpha}{2}} M_{\alpha+n,\frac{\mu}{2}}(a)$$

$[\mathrm{Re}\, a>-1, \mathrm{Re}\,(\mu-\alpha)>0, n=0,1,2,\cdots]$ [3]

Ⅱ.2.9 马蒂厄(Mathieu)函数的定积分

Ⅱ.2.9.1 马蒂厄(Mathieu)函数的积分 [3]

这里,系数 $A_p^{(m)}$,$B_p^{(m)}$ 是 q 的函数.

1168. $\int_0^{2\pi} \mathrm{ce}_m(z,q)\mathrm{ce}_p(z,q)\mathrm{d}z = 0 \quad (m \neq p)$

1169. $\int_0^{2\pi} [\mathrm{ce}_{2n}(z,q)]^2 \mathrm{d}z = 2\pi[A_0^{(2n)}]^2 + \pi\sum_{r=1}^{\infty}[A_{2r}^{(2n)}]^2 = \pi$

1170. $\int_0^{2\pi} [\mathrm{ce}_{2n+1}(z,q)]^2 \mathrm{d}z = \pi\sum_{r=0}^{\infty}[A_{2r+1}^{(2n+1)}]^2 = \pi$

1171. $\int_0^{2\pi} \mathrm{se}_m(z,q)\mathrm{se}_p(z,q)\mathrm{d}z = 0 \quad (m \neq p)$

1172. $\int_0^{2\pi} [\mathrm{se}_{2n+1}(z,q)]^2 \mathrm{d}z = \pi\sum_{r=0}^{\infty}[B_{2r+1}^{(2n+1)}]^2 = \pi$

1173. $\int_0^{2\pi} [\mathrm{se}_{2n+2}(z,q)]^2 \mathrm{d}z = \pi\sum_{r=0}^{\infty}[B_{2r+2}^{(2n+2)}]^2 = \pi$

1174. $\int_0^{2\pi} \mathrm{se}_m(z,q)\mathrm{ce}_p(z,q)\mathrm{d}z = 0 \quad (m = 1,2,\cdots;\ p = 1,2,\cdots)$

Ⅱ.2.9.2 马蒂厄(Mathieu)函数与双曲函数和三角函数组合的积分 [3]

下列公式中,$\mathrm{Ce}_{2n}(z,q)$,$\mathrm{Ce}_{2n+1}(z,q)$,$\mathrm{Se}_{2n+1}(z,q)$,$\mathrm{Se}_{2n+2}(z,q)$ 称为连带(修正)马蒂厄函数(见附录).

1175. $\int_0^{\pi} \cosh(2k\sin u \cosh z)\mathrm{ce}_{2n}(u,q)\mathrm{d}u = \frac{\pi A_0^{(2n)}}{\mathrm{ce}_{2n}(0,q)}(-1)^n \mathrm{Ce}_{2n}(z,-q)$

$(q > 0)$

1176. $\int_0^{\pi} \cosh(2k\cos u \sinh z)\mathrm{ce}_{2n}(u,q)\mathrm{d}u = \frac{\pi A_0^{(2n)}}{\mathrm{ce}_{2n}\left(\frac{\pi}{2},q\right)}(-1)^n \mathrm{Ce}_{2n}(z,-q)$

$(q > 0)$

1177. $\int_0^{\pi}\sinh(2k\sin u\cosh z)\mathrm{se}_{2n+1}(u,q)\mathrm{d}u=\dfrac{\pi kB_1^{(2n+1)}}{\mathrm{se}_{2n+1}'(0,q)}(-1)^n\mathrm{Ce}_{2n+1}(z,-q)$

$(q>0)$

1178. $\int_0^{\pi}\sinh(2k\cos u\sinh z)\mathrm{ce}_{2n+1}(u,q)\mathrm{d}u=\dfrac{\pi kA_1^{(2n+1)}}{\mathrm{ce}_{2n+1}'\left(\frac{\pi}{2},q\right)}(-1)^{n+1}\mathrm{Se}_{2n+1}(z,-q)$

$(q>0)$

1179. $\int_0^{\pi}\sinh(2k\sin u\sin z)\mathrm{se}_{2n+1}(u,q)\mathrm{d}u=\dfrac{\pi kB_1^{(2n+1)}}{\mathrm{se}_{2n+1}'(0,q)}\mathrm{se}_{2n+1}(z,q)\quad(q>0)$

1180. $\int_0^{\pi}\cos(2k\cos u\cosh z)\mathrm{ce}_{2n}(u,q)\mathrm{d}u=\dfrac{\pi A_0^{(2n)}}{\mathrm{ce}_{2n}\left(\frac{\pi}{2},q\right)}\mathrm{Ce}_{2n}(z,q)\quad(q>0)$

1181. $\int_0^{\pi}\cos(2k\sin u\sinh z)\mathrm{ce}_{2n}(u,q)\mathrm{d}u=\dfrac{\pi A_0^{(2n)}}{\mathrm{ce}_{2n}(0,q)}\mathrm{Ce}_{2n}(z,q)\quad(q>0)$

1182. $\int_0^{\pi}\cos(2k\cos u\cos z)\mathrm{ce}_{2n}(u,q)\mathrm{d}u=\dfrac{\pi A_0^{(2n)}}{\mathrm{ce}_{2n}\left(\frac{\pi}{2},q\right)}\mathrm{ce}_{2n}(z,q)\quad(q>0)$

1183. $\int_0^{\pi}\sin(2k\cos u\cosh z)\mathrm{ce}_{2n+1}(u,q)\mathrm{d}u=-\dfrac{k\pi A_1^{(2n+1)}}{\mathrm{ce}_{2n+1}'\left(\frac{\pi}{2},q\right)}\mathrm{Ce}_{2n+1}(z,q)\quad(q>0)$

1184. $\int_0^{\pi}\sin(2k\sin u\sinh z)\mathrm{se}_{2n+1}(u,q)\mathrm{d}u=\dfrac{k\pi B_1^{(2n+1)}}{\mathrm{se}_{2n+1}'(0,q)}\mathrm{Se}_{2n+1}(z,q)\quad(q>0)$

1185. $\int_0^{\pi}\sin(2k\cos u\cos z)\mathrm{ce}_{2n+1}(u,q)\mathrm{d}u=-\dfrac{k\pi A_1^{(2n+1)}}{\mathrm{ce}_{2n+1}'\left(\frac{\pi}{2},q\right)}\mathrm{ce}_{2n+1}(z,q)\quad(q>0)$

1186. $\int_0^{\infty}\sin(2k\cosh z\cosh u)\mathrm{Ce}_{2n}(u,q)\mathrm{d}u=\dfrac{\pi A_0^{(2n)}}{2\mathrm{ce}_{2n}\left(\frac{\pi}{2},q\right)}\mathrm{Ce}_{2n}(z,q)\quad(q>0)$

1187. $\int_0^{\infty}\cos(2k\cosh z\cosh u)\mathrm{Ce}_{2n}(u,q)\mathrm{d}u=-\dfrac{\pi A_0^{(2n)}}{2\mathrm{ce}_{2n}\left(\frac{\pi}{2},q\right)}\mathrm{Fey}_{2n}(z,q)\quad(q>0)$

[这里,$\mathrm{Fey}_{2n}(z,q)$为非周期马蒂厄函数,本书中没有给出定义,请参看其他参考书,以下同]

1188. $\int_0^{\infty}\sin(2k\cosh z\cosh u)\mathrm{Ce}_{2n+1}(u,q)\mathrm{d}u=\dfrac{k\pi A_1^{(2n+1)}}{2\mathrm{ce}_{2n+1}'\left(\frac{\pi}{2},q\right)}\mathrm{Fey}_{2n+1}(z,q)$

$(q>0)$

1189. $\int_0^{\infty}\cos(2k\cosh z\cosh u)\mathrm{Ce}_{2n+1}(u,q)\mathrm{d}u=\dfrac{k\pi A_1^{(2n+1)}}{2\mathrm{ce}_{2n+1}'\left(\frac{\pi}{2},q\right)}\mathrm{Ce}_{2n+1}(z,q)\quad(q>0)$

下列积分公式中，使用记号 $z_1 = 2k\sqrt{\cosh^2\zeta - \sin^2\eta}$，$\tan\alpha = \tan\xi\tan\eta$.

1190. $\int_0^{2\pi} \sin[z_1\cos(\theta-\alpha)]\mathrm{ce}_{2n}(\theta,q)\mathrm{d}\theta = 0$

1191. $\int_0^{2\pi} \cos[z_1\cos(\theta-\alpha)]\mathrm{ce}_{2n}(\theta,q)\mathrm{d}\theta = \dfrac{2\pi A_0^{(2n)}}{\mathrm{ce}_{2n}(0,q)\mathrm{ce}_{2n}\left(\dfrac{\pi}{2},q\right)}\mathrm{Ce}_{2n}(\xi,q)\mathrm{ce}_{2n}(\eta,q)$

1192. $\int_0^{2\pi} \sin[z_1\cos(\theta-\alpha)]\mathrm{ce}_{2n+1}(\theta,q)\mathrm{d}\theta$

$$= -\frac{2\pi k A_1^{(2n+1)}}{\mathrm{ce}_{2n+1}(0,q)\mathrm{ce}'_{2n+1}\left(\dfrac{\pi}{2},q\right)}\mathrm{Ce}_{2n+1}(\xi,q)\mathrm{ce}_{2n+1}(\eta,q)$$

1193. $\int_0^{2\pi} \cos[z_1\cos(\theta-\alpha)]\mathrm{ce}_{2n+1}(\theta,q)\mathrm{d}\theta = 0$

1194. $\int_0^{2\pi} \sin[z_1\cos(\theta-\alpha)]\mathrm{se}_{2n+1}(\theta,q)\mathrm{d}\theta$

$$= \frac{2\pi k B_1^{(2n+1)}}{\mathrm{se}_{2n+1}(0,q)\mathrm{se}_{2n+1}\left(\dfrac{\pi}{2},q\right)}\mathrm{Se}_{2n+1}(\xi,q)\mathrm{se}_{2n+1}(\eta,q)$$

1195. $\int_0^{2\pi} \cos[z_1\cos(\theta-\alpha)]\mathrm{se}_{2n+1}(\theta,q)\mathrm{d}\theta = 0$

1196. $\int_0^{2\pi} \sin[z_1\cos(\theta-\alpha)]\mathrm{se}_{2n+2}(\theta,q)\mathrm{d}\theta = 0$

1197. $\int_0^{2\pi} \cos[z_1\cos(\theta-\alpha)]\mathrm{se}_{2n+2}(\theta,q)\mathrm{d}\theta$

$$= \frac{2\pi k^2 B_2^{(2n+2)}}{\mathrm{se}'_{2n+2}(0,q)\mathrm{se}'_{2n+2}\left(\dfrac{\pi}{2},q\right)}\mathrm{Se}_{2n+2}(\xi,q)\mathrm{se}_{2n+2}(\eta,q)$$

Ⅱ.2.9.3 马蒂厄(Mathieu)函数与贝塞尔函数组合的积分

1198. $\int_0^{\pi} \mathrm{J}_0\left[k\sqrt{2(\cos 2u+\cos 2z)}\right]\mathrm{ce}_{2n}(u,q)\mathrm{d}u = \dfrac{\pi[A_0^{(2n)}]^2}{\mathrm{ce}_{2n}(0,q)\mathrm{ce}_{2n}\left(\dfrac{\pi}{2},q\right)}\mathrm{ce}_{2n}(z,q)$

[3]

1199. $\int_0^{2\pi} \mathrm{N}_0\left[k\sqrt{2(\cos 2u+\cosh 2z)}\right]\mathrm{ce}_{2n}(u,q)\mathrm{d}u$

$$= \frac{2\pi[A_0^{(2n)}]^2}{\mathrm{ce}_{2n}(0,q)\mathrm{ce}_{2n}\left(\dfrac{\pi}{2},q\right)}\mathrm{Fey}_{2n}(z,q)$$ [3]

［这里，$\mathrm{Fey}_{2n}(z,q)$为非周期马蒂厄函数，本书中没有给出定义，请参看其他参考书］

Ⅱ.2.10　抛物柱面函数的定积分

Ⅱ.2.10.1　抛物柱面函数的积分

1200. $\int_{-\infty}^{\infty} \mathrm{D}_n(x)\mathrm{D}_m(x)\mathrm{d}x = \begin{cases} 0 & (m \neq n) \\ n!\sqrt{2\pi} & (m = n) \end{cases}$

1201. $\int_0^{\infty} \mathrm{D}_\mu(\pm t)\mathrm{D}_\nu(t)\mathrm{d}t$

$$= \frac{2^{\frac{1}{2}(\mu+\nu+1)}\pi}{\mu-\nu}\left[\frac{1}{\Gamma\left(\frac{1}{2}-\frac{\mu}{2}\right)\Gamma\left(-\frac{\nu}{2}\right)} \mp \frac{1}{\Gamma\left(\frac{1}{2}-\frac{\nu}{2}\right)\Gamma\left(-\frac{\mu}{2}\right)}\right]$$

（当 $\mathrm{Re}\,\mu > \mathrm{Re}\,\nu$ 时，在$\mp$的两个符号中，取下面的符号）

1202. $\int_0^{\infty} [\mathrm{D}_\nu(t)]^2\mathrm{d}t = \frac{\sqrt{\pi}}{2\sqrt{2}}\frac{\psi\left(\frac{1}{2}-\frac{\nu}{2}\right)-\psi\left(-\frac{\nu}{2}\right)}{\Gamma(-\nu)}$

Ⅱ.2.10.2　抛物柱面函数与指数函数和幂函数组合的积分

1203. $\int_{-\infty}^{\infty} \mathrm{e}^{-\frac{1}{4}x^2}(x-z)^{-1}\mathrm{D}_n(x)\mathrm{d}x = \pm \mathrm{i}\mathrm{e}^{\mp in\pi}\sqrt{2\pi}n!\,\mathrm{e}^{-\frac{1}{4}z^2}\mathrm{D}_{-n-1}(\mp \mathrm{i}z)$　［3］

（这里，上、下符号由 z 的虚部是正或负决定）

1204. $\int_1^{\infty} x^\nu(x-1)^{\frac{\mu}{2}-\frac{\nu}{2}-1}\exp\left[-\frac{a^2(x-1)^2}{4}\right]\mathrm{D}_\mu(ax)\mathrm{d}x$

$$= 2^{\mu-\nu-2}a^{\frac{\mu}{2}-\frac{\nu}{2}-1}\Gamma\left(\frac{\mu-\nu}{2}\right)\mathrm{D}_\nu(a) \quad [\mathrm{Re}\,(\mu-\nu) > 0]$$　［3］

1205. $\int_0^{\infty} \mathrm{e}^{-\frac{3}{4}x^2}x^\nu\mathrm{D}_{\nu+1}(x)\mathrm{d}x = 2^{-\frac{1}{2}-\frac{\nu}{2}}\Gamma(\nu+1)\sin\frac{(1-\nu)\pi}{4}$　$(\mathrm{Re}\,\nu > -1)$

1206. $\int_0^{\infty} e^{-\frac{1}{4}x^2} x^{\mu-1} D_{-\nu}(x) dx = \dfrac{\sqrt{\pi} 2^{-\frac{\mu}{2}-\frac{\nu}{2}} \Gamma(\mu)}{\Gamma\left(\frac{\mu}{2}+\frac{\nu}{2}+\frac{1}{2}\right)}$ （$\operatorname{Re}\mu > 0$）

1207. $\int_0^{\infty} e^{-\frac{3}{4}x^2} x^{\nu} D_{\nu-1}(x) dx = 2^{-\frac{\nu}{2}-1} \Gamma(\nu) \sin\frac{\nu\pi}{4}$ （$\operatorname{Re}\nu > -1$）

1208. $\int_0^{\infty} e^{-\frac{1}{4}x^2} \dfrac{x^{\nu}}{x^2+y^2} D_{\nu}(x) dx = \sqrt{\dfrac{\pi}{2}} \Gamma(\nu+1) y^{\nu-1} e^{\frac{1}{4}y^2} D_{-\nu-1}(y)$

（$\operatorname{Re} y > 0, \operatorname{Re}\nu > -1$） [3]

1209. $\int_0^{\infty} e^{-\frac{1}{4}x^2} \dfrac{x^{\nu-1}}{\sqrt{x^2+y^2}} D_{\nu}(x) dx = \Gamma(\nu) y^{\nu-1} e^{\frac{1}{4}y^2} D_{-\nu}(y)$

（$\operatorname{Re} y > 0, \operatorname{Re}\nu > 0$） [3]

1210. $\int_0^{1} e^{\frac{1}{4}a^2x^2} x^{2\nu-1} (1-x^2)^{\lambda-1} D_{-2\lambda-2\nu}(ax) dx = \dfrac{\Gamma(\lambda)\Gamma(2\nu)}{\Gamma(2\lambda+2\nu)} 2^{\lambda-1} e^{\frac{1}{4}a^2} D_{-2\nu}(a)$

（$\operatorname{Re}\lambda > 0, \operatorname{Re}\nu > 0$） [3]

1211. $\int_{-\infty}^{\infty} e^{\frac{1}{4}x^2} \exp\left[-\dfrac{(x-y)^2}{2\mu}\right] D_{\nu}(x) dx$

$= \sqrt{2\mu\pi}(1-\mu)^{\frac{\nu}{2}} \exp\left(\dfrac{y^2}{4-4\mu}\right) D_{\nu}\left[y(1-\mu)^{-\frac{1}{2}}\right]$ （$0 < \operatorname{Re}\mu < 1$） [3]

1212. $\int_0^{\infty} e^{-bx} D_{2n+1}(\sqrt{2x}) dx = (-2)^n \left(b-\frac{1}{2}\right)^n \left(b+\frac{1}{2}\right)^{-n-\frac{3}{2}} \Gamma\left(n+\frac{3}{2}\right)$

$\left(\operatorname{Re} b > -\frac{1}{2}\right)$

1213. $\int_0^{\infty} \dfrac{1}{\sqrt{x}} e^{-bx} D_{2n}(\sqrt{2x}) dx = (-2)^n \left(b-\frac{1}{2}\right)^n \left(b+\frac{1}{2}\right)^{-n-\frac{1}{2}} \Gamma\left(n+\frac{1}{2}\right)$

$\left(\operatorname{Re} b > -\frac{1}{2}\right)$

1214. $\int_0^{\infty} x^{-\frac{1}{2}(\nu+1)} e^{-sx} D_{\nu}(\sqrt{x}) dx = \dfrac{\sqrt{\pi}}{\sqrt{\frac{1}{4}+s}} \left(1+\sqrt{\frac{1}{2}+2s}\right)^{\nu}$

$\left(\operatorname{Re} s > -\frac{1}{4}, \operatorname{Re}\nu < 1\right)$

1215. $\int_0^{\infty} e^{-pt} (2t)^{\frac{\nu-1}{2}} e^{-\frac{t}{2}} D_{-\nu-2}(\sqrt{2t}) dt = \sqrt{\dfrac{\pi}{2}} \dfrac{(\sqrt{p+1}-1)^{\nu+1}}{(\nu+1)p^{\nu+1}}$ （$\operatorname{Re}\nu > -1$）

1216. $\int_0^{\infty} e^{-pt} (2t)^{\frac{\nu-1}{2}} e^{-\frac{t}{2}} D_{-\nu}(\sqrt{2t}) dt = \sqrt{\dfrac{\pi}{2}} \dfrac{(\sqrt{p+1}-1)^{\nu}}{p^{\nu}\sqrt{p+1}}$ （$\operatorname{Re}\nu > -1$）

1217. $\int_0^{\infty} e^{-zt} t^{\frac{\beta}{2}-1} D_{-\nu}(2\sqrt{kt}) dt = \dfrac{\sqrt{\pi} 2^{1-\beta-\frac{\nu}{2}} \Gamma(\beta)}{\Gamma\left(\frac{\nu}{2}+\frac{\beta}{2}+\frac{1}{2}\right)} (z+k)^{-\frac{\beta}{2}}$

$$\cdot F\left(\frac{\nu}{2},\frac{\beta}{2};\frac{\nu+\beta+1}{2};\frac{z-k}{z+k}\right)$$

$$\left[\operatorname{Re}(z+k)>0,\operatorname{Re}\frac{z}{k}>0\right]$$ [3]

Ⅱ.2.10.3　抛物柱面函数与三角函数组合的积分

1218. $\int_0^\infty \sin bx\{[D_{-n-1}(ix)]^2-[D_{-n-1}(-ix)]^2\}dx$

$$=(-1)^{n+1}\frac{i\pi}{n!}\sqrt{2\pi}e^{-\frac{1}{2}b^2}L_n(b^2)\quad(b>0)$$ [3]

1219. $\int_0^\infty e^{-\frac{1}{4}x^2}\sin bx[D_{2\nu-\frac{1}{2}}(x)-D_{2\nu-\frac{1}{2}}(-x)]dx$

$$=\sqrt{2\pi}b^{2\nu-\frac{1}{2}}e^{-\frac{1}{2}b^2}\sin\left(\nu-\frac{1}{4}\right)\pi\quad\left(\operatorname{Re}\nu>\frac{1}{4},b>0\right)$$

1220. $\int_0^\infty e^{-\frac{1}{4}x^2}\sin bx D_{2n+1}(x)dx=(-1)^n\sqrt{\frac{\pi}{2}}b^{2n+1}e^{-\frac{1}{2}b^2}\quad(b>0)$

1221. $\int_0^\infty e^{-\frac{1}{4}x^2}\cos bx D_{2n}(x)dx=(-1)^n\sqrt{\frac{\pi}{2}}b^{2n}e^{-\frac{1}{2}b^2}\quad(b>0)$

1222. $\int_0^\infty x^{2q-1}\cos ax\, e^{-\frac{1}{4}x^2}D_{2\nu}(x)dx$

$$=\frac{2^{\nu-q}\sqrt{\pi}\Gamma(2q)}{\Gamma\left(q-\nu+\frac{1}{2}\right)}\cdot{}_2F_2\left(q,q+\frac{1}{2};\frac{1}{2},q-\nu+\frac{1}{2};-\frac{a^2}{2}\right)$$

$(\operatorname{Re}q>0)$ [3]

1223. $\int_0^\infty x^{2q-1}\cos ax\, e^{\frac{1}{4}x^2}D_{2\nu}(x)dx=\frac{2^{q-\nu-2}}{\Gamma(-2\nu)}G_{23}^{22}\left(\frac{a^2}{2}\middle|\begin{matrix}\frac{1}{2}-q, & 1-q & \\ -q-\nu, & 0, & \frac{1}{2}\end{matrix}\right)$

$$\left[a>0,\operatorname{Re}q>0,\operatorname{Re}(q+\nu)<\frac{1}{2}\right]$$ [3]

Ⅱ.2.11 迈耶(Meijer)函数和麦克罗伯特(MacRobert)函数的定积分

Ⅱ.2.11.1 迈耶(Meijer)函数与初等函数组合的积分

1224. $\int_0^\infty G_{p,q}^{m,n}\left(\eta x\,\middle|\,\begin{matrix}a_1,\cdots,a_p\\b_1,\cdots,b_q\end{matrix}\right)G_{\sigma,\tau}^{\mu,\nu}\left(\omega x\,\middle|\,\begin{matrix}c_1,\cdots,c_\sigma\\d_1,\cdots,d_\tau\end{matrix}\right)\mathrm{d}x$

$$=\frac{1}{\eta}G_{q+\sigma,p+\tau}^{n+\mu,m+\nu}\left(\frac{\omega}{\eta}\,\middle|\,\begin{matrix}-b_1,\cdots,-b_m,c_1,\cdots,c_\sigma,-b_{m+1},\cdots,-b_q\\-a_1,\cdots,-a_n,d_1,\cdots,d_\tau,-a_{n+1},\cdots,-a_p\end{matrix}\right)$$

$\Big[m,n,p,q,\mu,\nu,\sigma,\tau$都是整数；$1\leqslant n\leqslant p<q<p+\tau-\sigma,\frac{1}{2}p+\frac{1}{2}q-n<m\leqslant q,\ 0\leqslant \upsilon\leqslant\sigma,\ \frac{1}{2}\sigma+\frac{1}{2}\tau-\nu<\mu\leqslant\tau$；$\mathrm{Re}\,(b_j+d_k)>-1\ (j=1,\cdots,m;\ k=1,\cdots,\mu)$，$\mathrm{Re}\,(a_j+c_k)<1\ (j=1,\cdots,n;\ k=1,\cdots,\tau)$；
下列数不能是整数：$b_j-b_k(j=1,\cdots,m;\ k=1,\cdots,m;\ j\neq k)$，$a_j-a_k(j=1,\cdots,n;\ k=1,\cdots,n;\ j\neq k)$，$d_j-d_k(j=1,\cdots,\mu;\ k=1,\cdots,\mu;\ j\neq k)$，$a_j+d_k(j=1,\cdots,n;\ k=1,\cdots,n)$；
下列数不能是正整数：$a_j-b_k(j=1,\cdots,n;\ k=1,\cdots,m)$，$c_j-d_k(j=1,\cdots,\nu;\ k=1,\cdots,\mu)$；$\omega\neq0,\eta\neq0$，$|\arg\eta|<\left(m+n-\frac{1}{2}p-\frac{1}{2}q\right)\pi$，$|\arg\omega|<\left(\mu+\upsilon-\frac{1}{2}\sigma-\frac{1}{2}\tau\right)\pi\Big]$ [3]

1225. $\int_0^1 x^{Q-1}(1-x)^{\sigma-1}G_{p,q}^{m,n}\left(\alpha x\,\middle|\,\begin{matrix}a_1,\cdots,a_p\\b_1,\cdots,b_q\end{matrix}\right)\mathrm{d}x$

$$=\Gamma(\sigma)G_{p+1,q+1}^{m,n+1}\left(\alpha\,\middle|\,\begin{matrix}1-Q,a_1,\cdots,a_p\\b_1,\cdots,b_q,1-Q-\sigma\end{matrix}\right)$$

$\Big\{p+q\leqslant2(m+n)$，$|\arg\alpha|<\left(m+n-\frac{1}{2}p-\frac{1}{2}q\right)\pi$，$\mathrm{Re}\,(Q+b_j)>0\ (j=1,\cdots,m)$，$\mathrm{Re}\,\sigma>0$；
或者 $p+q\leqslant2(m+n)$，$|\arg\alpha|\leqslant\left(m+n-\frac{1}{2}Q-\frac{1}{2}q\right)\pi$，$\mathrm{Re}\,(Q+b_j)>$

$0\ (j=1,\cdots,m)$, $\operatorname{Re}\sigma>0$, $\operatorname{Re}\left[\sum_{j=1}^{p}a_j-\sum_{j=1}^{q}b_j+(p-q)\left(Q-\frac{1}{2}\right)\right]>-\frac{1}{2}$;

或者 $p<q$（或对于 $|\alpha|<1$ 的情况 $p\leqslant q$），$\operatorname{Re}(p+b_j)>0\ (j=1,\cdots,m)$，$\operatorname{Re}\sigma>0\Big\}$ [3]

1226. $\int_1^\infty x^{-Q}(x-1)^{\sigma-1}G_{p,q}^{m,n}\left(\alpha x\,\middle|\,\begin{matrix}a_1,\cdots,a_p\\b_1,\cdots,b_q\end{matrix}\right)dx$

$$=\Gamma(\sigma)G_{p+1,q+1}^{m+1,n}\left(\alpha\,\middle|\,\begin{matrix}a_1,\cdots,a_p,Q\\Q-\sigma,b_1,\cdots,b_q\end{matrix}\right)$$

$\Big\{p+q<2(m+n)$，$|\arg\alpha|<\left(m+n-\frac{1}{2}p-\frac{1}{2}q\right)\pi$，$\operatorname{Re}(Q-\sigma-a_j)>-1\ (j=1,\cdots,n)$，$\operatorname{Re}\sigma>0$；

或者 $p+q\leqslant 2(m+n)$，$|\arg\alpha|\leqslant\left(m+n-\frac{1}{2}p-\frac{1}{2}q\right)\pi$，$\operatorname{Re}(Q-\sigma-a_j)>-1\ (j=1,\cdots,n)$，$\operatorname{Re}\sigma>0$，$\operatorname{Re}\left[\sum_{j=1}^{p}a_j-\sum_{j=1}^{q}b_j+(q-p)\left(Q-\sigma+\frac{1}{2}\right)\right]>-\frac{1}{2}$；

或者 $q<p$（或对于 $|\alpha|>1$ 的情况 $q\leqslant p$），$\operatorname{Re}(Q-\sigma-a_j)>-1\ (j=1,\cdots,n)$，$\operatorname{Re}\sigma>0\Big\}$ [3]

1227. $\int_0^\infty x^{Q-1}G_{p,q}^{m,n}\left(\alpha x\,\middle|\,\begin{matrix}a_1,\cdots,a_p\\b_1,\cdots,b_q\end{matrix}\right)dx=\frac{\prod_{j=1}^{m}\Gamma(b_j+Q)\prod_{j=1}^{m}\Gamma(1-a_j-Q)}{\prod_{j=m+1}^{q}\Gamma(1-b_j-Q)\prod_{j=n+1}^{p}\Gamma(a_j+Q)}\alpha^{-Q}$

$\left[p+q<2(m+n),\ |\arg\alpha|<\left(m+n-\frac{1}{2}p-\frac{1}{2}q\right)\pi,\ -\min_{1\leqslant j\leqslant m}\operatorname{Re}b_j<\operatorname{Re}Q<1-\max_{1\leqslant j\leqslant n}\operatorname{Re}a_j\right]$ [3]

1228. $\int_0^\infty x^{Q-1}(x+\beta)^{-\sigma}G_{p,q}^{m,n}\left(\alpha x\,\middle|\,\begin{matrix}a_1,\cdots,a_p\\b_1,\cdots,b_q\end{matrix}\right)dx$

$$=\frac{\beta^{Q-\sigma}}{\Gamma(\sigma)}G_{p+1,q+1}^{m+1,n+1}\left(\alpha\beta\,\middle|\,\begin{matrix}1-Q,a_1,\cdots,a_p\\\sigma-Q,b_1,\cdots,b_q\end{matrix}\right)$$

$\Big\{p+q<2(m+n)$，$|\arg\alpha|<\left(m+n-\frac{1}{2}p-\frac{1}{2}q\right)\pi$，$|\arg\beta|<\pi$，

$\mathrm{Re}\,(Q+b_j)>0\ (j=1,\cdots,m)$, $\mathrm{Re}\,(Q-\sigma+a_j)<1\ (j=1,\cdots,n)$;

或者 $p\leqslant q, p+q\leqslant 2(m+n)$, $|\arg\alpha|\leqslant\left(m+n-\frac{1}{2}p-\frac{1}{2}q\right)\pi$, $|\arg\beta|<\pi$, $\mathrm{Re}\,(Q+b_j)>0\ (j=1,\cdots,m)$, $\mathrm{Re}\,(Q-\sigma+a_j)<1\ (j=1,\cdots,n)$, $\mathrm{Re}\left[\sum_{j=1}^{p}a_j-\sum_{j=1}^{q}b_j+(p-q)\left(Q-\sigma-\frac{1}{2}\right)\right]>1$;

或者 $p\geqslant q, p+q\leqslant 2(m+n)$, $|\arg\alpha|\leqslant\left(m+n-\frac{1}{2}p-\frac{1}{2}q\right)\pi$, $|\arg\beta|<\pi$, $\mathrm{Re}\,(Q+b_j)>0\ (j=1,\cdots,m)$, $\mathrm{Re}\,(Q-\sigma+a_j)<1\ (j=1,\cdots,n)$, $\mathrm{Re}\left[\sum_{j=1}^{p}a_j-\sum_{j=1}^{q}b_j+(p-q)\left(Q-\frac{1}{2}\right)\right]>1\Big\}$ [3]

1229. $\int_0^\infty (1+x)^{-\beta}x^{s-1}\mathrm{G}_{p,q}^{m,n}\left(\frac{\alpha x}{1+x}\middle|\begin{matrix}a_1,\cdots,a_p\\b_1,\cdots,b_q\end{matrix}\right)\mathrm{d}x$

$$=\Gamma(\beta-s)\mathrm{G}_{p+1,q+1}^{m,n+1}\left(\alpha\middle|\begin{matrix}1-s,a_1,\cdots,a_p\\b_1,\cdots,b_q,1-\beta\end{matrix}\right)$$

$\Big[-\min\mathrm{Re}\,b_k<\mathrm{Re}\,s<\mathrm{Re}\,\beta\ (1\leqslant k\leqslant m)$; $(p+q)<2(m+n)$, $|\arg\alpha|<\left(m+n-\frac{1}{2}p-\frac{1}{2}q\right)\pi\Big]$ [3]

1230. $\int_0^\infty x^{-Q}\mathrm{e}^{-\beta x}\mathrm{G}_{p,q}^{m,n}\left(\alpha x\middle|\begin{matrix}a_1,\cdots,a_p\\b_1,\cdots,b_q\end{matrix}\right)\mathrm{d}x=\beta^{Q-1}\mathrm{G}_{p+1,q}^{m,n+1}\left(\frac{\alpha}{\beta}\middle|\begin{matrix}Q,a_1,\cdots,a_p\\b_1,\cdots,b_q\end{matrix}\right)$

$\Big[p+q<2(m+n)$, $|\arg\alpha|<\left(m+n-\frac{1}{2}p-\frac{1}{2}q\right)\pi$, $|\arg\beta|<\frac{1}{2}\pi$, $\mathrm{Re}\,(b_j-Q)>-1\ (j=1,\cdots,m)\Big]$ [3]

1231. $\int_0^\infty \mathrm{e}^{-\beta x}\mathrm{G}_{p,q}^{m,n}\left(\alpha x^2\middle|\begin{matrix}a_1,\cdots,a_p\\b_1,\cdots,b_q\end{matrix}\right)\mathrm{d}x=\frac{1}{\beta\sqrt{\pi}}\mathrm{G}_{p+2,q}^{m,n+2}\left(\frac{4\alpha}{\beta^2}\middle|\begin{matrix}0,\frac{1}{2},a_1,\cdots,a_p\\b_1,\cdots,b_q\end{matrix}\right)$

$\Big[p+q<2(m+n)$, $|\arg\alpha|<\left(m+n-\frac{1}{2}p-\frac{1}{2}q\right)\pi$, $|\arg\beta|<\frac{1}{2}\pi$, $\mathrm{Re}\,b_j>-\frac{1}{2}\ (j=1,\cdots,m)\Big]$ [3]

1232. $\int_0^\infty \sin cx\,\mathrm{G}_{p,q}^{m,n}\left(\alpha x^2\middle|\begin{matrix}a_1,\cdots,a_p\\b_1,\cdots,b_q\end{matrix}\right)\mathrm{d}x=\frac{\sqrt{\pi}}{c}\mathrm{G}_{p+2,q}^{m,n+1}\left(\frac{4\alpha}{c^2}\middle|\begin{matrix}0,a_1,\cdots,a_p,\frac{1}{2}\\b_1,\cdots,b_q\end{matrix}\right)$

$\Big[p+q<2(m+n)$, $|\arg\alpha|<\left(m+n-\frac{1}{2}p-\frac{1}{2}q\right)\pi, c>0, \mathrm{Re}\,b_j>-1$

$(j=1,2,\cdots,m)$, $\operatorname{Re} a_j<\frac{1}{2}$ $(j=1,\cdots,n)\Big]$ [3]

1233. $\int_0^\infty \cos cx \, \mathrm{G}_{p,q}^{m,n}\left(\alpha x^2 \middle| \begin{matrix} a_1,\cdots,a_p \\ b_1,\cdots,b_q \end{matrix}\right)\mathrm{d}x=\frac{\sqrt{\pi}}{c}\mathrm{G}_{p+2,q}^{m,n+1}\left(\frac{4\alpha}{c^2} \middle| \begin{matrix} \frac{1}{2},a_1,\cdots,a_p,0 \\ b_1,\cdots,b_q \end{matrix}\right)$

$\Big[p+q<2(m+n)$, $|\arg\alpha|<\left(m+n-\frac{1}{2}p-\frac{1}{2}q\right)\pi, c>0$, $\operatorname{Re} b_j>-\frac{1}{2}$

$(j=1,2,\cdots,m)$, $\operatorname{Re} a_j<\frac{1}{2}$ $(j=1,\cdots,n)\Big]$ [3]

Ⅱ.2.11.2 麦克罗伯特(MacRobert)函数与初等函数组合的积分

1234. $\int_0^1 x^{\beta-1}(1-x)^{\gamma-\beta-1}\mathrm{E}\left(a_1,\cdots,a_p:Q_1,\cdots,Q_q:\frac{z}{x^m}\right)\mathrm{d}x$

$=\Gamma(\gamma-\beta)m^{\beta-\gamma}\mathrm{E}(a_1,\cdots,a_{p+m}:Q_1,\cdots,Q_{q+m}:z)$

$\Big[a_{p+k}=\frac{\beta+k-1}{m}, Q_{q+k}=\frac{\gamma+k-1}{m}$ $(k=1,\cdots,m)$, $\operatorname{Re}\gamma>\operatorname{Re}\beta>0, m=$

$1,2,\cdots\Big]$ [3]

1235. $\int_0^\infty x^{Q-1}(1+x)^{-\sigma}\mathrm{E}[a_1,\cdots,a_p:Q_1,\cdots,Q_q:(1+x)z]\mathrm{d}x$

$=\Gamma(Q)\mathrm{E}(a_1,\cdots,a_p,\sigma-Q:Q_1,\cdots,Q_q,\sigma:z)$

$(\operatorname{Re}\sigma>\operatorname{Re}Q>0)$ [3]

1236. $\int_0^\infty x^{\beta-1}\mathrm{e}^{-x}\mathrm{E}(a_1,\cdots,a_p:Q_1,\cdots,Q_q:xz)\mathrm{d}x$

$=\pi\csc\beta\pi[\mathrm{E}(a_1,\cdots,a_p:1-\beta,Q_1,\cdots,Q_q:\mathrm{e}^{\pm i\pi}z)$

$-z^{-\beta}\mathrm{E}(a_1+\beta,\cdots,a_p+\beta:1+\beta,Q_1+\beta,\cdots,Q_q+\beta:\mathrm{e}^{\pm i\pi}z)]$

$[p\geqslant q+1, \operatorname{Re}(a_r+\beta)>0$ $(r=1,\cdots,p)$, $|\arg z|<\pi]$ [3]

1237. $\int_0^\infty x^{\beta-1}\mathrm{e}^{-x}\mathrm{E}(a_1,\cdots,a_p:Q_1,\cdots,Q_q:x^{-m}z)\mathrm{d}x$

$=(2\pi)^{\frac{1}{2}-\frac{1}{2}m}m^{\beta-\frac{1}{2}}\mathrm{E}(a_1,\cdots,a_{p+m}:Q_1,\cdots,Q_q:m^{-m}z)$

$\Big[\operatorname{Re}\beta>0$, $a_{p+k}=\frac{\beta+k-1}{m}$ $(k=1,\cdots,m)$, $m=1,2,\cdots\Big]$ [3]

Ⅱ.2.12 其他特殊函数的定积分

Ⅱ.2.12.1 δ 函数的积分

1238. $\int_{-\infty}^{\infty}\delta(x)\mathrm{d}x=1$

1239. $\int_{-\infty}^{\infty}\delta(a-x)\delta(x-b)\mathrm{d}x=\delta(a-b)$ [15]

1240. $\int_{-\infty}^{\infty}f(x)\delta(x-a)\mathrm{d}x=f(a)$

1241. $\int_{-\infty}^{\infty}f(x)\frac{\mathrm{d}^m\delta(x)}{\mathrm{d}x^m}\mathrm{d}x=(-1)^m\frac{\mathrm{d}^mf(0)}{\mathrm{d}x^m}$

1242. $\int_{-\infty}^{\infty}f(x)\delta[\varphi(x)]\mathrm{d}x=\sum_i\frac{f(x_i)}{|\varphi'(x_i)|}$

[这里,要求方程 $\varphi(x)=0$ 只有单根(零点),公式的右边表示对 $\varphi(x)$ 的所有零点 $x_i(i=1,2,3,\cdots)$ 求和]

1243. $\iiint f(\boldsymbol{x})\delta^{(3)}[\boldsymbol{\varphi}(\boldsymbol{x})]\mathrm{d}^3\boldsymbol{x}=\sum_i\frac{f(\boldsymbol{x}_i)}{\left|\frac{\partial\boldsymbol{\varphi}}{\partial\boldsymbol{x}}\right|_{\boldsymbol{x}=\boldsymbol{x}_i}}$

[这里,$\boldsymbol{x}_i(i=1,2,3,\cdots)$ 为 $\boldsymbol{\varphi}(\boldsymbol{x})$ 的零点,要求在每个零点处雅可比矩阵的行列式 $\frac{\partial\boldsymbol{\varphi}}{\partial\boldsymbol{x}}\neq0$,公式的右边表示对 $\boldsymbol{\varphi}(\boldsymbol{x})$ 的所有零点求和]

Ⅱ.2.12.2 陀螺波函数的积分

1244. $\int_0^{\pi}\mathrm{d}\beta\sin\beta\,\mathrm{d}_{m,k}^{j}(\beta)\,\mathrm{d}_{m,k}^{j'}(\beta)=\frac{2}{2j+1}\delta_{jj'}$ [17]

1245. $\int_0^{\pi}\mathrm{d}\beta\sin\beta\,\mathrm{d}_{m_2+m_3,k_2+k_3}^{j_1}(\beta)\,\mathrm{d}_{m_2,k_2}^{j_2}(\beta)\,\mathrm{d}_{m_3,k_3}^{j_3}(\beta)$

$=\frac{2\pi}{2j+1}\langle j_2k_2j_3k_3\mid j_1,k_2+k_3\rangle\langle j_2m_2j_3m_3\mid j_1,m_2+m_3\rangle$ [17]

1246. $\int_0^{2\pi} d\gamma \int_0^{2\pi} d\alpha \int_0^{\pi} \sin\beta d\beta D_{m,k}^{j\,*}(\alpha,\beta,\gamma) D_{m',k'}^{j'}(\alpha,\beta,\gamma) = \frac{8\pi^2}{2j+1} \delta_{jj'} \cdot \delta_{mm'} \cdot \delta_{kk'}$ [17]

1247. $\int_0^{2\pi} d\gamma \int_0^{2\pi} d\alpha \int_0^{\pi} \sin\beta d\beta D_{m_1,k_1}^{j_1\,*}(\alpha,\beta,\gamma) D_{m_2,k_2}^{j_2}(\alpha,\beta,\gamma) D_{m_3,k_3}^{j_3}(\alpha,\beta,\gamma)$

$= \frac{8\pi^2}{2j+1} \delta_{m_1,m_2+m_3} \delta_{k_1,k_2+k_3} \langle j_2 k_2 j_3 k_3 \mid j_1 k_1 \rangle \langle j_2 m_2 j_3 m_3 \mid j_1 m_1 \rangle$ [17]

[这里，$\langle j_2 k_2 j_3 k_3 \mid j_1 k_1 \rangle$ 和 $\langle j_2 m_2 j_3 m_3 \mid j_1 m_1 \rangle$ 为 Clebsch-Goldan 系数(C-G 系数)]

Ⅲ 积分变换表

Ⅲ.1 拉普拉斯(Laplace)变换

拉普拉斯变换定义为

$$F(p)=L[f(x)]=\int_0^{\infty} f(x)\mathrm{e}^{-px}\,\mathrm{d}x \quad (\mathrm{Re}\ p>0)$$

函数 $f(x)$和 $F(p)$称为拉普拉斯变换对. 它的逆变换为

$$f(x)=L^{-1}[F(p)]=\frac{1}{2\pi\mathrm{i}}\int_{\sigma-\mathrm{i}\infty}^{\sigma+\mathrm{i}\infty} F(p)\mathrm{e}^{px}\,\mathrm{d}p$$

拉普拉斯变换表

[3][12]

编号	$f(x)$	$F(p)$
1	1	$\frac{1}{p}$
2	x	$\frac{1}{p^2}$
3	$x^n \quad (n=0,1,2,\cdots)$	$\frac{n!}{p^{n+1}} \quad (\mathrm{Re}\ p>0)$
4	$x^{\nu} \quad (\nu>-1)$	$\frac{\Gamma(\nu+1)}{p^{\nu+1}} \quad (\mathrm{Re}\ p>0)$
5	$x^{n-\frac{1}{2}}$	$\frac{1}{p^{n+\frac{1}{2}}}\cdot\frac{\sqrt{\pi}}{2}\cdot\frac{3}{2}\cdot\frac{5}{2}\cdot\cdots\cdot\frac{n-1}{2} \quad (\mathrm{Re}\ p>0)$

续表

编号	$f(x)$	$F(p)$
6	$\sqrt{x}$	$\frac{\sqrt{\pi}}{2}\cdot\frac{1}{p^{\frac{3}{2}}}$
7	$\frac{1}{\sqrt{x}}$	$\sqrt{\frac{\pi}{p}}$
8	$\frac{\sqrt{x}}{x+a}$ $(\lvert\arg a\rvert<\pi)$	$\sqrt{\frac{\pi}{p}}-\pi e^{ap}\sqrt{a}$ $(\mathrm{Re}\,p>0)$
9	$\begin{cases}x & (0<x<1)\\ 1 & (x>1)\end{cases}$	$\frac{1-e^{-p}}{p^2}$ $(\mathrm{Re}\,p>0)$
10	e^{-ax}	$\frac{1}{p+a}$ $(\mathrm{Re}\,p>-\mathrm{Re}\,a)$
11	xe^{-ax}	$\frac{1}{(p+a)^2}$ $(\mathrm{Re}\,p>-\mathrm{Re}\,a)$
12	$x^{\nu-1}e^{-ax}$ $(\mathrm{Re}\,\nu>0)$	$\frac{\Gamma(\nu)}{(p+a)^\nu}$ $(\mathrm{Re}\,p>-\mathrm{Re}\,a)$
13	$xe^{-\frac{x^2}{4a}}$ $(\mathrm{Re}\,a>0)$	$2a-2\pi^{\frac{1}{2}}a^{\frac{3}{2}}pe^{ap^2}\mathrm{erfc}(pa^{\frac{1}{2}})$
14	$\exp(-ae^x)$ $(\mathrm{Re}\,a>0)$	$a^p\Gamma(-p,a)$
15	$\ln x$	$-\frac{1}{p}(\gamma+\ln p)$ $(\mathrm{Re}\,p>0,\gamma$ 为欧拉常数$)$
16	$\ln(1+ax)$ $(\lvert\arg a\rvert<\pi)$	$-\frac{1}{p}e^{\frac{p}{a}}\mathrm{Ei}\left(-\frac{p}{a}\right)$ $(\mathrm{Re}\,p>0)$
17	$\frac{\ln x}{\sqrt{x}}$	$-\sqrt{\frac{\pi}{p}}\ln(4\gamma p)$ $(\mathrm{Re}\,p>0)$
18	$\sin ax$	$\frac{a}{p^2+a^2}$ $(\mathrm{Re}\,p>\lvert\mathrm{Im}\,a\rvert)$
19	$\cos ax$	$\frac{p}{p^2+a^2}$ $(\mathrm{Re}\,p>\lvert\mathrm{Im}\,a\rvert)$
20	$\sinh ax$	$\frac{a}{p^2-a^2}$ $(\mathrm{Re}\,p>\lvert\mathrm{Re}\,a\rvert)$
21	$\cosh ax$	$\frac{p}{p^2-a^2}$ $(\mathrm{Re}\,p>\lvert\mathrm{Re}\,a\rvert)$
22	$x\sin ax$	$\frac{2ap}{(p^2+a^2)^2}$

续表

编号	$f(x)$	$F(p)$
23	$x\cos ax$	$\dfrac{p^2-a^2}{(p^2+a^2)^2}$
24	$x\sinh ax$	$\dfrac{2ap}{(p^2-a^2)^2}$
25	$x\cosh ax$	$\dfrac{p^2+a^2}{(p^2-a^2)^2}$
26	$x^{\nu-1}\sin ax \quad (\mathrm{Re}\,\nu>-1)$	$\dfrac{\mathrm{i}\Gamma(\nu)}{2}\left[\dfrac{1}{(p+\mathrm{i}a)^\nu}-\dfrac{1}{(p-\mathrm{i}a)^\nu}\right]$
27	$x^{\nu-1}\cos ax \quad (\mathrm{Re}\,\nu>-1)$	$\dfrac{\Gamma(\nu)}{2}\left[\dfrac{1}{(p+\mathrm{i}a)^\nu}+\dfrac{1}{(p-\mathrm{i}a)^\nu}\right]$
28	$x^{\nu-1}\sinh ax \quad (\mathrm{Re}\,\nu>-1)$	$\dfrac{\Gamma(\nu)}{2}\left[\dfrac{1}{(p-a)^\nu}-\dfrac{1}{(p+a)^\nu}\right] \quad (\mathrm{Re}\,p>\lvert\mathrm{Re}\,a\rvert)$
29	$x^{\nu-1}\cosh ax \quad (\mathrm{Re}\,\nu>0)$	$\dfrac{\Gamma(\nu)}{2}\left[\dfrac{1}{(p-a)^\nu}+\dfrac{1}{(p+a)^\nu}\right] \quad (\mathrm{Re}\,p>\lvert\mathrm{Re}\,a\rvert)$
30	$\mathrm{e}^{-bx}\sin ax$	$\dfrac{a}{(p+b)^2+a^2}$
31	$\mathrm{e}^{-bx}\cos ax$	$\dfrac{p+b}{(p+b)^2+a^2}$
32	$\mathrm{e}^{-bx}\sin(ax+c)$	$\dfrac{(p+b)\sin c+a\cos c}{(p+b)^2+a^2}$
33	$\mathrm{e}^{-bx}\cos(ax+c)$	$\dfrac{(p+b)\cos c-a\sin c}{(p+b)^2+a^2}$
34	$\sin^2 ax$	$\dfrac{2a^2}{p(p^2+4a^2)}$
35	$\cos^2 ax$	$\dfrac{p^2+2a}{p(p^2+4a^2)}$
36	$\sin ax\sin bx$	$\dfrac{2abp}{[p^2+(a+b)^2][p^2+(a-b)^2]}$
37	$\mathrm{e}^{ax}-\mathrm{e}^{bx}$	$\dfrac{a-b}{(p-a)(p-b)}$
38	$a\mathrm{e}^{ax}-b\mathrm{e}^{bx}$	$\dfrac{(a-b)p}{(p-a)(p-b)}$
39	$\dfrac{1}{a}\sin ax-\dfrac{1}{b}\sin bx$	$\dfrac{b^2-a^2}{(p^2+a^2)(p^2+b^2)}$

续表

编号	$f(x)$	$F(p)$
40	$\cos ax-\cos bx$	$\frac{(b^2-a^2)p}{(p^2+a^2)(p^2+b^2)}$
41	$\frac{1}{a^3}(ax-\sin ax)$	$\frac{1}{p^2(p^2+a^2)}$
42	$\frac{1}{a^4}(\cos ax-1)+\frac{1}{2a^2}x^2$	$\frac{1}{p^3(p^2+a^2)}$
43	$\frac{1}{a^4}(\cosh ax-1)-\frac{1}{2a^2}x^2$	$\frac{1}{p^2(p^2-a^2)}$
44	$\frac{1}{2a^3}(\sin ax-ax\cos ax)$	$\frac{1}{(p^2+a^2)^2}$
45	$\frac{1}{2a}(\sin ax+ax\cos ax)$	$\frac{p^2}{(p^2+a^2)^2}$
46	$\frac{1}{a^4}(1-\cos ax)-\frac{x}{2a^3}\sin ax$	$\frac{1}{p(p^2+a^2)^2}$
47	$(1-ax)\mathrm{e}^{-ax}$	$\frac{p}{(p+a)^2}$
48	$x\left(1-\frac{a}{2}x\right)\mathrm{e}^{-ax}$	$\frac{p}{(p+a)^3}$
49	$\frac{1}{a}(1-\mathrm{e}^{-ax})$	$\frac{1}{p(p+a)}$
50	$\frac{1}{ab}+\frac{1}{b-a}\left(\frac{\mathrm{e}^{-bx}}{b}-\frac{\mathrm{e}^{-ax}}{a}\right)$	$\frac{1}{p(p+a)(p+b)}$
51	$\sin ax\cosh ax-\cos ax\sinh ax$	$\frac{4a^3}{p^4+4a^4}$
52	$\frac{1}{2a^2}\sin ax\sinh ax$	$\frac{p}{p^4+4a^4}$
53	$\frac{1}{2a^3}(\sinh ax-\sin ax)$	$\frac{1}{p^4-a^4}$
54	$\frac{1}{2a^2}(\cosh ax-\cos ax)$	$\frac{p}{p^4-a^4}$
55	$\frac{1}{\sqrt{\pi x}}$	$\frac{1}{\sqrt{p}}$
56	$2\sqrt{\frac{x}{\pi}}$	$\frac{1}{p\sqrt{p}}$

续表

编号	$f(x)$	$F(p)$
57	$\frac{1}{\sqrt{\pi x}}e^{ax}(1+2ax)$	$\frac{p}{(p-a)\sqrt{(p-a)}}$
58	$\frac{1}{2\sqrt{\pi x^3}}(e^{bx}-e^{ax})$	$\sqrt{p-a}-\sqrt{p-b}$
59	$\frac{1}{\sqrt{\pi x}}\cos(2\sqrt{ax})$	$\frac{1}{\sqrt{p}}e^{-\frac{a}{p}}$
60	$\frac{1}{\sqrt{\pi x}}\cosh(2\sqrt{ax})$	$\frac{1}{\sqrt{p}}e^{\frac{a}{p}}$
61	$\frac{1}{\sqrt{\pi x}}\sin(2\sqrt{ax})$	$\frac{1}{p\sqrt{p}}e^{-\frac{a}{p}}$
62	$\frac{1}{\sqrt{\pi x}}\sinh(2\sqrt{ax})$	$\frac{1}{p\sqrt{p}}e^{\frac{a}{p}}$
63	$\frac{1}{x}(e^{bx}-e^{ax})$	$\ln\frac{p-a}{p-b}$
64	$\frac{2}{x}\sinh ax$	$\ln\frac{p+a}{p-a}$
65	$\frac{2}{x}(1-\cos ax)$	$\ln\frac{p^2+a^2}{p^2}$
66	$\frac{2}{x}(1-\cosh ax)$	$\ln\frac{p^2-a^2}{p^2}$
67	$\frac{1}{x}\sin ax$	$\arctan\frac{a}{p}$
68	$\frac{1}{x}(\cosh ax-\cos ax)$	$\ln\sqrt{\frac{p^2+b^2}{p^2-a^2}}$
69	$\mathrm{Si}(x)\equiv\int_0^x\frac{\sin\xi}{\xi}d\xi$	$\frac{1}{p}\mathrm{arccot}\,p\quad(\mathrm{Re}\,p>0)$
70	$\mathrm{Ci}(x)\equiv-\int_x^\infty\frac{\cos\xi}{\xi}d\xi$	$-\frac{1}{2p}\ln(1+p^2)\quad(\mathrm{Re}\,p>0)$
71	$\frac{1}{\pi x}\sin(2a\sqrt{x})$	$\mathrm{erf}\left(\frac{a}{\sqrt{p}}\right)$
72	$\frac{1}{\sqrt{\pi x}}e^{-2a\sqrt{x}}\quad(a>0)$	$\frac{1}{\sqrt{p}}e^{\frac{a^2}{p}}\mathrm{erfc}\left(\frac{a}{\sqrt{p}}\right)$
73	$\Phi(a\sqrt{x})$	$\frac{a}{p\sqrt{p+a^2}}\quad(\mathrm{Re}\,p>0)$

续表

编号	$f(x)$	$F(p)$
74	$\operatorname{erfc}(a\sqrt{x})\equiv 1-\Phi(a\sqrt{x})$	$1-\dfrac{a}{\sqrt{p+a^2}}$ $(\operatorname{Re} p>0)$
75	$\operatorname{erfc}\left(\dfrac{a}{\sqrt{x}}\right)$	$\dfrac{1}{p}\mathrm{e}^{-2a\sqrt{p}}$ $(\operatorname{Re} p>0)$
76	$\dfrac{1}{\sqrt{x}}\mathrm{e}^{-\frac{a^2}{4x}}$ $(a>0)$	$\sqrt{\dfrac{\pi}{p}}\mathrm{e}^{-a\sqrt{p}}$
77	$\operatorname{erf}\left(\dfrac{x}{2a}\right)$ $(a>0)$	$\dfrac{1}{p}\mathrm{e}^{a^2p^2}\operatorname{erfc}(ap)$
78	$\dfrac{1}{\sqrt{\pi(x+a)}}$ $(a>0)$	$\dfrac{1}{\sqrt{p}}\mathrm{e}^{ap}\operatorname{erfc}(\sqrt{ap})$
79	$\dfrac{1}{\sqrt{a}}\operatorname{erf}(\sqrt{ax})$	$\dfrac{1}{p\sqrt{p+a}}$
80	$\dfrac{1}{\sqrt{a}}\mathrm{e}^{ax}\operatorname{erf}(\sqrt{ax})$	$\dfrac{1}{\sqrt{p}(p-a)}$
81	$\lvert\cos ax\rvert$ $(a>0)$	$\dfrac{1}{p^2+a^2}\left(p+\operatorname{arcosh}\dfrac{p\pi}{2a}\right)$
82	$\lvert\sin ax\rvert$ $(a>0)$	$\dfrac{a}{p^2+a^2}\coth\dfrac{p\pi}{2a}$
83	$\mathrm{J}_0(ax)$	$\dfrac{1}{\sqrt{p^2+a^2}}$
84	$\mathrm{I}_0(ax)$	$\dfrac{1}{\sqrt{p^2-a^2}}$
85	$\mathrm{J}_\nu(ax)$ $(\operatorname{Re}\nu>-1)$	$\dfrac{1}{\sqrt{p^2+a^2}}\dfrac{a^\nu}{\left(p+\sqrt{p^2+a^2}\right)^\nu}$ $(\operatorname{Re} p>\lvert\operatorname{Im} a\rvert)$
86	$x\mathrm{J}_\nu(ax)$ $(\operatorname{Re}\nu>-2)$	$\dfrac{p+\nu\sqrt{p^2+a^2}}{(p^2+a^2)^{\frac{3}{2}}}\dfrac{a^\nu}{\left(p+\sqrt{p^2+a^2}\right)^\nu}$ $(\operatorname{Re} p>\lvert\operatorname{Im} a\rvert)$
87	$\dfrac{\mathrm{J}_\nu(ax)}{x}$ $(\operatorname{Re}\nu>0)$	$\dfrac{1}{\nu}\dfrac{a^\nu}{\left(p+\sqrt{p^2+a^2}\right)^\nu}$ $(\operatorname{Re} p>\lvert\operatorname{Im} a\rvert)$
88	$x^n\mathrm{J}_n(ax)$	$\dfrac{1\cdot 3\cdot 5\cdot\cdots\cdot(2n-1)a^n}{(p^2+a^2)^{n+\frac{1}{2}}}$ $(\operatorname{Re} p>\lvert\operatorname{Im} a\rvert)$

续表

编号	$f(x)$	$F(p)$
89	$x^{\nu}\mathrm{J}_{\nu}(ax)\quad\left(\mathrm{Re}\,\nu>-\frac{1}{2}\right)$	$\frac{(2a)^{\nu}}{\sqrt{\pi}(p^2+a^2)^{\nu+\frac{1}{2}}}\Gamma\left(\nu+\frac{1}{2}\right)\quad(\mathrm{Re}\,p>\|\mathrm{Im}\,a\|)$
90	$\mathrm{I}_{\nu}(ax)\quad(\mathrm{Re}\,\nu>-1)$	$\frac{1}{\sqrt{p^2-a^2}}\frac{a^{\nu}}{\left(p+\sqrt{p^2-a^2}\right)^{\nu}}\quad(\mathrm{Re}\,p>\|\mathrm{Re}\,a\|)$
91	$x^{\nu}\mathrm{I}_{\nu}(ax)\quad\left(\mathrm{Re}\,\nu>-\frac{1}{2}\right)$	$\frac{(2a)^{\nu}}{\sqrt{\pi}(p^2-a^2)^{\nu+\frac{1}{2}}}\Gamma\left(\nu+\frac{1}{2}\right)\quad(\mathrm{Re}\,p>\|\mathrm{Re}\,a\|)$
92	$\frac{\mathrm{I}_{\nu}(ax)}{x}\quad(\mathrm{Re}\,\nu>0)$	$\frac{1}{\nu}\frac{a^{\nu}}{\left(p+\sqrt{p^2-a^2}\right)^{\nu}}\quad(\mathrm{Re}\,p>\|\mathrm{Re}\,a\|)$
93	$\delta(x)$（狄拉克 δ 函数）	1
94	$\delta'(x)$	p
95	$\delta(x-a)\quad(a>0)$	e^{-ap}
96	$\delta'(x-a)\quad(a>0)$	$p\mathrm{e}^{-ap}$
97	$\delta^{(k)}(x-a)$	$p^k\mathrm{e}^{-ap}\quad(-\infty<p<\infty)$
98	$\sum_{m=1}^{\infty}\delta(x-ma)$	$\frac{1}{1-\mathrm{e}^{ap}}\quad(\mathrm{Re}\,p>0)$
99	x_+^{λ}	$\frac{\Gamma(\lambda+1)}{p^{\lambda+1}}\quad(\lambda\neq-1,-2,\cdots;\ \mathrm{Re}\,p>0)$
100	x_+^{-k}	$-\frac{(-p)^{k-1}}{(k-1)!}[\ln p-\psi(k)]\quad(k=2,3,\cdots;\ \mathrm{Re}\,p>0)$

Ⅲ.2 傅里叶(Fourier)变换

一个函数 $f(t)$的傅里叶变换定义为

$$F(\omega)=\frac{1}{\sqrt{2\pi}}\int_{-\infty}^{\infty} f(t)\mathrm{e}^{\mathrm{i}\omega t}\,\mathrm{d}t$$

式中,$\mathrm{e}^{\mathrm{i}\omega t}$ 称为变换核. 它的逆变换为

$$f(t)=\frac{1}{\sqrt{2\pi}}\int_{-\infty}^{\infty} F(\omega)\mathrm{e}^{-\mathrm{i}\omega t}\,\mathrm{d}\omega$$

傅里叶变换表

[3][9][12]

编号	$f(t)$	$F(\omega)$
1	$\mathrm{e}^{-a\|t\|}\quad(a>0)$	$\sqrt{\frac{2}{\pi}}\frac{a}{a^2+\omega^2}$
2	$t\mathrm{e}^{-a\|t\|}\quad(a>0)$	$\sqrt{\frac{2}{\pi}}\frac{2\mathrm{i}a\omega}{(a^2+\omega^2)^2}$
3	$\|t\|\mathrm{e}^{-a\|t\|}\quad(a>0)$	$\sqrt{\frac{2}{\pi}}\frac{(a^2-\omega^2)}{(a^2+\omega^2)^2}$
4	$\frac{\mathrm{e}^{-a\|t\|}}{\sqrt{\|t\|}}\quad(a>0)$	$\frac{\sqrt{a+\sqrt{a^2+\omega^2}}}{\sqrt{a^2+\omega^2}}$
5	$\frac{\mathrm{sgn}t\,\mathrm{e}^{-a\|t\|}}{\sqrt{\|t\|}}\quad(a>0)$	$\frac{\mathrm{i}\,\mathrm{sgn}\omega\,\sqrt{\sqrt{a^2+\omega^2}-a}}{\sqrt{a^2+\omega^2}}$
6	$\mathrm{e}^{-a^2t^2}\quad(a>0)$	$\frac{\mathrm{e}^{-\frac{\omega^2}{4a^2}}}{a\sqrt{2}}$
7	$\mathrm{e}^{-b\sqrt{a^2+t^2}}\quad(a>0,b>0)$	$\sqrt{\frac{2}{\pi}}\frac{ab}{\sqrt{b^2+\omega^2}}\mathrm{K}_1(a\sqrt{b^2+\omega^2})$
8	$\frac{\mathrm{e}^{-b\sqrt{a^2+t^2}}}{\sqrt{a^2+t^2}}\quad(a>0,b>0)$	$\sqrt{\frac{2}{\pi}}\mathrm{K}_0(a\sqrt{b^2+\omega^2})$

续表

编号	$f(t)$	$F(\omega)$
9	$\dfrac{1}{a^2+t^2}$ (Re $a>0$)	$\sqrt{\dfrac{\pi}{2}}\dfrac{1}{a\mathrm{e}^{a\|\omega\|}}$
10	$\dfrac{t}{(a^2+t^2)^2}$ (Re $a>0$)	$\mathrm{i}\sqrt{\dfrac{\pi}{2}}\dfrac{\omega}{2a\mathrm{e}^{a\|\omega\|}}$
11	$\dfrac{1}{\sqrt{a^2+t^2}}$	$\sqrt{\dfrac{2}{\pi}}\mathrm{K}_0(a\|\omega\|)$
12	$\dfrac{1}{\sqrt{a^2-t^2}}$ $(\|t\|<a)$	$\sqrt{\dfrac{\pi}{2}}\mathrm{J}_0(a\|\omega\|)$
13	$\dfrac{1}{(a^2+t^2)^{\nu+\frac{1}{2}}}$ $\left(\mathrm{Re}\,\nu>-\dfrac{1}{2}\right)$	$\dfrac{\sqrt{2}}{\Gamma\left(\nu+\dfrac{1}{2}\right)}\left\|\dfrac{\omega}{2a}\right\|^{\nu}\mathrm{K}_{\nu}(a\|\omega\|)$
14	$\begin{cases}\dfrac{1}{(a^2-t^2)^{\nu+\frac{1}{2}}} & \left(\|t\|<a,\ \mathrm{Re}\,\nu<\dfrac{1}{2}\right)\\ 0 & \left(\|t\|>a,\ \mathrm{Re}\,\nu<\dfrac{1}{2}\right)\end{cases}$	$\dfrac{\Gamma\left(\dfrac{1}{2}-\nu\right)}{\sqrt{2}}\left\|\dfrac{\omega}{2a}\right\|^{\nu}\mathrm{J}_{-\nu}(a\|\omega\|)$
15	$\sin at^2$	$\dfrac{1}{\sqrt{2a}}\sin\left(\dfrac{\omega^2}{4a}+\dfrac{\pi}{4}\right)$
16	$\cos at^2$	$\dfrac{1}{\sqrt{2a}}\cos\left(\dfrac{\omega^2}{4a}-\dfrac{\pi}{4}\right)$
17	$\dfrac{\sin at}{t}$	$\begin{cases}\sqrt{\dfrac{\pi}{2}} & (\|\omega\|<a)\\ 0 & (\|\omega\|>a)\end{cases}$
18	$\dfrac{t}{\sinh t}$	$\sqrt{\dfrac{2}{\pi^3}}\dfrac{\mathrm{e}^{\omega\pi}}{(1+\mathrm{e}^{\omega\pi})^2}$
19	$\dfrac{\sin at}{\sqrt{\|t\|}}$	$\dfrac{\mathrm{i}}{2}\left(\dfrac{1}{\sqrt{\|a+\omega\|}}-\dfrac{1}{\sqrt{\|a-\omega\|}}\right)$
20	$\dfrac{\cos at}{\sqrt{\|t\|}}$	$\dfrac{1}{2}\left(\dfrac{1}{\sqrt{\|a+\omega\|}}+\dfrac{1}{\sqrt{\|a-\omega\|}}\right)$

续表

编号	$f(t)$	$F(\omega)$
21	$\dfrac{\sin^2 at}{t^2}\quad(a>0)$	$\begin{cases}\sqrt{\dfrac{\pi}{2}}\left(a-\dfrac{\lvert\omega\rvert}{2}\right) & (\lvert\omega\rvert<2a)\\ 0 & (\lvert\omega\rvert>2a)\end{cases}$
22	$\dfrac{\sinh at}{\sinh bt}\quad(0<a<b)$	$\sqrt{\dfrac{\pi}{2}}\dfrac{\sin\dfrac{a\pi}{b}}{b\left(\cosh\dfrac{\omega\pi}{b}+\cos\dfrac{a\pi}{b}\right)}$
23	$\dfrac{\cosh at}{\sinh bt}\quad(0<a<b)$	$\mathrm{i}\sqrt{\dfrac{\pi}{2}}\dfrac{\sinh\dfrac{\omega\pi}{b}}{b\left(\cosh\dfrac{\omega\pi}{b}+\cos\dfrac{a\pi}{b}\right)}$
24	$t^{\nu}\operatorname{sgn}t$ ($\nu<-1$,非整数)	$\sqrt{\dfrac{2}{\pi}}\dfrac{\nu!}{(-\mathrm{i}\omega)^{1+\nu}}$
25	$\lvert t\rvert^{\nu}$ ($\nu<-1$,非整数)	$-\sqrt{\dfrac{2}{\pi}}\dfrac{\Gamma(\nu+1)}{\lvert\omega\rvert^{\nu+1}}\sin\dfrac{\nu\pi}{2}$
26	$\dfrac{1}{\lvert t\rvert^{a}}\quad(0<\operatorname{Re}a<1)$	$\sqrt{\dfrac{2}{\pi}}\dfrac{\Gamma(1-a)}{\lvert\omega\rvert^{1-a}}\sin\dfrac{a\pi}{2}$
27	$\lvert t\rvert^{\nu}\operatorname{sgn}t$ ($\nu<-1$,非整数)	$\mathrm{i}\operatorname{sgn}\omega\cdot\sqrt{\dfrac{2}{\pi}}\dfrac{\Gamma(\nu+1)}{\lvert\omega\rvert^{\nu+1}}\cos\dfrac{\nu\pi}{2}$
28	$\mathrm{e}^{-at}\ln\lvert 1-\mathrm{e}^{-t}\rvert$ $(-1<\operatorname{Re}a<0)$	$\sqrt{\dfrac{\pi}{2}}\dfrac{\cot(a\pi-\mathrm{i}\omega\pi)}{a-\mathrm{i}\omega}$
29	$\mathrm{e}^{-at}\ln(1+\mathrm{e}^{-t})$ $(-1<\operatorname{Re}a<0)$	$\sqrt{\dfrac{\pi}{2}}\dfrac{\csc(a\pi-\mathrm{i}\omega\pi)}{a-\mathrm{i}\omega}$
30	$\mathrm{J}_0(\sqrt{b}\sqrt{a^2-t^2})\mathrm{H}(a^2-t^2)$	$\sqrt{\dfrac{2}{\pi}}\dfrac{\sin(a\sqrt{\omega^2+b})}{\sqrt{\omega^2+b}}\quad(a>0,b>0)$
31	$\mathrm{J}_0(\sqrt{b}\sqrt{a^2+t^2})$	$\sqrt{\dfrac{2}{\pi}}\dfrac{\cos(a\sqrt{b-\omega^2})}{\sqrt{b-\omega^2}}\mathrm{H}(b-\omega^2)\quad(a\geqslant 0,b>0)$

续表

编号	$f(t)$	$F(\omega)$
32	$\frac{\cosh(\sqrt{b}\sqrt{a^2-t^2})}{\sqrt{a^2-t^2}}\mathrm{H}(a^2-t^2)$	$\sqrt{\frac{\pi}{2}}\mathrm{J}_0(a\sqrt{\omega^2-b})\mathrm{H}(\omega^2-b)\quad(a>0,b\geqslant 0)$
33	$e^{-at}\mathrm{H}(t)$	$\frac{\mathrm{i}}{\sqrt{2\pi}(\omega+\mathrm{i}a)}\quad(a>0)$
34	$\mathrm{P}_n(t)\mathrm{H}(1-t^2)$	$\frac{\mathrm{i}^n}{\sqrt{\pi}}\mathrm{J}_{n+\frac{1}{2}}(\omega)$
35	1	$\sqrt{2\pi}\delta(\omega)$
36	t	$-\mathrm{i}\sqrt{2\pi}\delta'(\omega)$
37	t^n	$(-\mathrm{i})^n\sqrt{2\pi}\delta^{(n)}(\omega)$
38	$\frac{1}{t}$	$\sqrt{\frac{\pi}{2}}\,\mathrm{i}\,\mathrm{sgn}\omega$
39	$\delta(t)$	$\frac{1}{\sqrt{2\pi}}$
40	$\delta(t-\tau)$	$\frac{e^{\mathrm{i}\tau\omega}}{\sqrt{2\pi}}$
41	$\delta^{(n)}(t)$	$\frac{(-\mathrm{i}\omega)^n}{\sqrt{2\pi}}$
42	$\frac{1}{\lvert t\rvert}$	$\frac{1}{\lvert\omega\rvert}$
43	$e^{\mathrm{i}at}$ (a 为实数)	$\sqrt{2\pi}\delta(\omega+a)$
44	$\cos bt$	$\sqrt{\frac{\pi}{2}}[\delta(\omega+b)+\delta(\omega-b)]$
45	$\sin bt$	$-\mathrm{i}\sqrt{\frac{\pi}{2}}[\delta(\omega+b)-\delta(\omega-b)]$
46	$\cosh bt$	$\sqrt{\frac{\pi}{2}}[\delta(\omega+\mathrm{i}b)+\delta(\omega-\mathrm{i}b)]$

续表

编号	$f(t)$	$F(\omega)$
47	$\sinh bt$	$\sqrt{\frac{\pi}{2}}[\delta(\omega+\mathrm{i}b)-\delta(\omega-\mathrm{i}b)]$
48	$\mathrm{H}(t)^*$	$\sqrt{\frac{\pi}{2}}\delta(\omega)+\frac{\mathrm{i}}{\sqrt{2\pi}}\frac{1}{\omega}$
49	$\mathrm{sgn}(t)$	$\frac{2\mathrm{i}}{\sqrt{2\pi}}\frac{1}{\omega}$
50	$\frac{1}{t}$	$\mathrm{i}\sqrt{\frac{\pi}{2}}\mathrm{sgn}\omega$
51	t^{-m}	$\frac{\mathrm{i}^m\omega^{m-1}}{(m-1)!}\sqrt{\frac{\pi}{2}}\mathrm{sgn}\omega \quad (m=1,2,\cdots)$
52	$(t-a)^{-m}$	$\frac{\mathrm{i}^m\omega^{m-1}}{(m-1)!}\sqrt{\frac{\pi}{2}}\mathrm{e}^{\mathrm{i}a\omega}\mathrm{sgn}\omega$
53	$t_{\pm}^{\lambda}$	$\frac{1}{\sqrt{2\pi}}\mathrm{e}^{\pm\frac{\mathrm{i}(\lambda+1)\pi}{2}}\Gamma(\lambda+1)(\omega\pm\mathrm{i}0)^{-\lambda-1}$ $(\lambda\neq-1,-2,\cdots)$
54	$\frac{t_{\pm}^{\lambda}}{\Gamma(\lambda+1)}$	$\frac{\mathrm{e}^{\pm\mathrm{i}\left(\frac{\lambda}{2}+\frac{1}{2}\right)\pi}(\omega\pm\mathrm{i}0)^{-\lambda-1}}{\sqrt{2\pi}}$ $(\lambda\neq-1,-2,\cdots)$
55	t_{+}^{m}	$\frac{\mathrm{i}^{m+1}}{\sqrt{2\pi}}[m!\,\omega^{-m-1}+(-1)^{m+1}\mathrm{i}\pi\delta^{(m)}(\omega)]$ $(m=1,2,\cdots)$
56	t_{-}^{m}	$\frac{\mathrm{i}^{m+1}}{\sqrt{2\pi}}[(-1)^{m+1}m!\,\omega^{-m-1}-\mathrm{i}\pi\delta^{(m)}(\omega)]$ $(m=1,2,\cdots)$
57	$\|t\|^{\lambda}$	$-\frac{2\Gamma(\lambda+1)}{\sqrt{2\pi}\|\omega\|^{\lambda+1}}\sin\frac{\lambda\pi}{2} \quad (\lambda\neq\pm1,\pm2,\cdots)$
58	$\|t\|^{\lambda}\mathrm{sgn}t$	$\frac{2\mathrm{i}\Gamma(\lambda+1)}{\sqrt{2\pi}\|\omega\|^{\lambda+1}}\cos\frac{\lambda\pi}{2}\mathrm{sgn}\omega \quad (\lambda\neq\pm1,\pm2,\cdots)$

续表

编号	$f(t)$	$F(\omega)$
59	$\lvert t\rvert^m$	$\frac{\mathrm{i}^{m+1}}{\sqrt{2\pi}}\{[1+(-1)^{m+1}]m!\,\omega^{-m-1}+[(-1)^{m+1}-1]\mathrm{i}\pi\delta^{(m)}(\omega)\}\quad(m=0,1,2,\cdots)$
60	$\lvert t\rvert^m\mathrm{sgn}t$	$\frac{\mathrm{i}^{m+1}}{\sqrt{2\pi}}\{[1-(-1)^{m+1}]m!\,\omega^{-m-1}+[(-1)^{m+1}+1]\mathrm{i}\pi\delta^{(m)}(\omega)\}\quad(m=0,1,2,\cdots)$
61	$\ln x_{\pm}$	$\pm\frac{\mathrm{i}}{\sqrt{2\pi}(\omega\pm\mathrm{i}0)}\left[\Gamma'(1)\pm\frac{\mathrm{i}\pi}{2}-\ln(\omega\pm\mathrm{i}0)\right]$
62	$(x^2+1)^\lambda$	$\frac{\sqrt{2}}{\Gamma(-\lambda)}\left(\frac{\lvert\omega\rvert}{2}\right)^{-\lambda-\frac{1}{2}}\mathrm{N}_{-\lambda-\frac{1}{2}}(\lvert\omega\rvert)$
63	$(x^2-1)_+^\lambda$	$-\frac{\Gamma(\lambda+1)}{\sqrt{2}}\left(\frac{\lvert\omega\rvert}{2}\right)^{-\lambda-\frac{1}{2}}\mathrm{N}_{-\lambda-\frac{1}{2}}(\lvert\omega\rvert)$
64	$(x^2-1)_+^m$	$(-1)^m\sqrt{2\pi}\left(1+\frac{\mathrm{d}^2}{\mathrm{d}\omega^2}\right)\delta(\omega)+\frac{(-1)^{m+1}}{\sqrt{2}}\left(\frac{\omega}{2}\right)^{-m-\frac{1}{2}}\mathrm{J}_{m+\frac{1}{2}}(\omega)\quad(m=1,2,\cdots)$

* $\mathrm{H}(t)$为赫维赛德(Heaviside)函数，它的表达式为

$$\mathrm{H}(t)=\begin{cases}0 & (t\leqslant 0)\\ 1 & (t>0)\end{cases}$$

Ⅲ.3 傅里叶(Fourier)正弦变换

傅里叶正弦变换定义为

$$F_{\mathrm{s}}(\xi)=\sqrt{\frac{2}{\pi}}\int_0^{\infty}f(x)\sin\xi x\,\mathrm{d}x$$

它的逆变换为

$$f(x)=\sqrt{\frac{2}{\pi}}\int_0^{\infty}F_s(\xi)\sin\xi x\,d\xi$$

傅里叶正弦变换表

[3]

编号	$f(x)$	$F_s(\xi)$
1	$\frac{1}{x}$	$\sqrt{\frac{\pi}{2}}\quad(\xi>0)$
2	$x^{-\nu}\quad(0<\mathrm{Re}\,\nu<2)$	$\sqrt{\frac{2}{\pi}}\xi^{\nu-1}\Gamma(1-\nu)\cos\frac{\nu\pi}{2}\quad(\xi>0)$
3	$x^{-\frac{1}{2}}$	$\xi^{-\frac{1}{2}}\quad(\xi>0)$
4	$x^{-\frac{3}{2}}$	$2\sqrt{\xi}\quad(\xi>0)$
5	$\frac{\sin ax}{x}\quad(a>0)$	$\frac{1}{\sqrt{2\pi}}\ln\left\|\frac{\xi+a}{\xi-a}\right\|\quad(\xi>0)$
6	$\frac{\sin ax}{x^2}\quad(a>0)$	$\begin{cases}\xi\sqrt{\frac{\pi}{2}} & (0<\xi<a)\\ a\sqrt{\frac{\pi}{2}} & (a<\xi<\infty)\end{cases}$
7	$\sin\frac{a^2}{x}\quad(a>0)$	$a\sqrt{\frac{\pi}{2}}\frac{J_1(2a\sqrt{\xi})}{\sqrt{\xi}}\quad(\xi>0)$
8	$\frac{1}{x}\sin\frac{a^2}{x}\quad(a>0)$	$\sqrt{\frac{\pi}{2}}N_0(2a\sqrt{\xi})+\sqrt{\frac{2}{\pi}}K_0(2a\sqrt{\xi})\quad(\xi>0)$
9	$\frac{1}{x^2}\sin\frac{a^2}{x}\quad(a>0)$	$\sqrt{\frac{\pi}{2}}\frac{\sqrt{\xi}}{a}J_1(2a\sqrt{\xi})\quad(\xi>0)$
10	$\frac{x}{a^2+x^2}\quad(\mathrm{Re}\,a>0)$	$\sqrt{\frac{\pi}{2}}e^{-a\xi}\quad(\xi>0)$
11	$\frac{x}{(a^2+x^2)^2}$	$\sqrt{\frac{\pi}{8}}\frac{\xi}{a}e^{-a\xi}\quad(\xi>0)$
12	$\frac{1}{x(a^2+x^2)}\quad(\mathrm{Re}\,a>0)$	$\sqrt{\frac{\pi}{2}}\frac{1-e^{-a\xi}}{a^2}\quad(\xi>0)$

续表

编号	$f(x)$	$F_s(\xi)$
13	e^{-ax} $(\mathrm{Re}\, a>0)$	$\sqrt{\frac{2}{\pi}}\frac{\xi}{a^2+\xi^2}$ $(\xi>0)$
14	xe^{-ax} $(\mathrm{Re}\, a>0)$	$\sqrt{\frac{2}{\pi}}\frac{2a\xi}{(a^2+\xi^2)^2}$ $(\xi>0)$
15	$x^{-1}e^{-ax}$ $(\mathrm{Re}\, a>0)$	$\sqrt{\frac{2}{\pi}}\arctan\frac{\xi}{a}$ $(\xi>0)$
16	$x^{\nu-1}e^{-ax}$ $(\mathrm{Re}\, a>0,\ \mathrm{Re}\,\nu>-1)$	$\sqrt{\frac{2}{\pi}}\frac{\Gamma(\nu)\sin\left(\nu\arctan\frac{\xi}{a}\right)}{(a^2+\xi^2)^{\frac{\nu}{2}}}$ $(\xi>0)$
17	$\mathrm{csch}\, ax$ $(\mathrm{Re}\, a>0)$	$\sqrt{\frac{\pi}{2}}\frac{\tanh\frac{\xi\pi}{2a}}{a}$ $(\xi>0)$
18	$\coth\frac{ax}{2}-1$ $(\mathrm{Re}\, a>0)$	$\sqrt{2\pi}\frac{\coth\frac{\xi\pi}{a}}{a}-\sqrt{\frac{2}{\pi}}\frac{1}{\xi}$ $(\xi>0)$
19	$J_0(ax)$ $(a>0)$	$\begin{cases}0 & (0<\xi<a)\\ \sqrt{\frac{2}{\pi}}\frac{1}{\sqrt{\xi^2-a^2}} & (a<\xi<\infty)\end{cases}$
20	$J_\nu(ax)$ $(a>0,\ \mathrm{Re}\,\nu>-2)$	$\begin{cases}\sqrt{\frac{2}{\pi}}\frac{\sin\left(\nu\arcsin\frac{\xi}{a}\right)}{\sqrt{a^2-\xi^2}} & (0<\xi<a)\\ \frac{a^\nu\cos\frac{\nu\pi}{2}}{\sqrt{\xi^2-a^2}(\xi+\sqrt{\xi^2-a^2})^\nu} & (a<\xi<\infty)\end{cases}$
21	$\frac{J_0(ax)}{x}$ $(a>0)$	$\begin{cases}\sqrt{\frac{2}{\pi}}\arcsin\frac{\xi}{a} & (0<\xi<a)\\ \sqrt{\frac{\pi}{2}} & (a<\xi<\infty)\end{cases}$
22	$\frac{J_0(ax)}{x^2+b^2}(a>0,\mathrm{Re}\, b>0)$	$\sqrt{\frac{2}{\pi}}\frac{\sinh b\xi\, K_0(ab)}{b}$ $(0<\xi<a)$
23	$\frac{xJ_0(ax)}{x^2+b^2}(a>0,\mathrm{Re}\, b>0)$	$\sqrt{\frac{\pi}{2}}\frac{I_0(ab)}{e^{b\xi}}$ $(a<\xi<\infty)$

Ⅲ.4 傅里叶(Fourier)余弦变换

傅里叶余弦变换定义为

$$F_c(\xi)=\sqrt{\frac{2}{\pi}}\int_0^{\infty}f(x)\cos\xi x\,\mathrm{d}x$$

它的逆变换为

$$f(x)=\sqrt{\frac{2}{\pi}}\int_0^{\infty}F_c(\xi)\cos\xi x\,\mathrm{d}\xi$$

傅里叶余弦变换表

[3]

编号	$f(x)$	$F_c(\xi)$
1	$x^{-\nu}$ $(0<\mathrm{Re}\,\nu<1)$	$\sqrt{\frac{\pi}{2}}\frac{\xi^{\nu-1}\sec\frac{\nu\pi}{2}}{\Gamma(\nu)}$ $(\xi>0)$
2	$\frac{1}{x^2+a^2}$ $(\mathrm{Re}\,a>0)$	$\sqrt{\frac{\pi}{2}}\frac{1}{a\mathrm{e}^{a\xi}}$ $(\xi>0)$
3	$\frac{1}{(x^2+a^2)^2}$ $(\mathrm{Re}\,a>0)$	$\sqrt{\frac{\pi}{2}}\frac{1+a\xi}{2a^3\mathrm{e}^{a\xi}}$ $(\xi>0)$
4	$\frac{1}{(x^2+a^2)^{\nu+\frac{1}{2}}}$ $\left(\mathrm{Re}\,a>0,\ \mathrm{Re}\,\nu>-\frac{1}{2}\right)$	$\sqrt{2}\left(\frac{\xi}{2a}\right)^{\nu}\frac{\mathrm{K}_{\nu}(a\xi)}{\Gamma\left(\nu+\frac{1}{2}\right)}$ $(\xi>0)$
5	e^{-ax} $(\mathrm{Re}\,a>0)$	$\sqrt{\frac{2}{\pi}}\frac{a}{a^2+\xi^2}$ $(\xi>0)$
6	$x\mathrm{e}^{-ax}$ $(\mathrm{Re}\,a>0)$	$\sqrt{\frac{2}{\pi}}\frac{a^2-\xi^2}{(a^2+\xi^2)^2}$ $(\xi>0)$

续表

编号	$f(x)$	$F_c(\xi)$
7	$x^{\nu-1}e^{-ax}$ $(\mathrm{Re}\,a>0,\ \mathrm{Re}\,\nu>0)$	$\sqrt{\frac{2}{\pi}}\frac{\Gamma(\nu)\cos\left(\nu\arctan\frac{\xi}{a}\right)}{(a^2+\xi^2)^{\frac{\nu}{2}}}\quad(\xi>0)$
8	$e^{-a^2x^2}\quad(\mathrm{Re}\,a>0)$	$\frac{1}{\sqrt{2}\lvert a\rvert\exp\left(\frac{\xi^2}{4a^2}\right)}\quad(\xi>0)$
9	$\frac{\sin x}{x e^x}$	$\frac{\arctan\frac{2}{\xi^2}}{\sqrt{2\pi}}\quad(\xi>0)$
10	$\sin ax^2\quad(a>0)$	$\frac{1}{2\sqrt{a}}\left(\cos\frac{\xi^2}{4a}-\sin\frac{\xi^2}{4a}\right)\quad(\xi>0)$
11	$\cos ax^2\quad(a>0)$	$\frac{1}{2\sqrt{a}}\left(\cos\frac{\xi^2}{4a}+\sin\frac{\xi^2}{4a}\right)\quad(\xi>0)$
12	$\frac{\sinh ax}{\sinh bx}\quad(\lvert\mathrm{Re}\,a\rvert<\mathrm{Re}\,b)$	$\sqrt{\frac{\pi}{2}}\frac{\sin\frac{a\pi}{b}}{b\left(\cosh\frac{\xi\pi}{b}+\cos\frac{a\pi}{b}\right)}\quad(\xi>0)$
13	$\frac{\cosh ax}{\cosh bx}\quad(\lvert\mathrm{Re}\,a\rvert<\mathrm{Re}\,b)$	$\sqrt{2\pi}\frac{\cos\frac{a\pi}{2b}\cosh\frac{\xi\pi}{2b}}{b\left(\cos\frac{a\pi}{b}+\cosh\frac{\xi\pi}{b}\right)}\quad(\xi>0)$
14	$\frac{J_0(ax)}{x^2+b^2}\quad(a>0,\ \mathrm{Re}\,b>0)$	$\sqrt{\frac{\pi}{2}}\frac{I_0(ab)}{be^{b\xi}}\quad(a<\xi<\infty)$
15	$\frac{xJ_0(ax)}{x^2+b^2}\quad(a>0,\ \mathrm{Re}\,b>0)$	$\sqrt{\frac{2}{\pi}}\cosh b\xi\,K_0(ab)\quad(0<\xi<a)$

Ⅲ.5　梅林(Mellin)变换

梅林变换定义为

$$F_{\mathrm{M}}(z)=\int_0^{\infty}f(x)x^{z-1}\mathrm{d}x\quad(z=c+\mathrm{i}\omega)$$

它的逆变换为

$$f(x)=\frac{1}{2\pi\mathrm{i}}\int_{c-\mathrm{i}\infty}^{c+\mathrm{i}\infty}F_{\mathrm{M}}(z)x^{-z}\mathrm{d}z$$

梅林变换表

[13][14]

编号	$f(x)$	$F_{\mathrm{M}}(z)$
1	e^{-ax}	$a^{-z}\Gamma(z)\quad(\mathrm{Re}\ z>0)$
2	$\sqrt{x}\mathrm{J}_\nu(x)$	$\dfrac{2^{z-\frac{1}{2}}\Gamma\left(\frac{z}{2}+\frac{\nu}{2}+\frac{1}{4}\right)}{\Gamma\left(\frac{\nu}{2}-\frac{z}{2}+\frac{1}{4}\right)}$
3	e^{-x^2}	$\dfrac{1}{2}\Gamma\left(\dfrac{z}{2}\right)$
4	$\sin ax\quad(a>0)$	$\dfrac{1}{a^z}\Gamma(z)\sin\dfrac{z\pi}{2}$
5	$\cos ax\quad(a>0)$	$\dfrac{1}{a^z}\Gamma(z)\cos\dfrac{z\pi}{2}$
6	$\dfrac{1}{1+x}$	$\pi\csc z\pi$
7	$\dfrac{1}{(1+x)^a}\quad(\mathrm{Re}\ a>0)$	$\dfrac{\Gamma(z)\Gamma(a-z)}{\Gamma(a)}$
8	$\dfrac{1}{1+x^2}$	$\dfrac{\pi}{2}\csc\dfrac{z\pi}{2}$

续表

编号	$f(x)$	$F_{\mathrm{M}}(z)$
9	$\begin{cases}1 & (0\leqslant x\leqslant a)\\0 & (x>a)\end{cases}$	$\dfrac{a^z}{z}$
10	$\begin{cases}(1-x)^{a-1} & (0\leqslant x<1)\\0 & (x>1,\ \mathrm{Re}\,a>0)\end{cases}$	$\dfrac{\Gamma(z)\Gamma(a)}{\Gamma(z+a)}$
11	$\begin{cases}0 & (0\leqslant x<1)\\(x-1)^{-a} & (x>1,\ 0<\mathrm{Re}\,a<1)\end{cases}$	$\dfrac{\Gamma(a-z)\Gamma(1-a)}{\Gamma(1-z)}$
12	$\ln(1+x)$	$\dfrac{\pi}{2}\csc z\pi$
13	$\mathrm{ci}(x)$	$\dfrac{1}{z}\Gamma(z)\cos\dfrac{z\pi}{2}$
14	$\mathrm{si}(x)$	$\dfrac{1}{z}\Gamma(z)\sin\dfrac{z\pi}{2}$

Ⅲ.6 汉克尔(Hankel)变换

汉克尔变换的定义为

$$F(\xi)=\int_0^{\infty}xf(x)\mathrm{J}_\nu(\xi x)\mathrm{d}x$$

它的逆变换为

$$f(x)=\int_0^{\infty}\xi F(\xi)\mathrm{J}_\nu(\xi x)\mathrm{d}\xi$$

汉克尔变换表

[13]

编号	$f(x)$	$F(\xi)$
1	$\begin{cases} x^{\nu} & (0<x<a) \\ 0 & (x>a) \end{cases} \quad (\nu>-1)$	$\dfrac{a^{\nu+1}}{\xi}\mathrm{J}_{\nu+1}(\xi a)$
2	$\begin{cases} 1 & (0<x<a) \\ 0 & (x>a) \end{cases} \quad (\nu=0)$	$\dfrac{a}{\xi}\mathrm{J}_1(\xi a)$
3	$\begin{cases} a^2-x^2 & (0<x<a) \\ 0 & (x>a) \end{cases} \quad (\nu=0)$	$\dfrac{4a}{\xi^3}\mathrm{J}_1(\xi a)-\dfrac{2a^2}{\xi^2}\mathrm{J}_0(\xi a)$
4	$x^{\nu}\mathrm{e}^{-px^2} \quad (\nu>-1)$	$\dfrac{\xi}{(2p)^{\nu+1}}\mathrm{e}^{\frac{-\xi^2}{4p}}$
5	$x^{\mu-1} \quad (\nu>-1)$	$\dfrac{2^{\mu}\Gamma\left(\dfrac{1+\mu+\nu}{2}\right)}{\xi^{\mu+1}\Gamma\left(\dfrac{1-\mu+\nu}{2}\right)}$
6	$\dfrac{\mathrm{e}^{-px}}{x} \quad (\nu=0)$	$\dfrac{1}{\sqrt{\xi^2+p^2}}$
7	$\mathrm{e}^{-px} \quad (\nu=0)$	$\dfrac{p}{\sqrt{(\xi^2+p^2)^3}}$
8	$\dfrac{\mathrm{e}^{-px}}{x^2} \quad (\nu=1)$	$\dfrac{\sqrt{\xi^2+p^2}-p}{\xi}$
9	$\dfrac{\mathrm{e}^{-px}}{x} \quad (\nu=1)$	$\dfrac{\sqrt{\xi^2+p^2}-p}{\xi\sqrt{\xi^2+p^2}}$
10	$\mathrm{e}^{-px} \quad (\nu=1)$	$\dfrac{\xi}{\sqrt{(\xi^2+p^2)^3}}$
11	$\dfrac{a}{(a^2+x^2)^{\frac{3}{2}}} \quad (\nu=0)$	$\mathrm{e}^{-a\xi}$
12	$\dfrac{\sin ax}{x} \quad (\nu=0)$	$\begin{cases} 0 & (\xi>a) \\ \dfrac{1}{\sqrt{a^2-\xi^2}} & (0<\xi<a) \end{cases}$

续表

编号	$f(x)$	$F(\xi)$
13	$\dfrac{\sin ax}{x}\quad(\nu=1)$	$\begin{cases}\dfrac{a}{\xi\sqrt{\xi^2-a^2}} & (\xi>a)\\ 0 & (\xi<a)\end{cases}$
14	$\dfrac{\sin ax}{x^2}\quad(\nu=0)$	$\begin{cases}\arcsin\dfrac{1}{\xi} & (\xi>1)\\ \dfrac{\pi}{2} & (\xi<1)\end{cases}$

Ⅲ.7 希尔伯特(Hilbert)变换

希尔伯特变换定义为

$$\hat{f}(x)=\frac{1}{\pi}(\mathrm{P.\,V.})\int_{-\infty}^{\infty}\frac{f(t)}{t-x}\mathrm{d}t$$

它的逆变换为

$$f(x)=-\frac{1}{\pi}(\mathrm{P.\,V.})\int_{-\infty}^{\infty}\frac{\hat{f}(t)}{t-x}\mathrm{d}t$$

式中,P. V. 指柯西主值.

希尔伯特变换表 [14]

编号	$f(x)$	$\hat{f}(x)$
1	$\cos x$	$-\sin x$
2	$\sin x$	$\cos x$
3	$\dfrac{\sin x}{x}$	$\dfrac{\cos x-1}{x}$
4	$\dfrac{1}{1+x^2}$	$-\dfrac{x}{1+x^2}$

续表

编号	$f(x)$	$\hat{f}(x)$
5	$\delta(x)$	$-\frac{1}{\pi x}$
6	$\begin{cases}1 & \left(\lvert x\rvert<\frac{1}{2}\right)\\ 0 & \left(\lvert x\rvert>\frac{1}{2}\right)\end{cases}$	$\frac{1}{\pi}\ln\left\lvert\frac{x-\frac{1}{2}}{x+\frac{1}{2}}\right\rvert$
7	$\frac{1}{2}\left[\delta\left(x+\frac{1}{2}\right)+\delta\left(x-\frac{1}{2}\right)\right]$	$\frac{x}{\pi\left(\frac{1}{4}-x^2\right)}$
8	$\frac{1}{2}\left[\delta\left(x+\frac{1}{2}\right)-\delta\left(x-\frac{1}{2}\right)\right]$	$-\frac{1}{2\pi\left(\frac{1}{4}-x^2\right)}$

Ⅲ.8　Z　变　换

Z 变换定义为

$$F(z)=Z[f(n)]=\sum_{n=-\infty}^{\infty}f(n)z^{-n}$$

式中，$f(n)(n=0,\pm1,\pm2,\cdots)$为双边序列函数，$z$为复参量，在定义域里级数收敛. 它的逆变换为

$$f(n)=Z^{-1}[F(z)]$$

Z 变换是一种级数变换.

Z 变换表

[13]

编号	$f(n)$	$F(z)$
1	$\delta(n)$	1
2	$\delta(n-k)$	z^{-k}
3	$(-1)^n$	$\frac{z}{z+1}$

续表

编号	$f(n)$	$F(z)$
4	a^n	$\frac{z}{z-a}$
5	e^{an}	$\frac{z}{z-e^a}$
6	n	$\frac{z}{(z-1)^2}$
7	n^2	$\frac{z^2+z}{(z-1)^3}$
8	n^3	$\frac{z^3+4z^2+z}{(z-1)^4}$
9	$(n+1)^2$	$\frac{z^3+z^2}{(z-1)^3}$
10	n^2+1	$\frac{z^3-z^2+2z}{(z-1)^3}$
11	na^n	$\frac{az}{(z-a)^2}$
12	n^2a^n	$\frac{az^2+a^2z}{(z-a)^3}$
13	n^3a^n	$\frac{az^3+4a^2z^2+a^3z}{(z-a)^4}$
14	na^{n-1}	$\frac{z}{(z-a)^2}$
15	$(n+1)a^n$	$\frac{z^2}{(z-a)^2}$
16	$\sin n\theta$	$\frac{z\sin\theta}{z^2-2z\cos\theta+1}$
17	$\cos n\theta$	$\frac{z(z-\cos\theta)}{z^2-2z\cos\theta+1}$
18	$\sin(n\theta+\varphi)$	$\frac{z^2\sin\varphi+z\sin(\theta-\varphi)}{z^2-2z\cos\theta+1}$
19	$\cos(n\theta+\varphi)$	$\frac{z^2\cos\varphi-z\cos(\theta-\varphi)}{z^2-2z\cos\theta+1}$
20	$a^n\sin n\theta$	$\frac{az\sin\theta}{z^2-2az\cos\theta+a^2}$

续表

编号	$f(n)$	$F(z)$
21	$a^n \cos n\theta$	$\dfrac{z(z-a\cos\theta)}{z^2-2az\cos\theta+a^2}$
22	$\sinh n\alpha$	$\dfrac{z\sinh\alpha}{z^2-2z\cosh\alpha+1}$
23	$\cosh n\alpha$	$\dfrac{z(z-\cosh\alpha)}{z^2-2z\cosh\alpha+1}$
24	$a^n \sinh n\alpha$	$\dfrac{az\sinh\alpha}{z^2-2az\cosh\alpha+a^2}$
25	$a^n \cosh n\alpha$	$\dfrac{z(z-a\cosh\alpha)}{z^2-2az\cosh\alpha+a^2}$
26	$n\sin n\theta$	$\dfrac{(z^3-z)\sin\theta}{(z^2-2z\cos\theta+1)^2}$
27	$n\cos n\theta$	$\dfrac{(z^3+z)\cos\theta-2z^2}{(z^2-2z\cos\theta+1)^2}$
28	$na^n \sin n\theta$	$\dfrac{(az^3-a^3z)\sin\theta}{(z^2-2az\cos\theta+a^2)^2}$
29	$na^n \cos n\theta$	$\dfrac{(az^3+a^3z)\cos\theta-2a^2z^2}{(z^2-2az\cos\theta+a^2)^2}$
30	$na^n \cos\dfrac{n\pi}{2}$	$\dfrac{2a^2z^2}{(z^2+a^2)^2}$
31	$na^n(1+\cos n\pi)$	$\dfrac{4a^2z^2}{(z^2-a^2)^2}$
32	$\dfrac{1}{n+1}$	$z\ln\dfrac{z}{z+1}$
33	$\dfrac{1}{2n+1}$	$\sqrt{z}\arctan\sqrt{\dfrac{1}{z}}$
34	$\dfrac{a^n}{n!}$	$e^{\frac{a}{z}}$
35	$\dfrac{(\ln a)^n}{n!}$	$a^{\frac{1}{z}}$
36	$\dfrac{1}{(2n)!}$	$\cosh\sqrt{\dfrac{1}{z}}$

Ⅳ 附　　录

Ⅳ.1　常用函数的定义和性质

Ⅳ.1.1　初等函数

Ⅳ.1.1.1　幂函数和代数函数

1. 幂函数

形如 $y=x^\mu$ 的函数称为幂函数,式中,μ 为任何实常数. 幂函数的定义域随不同的 μ 而异,但无论 μ 为何值,在$(0,\infty)$内幂函数总是有定义的.

2. 代数函数

代数函数包括有理函数(多项式与多项式之商)和无理函数(有理函数的根式)两类,代数函数是解析函数.

Ⅳ.1.1.2 指数函数和对数函数

1. 指数函数

定义 $y=\mathrm{e}^x$ 为指数函数,其中,e 为自然对数的底,x 为指数,通常是实数. 指数函数满足加法定理

$$\mathrm{e}^{x_1+x_2}=\mathrm{e}^{x_1}\cdot\mathrm{e}^{x_2}$$

当指数为复数 $z=x+\mathrm{i}y$ 时,则称 $\mathrm{e}^z=\mathrm{e}^x(\cos y+\mathrm{i}\sin y)$是复数 z 的指数函数,加法定理

$$\mathrm{e}^{z_1+z_2}=\mathrm{e}^{z_1}\cdot\mathrm{e}^{z_2}$$

依然成立. 由于 $\mathrm{e}^{2\pi\mathrm{i}}=1$,因此 e^z 是以 $2\pi\mathrm{i}$ 为周期的周期函数.

2. 对数函数

(1) 定义

指数函数的反函数称为对数函数. 设 $z=\mathrm{e}^w$,则 $w=\mathrm{Ln}z$ 为对数函数. 因此有

$$\mathrm{Ln}z=\ln|z|+\mathrm{i}\,\mathrm{Arg}\,z=\ln|z|+\mathrm{i}(\arg z+2k\pi)\quad(k=0,\pm1,\pm2,\cdots)$$

$\mathrm{Ln}z$ 是一个无穷多值函数;其中

$$\ln z=\ln|z|+\mathrm{i}\arg z\quad(-\pi<\arg z\leqslant\pi)$$

称为对数函数 $\mathrm{Ln}z$ 的主值,$\ln z$ 是单值函数. 所以

$$\mathrm{Ln}z=\ln z+2k\pi\mathrm{i}$$

(2) 性质

$$\mathrm{Ln}(z_1z_2)=\mathrm{Ln}z_1+\mathrm{Ln}z_2$$

$$\ln(z_1z_2)=\ln z_1+\ln z_2\quad(-\pi<\arg z_1+\arg z_2<\pi)$$

$$\mathrm{Ln}\frac{z_1}{z_2}=\mathrm{Ln}z_1-\mathrm{Ln}z_2$$

$$\ln\frac{z_1}{z_2}=\ln z_1-\ln z_2\quad(-\pi<\arg z_1-\arg z_2<\pi)$$

(3) 特殊值

$$\ln 0=-\infty,\qquad \ln 1=0$$

$$\ln\mathrm{e}=1,\qquad \ln(-1)=\mathrm{i}\pi$$

$$\ln(\pm\mathrm{i})=\pm\frac{\mathrm{i}\pi}{2}$$

Ⅳ.1.1.3 三角函数和反三角函数

1. 三角函数

(1) 三角函数的定义

三角函数又称圆函数. 设任意角 α 的顶点为原点,始边位于 x 轴的正半轴,终边上任一点 P 的坐标为(x,y),P 点离原点的距离为 $r=\sqrt{x^2+y^2}$(如图所示),则任意角 α 的三角函数为

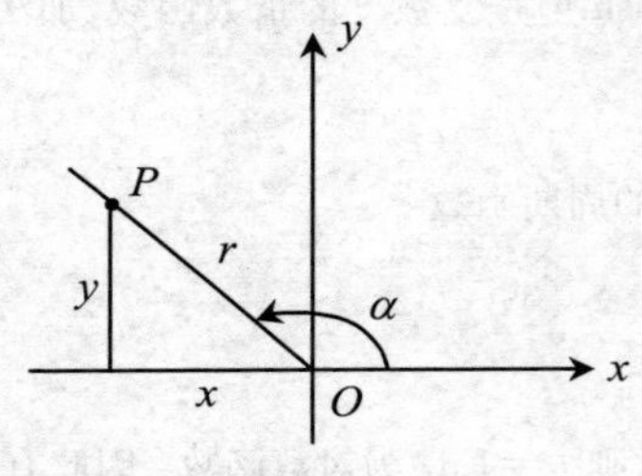

正弦函数

$$\sin\alpha=\frac{y}{r}$$

余弦函数

$$\cos\alpha=\frac{x}{r}$$

正切函数

$$\tan\alpha=\frac{\sin\alpha}{\cos\alpha}=\frac{y}{x}$$

余切函数

$$\cot\alpha=\frac{\cos\alpha}{\sin\alpha}=\frac{x}{y}$$

正割函数

$$\sec\alpha=\frac{1}{\cos\alpha}=\frac{r}{x}$$

余割函数

$$\csc\alpha=\frac{1}{\sin\alpha}=\frac{r}{y}$$

(2) 三角函数之间的关系

$$\sin\alpha\cdot\csc\alpha=1$$
$$\cos\alpha\cdot\sec\alpha=1$$
$$\tan\alpha\cdot\cot\alpha=1$$
$$\sin^2\alpha+\cos^2\alpha=1$$
$$\sec^2\alpha-\tan^2\alpha=1$$
$$\csc^2\alpha-\cot^2\alpha=1$$

(3) 三角函数的周期性、补角余角关系

周期性

$$\sin(\alpha+2n\pi)=\sin\alpha \quad (n=1,2,3,\cdots)$$
$$\cos(\alpha+2n\pi)=\cos\alpha \quad (n=1,2,3,\cdots)$$

补角关系

$$\sin(\pi-\alpha)=\sin\alpha \quad (0<\alpha<\pi)$$
$$\cos(\pi-\alpha)=-\cos\alpha \quad (0<\alpha<\pi)$$

余角关系

$$\sin\left(\frac{\pi}{2}\pm\alpha\right)=\cos\alpha \quad \left(0<\alpha<\frac{\pi}{2}\right)$$
$$\cos\left(\frac{\pi}{2}\pm\alpha\right)=\mp\sin\alpha \quad \left(0<\alpha<\frac{\pi}{2}\right)$$

(4) 和差公式

$$\sin(\alpha\pm\beta)=\sin\alpha\cos\beta\pm\cos\alpha\sin\beta$$
$$\cos(\alpha\pm\beta)=\cos\alpha\cos\beta\mp\sin\alpha\sin\beta$$
$$\tan(\alpha\pm\beta)=\frac{\tan\alpha\pm\tan\beta}{1\mp\tan\alpha\tan\beta}$$
$$\cot(\alpha\pm\beta)=\frac{\cot\alpha\cot\beta\mp1}{\cot\beta\pm\cot\alpha}$$

(5) 倍角公式

$$\sin2\alpha=2\sin\alpha\cos\alpha=\frac{2\tan\alpha}{1+\tan^2\alpha}$$
$$\cos2\alpha=\cos^2\alpha-\sin^2\alpha=2\cos^2\alpha-1$$
$$=1-2\sin^2\alpha=\frac{1-\tan^2\alpha}{1+\tan^2\alpha}$$
$$\tan2\alpha=\frac{2\tan\alpha}{1-\tan^2\alpha}$$
$$\cot2\alpha=\frac{\cot^2\alpha-1}{2\cot\alpha}$$
$$\sec2\alpha=\frac{\sec^2\alpha}{1-\tan^2\alpha}=\frac{\cot\alpha+\tan\alpha}{\cot\alpha-\tan\alpha}$$
$$\csc2\alpha=\frac{1}{2}\sec\alpha\cdot\csc\alpha=\frac{1}{2}(\tan\alpha+\cot\alpha)$$
$$\sin3\alpha=-4\sin^3\alpha+3\sin\alpha$$
$$\cos3\alpha=4\cos^3\alpha-3\cos\alpha$$
$$\tan3\alpha=\frac{3\tan\alpha-\tan^3\alpha}{1-3\tan^2\alpha}$$

$$\cot 3\alpha=\frac{\cot^3\alpha-3\cot\alpha}{3\cot^2\alpha-1}$$

$$\sin n\alpha=n\cos^{n-1}\alpha\sin\alpha-C_n^3\cos^{n-3}\alpha\sin^3\alpha+C_n^5\cos^{n-5}\alpha\sin^5\alpha-\cdots\quad(n\text{ 为正整数})$$

$$\cos n\alpha=\cos^n\alpha-C_n^2\cos^{n-2}\alpha\sin^2\alpha+C_n^4\cos^{n-4}\alpha\sin^4\alpha-C_n^6\cos^{n-6}\alpha\sin^6\alpha+\cdots\quad(n\text{ 为正整数})$$

(6) 高次幂的三角函数化成一次幂的倍角三角函数

$$\sin^2\alpha=\frac{1}{2}(-\cos 2\alpha+1)$$

$$\sin^3\alpha=\frac{1}{2^2}(-\sin 3\alpha+3\sin\alpha)$$

$$\sin^4\alpha=\frac{1}{2^3}(\cos 4\alpha-4\cos 2\alpha+3)$$

$$\sin^5\alpha=\frac{1}{2^4}(\sin 5\alpha-5\sin 3\alpha+10\sin\alpha)$$

$$\sin^6\alpha=\frac{1}{2^5}(-\cos 6\alpha+6\cos 4\alpha-15\cos 2\alpha+10)$$

$$\sin^7\alpha=\frac{1}{2^6}(-\sin 7\alpha+7\sin 5\alpha-21\sin 3\alpha+35\sin\alpha)$$

$$\sin^8\alpha=\frac{1}{2^7}(\cos 8\alpha-8\cos 6\alpha+28\cos 4\alpha-56\cos 2\alpha+35)$$

$$\cos^2\alpha=\frac{1}{2}(\cos 2\alpha+1)$$

$$\cos^3\alpha=\frac{1}{2^2}(\cos 3\alpha+3\cos\alpha)$$

$$\cos^4\alpha=\frac{1}{2^3}(\cos 4\alpha+4\cos 2\alpha+3)$$

$$\cos^5\alpha=\frac{1}{2^4}(\cos 5\alpha+5\cos 3\alpha+10\cos\alpha)$$

$$\cos^6\alpha=\frac{1}{2^5}(\cos 6\alpha+6\cos 4\alpha+15\cos 2\alpha+10)$$

$$\cos^7\alpha=\frac{1}{2^6}(\cos 7\alpha+7\cos 5\alpha+21\cos 3\alpha+35\cos\alpha)$$

$$\cos^8\alpha=\frac{1}{2^7}(\cos 8\alpha+8\cos 6\alpha+28\cos 4\alpha+56\cos 2\alpha+35)$$

(7) 半角公式

$$\sin\frac{\alpha}{2}=\pm\sqrt{\frac{1-\cos\alpha}{2}}$$

$$\cos\frac{\alpha}{2}=\pm\sqrt{\frac{1+\cos\alpha}{2}}$$

$$\tan\frac{\alpha}{2}=\pm\sqrt{\frac{1-\cos\alpha}{1+\cos\alpha}}=\frac{1-\cos\alpha}{\sin\alpha}=\frac{\sin\alpha}{1+\cos\alpha}$$

$$\cot\frac{\alpha}{2}=\pm\sqrt{\frac{1+\cos\alpha}{1-\cos\alpha}}=\frac{1+\cos\alpha}{\sin\alpha}=\frac{\sin\alpha}{1-\cos\alpha}$$

$$\sec\frac{\alpha}{2}=\pm\sqrt{\frac{2\sec\alpha}{\sec\alpha+1}}$$

$$\csc\frac{\alpha}{2}=\pm\sqrt{\frac{2\sec\alpha}{\sec\alpha-1}}$$

(8) 和差化积公式

$$\sin\alpha+\sin\beta=2\sin\frac{\alpha+\beta}{2}\cos\frac{\alpha-\beta}{2}$$

$$\sin\alpha-\sin\beta=2\cos\frac{\alpha+\beta}{2}\sin\frac{\alpha-\beta}{2}$$

$$\cos\alpha+\cos\beta=2\cos\frac{\alpha+\beta}{2}\cos\frac{\alpha-\beta}{2}$$

$$\cos\alpha-\cos\beta=-2\sin\frac{\alpha+\beta}{2}\sin\frac{\alpha-\beta}{2}$$

$$\tan\alpha\pm\tan\beta=\frac{\sin(\alpha\pm\beta)}{\cos\alpha\cos\beta}$$

$$\cot\alpha\pm\cot\beta=\pm\frac{\sin(\alpha\pm\beta)}{\sin\alpha\sin\beta}$$

$$\tan\alpha\pm\cot\beta=\pm\frac{\cos(\alpha\mp\beta)}{\cos\alpha\sin\beta}$$

$$\sin\alpha+\cos\alpha=\sqrt{2}\sin\left(\frac{\pi}{4}+\alpha\right)$$

$$\sin\alpha-\cos\alpha=-\sqrt{2}\cos\left(\frac{\pi}{4}+\alpha\right)$$

$$\tan\alpha+\cot\alpha=2\csc 2\alpha$$

$$\tan\alpha-\cot\alpha=-2\cot 2\alpha$$

$$\frac{1+\tan\alpha}{1-\tan\alpha}=\tan\left(\frac{\pi}{4}+\alpha\right)$$

$$\frac{1+\cot\alpha}{1-\cot\alpha}=-\cot\left(\frac{\pi}{4}-\alpha\right)$$

(9) 积化和差公式

$$\sin\alpha\sin\beta=-\frac{1}{2}[\cos(\alpha+\beta)-\cos(\alpha-\beta)]$$

$$\cos\alpha\cos\beta = \frac{1}{2}[\cos(\alpha+\beta)+\cos(\alpha-\beta)]$$

$$\sin\alpha\cos\beta = \frac{1}{2}[\sin(\alpha+\beta)+\sin(\alpha-\beta)]$$

(10) 棣莫弗(de Moivre)公式

$$(\cos\alpha + \mathrm{i}\sin\alpha)^n = \cos n\alpha + \mathrm{i}\sin n\alpha$$

(11) 欧拉(Euler)公式

$$\mathrm{e}^{\mathrm{i}\theta} = \cos\theta + \mathrm{i}\sin\theta$$
$$\mathrm{e}^{-\mathrm{i}\theta} = \cos\theta - \mathrm{i}\sin\theta$$

2. 反三角函数

(1) 反三角函数的定义

反三角函数是三角函数的反函数,一般是多值函数. 它们分别是反正弦、反余弦、反正切、反余切、反正割和反余割函数. 若 $x=\sin y$,则 $y=\mathrm{Arcsin}x$,我们把 $\mathrm{Arcsin}x$叫做 x 的反正弦函数,其余类推. 反三角函数是多值函数. 通常对于多值反函数,我们规定一个合适的区间,使得多值反函数在该区间有且仅有一个值. 我们称该区间为主值区间,称取值在主值区间的反函数为多值反函数的一个分支,或简单地称为多值反函数的主值. 例如 $\mathrm{Arcsin}x$ 的主值记作 $\arcsin x$,$\arcsin x$ 的值域范围为$\left[-\frac{\pi}{2},\frac{\pi}{2}\right]$.

反正弦函数主值

$$y=\arcsin x \quad \left(\text{主值范围为}\left[-\frac{\pi}{2},\frac{\pi}{2}\right]\right)$$

反余弦函数主值

$$y=\arccos x \quad (\text{主值范围为}[0,\pi])$$

反正切函数主值

$$y=\arctan x \quad \left(\text{主值范围为}\left[-\frac{\pi}{2},\frac{\pi}{2}\right]\right)$$

反余切函数主值

$$y=\mathrm{arccot}\, x \quad (\text{主值范围为}(0,\pi))$$

反正割函数主值

$$y=\mathrm{arcsec}\, x \quad \left(\text{主值范围为}\left[0,\frac{\pi}{2}\right)\cup\left(\frac{\pi}{2},\pi\right]\right)$$

反余割函数主值

$$y=\mathrm{arccsc}\, x \quad \left(\text{主值范围为}\left[-\frac{\pi}{2},0\right)\cup\left(0,\frac{\pi}{2}\right]\right)$$

有时反三角函数的主值也记为 $y=\sin^{-1}x, y=\cos^{-1}x, y=\tan^{-1}x, y=\cot^{-1}x, y=\sec^{-1}x, y=\csc^{-1}x$,但本书不用.

(2) 反三角函数满足性质

$$\arcsin x+\arccos x=\frac{\pi}{2}$$

$$\arctan x+\operatorname{arccot} x=\frac{\pi}{2}$$

(3) 反三角函数之间的关系

$$\arcsin x=\operatorname{arccsc}\frac{1}{x}=\arccos\sqrt{1-x^2}=\arctan\frac{x}{\sqrt{1-x^2}}=\operatorname{arcsec}\frac{1}{\sqrt{1-x^2}}$$

$$\arccos x=\operatorname{arcsec}\frac{1}{x}=\arcsin\sqrt{1-x^2}=\arctan\frac{\sqrt{1-x^2}}{x}=\operatorname{arccsc}\frac{1}{\sqrt{1-x^2}}$$

$$\arctan x=\operatorname{arccot}\frac{1}{x}=\arcsin\frac{x}{\sqrt{1+x^2}}=\arccos\frac{1}{\sqrt{1+x^2}}=\operatorname{arcsec}\sqrt{1+x^2}$$

$$\operatorname{arccot} x=\arctan\frac{1}{x}=\arcsin\frac{1}{\sqrt{1+x^2}}=\arccos\frac{x}{\sqrt{1+x^2}}=\operatorname{arccsc}\sqrt{1+x^2}$$

$$\operatorname{arcsec} x=\arccos\frac{1}{x}=\arcsin\frac{\sqrt{x^2-1}}{x}=\arctan\sqrt{x^2-1}=\operatorname{arccsc}\frac{x}{\sqrt{x^2-1}}$$

$$\operatorname{arccsc} x=\arcsin\frac{1}{x}=\arccos\frac{\sqrt{x^2-1}}{x}=\arctan\frac{1}{\sqrt{x^2-1}}=\operatorname{arcsec}\frac{x}{\sqrt{x^2-1}}$$

Ⅳ.1.1.4 双曲函数和反双曲函数

1. 双曲函数

(1) 双曲函数的定义

双曲正弦函数

$$\sinh x=\frac{e^x-e^{-x}}{2}$$

双曲余弦函数

$$\cosh x=\frac{e^x+e^{-x}}{2}$$

双曲正切函数

$$\tanh x=\frac{\sinh x}{\cosh x}=\frac{e^x-e^{-x}}{e^x+e^{-x}}$$

双曲余切函数

$$\coth x=\frac{\cosh x}{\sinh x}=\frac{e^x+e^{-x}}{e^x-e^{-x}}$$

双曲正割函数

$$\operatorname{sech} x=\frac{1}{\cosh x}=\frac{2}{e^x+e^{-x}}$$

双曲余割函数

$$\operatorname{csch} x=\frac{1}{\sinh x}=\frac{2}{e^x-e^{-x}}$$

(2) 双曲函数之间的关系

$$\cosh^2 x-\sinh^2 x=1$$

$$\tanh^2 x+\operatorname{sech}^2 x=1$$

$$\coth^2 x-\operatorname{csch}^2 x=1$$

(3) 和差的双曲函数

$$\sinh(x\pm y)=\sinh x\cosh y\pm\cosh x\sinh y$$

$$\cosh(x\pm y)=\cosh x\cosh y\pm\sinh x\sinh y$$

$$\tanh(x\pm y)=\frac{\tanh x\pm\tanh y}{1\pm\tanh x\tanh y}$$

$$\coth(x\pm y)=\frac{1\pm\coth x\coth y}{\coth x\pm\coth y}$$

(4) 双曲函数的和差

$$\sinh x\pm\sinh y=2\sinh\frac{x\pm y}{2}\cosh\frac{x\mp y}{2}$$

$$\cosh x+\cosh y=2\cosh\frac{x+y}{2}\cosh\frac{x-y}{2}$$

$$\cosh x-\cosh y=2\sinh\frac{x+y}{2}\sinh\frac{x-y}{2}$$

$$\tanh x\pm\tanh y=\frac{\sinh(x\pm y)}{\cosh x\cosh y}$$

$$\coth x\pm\coth y=\pm\frac{\sinh(x\pm y)}{\sinh x\sinh y}$$

(5) 倍角公式

$$\sinh 2x=2\sinh x\cosh x=\frac{2\tanh x}{1-\tanh^2 x}$$

$$\cosh 2x=\sinh^2 x+\cosh^2 x=1+2\sinh^2 x$$

$$=2\cosh^2 x-1=\frac{1+\tanh^2 x}{1-\tanh^2 x}$$

$$\tanh 2x = \frac{2\tanh x}{1+\tanh^2 x}$$

$$\coth 2x = \frac{1+\coth^2 x}{2\coth x}$$

(6) 高次幂的双曲函数化成一次幂的倍角双曲函数

$$\sinh^2 x = \frac{1}{2}(\cosh 2x - 1)$$

$$\sinh^3 x = \frac{1}{4}(\sinh 3x - 3\sinh x)$$

$$\sinh^4 x = \frac{1}{8}(\cosh 4x - 4\cosh 2x + 3)$$

$$\cosh^2 x = \frac{1}{2}(\cosh 2x + 1)$$

$$\cosh^3 x = \frac{1}{4}(\cosh 3x + 3\cosh x)$$

$$\cosh^4 x = \frac{1}{8}(\cosh 4x + 4\cosh 2x + 3)$$

(7) 半角公式

$$\sinh\frac{x}{2} = \pm\sqrt{\frac{\cosh x - 1}{2}} \quad (x>0,\text{取正号};x<0,\text{取负号})$$

$$\cosh\frac{x}{2} = \sqrt{\frac{\cosh x + 1}{2}}$$

$$\tanh\frac{x}{2} = \sqrt{\frac{\cosh x - 1}{\cosh x + 1}} = \frac{\sinh x}{\cosh x + 1} = \frac{\cosh x - 1}{\sinh x}$$

$$\coth\frac{x}{2} = \sqrt{\frac{\cosh x + 1}{\cosh x - 1}} = \frac{\sinh x}{\cosh x - 1} = \frac{\cosh x + 1}{\sinh x}$$

(8) 双曲函数的棣莫弗(de Moivre)公式

$$(\cosh x \pm \sinh x)^n = \cosh nx \pm \sinh nx \quad (n\text{ 为正整数})$$

2. 反双曲函数

(1) 反双曲函数的定义

若 $x=\sinh y$，则 $y=\operatorname{arsinh} x$ 称为反双曲正弦函数，$x\in(-\infty,+\infty)$，$y\in(-\infty,+\infty)$.

若 $x=\cosh y$，则 $y=\operatorname{arcosh} x$ 称为反双曲余弦函数，$x\in[1,+\infty)$，$y\in[0,+\infty)$.

若 $x=\tanh y$，则 $y=\operatorname{artanh} x$ 称为反双曲正切函数，$x\in(-1,1)$，$y\in(-\infty,+\infty)$.

若 $x=\coth y$，则 $y=\mathrm{arcoth}x$ 称为反双曲余切函数，$x\in(-\infty,-1)\cup(1,+\infty)$，$y\neq0$.

若 $x=\mathrm{sech}y$，则 $y=\mathrm{arsech}x$ 称为反双曲正割函数，$x\in(0,1]$，$y\in[1,+\infty)$.

若 $x=\mathrm{csch}y$，则 $y=\mathrm{arcsch}x$ 称为反双曲余割函数，$x\neq0$，$y\neq0$.

反双曲正弦、余弦、正切、余切、正割、余割函数有时也分别记为 $\sinh^{-1}x$，$\cosh^{-1}x$，$\tanh^{-1}x$，$\coth^{-1}x$，$\mathrm{sech}^{-1}x$，$\mathrm{csch}^{-1}x$，但本书不用.

(2) 反双曲函数的相互关系

$$\mathrm{arsinh}x=\pm\mathrm{arcosh}\sqrt{x^2+1}=\mathrm{artanh}\frac{x}{\sqrt{x^2+1}}=\mathrm{arcsch}\frac{1}{x}$$

$$\mathrm{arcosh}x=\pm\mathrm{arsinh}\sqrt{x^2-1}=\pm\mathrm{artanh}\frac{\sqrt{x^2-1}}{x}=\mathrm{arsech}\frac{1}{x}$$

$$\mathrm{artanh}x=\mathrm{arsinh}\frac{x}{\sqrt{1-x^2}}=\pm\mathrm{arcosh}\frac{1}{\sqrt{1-x^2}}=\mathrm{arcoth}\frac{1}{x}$$

$$\mathrm{arcoth}x=\mathrm{arsinh}\frac{1}{\sqrt{x^2-1}}=\pm\mathrm{arcosh}\frac{x}{\sqrt{x^2-1}}=\mathrm{artanh}\frac{1}{x}$$

$$\mathrm{arsech}x=\mathrm{arsinh}\frac{\sqrt{1-x^2}}{x}=\mathrm{artanh}\sqrt{1-x^2}=\mathrm{arcosh}\frac{1}{x}$$

$$\mathrm{arcsch}x=\mathrm{arcosh}\frac{\sqrt{x^2+1}}{x}=\mathrm{artanh}\frac{1}{\sqrt{x^2+1}}=\mathrm{arsinh}\frac{1}{x}$$

在上述诸式中，当 $x>0$ 时，取正号；当 $x<0$ 时，取负号.

(3) 基本公式

$$\mathrm{arsinh}x\pm\mathrm{arsinh}y=\mathrm{arsinh}\left(x\sqrt{1+y^2}\pm y\sqrt{1+x^2}\right)$$

$$\mathrm{arcosh}x\pm\mathrm{arcosh}y=\mathrm{arcosh}\left(xy\pm\sqrt{(x^2-1)(y^2-1)}\right)$$

$$\mathrm{artanh}x\pm\mathrm{artanh}y=\mathrm{artanh}\frac{x\pm y}{1\pm xy}$$

(4) 双曲函数与三角函数的关系

$$\sinh z=-\mathrm{i}\sin\mathrm{i}z,\qquad \sin z=-\mathrm{i}\sinh\mathrm{i}z$$

$$\cosh z=\cos\mathrm{i}z,\qquad \cos z=\cosh\mathrm{i}z$$

$$\tanh z=-\mathrm{i}\tan\mathrm{i}z,\qquad \tan z=-\mathrm{i}\tanh\mathrm{i}z$$

$$\coth z=\mathrm{i}\cot\mathrm{i}z,\qquad \cot z=\mathrm{i}\coth\mathrm{i}z$$

上述诸式中，$\mathrm{i}=\sqrt{-1}$.

(5) 反双曲函数与对数函数之间的转换

$$\mathrm{arsinh}x=\ln(x+\sqrt{x^2+1})$$

$$\text{arcosh}x = \ln(x + \sqrt{x^2 - 1})$$

$$\text{artanh}x = \frac{1}{2}\ln(1 + x) - \frac{1}{2}\ln(1 - x)$$

$$\text{arcoth}x = \frac{1}{2}\ln(1 + x) - \frac{1}{2}\ln(x - 1)$$

$$\text{arsech}x = \ln\left(\frac{1}{x} + \sqrt{\frac{1}{x^2} - 1}\right)$$

$$\text{arcsch}x = \ln\left(\frac{1}{x} + \sqrt{\frac{1}{x^2} + 1}\right)$$

Ⅳ.1.2 特殊函数

Ⅳ.1.2.1 Γ 函数(第二类欧拉积分)

1. Γ 函数

(1) 定义

Γ 函数(Gamma Function)的定义为

$$\Gamma(z) = \int_0^\infty t^{z-1} e^{-t} dt \quad (\text{Re } z > 0)$$

上式的右边称为第二类欧拉积分.

(2) 围道积分

$$\frac{1}{\Gamma(z)} = \frac{1}{2\pi i}\int_{(-\infty)}^{(0_+)} t^{-z} e^t dt \quad (|\arg t| < \pi) \qquad [11]$$

其中的围道从负实轴无穷远处($t=-\infty$)出发,正向绕原点一周,再回到出发点.

(3) 无穷乘积形式

欧拉无穷乘积形式为

$$\Gamma(z) = \frac{1}{z}\prod_{n=1}^{\infty}\frac{\left(1+\frac{1}{n}\right)^z}{1+\frac{z}{n}} \quad (z \neq 0, -1, -2, \cdots, -n, \cdots) \qquad [11]$$

该式对于任何 z,除了极点 $z=-n$ 外都是成立的,因此它是普遍的 $\Gamma(z)$的定义.

魏尔斯特拉斯(Weierstrass)无穷乘积形式为

$$\frac{1}{\Gamma(z)}=z\mathrm{e}^{\gamma z}\prod_{n=1}^{\infty}\left[\left(1+\frac{z}{n}\right)\mathrm{e}^{-\frac{z}{n}}\right]$$

这里,γ 为欧拉常数.

(4) 递推公式及有关公式

$\Gamma(1+z)=z\Gamma(z)\quad(\mathrm{Re}\,z>0)$

$\Gamma(1-z)=-z\Gamma(-z)$

$\Gamma(z)\Gamma(-z)=-\dfrac{\pi}{z\sin\pi z}$ （z 为非整数）

$\Gamma(z)\Gamma(1-z)=\dfrac{\pi}{\sin\pi z}$ （z 为非整数）

$$\Gamma\left(\frac{1}{2}+z\right)\Gamma\left(\frac{1}{2}-z\right)=\frac{\pi}{\cos\pi z}$$

$$\Gamma(n+z)\Gamma(n-z)=\frac{\pi z}{\sin\pi z}[(n-1)!]^2\prod_{k=1}^{n-1}\left(1-\frac{z^2}{k^2}\right)\quad(n=1,2,3,\cdots)$$

$$\Gamma\left(n+\frac{1}{2}+z\right)\Gamma\left(n+\frac{1}{2}-z\right)=\frac{1}{\cos\pi z}\left[\Gamma\left(n+\frac{1}{2}\right)\right]^2\prod_{k=1}^{n}\left[1-\frac{4z^2}{(2k-1)^2}\right]\quad(n=1,2,3,\cdots)$$

$$\Gamma(nz)=(2\pi)^{\frac{1}{2}(1-n)}n^{nz-\frac{1}{2}}\prod_{k=1}^{n-1}\Gamma\left(z+\frac{k}{n}\right)\quad(n=1,2,3,\cdots)$$

$$\Gamma(2z)=\frac{2^{2z-1}}{\sqrt{\pi}}\Gamma(z)\Gamma\left(z+\frac{1}{2}\right)$$

$$\int_0^{\frac{\pi}{2}}\cos^{2x-1}\theta\sin^{2y-1}\theta\mathrm{d}\theta=\frac{\Gamma(x)\Gamma(y)}{2\Gamma(x+y)}\quad(x>0,y>0)$$

(5) 斯特林(Stirling)公式

$$\Gamma(z)=\sqrt{2\pi}z^{z-\frac{1}{2}}\mathrm{e}^{-z}\left[1+\frac{1}{12z}+\frac{1}{288z^2}-\frac{139}{51840z^3}-\frac{571}{2488320z^4}+\frac{163879}{209018880z^5}+\cdots\right]\quad(|\arg z|<\pi,\ |z|\to\infty)$$

(6) 特殊值

$\Gamma(n+1)=n!\quad(n=0,1,2,\cdots;\ 0!=1)$

$\Gamma(1)=1,\qquad\Gamma(2)=1,\qquad\Gamma(3)=2!,\qquad\Gamma(4)=3!$

$\Gamma\left(\dfrac{1}{2}\right)=\sqrt{\pi}=1.7724538509\cdots=\left(-\dfrac{1}{2}\right)!$ [7]

$$\Gamma\left(\frac{3}{2}\right)=\frac{\sqrt{\pi}}{2}=0.8862269254\cdots=\left(\frac{1}{2}\right)! \qquad [7]$$

$$\Gamma\left(n+\frac{1}{4}\right)=\frac{1\cdot 5\cdot 9\cdot 13\cdot\cdots\cdot(4n-3)}{4^n}\Gamma\left(\frac{1}{4}\right)\quad(n=1,2,3,\cdots)$$

$$\Gamma\left(\frac{1}{4}\right)=3.6256099082\cdots \qquad [7]$$

$$\Gamma\left(n+\frac{1}{3}\right)=\frac{1\cdot 4\cdot 7\cdot 10\cdot\cdots\cdot(3n-2)}{3^n}\Gamma\left(\frac{1}{3}\right)\quad(n=1,2,3,\cdots)$$

$$\Gamma\left(\frac{1}{3}\right)=2.6789385347\cdots \qquad [7]$$

$$\Gamma\left(n+\frac{1}{2}\right)=\frac{1\cdot 3\cdot 5\cdot 7\cdot\cdots\cdot(2n-1)}{2^n}\Gamma\left(\frac{1}{2}\right)\quad(n=1,2,3,\cdots) \qquad [7]$$

$$\Gamma\left(n+\frac{2}{3}\right)=\frac{2\cdot 5\cdot 8\cdot 11\cdot\cdots\cdot(3n-1)}{3^n}\Gamma\left(\frac{2}{3}\right)\quad(n=1,2,3,\cdots)$$

$$\Gamma\left(\frac{2}{3}\right)=1.3541179394\cdots \qquad [7]$$

$$\Gamma\left(n+\frac{3}{4}\right)=\frac{3\cdot 7\cdot 11\cdot 15\cdot\cdots\cdot(4n-1)}{4^n}\Gamma\left(\frac{3}{4}\right)\quad(n=1,2,3,\cdots)$$

$$\Gamma\left(\frac{3}{4}\right)=1.2254167024\cdots \qquad [7]$$

2. 不完全 Γ 函数

(1) 不完全 Γ 函数的定义

不完全 Γ 函数的定义为

$$\gamma(a,x)=\int_0^x \mathrm{e}^{-t}t^{a-1}\,\mathrm{d}t\quad(\mathrm{Re}\,a>0)$$

它的补余不完全 Γ 函数为

$$\Gamma(a,x)=\int_x^{\infty}\mathrm{e}^{-t}t^{a-1}\,\mathrm{d}t$$

因此有

$$\gamma(a,x)+\Gamma(a,x)=\Gamma(a)$$

不完全 Γ 函数和补余不完全 Γ 函数也可用级数表述：

$$\gamma(a,x)=x^a\sum_{n=0}^{\infty}\frac{(-1)^n x^n}{n!(n+a)}$$

$$\Gamma(a,x)=\Gamma(a)-x^a\sum_{n=0}^{\infty}\frac{(-1)^n x^n}{n!(n+a)}$$

(2) 几个有关的公式

$$\gamma(a+1,x)=a\gamma(a,x)-x^a e^{-x}$$

$$\Gamma(a+1,x)=a\Gamma(a,x)+x^a e^{-x}$$

$$\gamma(n+1,x)=n!\,[1-e^{-x}e_n(x)] \quad (n=0,1,2,\cdots)$$

$$\Gamma(n+1,x)=n!\,e^{-x}e_n(x) \quad (n=0,1,2,\cdots)$$

这里,$e_n(x)$代表 e^x 的麦克劳林级数的前$n+1$项,即

$$e_n(x)=\sum_{k=0}^{n}\frac{x^k}{k!}$$

补余不完全 Γ 函数的渐近公式为

$$\Gamma(a,x)\approx\Gamma(a)x^{a-1}e^{-x}\sum_{n=0}^{\infty}\frac{x^{-n}}{\Gamma(a-n)} \quad (\mathrm{Re}\,a>0,\ x\to\infty)$$

Ⅳ.1.2.2 B 函数(第一类欧拉积分)

1. 定义

B 函数(Beta Function)为双变量函数,译称贝塔函数,其定义为

$$B(x,y)=\int_0^1 t^{x-1}(1-t)^{y-1}\mathrm{d}t \quad (\mathrm{Re}\,x>0,\ \mathrm{Re}\,y>0)$$

上式的右边称为**第一类欧拉积分**. 如果在上式中作变量替换,可得到不同的表达式:

$$B(x,y)=\int_0^{\infty}\frac{t^{x-1}}{(1+t)^{x+y}}\mathrm{d}t \quad (\mathrm{Re}\,x>0,\ \mathrm{Re}\,y>0)$$

$$B(x,y)=2\int_0^{\frac{\pi}{2}}\cos^{2x-1}\theta\sin^{2y-1}\theta\mathrm{d}\theta \quad (\mathrm{Re}\,x>0,\ \mathrm{Re}\,y>0)$$

2. B 函数的对称特性

$$B(x,y)=B(y,x)$$

3. B 函数与 Γ 函数的关系

$$B(x,y)=\frac{\Gamma(x)\Gamma(y)}{\Gamma(x+y)}$$

Ⅳ.1.2.3 ψ 函数

1. ψ 函数的定义及其他表达式

ψ 函数(Psi Function)的定义为

$$\psi(z)=\frac{\mathrm{d}}{\mathrm{d}z}\ln\Gamma(z)=\frac{\Gamma'(z)}{\Gamma(z)}$$

ψ 函数还有两种不同的表达式:

$$\psi(z)=\int_0^{\infty}\left(\frac{\mathrm{e}^{-t}}{t}-\frac{\mathrm{e}^{-zt}}{1-\mathrm{e}^{-t}}\right)\mathrm{d}t \quad (\mathrm{Re}\ z>0)\quad (高斯积分)$$

$$\psi(z)=\int_0^{\infty}\left[\frac{\mathrm{e}^{-t}}{t}-\frac{1}{t(1+t)^z}\right]\mathrm{d}t \quad (\mathrm{Re}\ z>0)\quad (狄利克雷积分)$$

2. ψ 函数的有关公式

$$\psi(x)=-\gamma+\sum_{n=0}^{\infty}\left(\frac{1}{n+1}-\frac{1}{n+x}\right)\quad (\gamma 为欧拉常数)$$

$$\psi(x+1)=\psi(x)+\frac{1}{x}$$

$$\psi(1-x)-\psi(x)=\pi\cot\pi x$$

$$\psi(x)+\psi\left(x+\frac{1}{2}\right)-2\ln 2=2\psi(2x)$$

3. ψ 函数的特殊值

$$\psi(1)=-\gamma \quad (\gamma 为欧拉常数,以下同)$$

$$\psi\left(\frac{1}{2}\right)=-\gamma-2\ln 2$$

$$\psi(n+1)=-\gamma+\sum_{k=1}^{n}\frac{1}{k}\quad (n=1,2,3,\cdots)$$

$$\psi(x+1)=-\gamma+\sum_{n=1}^{\infty}(-1)^{n+1}\zeta(n+1)x^n$$

$$\left[-1<x<1,\zeta(n+1)=\sum_{k=1}^{\infty}\frac{1}{k^{n+1}}\right]$$

$$\psi^{(m)}(x)=\frac{\mathrm{d}^{m+1}}{\mathrm{d}x^{m+1}}[\ln\Gamma(x)]\quad (m=1,2,3,\cdots)$$

$$\psi'(1)=\frac{\pi^2}{6}=1.644934066848\cdots$$

$$\psi'\left(\frac{1}{2}\right)=\frac{\pi^2}{2}=4.9348022005\cdots$$

$$\psi'\left(\frac{1}{3}\right)=\sum_{n=0}^{\infty}\frac{1}{\left(\frac{1}{3}+n\right)^2}=10.09559712\cdots$$

$$\psi'(n)=\frac{\pi^2}{6}-\sum_{k=1}^{n-1}\frac{1}{k^2}\quad(n=1,2,3,\cdots)$$

$$\psi'(-n)=\infty\quad(n=1,2,3,\cdots)$$

$$\psi^{(n)}(x)=(-1)^{n+1}n!\sum_{k=0}^{\infty}\frac{1}{(x+k)^{n+1}}\qquad[3]$$

4. ψ 函数的渐近表达式

$$\psi(x+1)\approx\ln x+\frac{1}{2x}-\frac{1}{2}\sum_{n=1}^{\infty}\frac{B_{2n}}{n}x^{-2n}\quad(x\to\infty,B_{2n}\text{为伯努利数})$$

Ⅳ.1.2.4 误差函数 erf(x)和补余误差函数 erfc(x)

1. 误差函数(概率积分)的定义

误差函数的定义为

$$\mathrm{erf}(x)=\frac{2}{\sqrt{\pi}}\int_0^x \mathrm{e}^{-t^2}\,\mathrm{d}t=\Phi(x)$$

这里定义的误差函数 erf(x)是与概率积分 $\Phi(x)$相等的,此处的概率函数有别于以坐标原点为对称点的正态分布的概率函数.

2. 补余误差函数(补余概率积分)的定义

补余误差函数的定义为

$$\mathrm{erfc}(x)=\frac{2}{\sqrt{\pi}}\int_x^{\infty}\mathrm{e}^{-t^2}\,\mathrm{d}t$$

3. 特性与关系式

$$\mathrm{erf}(x)+\mathrm{erfc}(x)=1$$

$$\mathrm{erf}(-x)=-\mathrm{erf}(x)$$

$$\mathrm{erfc}(-x)=2-\mathrm{erfc}(x)$$

$$\mathrm{erf}(x)=\frac{2}{\sqrt{\pi}}\sum_{n=0}^{\infty}\frac{(-1)^n x^{2n+1}}{(2n+1)n!}=\frac{2}{\sqrt{\pi}}\left(x-\frac{1}{1!}\frac{x^3}{3}+\frac{1}{2!}\frac{x^5}{5}-\frac{1}{3!}\frac{x^7}{7}+\cdots\right)$$

$(-\infty<x<\infty)$

$$\mathrm{erfc}(x)\approx\frac{\mathrm{e}^{-x^2}}{x\sqrt{\pi}}\left[1+\sum_{n=1}^{\infty}(-1)^n\frac{1\cdot3\cdot\cdots\cdot(2n-1)}{(2x^2)^n}\right]\quad(x\to\infty)$$

4. 特殊值

$$\mathrm{erf}(0)=0,\qquad \mathrm{erf}(\infty)=1,\qquad \mathrm{erf}(-\infty)=-1$$

$$\mathrm{erfc}(-\infty)=2,\qquad \mathrm{erfc}(\infty)=0$$

$$\mathrm{erf}(x_0)=\mathrm{erfc}(x_0)=\frac{1}{2}\quad(\text{当 } x_0=0.476936\cdots\text{时})$$

5. 误差函数与标准正态概率函数的关系

$$\int_0^x f(t)\mathrm{d}t=\frac{1}{2}\mathrm{erf}\left(\frac{x}{\sqrt{2}}\right)\qquad[1]$$

这里，$f(t)=\frac{1}{\sqrt{2\pi}}\mathrm{e}^{-\frac{t^2}{2}}$为标准正态分布的概率密度函数.

6. 误差函数与等离子体弥散函数 w(z)的关系

$$\mathrm{w}(z)=\mathrm{e}^{-z^2}\mathrm{erfc}(-\mathrm{i}z)=\frac{1}{\pi\mathrm{i}}\int_{-\infty}^{\infty}\frac{\mathrm{e}^{-t^2}}{t-z}\mathrm{d}t=\sum_{n=0}^{\infty}\frac{(\mathrm{i}z)^n}{\Gamma\left(\frac{n}{2}+1\right)}\qquad[1]$$

7. 误差函数与道生(Dawson)积分 F(x)的关系

$$\mathrm{F}(x)=\mathrm{e}^{-x^2}\int_0^x\mathrm{e}^{t^2}\mathrm{d}t=-\frac{1}{2}\mathrm{i}\sqrt{\pi}\mathrm{e}^{-x^2}\mathrm{erf}(\mathrm{i}x)\qquad[1][8]$$

Ⅳ.1.2.5 菲涅耳(Fresnel)函数 S(z)和 C(z)

菲涅耳函数定义为

$$\mathrm{S}(z)=\int_0^z\sin\frac{\pi t^2}{2}\mathrm{d}t$$

$$\mathrm{C}(z)=\int_0^z\cos\frac{\pi t^2}{2}\mathrm{d}t$$

它们都是 z 的整函数,也可用级数表述:

$$\mathrm{S}(z)=\sum_{k=0}^{\infty}(-1)^{k}\left(\frac{\pi}{2}\right)^{2k+1}\frac{z^{4k+3}}{(2k+1)!(4k+3)}\quad(|z|<\infty)$$

$$\mathrm{C}(z)=\sum_{k=0}^{\infty}(-1)^{k}\left(\frac{\pi}{2}\right)^{2k}\frac{z^{4k+1}}{(2k)!(4k+1)}\quad(|z|<\infty)$$

Ⅳ.1.2.6 正弦积分 $\mathrm{Si}(z)$,$\mathrm{si}(z)$和余弦积分 $\mathrm{Ci}(z)$,$\mathrm{ci}(z)$

1. 正弦积分

$$\mathrm{Si}(z)=\int_0^z\frac{\sin t}{t}\mathrm{d}t=\sum_{k=0}^{\infty}(-1)^{k}\frac{z^{2k+1}}{(2k+1)!(2k+1)}\quad(|z|<\infty)$$

$$\mathrm{si}(z)=-\int_z^{\infty}\frac{\sin t}{t}\mathrm{d}t=\mathrm{Si}(z)-\frac{\pi}{2}$$

2. 余弦积分

$$\mathrm{Ci}(z)=\mathrm{ci}(z)=-\int_z^{\infty}\frac{\cos t}{t}\mathrm{d}t=\ln z+\sum_{k=1}^{\infty}(-1)^{k}\frac{z^{2k}}{(2k)!2k}+\gamma$$

($|\arg z|<\pi$,γ 为欧拉常数)

3. 双曲正弦积分与双曲余弦积分

$$\mathrm{shi}(z)=\int_0^z\frac{\sinh t}{t}\mathrm{d}t=\sum_{k=0}^{\infty}\frac{z^{2k+1}}{(2k+1)!(2k+1)}$$

$$\mathrm{chi}(z)=\int_0^z\frac{\cosh t-1}{t}\mathrm{d}t+\ln z+\gamma=\sum_{k=1}^{\infty}\frac{z^{2k}}{(2k)!2k}+\ln z+\gamma$$

(γ 为欧拉常数)

Ⅳ.1.2.7 指数积分 $\mathrm{Ei}(z)$和对数积分 $\mathrm{li}(z)$

1. 指数积分

(1) 指数积分的定义

指数积分的定义为

$$\mathrm{Ei}(z)=\int_{-\infty}^{z}\frac{\mathrm{e}^{t}}{t}\mathrm{d}t=\ln(-z)+\sum_{k=1}^{\infty}\frac{z^{k}}{k!k}+\gamma\quad(\gamma\text{ 为欧拉常数})$$

上式在除去半实轴$(0,+\infty)$的 z 平面内单值解析.

$$\begin{aligned}\overline{\mathrm{E}}\mathrm{i}(x)&=-(\mathrm{P.V.})\int_{-x}^{\infty}\frac{\mathrm{e}^{-t}}{t}\mathrm{d}t\\&=-\lim_{\varepsilon\to+0}\left(\int_{-x}^{-\varepsilon}\frac{\mathrm{e}^{-t}}{t}\mathrm{d}t+\int_{\varepsilon}^{\infty}\frac{\mathrm{e}^{-t}}{t}\mathrm{d}t\right)\quad(0<x<\infty)\end{aligned}$$

$$\mathrm{E}_n(x)=\int_{1}^{\infty}\frac{\mathrm{e}^{-xt}}{t^n}\mathrm{d}t\quad(0<x<\infty)$$

(2) 特殊值

$$\mathrm{E}_1(x)=\Gamma(0,x)\quad(x>0)$$

$$\mathrm{E}_1(x)=-\gamma-\ln x-\sum_{n=1}^{\infty}\frac{(-1)^n x^n}{n!n}\quad(x>0)$$

(3) 指数积分的渐近表达式

$$\mathrm{Ei}(x)\approx\frac{\mathrm{e}^{x}}{x}\sum_{n=0}^{\infty}\frac{n!}{x^n}\quad(x>0,\ x\to\infty)$$

$$\mathrm{E}_1(x)\approx\frac{\mathrm{e}^{-x}}{x}\sum_{n=0}^{\infty}\frac{(-1)^n n!}{x^n}\quad(x>0,\ x\to\infty)$$

2. 对数积分

对数积分的定义为

$$\mathrm{li}(z)=\int_{0}^{z}\frac{\mathrm{d}t}{\ln t}=\mathrm{Ei}(\ln z)$$

它在除去$(-\infty,0)$和$[1,\infty)$的 z 平面内单值解析.

当 z 为正实数 x 时,积分主值为

$$\begin{aligned}\overline{\mathrm{l}}\mathrm{i}(x)&=(\mathrm{P.V.})\int_{0}^{x}\frac{\mathrm{d}t}{\ln t}=\lim_{\varepsilon\to0}\left(\int_{0}^{1-\varepsilon}\frac{\mathrm{d}t}{\ln t}+\int_{1+\varepsilon}^{x}\frac{\mathrm{d}t}{\ln t}\right)\\&=\overline{\mathrm{E}}\mathrm{i}(\ln x)\quad(1<x<\infty)\end{aligned}$$

这里,$\overline{\mathrm{E}}\mathrm{i}$为指数积分.

Ⅳ.1.2.8 罗巴切夫斯基(Lobachevsky)函数 [3]

1. 罗巴切夫斯基函数 $L(x)$ 的定义

$$L(x)=-\int_{0}^{x}\ln(\cos t)\mathrm{d}t$$

2. 罗巴切夫斯基函数用级数表示

$$L(x) = x\ln 2 - \frac{1}{2}\sum_{k=1}^{\infty}(-1)^{k-1}\frac{\sin 2kx}{k^2}$$

3. 函数关系

$$L(-x) = -L(x) \quad \left(-\frac{\pi}{2} \leqslant x \leqslant \frac{\pi}{2}\right)$$
$$L(\pi - x) = \pi\ln 2 - L(x)$$
$$L(\pi + x) = \pi\ln 2 + L(x)$$
$$L(x) - L\left(\frac{\pi}{2} - x\right) = \left(x - \frac{\pi}{4}\right)\ln 2 - \frac{1}{2}L\left(\frac{\pi}{2} - 2x\right) \quad \left(0 \leqslant x < \frac{\pi}{4}\right)$$

Ⅳ.1.2.9 勒让德(Legendre)椭圆积分 $\mathrm{F}(k,\varphi)$,$\mathrm{E}(k,\varphi)$,$\Pi(h,k,\varphi)$

1. 第一类椭圆积分

$$\mathrm{F}(k,\varphi) = \int_0^{\sin\varphi}\frac{\mathrm{d}t}{\sqrt{(1-t^2)(1-k^2t^2)}} = \int_0^{\varphi}\frac{\mathrm{d}\theta}{\sqrt{1-k^2\sin^2\theta}} \quad (k^2 < 1)$$

2. 第二类椭圆积分

$$\mathrm{E}(k,\varphi) = \int_0^{\sin\varphi}\sqrt{\frac{1-k^2t^2}{1-t^2}}\,\mathrm{d}t = \int_0^{\varphi}\sqrt{1-k^2\sin^2\theta}\,\mathrm{d}\theta \quad (k^2 < 1)$$

3. 第三类椭圆积分

$$\Pi(h,k,\varphi) = \int_0^{\sin\varphi}\frac{\mathrm{d}t}{(1+ht^2)\sqrt{(1-t^2)(1-k^2t^2)}}$$
$$= \int_0^{\varphi}\frac{\mathrm{d}\theta}{(1+h\sin^2\theta)\sqrt{1-k^2\sin^2\theta}} \quad (k^2 < 1, h\text{ 为非负整数})$$

这里,k 称为这些积分的模数,$k' = \sqrt{1-k^2}$ 称为补模数,h 称为第三类椭圆积分的参数.

Ⅳ.1.2.10　完全椭圆积分 K(k)，E(k)，Π(h,k)

1. 第一类完全椭圆积分

$$\mathrm{K}=\mathrm{K}(k)=\mathrm{F}\left(k,\frac{\pi}{2}\right)=\int_0^1\frac{\mathrm{d}t}{\sqrt{(1-t^2)(1-k^2t^2)}}$$

$$=\int_0^{\frac{\pi}{2}}\frac{\mathrm{d}\theta}{\sqrt{1-k^2\sin^2\theta}}\quad(k^2<1)$$

2. 第二类完全椭圆积分

$$\mathrm{E}=\mathrm{E}(k)=\mathrm{E}\left(k,\frac{\pi}{2}\right)=\int_0^1\sqrt{\frac{1-k^2t^2}{1-t^2}}\,\mathrm{d}t$$

$$=\int_0^{\frac{\pi}{2}}\sqrt{1-k^2\sin^2\theta}\,\mathrm{d}\theta\quad(k^2<1)$$

3. 第三类完全椭圆积分

$$\Pi(h,k)=\Pi\left(h,k,\frac{\pi}{2}\right)=\int_0^1\frac{\mathrm{d}t}{(1+ht^2)\sqrt{(1-t^2)(1-k^2t^2)}}$$

$$=\int_0^{\frac{\pi}{2}}\frac{\mathrm{d}\theta}{(1+h\sin^2\theta)\sqrt{1-k^2\sin^2\theta}}\quad(k^2<1)$$

并定义

$$\mathrm{K}'(k)=\mathrm{K}(k'),\qquad \mathrm{E}'(k)=\mathrm{E}(k')$$

$$\mathrm{K}'(k')=\mathrm{K}(k),\qquad \mathrm{E}'(k')=\mathrm{E}(k)$$

第一类和第二类完全椭圆积分也可写成级数形式：

$$\mathrm{K}(k)=\frac{\pi}{2}\sum_{n=0}^{\infty}\binom{-\frac{1}{2}}{n}k^{2n}$$

$$\mathrm{E}(k)=\frac{\pi}{2}\sum_{n=0}^{\infty}\binom{\frac{1}{2}}{n}\binom{-\frac{1}{2}}{n}k^{2n}$$

Ⅳ.1.2.11 雅可比(Jacobi)椭圆函数 sn$u$,cn$u$,dn$u$

sn$u$,cn$u$,dn$u$ 分别称为椭圆正弦函数、椭圆余弦函数和椭圆德尔塔(delta)函数,其中 u 叫做辐角. 它们统称为雅可比椭圆函数,它们都是二阶椭圆函数.

函数 sn$u$ 是勒让德第一类椭圆积分的反演. 当勒让德第一类椭圆积分写成 $u=\int_0^{\varphi}\frac{\mathrm{d}\theta}{\sqrt{1-k^2\sin^2\theta}}$ 时,这个积分的反演常写为 $\varphi=\mathrm{am}u$. 定义

$$\mathrm{sn}u=\sin\varphi=\sin\mathrm{am}u$$
$$\mathrm{cn}u=\cos\varphi=\cos\mathrm{am}u$$
$$\mathrm{dn}u=\Delta\varphi=\sqrt{1-k^2\sin^2\varphi}=\sqrt{1-k^2\mathrm{sn}^2u}=\frac{\mathrm{d}\varphi}{\mathrm{d}u}$$

式中,k 称为模.

它们之间的关系是

$$\mathrm{cn}u=\sqrt{1-\mathrm{sn}^2u}$$
$$\mathrm{dn}u=\sqrt{1-k^2\mathrm{sn}^2u}$$

或者

$$\mathrm{sn}^2u+\mathrm{cn}^2u=1$$
$$\mathrm{dn}^2u+k^2\mathrm{sn}^2u=1$$

雅可比椭圆函数用幂级数展开时为

$$\mathrm{sn}u=u-\frac{1+k^2}{3!}u^3+\frac{1+14k^2+k^4}{5!}u^5-\frac{1+135k^2+135k^4+k^6}{7!}u^7+\frac{1+1228k^2+5478k^4+1228k^6+k^8}{9!}u^9-\cdots\quad(|u|<|K'|)$$

$$\mathrm{cn}u=1-\frac{1}{2!}u^2+\frac{1+4k^2}{4!}u^4-\frac{1+44k^2+16k^4}{6!}u^6+\frac{1+408k^2+912k^4+64k^6}{8!}u^8-\cdots\quad(|u|<|K'|)$$

$$\mathrm{dn}u=1-\frac{k^2}{2!}u^2+\frac{k^2(4+k^2)}{4!}u^4-\frac{k^2(16+44k^2+k^4)}{6!}u^6+\frac{k^2(64+912k^2+408k^4+k^6)}{8!}u^8-\cdots\quad(|u|<|K'|)$$

$$\mathrm{am}u=u-\frac{k^2}{3!}u^3+\frac{k^2(4+k^2)}{5!}u^5-\frac{k^2(16+44k^2+k^4)}{7!}u^7+\frac{k^2(64+912k^2+408k^4+k^6)}{9!}u^9-\cdots\quad(|u|<|K'|)$$

这里，$K' \equiv K'(k) = F\left(k', \frac{\pi}{2}\right) = K(k')$是完全椭圆积分，其中$k' = \sqrt{1-k^2}$.

Ⅳ.1.2.12 贝塞尔(Bessel)函数(柱函数)$J_\nu(z)$，$N_\nu(z)$，$H_\nu^{(1)}(z)$，$H_\nu^{(2)}(z)$，$I_\nu(z)$，$K_\nu(z)$

1. 贝塞尔方程

贝塞尔方程为

$$\frac{d^2 y}{dz^2} + \frac{1}{z}\frac{dy}{dz} + \left(1 - \frac{\nu^2}{z^2}\right) y = 0$$

其中，ν是常数，称为方程的阶或方程的解的阶，它可以是任何实数或复数.

贝塞尔方程的解为**贝塞尔函数**，或称柱函数：

$$J_{\pm\nu}(z) = \left(\frac{z}{2}\right)^{\pm\nu} \sum_{k=0}^{\infty} \frac{(-1)^k}{k!} \frac{1}{\Gamma(\pm\nu + k + 1)} \left(\frac{z}{2}\right)^{2k}$$

$$(\nu\text{为常数}, |\arg z| < \pi)$$

它们是ν阶贝塞尔方程的两个解，$J_{\pm\nu}(z)$**称为第一类贝塞尔函数**. 除ν为整数的情形外，$J_\nu(z)$和$J_{-\nu}(z)$线性无关；当ν为整数时，$J_\nu(z)$和$J_{-\nu}(z)$线性相关，此时可构造方程的另一个解，称为**诺伊曼(Neumann)函数**：

$$N_\nu(z) = \frac{J_\nu(z)\cos\nu\pi - J_{-\nu}(z)}{\sin\nu\pi}$$

$N_\nu(z)$称为**第二类贝塞尔函数**. $J_\nu(z)$和$N_\nu(z)$也是ν阶贝塞尔方程的两个线性独立解.

由$J_\nu(z)$和$N_\nu(z)$可线性组合成**汉克尔(Hankel)函数**，其定义为

$$H_\nu^{(1)}(z) = J_\nu(z) + \mathrm{i}\, N_\nu(z)$$

$$H_\nu^{(2)}(z) = J_\nu(z) - \mathrm{i}\, N_\nu(z)$$

$H_\nu^{(1)}(z)$和$H_\nu^{(2)}(z)$也是ν阶贝塞尔方程的两个线性独立解，分别叫做第一种汉克尔函数和第二种汉克尔函数，也称为**第三类贝塞尔函数**.

2. 虚自变数贝塞尔方程 [18]

方程

$$\frac{d^2 y}{dz^2} + \frac{1}{z}\frac{dy}{dz} - \left(1 + \frac{\nu^2}{z^2}\right) y = 0$$

称为**虚自变数贝塞尔方程**.

它的第一个解为**第一类虚自变数贝塞尔函数**

$$\mathrm{I}_\nu(z)=\begin{cases}\mathrm{e}^{-\mathrm{i}\frac{\nu\pi}{2}}\mathrm{J}_\nu\left(z\mathrm{e}^{\mathrm{i}\frac{\pi}{2}}\right) & \left(-\pi<\arg z\leqslant\frac{\pi}{2}\right)\\ \mathrm{e}^{\mathrm{i}\frac{3\nu\pi}{2}}\mathrm{J}_\nu\left(z\mathrm{e}^{-\mathrm{i}\frac{3\pi}{2}}\right) & \left(\frac{\pi}{2}<\arg z<\pi\right)\end{cases}$$

它的另一个线性独立解为**第二类虚自变数贝塞尔函数**

$$\mathrm{K}_\nu(z)=\frac{\pi}{2\sin\nu\pi}[\mathrm{I}_{-\nu}(z)-\mathrm{I}_\nu(z)]$$

或

$$\mathrm{K}_\nu(z)=\frac{\mathrm{i}\pi}{2}\mathrm{e}^{\mathrm{i}\frac{\nu\pi}{2}}\mathrm{H}_\nu^{(1)}\left(z\mathrm{e}^{\mathrm{i}\frac{\pi}{2}}\right)=-\mathrm{i}\,\frac{\pi}{2}\mathrm{e}^{-\mathrm{i}\frac{\nu\pi}{2}}\mathrm{H}_\nu^{(2)}\left(z\mathrm{e}^{-\mathrm{i}\frac{\pi}{2}}\right)$$

3. 贝塞尔函数的特性及有关公式

(1) 第一类贝塞尔函数 $\mathrm{J}_\nu(z)$

定义：

$$\mathrm{J}_\nu(z)=\left(\frac{z}{2}\right)^\nu\sum_{k=0}^{\infty}\frac{(-1)^k}{k!}\frac{1}{\Gamma(\nu+k+1)}\left(\frac{z}{2}\right)^{2k}$$

关系式：

$$\mathrm{J}_{-n}(z)=(-1)^n\mathrm{J}_n(z)\quad(n=0,1,2,\cdots)$$

特殊值：

$$\mathrm{J}_0(0)=1,\qquad \mathrm{J}_\nu(0)=0\quad(\nu>0)\qquad[10]$$

递推关系： [11]

$$\frac{\mathrm{d}}{\mathrm{d}z}[z^\nu\mathrm{J}_\nu(z)]=z^\nu\mathrm{J}_{\nu-1}(z)$$

$$\frac{\mathrm{d}}{\mathrm{d}z}[z^{-\nu}\mathrm{J}_\nu(z)]=-z^{-\nu}\mathrm{J}_{\nu+1}(z)$$

$$\mathrm{J}_{\nu-1}(z)+\mathrm{J}_{\nu+1}(z)=\frac{2\nu}{z}\mathrm{J}_\nu(z)$$

$$\mathrm{J}_{\nu-1}(z)-\mathrm{J}_{\nu+1}(z)=2\mathrm{J}'_\nu(z)$$

积分表达式：

$$\mathrm{J}_\nu(z)=\frac{\left(\frac{z}{2}\right)^\nu}{\sqrt{\pi}\,\Gamma\left(\nu+\frac{1}{2}\right)}\int_{-1}^{1}\mathrm{e}^{\mathrm{i}zt}(1-t^2)^{\nu-\frac{1}{2}}\mathrm{d}t\quad\left(\mathrm{Re}\,\nu>-\frac{1}{2}\right)\qquad[9]$$

$$\mathrm{J}_n(z)=\frac{1}{\pi}\int_0^\pi\cos(n\theta-z\sin\theta)\mathrm{d}\theta\quad(n=0,1,2,\cdots)\qquad[9]$$

$$\mathrm{J}_0(z)=\frac{1}{\pi}\int_0^\pi\cos(z\sin\theta)\mathrm{d}\theta=\frac{1}{\pi}\int_0^\pi\cos(z\cos\theta)\mathrm{d}\theta\qquad[7]$$

$$J_0(x)=\frac{2}{\pi}\int_0^{\infty}\sin(x\cosh t)\,dt \quad (x>0)$$ [7]

渐近公式：

$$J_\nu(x)\approx\frac{1}{\Gamma(\nu+1)}\left(\frac{x}{2}\right)^{\nu} \quad (\nu\neq -1,-2,-3,\cdots;\ x\to 0^+)$$

$$J_\nu(x)\approx\sqrt{\frac{2}{\pi x}}\cos\left[x-\left(\nu+\frac{1}{2}\right)\frac{\pi}{2}\right] \quad (x\to\infty)$$

半奇数阶函数： [2]

$$J_{\frac{1}{2}}(x)=\sqrt{\frac{2}{\pi x}}\sin x$$

$$J_{-\frac{1}{2}}(x)=\sqrt{\frac{2}{\pi x}}\cos x$$

$$J_{\frac{3}{2}}(x)=\sqrt{\frac{2}{\pi x}}\left(\frac{\sin x}{x}-\cos x\right)$$

$$J_{-\frac{3}{2}}(x)=-\sqrt{\frac{2}{\pi x}}\left(\frac{\cos x}{x}+\sin x\right)$$

$$J_{\frac{5}{2}}(x)=\sqrt{\frac{2}{\pi x}}\left[\left(\frac{3}{x^2}-1\right)\sin x-\frac{3}{x}\cos x\right]$$

$$J_{-\frac{5}{2}}(x)=\sqrt{\frac{2}{\pi x}}\left[\left(\frac{3}{x^2}-1\right)\cos x+\frac{3}{x}\sin x\right]$$

(2) 第二类贝塞尔函数[诺伊曼(Neumann)函数]$N_\nu(z)$

定义：

$$N_\nu(z)=\frac{J_\nu(z)\cos\nu\pi-J_{-\nu}(z)}{\sin\nu\pi}$$

关系式：

$$N_{-n}(z)=(-1)^n N_n(z) \quad (n=0,1,2,\cdots)$$

特殊值：

$$N_n(0)=N_0(0)=-\infty$$

递推关系：

$$\frac{d}{dz}[z^\nu N_\nu(z)]=z^\nu N_{\nu-1}(z)$$

$$\frac{d}{dz}[z^{-\nu} N_\nu(z)]=-z^{-\nu} N_{\nu+1}(z)$$

$$N_{\nu-1}(z)+N_{\nu+1}(z)=\frac{2\nu}{z}N_\nu(z)$$

$$N_{\nu-1}(z)-N_{\nu+1}(z)=2N'_\nu(z)$$

积分表达式：

$$N_\nu(x)=-\frac{2}{\pi}\int_0^\infty \cos\left(x\cosh t-\frac{\nu\pi}{2}\right)\cosh\nu t\,dt$$
$$(-1<\mathrm{Re}\,\nu<1,x>0)$$

$$N_\nu(z)=\frac{1}{\pi}\int_0^\pi \sin(z\sin\theta-\nu\theta)d\theta-\frac{1}{\pi}\int_0^\infty (e^{\nu t}+e^{-\nu t}\cos\nu\pi)e^{-z\sinh t}dt$$
$$\left(\mathrm{Re}\,z>0,\ |\arg z|<\frac{\pi}{2}\right)$$

$$N_0(z)=\frac{4}{\pi^2}\int_0^{\frac{\pi}{2}} \cos(z\cos\theta)[\ln(2z\sin^2\theta)+\gamma]d\theta$$

$$N_0(x)=-\frac{2}{\pi}\int_0^\infty \cos(x\cosh t)dt\quad (x>0)$$

近似公式：

$$N_0(x)\approx\frac{2}{\pi}\ln x\quad (x\to 0^+)$$
$$N_\nu(x)\approx-\frac{\Gamma(\nu)}{\pi}\left(\frac{2}{x}\right)^\nu\quad (\nu>0,x\to 0^+)$$
$$N_\nu(x)\approx\sqrt{\frac{2}{\pi x}}\sin\left[x-\frac{1}{2}\left(\nu+\frac{1}{2}\right)\pi\right]\quad (x\to\infty)$$

半奇数阶诺伊曼函数：

$$N_{\frac{1}{2}}(x)=-\sqrt{\frac{2}{\pi x}}\cos x$$
$$N_{-\frac{1}{2}}(x)=\sqrt{\frac{2}{\pi x}}\sin x$$
$$N_{\frac{3}{2}}(x)=-\sqrt{\frac{2}{\pi x}}\left(\frac{\cos x}{x}+\sin x\right)$$
$$N_{-\frac{3}{2}}(x)=-\sqrt{\frac{2}{\pi x}}\left(\frac{\sin x}{x}+\cos x\right)$$
$$N_{\frac{5}{2}}(x)=-\sqrt{\frac{2}{\pi x}}\left[\left(\frac{3}{x^2}-1\right)\cos x+\frac{3}{x}\sin x\right]$$
$$N_{-\frac{5}{2}}(x)=\sqrt{\frac{2}{\pi x}}\left[\left(\frac{3}{x^2}-1\right)\sin x-\frac{3}{x}\cos x\right]$$

(3) 第三类贝塞尔函数[汉克尔(Hankel)函数]$H_\nu^{(1)}(z)$和 $H_\nu^{(2)}(z)$

定义：

$$H_\nu^{(1)}(z)=J_\nu(z)+i\,N_\nu(z)$$
$$H_\nu^{(2)}(z)=J_\nu(z)-i\,N_\nu(z)$$

积分表达式：

$$H_\nu^{(1)}(x)=\frac{2}{\mathrm{i}\pi}\mathrm{e}^{-\mathrm{i}\frac{\nu\pi}{2}}\int_0^\infty \mathrm{e}^{\mathrm{i}x\cosh t}\cosh\nu t\,\mathrm{d}t \quad (-1<\mathrm{Re}\,\nu<1, x>0)$$

$$H_\nu^{(2)}(x)=-\frac{2}{\mathrm{i}\pi}\mathrm{e}^{\mathrm{i}\frac{\nu\pi}{2}}\int_0^\infty \mathrm{e}^{-\mathrm{i}x\cosh t}\cosh\nu t\,\mathrm{d}t \quad (-1<\mathrm{Re}\,\nu<1, x>0)$$

$$H_\nu^{(1)}(z)=-\frac{2^{\nu+1}\mathrm{i}z^\nu}{\Gamma\left(\nu+\frac{1}{2}\right)\Gamma\left(\frac{1}{2}\right)}\int_0^{\frac{\pi}{2}}\frac{\cos^{\nu-\frac{1}{2}}t\cdot \mathrm{e}^{\mathrm{i}\left(z-\nu t+\frac{t}{2}\right)}}{\sin^{2\nu+1}t}\exp(-2z\cot t)\,\mathrm{d}t$$

$$\left(\mathrm{Re}\,\nu>-\frac{1}{2}, \mathrm{Re}\,z>0\right)$$

$$H_\nu^{(2)}(z)=-\frac{2^{\nu+1}\mathrm{i}z^\nu}{\Gamma\left(\nu+\frac{1}{2}\right)\Gamma\left(\frac{1}{2}\right)}\int_0^{\frac{\pi}{2}}\frac{\cos^{\nu-\frac{1}{2}}t\cdot \mathrm{e}^{-\mathrm{i}\left(z-\nu t+\frac{t}{2}\right)}}{\sin^{2\nu+1}t}\exp(-2z\cot t)\,\mathrm{d}t$$

$$\left(\mathrm{Re}\,\nu>-\frac{1}{2}, \mathrm{Re}\,z>0\right)$$

$$H_0^{(1)}(x)=-\frac{\mathrm{i}}{\pi}\int_{-\infty}^{\infty}\frac{\exp\left(\mathrm{i}\sqrt{x^2+t^2}\right)}{\sqrt{x^2+t^2}}\mathrm{d}t \quad (x>0)$$

(4) 第一类修正贝塞尔函数 $I_\nu(z)$

定义：

$$I_\nu(z)=\sum_{k=0}^{\infty}\frac{1}{k!\,\Gamma(k+\nu+1)}\left(\frac{z}{2}\right)^{\nu+2k} \quad (|z|<\infty, |\arg z|<\pi) \text{ [9][18]}$$

$$I_\nu(z)=\begin{cases}\mathrm{e}^{-\mathrm{i}\frac{\nu\pi}{2}}J_\nu\left(z\mathrm{e}^{\mathrm{i}\frac{\pi}{2}}\right) & \left(-\pi<\arg z\leqslant\frac{\pi}{2}\right)\\ \mathrm{e}^{\mathrm{i}\frac{3\nu\pi}{2}}J_\nu\left(z\mathrm{e}^{-\mathrm{i}\frac{3\pi}{2}}\right) & \left(\frac{\pi}{2}<\arg z<\pi\right)\end{cases} \quad \text{[11][18]}$$

积分表达式：

$$I_\nu(z)=\frac{\left(\frac{z}{2}\right)^\nu}{\sqrt{\pi}\,\Gamma\left(\nu+\frac{1}{2}\right)}\int_{-1}^{1}\mathrm{e}^{-zt}(1-t^2)^{\nu-\frac{1}{2}}\mathrm{d}t \quad \left(\mathrm{Re}\,\nu>-\frac{1}{2}\right)$$

$$=\frac{\left(\frac{z}{2}\right)^\nu}{\sqrt{\pi}\,\Gamma\left(\nu+\frac{1}{2}\right)}\int_0^\pi\cosh(z\cos\theta)\sin^{2\nu}\theta\,\mathrm{d}\theta \quad \left(\mathrm{Re}\,\nu>-\frac{1}{2}\right) \quad \text{[9]}$$

$$I_\nu(z)=\frac{1}{\pi}\int_0^\pi \mathrm{e}^{z\cos\theta}\cos\nu\theta\,\mathrm{d}\theta-\frac{\sin\nu\pi}{\pi}\int_0^\infty \mathrm{e}^{-z\cosh t-\nu t}\,\mathrm{d}t$$

$$\left(\text{Re}\,\nu > 0,\ |\arg z| \leqslant \frac{\pi}{2}\right)$$

关系式：

$$I_{-n}(z) = I_n(z) \quad (n = 0,1,2,\cdots)$$

特殊值：

$$I_0(0) = 1, \qquad I_\nu(0) = 0 \quad (\nu > 0)$$

递推公式：

$$\left(\frac{\mathrm{d}}{z\mathrm{d}z}\right)^m [z^\nu I_\nu(z)] = z^{\nu-m} I_{\nu-m}(z) \quad (m = 0,1,2,\cdots)$$

$$\left(\frac{\mathrm{d}}{z\mathrm{d}z}\right)^m [z^{-\nu} I_\nu(z)] = z^{-\nu-m} I_{\nu+m}(z) \quad (m = 0,1,2,\cdots)$$

$$I_{\nu-1}(z) + I_{\nu+1}(z) = 2I'_\nu(z)$$

$$I_{\nu-1}(z) - I_{\nu+1}(z) = \frac{2\nu}{z} I_\nu(z)$$

近似值：

$$I_\nu(x) \approx \frac{1}{\Gamma(\nu+1)}\left(\frac{x}{2}\right)^\nu \quad (\nu > 0, x \to 0^+)$$

$$I_\nu(x) \approx \frac{e^x}{\sqrt{2\pi x}} \quad (x \to \infty)$$

半奇数阶函数： [2]

$$I_{\frac{1}{2}}(x) = \sqrt{\frac{2}{\pi x}} \sinh x$$

$$I_{-\frac{1}{2}}(x) = \sqrt{\frac{2}{\pi x}} \cosh x$$

$$I_{\frac{3}{2}} = -\sqrt{\frac{2}{\pi x}}\left(\frac{\sinh x}{x} - \cosh x\right)$$

$$I_{-\frac{3}{2}}(x) = -\sqrt{\frac{2}{\pi x}}\left(\frac{\cosh x}{x} - \sinh x\right)$$

$$I_{\frac{5}{2}}(x) = \sqrt{\frac{2}{\pi x}}\left[\left(\frac{3}{x^2} + 1\right)\sinh x - \frac{3}{x}\cosh x\right]$$

$$I_{-\frac{5}{2}}(x) = \sqrt{\frac{2}{\pi x}}\left[\left(\frac{3}{x^2} + 1\right)\cosh x - \frac{3}{x}\sinh x\right]$$

(5) 第二类修正贝塞尔函数 $K_\nu(z)$

定义：

$$K_\nu(z) = \frac{\pi}{2}\,\frac{I_{-\nu}(z) - I_\nu(z)}{\sin \nu\pi}$$

与汉克尔函数的关系： [7]

$$K_\nu(z)=\frac{i\pi}{2}e^{i\frac{\nu\pi}{2}}H_\nu^{(1)}(ze^{i\frac{\pi}{2}})\quad\left(-\pi<\arg z<\frac{\pi}{2}\right)$$

$$K_\nu(z)=-\frac{i\pi}{2}e^{-i\frac{\nu\pi}{2}}H_\nu^{(2)}(ze^{i\frac{\pi}{2}})\quad\left(-\frac{\pi}{2}<\arg z<\pi\right)$$

级数展开：

$$K_0(z)=-I_0(z)\left(\ln\frac{z}{2}+\gamma\right)+\sum_{k=0}^{\infty}\frac{1}{(k!)^2}\left(\frac{z}{2}\right)^{2k}\left(1+\frac{1}{2}+\cdots+\frac{1}{k}\right)$$

$$K_n(z)=(-1)^{n+1}I_n(z)\left(\ln\frac{z}{2}+\gamma\right)+\frac{1}{2}\sum_{k=0}^{n-1}\frac{(-1)^k(n-k-1)!}{k!}\left(\frac{z}{2}\right)^{2k-n}$$

$$+\frac{1}{2}\sum_{k=0}^{\infty}\frac{(-1)^n}{k!(k+n)!}\left(\frac{z}{2}\right)^{2k+n}[\psi(k+n+1)+\psi(k+1)]$$

$(n=1,2,3,\cdots)$

积分表达式：

$$K_\nu(z)=\int_0^\infty e^{-z\cosh t}\cosh\nu t\,dt\quad\left(|\arg z|<\frac{\pi}{2}\right)$$ [18]

$$K_\nu(z)=\frac{\sqrt{\pi}\left(\frac{z}{2}\right)^\nu}{\Gamma\left(\nu+\frac{1}{2}\right)}\int_1^\infty e^{-zt}(t^2-1)^{\nu-\frac{1}{2}}dt\quad\left(\operatorname{Re}\nu>-\frac{1}{2},\ |\arg z|<\frac{\pi}{2}\right)$$

$$K_n(z)=\frac{(2n)!}{2^n n!z^n}\int_0^\infty\frac{\cos(z\sinh t)}{\cosh^{2n}t}dt\quad(\operatorname{Re}z>0,n\text{ 为整数})$$

$$K_\nu(x)=\frac{1}{\cos\frac{\nu\pi}{2}}\int_0^\infty\cos(x\sinh t)\cosh\nu t\,dt\quad(x>0,-1<\operatorname{Re}\nu<1)$$ [9]

关系式：

$$K_{-\nu}(z)=K_\nu(z)$$

递推公式：

$$\frac{d}{dz}[z^\nu K_\nu(z)]=-z^\nu K_{\nu-1}(z)$$

$$\frac{d}{dz}[z^{-\nu}K_\nu(z)]=-z^{-\nu}K_{\nu+1}(z)$$

$$K_{\nu-1}(z)+K_{\nu+1}(z)=-2K_\nu'(z)$$

$$K_{\nu-1}(z)-K_{\nu+1}(z)=-\frac{2\nu}{z}K_\nu'(z)$$

近似公式：

$$K_0(x)\approx-\ln x\quad(x\to0^+)$$

$$K_\nu(x) \approx \frac{\Gamma(\nu)}{2}\left(\frac{2}{x}\right)^\nu \quad (\nu > 0, x \to 0^+)$$

$$K_\nu(x) \approx \sqrt{\frac{\pi}{2x}} e^{-x} \quad (x \to \infty)$$ [10]

半奇数阶函数： [9]

$$K_{\frac{1}{2}}(x) = K_{-\frac{1}{2}}(x) = e^{-x}\sqrt{\frac{\pi}{2x}}$$

$$K_{\frac{3}{2}}(x) = K_{-\frac{3}{2}}(x) = e^{-x}\sqrt{\frac{\pi}{2x}}\left(\frac{1}{x}+1\right)$$

$$K_{\frac{5}{2}}(x) = K_{-\frac{5}{2}}(x) = e^{-x}\sqrt{\frac{\pi}{2x}}\left(\frac{2}{x^2}+\frac{2}{x}+1\right)$$

Ⅳ.1.2.13 艾里(Airy)函数 $A_i(x)$，$B_i(x)$和艾里积分

艾里方程

$$z'' - xz = 0$$

的解可用艾里积分表示．艾里方程有两个独立解

$$A_i(x) = \frac{1}{\pi}\int_0^\infty \cos\left(\frac{1}{3}t^3 + xt\right) dt$$

$$B_i(x) = \frac{1}{\pi}\int_0^\infty \left[\sin\left(\frac{1}{3}t^3 + xt\right) + e^{xt - \frac{1}{3}t^3}\right] dt$$

$A_i(x)$和$B_i(x)$称为**艾里函数**，其中积分$\int_0^\infty \cos\left(\frac{1}{3}t^3 \pm xt\right) dt$或$\int_0^\infty \cos(t^3 \pm xt) dt$称为**艾里积分**，表达式分别为

$$\int_0^\infty \cos(t^3 - xt) dt = \frac{\pi}{3}\sqrt{\frac{x}{3}}\left[J_{-\frac{1}{3}}\left(\frac{2x\sqrt{x}}{3\sqrt{3}}\right) + J_{\frac{1}{3}}\left(\frac{2x\sqrt{x}}{3\sqrt{3}}\right)\right]$$

$$\int_0^\infty \cos(t^3 + xt) dt = \frac{\pi}{3}\sqrt{\frac{x}{3}}\left[I_{-\frac{1}{3}}\left(\frac{2x\sqrt{x}}{3\sqrt{3}}\right) - I_{\frac{1}{3}}\left(\frac{2x\sqrt{x}}{3\sqrt{3}}\right)\right]$$

$$= \frac{\sqrt{x}}{3} K_{\frac{1}{3}}\left(\frac{2x\sqrt{x}}{3\sqrt{3}}\right)$$

或

$$K_{\frac{1}{3}}\left(\frac{2x\sqrt{x}}{3\sqrt{3}}\right) = \frac{3}{\sqrt{x}}\int_0^\infty \cos(t^3 + xt) dt$$

Ⅳ.1.2.14 斯特鲁维(Struve)函数 $\mathbf{H}_\nu(z)$和 $\mathbf{L}_\nu(z)$

1. 定义

$$\mathbf{H}_\nu(z)=\sum_{m=0}^{\infty}(-1)^m\frac{\left(\frac{z}{2}\right)^{2m+\nu+1}}{\Gamma\left(m+\frac{3}{2}\right)\Gamma\left(\nu+m+\frac{3}{2}\right)}$$

$$\mathbf{L}_\nu(z)=-\mathrm{i}\mathrm{e}^{-\mathrm{i}\frac{\nu\pi}{2}}\mathbf{H}_\nu(z\mathrm{e}^{\mathrm{i}\frac{\pi}{2}})=\sum_{m=0}^{\infty}\frac{\left(\frac{z}{2}\right)^{2m+\nu+1}}{\Gamma\left(m+\frac{3}{2}\right)\Gamma\left(\nu+m+\frac{3}{2}\right)}$$

2. 积分表达式

$$\mathbf{H}_\nu(z)=\frac{2\left(\frac{z}{2}\right)^\nu}{\sqrt{\pi}\Gamma\left(\nu+\frac{1}{2}\right)}\int_0^1(1-t^2)^{\nu-\frac{1}{2}}\sin zt\,\mathrm{d}t$$

$$=\frac{2\left(\frac{z}{2}\right)^\nu}{\sqrt{\pi}\Gamma\left(\nu+\frac{1}{2}\right)}\int_0^{\frac{\pi}{2}}\sin(z\cos\varphi)(\sin\varphi)^{2\nu}\mathrm{d}\varphi\quad\left(\mathrm{Re}\,\nu>-\frac{1}{2}\right)$$

$$\mathbf{L}_\nu(z)=\frac{2\left(\frac{z}{2}\right)^\nu}{\sqrt{\pi}\Gamma\left(\nu+\frac{1}{2}\right)}\int_0^{\frac{\pi}{2}}\sinh(z\cos\varphi)(\sin\varphi)^{2\nu}\mathrm{d}\varphi\quad\left(\mathrm{Re}\,\nu>-\frac{1}{2}\right)$$

3. 函数关系

$$\mathbf{H}_\nu(z\mathrm{e}^{\mathrm{i}m\pi})=\mathrm{e}^{\mathrm{i}m(\nu+1)\pi}\mathbf{H}_\nu(z)\quad(m=1,2,3,\cdots)$$

$$\frac{\mathrm{d}}{\mathrm{d}z}[z^\nu\mathbf{H}_\nu(z)]=z^\nu\mathbf{H}_{\nu-1}(z)$$

$$\frac{\mathrm{d}}{\mathrm{d}z}[z^{-\nu}\mathbf{H}_\nu(z)]=\frac{1}{2^\nu\sqrt{\pi}\Gamma\left(\nu+\frac{3}{2}\right)}-z^{-\nu}\mathbf{H}_{\nu+1}(z)$$

$$\mathbf{H}_{\nu-1}(z)+\mathbf{H}_{\nu+1}(z)=\frac{2\nu}{z}\mathbf{H}_\nu(z)+\frac{\left(\frac{z}{2}\right)^\nu}{\sqrt{\pi}\Gamma\left(\nu+\frac{3}{2}\right)}$$

$$\mathbf{H}_{\nu-1}(z)-\mathbf{H}_{\nu+1}(z)=2\mathbf{H}'_\nu(z)-\frac{\left(\frac{z}{2}\right)^\nu}{\sqrt{\pi}\Gamma\left(\nu+\frac{3}{2}\right)}$$

4. 斯特鲁维函数满足的微分方程

$$z^2y''+zy'+(z^2-\nu^2)y=\frac{1}{\sqrt{\pi}}\frac{4\left(\frac{z}{2}\right)^{\nu+1}}{\Gamma\left(\nu+\frac{1}{2}\right)}$$

Ⅳ.1.2.15 汤姆森(Thomson)函数 $\mathrm{ber}_\nu(z)$,$\mathrm{bei}_\nu(z)$,$\mathrm{her}_\nu(z)$,$\mathrm{hei}_\nu(z)$,$\mathrm{ker}_\nu(z)$,$\mathrm{kei}_\nu(z)$

汤姆森函数实际上是自变数的辐角为$\pm\frac{\pi}{4}$或$\pm\frac{3\pi}{4}$的贝塞尔函数,亦称开尔文(Kelvin)函数.

1. 定义 [11]

汤姆森函数包括$\mathrm{ber}_\nu(z)$,$\mathrm{bei}_\nu(z)$,$\mathrm{ker}_\nu(z)$,$\mathrm{kei}_\nu(z)$,$\mathrm{her}_\nu(z)$,$\mathrm{hei}_\nu(z)$,它们分别定义为

$$\mathrm{ber}_\nu(z)\pm\mathrm{i}\,\mathrm{bei}_\nu(z)=\mathrm{J}_\nu\left(z\mathrm{e}^{\pm\mathrm{i}\frac{3\pi}{4}}\right)$$

$$\mathrm{ker}_\nu(z)\pm\mathrm{i}\,\mathrm{kei}_\nu(z)=\mathrm{e}^{\mp\mathrm{i}\frac{\nu\pi}{2}}\mathrm{K}_\nu\left(z\mathrm{e}^{\pm\mathrm{i}\frac{\pi}{4}}\right)$$

$$\mathrm{her}_\nu(z)+\mathrm{i}\,\mathrm{hei}_\nu(z)=\mathrm{H}_\nu^{(1)}\left(z\mathrm{e}^{\mathrm{i}\frac{3\pi}{4}}\right)$$

$$\mathrm{her}_\nu(z)-\mathrm{i}\,\mathrm{hei}_\nu(z)=\mathrm{H}_\nu^{(2)}\left(z\mathrm{e}^{-\mathrm{i}\frac{3\pi}{4}}\right)$$

2. 关系式 [3]

$$\mathrm{ber}(z)\equiv\mathrm{ber}_0(z)$$
$$\mathrm{bei}(z)\equiv\mathrm{bei}_0(z)$$

$$\mathrm{ker}(z)\equiv-\frac{\pi}{2}\mathrm{hei}_0(z)$$

$$\mathrm{kei}(z)\equiv\frac{\pi}{2}\mathrm{her}_0(z)$$

$$\mathrm{ker}_\nu(z)=-\frac{\pi}{2}\mathrm{hei}_\nu(z)$$

$$\mathrm{kei}_\nu(z)=\frac{\pi}{2}\mathrm{her}_\nu(z)$$

[11]

3. 级数表述

[3]

$$\mathrm{ber}(z)=\sum_{k=0}^{\infty}\frac{(-1)^k}{[(2k)!]^2}\left(\frac{z}{2}\right)^{4k}$$

$$\mathrm{bei}(z)=\sum_{k=0}^{\infty}\frac{(-1)^k}{[(2k+1)!]^2}\left(\frac{z}{2}\right)^{4k+2}$$

$$\mathrm{ker}(z)=\left(\ln\frac{2}{z}-\gamma\right)\mathrm{ber}(z)+\frac{\pi}{4}\mathrm{bei}(z)+\sum_{k=1}^{\infty}\frac{(-1)^k}{[(2k)!]^2}\left(\frac{z}{2}\right)^{4k}\sum_{m=1}^{2k}\frac{1}{m}$$

$$\mathrm{kei}(z)=\left(\ln\frac{2}{z}-\gamma\right)\mathrm{bei}(z)-\frac{\pi}{4}\mathrm{ber}(z)+\sum_{k=1}^{\infty}\frac{(-1)^k}{[(2k+1)!]^2}\left(\frac{z}{2}\right)^{4k+2}\sum_{m=1}^{2k+1}\frac{1}{m}$$

当自变数为实数 x 时，$\mathrm{ber}(x)$和 $\mathrm{bei}(x)$都是实函数，它们的级数表达式分别为

$$\mathrm{ber}(x)=1-\frac{1}{(2!)^2}\left(\frac{x}{2}\right)^4+\frac{1}{(4!)^2}\left(\frac{x}{2}\right)^8-\cdots$$

$$\mathrm{bei}(x)=\frac{1}{(1!)^2}\left(\frac{x}{2}\right)^2-\frac{1}{(3!)^2}\left(\frac{x}{2}\right)^6+\frac{1}{(5!)}\left(\frac{x}{2}\right)^{10}-\cdots$$

[11]

Ⅳ.1.2.16 洛默尔(Lommel)函数 $s_{\mu,\nu}(z)$和 $S_{\mu,\nu}(z)$

1. 定义

$$s_{\mu,\nu}(z)=\sum_{m=0}^{\infty}\frac{(-1)^m z^{\mu+2m+1}}{[(\mu+1)^2-\nu^2][(\mu+3)^2-\nu^2]\cdots[(\mu+2m+1)^2-\nu^2]}$$

$$= z^{\mu-1}\sum_{m=0}^{\infty}\frac{(-1)^m\left(\frac{z}{2}\right)^{2m+2}\Gamma\left(\frac{\mu}{2}-\frac{\nu}{2}+\frac{1}{2}\right)\Gamma\left(\frac{\mu}{2}+\frac{\nu}{2}+\frac{1}{2}\right)}{\Gamma\left(\frac{\mu}{2}-\frac{\nu}{2}+m+\frac{3}{2}\right)\Gamma\left(\frac{\mu}{2}+\frac{\nu}{2}+m+\frac{3}{2}\right)}$$

（$\mu\pm\nu$ 不能是负奇整数）

$$\mathrm{S}_{\mu,\nu}(z)=\mathrm{s}_{\mu,\nu}(z)+2^{\mu-1}\Gamma\left(\frac{\mu}{2}-\frac{\nu}{2}+\frac{1}{2}\right)\Gamma\left(\frac{\mu}{2}+\frac{\nu}{2}+\frac{1}{2}\right)\cdot\frac{\cos\frac{(\mu-\nu)\pi}{2}\mathrm{J}_{-\nu}(z)-\cos\frac{(\mu+\nu)\pi}{2}\mathrm{J}_{\nu}(z)}{\sin\nu\pi}$$

（$\mu\pm\nu$ 是正奇整数，ν 不是整数）

$$=\mathrm{s}_{\mu,\nu}(z)+2^{\mu-1}\Gamma\left(\frac{\mu}{2}-\frac{\nu}{2}+\frac{1}{2}\right)\Gamma\left(\frac{\mu}{2}+\frac{\nu}{2}+\frac{1}{2}\right)\cdot\left[\sin\frac{(\mu-\nu)\pi}{2}\mathrm{J}_{\nu}(z)-\cos\frac{(\mu-\nu)\pi}{2}\mathrm{N}_{\nu}(z)\right]$$

（$\mu\pm\nu$ 是正奇整数，ν 为整数）

2. 积分表达式

$$\mathrm{s}_{\mu,\nu}(z)=\frac{\pi}{2}\left[\mathrm{N}_{\nu}(z)\int_0^z z^{\mu}\mathrm{J}_{\nu}(z)\mathrm{d}z-\mathrm{J}_{\nu}(z)\int_0^z z^{\mu}\mathrm{N}_{\nu}(z)\mathrm{d}z\right]$$

3. 洛默尔函数满足的微分方程

$$z^2w''+zw'+(z^2-\nu^2)w=z^{\mu+1}$$

Ⅳ.1.2.17　安格尔(Anger)函数 $\mathbf{J}_{\nu}(z)$ 和韦伯(Weber)函数 $\mathbf{E}_{\nu}(z)$

1. 安格尔函数 $\mathbf{J}_{\nu}(z)$ 的定义

$$\mathbf{J}_{\nu}(z)=\frac{1}{\pi}\int_0^{\pi}\cos(\nu\theta-z\sin\theta)\mathrm{d}\theta$$

2. 韦伯函数 $\mathbf{E}_{\nu}(z)$ 的定义

$$\mathbf{E}_{\nu}(z)=\frac{1}{\pi}\int_0^{\pi}\sin(\nu\theta-z\sin\theta)\mathrm{d}\theta$$

3. 级数表述

$$\mathbf{J}_\nu(z)=\cos\frac{\nu\pi}{2}\sum_{n=0}^{\infty}\frac{(-1)^n\left(\frac{z}{2}\right)^{2n}}{\Gamma\left(n+1+\frac{\nu}{2}\right)\Gamma\left(n+1-\frac{\nu}{2}\right)}$$

$$+\sin\frac{\nu\pi}{2}\sum_{n=0}^{\infty}\frac{(-1)^n\left(\frac{z}{2}\right)^{2n+1}}{\Gamma\left(n+\frac{3}{2}+\frac{\nu}{2}\right)\Gamma\left(n+\frac{3}{2}-\frac{\nu}{2}\right)}$$

$$\mathbf{E}_\nu(z)=\sin\frac{\nu\pi}{2}\sum_{n=0}^{\infty}\frac{(-1)^n\left(\frac{z}{2}\right)^{2n}}{\Gamma\left(n+1+\frac{\nu}{2}\right)\Gamma\left(n+1-\frac{\nu}{2}\right)}$$

$$-\cos\frac{\nu\pi}{2}\sum_{n=0}^{\infty}\frac{(-1)^n\left(\frac{z}{2}\right)^{2n+1}}{\Gamma\left(n+\frac{3}{2}+\frac{\nu}{2}\right)\Gamma\left(n+\frac{3}{2}-\frac{\nu}{2}\right)}$$

4. 递推关系

$$2\mathbf{J}'_\nu(z)=\mathbf{J}_{\nu-1}(z)-\mathbf{J}_{\nu+1}(z)$$

$$2\mathbf{E}'_\nu(z)=\mathbf{E}_{\nu-1}(z)-\mathbf{E}_{\nu+1}(z)$$

$$\mathbf{J}_{\nu-1}(z)+\mathbf{J}_{\nu+1}(z)=\frac{2\nu}{z}\mathbf{J}_\nu(z)-\frac{2}{\pi z}\sin\nu\pi$$

$$\mathbf{E}_{\nu-1}(z)+\mathbf{E}_{\nu+1}(z)=\frac{2\nu}{z}\mathbf{E}_\nu(z)-\frac{2}{\pi z}(1-\cos\nu\pi)$$

5. 安格尔函数 $\mathbf{J}_\nu(z)$ 和韦伯函数 $\mathbf{E}_\nu(z)$ 满足的微分方程

$$y''+\frac{y'}{z}+\left(1-\frac{\nu^2}{z^2}\right)y=f(\nu,z)$$

对于 $\mathbf{J}_\nu(z)$

$$f(\nu,z)=\frac{z-\nu}{\pi z^2}\sin\nu\pi$$

而对于 $\mathbf{E}_\nu(z)$

$$f(\nu,z)=-\frac{1}{\pi z^2}[z+\nu+(z-\nu)\cos\nu\pi]$$

Ⅳ.1.2.18　诺伊曼(Neumann)多项式 $O_n(z)$

1. 定义

$$O_n(z)=\frac{1}{4}\sum_{m=0}^{\left[\frac{n}{2}\right]}\frac{n(n-m-1)!}{m!}\left(\frac{z}{2}\right)^{2m-n-1}\quad(n\geqslant 1)$$

2. 积分表述

$$O_n(z)=\int_0^{\infty}\frac{(u+\sqrt{u^2+z^2})^n+(u-\sqrt{u^2+z^2})^n}{2z^{n+1}}e^{-u}du$$

3. 关系式

$$O_{-n}(z)=(-1)^n O_n(z)\quad(n\geqslant 1)$$

$$O_0(z)=\frac{1}{z}$$

$$O_1(z)=\frac{1}{z^2}$$

$$O_2(z)=\frac{1}{z}+\frac{4}{z^3}$$

4. 诺伊曼多项式满足的微分方程

$$z^2\frac{d^2y}{dz^2}+3z\frac{dy}{dz}+(z^2+1-n^2)y=z\cos^2\frac{n\pi}{2}+n\sin^2\frac{n\pi}{2}$$

Ⅳ.1.2.19　施拉夫利(Schläfli)多项式 $S_n(z)$

1. 定义

$$S_n(z)=\frac{1}{n}\left[2zO_n(z)-2\cos^2\frac{n\pi}{2}\right]\quad(n\geqslant 1)$$

$$=\sum_{m=0}^{\left[\frac{n}{2}\right]}\frac{(n-m-1)!}{m!}\left(\frac{z}{2}\right)^{2m-n}\quad(n\geqslant 1)$$

2. 函数关系

$$\mathrm{S}_0(z)=0$$
$$\mathrm{S}_{-n}(z)=(-1)^{n+1}\mathrm{S}_n(z)$$
$$\mathrm{S}_{n-1}(z)+\mathrm{S}_{n+1}(z)=4\mathrm{O}_n(z)$$

Ⅳ.1.2.20 球贝塞尔函数 $\mathrm{j}_l(z),\mathrm{n}_l(z),\mathrm{h}_l^{(1)}(z),\mathrm{h}_l^{(2)}(z)$

球贝塞尔方程

$$\frac{\mathrm{d}^2y}{\mathrm{d}z^2}+\frac{2}{z}\frac{\mathrm{d}y}{\mathrm{d}z}+\left[1-\frac{l(l+1)}{z^2}\right]y=0$$

的解为球贝塞尔函数.

若令 $y(z)=z^{-\frac{1}{2}}\nu$,则 $\nu(z)$ 满足 $l+\frac{1}{2}$ 阶贝塞尔方程

$$\frac{\mathrm{d}^2\nu}{\mathrm{d}z^2}+\frac{1}{z}\frac{\mathrm{d}\nu}{\mathrm{d}z}+\left[1-\frac{\left(l+\frac{1}{2}\right)^2}{z^2}\right]\nu=0$$

因此球贝塞尔函数可用 $l+\frac{1}{2}$ 阶贝塞尔函数表达. 常用小写字母表示**球贝塞尔函数**:

$$\mathrm{j}_l(z)=\sqrt{\frac{\pi}{2z}}\mathrm{J}_{l+\frac{1}{2}}(z)$$
$$\mathrm{n}_l(z)=\sqrt{\frac{\pi}{2z}}\mathrm{N}_{l+\frac{1}{2}}(z)$$
$$\mathrm{h}_l^{(1)}(z)=\sqrt{\frac{\pi}{2z}}\mathrm{H}_{l+\frac{1}{2}}^{(1)}(z)$$
$$\mathrm{h}_l^{(2)}(z)=\sqrt{\frac{\pi}{2z}}\mathrm{H}_{l+\frac{1}{2}}^{(2)}(z)$$

Ⅳ.1.2.21 勒让德(Legendre)函数(球函数)$\mathrm{P}_n(x)$和 $\mathrm{Q}_n(x)$

勒让德方程

$$(1-x^2)\frac{\mathrm{d}^2y}{\mathrm{d}x^2}-2x\frac{\mathrm{d}y}{\mathrm{d}x}+\nu(\nu+1)y=0 \qquad [11]$$

的解为勒让德函数. 方程中的 ν 和 x 可以是任何复数,该方程称为 ν 次勒让德

方程.

1. ν 为 0 或正整数

当 ν 为 0 或正整数时,勒让德方程成为

$$(1-x^2)\frac{d^2y}{dx^2}-2x\frac{dy}{dx}+n(n+1)y=0\quad(n=0,1,2,\cdots)$$

它的一个解是多项式,该多项式记做 $P_n(x)$.

(1) 勒让德多项式 $P_n(x)$

$$\begin{aligned}P_n(x)&=\frac{(2n)!}{2^n(n!)^2}\left[x^n-\frac{n(n-1)}{2(2n-1)}x^{n-2}+\frac{n(n-1)(n-2)(n-3)}{2\cdot4(2n-1)(2n-3)}x^{n-4}-\cdots\right]\\&=\sum_{k=0}^{\left[\frac{n}{2}\right]}\frac{(-1)^k(2n-2k)!x^{n-2k}}{2^nk!(n-k)!(n-2k)!}\\&=\frac{(2n)!}{2^n(n!)^2}x^n\mathrm{F}\left(-\frac{n}{2},\frac{1-n}{2};\frac{1}{2}-n;x^{-2}\right)\end{aligned}$$

$P_n(x)$称为**第一类勒让德函数**.

勒让德多项式也可用微商形式的罗德里格斯(Rodrigues)公式表示,即

$$P_n(x)=\frac{1}{2^nn!}\frac{d^n}{dx^n}[(x^2-1)^n]$$

(2) 第一类勒让德函数的积分表述

$$P_n(x)=\frac{1}{2\pi i}\int_C\frac{(t^2-1)^n}{2^n(t-x)^{n+1}}dt$$

这个公式叫做施拉夫利(Schläfli)公式,其中,C 是 t 平面上绕 $t=x$ 点的围道,n 为整数.

勒让德函数也可表示为定积分:

$$P_n(x)=\frac{1}{2\pi}\int_{-\pi}^{\pi}(x+\sqrt{x^2-1}\cos\varphi)^nd\varphi=\frac{1}{\pi}\int_0^{\pi}(x+\sqrt{x^2-1}\cos\varphi)^nd\varphi$$

这是 $P_n(x)$的拉普拉斯第一积分表示;或者

$$P_n(x)=\frac{1}{\pi}\int_0^{\pi}\frac{d\varphi}{(x+\sqrt{x^2-1}\cos\varphi)^{n+1}}$$

该式是拉普拉斯第二积分.

(3) $P_n(x)$的递推关系式

$$P_1(x)-xP_0(x)=0$$

$$(n+1)P_{n+1}(x)-(2n+1)xP_n(x)+nP_{n-1}(x)=0\quad(n=1,2,3,\cdots)$$

$$P'_{n+1}(x)-P'_{n-1}(x)=(2n+1)P_n(x)\quad(n=1,2,3,\cdots)$$

(4) 前几个勒让德多项式 $P_n(x)$

$$P_0(x) = 1$$

$$P_1(x) = x$$

$$P_2(x) = \frac{1}{2}(3x^2 - 1)$$

$$P_3(x) = \frac{1}{2}(5x^3 - 3x)$$

$$P_4(x) = \frac{1}{8}(35x^4 - 30x^2 + 3)$$

$$P_5(x) = \frac{1}{8}(63x^5 - 70x^3 + 15x)$$

$$P_6(x) = \frac{1}{16}(231x^6 - 315x^4 + 105x^2 - 5)$$

$$P_7(x) = \frac{1}{16}(429x^7 - 693x^5 + 315x^3 - 35x)$$

(5) 勒让德多项式的正交性

$$\int_{-1}^{1} P_n(x)P_k(x)\,dx = 0 \quad (k \neq n)$$

$$\int_{-1}^{1} [P_n(x)]^2\,dx = \frac{2}{2n+1}$$

2. ν 为正整数

当 ν 为正整数时，可求得勒让德方程

$$(1 - x^2)y'' - 2xy' + n(n+1)y = 0$$

的第二个解

$$Q_n(x) = P_n(x)\int_x^{\infty} \frac{dx}{(x^2 - 1)[P_n(x)]^2} \quad (|x| > 1) \qquad [11]$$

$Q_n(x)$称为**第二类勒让德函数**．把 $P_n(x)$代入上式的右方，可得到用级数表示的第二类勒让德函数：

$$Q_n(x) = \frac{2^n(n!)^2}{(2n+1)!}x^{-n-1}\left[1 + \frac{(n+1)(n+2)}{2(2n+3)}x^{-2} + \cdots\right] \quad (|x| > 1)$$

(1) 第二类勒让德函数 $Q_n(x)$

$$Q_n(x) = \frac{2^n(n!)^2}{(2n+1)!}x^{-n-1}\left[1 + \frac{(n+1)(n+2)}{2(2n+3)}x^{-2} + \cdots\right] \quad (|x| > 1)$$

$$= \frac{2^n(n!)^2}{(2n+1)!}x^{-n-1}F\left(\frac{n+1}{2}, \frac{n+2}{2}; n + \frac{3}{2}; x^{-2}\right)$$

或

$$Q_n(x)=\frac{1}{2}P_n(x)\ln\frac{1+x}{1-x}-\sum_{k=0}^{\left[\frac{n-1}{2}\right]}\frac{2n-4k-1}{(2k+1)(n-k)}P_{n-2k-1}(x)$$

$(|x|<1,\ n=1,2,3,\cdots)$

(2) $Q_n(x)$的递推关系式

$$Q_1(x)-xQ_0(x)+1=0$$

$$(n+1)Q_{n+1}(x)-(2n+1)xQ_n(x)+nQ_{n-1}(x)=0$$

$(n=1,2,3,\cdots)$

$$Q'_{n+1}(x)-Q'_{n-1}(x)=(2n+1)Q_n(x)\quad(n=1,2,3,\cdots)$$

Ⅳ.1.2.22 连带勒让德函数 $P_n^m(x)$和 $Q_n^m(x)$

1. 第一类连带勒让德函数 $P_n^m(x)$

连带勒让德方程

$$(1-x^2)\frac{d^2y}{dx^2}-2x\frac{dy}{dx}+\left[n(n+1)-\frac{m^2}{1-x^2}\right]y=0 \qquad [11]$$

的解为连带勒让德函数. 在 $n=0,1,2,\cdots$和 m 为任何整数时,连带勒让德函数为

$$P_n^m(x)=(1-x^2)^{\frac{m}{2}}\frac{d^m}{dx^m}[P_n(x)]\quad(-1\leqslant x\leqslant 1,\ n\geqslant m\geqslant 0)$$

$P_n^m(x)$称为 m 阶 n 次的**第一类连带勒让德函数**. 它满足关系式

$$P_n^0(x)=P_n(x)\quad[P_n(x)\text{是勒让德函数}]$$

$$P_n^{-m}(x)=(-1)^m\frac{(n-m)!}{(n+m)!}P_n^m(x)$$

2. 第二类连带勒让德函数 $Q_n^m(x)$

连带勒让德方程的另一个解为

$$Q_n^m(x)=(1-x^2)^{\frac{m}{2}}\frac{d^m}{dx^m}[Q_n(x)]\quad(-1\leqslant x\leqslant 1)$$

$Q_n^m(x)$称为 m 阶 n 次的**第二类连带勒让德函数**.

3. 递推关系

$$(2n+1)xP_n^m(x)=(n+m)P_{n-1}^m(x)+(n-m+1)P_{n+1}^m(x)$$

$$(2n+1)(1-x^2)^{\frac{1}{2}}P_n^m(x)=P_{n-1}^{m+1}(x)-P_{n+1}^{m+1}(x)$$

$$(2n+1)(1-x^2)^{\frac{1}{2}}P_n^m(x)=(n-m+2)(n-m+1)P_{n+1}^{m-1}(x)$$

$$-(n+m)(n+m-1)\mathrm{P}_{n-1}^{m-1}(x)$$

$$(2n+1)(1-x^2)\frac{\mathrm{dP}_n^m(x)}{\mathrm{d}x}=(n+1)(n+m)\mathrm{P}_{n-1}^m(x)$$

$$-n(n-m+1)\mathrm{P}_{n+1}^m(x)$$

$\mathrm{Q}_n^m(x)$的递推关系与$\mathrm{P}_n^m(x)$相似.

4. 连带勒让德函数的正交性

$$\int_{-1}^{1}\mathrm{P}_n^m(x)\mathrm{P}_k^m(x)\mathrm{d}x=0\quad(k\neq n)$$

$$\int_{-1}^{1}[\mathrm{P}_n^m(x)]^2\mathrm{d}x=\frac{2(n+m)!}{(2n+1)(n-m)!}$$

5. 普遍的连带勒让德函数 $\mathrm{P}_\nu^\mu(z)$和 $\mathrm{Q}_\nu^\mu(z)$

普遍的连带勒让德方程为

$$(1-z^2)\frac{\mathrm{d}^2u}{\mathrm{d}z^2}-2z\frac{\mathrm{d}u}{\mathrm{d}z}+\left[\nu(\nu+1)-\frac{\mu^2}{1-z^2}\right]u=0 \qquad [11]$$

其中,μ,ν,z可以是任何复数. 它的普遍解$\mathrm{P}_\nu^\mu(z)$和$\mathrm{Q}_\nu^\mu(z)$为

$$\mathrm{P}_\nu^\mu(z)=\frac{\mathrm{e}^{-\mathrm{i}\nu\pi}}{4\pi\sin\nu\pi}\frac{\Gamma(\nu+\mu+1)}{\Gamma(\nu+1)}(z^2-1)^{\frac{\mu}{2}}$$

$$\cdot\int_M^{(z+,1+,z-,1-)}\frac{1}{2^\nu}(t^2-1)^\nu(t-z)^{-\nu-\mu-1}\mathrm{d}t$$

$(\nu+\mu$不为负整数)

$$\mathrm{Q}_\nu^\mu(z)=\frac{\mathrm{e}^{-\mathrm{i}(\nu+1)\pi}}{4\mathrm{i}\sin\nu\pi}\frac{\Gamma(\nu+\mu+1)}{\Gamma(\nu+1)}(z^2-1)^{\frac{\mu}{2}}$$

$$\cdot\int_M^{(-1+,1-)}\frac{1}{2^\nu}(t^2-1)^\nu(t-z)^{-\nu-\mu-1}\mathrm{d}t$$

上两式中的积分为围道积分,其积分路线请参看文献[11].

普遍的连带勒让德函数用超几何函数表示时为

$$\mathrm{P}_\nu^\mu(z)=\frac{1}{\Gamma(1-\mu)}\left(\frac{z+1}{z-1}\right)^{\frac{\mu}{2}}\mathrm{F}\left(-\nu,\nu+1;1-\mu;\frac{1-z}{2}\right)$$

$[|\arg(z\pm1)|<\pi,\ \mu,\nu$可取任何值]

$$\mathrm{Q}_\nu^\mu(z)=\frac{\mathrm{e}^{\mathrm{i}\mu\pi}}{2^{\nu+1}}\frac{\Gamma(\nu+\mu+1)\Gamma\left(\frac{1}{2}\right)}{\Gamma\left(\nu+\frac{3}{2}\right)}(z^2-1)^{\frac{\mu}{2}}z^{-\nu-\mu-1}$$

$$\cdot\mathrm{F}\left(\frac{\nu+\mu+1}{2},\frac{\nu+\mu+2}{2};\nu+\frac{3}{2};z^{-2}\right)$$

$$[|\arg(z\pm1)|<\pi,\ |\arg z|<\pi,\ \mu,\nu \text{可取任何值}]$$

Ⅳ.1.2.23 球谐函数 $Y_{lm}(\theta,\varphi)$

在球坐标系中用分离变量法解拉普拉斯方程时得到方程

$$\frac{1}{\sin\theta}\frac{\partial}{\partial\theta}\left(\sin\theta\frac{\partial S}{\partial\theta}\right)+\frac{1}{\sin^2\theta}\frac{\partial^2 S}{\partial\varphi^2}+l(l+1)S=0 \qquad [11]$$

这是球面方程,在 $0\leqslant\varphi\leqslant2\pi,0\leqslant\theta\leqslant\pi$ 中的有界(对 θ)周期(对 φ)解有 $2l+1$ 个:

$$P_l^m(\cos\theta)e^{im\varphi}\quad(m=0,\pm1,\pm2,\cdots,\pm l)$$

在应用中常取

$$Y_{lm}(\theta,\varphi)=\sqrt{\frac{2l+1}{4\pi}\frac{(l-m)!}{(l+m)!}}P_l^m(\cos\theta)e^{im\varphi}\quad(m=0,\pm1,\pm2,\cdots,\pm l)$$

为方程的有界周期解,叫做球面谐函数,也简称为球谐函数.

Ⅳ.1.2.24 埃尔米特(Hermite)多项式 $H_n(x)$

1. 定义

埃尔米特方程

$$\frac{d^2y}{dx^2}-2x\frac{dy}{dx}+2ny=0$$

的解为**埃尔米特多项式**

$$H_n(x)=\sum_{k=0}^{\left[\frac{n}{2}\right]}\frac{(-1)^k n!}{k!(n-2k)!}(2x)^{n-2k}\quad(n=0,1,2,\cdots)$$

2. 递推公式

$$H_{2n+1}(x)=2xH_n(x)-2nH_{n-1}(x)$$

$$\frac{dH_n(x)}{dx}=2nH_{n-1}(x)$$

3. 特殊值 [3]

$$H_0(x)=1$$

$$H_1(x)=2x$$

$$\mathrm{H}_2(x) = 4x^2 - 2$$
$$\mathrm{H}_3(x) = 8x^3 - 12x$$
$$\mathrm{H}_4(x) = 16x^4 - 48x^2 + 12$$
$$\mathrm{H}_{2n}(0) = (-1)^n 2^n (2n-1)!!$$
$$\mathrm{H}_{2n+1}(0) = 0$$

4. 埃尔米特多项式的正交性

$$\int_{-\infty}^{\infty} \mathrm{e}^{-x^2} \mathrm{H}_n(x)\mathrm{H}_k(x)\mathrm{d}x = 0 \quad (k \neq n)$$
$$\int_{-\infty}^{\infty} \mathrm{e}^{-x^2} [\mathrm{H}_n(x)]^2 \mathrm{d}x = 2^n n! \sqrt{\pi}$$

Ⅳ.1.2.25 拉盖尔(Laguerre)多项式 $\mathrm{L}_n(x)$

1. 定义

拉盖尔方程

$$x \frac{\mathrm{d}^2 y}{\mathrm{d}x^2} + (1-x) \frac{\mathrm{d}y}{\mathrm{d}x} + ny = 0$$

的多项式解为**拉盖尔多项式**

$$\mathrm{L}_n(x) = \sum_{k=0}^{n} \frac{(-1)^k n! x^k}{(k!)^2 (n-k)!} \qquad [10]$$

2. 递推公式

$$(n+1)\mathrm{L}_{n+1}(x) + (x-1-2n)\mathrm{L}_n(x) + n\mathrm{L}_{n-1}(x) = 0$$
$$\mathrm{L}_n'(x) = \mathrm{L}_{n-1}'(x) - \mathrm{L}_{n-1}(x)$$

3. 特殊值 [9]

$$\mathrm{L}_0(x) = 1$$
$$\mathrm{L}_1(x) = -x + 1$$
$$\mathrm{L}_2(x) = x^2 - 4x + 2$$
$$\mathrm{L}_3(x) = -x^3 + 9x^2 - 18x + 6$$
$$\mathrm{L}_4(x) = x^4 - 16x^3 + 72x^2 - 96x + 24$$

4. 拉盖尔多项式的正交性

$$\int_0^{\infty} \mathrm{e}^{-x} \mathrm{L}_n(x) \mathrm{L}_k(x) \mathrm{d}x = 0 \quad (k \neq n)$$

$$\int_0^{\infty} \mathrm{e}^{-x} [\mathrm{L}_n(x)]^2 \mathrm{d}x = 1$$

Ⅳ.1.2.26 连带拉盖尔多项式 $\mathrm{L}_n^{(m)}(x)$

1. 定义

连带拉盖尔方程

$$x \frac{\mathrm{d}^2 y}{\mathrm{d}x^2} + (m+1-x) \frac{\mathrm{d}y}{\mathrm{d}x} + ny = 0$$

的本征函数是**连带拉盖尔多项式**

$$\mathrm{L}_n^{(m)}(x) = \sum_{k=0}^{n} \frac{(-1)^k (m+n)! x^k}{(n-k)!(m+k)!k!} \quad (m = 0,1,2,\cdots)$$

它与拉盖尔多项式的关系为

$$\mathrm{L}_n^{(m)}(x) = (-1)^m \frac{\mathrm{d}^m}{\mathrm{d}x^m} [\mathrm{L}_{n+m}(x)] \quad (m = 1,2,3,\cdots)$$

2. 递推关系

$$\mathrm{L}_{n-1}^{(m)}(x) + \mathrm{L}_n^{(m-1)}(x) - \mathrm{L}_n^{(m)}(x) = 0$$

$$\frac{\mathrm{d}}{\mathrm{d}x} [\mathrm{L}_n^{(m)}(x)] = -\mathrm{L}_{n-1}^{(m+1)}(x)$$

3. 连带拉盖尔函数的正交性

$$\int_0^{\infty} \mathrm{e}^{-x} x^m \mathrm{L}_n^{(m)}(x) \mathrm{L}_k^{(m)}(x) \mathrm{d}x = 0 \quad (k \neq n)$$

$$\int_0^{\infty} \mathrm{e}^{-x} x^m [\mathrm{L}_n^{(m)}(x)]^2 \mathrm{d}x = \frac{\Gamma(n+m+1)}{n!}$$

Ⅳ.1.2.27 雅可比(Jacobi)多项式 $P_n^{(\alpha,\beta)}(x)$ [3]

1. 定义

雅可比多项式定义为

$$P_n^{(\alpha,\beta)}(x)=\frac{(-1)^n}{2^n n!}(1-x)^{-\alpha}(1+x)^{-\beta}\frac{d^n}{dx^n}[(1-x)^{\alpha+n}(1+x)^{\beta+n}]$$
$$=\frac{1}{2^n}\sum_{m=0}^{n}\binom{n+\alpha}{m}\binom{n+\beta}{n-m}(x-1)^{n-m}(x+1)^m$$

2. 函数关系

$$P_n^{(\alpha,\beta)}(-x)=(-1)^n P_n^{(\beta,\alpha)}(x)$$
$$(1-x)P_n^{(\alpha+1,\beta)}(x)+(1+x)P_n^{(\alpha,\beta+1)}(x)=2P_n^{(\alpha,\beta)}(x)$$
$$P_n^{(\alpha,\beta-1)}(x)-P_n^{(\alpha-1,\beta)}(x)=P_{n-1}^{(\alpha,\beta)}(x)$$

3. 与其他函数的关系

$$P_n^{(\alpha,\beta)}(x)=(-1)^n\frac{\Gamma(n+1+\beta)}{n!\Gamma(1+\beta)}F\left(n+\alpha+\beta+1,-n;1+\beta;\frac{1+x}{2}\right)$$
$$T_n(x)=\frac{2^{2n}(n!)^2}{(2n)!}P_n^{\left(-\frac{1}{2},-\frac{1}{2}\right)}(x)$$
$$C_n^{\nu}(x)=\frac{\Gamma(n+2\nu)\Gamma\left(\nu+\frac{1}{2}\right)}{\Gamma(2\nu)\Gamma\left(n+\nu+\frac{1}{2}\right)}P_n^{\left(\nu-\frac{1}{2},\nu-\frac{1}{2}\right)}(x)$$
$$P_n(x)=P_n^{(0,0)}(x)$$

此式表明,当 $\alpha=\beta=0$ 时,雅可比多项式就是勒让德多项式 $P_n(x)$.

[这里,$T_n(x)$是切比雪夫多项式,$C_n^{\nu}(x)$是盖根鲍尔多项式].

4. 雅可比多项式满足的微分方程(超几何方程)

$$(1-x^2)y''+[\beta-\alpha-(\alpha+\beta+2)x]y'+n(n+\alpha+\beta+1)y=0$$

Ⅳ.1.2.28 切比雪夫(Chebyshev)多项式 $\mathrm{T}_n(x)$和 $\mathrm{U}_n(x)$

1. 定义

第一类切比雪夫方程

$$(1-x^2)\frac{\mathrm{d}^2y}{\mathrm{d}x^2}-x\frac{\mathrm{d}y}{\mathrm{d}x}+n^2y=0 \qquad [10]$$

的解为**第一类切比雪夫多项式**

$$\mathrm{T}_n(x)=\frac{n}{2}\sum_{k=0}^{\left[\frac{n}{2}\right]}(-1)^k\frac{(n-k-1)!}{k!(n-2k)!}(2x)^{n-2k} \quad (n=1,2,3,\cdots)$$

第二类切比雪夫方程

$$(1-x^2)\frac{\mathrm{d}^2y}{\mathrm{d}x^2}-3x\frac{\mathrm{d}y}{\mathrm{d}x}+n(n+2)y=0$$

的解为**第二类切比雪夫多项式**

$$\mathrm{U}_n(x)=\sum_{k=0}^{\left[\frac{n}{2}\right]}(-1)^k\frac{(n-k)!}{k!(n-2k)!}(2x)^{n-2k} \quad (n=1,2,3,\cdots)$$

2. 递推公式与有关公式

$$\mathrm{T}_{n+1}(x)=2x\mathrm{T}_n(x)-\mathrm{T}_{n-1}(x)$$

$$\mathrm{U}_{n+1}(x)=2x\mathrm{U}_n(x)-\mathrm{U}_{n-1}(x)$$

$$(1-x^2)\mathrm{T}'_n(x)=n[\mathrm{T}_{n-1}(x)-x\mathrm{T}_n(x)]$$

$$(1-x^2)\mathrm{U}'_n(x)=(n+1)\mathrm{U}_{n-1}(x)-nx\mathrm{U}_n(x)$$

$$\mathrm{T}_n(x)=\mathrm{U}_n(x)-x\mathrm{U}_{n-1}(x)$$

$$(1-x^2)\mathrm{U}_n(x)=x\mathrm{T}_n(x)-\mathrm{T}_{n+1}(x)$$

3. 特别情况

$\mathrm{T}_0(x)=1$，　　$\mathrm{U}_0(x)=1$

$\mathrm{T}_1(x)=x$，　　$\mathrm{U}_1(x)=2x$

$\mathrm{T}_2(x)=2x^2-1$，　　$\mathrm{U}_2(x)=4x^2-1$

$\mathrm{T}_3(x)=4x^3-3x$，　　$\mathrm{U}_3(x)=8x^3-4x$

$\mathrm{T}_4(x)=8x^4-8x^2+1$，　　$\mathrm{U}_4(x)=16x^4-12x^2+1$

$\mathrm{T}_5(x)=16x^5-20x^3+5x$，　　$\mathrm{U}_5(x)=32x^5-32x^3+6x$

4. 切比雪夫多项式的正交性

$$\int_{-1}^{1}(1-x^2)^{-\frac{1}{2}}\mathrm{T}_n(x)\mathrm{T}_k(x)\mathrm{d}x=0\quad(k\neq n)$$

$$\int_{-1}^{1}(1-x^2)^{\frac{1}{2}}\mathrm{U}_n(x)\mathrm{U}_k(x)\mathrm{d}x=0\quad(k\neq n)$$

$$\int_{-1}^{1}(1-x^2)^{-\frac{1}{2}}[\mathrm{T}_n(x)]^2\mathrm{d}x=\begin{cases}\pi & (n=0)\\ \dfrac{\pi}{2} & (n\geqslant 1)\end{cases}$$

$$\int_{-1}^{1}(1-x^2)^{\frac{1}{2}}[\mathrm{U}_n(x)]^2\mathrm{d}x=\frac{\pi}{2}$$

Ⅳ.1.2.29 盖根鲍尔(Gegenbauer)多项式 $\mathrm{C}_n^\lambda(x)$

1. 定义

盖根鲍尔方程

$$\frac{\mathrm{d}^2y}{\mathrm{d}x^2}+\frac{(2\lambda+1)x}{x^2-1}\frac{\mathrm{d}y}{\mathrm{d}x}-\frac{n(2\lambda+n)}{x^2-1}y=0$$

的解为盖根鲍尔多项式

$$\mathrm{C}_n^\lambda(x)=(-1)^n\sum_{k=0}^{\left[\frac{n}{2}\right]}\binom{-\lambda}{n-k}\binom{n-k}{k}(2x)^{n-2k}\qquad[10]$$

2. 盖根鲍尔多项式的母函数

$$(1-2xt+t^2)^{-\lambda}=\sum_{n=0}^{\infty}\mathrm{C}_n^\lambda(x)t^n$$

3. 递推公式与有关公式

$$(n+1)\mathrm{C}_{n+1}^\lambda(x)=2(\lambda+n)x\mathrm{C}_n^\lambda(x)-(2\lambda+n-1)\mathrm{C}_{n-1}^\lambda(x)$$

$$\frac{\mathrm{d}^m}{\mathrm{d}x^m}[\mathrm{C}_n^\lambda(x)]=2^m\frac{\Gamma(\lambda+m)}{\Gamma(\lambda)}\mathrm{C}_{n-m}^{\lambda+m}(x)$$

$$\frac{\mathrm{d}}{\mathrm{d}x}[\mathrm{C}_n^\lambda(x)]=2\lambda\mathrm{C}_{n-1}^{\lambda+1}(x)$$

$$\mathrm{C}_n^{\frac{1}{2}}(x)=\mathrm{P}_n(x)$$

$$\mathrm{C}_n^\lambda(-x)=(-1)^n\mathrm{C}_n^\lambda(x)$$

4. 特别情况

$$C_0^{\lambda} \equiv 1$$
$$C_1^{\lambda}(x) = 2\lambda x$$
$$C_2^{\lambda}(x) = 2\lambda(1+\lambda)x^2 - \lambda$$
$$C_n^{\frac{1}{2}}(x) = P_n(x) \quad [P_n(x)\text{ 为勒让德多项式}]$$
$$C_n^0 = \frac{2}{n}T_n(x) \quad [T_n(x)\text{ 为切比雪夫多项式}]$$
$$C_n^1(x) = U_n(x) \quad [U_n(x)\text{ 为切比雪夫多项式}]$$

5. 盖根鲍尔多项式的正交性

$$\int_{-1}^{1}(1-x^2)^{\lambda-\frac{1}{2}}C_n^{\lambda}(x)C_k^{\lambda}(x)\,dx = 0 \quad (k \neq n)$$
$$\int_{-1}^{1}(1-x^2)^{\lambda-\frac{1}{2}}[C_n^{\lambda}(x)]^2\,dx = \frac{2^{1-2\lambda}\pi\Gamma(n+2\lambda)}{(n+\lambda)[\Gamma(\lambda)]^2 n!}$$

Ⅳ.1.2.30 超几何函数 $F(a,b;c;x)$ 或 ${}_2F_1(a,b;c;x)$

1. 定义

超几何方程

$$x(1-x)\frac{d^2y}{dx^2} + [c-(1+a+b)x]\frac{dy}{dx} - aby = 0 \qquad [10]$$

的解为超几何函数(**Hypergeometric Function**)

$$F(a,b;c;x) = \sum_{n=0}^{\infty}\frac{(a)_n(b)_n}{(c)_n}\frac{x^n}{n!} \quad (|x|<1,\ c\neq 0,-1,-2,\cdots)$$

通常用符号

$${}_2F_1(a,b;c;x) \equiv F(a,b;c;x)$$

来标记. 这里,${}_2F_1$ 左、右两边的脚标 2 和 1 分别是在它的级数中分子和分母的参数的个数. 在这个级数中,分子有 2 个参数,分母有 1 个参数.

式中的$(a)_n$,$(b)_n$,$(c)_n$ 都可表示为

$$(s)_n = s(s+1)\cdots(s+n-1) = \frac{\Gamma(s+n)}{\Gamma(s)} \quad (n \geqslant 1)$$
$$(s)_0 = 1$$
$$(s)_1 = s$$

这里，s 代表 a,b,c 中的任何一个.

2. 有关公式

$$F(a,b;c;x)=F(b,a;c;x)$$

$$\frac{d^k}{dx^k}F(a,b;c;x)=\frac{(a)_k(b)_k}{(c)_k}F(a+k,b+k;c+k;x)\quad(k=1,2,3,\cdots)$$

$$F(a,b;c;x)=\frac{\Gamma(c)}{\Gamma(b)\Gamma(c-b)}\int_0^1 t^{b-1}(1-t)^{c-b-1}(1-xt)^{-a}dt\quad(c>b>0)$$

$$F(a,b;c;1)=\frac{\Gamma(c)\Gamma(c-a-b)}{\Gamma(c-a)\Gamma(c-b)}\quad(c-a-b>0)$$

3. 广义超几何函数

定义

$$_pF_q(a_1,a_2,\cdots,a_p;c_1,c_2,\cdots,c_q;x)=\sum_{n=0}^{\infty}\frac{(a_1)_n(a_2)_n\cdots(a_p)_n}{(c_1)_n(c_2)_n\cdots(c_q)_n}\frac{x^n}{n!}$$

这里，p 和 q 都是正整数，而且 $c_k(k=1,2,\cdots,q)$ 不为 0 或负整数. 当 $p\leqslant q$ 时，对任何 x 值，该级数都是收敛的；当 $p=q+1$ 时，对于 $|x|<1$ 的情况，该级数也是收敛的；而当 $p>q+1$ 时，对除 $x=0$ 外的任何 x 值，该级数都是发散的. 广义超几何函数也包括超几何函数 $_2F_1$ 和合流超几何函数 $_1F_1$ 两种特殊情况.

Ⅳ.1.2.31　双变量超几何函数 $F(\alpha,\beta;\gamma;x,y)$

$$F_1(\alpha,\beta,\beta';\gamma;x,y)=\sum_{m=0}^{\infty}\sum_{n=0}^{\infty}\frac{(\alpha)_{m+n}(\beta)_m(\beta')_n}{(\gamma)_{m+n}m!n!}x^m y^n$$

（收敛区域为 $|x|<1,\ |y|<1$）

$$F_2(\alpha,\beta,\beta';\gamma,\gamma';x,y)=\sum_{m=0}^{\infty}\sum_{n=0}^{\infty}\frac{(\alpha)_{m+n}(\beta)_m(\beta')_n}{(\gamma)_m(\gamma')_n m!n!}x^m y^n$$

（收敛区域为 $|x|+|y|<1$）

$$F_3(\alpha,\alpha',\beta,\beta';\gamma;x,y)=\sum_{m=0}^{\infty}\sum_{n=0}^{\infty}\frac{(\alpha)_m(\alpha')_n(\beta)_m(\beta')_n}{(\gamma)_{m+n}m!n!}x^m y^n$$

（收敛区域为 $|x|<1,\ |y|<1$）

$$F_4(\alpha,\beta;\gamma,\gamma';x,y)=\sum_{m=0}^{\infty}\sum_{n=0}^{\infty}\frac{(\alpha)_{m+n}(\beta)_{m+n}}{(\gamma)_m(\gamma')_n m!n!}x^m y^n$$

（收敛区域为 $|\sqrt{x}|+|\sqrt{y}|<1$）

双变量超几何函数 F_1, F_2, F_3 和 F_4 满足的偏微分方程可参看参考书目[3].

Ⅳ.1.2.32 合流超几何函数 $M(a;c;x)$ 或 ${}_1F_1(a;c;x)$

1. 定义

合流超几何方程

$$x\frac{d^2y}{dx^2}+(c-x)\frac{dy}{dx}-ay=0$$

又叫**库末(Kummer)方程**,它的一个解为

$$M(a;c;x)=\sum_{n=0}^{\infty}\frac{(a)_n}{(c)_n}\frac{x^n}{n!}\quad(-\infty<x<\infty)\qquad[10]$$

$M(a;c;x)$称为**合流超几何函数(Confluent Hypergeometric Function)**.

2. 有关公式

$$M(a;c;x)=e^xM(c-a;c;-x)$$

$$\frac{d^k}{dx^k}M(a;c;x)=\frac{(a)_k}{(c)_k}M(a+k;c+k;x)\quad(k=1,2,3,\cdots)$$

$$M(a;c;x)=\frac{\Gamma(c)}{\Gamma(a)\Gamma(c-a)}\int_0^1 e^{xt}t^{a-1}(1-t)^{c-a-1}dt\quad(c>a>0)$$

$$M(a;c;x)\approx 1\quad(x\to 0)$$

$$M(a;c;x)\approx\frac{\Gamma(c)}{\Gamma(a)}x^{a-c}e^x\sum_{n=0}^{\infty}\frac{(1-a)_n(c-a)_n}{n!x^n}\quad(x\to\infty)$$

合流超几何函数 $M(a;c;x)$也记为${}_1F_1(a;c;x)$. [8]

3. 函数 $\Phi(\alpha,\gamma;z)$和 $\Psi(\alpha,\gamma;z)$ [3]

函数

$$\Phi(\alpha,\gamma;z)=1+\frac{\alpha}{\gamma}\frac{z}{1!}+\frac{\alpha(\alpha+1)z^2}{\gamma(\gamma+1)2!}+\frac{\alpha(\alpha+1)(\alpha+2)z^3}{\gamma(\gamma+1)(\gamma+2)}\frac{z^3}{3!}+\cdots$$

也称合流超几何函数,因而有

$$\Phi(\alpha,\gamma;z)={}_1F_1(\alpha;\gamma;z)$$

函数

$$\Psi(\alpha,\gamma;z)=\frac{\Gamma(1-\gamma)}{\Gamma(\alpha-\gamma+1)}\Phi(\alpha,\gamma;z)+\frac{\Gamma(\gamma-1)}{\Gamma(\alpha)}z^{1-\gamma}\Phi(\alpha-\gamma+1,2-\gamma;z)$$

也是合流超几何函数.

$\Phi(\alpha,\gamma;z)$和$\Psi(\alpha,\gamma;z)$是合流超几何方程

$$z\frac{\mathrm{d}^2F}{\mathrm{d}z^2}+(\gamma-z)\frac{\mathrm{d}F}{\mathrm{d}z}-\alpha F=0$$

的两个线性独立解.

Ⅳ.1.2.33 惠特克(Whittaker)函数 $\mathrm{M}_{\lambda,\mu}(z)$和 $\mathrm{W}_{\lambda,\mu}(z)$ [3]

惠特克方程

$$\frac{\mathrm{d}^2W}{\mathrm{d}z^2}+\left(-\frac{1}{4}+\frac{\lambda}{z}+\frac{\frac{1}{4}-\mu^2}{z^2}\right)W=0$$

有两个线性独立解

$$\mathrm{M}_{\lambda,\mu}(z)=z^{\mu+\frac{1}{2}}\mathrm{e}^{-\frac{z}{2}}\Phi\left(\mu-\lambda+\frac{1}{2},2\mu+1;z\right)$$

$$\mathrm{M}_{\lambda,-\mu}(z)=z^{-\mu+\frac{1}{2}}\mathrm{e}^{-\frac{z}{2}}\Phi\left(-\mu-\lambda+\frac{1}{2},-2\mu+1;z\right)$$

$\mathrm{M}_{\lambda,\pm\mu}(z)$称为**惠特克函数**,右边的$\Phi(\alpha,\gamma;z)={}_1\mathrm{F}_1(\alpha,\gamma;z)$为合流超几何函数.

为了得到适用于$2\mu=\pm1,\pm2,\cdots$的情况,引入另一个**惠特克函数**

$$\mathrm{W}_{\lambda,\mu}(z)=\frac{\Gamma(-2\mu)}{\Gamma\left(\frac{1}{2}-\mu-\lambda\right)}\mathrm{M}_{\lambda,\mu}(z)+\frac{\Gamma(2\mu)}{\Gamma\left(\frac{1}{2}+\mu-\lambda\right)}\mathrm{M}_{\lambda,-\mu}(z)$$

Ⅳ.1.2.34 马蒂厄(Mathieu)函数 $\mathrm{ce}_{2n}(z,q)$,$\mathrm{ce}_{2n+1}(z,q)$,$\mathrm{se}_{2n+1}(z,q)$,$\mathrm{se}_{2n+2}(z,q)$ [3][11]

1. 定义

马蒂厄方程

$$\frac{\mathrm{d}^2y}{\mathrm{d}z^2}+(\lambda-2q\cos2z)y=0$$

的解称为**马蒂厄函数**. 有时,马蒂厄函数是指那些具有周期π或2π的解. 只有当参数λ和q满足一定的关系时,方程才有周期为π或2π的解. 周期解分为4种,即全周期解$\mathrm{ce}_{2n}(z,q)$和$\mathrm{se}_{2n+2}(z,q)$,半周期解$\mathrm{ce}_{2n+1}(z,q)$和$\mathrm{se}_{2n+1}(z,q)$. 因此,马蒂厄函数分别为

$$\mathrm{ce}_{2n}(z,q)=\sum_{r=0}^{\infty}A_{2r}^{(2n)}\cos 2rz$$

$$\mathrm{ce}_{2n+1}(z,q)=\sum_{r=0}^{\infty}A_{2r+1}^{(2n+1)}\cos(2r+1)z$$

$$\mathrm{se}_{2n+1}(z,q)=\sum_{r=0}^{\infty}B_{2r+1}^{(2n+1)}\sin(2r+1)z$$

$$\mathrm{se}_{2n+2}(z,q)=\sum_{r=0}^{\infty}B_{2r+2}^{(2n+2)}\sin(2r+2)z$$

其中,系数 $A_{2r}^{(2n)}$,$A_{2r+1}^{(2n+1)}$,$B_{2r+1}^{(2n+1)}$,$B_{2r+2}^{(2n+2)}$ 是 q 的函数.

2. 归一化

马蒂厄函数可被归一化为

$$\int_0^{2\pi}y^2\,\mathrm{d}x=\pi$$

或

$$\frac{1}{\pi}\int_0^{2\pi}y^2\,\mathrm{d}x=1$$

这里,y 代表 $\mathrm{ce}_{2n}(z,q)$,$\mathrm{ce}_{2n+1}(z,q)$,$\mathrm{se}_{2n+1}(z,q)$和 $\mathrm{se}_{2n+2}(z,q)$中的任何一个函数.

根据上式,可得到

$$2[A_0^{(2n)}]^2+\sum_{r=1}^{\infty}[A_{2r}^{(2n)}]^2=\sum_{r=0}^{\infty}[A_{2r+1}^{(2n+1)}]^2=\sum_{r=0}^{\infty}[B_{2r+1}^{(2n+1)}]^2$$

$$=\sum_{r=0}^{\infty}[B_{2r+2}^{(2n+2)}]^2=1$$

另一种归一化的办法是规定展开式中 $\cos mz$ 和 $\sin mz$ 的系数为 1,即

$$A_m^{(l)}=B_m^{(l)}=1 \qquad [11]$$

3. 极限值

在一定的归一化条件下,当参数 $q\to 0$ 时,马蒂厄函数的极限值为

$$\lim_{q\to 0}\mathrm{ce}_0(x)=\frac{1}{\sqrt{2}}$$

$$\lim_{q\to 0}\mathrm{ce}_n(x)=\cos nx \quad (n\neq 0)$$

$$\lim_{q\to 0}\mathrm{se}_n(x)=\sin nx$$

4. 连带马蒂厄函数

如果在马蒂厄方程中用 iz 置换 z,则得到下面的微分方程:

$$\frac{\mathrm{d}^2 y}{\mathrm{d}z^2}+(-\lambda+2q\cosh 2z)y=0$$

只要在函数 $\mathrm{ce}_n(z,q)$ 和 $\mathrm{se}_n(z,q)$ 中用 $\mathrm{i}z$ 代替 z，就可以得到该方程的解

$$\mathrm{Ce}_{2n}(z,q),\quad \mathrm{Ce}_{2n+1}(z,q),\quad \mathrm{Se}_{2n+1}(z,q),\quad \mathrm{Se}_{2n+2}(z,q)$$

它们称为**连带马蒂厄函数**，分别为

$$\mathrm{Ce}_{2n}(z,q)=\sum_{r=0}^{\infty}A_{2r}^{(2n)}\cosh 2rz$$

$$\mathrm{Ce}_{2n+1}(z,q)=\sum_{r=0}^{\infty}A_{2r+1}^{(2n+1)}\cosh(2r+1)z$$

$$\mathrm{Se}_{2n+1}(z,q)=\sum_{r=0}^{\infty}B_{2r+1}^{(2n+1)}\sinh(2r+1)z$$

$$\mathrm{Se}_{2n+2}(z,q)=\sum_{r=0}^{\infty}B_{2r+2}^{(2n+2)}\sinh(2r+2)z$$

Ⅳ.1.2.35 抛物柱面函数 $\mathrm{D}_p(z)$

1. 定义

$$\mathrm{D}_p(z)=2^{\frac{p}{2}+\frac{1}{4}}z^{-\frac{1}{2}}\mathrm{W}_{\frac{p}{2}+\frac{1}{4},-\frac{1}{4}}\left(\frac{z^2}{2}\right)\quad\left(|\arg z|<\frac{3\pi}{4}\right)$$ [3][11]

式中，$\mathrm{W}_{\lambda,\mu}(z)$ 为惠特克函数.

2. 积分表述

$$\mathrm{D}_p(z)=\frac{1}{\sqrt{\pi}}2^{p+\frac{1}{2}}\mathrm{e}^{-\mathrm{i}\frac{p\pi}{2}}\mathrm{e}^{\frac{z^2}{4}}\int_{-\infty}^{\infty}x^p\mathrm{e}^{-2x^2+2\mathrm{i}xz}\mathrm{d}x$$

（$\mathrm{Re}\,p>-1$；对于 $x<0$ 的情况，$\arg x^p=\mathrm{i}p\pi$）

$$\mathrm{D}_p(z)=\frac{1}{\Gamma(-p)}\mathrm{e}^{-\frac{z^2}{4}}\int_0^{\infty}\mathrm{e}^{-zx-\frac{x^2}{2}}x^{-p-1}\mathrm{d}x\quad(\mathrm{Re}\,p<0)$$

3. 抛物柱面函数满足的微分方程

$$\frac{\mathrm{d}^2 u}{\mathrm{d}z^2}+\left(p+\frac{1}{2}-\frac{z^2}{4}\right)u=0$$

该方程有 4 个解

$$\mathrm{D}_p(z),\quad \mathrm{D}_p(-z),\quad \mathrm{D}_{-p-1}(\mathrm{i}z),\quad \mathrm{D}_{-p-1}(-\mathrm{i}z)$$

它们是线性相关的.

4. $\mathrm{D}_p(z)$,$\mathrm{D}_p(-z)$,$\mathrm{D}_{-p-1}(\mathrm{i}z)$,$\mathrm{D}_{-p-1}(-\mathrm{i}z)$**之间的关系**

$$\mathrm{D}_p(z)=\frac{\Gamma(p+1)}{\sqrt{2\pi}}\left[\mathrm{e}^{\mathrm{i}\frac{p\pi}{2}}\mathrm{D}_{-p-1}(\mathrm{i}z)+\mathrm{e}^{-\mathrm{i}\frac{p\pi}{2}}\mathrm{D}_{-p-1}(-\mathrm{i}z)\right]$$

$$\mathrm{D}_p(z)=\mathrm{e}^{-\mathrm{i}p\pi}\mathrm{D}_p(-z)+\frac{\sqrt{2\pi}}{\Gamma(-p)}\mathrm{e}^{-\mathrm{i}\frac{(p+1)\pi}{2}}\mathrm{D}_{-p-1}(\mathrm{i}z)$$

$$\mathrm{D}_p(z)=\mathrm{e}^{\mathrm{i}p\pi}\mathrm{D}_p(-z)+\frac{\sqrt{2\pi}}{\Gamma(-p)}\mathrm{e}^{\mathrm{i}\frac{(p+1)\pi}{2}}\mathrm{D}_{-p-1}(-\mathrm{i}z)$$

Ⅳ.1.2.36 迈耶(Meijer)函数 $\mathrm{G}(x)$

1. 定义

迈耶函数的定义为

$$\mathrm{G}_{p,q}^{m,n}\left(x\,\middle|\,\begin{matrix}a_1,\cdots,a_p\\ b_1,\cdots,b_q\end{matrix}\right)=\frac{1}{2\pi\mathrm{i}}\int_L\frac{\prod\limits_{j=1}^{m}\Gamma(b_j-s)\prod\limits_{j=1}^{n}\Gamma(1-a_j+s)}{\prod\limits_{j=m+1}^{q}\Gamma(1-b_j+s)\prod\limits_{j=n+1}^{p}\Gamma(a_j-s)}x^s\,\mathrm{d}s$$

$$(0\leqslant m\leqslant q,\ 0\leqslant n\leqslant p)$$ [3]

这里,对于任何 $j\ (j=1,2,\cdots,m)$ 和 $k\ (k=1,2,\cdots,n)$,$\Gamma(b_j-s)$ 的极点与 $\Gamma(1-a_k+s)$ 的极点不能重合.

此外,下列记号也可以使用:

$$\mathrm{G}_{pq}^{mn}\left(x\,\middle|\,\begin{matrix}a_r\\ b_s\end{matrix}\right),\quad \mathrm{G}_{pq}^{mn}(x),\quad \mathrm{G}(x)$$

2. G 函数满足的微分方程

$$\left[(-1)^{p-m-n}x\prod_{j=1}^{p}\left(x\frac{\mathrm{d}}{\mathrm{d}x}-a_j+1\right)-\prod_{j=1}^{q}\left(x\frac{\mathrm{d}}{\mathrm{d}x}-b_j\right)\right]y=0\quad(p\leqslant q)$$

Ⅳ.1.2.37 麦克罗伯特(MacRobert)函数 $\mathrm{E}(p;\alpha_r:q;Q_s:x)$

$$\mathrm{E}(p;\alpha_r:q;Q_s:x)=\frac{\Gamma(\alpha_{q+1})}{\Gamma(Q_1-\alpha_1)\Gamma(Q_2-\alpha_2)\cdots\Gamma(Q_q-\alpha_q)}$$

$$\cdot \prod_{\mu=1}^{q}\int_{0}^{\infty}\lambda_{\mu}^{Q_{\mu}-\alpha_{\mu}-1}(1-\lambda_{\mu})^{-Q_{\mu}}\,\mathrm{d}\lambda_{\mu}\prod_{\nu=2}^{p-q-1}\int_{0}^{\infty}\mathrm{e}^{-\lambda_{q+\nu}}\lambda_{q+\nu}^{\alpha_{q+\nu}-1}\,\mathrm{d}\lambda_{q+\nu}$$

$$\cdot \int_{0}^{\infty}\mathrm{e}^{-\lambda_{p}}\lambda_{p}^{\alpha_{p}-1}\left[1+\frac{\lambda_{q+2}\lambda_{q+3}\cdots\lambda_{p}}{(1+\lambda_{1})\cdots(1+\lambda_{q})x}\right]^{-\alpha_{q+1}}\mathrm{d}\lambda_{p}$$

$(|\arg x|<\pi,\ p\geqslant q+1)$

式中,α_r 和 Q_s 受公式右边的积分是否收敛的条件限制.

Ⅳ.1.2.38 黎曼(Riemann)Zeta 函数 $\zeta(z,q)$,$\zeta(z)$ 和黎曼函数 $\Phi(z,s,\nu)$,$\xi(s)$ [3]

1. 黎曼 Zeta 函数 $\zeta(z,q)$

(1) 定义

$$\zeta(z,q)=\frac{1}{\Gamma(z)}\int_{0}^{\infty}\frac{t^{z-1}\mathrm{e}^{-qt}}{1-\mathrm{e}^{-t}}\mathrm{d}t$$

$$=\frac{1}{2}q^{-z}+\frac{q^{1-z}}{z-1}+2\int_{0}^{\infty}(q^{2}+t^{2})^{-\frac{z}{2}}\sin\left(z\arctan\frac{t}{q}\right)\frac{\mathrm{d}t}{\mathrm{e}^{2\pi t}-1}$$

$(0<q<1,\ \mathrm{Re}\,z>1)$

或

$$\zeta(z,q)=-\frac{\Gamma(1-z)}{2\pi\mathrm{i}}\int_{\infty}^{0+}\frac{(-\theta)^{z-1}\mathrm{e}^{-q\theta}}{1-\mathrm{e}^{-\theta}}\mathrm{d}\theta$$

[这个等式对于除了 $z=1,2,3,\cdots$外的所有值都是有效的.它假设积分路径不通过 $2n\pi\mathrm{i}$ 点(n 是自然然)],如下图.

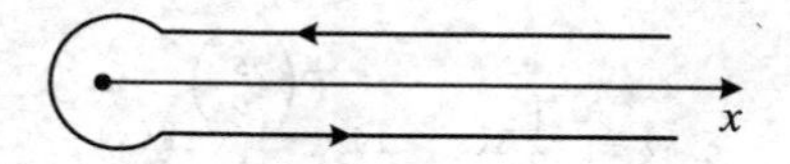

(2) 级数表述

$$\zeta(z,q)=\sum_{n=0}^{\infty}\frac{1}{(q+n)^{z}}\quad(\mathrm{Re}\,z>1,q\neq 0,-1,-2,\cdots)$$

$$\zeta(z,q)=\frac{2\Gamma(1-z)}{(2\pi)^{1-z}}\left(\sin\frac{z\pi}{2}\sum_{n=1}^{\infty}\frac{\cos 2nq\pi}{n^{1-z}}+\cos\frac{z\pi}{2}\sum_{n=1}^{\infty}\frac{\sin 2nq\pi}{n^{1-z}}\right)$$

$(\mathrm{Re}\,z<0,0<q\leqslant 1)$

2. 黎曼 Zeta 函数 $\zeta(z)$

(1) 定义

$$\zeta(z)=\frac{1}{(1-2^{1-z})\Gamma(z)}\int_0^{\infty}\frac{t^{z-1}}{e^t+1}dt \quad (\operatorname{Re}z>0)$$

$$\zeta(z)=\frac{2^z}{(2^z-1)\Gamma(z)}\int_0^{\infty}\frac{t^{z-1}e^t}{e^{2t}-1}dt \quad (\operatorname{Re}z>1)$$

(2) 级数表述

$$\zeta(z)=\sum_{n=1}^{\infty}\frac{1}{n^z} \quad (\operatorname{Re}z>1)$$

$$\zeta(z)=\frac{1}{1-2^{1-z}}\sum_{n=1}^{\infty}(-1)^{n+1}\frac{1}{n^z} \quad (\operatorname{Re}z>0)$$

3. 黎曼函数 $\Phi(z,s,\nu)$

(1) 定义

$$\Phi(z,s,\nu)=\sum_{n=0}^{\infty}(\nu+n)^{-s}z^n \quad (|z|<1,\ \nu\neq 0,-1,-2,\cdots)$$

(2) 积分表述

$$\Phi(z,s,\nu)=\frac{1}{\Gamma(s)}\int_0^{\infty}\frac{t^{s-1}e^{-\nu t}}{1-ze^{-t}}dt$$

$$(\operatorname{Re}\nu>0;\ |z|\leqslant 1, z\neq 1, \operatorname{Re}s>0, \text{或 } z=1, \operatorname{Re}s>1)$$

4. 黎曼函数 $\xi(s)$

定义为

$$\xi(s)=\frac{1}{2}s(s-1)\frac{\Gamma\left(\frac{s}{2}\right)}{\pi^{\frac{s}{2}}}\zeta(s)$$

并有关系式

$$\xi(1-s)=\xi(s)$$

Ⅳ.1.2.39 函数 $\nu(x),\nu(x,\alpha),\mu(x,\beta),\mu(x,\beta,\alpha),\lambda(x,y)$

$$\nu(x)=\int_0^{\infty}\frac{x^t}{\Gamma(t+1)}dt$$

$$\nu(x,\alpha)=\int_0^{\infty}\frac{x^{\alpha+t}}{\Gamma(\alpha+t+1)}\mathrm{d}t$$

$$\mu(x,\beta)=\int_0^{\infty}\frac{x^t t^{\beta}}{\Gamma(\beta+1)\Gamma(t+1)}\mathrm{d}t$$

$$\mu(x,\beta,\alpha)=\int_0^{\infty}\frac{x^{\alpha+t}t^{\beta}}{\Gamma(\beta+1)\Gamma(\alpha+t+1)}\mathrm{d}t$$

$$\lambda(x,y)=\int_0^{y}\frac{\Gamma(u+1)}{x^u}\mathrm{d}u$$

Ⅳ.1.2.40 δ函数

1. 定义

δ函数(Dirac Delta Function)的定义为

$$\delta(x)=\begin{cases}0 & (x\neq 0)\\ \infty & (x=0)\end{cases}$$

并且满足

$$\int_{-\infty}^{\infty}\delta(x)\mathrm{d}x=1$$

2. 极限表示

δ函数可用非奇异函数的极限表示，例如：

$$\delta(x)=\lim_{m\to\infty}\frac{\sin mx}{\pi x}\quad\text{（傅里叶定理）}$$

$$\delta(x)=\lim_{\alpha\to\infty}\sqrt{\frac{\alpha}{\pi}}\mathrm{e}^{-\alpha x^2}$$

$$\delta(x)=\lim_{\alpha\to\infty}\sqrt{\frac{\alpha}{\pi}}\mathrm{e}^{\mathrm{i}\frac{\pi}{4}}\mathrm{e}^{-\mathrm{i}\alpha x^2}$$

$$\delta(x)=\lim_{\varepsilon\to 0}\frac{1}{2\varepsilon}\mathrm{e}^{-\frac{|x|}{\varepsilon}}$$

$$\delta(x)=\frac{1}{\pi}\lim_{\varepsilon\to 0}\frac{\varepsilon}{x^2+\varepsilon^2}$$

$$\lim_{\varepsilon\to 0}\frac{1}{x\pm\mathrm{i}\varepsilon}=(\mathrm{P.V.})\frac{1}{x}\mp\mathrm{i}\pi\delta(x)$$

3. 微商表示

δ函数也可用阶梯函数的微商来表示，设

$$\theta(x)=\begin{cases}0 & (x<0)\\ 1 & (x>0)\end{cases}$$

则

$$\delta(x)=\theta'(x)$$

因此有

$$\frac{\mathrm{d}\ln x}{\mathrm{d}x}=\frac{1}{x}-\mathrm{i}\pi\delta(x)$$

或

$$\delta(x)=\frac{1}{\mathrm{i}\pi x}-\frac{1}{\mathrm{i}\pi}\frac{\mathrm{d}\ln x}{\mathrm{d}x}$$

4. δ 函数的特性和积分表达式

$$\delta(ax)=\frac{1}{|a|}\delta(x)$$

$$\delta(x^2-a^2)=\frac{1}{2a}[\delta(x+a)+\delta(x-a)]$$

$$\int_{-\infty}^{\infty}\delta(x)\mathrm{d}x=1$$

$$\int_{-\infty}^{\infty}f(x)\delta(x-a)\mathrm{d}x=f(a)$$

$$\delta(x)=\frac{1}{2\pi}\int_{-\infty}^{\infty}\mathrm{e}^{\mathrm{i}kx}\,\mathrm{d}k \quad (\text{傅里叶积分变换})$$

$$\delta(\rho-\rho')=\rho\int_{0}^{\infty}k\mathrm{J}_m(k\rho)\mathrm{J}_m(k\rho')\mathrm{d}k \quad (\text{傅里叶-贝塞尔积分变换})$$

Ⅳ.1.2.41 陀螺波函数 $\mathrm{D}_{m,k}^{j*}(\alpha,\beta,\gamma)$

量子力学中刚性陀螺转动的波函数即陀螺波函数，它和转动群的表示有密切的关系．对任意一个转动群 SO_3 的群元 R，可用如下的欧拉(Euler)角描述：

$$\begin{aligned}R&=R(\alpha,\beta,\gamma)=R_{z^{\mathrm{H}}}(\gamma)R_{y'}(\beta)R_z(\alpha)=R_z(\alpha)R_y(\beta)R_z(\gamma)\\&=\mathrm{e}^{-\mathrm{i}\mathrm{J}_z\alpha}\mathrm{e}^{-\mathrm{i}\mathrm{J}_y\beta}\mathrm{e}^{-\mathrm{i}\mathrm{J}_z\gamma}\end{aligned}$$

其中，J_y 和 J_z 为转动群 3 个生成元中的 2 个．上式表明 $R^+R=1$，即满足幺正条件．欧拉角的取值范围为：$0\leqslant\alpha\leqslant2\pi$，$0\leqslant\beta\leqslant\pi$，$0\leqslant\gamma\leqslant2\pi$．在这个范围内取值的 3 个欧拉角称为 SO_3 群参数．其角动量为 j 的表示记为 D-函数，满足

$$R(\alpha,\beta,\gamma)\mid jk\rangle=\sum_{m=-j}^{j}\mathrm{D}_{m,k}^{j}(\alpha,\beta,\gamma)\mid jm\rangle$$

这里，$|jk\rangle$为角动量本征态($J^2|jk\rangle=j(j+1)|jk\rangle, J_z|jk\rangle=k|jk\rangle$)，并已取归一化，这样它满足正交归一性. 由上面的公式可得到

$$D^j_{m,k}(\alpha,\beta,\gamma)=\langle jm \mid R(\alpha,\beta,\gamma) \mid jk\rangle = e^{im\alpha}\langle jm \mid e^{-iJ_y\beta} \mid jk\rangle e^{-ik\gamma} = e^{im\alpha} d^j_{m,k}(\beta) e^{-ik\gamma}$$

其中，$d^j_{m,k}(\beta)=\langle jm|e^{-iJ_y\beta}|jk\rangle=D^j_{m,k}(0,\beta,0)$. 有很多种方法可计算 $d^j_{m,k}(\beta)$，其表达式可写成

$$d^j_{m,k}(\beta)=[(j+k)!(j-k)!(j+m)!(j-m)!]^{\frac{1}{2}} \cdot \sum_s \frac{(-1)^{k-m+s}\left(\cos\frac{\beta}{2}\right)^{2j+m-k-2s}\left(\sin\frac{\beta}{2}\right)^{k-m+2s}}{(j+m-s)!(k-m+s)!(j-k-s)!}$$

$D^j_{m,k}(\alpha,\beta,\gamma)$的共轭复数 $D^{j*}_{m,k}(\alpha,\beta,\gamma)$就是陀螺波函数，它是在量子力学中求解对称陀螺的转动时出现的，量子数 j,m,k 分别对应陀螺的总角动量以及角动量沿其惯量主轴的两个分量. 量子数 j,m,k 的取值范围为 $j=0,1,2,\cdots$; $m=-j,-j+1,-j+2,\cdots,j-1,j$; $k=-j,-j+1,-j+2,\cdots,j-1,j$. D-函数的正交归一性见特殊函数的定积分公式 1246，其完备性公式如下：

$$\sum_{j=0}^{\infty}\sum_{m,k=-j}^{j}\frac{2j+1}{8\pi^2}D^{j*}_{m,k}(\alpha,\beta,\gamma)D^j_{m,k}(\alpha',\beta',\gamma')=\delta(\alpha-\alpha')\delta(\cos\beta-\cos\beta')\delta(\gamma-\gamma')$$

如果上式中的 j 取半奇数，则相应于 SO_3 群的双值表示. D-函数也正是 SU_2 群的表示，此时群元 R 也可用欧拉角表示，其取值范围为 $0\leqslant\alpha\leqslant2\pi$, $0\leqslant\beta\leqslant\pi$, $0\leqslant\gamma\leqslant4\pi$，而量子数的取值范围为 $j=0,\frac{1}{2},1,\frac{3}{2},2,\cdots$; $m=-j,-j+1,-j+2,\cdots,j-1,j$; $k=-j,-j+1,-j+2,\cdots,j-1,j$.

Ⅳ.2 常用导数

Ⅳ.2.1 一阶导数(微商)

1. $\frac{d}{dx}(a)=0$

2. $\frac{d}{dx}(x)=1$

3. $\frac{\mathrm{d}}{\mathrm{d}x}(au)=a\frac{\mathrm{d}u}{\mathrm{d}x}$

4. $\frac{\mathrm{d}}{\mathrm{d}x}(u+v-w)=\frac{\mathrm{d}u}{\mathrm{d}x}+\frac{\mathrm{d}v}{\mathrm{d}x}-\frac{\mathrm{d}w}{\mathrm{d}x}$

5. $\frac{\mathrm{d}}{\mathrm{d}x}(uv)=u\frac{\mathrm{d}v}{\mathrm{d}x}+v\frac{\mathrm{d}u}{\mathrm{d}x}$

6. $\frac{\mathrm{d}}{\mathrm{d}x}(uvw)=uv\frac{\mathrm{d}w}{\mathrm{d}x}+uw\frac{\mathrm{d}v}{\mathrm{d}x}+vw\frac{\mathrm{d}u}{\mathrm{d}x}$

7. $\frac{\mathrm{d}}{\mathrm{d}x}\left(\frac{u}{v}\right)=\frac{v\frac{\mathrm{d}u}{\mathrm{d}x}-u\frac{\mathrm{d}v}{\mathrm{d}x}}{v^2}$

8. $\frac{\mathrm{d}}{\mathrm{d}x}(u^n)=nu^{n-1}\frac{\mathrm{d}u}{\mathrm{d}x}$

9. $\frac{\mathrm{d}}{\mathrm{d}x}(\sqrt{u})=\frac{1}{2\sqrt{u}}\frac{\mathrm{d}u}{\mathrm{d}x}$

10. $\frac{\mathrm{d}}{\mathrm{d}x}\left(\frac{1}{u}\right)=-\frac{1}{u^2}\frac{\mathrm{d}u}{\mathrm{d}x}$

11. $\frac{\mathrm{d}}{\mathrm{d}x}\left(\frac{1}{u^n}\right)=-\frac{n}{u^{n+1}}\frac{\mathrm{d}u}{\mathrm{d}x}$

12. $\frac{\mathrm{d}}{\mathrm{d}x}\left(\frac{u^n}{v^m}\right)=\frac{u^{n-1}}{v^{m+1}}\left(nv\frac{\mathrm{d}u}{\mathrm{d}x}-mu\frac{\mathrm{d}v}{\mathrm{d}x}\right)$

13. $\frac{\mathrm{d}}{\mathrm{d}x}(u^nv^m)=u^{n-1}v^{m-1}\left(nv\frac{\mathrm{d}u}{\mathrm{d}x}+mu\frac{\mathrm{d}v}{\mathrm{d}x}\right)$

14. $\frac{\mathrm{d}}{\mathrm{d}x}[f(u)]=\frac{\mathrm{d}f(u)}{\mathrm{d}u}\frac{\mathrm{d}u}{\mathrm{d}x}$

15. $\frac{\mathrm{d}^2}{\mathrm{d}x^2}[f(u)]=\frac{\mathrm{d}f(u)}{\mathrm{d}u}\frac{\mathrm{d}^2u}{\mathrm{d}x^2}+\frac{\mathrm{d}^2f(u)}{\mathrm{d}u^2}\left(\frac{\mathrm{d}u}{\mathrm{d}x}\right)^2$

16. $$\frac{\mathrm{d}^n}{\mathrm{d}x^n}(uv)=\binom{n}{0}v\frac{\mathrm{d}^nu}{\mathrm{d}x^n}+\binom{n}{1}\frac{\mathrm{d}v}{\mathrm{d}x}\frac{\mathrm{d}^{n-1}u}{\mathrm{d}x^{n-1}}+\binom{n}{2}\frac{\mathrm{d}^2v}{\mathrm{d}x^2}\frac{\mathrm{d}^{n-2}u}{\mathrm{d}x^{n-2}}+\cdots$$
$$+\binom{n}{k}\frac{\mathrm{d}^kv}{\mathrm{d}x^k}\frac{\mathrm{d}^{n-k}u}{\mathrm{d}x^{n-k}}+\cdots+\binom{n}{n}u\frac{\mathrm{d}^nv}{\mathrm{d}x^n}$$

$\left[\text{这里},\binom{n}{r}=\frac{n!}{r!(n-r)!},\binom{n}{0}=1\right]$

17. $\frac{\mathrm{d}u}{\mathrm{d}x}=\frac{1}{\frac{\mathrm{d}x}{\mathrm{d}u}}\quad\left(\frac{\mathrm{d}x}{\mathrm{d}u}\neq 0\right)$

18. $\frac{\mathrm{d}}{\mathrm{d}x}(\log_a u)=\frac{1}{u\ln a}\frac{\mathrm{d}u}{\mathrm{d}x}$

19. $\dfrac{\mathrm{d}}{\mathrm{d}x}(\ln u)=\dfrac{1}{u}\dfrac{\mathrm{d}u}{\mathrm{d}x}$

20. $\dfrac{\mathrm{d}}{\mathrm{d}x}(a^u)=a^u(\ln a)\dfrac{\mathrm{d}u}{\mathrm{d}x}$

21. $\dfrac{\mathrm{d}}{\mathrm{d}x}(\mathrm{e}^u)=\mathrm{e}^u\dfrac{\mathrm{d}u}{\mathrm{d}x}$

22. $\dfrac{\mathrm{d}}{\mathrm{d}x}(u^v)=vu^{v-1}\dfrac{\mathrm{d}u}{\mathrm{d}x}+(\ln u)u^v\dfrac{\mathrm{d}v}{\mathrm{d}x}$

23. $\dfrac{\mathrm{d}}{\mathrm{d}x}(\sin u)=\cos u\dfrac{\mathrm{d}u}{\mathrm{d}x}$

24. $\dfrac{\mathrm{d}}{\mathrm{d}x}(\cos u)=-\sin u\dfrac{\mathrm{d}u}{\mathrm{d}x}$

25. $\dfrac{\mathrm{d}}{\mathrm{d}x}(\tan u)=\sec^2 u\dfrac{\mathrm{d}u}{\mathrm{d}x}$

26. $\dfrac{\mathrm{d}}{\mathrm{d}x}(\cot u)=-\csc^2 u\dfrac{\mathrm{d}u}{\mathrm{d}x}$

27. $\dfrac{\mathrm{d}}{\mathrm{d}x}(\sec u)=\sec u\tan u\dfrac{\mathrm{d}u}{\mathrm{d}x}$

28. $\dfrac{\mathrm{d}}{\mathrm{d}x}(\csc u)=-\csc u\cot u\dfrac{\mathrm{d}u}{\mathrm{d}x}$

29. $\dfrac{\mathrm{d}}{\mathrm{d}x}(\mathrm{vers}u)=\sin u\dfrac{\mathrm{d}u}{\mathrm{d}x}$

（这里，$\mathrm{vers}u=1-\cos u$，称为角的正矢）

30. $\dfrac{\mathrm{d}}{\mathrm{d}x}(\arcsin u)=\dfrac{1}{\sqrt{1-u^2}}\dfrac{\mathrm{d}u}{\mathrm{d}x}\quad\left(-\dfrac{\pi}{2}\leqslant\arcsin u\leqslant\dfrac{\pi}{2}\right)$

31. $\dfrac{\mathrm{d}}{\mathrm{d}x}(\arccos u)=-\dfrac{1}{\sqrt{1-u^2}}\dfrac{\mathrm{d}u}{\mathrm{d}x}\quad(0\leqslant\arccos u\leqslant\pi)$

32. $\dfrac{\mathrm{d}}{\mathrm{d}x}(\arctan u)=\dfrac{1}{1+u^2}\dfrac{\mathrm{d}u}{\mathrm{d}x}\quad\left(-\dfrac{\pi}{2}<\arctan u<\dfrac{\pi}{2}\right)$

33. $\dfrac{\mathrm{d}}{\mathrm{d}x}(\mathrm{arccot}u)=-\dfrac{1}{1+u^2}\dfrac{\mathrm{d}u}{\mathrm{d}x}\quad(0\leqslant\mathrm{arccot}u\leqslant\pi)$

34. $\dfrac{\mathrm{d}}{\mathrm{d}x}(\mathrm{arcsec}u)=\dfrac{1}{u\sqrt{u^2-1}}\dfrac{\mathrm{d}u}{\mathrm{d}x}\quad\left(0\leqslant\mathrm{arcsec}u<\dfrac{\pi}{2},-\pi\leqslant\mathrm{arcsec}u<-\dfrac{\pi}{2}\right)$

35. $\dfrac{\mathrm{d}}{\mathrm{d}x}(\mathrm{arccsc}u)=-\dfrac{1}{u\sqrt{u^2-1}}\dfrac{\mathrm{d}u}{\mathrm{d}x}\quad\left(0\leqslant\mathrm{arccsc}u<\dfrac{\pi}{2},-\pi\leqslant\mathrm{arccsc}u<-\dfrac{\pi}{2}\right)$

36. $\dfrac{\mathrm{d}}{\mathrm{d}x}(\mathrm{arcvers}u)=\dfrac{1}{\sqrt{2u-u^2}}\dfrac{\mathrm{d}u}{\mathrm{d}x}\quad(0\leqslant\mathrm{arcvers}u\leqslant\pi)$

（这里，$\mathrm{arcvers}u$ 称为反正矢函数）

37. $\frac{d}{dx}(\sinh u) = \cosh u \frac{du}{dx}$

38. $\frac{d}{dx}(\cosh u) = \sinh u \frac{du}{dx}$

39. $\frac{d}{dx}(\tanh u) = \mathrm{sech}^2 u \frac{du}{dx}$

40. $\frac{d}{dx}(\coth u) = -\mathrm{csch}^2 u \frac{du}{dx}$

41. $\frac{d}{dx}(\mathrm{sech} u) = -\mathrm{sech} u \tanh u \frac{du}{dx}$

42. $\frac{d}{dx}(\mathrm{csch} u) = -\mathrm{csch} u \coth u \frac{du}{dx}$

43. $\frac{d}{dx}(\mathrm{arsinh} u) = \frac{d}{dx}[\ln(u + \sqrt{u^2+1})] = \frac{1}{\sqrt{u^2+1}} \frac{du}{dx}$

44. $\frac{d}{dx}(\mathrm{arcosh} u) = \frac{d}{dx}[\ln(u + \sqrt{u^2-1})] = \frac{1}{\sqrt{u^2-1}} \frac{du}{dx}$

$(u > 1, \mathrm{arcosh} u > 0)$

45. $\frac{d}{dx}(\mathrm{artanh} u) = \frac{d}{dx}\left(\frac{1}{2}\ln\frac{1+u}{1-u}\right) = \frac{1}{1-u^2} \frac{du}{dx} \quad (u^2 < 1)$

46. $\frac{d}{dx}(\mathrm{arcoth} u) = \frac{d}{dx}\left(\frac{1}{2}\ln\frac{u+1}{u-1}\right) = -\frac{1}{u^2-1} \frac{du}{dx} \quad (u^2 > 1)$

47. $\frac{d}{dx}(\mathrm{arsech} u) = \frac{d}{dx}\left(\ln\frac{1+\sqrt{1-u^2}}{u}\right) = -\frac{1}{u\sqrt{1-u^2}} \frac{du}{dx}$

$(0 < u < 1, \mathrm{arsech} u > 0)$

48. $\frac{d}{dx}(\mathrm{arcsch} u) = \frac{d}{dx}\left(\ln\frac{1+\sqrt{1+u^2}}{u}\right) = -\frac{1}{|u|\sqrt{1+u^2}} \frac{du}{dx}$

49. $\frac{d}{dq}\int_p^q f(x)dx = f(q)$

50. $\frac{d}{dp}\int_p^q f(x)dx = -f(p)$

51. $\frac{d}{da}\int_p^q f(x,a)dx = \int_p^q \frac{\partial}{\partial a}[f(x,a)]dx + f(q,a)\frac{dq}{da} - f(p,a)\frac{dp}{da}$

Ⅳ.2.2 高阶导数(微商)

Ⅳ.2.2.1 单函数的高阶导数

1. $\frac{\mathrm{d}^n}{\mathrm{d}x^n}(ax)^m=\begin{cases}m(m-1)(m-2)\cdots(m-n+1)\frac{(ax)^m}{x^n} & (n<m)\\ m!a^m & (n=m)\\ 0 & (n>m)\end{cases}$

2. $\frac{\mathrm{d}^n}{\mathrm{d}x^n}(\sqrt[m]{ax})=(-1)^{n-1}(m-1)(2m-1)\cdots[(n-1)m-1]\frac{\sqrt[m]{ax}}{(mx)^n}\quad(n\leqslant m,n\geqslant m)$

3. $\frac{\mathrm{d}^n}{\mathrm{d}x^n}\left(\frac{1}{ax}\right)^m=(-1)^n m(m+1)(m+2)\cdots(m+n-1)\frac{1}{x^n}\left(\frac{1}{ax}\right)^m$

4. $\frac{\mathrm{d}^n}{\mathrm{d}x^n}\left(\sqrt[m]{\frac{1}{ax}}\right)=(-1)^n(m+1)(2m+1)\cdots[(n-1)m+1]\frac{1}{(mx)^n}\cdot\sqrt[m]{\frac{1}{ax}}$

5. $\frac{\mathrm{d}^n}{\mathrm{d}x^n}\mathrm{e}^x=\mathrm{e}^x$

6. $\frac{\mathrm{d}^n}{\mathrm{d}x^n}\mathrm{e}^{kx}=k^n\mathrm{e}^x$

7. $\frac{\mathrm{d}^n}{\mathrm{d}x^n}a^x=(\ln a)^n a^x$

8. $\frac{\mathrm{d}^n}{\mathrm{d}x^n}a^{kx}=(k\ln a)^n a^{kx}$

9. $\frac{\mathrm{d}^n}{\mathrm{d}x^n}\ln x=\frac{(-1)^{n-1}(n-1)!}{x^n}$

10. $\frac{\mathrm{d}^n}{\mathrm{d}x^n}\ln kx=\frac{(-1)^{n-1}(n-1)!}{x^n}$

11. $\frac{\mathrm{d}^n}{\mathrm{d}x^n}\lg x=\frac{(-1)^{n-1}(n-1)!\lg\mathrm{e}}{x^n}$

12. $\frac{\mathrm{d}^n}{\mathrm{d}x^n}\lg kx=\frac{(-1)^{n-1}(n-1)!\lg\mathrm{e}}{x^n}$

13. $\frac{\mathrm{d}^n}{\mathrm{d}x^n}\sin x=\sin\left(x+\frac{n\pi}{2}\right)$

14. $\frac{d^n}{dx^n}\cos x=\cos\left(x+\frac{n\pi}{2}\right)$

15. $\frac{d^n}{dx^n}\sin kx=k^n\sin\left(kx+\frac{n\pi}{2}\right)$

16. $\frac{d^n}{dx^n}\cos kx=k^n\cos\left(kx+\frac{n\pi}{2}\right)$

17. $\frac{d^n}{dx^n}\sinh x=\begin{cases}\sinh x & (n\text{ 为偶数})\\ \cosh x & (n\text{ 为奇数})\end{cases}$

18. $\frac{d^n}{dx^n}\cosh x=\begin{cases}\cosh x & (n\text{ 为偶数})\\ \sinh x & (n\text{ 为奇数})\end{cases}$

19. $\frac{d^n}{dx^n}\sinh kx=\begin{cases}k^n\sinh kx & (n\text{ 为偶数})\\ k^n\cosh kx & (n\text{ 为奇数})\end{cases}$

20. $\frac{d^n}{dx^n}\cosh kx=\begin{cases}k^n\cosh kx & (n\text{ 为偶数})\\ k^n\sinh kx & (n\text{ 为奇数})\end{cases}$

21. $\frac{d^n}{dx^n}\sin^2 ax=\begin{cases}-(-1)^{\frac{n}{2}}\ \frac{1}{2}(2a)^n\cos 2ax & (n\text{ 为偶数})\\ -(-1)^{\frac{n+1}{2}}\ \frac{1}{2}(2a)^n\sin 2ax & (n\text{ 为奇数})\end{cases}$

22. $\frac{d^n}{dx^n}\cos^2 ax=\begin{cases}(-1)^{\frac{n}{2}}\ \frac{1}{2}(2a)^n\cos 2ax & (n\text{ 为偶数})\\ (-1)^{\frac{n+1}{2}}\ \frac{1}{2}(2a)^n\sin 2ax & (n\text{ 为奇数})\end{cases}$

23. $\frac{d^n}{dx^n}\sin^3 ax=\begin{cases}-(-1)^{\frac{n}{2}}\ \frac{1}{4}[(3a)^n\sin 3ax-3a^n\sin ax] & (n\text{ 为偶数})\\ (-1)^{\frac{n+1}{2}}\ \frac{1}{4}[(3a)^n\cos 3ax-3a^n\cos ax] & (n\text{ 为奇数})\end{cases}$

24. $\frac{d^n}{dx^n}\cos^3 ax=\begin{cases}(-1)^{\frac{n}{2}}\ \frac{1}{4}[(3a)^n\cos 3ax+3a^n\cos ax] & (n\text{ 为偶数})\\ (-1)^{\frac{n+1}{2}}\ \frac{1}{4}[(3a)^n\sin 3ax+3a^n\sin ax] & (n\text{ 为奇数})\end{cases}$

25. $\frac{d^n}{dx^n}\sin^4 ax=\begin{cases}(-1)^{\frac{n}{2}}\ \frac{1}{8}[(4a)^n\cos 4ax-4(2a)^n\cos 2ax] & (n\text{ 为偶数})\\ (-1)^{\frac{n+1}{2}}\ \frac{1}{8}[(4a)^n\sin 4ax-4(2a)^n\sin 2ax] & (n\text{ 为奇数})\end{cases}$

26. $\frac{d^n}{dx^n}\cos^4 ax=\begin{cases}(-1)^{\frac{n}{2}}\ \frac{1}{8}[(4a)^n\cos 4ax+4(2a)^n\cos 2ax] & (n\text{ 为偶数})\\ (-1)^{\frac{n+1}{2}}\ \frac{1}{8}[(4a)^n\sin 4ax+4(2a)^n\sin 2ax] & (n\text{ 为奇数})\end{cases}$

27. $$\frac{d^n}{dx^n}\sinh^2 ax=\begin{cases}\frac{1}{2}(2a)^n\cosh 2ax & (n\text{ 为偶数})\\ \frac{1}{2}(2a)^n\sinh 2ax & (n\text{ 为奇数})\end{cases}$$

28. $$\frac{d^n}{dx^n}\cosh^2 ax=\begin{cases}\frac{1}{2}(2a)^n\cosh 2ax & (n\text{ 为偶数})\\ \frac{1}{2}(2a)^n\sinh 2ax & (n\text{ 为奇数})\end{cases}$$

29. $$\frac{d^n}{dx^n}\sinh^3 ax=\begin{cases}\frac{1}{4}[(3a)^n\sinh 3ax-3a^n\sinh ax] & (n\text{ 为偶数})\\ \frac{1}{4}[(3a)^n\cosh 3ax-3a^n\cosh ax] & (n\text{ 为奇数})\end{cases}$$

30. $$\frac{d^n}{dx^n}\cosh^3 ax=\begin{cases}\frac{1}{4}[(3a)^n\cosh 3ax+3a^n\cosh ax] & (n\text{ 为偶数})\\ \frac{1}{4}[(3a)^n\sinh 3ax+3a^n\sinh ax] & (n\text{ 为奇数})\end{cases}$$

31. $$\frac{d^n}{dx^n}\sinh^4 ax=\begin{cases}\frac{1}{8}[(4a)^n\cosh 4ax-4(2a)^n\cosh 2ax] & (n\text{ 为偶数})\\ \frac{1}{8}[(4a)^n\sinh 4ax-4(2a)^n\sinh 2ax] & (n\text{ 为奇数})\end{cases}$$

32. $$\frac{d^n}{dx^n}\cosh^4 ax=\begin{cases}\frac{1}{8}[(4a)^n\cosh 4ax+4(2a)^n\cosh 2ax] & (n\text{ 为偶数})\\ \frac{1}{8}[(4a)^n\sinh 4ax+4(2a)^n\sinh 2ax] & (n\text{ 为奇数})\end{cases}$$

Ⅳ.2.2.2 两函数乘积的高阶导数

莱布尼茨(Leibniz)公式

$$\begin{aligned}\frac{d^n}{dx^n}(uv)&=\binom{n}{0}\frac{d^0u}{dx^0}\cdot\frac{d^nv}{dx^n}+\binom{n}{1}\frac{du}{dx}\cdot\frac{d^{n-1}v}{dx^{n-1}}+\binom{n}{2}\frac{d^2u}{dx^2}\cdot\frac{d^{n-2}v}{dx^{n-2}}\\&\quad+\binom{n}{3}\frac{d^3u}{dx^3}\cdot\frac{d^{n-3}v}{dx^{n-3}}+\cdots+\binom{n}{n-1}\frac{d^{n-1}u}{dx^{n-1}}\cdot\frac{dv}{dx}+\binom{n}{n}\frac{d^nu}{dx^n}\cdot\frac{d^0v}{dx^0}\\&=\sum_{k=0}^{n}\binom{n}{k}u^{(k)}v^{(n-k)}\end{aligned}$$

[这里，u 和 v 都是 x 的可微函数，并定义 $\frac{d^0u}{dx^0}=u^{(0)}=u$，$\frac{d^0v}{dx^0}=v^{(0)}=v$]

莱布尼茨公式是一个很重要的公式，下面所有求两函数乘积的高阶导数的公式都可用莱布尼茨公式求得,也可用它来验证.

33. $$\frac{\mathrm{d}^n}{\mathrm{d}x^n}(x^m\mathrm{e}^{ax})=\begin{cases}\mathrm{e}^{ax}\sum\limits_{k=0}^{m}\binom{m}{k}\binom{n}{k}k!a^{n-k}x^{m-k} & (m\leqslant n)\\ \mathrm{e}^{ax}\sum\limits_{k=0}^{n}\binom{m}{k}\binom{n}{k}k!a^{n-k}x^{m-k} & (m\geqslant n)\end{cases}$$

34. $$\frac{\mathrm{d}^n}{\mathrm{d}x^n}(x^mb^{ax})=\begin{cases}b^{ax}\sum\limits_{k=0}^{m}\binom{m}{k}\binom{n}{k}k!(a\ln b)^{n-k}x^{m-k} & (m\leqslant n)\\ b^{ax}\sum\limits_{k=0}^{n}\binom{m}{k}\binom{n}{k}k!(a\ln b)^{n-k}x^{m-k} & (m\geqslant n)\end{cases}$$

35. $$\frac{\mathrm{d}^n}{\mathrm{d}x^n}(\mathrm{e}^{ax}b^{cx})=\mathrm{e}^{ax}b^{cx}(a+c\ln b)^n$$

36. $$\frac{\mathrm{d}^n}{\mathrm{d}x^n}(\mathrm{e}^{ax}\ln bx)=a^n\mathrm{e}^{ax}\left[\ln bx-n!\sum_{k=1}^{n}\frac{(-1)^k}{k(n-k)!(ax)^k}\right]$$

37. $$\frac{\mathrm{d}^n}{\mathrm{d}x^n}(\mathrm{e}^{ax}\sin bx)=(a^2+b^2)^{\frac{n}{2}}\mathrm{e}^{ax}\sin\left(bx+n\arctan\frac{b}{a}\right)$$

38. $$\frac{\mathrm{d}^n}{\mathrm{d}x^n}(\mathrm{e}^{ax}\cos bx)=(a^2+b^2)^{\frac{n}{2}}\mathrm{e}^{ax}\cos\left(bx+n\arctan\frac{b}{a}\right)$$

39. $$\frac{\mathrm{d}^n}{\mathrm{d}x^n}(\mathrm{e}^{ax}\sinh bx)=(a^2-b^2)^{\frac{n}{2}}\mathrm{e}^{ax}\sinh\left(bx+n\operatorname{artanh}\frac{b}{a}\right)$$

40. $$\frac{\mathrm{d}^n}{\mathrm{d}x^n}(\mathrm{e}^{ax}\cosh bx)=(a^2-b^2)^{\frac{n}{2}}\mathrm{e}^{ax}\cosh\left(bx+n\operatorname{artanh}\frac{b}{a}\right)$$

41. $$\frac{\mathrm{d}^n}{\mathrm{d}x^n}(\ln ax\sin bx)$$
$$=b^n\sin\left(bx+\frac{n\pi}{2}\right)\ln ax-\sum_{k=1}^{n}\binom{n}{k}(k-1)!\left(-\frac{1}{x}\right)^kb^{n-k}\sin\left[bx+\frac{(n-k)\pi}{2}\right]$$

42. $$\frac{\mathrm{d}^n}{\mathrm{d}x^n}(\ln ax\cos bx)$$
$$=b^n\cos\left(bx+\frac{n\pi}{2}\right)\ln ax-\sum_{k=1}^{n}\binom{n}{k}(k-1)!\left(-\frac{1}{x}\right)^kb^{n-k}\cos\left[bx+\frac{(n-k)\pi}{2}\right]$$

43. $$\frac{\mathrm{d}^n}{\mathrm{d}x^n}(\ln ax\sinh bx)=\frac{1}{2}b^n[\mathrm{e}^{bx}-(-1)^n\mathrm{e}^{-bx}]\ln ax$$
$$-\frac{1}{2}\sum_{k=1}^{n}\binom{n}{k}(k-1)!\left(-\frac{1}{x}\right)^kb^{n-k}[\mathrm{e}^{bx}-(-1)^{n-k}\mathrm{e}^{-bx}]$$

44. $$\frac{\mathrm{d}^n}{\mathrm{d}x^n}(\ln ax\cosh bx)=\frac{1}{2}b^n[\mathrm{e}^{bx}+(-1)^n\mathrm{e}^{-bx}]\ln ax$$
$$-\frac{1}{2}\sum_{k=1}^{n}\binom{n}{k}(k-1)!\left(-\frac{1}{x}\right)^kb^{n-k}[\mathrm{e}^{bx}+(-1)^{n-k}\mathrm{e}^{-bx}]$$

45. $\dfrac{d^n}{dx^n}(x^m \ln ax)$

$$=\begin{cases}\dfrac{m!\ln ax}{(m-n)!}x^{m-n}+n!m!x^{m-n}\displaystyle\sum_{k=0}^{n-1}(-1)^{n-k-1}\dfrac{1}{(n-k)k!(m-k)!} & (m\geqslant n)\\ n!m!x^{m-n}\displaystyle\sum_{k=0}^{m}(-1)^{n-k-1}\dfrac{1}{(n-k)k!(m-k)!} & (m<n)\end{cases}$$

46. $$\frac{d^n}{dx^n}(x^m \sin ax)=\sin ax\sum_{k=0}^{\frac{n}{2}}(-1)^{\frac{n}{2}+k}\binom{m}{2k}\binom{n}{2k}(2k)!a^{n-2k}x^{m-2k}$$
$$-\cos ax\sum_{k=0}^{\frac{n}{2}-1}(-1)^{\frac{n}{2}+k}\binom{m}{2k+1}\binom{n}{2k+1}(2k+1)!a^{n-2k-1}x^{m-2k-1}$$

[这里，n 为偶数，且 $m\geqslant n$；若 $m<n$，级数的终止项为 $\binom{m}{m}$]

47. $$\frac{d^n}{dx^n}(x^m \sin ax)=-\cos ax\sum_{k=0}^{\frac{n-1}{2}}(-1)^{\frac{n+1}{2}+k}\binom{m}{2k}\binom{n}{2k}(2k)!a^{n-2k}x^{m-2k}$$
$$-\sin ax\sum_{k=0}^{\frac{n-1}{2}}(-1)^{\frac{n+1}{2}+k}\binom{m}{2k+1}\binom{n}{2k+1}(2k+1)!a^{n-2k-1}x^{m-2k-1}$$

[这里，n 为奇数，若 $m\leqslant n$，级数的终止项为 $\binom{m}{m}$]

48. $$\frac{d^n}{dx^n}(x^m \cos ax)=\cos ax\sum_{k=0}^{\frac{n}{2}}(-1)^{\frac{n}{2}+k}\binom{m}{2k}\binom{n}{2k}(2k)!a^{n-2k}x^{m-2k}$$
$$+\sin ax\sum_{k=0}^{\frac{n}{2}-1}(-1)^{\frac{n}{2}+k}\binom{m}{2k+1}\binom{n}{2k+1}(2k+1)!a^{n-2k-1}x^{m-2k-1}$$

[这里，n 为偶数，且 $m\geqslant n$；若 $m<n$，级数的终止项为 $\binom{m}{m}$]

49. $$\frac{d^n}{dx^n}(x^m \cos ax)=\sin ax\sum_{k=0}^{\frac{n-1}{2}}(-1)^{\frac{n+1}{2}+k}\binom{m}{2k}\binom{n}{2k}(2k)!a^{n-2k}x^{m-2k}$$
$$-\cos ax\sum_{k=0}^{\frac{n-1}{2}}(-1)^{\frac{n+1}{2}+k}\binom{m}{2k+1}\binom{n}{2k+1}(2k+1)!a^{n-2k-1}x^{m-2k-1}$$

[这里，n 为奇数，若 $m\leqslant n$，级数的终止项为 $\binom{m}{m}$]

50. $$\frac{d^n}{dx^n}(x^m \sinh ax)=\sinh ax\sum_{k=0}^{\frac{n}{2}}\binom{m}{2k}\binom{n}{2k}(2k)!a^{n-2k}x^{m-2k}$$

$$+\cosh ax\sum_{k=0}^{\frac{n}{2}}\binom{m}{2k+1}\binom{n}{2k+1}(2k+1)!\,a^{n-2k-1}x^{m-2k-1}$$

[这里,n 为偶数,且 $m \geqslant n$;若 $m < n$,级数的终止项为$\binom{m}{m}$]

51. $$\frac{\mathrm{d}^n}{\mathrm{d}x^n}(x^m\sinh ax)=\cosh ax\sum_{k=0}^{\frac{n-1}{2}}\binom{m}{2k}\binom{n}{2k}(2k)!\,a^{n-2k}x^{m-2k}+\sinh ax\sum_{k=0}^{\frac{n-1}{2}}\binom{m}{2k+1}\binom{n}{2k+1}(2k+1)!\,a^{n-2k-1}x^{m-2k-1}$$

[这里,n 为奇数,若 $m \leqslant n$,级数的终止项为$\binom{m}{m}$]

52. $$\frac{\mathrm{d}^n}{\mathrm{d}x^n}(x^m\cosh ax)=\cosh ax\sum_{k=0}^{\frac{n}{2}}\binom{m}{2k}\binom{n}{2k}(2k)!\,a^{n-2k}x^{m-2k}+\sinh ax\sum_{k=0}^{\frac{n}{2}}\binom{m}{2k+1}\binom{n}{2k+1}(2k+1)!\,a^{n-2k-1}x^{m-2k-1}$$

[这里,n 为偶数,且 $m \geqslant n$;若 $m < n$,级数的终止项为$\binom{m}{m}$]

53. $$\frac{\mathrm{d}^n}{\mathrm{d}x^n}(x^m\cosh ax)=\sinh ax\sum_{k=0}^{\frac{n-1}{2}}\binom{m}{2k}\binom{n}{2k}(2k)!\,a^{n-2k}x^{m-2k}+\cosh ax\sum_{k=0}^{\frac{n-1}{2}}\binom{m}{2k+1}\binom{n}{2k+1}(2k+1)!\,a^{n-2k-1}x^{m-2k-1}$$

[这里,n 为奇数,若 $m \leqslant n$,级数的终止项为$\binom{m}{m}$]

54.

$$\frac{\mathrm{d}^n}{\mathrm{d}x^n}(\sin ax\sinh bx)=\begin{cases}-\frac{1}{2}(-1)^{\frac{n}{2}}\left[(a+b)^n\cos(ax+bx)-(a-b)^n\cos(ax-bx)\right]\\ (n\ \text{为偶数})\\ \frac{1}{2}(-1)^{\frac{n-1}{2}}\left[(a+b)^n\sin(ax+bx)-(a-b)^n\sin(ax-bx)\right]\\ (n\ \text{为奇数})\end{cases}$$

55.

$$\frac{\mathrm{d}^n}{\mathrm{d}x^n}(\sin ax\cosh bx)=\begin{cases}\frac{1}{2}(-1)^{\frac{n}{2}}[(a+b)^n\sin(ax+bx)-(a-b)^n\sin(ax-bx)]\\(n\text{ 为偶数})\\\frac{1}{2}(-1)^{\frac{n-1}{2}}[(a+b)^n\cos(ax+bx)-(a-b)^n\cos(ax-bx)]\\(n\text{ 为奇数})\end{cases}$$

56.

$$\frac{\mathrm{d}^n}{\mathrm{d}x^n}(\cos ax\cosh bx)=\begin{cases}\frac{1}{2}(-1)^{\frac{n}{2}}[(a+b)^n\cos(ax+bx)+(a-b)^n\cos(ax-bx)]\\(n\text{ 为偶数})\\-\frac{1}{2}(-1)^{\frac{n-1}{2}}[(a+b)^n\sin(ax+bx)+(a-b)^n\sin(ax-bx)]\\(n\text{ 为奇数})\end{cases}$$

57.

$$\frac{\mathrm{d}^n}{\mathrm{d}x^n}(\sinh ax\sinh bx)=\begin{cases}\frac{1}{2}[(a+b)^n\cosh(ax+bx)-(a-b)^n\cosh(ax-bx)]\\(n\text{ 为偶数})\\\frac{1}{2}[(a+b)^n\sinh(ax+bx)-(a-b)^n\sinh(ax-bx)]\\(n\text{ 为奇数})\end{cases}$$

58.

$$\frac{\mathrm{d}^n}{\mathrm{d}x^n}(\sinh ax\cosh bx)=\begin{cases}\frac{1}{2}[(a+b)^n\sinh(ax+bx)+(a-b)^n\sinh(ax-bx)]\\(n\text{ 为偶数})\\\frac{1}{2}[(a+b)^n\cosh(ax+bx)+(a-b)^n\cosh(ax-bx)]\\(n\text{ 为奇数})\end{cases}$$

59.

$$\frac{\mathrm{d}^n}{\mathrm{d}x^n}(\cosh ax\cosh bx)=\begin{cases}\frac{1}{2}[(a+b)^n\cosh(ax+bx)+(a-b)^n\cosh(ax-bx)]\\(n\text{ 为偶数})\\\frac{1}{2}[(a+b)^n\sinh(ax+bx)+(a-b)^n\sinh(ax-bx)]\\(n\text{ 为奇数})\end{cases}$$

60. $\frac{d^n}{dx^n}(\sin ax \sinh ax)$

$$=\begin{cases}(-1)^{\frac{n-1}{4}}2^{\frac{n-1}{2}}a^n(\sin ax\cosh ax+\cos ax\sinh ax) & (n=1,5,9,\cdots)\\(-1)^{\frac{n-2}{4}}2^{\frac{n}{2}}a^n\cos ax\cosh ax & (n=2,6,10,\cdots)\\(-1)^{\frac{n+1}{4}}2^{\frac{n-1}{2}}a^n(\sin ax\cosh ax-\cos ax\sinh ax) & (n=3,7,11,\cdots)\\(-1)^{\frac{n}{4}}2^{\frac{n}{2}}a^n\sin ax\sinh ax & (n=4,8,12,\cdots)\end{cases}$$

61. $\frac{d^n}{dx^n}(\sin ax \cosh ax)$

$$=\begin{cases}(-1)^{\frac{n-1}{4}}2^{\frac{n-1}{2}}a^n(\cos ax\cosh ax+\sin ax\sinh ax) & (n=1,5,9,\cdots)\\(-1)^{\frac{n-2}{4}}2^{\frac{n}{2}}a^n\cos ax\sinh ax & (n=2,6,10,\cdots)\\(-1)^{\frac{n+1}{4}}2^{\frac{n-1}{2}}a^n(\sin ax\sinh ax-\cos ax\cosh ax) & (n=3,7,11,\cdots)\\(-1)^{\frac{n}{4}}2^{\frac{n}{2}}a^n\sin ax\cosh ax & (n=4,8,12,\cdots)\end{cases}$$

62. $\frac{d^n}{dx^n}(\cos ax \sinh ax)$

$$=\begin{cases}(-1)^{\frac{n-1}{4}}2^{\frac{n-1}{2}}a^n(\cos ax\cosh ax-\sin ax\sinh ax) & (n=1,5,9,\cdots)\\-(-1)^{\frac{n-2}{4}}2^{\frac{n}{2}}a^n\sin ax\cosh ax & (n=2,6,10,\cdots)\\(-1)^{\frac{n+1}{4}}2^{\frac{n-1}{2}}a^n(\cos ax\cosh ax+\sin ax\sinh ax) & (n=3,7,11,\cdots)\\(-1)^{\frac{n}{4}}2^{\frac{n}{2}}a^n\cos ax\sinh ax & (n=4,8,12,\cdots)\end{cases}$$

63. $\frac{d^n}{dx^n}(\cos ax \cosh ax)$

$$=\begin{cases}(-1)^{\frac{n-1}{4}}2^{\frac{n-1}{2}}a^n(\sin ax\cosh ax-\cos ax\sinh ax) & (n=1,5,9,\cdots)\\-(-1)^{\frac{n-2}{4}}2^{\frac{n}{2}}a^n\sin ax\sinh ax & (n=2,6,10,\cdots)\\(-1)^{\frac{n+1}{4}}2^{\frac{n-1}{2}}a^n(\cos ax\sinh ax+\sin ax\cosh ax) & (n=3,7,11,\cdots)\\(-1)^{\frac{n}{4}}2^{\frac{n}{2}}a^n\cos ax\cosh ax & (n=4,8,12,\cdots)\end{cases}$$

Ⅳ.3 常用级数

Ⅳ.3.1 有限级数之和

1. 算术级数(等差级数)

$$\sum_{k=0}^{n-1}(a+kd)=a+(a+d)+(a+2d)+\cdots+[a+(n-1)d]$$

$$=\frac{n}{2}[2a+(n-1)d]$$

(其中 a 为级数首项,d 为公差)

2. 几何级数(等比级数)

$$\sum_{k=1}^{n}aq^{k-1}=a+aq+aq^2+\cdots+aq^{n-1}$$

$$=\frac{a(q^n-1)}{q-1}\quad(q>1)$$

$$=\frac{a(1-q^n)}{1-q}\quad(q<1)$$

(其中 q 为公比)

3. 算术-几何级数(等差等比级数)

$$\sum_{k=0}^{n-1}(a+kd)q^k=a+(a+d)q+(a+2d)q^2+(a+3d)q^3+\cdots$$

$$+[a+(n-1)d]q^{n-1}$$

$$=\frac{a-[a+(n-1)d]q^n}{1-q}+\frac{qd(1-q^{n-1})}{(1-q)^2}$$

4. 调和级数(自然数倒数之和)

$$\sum_{k=1}^{n}\frac{1}{k}=1+\frac{1}{2}+\frac{1}{3}+\cdots+\frac{1}{n}=\ln n+\alpha_n+\gamma$$

[这里，$\alpha_n=\dfrac{1}{2n}-\sum\limits_{k=2}^{\infty}\dfrac{A_k}{n(n+1)\cdots(n+k-1)}$，$\gamma$ 为欧拉常数. 其中，

$A_k=\dfrac{1}{k}\int_0^1 x(1-x)(2-x)(3-x)\cdots(k-1-x)\mathrm{d}x$，

$A_2=\dfrac{1}{12}$，$A_3=\dfrac{1}{12}$，$A_4=\dfrac{19}{120}$，$A_5=\dfrac{9}{20}$，当 n 足够大时，α_n 为一无穷小量]

5. 自然数之幂的和

$$\begin{aligned}\sum_{k=1}^{n}k^p&=\frac{n^{p+1}}{p+1}+\frac{n^p}{2}+\frac{1}{2}\binom{p}{1}n^{p-1}B_2+\frac{1}{4}\binom{p}{3}n^{p-3}B_4+\frac{1}{6}\binom{p}{5}n^{p-5}B_6+\cdots\\&=\frac{n^{p+1}}{p+1}+\frac{n^p}{2}+\frac{pn^{p-1}}{12}-\frac{p(p-1)(p-2)}{720}n^{p-3}\\&\quad+\frac{p(p-1)(p-2)(p-3)(p-4)}{30240}n^{p-5}-\cdots\end{aligned}$$

(这里，B_{2k} 为伯努利数；最后一项含有 n 或 n^2)

$$\sum_{k=1}^{n}k=1+2+3+\cdots+n=\frac{1}{2}n(n+1)$$

$$\sum_{k=1}^{n}k^2=1^2+2^2+3^2+\cdots+n^2=\frac{1}{6}n(n+1)(2n+1)$$

$$\sum_{k=1}^{n}k^3=1^3+2^3+3^3+\cdots+n^3=\left[\frac{1}{2}n(n+1)\right]^2$$

$$\sum_{k=1}^{n}k^4=1^4+2^4+3^4+\cdots+n^4=\frac{1}{30}n(n+1)(2n+1)(3n^2+3n-1)$$

$$\sum_{k=1}^{n}k^5=1^5+2^5+3^5+\cdots+n^5=\frac{1}{12}n^2(n+1)^2(2n^2+2n-1)$$

$$\sum_{k=1}^{n}k^6=1^6+2^6+3^6+\cdots+n^6=\frac{1}{42}n(n+1)(2n+1)(3n^4+6n^3-3n+1)$$

$$\sum_{k=1}^{n}k^7=1^7+2^7+3^7+\cdots+n^7=\frac{1}{24}n^2(n+1)^2(3n^4+6n^3-n^2-4n+2)$$

$$\sum_{k=1}^{n}(2k-1)=1+3+5+\cdots+(2n-1)=n^2$$

$$\sum_{k=1}^{n}(2k-1)^2=1^2+3^2+5^2+\cdots+(2n-1)^2=\frac{1}{3}n(4n^2-1)$$

$$\sum_{k=1}^{n}(2k-1)^3 = 1^3+3^3+5^3+\cdots+(2n-1)^3 = n^2(2n^2-1)$$

$$\sum_{k=1}^{n}(2k-1)^p = \frac{2^p}{p+1}n^{p+1} - \frac{1}{2}\binom{p}{1}(2n)^{p-1}B_2 - \frac{1}{4}(2^3-1)(2n)^{p-3}B_4 - \cdots$$

（这里，B_{2k} 为伯努利数）

$$\sum_{k=1}^{n}(2k) = 2+4+6+\cdots+(2n) = n(n+1)$$

$$\sum_{k=1}^{n}k(k+1) = 1\cdot2+2\cdot3+3\cdot4+\cdots+n(n+1) = \frac{1}{3}n(n+1)(n+2)$$

$$\sum_{k=1}^{n}k(k+1)(k+2) = 1\cdot2\cdot3+2\cdot3\cdot4+3\cdot4\cdot5+\cdots+n(n+1)(n+2) = \frac{1}{4}n(n+1)(n+2)(n+3)$$

$$\sum_{k=1}^{n}k(k+1)(k+2)(k+3) = 1\cdot2\cdot3\cdot4+2\cdot3\cdot4\cdot5+\cdots+n(n+1)(n+2)(n+3) = \frac{1}{5}n(n+1)(n+2)(n+3)(n+4)$$

$$\sum_{k=1}^{n}\frac{1}{2k-1} = \frac{1}{2}(\ln n+\gamma)+\ln 2+\frac{B_2}{8n^2}+\frac{(2^3-1)B_4}{64n^4}+\cdots$$

（这里，B_{2k} 为伯努利数）

$$\sum_{k=2}^{n}\frac{1}{k^2-1} = \frac{3}{4}-\frac{2n+1}{2n(n+1)}$$

$$\sum_{k=1}^{n}\frac{1}{k(k+1)} = \frac{1}{1\cdot2}+\frac{1}{2\cdot3}+\frac{1}{3\cdot4}+\cdots+\frac{1}{n(n+1)} = 1-\frac{1}{n+1} = \frac{n}{n+1}$$

$$\sum_{k=1}^{n}\frac{1}{k(k+1)(k+2)} = \frac{1}{1\cdot2\cdot3}+\frac{1}{2\cdot3\cdot4}+\frac{1}{3\cdot4\cdot5}+\cdots+\frac{1}{n(n+1)(n+2)} = \frac{1}{4}-\frac{1}{2(n+1)(n+2)}$$

$$\sum_{k=1}^{n}\frac{1}{k(k+1)(k+2)(k+3)} = \frac{1}{1\cdot2\cdot3\cdot4}+\frac{1}{2\cdot3\cdot4\cdot5}+\frac{1}{3\cdot4\cdot5\cdot6}+\cdots+\frac{1}{n(n+1)(n+2)(n+3)} = \frac{1}{18}-\frac{1}{3(n+1)(n+2)(n+3)}$$

Ⅳ.3.2 常用级数展开

Ⅳ.3.2.1 二项式函数

1. $(x+y)^n=\binom{n}{0}x^ny^0+\binom{n}{1}x^{n-1}y+\binom{n}{2}x^{n-2}y^2+\cdots+\binom{n}{n}x^{n-n}y^n$

$$=\sum_{k=0}^{n}\binom{n}{k}x^{n-k}y^k=\sum_{k=0}^{n}\frac{n!}{k!(n-k)!}x^{n-k}y^k$$

$(x-y)^n=\binom{n}{0}x^ny^0-\binom{n}{1}x^{n-1}y+\binom{n}{2}x^{n-2}y^2-\cdots+\binom{n}{n}x^{n-n}y^n$

$$=\sum_{k=0}^{n}(-1)^k\binom{n}{k}x^{n-k}y^k=\sum_{k=0}^{n}(-1)^k\frac{n!}{k!(n-k)!}x^{n-k}y^k$$

[这里，二项式系数 $\binom{n}{k}=\frac{n(n-1)(n-2)\cdots(n-k+1)}{k!}$，或 $\binom{n}{k}=\frac{n!}{k!(n-k)!}$，以下同]

2. $(1\pm x)^n=1\pm\binom{n}{1}x+\binom{n}{2}x^2\pm\binom{n}{3}x^3+\cdots+(\pm1)^k\binom{n}{k}x^k+\cdots+(\pm1)^n\binom{n}{n}x^n$

$$=\sum_{k=0}^{n}(\pm1)^k\binom{n}{k}x^k\quad(x^2<1)$$

3. $(1\pm x)^{-n}=1\mp\binom{n}{1}x+\binom{n+1}{2}x^2\mp\binom{n+2}{3}x^3+\cdots+(\mp1)^k\binom{n+k-1}{k}x^k+\cdots$

$$=\sum_{k=0}^{\infty}(\mp1)^k\binom{n+k-1}{k}x^k\quad(x^2<1)$$

4. $(1\pm x)^{\frac{1}{2}}=1\pm\frac{1}{2}x-\frac{1\cdot1}{2\cdot4}x^2\pm\frac{1\cdot1\cdot3}{2\cdot4\cdot6}x^3-\frac{1\cdot1\cdot3\cdot5}{2\cdot4\cdot6\cdot8}x^4\pm\cdots\quad(x^2<1)$

5. $(1\pm x)^{-\frac{1}{2}}=1\mp\frac{1}{2}x+\frac{1\cdot3}{2\cdot4}x^2\mp\frac{1\cdot3\cdot5}{2\cdot4\cdot6}x^3+\frac{1\cdot3\cdot5\cdot7}{2\cdot4\cdot6\cdot8}x^4\mp\cdots\quad(x^2<1)$

6. $(1\pm x)^{\frac{1}{3}}=1\pm\frac{1}{3}x-\frac{1}{9}x^2\pm\frac{5}{81}x^3-\frac{10}{243}x^4\pm\cdots\quad(x^2<1)$

7. $(1\pm x)^{-\frac{1}{3}}=1\mp\frac{1}{3}x+\frac{2}{9}x^2\mp\frac{14}{81}x^3+\frac{35}{243}x^4\mp\cdots\quad(x^2<1)$

8. $(1\pm x)^{\frac{3}{2}}=1\pm\frac{3}{2}x+\frac{3}{8}x^2\mp\frac{3}{48}x^3+\frac{3}{128}x^4\mp\frac{15}{1280}x^5+\cdots\quad(x^2<1)$

9. $(1\pm x)^{-\frac{3}{2}}=1\mp\frac{3}{2}x+\frac{15}{8}x^2\mp\frac{105}{48}x^3+\frac{945}{384}x^4\mp\cdots\quad(x^2<1)$

10. $(1\pm x)^{-1}=1\mp x+x^2\mp x^3+x^4\mp x^5+\cdots\quad(x^2<1)$

11. $(1\pm x)^{-2}=1\mp 2x+3x^2\mp 4x^3+5x^4\mp 6x^5+\cdots\quad(x^2<1)$

12. $(1\pm x)^{\alpha}=\sum_{k=0}^{\infty}\binom{\alpha}{k}(\pm x)^k\quad(x^2<1)$

$\left[\text{这里},\binom{\alpha}{k}=\frac{\alpha(\alpha-1)\cdots(\alpha-k+1)}{k!},\alpha\text{ 为任何实数}\right]$

Ⅳ.3.2.2 指数函数

1. $\mathrm{e}=1+\frac{1}{1!}+\frac{1}{2!}+\cdots+\frac{1}{n!}+\cdots=\sum_{n=0}^{\infty}\frac{1}{n!}$

2. $\mathrm{e}^x=1+\frac{x}{1!}+\frac{x^2}{2!}+\cdots+\frac{x^n}{n!}+\cdots=\sum_{n=0}^{\infty}\frac{x^n}{n!}$

3. $\mathrm{e}^{-x}=1-\frac{x}{1!}+\frac{x^2}{2!}-\frac{x^3}{3!}+\cdots+(-1)^n\frac{x^n}{n!}+\cdots=\sum_{n=0}^{\infty}(-1)^n\frac{x^n}{n!}$

4. $a^x=\mathrm{e}^{x\ln a}=1+x\ln a+\frac{(x\ln a)^2}{2!}+\cdots+\frac{(x\ln a)^n}{n!}+\cdots=\sum_{n=0}^{\infty}\frac{(x\ln a)^n}{n!}$

5. $\mathrm{e}^{-x^2}=1-x^2+\frac{x^4}{2!}-\frac{x^6}{3!}+\frac{x^8}{4!}-\cdots+(-1)^n\frac{x^{2n}}{n!}+\cdots=\sum_{n=0}^{\infty}(-1)^n\frac{x^{2n}}{n!}$

6. $\mathrm{e}^{\mathrm{e}^x}=\mathrm{e}\left(1+\frac{x}{1!}+\frac{x^2}{2!}+\frac{5x^3}{3!}+\frac{15x^4}{4!}+\cdots\right)$

7. $\mathrm{e}^{\sin x}=1+x+\frac{x^2}{2!}-\frac{3x^4}{4!}-\frac{8x^5}{5!}-\frac{3x^6}{6!}+\frac{56x^7}{7!}+\cdots$

8. $\mathrm{e}^{\cos x}=\mathrm{e}\left(1-\frac{x^2}{2!}+\frac{4x^4}{4!}-\frac{31x^6}{6!}+\cdots\right)$

9. $\mathrm{e}^{\tan x}=1+x+\frac{x^2}{2!}+\frac{3x^3}{3!}+\frac{9x^4}{4!}+\frac{37x^5}{5!}+\cdots$

10. $\mathrm{e}^{\arcsin x}=1+x+\frac{x^2}{2!}+\frac{2x^3}{3!}+\frac{5x^4}{4!}+\cdots$

11. $\mathrm{e}^{\arctan x}=1+x+\frac{x^2}{2!}-\frac{x^3}{3!}-\frac{7x^4}{4!}+\cdots$

Ⅳ.3.2.3 对数函数

1. $\ln x = (x-1) - \frac{1}{2}(x-1)^2 + \frac{1}{3}(x-1)^3 - \cdots$

$$= \sum_{k=1}^{\infty}(-1)^{k+1}\frac{(x-1)^k}{k} \quad (2 \geqslant x > 0)$$

2. $\ln x = 2\left[\frac{x-1}{x+1} + \frac{1}{3}\left(\frac{x-1}{x+1}\right)^3 + \frac{1}{5}\left(\frac{x-1}{x+1}\right)^5 + \cdots\right]$

$$= 2\sum_{k=1}^{\infty}\frac{1}{2k-1}\left(\frac{x-1}{x+1}\right)^{2k-1} \quad (x > 0)$$

3. $\ln x = \frac{x-1}{x} + \frac{1}{2}\left(\frac{x-1}{x}\right)^2 + \frac{1}{3}\left(\frac{x-1}{x}\right)^3 + \cdots = \sum_{k=1}^{\infty}\frac{1}{k}\left(\frac{x-1}{x}\right)^k \quad \left(x \geqslant \frac{1}{2}\right)$

4. $\ln(1+x) = x - \frac{x^2}{2} + \frac{x^3}{3} - \frac{x^4}{4} + \cdots = \sum_{k=1}^{\infty}(-1)^{k+1}\frac{x^k}{k} \quad (1 \geqslant x > -1)$

5. $\ln(n+1) = \ln(n-1) + 2\left(\frac{1}{n} + \frac{1}{3n^3} + \frac{1}{5n^5} + \cdots\right)$

6. $\ln(a+x) = \ln a + 2\left[\frac{x}{2a+x} + \frac{1}{3}\left(\frac{x}{2a+x}\right)^3 + \frac{1}{5}\left(\frac{x}{2a+x}\right)^5 + \cdots\right.$

$$\left. + \frac{1}{2n+1}\left(\frac{x}{2a+x}\right)^{2n+1} + \cdots\right] \quad (a > 0, -a < x)$$

7. $\ln\frac{1+x}{1-x} = 2\left(x + \frac{x^3}{3} + \frac{x^5}{5} + \cdots + \frac{x^{2n-1}}{2n-1} + \cdots\right) = 2\sum_{n=1}^{\infty}\frac{x^{2n-1}}{2n-1} \quad (|x| < 1)$

8. $\ln\frac{x+1}{x-1} = 2\left[\frac{1}{x} + \frac{1}{3x^3} + \frac{1}{5x^5} + \cdots + \frac{1}{(2n+1)x^{2n+1}} + \cdots\right]$

$$= 2\sum_{n=0}^{\infty}\frac{1}{(2n+1)x^{2n+1}} \quad (|x| > 1)$$

9. $\ln(\sin x) = \ln x - \frac{x^2}{6} - \frac{x^4}{180} - \frac{x^6}{2835} - \cdots + (-1)^n\frac{2^{2n-1}B_{2n}}{n(2n)!}x^{2n} + \cdots$

$$= \ln x + \sum_{n=1}^{\infty}(-1)^n\frac{2^{2n-1}B_{2n}}{n(2n)!}x^{2n} \quad (0 < x^2 < \pi^2)$$

(这里，B_{2n} 为第 $2n$ 次伯努利数，以下同)

10. $\ln(\cos x) = -\frac{x^2}{2} - \frac{x^4}{12} - \frac{x^6}{45} - \frac{17x^8}{2520} - \cdots + (-1)^n\frac{2^{2n-1}(2^{2n-1}-1)B_{2n}}{n(2n)!}x^{2n} + \cdots$

$$= \sum_{n=1}^{\infty}(-1)^n\frac{2^{2n-1}(2^{2n-1}-1)B_{2n}}{n(2n)!}x^{2n} \quad \left(x^2 < \frac{\pi}{4}\right)$$

11. $\ln(\tan x) = \ln x + \dfrac{x^2}{3} + \dfrac{7x^4}{90} + \dfrac{62x^6}{2835} + \cdots + (-1)^{n-1}\dfrac{2^{2n}(2^{2n-1}-1)B_{2n}}{n(2n)!}x^{2n} + \cdots$

$= \ln x + \sum\limits_{n=1}^{\infty}(-1)^{n-1}\dfrac{2^{2n}(2^{2n-1}-1)B_{2n}}{n(2n)!}x^{2n} \quad \left(0 < x^2 < \dfrac{\pi}{4}\right)$

Ⅳ.3.2.4 三角函数

1. $\sin x = x - \dfrac{x^3}{3!} + \dfrac{x^5}{5!} - \dfrac{x^7}{7!} + \cdots = \sum\limits_{k=1}^{\infty}(-1)^{k+1}\dfrac{x^{2k-1}}{(2k-1)!}$

$= x\bigwedge\limits_{k=1}^{\infty}\left[1 - \dfrac{x^2}{2k(2k+1)}\right]$

（这里，符号 ∧ [ ] 为嵌套和，以下同）

2. $\cos x = 1 - \dfrac{x^2}{2!} + \dfrac{x^4}{4!} - \dfrac{x^6}{6!} + \cdots = \sum\limits_{k=0}^{\infty}(-1)^k\dfrac{x^{2k}}{(2k)!}$

$= \bigwedge\limits_{k=1}^{\infty}\left[1 - \dfrac{x^2}{2k(2k-1)}\right] \quad (x^2 < \infty)$

3. $\tan x = x + \dfrac{x^3}{3} + \dfrac{2x^5}{15} + \cdots + \dfrac{(-1)^{n-1}2^{2n}(2^{2n}-1)B_{2n}}{(2n)!}x^{2n-1} + \cdots$

$= \sum\limits_{n=1}^{\infty}(-1)^{n-1}\dfrac{2^{2n}(2^{2n}-1)B_{2n}}{(2n)!}x^{2n-1} \quad \left(x^2 < \dfrac{\pi}{4}\right)$

（这里，B_{2n} 为第 $2n$ 次伯努利数，以下同）

4. $\cot x = \dfrac{1}{x} - \dfrac{x}{3} - \dfrac{x^3}{45} - \dfrac{2x^5}{945} - \dfrac{x^7}{4725} - \cdots + \dfrac{(-1)^n 2^{2n}B_{2n}}{(2n)!}x^{2n-1} + \cdots$

$= \sum\limits_{n=0}^{\infty}(-1)^n\dfrac{2^{2n}B_{2n}}{(2n)!}x^{2n-1} \quad (0 < x^2 < \pi^2)$

5. $\sec x = 1 + \dfrac{1}{2}x^2 + \dfrac{5}{24}x^4 + \dfrac{61}{720}x^6 + \cdots + \dfrac{(-1)^n E_{2n}}{(2n)!}x^{2n} + \cdots$

$= \sum\limits_{n=0}^{\infty}(-1)^n\dfrac{E_{2n}}{(2n)!}x^{2n} \quad \left(x^2 < \dfrac{\pi}{4}\right)$

（这里，E_{2n} 为第 $2n$ 次欧拉数，以下同）

6. $\csc x = \dfrac{1}{x} + \dfrac{1}{6}x + \dfrac{7}{360}x^3 + \dfrac{31}{15120}x^5 + \cdots + \dfrac{(-1)^{n+1}2(2^{2n-1}-1)B_{2n}}{(2n)!}x^{2n-1} + \cdots$

$= \sum\limits_{n=0}^{\infty}(-1)^{n+1}\dfrac{2(2^{2n-1}-1)B_{2n}}{(2n)!}x^{2n-1} \quad (0 < x^2 < \pi^2)$

Ⅳ.3.2.5 反三角函数

1. $\arcsin x = x + \frac{1}{2 \cdot 3}x^3 + \frac{1 \cdot 3}{2 \cdot 4 \cdot 5}x^5 + \frac{1 \cdot 3 \cdot 5}{2 \cdot 4 \cdot 6 \cdot 7}x^7 + \cdots + \frac{(2n)!}{2^{2n}(n!)^2(2n+1)}x^{2n+1} + \cdots \quad \left(x^2 < 1, -\frac{\pi}{2} < \arcsin x < \frac{\pi}{2}\right)$

2. $\arccos x = \frac{\pi}{2} - \left[x + \frac{1}{2 \cdot 3}x^3 + \frac{1 \cdot 3}{2 \cdot 4 \cdot 5}x^5 + \frac{1 \cdot 3 \cdot 5}{2 \cdot 4 \cdot 6 \cdot 7}x^7 + \cdots + \frac{(2n)!}{2^{2n}(n!)^2(2n+1)}x^{2n+1} + \cdots\right] \quad (x^2 < 1, 0 < \arccos x < \pi)$

3. $$\arctan x = \begin{cases} x - \frac{x^3}{3} + \frac{x^5}{5} - \frac{x^7}{7} + \cdots + (-1)^n \frac{x^{2n+1}}{2n+1} + \cdots & (x^2 < 1) \\ \frac{\pi}{2} - \frac{1}{x} + \frac{1}{3x^3} - \frac{1}{5x^5} + \frac{1}{7x^7} - \cdots & (x > 1) \\ -\frac{\pi}{2} - \frac{1}{x} + \frac{1}{3x^3} - \frac{1}{5x^5} + \frac{1}{7x^7} - \cdots & (x < -1) \end{cases}$$

4. $\operatorname{arccot} x = \frac{\pi}{2} - \left[x - \frac{x^3}{3} + \frac{x^5}{5} - \cdots + (-1)^n \frac{x^{2n+1}}{2n+1} + \cdots\right] \quad (x^2 < 1)$

Ⅳ.3.2.6 双曲函数

1. $\sinh x = x + \frac{x^3}{3!} + \frac{x^5}{5!} + \frac{x^7}{7!} + \cdots = \sum_{k=1}^{\infty} \frac{x^{2k-1}}{(2k-1)!}$

$= x \bigwedge_{k=1}^{\infty} \left[1 + \frac{x^2}{2k(2k+1)}\right] \quad (|x| < \infty)$

2. $\cosh x = 1 + \frac{x^2}{2!} + \frac{x^4}{4!} + \frac{x^6}{6!} + \cdots = \sum_{k=0}^{\infty} \frac{x^{2k}}{(2k)!}$

$= \bigwedge_{k=1}^{\infty} \left[1 + \frac{x^2}{2k(2k-1)}\right] \quad (|x| < \infty)$

3. $\tanh x = x - \frac{1}{3}x^3 + \frac{2}{15}x^5 - \frac{17}{315}x^7 + \cdots + \frac{2^{2n}(2^{2n}-1)B_{2n}}{(2n)!}x^{2n-1} + \cdots \quad \left(|x| < \frac{\pi}{2}\right)$

$= 1 - 2e^{-2x} + 2e^{-4x} - 2e^{-6x} + \cdots \quad (\mathrm{Re}\, x > 0)$

$$= 2x\left[\frac{1}{\left(\frac{\pi}{2}\right)^2 + x^2} + \frac{1}{\left(\frac{3\pi}{2}\right)^2 + x^2} + \frac{1}{\left(\frac{5\pi}{2}\right)^2 + x^2} + \cdots\right]$$

4. $\coth x = \frac{1}{x} + \frac{x}{3} - \frac{x^3}{45} + \frac{2x^5}{945} - \cdots + \frac{2^{2n}B_{2n}}{(2n)!}x^{2n-1} - \cdots \quad (0 < |x| < \pi)$

$= 1 + 2e^{-2x} + 2e^{-4x} + 2e^{-6x} + \cdots \quad (\mathrm{Re}\, x > 0)$

$= \frac{1}{x} + 2x\left[\frac{1}{\pi^2 + x^2} + \frac{1}{(2\pi)^2 + x^2} + \frac{1}{(3\pi)^2 + x^2} + \cdots\right] \quad (|x| > 0)$

5. $\mathrm{sech}\, x = 1 - \frac{1}{2!}x^2 + \frac{5}{4!}x^4 - \frac{61}{6!}x^6 + \frac{1385}{8!}x^8 - \cdots + \frac{E_{2n}}{(2n)!}x^{2n} - \cdots \quad \left(|x| < \frac{\pi}{2}\right)$

$= 2(e^{-x} - e^{-3x} + e^{-5x} - e^{-7x} + \cdots) \quad (\mathrm{Re}\, x > 0)$

$= 4\pi\left[\frac{1}{\pi^2 + 4x^2} - \frac{3}{(3\pi)^2 + 4x^2} + \frac{5}{(5\pi)^2 + 4x^2} - \cdots\right]$

6. $\mathrm{csch}\, x = \frac{1}{x} - \frac{x}{6} + \frac{7x^3}{360} - \frac{31x^5}{15120} + \cdots - \frac{2(2^{2n-1} - 1)B_{2n}}{(2n)!}x^{2n-1} + \cdots$

$(0 < |x| < \pi)$

$= 2(e^{-x} + e^{-3x} + e^{-5x} + e^{-7x} + \cdots) \quad (\mathrm{Re}\, x > 0)$

$= \frac{1}{x} - \frac{2x}{\pi^2 + x^2} + \frac{2x}{(2\pi)^2 + x^2} - \frac{2x}{(3\pi)^2 + x^2} + \cdots \quad (|x| > 0)$

7. $\sinh ax = \frac{2}{\pi}\sinh \pi a\left(\frac{\sin x}{a^2 + 1^2} - \frac{2\sin 2x}{a^2 + 2^2} + \frac{3\sin 3x}{a^2 + 3^2} - \cdots\right) \quad (|x| < \pi)$

8. $\cosh ax = \frac{2a}{\pi}\sinh \pi a\left(\frac{1}{2a^2} - \frac{\cos x}{a^2 + 1^2} + \frac{\cos 2x}{a^2 + 2^2} - \frac{\cos 3x}{a^2 + 3^2} + \cdots\right) \quad (|x| < \pi)$

9. $\sinh nu = \sinh u\left[(2\cosh u)^{n-1} - \frac{n-2}{1!}(2\cosh u)^{n-3} + \frac{(n-3)(n-4)}{2!}(2\cosh u)^{n-5}\right.$

$\left. - \frac{(n-4)(n-5)(n-6)}{3!}(2\cosh u)^{n-7} + \cdots\right]$

10. $\cosh nu = \frac{1}{2}\left[(2\cosh u)^n - \frac{n}{1!}(2\cosh u)^{n-2} + \frac{n(n-3)}{2}(2\cosh u)^{n-4}\right.$

$\left. - \frac{n(n-4)(n-5)}{3!}(2\cosh u)^{n-6} + \cdots\right]$

Ⅳ.3.2.7 反双曲函数

1. $\operatorname{arsinh}x=\begin{cases}x-\dfrac{1}{2\cdot 3}x^3+\dfrac{1\cdot 3}{2\cdot 4\cdot 5}x^5-\dfrac{1\cdot 3\cdot 5}{2\cdot 4\cdot 6\cdot 7}x^7+\cdots \\ \quad+(-1)^n\dfrac{(2n)!}{2^{2n}(n!)^2(2n+1)}x^{2n+1}+\cdots \quad (|x|<1) \\ \ln(2x)+\dfrac{1}{2}\dfrac{1}{2x^2}-\dfrac{1\cdot 3}{2\cdot 4}\dfrac{1}{4x^4}+\dfrac{1\cdot 3\cdot 5}{2\cdot 4\cdot 6}\dfrac{1}{6x^6}-\cdots \\ \quad+(-1)^{n+1}\dfrac{(2n)!}{2^{2n}(n!)^2}\dfrac{1}{2nx^{2n}}+\cdots \quad (|x|>1)\end{cases}$

2. $\operatorname{arcosh}x=\pm\left[\ln(2x)-\dfrac{1}{2}\dfrac{1}{2x^2}-\dfrac{1\cdot 3}{2\cdot 4}\dfrac{1}{4x^4}-\dfrac{1\cdot 3\cdot 5}{2\cdot 4\cdot 6}\dfrac{1}{6x^6}-\cdots-\dfrac{(2n)!}{2^{2n}(n!)^2}\dfrac{1}{2nx^{2n}}-\cdots\right] \quad (|x|>1)$

3. $\operatorname{artanh}x=x+\dfrac{x^3}{3}+\dfrac{x^5}{5}+\dfrac{x^7}{7}+\cdots+\dfrac{x^{2n+1}}{2n+1}+\cdots \quad (|x|<1)$

4. $\operatorname{arcoth}x=\dfrac{1}{x}+\dfrac{1}{3x^3}+\dfrac{1}{5x^5}+\dfrac{1}{7x^7}+\cdots+\dfrac{1}{(2n+1)x^{2n+1}}+\cdots \quad (|x|>1)$

5. $\operatorname{arsech}x=\ln\dfrac{2}{x}-\dfrac{1}{2}\dfrac{x^2}{2}-\dfrac{1\cdot 3}{2\cdot 4}\dfrac{x^4}{4}-\dfrac{1\cdot 3\cdot 5}{2\cdot 4\cdot 6}\dfrac{x^6}{6}-\cdots \quad (0<x<1)$

6. $\operatorname{arcsch}x=\begin{cases}\dfrac{1}{x}-\dfrac{1}{2}\dfrac{1}{3x^3}+\dfrac{1\cdot 3}{2\cdot 4}\dfrac{1}{5x^5}-\dfrac{1\cdot 3\cdot 5}{2\cdot 4\cdot 6}\dfrac{1}{7x^7}+\cdots \quad (|x|>1) \\ \ln\dfrac{2}{x}+\dfrac{1}{2}\dfrac{x^2}{2}-\dfrac{1\cdot 3}{2\cdot 4}\dfrac{x^4}{4}+\dfrac{1\cdot 3\cdot 5}{2\cdot 4\cdot 6}\dfrac{x^6}{6}-\cdots \quad (0<x<1)\end{cases}$

Ⅳ.3.3 总和$\sum(\ )$与嵌套和$\wedge[\ ]$

许多级数可写成众所周知的总和形式，也可以写成大家不太熟悉的嵌套和形式. 嵌套和是用多重括弧嵌套起来表示求和的一种方法，它被定义为

$$\bigwedge_{k=1}^{n}[1+u_k]=[1+u_1(1+u_2\{1+u_3+\cdots[1+u_{n-1}(1+u_n)]\})]$$
$$=1+u_1+u_1u_2+u_1u_2u_3+\cdots+u_1u_2u_3\cdots u_n$$

嵌套和符号$\bigwedge\limits_{k=1}^{n}$中的上下标与总和符号$\sum\limits_{k=1}^{n}$中的上下标意义相同，都表示求和的范

围，下标 $k=1$ 和上标 n 表示求和是在从 $k=1$ 到 $k=n$ 的范围内进行的，这里，n 和 k 都是正整数. 嵌套和符号 $\wedge$ 后面方括号中的首项总是1，表示每一层嵌套括号中的第一项皆为1；方括号中的第二项 u_k 为展开的数列级数中第 $k+1$ 项与第 k 项的比值. u_k 是 k 的函数；u_k 也可以保持为常数，不过这时嵌套和表示的是一个等比级数. 如果求和的范围是从 $k=1$(或 $k=0$) 到 $k=\infty$，则嵌套和的定义为

$$\bigwedge_{k=1}^{\infty}[1+u_k]=[1+u_1(1+u_2\{1+u_3+\cdots[1+u_k(1+\cdots)]\})]$$

$$=1+u_1+u_1u_2+u_1u_2u_3+\cdots+u_1u_2u_3\cdots u_n+\cdots$$

有些级数既可以表示为总和形式，又可以表示成嵌套和形式，例如：

$$\sum_{k=0}^{n}k!=0!+1!+2!+3!+\cdots+n!$$
$$=(1+1\{1+2[1+3(1+\cdots+n)]\})$$
$$=\bigwedge_{k=1}^{n}[1+k]$$

$$\sum_{k=0}^{n}(-1)^k k!=0!-1!+2!-3!+\cdots+(-1)^n n!$$
$$=(1-1\{1-2[1-3(1-\cdots-n)]\})$$
$$=\bigwedge_{k=1}^{n}[1-k]$$

又如：

$$\sum_{k=0}^{n}(\pm 1)^k a^k=1\pm a+a^2\pm a^3+\cdots+(\pm 1)^n a^n$$
$$=(1\pm a\{1\pm a[1\pm a(1\pm\cdots\pm a)]\})$$
$$=\bigwedge_{k=1}^{n}\left[1\pm\frac{ka}{k}\right]$$

这里，$\bigwedge_{k=1}^{n}\left[1\pm\frac{ka}{k}\right]$ 是 $\bigwedge_{k=1}^{n}\left[1+\frac{ka}{k}\right]$ 与 $\bigwedge_{k=1}^{n}\left[1-\frac{ka}{k}\right]$ 两式的合写.

一般的情况，有

$$\sum_{k=0}^{n}p_k=p_0\bigwedge_{k=1}^{n}[1+u_k]$$

其中，$u_k=\dfrac{p_k}{p_{k-1}}$.

下面举一个稍复杂一点的例子来说明嵌套和的展开方法，并验证它与总和的形式是等价的. 利用前面已经给出的 $\sin x$ 的级数展开式

$$\sin x=x-\frac{x^3}{3!}+\frac{x^5}{5!}-\frac{x^7}{7!}+\cdots$$
$$=\sum_{k=0}^{\infty}(-1)^k\frac{x^{2k+1}}{(2k+1)!}$$

$$= x \bigwedge_{k=1}^{\infty} \left[1 - \frac{x^2}{2k(2k+1)} \right]$$

当用总和形式表示时(取前 4 项):

$$\sum_{k=0}^{3} (-1)^k \frac{x^{2k+1}}{(2k+1)!} = (-1)^0 \frac{x^{2\cdot 0+1}}{(2\cdot 0+1)!} + (-1)^1 \frac{x^{2\cdot 1+1}}{(2\cdot 1+1)!} + (-1)^2 \frac{x^{2\cdot 2+1}}{(2\cdot 2+1)!} + (-1)^3 \frac{x^{2\cdot 3+1}}{(2\cdot 3+1)!}$$

$$= \frac{x}{1!} - \frac{x^3}{3!} + \frac{x^5}{5!} - \frac{x^7}{7!}$$

当用嵌套和形式表示时(取前 4 项):

$$x \bigwedge_{k=1}^{3} \left[1 - \frac{x^2}{2k(2k+1)} \right]$$

$$= x\left[1 - \frac{x^2}{2\cdot 1(2\cdot 1+1)}\left\{1 - \frac{x^2}{2\cdot 2(2\cdot 2+1)}\left[1 - \frac{x^2}{2\cdot 3(2\cdot 3+1)}\right]\right\}\right]$$

$$= x\left\{1 - \frac{x^2}{2\cdot 3}\left[1 - \frac{x^2}{4\cdot 5}\left(1 - \frac{x^2}{6\cdot 7}\right)\right]\right\}$$

$$= x\left[1 - \frac{x^2}{2\cdot 3}\left(1 - \frac{x^2}{4\cdot 5} + \frac{x^4}{4\cdot 5\cdot 6\cdot 7}\right)\right]$$

$$= x\left(1 - \frac{x^2}{2\cdot 3} + \frac{x^4}{2\cdot 3\cdot 4\cdot 5} - \frac{x^6}{2\cdot 3\cdot 4\cdot 5\cdot 6\cdot 7}\right)$$

$$= x - \frac{x^3}{3!} + \frac{x^5}{5!} - \frac{x^7}{7!}$$

上面两式说明总和与嵌套和的展开方法是不同的,但其结果是一样的;同时也验证了对于某些级数,既可以写成总和形式,也可以写成嵌套和形式.

Ⅳ.4 自然科学基本常数

Ⅳ.4.1 数学常数

Ⅳ.4.1.1 常数 π(圆周率)

圆周率 π 被定义为圆的周长与直径之比,即 C(圆周长)$=2\pi r$,其中 $2r$ 为直径.利用圆周率 π 和半径 r 可得到下列有用公式:

$$A(\text{圆面积}) = \pi r^2$$

$$V(\text{球体积}) = \frac{4}{3}\pi r^3$$

$$S(\text{球面积}) = 4\pi r^2$$

π 的近似值为

π≈ 3.14159 26535 89793 23846 26433 83279 50288 41971 69399 37510
58209 74944 59230 78164 06286 20899 86280 34825 34211 70679
(小数点后 100 位)

Ⅳ.4.1.2 常数 e(自然对数之底)

自然对数之底 e 由下式定义:

$$\mathrm{e} = \lim_{n\to\infty}\left(1+\frac{1}{n}\right)^n = \sum_{n=0}^{\infty}\frac{1}{n!}$$

e 的近似值为

e≈ 2.71828 18284 59045 23536 02874 71352 66249 77572 47093 69995
95749 66967 62772 40766 30353 54759 45713 82178 52516 64274

（小数点后 100 位）

函数 e^x 的定义为

$$e^x = \sum_{n=0}^{\infty} \frac{x^n}{n!}$$

e 和 π 的关系式为

$$e^{\pi i} = -1, \quad e^{2\pi i} = 1$$

e^π 和 π^e 的近似值为

$e^\pi \approx 23.14069\ 26327\ 79269\ 00572\ 90863\ 67948\ 54738\ 02661\ 06242\ 60021$

（小数点后 50 位）

$\pi^e \approx 22.45915\ 77183\ 61045\ 47342\ 71522\ 04543\ 73502\ 75893\ 15133\ 99669$

（小数点后 50 位）

Ⅳ.4.1.3 欧拉(Euler)常数 γ

欧拉常数 γ 被定义为

$$\gamma = \lim_{n\to\infty}\left(\sum_{k=1}^{n}\frac{1}{k} - \ln n\right)$$

γ 的近似值为

$\gamma \approx 0.57721\ 56649\ 01532\ 86060\ 65120\ 90082\ 40243\ 10421\ 59335\ 93992$

（小数点后 50 位）

Ⅳ.4.1.4 黄金分割比例常数 φ

黄金分割比例常数 φ 被定义为方程 $\frac{1}{\varphi} = \frac{\varphi}{1-\varphi}$ 的正根，也就是

$$\varphi = \frac{\sqrt{5}-1}{2}$$

φ 的近似值为

$\varphi \approx 0.61803\ 39887\ 49894\ 84820\ 45868\ 34365\ 63811\ 77203\ 09179\ 80576$

（小数点后 50 位）

黄金分割比例具有美学价值，它在绘画艺术和建筑上都有非凡的作用. φ 也被称为黄金分割数，或黄金数. 最早使用黄金分割这一名称的是德国数学家欧姆(M. Ohm).

Ⅳ.4.1.5 卡塔兰(Catalan)常数 G

卡塔兰常数 G 定义为

$$G=\frac{1}{2}\int_0^1 \mathrm{K}\mathrm{d}k=\sum_{m=0}^{\infty}\frac{(-1)^m}{(2m+1)^2}$$

其中,K 为完全椭圆积分:

$$\mathrm{K}\equiv\mathrm{K}(k)=\int_0^{\frac{\pi}{2}}\frac{\mathrm{d}\theta}{\sqrt{1-k^2\sin^2\theta}}$$

G 的近似值为

$$G=0.915965594\cdots$$

Ⅳ.4.1.6 伯努利(Bernoulli)多项式 $B_n(x)$ 和伯努利数 B_n

伯努利多项式 $B_n(x)$ 是用母函数

$$\frac{t\mathrm{e}^{xt}}{\mathrm{e}^t-1}=\sum_{n=0}^{\infty}B_n(x)\frac{t^n}{n!}$$

定义的. 伯努利数 B_n 是伯努利多项式中的系数 $B_n(x)$ 在 $x=0$ 处的值,即 $B_n=B_n(0)$,因此伯努利数的母函数为

$$\sum_{n=0}^{\infty}B_n\frac{t^n}{n!}=\frac{t}{\mathrm{e}^t-1}$$

前 21 位伯努利数 B_n 分别为

B_0	B_1	B_2	B_3	B_4	B_5	B_6	B_7	B_8	B_9	B_{10}	B_{11}	B_{12}
1	$-\frac{1}{2}$	$\frac{1}{6}$	0	$-\frac{1}{30}$	0	$\frac{1}{42}$	0	$-\frac{1}{30}$	0	$\frac{5}{66}$	0	$-\frac{691}{2730}$

B_{13}	B_{14}	B_{15}	B_{16}	B_{17}	B_{18}	B_{19}	B_{20}	…
0	$\frac{7}{6}$	0	$-\frac{3617}{510}$	0	$\frac{43867}{798}$	0	$-\frac{174611}{330}$	…

伯努利数 B_n 中,除 B_1 外的所有奇数项皆为 0. 因此,公式中常常只使用偶数项的伯努利数 B_{2n},当 $n=0,1,2,\cdots$ 时,伯努利数分别是 $B_0,B_2,B_4,\cdots$.

Ⅳ.4.1.7 欧拉(Euler)多项式 $E_n(x)$ 和欧拉数 E_n

欧拉多项式 $E_n(x)$ 是用母函数

$$\frac{2e^{xt}}{e^t+1}=\sum_{n=0}^{\infty}E_n(x)\frac{t^n}{n!}$$

定义的. 欧拉数 E_n 是欧拉多项式中的系数 $E_n(x)$ 在 $x=\frac{1}{2}$ 处的值,即 $E_n=2^nE_n\left(\frac{1}{2}\right)$,因此欧拉数 E_n 的母函数为

$$\sum_{n=0}^{\infty}E_n\frac{t^n}{n!}=\frac{2e^t}{e^{2t}+1}=\frac{1}{\cosh t}$$

E_{20} 以前的欧拉数 E_n 为

E_0	E_1	E_2	E_3	E_4	E_5	E_6	E_7	E_8	E_9	E_{12}
1	0	-1	0	5	0	-61	0	1385	0	-50521

E_{14}	E_{16}	E_{18}	E_{20}	…
-199360981	19391512145	-2404879675441	370371188237525	…

欧拉数 E_n 的所有奇次项皆为0,只有偶数项才有数值. 因此,公式中经常只使用偶数项的欧拉数 E_{2n},当 $n=0,1,2,\cdots$ 时,欧拉数分别是 $E_0,E_2,E_4,\cdots$.

Ⅳ.4.2 物理学常数

物 理 量	符 号	数 值	单 位	备 注
真空中的光速	c	2.99792458×10^{8}	m/s	
普朗克常数	h	6.62606876×10^{-34}	J·s	
约化普朗克常数	$\hbar=\frac{h}{2\pi}$	$1.054571596\times10^{-34}$	J·s	
电子电荷	e	$1.602176462\times10^{-19}$	C	
		4.80320420×10^{-10}	esu	
电子的荷质比	$\frac{e}{m_e}$	1.75882017×10^{11}	C/kg	

续表

物理量	符号	数值	单位	备注
电子的静止质量	m_e	9.10938188×10^{-31}	kg	
		0.510998902	MeV/c^2	
质子的静止质量	m_p	1.67262158×10^{-27}	kg	
		938.271998	MeV/c^2	
中子的静止质量	m_n	1.67494101×10^{-27}	kg	
		939.5731	MeV/c^2	
电子的经典半径	r_e	$2.817940285\times10^{-15}$	m	
质子的经典半径	r_p	1.534698×10^{-18}	m	
自由空间的介电常数	$\varepsilon_0=\frac{1}{\mu_0 c^2}$	$8.854187817\times10^{-12}$	F/m	
自由空间的磁导率	μ_0	$1.2566370614\times10^{-6}$	H/m	
精细结构常数	$\alpha=\frac{e^2}{4\pi\varepsilon_0\hbar c}$	$\frac{1}{137.03599976}$		
阿伏伽德罗常数	N_A	6.02214199×10^{23}	mol^{-1}	
玻耳兹曼常数	k	1.3806503×10^{-23}	J/K	
标准重力加速度	g_n	9.80665	m/s^2	
里德伯常数	R_∞	1.097373177×10^7	m^{-1}	
声速(大气中)	V_A	340.5	m/s	15℃，10%湿度

选自 Winick H，et al. X-Ray Data Booklet[M]. LBNL，2001.

Ⅳ.4.3 化学常数

化学元素特性常数(按元素名称字母顺序排列)

元素	符号	原子序数	原子量	密度(kg/m^3)	熔点(℃)	沸点(℃)
锕(Actinium)*	Ac	89	(227.0278)	10060	1050	3200
铝(Aluminium)	Al	13	26.981539±5	2698	660.323	2520
镅(Americium)*	Am	95	(243.0614)	13670	1176	2600

续表

元　素	符号	原子序数	原子量	密度(kg/m³)	熔点(℃)	沸点(℃)
锑(Antimony)	Sb	51	121.757±3	6692	630.63	1587
氩(Argon)	Ar	18	39.948	1656(−233℃)	−189.34	−185.856
砷(Arsenic)	As	33	74.92159±2	5776	610	
砹(Astatine)*	At	85	(209.9871)		300	350
钡(Barium)	Ba	56	137.327±7	3594	728	1900
锫(Berkelium)*	Bk	97	(247.0703)	14790	1050	
铍(Beryllium)	Be	4	9.012182±3	1846	1287	2470
铋(Bismuth)	Bi	83	208.98037±3	9803	271.442	1560
硼(Boron)	B	5	10.811	2466	2075	4000
溴(Bromine)	Br	35	79.904	3120	−7.3	58.9
镉(Cadmium)	Cd	48	112.411±8	8647	321.08	770
铯(Caesium)	Cs	55	132.90543±5	1900	28.4	670
钙(Calcium)	Ca	20	40.078±4	1530	840	1484
锎(Californium)*	Cf	98	(251.0796)		900	
碳(Carbon)	C	6	12.011	2266	4490	
铈(Cerium)	Ce	58	140.115±4	6711	800	3420
氯(Chlorine)	Cl	17	35.4527±9	2030(−160℃)	−101	−34.0
铬(Chromium)	Cr	24	51.996±6	7194	1907	2670
钴(Cobalt)	Co	27	58.93320±1	8800	1495	2930
铜(Copper)	Cu	29	63.546±3	8933	1084.62	2560
锔(Curium)*	Cm	96	(247.0703)	13300	1345	
镝(Dysprosium)	Dy	66	162.50±3	8531	1410	2560
锿(Einsteinium)*	Es	99	(252.0816)		860	
铒(Erbium)	Er	68	167.26±3	9044	1530	2860
铕(Europium)	Eu	63	151.965±9	5248	822	1600

续表

元　素	符号	原子序数	原子量	密度(kg/m³)	熔点(℃)	沸点(℃)
镄(Fermium)*	Fm	100	(257.0951)		1530	
氟(Fluorine)	F	9	18.9984032±9	1140(−200℃)	−219.6	−188.1
钫(Francium)*	Fr	87	(223.0185)		27	650
钆(Gadolinium)	Gd	64	157.25±3	7870	1314	3260
镓(Gallium)	Ga	31	69.723±1	5905	29.76	2200
锗(Germanium)	Ge	32	72.61±2	5323	938	2830
金(Gold)	Au	79	196.96654±3	19281	1064.18	2850
铪(Hafnium)	Hf	72	178.49±2	13276	2230	4600
氦(Helium)	He	2	4.002602±2	120(4.22K)	3～5K	4.22K
钬(Holmium)	Ho	67	164.93032±3	8797	1470	2700
氢(Hydrogen)	H	1	1.00794±7	89(−266.8℃)	−259.35	−252.87
铟(Indium)	In	49	114.818±3	7290	156.599	2070
碘(Iodine)	I	53	126.90447±3	4953	113.6	184
铱(Iridium)	Ir	77	192.22±3	22550	2447	4430
铁(Iron)	Fe	26	55.847±3	7873	1540	2860
氪(Krypton)	Kr	36	83.80±1	3000(−188℃)	−157.3	−153.2
镧(Lanthanum)	La	57	138.9055±2	6174	920	3460
铹(Lawrencium)*	Lr	103	(260.1054)		1630	
铅(Lead)	Pb	82	207.2±1	11343	327.502	1750
锂(Lithium)	Li	3	6.941±2	533	180.5	1340
镥(Lutetium)	Lu	71	174.967±1	9842	1660	3390
镁(Magnesium)	Mg	12	24.3050±6	1738	650	1090
锰(Manganese)	Mn	25	54.93805±1	7473	1250	2060
钔(Mendelevium)	Md	101	(258.0986)		830	
汞(Mercury)	Hg	80	200.59±2	13546	−38.834	356.73

续表

元　素	符号	原子序数	原子量	密度(kg/m³)	熔点(℃)	沸点(℃)
钼(Molybdenum)	Mo	42	95.94±1	10222	2623	4640
钕(Neodymium)	Nd	60	144.24±3	7000	1016	3070
氖(Neon)	Ne	10	20.1797±6	1442(−268℃)	−248.59	−246.08
镎(Neptunium)*	Np	93	(237.0482)	20450	640	3900
镍(Nickel)	Ni	28	58.6934±2	8907	1455	2990
铌(Niobium)	Nb	41	92.90638±2	8578	2477	4700
氮(Nitrogen)	N	7	14.00674±7	1035(−268.8℃)	−210	−195.80
锘(Nobelium)*	No	102	(259.1009)		830	
锇(Osmium)	Os	76	190.23±3	22580	3030	5000
氧(Oxygen)	O	8	15.9994±3	1460(−252.7℃)	−218.79	−182.96
钯(Palladium)	Pd	46	106.42±1	11995	1555	2960
磷(Phosphorus)	P	15	30.973762±4	1820	44.2	277
铂(Platinum)	Pt	78	195,80±3	21450	1768	3820
钚(Plutonium)*	Pu	94	(244.0642)	19814	640	3230
钋(Polonium)*	Po	84	(208.9824)	9400	254	960
钾(Potassium)	K	19	39.0983±1	862	63.4	760
镨(Praseodymium)	Pr	59	140.90765±3	6779	931	3510
钷(Promethium)*	Pm	61	(144.9127)	7220	1142	3300
镤(Protoactinium)	Pa	91	(231.03588±2)	15370	1570	4000
镭(Radium)*	Ra	88	(226.0254)	5000	700	1500
氡(Radon)*	Rn	86	(222.0176)	440(−62℃,液体)	−71	−62
铼(Rhenium)	Re	75	186.207±1	21023	3186	5600
铑(Rhodium)	Rh	45	102.90550±3	12420	1963	3700
铷(Rubidium)	Rb	37	85.4678±3	1533	39.3	690
钌(Ruthenium)	Ru	44	101.07±2	12360	2330	4150

续表

元　素	符号	原子序数	原子量	密度(kg/m³)	熔点(℃)	沸点(℃)
钐(Samarium)	Sm	62	150.36±3	7536	1170	1790
钪(Scandium)	Sc	21	44.955910±9	2992	1540	2830
硒(Selenium)	Se	34	78.96±3	4808	220	685
硅(Silicon)	Si	14	28.0855±3	2329	1410	3260
银(Silver)	Ag	47	107.8682±2	10500	961.78	2160
钠(Sodium)	Na	11	22.989768±6	966	97.7	880
锶(Strontium)	Sr	38	87.62±1	2583	777	1380
硫(Sulphur)	S	16	32.066±6	2086	115.32	444.674
钽(Tantalum)	Ta	73	180.9479±1	16670	3020	5560
锝(Technetium)*	Tc	43	(97.9072)	11496	2160	4260
碲(Tellurium)	Te	52	127.60	6247	450	990
铽(Terbium)	Tb	65	158.92534±3	8267	1360	3220
铊(Thallium)	Tl	81	204.3833±2	11871	304	1470
钍(Thorium)*	Th	90	232.0381±1	11725	1750	4790
铥(Thulium)	Tm	69	168.93421±3	9325	1550	1950
锡(Tin)	Sn	50	118.710±7	7285	231.928	2620
钛(Titanium)	Ti	22	47.88±3	4508	1670	3290
钨(Tungsten)	W	74	183.84±1	19254	3422	5550
铀(Uranium)*	U	92	238.0289±1	19050	1135	4130
钒(Vanadium)	V	23	50.9451±1	6090	1920	3400
氙(Xenon)	Xe	54	131.29±2	1560(−185℃)	−111.8	−108.1
镱(Ytterbium)	Yb	70	173.04	6966	824	1200
钇(Yttrium)	Y	39	88.90585±2	4475	1525	3340
锌(Zine)	Zn	30	65.39±2	7135	419.527	910
锆(Zirconium)	Zr	40	91.224±2	6507	1850	4400

选自 Kaye G W C, Laby T H. Tables of Physical and Chemical Constants

[M]. Boca Raton：CRC Press，1999.

说明：

(1) 带星号“∗”的元素大多没有稳定的同位素，并且地球上也缺乏它们的同位素成分.

(2) 圆括号中的原子量是具有最长半衰期的放射性核的同位素的质量.

(3) “密度”栏中注有温度的，表示这些气体在该温度下的物质的密度(液体或固体状态).

Ⅳ.4.4 天文学常数

名称	符号	数值	单位
光速	c	299792458	m/s
牛顿重力常数	G_N	$6.673(10)\times10^{-11}$	$m^3/(kg\cdot s^2)$
天文单位	AU	149597870660	m
回归年	yr	31556925.2	s
恒星年		31558149.8	s
平均恒星日		23h56min4.09053s	
普朗克质量	$\sqrt{\frac{\hbar c}{G_N}}$	$2.1767(16)\times10^{-8}$ $1.2210(9)\times10^{19}$	kg GeV/c^2
普朗克长度	$\sqrt{\frac{\hbar G_N}{c^3}}$	$1.61624(12)\times10^{-35}$	m
哈勃长度	$\frac{c}{H_0}$	$\sim1.2\times10^{26}$	m
秒差距	pc	$3.0856775807\times10^{16}$	m
光年	ly	$0.9461\cdots\times10^{16}$	m
太阳的史瓦西半径	$\frac{2G_N M_\odot}{c^2}$	2.95325008	km
太阳质量	$M_\odot$	1.9889×10^{30}	kg
太阳赤道半径	$R_\odot$	6.961×10^{8}	m
太阳光度	$L_\odot$	$(3.846\pm0.008)\times10^{26}$	W

续表

名　称	符　号	数　值	单　位
太阳到银河系中心的距离	R_0	8.0 24.68542064×10^{16}	kpc km
太阳绕银河系中心的运动速度	$v_\odot$	220	km/s
哈勃常数	H_0	$100h$	km/(s・pc)
归一化哈勃常数	h	$(0.71\pm0.07)\times\begin{cases}1.15\\0.95\end{cases}$	
宇宙的临界密度	$\rho_c=\dfrac{3H_0{}^2}{8\pi G_N}$	$1.879\times10^{-26}\times h^2$	kg/m^3
宇宙年龄	t_0	$(12\sim18)\times10^9$	yr(回归年)
宇宙背景辐射(CBR)温度	T_0	2.725 ± 0.001	K
太阳相对于 CBR 的速度		371 ± 0.5	km/s

选自 Particle Data Group. Particle Physics Booklet[M]. LBNL，2002.

几个非国际单位制的常用单位的说明：

(1) 电子伏特(eV)，能量单位，为 1 个单电荷粒子经过 1V 电位差所获得的能量，$1eV=1.6\times10^{-19}J$.

(2) 秒差距 parsec(pc)，为 1 天文单位的距离所张的角为 1 角秒时的距离.

Ⅳ.4.5　地学常数

特　性	整个地球	地　核
地球赤道半径 a	6378.137 km	3488 km
地球地极半径 c	6356.752 km	3479 km
地球扁率 $e=\dfrac{a-c}{a}$	$\dfrac{1}{298.2572}$	$\dfrac{1}{390}$
地球平均半径 $\sqrt[3]{a^2c}$	6371.00 km	3485 km
地球质量	5.976×10^{24} kg	1.88×10^{24} kg
地球平均密度	$5518\ kg/m^3$	$10720\ kg/m^3$

续表

特　性	整个地球	地　核
地球自旋角速度	7.2921152×10^{-5} rad/s	
地球表面积	5.101×10^{14} m^2	1.52×10^{14} m^2
地球体积	1.083×10^{21} m^3	0.176×10^{21} m^3
地球子午线的四分之一长度	10002.002 km	5640 km
地球陆地面积	1.49×10^{14} m^2	
地球陆地平均高度	840 m	
地球陆地最高高度	8840 m	
地球海洋面积	3.61×10^{14} m^2	
地球海洋体积	1.37×10^{18} m^3	
地球海水质量	1.42×10^{21} kg	
地球海洋平均深度	3800 m	
地球海洋最深深度	10550 m	
地球大气质量	5.27×10^{18} kg	
地球标准重力加速度	9.80665 m/s^2	

选自 Kaye G W C, Laby T H. Tables of Physical and Chemical Constants [M]. Boca Raton: CRC Press, 1999.

第一宇宙速度(first cosmic velocity)

$$v_1 = 7.9\times10^3 \text{ m/s}$$

第二宇宙速度(second cosmic velocity)

$$v_2 = 11.2\times10^3 \text{ m/s}$$

第三宇宙速度(third cosmic velocity)

$$v_3 = 16.7\times10^3 \text{ m/s}$$

Ⅳ.5 单位制和单位换算

Ⅳ.5.1 国际单位制(SI)

Ⅳ.5.1.1 国际单位制(SI)中十进制倍数和词头表示法

倍数	词头		符号	常用名称
	英文	中文		
$10^{10^{100}}$				googolplex
10^{100}				googol
10^{24}	yotta	尧[它]	Y	heptillion
10^{21}	zetta	泽[它]	Z	hexillion
10^{18}	exa	艾[可萨]	E	quintillion
10^{15}	peta	拍[它]	P	quadrillion
10^{12}	tera	太[拉]	T	trillion
10^{9}	giga	吉[咖]	G	billion
10^{6}	mega	兆	M	million
10^{3}	kilo	千	k	thousand
10^{2}	hecto	百	h	hundred
10^{1}	deca	十	da	ten
10^{-1}	deci	分	d	tenth

续表

倍数	词头		符号	常用名称
	英文	中文		
10^{-2}	centi	厘	c	hundredth
10^{-3}	milli	毫	m	thousandth
10^{-6}	micro	微	μ	millionth
10^{-9}	nano	纳[诺]	n	billionth
10^{-12}	pico	皮[可]	p	trillionth
10^{-15}	femto	飞[母托]	f	quadrillionth
10^{-18}	atto	阿[托]	a	quintillionth
10^{-21}	zepto	仄[普托]	z	hexillionth
10^{-24}	yocto	么[科托]	y	heptillionth

Ⅳ.5.1.2 国际单位制(SI)的基本单位

量的名称	单位名称	单位符号
长度	米	m
质量	千克(公斤)	kg
时间	秒	s
电流	安[培]	A
热力学温度	开[尔文]	K
物质的量	摩[尔]	mol
发光强度	坎[德拉]	cd

Ⅳ.5.1.3 国际单位制(SI)中具有专门名称的导出单位

量的名称	单位名称	单位符号	用其他国际制单位表示的关系式	用国际制基本单位表示的关系式
[平面]角	弧度	rad	1	
立体角	球面度	sr	1	
频率	赫[兹]	Hz		s^{-1}
力	牛[顿]	N		$m \cdot kg \cdot s^{-2}$
压力,压强,应力	帕[斯卡]	Pa	N/m^2	$m^{-1} \cdot kg \cdot s^{-2}$
能[量],功,热量	焦[耳]	J	$N \cdot m$	$m^2 \cdot kg \cdot s^{-2}$
功率,辐[射能]通量	瓦[特]	W	J/s	$m^2 \cdot kg \cdot s^{-3}$
电量,电荷	库[仑]	C		$s \cdot A$
电压,电位,电动势	伏[特]	V	W/A	$m^2 \cdot kg \cdot s^{-3} \cdot A^{-1}$
电容	法[拉]	F	C/V	$m^{-2} \cdot kg^{-1} \cdot s^4 \cdot A^2$
电阻	欧[姆]	Ω	V/A	$m^2 \cdot kg \cdot s^{-3} \cdot A^{-2}$
电导	西[门子]	S	A/V	$m^{-2} \cdot kg^{-1} \cdot s^3 \cdot A^2$
磁通[量]	韦[伯]	Wb	$V \cdot s$	$m^2 \cdot kg \cdot s^{-2} \cdot A^{-1}$
磁感应强度	特[斯拉]	T	Wb/m^2	$kg \cdot s^{-2} \cdot A^{-1}$
电感	亨[利]	H	Wb/A	$m^2 \cdot kg \cdot s^{-2} \cdot A^{-2}$
摄氏温度	摄氏度	℃		
光通量	流[明]	lm		$cd \cdot sr$
光照度	勒[克斯]	lx	lm/m^2	$m^{-2} \cdot cd \cdot sr$
[放射性]活度	贝可[勒尔]	Bq		s^{-1}
吸收剂量	戈[瑞]	Gy	J/kg	$m^2 \cdot s^{-2}$
剂量当量	希[沃特]	Sv	J/kg	$m^2 \cdot s^{-2}$

Ⅳ.5.2 美制重量和测量

Ⅳ.5.2.1 直线测量

英里(mile)	浪(furlong)	杆(rod)	码(yard)	英尺(foot)	英寸(inch)
1.0＝	8.0＝	320.0＝	1760.0＝	5280.0＝	63360.0
	1.0＝	40.0＝	220.0＝	660.0＝	7920.0
		1.0＝	5.5＝	16.5＝	198.0
			1.0＝	3.0＝	36.0
				1.0＝	12.0

Ⅳ.5.2.2 平面和土地测量

英里^2(sq. mile)	英亩(acre)	杆^2(squarerod)	码^2	英尺^2	英寸^2
1.0＝	640.0＝	102400.0＝	3097600.0		
	1.0＝	160.0＝	4840.0＝	43560.0	
		1.0＝	30.25＝	272.25＝	39204.0
			1.0＝	9.0＝	1296.0
				1.0＝	144.0

Ⅳ.5.2.3 常衡制

吨(短吨)	磅	盎司	打兰	谷
1.0＝	2000.0＝	32000.0＝	512000.0＝	14000000.0
	1.0＝	16.0＝	256.0＝	7000.0
		1.0＝	16.0＝	437.5
			1.0＝	27.34375

Ⅳ.5.2.4 干量

蒲式耳	英尺^3	配克	夸脱	品脱
1.0＝	1.2445＝	4.0＝	32.0＝	64.0
	1.0＝	3.21414＝	25.71314＝	51.42627
		1.0＝	8.0＝	16.0
			1.0＝	2.0

Ⅳ.5.2.5 液量

英尺^3	(美)加仑	夸脱	品脱	吉耳
1.0＝	7.48052			
	1.0＝	4.0＝	8.0＝	32.0
		1.0＝	2.0＝	8.0
			1.0＝	4.0

Ⅳ.5.3 美国惯用单位与国际单位的换算

Ⅳ.5.3.1 长度

1 密耳(mil)=0.0254 毫米(mm)

1 英寸(inch,in.)=2.54 厘米(cm)

1 英尺(foot,ft.)=0.3048 米(m)

1 码(yard,yd)=0.9144 米(m)

1 杆(rod)=5.0292 米(m)

1 浪(furlong)=201.17 米(m)

1 英里(mile)=1.6093 千米(km)

1 海里(nautical mile, naut. m.)=1.852 千米(km)

Ⅳ.5.3.2 速度

1 英尺/秒(ft/sec)=0.3048 米/秒(m/sec)

1 英里/小时(mile/hr)=0.4470 米/秒

1 节(knot,kn)(航海)=1.0 海里/小时=1.151543 英里/小时
=0.5144 米/秒=1.852 千米/小时

Ⅳ.5.3.3 体积

1 品脱(pint, pt.)=0.4732 升(liter)

1 夸脱(quart, qt.)=0.9464 升

1 加仑(gallon, gal.)=3.785 升

Ⅳ.5.3.4 重量

1 谷(grain, gr.)=0.0648 克(g)
1 打兰(dram, dr.)=1.772 克
1 盎司(ounce, oz)=28.35 克
1 磅(pound, lb)=0.4536 千克(kg)
1 短吨(short ton, s. t.,美制)=907.18 千克
1 长吨(long ton, l. t.,英制)=1016 千克

Ⅳ.5.4 中国市制单位与国际单位的换算

Ⅳ.5.4.1 长度

1 市寸=3.3333 厘米(cm)
1 市尺=10 市寸=0.33333 米(m)
1 市丈=10 市尺=3.3333 米
1 市(华)里=150 市丈=0.5 千米(km)

Ⅳ.5.4.2 面积

1 平方市尺=0.111111 平方米(m^2)
1 平方丈=11.1111 平方米
1 市亩=60 平方丈=666.6667 平方米
1 公亩(are, a)=100 平方米=0.15 市亩
1 公顷(hectare, ha.)=100 公亩=15.0 市亩

Ⅳ.5.4.3 体积与容积

1 市合＝1 分升＝100 立方厘米(cm^3)

1 市升＝1 升(liter)＝1 立方分米(dm^3)＝1000 立方厘米

1 市斗＝10.0 升

1 市石＝10.0 市斗＝100.0 升

Ⅳ.5.4.4 重量

1 市两＝50 克(g)

1 市斤＝0.5 千克(kg)

1 市担＝50 千克

Ⅳ.5.5 工程技术常用单位的换算

1 大气压(atmospheric pressure，atm)＝76 厘米汞柱(cmHg)
＝760 毫米汞柱(mmHg)
＝29.92 英寸汞柱(inHg)
＝33.9 英尺水柱(ftH_2O)
＝10333 千克/米^2(kg/m^2)
＝101325 帕斯卡(Pa)

1 桶(barrel)(石油)＝42 加仑(石油)＝158.97 升(石油) [美国标准]

1 桶(barrel)(水泥)＝376 磅(水泥) [美国标准]

1 袋、包(bag)(水泥)＝94 磅(水泥) [美国标准]

1 卡(Calorie，cal.)＝4.184 焦耳(J)

1 英国热量单位(British thermal unit，B. t. u.)＝107.5 千克・米(kg・m)

1 英国热量单位/分(B. t. u. /min)＝17.57 瓦(watt)

1 马力(horse power，hp)＝0.7457 千瓦(kW)

1 英亩(acre，ac)＝43560 英尺^2＝4047 米^2(m^2)＝40.47 公亩

1 公顷(hectare，ha.)＝10000 米^2＝100 公亩(are，a)＝15 市亩＝2.471 英亩

1 公担(quintal，q)(公制)＝100 千克＝220.46 磅

1 吨(ton，t)(公制)＝1000 千克

1 长吨(long ton，l. t.)(英制)＝1016 千克

1 短吨(short ton，s. t.)(美制)＝2000 磅＝907.18 千克

1 英标准加仑＝1.20095(美标准)加仑

1 美标准加仑＝0.83267(英标准)加仑

1 埃(Angstron，Å)＝1×10^{-10} 米

1 密耳(mil)＝2.54×10^{-5} 米

1 圆密耳(circular mil)＝5.067×10^{-10} 米^2

1 高斯(gauss)＝1×10^{-4} 特斯拉(Tesla)

1 托(Torr)＝1 毫米汞柱＝133.32 帕[斯卡](Pa)

绝对温度(Kelvin absolute temperature，K)t_K、华氏温度(Fahrenheit temperature，℉)t_F与摄氏温度(Celsius temperature，℃)t_C的关系：

$$t_K=273.15+t_C,\quad t_F=1.8t_C+32,\quad t_K=\frac{1}{1.8}(t_F+459.67)$$

符号说明

1. 特殊函数的符号

$\mathrm{A}_i(x), \mathrm{B}_i(x)$　艾里函数

B_n, B_{2k}　伯努利数

$B_n(x)$　伯努利多项式

$\mathrm{B}(x,y)$　贝塔函数

$\mathrm{bei}_\nu(z), \mathrm{ber}_\nu(z), \mathrm{hei}_\nu(z), \mathrm{her}_\nu(z), \mathrm{kei}_\nu(z), \mathrm{ker}_\nu(z)$　汤姆森函数

$\mathrm{C}(x)$　菲涅耳余弦积分函数

$\mathrm{C}_n^\lambda(x)$　盖根鲍尔多项式

$\mathrm{ce}_{2n}(z,q), \mathrm{ce}_{2n+1}(z,q), \mathrm{se}_{2n+1}(z,q), \mathrm{se}_{2n+2}(z,q)$　马蒂厄函数

$\mathrm{Ce}_{2n}(z,q), \mathrm{Ce}_{2n+1}(z,q), \mathrm{Se}_{2n+1}(z,q), \mathrm{Se}_{2n+2}(z,q)$　连带(修正)马蒂厄函数

$\mathrm{chi}(x)$　双曲余弦积分函数

$\mathrm{Ci}(x), \mathrm{ci}(x)$　余弦积分

$\mathrm{cn}u, \mathrm{dn}u, \mathrm{sn}u$　雅可比椭圆函数

$\mathrm{D}_p(z)$　抛物柱面函数

E_n, E_{2k}　欧拉数

$\mathrm{E}(k)=\mathrm{E}$　第二类完全椭圆积分

$\mathrm{E}(p;a_r:q;Q_s:x)$　麦克罗伯特函数

$\mathbf{E}_\nu(z)$　韦伯函数

$\mathrm{Ei}(z)$　指数积分函数

$\mathrm{erf}(x)=\Phi(x)$　误差函数(概率积分函数)

$\mathrm{erfc}(x)$　补余误差函数

$\mathrm{F}(k,\varphi)$　勒让德第一类椭圆积分

$\mathrm{E}(k,\varphi)$　勒让德第二类椭圆积分

$\Pi(h,k,\varphi)$　勒让德第三类椭圆积分

$_2F_1(a,b;c;x)\equiv F(a,b;c;x)$ 超几何函数

$F(\alpha,\beta;\gamma;x,y)$ 双变量超几何函数

$_1F_1(a;c;x)=M(a;c;x)$ 合流超几何函数

G 卡塔兰常数

γ 欧拉常数

$\Gamma(z)$ 伽马函数

$\gamma(a,x),\Gamma(a,x)$ 不完全伽马函数

$G_{p,q}^{m,n}\left(x\,\middle|\,\begin{matrix}a_1,\cdots,a_p\\b_1,\cdots,b_q\end{matrix}\right)$ 迈耶函数

$H_\nu^{(1)}(z),H_\nu^{(2)}(z)$ 第一类和第二类汉克尔函数

$H_n(x)$ 埃尔米特多项式

$\mathbf{H}_\nu(z)$ 斯特鲁维函数

$I_\nu(z)$ 第一类修正贝塞尔函数

$J_\nu(z)$ 第一类贝塞尔函数

$\mathbf{J}_\nu(z)$ 安格尔函数

$K(k)=K,\ K(k')=K'$ 第一类完全椭圆积分

$K_\nu(z)$ 第二类修正贝塞尔函数

$L(x)$ 罗巴切夫斯基函数

$\mathbf{L}_\nu(z)$ 修正斯特鲁维函数

$L_n(x)$ 拉盖尔多项式

$L_n^{(m)}(x)$ 连带拉盖尔多项式

$\mathrm{li}(x)$ 对数积分

$M_{\lambda,\mu}(z),W_{\lambda,\mu}(z)$ 惠特克函数

$N_\nu(z)$ 诺伊曼函数(第二类贝塞尔函数)

$O_n(z)$ 诺伊曼多项式

$P_\nu(z),P_n(x)$ 勒让德函数和勒让德多项式

$P_\nu^m(z),P_n^m(x)$ 连带勒让德函数和连带勒让德多项式

$P_n^{(\alpha,\beta)}(x)$ 雅可比多项式

$\Phi(x)$ 概率积分函数

$\psi(x)$ 普赛函数

$\Psi(a,c;x)$ 合流超几何函数

$Q_\nu(z),Q_n(x)$ 第二类勒让德函数和勒让德多项式

$Q_\nu^m(z),Q_n^m(x)$ 第二类连带勒让德函数和连带勒让德多项式

$S(x)$ 菲涅耳正弦积分函数

$S_n(x)$ 施拉夫利多项式

$s_{\mu,\nu}(z), S_{\mu,\nu}(z)$　洛默尔函数

$\mathrm{shi}(x)$　双曲正弦积分

$\mathrm{Si}(x), \mathrm{si}(x)$　正弦积分

$T_n(x)$　第一类切比雪夫多项式

$U_n(x)$　第二类切比雪夫多项式

$Z_\nu(z)$　贝塞尔函数

2. 本书中几个常用的数学符号

$n! = 1 \cdot 2 \cdot 3 \cdot \cdots \cdot (n-1) \cdot n$　n的阶乘，n为大于零的正整数. $0! = 1$

$(2n+1)!! = 1 \cdot 3 \cdot 5 \cdot \cdots \cdot (2n+1)$　$2n+1$的双阶乘. $1!! = 1, (-1)!! = 1$

$(2n)!! = 2 \cdot 4 \cdot 6 \cdot \cdots \cdot (2n)$　$2n$的双阶乘. $0!! = 1,\ 2!! = 2$

$\mathrm{i} = \sqrt{-1}$　虚数单位. $\mathrm{i}^2 = -1,\ \mathrm{i}^3 = -\mathrm{i},\ \mathrm{i}^4 = 1,\ \mathrm{i}^{4n+1} = \mathrm{i}$

$z = a + \mathrm{i}b$　z为复数，a和b分别称为复数的实部和虚部，记作$a = \mathrm{Re}\, z, b = \mathrm{Im}\, z$; $\arg z = \arctan \dfrac{b}{a}$　复数z的辐角

$C_n^k = \dbinom{n}{k} = \dfrac{n!}{k!(n-k)!}$　二项式系数

$C_\alpha^k = \dbinom{\alpha}{k} = \dfrac{\alpha(\alpha-1)\cdots(\alpha-k+1)}{k!}$　推广的二项式系数(α为任何实数)

参考书目

[1] Zwillinger D. CRC Standard Mathematical Tables and Formulae[M]. Boca Raton: CRC Press, 1988.

[2] 图马,沃尔什. 工程数学手册[M]. 欧阳芳锐,张玉平,译. 北京:科学出版社,2002.

[3] Gradshteyn I S, Ryzhik I M. Table of Integrals, Series, and Products[M]. Pittsburgh: Academic Press, 2000.

[4] 雷日克,格拉德什坦. 函数表与积分表[M]. 高等教育出版社编辑部,译. 北京:高等教育出版社,1959.

[5] 徐桂芳. 积分表[M]. 上海:上海科学技术出版社,1959.

[6] 邹凤梧,刘中柱,周怀春. 积分表汇编[M]. 北京:宇航出版社,1992.

[7] Abramowitz M, Stegun I A. Handbook of Mathematical Functions with Formulas, Graphs, and Mathematical Tables [M]. National Bureau of Standards, U. S., 1965.

[8] Thompson W J. Atlas for Computing Mathematical Functions[M]. Hoboken: John Wiley & Sons, Inc., 1997.

[9] 《数学手册》编写组. 数学手册[M]. 北京:高等教育出版社,1979.

[10] Andrews L C. Special Functions for Engineers and Applied Mathematicians [M]. London: Macmillan Publishing Company, 1985.

[11] 王竹溪,郭敦仁. 特殊函数概论[M]. 北京:北京大学出版社, 2000.

[12] 《现代应用数学手册》编委会. 现代应用数学手册: 现代应用分析卷[M]. 北京:清华大学出版社,2003.

[13] 《现代数学手册》编纂委员会. 现代数学手册: 经典数学卷[M]. 武汉:华中科技大学出版社,2000.

[14] 沈永欢,梁在中,许履瑚,等. 实用数学手册[M]. 北京:科学出版社,2002.

[15] A. 科恩,M. 科恩. 数学手册[M]. 周民强等,译. 北京:工人出版社,1987.

[16] Brychkov Y A, Marichev O I, Prudnikov A P. Tables of Indefinite Integrals [M]. New York: Gordon and Breach Science Publishers, 1989.

[17] Biedenharn L C, Louck J D. Encyclopedia of Mathematics and Its

Applications, 8. Angular Momentum in Quantum Physics: Theory and Application[M]. Boston: Addison-Wesley Publishing Company, 1981.

[18] Watson G N. A Treatise on the Theory of Bessel Functions[M]. London: Cambridge University Press, 1995.